给水排水设计手册
第三版

第7册
城 镇 防 洪

中国市政工程东北设计研究总院　主编

中国建筑工业出版社

图书在版编目(CIP)数据

给水排水设计手册 第7册 城镇防洪/中国市政工程东北设计研究总院主编. —3版. —北京：中国建筑工业出版社，2013.12（2022.10 重印）
ISBN 978-7-112-15989-5

Ⅰ.①给… Ⅱ.①中… Ⅲ.①给水工程-设计-手册②排水工程-设计-手册③城镇-防洪工程-设计-手册 Ⅳ.①TU991.02-62 ②TV87-62

中国版本图书馆 CIP 数据核字（2013）第 246148 号

本书是《给水排水设计手册》（第三版）第7册，以新修编的《城市防洪工程设计规范》为依据，对原手册总体结构进行了必要的调整。在内容上作了较多的修改和补充；在章的安排上，增补了"治涝工程"及"防洪管理"两章，并在堤防章节增加了海堤的内容。

* * *

责任编辑：于 莉 田启铭 魏秉华
责任设计：李志立
责任校对：张 颖 赵 颖

给水排水设计手册
第三版
第 7 册
城镇防洪
中国市政工程东北设计研究总院 主编

*

中国建筑工业出版社出版、发行(北京西郊百万庄)
各地新华书店、建筑书店经销
北 京 红 光 制 版 公 司 制 版
天津翔远印刷有限公司印刷

*

开本：787×1092毫米 1/16 印张：48¾ 插页：1 字数：1215 千字
2014 年 5 月第三版 2022 年 10 月第十七次印刷
定价：**168.00** 元
ISBN 978-7-112-15989-5
(24772)

《给水排水设计手册》第三版编委会

《城镇防洪》第三版编写组

主　编：杨　红　赵文明

成　员：赵文明　杨　红　张继权　陈　鹏　费立春

　　　　李树军　王　鹤　李玉良　高明涛　黄相军

　　　　张　勇　于维武　吕　晨　王国英　王永志

　　　　王力军　张致国　刘士丰　马东来　李菁菁

　　　　孙仲益　胡　月

主　审：郭　晓　张富国　厉彦松　姜云海

序

　　给水排水勘察设计是城市基础设施建设重要的前期性工作，广泛涉及项目规划、技术经济论证、水源选择、给水处理技术、污水处理技术、管网及输配、防洪减灾、固废处理等诸多内容。广大工程设计工作者，肩负着保障人民群众身体健康和环境生存质量的重任，担当着将最新科研成果转化成实际工程应用技术的重要角色。

　　改革开放以来，特别是近 10 年来，我国给水排水等基础设施建设事业蓬勃发展，国外先进水处理技术和工艺的引进，大批面向工程应用的科研成果在实际中的推广，使得给水排水设计从设计内容到设计理念都已发生了重大变化；此间，大量的给水排水工程标准、规范进行了全面或局部的修订，在深度和广度方面拓展了给水排水设计规范的内容。同时，我国给水排水工程设计也面临着新的形势和要求，一方面，水源污染问题十分突出，而饮用水卫生标准又大幅度提升，给水处理技术作为饮用水安全的最后屏障，在相当长的时间内必须应对极其严峻的挑战；另一方面，公众对水环境质量不断提高的期望以及水环境保护及污水排放标准的日益严格，又对排水和污水处理技术提出了更高的要求。在这些背景下，原有的《给水排水设计手册》无论是设计方法还是设计内容，都需要一定程度的补充、调整与更新。为此，住房和城乡建设部与中国建筑工业出版社组织各主编单位进行了《给水排水设计手册》第三版的修订工作，以更好地满足广大工程设计者的需求。

　　《给水排水设计手册》第三版修订过程中，保持了整套手册原有的依据工程设计内容而划分的框架结构，重点更新书中的设计理念和设计内容，首次融入"水体污染控制与治理"科技重大专项研究成果，对已经在工程实践中有应用实例的新工艺、新技术在科学筛选的基础上，兼收并蓄，从而为今后给水排水工程设计提供先进适用和较为全面的设计资料和设计指导。相信新修订的《给水排水设计手册》，将在给水排水工程勘察、设计、施工、管理、教学、科研等各个方面发挥重要作用，成为行业内具权威性的大型工具书。

住房和城乡建设部副部长　　　　　博士

第 三 版 前 言

　　《给水排水设计手册》系由原城乡建设环境保护部设计局与中国建筑工业出版社共同策划并组织各大设计研究院编写。1986 年、2000 年分别出版了第一版和第二版，并曾于1988 年获得全国科技图书一等奖。

　　《给水排水设计手册》自出版以来，深受广大读者欢迎，在给水排水工程勘察、设计、施工、管理、教学、科研等各个方面发挥了重要作用，成为行业内最具指导性和权威性的设计手册。

　　近年来我国给水排水行业技术发展很快，工程设计水平随之提升，作为设计人员必备的《给水排水设计手册》（第二版）已不能满足现今给水排水工程建设和设计工作的需要，设计内容和理念急需更新。为进一步促进我国建筑工程设计事业的发展，推动建筑行业的技术进步，提高给水排水工程的设计水平，应广大读者需求，中国建筑工业出版社组织相关设计研究院对原手册第二版进行修订。

　　第三版修订的基本原则是：整套手册仍为 12 分册，依据最新颁布的设计规范和标准，更新设计理念和设计内容，遴选收录了已在工程实践中有应用实例的新工艺、新技术，为工程设计提供权威的和全面的设计资料和设计指导。

　　为了《给水排水设计手册》第三版修订工作的顺利进行，在编委会领导下，各册由主编单位负责具体修编工作。各册的主编单位为：第 1 册《常用资料》为中国市政工程西南设计研究总院；第 2 册《建筑给水排水》为中国核电工程有限公司；第 3 册《城镇给水》为上海市政工程设计研究总院（集团）有限公司；第 4 册《工业给水处理》为华东建筑设计研究院有限公司；第 5 册《城镇排水》、第 6 册《工业排水》为北京市市政工程设计研究总院；第 7 册《城镇防洪》为中国市政工程东北设计研究总院；第 8 册《电气与自控》为中国市政工程中南设计研究总院有限公司；第 9 册《专用机械》、第 10 册《技术经济》为上海市政工程设计研究总院（集团）有限公司；第 11 册《常用设备》为中国市政工程西北设计研究院有限公司；第 12 册《器材与装置》为中国市政工程华北设计研究总院和中国城镇供水排水协会设备材料工作委员会。在各主编单位的大力支持下，修订编写任务圆满完成。在修订过程中，还得到了国内有关科研、设计、大专院校和企业界的大力支持与协助，在此一并致以衷心感谢。

《给水排水设计手册》第三版编委会

编 者 的 话

　　我国现有设市建制的城市人口密集，各类公共设施和固定资产高度集中，是当地政治、经济、文化的中心，特别是一些大、中城市，有的还是工业基地和交通枢纽。由于近水之利，大多数城市都坐落在江河湖畔或海滨，地势低洼，依靠堤防保护，经常受到洪涝和风暴潮灾害的严重威胁。历史上我国各大江河洪水泛滥和风暴潮侵袭，都曾经给沿岸城市带来过深重的灾难。城市安危，事关大局。

　　目前我国已经将城市防洪规划逐步纳入了城市建设的总体规划和江河治理规划，城市防洪建设已成为城市基础设施的重要组成部分。政府加大了防洪投资力度，城市防洪工程建设的速度加快，城市防洪状况得到了较大的改善，经受住了多次较大洪水的袭击，保卫了众多城市的防洪安全。我国自 2003 年起，开始推进防洪工作向洪水管理的战略性转变。洪水管理的理念，是人类为了应对现代社会中日趋复杂、沿袭传统经验与手段已难以解决的治水新问题而建立起来的，并随着人类对洪水特性与洪水风险认识的逐步深化而不断发展和完善。

　　但是，我们必须清醒地看到，我国城市防洪标准普遍偏低。近年来，国内水灾频出，导致基础设施被淹，火车停运乃至人员伤亡等事故频出，上海、北京、重庆、广州等城市都不同程度遭遇暴雨内涝灾害。2010 年 5 月广州暴雨袭城，当时官方数据称，当地中心城区排水管道达"一年一遇"的占总量 83%，达"两年一遇"的仅占 9%。2011 年武汉大涝，媒体报道称，武汉符合国家"一年一遇"的城市排涝标准。相比于国内多数城市的"一年一遇"标准（注：一年一遇是每小时可排 36mm 雨量），国外很多城市的排水标准则要高得多。国外多数城市在设计排水系统标准时，都是按照降雨丰富时的最大排水量来取样的。据了解，目前巴黎采取的是"五年一遇"的标准、东京采取"五至十年一遇"的标准、纽约采用的是"十至十五年一遇"标准。欧美的排水系统设计标准为"100 年甚至300 年一遇"。法国巴黎在进行城市规划时，设计了很大的地下排水系统，既能存水又能排水。德国汉堡市建有容量很大的地下调蓄库，调蓄库在洪水期有很强的调节水量能力。这种大规模的城市地下蓄水，既能保证汛期排水通畅，又能实现对雨水的合理利用。德国的绿化率很高，也在一定程度上减少了雨水径流。为防止城市积水，不少国家还在城市建设中采用透水砖铺装人行道、增加透水层、减少硬质铺装等措施。日本的城市内涝问题以前也很严重，但他们从 20 世纪 80 年代开始发展地下空间，在修车库和地铁的同时，在地下修建了很多储存雨水的装置。

　　为减少洪水造成的危害，保护城镇、工厂的生产和人民生命财产安全，变害为利，必须根据城市或工厂的总体规划和流域的防洪规划，认真做好城市或工厂的防洪排涝规划。目前行业标准《城市防洪工程设计规范》、国家标准《防洪标准》、《堤防工程设计规范》先后修编，为我国城市防洪工程设计和建设走向正规化、标准化和现代化提供了科学依据。根据城市或工厂的具体条件，合理选用防洪标准。整治已有的防洪设施和新建防洪排涝工程，以提高城市或工厂的抗洪及排涝能力，充分发挥和提升城镇的整体功能、保证人民群众的生命财产安全，促进社会经济的可持续发展。

本手册的修订工作，是以新修编的《城市防洪工程设计规范》为依据。为了与该规范相协调，对原手册总体结构进行了必要的调整。在内容上作了较多的修改和补充；在章的安排上，增补了"治涝工程"及"防洪管理"两章，并在堤防章节增加了海堤的内容。在修订工作中，不但注意总结国内经验，而且借鉴了国外的经验，使修订后的手册内容更充实、新颖，更具实用性。它将会对加快城市防洪工程建设步伐、把城市防洪治涝推向新的水平，为城市改革开放和现代化建设提供防洪安全保障，发挥积极作用。

本手册主编单位为中国市政工程东北设计研究总院。由杨红、赵文明主编，郭晓、张富国、姜云海、厉彦松主审。第1、2、11、13章及附录由赵文明编写；第3、4、10章由张继权、陈鹏、吕晨、李菁菁编写；第5章由费立春、李树军、田竹君编写；第6章由费立春、李树军、王鹤编写；第7章由李玉良、高明涛、黄相军、杨红编写；第8章由杨红、赵文明、张勇编写；第9章由李玉良、高明涛编写；第12章由李玉良、高明涛、于维武编写。

由于编者水平有限，所搜集的资料尚有一定的局限性，难免存在一些缺点和错误，敬希广大读者批评指正。

目　　录

第1章 防 洪 标 准

1.1 概　况

新中国成立 60 多年来，我国城市防洪事业有了很大的发展，大江大河及大中城市初步建成了防洪体系，在保卫城市经济发展和人民生命财产安全方面发挥了积极作用。改革开放以来，随着城市的迅速发展，城市防洪标准有了一定的提高。但是，仍有很多城市防洪建设进展迟缓，尤其近十几年，随着城市化进程的加快，城市面积迅速扩大，城市防洪建设没有与城市发展同步进行，至今城市防洪标准普遍偏低。据统计，截至 2011 年，全国 619 座城市中，有防洪任务的为 530 座，占城市总数的 85.6%。

1.2　定义与表达方式

1.2.1　定义

城市防洪标准是指城市应具有的防洪能力，也就是城市整个防洪体系的综合抗洪能力。在一般情况下，当发生不大于防洪标准的洪水时，通过防洪体系的正确运用，能够保证城市的防洪安全。具体表现为防洪控制点的最高水位不高于设计洪水位，或者河道流量不大于该河道的安全泄量。防洪标准与城市的重要性、洪水灾害的严重性及其影响有关，并与国民经济发展水平相适应。

1.2.2　表达方式

中华人民共和国现行国家标准《防洪标准》GB 50201—1994 和《城市防洪工程设计规范》GB/T 50805—2012 都明确规定，城市防洪标准采用"设计标准"一个级别，不用校核标准。城市防洪标准的表达方式通常有以下三种：

（1）以调查、实测某次实际发生的历史洪水作为城市防洪标准。例如，长江中、下游沿岸城市，都是以 1954 年洪水作为防洪标准；淮河沿岸城市，也是以 1954 年洪水作为防洪标准；黄河中、下游沿岸城市，都是以 1958 年洪水作为防洪标准等。这种方法具有通俗易懂、效益明显的优点，但该标准的高低不明确，它与调查或实测时间系列长短，以及该时期洪水状况有关。

（2）以可能发生最大洪水（或潮位）作为防洪标准。只有特别重要城市和特别重要防护对象才采用这种方法。例如，北京市永定河三家店至卢沟桥河段的左岸堤防、秦山核电站主厂房、大亚湾核电站主厂房、大伙房水库等，均采用可能发生最大洪水（或潮位）作为防洪标准。

（3）采用洪水的重现期表示城市防洪标准。这种方法在我国城市防洪等许多部门普遍采用。这种方法虽然比较抽象，而且在发生一次特大洪水后数据有变化，但是它对城市防洪安全程度和风险大小比较明确，能够满足风险和敏感性分析需要各不同量级洪水出现频率的要求；计算理论和方法比较成熟，任意性小，容易掌握。因此，设计规范采用这种方法表达城市防洪标准。

1.3 城市防洪工程等别、洪灾类型与防洪标准关系

1.3.1 城市防洪工程等别与防洪标准

目前，我国城市已达660多座，城市大小不仅人口差别悬殊，而且在政治、经济、文化上的重要程度差别甚大。一般来讲，人口愈多、重要程度愈高者，其防洪标准愈高；反之，其防洪标准就要低些。为科学制定不同城市的防洪标准，需要对有防洪任务的城市，按人口多少和重要程度划分等别，同时根据城市的等别确定城市防洪工程的等别。

在我国城市规划法中规定，按市市区和近郊区非农业人口多少将城市划分为大城市、中等城市和小城市三个等别。大城市是指人口在50万以上的城市；中等城市是指人口在20万以上不满50万的城市；小城市是指人口不满20万的城市。目前我国城市化速度加快，超过50万人口的城市较多。200万以上人口的城市有12个，100万～200万人口的城市有22个，50万～100万人口的城市有47个，20万～50万人口的城市有113个，小于20万人口的城市更多。《城市防洪设计规范》为体现特大城市与大城市的区别，将人口超过100万的城市划为特别重要城市，50万～100万人口的城市划为重要城市；为细化小于20万人口的城市，将10万～20万人口的城市划为一般城市，小于10万人口的城市划为小城市。城市防洪工程等别见表1-1。

城市防洪工程等别   表 1-1

城市防洪工程等别	分 等 指 标	
	重要程度	防洪保护区人口（万人）
一	特别重要城市	≥100
二	重要城市	50～100
三	中等城市	20～50
四	一般城市	10～20
五	小城市	<10

注：1. 城市是指国家按行政建制设立的直辖市、市、镇中有防洪任务的城市；
　　2. 防洪保护区内的人口是指城市防洪工程保护的市区和近郊区的常住人口。

1.3.2 洪灾类型与防洪标准

城市防洪工程所指的洪灾类型包括江河洪水、山洪、泥石流、海潮和涝水。城市防洪工程等别相同时，不同类型的洪灾造成的灾害程度和损失大小是不同的。同一城市遭受不同洪灾威胁，采用不同的防洪标准。其中，江河洪水和风暴潮洪水对城市危害严重，防洪标准较高；山洪一般因每条山洪沟的汇水面积较小，洪灾损失是局部的，灾害较轻，防洪

标准较低；泥石流是一种特殊的山洪，危害较一般山洪严重，所以防洪标准比一般山洪高一些；涝水产生在城市低洼地段，洪灾损失是局部的，防洪标准较低。位于山区、平原和海滨不同地域的城市，其防洪工程的设计标准应根据防洪工程等别和洪灾类型按表1-2分析确定。

防洪工程的设计标准　　　　　　　　　　　表 1-2

城市防洪工程等别	设计标准（重现期：a）				
	河（江）洪水	涝水	海潮	山洪	泥石流
一	≥200	≥20	≥100	100~50	≥100
二	100~200	10~20	<100，且≥50	<50，且≥50	<100，且≥50
三	50~100	10~20	<50，且≥20	<20，且≥10	<50，且≥20
四	20~50	10~20	<20，且≥10	<10，且≥5	<20，且≥10
五	10~20	5~20	<10，且≥5	<10，且≥5	<10，且≥5

注：1. 标准上、下限的选用应考虑灾后造成的影响、经济损失、抢险难易以及筹资条件等因素；

2. 涝水指暴雨重现期；

3. 海潮指设计高潮位；

4. 当城市地势平坦排泄洪水有困难时，经论证山洪和泥石流防洪标准可适当降低。

1.4　防洪标准和防洪体系

城市防洪工程是一个系统工程，一般由多种防洪建筑物、构筑物共同组成。城市防洪标准是城市防洪体系的防洪标准，而不是某一个防洪建筑物的标准。城市防洪体系的构成主要由城市洪灾类型决定，并与城市自然条件和流域规划有关。防洪建筑物的防洪标准，根据它在城市防洪体系中的地位与作用确定。例如，大、中型水库因为非常重要，其防洪标准可高于城市防洪标准。堤防的防洪标准，一般低于城市防洪标准，只有当其成为城市唯一的防洪措施时，堤防的防洪标准才等于该城市的防洪标准。

1.5　确定防洪标准注意事项

（1）江河沿岸城市堤防的防洪标准，应与流域堤防的防洪标准相适应。城市堤防的防洪标准应高于流域堤防的防洪标准；当城市堤防成为流域堤防组成部分时，不论城市大小，其堤防的防洪标准均不应低于流域堤防的防洪标准。长江中、下游沿岸城市大都属于这种情况。

（2）江河沿岸城市，当城市上游规划有大型水库或分（滞）洪区时，城市防洪标准可分期达到。近期主要依靠堤防防御洪水，其防洪标准可低一些；待上游水库或分（滞）洪区建成投入运转后，城市防洪标准再达到防洪规范要求的防洪标准。

（3）江河下游沿岸城市和沿海城市，地面标高往往低于洪（潮）水位，依靠堤防保卫城市安全。堤防一旦决口，必将全城受淹，后果不堪设想。防洪标准应在规范规定的范围内选用防洪标准上限。

（4）当城市防洪可划分为几个防护区单独设防时，各防护区的防洪标准，应根据其重要程度和人口多少，选用相应的防洪标准。这样可使重要保护区采用较高的防洪标准，而不必提高整个城市的防洪标准。重要性较低和人口较少的防护区，可以采用较低的防洪标准，以降低防洪工程投资。例如，本溪市区有 14 条山洪沟，其设计防洪标准根据保护对象重要程度和人口多少，分别选用 10a、20a、50a 一遇的防洪标准。

（5）当一个城市受到多条江河洪水威胁时，可能有多个防洪标准，但表达城市防洪标准时应采用防御城市主要外河洪水的设计标准，同时还要说明其他的防洪（潮）标准。如，上海防御黄浦江洪水的防洪标准为 200a 一遇，防潮标准为 200a 一遇潮位加 12 级台风；武汉防御长江洪水的防洪标准为 100a 一遇，防御城区小河的防洪标准为 10～20a。

（6）在城市防治山洪、泥石流设计中，排洪渠道设计，一般不考虑规划中水土保持措施削减洪峰的作用，仍按自然条件下设计洪峰流量计算排洪渠道的泄洪断面。水土保持措施实施后的削减洪峰作用，可作为增加防洪安全度的一个有利因素。

（7）兼有城市防洪作用的港口码头、路基、涵闸、围墙等建筑物、构筑物，其防洪标准应按城市防洪和该建筑物、构筑物防洪较高者来确定；即不得低于城市防洪标准，否则，必须采取必要的防洪保安措施。

（8）同一城市中，涝水发生在重要干道、重要地区或积水后可能造成严重不良后果的地区时，治涝设计标准可高一些，次要地区或排水条件好的地区，治涝设计标准可低一些。

1.6　防洪建筑物的级别

（1）城市防洪建筑物，按其作用和重要性分为永久性建筑物和临时性建筑物；永久性建筑物分为主要和次要建筑物。防洪建筑物根据城市防洪工程等级、防洪建筑物在工程中的作用和重要性分为五个级别，可按表 1-3 确定。

防洪建筑物级别　　　　　　　　　　表 1-3

城市防洪工程等级	永久性建筑物		临时性建筑物
	主要建筑物	次要建筑物	
一	1	2	3
二	2	3	4
三	3	4	5
四	4	5	5
五	5	5	—

注：1. 主要建筑物指失事后使城市遭受严重灾害并造成重大经济损失的建筑物，例如堤防、防洪闸；

　　2. 次要建筑物指失事后不致造成城市严重灾害或造成重大经济损失的建筑物，例如丁坝、护坡、谷坊；

　　3. 临时性建筑物指防洪工程施工期间使用的建筑物，例如施工围堰等。

（2）跨河建筑物和穿堤建筑物的级别，应根据其规模确定，并应与堤防的级别相协调，特别重要的建筑物可高于堤防的级别。

1.7 防洪建筑物的安全超高

（1）城市防洪建筑物安全超高的规定，主要考虑洪水计算可能存在的误差、泥沙淤积造成水位的暂时抬高等各种不利因素的影响，而采取的一种补救措施；同时，安全超高的规定也为防洪抢险提供了有利的条件。防洪建筑物安全超高应为设计静水位以上的波浪爬高、风壅增水高和安全加高。防洪建筑物安全加高值按表1-4采用，治涝建筑物的安全加高可适当减小。

防洪建筑物安全加高 表 1-4

建 筑 物	防洪建筑物级别				
	1	2	3	4	5
土堤、防洪墙、防洪闸、防潮闸	1.0	0.8	0.6	0.5	0.5
护岸、排洪渠道、渡槽	0.8	0.6	0.5	0.4	0.3
海堤不允许越浪	1.0	0.8	0.7	0.6	0.5
海堤允许部分越浪	0.5	0.4	0.4	0.3	0.3

注：1. 安全加高不包括施工预留的沉降加高及波浪爬高；
  2. 越浪后不造成危害时，安全加高可适当降低；
  3. 1级防洪建筑物安全加高，经论证可适当提高或降低。

（2）建在防洪堤上的防洪闸和其他建筑物，其挡水部分的顶面标高不应低于堤防（护岸）的顶部高程。

1.8 防洪建筑物的稳定安全系数

（1）堤（岸）坡抗滑稳定安全系数按表1-5采用。

堤（岸）坡抗滑稳定安全系数 表 1-5

荷载组合	防洪建筑物级别				
	1	2	3	4	5
基本荷载组合	1.30	1.25	1.20	1.15	1.10
特殊荷载组合	1.20	1.15	1.10	1.05	1.05

注：1. 表中安全系数相应的计算方法为不计条块间作用力的瑞典圆弧法；
  2. 建筑物的抗滑稳定安全系数，对地震工况不作具体规定，应根据有关技术规范选定，下同。

（2）建于非岩基上的混凝土或圬工砌体防洪建筑物与非岩基接触面的水平抗滑稳定安全系数按表1-6采用。

非岩基抗滑稳定安全系数 表 1-6

荷载组合	防洪建筑物级别				
	1	2	3	4	5
基本荷载组合	1.35	1.30	1.25	1.20	1.15
特殊荷载组合	1.15	1.10	1.05	1.05	1.05

（3）建于岩基上的混凝土或圬工砌体防洪建筑物与岩基接触面的水平抗滑稳定安全系数按表 1-7 采用。

岩基抗滑稳定安全系数 表 1-7

荷载组合	防洪建筑物级别				
	1	2	3	4	5
基本荷载组合	1.10	1.10	1.05	1.05	1.05
特殊荷载组合	1.05	1.05	1.00	1.00	1.00

第2章 总体设计

2.1 主要任务

城市防洪工程总体设计的主要任务是：根据该城市在流域或地区规划中的地位和重要性以及城市总体规划的要求，在充分分析洪水特性、洪灾成因和现有防洪设施抗洪能力的基础上，按照城市自然条件，从实际出发，因地制宜选用各种防洪措施，制定几个可行方案，并进行技术、经济论证，推荐最佳方案。由于城市防洪工程总体设计确定了城市防洪工程建设的方向、指导原则、总体布局、防洪标准、建设规模、治理措施和实施步骤，所以，在一定时期内，防洪总体设计是指导防洪建设、安全度汛和维护管理的依据，也是保护城市社会经济发展和人民生命财产安全的重要保障。

2.2 基本原则

（1）城市防洪工程总体设计，应在流域（区域）防洪规划和城市总体规划的基础上进行。应收集和分析有关的气象水文、地形地质、社会经济、洪涝潮灾害等基础资料，根据城市自然地理条件、社会经济状况、洪涝潮特性，结合城市发展的需要确定。

（2）不同地域的城市应分析灾害的特点，有所侧重，有的放矢，取得最佳效果。位于山区的城市，主要防江河洪水，同时防山洪、泥石流，防治并重；位于平原地区的城市，主要防江河洪水，同时治理涝水，洪、涝兼治；位于海滨的城市，除防洪、治涝外，应防风暴潮，洪、涝、潮兼治。

（3）城市防洪应洪、涝、潮灾害统筹治理，上下游、左右岸关系兼顾，工程措施与非工程措施相结合，形成完整的城市防洪减灾体系。同时应编制防洪调度运用方案。

（4）城市防洪工程总体设计，应与城市发展规划相协调、与市政工程相结合。在确保防洪安全的前提下，兼顾城市绿化、美化、交通及其他综合利用要求，发挥综合效益。

（5）城市防洪工程总体设计应保护生态与环境。城市的湖泊、水塘、湿地等天然水域应予保留，并充分发挥其防洪滞涝作用。

（6）城市防洪工程总体设计，应将城市的主要交通干线、供电、电信和输油、输气、输水管道等基础设施纳入城市防洪体系的保护范围，保障其安全和畅通。

（7）城市防洪工程总体设计，应节省用地，应根据工程抢险和应急救生等要求，设置必要的防洪通道。

（8）防洪建筑物选型应因地制宜，就地取材，与城市市政建设风格相协调。

（9）山区城市应做好山洪、泥石流的普查与防治。主要排洪河道及大型湖泊应为城市涝水提供出路；沿海城市排涝应考虑洪、潮的影响；沿海城市应研究高潮位或风暴潮对城市排洪排涝的影响。

（10）城市防洪工程体系中各单项工程的规模、特征值和调度运行规则，应按照城市防洪规划的要求和有关标准的规定，经分析论证确定。

2.3 主要依据

2.3.1 有关文件

总体设计主要依据的有关文件：

（1）上级主管部门对项目建议书或设计任务书（计划任务书）的批文及对工程内容、规模和范围的要求。

（2）有关部门对可行性研究报告（或设计方案）的批文及基本要求。

（3）与建设单位签订的设计合同及与有关部门签订的技术协议等文件。

2.3.2 有关规则

总体设计主要依据的有关规则：

（1）城市所在江河流域（区域）规划和防洪专业规划。

（2）城市总体规划和防洪专业规划。

（3）与城市防洪有关的专业规划，如：城市交通规划、排水规划、人防规划、园林绿化规划等。

（4）环境质量评价报告书等。

2.3.3 有关法规、规范

总体设计主要依据的有关法规、规范：

（1）中华人民共和国《水法》。

（2）中华人民共和国《水土保持法》。

（3）中华人民共和国《城市规划法》。

（4）中华人民共和国《河道管理条例》。

（5）中华人民共和国《防洪法》。

（6）中华人民共和国国家标准《防洪标准》。

（7）中华人民共和国行业标准《城市防洪工程设计规范》等。

2.3.4 基础资料

总体设计主要依据的基础资料有测量、地质、水文气象及其他资料：

1. 测量资料

（1）地形图：地形图是设计的最基本资料，收集齐全后，还要到现场实地踏勘、核对，并熟悉与工程有关的地形情况。各种平面布置图，在各设计阶段对地形图的比例要求不同，见表2-1。

（2）河道、山洪沟纵横断面图：对拟设防和整治的河道或山洪沟，必须进行纵、横断面的测量，并绘制纵、横断面图。纵横断面图的比例要求见表 2-2。横断面施测间距一般为 100～200m。在地形变化较大地段，应适当增加断面，纵、横断面施测点应相对应。

各种平面布置图对地形图的比例要求　　　　　　　　　　表 2-1

初步设计	汇水面积图（km²）	≥20	1：25000～1：50000
		<20	1：5000～1：25000
	工程总平面布置图、滞洪区平面图		1：1000～1：5000
	堤防、护岸、山洪沟、排洪渠道、截洪沟平面及走向布置图		1：1000～1：5000
施工图设计	工程总平面布置图、滞洪区平面图		1：1000～1：5000
	构筑物平面布置图	堤防、山洪沟、排洪渠道、截洪沟	1：1000～1：5000
		谷坊、护岸、丁坝组	1：500～1：1000
		顺坝、防洪闸、涵洞、小桥、排涝泵站	1：200～1：500

纵横断面图的比例　　　　　　　　　　表 2-2

图名		比例	图名		比例
纵断面图	水平	1：1000～1：5000	横断面图	水平	1：100～1：500
	垂直	1：100～1：500		垂直	1：100～1：500

防洪工程的范围大小差异很大，因此对测量资料的要求差异也很大，测量范围应根据工程的具体情况确定。

2. 地质资料

（1）水文地质资料：

1）设防地段的覆盖层、透水层厚度以及覆盖层、透水层和弱透水层的渗透系数。

2）设防地段的地下水埋藏深度、坡降、流速及流向。

3）地下水的物理化学特性。

（2）工程地质资料：

1）设防地段的地质构造。

2）设防地段的地貌条件。

3）滑坡及陷落情况。

4）地基岩石和土壤的物理力学性质。

5）天然建筑材料（土料和石料）场地、分布厚度、质量、储量及其开采和交通条件等。

6）天然建筑材料的物理力学性质。

（3）抗震设防资料。

3. 水文气象资料

（1）历年最大洪峰流量及洪水过程线。

（2）历年暴雨量（根据设计需要收集不同历时暴雨量）。

（3）历史最高洪水位。

（4）设防河段控制断面的水位、流量关系曲线。

（5）特征潮位：

1）历年最高潮位。

2）历年最低潮位。

3）平均高潮位。

4）平均低潮位。

5）平均潮位。

6）涨潮最大潮差。

7）落潮最大潮差。

8）平均涨潮时间。

9）平均落潮时间。

（6）特征波浪：

1）历年最大波高。

2）年最大波高。

3）平均波高。

（7）历史洪水调查资料。

（8）历年最大风速、雨季最大风速及风向。

（9）气温、气压及蒸发量。

（10）河流含砂量（包括砂峰）。

（11）地区水文图集及水文计算手册。

（12）土壤冰冻深度。

（13）河流结冰厚度及开河融化流冰情况。

（14）河道变迁情况。

4. 其他资料

（1）汇水区域内的地貌和植被情况。

（2）城市防洪设施现状和存在问题。

（3）防洪河段桥、涵等交叉构筑物现状和存在问题。

（4）历史洪水灾害成因及其损失情况。

（5）现有防洪工程的设计资料及运行情况。

（6）人防工程设施情况（主要是与防洪构筑物交叉部分）。

（7）当地建筑材料价格及运输条件。

（8）当地施工技术水平及施工条件。

（9）关于河道管理的规定和法令。

（10）城市地面沉降资料等。

2.4 总体设计的方法与步骤

2.4.1 基础资料的搜集、整理与分析

设计时应对取得的资料进行整理分析，并对其可靠性和精度作出评价。一般包括以下内容：

（1）对被保护城市历次发生洪水的特点进行分析，包括洪（潮）水位、洪峰流量、持续时间、洪水频率等。

（2）自然资料的整理分析。

（3）被保护对象在城市总体规划与国民经济中的地位，以及洪灾可能影响的程度。

（4）城市现有防洪设施，如堤防等工程情况、抗洪能力的分析。

2.4.2　防洪标准的选定

城市防洪标准的选定，应以《城市防洪工程设计规范》为准。首先，应根据防护城市的重要程度和人口数量确定城市防洪工程等别；然后，再按城市洪灾成因确定所属洪灾类型，对照规范规定即可确定防洪标准的上、下限范围。还要分析洪灾特点、损失大小、抢险难易、投资条件等因素，在规范规定的范围内合理选定城市防洪标准。

2.4.3　总体设计方案的拟定、比较与选定

在拟定总体设计方案时，首先，应明确城市在流域中的政治、经济地位，城市总体规划对防洪的具体要求。然后，根据城市洪灾类型、防洪设施现状、流域防洪规划，结合水资源的综合开发，因地制宜地选择各种防洪措施，如整治河道、加高堤防、修建水库或分滞洪区等。其次，拟定几个综合性的可行防洪方案，分别计算其工程量、投资、淹没、占地、效益等指标。最后，通过政治、经济、技术分析比较，选定最优方案。

2.5　防洪措施与防洪体系

2.5.1　防洪措施

城市防洪措施，包括工程防洪措施和非工程防洪措施两大类。

（1）工程防洪措施主要有以下几项：

1）防洪堤和防洪墙。

2）护坡和护岸工程。

3）防洪闸，包括分洪闸、泄洪闸、挡潮闸等。

4）水库拦洪工程。

5）谷坊和跌水。

6）排洪渠道。

7）拦挡坝、排导沟等。

（2）非工程防洪措施主要有以下几项：

1）洪泛区的规划与管理。

2）洪水预报和警报。

3）防洪优化调度。

4）实行防洪保险。

5）分滞（蓄）洪水。

6）清障与整治河道。

7）搞好水土保持等。

2.5.2 防洪体系

城市防洪工程是一个系统工程，由各种防洪措施共同组成。不同类型城市和不同洪灾成因，防洪体系的构成是不同的，常见的主要有以下几种：

（1）江河上游沿岸城市的防洪体系：一般多由整治河道、修筑堤防和修建调洪水库构成。在城市上游修建水库调洪，可以有效地削减洪峰，减轻洪水对城市的压力，减少河道整治和修筑堤防的工程量，降低堤防的防洪标准，提高防洪体系的防洪标准。例如，本溪市在上游没有修建观音阁水库之前，主要依靠堤防抗洪，防洪标准只能达到50a一遇。在观音阁水库建成拦洪后，本溪市的防洪标准可以提高到500a一遇。

（2）江河中、下游沿岸城市防洪体系：一般采取"上蓄、下排、两岸分滞"的防洪体系。江河中下游地势平坦，当在上游修建水库调洪、两岸修筑堤防和进行河道整治仍不能安全通过设计洪水时，在城市上游采用分滞法措施，是提高城市防洪标准最有效的对策。

（3）沿海城市的防洪体系：沿海城市一般地势平坦，风暴潮是造成洪涝灾害的主要原因。防洪体系一般由修筑堤防、挡潮闸、排涝泵站组成，即所谓"围起来、打出去"的策略。例如上海市、盘锦市就是如此。天津市除了采用上述措施外，还采用增开入海通道的办法，将上游大部与设计洪水避开市区直接入海，大大减轻了洪水对城市的压力。

（4）山区城市防洪体系：一般在山洪沟上游采用水土保持措施和修建塘坝拦洪、中游采用在山洪沟内修建谷坊和跌水缓流措施、下游采用疏浚排泄措施组成综合防洪体系，使设计洪水安全通过城市。例如，济南、包头、昆明、烟台等城市采用这种策略，均收到良好效果。

（5）河网城市防洪体系：河网城市防洪工程布置，一般根据城市被河流分割情况，宜采用分片封闭形式。防洪体系由堤防、防洪闸、排涝泵站等设施组成，实行各区自保。苏州市防洪就是一个典型例子。

（6）泥石流城市防洪体系：泥石流防治应贯彻以防为主，防、避、治结合的方针。采用生物措施与工程措施相结合的办法进行综合治理。工程设计中应重视水土保持的作用，降低泥石流的发生几率。新建城市要避开泥石流发育区。其防洪体系的工程措施一般由拦挡坝、排导沟、停淤场、排洪渠道等组成。

（7）治涝城市防洪体系：治涝工程主要是承接城市排水管网的承泄工程，包括排涝河道、行洪河道、低洼承泄区、排涝泵站等。治涝应采取截、排、滞方法，就是拦截排涝区域外部的径流使其不能进入本区，将区内涝水汇集起来排到区外，充分利用区内的湖泊、洼地临时滞蓄涝水。治涝措施一般要与其他防洪设施相结合，是整个防洪体系中的一部分。

（8）综合性城市防洪体系：当城市受到两种或两种以上洪水危害时，该城市就有两种或两种以上防洪体系。各防洪体系之间要相互协调，密切配合，共同组成综合性防洪体系。例如：兰州市，既受黄河洪水威胁，又受山洪、泥石流威胁，城市防洪体系就由江河防洪体系和山洪、泥石流防洪体系共同组成综合防洪体系。上海市，既受风暴潮威胁，又受长江和黄浦江、苏州河洪水威胁，城市防洪体系也由风暴潮防洪体系和江河防洪体系共同组成综合性防洪体系。深圳市临河、面海、靠山，既受风暴潮威胁，又受山洪和河洪的威胁，其防洪体系即由风暴潮、山洪、河洪三个防洪体系共同组成综合性防洪体系。

2.6　江河沿岸城市防洪总体设计

我国沿江河城市的地理位置、流域特性、洪水特征、防洪现状以及社会经济状况等千差万别。在进行总体设计时，要从实际出发，因地制宜。一般应注意以下事项：

（1）以城市防洪设施为主，与流域防洪规划相配合：首先应以提高城市防洪设施标准为主，当不能满足城市防洪要求或达不到技术经济合理时，需要与流域防洪规划相配合（如修建水库，分洪蓄洪等），并纳入流域防洪规划。对于流域中可供调蓄的湖泊，应尽量加以利用，采取逐段分洪、逐段水量平衡的原则，分别确定防洪水位。对于超过设计标准的特大洪水，总体设计要作出必要的对策性方案。

（2）泄蓄兼顾，以泄为主：市区内河道一般较短，河道泄洪断面往往被市政建设侵占而减小，影响泄洪能力，所以城市防洪总体设计应遵循泄蓄兼顾，以泄为主的原则；尽量采取加固河岸，修筑堤防，河道整治等措施，加大泄洪断面，提高泄洪能力。在无法以加大泄量来满足防洪要求或技术经济不合理时，才考虑修建水库或分泄洪区来调蓄洪水以提高城市防洪标准。修建水库和分泄洪区还应考虑综合利用，提高综合效益。

（3）因地制宜，就地取材：城市防洪总体设计要因地制宜，从当地实际情况出发。当分区设防时，可以根据防护地段保护对象的重要性和受灾损失等情况，分别采取不同防洪标准。构筑物选型要体现就地取材的原则，并与当地环境相协调。

（4）全面规划，分期实施：总体设计要根据选定的防洪标准，按照全面规划，分期实施，近、远期结合，逐步提高的原则来考虑。当防洪工程分期分批实施时，应尽快完成关键性工程设施，及早发挥作用，为继续治理奠定基础。现有防洪工程应充分利用。

（5）与城市总体规划相协调：防洪工程布置，要以城市总体规划为依据，不仅要满足城市近期要求，还要适当考虑远期发展需要，要使防洪设施与市政建设相协调。

1）滨江河堤防作为交通道路、园林风景时，堤宽与堤顶防护应满足城市道路、园林绿化要求，岸壁形式要讲究美观，以美化城市。

2）堤线布置应考虑城市规划要求，以平顺为宜。堤距要充分考虑行洪要求。

3）堤防与城市道路桥梁相交时，要尽量正交。堤防与桥头防护构筑物衔接要平顺，以免水流冲刷。通航河道应满足航运要求。

4）通航河道、城市航运码头布置不得影响河道行洪。码头通行口高程低于设计洪水位时，应设置通行闸门。

5）支流或排水渠道出口与干流防洪设施要妥善处理，以防止洪水倒灌或排水不畅，形成内涝。在市区内，当两岸地形开阔时，可以沿干流和支流两侧修筑防洪墙，使支流泄洪畅通。当有水塘、洼地可供调蓄时，可以在支流出口修建泄洪闸。平时开闸宣泄支流流量，当干流发生洪水时关闸调蓄，必要时还应修建排水泵站相配合。

2.7　沿海城市防洪（潮）总体设计

沿海潮汛现象比较复杂，不同地区潮型不同，潮差变化较大。防洪（潮）工程总体设计一般考虑以下事项：

(1) 正确确定设计高潮位和风浪侵袭高度：沿海城市不仅遭受天文潮袭击，更主要的是遭受风暴潮袭击，特别是天文潮和风暴潮相遇，往往使城市遭受更大灾害。因此，必须详细调查研究、分析海潮变化规律，正确确定设计高潮位和风浪侵袭高度。然后针对不同潮型，采取相应的防潮措施。

(2) 要尽可能符合天然海岸线，滩涂开发要与城市海滨环境相协调：沿海城市的海岸和海潮的特性关系密切，必须充分掌握这方面的资料。天然海岸线是多年形成的，一般比较稳定。因此，总体布置要尽可能地不破坏天然海岸线，不要轻易向海中伸入或作硬性改变，以免影响海水在岸边的流态和产生新的冲刷或淤积。

(3) 要充分考虑海潮与河洪的遭遇：河口城市除受海潮袭击外，还受河洪的威胁；而海潮与河洪又有各种不同的遭遇情况，其危害也不尽相同，特别是出现天文潮、风暴潮与河洪三碰头时，其危害最为严重。因此要充分分析可能出现最不利的遭遇，以及对城市的影响，按照设计洪水与潮位较不利的组合，确定海堤工程设计水位。在防洪措施上，除了采取必要的防潮设施外，有时还需要在河流上游采取分（蓄）洪设施，以削减洪峰；在河口适当位置建防潮闸，以抵挡海潮影响。

(4) 与市政建设和码头建设相协调：为了美化环境，常在沿海地带建设滨海道路、滨海公园，以及游泳场等。防潮工程在考虑安全和经济的情况下，构筑物造型要美观，使其与优美的环境相协调。沿海城市码头建设规模较大，占用城市海岸较长，对城市防潮是个有利条件，应很好配合利用，使防潮设施与港口码头建设协调一致。但应注意码头建设不要侵占行洪河道，避免洪水在入海口受阻，增加洪水对城市的威胁。

(5) 因地制宜选择防潮工程结构形式和削浪设施，重视基础的加固和处理，采用符合地基情况的加固处理技术措施：当海岸地形平缓，有条件修建海堤和坡式护岸时，应优先选用坡式护岸，以降低工程造价。为了降低堤顶高程，通常采用坡面加糙的方法来有效地削减风浪。

1) 当海岸陡峻、水深浪大、深泓逼岸时，应采用重力式护岸，以保证工程效益和减少维修费用。做好基础处理，防止对基础冲刷。有条件时也可采用修筑丁坝、潜坝等挑流削浪设施。

2) 当防潮构筑物上部设有防浪墙时，其迎水面宜做成反射弧形，使风浪形成反射，以降低堤顶高程，节约工程投资。

2.8 城市山洪防治总体设计

山区河流两岸的城市，不仅受江河洪水威胁，而且受山洪的危害更为频繁。山洪沟一般汇水面积较小，沟床纵向坡度大，洪水来得突然，水流湍急，挟带泥沙，破坏力强，对城市具有很大危害。城市山洪防治总体设计，一般考虑以下事项：

(1) 与流域防洪规划相配合：山区城市防洪一般包括临江、河地段防护和山洪防治两部分。临江、河地段防洪设计可参照上述沿江、河城市防洪总体设计注意事项进行。当依靠修筑堤防加大泄量仍不能满足防洪要求时，可以结合城市给水、发电、灌溉，在城市上游修建水库来削减洪峰。但是，水库设计标准要适当提高，以确保城市安全。

(2) 工程措施与植物措施相结合：对水土流失比较严重、沟壑发育的山洪沟，可采用工程措施与生物措施相结合。工程措施主要为沟头防护，修筑谷坊、跌水、截洪沟、排洪沟、堤防等；植物措施主要为植树、种草，以防止沟槽冲刷，控制水土流失；使山洪安全通过市区，消除山洪危害。

(3) 按水流形态和沟槽发育规律分段治理：山洪沟的地形和地貌千差万别，但从山洪沟的发育规律来看，具有一定的规律性。

1) 上游段为集水区：防治措施主要为植树造林，挖鱼鳞坑，挖水平沟，水平打垅，修水平梯田等。防止坡面侵蚀，达到蓄水保土。

2) 中游段为沟壑地段：水流在此段有很大的下切侧蚀作用。为防止沟谷下切引起两岸崩塌，一般多在冲沟上设置多道谷坊，层层拦截，使沟底逐渐实现川台化，为农林牧业创造条件。

3) 下游段为沉积区：由于山洪沟坡度减缓，流速降低，泥沙淤积，水流漫溢，沟床不定。一般采取整治和固定沟槽，使山洪安全通过市区，排入江河。

(4) 全面规划，分期治理：山洪治理应全面规划。在治理步骤上可以将各条山洪沟，根据危害程度区别轻重缓急；在治理方法上应先治坡，后治沟，分期治理。集中人力和物力，在实施工程措施的同时，做好水土保持工作，治好一条沟后，再治另一条沟。

(5) 因地制宜地选择排泄方案：

1) 当有几条山洪沟通过市区时，应尽可能地就近、分散排入江河。

2) 当地形条件许可时，山洪应尽量采取高水高排，以减轻滨河地带排水负担。

3) 当山洪沟汇水面积较大，市区排水设施承受不了设计洪水时，如果条件允许也可在城市上游修建截洪沟，把山洪引至城市下游排入干流。

4) 如城市上游无条件修建截洪沟，而有条件修建水库时，可以修建缓洪水库来削减洪峰流量，以减轻市区防洪设施的负担。

2.9 城市泥石流防治总体设计

泥石流是一种挟带大量泥沙、石块的特殊山洪，具有很大的浮托力和冲击力。泥石流爆发，所经之处将会发生严重灾害。如摧毁城市铁路、桥涵、渠道和通信设备，淤埋民房、学校和工厂，堵塞江河及恶化环境等。据不完全统计，全国有 92 个县（市）级以上的城市有泥石流灾害，近年来，我国泥石流灾害日趋严重。泥石流防治总体计划，一般应注意以下事项：

(1) 泥石流防治方针和原则：泥石流防治总体设计，应贯彻以防为主，防、避、治结合方针；在防治对策上应实行全面规划，突出重点，综合治理的原则。采取治坡与治沟相结合，治水与保土相结合，上、中、下游相结合，工程措施与生物措施相结合的对策。

(2) 泥石流防治措施的选择：泥石流防治总体设计，应根据泥石流的类型和运动特性，因地制宜选择防治措施。一般在泥石流沟的上游段，应以植树造林、修梯田等生物措施为主，蓄水保土，稳固山坡，减少泥石流中固体物质的来源；中游段应以工程措施为主，在泥石流沟床上设置多道拦挡坝，层层拦截砂石，减小水流的冲刷侵蚀能力；下游段应采取河道整治措施，增加沟槽的排泄能力，使泥石流不致产生严重的淤积。

（3）泥石流预警报措施：在未能全面、可靠地控制泥石流发生之时，对尚未发生的泥石流作出预报，对即将发生的泥石流作出警报，使人们事先有避难逃生之机，以避免或减轻人员伤亡及财产损失。泥石流的预警报系统包括泥石流的预测、预报和报警3方面的内容。泥石流预测是对泥石流沟可能爆发泥石流的一种预先警报。泥石流预报是在泥石流爆发前数小时、数天，对受灾地区作出泥石流爆发时间和规模的通报。泥石流报警是在泥石流发生地段或沟槽中，布设一些探头或传感器，当感应到泥石流信号后，立即通过信号传输将其送回中心控制站实施报警，以便及时进行疏散避难和抢险救灾。

（4）泥石流防治与山区开发建设相结合：泥石流防治总体设计必须根据当地具体条件和情况，因地制宜加以灵活运用。

2.10 城市涝水防治总体设计

城市涝水一般发生在该区域有超标准降雨时，低洼地段由于排水不畅，而形成内涝。当排水出口河道水位较低时，涝水持续时间较短，当排水出口河道水位较高时，涝水持续时间较长。城市防洪工程所涉及的治涝工程主要是承接城市排水管网的承泄工程，包括排涝河道、行洪河道、低洼承泄区、排涝泵站等。

（1）城市内涝的防治，应在城市排水规划和城市防洪规划基础上进行。结合城市防洪，洪涝兼顾，统筹规划安排。

（2）城市内涝一般发生在局部区域，城市排涝宜分区进行。根据城市地形、已有排涝河道和蓄涝区等排涝工程体系布局，确定排涝分区。合理保护和利用现有水塘，发挥调蓄作用。适当减少城市"硬化"面积，在广场、停车场等公共设施建设中采用透水设施，使雨水直接进入地下，有利于保护水资源和城市生态平衡。

（3）涝水防治总体设计应充分利用城市的自排条件，排涝工程宜据此进行布置。

（4）排涝河道出口水位受顶托时，宜在出口处设置挡洪闸。

（5）当承泄区高水位持续时间较长，无自排条件时，可设置排涝泵站，进行机排。

2.11 城市超标准洪水的安排

我国城市防洪标准相对较低，超标准洪水时有发生，在防洪工程总体设计中，应根据需要和可能对超标准洪水作出安排，最大限度地保障城市人民生命财产安全，减少洪灾损失。

（1）遇超标准洪水时，重要地区要重点保护，防洪保护对象主要为人口密集、经济发达的城区。同时对重要的交通干线、供水、供电、供气设施、较集中的大型工矿企业，也应加强保护。

（2）遇超标准洪水时，应充分利用流域已建的防洪设施，统筹调度，合理安排。

（3）遇超标准洪水时，应在流域总体安排的基础上，制定各项应急预案和应急措施。

2.12 城市防洪实例

2.12.1 天津市防洪实例

（1）城市概况

天津市为中央直辖市，地处华北平原东北部。2006 年末，天津市总面积 1.19 万 km²，市辖区面积 7418km²，建成区面积 540 km²。全市总人口 948.89 万人，其中市辖区人口 777.91 万人；全市非农业人口 571.04 万人。天津是海河五大支流北运河、永定河、大清河、子牙河、南运河的汇合处和入海口，素有"九河下梢"、"河海要冲"之称。天津地处环渤海中心地带，是重要的海、陆、空交通枢纽。

（2）洪涝灾害成因及特点

天津地处海河流域最下游，地貌从西北向东南方向倾斜。北部为山区和丘陵区，海拔在 50m 以上，总面积 727km²。其余为平原区，海拔均在 50m 以下，总面积 11192.7km²，占全市陆地面积的 93.9%。由于历史上受海侵海退、黄河改道和海河各水系河流冲积影响，在天津平原区形成若干大小不同的泻湖和洼淀湿地 13 个，总面积 2952km²，约占全市面积的 1/4。

平原区为天津陆地的主要部分。分为以下四种类型：①洪积冲积平原，海拔在 10～50m 之间，地面坡度 1/1000～1/30；②冲积平原，海拔在 4～6m 之间，地面坡度 1/10000～1/5000；③海积冲积平原，海拔平均在 3m 左右，坡度 1/5000 左右；④海积平原，海拔在 1～3m 之间，坡度小于 1/10000。

天津境内有一级行洪河道 19 条，河道总长 10951km，设计总泄流能力为 15413m³/s。除子牙新河单独入海外，北系河道主要汇集永定新河入海，西系和南系河流主要汇集独流减河入海。海河干流分泄西系、南系和北系的部分洪水。

天津洪涝灾害主要成因有以下三方面。

1）天气原因。海河流域降雨时空分配不均匀，全年 80% 的降雨集中在 6～9 月，且绝大部分水量又集中在 7 月下旬和 8 月上旬的几场暴雨，暴雨极易形成洪涝。

2）地理原因。天津位于海河流域最下游，承担海河流域 26.5 万 km² 中 75% 的洪水宣泄入海任务，主要集雨区为燕山、太行山山区。燕山、太行山在距天津不过几百千米，由北向西，再折向西南形成扇形，环抱天津。流域内河道上大下小，与洪水来量不相称。南运河、子牙河、大清河、永定河、北运河等河道汇聚在天津入海，天津地势低洼平坦，宣泄不及，极易形成洪灾。

3）人类活动因素。历史上重漕运，忽略防洪，以致海河流域洪涝灾害频繁。新中国成立后，开始对海河水系进行治理，基本上形成了"上蓄、中疏、下排，适当地滞"的行洪排涝体系，大大减轻了洪水对天津的威胁。但当时的治理重点考虑上游拦蓄洪水，没有充分考虑给下游的水资源及生态环境问题带来的负面影响。上、中游大量兴建水库，下游水资源量急剧减少，一方面造成超采地下水，地面下沉，堤防沉降加剧，河道和海堤防洪防潮能力降低；另一方面由于缺少上游来水冲刷，河道及海口淤积严重，河道泄流能力急剧下降，泄洪出路受阻。城市及地方工业发展，改变了原来的下垫面，不透水面积增加，降雨入渗减少，许多坑塘洼地填垫，失去调蓄功能，增加了致灾水量。蓄滞洪区内人口增加，经济发展迅速，大多数蓄滞洪区没有完备的安全建设，造成启用困难。加上工程老化失修，防洪标准降低，洪涝对天津的威胁不断增加。

归纳起来，天津洪涝灾害特点主要有以下几点：①随机性和突发性。天津地处海河流域最下游，洪涝灾害发生没有明显的规律，洪水极具突发性，往往是前期抗旱，突降暴雨后形势急转为防汛抗洪。1963年就是例证。②不同的区域性特点。海河流域北系洪水峰高流急，洪水持续时间短，以永定河最具代表性。西系、南系洪水量大，持续时间长，以大清河最具代表性。③具有洪、涝、潮同时发生的特点。在天津的历史洪水统计中，洪水灾害往往与强潮遭遇同时发生，防洪战线长，防守难度大，加重灾害损失。

（3）历史灾害

1）洪水灾害

天津历史上洪、涝、潮灾害频发，近400年来，有10余次洪水淹及天津市区，均系泄洪能力上大下小尾闾不畅，以及没有形成城市防洪屏障所造成。1917年、1939年、1963年三次洪水都给天津市造成巨大损失。如1939年的洪水，天津市70%以上街道水深1～2m，劝业场一带水深2.2m。平地行舟一个多月，灾民达70多万人。1963年特大洪水，虽经上游水库调蓄，但中、下游河道仍相继决口，洪水直逼天津市区，由于指挥得力，经全体军民抗洪抢险，保卫了市区安全，但是津浦线中断13d，天津周围大量农田淹没，受灾面积达5700万亩，倒塌房屋1450万间，直接经济损失达60多亿元。

2）内涝灾害

天津地势低洼，内涝常有发生。如1977年、1978年、1984年汛期，三次日降雨量均为146～211mm，损失都超过1亿元。1977年8月2日，最大降雨量达200.5mm，市区淹没面积达22.7km^2，造成2亿元直接经济损失；郊区701km^{2}土地受淹，损失2.86亿元。

3）风暴潮灾害

天津海岸线长133km，海堤防洪标准低，常受到风暴潮袭击。1985年8月2日，受台风影响，海河闸闸下最高潮位5.15m。新港船厂及厂前道路水深0.2～0.5m，东沽海防大队附近地段积水，部分居民区淹泡，塘沽盐场海挡全部漫水。19日下午塘沽、汉沽、大港三个区再次遭到强海潮的袭击。19时涨到最高潮位5.5m。5m以上的高潮位持续3.5h，海潮潮位超过防潮工程0.5m左右，致使大量海水漫过海堤、新港船闸和渔船闸门顶，沿海海堤有17处决口，总长度1260m。3290户居民家及部分工厂被淹泡，水深0.3～2.1m。倒塌房屋460余间，两次风暴潮造成的直接经济损失达5618万元。

1992年受强热带风暴和天文大潮的共同影响，9月1日天津市遭受了新中国成立以来最严重的强海潮袭击，最高潮位达到5.98m，超过警戒水位1.18m。近100km海挡漫水，海潮冲毁海挡40处，大量的水利工程被毁坏，新港港区码头附近水深达1m，沿海的塘沽、大港、汉沽三区和大型企业均遭受严重损失。直接经济损失达4亿元。

（4）防洪现状

天津市地处海河流域下游，是流域内各大河流的入海尾闾，又滨临渤海，地势低洼，特殊的地理位置、地形特点和雨情、水情，决定了天津市必须承担上防洪水、下防海潮、中防内涝的多重任务。

1）流域防洪措施

为减轻天津市的防洪压力,海河流域实施了大规模的防洪治理工程。流域上游修建了大量水库拦蓄洪水,天津市境内新开辟了独流减河、永定新河、潮白新河、子牙新河等多条入海通道分泄洪水,初步构成了北系按1939年型洪水设防、南系按1963年型洪水设防的洪水防御体系。使河道泄洪能力显著提高,改变了河水集中天津入海的局面。

2)城市防洪措施

天津市防洪排涝采取"围起来,打出去"的对策,建成了全长248.83km,保证2700km² 中心城区防洪安全的城市防洪圈,防洪圈大部分堤防已达到了防御200a一遇洪水的设计高程;基本完成海挡治理一期工程,城市防洪圈内海挡重点段达到了50a一遇、一般段20a一遇的防潮标准。

3)城市防洪设施与市政建设相结合

东部防线海挡工程,分离段采用三面光形式,允许越浪,主要断面为:迎水坡毛石混凝土灌砌护坡,浆砌石防浪体及混凝土贴面、混凝土预制块护坡,混凝土路面、抛石护脚等,背水坡采取混凝土预制板护坡等形式;结合段的工程背水侧与海防路相连。工程建成后,防潮效益显著,并已成为天津沿海一条亮丽的风景线和交通线。

北运河综合治理工程,治理范围自屈家店闸至子牙河、北运河汇流口,河道全长15.017km,新建橡胶坝等壅水设施。建滦水园、北洋园、御河园、娱乐园和30m宽的绿化带。经过综合治理的北运河,河水清澈、堤岸翠绿、环境幽雅,产生巨大的社会、经济和环境效益。天津市防洪工程示意见图2-1。

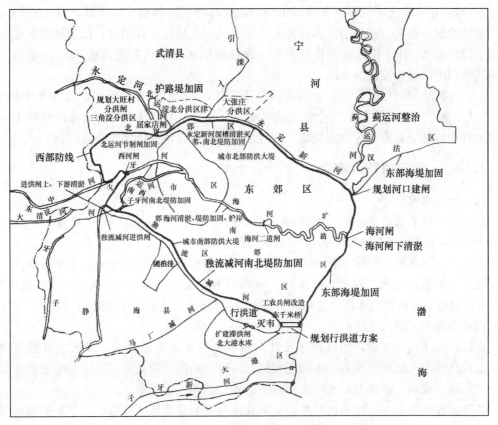

图2-1 天津市防洪工程示意

4）非工程措施建设

健全和完善以行政首长负责制为核心的各项责任制，依法明确和细化社会各部门的防汛抗旱责任。制定《天津市防汛抗旱应急预案》、《天津市防台防潮预案》、《蓄滞洪区运用预案》、《水库防汛抢险应急预案》等各项防汛预案。

加强防汛抢险管理体系建设。明确建立防汛专业抢险队伍、部队抢险队伍联动和协同作战机制，进行业务培训和实战演练，全面提高防抢实战能力。

强化防汛物资管理，适应防大汛、抢大险的需要。制定《天津市防汛抢险物资储备管理办法》，完成《天津市防汛物资储备定额》的编制。

加强科学技术支撑能力建设，适应现代防汛需要。初步建成城市防洪信息系统，增强调度的科学性。建成气象视频会商系统、沿海实时潮位监测系统，编制天津市防汛会商系统建设方案，逐步建立信息共享、数据准确、传输快速的防汛抗旱信息平台，提高防汛信息现代化水平。

加强防汛抗旱法律法规建设和防汛抗旱宣传工作，为防汛提供法律保障和社会支撑。提高公众的风险和法律意识，加强防汛抗旱工作的社会管理。

（5）存在的主要问题

1）主要行洪河道及入海口淤积严重，行洪能力大幅度下降。比如，永定新河原设计行洪能力为 $1400\sim4640\mathrm{m^3/s}$，现状泄洪能力只有 $600\mathrm{m^3/s}$，而且仍然呈现继续下降的趋势；其他河道也有类似的问题。

2）城市防洪堤还不完善。天津城市防洪圈大部分堤防基础比较薄弱，且工程均未经过洪水的检验，存在较多隐患。如西部防线没有进行基础处理和护砌；南部防线独流减河左堤上段仍有 25.4km 没有达到设计高程；北部防线永定新河右堤尚有 2.6km 缺口；东部防线海挡的防潮标准仅为 $20\sim50a$ 一遇。

3）蓄滞洪区启用难度大。全市有蓄滞洪区 13 个，面积 $2952\mathrm{km^2}$，涉及 9 个区县、113 万人。不仅区内避洪撤退安全设施建设滞后，一旦发生大洪水，群众撤退转移十分困难，而且尚有部分蓄滞洪区没有堤埝，一旦启用，其蓄滞洪的范围也很难控制。

2.12.2　武汉市防洪实例

（1）城市概况

武汉市，湖北省省会，2006 年末全市总面积 $8494\mathrm{km^2}$，建成区面积 $425\mathrm{km^2}$。全市总人口 818.84 万人，其中非农业人口 519.08 万人。

武汉市江河纵横，湖泊水库密布，河港沟渠交织，形成了以长江、汉水为干流，举水、滠水、倒水、金水、沙河、府澴河、东荆河为支流，以及 189 个湖泊、273 座水库、350 余条河港组成的庞大水网。总水域面积达 $2187\ \mathrm{km^2}$，占市区面积的 25.75%。

（2）洪涝灾害成因及特点

武汉市位于长江中游，市区内于长江左岸入汇的支流有东荆河、汉水、府澴河和倒水，于长江右岸入汇的支流有金水和巡司河。市境及周围湖泊众多，长江左岸主要有后官湖、东西湖、武湖、张渡湖；右岸主要有汤逊湖、东湖、梁子湖。

长江武汉河段，在市区境内呈西南—东北流向，上自蔡甸区纱帽镇，下至新洲区阳逻镇，全长 70.3km。该河段属微弯分汊河型，上有白沙洲，左汊为主汊；下有天兴洲，右汉为主汉。河段内存在 3 处较大的边滩，即汉阳边滩、汉口边滩和武昌青山边滩。在武汉关上游 1.15 km 处，有汉水于长江左岸入汇；在武汉关下游 15km 处，有府澴河于长江左岸入汇。

汉水是长江中游最大的支流，于武汉市龙王庙汇入长江。汉水武汉河段呈西北—东南流向，自蔡甸区的谢八家至河口，全长 62km，属蜿蜒型河道，河宽 200～400m，有河弯 22 处。由于河道较窄，主流变化即引起河岸崩塌，由此产生险工险段达 25 处之多，而两岸均为城区。

武汉市是濒临长江、汉水的平原城市。武汉市的洪水主要来自长江和汉水流域的暴雨洪水，武汉以下长江小支流洪水顶托加重了洪水对武汉的威胁。此外，市区的集中暴雨也会渍涝成灾。

1) 降雨时空分布不均，汛期降雨集中

武汉市年均降雨量 1221mm，但时空分布极为不均。4～9 月的降雨量占年均降雨量的 70%～90%，6～8 月的降雨量占全年降雨量的 40%。

2) 四面环水，大部分地区地势低洼

发达的河网湖泊水系，构成武汉地区四面环水，地势低洼的自然环境。据不完全统计，低于多年平均洪水位 25.5m 的面积占 52%，除武昌蛇山、凤凰山、汉阳龟山及一些丘陵和江湖洼地外，一般地面高程为 21～27m，低于汛期江面 2～6m。汉口地区地面高程仅少数街道高于 27m，大多在 24m 以下。

3) 汛期长江、汉水上游洪水峰高量大，发生频繁

武汉市长江、汉水上游及洞庭湖湘江、资水、沅江、澧水共有 140 万 km² 的客水，年平均过境客水量 6340 亿 m³，除 332 亿 m³ 来自汉水外，其余皆来自长江。长江上游巨大的洪水来量远远超过武汉境内河道本身的泄洪能力。在历史上，长江出现洪灾的频率较高，汉代至元代平均 11a 一次，明代平均 9a 一次，清代平均 5a 一次。

长江流域洪水由暴雨形成，长江武汉河段的洪水，主要来源于宜昌以上长江干流洪水及洞庭湖水系洪水；汉水武汉河段的洪水，主要来源于丹江口水库上游与唐白河水系；府澴河武汉河段的洪水，主要来源于府河及澴河，滠水来水对府澴河口段有一定影响。

长江汉口武汉关水位站高水位出现几率较大，大于设防水位 25m 的年份占 75.9%。尤其进入 20 世纪 90 年代，连续出现大水年，洪水位均高于设防水位。

汉水流域洪水具有较明显的前后期洪水特点。前期夏季洪水发生在 9 月份以前，往往是全流域性的。例如，1935 年洪水。后期秋季洪水，一般来自上游地区，多为连续洪峰，历时长，洪峰大。例如，1964 年 10 月洪水。

丹江口水库建库前汉水洪水陡涨陡落，水位变幅大；建库后由于水库滞洪，洪峰削减调平，历时增长，峰型由尖瘦变为较肥胖。

(3) 历史灾害

自 1865 年有水文记载以来，武汉市发生最严重的洪水灾害共 5 次，分别为 1870 年、1931 年、1935 年、1954 年和 1998 年；且武汉两次被淹，即 1870 年和 1931 年，而以 1931 年的洪水灾害最为严重。在 1848～1988 年的 140 年中，武汉因暴雨严重渍涝 16 次，其中 1982 年和 1983 年的渍涝灾害最重。

1) 1931 年洪水

1931年入夏，阴寒多雨，5月、6月、7月三个月降雨量分别为879mm、711mm、111mm，水位直线上升，武汉关水位达28.11m。当时洪水淹没全城，三镇淹水时间达100余天，三镇受灾面积计321 km²，受灾人数达78万余人，其中3.26万余人死于洪水、饥饿、瘟疫。

2）1954年洪水

1954年5月初起，洞庭、鄱阳两湖区，屡降大雨；6~7月，集中降雨超过常年同期降雨量的2~4倍。长江中游、江汉平原、清江流域，雨水、山洪汇聚，汉水亦相继出现洪峰。武汉地区5月、6月、7月有2/3的时间为雨天，总降雨量1394mm，比常年同期降雨量多1.5倍。7月降雨量达567.9mm，为历史上同月份之最大降雨量。长江汉口武汉关最高洪峰水位达29.73m，居历史第一位。汉阳被淹，武昌、汉口被洪水围困100多天，京广铁路中断3个月，工厂大部分停工，损失难以估算。

3）1998年洪水

1998年长江流域气候异常，前期雨水偏多，特别是6月长江中下游进入梅雨季节后，暴雨不断，降雨强度大、面积广，主雨带长时间徘徊于长江干流附近，使得两湖流域和湖北省相继发生大洪水。7~8月长江上游又多次发生暴雨过程，与中下游二度梅雨共同作用，使长江流域发生了20世纪以来仅次于1954年的又一次全流域性特大洪水。全市人民共同与洪水进行不屈不挠的斗争，确保了武汉市的防洪安全。全市出险2215处（其中城区402处），受灾人口177.7万人，民垸扒口漫溃70个，倒房9990间，被水围困16.6万人，受灾农田14.87万hm²（其中绝收4.7万hm²），受灾企业2106家，直接经济损失41.26亿元。

武汉市在承受长江、汉水大洪水压力的同时，又遭遇百年罕见的特大暴雨的袭击，外洪内涝，暴雨成灾，渍涝灾害严重。渍水面积达60 km²，约占城区面积的1/5，渍水深度在0.5~1.2m，个别地方深达2m，渍水时间2~4d，少数地区达7~10d。

4）1982年和1983年渍涝灾害

1982年和1983年两次特大暴雨，城区受渍面积达35%~50%，渍水深0.5~2m，持续时间3~8d，造成交通中断，大量工厂停产、商店停业、学校停课，仓库、民宅进水，物资被淹，农田受损。

（4）防洪现状

1）工程措施

公元7世纪，武汉开始修堤防。至1949年，三镇堤防总长108km。武汉市防洪工程示意见图2-2。

新中国成立后，长江、汉水干堤经历了新中国成立初期的培修加固、1954年洪水后的加高扩建、改革开放后的达标建设和1998年后国家斥巨资大规模整险加固4个阶段，完成了由保护中心城区到保护全部城区直至保护整个武汉市域的扩展延伸。堤防总长约800km，其中长江堤防299km，汉水堤防114km，连江支堤387km。汉口、武昌、汉阳三个保护圈堤防总长194.4km，为国家一级堤防，已达到长江流域规划防御1954年最高洪水的标准。与此同时，还在汉水上游兴建了丹江口水利枢纽工程，在市区内建设了6处分蓄洪区。从而形成了具有堤防、分蓄洪工程和丹江口水库的防洪工程体系。"十五"期间又投资8亿元进行连江支堤加固建设，最终形成了完整的全市城市防洪体系。防洪体系保

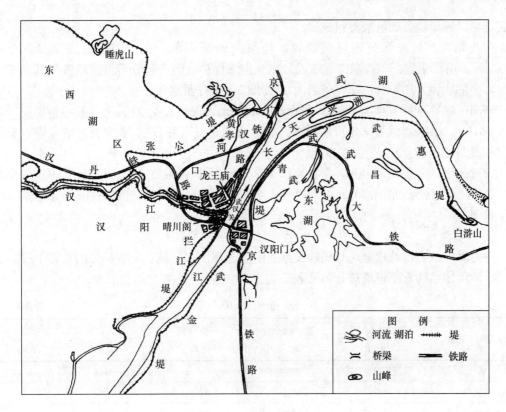

图 2-2 武汉市防洪工程示意

护总面积达 7486km²，保护总人口 768.1 万人（2002 年）。

① 堤防

汉口堤防，全长 63.23km，保护面积 133.8km²，保护人口 154.4 万人。其中一级堤防 52.73km，堤顶高程 32.34～31.59m，全部达标（超 1954 年最高水位 2m）；二级堤防 5.71km，暂时未定等级堤防 4.79km，堤顶高程 29.6m，由汉口城区堤、谌家矶围堤组成两个防洪保护圈，内有江岸、江汉、娇口 3 个行政区。

武昌堤防，全长 78.335km，为一级堤防，全部达标。保护面积 820km²，保护人口 185 万人。由武金堤、八铺街堤、武昌市区堤、武清堤、工业街堤、武惠堤及佐领堤相接而成。保护武昌、青山、洪山 3 个中心城区和佐领镇。

汉阳堤防，全长 63.95km，为一级堤防，全部达标。保护面积 413.5km²，保护人口 52.76 万人。由汉阳区堤、保丰堤、襄永堤、永固堤、汉阳隔堤及江永堤首尾相接而成，形成大汉阳保护圈。内有汉阳区、武汉经济技术开发区及蔡甸区北部地域。

蔡甸区堤，全长 81.31km，保护面积 104km²，保护人口 47 万人。其中三级堤防 31.58km，暂无等级堤防 49.73km。由长江的竹林湖堤、军山堤、纱帽堤及汉水的张湾堤、分蓄洪围堤组成。分别接汉阳堤防的永固堤和烂泥湖堤，以及汉南长江干堤和汉川堤防，形成蔡甸、汉南保护区。

汉南区堤，全长 96.785km，保护面积 268km²，保护人口 11 万人。其中二级堤防由长江干堤、东荆河堤、通顺河堤及窑头隔堤组成。

江夏区堤，全长 23.851km，皆为二级堤防，保护面积 2009km²，保护人口 65 万人。

由武金堤、五里堤、四邑公堤组成。

东西湖堤，起自张公堤三金潭村，经东西湖新沟镇，止于张公堤舵落口，全长94.65km。由汉水堤、东西湖围堤组成。东西湖堤保护范围也是分蓄洪区，由于其紧靠主城区，经济建设发展十分迅速，若遇大汛，难以承担分蓄洪任务。

新洲区堤，全长206.31km，保护面积1482km²，保护人口93万人。其中暂定三级堤防37.61km，其余堤段暂未定堤防等级。共形成沙东堤（部分）、举东堤、堵龙堤、柴泊湖堤和武湖堤（部分）5个保护范围。

黄陂区堤，全长82.65km，保护面积405.6km²，保护人口23.6万人。其中三级堤防48.91km，无等级堤防34.74km，形成一个半保护圈，即武湖保护圈的黄陂部分及黄陂城关保护圈。

② 分蓄洪区

分蓄洪区是合理处理全局与局部关系、解决超额洪水、减轻灾害损失的重要手段，是武汉市防洪体系的重要组成部分，见表2-3。

分 蓄 洪 区 表 2-3

分蓄洪区名称	蓄洪水位 （m）	蓄洪面积 （km²）	有效容积 （亿 m³）	人口 （万人）	耕地 （万 hm²）
总计	—	2648.98	106.4	141.8	14.18
杜家台	30.0	613.98	16.0	17.5	2.75
张渡湖	28.3	337	10.0	40.0	2.36
武湖	29.1	298	18.1	11.5	1.23
西凉湖	31.0	1032	42.3	51.3	6.06
东西湖	29.5	368	20.0	21.5	1.78

③ 城市防洪设施与市政建设相结合

汉口江滩防洪及环境综合整治工程，是一项以防洪和城市环境景观为主，兼顾航运、环保、血防、充分利用水土资源的综合性整治工程。

汉口江滩防洪及环境综合整治工程全长7007m，整治平均宽度160m，拆除各类建筑物22.5万 m²，搬迁58家企事业单位，吹填高程28.8m。按防洪治导线整治后的汉口江滩形成了一个面积达114.62万 m² 的江滩绿地，实现了城市防洪与环境创新的有机结合，彻底改变了历史遗留下来的阻水建筑林立、生产生活设施杂乱无章、环境脏乱差的局面，使江滩成为一个无阻水建筑、环境优美、供市民休闲娱乐的亲水空间。

汉口江滩以绿色为基调、亲水为主题、地域文化为底蕴，构成一幅人与自然高度和谐，城市与大江大河相互融合，极具武汉特色的风景长卷。

2）非工程措施

① 防洪指挥及其办事机构

1984 年正式组建武汉市防汛指挥部办公室，负责组织协调全市的防汛工作和市区堤防的建设、维护、管理。各区成立区防汛指挥部办公室，负责辖区的防汛和堤防工作。2000 年成立武汉市水务局。武汉市防汛指挥部办公室与武汉市水务局为"两块牌子、一个班子"。新机构为市政府的水行政主管部门，统一负责供水、排水、防汛、抗旱和水资源等所有涉水事务的管理工作,克服了多龙治水的弊端,有效地协调供、排、防、抗的矛盾,加强了水资源的规划与开发和水生态、水环境的保护与建设。

② 防汛责任制

从 1987 年开始,武汉市防汛工作实行了行政首长负责制,市长全面负责,各区由区长负责。1989 年采取强化手段和配套措施,进一步落实各种防汛责任制。市、区、街三级防汛部门,签订一级对一级负责的责任状,明确任务,分清责任。

堤防专业部门,按照"修"、"防"、"管"的内容,包括堤防基建、维护、管理、河道清障等,按防洪设施建立分段、分项包干责任制。

督促专防单位和与防汛密切相关的部门和单位如交通、物资、电信、供电等建立相应的防汛责任制。

③ 法规和制度

1984 年经湖北省人大常委会审议颁布了《武汉市市区河道堤防管理条例》,是全国最早的一部地方河道堤防管理法规。市政府制定了实施细则和江滩管理办法、河道清障规定等法规、制度,使河道堤防管理有法可依。市水务局成立后,更加快了法制建设的步伐,先后制定颁布了《武汉市防洪管理规定》、《武汉市城市排水条例》、《武汉市湖泊保护条例》。此外,每年汛前都制定了防御大洪水预案、分蓄洪区转移方案、大型涵闸、泵站、水库调度方案、防汛通信预案等,使水务各项工作步入正规化、法制化、制度化的轨道。

④ 河湖清障

清除河道障碍是投入最少,效益最大的工程。武汉市委、市政府下狠力清除河道障碍,最近几年清障 39.7 万 m²,搬迁 85 家企事业单位,有效地保证了河道的畅通。

⑤ 防汛指挥系统建设

武汉市防汛信息管理及决策支持系统已初步建成,实行了水雨情计算机网络传输,建立了水情、雨情、工情数据库,三维动态卫星云图显示,地理定位系统。由稳定的网络平台将各系统有机地集成,不仅为防汛会商、防汛决策提供了科学的依据,同时通过局域网大大提高了办公自动化、信息化的程度。

(5)存在的主要问题

1)防洪工程维修加固任务依然繁重

武汉全市各类堤防长达 800 余公里,根据武汉市堤防建设规划要求,武汉三镇的三个防洪保护圈堤线 194.4km 全部达标。但是武汉市堤防多数是历年逐步修建、加高加固形成的,地质条件复杂,施工质量不一,堤身隐患险工险段甚多,若在较长时间高水位行洪的情况下极易产生管涌、滑坡、崩岸等各类险情。如经过整治的汉水堤防上的东风险段、黄金口险段,经过 2003 年汉水秋汛后,又发生新的险情。因此,还要抓紧防洪规划的编制工作,根据防洪规划还要加大长江武汉河段、汉水武汉河段河势控制工程的建设。

2)蓄滞洪区安全建设滞后,使用困难

在遭遇大洪水的情况下,为确保武汉市城市安全,在武汉市附近建有 5 个蓄滞洪区,除杜家台蓄滞洪区运用正常外,其余 4 个蓄滞洪区从未使用,特别是东西湖蓄滞洪区安全建设滞后,加之蓄滞洪区内人口迅速增长,经济快速发展,形成了新的开发区,增加了蓄滞洪区运用的难度。

3)防洪非工程措施薄弱

武汉市在防汛抢险组织、队伍与物质系统方面做得还是比较好的，并在防汛通信网络与预警系统和防汛决策支持系统方面做了些工作。但是，在蓄滞洪区运用与洪水风险管理体系、暴雨洪水自动测报与预报体系、防洪保险与灾后救助系统、防洪决策与法律法规系统以及应用高新技术、建设数字化、网络化的防洪保安与兴利体系方面还是很薄弱的。

4）内涝灾害防治标准低

武汉市排渍设计标准偏低，排水管网系统配套不全，管网老化。由于城市建设用地的快速增长，城区的不透水面积不断增加，排水设施跟不上，汛期极易造成内涝。防治内涝灾害的基础设施建设滞后于城市的发展。

2.12.3　银川市防洪实例

（1）城市概况

银川市，宁夏回族自治区首府，位于黄河上游宁夏平原中部。2006 年末，全市总面积 9170 km²，市区面积 1791 km²，建成区面积 1061 km²。全市人口 144.68 万人，其中非农业人口 91.61 万人。汉族人口占总人口的 71.62%，回族人口占总人口的 26.90%。

（2）洪涝灾害成因及特点

银川市位于贺兰山东麓洪积平原的中心，地形开阔平坦，地面无切割，海拔 1106～1122m，地面坡度平缓，一般在 0.02%～0.18% 之间，西部、南部较高，东部、北部较低，略呈西南—东北向倾斜。地貌可分为贺兰山地、山前洪积倾斜平原、洪积冲积平原、冲积湖沼平原、河谷平原和河漫滩六个单元。

银川市属中温带干旱区，具有冬寒漫长、雨雪稀少、气候干燥、日照充足、风大沙多等特点，属于典型的大陆性气候，年平均气温 8.8℃。夏季多南风，冬季多北风。年平均降雨量 180mm，年平均蒸发量 1548.49mm。

贺兰山是银川市的天然屏障，属中高山地形，山势陡峻，海拔在 1500～3200m 之间，主峰海拔 3556m，相对高差 1600m。既阻挡西伯利亚寒流及风沙对市区的侵袭，又拦截东麓暖湿空气。随海拔增加，气压和气温降低，地形雨系气团受山脉的阻挡而抬升形成多雨区，产生暴雨的几率极高。

贺兰山银西段暴雨中心主要在小口子、拜寺口、苏峪口、贺兰山山口及金山乡一带，降雨（暴雨）形成的地面径流多以洪水形式出现，年际变化大，年内分配不均，季节性特点强。暴雨主要集中在 7 月、8 月，24h 降雨量不小于 100mm 暴雨发生次数占全年的82.3%。暴雨历时不长，高强度暴雨持续时间短，笼罩面积不大，点面折减快。

与暴雨特性相应，洪水年际变化大，有明显的季节性和地区性；表现为洪峰高、来势猛、历时短，洪峰一般为单峰，复式峰较少。峰型较尖瘦，陡涨陡落，一般从开始起涨到峰落约 6h 左右，流域面积较大的沟道洪水历时可达 10h 左右。洪峰流量随流域面积增大而缓慢增加，反映出干旱地区暴雨洪水不均匀的特性。

（3）历史灾害

贺兰山至银川市区共有 49 条山洪沟，洪涝灾害主要为来自贺兰山的山洪。据有关资料记载，1853～1998 年 100 多年间发生洪水灾害多起。

1）1975 年山洪

1975 年 8 月 4 日 23 时 5 分至 5 日 9 时，12h 降雨量 212.5mm，暴雨中心在贺兰山气象站。降雨量大于 50mm 的面积达 3500km², 贺兰山中、北段 30 多条山洪沟突发洪水, 冲决、淤积渠道 8.4km, 渠道停灌 15d, 受淹农田 1667hm², 冲毁房屋 1500 间, 冲走牲畜 1500 头, 死亡 4 人, 毁坏鱼池 357hm², 大平、石大公路交通中断, 平汝铁路冲坏 43 处, 部分厂矿停工停产, 直接经济损失 1000 万元。

2) 1998 年山洪

1998 年 5 月 20 日, 贺兰山榆树沟至龟头沟降暴雨, 暴雨中心苏峪口 6h 降雨量 168.7mm 降雨量大于 50mm 笼罩面积 1270km², 自山嘴沟至大武口沟均发生 10a 一遇以上洪峰流量, 其中白寺沟、苏峪口沟、贺兰沟和龟头沟发生超 100a 一遇的洪峰流量, 小口子、黄渠口、插旗沟发生 50a 一遇的洪峰流量。造成西干渠决口 14 处, 第二农场渠决口 44 处, 4500 多间房屋倒塌, 冲毁电力线路 13km, 渡槽 14 座、桥涵 45 座、道路 12 处, 受灾 15 万人, 4000 多人无家可归, 死亡牲畜 1 万多头, 近 6667hm² 农田被淹, 3000hm² 绝产, 直接经济损失 2 亿元。

(4) 防洪现状

1) 工程措施

防西贺兰山山洪是银川市城市防洪工作的重心, 已初步形成了一个标准较低、但"导、滞、泄"功能较齐全的城市防洪工程体系。

经过 40 多年来的建设, 银川市目前已沿西干渠建成一次拦洪库 7 座、二次滞洪区 3 座、退水闸 3 座、泄洪沟 5 条、排洪干沟 2 条的城市防洪体系。拦洪库、滞洪区总库容 5323 万 m³, 洪患得到了初步控制。

目前, 城区已兴建排水沟道 79.33km, 电排泵站 10 座, 排水面积 26.32km²。

2002 年, 在水利部的大力支持下, 城市防洪工程建设先后完成了第二拦洪库堤坝扩整 4.7km, 加固改造桑园沟北堤 14.31km 及建筑物 9 座, 第一、第五拦洪库坡面砌护 5.6km, 西干渠东堤加固 19.471km, 扩整高家闸沟南堤 7.9km 等。

2003 年, 完成了四二干沟上段改线、永二干沟与第二排水沟连通及清淤治理、西大沟扩整、大小西湖连通、西湖与北塔湖连通、河西总排水干沟城市段改造等工程。

2) 非工程措施

① 防洪指挥及其办事机构

为加强对银川市防汛抗洪工作的统一领导, 成立了银川市防汛指挥部, 领导指挥全市的防汛工作, 其日常办事机构即办公室设在市水务局。银川市所辖西夏区、金凤区和兴庆区及永宁、贺兰两县, 均相应成立了由同级人民政府有关部门负责人组成的防汛指挥部, 其办事机构均设在同级水务局, 分别负责所辖范围内的防汛工作。

② 防汛责任制

根据防汛工作实行统一领导、分级分部门负责的原则, 城建、电力、铁道、交通、邮电以及有防汛任务的部门和单位, 均建立了相应的防汛机构, 负责做好本行业的防汛工作, 同时在市防汛指挥部和上级主管部门的领导下, 相互协调配合。

市水务局下设的防洪管理所包括黄羊滩、桑园沟、银西防洪管理所和沟道管理所四个常设机构, 属事业性质科级单位, 现有在编人员 65 人, 承担各类防汛工程设施的管理, 入库洪水预报, 汛情、水情、工情的监测, 信息传递, 防汛抢险等项工作任务。

(5) 存在的主要问题

由于防洪体系还不配套，工程建设标准低，现状防洪工程体系存在"上拦不足，中滞不够，下泄不畅"的问题，主要表现在：

1）第一、园林场、第五与镇北堡拦洪库坝顶高程低于拦蓄原设计洪水高程1.24～2.37m，拦洪能力不足。同时，各拦洪库坝体单薄、迎水面无护坡，溢洪道、泄洪洞年久失修，随时都存在着决堤溃坝的危险。部分拦洪库和滞洪区内尚有人员居住，需要搬迁安置。

2）第四拦洪库和芦草洼、芦花二次滞洪区坝体单薄，泄洪建筑物老化失修。西干渠高家闸至牧三支渠口段，东堤渠堤高程低于防洪要求0.32～1.76m。

3）高家闸沟及第二排水沟、四二干沟、银新干沟八里桥以下段淤积严重；桑园沟有6.51km地处流沙段，沟道塌坡严重，泄洪断面不足；排洪沟体系中尚缺芦花排洪沟。

第3章 经 济 评 价

水利工程的防洪效益,主要包括经济效益、社会效益、环境效益。

经济效益是指防洪工程防御洪水泛滥,保护国民经济各部门和地区的经济发展,减免国家和人民财产损失等带来的经济利益;社会效益是指防洪工程在保障社会安定和促进社会发展中所起的作用。如果没有防洪工程,洪水泛滥可能造成人员伤亡,工厂企业停产,人民流离失所,需要救济,甚至引起社会动荡;环境效益是指防洪工程减少因洪水泛滥所带来的环境恶化,水质污染,疾病流行等所获得的效益。社会效益和环境效益,目前尚难以定量,至于减免人员伤亡,减免灾区人民精神上的痛苦及生产情绪的低落,是不易用货币表达的。

3.1 特点、计算原则和步骤

3.1.1 特点

防洪减灾工程与兴利工程不同。防洪减灾工程本身不直接创造财富,而是把兴建工程后防止或减少某一频率洪水所造成的洪灾损失作为效益。因此,一般不对其进行财务分析,这里所指的分析是针对其以下特点而言的。

(1) 防洪效益的随机性

防洪效益的随机性在时间、空间和量级上都表现得十分明显。

1) 时间上的随机性

表现为造成洪灾损失的洪水不一定年年发生,也不知道哪一年发生。如果兴建某一防洪工程,一开始就遇到一次、甚至连续几年遇到成灾洪水,就能及时获得效益;如果较长时期内遇不到成灾洪水,尽管增加了这些年的安全感,但该工程长期未能发挥效益,这就是防洪效益在时间上的随机性。

2) 空间上的随机性

洪水发生在空间分布的情况不同,其洪灾损失也不一样。如上下游、干支流的洪水不发生遭遇,也可能不至于造成大面积的成灾;反之,如上下游、干支流的洪水发生遭遇,就可能造成较大的洪灾损失。因此,流域内洪水在空间的分布对洪灾损失影响较大。由于洪水在空间分布上的随机性,也导致防洪效益在空间上的随机性。

3) 量级上的随机性

洪水在峰、量、历时、形状上的不同,造成洪灾的情况也不完全一样。如同样大小洪峰的洪水,洪量不尽相同。峰型尖瘦的洪水,经水库或河槽调蓄后,洪水明显坦化,造成洪灾的可能性就小;峰型肥胖的洪水,经水库或河槽调蓄后,坦化不明显,也可能造成洪灾。因此,洪水在峰、量、历时、形状上的随机性也就造成防洪效益在量级上的随机性。

（2）防洪效益计算的复杂性

防洪效益计算的复杂性主要在于有些损失难以计算，有些洪灾损失、防洪效益难以划分，以及不同时期的洪灾损失难以估计等。

1）洪灾损失难以计算

洪灾直接损失主要根据调查取得，调查中财产损失的估计以及事后调查中损失率的估计都与实际情况会有一定的出入。洪灾间接损失包括工矿企业停产，交通运输中断，人员伤亡造成劳力不足，耕地被冲毁、沙压致使连年减产等，这些比洪灾直接损失估计更复杂。至于遭受洪灾后，人民生命、财产被毁，疾病流行所造成精神上的痛苦，生产情绪下降等，不但难以估计，同时也无法用货币或实物指标给予衡量。

2）洪灾损失、防洪效益难以划分

我国南方平原地区经常发生先涝后洪，河流下游遇潮水顶托等所造成的损失，本来不应该全部归于洪水所造成的损失，但具体计算中很难划分。防洪地区即使有完整的防洪工程措施系统，但仍少不了有非工程措施予以配合。在工程措施与非工程措施结合所取得的防洪效益中，工程措施和非工程措施各占多少，很难区分。如将防洪效益都算在工程措施上，其效益就有些偏大。

3）不同时期的洪灾损失难以估计

同样大小的一场洪水，发生在过去、现在和将来所造成的损失就不一样。总的来说，随着时间向前的推移，由于防洪措施的不断完善和经济的不断发展，遇到同样大小的一场成灾洪水所遭受的损失，在数量上将逐步减少，而在价值上将逐步增加。因此，防洪经济需要根据以上特点做好认真的分析，力求取得比较切合实际的洪灾损失资料。

3.1.2 计算原则

防洪经济评价的计算原则：

（1）对规划设计的待建防洪工程防洪效益采用动态法计算；对已建防洪工程的当年防洪效益，一般采用静态法计算。

（2）只计算能用货币价值表示的因淹没而造成的直接经济损失和工业企业停产与电讯通信中断等原因而造成的间接经济损失。

（3）各企事业单位的损失值、损失率、损失增长率，按不同地区的典型资料分析，分别计算选用。

（4）投入物和产出物价格对经济评价影响较大的部分，应采用影子价格；其余的可采用财务价格。

3.1.3 计算步骤

防洪经济评价的计算步骤：

（1）了解防洪保护区内历史记载发生洪灾的年份、月份，各次洪水的洪峰流量及洪水历时。根据水文分析，确定致灾洪水的发生频率。

（2）确定各频率洪水的淹没范围：根据各频率洪水的洪峰流量及与区间洪水的组合情况，推求无堤情况下各频率洪水的水面线，并将水面线高程点绘在防洪保护区的地形图上，即可确定各频率洪水的淹没范围。现场调查时应对此水面线进行复核修正。

(3) 历史洪水灾害调查分析：历史洪水灾害调查工作主要内容包括：

1) 防洪保护区的各行业财产价值调查：包括人口、房产、家庭财产、耕地、工商企业、基础设施、电力通信、公路铁路交通、水利工程等的基本情况。应根据不同频率洪水的淹没范围分别统计。

2) 调查分析洪灾损失增长率：通过对各行业历年国民经济增长情况的统计，分析防洪保护区内的综合国民经济增长率。据此，综合分析，确定洪灾损失增长率。

3) 历史洪水灾害调查：通过深入现场调查及查阅有关历史资料，分类统计各行业的直接损失、间接损失及抗洪抢险费用支出。调查工作可通过全面调查和典型调查分别进行。若防洪保护区范围小，行业单一，可进行全面调查；若防洪保护区范围较大，需调查的行业较多，调查内容复杂，则需采用典型调查的方法，可选择 2～3 个具有代表性的洪灾典型区进行。调查的方法可采用：

① 调查各典型区各频率洪水的淹没水深及相应的各行业财产损失率，从而得出淹没水深与财产损失率关系曲线，用此关系曲线和调查的各行业财产值，计算保护区内各频率洪水的财产损失值。

② 直接调查各典型区各频率洪水的财产损失值，根据各典型区的面积得出单位面积的损失值，将此作为各频率洪水的损失指标或扩大损失指标。并根据此扩大损失指标和淹没面积计算出防洪保护区内各频率洪水的财产损失值。

4) 绘制洪水频率与财产损失值关系曲线：根据洪水灾害调查成果，用致灾洪水的发生频率与相应的财产损失值，绘制不同洪水频率与财产损失值关系曲线。

(4) 防洪效益计算：根据所修建防洪工程的防洪作用，在洪水频率—财产损失值关系曲线上，分析修建防洪工程后所能减免的洪水灾害，绘制出修建工程后洪水灾害损失值与洪水频率关系曲线。并依此计算多年平均防洪效益。

(5) 国民经济评价：根据防洪工程的投资，年费用及多年平均防洪效益，进行防洪工程的经济评价。防洪工程的经济评价，可采用经济内部收益率、经济净现值和经济效益费用比等评价指标进行。经济内部收益率大于或等于社会折现率、经济净现值大于或等于零、经济效益费用比大于等于 1 的工程项目，是经济合理的。

3.2 致灾洪水淹没范围的确定

致灾洪水淹没范围的确定包括淹没范围、淹没水深的确定：

(1) 淹没范围的确定：确定淹没范围常用的方法是根据防洪保护区的某一控制断面发生不同频率洪水的洪峰流量及与上、下游计算断面的相应洪峰流量，利用河道的纵横断面实测资料，运用一维恒定非均匀流方法，推求河道各计算断面的无堤水面线，并将同一频率水面线成果点绘在防洪保护区的地形图上，其连线即为该频率洪水的淹没范围的淹没面积。随着计算机发展，亦可从二维非恒定流的基本理论出发，利用大容量的计算机，模拟计算洪水在洪泛区的动态演进过程，最终编制出洪泛区的洪水风险图，以确定各种频率洪水的淹没面积和程度。洪水风险图的内容，包括洪泛区的洪水历时图、等水深图、流场图及洪泛区内各重要地区水位过程线图等。东北师范大学自然灾害研究所，在 arcgis 软件的支持下，利用二位非恒定流数学模型，模拟出了哈尔滨城市洪涝的情景，取得了满意的成果。

（2）淹没水深的确定：根据不同频率的淹没范围线，选定几条具有代表性的断面，建立河道代表断面的水位（H）与流量（Q）关系曲线，并根据水文分析得出的各频率洪水的洪峰流量，查 H-Q 曲线，得出相应断面的水位。此断面水位与地面高程之差，即为相应频率洪水的淹没水深。若无 H-Q 曲线，可进行实地调查，分析各次洪水的实际淹没水深。

3.3 致灾年国民经济价值量的确定

3.3.1 洪灾损失调查

洪灾损失调查分析，是正确计算防洪效益的关键环节。防洪经济效益分析的可靠性，很大程度上取决于洪灾损失的社会经济调查资料的准确性和可靠性。

（1）防洪保护区社会经济调查：社会经济调查是一项涉及面广、工作量大的工作，应尽力依靠当地政府的支持，取得可靠的数据。调查可采用全面调查、抽样调查或典型调查方法，也可二者结合。对防洪保护区的城郊乡镇和农村，应实地调查，以取得各项经济资料；对城区调查应以国家统计部门的有关资料为准；对铁路、交通、邮电部门，亦应取自有关部门的统计数据。

（2）洪灾损失调查内容

1）洪灾损失主要包括：

① 直接损失：是指各行各业由于洪水直接淹没或水冲所造成的损失。

② 间接损失：是指由于上述直接损失带来的波及影响而造成的损失。

③ 抗洪抢险的费用支出。

调查各项财产价值与损失值时，对财产统计不要漏项。有的财产不在损失之列，也应统计。尽管它对损失值影响不大，但对损失率影响很大。城市的动产，如家具衣物、商店百货、厂矿企业原材料产品、交通工具及可动生产设备等，因市区有牢固不易倒塌的高层建筑物，其中在洪水位以上的，未被水淹；有的在洪水位以下，但可临时将其一部分，特别是一部分贵重财产移至高处，或用交通工具转移。在确定损失时，对这些财物应予扣除，不能列为损失财产。

洪灾区各类财产损失，主要包括在无工程情况下，各相应频率洪水年份洪水淹没范围内的各行各业损失值，绘制出不同淹没对象平均淹没水深与损失率的关系曲线。

2）洪灾损失调查的主要内容：

① 工商业、机关事业单位损失：包括固定资产、流动资金、因淹没减少的正常利润和利税收入等。固定资产损失值，包括不可修复的损失和可修复的修理费和搬迁费。为维持正常生产的流动资金损失，包括燃料、辅助料及成品、半成品的损失，停产、半停产期间的工资、车间及企业管理费、贷款利息、折旧及维持设备安全所必需的材料消耗等，减产利税应为停产（折合全停产）期间内的产值损失与利税率之积；其他损失包括因灾需建临时住房、职工救济费、医药费等。

② 交通损失：包括铁路、公路、空运和港口码头的损失部分，可分为固定资产损失、停运损失（按实际停运日计算）、间接损失及其他损失。停运损失指因铁路、公路停运所

造成的对国家利润上交的损失。间接损失系指因铁路、公路停运，使物资积压、客运中断对各方面所造成的损失。

③ 供电及通信损失：供电损失包括供电部门的固定资产损失和停电损失。停电损失按停电时间和日停电损失指标确定。通信线路损失，包括主干线及各支线线路损失与修复所需的人员工资等费用。邮电局损失，还应计算其利润等。

④ 水利工程设施损失：洪水淹没和被冲毁的水利设施所造成的损失，包括水库、堤防、桥涵、穿堤建筑物、排灌站等项，应分别造册，分项计算汇总。

⑤ 城郊洪灾损失调查，包括调查农作物蔬菜损失及住户的家庭财产损失等。

以上各项损失的调查工作，可参照表3-1～表3-12进行。

上述各项经济损失，均应按各频率洪水的淹没水深与损失率关系，计算出各频率洪水财产综合损失值，并绘制成洪水频率与财产综合损失值关系曲线。

3.3.2 洪灾损失率、财产增长率、洪灾损失增长率的确定

（1）洪灾损失率

指洪灾区内各类财产的损失值与灾前或正常年份各类财产值之比。损失率不仅与降雨、洪水有关，而且有地区特性，不同地区、不同经济类型区损失率不同。各类财产的损失率，还与洪水淹没历时、水深、季节、范围、预报期、抢救时间和措施等因素有关。

（2）财产增长率

洪灾损失或兴修工程后的减灾损失，一般与国民经济建设有密切关系。因此，在利用已有的各类曲线时，必须考虑逐年的洪灾损失增长率。由于国民经济各部门发展不平衡，社会各类财产的增长不同步，因此，必须对各类社会财产的增长率及其变化趋势，进行详细分析，才能确定。

（3）洪灾损失增长率

用来表示洪灾损失随时间增加的一个参数。由于洪灾损失与各类财产值和洪灾损失率有关，因此，洪灾损失增长率与各类财产的增长率及其洪灾损失率的变化、洪灾损失中各项损失的组成比重变化有关，在制定其各类财产的综合增长率时，应充分考虑。洪灾损失增长率是考虑有关资金的时间因素和财产值，随时间变化的一种修正及折算方法。

计算步骤：

1）预测防洪受益区的国民经济各部门、各行业的总产值的增长率。

2）测算各类财产变化趋势，分段确定各类财产洪灾损失率的变化率。

3）计算各有关年份的财产值、洪灾损失值及各类财产损失占总损失的比重，来推求洪灾损失增长率。

4）计算洪灾综合损失增长率 β，可按式（3-1）、式（3-2）求得：

$$\beta = \Sigma\lambda_i\Phi_i \tag{3-1}$$

$$\Phi = S_i / \Sigma S_i \tag{3-2}$$

式中　λ_i——第 i 类社会财产值的洪灾损失增长率；

　　Φ_i——第 i 类社会财产值的损失占整个洪水淹没总损失的比重；

　　S_i——第 i 类财产洪灾损失值；

　　i——财产类别，参见表3-1～表3-12。

企业事业单位财产损失调查表 表 3-1

序号 \ 项目	调查区名：	单位名称：	受灾年份：	年产值：		
	单位性质	财产项目	财产数目	财产价值 （万元）	受淹损率 （%）	受淹损失 （万元）

桥梁固定资产损失值调查表 表 3-2

桥 名	桥 梁		
	总长度 （m）	淹没长度 （m）	淹没损失 （万元）

公路固定资产损失值调查表 表 3-3

路 名	公 路		
	总长度 （km）	淹没长度 （km）	淹没损失 （万元）

电力设施损失值调查表 表 3-4

地名 \ 项目	固定资产 （万元）	固定资产 损失 （万元）	日停电损失 （万元/d）	停电历时 （d）	停电损失 （万元）	直接损失 合计 （万元）	淹没水深

通信设施损失值调查表 表 3-5

地名 \ 项目	线路长度 （km）	单价 （万元）	线路损失 （万元）	交换台			直接损失 合计 （万元）	淹没水深
				总数量 （个）	淹没数量 （个）	损失值 （万元）		

城市居民家庭财产损失调查表　　　　　　　　　　表 3-6

序号 \ 项目	调查区名：　　　受灾年份：　　　户主名：　　　淹没水深：					备注
	财产项目	数目	价值（元）	受灾损失率（%）	损失值（万元）	
合计						

农作物损失值调查表　　　　　　　　　　表 3-7

序号 \ 项目	调查区名：　　　　受灾年份：						备注
	作物名称	播种面积（亩）	受灾面积（亩）	正常年单产（kg/亩）	受灾后单产（kg/亩）	受灾减产（万kg）	损失率（%）	
合计							
平均							

林地损失值调查表　　　　　　　　　　表 3-8

序号 \ 项目	调查区名：　　　淹没水深：　　　淹没历时：				
	总面积（亩）	受灾面积（亩）	总价值（万元）	损失值（万元）	损失率（%）
合计					
平计					

草原损失值调查表　　　　　　　　　　表 3-9

序号 \ 项目	淹没区名：　　　淹没水深：　　　淹没历时：				
	总面积（亩）	受灾面积（亩）	总价值（万元）	损失值（万元）	损失率（%）
合计					
平计					

水利设施损失值调查表　　　　　　　　　　　　　　　表 3-10

项目\地名	排灌站			机电井			涵洞			闸（桥）			合计		淹没水深
	总数量（座）	淹没数量（座）	损失值（万元）	总数量（座）	淹没数量（座）	损失值（万元）	总数量（座）	淹没数量（座）	损失值（万元）	总数量（座）	淹没数量（座）	损失值（万元）	总数量（座）	淹没数量（座）	

洪水淹没区经济发展预测表　　　　　　　　　　　　　　表 3-11

水平年			现状年份	规划年份		运景年份	
			价值（万元）	价值（万元）	增长率（%）	价值（万元）	增长率（%）
市镇统计		居民财产					
	工商业	固定资产					
		流动资金					
		年产值					
乡村统计		农户财产					
	工商事业	固定资产					
		流动资金					
		年产值					
		农业					
		畜牧业、副业					
专项统计		电信					
		输电					
		交通					
		其他					
机关事业							
合计							

防洪保护区社会经济指标统计表　　　　　　　　　　　　表 3-12

项目	单位	淹没区：							总计
总面积	万亩								
耕地	万亩								
草原	万亩								
林地	万亩								
水面	万亩								

项　　目	单位	淹没区：										总计
村　镇	个											
户　数	户											
人　口	人											
公　路	km											
学　校	所											
医　院	个											
邮　局	个											
工商企业	个											
电力线路	km											
通信线路	km											
水利设施	个											
牛、马	头、匹											
猪、羊	头、只											
家　禽	只											
备　注												

3.4　经　济　效　益　计　算

如前所述，防洪工程不能直接创造财富，而是把减免的洪灾损失，作为它的效益。因此，防洪工程的效益只有遇到可能产生洪灾损失的洪水时，才能体现出来。它具有时间随机分布的特点，且在年际、年内间效益的变差亦很悬殊。

已建和待建的防洪工程效益，都是以减免被保护地区的国家、集体、个人的财产及工农业生产所受洪灾损失的价值来表示，通常用频率曲线法和年系列法进行计算。二者有相同之处，也有差异。相同之处，在计算方法上，都是以减免洪灾损失的大小来衡量。不同之处，待建工程考虑时间因素，都是以修建工程前与修建工程后累积频率曲线和横坐标间包围的面积之差，来计算设计水平年的防洪效益，按预测的平均经济增长率和抗灾能力估算其经济计算期内的效益。

3.4.1　已建防洪工程效益计算

对已建防洪工程的实际效益计算，一般采用静态法。在运行期内的多年平均防洪经济效益和总效益的计算，是将运行期内各次致灾洪水的减灾损失，按照其发生年社会各类财产的经济价值，用动态经济分析方法，折算到某一基准年，求出总效益和多年平均防洪经济效益，计算公式为：

$$B_0 = \Sigma B_i (1+r)^{m-1} \tag{3-3}$$

式中　B_0——运行期内防洪经济效益总和；

B_i——第 i 年的防洪经济效益值；

r——折算利率；

m——工程已运行的年数；

i——运行年的序号。

3.4.2 待建防洪工程效益计算

（1）对待建防洪工程的经济效益计算，采用动态法。它是运用频率曲线法，计算洪灾的多年平均损失和工程的多年平均效益，推求经济净现值、经济效益费用比、经济内部收益率等，以了解该工程的各项指标是否经济合理，是否符合国家政策和规范要求。

（2）洪水淹没受灾区，各行各业遭到的损失是设计水平年和计算基准年各频率洪水的一次洪灾损失，若干年才发生一次。多年平均损失计算，就是把各频率洪水损失，按频率折算成多年平均值，一般按频率曲线差法计算。

1）频率曲线法

洪水成灾面积及其损失与洪水频率等有关，因此必须对不同频率的洪水进行调查计算，以便制作洪灾损失频率曲线，从而求算年平均损失值，其计算步骤为：

①对未修防洪工程前和修建防洪工程后分别计算不同频率洪水所造成的受灾面积及其相应的洪灾损失，由此即可绘制修建工程前后的洪灾损失频率曲线，见图3-1。

②曲线与两坐标轴所围面积即为修建工程前、后各自的多年平均洪灾损失（oac、obc）。求出相应整个横坐标轴（$0 \sim 100\%$）上的平均值，其纵坐标即为各自的多年平均洪灾损失值。如图3-2中的 oe 即为未修工程前的多年平均洪灾损失值，而 og 为修建工程后的多年平均洪灾损失值。二者之差值（ge）即为工程实施前后的多年平均损失的差值，即此工程的防洪效益。

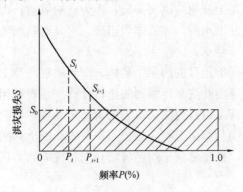

图3-1 洪灾损失频率曲线

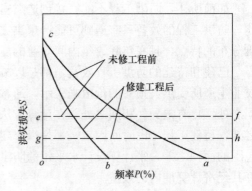

图3-2 多年平均洪灾损失曲线

根据洪灾损失频率曲线，可用公式（3-4）计算多年平均洪灾损失值 S_0。

图3-1中 S_0 以下的阴影面积，即为多年平均洪灾损失值，即：

$$S_0 = \Sigma_{P=0}^{1}(P_{i+1} - P_i)(S_i + S_{i+1})/2 = \Sigma_{P=0}^{1}\Delta P \bar{S} \qquad (3-4)$$

式中 P_{i+1}，P_i——两相邻频率；

S_i，S_{i+1}——两相邻频率的洪灾损失；

ΔP——频率差，$\Delta P = P_{i+1} - P_i$；

$\bar{S}$——平均经济损失，$\bar{S} = (S_i + S_{i+1})/2$。

【例1】 某江现状能防御 200a 一遇洪水，超过此标准即发生决口。该江某水库建成后能防御 4000a 一遇洪水，超过此标准时也假定决口。修建水库前（现状）与修建水库后在遭遇各种不同频率洪水时的损失值见表 3-13。试计算水库防洪效益。

洪灾损失计算　　　　　表 3-13

工程情况	洪水频率 P	经济损失 S（亿元）	频率差 ΔP	$\bar{S}=\dfrac{S_i+S_{i+1}}{2}$（亿元）	$\Delta P \bar{S}$（万元）	多年平均洪灾损失 $\Sigma \Delta P \bar{S}$（万元）	多年平均效益 B（万元）
现状	>0.005	0				1895	
	≤0.005	33	0.004	37	1480		
	0.001	41	0.0009	46	415		
	0.0001	50					
修建水库后	>0.00025	0				54	1841
	≤0.00025	33	0.00015	36	54		
	0.0001	39					

【解】 根据表 3-13 所列数据进行多年平均洪灾损失计算，由公式（3-4）求得多年平均效益 $B = 1841$ 万元。

2）实际年系列法

从历史资料中选择一段洪水灾害资料比较齐全的实际年系列，逐年计算洪灾损失，取其平均值作为多年平均洪灾损失。这种方法所选用的计算时段对实际洪水的代表性和计算成果有较大影响。

3.4.3　资金的时间价值

不同时间发生的等额资金在价值上的差别称为资金的时间价值，它体现为放弃现期消费的损失所应给予的必要补偿。由于防洪保护区的各类财产与救灾费用，都有随时间增长的趋势，所以按多年平均洪灾损失计算时，应考虑保护区内各项财产和费用的增长，在工程建成后正常运行期内，将各年的防洪效益按洪灾损失增长率逐年折算。

多年平均防洪效益（Y）的计算公式为：

$$Y = \sum_{i=1}^{n} \Delta P_i S_i \tag{3-5}$$

式中　Y——多年平均防洪效益；

$\Delta P_i = P_i - P_{i-1}$，$P_i$、$P_{i-1}$ 分别表示不同的洪水频率；

$S_i = (S_i + S_{i-1}/2)$，S_i、S_{i-1} 表示频率为 P_i 和 P_{i-1} 的洪水造成的损失；

i——计算洪灾损失的洪水序号。

3.5 费用计算、评价指标与准则

3.5.1 费用计算

防洪工程建设的费用包括固定资产投资、流动资金和年运行费。

（1）固定资产投资：固定资产投资包括防洪工程达到设计规模所需的国家、企业和个人以各种方式投入的主体工程和相应配套工程的全部建设费用，应使用影子价格计算。在不影响评价结论的前提下，也可只对其价值在费用中所占比重较大的部分采用影子价格计算，其余的可采用财务价格计算。防洪工程的固定资产投资，应根据合理工期和施工计划，作出分年度施工安排。

（2）流动资金：防洪工程的流动资金应包括维持项目正常运行所需购买燃料、材料、备品、备件和支付职工工资等的周转资金，可按有关规定或参照类似项目分析确定。流动资金应以项目运行的第一年开始，根据其投产规模分析确定。

（3）年运行费：防洪工程的年运行费应包括项目运行初期和正常运行期每年所需支出的全部运行费用，包括工资及福利费、材料、燃料及动力费、维护费等。项目运行初期各年的年运行费，可根据其实际需要分析确定。

3.5.2 评价指标与准则

（1）一般规定

1）防洪工程的经济评价应遵循费用与效益计算口径对应一致的原则，计及资金的时间价值，以动态分析为主，辅以静态分析。

2）防洪工程的计算期，包括建设期、初期运行期和正常运行期。正常运行期可根据工程的具体情况研究确定，一般为 $30\sim50a$。

3）资金时间价值计算的基准点应设在建设期的第一年年初，投入物和产出物除当年借款利息外，均按年末发生和结算。

4）进行防洪工程的国民经济评价时，应同时采用 12% 和 7% 的社会折现率进行评价，供项目决策参考。

（2）评价指标和评价准则：防洪工程的经济评价，可根据经济内部收益率、经济净现值及经济效益费用比等评价指标和评价准则进行。

1）经济内部收益率（EIRR）：经济内部收益率以项目计算期内各年净效益现值累计等于零时的折现率表示。其表达式为：

$$\sum_{t=1}^{n}(B-C)_t(1+EIRR)-t=0 \tag{3-6}$$

式中　EIRR——经济内部收益率；

B——年效益，万元；

C——年费用，万元；

n——计算期，a；

t——计算期各年序号，基准点的序号为 0；

$(B-C)_t$——第 t 年的净效益，万元。

工程的经济内部收益率大于或等于社会折现率（$EIRR \geqslant i_s$）时，该项目在经济上是合理的。

2）经济净现值（ENPV）：经济净现值是用社会折现率（i_s）将计算期内各年的净效益折算到计算期初的现值之和。其表达式为：

$$ENPV = \sum_{t=1}^{n} (B-C)_t (1+i_s)^{-t} \tag{3-7}$$

式中 ENPV——经济净现值，万元；

i_s——社会折现率；

其余符号同前。

当经济净现值大于或等于零（$ENPV \geqslant 0$）时，该项目在经济上是合理的。

3）经济效益费用比（EBCR）：经济效益费用比以项目效益现值与费用现值之比表示。其表达式为：

$$EBCR = \frac{\sum\limits_{t=1}^{n} B_t (1+i_s)^{-t}}{\sum\limits_{t=1}^{n} C_t (1+i_s)^{-t}} \tag{3-8}$$

式中 EBCR——经济效益费用比；

B_t——第 t 年的效益，万元；

C_t——第 t 年的费用，万元。

其余符号同前。

当经济效益费用比大于或等于 1.0（$EBCR \geqslant 1.0$）时，该项目在经济上是合理的。

4）进行经济评价，应编制经济效益费用流量表，反映项目计算期内各年的效益、费用和净效益，并用以计算该项目的各项经济评价指标。

【例 2】 甲城市防洪经济效益分析与评价：

（1）甲城市是以机械工业为主的综合性工业城市，市区总面积 163.3km²。据 1987 年调查资料，人口为 296.6 万人，工业企业单位为 4100 个，职工人数 207.2 万人，工业总产值 178.6 亿元（按 1980 年不变价格计），固定资产原值 142.9 亿元，流动资金 68.7 亿元，利税总额 30.2 亿元。预计，2000 年工业总产值增加到 577 亿元。远景规划市区总面积 340km²，人口发展到 340 万人。

（2）甲市曾多次遭受浑河历史洪水淹没，尤其是 1888 年洪水，洪峰流量为 1.19 万 m³/s，淹没浑河右岸面积 163.4km²，其中城市淹没 61.5km²，市区水深一般为 2～2.5m；1935 年洪水的洪峰流量为 5550m³/s，淹没浑河右岸面积 133.8km²，其中城市淹没 45.6km²，市区水深一般为 1～1.5m，倒塌房屋 316 间。

（3）1960 年洪水，洪峰流量为 8800m³/s（还原值），居浑河历史洪水第三位。但由于大伙房水库控制调蓄，洪峰流量仅为 2650m³/s，尽管如此，由于城防堤断面瘦小，致使全面出险，经全力抢修才避免了一次巨大的经济损失。

（4）甲市不同频率洪水损失率，通过对浑河右岸市区洪泛区的二维不恒定流的三种频率洪水演进计算，进入洪泛区的不同频率洪水，洪峰持续时间为 2～4d，一般水深在 1.3～1.8m 之间。将洪泛区内拟定 0.5～4m 五个级别的水深，选择 30 余个不同行业的典型代表，进行详细经济调查分析，绘出淹没水深与经济损失率关系曲线。

（5）计算中将浑河右岸市区的国民经济归纳为七个部门，在 500a 一遇洪水淹没下，损失率为：

1）工业：固定资产 0.41%～62%，流动资金 8.6%～62.5%，工业总产值 0.6%～19%。

2）农业：农业产值 4.2%～30%。

3）交通运输：固定资产 3.7%～20%，停运 7～16d。

4）电业：固定资产 28%，停电 12d。

5）邮电通信：固定资产 32%，停电及通信中断 10d。

6）商业饮食服务：固定资产 3.5%，停业 5d。

7）其他：固定资产 4.5%。

（6）依据某市计委编制的城市各行各业发展的远景规划，确定经济增长率为：

1）工业：总产值年平均增长率为 5.2%～9.5%，固定资产及流动资金分别为 10%、16%。

2）农业为 5%，个人财产及房屋分别为 4%、2%，乡镇工业为 7%。

3）交通运输：铁路的固定资产及客运分别为 1%、2%；公路的固定资产及客运分别为 2%、4%；市内交通的固定资产及客运分别为 3%、4%。

4）电业：固定资产及供电分别为 37%、16.7%。

5）邮电通信：固定资产及业务量分别为 2%、10%。

6）商业饮食服务：城镇固定资产及营业额分别为 5%、7%。

7）其他：采用 1%。

（7）浑河右岸某市城区的防洪经济评价，是以 1987 年为基础，按上述国民经济各部门的平均增长率，以堤防工程生效的 1997 年为计算基准年，确定其国民经济发展指标的。浑河右岸城防堤，防洪标准为防御 500a 一遇洪水，在 1997 年整修完工。多年平均防洪效益，采用频率法计算，现状防御 50a 一遇洪水标准，计算其洪灾多年平均损失为 3610 万元。当城市堤防进行整修后，防洪标准可提高到 500a 一遇，则上述经济损失可以减免，而此值即为城防工程在计算基准年时的毛效益。

（8）经济分析和评价：500a 一遇防洪标准堤防工程投资原值 1.7 亿元，折算到基准年为 2.185 亿元。年运行费 50 万元，年平均效益 3610 万元。

（9）计算结果：经济效益费用比 3.41，净收益 5.428 亿元，内部回收率 13.12%，投资回收年限 8.31a。依据规范，经济效益费用比大于 1，净收益为正值，内部回收率大于 7%，则工程方案在经济上是可行的。

【例 3】　乙城市防洪经济效益分析与评价：

（1）乙城市是以燃料、动力、原材料为主的综合性重工业城市，人口超过百万。浑河从市区中部穿过，市区河段长 38.5km，先期整治长为 5.5km 中段，设计中段堤防中心距 370m，设计防洪标准为 300a 一遇。

（2）根据水文计算各频率洪水位，在 1:1000 市区地形图上，量得 100a、300a、1000a 三个频率洪水淹没范围，分别为 22.7km²、34.3km²、43.24km²，并估算相应的淹没损失。再参照地形及水文特征、城市大小、工业结构都相似的相邻太子河流域 1960 年实际洪水淹没损失资料及国内其他地区实际资料，综合分析确定各项损失率，包括工业、房屋、个人财产以及城建、安装、文教、卫生、商业、交通、邮电等。各项经济损失和效益计算结果如下：

1）各项损失率计算：300a 一遇洪水的工业损失率为 16%；房屋损失率为 50%（平房）；个人财产损失率，房屋倒塌者计全部损失，不倒塌者不计损失；其他损失采用工业损失的 30%。

2）淹没区经济发展预测：调查淹没区 10 个工矿企业，1980～1984 年增长比例及国民经济到 2000 年翻两番的发展要求，综合分析后，取 1980 年至计算基准年 1991 年职工增长率为 2%，工业总产值增长率为 9%，固定资产增长率为 10%，利润增长率为 10%，城市人口增长率为 1%，个人财产增长率为 5%，房屋增长率为 1.9%。

3）各部门经济损失值计算：按 300a 一遇洪水计算得到工业损失值为 23746 万元；房屋损失值为 2786 万元；个人财产损失值为 10004 万元；城建、安装、文教、卫生、商业、交通等其他损失值为 7124 万元；中段计算基准年 1991 年综合损失值为 43660 万元。

（3）多年平均防洪效益：将各频率洪水的洪灾损失，用频率法列表计算，修建防洪工程前、后多年平均洪灾损失差值，即为防洪工程多年平均防洪效益，其值为 535 万元。

1）增地效益计算：中段可增加城市发展用地 67hm²，其中城市建设用地 40 hm²，单价 120 万元，中段效益为 4800 万元。

2）工程投资及年运行费计算：中段 5.5km 沿河工程投资 6480 万元，分六年不等投入。年运行费包括维修费、管理费，参照规范按工程投资 1% 计。橡胶坝年运行费取 2%。计算结果：大堤维修费 45.08 万元，堤维修费 13.92 万元；大堤管理费 7.75 万元，堤管理费 3.5 万元，合计 70.25 万元。

（4）经济评价

1）以 1991 年为基准年，年初为折算基准点，投资年初一次投入，年运行费和效益年末一次结算，当年不计时间价值，工程经济计算期定为 40a，社会折现率按 7% 计，计算期国民经济综合增长率为 3%；工程投资折算总值 $k_0 = 8240.3$ 万元；工程效益折算总值 $B_0 = 10461.2$ 万元。计算增地效益 $B'_0 = 5406.3$ 万元。则中段折算总效益为 15867.5 万元，年平均效益为 811.5 万元。

2）工程年运行费折算总值 $C_0 = 936.6$ 万元。

3）经计算主要经济指标为：

效益费用比 $R_0 = 1.73$，净收益 6690.6 万元，内部经济回收率 13.6%，完全符合规范要求。该工程方案，在经济上合理可行。

（5）乙城市防洪工程修建，还带来巨大的社会效益：

1）南岸修建堤下路，增大市区东西方向车辆通过能力，改善了交通拥挤现状，减少了对南岸居民的噪声和空气污染；

2）南段开拓了建设用地，为城市建设增加用地 160hm²，改善了市区居民住房环境，并为发展公用事业提供了必要的用地条件；

3）美化了城市环境，河内修建的橡胶坝两岸，布置绿化带，使整个中段河道及两岸风景优美，为市民游览、休息活动提供了良好的公共园地；

4）这个带状公园总面积 270hm²，其中水域面积 258hm²，陆地面积 12hm²，给旅游业的发展创造了有利条件。

第4章 洪水和潮位计算

推求江、河、山洪设计洪水（包括洪峰流量、洪水总量和洪水过程线）的方法有以下几种：

（1）由流量资料推求设计洪水：先求一定频率的设计洪峰流量和各时段的设计洪量，然后将所得的设计洪峰、洪量构成一个完整的设计洪水过程线。

（2）由暴雨资料推求设计洪水：先求设计暴雨，再经产流计算和汇流计算，求出设计洪水。

（3）由推理公式和地区经验公式推求设计洪水：此法是利用在同一水文分区内各站实测洪水资料，作洪峰流量与其他主要影响因素的相关分析，从而确定与地区性有关的经验参数和经验公式。以解决无资料小流域汇水面积的洪峰流量计算问题。

（4）由地区综合法推求洪峰流量。

（5）由水文气象资料推求可能最大洪水：先分析天气形势和统计风速、露点、降水等气象与地理资料，并对一些主要指标进行放大，推得最大可能降雨（P. M. P.）；然后再经产流、汇流计算，求出可能最大洪水（P. M. F）。由于城市防洪工程一般很少涉及这种稀遇洪水，故本书不作详细介绍，读者可参阅有关专著。

必须指出，不论采用上述哪种方法，都要在工程所在断面附近，进行洪水调查，将其成果作为计算和分析论证的依据。在实际工作中，根据资料情况，不同的方法可平行比较使用，对求得的成果进行地区平衡综合分析，慎重选定。

在沿海、河口及潮水河段中，推求设计潮位，用频率分析的方法，即采用年最大值法选样，加上历史调查高潮位，组成一个完整的样本，进行频率计算，从而求得设计潮位。

4.1 由流量资料推求设计洪水

4.1.1 洪峰、洪量统计系列选样方法

（1）洪峰流量统计系列选样方法：年最大值法、年若干最大值法和超定量法三种。

1）年最大值法：也叫年洪峰法，即每年选取一个最大的洪峰流量，进行频率分析。

2）年若干最大值法：一年中取若干个相等数目的洪峰流量，进行频率分析。

3）超定量法：选择超过某一标准的全部洪峰流量，进行频率分析。

以上三种方法中，年最大值法的成果，符合重现期以年为指标的防洪标准的要求，因此防洪工程设计洪峰流量计算，采用此法较为合适。

（2）洪水总量统计系列选样方法：有一次洪量法和定时段洪量法（极值法）两种。

1）一次洪量法：统计各年中最大的一次洪量，进行频率分析。一次洪量的历时长短不一，以此进行年最大值频率分析和进行各项统计成果的地区，一般都缺乏共同基础。同

一次洪量的各次洪水，因历时长短不一，对防洪工程威胁程度大不相同。因此一次洪量的统计不符合防洪工程要求，除特殊情况，一般不采用此法。

2）定时段洪量法（极值法）：以一定时段为标准，统计该时段内的最大洪量。定时段洪量法，由于历时相同，各年之间及各地之间均有共同基础。定时段洪量是暴雨时程分布及流域产流汇流条件的综合产物，也能较严密地反映其对防洪工程的威胁程度，而且应用简便，一般采用此法。

4.1.2 资料的审查

对实测洪水流量资料，在计算前必须详细审查是否有误，特别是对较大的洪水资料或历史洪水调查资料，更须特别注意。审查可从以下3方面进行。

（1）资料的可靠性：审查的重点是新中国成立前的水文测验资料，特别是对特大的历史洪水调查资料，要审查水文站的观测，包括测验方法及采用的系数是否合理以及整编是否正确。一般用水位流量对照、前后期对照、上下游、干支流洪水过程线对照、历史变化情况对照、邻近河流对照等方法，对某些特别重要的数据，尚应作水文模型试验。绘制历年大断面及 $H \sim Q$ 关系线对照比较。

（2）资料的一致性：审查各年洪水的流域和河道的产流和汇流条件是否基本相同。若这些条件发生了较大的改变，以致影响到洪水资料的一致性时，需将资料换算到同一基础上，然后再进行频率分析。例如，某一年是堤防溃堤决口后的洪水资料，则应将溃口洪量进行归槽还原，予以修正；又如，河道上游已建水库调节，则应把建库后的洪水还原到天然情况下的洪水进行计算；对于流域上水土保持工作的影响，则应根据不同的进展情况，分别予以修正，最后使其统一为某种规划水平条件下的洪水情况。总之，使资料系列统一到同一基础，然后进行频率计算。

（3）资料的代表性：一般洪水系列中，要包括丰水、中水和枯水年的洪水样本，特别是要注意收集历史大洪水，以便能用短期样本系列的分布，概括总体的分布规律，使频率计算成果抽样误差较小。洪水系列较长，代表性较好。调查历史洪水和插补延长系列，能增进系列的代表性。此外，也可将收集到的洪水系列，与邻近测站的长期洪水或暴雨资料进行对照。若短系列的分布规律和统计参数，与长系列的比较一致，也可说明短系列具有一定的代表性。有条件的地方，可从历史洪水调查及文献考证资料分析。

总之，对于洪峰流量资料系列的代表性，着重强调资料中要有量级较大的洪水，且要有一定个数的历史大洪水。一般要求系列 $n > 25a$ 以上，并能包括丰水、平水、枯水时段的资料系列为佳。

4.1.3 洪水资料的插补延长

在实际工作中，往往由于工程点实测系列过短，或因某些原因出现缺测年份，这就需要借助间接方法插补延长系列。但插补延长的年数不宜超过实测年数。对于大水年的插补数据尤需谨慎，应尽量采取实地调查与多种方法综合比较，选取较合理的数据。通常插补延长的方法有以下几种：流域面积比拟法，水位流量关系曲线法，过程线叠加法，直线相关法。现分别介绍如下：

1. 流域面积比拟法

（1）当上、下游邻近水文站的流域面积与测站的流域面积相差不超过 10%，且中间又无天然或人工分洪、滞洪设施时，可将上、下游邻近水文站的洪水资料直接移用于测站。

（2）当上、下游邻近水文站的流域面积与测站的流域面积相差较大，但不超过 20%，流域内自然地理条件比较一致，降雨又均匀，区间河道又无特殊的调蓄作用时，可按公式（4-1）计算移用：

$$Q_1 = \left(\frac{F_1}{F_2}\right)^n Q_2 \tag{4-1}$$

式中　Q_1——测站洪峰流量，$\mathrm{m^3/s}$；

　　　Q_2——上、下游邻近水文站洪峰流量，$\mathrm{m^3/s}$；

　　　F_1——测站流域面积，$\mathrm{km^2}$；

　　　F_2——上、下游邻近水文站流域面积，$\mathrm{km^2}$；

　　　n——指数，一般大、中河流 $n = 0.5 \sim 0.7$，较小河流（$F < 100\mathrm{km^2}$）$n \geqslant 0.7$。

（3）如果在测站上、下游不远处均有观测资料，则可按流域面积直接内插得公式（4-2），即：

$$Q_1 = Q_2 + (Q_3 - Q_2)\frac{F_1 - F_2}{F_3 - F_2} \tag{4-2}$$

式中　Q_1、F_1 意义同公式（4-1）；

　Q_2、Q_3——上、下游不远处的观测洪峰流量，$\mathrm{m^3/s}$；

　F_2、F_3——上、下游不远处的流域面积，$\mathrm{km^2}$。

2. 水位流量关系曲线法

（1）当上、下游两水文站相同观测年份的最大洪峰流量大致成比例关系时，如甲站缺某几年最大流量或最高水位资料，而乙站有实测资料时，则可绘出两站的 $H = f(H')$ 及 $Q = f(H)$ 等关系曲线进行插补延长，或直接用两站的 $Q = f(Q')$ 关系曲线求得（H、H'、Q、Q' 为甲、乙两站水位、流量）。

（2）当测站缺某几年流量资料，但有这几年水位资料时，可绘制该站的 $Q = f(H)$ 关系曲线求得。

3. 过程线叠加法

当两支流上有较长的实测数据，而合流后测站的实测数据却短缺时，则可利用两支流过程线叠加起来（如果两站汇流历时相差较长，应进行错时段相加），求得合流后测站的洪峰流量，洪水传播时间（t）可用公式（4-3）求得：

$$t = \frac{L}{v_\mathrm{p}} \tag{4-3}$$

式中　L——洪水传播距离，m；

　　　v_p——洪水传播速度 $\mathrm{m/s}$，可根据实测资料选其出现次数最多者。

4. 直线相关法

在运用简单的直线相关法时，应从气象、自然地理等特征条件进行合理分析，防止不问成因地机械使用。插补所得的资料，不宜再用到第三站去，避免辗转相关累积误差增大。在条件相似的情况下，以图解法较简便，如图解时点据散乱形不成直线，则可采用回归方程式的相关计算法进行计算。

(1) 相关图解法：将两组实测水文要素（如洪峰、洪量），取其相应值点绘在坐标格纸上，得到若干相关点，然后分析点群的分布趋势是否规律。若呈直线规律，则可用目估办法绘出相关线，使该线通过点群中心，使相关点据均匀地分布在直线的两侧；如发现个别点据有偏出较远情况，则应对其进行认真分析，查明原因；如无差错，则适当照顾，但也不要过于迁就而影响大多数点据。这样所绘成的直线，其相应的形式如下：

$$y = \alpha + \beta x \tag{4-4}$$

式中　α——截距常数；

　　　β——斜率，$\beta = \tan\theta$。

其相关图形见图 4-1。

按上式即可进行插补延长，将甲站的资料数据 x 代入公式，换算出乙站所缺的资料数据 y 值，从而达到延长乙站资料系列的目的。

(2) 相关计算法：通常也称回归方程计算法，即通过数学分析的方法，找出两变量间的

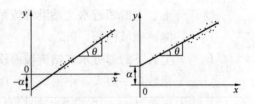

图 4-1　y 倚 x 的直线相关

关系，运用回归方程式形式，将相似条件邻近测站的水文要素转换成短缺资料的测站，以延长后者的资料系列。为了说明两变量间的关系密切程度，可用相关系数 γ 表示。

1) γ 的计算公式为：

$$\gamma = \frac{\sum K_x K_y - n}{\sqrt{(\sum K_x^2 - n)(\sum K_y^2 - n)}} \tag{4-5}$$

式中　n——系列的项数；

$$K_x = \frac{x_i}{\bar{x}}, \quad K_y = \frac{y_i}{\bar{y}}$$

式中　x_i、y_i——x 系列和 y 系列的各项值；

　　　$\bar{x}$、$\bar{y}$——自变量 x 和因变量 y 同期的平均值。

相关系数 γ 是判别两系列间相关密切程度的一个重要数据。当 $\gamma = 0$ 时，为零相关，说明两系列间没有任何相关关系；当 $\gamma = 1$ 时，为完全相关，即两系列间成函数相关；当 $0 < \gamma < 1$ 时，为统计相关。以上三种情况可以用图 4-2～图 4-4 加以表示。

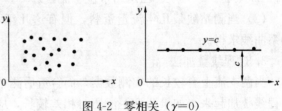

图 4-2　零相关（$\gamma = 0$）

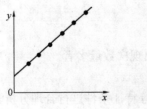

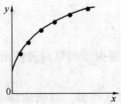

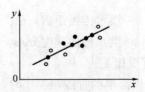

图 4-3　完全相关（$\gamma = 1$）　　　图 4-4　统计相关（$0 < \gamma < 1$）

一般认为 $\gamma > 0.6$ 时，特征值之间的相关关系成立；$\gamma > 0.8$ 时，才算有比较密切的相关关系，并需注意资料项数应大于 10 对以上（视 C_v 的大小而定，C_v 大时项数要多），并令分布均匀。而外延的幅度，一般以不超过实测幅度的 $30\% \sim 50\%$ 为原则（视相关系数大小而定，相关系数大，则可延长得多些，反之则小些）。

2）均方差计算，可按公式（4-6）、公式（4-7）进行：

$$\sigma_x = \bar{x}\sqrt{\frac{\sum K_x^2 - n}{n-1}} \tag{4-6}$$

$$\sigma_y = \bar{y}\sqrt{\frac{\sum K_y^2 - n}{n-1}} \tag{4-7}$$

3）回归方程式：

① y 倚 x 的回归方程式（4-8）为：

$$y - \bar{y} = R_{y/x}(x - \bar{x}) \tag{4-8}$$

② x 倚 y 的回归方程式（4-9）为：

$$x - \bar{x} = R_{x/y}(y - \bar{y}) \tag{4-9}$$

$$R_{y/x} = \gamma\frac{\sigma_y}{\sigma_x}$$

$$R_{x/y} = \gamma\frac{\sigma_x}{\sigma_y}$$

式中　$R_{y/x}$——y 倚 x 而变的回归系数；

　　　$R_{x/y}$——x 倚 y 而变的回归系数。

直线回归方程式也可写成相关直线方程（4-10）：

$$y = \alpha + \beta x \tag{4-10}$$

式中

$$\alpha = \bar{y} - \gamma\frac{\sigma_y}{\sigma_x}\bar{x}$$

$$\beta = \gamma\frac{\sigma_y}{\sigma_x}$$

4）相关系数的机误：可用公式（4-11）估算。

$$E_\gamma = \pm 0.6745\frac{1-\gamma^2}{\sqrt{n}} \tag{4-11}$$

5）相关判别：通常限制 E_γ 绝对值不得大于 $\frac{1}{4}\gamma$，即 $\gamma > 4E_\gamma$，可认为两者相关是密切的，相关系数出现的最大范围为 $\gamma \pm 4E_\gamma$。当 $\gamma > 4E_\gamma$，且 $\gamma + 4E_\gamma$ 和 $\gamma - 4E_\gamma$ 的符号不变时（即都是正值）认为关系密切。在系列较短时，会出现 $\gamma + 4E_\gamma > 1$ 的不合理情况，此时可用 $\gamma > \gamma_P$ 时为相关，$\gamma < \gamma_P$ 时为不相关来判定。γ_P 为最低相关系数，可查表 4-1，表中 $f = n-2$，P（%）为置信区间的几率（置信水平）。对于置信水平，数理统计中称为显著标准，通常有两种标准，即 $P = 95\%$ 及 99%。前者为普通标准；后者为严格标准，相关分析中可采用 $P = 99\%$。不同置信水平下所需相关系数的最低值见表 4-1。

6）系列延长后的统计参数计算：当采用两系列相应的相同项数（即 n 项）按上述步骤判定为相关后，即可进行短系列的延长工作。此时需要用长系列和短系列延长后的统计参数来计算。

不同置信水平下所需相关系数的最低值　　　　　　　表 4-1

γ_p ＼ P（％）＼自由度 f	90	95	98	99	γ_p ＼ P（％）＼自由度 f	90	95	98	99
1	0.98769	0.99692	0.99951	0.99988	17	0.3887	0.4555	0.5285	0.5751
2	0.90000	0.95000	0.98000	0.99000	18	0.3783	0.4438	0.5155	0.5614
3	0.8054	0.8783	0.93433	0.95873	19	0.3687	0.4329	0.5034	0.5487
4	0.7293	0.8114	0.8822	0.91720	20	0.3598	0.4227	0.4921	0.5368
5	0.6694	0.7545	0.8329	0.8745	25	0.3233	0.3809	0.4451	0.4869
6	0.6215	0.7067	0.7887	0.8343	30	0.2960	0.3494	0.4093	0.4487
7	0.5822	0.6664	0.7498	0.7977	35	0.2746	0.3246	0.3810	0.4182
8	0.5494	0.6319	0.7155	0.7646	40	0.2573	0.3044	0.3578	0.3932
9	0.5214	0.6021	0.6851	0.7348	45	0.2438	0.2875	0.3384	0.3721
10	0.4973	0.5760	0.6581	0.7079	50	0.2306	0.2732	0.3218	0.3541
11	0.4762	0.5529	0.6339	0.6835	60	0.2108	0.2500	0.2948	0.3248
12	0.4575	0.5324	0.6120	0.6614	70	0.1954	0.2319	0.2737	0.3017
13	0.4409	0.5139	0.5923	0.6411	80	0.1829	0.2172	0.2565	0.2830
14	0.4259	0.4973	0.5742	0.6226	90	0.1726	0.2050	0.2422	0.2673
15	0.4124	0.4821	0.5577	0.6055	100	0.1638	0.1946	0.2301	0.2540
16	0.4000	0.4683	0.5425	0.5897					

设 x 为长系列（共有 N 项）及 y 为短系列（仅有 n 项），则系列延长后的均值与均方差可按公式（4-12）～公式（4-14）计算：

$$\bar{y}^{(N)} = \bar{y}^{(n)} + \gamma \frac{\sigma_y^{(N)}}{\sigma_x^{(N)}} (\bar{x}^{(N)} - \bar{x}^{(n)}) \tag{4-12}$$

$$\sigma_y^{(N)} = \frac{\sqrt{\dfrac{n-1}{N-1}}}{\sqrt{1 - \gamma^2 \left(1 - \dfrac{n-1}{N-1} \dfrac{\sigma_x^{2(n)}}{\sigma_x^{2(N)}}\right)}} \sigma_y^{(n)} \tag{4-13}$$

短系列延长后的变差系数成为：

$$C_{v_y}^{(N)} = \frac{\sigma_y^{(N)}}{y^{(N)}} \tag{4-14}$$

【例 1】　某河有甲、乙两相邻水文站，甲站有 24a 观测资料，乙站仅有 14a 资料，需用甲站资料延长乙站资料的计算如下：

【解】　① 均方差计算：采用两站相应的 14a 资料计算——两站系列及 K 值计算成果见表 4-2。

$$\sigma_1 = \bar{Q}_1 \sqrt{\frac{\sum K_1'^2 - n}{n-1}} = 1092 \sqrt{\frac{18.32 - 14}{14 - 1}} = 629$$

$$\sigma_2 = \bar{Q}_2 \sqrt{\frac{\sum K_2^2 - n}{n-1}} = 786 \sqrt{\frac{17.66 - 14}{14 - 1}} = 416$$

用甲站资料延长乙站资料计算表　　　　　　　　　　　　表 4-2

顺序	年代	甲 站					乙 站			$K_1'K_2$
		流量 Q (m³/s)	K_1	K_1^2	K_1'	$K_1'^2$	流量 Q (m³/s)	K_2	K_2^2	
1	1950	473	0.32	0.10	—	—	(396)	(0.39)	(0.15)	—
2	1951	6170	4.20	17.64	—	—	(3985)	(3.89)	(15.13)	—
3	1952	1000	0.68	0.46	—	—	(728)	(0.71)	(0.50)	—
4	1953	3030	2.06	4.24	—	—	(2007)	(1.96)	(3.84)	—
5	1954	916	0.63	0.40	—	—	(675)	(0.66)	(0.44)	—
6	1955	2160	1.47	2.16	—	—	(1459)	(1.42)	(2.02)	—
7	1956	1660	1.13	1.28	—	—	(1144)	(1.12)	(1.25)	—
8	1957	393	0.27	0.07	—	—	(346)	(0.34)	(0.12)	—
9	1958	3915	2.67	7.13	—	—	(2564)	(2.50)	(6.25)	—
10	1959	213	0.15	0.02	—	—	(232)	(0.23)	(0.05)	—
11	1960	337	0.23	0.05	0.31	0.10	295	0.38 (0.29)	0.14 (0.08)	0.12
12	1961	1845	1.26	1.59	1.69	2.86	1276	1.62 (1.24)	2.62 (1.54)	2.74
13	1962	840	0.57	0.32	0.77	0.59	622	0.79 (0.61)	0.62 (0.37)	0.61
14	1963	560	0.38	0.14	0.51	0.26	440	0.56 (0.43)	0.31 (0.18)	0.29
15	1964	1760	1.20	1.44	1.62	2.62	1000	1.27 (0.98)	1.61 (0.96)	2.06
16	1965	2073	1.41	1.99	1.90	3.61	1400	1.78 (1.37)	3.17 (1.88)	3.38
17	1966	340	0.23	0.05	0.31	0.10	275	0.35 (0.27)	0.12 (0.07)	0.11
18	1967	1520	1.04	1.08	1.39	1.93	813	1.03 (0.79)	1.06 (0.62)	1.43
19	1968	1920	1.31	1.72	1.76	3.10	1610	2.04 (1.57)	4.16 (2.46)	3.59
20	1969	1130	0.77	0.59	1.04	1.08	965	1.23 (0.94)	1.51 (0.88)	1.28
21	1970	840	0.57	0.32	0.77	0.59	618	0.79 (0.60)	0.62 (0.36)	0.61
22	1971	1090	0.74	0.55	1.00	1.00	814	1.04 (0.79)	1.08 (0.62)	1.04

续表

顺序	年代	甲　站					乙　站			$K_1' K_2$
		流量 Q $(\mathrm{m^3/s})$	K_1	K_1^2	K_1'	$K_1'^2$	流量 Q $(\mathrm{m^3/s})$	K_2	K_2^2	
23	1972	407	0.28	0.08	0.37	0.14	350	0.44 (0.34)	0.19 (0.12)	0.16
24	1973	630	0.43	0.18	0.58	0.34	529	0.67 (0.52)	0.45 (0.27)	0.39
Σ	—	35222	24.0	43.59	14.02	18.32	11007	13.99	17.66	17.81
近 14a 平均流量 1092							786	—	—	
延长 24a 共计							24543	—	40.16	—
延长 24a 的平均流量							1023	—	—	—

②相关系数计算：

$$\gamma = \frac{\Sigma K_1' K_2 - n}{\sqrt{(\Sigma K_1'^2 - n)(\Sigma K_2^2 - n)}} = \frac{17.81 - 14}{\sqrt{(18.32 - 14)(17.66 - 14)}} = 0.96$$

③回归方程式：

a. 回归系数：

$$R_{\text{乙/甲}} = \gamma \frac{\sigma_2}{\sigma_1} = 0.96 \times \frac{416}{629} = 0.63$$

b. 乙站倚甲站的回归方程式：

$$y - \bar{y} = R_{\text{乙/甲}}(x - \bar{x})$$
$$y - 786 = 0.63(x - 1092)$$
$$y = 0.63x + 98.04$$

④相关系数的机误：

$$E_\gamma = \pm 0.6745 \frac{1 - \gamma^2}{\sqrt{n}} = \pm 0.6745 \frac{1 - 0.96^2}{\sqrt{14}} = \pm 0.014$$

⑤相关判定：

$$4E_\gamma = 4 \times 0.014 = 0.056$$

即 $\gamma > 4E_\gamma$

且 $\gamma + 4E_\gamma = 1.016$（大于 1 不合理）

$\gamma - 4E_\gamma = 0.904$

查表 4-1，当 $n = 14$，$f = n - 2 = 12$ 和 $P = 99\%$ 时，查得 $\gamma_p = 0.6614$，即 $\gamma > \gamma_P$，故属相关。

⑥乙站延长系列计算：将甲站流量资料代入回归方程后，即可求得乙站空缺流量系列（见表 4-2 中括号内数据）。

⑦系列延长后的统计参数计算：

a. 甲站：按 1960 ～1973 年资料计算得：

$$\bar{Q}_1 = 1092 \text{ m}^3/\text{s}$$

$$\sigma_1 = 629$$

$$C_{v1} = \sqrt{\frac{18.32 - 14}{14 - 1}} = 0.58$$

按 1950~1973 年资料计算得：

$$\bar{Q}'_1 = \frac{35222}{24} = 1468 \text{ m}^3/\text{s}$$

$$\sigma'_1 = \sqrt{\frac{43.59 - 24}{24 - 1}} \times 1468 = 1355$$

$$C'_{v1} = \sqrt{\frac{43.59 - 24}{24 - 1}} = 0.92$$

b. 乙站：按 1960~1973 年资料计算得：

$$\bar{Q}_2 = 786 \text{ m}^3/\text{s}$$

$$\sigma_2 = 416$$

$$C_{v2} = \sqrt{\frac{17.66 - 14}{14 - 1}} = 0.53$$

两站的相关系数 $\gamma = 0.96$，延长后的乙站均方差按公式（4-13）计算得：

$$\sigma = \frac{\sqrt{\frac{14 - 1}{24 - 1} \times 416}}{\sqrt{1 - 0.96^2 \left(1 - \frac{14 - 1}{24 - 1} \cdot \frac{629^2}{1355^2}\right)}} = 716$$

$$\bar{Q} = 786 + 0.96 \times \frac{716}{1355}(1468 - 1092)$$

$$= 977 \text{m}^3/\text{s} < 1023 \text{m}^3/\text{s}, \text{相差 } 4.5\% \text{（允许）}.$$

延长后的变差系数按公式（4-14）计算得：

$$C_v = \frac{716}{977} = 0.73$$

按延长后的 ΣK_2^2 计算为：

$$C_v = \sqrt{\frac{40.16 - 24}{24 - 1}} = 0.84 > 0.73, \text{差 } 13.1\%.$$

由于乙站资料系列较短，故延长后的 C_v 与公式算得的 C_v 相差较大。

4.1.4 设计洪峰、洪量的计算

当河流实测流量短缺，以此来推算稀遇洪水，必然会有较大的抽样误差。因此除了设法间接收集延长序列外，还应重视历史洪水的调查，以增加资料系列的代表性，使统计参数的精度得以提高。《水利水电工程设计洪水计算规范》提出：凡工程所在地区或其上、下游邻近地点具有 30a 以上实测和插补延长洪水流量资料，并有调查历史洪水时，应采用频率分析法计算设计洪水。

1. 设计洪峰流量的计算

（1）洪水频率曲线统计参数的估计和确定

1）矩法：对于 n 年连序系列可用公式（4-15）～公式（4-19）计算各统计参数：

①平均洪峰流量：

$$\bar{Q} = \frac{Q_1 + Q_2 + \cdots\cdots + Q_n}{n} = \frac{1}{n}\sum_{i=1}^{n} Q_i \tag{4-15}$$

式中　Q_1，Q_2，……，Q_n——实测每年最大洪峰流量，m^3/s；

　　　　n——实测资料年数；

　　　　i——1，2，3，……，n。

②均方差：

$$\left. \begin{array}{l} \sigma = \sqrt{\dfrac{\sum_{i=1}^{n}(Q_i - \bar{Q})^2}{n-1}} \\[6mm] \sigma = \sqrt{\dfrac{\sum_{i=1}^{n} Q_i^2 - \frac{1}{n}\left(\sum_{i=1}^{n} Q_i\right)^2}{n-1}} \end{array} \right\} \tag{4-16}$$

或

③变率：

$$K = \frac{Q_i}{\bar{Q}} \tag{4-17}$$

④变差系数：

$$\left. \begin{array}{l} C_v = \dfrac{\sigma}{\bar{Q}} = \sqrt{\dfrac{\sum_{i=1}^{n}(K_i - 1)^2}{n-1}} \\[6mm] C_v = \dfrac{1}{\bar{Q}}\sqrt{\dfrac{\sum_{i=1}^{n} Q_i^2 - \frac{1}{n}\left(\sum_{i=1}^{n} Q_i\right)^2}{n-1}} \end{array} \right\} \tag{4-18}$$

或

⑤偏态系数：

$$\left. \begin{array}{l} C_s = \dfrac{n\sum_{i=1}^{n}(K_i - 1)^3}{(n-1)(n-2)C_v^3} \\[6mm] C_s = \dfrac{n^2\sum_{i=1}^{n} Q_i^3 - 3n\sum_{i=1}^{n} Q_i\sum_{i=1}^{n} Q_i^2 + 2\left(\sum_{i=1}^{n} Q_i\right)^3}{n(n-1)(n-2)\bar{Q}^3 C_v^3} \end{array} \right\} \tag{4-19}$$

或

对于 N 年不连序系列：如果在 N 年中已查明为首的 a 项的特大洪水（其中有 l 个发生在 n 年实测与插补系列中）。假定 $(n-l)$ 年系列的均值和均方差与除去特大洪水后的 $(N-a)$ 年系列的相等，即 $\bar{Q}_{N-a} = \bar{Q}_{n-l}$、$\sigma_{N-a} = \sigma_{n-l}$，可推导出统计参数的计算公式（4-20）、公式（4-21）为：

$$\bar{Q} = \frac{1}{N}\left[\sum_{j=1}^{a} Q_j + \frac{N-a}{n-l}\sum_{i=l+1}^{n} Q_i\right] \tag{4-20}$$

$$C_v = \frac{1}{\bar{Q}} \sqrt{\frac{1}{N-1} \Big[\sum_{j=1}^{a} (Q_j - \bar{Q})^2 + \frac{N-a}{n-l} \sum_{i=l+1}^{n} (Q_i - \bar{Q})^2 \Big]}$$

$$\left.\begin{array}{c} \\ C_v = \sqrt{\frac{1}{N-1} \Big[\sum_{j=1}^{a} (K_j - 1)^2 + \frac{N-a}{n-l} \sum_{i=l+1}^{n} (K_i - 1)^2 \Big]} \end{array}\right\} \quad (4\text{-}21)$$

或

式中　Q_j——特大洪水（$j=1$，2，……，a）；

　　　Q_i——一般洪水（$i=l+1$，$l+2$，……，n）；

　　　a——特大洪水的总个数，其中包括发生在实测系列内的 l 个。

偏态系数用公式计算，抽样误差较大，故一般不直接计算，而是参考相似流域分析成果初步选定一个 $\dfrac{C_s}{C_v}$ 值，与计算出的 $\bar{Q}$、C_v 参数目估适线，并调整参数使曲线与经验点据配合最佳。

修改参数时，因为用公式计算的均值抽样误差较小，一般可不必修改。主要是 C_v 值系列不长，相对误差较大，所以一般是调整 C_v 值。适线时可参考附录12选择。但最后的数值仍应根据地区综合或通过分析研究后确定。

2）概率权重矩法：过去在计算洪水频率曲线统计参数时，一般常用矩法。如今水利部门在设计洪水计算新的规范中推荐了一些新的计算方法，如概率权重矩法、双权函数法。在适线法中提出了离差平方和准则；离差绝对值和准则；相对离差平方和准则。现分别介绍如下：

概率权重矩法：概率权重矩按公式（4-22）定义为：

$$M_j = \int_0^1 x F^j(x) \mathrm{d}F \qquad (4\text{-}22)$$

$$j = 0,\ 1,\ 2,\ \cdots\cdots$$

皮尔逊Ⅲ型频率曲线的三个统计参数，不能用概率权重矩的显式表述，但经推导为：

$$\bar{Q} = M_0 \qquad (4\text{-}23)$$

$$C_v = H\left(\frac{M_1}{M_0} - \frac{1}{2}\right) \qquad (4\text{-}24)$$

$$R = \frac{M_2 - M_0/3}{M_1 - M_0/2} \qquad (4\text{-}25)$$

式中 H 和 R 均与 C_s 有关，并已有近似的经验关系，可用公式（4-26）、公式（4-27）表示：

$$\left.\begin{array}{l} C_s = 16.41u - 13.51u^2 + 10.72u^3 + 94.54u^4 \\[2mm] u = \dfrac{R-1}{(4/3-R)^{0.12}} \ (1 \leqslant R < 4/3) \end{array}\right\} \quad (4\text{-}26)$$

$$\left.\begin{array}{l} H = 3.545 + 29.85V - 29.15V^2 + 363.8V^3 + 6093V^4 \\[2mm] V = \dfrac{(R-1)^2}{(4/3-R)^{0.14}} \ (1 \leqslant R < 4/3) \end{array}\right\} \quad (4\text{-}27)$$

为保证 C_v 和 C_s 有两位小数准确，要求在计算 R 时，M_0、M_1 和 M_2 的计算值至少达到 5 位有效数字。

① 根据连序系列计算概率权重矩。将洪水系列按大、小顺序排列，样本概率权重矩按公式（4-28）计算：

$$M_0 = \frac{1}{n}\sum_{i=1}^{n} Q_i$$

$$M_1 = \frac{1}{n}\sum_{i=1}^{n} Q_i \frac{n-i}{n-1}$$

$$M_2 = \frac{1}{n}\sum_{i=1}^{n} Q_i \frac{(n-i)(n-i-1)}{(n-1)(n-2)} \tag{4-28}$$

② 根据含历史洪水特大值的不连序样本计算概率权重矩，见公式（4-29）：

$$
\left.
\begin{aligned}
M_0 &= \frac{1}{N}\left[\sum_{j=1}^{a} Q_j + \frac{N-a}{n-l}\sum_{i=1}^{n-l} Q_i\right] \\[2mm]
M_1 &= \frac{1}{N}\left[\sum_{j=1}^{a} \frac{N-j}{N-1} Q_j + C_1 \frac{N-a}{n-l}\sum_{i=1}^{n-l} \frac{n-l-i}{n-l-1} Q_i\right] \\[2mm]
M_2 &= \frac{1}{N}\left[\sum_{j=1}^{a} \frac{(N-j)(n-j-1)}{(N-1)(N-2)} Q_j + C_2 \frac{N-a}{n-l}\sum_{i=1}^{n-l} \frac{(n-l-i)(n-l-i-1)}{(n-l-1)(n-l-2)} Q_i\right]
\end{aligned}
\right\}
\tag{4-29}
$$

式中 C_1、C_2——都是对不连序系列中实测洪水概率权重的修正系数：

$$
\left.
\begin{aligned}
C_1 &= \frac{N-a+1}{N+1} \\[2mm]
C_2 &= \left(\frac{N-a+1}{N+1}\right)^2
\end{aligned}
\right\}
\tag{4-30}
$$

3）双权函数法：

均值仍用矩法，而 C_v 和 C_s 的计算公式（4-31）、公式（4-32）为：

$$C_v^2 = \frac{\dfrac{1}{h\bar{Q}} - \dfrac{E_1}{k^2 H_1}}{-\dfrac{A_1}{D} + \dfrac{E_1}{H_1}} \tag{4-31}$$

$$C_s = \frac{2}{C_v}\left(\bar{Q} C_v^2 \frac{A_1}{D_1} + \frac{1}{h}\right) \tag{4-32}$$

式中 k、h——待优选的系数，可采用未加权的、数值积分计算的 C_v，按公式（4-33）～公式（4-38）计算选定：

$$h = C_v, K = 1/C_v$$

$$E_1 = \int_{\delta}^{\infty} (Q-\bar{Q})\varPhi_1(x) f(x)\mathrm{d}x \tag{4-33}$$

$$H_1 = \int_{\delta}^{\infty} (Q-\bar{Q})^2 \varPhi_1(x) f(x)\mathrm{d}x \tag{4-34}$$

$$A_1 = \int_{\delta}^{\infty} \psi_1(x) f(x)\mathrm{d}x \tag{4-35}$$

$$D_1 = \int_{\delta}^{\infty} (Q-\bar{Q})\psi_1(x) f(x)\mathrm{d}x \tag{4-36}$$

第一权函数 $\quad\varPhi(x) = \dfrac{k}{\bar{Q}\sqrt{2\pi}}\exp\left[\dfrac{-k^2(Q-\bar{Q})^2}{2\bar{Q}^2}\right] \tag{4-37}$

第二权函数 $$\psi(x) = \exp\left[-\frac{h(Q-\bar{Q})}{\bar{Q}}\right] \tag{4-38}$$

积分式 $E_1 \sim D_1$ 可用数值积分公式计算：例如，当 n 为奇数时，采用权积分系数 8，-4，8，1，4，2，4，2，……，2，4，1，8，-4，8，总权数 $=3(n+1)$；当 n 为偶数时，采用权积分系数 64，-32，64，8，32，16，32，16，……，32，17，27，27，17，32，16，32，……，16，32，8，64，-32，64，总权数 $=24(n+1)$。

4）理论计算适线法求解参数的方法：适线法的特点是在一定的适线准则下，求解与经验点据拟合最优的频率曲线的统计参数，一般可根据洪水系列的误差规律，选定适线准则。当系列中各项洪水的误差方差比较均匀时，可考虑采用离（残）差平方和准则；当绝对误差比较均匀时，可考虑采用离（残）差绝对值和准则；当各项洪水（尤其是历史洪水）误差差别比较大时，以采用相对离差平方和准则为宜，或采用经验适线法。

①离差平方和准则。也称最小二乘估计法。频率曲线统计参数的最小二乘估计使经验点据和同频率的频率曲线纵坐标之差（即离差或残差）的平方和达到极小，可用公式(4-39)表达为：

$$S(\bar{Q}, C_v C_s) = \sum_{i=1}^{n} \left[Q_i - f(P_i; \bar{Q}, C_v, C_s)\right]^2 \tag{4-39}$$

式中 $f(P_i; \bar{Q}, C_v, C_s)$ 或简记作 f_i，为频率 $P = P_i$，$i = 1$，……，n 时频率曲线的纵坐标。对于皮尔逊 III 型曲线，表达式为：

$$f(P_i; \bar{Q}, C_v, C_s) = \bar{Q}\left[1 + C_v \Phi(P_i; C_s)\right] \tag{4-40}$$

式中 Φ——离均系数。

根据数学分析，统计参数的最小二乘估计是方程组，表示公式 (4-41) 为：

$$\frac{\partial S}{\partial \theta} = 0 \text{ 的解} \tag{4-41}$$

式中 θ——参数向量，即：$\theta = (\bar{Q}, C_v, C_s)^t$。

由于公式对参数是非线性的，故应通过迭代法求解。求解以上公式的最基本方法是高斯-牛顿法。其迭代程序以公式 (4-42) 表达为：

$$\theta_{k+1} = \theta_k + \left[\left(\frac{\partial F}{\partial \theta}\right)^t \frac{\partial F}{\partial \theta}\right]^{-1} \left(\frac{\partial F}{\partial \theta}\right)^t (Q - F) \tag{4-42}$$

式中 $k = 0, 1, 2, \cdots\cdots$；
$F = (f_1, \cdots\cdots, f_n)^t$；
$Q = (Q_1, \cdots\cdots, Q_m)^t$。

$$\frac{\partial F}{\partial \theta} = \begin{bmatrix} \dfrac{\partial f_1}{\partial \bar{Q}} & \dfrac{\partial f_1}{\partial C_v} & \dfrac{\partial f_1}{\partial C_s} \\ \vdots & \vdots & \vdots \\ \dfrac{\partial f_n}{\partial \bar{Q}} & \dfrac{\partial f_n}{\partial C_v} & \dfrac{\partial f_n}{\partial C_s} \end{bmatrix}$$

式中   t，-1——矢量或矩阵的转置和逆；
k——迭代次数。

F 和 $\dfrac{\partial F}{\partial \theta}$ 都是在 $\theta = \theta_k$ 处计值。

当选定一组参数初值 θ_0（例如用矩法或上述其他估计方法），利用迭代程序进行迭代时，应直到相邻两次迭代结果 θ_{k+1} 与 θ_k 差别足够小，合乎精度要求时为止。这时就可取 θ_{k+1} 作为 θ 的估计。

② 离差绝对值和准则。使估计的频率曲线统计参数值达到极小。其算法可用公式 (4-43) 表示为：

$$S_1(\bar{Q},C_v,C_s) = \sum_{i=1}^n |Q_i - f(P_i;\bar{Q},C_v,C_s)| \tag{4-43}$$

公式（4-43）可采用直接方法（即搜索法），求得参数 $\bar{Q}$、C_v、C_s 的数值解。

③ 相对离差平方和准则。考虑洪水误差和它的大小有关，而它们的相对误差却比较稳定。因此，以相对离差平方和最小更符合最小二乘估计的假定。适线准则可写成公式 (4-44)：

$$S_2(\bar{Q},C_v,C_s) = \sum_{i=1}^n \left[\frac{Q_i - f(P_i;\bar{Q},C_v,C_s)}{f(\theta)}\right]^2$$

$$\approx \sum_{i=1}^n \left[\frac{Q_i - f(\theta)}{Q_i}\right]^2 \tag{4-44}$$

其参数迭代程序公式（4-45）为：

$$\theta_{k+1} = \theta_k + \left[\left(\frac{\partial F}{\partial \theta}\right)^t G^{-1} \frac{\partial F}{\partial \theta}\right]^{-1} \left(\frac{\partial F}{\partial \theta}\right)^t G^{-1}(Q-F) \tag{4-45}$$

$$k=0, 1, \cdots\cdots$$

式中 $G = \begin{bmatrix} f^2(P_i;\theta) & & 0 \\ & \ddots & \\ 0 & & f^2(P_i;\theta) \end{bmatrix} \approx \begin{bmatrix} Q^2 & & 0 \\ & \ddots & \\ 0 & & Q^2 \end{bmatrix}$

（2）频率曲线：在实际工程中，设计标准决定着工程的规模与抗洪能力；而抗御多大洪水的能力，则以洪水的频率（重现期）来体现，亦即运用数理统计原理，按经验与理论的办法绘制频率曲线，并通过该曲线查取所需频率的水文特征值。

1）经验频率曲线：利用实测资料点绘的频率曲线，称之为经验频率曲线。当实测资料足够多时，经验频率曲线的精度很高，可近似地作为总体的频率分布曲线，从中可用内插或外延推求相应频率的水文特征值。

①连序系列经验频率计算：根据选取的各年最大洪峰流量值（包括插补延长资料系列），按其大、小顺序排列，这种系列称之为连序系列，在数理统计中又称之为简单样本。如系列共 n 项，按由大到小的次序排列为：x_1、x_2、x_3、$\cdots\cdots$、x_m、$\cdots\cdots$、x_n。等于和大于 x_1 的数值出现的次数为 1，其频率为 $1/n$；等于和大于 x_2 的数值出现的次数为 2，其频率为 $2/n$；等于和大于 x_m 的数值出现的次数为 m，其频率为 m/n。依此类推，即可得出各随机变量的经验频率的计算公式（4-46）为：

$$P = \frac{m}{n} \times 100\% \tag{4-46}$$

式中 P——等于和大于 x_m 的数值的经验频率，一般以%表示；

m——等于和大于 x_m 的数值出现的次数，即样本系列随机变量 x 由大到小排列的序号；

n——样本系列的总项数。

公式(4-46)只有在掌握的 *n* 项资料等于总体的情况下，计算的结果才属合理。而实测水文资料都是有限的年数，以此法计算频率，显然就不合理了，例如有 10a 资料（*n*=10），其最末一项 *m*=10 的经验频率 $P=10/10 \times 100\% = 100\%$，这就意味着再也不会出现比这个实测最小值更小的数值了，这当然不合理，因为随着观测年限的增多，总会有更小的数值出现，因此，需对该公式进行修正，修正后的公式为：

$$P = \frac{m}{n+1} \times 100\% \tag{4-47}$$

公式(4-47)称之为数学期望公式，如有 100a 资料，其第一项约为百年一遇，在工程设计中偏于安全，该式已被广泛采用。

② 不连序系列经验频率计算：如在系列中包含有历史洪水，则实测或调查到的特大洪水可在较长时间内进行排位，这种系列称之为不连序系列（即特大洪水与一般洪水之间有空缺项），是一个不完全样本。不连序系列的经验频率可按以下方法估算。

方法一：将实测系列和特大值看作是各自从总体中独立抽取的几个随机连序系列，分别在各自系列中进行排位，其中实测系列的各项经验频率仍按公式（4-47）估算。而调查期 *N* 年中的 *a* 项特大洪水，序位为 *M* 的经验频率 P_M 以公式（4-48）估算为：

$$P_M = \frac{M}{N+1} \times 100\% \tag{4-48}$$

式中　*M*——历史特大洪水按递减次序排位的序位；

　　　N——调查考证期。

方法二：将实测系列和特大值共同组成一个不连序系列，作为代表总体的样本，实测系列为其中的组成部分。在最近的调查考证年份迄今的时期内进行统一排位，从而估算其经验频率。设在调查期 *N* 年中，调查到为首的有 *a* 个特大洪水，其中 *l* 个发生在 n_1 年实测与插补系列之内，则 *N* 年中的 *a* 项特大洪水的经验频率仍用公式（4-47）估算。实测系列中其余的（n_1-l）项，因为抽样是在总体内小于末位特大洪水的条件下进行的，其公式（4-49）为：

$$P_m = \frac{a}{N+1} + \left(1 - \frac{a}{N+1}\right)\frac{m-l}{n-l+1} \times 100\% \tag{4-49}$$

式中　P_m——实测系列第 *m* 项的经验频率；

　　　a——在 *N* 年中连续顺位的特大洪水项数；

　　　n——实测洪水系列项数；

　　　l——实测洪水系列中抽出作特大值处理的洪水项数；

　　　m——实测洪水的序位。

如在 *N* 年之外，尚有更远的 *N* 年内的调查洪水，可同样把 *N* 与 *N* 年组成不连序系列进行频率估算。

上述两种方法的比较：当实测资料代表性较好时，可采用方法一；当调查和考证历史洪水资料较为可靠，且为首的几项大洪水无遗漏时，可采用方法二。

③特大值重现期 *N* 的计算：调查到的历史洪水，如果从发生年份至今为最大洪水，可将发生年份到设计年份的年数作为重现期。即：

$$N=设计年份-发生年份+1$$

当历史洪水发生年份距现在较近，采用上述方法确定的重现期往往偏小。此时应尽量通过调查与历史文献考证以及与邻近地区、流域对比，向前追溯。

重现期 N 和频率 P 的关系，对于洪水来说可用公式（4-50）表示为：

$$N = \frac{1}{P} \tag{4-50}$$

2）经验频率曲线的绘制：频率曲线的绘制方法如下：

①将实测洪峰流量（即样本），按从大到小的顺序排列（包含历史洪水调查资料），并编上序号。

②按经验频率计算公式估算出各项流量相应的经验频率。

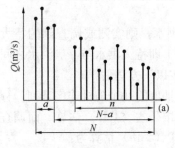

图 4-5 洪峰系列示意

③以流量为纵坐标，以经验频率（一般用累积经验频率）为横坐标，点绘出各经验频率点据。

④根据经验频率点据的分布趋势，目估绘出一条平滑曲线，这条曲线就是经验频率曲线。

3）频率曲线绘制的几率格纸：在普通直角坐标方格纸上，点绘经验频率曲线呈 S 形，曲线上部急剧上升和下部急趋下降，使曲线外延部分任意性很大，而该部分正是设计需要的稀遇频率流量。为了改善外延条件减小误差，而使用海森几率格纸。海森几率格纸的主要特点是使正态分布系列在这种图纸上接近于直线，其横坐标表示频率，系中间密集、两侧渐疏的不均匀分格；其纵坐标表示随机变量，一般可采用等分格，必要时也可采用普通对数分格。究竟采用哪种格纸，需视曲线形态而定，如曲线两端很陡，则可用普通对数分格格纸，使曲线上端平缓些便于外延；否则，可用等分格格纸。

4）理论频率曲线的绘制：按实测资料点绘经验频率曲线，并加以外延以推求设计需要的稀遇频率的流量值，必然会存在着任意性和精确度差的缺点。为了克服这一缺陷而采用数理统计中符合水文现象发生规律的某些曲线作为模型，使曲线外延部分有所凭借。虽然这种曲线并不具备水文上的理论，但作为一种手段而被广泛应用，称之为理论频率曲线。在水文计算中较广泛采用的线型是皮尔逊Ⅲ型曲线。它是一种概括性较强、适应性较大的线型。由于我国幅员辽阔、流域差异大、水文条件复杂，有时如采用单一统一频率分布线型，还不够完善，因此在特殊情况下也可采用与经验频率点据相配合较好的其他线型，如克里茨基·闵凯里曲线或耿贝尔曲线等。

理论频率曲线的绘制是以实测水文资料的经验频率点据为依据，选配一条具有一定线型的理论频率曲线，使该曲线能最佳地反映经验频率点群的趋势，也就是说必须与实测资料配合得最好。配线的具体方法有多种，目前在工程设计中常用的是适线法，其步骤如下：

① 根据实测资料计算经验频率，在几率格纸上点绘出经验点据，并绘出经验频率曲线（在实际工作中，往往为防止混杂只点出经验点据，而不绘出曲线）。

② 选出频率曲线线型（如皮尔逊Ⅲ型曲线），估算统计参数（见 4.2 节）$\bar{x}$、C_v、C_s，在绘有经验频率曲线（或点据）的同一几率格纸上绘出理论频率曲线。

③ 检查理论频率曲线与经验频率点群的符合程度，如符合较差，应适当调整统计参

数值。调整范围一般不宜超出抽样误差的计算值，即曲线上端偏左而下端偏低时，可适当增大 C_s；曲线上端偏左而下端偏高时，可适当增大 C_v；曲线普遍偏低时，可适当增大 $\bar{x}$。

5）频率曲线绘制的步骤：频率曲线绘制精度对工程设计至关重要，因此设计者需格外谨慎从事。在频率分析中，要求估计的理论频率曲线与经验点据拟合良好，并具有良好的特性。根据我国多年实践经验和目前频率分析水平，估计频率曲线的统计参数，可按下列三个步骤进行。

① 初步估计参数，一般首先采用参数估计法，如矩法，估计统计参数。由于含有系统的计算误差，这样得到的频率曲线常与经验点据拟合较差，并且，在大多数情况下都是偏小的。但是，可将这些参数值作为下一步适线调整的初始值。选择初始值是采用适线法估计参数的重要环节。由于矩法简单易行，因此使用最广。但有时，经验点据规律性差，矩法估计参数值仍显过粗（即与参数最优解相差过大）。这时，可采用其他方法，如概率权重矩法，以使适线迭代过程能迅速收敛。

② 采用适线法来调整上述初步估计的参数，以期获得一条与经验点据拟合良好的频率曲线。目前我国实际工作中采用的适线法有两种：一种是先选择适线目标函数（即适线准则），然后求解相应的最优统计参数；另一种是经验适线法。

a. 选择适线准则时，应考虑洪水资料精度，并且要便于分析、求解。当系列内各项洪水（绝对）误差比较均匀时，可考虑采用离差平方和准则或离差绝对值和准则；当不同量级的洪水（尤其是历史洪水）误差差别较大，但相对误差比较均匀时，可考虑采用相对离差平方和准则。这种方法不仅较前两种更符合水文资料的误差特点，而且具有更良好的统计特性。近年研究表明，当洪水点据准确（即理想系列）时，适线法能给出参数的准确解；当洪水点据不准确（例如实际使用的洪水系列）时，适线法能给出某种准则下统计参数的最优解。

b. 经验适线法简易、灵活，能反映设计人员的经验，但难以避免设计人员的主观任意性。而且，为适线方便，经验拟定的 C_v/C_s 值也缺乏根据。适线时，应尽量照顾总群的趋势，使曲线通过点群中心。如点据缺乏规律性，可侧重考虑上部和中部的点据，并使曲线尽量靠近精度较高的点据。对于特大洪水，应分析它们可能的误差范围，不宜机械地通过特大洪水，而使频率曲线脱离点群。

c. 双权函数法是从克服矩法估计量系统偏低、提高求矩的计算精度，以还原假想样本而提出的。当经验点据分布比较有规律时，也可采用双权函数法计算频率曲线的统计参数。

③ 为了避免由个别系列可能引起的任意性，扩大使用信息，还应与本站长短历时洪量和邻近地区测站统计参数和设计值进行对比分析，并最后确定参数。分析中也应注意各站洪水系列的可靠性、代表性及计算结果的精度。

通过上述初估、适线和综合对比分析，就可得到比较合理的、能满足工程设计要求的洪水频率曲线。

【例2】 河流某处有 25a 洪峰流量资料，如表 4-3 中（1）、（2）栏所示。用矩法求 $\bar{Q}$ 和 C_v 的初始值。

频 率 计 算

表 4-3

按年代顺序排列		按流量递减顺序排列			K	$(K-1)$	$(K-1)^2$	经验频率 P (%)
年　代	流　量 (m³/s)	顺序号	年　代	流　量 (m³/s)				
(1)	(2)	(3)	(4)	(5)	(6)	(7)	(8)	(9)
1947	28.1	1	1955	68.1	2.11	1.11	1.232	3.8
1948	17.0	2	1956	54.5	1.69	0.69	0.476	7.7
1949	23.7	3	1954	50.7	1.57	0.57	0.325	11.5
1950	19.5	4	1964	45.3	1.40	0.40	0.160	15.4
1951	11.9	5	1968	42.3	1.31	0.31	0.096	19.2
1952	37.6	6	1958	41.4	1.28	0.28	0.078	23.1
1953	39.2	7	1969	39.7	1.23	0.23	0.053	26.9
1954	50.7	8	1953	39.2	1.21	0.21	0.044	30.7
1955	68.1	9	1952	37.6	1.16	0.16	0.026	34.6
1956	54.5	10	1963	37.0	1.15	0.15	0.023	38.4
1957	34.6	11	1957	34.6	1.07	0.07	0.005	42.3
1958	41.4	12	1965	31.5	0.975	-0.025	0.001	46.1
1959	29.7	13	1959	29.7	0.920	-0.080	0.006	50.0
1960	26.1	14	1947	28.1	0.870	-0.130	0.017	53.8
1961	18.1	15	1960	26.1	0.808	-0.192	0.037	57.6
1962	25.7	16	1962	25.7	0.796	-0.204	0.042	61.5
1963	37.0	17	1967	24.7	0.765	-0.235	0.055	65.4
1964	45.3	18	1949	23.7	0.734	-0.266	0.071	69.3
1965	31.5	19	1970	21.6	0.669	-0.331	0.110	73.0
1966	21.0	20	1966	21.0	0.650	-0.350	0.123	76.9
1967	24.7	21	1950	19.5	0.604	-0.396	0.157	80.6
1968	42.3	22	1971	18.6	0.576	-0.424	0.180	84.5
1969	39.7	23	1961	18.1	0.560	-0.440	0.194	88.5
1970	21.6	24	1948	17.0	0.526	-0.474	0.225	92.3
1971	18.6	25	1951	11.9	0.368	-0.632	0.399	96.1
Σ	—	—	—	807.6	—	—	4.135	—

【解】　先按历年流量资料递减顺序排列见表 4-3 中(3)～(5)栏，由公式(4-15)得：

$$\bar{Q} = \frac{807.6}{25} = 32.3 \text{ m}^3/\text{s}$$

再按公式 (4-17) 计算 K、$K-1$、$(K-1)^2$，填入表中 (6) ～ (8) 栏，由公式 (4-21) 求得 C_v 值：

$$C_v = \sqrt{\frac{4.135}{25-1}} = 0.415$$

计算的 $\bar{Q}$ 及 C_v 值即可作为初始值。

【例 3】 某水文站 1958～1974 年有 17a 实测洪峰流量资料，按递减次序排列填入表 4-4 中（3）栏，通过历史洪水调查与考证，在 200a 中历史洪峰流量的第一位为 1904 年，第二位为 1921 年，此外，还调查出 1956 年洪峰流量为 50a 中的第一位，但在 200a 考证期中的序位未知（三个特大值的洪峰流量数值见表中（2）栏）。

频 率 计 算   表 4-4

| 年 份 | 洪峰流量（m³/s） | | 经验频率 P（%） | K | K−1 | | (K−1)² | | |
	特大值	一般值			+	−	特大值	较大值	一般值
(1)	(2)	(3)	(4)	(5)	(6)	(7)	(8)	(9)	(10)
1904	12600		0.498	2.31	1.31		1.716		
1921	11500		0.995	2.11	1.11		1.232		
1956	10500		2.94	1.92	0.92			0.846	
1962		8670	8.33	1.59	0.59				0.348
1969		7340	13.7	1.34	0.34				0.116
1963		6830	19.2	1.25	0.25				0.063
1970		6430	24.5	1.18	0.18				0.032
1958		6120	29.9	1.12	0.12				0.014
1971		5920	35.3	1.08	0.08				0.006
1959		5610	40.7	1.03	0.03				0.001
1961		5300	56.2	0.97		0.03			0.001
1972		5100	51.5	0.93		0.07			0.005
1960		4900	56.9	0.90		0.10			0.010
1964		4690	62.3	0.86		0.14			0.020
1968		4540	67.7	0.83		0.17			0.029
1965		4390	73.1	0.80		0.20			0.040
1966		4230	78.5	0.77		0.23			0.053
1967		3930	83.9	0.72		0.28			0.078
1973		3720	89.3	0.68		0.32			0.102
1974		3570	94.7	0.65		0.35			0.123
Σ	34600	91290					2.948	0.846	1.041

【解】 用矩法作图解适线如下：

按不连序系列估算经验频率：

$$P_{1904} = \frac{1}{200+1} = 0.498\%$$

$$P_{1921} = \frac{2}{200+1} = 0.995\%$$

$$P_{1956} = P_{1921} + (1-P_{1921})\left(\frac{1}{50+1}\right) = 2.94\%$$

实测一般洪水的经验频率估算：

$$P_m = P_{1956} + (1 - P_{1956}) \frac{m}{17+1} = 0.0294 + 0.0539m$$

当 $m=1$ 时，$P_{1962} = 8.33\%$；

$m=2$ 时，$P_{1969} = 13.7\%$。

其余类推计算得到各经验频率数据，填入表 4-4 中（4）栏。然后，接着用公式（4-20）求均值，得：

$$\sum_{j=1}^{3} Q_j = 34600; \sum_{i=1}^{17} Q_i = 91290$$

则

$$\bar{Q} = \frac{1}{200} \left(34600 + \frac{200-2-1}{17-0} \times 91290 \right) = 5462 \text{ m}^3/\text{s}$$

依次由表 4-4 中（5）～（10）栏计算 K、$K-1$、$(K-1)^2$。

C_v 值按公式（4-21）计算如下：

$$C_v = \sqrt{\frac{1}{200-1} \left[2.948 + 0.846 + \frac{200-2-1}{17-0} \times 1.041 \right]}$$

$$\approx 0.28$$

根据计算结果，点绘经验频率曲线 $K \sim P$ 见图 4-6。

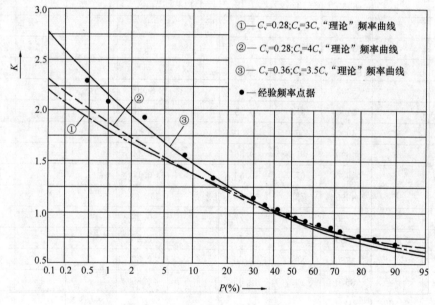

图 4-6　某水文站频率曲线

以 $C_v \approx 0.28$ 作为初始值，并经对不同的 C_s/C_v 作出不同的假定与调整 C_v 值，最后得到 $C_v = 0.34$，$C_s = 3.5$，从而得出的理论频率曲线与经验频率点据配合良好，结果而取用之。

（3）设计洪峰流量的计算：

1）求出 $\bar{Q}$、C_v、C_s 三个参数后，按公式（4-51）计算其频率的洪峰流量为：

$$Q_p = \bar{Q} (\Phi_p C_v + 1) \tag{4-51}$$

或

$$Q_p = K_p \bar{Q}$$

式中　Q_p——频率为 P 的洪峰流量，m^3/s；

　　　Φ_p——皮尔逊Ⅲ型曲线离均系数，可根据频率 P 及 C_s，由 Φ 值表中查得。

2）在几率格纸上取纵坐标为最大洪峰流量，横坐标为频率，然后将已算出的各频率的洪峰流量值点在几率格纸上，并将各点据连成一条光滑曲线。这条曲线就是理论频率曲线，如图 4-7 所示。

3）用适线法修正理论频率曲线：将实测最大洪峰流量资料按递减次序排列，并用公式（2-4）计算出各项的频率，点绘在几率格纸上，即为频率曲线的经验点据。将计算

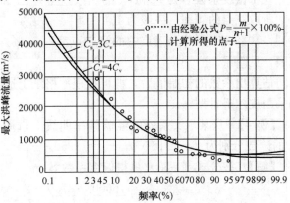

图 4-7　某站最大洪峰流量频率曲线

出的统计参数 $\bar{Q}$、C_v 作为初始值，选定一个 C_s/C_v 值，绘出频率曲线，若经验频率点与该曲线配合很好（即曲线通过点群中心，曲线上、下点据分配均匀，总离差基本相等），这时理论频率曲线可不修正；若与上述情况相反，则需要修正。修正的方法主要是调整统计参数，考虑对曲线的影响，一般调整 $\bar{Q}$ 及 C_v，直至满足要求为止。在极个别情况下调整 C_s/C_v，但需作一些区域性的分析工作。利用电子计算机进行频率计算的适线，可以求得理论频率曲线与经验点的最佳配合。它是以离差平方和或离差绝对值和最小为准则，即满足公式（4-52）要求：

$$\left.\begin{array}{l}\displaystyle\sum_{i=1}^{n}(Q_i-Q_{ip})^2=\text{最小}\\[4mm]\displaystyle\sum_{i=1}^{n}|Q_i-Q_{ip}|=\text{最小}\end{array}\right\} \tag{4-52}$$

式中　Q_i——经验频率为 P_i 时的变量；

　　　Q_{ip}——理论曲线上查出的与 P_i 相应的变量。

与经验点据配合最佳的曲线，即为所求的理论频率曲线。在选定的理论频率曲线上，可查得各种频率的洪峰流量。

4）三点法：在设计中，也可采用简便的三点法来初步估算各统计参数，在目估绘制的经验频率曲线上查读三个点的坐标 $(P_1，Q_1)$、$(P_2，Q_2)$、$(P_3，Q_3)$，由公式（4-53）计算偏度系数 S：

$$S=\frac{Q_{P_1}+Q_{P_3}-2Q_{P_2}}{Q_{P_1}-Q_{P_3}} \tag{4-53}$$

并根据 S 值查附录 4 得偏态系数 C_s，根据附录 5，查 Φ_p 然后按公式（4-54）～公式（4-56）计算：

$$\sigma=\frac{Q_{P_1}-Q_{P_3}}{\Phi_{P_1}-\Phi_{P_3}} \tag{4-54}$$

$$\bar{Q}=Q_{P_2}-\sigma\Phi_{P_2} \tag{4-55}$$

变差系数 $$C_v = \sigma/\bar{Q} \qquad\qquad (4\text{-}56)$$

式中偏度系数 S 是 P 和 C_s 的函数，当 P 已知时，S 仅是 C_s 的函数。

所取三点的频率，一般为 $1\%\sim50\%\sim99\%$，$3\%\sim50\%\sim97\%$，$5\%\sim50\%\sim95\%$ 或 $10\%\sim50\%\sim90\%$ 等，三点中的第二点都取 50%。C_s 与 $(\Phi_{P_1}-\Phi_{P_3})$ 及 $\Phi_{50\%}$ 的关系已制成表，见附录 5。

估算出参数的初始值后，即可在概率格纸上适线。最后确定采用的统计参数值。线型仍采用皮尔逊Ⅲ型。

【例 4】 从某水文系列的经验频率曲线上选取三点，频率为 $P=5\%$、50%、95% 的 x_p 的读数分别为：$x_5=16600$，$x_{50}=8350$，$x_{95}=3750$，求有关统计参数。

【解】 按公式（4-53）算得偏度系数 S：

$$S = \frac{16600 + 3750 - 2\times 8350}{16600 - 3750} = 0.284$$

从附录 4 中查得 $C_s=1.02$。

再从附录 5 中查得 $\Phi_{5\%}-\Phi_{95\%}=3.2$，$\Phi_{50\%}=-0.169$，据此，按公式（4-54）～公式（4-56）可算得：

$$\sigma = \frac{16600 - 3750}{3.2} = 4016$$

$$\bar{x} = 8350 - 4016\times(-0.169) = 9029$$

$$C_v = \frac{4016}{9029} = 0.445$$

根据 $\bar{x}$、C_v 值，运用皮尔逊Ⅲ频率曲线，经过适线，就完成了全部统计参数的求解。

5）绘线读点补矩法：此法也常被用来求取统计参数。用目估适线后，在该曲线上按 $P=\dfrac{m}{n+1}$ 的公式顺序读出几个数据，组成一个理想的连序的 n 项系列；并按连序系列的矩法公式求算 $\bar{x}$、C_v、C_s。若曲线为 P-Ⅲ型，这三个参数与其真值之间存在着"求矩差"的关系，可用公式（4-57）～公式（4-59）表示为：

$$C_s' = \alpha_{c_s} C_s \qquad\qquad (4\text{-}57)$$

$$\bar{x}' = (1+\alpha_0 C_v)\bar{x} \qquad\qquad (4\text{-}58)$$

$$C_v' = \frac{\alpha_\sigma}{1+\alpha_0 C_v} C_v \qquad\qquad (4\text{-}59)$$

式中 α_{c_s}、α_0、α_σ 分别为 C_s、x、σ 的修正系数。其值随 C_s、n 而变，可从图 4-6 及图 4-7 中查得。在具体计算时，先修正 e_s，再修正 $\bar{x}$ 及 C_v。如目估绘制的频率曲线相当接近 P-Ⅲ型曲线，由上列各式修正后便可得到所要求的统计参数 $\bar{x}'$、C_v'、C_s'。但因所绘经验频率曲线不一定完全符合 P-Ⅲ型曲线的要求，有时尚需加以调整。

实际操作时，可在频率曲线变化大的部分（头部）每个序号读一点，中间及尾部变化不大，可每隔 3 或 5 个序号读一中间值，然后再加权（权重为 3 或 5）来计算。为了能在几率格纸上容易检读 x_m 值，n 最好选用 19、24、49、99 或 199，因这些 n 值对 $P=\dfrac{m}{n+1}$ 的计算最为简便。当 n 选用以上数值时，α_{c_s}、α_0 及 α_σ 值可查表 4-5、表 4-6 及图 4-8、图 4-9。

α_0 值

表 4-5

C_s \ n	19	24	49	99	199
0.0	0.000	0.000	0.000	0.000	0.000
0.1	0.005	0.004	0.002	0.001	0.001
0.2	0.010	0.008	0.005	0.003	0.002
0.3	0.014	0.012	0.007	0.004	0.002
0.4	0.019	0.016	0.010	0.006	0.003
0.5	0.024	0.020	0.012	0.007	0.004
0.6	0.029	0.024	0.014	0.008	0.005
0.7	0.034	0.028	0.017	0.010	0.006
0.8	0.038	0.032	0.019	0.011	0.006
0.9	0.043	0.036	0.022	0.013	0.007
1.0	0.048	0.040	0.024	0.014	0.008
1.1	0.052	0.044	0.026	0.015	0.009
1.2	0.057	0.048	0.028	0.016	0.010
1.3	0.061	0.052	0.030	0.017	0.010
1.4	0.066	0.056	0.032	0.018	0.011
1.5	0.070	0.060	0.034	0.019	0.011
1.6	0.074	0.064	0.036	0.020	0.012
1.7	0.079	0.067	0.038	0.021	0.013
1.8	0.083	0.071	0.040	0.023	0.013
1.9	0.086	0.074	0.042	0.024	0.014
2.0	0.092	0.078	0.044	0.025	0.014
2.1	0.096	0.082	0.046	0.026	0.015
2.2	0.100	0.085	0.048	0.027	0.015
2.3	0.105	0.089	0.050	0.028	0.016
2.4	0.109	0.092	0.052	0.029	0.016
2.5	0.113	0.096	0.054	0.030	0.017
2.6	0.117	0.100	0.056	0.031	0.017
2.7	0.121	0.103	0.058	0.032	0.017
2.8	0.126	0.107	0.059	0.033	0.018
2.9	0.130	0.110	0.061	0.034	0.018
3.0	0.134	0.114	0.063	0.035	0.019
3.1	0.138	0.118	0.064	0.036	0.019
3.2	0.142	0.121	0.066	0.037	0.020
3.3	0.147	0.125	0.067	0.038	0.020
3.4	0.151	0.128	0.069	0.039	0.021

续表

C_s \ n	19	24	49	99	199
3.5	0.156	0.132	0.070	0.040	0.021
3.6	0.160	0.136	0.072	0.041	0.021
3.7	0.164	0.139	0.073	0.041	0.022
3.8	0.169	0.143	0.075	0.042	0.022
3.9	0.173	0.146	0.076	0.042	0.023
4.0	0.178	0.150	0.078	0.043	0.023
4.1	0.182	0.153	0.080	0.044	0.023
4.2	0.186	0.157	0.082	0.045	0.024
4.3	0.191	0.160	0.083	0.045	0.024
4.4	0.195	0.163	0.085	0.046	0.025
4.5	0.200	0.167	0.087	0.047	0.025

α_σ 值   表 4-6

C_s \ n	19	24	49	99	199
0.0	1.13	1.11	1.06	1.04	1.03
0.1	1.13	1.11	1.06	1.04	1.03
0.2	1.13	1.11	1.06	1.04	1.03
0.3	1.14	1.12	1.06	1.04	1.03
0.4	1.14	1.12	1.07	1.04	1.03
0.5	1.14	1.12	1.07	1.04	1.03
0.6	1.15	1.13	1.07	1.04	1.03
0.7	1.15	1.13	1.07	1.04	1.03
0.8	1.15	1.13	1.08	1.05	1.03
0.9	1.16	1.14	1.08	1.05	1.03
1.0	1.16	1.14	1.08	1.05	1.03
1.1	1.17	1.15	1.08	1.05	1.03
1.2	1.17	1.16	1.09	1.06	1.03
1.3	1.18	1.16	1.09	1.06	1.04
1.4	1.18	1.17	1.10	1.06	1.04
1.5	1.19	1.17	1.10	1.07	1.04
1.6	1.20	1.18	1.10	1.07	1.04
1.7	1.21	1.19	1.11	1.07	1.04
1.8	1.22	1.19	1.11	1.08	1.05
1.9	1.23	1.20	1.12	1.08	1.05
2.0	1.24	1.21	1.12	1.08	1.05

续表

C_s \ n	19	24	49	99	199
2.1	1.25	1.22	1.13	1.09	1.05
2.2	1.26	1.23	1.13	1.09	1.05
2.3	1.28	1.24	1.14	1.09	1.06
2.4	1.29	1.25	1.14	1.10	1.06
2.5	1.30	1.26	1.15	1.10	1.06
2.6	1.31	1.27	1.16	1.10	1.06
2.7	1.33	1.28	1.17	1.11	1.07
2.8	1.34	1.30	1.17	1.11	1.07
2.9	1.36	1.31	1.18	1.12	1.07
3.0	1.37	1.32	1.19	1.12	1.08
3.1	1.39	1.34	1.20	1.12	1.08
3.2	1.41	1.35	1.21	1.13	1.08
3.3	1.42	1.37	1.21	1.13	1.09
3.4	1.44	1.38	1.22	1.14	1.09
3.5	1.46	1.40	1.23	1.15	1.10
3.6	1.48	1.42	1.24	1.15	1.10
3.7	1.50	1.43	1.25	1.16	1.10
3.8	1.53	1.45	1.25	1.16	1.10
3.9	1.55	1.46	1.26	1.17	1.11
4.0	1.57	1.48	1.27	1.17	1.11
4.1	1.59	1.50	1.28	1.18	1.11
4.2	1.61	1.51	1.29	1.18	1.11
4.3	1.64	1.53	1.30	1.19	1.12
4.4	1.66	1.54	1.31	1.19	1.12
4.5	1.68	1.56	1.32	1.20	1.12

【例5】 某水文站流量资料目估绘制的经验频率曲线见图4-10中之实线，用绘线读点补矩法适线。

【解】 从该曲线上读点，读点位置及一部分计算见表4-7。读点时采用 $n=49$，取顺序号1～9共9个点，然后每隔5个序号取一点共8个点。根据表4-7中计算结果，各计算参数为：

$$\bar{x} = \frac{\sum_1^9 x + 5\sum_{1'}^{8'} x}{n}$$

$$= \frac{53500 + 56600}{49} = 2247$$

$$C_v = \sqrt{\frac{\sum_1^9 (K-1)^2 + 5\sum_{1'}^{8'} (K-1)^2}{n-1}} = \sqrt{\frac{40.071}{48}} = 0.914$$

$$C_s = \frac{\sum_1^9 (K-1)^3 + 5\sum_{1'}^{8'} (K-1)^3}{(n-3)C_v^3} = \frac{70.022}{35.123} = 1.99$$

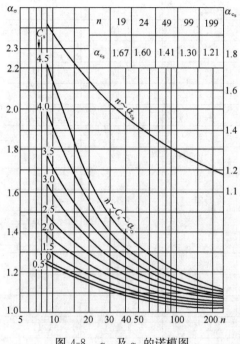

图 4-8 α_{c_s} 及 α_σ 的诺模图

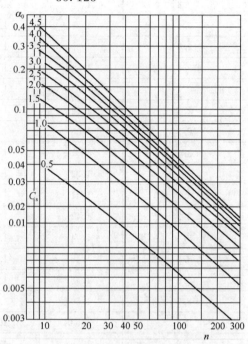

图 4-9 α_0 的诺模图

这些计算值与真值之间存在"求矩差"，需要进行修正，可先从图 4-8 中的上方附表查得：$\alpha_{c_s}=1.41$，从表 4-5、表 4-6 中查得 $\alpha_0=0.044$ 和 $\alpha_\sigma=1.12$，再按公式（4-57）～公式（4-59）计算得：

某水文站洪峰流量频率计算 表 4-7

m	p	x	$K=\frac{x}{\bar{x}}$	$K-1$	$(K-1)^2$	$(K-1)^3$
1	2	9700	4.32	3.32	11.022	36.594
2	4	8000	3.56	2.56	6.554	16.777
3	6	7100	3.16	2.16	4.666	10.078
4	8	6200	2.76	1.76	3.098	5.452
5	10	5500	2.45	1.45	2.103	3.049
6	12	5000	2.23	1.23	1.513	1.861
7	14	4400	1.96	0.96	0.922	0.885
8	16	4000	1.78	0.78	0.608	0.475
9	18	3600	1.60	0.60	0.360	0.216

续表

m	p	x	$K=\dfrac{x}{\bar{x}}$	$K-1$	$(K-1)^2$	$(K-1)^3$
$\sum\limits_{1}^{9}$	—	53500	—	14.82	30.846	75.387
$1'$	24	2800	1.25	0.25	0.063	0.016
$2'$	34	2020	0.90	−0.10	0.010	−0.001
$3'$	44	1620	0.72	−0.28	0.078	−0.022
$4'$	54	1380	0.61	−0.39	0.152	−0.059
$5'$	64	1200	0.53	−0.47	0.221	−0.104
$6'$	74	1000	0.45	−0.55	0.303	−0.166
$7'$	84	800	0.36	−0.64	0.410	−0.262
$8'$	94	500	0.22	−0.78	0.608	−0.475
$\sum\limits_{1}^{8'}$		11320	—	−2.96	1.845	−1.073
$5\sum\limits_{1}^{8'}$		56600		−14.80	9.225	−5.365
$\sum\limits_{1}^{9}+5\sum\limits_{1}^{8'}$		110100		−0.02	40.071	70.022

$$C'_s = 1.14 \times 1.99 = 2.81$$
$$\bar{x}' = (1+0.044 \times 0.914) \times 2247 = 2337$$
$$C'_v = \frac{1.12}{1+0.044 \times 0.914} \times 0.914 = 0.98$$

修正后的参数值作为初始值，推算得出的理论频率曲线配合较好，见图 4-10 中之虚线。

6）设计洪峰流量的计算：根据以上计算方法所算得的初始值，计算相应的 $x-P$（或 $K-P$）数据，在几率格纸上点绘出理论频率曲线，并与经验频率曲线进行比较，通过适线调整，最后选定理想的理论频率曲线及其相应的统计参数；然后即可查出 Φ_p 或 K_p 值，用公式（4-51）计算所需的设计洪峰流量。

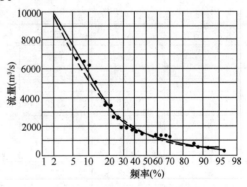

图 4-10 某水文站频率曲线

【例 6】 某水文站洪峰流量的经验频率点据见图 4-11，已算得参数初始值 $\bar{Q}=1245\text{m}^3/\text{s}$，$C_v=0.50$，进行适线，并求 $P=1\%$、2% 的设计洪峰流量。

【解】 取 $C_s=2C_v$，查附录 3 得各种 P 的 K_p 值，列入计算表 4-8（2）栏；根据公式 $Q_p=K_p\bar{Q}$ 得 Q_p，列入（3）栏；然后将 P 与相应的 Q_p 点绘在图 4-11 上，并与经验频率点据（为防止图面混淆，一般可不绘出经验频率曲线）对照比较，结果发现中段配合较好，但头部（小频率部分）偏于经验频率点据下方多，而尾部又偏于经验点据的上方，这是第一次适线。

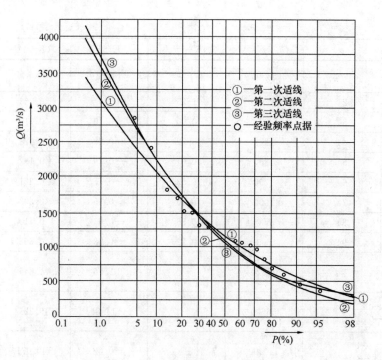

图 4-11 某水文站最大流量频率曲线

"理论"频率曲线选配计算 表 4-8

额率 P (%)	第一次适线 $\bar{Q}=1245$ $C_v=0.5$ $C_s=2C_v=1.0$		第二次适线 $\bar{Q}=1245$ $C_v=0.6$ $C_s=2C_v=1.2$		第三次适线 $\bar{Q}=1245$ $C_v=0.6$ $C_s=2.5C_v=1.5$	
	K_p	Q_p	K_p	Q_p	K_p	Q_p
(1)	(2)	(3)	(4)	(5)	(6)	(7)
0.5	2.74	3410	3.20	3980	3.35	4170
1	2.51	3120	2.89	3600	3.00	3740
5	1.94	2420	2.15	2680	2.17	2700
10	1.67	2080	1.80	2240	1.80	2240
20	1.38	1720	1.44	1790	1.42	1770
50	0.92	1145	0.88	1096	0.86	1070
75	0.63	784	0.56	697	0.56	697
90	0.44	548	0.35	436	0.39	486
95	0.34	423	0.25	311	0.32	398
99	0.21	261	0.13	162	0.25	311

第二次适线，取 $C_v=0.6$，$\bar{Q}$ 值不变，C_s 仍等于 $2C_v$，结果是头部配合较好，但尾部又偏于经验点据下方，故需作第三次适线调整参数。

第三次适线，取 $C_s=2.5C_v$，C_v、$\bar{Q}$ 不变，结果适线理想，得到统计参数为：$\bar{Q}=$

1245，$C_v = 0.6$，$C_s = 2.5C_v$；从附录 3 中查得 $P = 1\%$、2% 的 K_p 值分别为 3.00 和 2.65，则：

$$Q_{1\%} = 3.00 \times 1245 = 3735 \text{m}^3/\text{s}$$

$$Q_{2\%} = 2.65 \times 1245 = 3299 \text{m}^3/\text{s}$$

（4）设计洪水估计值的抽样误差：当总体分布为皮尔逊Ⅲ型分布，根据 n 年连序系列，用矩法估计参数时，设计洪水值 Q_p 的均方误差（一阶）近似公式（4-60）为：

$$\sigma_{x_p} = \frac{\bar{Q}C_v}{\sqrt{n}} B \text{（绝对误差）} \tag{4-60}$$

或　　　　$$\delta'_{x_p} = \frac{\delta_{x_p}}{Q_p} \times 100\% = \frac{C_v}{K_p \sqrt{n}} B \times 100\% \text{（相对误差）}$$

式中　K_p——指定频率 P 的模比系数；

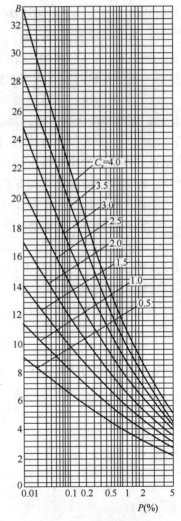

图 4-12　B 值诺模图

　　　　B——C_s 和 P 的函数，绘成诺模图，见图 4-12。

水利部门的洪水计算规范认为：根据现有的洪水暴雨系列，采用频率分析计算的设计洪水，可采用抽样方差（或其均方误差）来衡量它们的误差。根据统计学估计的设计洪水抽样方差，与洪水总体分布以及估计方法有关。一般只能根据样本来估计抽样方差。

当总体分布为皮尔逊Ⅲ型分布，根据 n 年连序系列，并采用绝对值和准则适线估计频率曲线统计参数时，设计洪水的均方误差可采用公式（4-60）估计。但是我国大、中型水利水电工程设计洪水所依据的洪水系列中，一般有历史洪水，系列是不连序的，并且都采用适线法估计频率曲线统计参数，与公式的假设前提不相符，但计算结果可以参考。采用时应通过原始资料的精度、系列的代表性、历史洪水调查考证程度以及统计参数和设计值的合理性分析后，来作定性判断。当发现有偏小可能时，为安全考虑，应在校核标准洪水设计值上再加安全修正值。安全修正值的数据，可根据综合分析成果偏小的可能幅度并参考均方误差计算结果来确定。

用暴雨资料推算设计洪水，因其中间环节比较多，资料条件和计算方法都会给计算成果带来影响。所以，在综合考虑各方面因素后，认为校核标准的成果有偏小的可能性时，应加安全修正值。

2. 设计洪量的推求

根据水文站或工程点处洪水过程的总历时，可对 1d（或 24h）、3d、5d、7d……的历年最大洪量进行统计（时段的划分及采用主要根据本流域洪水特性及工程要求来定）。如果在系列中没有历史洪水和实测特大洪水加入计算，可采用与无特大值加入的洪峰流量频率计算相同方法（连序系列），分别推求不同时段的设计洪量 W_{1d}、W_{3d}、W_{5d}……。如果在洪量系列中具有历史洪水或实测特大洪水，而且其重现期为已知时，可采用有特大洪水加入的设计洪峰流量频率计算方法（不连序系列）推求不同时段的设计洪量。

此外，当洪峰流量与某一时段最大洪水总量具有一定的相关关系时，也可利用这种峰、量关系，由设计洪峰流量推求某一时段的设计洪量。其方法同洪峰流量的频率计算。

4.1.5 设计洪水过程线

（1）选择典型洪水过程线的原则：设计洪水过程线的推求方法，是从实测资料中选取大洪水年的洪水过程线，作为典型，然后再通过典型放大，即可获得所要求的设计洪水过程线。选择典型洪水过程线是推求设计洪水过程线的关键，因此选择典型时，要考虑以下原则：

1）峰高量大，水量集中的丰水年。

2）为双峰型且大峰在后。

3）具有一定代表性的大洪水。

4）根据资料的实际情况和流域的具体特点慎重选定。

（2）放大方法：对典型洪水过程线的放大，有同频率放大法和同倍比放大法两种。

1）同频率放大法：设计洪水过程线以洪峰及不同时段洪量同频率控制，按典型放大的方法绘制。首先要计算出设计频率的洪峰以及各时段（如 1d、3d、5d、15d 等）的洪水总量，将选择的典型洪水过程线，以上述各时段的设计值为控制，逐步放大典型洪水过程线，即为设计洪水过程线。其具体步骤如下：

①首先根据流域大小及江（河）洪水特性选择最长控制时段，并要照顾峰型的完整。

②根据设计洪水过程对水工构筑物安全起作用的时间来确定最长控制时段。

③最长控制时段选定后，即可在控制时段内依次按 1d、3d、5d……将流量进行放大（各时段按同一频率控制放大），从而得出相应设计频率的洪水总量 W_{1d}、W_{3d}、W_{5d}……。

④放大系数计算公式：

洪峰流量的放大倍比按公式（4-61）计算：

$$K_Q = \frac{Q_p}{Q_d}$$

各时段洪量的放大倍比：

$$
\left.
\begin{aligned}
K_{W1} &= \frac{W_{1p}}{W_{1d}} \ \text{或} \ K_{W1} = \frac{W_{1p} - Q_p xt}{W_{1d} - Q_d xt} \\[2mm]
K_{W3-1} &= \frac{W_{3p} - W_{1p}}{W_{3d} - W_{1d}} \\[2mm]
K_{W5-3} &= \frac{W_{5p} - W_{3p}}{W_{5d} - W_{3d}} \\
&\cdots\cdots
\end{aligned}
\right\}
\quad (4\text{-}61)
$$

式中 Q_d、W_d——典型过程线的洪峰和洪量。

以下依次类推，即得放大后的设计洪水过程线，如图 4-13 所示。由于各时段交接处放大倍比不同，因此放大后的过程线在交接处产生不连续的突变现象。这时，可以徒手修匀。修匀的原则是使各时段洪量与设计洪量相等,即水量平衡原则。

此法的优点是求出来的过程线峰、量均符合设计标准,缺点是过程线的形状将与典型过程线差别较大。

2) 同倍比放大法:同倍比放大法是将设计洪峰对典型洪峰或某一时段设计洪量对典型洪量之间的比值作为放大倍比,即 $K_Q = \dfrac{Q_p}{Q_d}$ 或 $K_W = \dfrac{W_p}{W_d}$,将设计时段内典型洪水过程线按同一比例放大 K 倍,即得设计频率的洪水过程线。

在规划设计中,洪量起决定性作用时,典型过程线可按洪量的放大倍比 K_W 放大,使放大后的洪量等于设计洪量,称"按量放大",如图 4-14(a)所示;在防洪工程中,洪峰起决定性作用时,则将典型过程线按洪峰的放大倍比 K_Q 放大,使放大后的洪峰等于设计洪峰,称"按峰放大",如图 4-14(b)所示。

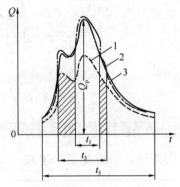

图 4-13 同频率放大洪水过程线
1—典型洪水过程线;2—放大后的过程线;3—修匀后的设计洪水过程线
Q_p—设计洪峰流量(m³/s);t_1、t_3、t_5—洪量计算历时:1d、3d、5d

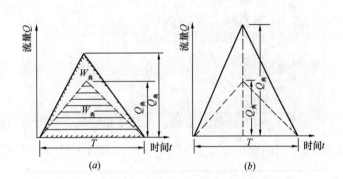

图 4-14 同倍比放大法示意
(a)按量放大;(b)按峰放大

此法的优点为比较简单,计算工作量小;缺点是由于典型过程线的影响,结果容易偏大或偏小,如"按量放大"的过程线,洪峰不等于设计频率的洪峰,"按峰放大"的过程线,洪量不等于设计频率的洪量。对于同一个典型,"按量放大"和"按峰放大"所得过程线亦不一样。

目前,比较常用的是各时段同频率控制放大法。

对于洪水峰、量频率计算的成果,应进行合理性分析。也就是说,要根据物理成因和地理分布规律,对照分析各种统计参数、设计值与各种影响因素的关系、论证计算成果的合理性和可靠性。一般来说可以与本站的洪峰流量及不同时段洪量的频率分析成果进行比较;与上、下游,干支流及邻近地区河流的频率分析成果相比较;与暴雨的频率分析成果相比较。

4.1.6 洪水演进

洪水演进就是利用河段中的蓄泄关系与水量平衡原理,把上断面流量过程演算成下断面流量过程,也就是计算洪水波轨迹的过程。目前常用的方法是从水力学的观点出发,用水量平衡方程式代替连续方程式；用槽蓄方程式近似地代替动力方程式，然后将两个方程式联立求解。这是河道不稳定流的一种简解法。

(1) 单一河道流量演算法：基于天然河道的洪水波运动属于不稳定流。在时间、空间都变化着的水流，可用连续方程式和动力方程式来表示。当为无旁侧入流的单一河道时，其形式可用公式 (4-62)、公式 (4-63) 表示为：

$$\frac{\partial A}{\partial t} + \frac{\partial Q}{\partial L} = 0 \tag{4-62}$$

$$\frac{\partial H}{\partial L} = \frac{Q^2}{K^2} + \frac{1}{g}\frac{\partial v}{\partial t} + \frac{v}{g}\frac{\partial v}{\partial L} \tag{4-63}$$

式中　A——过水断面面积，m^2；

　　　L——距离，m；

　　　K——流量模数；

　　　g——重力加速度，m^2/s；

　　　v——断面平均流速，m/s；

　　　Q——流量，m^3/s；

　　　H——高度差，m；

　　　t——时间，s。

公式 (4-62) 为连续方程，反映质量守恒，表示由于流量的沿程变化而引起过水断面面积随时间的变化。当涨洪时：上游断面流量大于下游断面流量，即流量沿程递减，$\frac{\partial Q}{\partial L}$ < 0，则 $\frac{\partial A}{\partial t}$ > 0，说明水位不断上涨，河槽蓄量增加；落水则相反。

公式 (4-63) 为动力方程，反映能量守恒。式中 $\frac{\partial H}{\partial L}$ 为水面比降，水位沿程的降落，说明势能的减少。$\frac{Q^2}{K^2}$ 为摩阻项，表示沿程摩阻损失，即克服阻力所做的功。$\frac{1}{g}\frac{\partial v}{\partial t}$ 和 $\frac{v}{g}\frac{\partial v}{\partial L}$ 由惯性力形成，称惯性项，表明流速随时间和沿程的变化，即反映动能的变化。

为简化上述联立方程式求解，而将连续方程式简化为河段的水量平衡方程式，将动力方程式简化为槽蓄方程式。

水量平衡方程式为：

$$\frac{I_1 + I_2}{2}\Delta t - \frac{Q_1 + Q_2}{2}\Delta t = W_2 - W_1 \tag{4-64}$$

槽蓄方程式为：

$$W = K\left[xI + (1-x)Q\right] \tag{4-65}$$

式中　I、Q、W——河段的入流、出流和河段槽蓄量；

　　　　　x——流量比重因数；

　　　　　K——蓄量流量关系曲线的坡度，h。

下标 1、2，分别表示时段 Δt 的始、末（即上、下游断面）。

联解式 (4-64)、式 (4-65)，得公式 (4-66)、公式 (4-67) 为：

$$Q_2 = C_0 I_2 + C_1 I_1 + C_2 Q_1 \tag{4-66}$$

$$C_0 = \frac{\frac{1}{2}\Delta t - Kx}{\frac{1}{2}\Delta t + K - Kx}$$

$$C_1 = \frac{\frac{1}{2}\Delta t + Kx}{\frac{1}{2}\Delta t + K - Kx} \Bigg\} \tag{4-67}$$

$$C_2 = \frac{-\frac{1}{2}\Delta t + K - Kx}{\frac{1}{2}\Delta t + K - Kx}$$

$$C_0 + C_1 + C_2 = 1.0$$

以上就是马司京干法流量公式。

对于一个河段，只要确定了参数 K、x 值及选定了演算时段 Δt 后，就可以求出 C_0、C_1、C_2，代入式（4-66），就能根据上站流量过程 $I(t)$ 及下站起始流量，计算出下站的流量过程 $Q(t)$。

当 $\Delta t = 2Kx$ 时，则 $C_0 = 0$，公式（4-66）变成公式（4-68）为：

$$Q_2 = C_1 I_1 + C_2 Q_1 \tag{4-68}$$

公式（4-68）计算简便，又能获得 Δt 的预见期。

K、x 的推求可采用试算法。有实测上、下站的流量资料时，根据 $Q' = xI + (1-x)Q = Q + x(I-Q)$，假定几个不同的 x 值，作出这次洪水的 $Q' \sim W$ 关系曲线。选取满足单一关系的 x 值作为本次洪水所求之值，而 $Q' \sim W$ 关系曲线的坡度即为 K 值，如表 4-9 及图 4-15 所示。

试算法确定马司京干法参数计算　　　　表 4-9

时间 t （月·日·时）	万县入流量 I (m³/s)	宜昌出流量 Q (m³/s)	区间径流量 q (m³/s)	$Q-q$ (m³/s)	修正后的实测出流量 $Q_{修}$ (m³/s)	$\Delta Q = I-Q_{修}$ (m³/s)	$\Delta \bar{Q}$ (m³/s)	W [m³/(s·12h)]	$Q'=Q_{修}+x(I-Q_{修})$ (m³/s)		
									$x=0.25$	$x=0.05$	$x=0.10$
(1)	(2)	(3)	(4)	(5)=(3)-(4)	(6)	(7)=(2)-(6)	(8)	(9)	(10)	(11)	(12)
7·2·2	21300	22500	600	21900	22200	-900					
7·2·14	27900	24900	2500	22400	22800	5100	2100	2100	24080	23060	23310
7·3·2	38800	27000	4000	23000	23400	15400	10250	12350	27250	24170	24940
7·3·14	47300	33200	3500	29700	30100	17200	16300	28650	34400	30960	31820
7·4·2	52000	42400	3000	39400	39900	12100	14650	43300	42920	40500	41110
7·4·14	53800	48400	2300	46100	46800	7000	9550	52850	48550	47150	47500
7·5·2	52700	52000	1700	50300	50900	1800	4400	57250	51350	50990	51080
7·5·14	48900	51800	1200	50600	51100	-2200	-200	57050	50550	50990	50880
7·6·2	43400	49600	1000	48600	49200	-5800	-4000	53050	47750	48910	48620

续表

时间 t (月·日·时) (1)	万县入流量 I (m^3/s) (2)	宜昌出流量 Q (m^3/s) (3)	区间径流量 q (m^3/s) (4)	$Q-q$ (m^3/s) (5)=(3)−(4)	修正后的实测出流量 $Q_修$ (m^3/s) (6)	$\Delta Q=I-Q_修$ (m^3/s) (7)=(2)−(6)	$\Delta\bar{Q}$ (m^3/s) (8)	W [$m^3/$ s·12h)] (9)	$Q'=Q_修+x(I-Q_修)$ (m^3/s) $x=0.25$ (10)	$x=0.05$ (11)	$x=0.10$ (12)
7·6·14	37800	45400	1000	44400	44800	−7000	−6400	46650	43050	44450	44100
7·7·2	32000	40500	1000	39500	39900	−7900	−7450	39200	37920	39500	39110
7·7·14	26900	35600	1100	34500	34900	−8000	−7950	31250	32900	34500	34100
7·8·2	23400	31300	1000	30300	30600	−7200	−7600	23650	28800	30240	29880
7·8·14	21400	27300	900	26400	26700	−5300	−6250	17400	25380	26440	26170
7·9·2	19600	24200	700	23500	23700	−4100	−4700	12700	22680	23500	23290
7·9·14	18600	22100	500	21600	21800	−3200	−3650	9050	21000	21640	21480
7·10·2	17200	20400	500	19900	20100	−2900	−3050	6000	19380	19950	19810
7·10·14	16400	19100	400	18700	18900	−2500	−2700	3300	18280	18780	18650
7·11·2	16400	18000	400	17600	17800	−1400	−1950	1350	17450	17730	17660
7·11·14	17000	17300	300	17000	17300	−300	−850	500	17220	17280	17270
Σ	632800	653000	27600	625400	632800						

注：第（2）、（3）栏入、出流量为实测值，第（4）栏区间径流量为推算值。

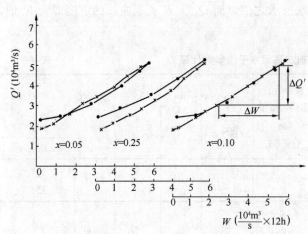

图 4-15 参数 K、x 值试算

图 4-15 是用表 4-9 第（10）～（12）栏与第（9）栏点绘的关系曲线。当 $x=0.25$ 时，$Q'\sim W$ 成顺时针方向，且变幅较大；当 $x=0.05$ 时，$Q'\sim W$ 成逆时针方向，变幅亦较大；当 $x=0.10$ 时，$Q'\sim W$ 成单一线，其中高水量部分接近直线。最后取 $x=0.10$，其坡度 $K=\dfrac{\Delta W}{\Delta Q'}=\dfrac{30000\times12}{19000}=18.9h$ 时，取 $K=18h$。

【例 7】 某河流已知 $x=0.10$，$K=18h$，按表 4-10 给出资料，求下站（宜昌）出流量。

【解】 先求 C_0、C_1、C_2 值。取 $\Delta t=K=18h$

$$C_0=\frac{\frac{1}{2}\Delta t-Kx}{\frac{1}{2}\Delta t+K-Kx}=\frac{0.5\times18-18\times0.10}{0.5\times18+18-18\times0.10}=0.286$$

$$C_1 = \frac{\frac{1}{2}\Delta t + Kx}{\frac{1}{2}\Delta t + K - Kx} = \frac{0.5 \times 18 + 18 \times 0.10}{0.5 \times 18 + 18 - 18 \times 0.10} = 0.428$$

$$C_2 = \frac{-\frac{1}{2}\Delta t + K - Kx}{\frac{1}{2}\Delta t + K - Kx} = \frac{-(0.5 \times 18) + 18 - 18 \times 0.10}{0.5 \times 18 + 18 - 18 \times 0.10} = 0.286$$

则马司京干法演算公式为：

$$Q_2 = 0.286 I_2 + 0.428 I_1 + 0.286 Q_1$$

按上式将万县流量演算为宜昌流量过程，如表 4-10 及图 4-16 所示。

马司京干法流量演算　　　　　　　　　　　　　　　　　　表 4-10

时　间 t （月・日・时）	万县实测 入流量 I （m³/s）	0.286 I_2 （m³/s）	0.428 I_1 （m³/s）	0.286 Q_1 （m³/s）	宜昌演算 出流量 Q （m³/s）	宜昌修正后的 实测出流量 $Q_修$（m³/s）	ΔQ （m³/s）
(1)	(2)	(3)	(4)	(5)	(6)	(7)	(8) = (6) − (7)
7・1・14	19900······	··········	┊	┊	······22800*	22800	
7・1・20	20400				22300*	22300	
7・2・2	21300				22200′	22200	
7・2・8	24300······→	6950 ──→	8520 ＋	6520 ←··· ＝	21990	22400	−410
7・2・14	27900	7980	8740	6380	23100	22800	300
7・2・20	33000	9440	9120	6350	24910	23100	1810
7・3・2	38800	11100	10400	6290	27790	23400	4390
7・3・8	43300	12400	11900	6580	30880	26700	4180
7・3・14	47300	13500	14100	7120	34720	30100	4620
7・3・20	50000	14300	16600	7940	38840	35000	3840
7・4・2	52000	14900	18500	8840	42240	39900	2340
7・4・8	53200	15200	20200	9920	45320	43300	2020
7・4・14	53800	15400	21400	11100	47900	46800	1100
7・4・20	53300	15200	22300	12100	49600	48800	800
7・5・2	52700	15100	22800	12900	50800	50900	−100
7・5・8	50800	14500	23000	13700	51200	51000	200
7・5・14	48900	14000	22800	14200	51000	51100	−100
7・5・20	46400	13300	22500	14500	50300	50100	200
7・6・2	43400	12400	21700	14600	48700	49200	−500
7・6・8	41000	11700	20900	14600	47200	47000	200
7・6・14	37800	10800	19800	14400	45000	44800	200
7・6・20	35100	10050	18500	13900	42450	42400	50
7・7・2	32000	9160	17600	13500	40260	39900	360
7・7・8	29500	8440	16200	12900	37540	37400	140
7・7・14	26900	7700	15000	12100	34800	34900	−100
7・7・20	25200	7210	13700	11500	32410	32700	−290

注：1. 标有 * 数据表示宜昌修正后的实测出流量；

2. 本公式演算时段是 18h，应每隔 18h 计算一次，但时段太长，不能满足过程预报的要求，所以每隔 6h 计算一次。演算时段仍是 18h；

3. 第（7）栏抄自表 4-9 中第（6）栏；

4. 误差（即第（8）栏）较大的原因，可能是区间径流在时间上有误差。

当入流涨洪历时远比河段传播时间短时，则马司京干法演算时段 Δt 和传播时间 K 之间矛盾，可用分段连续流量演算法解决。

马司京干法分段连续流量演算方法（有限差解），以马司京干法演算原理为基础，联解水量平衡方程和马司京干槽蓄方程。

令 $\Delta t = K$ 和各等流量时段 x 值相等，则以公式（4-69）、公式（4-70）表示为：

$$Q_2 = C_0 I_2 + C_1 I_1 + (C_0 + C_1)q \frac{\Delta F}{\Delta t} + C_0 Q_1 \tag{4-69}$$

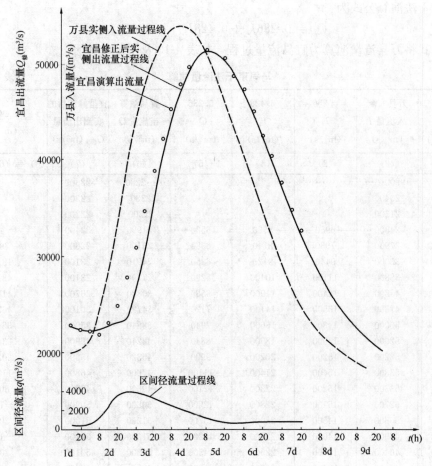

图 4-16 马司京干法演算流量和实测流量比较

$$\left. \begin{array}{c} C_0 = \dfrac{\dfrac{1}{2} - x}{\dfrac{3}{2} - x} = C_2 \\[4mm] C_1 = \dfrac{\dfrac{1}{2} + x}{\dfrac{3}{2} - x} \end{array} \right\} \tag{4-70}$$

式中 $x = \dfrac{1}{2} - \dfrac{l}{2L}$ $l = \dfrac{Q_0}{i_0}\left(\dfrac{\partial H}{\partial Q}\right)$

L——河段长度；

　l——特征河长；

　i_0——稳定流下的比降；

　Q_0——稳定流下的流量；

$q\dfrac{\Delta F}{\Delta t}$——区间径流；

其他符号意义同前。

逐个河段求解式（4-69），便可得河网汇流组成系数，乘以相应的等流时线面积分配率，就得河网单位线，再乘以坡地单位线，就可转化为流域单位线。按上述概念，即可推导出马司京干法分段连续流量演算（河槽）的通用公式及整个汇流系数表。

所谓汇流系数 P_{mn}，是将演算河段分成 n 个单元河段，其长为 $L_l = \dfrac{L}{n}$。假定每个单元河段的 K_l 及 x_l 值都相等。当河段上断面仅在零时刻有一个单位入流量，其余时刻都是零时，其水量为 $1 \cdot \Delta t = \Delta t$，则上断面单位入流过程为三角形，传播到下断面的出流过程就是汇流系数 P_{mn}，如图 4-17 所示。

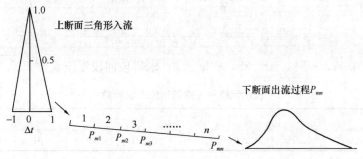

图 4-17　河段划分及汇流系数示意

马司京干法分段连续流量演算的汇流系数公式演算比较繁复，为便于实际应用，可将公式制成数值表（见附录 6）。表中取 $\Delta t = K_l$，是为了满足计算要求而又使计算简化。

在实际操作时，为了推求汇流系数 P_{mn}，应先定出相应的单元河长 L_l、单元河段数 n 以及单元河段的 K_l 和 x_l。

如果已知整个河段的 K、x 和 L，则首先根据实际需要选定计算时段 Δt。

令 $K_l = \Delta t$，则：

$$n = \frac{K}{K_l} = \frac{K}{\Delta t}$$

又

$$L_l = \frac{L}{n}$$

单元河段的 x_l 可由演算河段已知的 x 来确定。

因

$$x = \frac{1}{2} - \frac{l}{2L},$$

故

$$l = (1 - 2x)L$$

对于单元河段 L_l，则：

$$x_l = \frac{1}{2} - \frac{l}{2L_l} = \frac{1}{2} - \left(\frac{1 - 2x}{2L_l}\right)L$$

$$x_l = \frac{1}{2} - \frac{n(1-2x)}{2}$$

如果没有整个河段的 K、x，则用下列公式推求单元河段数 n 及其 K_l、x_l。

令 $K_l = \Delta t$，则：

$$L_l = \omega \Delta t , \quad n = \frac{L}{L_l} , \quad x_l = \frac{1}{2} - \frac{l}{2L_l}$$

式中 ω——洪水波波速，可由断面平均流速关系求取。

【例 8】 已知河段长 112km，由试算法确定：$K=9$h，$x=0.45$。试计算 1968 年 7 月沅水沅陵～王家河河段的一次洪水演进情况。

【解】 根据洪水过程形状，确定计算时段 $\Delta t = 3$h：

令 $\Delta t = K_l = 3$h，则：

$$n = \frac{K}{K_l} = \frac{9}{3} = 3$$

单元河段长度为：

$$L_l = \frac{L}{n} = \frac{112}{3} = 37.3\text{km}$$

$$x_l = \frac{1}{2} - \frac{n(1-2x)}{2} = \frac{1}{2} - \frac{3(1-2\times0.45)}{2} = 0.35$$

根据 $x_l = 0.35$，$n=3$，$\Delta t = 3$h，查附录 6，求得该河段汇流系数 P_{mn}，见表 4-11。

沅水沅陵～王家河河段汇流系数   表 4-11

$t/\Delta t$	0	1	2	3	4	5	6	7	Σ
P_{mn}	0.002	0.039	0.229	0.491	0.181	0.046	0.010	0.002	1.000

求得 P_{mn} 后，即可应用线性迭加进行演算，成果见表 4-12 及图 4-18。

马司京干法分段连续流量演算   表 4-12

时间 t (日·时)	沅陵站实测入流量 I_s (m³/s)	汇流系数 P_{mn}	I_1P_{mn} I_9P_{mn} ⋮	I_2P_{mn} $I_{10}P_{mn}$ ⋮	I_3P_{mn} $I_{11}P_{mn}$ ⋮	I_4P_{mn} $I_{12}P_{mn}$ ⋮	I_5P_{mn} $I_{13}P_{mn}$ ⋮	I_6P_{mn} $I_{14}P_{mn}$ ⋮	I_7P_{mn} $I_{15}P_{mn}$ ⋮	I_8P_{mn} $I_{16}P_{mn}$ ⋮	王家河站计算出流量 $Q_{计}$ (m³/s)	王家河站实测出流量 $Q_{实}$ (m³/s)
(1)	(2)	(3)	(4)	(5)	(6)	(7)	(8)	(9)	(10)	(11)	(12)	(13)
12·24	2300	0.002	5	(5)	(23)	(106)	(416)	(1129)	(527)	(90)	(2300)	—
13·3	2340	0.039	90	5	(5)	(23)	(106)	(416)	(1129)	(527)	(2300)	—
13·6	2400	0.229	527	91	5	(5)	(23)	(106)	(416)	(1129)	(2300)	—
13·9	2480	0.491	1129	536	94	5	(5)	(23)	(106)	(416)	(2310)	2400
13·12	2520	0.181	416	1149	550	97	5	(5)	(23)	(106)	(2350)	2430
13·15	2600	0.046	106	423	1178	568	98	5	(5)	(23)	(2410)	2480
13·18	2700	0.010	23	108	434	1218	577	101	5	(5)	(2470)	2500
13·21	2810	0.002	5	23	110	448	1237	596	105	6	2530	2520
13·24	2900	—	6	5	24	114	456	1277	618	110	2610	2640

续表

时间 t（日·时）	沅陵站实测入流量 I_s (m³/s)	汇流系数 P_{nn}	I_1P_{nn} I_9P_{nn} ⋮	I_2P_{nn} $I_{10}P_{nn}$ ⋮	I_3P_{nn} $I_{11}P_{nn}$ ⋮	I_4P_{nn} $I_{12}P_{nn}$ ⋮	I_5P_{nn} $I_{13}P_{nn}$ ⋮	I_6P_{nn} $I_{14}P_{nn}$ ⋮	I_7P_{nn} $I_{15}P_{nn}$ ⋮	I_8P_{nn} $I_{16}P_{nn}$ ⋮	王家河站计算出流量 $Q_{计}$ (m³/s)	王家河站实测出流量 $Q_{实}$ (m³/s)
(1)	(2)	(3)	(4)	(5)	(6)	(7)	(8)	(9)	(10)	(11)	(12)	(13)
14·3	3010	—	113	6	5	25	116	470	1325	643	2700	2740
14·6	3190	—	664	117	6	5	25	120	489	1380	2810	2820
14·9	3350	—	1424	689	124	7	5	26	124	509	2910	2940
14·12	3600	—	525	1478	731	131	7	5	27	129	3030	3060
14·15	4500	—	133	545	1566	767	140	9	5	28	3190	3200
14·18	6000	—	29	138	577	1645	825	175	12	6	3410	3300
14·21	7000	—	6	30	147	606	1768	1030	234	14	3840	3500
14·24	7520	—	15	6	32	154	651	2210	1374	273	4710	4550
15·3	8100	—	293	16	6	34	166	814	2946	1603	5880	5900
15·6	8800	—	1720	316	18	7	36	206	1086	3437	6830	6820
15·9	9300	—	3690	1854	343	19	7	45	276	1267	7500	7700
15·12	9500	—	1360	3980	2015	362	19	9	60	322	8130	8380
15·15	9700	—	346	1465	4320	2130	370	19	12	70	8730	8950
15·18	9700	—	75	372	1593	4565	2175	378	19	14	9190	9310
15·21	9650	—	15	81	405	1683	4660	2220	378	19	9460	9600
15·24	9550	—	19	16	88	428	1720	4760	2220	376	9630	9700
16·3	9430	—	372	19	18	93	437	1755	4760	2210	9660	9700
16·6	9250	—	2188	368	18	19	95	446	1755	4740	9630	9650
16·9	9100	—	4690	2160	361	18	19	97	446	1746	9540	9600
16·12	9070	—	1730	4630	2120	355	18	19	97	444	⋮	⋮
16·15	9000	—	440	1705	4540	2083	353	18	19	96	⋮	⋮
⋮	⋮	⋮	⋮	⋮	⋮	⋮	⋮	⋮	⋮	⋮	⋮	⋮

注：括号内数字是按入流量 2300m³/s 作基流来推算的。

（2）有支流河段的流量演算法：有支流河段流量演算方法与无支流河段流量演算方法的实质是一样的，也是通过联解水量平衡方程式和槽蓄方程式进行，两方程式形式如下：

水量平衡方程式为：

$$\sum_{i=1}^{n}(I_{1\lambda}+I_{2i})\frac{\Delta t}{2}-(Q_1+Q_2)\frac{\Delta t}{2}=W_2-W_1 \tag{4-71}$$

槽蓄方程式为：

$$W=f\left(\sum_{i=1}^{n}I_i,Q\right) \tag{4-72}$$

这里的槽蓄量既包括各支流的槽蓄量，也包括支流交汇区互相干扰漫溢的水量。

因有支流河段，各干、支流向下游运动的洪水波变形，除了受各干、支流本身洪水波

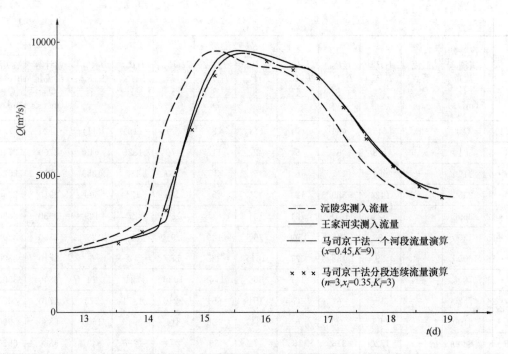

图 4-18   1968 年 7 月沅水沅陵~王家河河段演算与实测流量过程线比较

的附加比降影响外，还由于交汇处的相互干扰作用而进一步影响变形，情况比较复杂，槽蓄曲线更难处理。这里不再介绍，详见长江流域规划办公室主编的《水文预报方法》一书。

4.2   由暴雨资料推求设计洪水

我国绝大部分地区的洪水是由暴雨形成的，而且雨量观测资料比流量资料时间长，观测站点多，因此可以利用暴雨径流关系，推求出所需的设计洪水。

由暴雨资料推求设计洪水的主要内容有：

（1）点、面雨量资料的插补、延长。

（2）推求设计暴雨。

（3）通过产流计算，推求设计净雨。

（4）通过汇流计算，推求设计洪水过程线。

4.2.1   样本系列

（1）统计选样方法：一般暴雨资料的统计，可采用定时段（如 1d、3d、7d 等）年最大值选择的方法。

时程划分一般以 8h 为日分界，由日雨量记录进行统计选样。短历时分段一般取 24h、12h、6h、3h、1h 等；只有当地具有自记雨量记录，才能保证统计选样的精度；若用人工观读的分段雨量资料统计，往往会带来偏小的成果。根据统计，在我国年最大 24h 雨量约为年最大日雨量的 1.10~1.30 倍，平均为 1.12 倍左右，即：

$$H_{24} = 1.12 H_d \tag{4-73}$$

式中 H_d——年最大日雨量；

      H_{24}——年最大 24h 雨量。

（2）雨量资料的插补延长：暴雨的地区局限性，使相邻站同次暴雨的相关性较差，用相关法插补延长暴雨资料比较困难。一般可采用以下三种方法：

1）在站网较密的平原区、邻站与本站距离较近，且暴雨形成条件基本一致时，可以直接利用邻近站的雨量记录，或取周围几个站的平均值。

2）在站网较稀的平原区，或在暴雨特性变化较大的山区，可绘制同一次暴雨量等值线图，也可作同一年各种时段年最大雨量等值线图，由各站地理位置进行插补。

3）当暴雨和洪水的相关关系较好时，可利用洪水资料来插补延长暴雨资料。

在实际工作中若设计站处雨量资料不多，可采用以下方法插补延长，或直接推求设计站暴雨量的均值。

①比值法：设 A 为设计站，具有 n 年雨量资料，B 为参证站，具有 N 年雨量资料（$N>n$）。其基本关系为（两站暴雨特性相似时可采用）：

$$\frac{\bar{P}_{AN}}{\bar{P}_{An}} = \frac{\bar{P}_{BN}}{\bar{P}_{Bn}}$$

即

$$\bar{P}_{AN} = \frac{\bar{P}_{An}}{\bar{P}_{Bn}} \bar{P}_{BN}$$

令

$$a = \bar{P}_{An} / \bar{P}_{Bn}$$

则

$$\bar{P}_{AN} = a \bar{P}_{BN} \tag{4-74}$$

式中 $\bar{P}_{AN}$——设计站 N 年暴雨均值；

      $\bar{P}_{An}$——设计站实测雨量系列求得的暴雨均值；

      $\bar{P}_{BN}$——参证站实测雨量系列求得的暴雨均值；

      $\bar{P}_{Bn}$——参证站在设计站实测资料年份内所求得的暴雨均值。

② 站年法：此法认为某一地区各站雨量出自于同一暴雨的总体，各站实测雨量资料均为这一总体随机抽样的一个小样本。于是，可将这些小样本合并，成为一个容量较大的样本，进行频率计算，推求设计暴雨，减少成果的计算误差和抽样误差。其雨量 $P \geqslant P_1$ 的频率 $P(P \geqslant P_1) = M/N$，其中 N 为总站年数，M 为 $P \geqslant P_1$ 的站年数。

这种以空间资料代替时间资料延长系列的方法，必须要求各站暴雨的成因条件相同，即要求各站暴雨具有一致性。合并资料进行频率计算，还要求各站同一年的暴雨是相互独立的，即要求各站暴雨具有独立性。如何判断各站暴雨的一致性与独立性，成为站年法应用时的关键。目前判断一致性和独立性常用统计学中采用的方法。因为它具有一定的理论基础，问题在于这些方法要求用以进行判断的资料较多，实际资料难以满足；而采用短期资料进行判断，精度较差，常不可靠，只能作为参考。因此，设计者必须注意采用多种方法综合比较。

（3）面雨量的计算方法

1）当流域内雨量站分布较均匀时，可采用算术平均法计算面雨量。

2）当流域内雨量站分布不均匀时，可采用泰森多边形法确定各站的控制面积，再采用加权平均法计算面雨量。

3）地形变化较大的流域，可先绘制雨量等值线图，再采用加权平均法计算面雨量。

4）通过点面系数将总雨量转换成面雨量。这在较大流域（如超过 $50km^2$）是常用的方法，并已由水利部门进行统计整理成图表。其成果可从当地水利部门汇编的水文手册或图集中查到，亦可由设计者根据流域图与雨图分析计算得到。由于在水利部门的新规范中着重提出，故在本书中着重介绍其方法。

点面系数的计算方法，主要通过各场大暴雨勾绘出暴雨等值线图，求出每两条等值线中的面雨量均值与中心点雨量之比，其值为 K，每场暴雨图可得出各种面积下的 K 值，然后点绘 $K\sim F$ 线，每场暴雨有一条 $K\sim F$ 线，多场暴雨就有多条 $K\sim F$ 线，取其外包线，就是地区的 $K\sim F$ 线，点面系数的具体计算方法如下：

① 绘制流域图与暴雨等值线图，见图 4-19。

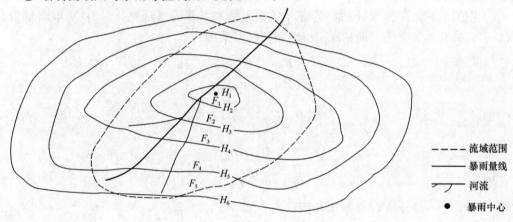

图 4-19　某场暴雨点面关系

② 点面系数的计算：

$$K_1 = \frac{H_2 \times F_1}{H_1 \times F_1}$$

$$K_2 = \frac{\left[\left(\dfrac{H_1 + H_2}{2}\right)F_1 + \left(\dfrac{H_2 + H_3}{2}\right)F_2\right]}{(F_1 + F_2)H_1}$$

$$K_3 = \frac{\left[\left(\dfrac{H_1 + H_2}{2}\right)F_1 + \left(\dfrac{H_2 + H_3}{2}\right)F_2 + \left(\dfrac{H_3 + H_4}{2}\right)F_3\right]}{(F_1 + F_2 + F_3)H_1}$$

$$K_4 = \frac{\left[\left(\dfrac{H_1 + H_2}{2}\right)F_1 + \left(\dfrac{H_2 + H_3}{2}\right)F_2 + \left(\dfrac{H_3 + H_4}{2}\right)F_3 + \left(\dfrac{H_4 + H_5}{2}\right)F_4\right]}{(F_1 + F_2 + F_3 + F_4)H_1}$$

$$\cdots\cdots$$
$$\cdots\cdots$$

式中　　K_1、K_2、K_3……——点面系数；

H_1、H_2、H_3……——降雨量，mm；

F_1、F_2、F_3……——相应 H_1、H_2、H_3……之间的受雨面积，km^2。

③ 绘制点面关系曲线，见图 4-20。

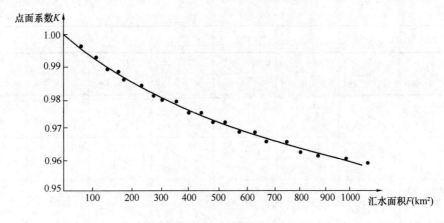

图 4-20 点面关系曲线示意

现将吉林省东部地区 1d、3d 暴雨点面系数，列于表 4-13。

吉林省东部地区 1d、3d 暴雨点面系数　　　　　　　　表 4-13

F/H	100	200	300	400	500	600	700	800
100	0.998 / 0.998	0.993 / 0.996	0.990 / 0.994	0.984 / 0.992	0.973 / 0.990	0.956 / 0.988	0.940 / 0.985	0.916 / 0.982
200	0.995 / 0.996	0.986 / 0.993	0.980 / 0.990	0.970 / 0.986	0.950 / 0.980	0.922 / 0.974	0.906 / 0.968	0.880 / 0.964
300	0.993 / 0.994	0.980 / 0.990	0.970 / 0.984	0.956 / 0.978	0.930 / 0.968	0.896 / 0.962	0.875 / 0.952	0.848 / 0.950
400	0.990 / 0.992	0.974 / 0.988	0.962 / 0.978	0.944 / 0.972	0.912 / 0.959	0.875 / 0.950	0.850 / 0.940	0.823 / 0.934
500	0.988 / 0.990	0.968 / 0.985	0.955 / 0.974	0.935 / 0.965	0.897 / 0.950	0.860 / 0.940	0.830 / 0.940	0.802 / 0.920
600	0.986 / 0.988	0.963 / 0.982	0.946 / 0.969	0.926 / 0.960	0.882 / 0.942	0.844 / 0.930	0.814 / 0.914	0.784 / 0.906
700	0.984 / 0.986	0.958 / 0.980	0.940 / 0.965	0.917 / 0.953	0.868 / 0.934	0.832 / 0.920	0.800 / 0.914	0.770 / 0.895
800	0.982 / 0.985	0.954 / 0.977	0.932 / 0.961	0.910 / 0.947	0.855 / 0.926	0.821 / 0.912	0.787 / 0.893	0.756 / 0.883
900	0.980 / 0.983	0.950 / 0.974	0.926 / 0.957	0.900 / 0.941	0.846 / 0.920	0.812 / 0.903	0.776 / 0.884	0.745 / 0.873
1000	0.978 / 0.982	0.945 / 0.972	0.920 / 0.954	0.894 / 0.936	0.836 / 0.913	0.803 / 0.895	0.765 / 0.875	0.735 / 0.864
1500	0.970 / 0.974	0.928 / 0.960	0.895 / 0.937	0.864 / 0.913	0.800 / 0.890	0.765 / 0.866	0.724 / 0.843	0.694 / 0.824
2000	0.961 / 0.967	0.717 / 0.948	0.878 / 0.922	0.843 / 0.895	0.774 / 0.870	0.736 / 0.844	0.697 / 0.818	0.666 / 0.798

续表

F/H	100	200	300	400	500	600	700	800
2500	0.953/0.960	0.907/0.938	0.864/0.910	0.826/0.880	0.754/0.853	0.716/0.826	0.677/0.798	0.646/0.776
3000	0.946/0.954	0.898/0.928	0.852/0.898	0.808/0.866	0.740/0.837	0.700/0.810	0.661/0.780	0.623/0.758
3500	0.939/0.947	0.890/0.918	0.840/0.888	0.794/0.855	0.725/0.822	0.685/0.796	0.646/0.764	0.612/0.741
4000	0.932/0.940	0.882/0.909	0.830/0.877	0.780/0.844	0.712/0.810	0.672/0.782	0.632/0.750	0.598/0.726
4500	0.926/0.934	0.874/0.900	0.821/0.867	0.767/0.834	0.700/0.800	0.658/0.770	0.618/0.738	0.583/0.713
5000	0.920/0.928	0.866/0.892	0.812/0.857	0.755/0.824	0.688/0.789	0.645/0.759	0.605/0.726	0.570/0.700

注：1. 汇水面积 F（km^2），降雨量 H（mm）；

　　2. 1d 点面系数——0.×××/0.××——3d 点面系数。

我国 1993 年发布的《水利水电工程设计洪水计算规范》进一步阐明点面关系有定点定面与动点动面之分。定点定面关系符合设计要求。定点参数的估算比较可靠，经华南地区大量资料分析，定点定面关系的地域变化很小，可以在较大地区范围内综合使用。江西雨量站网密度试验区暴雨定点定面关系见表 4-14。

江西雨量站网密度试验区暴雨定点定面关系　　　　　　　　表 4-14

历时＼面积（km²）	10	30	100	300	1000
3d	1.00	0.99	0.98	0.97	0.96
1d	0.99	0.98	0.97	0.94	0.89
6h	0.98	0.97	0.95	0.90	0.83
3h	0.94	0.91	0.85	0.79	0.69
1h	0.91	0.84	0.74	0.63	0.50

动点动面关系是指分析一次暴雨的雨量由暴雨中心向四周递减的分布规律。对于分析定点定面关系资料条件尚不具备的地区，仍可考虑借用动点动面关系，但应设法进行验证。

（4）特大暴雨值的处理

1）如何判断暴雨资料是否为"特大值"，一般可以与本站系列及本地区各站实测历史最大记录相比较，还可以从经验点距偏离频率曲线的程度、模比系数的大小、暴雨量级在地区上是否很突出以及论证暴雨的重现期等，以判断是否为特大值。

2）暴雨特大值的重现期，可从所形成的洪水的重现期间接作出估算。当流域面积较小时，一般可近似地假定流域内各雨量站的中值（或平均值）的重现期与相应洪水的重现期相等，暴雨中心雨量的重现期则应比相应洪水的重现期更长。

3）本流域无实测特大暴雨资料，而邻近地区已出现特大暴雨，经气象成因分析也有可能出现在本流域时，可移用该暴雨资料。移用时，若两地气候、地形条件略有差别时，可按两地暴雨特征参数 $\overline{H}$、C_v 或 σ 值的差别对特大值进行订正。订正的方法有：

① 假定 A、B 两地的 C_v 相等，可根据均值比按公式（4-75）计算订正：

$$H_{MB} = H_{MA} \frac{\overline{H}_B}{\overline{H}_A} \tag{4-75}$$

② 假定两地的 C_s 相等，可按公式（4-76）计算订正：

$$H_{MB} = \overline{H}_B + \frac{\sigma_B}{\sigma_A}(H_{MA} - \overline{H}_A) \tag{4-76}$$

式中　H_M——特大暴雨雨量；

$\overline{H}_A$、$\overline{H}_B$——A、B 两站暴雨雨量的多年平均值；

σ_A、σ_B——A、B 两站的均方差。

（5）暴雨统计参数：暴雨频率分析与流量频率分析相似，即根据图解适线法确定其分布函数及统计参数，线型一般多采用 P-Ⅲ 型曲线。

由于点暴雨量的统计参数在地区上有一定的分布规律，在适线确定统计参数及成果合理性分析时，应结合这一规律加以考虑。我国各省区均绘有点暴雨统计参数的等值线，汇编了各站的统计参数值，可在各省区的水文手册或水文统计中查得。在不同地区可以取不同的数值，表 4-15 所列数值可供实际工作中参考。

我国最大 24h 暴雨参数值　　　　　　　　表 4-15

C_{v24}	>0.6	0.6>C_v>0.4	<0.4
C_{s24}/C_{v24}	2~3	3.5	4~6

4.2.2　设计暴雨的推求

设计暴雨是指与设计洪水同一标准的暴雨，这个雨型包括设计雨量的大小及其在时间上的分配过程。目前常用的方法是通过频率计算，推求出流域面积上设计时段内的设计暴雨总量；然后根据流域内或邻近地区的暴雨雨型，采用平均雨型或选择某种典型雨型，再以所求得设计暴雨总量为控制，求得降雨在时间上的分配。

（1）设计暴雨总量的推求

首先应根据设计流域的实测暴雨与洪水资料，分析每年形成最大洪水过程的暴雨历时（小时或日数），由此来确定推求设计暴雨的统计时段。例如，形成每年最大洪水过程的暴雨历时为 7d 左右，则可确定暴雨的统计时段为 1d、3d、7d。选取不同时段的年最大雨量，应用频率计算的方法，即对历年不同时段的最大雨量分别进行频率计算，从而推求出不同时段的设计暴雨总量。

如果流域面积较大（如超过 200km² 时），必须将设计点雨量，转换成设计面雨量。

（2）设计暴雨量在时间上的分配

设计暴雨量在时间上的分配，如同洪水流量过程线的推求方法一样，首先确定典型，而后用总量控制进行放大即得。暴雨典型的选择，一般是根据过去的暴雨记录，统计其分配过程的一些特性，然后在实测记录中，选择一个或者人为的设计一个能反映上述分配特性的降雨过程，作为设计暴雨的分配典型。拟定暴雨分配过程线，一般包括三个内容：

1）暴雨历时：暴雨历时，应根据工程大小、重要性和降雨径流规律、汇流历时长短等多种因素确定，一般有 24h、3d、5d、7d、30d……，这里所说的 24h、3d、7d 等暴雨，是指它在时间上的连续不断，而不是指降雨连续不断。例如 7d 设计暴雨量，一般平均是 4d 降雨。

2）设计暴雨日程与时程分配：在由暴雨统计参数（方法同洪峰流量统计参数）计算出各种历时的设计暴雨量之后，需要用同频率分时段控制放大的方法，推求出设计暴雨的降水过程，即为日程与时程分配计算。这方面的工作，我国各省的水利部门在 20 世纪 80 年代均做了大量分析。设计者在设计时可直接向其搜集。为了说明问题，现以吉林省为例，将其分析成果介绍如下。

吉林省以往是在全省范围内采用同一种分配雨型。20 世纪 80 年代后，考虑到省内各地区自然地理及气候条件差异较大，雨型分配应有所不同。之后就根据地形、气候和暴雨的主要成因，将全省划分为东部（鸭绿江流域、图们江流域、牡丹江流域）、中部（松花江上游、东辽河流域）、西部（嫩江流域、西辽河流域）三个地区，分别选择了一定场次的能反映本地区暴雨特性的典型暴雨资料进行统计分析，优化出各地区典型暴雨时（日）程分配雨型。

典型暴雨的选择原则为：

① 暴雨中心附近雨量站的观测资料；

② 1d 雨量≥150mm，3d 雨量≥200mm；

③ 量级虽不到以上标准，但形成本地区大洪水的暴雨。

a. 日程分配：经分析，形成该省中小流域较大洪水，并对洪水起主要作用的是 3d 暴雨。为此，从 7d 暴雨资料入手，着重分析最大 3d 暴雨在 7d 暴雨中的日程分配情况。分析结果，并经一定调整后确定，最大 3d 暴雨在最大 7d 暴雨中的位置以及最大 3d 暴雨各日分配率，全省采用统一形式，即最大 3d 暴雨置于最大 7d 暴雨中的最后 3d；最大 1d 暴雨发生在 3d 的中间。而最大 3d 的外围 4d 中，仅有 2d 降雨发生在第 2 天和第 3 天，见表 4-16。

吉林省 7d 暴雨日程分配 表 4-16

地 区	东、中部地区							西 部 地 区						
时间(d)	1	2	3	4	5	6	7	1	2	3	4	5	6	7
M_1(%)						100							100	
M_3-M_1(%)					55		45					55		45
M_7-M_3(%)		40	60						80	20				

b. 时程分配：经分析结果，吉林省时程分配雨型如图 4-21 所示。

设计暴雨时段值用公式(4-77)～公式(4-79)计算：

$$H_{tp} = S_p t^{1-n} \tag{4-77}$$

$$H_{24p} = S_p \cdot 24^{1-n} \tag{4-78}$$

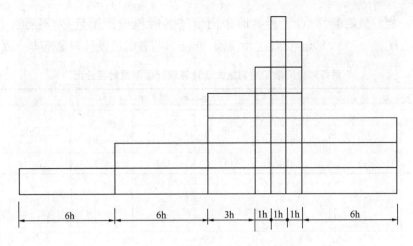

图 4-21　吉林省时程分配雨型示意

则
$$H_{tp} = \left(\frac{t}{24}\right)^{1-n} \cdot H_{24p} \qquad\qquad (4\text{-}79)$$

按公式(4-79)即可求出 t＝1h、2h、3h、6h、12h、18h 的雨量；再按时程分配比例分配，即可求得各时段的雨量。

3)选择典型雨型：选择最大暴雨在时段后面的雨型作为典型。典型暴雨选好后，设计时段内的设计暴雨总量，可用各时段同频率控制放大进行分配即得设计暴雨的日程分配。具体方法与设计洪水过程线的放大相同。

【例 9】　某流域面积为 75km²，设计取暴雨历时为 3d（72h），设计频率 P＝1%，各种设计历时的设计暴雨分别为 H_{6p}＝180mm（H_{6p} 表示 6h 的设计暴雨，其余类推）、H_{24p}＝294mm、H_{72p}＝407mm、流域所在地区曾出现两次有代表性的特大暴雨，雨量大而集中，试分析选择典型暴雨，并对设计暴雨，按同频率放大法进行时程分配。

【解】　因流域面积较小，为了更好地控制洪峰流量，最大 6h 的雨量以 1h 为一个时段。

从两次典型暴雨 Ⅰ、Ⅱ 的过程对比来看，暴雨 Ⅱ 虽比 Ⅰ 小，但暴雨 Ⅱ 雨量比较集中，主雨峰在后，因此，选择暴雨 Ⅱ 作为典型暴雨过程。

各时段倍比计算：
$$K_6 = \frac{H_{6p}}{H_6} = \frac{180}{108.9} = 1.65$$

$$(H_6 = 4+9+15+65.9+7.5+7.5 = 108.9)$$

最大 24h 中除去最大 6h 外，其余各小时的倍比：
$$K_{\langle 24-6\rangle} = \frac{H_{24p}-H_{6p}}{H_{24}-H_6} = \frac{294-180}{136.9-108.9} = 4.07$$

$$(H_{24} = 14+14+0+108.9 = 136.9)$$

最大 3d 中除去最大 24h 外，其余各小时的倍比：
$$K_{\langle 72-24\rangle} = \frac{H_{72p}-H_{24p}}{H_{72}-H_{24}} = \frac{407-294}{203.4-136.9} = 1.70$$

将各时段倍比值列入表 4-17（7）栏，时段倍比与（6）栏相乘，得设计雨量的时程分配，见（8）栏，最后验算（8）栏各时段雨量与各时段设计雨量是否一致，即 $H_{6p}=179.80mm$、$H_{24p}=293.80mm$、$H_{72p}=406.9mm$，与各时段设计雨量基本一致。

用各时段同频率控制放大法计算设计面雨量时程分配 表 4-17

典 型 暴 雨 Ⅰ			典 型 暴 雨 Ⅱ			设 计 暴 雨	
日	时 段 (h)	雨 量 (mm)	日	时 段 (h)	雨 量 (mm)	放大倍比	雨 量 (mm)
(1)	(2)	(3)	(4)	(5)	(6)	(7)	(8)
1	6	45.96	1	6	0.0	1.70	0.00
	1	15.09		6	2.5	1.70	4.30
	1	13.58		6	14.0	1.70	23.80
	1	6.19		6	5.0	1.70	8.50
	1	10.11	2	6	19.0	1.70	32.30
	1	13.00		6	0.0	1.70	0.00
	1	9.00		6	0.0	1.70	0.00
	6	20.45		6	26.0	1.70	44.20
	6	20.00	3	6	14.0	4.07	57.00
2	6	9.00		6	14.0	4.07	57.00
	6	9.00		6	0.0	4.07	0.00
	6	15.09		1	4.0	1.65	6.60
	6	3.00		1	9.0	1.65	14.90
3	6	8.00		1	15.0	1.65	24.80
	6	8.00		1	65.9	1.65	108.74
	6	0.00		1	7.5	1.65	12.38
	6	0.00		1	7.5	1.65	12.38
总 计		205.47	总 计		203.4	总 计	407.0

4.2.3 设计净雨量的推求

暴雨降落地面后，由于土壤入渗、洼地填蓄、植物截留及蒸发等因素，损失了一部分雨量，未损失的部分，即为净雨量。由设计暴雨推求设计净雨量的过程，通常称为产流计算。

推求设计净雨量，常用下述四种方法：

（1）径流系数法：一次暴雨的径流系数计算公式为：

$$\alpha = \frac{y}{x} \tag{4-80}$$

式中 $\overline{x}$——某次雨洪径流求得流域平均降雨深，mm；

y——相应的地区径流深，mm。

根据实测资料，得出许多次雨洪径流的 a 值，而后加以平均得 $\overline{a}$；将设计暴雨量乘以 $\overline{a}$，则得出相应的设计净雨量。此法计算简单，概括性强，但由于采用了平均值 $\overline{a}$，因而与实际情况出入较大。

（2）相关法：考虑影响降雨径流关系的前期影响雨量，绘制相关图，如图 4-22 和图

4-23 所示，由设计暴雨推求设计净雨量。

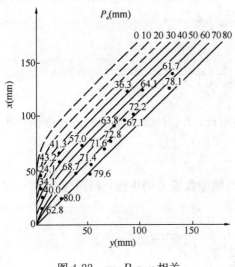

图 4-22 $x \sim P_a \sim y$ 相关

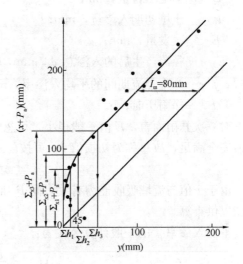

图 4-23 $(x + P_a) \sim y$ 相关

1）前期影响雨量 P_a 按公式（4-81）计算为：

$$P_a = \sum_{i=1}^{t} x_i K^i \qquad (4\text{-}81)$$

式中　x_i——本次降雨前 $1 \sim 20d$ 的逐日降雨量，mm；

　　　K——递减指数，一般为 $0.8 \sim 0.9$，平原地区应略大一些；

　　　t——前期降雨距本次降雨第一天的间隔日数，d。

前期降雨中形成径流的那一部分雨量，实际对后期土壤吸收能力已不会发生影响，故按公式（4-82）计算较为合理：

$$P_a = \sum (x_i - y_i) K^i \qquad (4\text{-}82)$$

式中　y_i——某日降雨所产生的径流深，mm。

2）设计前期影响雨量计算步骤：

① 查出暴雨前 7d（10d、15d、20d）的日雨量，以 $P_a = \sum\limits_{i=1}^{t} x_i k^i$ 求出各站的前期影响雨量 P_a。

② 利用多边形法或等雨量线法，求出流域平均前期影响雨量。

③ 统计 $(x + P_a)$ 值，进行频率计算，求出设计频率的 $(x + P_a)$ 值。

④ 由设计频率的 $(x + P_a)$ 减去设计暴雨量 x_p 即得设计前期影响雨量。

3）求净雨量：由设计频率的暴雨及设计频率的前期影响雨量，查 $(x + P_a) \sim y$ 曲线或 $x \sim P_a \sim y$ 曲线，即得净雨量。

（3）水量平衡法：根据暴雨径流的形成过程，从成因来推求净雨量，水量平衡式为：

$$y = x - v - D - I_0 - E - E_0 \qquad (4\text{-}83)$$

式中　y——径流深，mm；

　　　x——降雨量，mm；

　　　v——植物枝叶截留量，mm；

D——洼地填蓄量，mm；

I_0——土壤初期入渗量，mm；

E——蒸发量，mm；

E_0——径流产生后的入渗总量，mm，$E_0 = \overline{f}t$；

$\overline{f}$——产生径流期间的平均入渗率，mm/h；

t——净雨历时，h。

对一次暴雨而言，E 值一般很小，可忽略不计，I_0、D 及 v 皆须在该次降雨产生径流以前完全满足，故总称为初损值 I，可按公式（4-84）计算：

$$y = x - I - \overline{f}t \tag{4-84}$$

由于 I 值与流域吸收能力有关，而 P_a 是反映吸收能力的指标，故可建立 $P_a \sim I$ 的相关图以供查算。

平均入渗率 $\overline{f}$ 的一般计算公式为：

$$\overline{f} = -\frac{x - y - I}{T - t_1} \tag{4-85}$$

式中　T——总降雨历时，h；

t_1——初损历时，h。

如果流域内各雨量站的降雨量差别很大，则应分站计算，然后加以平均。

（4）分阶段扣除损失法：此法假定总损失中的蒸发、填洼、植物截留量与土壤入渗量相比可以忽略，而降雨的损失量，可以近似地认为主要是土壤的入渗损失量，因此关键是计算土壤的入渗损失量。

一次降雨的土壤入渗过程，大致可分为两个阶段：第一阶段为初损阶段，初损量为 I，初损历时为 $t_{初}$；第二阶段为稳渗阶段，稳渗强度为 f_c，稳渗历时为 t_c，稳渗量为 $f_c \cdot t_c$。

1）初损量 I 的计算

初损量 I 可用公式（4-86）计算：

$$I = I_m - P_a \tag{4-86}$$

式中　I_m——最大初损量，mm；

P_a——前期影响雨量，mm。

如某次降雨之前，久晴不雨，且该次降雨量很大而降雨历时很短时，可由该次降雨深 P 减去该次降雨产生的地表径流深 y 得出最大初损量 I_m，即 $I_m \approx P - y$。

地表径流深由该次降雨产生的流量过程线经基流分割后，按公式（4-87）得出：

$$y = \frac{3.6(Q_1' + Q_2' + Q_3' + \cdots\cdots + Q_n')\Delta t}{F} \tag{4-87}$$

式中　Q_1'、Q_2'、Q_3'、$\cdots\cdots$、Q_n'——流量过程线上时段为 Δt 的流量，m³/s；

F——流域面积，km²。

基流分割一般采用自洪水起涨点 a 为起点的直线斜割法（见图 4-24）或直线平割法来处理。处理得当与否，需满足以下两点：

①基流分割后，所得出的地表径流深 y 应与总净雨深 R 相等，否则应重新分割。

②在汇流计算中，如果采用分析法推求经验单位线时，其基流分割后所得之单位线不

应为锯齿形，而应为光滑的铃形曲线（见图 4-25）。如推求瞬时单位线时，应使该线的还原精度为最高。

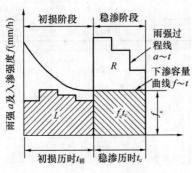

图 4-24 土壤入渗容量曲线及
降雨损失示意

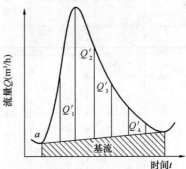

图 4-25 基流分割示意

前期影响雨量 P_a 的计算公式为：

$$P_a = P_{a-1} + P_{t-1} K \leqslant I_m \tag{4-88}$$

式中　P_{a-1}——前一日的前期影响雨量，mm；

　　　P_{t-1}——前一日的降雨量，mm；

　　　K——土壤含水量消退系数，一般取 0.8～0.95。

如算出的 $P_a > I_m$，则取 $P_a = I_m$。

【例 10】 某流域面积 $F=126km^2$，1968 年 7 月 1 日 6 时至 7 月 2 日 4 时 20 分降了一场雨，试求本次降雨的初损量 I。

【解】 ①计算最大初损量 I_m 值：该流域的控制站为某水文站，在其 6a 实测降雨径流资料中，可以发现 1963 年 5 月 2 日一次降雨量为 208mm。从该流域 3 个雨量站的降雨资料可以看出，本流域 1963 年自 4 月 9 日起至 5 月 1 日止共 23d 无雨。因此，可根据 1963 年 5 月 2 日这次降雨及相应的流量过程，推求最大初损值 I_m。

查阅 1963 年水文年鉴中水文要素摘录表，点绘 5 月 2 日降雨所形成的流量过程线见图 4-26。取时段 $\Delta t = 1h$，将各时段初的流量记入表 4-18 中。

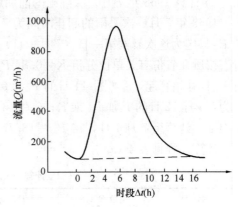

图 4-26 5 月 2 日降雨形成的
流量过程线示意

基流分割及地表流量计算（$\Delta t = 1h$）　　　　表 4-18

时段数	从起涨点算起的时间 (h)	流量 Q (m³/s)	基流量 $Q_{基}$ (m³/s)	地表流量 Q (m³/s)
(1)	(2)	(3)	(4)	(5)
0	0	210	210	0

续表

时段数	从起涨点算起的时间 (h)	流量 Q (m³/s)	基流量 $Q_基$ (m³/s)	地表流量 Q (m³/s)
(1)	(2)	(3)	(4)	(5)
1	1	340	218	122
2	2	500	229	271
3	3	675	240	435
4	4	880	251	629
5	5	1000	261	739
6	6	890	271	619
7	7	770	282	488
8	8	675	292	383
9	9	600	303	297
10	10	525	314	211
11	11	462	326	136
12	12	396	339	57
13	13	334	334	0
14	14	282	282	0
15	15	233	233	0
总　计		8772	4385	4387

计算 y 值，得：$y=\dfrac{3.6\times4387\times1}{126}=125$mm　故 $I_m\approx P-y=208-125=83$mm

② 计算 1968 年 7 月一次降雨的前期影响雨量 P_a：

1968 年 7 月一次暴雨的起止时间为 7 月 1 日 6 时至 7 月 2 日 4 时 20 分，因此所要求的 P_a 只应为这次暴雨第一日（7 月 1 日）的 P_a。推求 7 月 1 日的 P_a 可用公式（4-88）进行。按所在省份有关单位分析 $K=0.8$，P_a 的计算可从 7 月 1 日以前的 20d 计起，即从 6 月 11 日开始算起，令 6 月 11 日的 $P_a=0$，按公式（4-88）逐日演算到 7 月 1 日。演算方法为：6 月 12 日的 P 加 P_a 乘 K；6 月 13 日的 P_a 等于 6 月 12 日的 P 加 P_a 乘 K；……以此类推，计算至 7 月 1 日，得 $P_a=18.7$mm。

计算过程见表 4-19。

P_a 计算（$I_m=83$mm，$K=0.8$）　　　　表 4-19

月·日	雨量 P (mm)	P_a (mm)	$P+P_a$ (mm)	备　注
(1)	(2)	(3)	(4)	(5)
6.11	8.2	0	8.2	
6.12	11.3	6.6	17.9	
6.13	24.6	14.3	38.9	此日 $P_a>I_m$，故取 $P_a=I_m$
6.14	6.7	31.1	37.8	此日 $P_a>I_m$，故取 $P_a=I_m$
6.15	0.0	30.2	30.2	此日 $P_a>I_m$，故取 $P_a=I_m$
6.16	0.0	24.2	24.2	
6.17	9.5	19.4	28.9	

月·日	雨量 P（mm）	P_a（mm）	$P+P_a$（mm）	备 注
(1)	(2)	(3)	(4)	(5)
6.18	18.6	23.1	41.7	
6.19	39.4	33.3	72.7	
6.20	68.8	58.1	126.9	
6.21	47.2	83.0	130.2	
6.22	92.5	83.0	175.5	
6.23	7.3	83.0	90.3	此日 $P_a>I_m$，故取 $P_a=I_m$
6.24	4.6	72.3	76.9	此日 $P_a>I_m$，故取 $P_a=I_m$
6.25	0.0	61.5	61.5	此日 $P_a>I_m$，故取 $P_a=I_m$
6.26	0.0	49.1	49.1	
6.27	6.2	39.3	45.5	
6.28	0.0	36.4	36.4	
6.29	0.0	29.2	29.2	
6.30	0.0	23.4	23.4	
7.10		18.7		

③计算初损量 I：$I=I_m-P_a=83-18.7=64.3$mm。

2）稳渗强度 f_c 的计算

稳渗强度 f_c 可用公式（4-89）计算：

$$f_c=\frac{P-R-I}{t_c} \tag{4-89}$$

式中　P——降雨量，mm；

　　　R——净雨量，mm；

　　　I——初损量，mm；

　　　t_c——稳渗历时，h。

小流域内如果土壤及植被情况相差不大，可根据土壤、植被情况，参照附近相似流域或径流实验站分析数据采用，也可参考表 4-20 所列数值。

稳 渗 强 度　　　　　　　　表 4-20

土壤情况	黄黏土	中轻壤土	粉 土	细 砂
稳渗强度 f_c（mm/h）	1～1.3	2.0	2.7～3.3	7～8

3）初损历时 $t_初$ 可采用比例法按公式（4-90）计算：

$$t_初=m\Delta t+\frac{I'}{P_{m+1}}\Delta t \tag{4-90}$$

式中　m——自降雨开始起算的初损整时段数目；

　　　Δt——时段长，根据降雨观测情况及汇流情况而定，可取 1h、3h、6h、12h 或 1d（24h）等；

　　　P_{m+1}——自降雨开始起算的第（$m+1$）个时段的降雨量，mm；

　　　I'——初损 I 在初损过程中的最后一个时段的数值，mm。

4）稳渗历时 t_c 可用公式（4-91）求得：

$$t_c = T - t_初 \tag{4-91}$$

式中 T——总降雨历时，h。

【例 11】 设某流域设计暴雨时程分配如表 4-21 所示。

设计暴雨时程分配 表 4-21

时段数（$\Delta t=3h$）	1	2	3	4	5
降雨量（mm）	6.4	48.2	89.3	21.3	7.6

已知初损 $I = 68.3$mm，试求初损历时 $t_初$ 和稳渗历时 t_c。

【解】 从表内数值知，第 1、2 时段的雨量合计为 54.6mm，小于初损值 I （68.3mm）；而第 1~3 时段的雨量合计为 144.1mm，大于初损值。由此可见，第 1、2 时段的全部降雨变为土壤入渗损失，第 3 时段只有部分雨量变为土壤入渗损失。因此 $m=2$；$m+1=3$；$P_{m+1}=P_3=89.5$mm；$I'=I-(6.4+48.2)=68.3-54.6=13.7$mm。又已知 $\Delta t=3$h，则初损历时 $t_初$ 为：

$$t_初 = m\Delta t + \frac{I'}{P_{m+1}}\Delta t = 2 \times 3 + \frac{13.7}{89.5} \times 3 = 6.46\text{h}$$

稳渗历时为

$$t_c = T - t_初 = 5\Delta t - t_初 = 5 \times 3 - 6.46 = 8.54\text{h}$$

5）设计净雨量按计算公式（4-92）求得：

$$R_p = P_p - I - f_c t_c \tag{4-92}$$

式中 R_p——设计净雨量，mm；

P_p——设计暴雨量，mm；

其他符号意义同前。

设计净雨量时程分配，按以下方法计算：

自降雨开始起算的第 $(m+1)$ 时段为净雨的第 1 时段，其净雨量 R_1 计算公式如下：

$$R_1 = P_{m+1} - I' - \left(1 - \frac{I'}{P_{m+1}}\right)\Delta t f_c \tag{4-93}$$

式中符号意义同前。

自降雨开始起算的第 $(m+2)$ 时段为净雨的第 2 时段，$(m+3)$ 时段为净雨的第 3 时段……，$(m+n)$ 时段为净雨的第 n 时段。这些时段降雨损失量为稳渗量，因此，均可按公式（4-94）计算各时段的净雨量：

$$R_i = P_{m+i} - f_c\Delta t \tag{4-94}$$

式中 R_i——第 i 时段（$i=2$、3、……、n）的净雨量，mm；

P_{m+i}——自降雨开始起算的第 $(m+i)$（$i=2$、3、……、n）时段总雨量，mm；

其他符号意义同前。

从上面公式计算出各时段净雨量后，即可采用公式（4-95）推求设计净雨量 R_p 为：

$$R_p = R_1 + \sum_{i=2}^{n} R_i \tag{4-95}$$

【例 12】 按上例资料，试求设计净雨量时程分配及设计净雨量。

【解】 上例已知 $I' = 13.7$mm，又知 $P_{m+1} = P_3 = 89.5$mm，$\Delta t = 3$h，$f_c = 1.5$mm/

h，按公式（4-93）计算第 1 时段的净雨量 R_1 为：

$$R_1 = P_{m+1} - I' - \left(1 - \frac{I'}{P_{m+1}}\right)\Delta t f_c$$

$$= 89.5 - 13.7 - \left(1 - \frac{13.7}{89.5}\right) \times 3 \times 1.5 = 72.0 \text{mm}$$

按公式（4-94）计算第 2、3 时段的净雨量 R_2、R_3 为：

$$R_2 = P_{m+2} - f_c \Delta t = P_4 - f_c \Delta t = 21.3 - 1.5 \times 3 = 16.8 \text{mm}$$

$$R_3 = P_{m+3} - f_c \Delta t = P_5 - f_c \Delta t = 7.6 - 4.5 = 3.1 \text{mm}$$

最后按公式（4-95）计算设计净雨量 R_p 为

$$R_p = R_1 + \sum_{i=2}^{3} R_i = R_1 + R_2 + R_3$$

$$= 72.0 + 16.8 + 3.1 = 91.9 \text{mm}$$

4.2.4 设计洪水过程线的推求

目前常用的推求设计洪水过程线的方法较多，有单位线法、等流时线法等，现分别介绍如下。

1. 单位线法

（1）单位线的线性假定

单位线法是某流域在单位时段内（如 1h、2h、3h、6h……）均匀降落的单位净雨深（常取 10mm），在流域出口断面上形成的地面径流过程线。所以这个定义有以下几个假定：

1）同一流域面积如果降雨历时是一定的，不论所产生的地面径流总量多少，其径流历时（单位线的底宽）相等。

2）同一流域面积历时相同的两次均匀降雨，若径流总量不等，则两条地面径流过程线的每一时段的流量比，等于其径流深之比。

3）如果净雨历时不是一个时段，而是 n 个，则各时段净雨深所形成的流量过程线之间互不干扰，各对应点相错历时为 Δt，出口断面的流量过程线等于 n 个流量过程线之和。

（2）单位线的推求

1）选取历时较短、强度较大、分布均匀的孤立暴雨所产生的实测洪水过程，作为分析对象。

2）按净雨时段摘录流量过程，割去基流，求出地面径流过程。

3）用地面径流过程，按公式（4-96）、公式（4-97）计算地面径流深：

$$R = \frac{10W}{F} \tag{4-96}$$

$$W = 0.36\Delta t (Q_1 + Q_2 + Q_3 + \cdots\cdots + Q_n) \tag{4-97}$$

式中　　　　R——地面径流深，mm；

W——洪水总量，10^4m^3；

F——流域面积，km^2；

Δt——洪水时段，h；

Q_1、Q_2、$\cdots\cdots Q_n$——地面径流，m^3/s。

4）求时段净雨深：净雨深与径流深若不相等，可能是扣损方法本身的误差，也可能是基流分割不准确，此时应调整，使净雨深与径流深相等。

5）根据 $\dfrac{q_i}{Q_i}=\dfrac{10}{R}$，将地面径流过程线纵坐标 Q_i 乘以 $\dfrac{10}{R}$，则得单位线的纵坐标 q_i，再计算单位线的净雨深，应等于 10mm。若不相等，必须对单位线进行修正。修正时应使单位线过程均匀，并使其等于 10mm。

当净雨过程时段数较少（一个或两个）时，用分析法较为简便；若时段在三个以上，则用试算法较为合适。

（3）分析法求单位线

【例 13】 某流域面积 $F=589\text{km}^2$，某次洪水时段 $\Delta t=6\text{h}$，实测流量过程列于表 4-22（1）、（2）栏，基流如（3）栏，时段净雨 19.5mm，用分析法求该次洪水的时段净雨单位线。

【解】 1）分割基流：按净雨时段 $\Delta t=6\text{h}$，求地面径流，（2）-（3）=（4）栏。

2）按 $W=0.36\Delta t(Q_1+Q_2+Q_3+\cdots\cdots+Q_n)$

$$R=\frac{10W}{F}$$

求得 $W=0.36\times6\times531.7=1148.5$（$10^4\text{m}^3$），

$$R=\frac{10\times1148.5}{589}=19.5\text{mm}$$

一个净雨时段单位线计算 表 4-22

日 期		流 量	基 流	地面径流	净 雨 量	单位线（纵高）
d	h	（m³/s）	（m³/s）	（m³/s）	（mm）	（m³/s）
		(1)	(2)	(3)	(4)	(5)	(6)
	8	3.0	3.0	0.0		0.0
15	14	8.6	3.0	5.6	19.5	2.9
	20	98.6	4.0	94.6		48.5
	2	120.0	4.0	116.0		59.5
16	8	96.5	4.5	92.0		47.2
	14	73.4	4.5	68.9		35.3
	20	65.4	5.0	60.4		31.0
	2	39.3	5.0	34.3		17.6
17	8	31.1	5.5	25.6		13.1
	14	24.8	5.5	19.3		9.9
	20	14.5	5.5	9.0		4.6
18	2	12.0	6.0	6.0		3.1
	8	6.0	6.0	0.0		0.0
总 和		593.2	61.5	531.7		272.7
R（mm）				19.5		10

注：表中（1）、（2）列对应日期的 h 与流量列。

R 若不等于净雨深 19.5mm，一般需调整基流，使其相等。

3）用 $q_i = \dfrac{10}{R}Q_1$ 关系，$q_i = \dfrac{10}{19.5} \times$（4）栏，计算成果填于（6）栏，即为单位线纵高。

4）验算：$R = \dfrac{10 \times 0.36 \times 6 \times 272.7}{589} = 10$mm（计算无误）。

【例 14】 某流域面积 $F = 5290$km^2，已测得实际地面径流过程，列于表 4-23（2）栏，洪水时段为 $\Delta t = 6$h，时段净雨深 R_1、R_2 列于表中（3）栏，用分析法求该次洪水的单位线。

两个净雨时段单位线计算 表 4-23

时 段 $\Delta t = 6$h	地面径流 $Q_{实}$ (m^3/s)	地面净雨 R (mm)	部分径流 (m^3/s)		单位线 $q_{计}$ (m^3/s)	修正后单位线 $q_{修}$ (m^3/s)	部分径流		计算值 $Q_{计}$ (m^3/s)
			$R_1 = 24.5$	$R_2 = 20.3$			R_1	R_2	
(1)	(2)	(3)	(4)	(5)	(6)	(7)	(8)	(9)	(10)
0	0	24.5	0		0	0	0		0
1	186	20.3	186	0	76	76	186	0	186
2	667		513	154	210	210	514	154	668
3	1935		1509	426	616	616	1509	426	1935
4	2450		1200	1250	490	490	1200	1250	2450
5	1900		905	995	369	355	870	995	1865
6	1280		531	749	217	242	593	720	1313
7	850		409	441	167	157	385	491	876
8	560		221	339	90	106	260	319	579
9	400		217	183	89	73	179	215	394
10	277		96	181	39	52	127	148	275
11	202		123	79	50	33	93	106	199
12	142		40	102	16	22	54	77	131
13	80		48	32	20	12	29	45	74
14	40		0	40	0	0	0	24	24
15	0			0				0	0
全 计	10969 合 44.8mm	44.80			2499 合 10mm	2449 合 10mm			10969 合 44.8mm

【解】 1）实际地面径流深 $= \dfrac{\Sigma Q \Delta t \times 0.36 \times 10}{F} = \dfrac{10969 \times 6 \times 0.36 \times 10}{5290} = 44.8$mm

2）地面净雨深 R 应与实际地面径流相等，若不相等，一般调整 R 值。

3）按下式进行（4）、（5）、（6）栏计算：

$$Q_1 = \frac{R_1}{10}q_1 \qquad q_1 = \frac{10Q_1}{R_1}$$

$$Q_2 = \frac{R_1}{10}q_2 + \frac{R_2}{10}q_1 \qquad q_2 = \frac{10Q_2 - R_2q_1}{R_1}$$

$$Q_3 = \frac{R_1}{10}q_3 + \frac{R_2}{10}q_2 \qquad q_3 = \frac{10Q_3 - R_2q_2}{R_1}$$

$$\vdots \qquad\qquad\qquad \vdots$$

$$Q_n = \frac{R_1}{10}q_n + \frac{R_2}{10}q_{n-1} \qquad q_n = \frac{10Q_n - R_2q_{n-1}}{R_1}$$

4）$Q_1 = 186 \text{m}^3/\text{s}$，是由净雨 R_1 形成，列于（4）栏；

$$q_1 = \frac{10Q_1}{R_1} = 76，列于（6）栏。$$

5）$R_2 = 20.3$，$\dfrac{R_2q_1}{10} = \dfrac{20.3 \times 76}{10} = 154$ 列于（5）栏；

$$\frac{R_2q_2}{10} = Q_2 - \frac{R_2q_1}{10} = 667 - 154 = 513 \text{ 列于（4）栏；}$$

故　$q_2 = \dfrac{10 \times 513}{24.5} = 210$，列于（6）栏。

6）由于实测资料和在计算净雨、径流过程中以及单位线不变的假定产生的误差，致使分析单位线时，出现坐标值跳动等不合理现象，其原因是单位线的假定与实际汇流情况不符，或资料不精确，为此，单位线应进行修正，使其光滑平顺，其总量应为 10mm。

7）重新推求流量过程，使之与实测资料符合较好，此即为所求之单位线。

当求得的净雨过程时段数在三个以上时，用分析法求单位线就比较困难，这时采用试算法较为合适。

（4）试算法求单位线

【例 15】 表 4-24 中（2）栏为实际地面径流过程，流域面积为 5290km^2，已知三个时段的地面净雨，$\Delta t = 6\text{h}$，试求单位线。

试算法求单位线计算 　　　　　　　　　　　　　　　表 4-24

时　间 年月日时	地面 径流 $Q_{实}$ (m^3/s)	地面 净雨 $R_{实}$ (mm)	假定 单位线 q (m^3/s)	部分径流 Q_c (m^3/s)			计算的 地面径 流 $Q_{计}$ (m^3/s)	采用 单位线 q (m^3/s)	部分径流 Q_c (m^3/s)			计算的 地面径 流 $Q_{计}$ (m^3/s)
				$R_1 = 2.5$ 形成	$R_2 = 23.5$ 形成	$R_3 = 17.8$ 形成			R_1 形成	R_2 形成	R_3 形成	
(1)	(2)	(3)	(4)	(5)	(6)	(7)	(8)	(9)	(10)	(11)	(12)	(13)
1965,4,16,14	0		0	0			0	0	0			0
20	11	2.5	76	19	0		19	55	14	0		14
17.2	181	23.5	210	52	17.8	0	230	200	50	120	0	179
8	752	17.8	617	154	494	135	783	620	155	470	98	723
14	1920		490	122	1450	374	1946	520	130	1457	356	1943
20	2420		355	89	1151	1098	2338	366	91	1222	1104	2417

时间 年月日时	地面径流 Q实 (m³/s)	地面净雨 R实 (mm)	假定单位线 q (m³/s)	部分径流 Qc (m³/s) R1=2.5 形成	R2=23.5 形成	R3=17.8 形成	计算的地面径流 Q计 (m³/s)	采用单位线 q (m³/s)	部分径流 Qc (m³/s) R1 形成	R2 形成	R3 形成	计算的地面径流 Q计 (m³/s)
(1)	(2)	(3)	(4)	(5)	(6)	(7)	(8)	(9)	(10)	(11)	(12)	(13)
18.2	1875		240	60	835	872	1767	240	60	860	926	1846
8	1255		155	39	564	632	1235	155	39	564	652	1255
14	825		105	26	365	427	818	105	26	364	427	817
20	535		73	18	247	276	541	73	18	247	276	541
19.2	375		52	13	172	187	372	50	13	172	187	372
8	252		38	10	122	130	262	34	9	117	130	256
14	172		22	5	89	93	187	18	5	80	89	174
20	112		12	3	52	68	123	10	2	42	60	104
20.2	50		0	0	28	39	67	7	0	21	32	53
8	0					21	21	3		0	16	16
						0	0	0			0	0
合 计	10735 合 43.8 mm	43.8	2445 合 10.0 mm				10709	2445 合 10.0 mm				10710

【解】 列表计算：今引用另一次雨洪资料，由两个时段净雨分析得的单位线作为本次洪水试算法计算的初始值，并列入表中（4）栏。

1) 根据 $q_i = \dfrac{10}{R}Q_i$ 关系，分别用各个时段净雨×（4）栏，将结果填入（5）、（6）、（7）栏。

2) 总的地面径流过程(8)＝(5)＋(6)＋(7)。

3) 对比计算的地面径流过程与实测的地面径流过程结果是：

1~4 时段：$Q_计 > Q_实$；5~8 时段：$Q_实 > Q_计$；11~15 时段：$Q_计 > Q_实$。

因此，要修正单位线，将 1~2 时段的单位线 q 值减小，才能使 1~4 时段的 $Q_计$ 降下来；3~5 时段的 q 值加大，才能使 5~8 时段的 $Q_计$ 增大，下面对各时段的 q 值进行适当调整，但必须注意单位线 $q(t)$ 是光滑曲线，其总和应等于 10mm。经过多次修正试算，最后采用的单位线成果列于表 4-24（9）栏。

4) 按此推算出的地面径流与实际径流量拟合较好，此单位线即为所求单位线。

（5）单位线的应用：有了某站控制断面处的单位线后，则可根据控制断面以上流域范围内各时段的设计净雨量，推求通过控制断面的设计洪水过程线和设计洪峰流量。其方法如下：

1) 将各时段净雨深化成单位净雨深的倍数（如净雨 36mm 化成 36/10＝3.6 单位深）。

2) 以单位深倍数乘以各时段单位线纵高程，即得此时段暴雨所产生的各时段的地面径流量。第二时段的净雨，也按照同样方法计算其各时段的地面径流量，并要与第一时段所产生的地面径流错开一个时段，以此相加，即得整个设计暴雨所形成的地面径流过程线。

3）设计暴雨的地面径流过程线加上基流，即得设计洪水过程线。

【例 16】 某站流域面积 $F=5290 \text{km}^2$，已知某次大洪水 6h 单位线资料，设计净雨总量为 513 mm，按 6h 为一时段共分四个时段，参考历次大洪水基流数据，采用基流较大值 50m^3/s，试计算设计洪水过程线。

【解】 1）计算单位时段净雨所产生的地面径流：根据表 4-25（1）、（2）、（3）栏资料，用每个时段净雨深分别乘以单位线纵高，并按时段顺序分别填于表 4-25（4）、（5）、（6）、（7）栏。

设计洪水过程线计算 表 4-25

时 序 $\Delta t=6h$	单位线 (m^3/s)	净雨深 (mm)	单位时段净雨所产生的地面径流 (m^3/s)				地面径流 (m^3/s)	基 流 (m^3/s)	设计洪水 (m^3/s)
			35	164	257	57			
(1)	(2)	(3)	(4)	(5)	(6)	(7)	(8)	(9)	(10)
0	0		0				0	50	50
1	55	35	193	0			193	50	243
2	200	164	700	902	0		1602	50	1652
3	620	257	2170	3280	1414	0	6864	50	6914
4	520	57	1820	10168	5140	314	17442	50	17492
5	366		1281	8528	15934	1140	26883	50	26933
6	240		840	6002	13364	3534	23740	50	23790
7	155		543	3936	9406	2964	16849	50	16899
8	105		368	2542	6168	2086	11164	50	11214
9	73		256	1722	3984	1368	7330	50	7380
10	50		175	1197	2699	884	4955	50	5005
11	34		119	820	1876	599	3414	50	3464
12	18		63	558	1285	416	2322	50	2372
13	9		32	295	874	285	1486	50	1536
14	0		0	148	463	194	805	50	855
15				0	231	103	334	50	384
16					0	51	51	50	101
17						0		50	50
总 和	2445	513					125434	900	126334

2）求总的地面径流过程：（8）=（4）+（5）+（6）+（7）。

3）求设计洪水：（10）=（8）+（9）。

4）验算：$R=\dfrac{10 \times 0.36 \times 6 \Sigma Q_i}{F}=512.2 \text{mm}$。

与净雨总量 513mm 基本相等，证明计算无误。

2. 等流时线法

地面漫流过程的推求：

（1）假定条件：

1）绘制等流时线（见图 4-27）时，只考虑河槽汇流速度。

2）河槽汇流速度在整个洪水时期，取一个平均值。

3）河槽汇流速度在干、支流各点都相等。

（2）汇流速度：用公式（4-98）计算：

$$v = mJ^{\frac{1}{3}}Q^{\frac{1}{4}} \text{ (m/s)} \tag{4-98}$$

式中　m——集流参数；

　　　J——河槽坡降，以小数计；

　　　Q——设计洪峰流量，m^3/s。

（3）汇流历时：用公式（4-99）计算：

$$\tau = 0.278 \frac{L}{v} \text{ (h)} \tag{4-99}$$

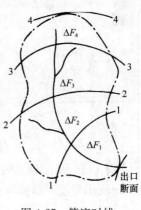

图 4-27　等流时线

式中　L——干流长度，km；

　　　v——汇流速度，m/s。

（4）流域漫流过程：假定净雨单位时段长为 Δt 后，将汇流历时分为 $n_2 = \dfrac{\tau}{\Delta t}$ 部分，得到一组固定不变的等流时线，各部分沿干流的长度都相等，即 $L = v\Delta t$。设净雨历时为 t，则可分为 $n_1 = \dfrac{t}{\Delta t}$ 个时段，各时段的净雨深则分别为 R_1、R_2、R_3……。根据径流汇流的三种情况，即可计算每个时段末的径流量，从而求得流域漫流过程。

1）当 $t < \tau$ 时，部分面积和全部径流形成最大流量。

设 $t = 2\Delta t$，$\tau = 3\Delta t$，净雨历时按 Δt 划分为 $n_1 = 2$ 个时段；汇流历时按 Δt 划分为 $n_2 = 3$ 部分；即有两个时段净雨深 R_1、R_2；按 Δt 将流域面积分成三块共时径流面积 ΔF_1、ΔF_2、ΔF_3；

则

$$Q_1 = R_1 \Delta F_1 / \Delta t$$
$$Q_2 = (R_2 \Delta F_1 + R_1 \Delta F_2) / \Delta t$$
$$Q_3 = (R_2 \Delta F_2 + R_1 \Delta F_3) / \Delta t$$
$$Q_4 = R_2 \Delta F_3 / \Delta t$$

2）当 $t = \tau$ 时，全部面积和全部径流形成最大流量。

设 $t = 3\Delta t$，$\tau = 3\Delta t$，$n_1 = 3$，$n_2 = 3$，即有三个时段净雨深 R_1、R_2、R_3；共时径流面积为 ΔF_1、ΔF_2、ΔF_3。

则

$$Q_1 = R_1 \Delta F_1 / \Delta t$$
$$Q_2 = (R_1 \Delta F_2 + R_2 \Delta F_1) / \Delta t$$
$$Q_3 = (R_1 \Delta F_3 + R_2 \Delta F_2 + R_3 \Delta F_1) / \Delta t$$
$$Q_4 = (R_2 \Delta F_3 + R_3 \Delta F_2) / \Delta t$$
$$Q_5 = R_3 \Delta F_3 / \Delta t$$

3）当 $t > \tau$ 时，全部面积和部分径流形成最大流量。

设 $t = 4\Delta t$，$\tau = 3\Delta t$，$n_1 = 4$，$n_2 = 3$，即有四个时段净雨深 R_1、R_2、R_3、R_4；共时径流面积为 ΔF_1、ΔF_2、ΔF_3。

则

$$Q_1 = R_1 \Delta F_1 / \Delta t$$
$$Q_2 = (R_1 \Delta F_2 + R_2 \Delta F_1) / \Delta t$$
$$Q_3 = (R_1 \Delta F_3 + R_2 \Delta F_2 + R_3 \Delta F_1) / \Delta t$$
$$Q_4 = (R_2 \Delta F_3 + R_3 \Delta F_2 + R_4 \Delta F_1) / \Delta t$$
$$Q_5 = (R_3 \Delta F_3 + R_4 \Delta F_2) / \Delta t$$
$$Q_6 = R_4 \Delta F_3 / \Delta t$$

【例 17】 某流域共时径流面积见表 4-26（2）栏，时段净雨深见（3）栏，取时段 Δt ＝3h，试用等流时线推算流量过程。

等流时线推算出流过程 表 4-26

日 期 日 时		ΔF_i (km²)	R_i (mm)	$R_i \Delta F_{i-i+1}$ (10^3 m³)				$Q_i \Delta t$ (10^3 m³)	Q_t (m³/s)
				5	28	44	3		
(1)		(2)	(3)	(4)	(5)	(6)	(7)	(8)	(9)
3	6			0				0	0
	9	58	5	290	0			290	27
	12	120	28	600	1624	0		2224	206
	15	130	44	650	3360	2552	0	6562	608
	18	115	3	575	3640	5280	174	9669	895
	21	82		410	3220	5720	360	9710	899
4	0	60		300	2296	5060	390	8046	745
	3	24		120	1680	3608	345	5753	533
	6			0	672	2640	246	3558	329
	9				0	1056	180	1236	114
	12					0	72	72	7
	15						0	0	0

【解】 1）计算时段径流过程：按 $Q_i = R_i \Delta F_{i-i+1}$，第一时段净雨深 R_1 ＝5mm，分别乘以（2）栏各 ΔF_i，成果填于（4）栏；第二时段净雨深 R_2 ＝28mm，分别乘以（2）栏各 ΔF_i，成果错后一时段填于（5）栏；同样，对 R_3 ＝44mm 及 R_4 ＝3mm，按以上方法计算，其结果分别填于（6）、（7）栏。

2）将同时段径流量相加，即（4）＋（5）＋（6）＋（7），填于（8）栏即为 $Q_i \Delta t$。

3）将（8）栏径流量化算为流量，Δt ＝3h，即 Q_t ＝（8）栏/10.8（m³/s）。

4）出口断面径流过程的推求：想使漫流过程变为出口断面的实际过程应加以修正。

① 假定漫流过程为入流过程，出口断面的实测流量过程为出流过程，如图 4-28 所示。

水量平衡方程式为：

$$\left(\frac{Q_1 + Q_2}{2}\right) \Delta t - \left(\frac{q_1 + q_2}{2}\right) \Delta t = \Delta W_1 \tag{4-100}$$

$$\left(\frac{Q_2 + Q_3}{2}\right) \Delta t - \left(\frac{q_2 - q_3}{2}\right) \Delta t = \Delta W_2 \tag{4-101}$$

式中　Q_1、Q_2、Q_3 ——漫流各时段末的流量，m^3/s；

　　　q_1、q_2、q_3 ——出流各时段末的流量，m^3/s；

　　　ΔW_1、ΔW_2 ——各时段的入流与出流过程容积差，m^3；

　　　W_1、W_2 ——漫流各时段的容积，m^3。

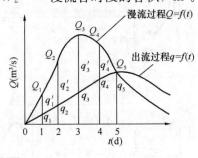
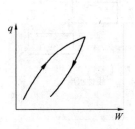

图 4-28　漫流过程修正　　　　　图 4-29　$q \sim W$ 曲线

② 绘制 $q\sim W$ 关系曲线，如图 4-29 所示，作为以后修正漫流过程的依据。

③ 根据漫流过程及 $q\sim W$ 曲线，可用试算法求出修正后的出口断面流量过程。Q_1、Q_2 为计算得到的漫流流量，Δt 为计算时段，均属已知，q_1、W_1 可假设同时为零，q_2、W_2 是未知数，试算步骤如下：

$a.$ 先假定 q_2 值代入水量平衡方程式算得 ΔW_1。

$b.$ 由已知 q_1，在 $q\sim W$ 曲线上查得 W_1，则 $W_2 = W_1 + \Delta W_1$。

$c.$ 由 W_2 在 $q\sim W$ 曲线上查得 q_2，此 q_2 与假定的 q_2 相符，则计算结束，如不符则要重新假定 q_2 值，直到符合为止，q_3，q_4 的试算同上。

3. 瞬时单位线法（纳什单位线法）

瞬时单位线是单位线的一种特殊情况。它是单位净雨深在瞬时内均匀降落在全流域上，在出口断面处形成的地表径流过程。瞬时单位线是根据单位线的基本假定和电流的脉冲概念，运用数学推理方法而得的结果。推导过程虽然复杂，但分析工作较为简便。分析出的成果只有两个参数 n、k，便于地区综合，并且不受净雨历时的影响和时段数目的限制，便于推算任何单位时段长和多时段净雨情况下的单位线。

因此，在实际应用时，需将瞬时单位线 $u(0,t)$ 转化成时段单位线（一般用 S 曲线进行转化）。

瞬时单位线的基本概念由 C. O. 克拉克提出后，J. E. 纳什进一步推导出了它的数学方程式，并提出 3 时段转换方法，用矩法计算参数及地区质综合公式，使之得到广泛的应用。这也是我国水利部门在规范中推荐的计算方法。

J. E. 纳什把流域看作是一连串的 n 个相同的"线性水库"，如图 4-30 所示，并用以推导出瞬时单位线的数学方程式。

设有净雨量过程 $I(t)$ 相当于入流量，第一个水库的出流量过程为 $Q_1(t)$，因为水库入流量和出流量之差是蓄水量的变率 $\dfrac{\mathrm{d}W_1}{\mathrm{d}t}$，其连续方程式为：

$$I - Q = \frac{\mathrm{d}W_1}{\mathrm{d}t} \tag{4-102}$$

因设想的"线性水库"，其蓄量与出流量成正比，概化的动力方程式为：

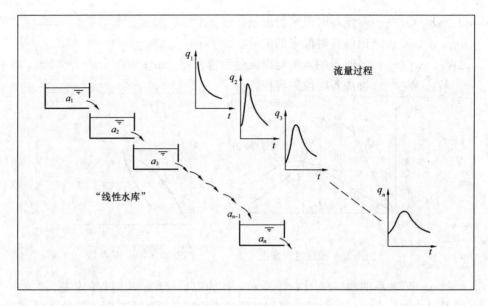

图 4-30　J. E. 纳什模型示意

$$W_1 = K_1 Q_1 \tag{4-103}$$

联解以上两式，并以 D 表示 $\dfrac{\mathrm{d}}{\mathrm{d}t}$，则可得：

$$Q_1 = \frac{1}{1 + K_1 D} I$$

同理，在第二水库时，第一水库出流量 Q_1 即为第二水库入流量。第二水库出流量 Q_2 可用下式表示为：

$$Q_2 = \frac{1}{1 + K_2 D} Q_1 = \frac{1}{1 + K_1 D}\, \frac{1}{1 + K_2 D} I$$

若经 n 个水库调节，则出口断面出流量过程为：

$$Q(t) = \frac{1}{1 + K_1 D}\, \frac{1}{1 + K_2 D}\, \frac{1}{1 + K_3 D} \cdots\cdots \frac{1}{1 + K_n D} I$$

因 $K_1 = K_2 = K_3 = \cdots\cdots = K_n = K$

则

$$Q(t) = \frac{1}{(1 + KD)^n} I \tag{4-104}$$

按照瞬时单位线的定义，当 $I(t)$ 为历时无限小的单位净雨量时，此时的出口断面流量过程线即为瞬时单位线。应用脉冲感应原理，此时的 $I(t)$ 可以用 $\delta(t)$ 来代替，则式 (4-104) 可写为式 (4-105)，即：

$$u(0, t) = \frac{1}{(1 + KD)^n} \delta(t) \tag{4-105}$$

通过拉普拉斯数学方程的变换，则得式 (4-106) 为：

$$L\left[u(0, t)\right] = \frac{1}{(1 + KP)^n} L\left[\delta(t)\right] = \frac{1}{(1 + KP)^n}$$

$$\tag{4-106}$$

因 $\dfrac{1}{(1+KP)^n}$ 的原函数为 $\dfrac{1}{K\Gamma(n)}\left(\dfrac{t}{K}\right)^{n-1}e^{-\frac{t}{K}}$，所以解得式为：

$$u(0,t)=\frac{1}{K\Gamma(n)}\left(\frac{t}{K}\right)^{n-1}e^{-\frac{t}{K}} \tag{4-107}$$

式中　Γ——伽马函数；

n——相当于水库数或调节数；

K——相当于流域汇流时间的参数。

式（4-107）就是瞬间单位线方程式。

式中反映流域汇流特性的参数 n、K，可根据实测雨洪资料求得的净雨过程（地面径流部分）和地面径流过程，通过净雨和流量的一阶原点矩和二阶中心矩按式（4-108）、式（4-109）计算：

$$n=\frac{\left[M_Q^{(1)}-M_I^{(1)}\right]^2}{N_Q^{(2)}-N_I^{(2)}} \tag{4-108}$$

$$K=\frac{N_Q^{(2)}-N_I^{(2)}}{M_Q^{(1)}-M_I^{(1)}} \tag{4-109}$$

式中一阶原点矩（入流量、出流量）为：

$$M_I^{(1)}=\frac{\sum\limits_{i=1}^{n}\overline{I}_i(\tau)m_i}{\sum\limits_{i=1}^{n}\overline{I}_i(\tau)}\frac{\Delta t}{2} \tag{4-110}$$

$$M_Q^{(1)}=\frac{\sum\limits_{i=1}^{n}\overline{Q}_i(t)m_i}{\sum\limits_{i=1}^{n}\overline{Q}_i(t)}\frac{\Delta t}{2} \tag{4-111}$$

二阶中心矩（入流量、出流量）为：

$$M_I^{(2)}=\frac{\sum\limits_{i=1}^{n}\overline{I}_i(\tau)m_i^2}{\sum\limits_{i=1}^{n}\overline{I}_i(\tau)}\left(\frac{\Delta t}{2}\right)^2 \tag{4-112}$$

$$M_Q^{(2)}=\frac{\sum\limits_{i=1}^{n}\overline{Q}_i(t)m_i^2}{\sum\limits_{i=1}^{n}\overline{Q}_i(t)}\left(\frac{\Delta t}{2}\right)^2 \tag{4-113}$$

式中　$m_i=1$、3、$5\cdots\cdots i$、$i+2$、$i+4\cdots\cdots n-2$、n；

$\overline{I}_i(\tau)$、$\overline{Q}_i(t)$——i 时刻入流量、出流量的时段平均值。

在实际应用时，将瞬时单位线转换成时段单位线采用 S 曲线法，即对式（4-107）进行积分，可得 $S(t)$ 曲线，如式（4-114）为：

$$S(t)=\frac{1}{\Gamma(n)}\int_0^{t/K}\left(\frac{t}{K}\right)^{n-1}e^{-\frac{t}{K}}\mathrm{d}\left(\frac{t}{K}\right) \tag{4-114}$$

将 $S(t)$ 曲线后移 Δt 小时，得 $S(t-\Delta t)$ 曲线。两条曲线纵坐标之差 $[S(t)-S(t-\Delta t)]$，乘以因次换算系数，即得时段为 Δt 的单位线。式中 $S(t)$ 曲线，见附录 7。

【例 18】 以某站 1959 年一次洪水为例，说明推求瞬时单位线的方法步骤。

1）求入流量、出流量的矩量：已知净雨量过程 $I(\tau)$ 和出流量过程 $Q(t)$（应先分割基流）求矩值，如表 4-27 和表 4-28 所列。

某站一次洪水净雨量原点矩计算　　　　表 4-27

时　间 t (年·月·日)	起止时间 (h)	$\bar{I}_i$ (mm)	m_i	$\bar{I}_i m_i$ (mm)	$\bar{I}_i m_i^2$ (mm)
(1)	(2)	(3)	(4)	(5)	(6)
1959·7·9	2~8	30.0	1	30.0	30.0
7·9	8~14	10.8	3	32.4	97.2
合　计		40.8		62.4	127.2

某站一次洪水出流量原点矩计算　　　　表 4-28

时　间 t (年·月·日·时)	实测出流量 Q (m³/s)	基　流 Q_b (m³/s)	地面径流量 Q_i (m³/s)	$\bar{Q}_i$ (m³/s)	m_i	$\bar{Q}_i m_i$ (m³/s)	$\bar{Q}_i m_i^2$ (m³/s)
(1)	(2)	(3)	(4)	(5)	(6)	(7)	(8)
1959·7·9·2	108	108	0	204	1	204	204
8	516	109	407	648	3	1944	5832
14	1000	112	888	936	5	4680	23400
20	1100	115	985	846	7	5922	41454
10·2	827	120	707	510	9	4590	41310
8	436	122	314	234	11	2574	28314
14	280	125	155	110	13	1430	18590
20	190	126	64	51	15	765	11475
11·2	165	127	38	19	17	323	5491
8	128	128	0				
合　计				3558		22432	176070

注：表中 Q_i 与公式 $Q_i(t)$ 意义相同。

由式（4-110）～式（4-113）得：

$$M_{\mathrm{I}}^{(1)}=\frac{\sum\limits_{i=1}^{n}\bar{I}_i(\tau)m_i}{\sum\limits_{i=1}^{n}\bar{I}_i(\tau)}\frac{\Delta t}{2}=\frac{62.4}{40.8}\times\frac{6}{2}=4.59\mathrm{h}$$

$$M_{\mathrm{I}}^{(2)}=\frac{\sum\limits_{i=1}^{n}\bar{I}_i(\tau)m_i^2}{\sum\limits_{i=1}^{n}\bar{I}_i(\tau)}\left(\frac{\Delta t}{2}\right)^2=\frac{127.2}{40.8}\times\left(\frac{6}{2}\right)^2=28.06\mathrm{h}^2$$

$$M_Q^{(1)} = \frac{\sum\limits_{i=1}^{n} \overline{Q}_i(t) m_i}{\sum\limits_{i=1}^{n} \overline{Q}_i(t)} \cdot \frac{\Delta t}{2} = \frac{22432}{3558} \times \frac{6}{2} = 18.9\text{h}$$

$$M_Q^{(2)} = \frac{\sum\limits_{i=1}^{n} \overline{Q}_i(t) m_i^2}{\sum\limits_{i=1}^{n} \overline{Q}_i(t)} \left(\frac{\Delta t}{2}\right)^2 = \frac{176070}{3558} \times \left(\frac{6}{2}\right)^2 = 445.37\text{h}^2$$

2）求参数 n、K 值为：

$$n = \frac{\left[M_Q^{(1)} - M_I^{(1)}\right]^2}{N_Q^{(2)} - N_I^{(2)}} = \frac{(18.9 - 4.59)^2}{88.2 - 7.0} = 2.52$$

$$K = \frac{\left[N_Q^{(2)} - N_I^{(2)}\right]}{M_Q^{(1)} - M_I^{(1)}} = \frac{88.2 - 7.0}{18.9 - 4.59} = 5.67\text{h}$$

其中　　$N_Q^{(2)} = N_Q^{(2)} - \left[M_Q^{(1)}\right]^2 = 445.37 - 18.9^2 = 88.2$

$N_I^{(2)} = M_I^{(2)} - \left[M_I^{(1)}\right]^2 = 28.06 - 4.59^2 = 7.0$

3）求瞬时单位线及时段单位线：用 $n=2.5$ 及 $K=5.7$ 查附录 7 求 $S(t)$，并转化为 6h 单位线 $u(0,t)$。计算见表 4-29。

用 $S(t)$ 曲线转化时段单位线计算　　　　　　　　　表 4-29

N	(1)	0	1	2	3	4	5	6	7	8	9	10	11	12
$t(h)$	(2)	0	6	12	18	24	30	36	42	48	54	60	66	72
$\dfrac{t}{K}$	(3)	0	1.053	2.105	3.158	4.210	5.263	6.316	7.368	8.421	9.474	10.526	11.579	12.632
$S(t)$	(4)	0	0.165	0.480	0.723	0.865	0.938	0.973	0.989	0.995	0.998	0.999	1.000	—
$S(t-\Delta t)$	(5)	—	0	0.165	0.480	0.723	0.865	0.938	0.973	0.989	0.995	0.998	0.999	1.000
$u(\Delta t, t)$	(6)	—	0.165	0.315	0.243	0.142	0.073	0.035	0.016	0.006	0.003	0.001	0.001	0

表 4-29 计算步骤：

① 用 $K=5.7$ 除第(2)栏相应的 t 值，得第(3)栏。

② 用 $n=2.5$ 及第(3)栏的 $\dfrac{t}{K}$ 值在附录 7 中查相应的 $S(t)$ 值，得第(4)栏。

③ 将第(4)栏错后一个时段，得第(5)栏。

④ 第(6)栏为第(5)栏同时间的差值，即时段为 6h 的单位线。

【例 19】　某水文站以上集水面积为 149.0km²，其设计频率 $P=2\%$ 的净雨深为 41.2mm，分两个时段：第一时段为 23.728mm；第二时段为 17.922mm。其 6h 地面净雨径流分别为 160.6m³/s 和 123.6m³/s，求 $P=2\%$ 的设计洪水过程线。

【解】　根据前面分析所得的 6h 时段的瞬时单位线，即可求得洪水过程线，见表 4-30。

6h 瞬时单位线推求洪水过程线 表 4-30

$u(6,t)$	地面净雨径流		ΣQ (m^3/s)	验 证
	$160.6m^3/s$	$123.6m^3/s$		
0	0		0	
0.165	26.50	0	26.50	
0.315	50.59	22.44	73.03	
0.243	39.03	38.94	77.97	
0.142	22.80	30.00	52.80	
0.073	11.72	17.55	29.27	$R' = \dfrac{286.22 \times 6 \times 3600}{149 \times 1000}$
0.035	5.62	9.02	14.64	$= 41.49mm$
0.016	2.57	4.33	6.90	$R = 41.5mm$
0.006	0.96	1.98	2.94	通过以上验证说明计算无误
0.003	0.48	0.74	1.22	
0.001	0.16	0.37	0.53	
0.001	0.16	0.13	0.29	
0	0	0.13	0.13	
Σ		0	0	
			286.22	

安徽省认为纳什线性瞬时单位线模型并非是理论公式，其使用效果取决于与实际资料的拟合情况，即仍是经验公式。其两个主要参数 n 和 K 的涵义为：在流域上瞬时单位净雨深经过 n 个相同的串联线性水库调蓄后的出流过程，就是流域出口断面处的流量过程线。K 为每个水库的调节系数或调蓄滞时。令 $m_1 = nK$，此值具有时间因次，是流域汇流时间的度量。n 和 K 可从实测净雨过程和相应的地表径流过程中求得。该省经过对50 个测站 305 次洪水分析，计算出每次洪水的 n、K 值，并通过优选、单站定线和地区综合，得出了江淮之间和皖南两大分区的 m_1 值的经验公式及 n 值的定量（$n=3$）。这样只要已知 F、J 及 R_3（3d 净雨量）即可计算出 m_1、K；再利用有关表即可求得单位时段的单位线。

4. 综合单位线法和综合瞬时单位线法

（1）综合单位线法：借助于有水文资料流域的单位线要素与其流域自然地理特征之间的相关关系，从无水文资料流域的自然地理特征值间接推求流域单位要素的方法，称为综合单位线法。在径流汇流阶段，地面径流可以看作流域特征的函数。而单位线是从地面径流与降雨特征之间的关系分析出来的，所以寻求建立单位线要素与流域特征之间的因果关系是符合客观规律的。这就是综合单位线的基本依据。由于各地汇流条件的差异，综合单位线公式所考虑的因素及其表达形式是不同的。

各地均有地区综合单位线，设计时可收集利用。

（2）综合瞬时单位线法：由瞬时单位线法得：

$$n = u_{01}^2 / u_2 = \frac{[M_Q^{(1)} - M_1^{(1)}]^2}{N_Q^{(2)} - N_1^{(2)}}$$

$$K = u_{01}/n = \frac{\left[N_{\mathrm{Q}}^{(2)} - N_{\mathrm{I}}^{(2)} \right]}{M_{\mathrm{Q}}^{(1)} - M_{\mathrm{I}}^{(1)}}$$

令
$$u_{01} = m_1, \quad u_2/u_{01}^2 = m_2$$

得
$$n = 1/m_2 \tag{4-115}$$

$$K = m_1/n \tag{4-116}$$

式中　　u_{01}——净雨过程的一阶原点矩；

　　　　u_2——净雨过程的二阶中心矩。

m_1 及 m_2 反映了瞬时单位线的参数 n、K。将 m_1 及 m_2 与主要影响因素（如流域面积 F，流域坡度 i、净雨深 R 等），建立综合瞬时单位线的经验公式，用于缺乏资料流域的设计洪水推求。这种方法称为综合瞬时单位线法。综合瞬时单位线的公式形式有式（4-117）～式（4-119）几种：

$$\left. \begin{array}{l} m_1 = K_1 F^{\alpha_1} i^{\beta_1} \\ m_2 = K_2 L^{\alpha_2} i^{\beta_2} \end{array} \right\} \tag{4-117}$$

$$\left. \begin{array}{l} m_1 = K_1 L^{\alpha_1} i^{\beta_1} \\ m_2 = K_2 L^{\alpha_2} i^{\beta_2} \end{array} \right\} \tag{4-118}$$

$$\left. \begin{array}{l} m_1 = K_1 F^{\alpha_1} i^{\beta_1} \\ m_2 = K_2 F^{\alpha_2} i^{\beta_2} \end{array} \right\} \tag{4-119}$$

式中　　　m_1、m_2——综合瞬时单位线参数；

　　　　　F——流域面积，km^2；

　　　　　i——坡面或立槽坡度，‰；

　　　　　L——主槽或流域长度，km；

　　　K_1、K_2——系数；

α_1、α_2、β_1、β_2——指数。

我国各地制定了综合瞬时单位线公式，如安徽省山丘区的公式（4-120）及公式（4-121）如下：

$$m_{1\,i=10} = 12F^{0.15} i_{\mathrm{L}}^{-0.226} i_{\mathrm{F}}^{-0.226} \tag{4-120}$$

$$K = 2.0 i_{\mathrm{L}}^{-0.232} (m_{1\,i=10})^{0.516} \tag{4-121}$$

式中　　$m_{1\,i=10}$——净雨强度为 $i=10\mathrm{mm/h}$ 的参数 m_1 值；

　　　　F——流域面积，km^2；

　　　　i_{L}——河道干流平均坡度，‰；

　　　　i_{F}——一流域面积坡度，$10\mathrm{m/km}^2$。

任何净雨强度 i 时的 m_1 值，采用公式（4-122）为：

$$m_{1_i} = m_{1_x} = 10i^{-2} \times 10^2 \tag{4-122}$$

乌江水系根据 10 个流域（流域面积为 $129\sim1545\mathrm{km}^2$）的实测降雨及流量资料，经分析综合后所得出的综合瞬时单位线公式（4-123）、公式（4-124）为：

$$m_1 = 11.08F^{0.274} i_{\mathrm{L}}^{-0.657} \tag{4-123}$$

$$m_2 = 13.22F^{-0.205} i_{\mathrm{L}}^{0.117} \tag{4-124}$$

式中符号意义同前。

已知设计流域的 F、i_L、i_F、i 等，由综合瞬时单位线公式求出 m_1、m_2 或 K 值；再根据公式（4-115）和公式（4-116）推求瞬时单位线参数 n、K；并按前述方法得出时段单位线，最后由设计净雨及时段单位线，推求设计洪水过程线。

4.3   由推理公式和地区经验公式推求设计洪水

4.3.1   小流域设计暴雨

我国小流域很多，一般无实测径流资料，且雨量资料也较短缺，因此小流域的设计洪水一般采用推理公式或地区经验公式。这些公式又都是以暴雨公式推求设计暴雨，并以洪水形成原理为基础，在一定概化条件下建立起来的。

小流域设计暴雨一般具有以下特点：

1) 以流域中心点雨量代表面雨量。因流域面积较小，可以认为雨量分布均匀。

2) 设计暴雨是指某一频率的一定时段的暴雨量或平均暴雨强度。

3) 当缺乏暴雨资料时，可采用地区综合而得的短历时暴雨公式及图表间接计算。

（1）雨量、历时、频率关系曲线：单站雨量～历时～频率关系曲线制作如下：

1) 根据各站的自记雨量资料，独立选取不同时段最大暴雨量。统计时段一般取 10min、30min、60min、120min、180min、240min、360min、480min、720min、1440min。

2) 对各时段的年最大暴雨量系列，分别作频率计算。

3) 绘制出各种历时的暴雨量频率曲线于几率格纸上，以便比较，如图 4-31 所示。这些曲线在使用范围内不能相交，如相交应予以调整。

4) 根据图 4-31 点绘出暴雨量～历时～频率曲线（见图 4-32）或者平均暴雨强度～历时～频率关系曲线（见图 4-33）。

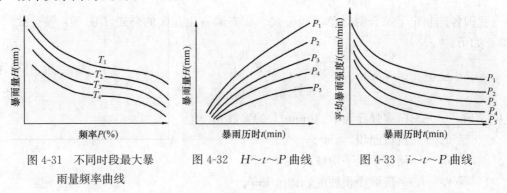

图 4-31   不同时段最大暴　　图 4-32 $H\sim t\sim P$ 曲线　　图 4-33 $i\sim t\sim P$ 曲线
　　　雨量频率曲线

$H\sim t\sim P$ 曲线及 $i\sim t\sim P$ 曲线，是一个地区气候条件的综合反映，称为暴雨特性曲线。按不同的气候区，将暴雨特性曲线加以综合，即可制定出相应的经验公式和公式中参数的地理分布图，从而解决无资料地区推求设计暴雨的问题。

（2）短历时暴雨公式：目前，我国常用的两种指数型暴雨公式(4-125)～公式(4-128)为：

$$i = \frac{S_p}{t^n} \tag{4-125}$$

$$H_t = S_p t^{1-n} \tag{4-126}$$

$$i = \frac{S_p}{(t+b)^{n_d}} \tag{4-127}$$

$$H_t = S_p \frac{t}{(t+b)^{n_d}} \tag{4-128}$$

式中　　i——暴雨强度，mm/h 或 mm/min；

H_t——历时为 t 的暴雨量，mm；

S_p——暴雨系数，或称雨力，即 $t=1$h 的暴雨强度，mm/h；

n、n_d——暴雨衰减指数；

b——时间参数。

公式（4-125）形式简单，雨量和强度换算方便。唯当降雨历时 $t \to 0$ 时，强度 $i \to \infty$，是不合理的。在 t 很小时，n 和 t 的微小变化，都会使 i 值有较大的变动。公式（4-127）增加了参数 b，与资料点据配合较好，但雨量和强度的换算比较麻烦，同时增加了分析参数 b 的工作。

参数 n、S_p 值可用图解分析法求得，亦可查各省（区）水文图集等值线图得到。

4.3.2　推理公式

推理公式是缺乏资料的小流域计算设计洪水时常用的方法。在城市防洪工程中，对于山洪防治特别适用。山洪发生地带一般都无测站观测资料；有些流域虽有短期暴雨资料，但由于小流域之间自然条件相差悬殊，而具有较多资料的流域又很大，短期资料难以展延，推理公式具有一定的理论基础，方法简便，各地的水文手册等资料中均介绍有这种方法，并附有简化计算的数据和图表，故被广泛利用。不过被应用的流域自然条件各异，有关参数的确定也存在一定的任意性，因此必须对计算成果进行必要的合理性与可靠性分析，并与其他方法（如单位线法等）综合分析比较，从中进行取舍。

山洪防治主要解决排洪渠道的规模问题，亦即根据山洪的大小，正确确定渠道的设计断面，所以计算山洪的洪峰流量是首要任务。山洪的洪量、过程线计算只有在排洪渠道断面设计受到限制（如排洪渠道穿越市区时，因城市建筑物密集，无法扩展）时，才考虑山洪的调蓄作用而进行计算。

现将国内现行推理公式介绍如下：

（1）水利科学研究院水文研究所公式：

1）适用范围：

① 流域面积小于 500km^2。

② 全面汇流和部分汇流都可使用。

③ 式中参数具有鲜明的地区性，使用时应根据本地区的实测暴雨洪水资料验证。

④ 但不适用于溶洞、泥石流及各种人为措施影响严重的地区。

2）主要假定条件：

① 流域降雨过程与损失过程的差值当作产流过程，并把汇流时间内所产生的径流概化为强度不变的过程。

② 汇流面积曲线概化为矩形。

3）设计洪峰流量计算公式：洪峰流量计算，根据产流历时 t_B 大于、等于或小于流域

汇流历时 τ，可分为全面汇流与局部汇流两种情况，公式形式如表 4-31 所示。

推理公式法的计算公式   表 4-31

条　件	$t_c \geqslant \tau$		$t_c < \tau$	
计算公式	$Q_p = 0.278\psi \dfrac{S_p}{\tau^n}F$ $t_c > \tau$ 时，$\psi = 1 - \dfrac{u}{S_p}\tau^n$ $t_c = \tau$ 时，$\psi = n$ $\tau = \dfrac{0.278L}{mQ_p^{1/4}J^{1/3}}$	(4-129)	$Q_p = 0.278\psi \dfrac{S_p}{\tau^n}F_0$ $\psi = n\left(\dfrac{t_c}{\tau}\right)^{1-n}$ $\tau = \dfrac{0.278L}{mQ_p^{1/4}J^{1/3}}$ $L_{t_c} = \dfrac{t_c}{\tau}L$	(4-130)

式中　Q_p——设计洪峰流量，m^3/s；
$\quad\quad t_c$——产流历时，h；
$\quad\quad \psi$——洪峰流量径流系数；
$\quad\quad S_p$——设计频率暴雨雨力，mm/h；
$\quad\quad \tau$——流域汇流时间，h；
$\quad\quad n$——暴雨递减指数；
$\quad\quad F$——流域面积，km^2

4）计算步骤：

①根据流域资料确定以下参数：

a. 流域参数：流域面积 F，km^2；主河槽长度 L，m；主河槽坡降 J。

b. 暴雨参数：雨力 S；暴雨递减指数 n。

c. 经验参数：损失参数 μ；汇流参数 m。

② 计算 $\dfrac{mJ^{1/3}}{L}$ 和 S_pF 值，然后从 SF、τ_0 计算图中查出 τ_0 值，见附录 9。

③ 计算 $\dfrac{\mu}{S_p}\tau_0^n$ 值，查 ψ、τ 计算图确定 ψ 和 $\dfrac{\tau}{\tau_0}$ 值，见附录 10。

④将已知 ψ 和 τ 代入公式 $0.278\dfrac{\psi S}{\tau^n}F$ 中，即可算得设计洪峰流量 Q_p 值。

为了便于计算和校对，可按表 4-32 进行计算。

参数计算顺序示例   表 4-32

1	2	3	4	5	6	7	8	9	10	11	12	13	14	15	16	17	18
河名	站名	F	L	J	$J^{1/3}$	$P\%$	S	μ	m	$\dfrac{mJ^{\frac{1}{3}}}{L}$	SF	τ_0	$\dfrac{\mu}{S}\tau_0^n$	ψ	τ	τ^n	Q_p

5）参数计算：

①流域特征参数：

a. 流域面积 F

系指出口断面以上的流域面积，可在地形图上直接量取。对地形图精度不高或分水岭不清的流域，要进行实地查勘测量确定。

b. 主河槽长度 L

系指出口断面沿主河槽至分水岭的最长距离，包括主河槽以上沟形不明显部分沿程的坡面长度。一般可自五万分之一地形图上量取，必要时根据实测资料验证。

c. 主河槽平均坡降 J

系指主河槽自分水岭起,根据流程的平均坡降,计算时采用加权平均法,按公式(4-131)计算为:

$$J = \frac{(Z_0 + Z_1)l_1 + (Z_1 + Z_2)l_2 \cdots\cdots (Z_{n-1} + Z_n)l_n - 2Z_0 L}{L^2} \tag{4-131}$$

式中 Z_0、Z_1 $\cdots\cdots Z_n$ ——自出口断面起沿流程各地面点高程,m,如图 4-35 所示;

　　　　$l_1 \cdots\cdots l_n$ ——相应各点地面间的水平距离,m;

　　　　　L ——主河槽长度,m。

当河道上有瀑布、跌水、陡坡时,选择地面高程点应尽量照顾这类特征点。在计算 F、L、J 值时,应采用同一比例地形图。

② 暴雨参数:

a. 雨力 S_p:按公式(4-132)、公式(4-133)计算:

$$S_p = H_{24p}(24)^{n-1} \tag{4-132}$$

$$H_{24p} = \overline{H}_{24}(1 + C_{v24}\varPhi) = \overline{H}_{24}K_p \tag{4-133}$$

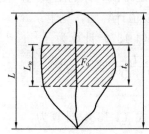

图 4-34　最大共时径流面积示意

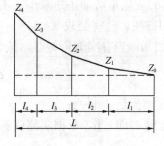

图 4-35　河床纵断面

式中 H_{24p} ——设计频率 P 的最大 24h 雨量,mm;

　　$\overline{H}_{24}$ ——多年平均最大 24h 雨量,mm,可按地区等值线图采用;

　　C_{v24} ——最大 24h 雨量的变差系数,可按地区等值线图采用;

　　$\varPhi$ ——皮尔逊Ⅲ型曲线的离均系数,见附录 2;

　　K_p ——皮尔逊Ⅲ型曲线的模比系数,见附录 3;

　　n ——暴雨递减指数,可按地区等值线图采用。

对 24h 雨量的 C_s 值,一般采用 $C_s = 3.5C_v$。

b. 暴雨递减指数:其分界点为 1h,当 $t < 1h$ 时,取 $n = n_1$,当 $t > 1h$ 时,取 $n = n_2$。

③ 经验参数:

a. 损失参数:在设计情况下,当主雨峰设计暴雨的时程分配采用 $H_t = St^{1-n}$ 的关系式来表达时,μ 的理论计算公式(4-134)为:

$$\mu = (1-n)n^{\frac{n}{1-n}}\left(\frac{S_p}{h_R^n}\right)^{\frac{1}{1-n}} \tag{4-134}$$

式中 h_R ——主雨峰产生的径流深,mm,可按公式(4-135)计算为:

$$h_R = \alpha H_{24} \tag{4-135}$$

α ——降雨历时等于 24h 的洪量径流系数,按地区资料采用或按表 4-33 查用。

降雨历时等于 24h 的径流系数 α 值 表 4-33

地　区	H_{24} (mm)	土　壤　类　型		
		黏土类	壤土类	沙壤土类
山　区	100～200	0.65～0.80	0.55～0.70	0.40～0.60
	200～300	0.80～0.85	0.70～0.75	0.60～0.70
	300～400	0.85～0.90	0.75～0.80	0.70～0.75
	400～500	0.90～0.95	0.80～0.85	0.75～0.80
	500 以上	0.95 以上	0.85 以上	0.80 以上
丘陵区	100～200	0.60～0.75	0.30～0.55	0.15～0.35
	200～300	0.75～0.80	0.55～0.65	0.35～0.50
	300～400	0.80～0.85	0.65～0.70	0.50～0.60
	400～500	0.85～0.90	0.70～0.75	0.60～0.70
	500 以上	0.90 以上	0.75 以上	0.70 以上

当产流历时 $t_c > 24h$ 时，则 μ 按公式（4-136）计算为：

$$\mu = (1 - \alpha)\frac{\overline{H_{24}}}{24} \tag{4-136}$$

μ 值随频率的变化是增加还是减小，主要决定于损失深的增量与产流时间的增值间的关系，为了使用方便，已将公式（4-134）制成 μ 值计算图，见附录 8。

b. 汇流参数 m：当有实测资料时，按公式（4-137）计算为：

$$m = 0.278\frac{L}{\tau J^{1/3}Q^{1/4}} \tag{4-137}$$

式中　　Q——实测流量，m^3/s；

　　　　τ——汇流时间，h，根据实测资料按公式（4-138）计算为：

当 $\tau \leqslant t_c$ 时，

$$\tau = 0.278\frac{h_\tau F}{Q} \tag{4-138}$$

h_τ——τ 时段的径流深，它是 h_R 的一部分。

当 $\tau > t_c$ 时，

$$\tau = 0.278\frac{h_R F}{Q} \tag{4-139}$$

h_R——实测洪水径流深，mm。

将公式（4-138）移项，可得：

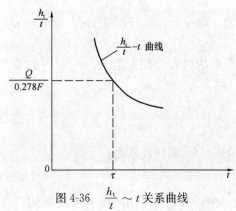

图 4-36　$\dfrac{h_t}{t} \sim t$ 关系曲线

$$\frac{h_\tau}{\tau} = \frac{Q}{0.278F} \tag{4-140}$$

h_τ 为 τ 的函数，无法直接观测，而 $\dfrac{Q}{0.278F}$ 对每次洪水来说都是已知的，因此建立一条 $\left(\dfrac{h_t}{t} \sim t\right)P$ 曲线，在 $\dfrac{h_t}{t}$ 轴线上取 $\dfrac{Q}{0.278F}$ 值，该点的横坐标与 $\left(\dfrac{h_t}{t} \sim t\right)P$ 曲线的交点所对应的历时即为 τ 值，如图 4-36 所示，将 τ 值带入式（4-137）即可求出 m 值。

在实际工作中，需要判断每次洪水是全面汇流（$t_c > \tau$），还是部分汇流（$t_c < \tau$），以确定是否绘制辅助曲线，判断的方法如下：

当 $\dfrac{Q}{0.278F} > \dfrac{h_R}{t_c}$ 时，为全面汇流，应借助辅助曲线求 τ，再计算 m 值。

当 $\dfrac{Q}{0.278F} < \dfrac{h_R}{t_c}$ 时，为部分汇流，则直接由公式（4-139）计算 τ，再求 m 值。

当无实测资料时，按表 4-34 选定 m 值。

汇流参数 m 值　　　　　　　　　　　　　　　　　　　　表 4-34

类别	雨洪特性、河道特性、土壤植被条件简述	推理公式洪水汇流参数 $m \sim \theta = L/J^{1/3}$		
		$\theta = 1 \sim 10$	$\theta = 10 \sim 30$	$\theta = 30 \sim 90$
I	雨量丰沛的湿润山区，植被条件优良，森林覆盖可高达 70% 以上，多为深山原始森林区，枯枝落叶层厚，壤中流较丰富，河床呈山区型大卵石、大砾石河槽、有跌水，洪水多呈缓落型	0.20～0.30	0.30～0.35	0.35～0.40
II	南方、东北湿润山丘，植被条件良好，以灌木林、竹林为主的石山区或森林覆盖度达 40%～50% 或流域内以水稻田或优良的草皮为主，河床多砾石、卵石，两岸滩地杂草丛生，大洪水多为尖瘦型，中小洪水多为矮胖型	0.30～0.40	0.40～0.50	0.50～0.60
III	南、北方地理景观过渡区，植被条件一般，以稀疏林、针叶林、幼林为主的土石山丘区或流域内耕地较多	0.60～0.70	0.70～0.80	0.80～0.95
IV	北方半干旱地区，植被条件较差，以荒草坡、梯田或少量的稀疏林为主的土石山丘区，旱作物较多，河道呈宽浅型，间歇性水流，洪水陡涨陡落	1.0～1.3	1.3～1.6	1.6～1.8

注：引自陈家琦、张恭肃著的《小流域暴雨洪水计算》，水利电力出版社，1985 年。

全国各地可根据各自的地域特性，进行参数 m 的地区综合，即将能反映流域大小和地形的流域特征参数 $\theta = L/J^{1/3}$ 或 $\theta = L/(J^{1/3}F^{1/4})$，与相对应的 m 值建立相关关系，如图 4-37 所示。

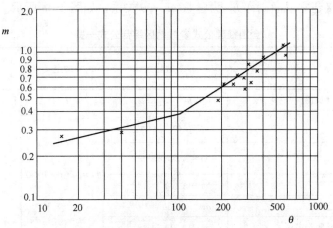

图 4-37　$m \sim \theta (= L/J^{1/3})$ 关系示意

如某些地区在一般暴雨时地表径流较小，土壤中水不能回归，则可不进行单站参数稳定性分析，而直接建立以净雨深 h_R 为参数的 $m \sim \theta$ 关系，如图 4-38 所示。

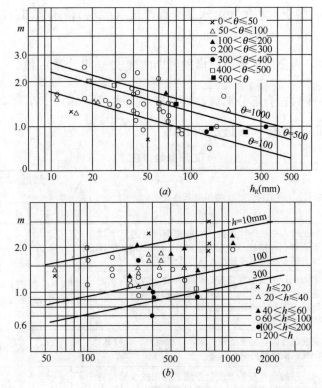

图 4-38　$m\sim\theta\sim h_R$ 相关和 $m\sim h_R\sim\theta$ 相关示意

现将全国各地经过综合的 $m\sim\theta$ 关系，列于表 4-35 中，供参阅。

全国各地可根据各自的地域特性，进行参数 m 的地区综合，即将能反映流域大小和地形的流域特征参数 $\theta=L/J^{1/3}$ 或 $\theta=L/J^{1/3}F^{1/4}$，与相对应的 m 值建立相关关系，如图 4-37 所示。

如某些地区在一般暴雨时地表径流较小，土壤中水不能回归，则可不进行单站参数稳定性分析，而直接建立以净雨深 h_R 为参数 $m\sim\theta$ 关系，如图 4-38 所示。

全国推理公式参数地区综合公式一览　　　　　　　　表 4-35

省(市、区)名	分　区	参数公式	θ 的定义	J 的取值	备　注
河北	背风山区	$m=1.4\theta^{0.25}$	$\theta=L/J^{1/3}$	千分率	
山西	Ⅰ 密蔽林区	$m=0.20h^{-0.25}\theta^{0.37}$	$\theta=L/(J^{1/3}F^{1/4})$	千分率	$\theta<1.5$ 时用 1.5 全省 $h>120$mm 时用 120mm
	Ⅱ 疏林区	$m=0.34h^{-0.26}\theta^{0.26}$			
	Ⅲ 一般山区	$m=0.38h^{-0.27}\theta^{0.27}$			
	Ⅳ 裸露山、丘区	$m=0.375h^{-0.17}\theta^{0.22}$			
	Ⅴ 晋西黄土丘陵沟壑区	$m=0.37h^{-0.16}\theta^{0.38}$			$\theta<3$ 时用 3
内蒙古	其他地区	$m=0.402\theta^{0.286}$	$\theta=L/J^{1/3}$	小数	m 为 50a 一遇值，其他频率的 m 值应乘以 0.9~1.05
	黄土高原沟壑区	$m=0.482\theta^{0.286}$			

省(市、区)名	分 区			参数公式	θ 的定义	J 的取值	备 注
		x	y				
辽宁	I $_{1,2}$中部平原区	1.4	0.78	$\tau = x\left(\dfrac{L}{\sqrt{J}}\right)^{y}$	$\theta = \dfrac{L}{\sqrt{J}}$	千分率	1. x, y 为地区参数; 2. 适用于 300km² 以下的中小流域
	I $_3$ 中部平原区	2.5	0.85				
	II 北部半干旱丘陵区	0.84	0.72				
	III 东部湿润山区	0.96	0.73				
	IV 辽东半岛半湿润丘陵区	0.78	0.71				
	V $_{1,2}$西部干旱丘陵区	0.57	0.65				
	VI 西部半干旱丘陵区	0.64	0.67				
吉林	鸭绿江、浑江、东辽河			$m = 0.0567\theta^{0.68}$	$\theta = L/(J^{1/3}F^{1/4})$	小数	
	第二松花江、珲春河			$m = 0.0468\theta^{0.68}$			
	图们江、拉林河			$m = 0.0323\theta^{0.68}$			
陕西	I $_1$ 陕北黄土丘陵沟壑区			$m = 4.95\theta^{0.325}h_{R}^{-0.41}$	$\theta = L/(J^{1/3}F^{1/4})$	小数	$h_{R} \leqslant 90mm$ $h_{R} \leqslant 70mm$
	I $_2$ 陕北黄土丘陵沟壑区			$m = 4.2\theta^{0.325}h_{R}^{-0.41}$			
	I $_3$ 陕北黄土丘陵沟壑区			$m = 3.6\theta^{0.325}h_{R}^{-0.41}$			
	I $_4$ 陕北黄土丘陵沟壑区			$m = 2.6\theta0.325h_{R}^{-0.41}$			
	II $_1$ 渭北土石山区兼黄土沟壑区			$m = 1.34\theta^{0.587}h_{R}^{-0.541}$			
	II $_2$ 渭北黄土沟壑区小型流域			$m = 2.1\theta^{0.435}h_{R}^{-0.47}$			
	III $_1$ 渭南秦岭山区			$m = 0.0614\theta^{0.75}$	$\theta = L/(J^{1/3}F^{1/4})$		
	III $_2$ 陕南秦巴山区			$m = 0.193\theta^{0.584}$	$\theta = L^2/(J^{1/3}F)$		
甘肃	六盘山土石山林区(植被优良)			$m = 0.1\theta^{0.384}$	$\theta = L/J^{1/3}$	小数	$h \leqslant 35mm$
	六盘山土石山区(植被一般)			$m = 0.195\theta^{0.397}$			
	黄土区			$m = 1.845h^{-0.465}\theta^{0.515}$	$\theta = L/(J^{1/3}F^{1/4})$		
青海	浅脑混合区			$m = 0.75\theta^{0.487}$	$\theta = L/(J^{1/3}F^{1/4})$	小数	
	脑山区			$m = 0.45\theta^{0.356}$			
山东	全省分四区七组			为简化计算,建立 $q_m \sim H_{24} \sim K$(即 θ)图	$K = L/(J^{1/3}F^{2/5})$	小数	$F < 50km^2$
江苏	苏北山丘区			$\tau = 1.35\theta^{0.34}$	$\theta = F/J^{1/3}$	万分率	
	苏南山丘区			$\tau = 2.1\theta^{0.34}(P > 5\%)$			
				$\tau = 1.6\theta^{0.34}(P \leqslant 5\%)$			
浙江	II 类:植被较好			$m = 0.3\theta^{0.154}(\theta < 90)$	$\theta = L/J^{1/3}$	千分率	
				$m = 0.043\theta^{0.584}(\theta \geqslant 90)$			
	III 类:植被一般			$m = 0.6\theta^{0.1}(\theta < 90)$			
				$m = 0.114\theta^{0.464}(\theta \geqslant 90)$			
	IV 类:植被较差			$m = \theta^{0.05}(\theta < 90)$			
				$m = 0.207\theta^{0.4}(\theta \geqslant 90)$			

省(市、区)名	分　区	参数公式		θ 的定义	J 的取值	备　注
江西	Ⅰ	$\theta \geqslant 90$	$m = 0.45\theta^{0.17}$	$\theta = L/J^{1/3}$	小数	
		$\theta < 90$	$m = 0.29\theta^{0.265}$			
	Ⅱ	$\theta \geqslant 70$	$m = 0.47\theta^{0.18}$			
		$\theta < 70$	$m = 0.32\theta^{0.265}$			
	Ⅲ	$\theta \geqslant 80$	$m = 0.29\theta^{0.24}$			
		$\theta < 80$	$m = 0.25\theta^{0.265}$			
	Ⅳ	$\theta \geqslant 10$	$m = 0.2\theta^{0.295}$			
		$\theta < 10$	$m = 0.212\theta^{0.265}$			
	Ⅴ	$\theta \geqslant 5$	$m = 0.17\theta^{0.368}$			
		$\theta < 5$	$m = 0.2\theta^{0.265}$			
	Ⅵ	$\theta \geqslant 25$	$m = 0.088\theta^{0.46}$			
		$\theta < 25$	$m = 0.158\theta^{0.265}$			
	Ⅶ	$\theta \geqslant 100$	$m = 0.108\theta^{0.394}$			
		$\theta < 100$	$m = 0.196\theta^{0.265}$			
	Ⅷ	$\theta \geqslant 10$	$m = 0.121\theta^{0.434}$			
		$\theta < 10$	$m = 0.174\theta^{0.265}$			
福建	沿海区	$\theta \geqslant 2.5$	$m = 0.053\theta^{0.785}$	$\theta = L/(J^{1/3}F^{1/4})$	千分率	
		$\theta < 2.5$	$m = 0.062\theta^{0.613}$			
	内地区	$\theta \geqslant 2.5$	$m = 0.035\theta^{0.785}$			
		$\theta < 2.5$	$m = 0.041\theta^{0.613}$			
河南	Ⅰ	$m = 0.32\theta^{0.40}$		$\theta = L/(J^{1/3}F^{1/4})$	小数	$\theta < 5$ 取 $\theta = 5$ $\theta > 100$ 取 $\theta = 100$ $F < 300\text{km}^2$
	Ⅱ	$m = 0.48\theta^{0.40}$				
	Ⅲ	$m = 0.58\theta^{0.40}$				
	Ⅳ	$m = 0.42\theta^{0.40}$				
	Ⅴ	$m = 0.52\theta^{0.40}$				
湖北	PMP 及 $H_{24} > 700\text{mm}$	1区 $m=0.42$ $\theta^{0.24}$	其他各区 $m=0.36$ $\theta^{0.24}$	$\theta = L/J^{1/3}$	小数	两个量级之间的洪水使用内插值
	50a 一遇以上的洪水	2区 $m=0.5$ $\theta^{0.21}$	$m=0.45$ $\theta^{0.21}$			
	50a 一遇以下的洪水	4区 $m=0.56$ $\theta^{0.21}$	$m=0.5$ $\theta^{0.21}$			用于一般施工洪水计算

续表

省(市、区)名	分区	参数公式		θ 的定义	J 的取值	备注
湖南	植被好，以森林为主的山区（平均线）	$25<\theta\leqslant100$	$m=0.0228\theta^{1.067}$	$\theta=L/(J^{1/3}F^{1/4})$	小数	
		$\theta\leqslant25$	$m=0.145\theta^{0.489}$			
	植被较差的丘陵山区（外包线）	$22<\theta\leqslant100$	$m=0.0284\theta^{1.093}$			
		$\theta\leqslant22$	$m=0.183\theta^{0.489}$			
广西	山区	$m=0.17\theta^{0.581}$		$\theta=L/(J^{1/3}F^{1/4})$	小数	
	山丘区	$m=0.13\theta^{0.581}$				
	平原区	$m=0.086\theta^{0.558}$				
	岩溶地区	$m=0.072\theta^{0.551}$				
四川	盆地丘陵区	$1<\theta\leqslant30$	$m=0.4\theta^{0.204}$	$\theta=L/(J^{1/3}F^{1/4})$	小数	对森林茂密，水田、塘库多，岩层特别疏松，喀斯特特别发育的地区 $m'=Km$；K 为修正系数，其值约为 $0.38\sim1.0$
		$30<\theta\leqslant300$	$m=0.092\theta^{0.636}$			
	青衣江～鹿头山暴雨区、盆缘地区、凉山地区	$1<\theta\leqslant30$	$m=0.318\theta^{0.204}$			
		$30<\theta\leqslant300$	$m=0.055\theta^{0.72}$			
	安宁河、盐源盆地	$1<\theta\leqslant30$	$m=0.221\theta^{0.204}$			
		$30<\theta\leqslant300$	$m=0.025\theta^{0.345}$			
贵州	I₁ 丘山为主，中等或部分强岩溶，植被较差	$m=0.056\theta^{0.73}$		$\theta=L/(J^{1/3}F^{1/4})$	小数	
	I₂ 丘山间谷坝，强岩溶，植被较差	$m=0.04\theta^{0.73}$				
	II₂ 高山间山丘区，少量岩溶，植被差	$m=0.071\theta^{0.73}$				
	II₂ 山区间山丘，少量岩溶，植被一般或较好	$m=0.064\theta^{0.73}$				
	II₃ 山区间山丘，非岩溶或少量岩溶，植被好	$m=0.053\theta^{0.73}$				

现根据全国实际发生的 50a 一遇以上大洪水分析所得的汇流参数 m 值与相应的 θ 值进行综合，绘成图 4-39 以资参考。

④ 洪峰流量系数：

当 $\tau \leqslant t_c$ 全面汇流时，用公式（4-141）为：

$$\psi = 1 - \frac{\mu}{S_p}\tau^n \tag{4-141}$$

当 $\tau > t_c$ 部分汇流时，用公式（4-142）为：

$$\psi = n\left(\frac{t_c}{\tau}\right)^{1-n} \tag{4-142}$$

式中　　t_c——产流历时，h，即当降雨强度 $a=\mu$ 时，降雨过程中最小瞬时降雨强度达到产流的临界点的历时，其值按公式（4-143）计算为：

$$t_c = \left[(1-n)\frac{S_p}{\mu}\right]^{1/n} \tag{4-143}$$

为方便计算绘制成 ψ、τ 计算图供计算查用，见附录 10。

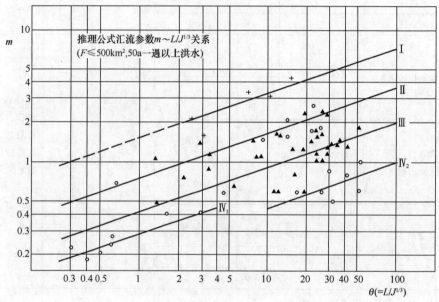

图 4-39　推理公式参数 $m \sim \theta$ 关系

注：图中 Ⅰ、Ⅱ、Ⅲ、Ⅳ₁、Ⅳ₂ 五种类区情况为：

Ⅰ区：干旱、半干旱土石山区，黄土地区。这些地区多荒坡、旱作物，且植被覆盖情况很差，如西北广大地区。

Ⅱ区：植被长势较差，杂草不茂盛，有稀疏树木，如河南豫西山丘及南方水土保持条件相对较差地区。

Ⅲ区：植被覆盖情况良好，有疏林灌木，草地覆盖较厚，有水稻田或有一定岩溶，如南方及东北润湿地区。

Ⅳ₁区：森林面积比重大的小流域，如海南岛、湖南省部分地区。

Ⅳ₂区：强岩溶地区，暗河面积超过 50%，如广西部分地区。

【例20】　求某山洪沟出口流量，设计标准为百年一遇洪水，山洪沟以上流域面积 $F=194\text{km}^2$，沟长 $L=32.1\text{km}$，平均坡降 $J=9.32‰$，百年一遇最大 24h 设计雨量 $H_{24p}=214.0\text{mm}$，$n=0.75$，$m=0.96$，流域平均损失率 $\mu=3.0\text{mm/h}$，求百年一遇设计洪峰流量。

【解】　1）计算 $\frac{mJ^{1/3}}{L}$ 值及 S_p 值：

$$\frac{mJ^{1/3}}{L} = \frac{0.96 \times 0.00932^{1/3}}{32.1} = 0.00629$$

$$S_p = H_{24p}(24)^{n-1} = 214 \times 24^{0.75-1} = 96.685 \,\text{mm/h}$$

$$S_p F = 96.685 \times 194 = 18756.89$$

查附录 10，在纵坐标上取 SF，沿横轴方向交 $\dfrac{mJ^{1/3}}{L}$ 直线，再沿纵轴方向交到已知 n 值的线上，然后在右边纵轴上读出 τ_0 值，得 $\tau_0 = 7.8$h。

2）计算 $\dfrac{\mu}{S}\tau_0^n$：

$$\frac{\mu}{S}\tau_0^n = \frac{3}{96.685} \times 7.8^{0.75} = 0.031 \times 4.67 = 0.145$$

查附录 10，由横坐标 $\dfrac{\mu}{S}\tau_0^n$ 与 n 值查 ψ 值，再利用 $\psi \sim n \sim \dfrac{\tau}{\tau_0}$ 曲线簇，由 ψ、n 查 $\dfrac{\tau}{\tau_0}$，得 $\psi = 0.84$；$\dfrac{\tau}{\tau_0} = 1.06$。

$$\tau = 1.06\tau_0 = 1.06 \times 7.8 = 8.27\,\text{h}$$

3）将 ψ、τ 值代入公式（4-129）即得出山洪沟出口百年一遇洪峰流量，即：

$$Q_p = 0.278\psi\frac{S_p}{\tau^n}F$$

$$= 0.278 \times 0.84 \times \frac{96.685}{8.27^{0.75}} \times 194$$

$$= 898\,\text{m}^3/\text{s}$$

（2）水利科学研究院水文研究所简化公式（4-144）为：

$$Q = AF = 0.278\left(\frac{s}{\tau^n} - \mu\right)F \tag{4-144}$$

式中 Q——洪峰流量，m^3/s；

$$A = 0.278\left(\frac{s}{\tau^n} - \mu\right)$$

s——雨力，mm/h；

$$\tau = 0.278\frac{L}{mJ^{\frac{1}{3}}Q^{\frac{1}{4}}} \tag{4-145}$$

τ——汇流时间，h；

m——汇流参数；

J——主河槽平均比降；

L——主河道长度，km；

F——汇流面积，km^2。

（3）铁道部第一设计院公式：根据西北地区资料分析的公式（4-146）为：

$$Q_p = \left[\frac{k_1(1-k_2)k_3}{x^{n'}}\right]^{\frac{1}{1-n'y}} \tag{4-146}$$

式中 Q_p——设计流量，m^3/s；

k_1——产流因子，按公式（4-147）计算：

$$k_1 = 0.278\eta S_{\mathrm{p}}F \tag{4-147}$$

η —— 暴雨点面折减系数，见表 4-38；

S_{p} —— 设计暴雨参数，mm/h；

F —— 汇水面积，km^2；

k_2 —— 损失因子，按公式（4-148）计算：

$$k_2 = R(\eta S_{\mathrm{p}})^{r_1 - 1} \tag{4-148}$$

R —— 损失系数，见表 4-39；

r_1 —— 损失系数，见表 4-39；

k_3 —— 造峰因子，按公式（4-149）、公式（4-150）计算为：

$$k_3 = \frac{(1 - n')^{1 - n'}}{(1 - 0.5n')^{2 - n'}} \tag{4-149}$$

$$n' = c_n n = \frac{1 - r_1 k_2}{1 - k_2} n \tag{4-150}$$

x —— 河槽和山坡综合汇流因子，由河槽汇流因子 K_1 和山坡汇流因子 K_2 而定，即由公式（4-151）～公式（4-153）计算为：

$$x = K_1 + K_2 \tag{4-151}$$

$$K_1 = \frac{0.278L_1}{A_1 J_1^{0.35}} \tag{4-152}$$

$$K_2 = \frac{0.278L_2^{0.5}F^{0.5}}{A_2 J_2^{0.333}} \tag{4-153}$$

L_1 —— 主河槽长度，由显著河槽起点到出口断面的距离，km；

A_1 —— 主河槽流速系数，根据断面扩散系数 a_0 和系数 m_1 值确定，见表 4-36，可在出口断面附近选取有代表性的断面，量取其 1m 水深时相应河宽之半值；m_1 为主河槽沿程平均糙平系数；

A_2 —— 坡面流速系数，见表 4-37；

J_1 —— 主河槽平均坡度，相当于河槽起点到出口断面平均坡度，‰；

L_2 —— 流域坡面平均长度，km，按公式（4-154）计算为：

$$L_2 = \frac{F}{1.8(L_1 + \sum l_i)} \tag{4-154}$$

$\sum l_i$ —— 流域中支叉河沟的总长，km；而每条支沟的长度要大于流域平均宽度的 0.75 倍，流域平均宽度 $B_0 = \dfrac{F}{2L_0}$，L_0 为流域分水岭最远处至出口距离，km；

J_2 —— 流域坡面平均坡度，‰，可取若干有代表性的坡面，取其算术平均值；

y —— 反映流域汇流特征的指数，按公式（4-155）计算为：

$$y = 0.5 - 0.5\lg \frac{3.12 \dfrac{K_1}{K_2} + 1}{1.246 \dfrac{K_1}{K_2} + 1} \tag{4-155}$$

用公式（4-139）计算流量时，设计暴雨强度公式 i_{p} 采用 $i = \dfrac{S_{\mathrm{P}}}{t_Q^n}$ 计算，其中暴雨指数

n 的长短历时一般固定为 1h，故 $t_Q \leqslant 1h$，$n = n_1$；$t_Q > 1h$，$n = n_2$。当用公式（4-150）计算 n' 时，应与 n_1 或 n_2 计算出来的造峰历时 t_Q 相适应。适应与否，可用公式（4-156）来检验：

$$t_Q = P_1 x Q_p^{-y} \tag{4-156}$$

式中　t_Q——造峰历时，h；

　　　P_1——形成洪峰流量的同时汇水的时间系数，可按公式（4-157）计算或查表 4-40。

$$P_1 = \frac{1 - n'}{1 - 0.5n'} \tag{4-157}$$

河槽流速系数 A_1 值　　　　　　　　　　　　　表 4-36

m_0 \ a_0	1	2	3	4	5	7	10	15	20	30	50	主河槽形态特征
5	0.095	0.084	0.077	0.071	0.068	0.062	0.057	0.050	0.047	0.041	0.036	丛林郁闭度占 75% 以上的河沟；有大量漂石堵塞的山区弯曲大的河床；杂草灌木密生的河滩
7	0.120	0.106	0.098	0.092	0.087	0.070	0.072	0.064	0.060	0.053	0.046	丛林郁闭度占 60% 以上的河沟；有较多漂石堵塞的山区弯曲河床；有杂草死水的沼泽河沟；平坦地区的梯田、漫滩地
10	0.154	0.137	0.126	0.117	0.111	0.102	0.092	0.083	0.076	0.068	0.059	植物覆盖度 50% 以上，有漂石堵塞的河床；河床弯曲，有漂石及跌水的山区河槽；山丘区的冲田、滩地
15	0.205	0.181	0.167	0.155	0.147	0.135	0.123	0.110	0.102	0.090	0.078	植物覆盖度占 50% 以下，有少量堵塞物的河床
20	0.251	0.223	0.204	0.190	0.180	0.165	0.150	0.134	0.124	0.111	0.096	弯曲或生长杂草的河床
25	0.294	0.260	0.239	0.223	0.211	0.103	0.176	0.158	0.145	0.130	0.112	杂草稀疏，较为平坦、顺直的河床
30	0.335	0.297	0.273	0.254	0.241	0.221	0.200	0.180	0.165	0.148	0.127	平坦、通畅、顺直的河床

注：表中 A_1 值系按断面为二次抛物线的计算成果。当断面为复式河槽时，应按设计洪水时的大致水深 h（m）及水面宽度 B（m），用下式推求 a_0：即 $a_0 = B / 2h^{\frac{1}{2}}$，用此 a_0 值在表中查 A_1 值。若 m_1 与 a_0 超过表中数值，可用下式计算 A_1 值：$A_1 = 0.0368 m_1^{0.765} \dfrac{a_3^{0.175}}{(a_3 + 0.5)^{0.47}}$。

坡面流速系数 A_2 值　　　　　　　　　　　　　表 4-37

类　别	地 表 特 征	举　例	变化范围	一般情况
森林地区	郁闭度大于 70% 的森林，林下有密草或落叶层	原始森林地区	0.002～0.003	0.0025

续表

类 别	地表特征	举 例	变化范围	一般情况
密草地、一般林区、平坦水田、治理过的坡地	覆盖度大于 50% 的茂密草地；郁闭度大于 30% 的林区；地形平坦的水田区；水土保持措施较好的坡地区（密草中杂生有树木及灌木丛；带田埂及管理得较好的水田区等取较小值）	宝天线宝鸡至拓石段；森林区、宝略段灌木密草山坡、陕北黄龙林区、峨眉径流站伏虎山区和十豆山平坦区等植被良好的地区	0.003~0.0075	0.005
中密草地、疏林地、水平梯田	覆盖度小于 50% 的中等密度的草地；人工幼林；带田埂的梯田（草地中杂生有灌木丛、人工幼林较密或梯田的坡度较平缓者取较小值）	宝天线拓石至天水线；宝安阳涉等线植被一般的地区；峨眉径流站保宁丘陵区	0.0075~0.015	0.01
疏草地、戈壁滩、旱地	覆盖稀疏的草地，戈壁滩；种有旱作物的坡地	兰新、兰青、天兰等线植被较差的地区；新疆、青海的戈壁滩地区，太原径流站	0.015~0.025	0.02
土石山坡	无草的或有很稀疏小草的坡地	南疆线巴仑台地区；黄土高原水土流失区	0.025~0.035	0.03
路面	平整密实的路面	沥青或混凝土路面	0.035~0.055	0.045

η 值   表 4-38

F (km^2)	η	F (km^2)	η	F (km^2)	η
<10	1.00	25	0.90	60	0.84
10	0.94	30	0.89	70	0.83
12.5	0.93	35	0.88	80	0.82
15	0.92	40	0.87	90	0.81
20	0.91	50	0.86	100	0.80

R、r_1 值   表 4-39

损失等级	特 征	R	r_1
Ⅱ	黏土；地下水位较高（0.3~0.5m）的盐碱土地面；土层较薄的岩石地区；植被差、风化轻微的岩石地区	0.93	0.63
Ⅲ	植被差的砂黏土、戈壁滩；土层较厚的岩石山区；植被中等、风化中等的岩石地区；北方地区坡度不大的山间草地；黄土（Q_2）地区	1.02	0.69
Ⅳ	植被差的黏砂土；风化严重、土层厚的土石山区；杂草灌木较密的山丘区或草地；人工幼林或土层较薄中等密度的林区；黄土（Q_3、Q_4）地区	1.10	0.76
Ⅴ	植被差的一般砂土地面；土层较厚森林较密的地区；有大面积水土保持措施、治理较好的土层山区	1.18	0.83
Ⅵ	无植被的松散的砂土地面；茂密的并有枯枝落叶层的原始森林区	1.25	0.90

注：若土内有钙质胶结，流域内有沼泽以及地下水位较高时，损失等级应降低 1~2 级，如Ⅲ级降为Ⅱ级；若流域内土质疏松、坑洼不平及有较多虫穴时，损失等级应提高 1 级；当流域内有两种以上土类时，应分别按各自的损失等级计算流量后，用面积加权平均求得。

P_1 值 表 4-40

n'	P_1	n'	P_1	n'	P_1	n'	P_1
0.45	0.710	0.57	0.601	0.69	0.473	0.81	0.319
0.46	0.701	0.58	0.592	0.70	0.462	0.82	0.305
0.47	0.693	0.59	0.582	0.71	0.450	0.83	0.291
0.48	0.684	0.60	0.571	0.72	0.438	0.84	0.276
0.49	0.675	0.61	0.561	0.73	0.425	0.85	0.261
0.50	0.667	0.62	0.551	0.74	0.413	0.86	0.246
0.51	0.658	0.63	0.540	0.75	0.400	0.87	0.230
0.52	0.649	0.64	0.529	0.76	0.387	0.88	0.214
0.53	0.639	0.65	0.519	0.77	0.374	0.89	0.198
0.54	0.630	0.66	0.507	0.78	0.361	0.90	0.182
0.55	0.621	0.67	0.496	0.79	0.347	—	—
0.56	0.611	0.68	0.485	0.80	0.333	—	—

注：当 n' 为中间值时，P_1 值可以内插取得。

在 $t_Q = 1h$ 附近的流量与时间可能出现不定的情况，此时可取 n_1 与 n_2 算出的流量中的较小值作为采用值。

当流域内有森林、水稻田、带田埂的梯田，面积为 F'（km^2）时，所求得的流量应予折减，无资料的地区可查表 4-41。

折 减 系 数 表 4-41

F'/F（%）	5	10	15	20	25	30	35	40	45	50	60	70	80	90	100
稀疏的森林或带田埂的梯田	0.99	0.97	0.96	0.94	0.93	0.91	0.90	0.88	0.87	0.85	0.82	0.79	0.76	0.73	0.70
稠密的森林或水稻田	0.98	0.95	0.93	0.90	0.88	0.85	0.83	0.80	0.78	0.75	0.70	0.65	0.60	0.55	0.50

【例 21】 西北地区某山洪沟流域 $F = 10km^2$，$L_1 = 6.36km$，$L_2 = 0.628km$，$J_1 = 28.3‰$，$J_2 = 315‰$，$A_1 = 0.222$，$A_2 = 0.03$，$S_{1\%} = 69mm/h$，$n_1 = 0.6$，$n_2 = 0.75$，转折点 $t_0 = h$，损失等级为 Ⅲ 级。

【解】 查表 4-38 得 $\eta = 0.94$

产流因子：$k_1 = 0.278\eta S_{1\%} F = 0.278 \times 0.94 \times 69 \times 10 = 180$

损失因子：$k_2 = R(\eta S_{1\%})^{r_1-1}$

由表 4-39 查得：$R = 1.02$，$r_1 = 0.69$

$$k_2 = 1.02 \times (0.94 \times 69) - 0.31 = 0.28$$

设 $t_Q < 1h$，用 n_1 计算洪峰流量：

由公式（4-150）得：

$$n' = c_n n_1 = \frac{1 - r_1 k_2}{1 - k_2} n_1 = \frac{1 - 0.69 \times 0.28}{1 - 0.28} \times 0.6$$
$$= 0.672$$

河槽汇流因子 K_1：

$$K_1 = \frac{0.278L_1}{A_1J_1^{0.35}} = \frac{0.278 \times 6.36}{0.222 \times 28.3^{0.35}} = 2.47$$

山坡汇流因子 K_2：

$$K_2 = \frac{0.278L_2^{0.5}F^{0.5}}{A_2J_2^{0.333}} = \frac{0.278 \times 0.628^{0.5} \times 10^{0.5}}{0.03 \times 315^{0.333}} = 3.42$$

由公式（4-151）得 $x = K_1 + K_2 = 2.47 + 3.42 = 5.89$

流域汇流特征指数 y 由公式（4-155）计算：

$$y = 0.5 - 0.5\lg\frac{3.12\dfrac{K_1}{K_2}+1}{1.246\dfrac{K_1}{K_2}+1}$$

为简化计算，根据 $\dfrac{K_1}{K_2} = \dfrac{2.47}{3.42} = 0.72$，查表 4-42 可得 $y = 0.383$。

y 值 表 4-42

K_1/K_2	0.06	0.07	0.08	0.09	0.10	0.12	0.14	0.16	0.18	0.20	0.22	0.24	0.26	0.28
y	0.479	0.475	0.472	0.469	0.466	0.461	0.456	0.452	0.447	0.443	0.439	0.436	0.432	0.429
K_1/K_2	0.30	0.32	0.34	0.36	0.38	0.40	0.42	0.44	0.46	0.48	0.50	0.52	0.54	0.56
y	0.426	0.423	0.420	0.417	0.414	0.412	0.410	0.407	0.405	0.403	0.401	0.399	0.397	0.396
K_1/K_2	0.58	0.60	0.62	0.64	0.66	0.68	0.70	0.72	0.74	0.76	0.78	0.80	0.82	0.84
y	0.394	0.392	0.391	0.389	0.388	0.386	0.385	0.383	0.382	0.381	0.380	0.378	0.377	0.376
K_1/K_2	0.86	0.88	0.90	0.92	0.94	0.96	0.98	1.00	1.02	1.04	1.06	1.08	1.10	1.12
y	0.375	0.374	0.373	0.372	0.371	0.370	0.369	0.368	0.367	0.367	0.366	0.365	0.364	0.363
K_1/K_2	1.14	1.16	1.18	1.20	1.25	1.30	1.35	1.40	1.45	1.50	1.55	1.60	1.65	1.70
y	0.363	0.362	0.361	0.361	0.359	0.357	0.356	0.354	0.353	0.352	0.351	0.350	0.348	0.347

注：当 K_1/K_2 为中间值时，y 可目估内插。

造峰因子 k_3：

$$k_3 = \frac{(1-n')^{1-n'}}{(1-0.5n')^{2-n'}} = \frac{(1-0.672)^{0.328}}{(1-0.5 \times 0.672)^{1.328}} = 1.195$$

计算洪峰流量 $Q_{1\%}$：

$$Q_{1\%} = \left[\frac{k_1(1-k_2)k_3}{x^{n'}}\right]^{\frac{1}{1-n'y}}$$

$$= \left[\frac{180 \times (1-0.28) \times 1.195}{5.89^{0.672}}\right]^{\frac{1}{1-0.672 \times 0.383}}$$

$$= 179\text{m}^3/\text{s}$$

将 $Q_{1\%}$ 代入公式（4-149）并从表 4-40 查得 $P_1 = 0.494$，故 $t_Q = P_1xQ_{1\%}^{-n} = 0.494 \times 5.89 \times 179^{-0.383} = 0.4\text{h} < 1\text{h}$，与假设符合。

以上求得的为 $P = 1\%$ 的设计流量，其他频率的流量可从表 4-43 查得换算系数进行换算。故 $Q_{2\%} = 179 \times 0.8 = 143.2\text{m}^3/\text{s}$。

不同频率换算系数 表 4-43

频率 P（%）	0.33	1.0	2
换算系数	1.35	1.00	0.80

（4）铁道部第二设计院公式：根据西南地区资料分析制定的公式，见式（4-158）为：

$$Q_p = 0.278FC_1 i_p y \tag{4-158}$$

式中　C_1——产流系数，从表 4-44 查取；

　　　i_p——设计暴雨强度，mm/h，当 $F \leqslant 10 \text{km}^2$ 时，按 $i_p = 6^{n_1} S_p$ 计算，当 $F > 10 \text{km}^2$，时，按 $i_p = 1.413 \times F^{-0.15} 6^{n_1} S_p$ 计算；

　　　y——径流函数，根据径流因子 r，从表 4-46 查取；

其他符号意义同前。

产流系数 C_1　　　　　　　　　　表 4-44

土的类别 前期雨情	Ⅱ	Ⅲ	Ⅳ	Ⅴ	Ⅵ
前期大雨（年径流系数大于 0.5）	0.9	0.85	0.80	0.60	0.45
前期中雨（年径流系数 0.3～0.5）	0.8	0.75	0.65	0.50	0.35
前期小雨（年径流系数小于 0.3 和年径流深 300mm 以下）	0.6	0.55	0.50	0.40	0.25

注：土的类别可根据表 4-45 确定。

土 的 类 别　　　　　　　　　　表 4-45

土的名称	含砂量（%）	土的类别	土的名称	含砂量（%）	土的类别
黏土、肥沃黏壤土	5～15	Ⅱ	粉土	65～85	Ⅴ
灰化土、森林型黏壤土	15～35	Ⅲ	砂	85～100	Ⅵ
黑土、栗色土、生草粉土	35～65	Ⅳ			

径流函数 $y(\lambda)$　　　　　　　　　　表 4-46

y λ / γ	0.2	0.3	0.5	0.7	1.0	1.2	1.5	1.8	2.0	2.3	2.7
1	0.001	0.002	0.06	0.20	0.362	0.425	0.502	0.564	0.595	0.633	0.662
2	0.001	0.002	0045	0.165	0.33	0.390	0.462	0.504	0.520	0.530	0.516
3	0.001	0.002	0.032	0.131	0.293	0.360	0.427	0.462	0.468	0.459	0.424
4	0.001	0.005	0.06	0.195	0.359	0.407	0.405	0.365	0.343	0.307	0.260
5	0.002	0.007	0.086	0.243	0.373	0.362	0.323	0.279	0.251	0.217	0.177
6	0.002	0.011	0.106	0.266	0.357	0.320	0.263	0.216	0.191	0.162	0.130
7	0.002	0.015	0.123	0.277	0.329	0.277	0.216	0.173	0.151	0.128	0.102
8	0.002	0.018	0.134	0.274	0.296	0.243	0.183	0.144	0.125	0.105	0.084
9	0.003	0.02	0.14	0.265	0.266	0.212	0.158	0.122	0.106	0.088	0.070
10	0.003	0.02	0.14	0.260	0.24	0.19	0.135	0.108	0.092	0.075	0.06
20	0.004	0.02	0.10	0.14	0.118	0.09	0.065	0.045	0.040	0.035	0.030
30	0.005	0.02	0.075	0.095	0.08	0.06	0.04	0.035	0.030	0.02	0.015

$\dfrac{\lambda}{y}$ γ	3.0	3.3	3.7	4.0	4.5	5.0	5.5	6.0	6.5	7.0	λ_m	Y_m
1	0.665	0.652	0.61	0.565	0.465	0.345	0.235	0.14	0.07	0.035	2.96	0.665
2	0.490	0.45	0.385	0.333	0.245	0.16	0.09	0.043	0.017	0.006	2.34	0.530
3	0.386	0.344	0.284	0.239	0.167	0.104	0.057	0.026	0.009	0.006	2.01	0.468
4	0.228	0.198	0.162	0.137	0.099	0.068	0.042	0.024	0.01	0.004	1.32	0.418
5	0.152	0.132	0.108	0.092	0.069	0.049	0.033	0.021	0.01	0.006	1.01	0.374
6	0.111	0.096	0.079	0.068	0.052	0.039	0.027	0.018	0.01	0.005	0.96	0.362
7	0.087	0.076	0.062	0.053	0.042	0.032	0.023	0.016	0.01	0.006	0.91	0.342
8	0.071	0.062	0.050	0.043	0.034	0.026	0.019	0.014	0.01	0.006	0.86	0.318
9	0.060	0.052	0.043	0.037	0.028	0.023	0.017	0.012	0.01	0.006	0.84	0.294
10	0.05	0.045	0.04	0.035	0.025	0.02	0.015	0.01	0.008	0.006	0.82	0.270
20	0.022	0.02	0.015	0.012	0.011	0.010	0.007	0.005	0.005	0.004	0.76	0.142
30	0.014	0.013	0.01	0.007	0.005	0.003	0.002	0.001	0.001	0.001	0.76	0.096

表 4-46 内不同的 γ 值对应的 y 及 y_m 值,可按图 4-40 内插。λ 为时间的比值,$\lambda = \dfrac{t}{\tau}$。

表 4-46 中 γ 按公式(4-158)计算:

$$\gamma = 0.36 i_p^{0.4} \tau \tag{4-159}$$

式中　τ——汇流时间,h,按公式(4-160)计算为:

$$\tau = \frac{L_3^{0.72}}{1.2 A_3^{0.6} I_3^{0.21} F^{0.24} i_p^{0.24}} \tag{4-160}$$

A_3——阻力系数,从表 4-47 查取;

L_3——流域分水岭沿流程至出口处之距离,km;

I_3——流域平均坡度,可从出口断面至最远总分水岭处,沿流程绘制纵断面图,按面积补偿法计算,也可按下式计算为:

$$I_3 = \frac{\overline{H} - H_{出}}{L'_3}$$

$\overline{H}$——流域平均高程,m;

$H_{出}$——出口断面处高程,m;

L'_3——流域平均高程的等高线与主槽相交处到出口断面间的距离,km。

A_3　值　表 4-47

流域植被、坡面、地貌、河(沟)槽情况	A_3
流域内山坡陡峻,植被茂密,河谷多旱地,河槽内乱石交错,河槽陡峻	1.0
流域内坡面上有中等密度的竹林或树林,坡面多旱地,沟谷有稻田,河床为大卵石间有圆砾	1.0~1.5
坡面有灌木杂草和旱地,河谷中有少量稻田,河槽中等弯曲,河床为砂质或卵石	1.5~2.0
坡面平缓,有少量小树,坡面多为稻田、旱地。河沟较顺直,且为砂质夹有卵石河槽	2.0~2.5
坡面光秃,杂草稀少,多为稻田,有少量旱地,河槽为细砂或明显泥质河槽,河沟顺直	2.5~3.0

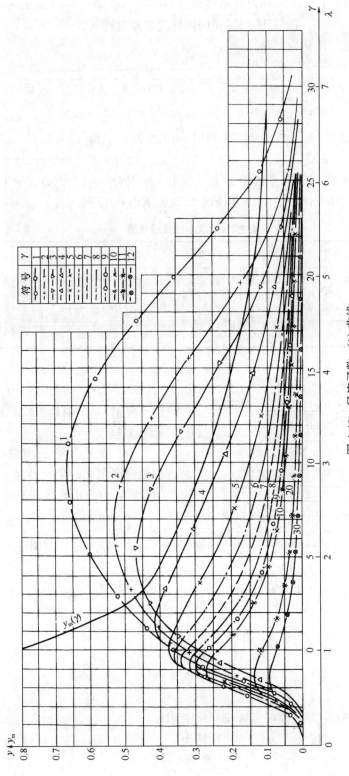

图 4-40 径流函数 $y(\lambda)$ 曲线

注：图内不同 γ 对应的 y_m 值可按图内插。线型编号等于 γ 值，如 9 即为 $\gamma = 9$。

【**例 22**】 某西南地区山洪流域 $F = 43.94\text{km}^2$，$L_3 = 14.63\text{km}$，流域及植被情况从表 4-47 选用 $A_3 = 2.76$，$I_3 = 0.0046$，查所在地区 50a 一遇暴雨 $i_p = 180\text{mm/h}$，流域内属 Ⅱ 类土，前期大雨 $c_1 = 0.9$，欲知 $P = 1\%$ 时的洪峰流量及过程线。

【**解**】 1）参数 τ 计算为：

$$\tau = \frac{L_2^{0.72}}{1.2A_3^{0.6}I_3^{0.21}F^{0.24}i_p^{0.24}} = \frac{14.63^{0.72}}{1.2 \times 2.76^{0.6} \times 0.0046^{0.21} \times 43.94^{0.24} \times 180^{0.24}} = 1.12\text{h}$$

$$\gamma = 0.36i_p^{0.4}\tau = 0.36 \times 180^{0.4} \times 1.12 = 3.22$$

2）洪峰流量 $Q_{2\%}$ 计算：按 $\gamma = 3.22$ 查图 4-40 或表 4-46 得 $y_m = 0.465$，则：

$$Q_{2\%} = 0.278C_1Fi_py_m = 0.278 \times 0.9 \times 43.94 \times 180 \times 0.465 = 920\text{m}^3/\text{s}$$

求 $Q_{1\%}$，查表 4-43 得换算系数为 $1/0.8 = 1.25$，则 $Q_{1\%} = 1.25Q_{2\%} = 1150\text{m}^3/\text{s}$。

3）洪水过程线计算：按表 4-46 相应的 λ、y 值求出 t、Q 列入表 4-48。

$P = 2\%$ 的洪水过程线计算 　　　　　　　　　　　　　　　　　　　　　表 4-48

λ	0.2	0.4	0.6	0.8	1.0	1.2	1.4	1.6	1.8	2.0	2.2	2.4	3.0	4.0	4.5	5.0	6.0	7.0
y	0	0.02	0.08	0.22	0.32	0.37	0.41	0.42	0.43	0.44	0.43	0.42	0.34	0.22	0.14	0.08	0.025	0.005
t	0.23	0.455	0.68	0.91	1.14	1.36	1.59	1.82	2.05	2.27	2.5	2.73	3.41	4.55	5.11	5.68	6.82	7.95
Q	0	39.6	159	435	632	730	815	830	850	870	850	830	673	435	278	159	49.4	9.9

$$t = \lambda\tau = 1.13\lambda$$

$$Q = 0.278C_1Fi_py = 0.278 \times 0.9 \times 43.94 \times 180y = 1979y$$

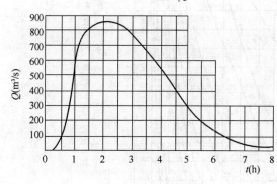

图 4-41 流量过程线

根据 t、Q 值即可绘出流量过程线，见图 4-41。

（5）铁道部第三勘测设计院公式：它是根据东北、华北地区资料分析制定的公式，分为山丘区和平原区：

1）山丘区：

① 当 $i_p = \dfrac{s_p}{t^n}$ 时，用公式（4-161）为：

$$Q_p = \frac{C_2F^{g_0}J_4^{P_0}}{L_4^{P_0}} \cdot \eta \frac{1+\gamma_0}{1-m_0n}$$

$$(4\text{-}161)$$

式中 C_2——参数，可按公式（4-162）计算：

$$C_2 = 16.7\beta_0 \frac{s_p^{\frac{1+\gamma_0}{1-m_0n}}}{A_4^{\frac{(1+\gamma_0)n}{1-m_0n}}}$$

$$(4\text{-}162)$$

β_0、γ_0、m_0、A_4 均为参数，可从表 4-48 查取；

P_0——参数，可按公式（4-163）计算为：

$$P_0 = \frac{N_an(1+\gamma_0)}{1-m_0n}$$

$$(4\text{-}163)$$

参数 N_a 可从表 4-48 查取；

　　g_0——参数，可按公式（4-164）计算为：

$$g_0 = 1 + m_0 \cdot P_0 \tag{4-164}$$

　　L_4——流域长度，从分水岭算起，km，

　　I_4——流域坡度，从分水岭算起，用加权法计算。

其他符号意义同前。

　　② 当 $i_p \dfrac{s_p}{(t+b)^n}$ 时，用公式（4-165）计算为：

$$Q_p = 16.7\beta_0 i_p^{1+\gamma_0} F \tag{4-165}$$

式中　i_p 值可用图解求得，即为 $i_p = \dfrac{ns_p}{(t+b)^n}$ 及 $\tau = A_4 \left(\dfrac{L_4}{I_4 F^{m_0}}\right)^{N_0} \dfrac{1}{i_p^{m_0}}$ 两曲线的交点。其中 τ 为流域汇流时间，其他符号意义同前。

　　2）平原区：流域的大部分面积在平原地区时，设计流量可按下述办法计算，暴雨雨量公式为 $H_p = m'_0 t^{n'_0} \left[用 i_p = \dfrac{S_p}{\tau^n} 时，H_p = S_p t^{(1-n)} = S_p \cdot t^{N'_0} \right]$。

　　① 治理河道（$F > 30\text{km}^2$）：当 $H_p = 1.56^{N'_0} m'_0 F^{0.3} N'_0 > 90\text{mm}$ 时，用公式（4-166）为：

$$Q_p = 0.189 m'^{0.813}_0 \times 1.56^{0.813 N'_0} F^{(0.244 N'_0 + 0.571)} \eta^{0.813} \tag{4-166}$$

　　当 $H_p \leqslant 90\text{mm}$ 时，用公式（4-167）：

$$Q_p = 0.0118 \times 1.56^{1.43 N'_0} m'^{1.43}_0 F(0.429 N'_0 + 0.571)\eta^{1.43} \tag{4-167}$$

　　② 治理低标准的大小河道：

　　$a.$ 当 $H_p = 2.53^{N'_0} m'_0 F^{0.3 N'_0} > 90\text{mm}$ 时，用公式（4-168）为：

$$Q_p = 0.095 m'^{0.813}_0 \times 2.53^{0.813 N'_0} \times F^{(0.244 N'_0 + 0.571)} \eta^{0.813} \tag{4-168}$$

　　$b.$ 当 $H_p \leqslant 90\text{mm}$ 时，用公式（4-169）为：

$$Q_p = 0.00589 \times 2.53^{1.43 N'_0} m'^{1.43}_0 F^{(0.429 N'_0 + 5.71)} \eta^{1.43} \tag{4-169}$$

式中　H_p——设计暴雨雨量，mm；

　　m'_0——参数，可按下式计算为：

$$m'_0 = S_p 60^{1-n}$$

　　N'_0——参数，可按下式计算为：

$$N'_0 = 1 - n$$

其他符号意义同前。

　　【例 23】　华北地区某山洪流域 $F = 9.8\text{km}^2$，$L_4 = 6.7\text{km}$，主河沟坡度 $J_4 = 0.034$，流域内是石山，部分是土质，属土石区。阴坡灌木丛生，阳坡草木低矮，但能保护地表，冲沟少，坡面较完整，斜坡上耕地为主，土壤为黑色，丘陵地区。试计算暴雨径流 $Q_{1\%}$。

　　【解】　根据已知条件，采用土石区 4 类，从表 4-49 查得各参数值为：$A_4 = 10$，$m_0 = 0.25$，$N_0 = 0.30$，$\beta_0 = 0.52$，$\gamma_0 = 0.45$，该地区 $S_{1\%} = 22.1\text{mm/m}$，$n = 0.7$，$\eta = 1$。按公式（4-161）即可求得 $Q_{1\%}$。

参 数 值 表 4-49

土质类别	分类号	参 数					流 域 概 况
		A_4	m_0	N_0	β_0	γ_0	
土质或土石区	1	7	0.25	0.30	1.04	0.45	冲沟多而深（可达数 10m）且宽，遇水易松散的黄土，坡面草木稀疏，耕地大部分为斜坡式，水土流失非常严重
	2	7	0.25	0.30	0.68	0.45	岩石露头，风化严重成粗粒状，占流域面积 30% 以上，沟壑较多（沟深在 10～20m 以内），坡面草木稀，耕地大部分为斜坡式，土质沙性大
	3	7	0.25	0.30	0.52	0.45	流域有下列情况之一，或下列综合情况，用本参数： ① 流域内大部分为斜坡耕地，冲沟不深，地形为丘陵区； ② 岩石露头，风化严重；占流域面积 20%～30% 以内，坡面草木稀疏，沟形为下切式的窄深状态； ③ 第一类流域，在较宽沟道内筑有多级坝式耕地
	4	10	0.25	0.30	0.52	0.45	流域有下列情况之一，或下列综合情况，用本参数： ① 岩石露头，风化轻微，占流域面积 20%～50% 之间，耕地及树、草坡地均有； ② 坡地上虽然草很矮，但能盘根错节，保护地表，坡面上冲沟较少； ③ 黑土丘陵区，大部分为斜坡耕地的流域； ④ 植被差的石山区，其中有 20% 左右风化较严重
	5	12	0.40	0.37	0.32	0.30	流域有下列情况之一，或下列综合情况，用本参数： ① 全流域基本为灌木草丛所被覆； ② 较稀的乔木林与草地相间； ③ 较密的乔木林，与密草丛的流域，但其中有 30% 左右量为斜坡耕地； ④ 冲沟少而较平坦的流域；或冲积扇上与等高线相平行之有埂台地
	6	12	0.40	0.37	0.27	0.30	乔木成林，或草丛高而密（在人高以上），地表有厚腐殖层
	7	17	0.40	0.37	0.22	0.30	腐殖层厚的森林区；或塔头草区；或较好植被之下为松散易入渗之土质
石山区	8	12	0.40	0.37	0.48	0.23	岩石露头，风化轻微，占流域面积 50% 以上，植被较差；或表层土极薄，只能长稀草，下为岩石的石山区
	9	17	0.40	0.37	0.48	0.23	岩石露头，风化轻微，占流域面积 50% 以上，植被较好（夏季在非悬崖部分，大部分能为植物被覆）
梯形	10	7	0.25	0.30	0.40	0	山坡较陡，梯地块小，冲沟切入梯地较多（限于 10km² 以内）
	11	10	0.25	0.30	0.40	0	梯地虽然块小，但层层规整（限于 10km² 以内）
	12	12	0.40	0.37	0.40	0	地势较缓梯地块大，或带地埂的梯地（限于 10km² 以内）

注: 1. 本表使用范围：1～3 类用于 50km² 以内，4～9 类用于 300km² 以内，少雨地区使用范围小一些，多雨地区可大一些；

2. 关于草原与干旱地区，洪峰流量需乘折减系数 0.3～0.6。愈近沙漠干旱区，洪峰流量折减系数愈小；

3. 流域概况介于两类之间，可取两类之平均参数计算，或用两类计算结果的平均值；

4. 流量过程线，涨水历时采用 τ，退水历时：1～4 类及 8～11 类用 3τ；5 类及 12 类用 4.5τ；6 类及 7 类用 5.5τ。

公式（4-161）中各参数计算如下：

$$C_2 = 16.7\beta_0 \frac{S_{1\%}^{\frac{1+\gamma_0}{1-m_0 n}}}{A_4^{\frac{1+\gamma_0}{1-m_0 n}}} = 16.7 \times 0.52 \frac{22.1^{\frac{1+0.45}{1-0.25 \times 0.7}}}{10^{\frac{(1+0.45) \times 0.7}{1-0.25 \times 0.7}}} = 117.2$$

$$P_0 = \frac{N_0 n(1+\gamma_0)}{1-m_0 n} = \frac{0.30 \times 0.7(1+0.45)}{1-0.25 \times 0.7} = 0.369$$

$$g_0 = 1 + m_0 P_0 = 1 + 0.25 \times 0.369 = 1.09$$

将以上参数代入公式（4-161）得：

$$Q_{1\%} = \frac{C_2 F^{g_0} J_4^{P_0}}{L_4^{P_0}} \eta^{\frac{1+\gamma_0}{1-m_0 n}}$$

$$= \frac{117.2 \times 9.8^{1.09} \times 0.034^{0.369}}{6.7^{0.369}}$$

$$= 200 \text{m}^3/\text{s}$$

（6）铁道部第四勘测设计院公式：根据华东、华中地区资料分析制定公式(4-170)为：

$$Q_p = 0.278 A_5 B_5 \frac{R_p}{t_0} F \tag{4-170}$$

式中　R_p——设计净雨深，mm；

t_0——净雨历时，取 6h 或 24h。

若采用径流系数法，则：

$$R_p = C_3 H_p$$

式中　H_p——6h 或 24h 设计暴雨量，mm；

C_3——洪峰径流系数，见表 4-50；

B_5——雨型系数，见表 4-51；

A_5——洪峰削减系数，随 E、D 而变，可从图 4-43 或图 4-44 查取。

C_3 值　　　　表 4-50

土质特征	C_3 值	
	范　围	一般采用
多石山区、黏土	0.85~0.95	0.90
砂黏土	0.75~0.85	0.80
黏砂土	0.65~0.75	0.70

B_5 值　　　　表 4-51

n_2		0.50	0.55	0.60	0.65	0.70	0.75
n_1		0.35~0.45		0.40~0.50			
B_5	6h	4.50	5.08	5.78	6.38	7.02	7.82
	24h	9.00	10.89	13.28	15.71	18.52	22.11

其中 E 为与坡面自然特征及产流条件有关的参数；D 为反映河槽与山坡调蓄能力的参数，可按公式（4-171）、公式（4-172）计算为：

$$E = 27 k_0 J_2^{\frac{1}{2}} \left[\frac{B_5 R_p t_0}{b_0}\right]^{0.5} \tag{4-171}$$

$$D = 0.851 k_A L_1 (B_5 R_p F)^{-\frac{1}{3}} t_0^{-\frac{2}{3}} E \tag{4-172}$$

式中　J_2——流域坡面平均坡度，‰，当 $J_2>300$‰时，用 300；

k_0——植被参数，可从表 4-52 查取。

k_0 值

表 4-52

类型	植 被 情 况	k_0 值	
		范 围	一般采用
I	有较厚的枯枝落叶层的密林（包括竹林、灌木林或乔、灌木、杂草混交深密）植被面积占 80%～90% 以上，有少量水田旱地	0.004～0.007	0.0055
II	杂草中密至稠密，灌木丛间杂疏林，植被面积达 80%～90%，有少量水田与耕地	0.0071～0.0110	0.0095
III	水田与旱地面积约占全流域的 80%，其余为稀疏杂草的荒坡	0.010～0.014	0.0120
IV	杂草、灌木稀疏或土层较薄，部分基岩裸露，虽长有疏林，但林下杂草稀疏	0.012～0.018	0.0160
V	种植旱作物的旱坡地或半干旱地区杂草很稀疏的荒坡	0.019～0.039	0.0250
VI	混凝土水泥浆抹面较光滑	0.09～0.11	0.1000

注：1. k_0 值的选用可视现场实际情况结合一般采用值与变动范围确定；
2. 影响 k_0 值的部位，是靠近地表部分，应根据靠近地表的植被情况选定 k_0 值；
3. 如流域内为综合植被时，可用各类植被的面积加权平均计算 k_0 值；
4. 表中旱地系指种植旱地作物带田埂之梯田，旱坡地系指种植旱地作物之坡耕地。

b_0 ——坡面平均长度，m：

双侧坡： $$b_0 = \frac{1000F}{1.8(L_1 + \Sigma l_i)} \qquad (4\text{-}173)$$

单侧坡： $$b_0 = \frac{1000F}{0.9L_1} \qquad (4\text{-}174)$$

式中 Σl_i ——流域中支叉河沟的总长，km，所取支叉河沟的长度均应大于 $0.4 L_1$。

k_A ——断面系数，按公式（4-175）计算为：

$$k_A = \frac{1}{0.0766} m_1^{-\frac{2}{3}} J_1^{-\frac{1}{3}} \left[\frac{a_0}{(1+a_0^2)^2} \right]^{-\frac{1}{9}} \qquad (4\text{-}175)$$

其中 a_0 值应取高水位时过水全面积 ω 及其最大水深 h_m，按公式（4-176）计算为：

$$a_0 = \left(\frac{2}{3}\omega \right) h_m^{-\frac{4}{3}} \qquad (4\text{-}176)$$

山区河流在缺少有关数据计算 k_A 时，可从图 4-42 中查估。

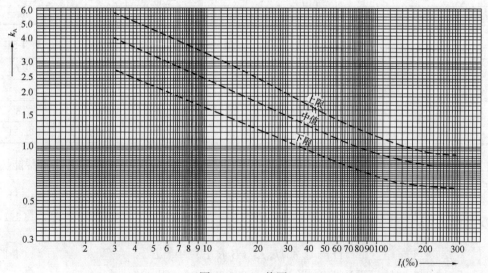

图 4-42 k_A 值图

注：一般情况时选用中间值，当河道不直，流速系数 m_1 值小，或漫滩严重时选用上限值，否则用下限值。

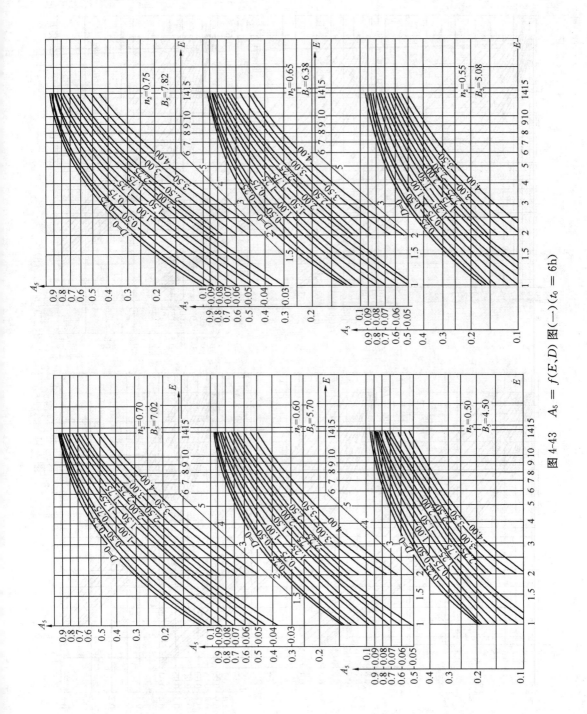

图 4-43　$A_5 = f(E, D)$ 图（一）（$t_0 = 6h$）

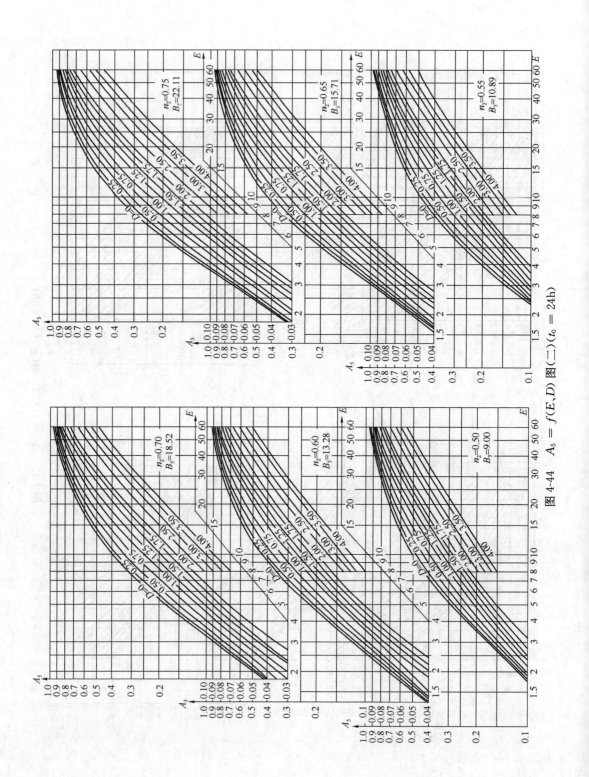

图 4-44 $A_5 = f(E, D)$ 图 (二) ($t_0 = 24\text{h}$)

J_1 为主河槽平均坡度,‰,可按加权法求取。m_1 可从表 4-53 查取。

m_1 值 表 4-53

河床特征	m_1	河床特征	m_1
平坦顺直的河床	30	植物覆盖度占 50% 以下,有少量堵塞物的河床	15
无杂草生长,较为平坦顺直的河床	25		
弯曲或生有杂草的河床	20	植物覆盖度占 75% 以下,有漂石堵塞的河床	10

【**例 24**】 中南某山洪沟 $F = 6.32 \text{km}^2$,$L_1 = 5.15 \text{km}$,主河槽平均坡度 $J_1 = 35‰$,流域坡面平均坡度 $J_2 = 111‰$,流域中支叉河沟的总长 $\Sigma l_i = 2.42 \text{km}$,$a_0 = 5$,$m_1 = 10$,$C_3 = 0.8$,$k_0 = 0.012$,并在水文图集中查得 $n_1 = 0.40$,$n_2 = 0.50$,$H_{24(1\%)} = 355 \text{mm}$。求洪峰流量 $Q_{1\%}$。

【**解**】 当 $t_0 = 24 \text{h}$:

按 $n_1 = 0.40$,$n_2 = 0.50$,查表 4-51 得 $B_5 = 9.00$

$$b_0 = \frac{1000F}{1.8(L_1 + \Sigma l_i)} = \frac{1000 \times 6.32}{1.8 \times (5.15 + 2.42)} = 464 \text{m}$$

$$k_A = \frac{1}{0.0766} m_1^{-\frac{2}{3}} J_1^{-\frac{1}{3}} \left[\frac{a_0}{(1 + a_0^2)^2}\right]^{\frac{1}{9}}$$

$$= \frac{1}{0.0766} \times 10^{-\frac{2}{3}} \times 35^{-\frac{1}{3}} \times \left[\frac{5}{(1 + 5^2)^2}\right]^{\frac{1}{9}}$$

$$= 1.47$$

$$H_{24(1\%)} = 355 \text{mm}$$

$$R_{24(1\%)} = C_3 H_{24(1\%)} = 0.8 \times 355 = 284 \text{mm}$$

$$E = 27 k_0 J^{\frac{1}{2}} \left(\frac{B_5 R_p t_0}{b_0}\right)^{0.5}$$

$$= 27 \times 0.012 \times 111^{\frac{1}{3}} \times \left(\frac{9.0 \times 284 \times 24}{464}\right)^{0.5}$$

$$= 17.9$$

$$D = 0.851 k_A L_1 (B_5 R_p F)^{\frac{1}{3}} t_0^{\frac{2}{3}} E$$

$$= 0.851 \times 1.47 \times 5.15 \times (0.9 \times 284 \times 6.32)^{-\frac{1}{3}} \times 24^{-\frac{2}{3}} \times 17.9$$

$$= 0.55$$

根据 $t_0 = 24 \text{h}$,$E = 17.9$,$D = 0.55$,查图 4-43 得 $A_5 = 0.61$。

所以:

$$Q_{1\%} = 0.278 A_5 B_5 \frac{R_p}{t_0} F$$

$$= 0.278 \times 0.61 \times 9.0 \times \frac{284}{24} \times 6.32 = 114 \text{m}^3/\text{s}$$

(7) 公路科学研究所的简化公式:适用于流域面积小于 30km^2,设计洪峰流量公式 (4-177) 为:

$$Q_{1\%} = \phi (h - Z)^{3/2} F^{4/5} \beta \gamma \delta \qquad (4\text{-}177)$$

式中　ϕ ——地貌系数，根据地形、主河沟的平均坡度，汇水面积范围决定，可按表 4-54 查得；

F ——汇水面积，km^2；

h ——径流深度，mm，由暴雨分区表 4-55、设计频率、土壤的吸水类属表 4-56 以及汇流时间决定，可查表 4-57；

Z ——植物和坑洼滞流的拦蓄厚度，mm，可由表 4-58 查得；

β ——洪峰传播的流量折减系数，可由表 4-59 查得；

γ ——汇水区降雨量不均匀的折减系数，当汇水面积的长度或宽度小于 5km 时，可不予以考虑，大于 5km 时，按表 4-60 选取；

δ ——湖泊所起调节作用的折减系数；或未具调洪库容的小水库所起调节作用的折减系数；或当水库缺乏蓄水调节性能的详细数据，在初步设计时所采用的折减系数，可用表 4-61 所列的概略数值。

若不考虑洪峰削减时，设计洪峰流量公式（4-178）为：

$$Q_{\text{p}} = \phi (h - Z)^{3/2} F^{4/5} (m^3/s) \qquad (4\text{-}178)$$

地貌系数 值　　　　　　　　　　　　　　　　表 4-54

地　形	主河沟平均坡度 I_z（‰）	汇水面积 F 的范围（km^2）		
		$F<10$	$10 \leqslant F<20$	$20 \leqslant F<30$
平　地	1，2	0.05	0.05	0.05
平　原	3，4，6	0.07	0.06	0.06
丘　陵	10，14，20	0.09	0.07	0.06
山　地	27，35，45	0.10	0.09	0.07
山　岭	60～100	0.13	0.11	0.08
	100～200	0.14		
	200～400	0.15	$I_z > 100‰$ 的 ϕ 值，系参考铁路科学研究院资料拟定	
	400～800	0.16		
	800～1200	0.17		

暴雨分区各区范围　　　　　　　　　　　　　　　表 4-55

区　别	分区界线				分区范围
	东	南	西	北	
第 1 区	由海河口起至太行山东麓	黄河	五台山、太行山	燕山山脉	主要是太行山东面山区，包括：河北西北部、河南西北角、山西东部一小部分
第 2 区	黄河	黄河	由海河入海处	起至太行山东麓	华北平原，包括：河北大部分、山东黄河以北、河南黄河以北一小部分
第 3 区	黄河	沂河	运河	黄河、渤海	山东半岛，包括：山东大部、江苏北部一小部分、山东西南角

续表

区 别	分区界线				分区范围
	东	南	西	北	
第4区	黄河	天目山、黄山、大别山、大洪山、荆山	武当山、巫山	沂河、运河、黄河嵩山	淮河流域和长江下游平原，包括：江苏全部、安徽、河南的绝大部分。湖北北部的一小部分、山东西南角
第5区	武夷山	大夷岭和沿广西北部省界山脉	武陵山脉	黄山、大别山、大洪山、荆山	长江流域中游平原，包括：湖南全部、江西湖北一部分、安徽西南角浙江、广西一小部分
第6区	括苍山、戴云山	罗浮山、九连山	武夷山、大夷岭、北江西江分水岭	天目山	东南丘陵区，包括：浙江、福建、广东大部分、江南东南角
第7区	东海、台湾海峡	韩江、九龙江分水岭	指苍山、戴云山	杭州湾	东南丘陵区，包括：浙江、福建一部分
第8区	韩江、九龙江分水岭	南海	国界	罗浮山、九连山、云开山、十万大山	东南丘陵区，包括：广东省一大部分、广西南部一小部分
第9区	北江、西江分水岭	云开大山、十万大山	沿经度106°山脉	沿省界山脉苗岭山脉	东南丘陵区，包括：广西大部分、广东西部一小部分
第10区	武夷山脉	苗岭、国界	沿经度107°山脉大娄山，沿经度104°山脉	大巴山	云贵高原区，包括：贵州全部；陕西、湖北、四川、云南的一部分和广西西北角
第11区	沿经度104°山脉	国界	国界	纬度28°	云贵高原区，包括：云南大部分、四川一小部分
第12区	沿经度107°山脉	大娄山	茶平山、邛崃山、来金山、大相岭	米仓山、摩天岭	四川盆地区，包括：四川一大部分
第13区	大兴安岭、太行山、五台山、五当山、亚山	大巴山	洛河、泾河发源山脉分水岭	长城	黄土高原区，包括：山西大部分，河北、陕西、甘肃的一部分
第14区	大兴安岭	太行山、五台山	贺兰山、六盘山	阴山、锡林浩特国界	北部高原和黄河高原，包括：内蒙大部分，河北、山西、甘肃的小部分

续表

区 别	分区界线				分区范围
	东	南	西	北	
第15区	小兴安岭	大小兴安岭南麓	大兴安岭	国界	黑龙江和内蒙古一部分
第16区	国界	国界龙江山、公主岭、双山、燕山山脉	大兴安岭	国界、大小兴安岭南麓	松花江平原，包括：黑龙江、吉林、辽宁、内蒙古的一部分
第17区	龙江山、公主岭	千山、辽东湾	大兴安岭东麓	双山	运河平原区，包括：辽宁大部分、吉林、内蒙古、河北的一部分
第18区	鸭绿江	西朝鲜湾		龙江山、千山	辽东半岛区，包括：辽宁一部分

注：1. 海南岛地区用第8区暴雨资料，兰州可用第14区的暴雨资料；

2. 新疆、西藏等地区，因形成最大洪水多半为融雪水，不在本分区方案之内；

3. 台湾省尚未分区；

4. 区内山区迎风坡常出现较大暴雨，分区用的降雨量——历时——重现期曲线系代表平均情况，因此在使用时应加注意。这些山区根据现有资料了解有：泰山南面山区、黄山山区、湘西山区、峨眉山山区、邛崃山、腾冲附近、横断山脉、广西西北山区及受台风影响的沿海地区，在这些地区的迎风坡上也常有大暴雨出现。

土壤吸水类属 表 4-56

土壤类别	土 壤 名 称	含砂率（%）
I	无裂缝岩石、沥青面、混凝土面、冻土、重黏土、冰沼土、沼泽土、水稻土	0~5
II	黏土、盐土、碱土、龟裂土、山地草甸土	5~15
III	壤土（砂黏土）、红壤、黄壤、紫色土、灰化土、灰钙土、漠钙土	15~35
IV	黑钙土、黄土性土壤、栗钙土、灰色森林土、棕色森林土（棕壤）、森林棕钙土（褐土）、生草沙壤土、冲机性土壤	35~65
V	沙壤土（黏沙十）、生草的沙	65~85
VI	沙	85~100

常用径流深度 h 值 表 4-57

暴雨分区	土壤类别	重 现 期（a）															
		15				25				50				100			
		汇流时间（min）															
		30	45	60	80	30	45	60	80	30	45	60	80	30	45	60	80
第 I 区	I	38	47	54	62	41	50	56	65	45	56	62	73	48	59	67	78
	II	29	35	39	45	32	38	42	47	36	44	49	55	39	48	53	61
	III	24	29	33	38	27	32	36	41	31	38	42	49	35	42	48	55
	IV	17	21	25	30	20	26	28	32	25	30	34	39	28	33	39	46
	V	11	13	14	16	13	15	16	18	18	20	23	25	19	24	28	32
	VI	2	2	3	5	3	4	5	7	7	9	11	13	9	12	15	20

续表

暴雨分区	土壤类别	重现期（a）															
		15				25				50				100			
		汇流时间（min）															
		30	45	60	80	30	45	60	80	30	45	60	80	30	45	60	80
第2区	I	43	53	61	68	48	58	64	70	51	63	71	79	57	68	77	86
	II	34	42	47	51	38	45	50	54	43	51	57	62	48	57	63	69
	III	28	36	41	45	32	38	42	42	37	45	50	55	43	51	56	61
	IV	22	28	32	34	27	31	35	37	30	38	42	45	36	43	47	51
	V	15	18	18	16	18	21	21	20	22	26	28	28	28	32	34	35
	VI	—	—	—	—	3	—	—		8	9	9	7	12	13	14	15
第3区	I	47	61	70	79	52	66	75	86	56	70	81	93	60	75	85	100
	II	38	48	56	63	43	54	62	70	48	59	67	77	52	63	72	84
	III	32	42	50	55	37	48	56	64	41	52	60	70	46	57	64	75
	IV	28	36	41	46	32	41	47	54	37	46	52	60	41	50	57	67
	V	19	25	27	30	24	31	36	40	28	34	39	44	31	39	45	52
	VI	8	11	13	16	13	17	20	24	15	20	24	30	19	26	32	40
第4区	I	45	57	66	76	52	64	73	84	56	70	83	97	60	78	94	109
	II	38	46	54	63	44	54	61	72	48	62	72	82	52	68	82	95
	III	32	40	47	55	39	50	55	64	43	55	64	75	46	63	77	90
	IV	24	32	38	44	32	40	45	53	35	45	53	64	41	54	66	77
	V	14	20	25	31	20	25	31	37	23	32	40	53	31	40	49	60
	VI	7	10	11	11	12	14	16	18	16	21	25	30	21	28	33	41
第5区	I	40	51	57	66	43	55	63	72	48	60	69	78	56	69	78	89
	II	32	40	46	53	35	44	52	60	40	50	57	65	48	59	68	77
	III	27	35	39	44	30	39	45	52	35	43	50	57	43	52	60	68
	IV	21	27	31	35	24	31	36	42	27	34	41	47	35	44	51	59
	V	11	15	18	20	14	19	23	26	17	23	27	32	24	31	37	42
	VI	3	4	5	6	5	6	7	7	7	9	12	15	12	15	18	22
第6区	I	42	51	58	65	48	57	64	71	52	61	70	79	57	69	78	86
	II	34	40	46	50	40	47	52	57	44	51	59	65	49	60	67	72
	III	30	35	39	43	35	41	46	50	39	46	51	56	43	52	58	64
	IV	21	26	29	31	27	32	35	37	31	36	40	44	36	44	50	54
	V	12	15	15	15	16	19	20	21	22	23	24	27	27	30	33	35
	VI	0	2	2	3	2	3	4	5	5	6	7	9	11	11	12	14
第7区	I	48	59	68	77	54	68	76	85	60	75	86	96	66	83	95	105
	II	40	50	57	64	46	57	64	71	52	66	74	82	59	74	84	94
	III	35	43	49	55	41	51	57	63	47	59	68	74	53	66	76	84
	IV	27	34	39	45	34	41	45	51	30	50	56	61	46	58	65	72
	V	15	19	22	25	21	26	30	35	29	35	41	46	33	40	46	52
	VI	6	7	8	9	9	10	12	13	17	19	20	23	19	24	26	30

续表

暴雨分区	土壤类别	重 现 期（a）															
		15				25				50				100			
		汇流时间（min）															
		30	45	60	80	30	45	60	80	30	45	60	80	30	45	60	80
第8区	I	55	73	85	99	59	77	90	105	65	85	100	116	70	92	110	131
	II	47	62	74	85	52	67	79	92	58	76	89	103	63	82	99	118
	III	43	57	69	80	47	61	72	83	53	69	82	95	58	76	92	110
	IV	35	48	57	67	39	51	61	72	45	59	70	82	49	66	80	96
	V	25	35	43	51	27	36	45	56	34	45	53	63	39	53	65	79
	VI	17	22	27	32	18	25	31	38	24	33	40	49	30	42	51	63
第9区	I	53	63	68	74	58	69	75	81	63	74	80	86	70	80	87	91
	II	46	53	57	61	50	59	62	67	56	64	68	72	63	71	77	82
	III	40	45	49	53	46	53	56	59	51	58	62	66	57	64	69	73
	IV	32	36	39	41	38	42	45	47	43	48	50	53	48	55	56	59
	V	20	22	22	23	26	28	28	28	30	32	33	34	37	40	40	41
	VI	3	4	4	5	6	6	7	9	10	10	11	15	18	19	21	22
第10区	I	40	49	54	60	43	54	60	67	46	57	64	71	52	64	72	79
	II	32	38	43	47	35	43	48	53	38	46	51	57	44	54	60	65
	III	27	32	36	39	30	38	42	46	34	41	46	50	39	48	53	57
	IV	20	24	27	28	24	29	31	33	27	32	35	38	34	40	43	45
	V	10	10	10	10	13	16	16	16	15	19	20	21	21	25	26	27
	VI	—	—	—	—	—	—	—	—	—	—	—	—	4	4	—	—
第11区	I	36	45	53	60	40	50	57	64	43	56	61	68	45	55	64	73
	II	29	36	42	46	31	39	45	50	34	43	49	55	38	48	55	62
	III	23	29	33	36	27	34	38	42	28	36	41	46	32	40	45	51
	IV	16	21	25	27	16	24	28	30	20	26	31	35	25	31	35	41
	V	8	8	8	7	9	15	13	11	12	15	17	19	15	20	23	25
	VI	—	—	—	—	—	—	—	—	—	—	—	—	—	—	—	—
第12区	I	45	53	60	67	48	58	65	72	53	62	70	78	59	71	78	84
	II	38	44	49	53	41	48	53	58	45	52	58	64	51	61	67	73
	III	31	36	41	45	35	41	46	50	41	48	53	57	46	53	58	64
	IV	25	28	31	34	27	32	36	39	33	38	41	44	38	45	49	53
	V	13	15	16	17	15	19	20	21	21	23	25	26	26	30	32	35
	VI	2	2	2	3	2	2	3	4	5	5	6	7	10	10	11	12
第13区	I	32	38	40	44	35	41	44	48	40	47	50	54	46	52	56	61
	II	24	26	26	27	26	29	30	32	31	35	36	37	37	41	42	44
	III	19	20	19	20	21	24	24	24	26	30	30	30	31	35	36	37
	IV	12	11	11	9	14	15	15	14	20	21	20	20	25	26	26	27
	V	—	—	—	—	2	—	—	—	9	6	2	1	16	14	11	6
	VI	—	—	—	—	—	—	—	—	—	—	—	—	—	—	—	—

续表

暴雨分区	土壤类别	重现期（a）															
		15				25				50				100			
		汇流时间（min）															
		30	45	60	80	30	45	60	80	30	45	60	80	30	45	60	80
第14区	I	27	33	33	41	30	36	41	45	34	41	46	50	38	46	52	57
	II	19	23	24	24	21	25	27	27	25	29	35	34	30	35	38	39
	III	15	15	16	16	16	19	20	20	20	23	25	25	24	29	31	32
	IV	3	5	6	4	3	6	8	9	14	16	17	15	17	21	22	22
	V	—	—	—	—	—	—	—	—	6	5	2	1	10	8	3	3
	VI	—	—	—	—	—	—	—	—	—	—	—	—	—	—	—	—
第15区	I	33	41	46	51	37	46	51	56	39	49	57	63	44	54	62	69
	II	25	30	33	35	29	35	37	39	31	39	44	48	36	43	48	52
	III	19	24	26	26	23	29	31	33	25	32	36	39	30	36	41	44
	IV	13	16	18	18	17	20	22	22	19	24	27	29	23	29	33	35
	V	7	—	—	—	10	9	—	—	13	16	14	—	15	19	20	16
	VI																
第16区	I	34	42	47	53	36	45	51	56	41	50	57	63	45	56	64	71
	II	25	30	33	36	28	34	38	41	32	38	43	47	36	44	50	54
	III	20	24	27	29	23	28	31	33	27	33	37	40	31	38	43	47
	IV	15	17	19	19	16	20	22	24	21	26	15	31	25	30	34	37
	V	7	5	—	—	9	10	3	—	13	15	28	13	18	21	21	21
	VI													2	1	—	—
第17区	I	48	58	64	70	52	64	70	76	58	70	78	85	66	79	86	93
	II	39	46	51	54	44	52	56	61	50	59	64	68	58	67	72	76
	III	35	42	44	45	39	45	50	53	44	53	57	60	52	61	66	69
	IV	28	33	34	35	32	37	39	42	32	45	48	50	45	53	56	59
	V	21	22	21	16	24	—	26	29	34	35	32	33	39	44	42	—
	VI	1	1	1	2	6	2	2	2	12	9	6	5	19	19	18	13
第18区	I	44	52	62	69	46	57	66	75	52	64	72	81	57	69	78	87
	II	35	44	49	53	37	46	52	58	43	53	58	64	49	58	64	70
	III	31	38	42	46	32	40	46	51	37	46	52	57	43	52	57	64
	IV	25	30	34	37	28	33	37	41	33	39	43	47	37	45	50	55
	V	16	20	22	21	20	22	23	25	24	28	30	31	28	33	36	39
	VI	6	5	3	3	7	8	8	6	10	12	12	11	16	18	20	21

拦蓄厚度 Z 值　　　　　　　　　　　　　　　　　　　表 4-58

地　面　特　征	Z（mm）
高 1m 以下密草，1.5m 以下幼林，稀灌木丛，根浅茎细的旱田农作物。如麦类	5
高 1m 以上密草，1.5m 以上幼林，灌木丛，根深茎粗的旱田农作物。如高粱、山地水稻田，结合治理，坡面已初步控制者	10

续表

地 面 特 征	Z（mm）
顺坡带埂的梯田 每个 $0.1\sim0.2m^3$，每 $1km^2$ 大于 10^5 个的鱼鳞坑 每米 $0.3m^3$ 左右，每 $1km^2$ 大于 5×10^4m 的水平沟 （后两项在黄土高原水土流失严重地区不考虑）	$10\sim15$
稀林，树冠所遮盖的面积占全面积的百分比（即郁闭度）为 40％ 以下，结合治理，坡面已基本控制者	15
平原水稻田	20
中等稠度林（郁闭度 60％ 左右）	25
水平带埂或斜坡的梯田	$20\sim30$
密林（郁闭度 80％ 以上）	35
阻塞地，青苔泥苔地，洪水时期长有农作物的耕地	$20\sim40$

洪峰传播折减系数 β 值　　　　　　　　表 4-59

汇水面积重心至桥涵的距离 L_0（km）	1	2	3	4	5	6	7	10
平地及丘陵汇水区	1	0.95	0.90	0.85	0.80	0.75	0.70	0.60
山地及山岭汇水区	1	1	1	0.95	0.90	0.85	0.80	0.70

降雨不均匀折减系数 γ 值　　　　　　　　表 4-60

汇水时间 t（min）	季候风气候地区				西北和内蒙古地区			
	汇水面积长度或宽度（km）							
	25	35	50	100	5	10	20	35
30	1.0	0.9	0.8	0.8	0.9	0.8	0.7	0.6
45		1.0	0.9	0.9	1.0	0.9	0.8	0.7
60			1.0	0.9		0.9	0.8	0.7
80				1.0		1.0	0.9	0.8
100							0.9	0.8
150							1.0	0.9
200								1.0

折减系数 δ　　　　　　　　表 4-61

湖泊或水库面积占汇水面积的百分比（％）	湖泊或水库对桥涵的相对位置	
	位于汇水区的下游（近桥涵处）	位于汇水区的上游（远桥涵处）
2	0.9	1.0
4	0.7	0.9
6	0.5	0.8
8	0.4	0.7
10	0.3	0.6

【**例 25**】 山西某小河，$F = 25\text{km}^2$，流域内表土的含砂率为 60%，主河沟坡度 $J = 19\text{‰}$，流域内大部生长密草，高度小于 1m，出口处上游有一湖泊面积为 0.5km^2，流域长度为 10km，流域面积重心至出口距离 $L_0 = 4\text{km}$。求 $Q_{2\%}$。

【**解**】 根据已知条件，从表 4-54 中查得地貌系数 $\psi = 0.06$，由于 $F > 20\text{km}^2$，故汇流时间 $t = 80\text{min}$；从表 4-54、表 4-55 查知，该流域属第 14 区第 IV 类土壤，再依此从表 4-56 中查得 $h = 15\text{mm}$；湖泊面积占流域面积的百分数为 $\dfrac{0.5}{25} \times 100 = 2$，由表 4-61 查得 $\delta = 0.9$，由表 4-60 查得 $\gamma = 1.0$，由表 4-59 查得 $\beta = 0.85$，由表 4-58 查得 $Z = 5\text{mm}$，按公式 (4-177) 计算洪峰量为：

$$\begin{aligned} Q_{2\%} &= \psi(h - Z)^{\frac{3}{2}} F^{\frac{4}{5}} \beta \gamma \delta \\ &= 0.06 \times (15 - 5)^{\frac{3}{2}} \times 25^{\frac{4}{5}} \times 0.85 \times 1.0 \times 0.9 \\ &= 19\text{m}^3/\text{s} \end{aligned}$$

4.3.3 经验公式

经验公式是在缺乏和调查洪水资料时常用的一种简易方法。在一定的地域内，水文、气象和地理条件具有一定的共性，影响洪峰流量的因素和水文参数也往往存在一定的变化规律。我国水利部门按其地区特点划分了若干个分区，分别编制地区的洪水经验公式。按其选用资料的不同，大致可以分成以下三种类型：

(1) 根据当地各种不同大小的流域面积和较长期的实测流量资料，并有一定数量的调查洪水资料时，可对洪峰流量进行频率分析；然后再用某频率的洪峰流量 Q_p 与流域特征作相关分析，制定经验公式，其公式 (4-179) 为：

$$Q_p = C_p F^n \tag{4-179}$$

式中　　F——流域面积，km^2；

　　　　C_p——经验系数（随频率而变）；

　　　　n——经验指数。

本法的精度取决于单站的洪峰流量频率分析成果，要求各站洪峰流量系列具有一定的代表性，以减少频率分析的误差；在地区综合时，则要求各流域具有代表性。它适用于暴雨特性与流域特征比较一致的地区，综合的地区范围不能太大。

湖北、江西、安徽省皖南山区等地采用。

北方地区的山西省临汾市、晋东南、运城地区等，也采用这种类型的经验公式。

(2) 对于实测流量系列较短，暴雨资料相对较长的地区，可以建立洪峰流量 Q_m 与暴雨特征和流域特征的关系，其公式为：

$$\left.\begin{aligned} Q_m &= C H_{24}^\alpha F^n \\ Q_m &= C h_t^\beta F^n J^m \end{aligned}\right\} \tag{4-180}$$

式中　　H_{24}——最大 24h 雨量，mm；

　　　　h_t——时段净雨量，mm；

　　　　α、β——暴雨特征指数；

　　　　n、m——流域特征指数；

　　　　C——综合系数；

　　F——流域面积，km^2；

　　J——河道平均比降，‰。

　　本法考虑了暴雨特征对洪峰流量的影响，因此地区综合的范围可适当放宽。应用时可将某一频率的最大 24h 设计暴雨量或设计时段净雨量代入公式，这样就引进了暴雨与洪水同频率的假定。

　　辽宁、山东、山西省都采用下列类似公式：

　　1）辽宁省采用的经验公式（4-181）：

$$Q_p = K_p \alpha_p Q_c \qquad (4\text{-}181)$$

$$Q_c = K_i \overline{p}_{24} F$$

$$K_i = \frac{0.278}{24^{1-n} 2\tau^n}$$

　　当

$$\tau < 1, n = n_1$$

$$\tau \geqslant 1, n = n_2$$

$$\tau = x \left(\frac{l}{\sqrt{J}} \right)^y$$

式中　　K_p——频率为 p 的年最大 24h 暴雨模比系数；

　　　　α_p——频率为 p 的径流系数；

　　　　Q_c——不因 p 而变的常数流量，m^3/s；

　　　　K_i——地理参数；

　　　　l——河道长度，km；

　　　　J——河道平均坡度，‰；

$n(n_1、n_2)$——短历时暴雨指数；

　　　　τ——流域汇流历时，h；

　　　　$\overline{p}_{24}$——年最大 24h 暴雨均值；

　　　　F——流域面积，km^2；

　　x、y——地区参数。

　　2）山东省采用的经验公式：

　　① 山丘地区：$0.1km^2 < F < 300km^2$，用公式（4-182）为：

$$Q_p = \beta F^{0.732} J^{0.315} P_t^{0.462} R_t^{0.569} \qquad (4\text{-}182)$$

　　② 平原地区：用公式（4-183）为：

$$Q_p = K F^{0.62} P_t^{0.35} R_t^{0.60} \qquad (4\text{-}183)$$

式中　β——系数，一般山丘区为 0.680；

　　P_t——设计频率为 P、历时为 t 的年最大降水深，mm；

　　R_t——由 P_t 产生的净雨深，mm；

　　K——系数。

　　具体计算方法及步骤，参见《山东省水文图集》。

　　3）山西省采用的经验公式：

　　① 临汾地区及晋东南地区：用公式（4-184）为：

$$Q_p = C_1 P_{24P} F^{2/3} \tag{4-184}$$

式中 C_1——地理参数；

P_{24p}——频率为 p 的最大 24h 暴雨量，mm。

② 运城地区：用公式（4-185）为：

$$Q_p = C_{1p} P_{24P} F^{2/3} \tag{4-185}$$

$$C_{1p} = 0.228\alpha U^{2/3} f^{1/3}$$

式中 C_{1p}——频率为 p 的地理参数；

α——洪峰径流系数，一般情况下：石山区 $\alpha=0.85$；土石山区 $\alpha=0.75$；黄土丘陵区 $\alpha=0.65$；

U——集流速度，m/s，按不同地区分别采取：石山区 $v=2.2\sim2.4$m/s；土石山区 $v=1.8\sim2.1$m/s；黄土丘陵区 $v=1.6\sim1.8$m/s；平原坡地区 $v=0.3\sim0.4$m/s；

f——流域形状系数，$f=\dfrac{F}{L^2}$。

（3）有些地区建立洪峰流量均值 $\overline{Q}_m$ 与暴雨特征和流域特征的关系，其公式见式（4-186）及式（4-187）：

$$\overline{Q}_m = CF^n \tag{4-186}$$

$$\overline{Q}_m = C\overline{H}_{24} F^n J^m \tag{4-187}$$

式中 $\overline{H}_{24}$——最大 24h 暴雨均值。

本法只能求出洪峰流量均值，尚需用其他方法统计出洪峰流量参数 C_v、C_s，才能计算出设计洪峰流量 Q_p 值。

宁夏回族自治区采用类似经验公式，见公式（4-188）为：

$$\overline{Q}_m = CF^n \tag{4-188}$$

式中 $\overline{Q}_m$——洪峰流量均值，m^3/s；

C——洪峰模数；

n——指数。

地区经验公式形式繁多，本手册不能一一收集列入。设计者可结合工作查阅各水利、铁道、公路、城建部门有关资料使用。但在使用中应特别注意使用地区与公式制定条件的异同，以避免盲目使用，造成较大的差误。

（4）此外，水利、铁道、公路研究院（所）也根据各自的研究成果制定了如下类似的公式：

1）水利电力科学研究所经验公式：

汇水面积在 100km² 以内，用公式（4-189）为：

$$Q_p = K S_p F^{\frac{2}{3}} \ (m^3/s) \tag{4-189}$$

式中 S_p——暴雨雨力，mm/h，$S_p=(24)^{n-1} H_{24p}$；

F——汇水面积，km²；

K——洪峰流量参数，可查表 4-62。

洪峰流量参数 K 值 表 4-62

汇水区	项 目			
	J（‰）	ψ	v（m/s）	K
石山区	>15	0.80	2.2~2.0	0.60~0.55
丘陵区	>5	0.75	2.0~1.5	0.50~0.40
黄土丘陵区	>5	0.70	2.0~1.5	0.47~0.37
平原坡水区	>1	0.65	1.5~1.0	0.40~0.30

注：1. 参数 K 按简化公式 $K=0.42\psi v^{0.7}$ 计算，其中 ψ 为径流系数，v 为集流流速（m/s）；

2. 当地区有某频率的最大流量模数与面积关系曲线时，应以 $F=1\mathrm{km}^2$ 的最大流量模数代替公式（4-189）中的 K、S_p 值。

径流模数 K 值 表 4-63

重现期（a）	地 区					
	华 北	东 北	东南沿海	西 南	华 中	黄土高原
2	8.1	8.0	11.0	9.0	10.0	5.5
5	13.0	11.5	15.0	12.0	14.0	6.0
10	16.5	13.5	18.0	14.0	17.0	7.5
15	18.0	14.6	19.5	14.5	18.0	7.7
25	19.5	15.8	22.0	16.0	19.6	8.5

面积参数 n 值 表 4-64

地 区	华 北	东 北	东南沿海	西 南	华 中	黄土高原
n	0.75	0.85	0.75	0.85	0.75	0.80

2）公路科学研究所经验公式：

汇水面积小于 $10\mathrm{km}^2$，用公式（4-190）为：

$$Q_\mathrm{p} = KF^n \ (\mathrm{m^3/s}) \tag{4-190}$$

式中 K——径流模数，按表 4-63 采用；

n——面积参数，当 $F<1\mathrm{km}^2$ 时，$n=1$；当 $1\mathrm{km}^2<F<10\mathrm{km}^2$ 时，按表 4-64 采用。

当有降雨资料时，可用公式（4-191）为：

$$Q_\mathrm{p} = CSF^{\frac{2}{3}} \ (\mathrm{m^3/s}) \tag{4-191}$$

式中 C——系数，按地貌确定：石山区 $C=0.60\sim0.55$；丘陵区 $C=0.50\sim0.40$；黄土丘陵区 $C=0.47\sim0.37$；平原区 $C=0.40\sim0.30$；

S——相应于设计频率的 1h 降雨量，mm，可自当地雨量站取得；

F——汇水面积，km^2。

当 $F<3\mathrm{km}^2$ 时，也可按公式（4-192）计算为：

$$Q_\mathrm{p} = CSF \tag{4-192}$$

3）铁道科学研究院经验公式：

汇水面积在 $30\mathrm{km}^2$ 以内，有两个公式如下：

① 不考虑削减因素的设计洪峰流量公式（4-193）为：

$$Q_p = C_1 C_2 C_3 C_4 Q_1 F^n \tag{4-193}$$

式中　Q_p——洪水径流模量，$m^3/(s \cdot km^2)$，按汇水面积 $F=1km^2$，主河槽的平均坡度 J 为 20‰，第Ⅲ类土壤，洪水河槽断面边坡坡度 $\alpha=5$，以及各地点 100a 一遇的暴雨最大流量，由当地暴雨等值线图查得；

　　C_1——不同洪水频率的流量换算系数，见表 4-65；

　　C_2——土壤类别的校正系数，见表 4-66；

　　F——流域面积，km^2；

　　C_3——主河槽平均坡度，J 的校正系数，见表 4-67；

　　C_4——洪水河槽断面边坡系数 m 的校正系数，见表 4-68；

　　n——面积参数，随 Q_1 值而异，见表 4-69。

C_1　值　　　　　　表 4-65

重现期（a）	C_1	重现期（a）	C_1
10	0.3	50	0.8
20	0.5	100	1.0
25	0.6	300	1.25

C_2　值　　　　　　表 4-66

土壤类别	C_2	土壤类别	C_2
Ⅰ	1.30	Ⅳ	0.86
Ⅱ	1.08	Ⅴ	0.57
Ⅲ	1.00	Ⅵ	0.32

C_3　值　　　　　　表 4-67

坡度 J（‰）	C_3	坡度 J（‰）	C_3
1	0.67	85	1.2
1.5	0.7	140	1.3
4	0.8	270	1.4
9	0.9	400	1.5
20	1.0	750	1.6
40	1.1	1100	1.7

C_4　值　　　　　　表 4-68

边坡系数 m	C_4	侧坡平均坡度(‰)	边坡系数 m	C_4	侧坡平均坡度(‰)
0.1	0.9		100	0.6	8～12
0.2	1.0		150	0.5	4～8
0.5	1.1		1000	0.4	1～4
1	1.2	400～600			
2	1.1	280～400			
5	1.0	140～280			
8	0.9	70～140			
15	0.8	25～70			
50	0.7	12～25			

m 如图所示

面 积 参 数 *n*   表 4-69

Q_1	n	Q_1	n
$\geqslant 20$	0.86	<10	0.78
$20 > Q_1 \geqslant 10$	0.82		

② 考虑削减因素的设计洪峰流量公式（4-194）为：

$$Q_p = C_1 C_2 C_3 C_4 Q_1 F^n \delta \lambda \tag{4-194}$$

式中 λ——考虑森林影响的折减系数；

$$\lambda = 1 - \phi \lg \left(1 - \frac{F_d}{F} \right)$$

ϕ——考虑森林滞留及森林植被下土壤渗透能力增大的系数，其值均在 $0.25 \sim 0.45$ 之间，以 0.25 较为安全；

F——流域面积，km^2；

F_d——森林所占的面积，km^2；

δ——湖泊或小水库调节作用的折减系数，按下式计算，亦可由表 4-70 查得；

$$\delta = 1 - (1 - K_K) \frac{F_K}{F}$$

F_K——湖泊或小水库控制的汇水面积，km^2；

K_K——湖泊或小水库的洪峰调节系数，等于入流量与出流量之比，一般在 $0.7 \sim 0.9$ 之间，无资料时，可采用 $K_K = 0.80$。

用经验公式计算设计洪峰流量时，还可参考附录 11 全国分区经验公式成果表。

折 减 系 数 δ 值   表 4-70

F_K/F（%）	2	4	6	8	10	15	20	30	40	50
δ	1.0	0.99	0.99	0.98	0.98	0.97	0.96	0.94	0.92	0.90

4.3.4 地区综合法

该方法主要应用在无资料地区。它是利用设计流域与各参证站流域的自然地理、气象因素基本一致或相似条件，运用相关原理，建立洪峰（洪量）与汇水面积关系，在双对数格纸上点绘关系线。这样，只要知道工程点以上汇水面积，即可查得设计值。同样亦可建立各时段的变差系数与汇水面积的关系线，通过各地区的统计经验值以确定偏态系数；有了以上参数

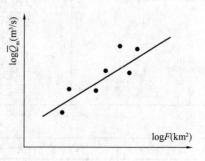

图 4-45 $\log \overline{Q}_m \sim \log F$ 示意

值（$\overline{Q}$、$\overline{W}$、C_v、C_s），即可通过雷布京表求得设计所需的各种频率设计值。上述关系线图形见图 4-45～图 4-47。

在确定各时段的关系时，各线之坡度应符合以下规律：$n_{max} < n_1 < n_3 < n_7$，即时段越长，其坡度越大，但 n 不得大于 1。

另一种方法是各站各时段采用直线点绘各种设计频率值与汇水面积关系，如下图 4-48 所示。

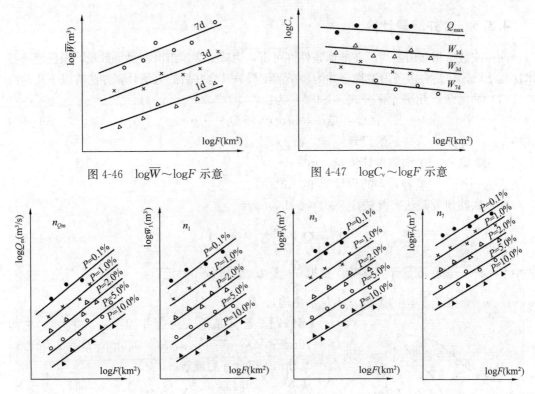

图 4-46 $\log \overline{W} \sim \log F$ 示意   图 4-47 $\log C_v \sim \log F$ 示意

图 4-48 $\log \overline{Q}_{\max} \sim \log F$ 、$\log \overline{W}_1 \sim \log F$、$\log \overline{W}_3 \sim \log F$、$\log \overline{W}_7 \sim \log F$ 示意

该法在全国各省水利部门均有采用，并被洪水计算设计规范列为一种计算洪水的方法。设计者在使用时，可收集当地水文资料，进行统计分析对比，运用得当，简单方便，其设计精度完全能满足中、小流域各设计阶段的要求。

【例 26】 某工程点以上集水面积 429km²，求设计频率 $P=1\%$ 的洪水值。

【解】 根据地区综合线推得各时段的均值及变差系数，其经验公式如下：

$$Q = 0.03F^{0.7}, \quad W_1 = 0.00057F^{0.82}$$

$$W_3 = 0.001F^{0.85}, \quad W_7 = 0.0128F^{0.88}$$

$$C_{V_Q} = \frac{1.51}{F0.001}, \quad C_{V_{W_1}} = \frac{1.288}{F0.005}$$

$$C_{V_{W_3}} = \frac{1.465}{F0.004}, \quad C_{V_{W_7}} = \frac{1.557}{F0.05}$$

偏态系数 C_5 均采用 $C_5/C_v = 2.5$

通过以上公式推得设计值见表 4-71。

各设计值推算   表 4-71

	均 值	C_v	C_s/C_v	$P=1\%$
Q	141m³/s	1.5	2.5	1050m³/s
W_1	0.082×10^8m³	1.25	2.5	0.502×10^8m³
W_3	0.173×10^8m³	1.15	2.5	0.969×10^8m³
W_7	0.265×10^8m³	1.05	2.5	1.283×10^8m³

4.3.5 合并流量计算

两条或数条相邻山洪沟，在地形条件许可下，为减少穿越市区泄洪渠数量，根据经济技术比较结果，往往将多条山洪沟合并为一条泄洪渠。其合并后的流量计算办法有以下几种：

(1) 简易法：此法计算公式（4-195）为：

$$Q_p = Q_0 + 0.75(Q_1 + Q_2 + \cdots\cdots) \tag{4-195}$$

式中 Q_p——合并后的设计流量，m^3/s；

Q_0——主沟的设计流量，m^3/s；

Q_1、Q_2……——被合并沟的设计流量，m^3/s。

(2) 铁路研究院法：此法用公式（4-196）为：

$$Q_p = Q_0 \left(\sum_{i=1}^{n} K_i - n + 1 \right) \tag{4-196}$$

式中 K_i——合并流量计算参数，根据 $\dfrac{Q_i}{Q_0}$ 及 L_i 查表 4-71 确定；

n——被合并沟的个数（不包括主沟）。

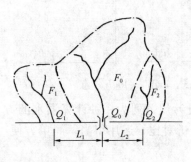

图 4-49 三沟合并示意

【例 27】 已知某地三沟合并如图 4-49 所示。主沟 $Q_0 = 10 m^3/s$，$Q_1 = 5.5 m^3/s$，$L_1 = 0.5 km$；$Q_2 = 2.0 m^3/s$，$L_2 = 0.2 km$。求合并后流量。

从表 4-72 当 $L_1 = 0.5$，及 $Q_1/Q_2 = 0.5$ 时，查得 $K_1 = 1.30$；又当 $Q_1/Q_2 = 0.60$ 时，查得 $K_1 = 1.38$，故当 $Q_1/Q_2 = 0.55$ 时，比例求得 $K_1 = 1.34$，同法求得 $K_2 = 1.14$，故合并流量为：

$$Q_p = Q_0 \left(\sum_{i=1}^{n} K_i - n + 1 \right) = 10(1.34 + 1.14 - 2 + 1)$$
$$= 14.8 m^3/s$$

流量合并计算系数 K_i 值　　　　　　　　　　**表 4-72**

Q_0 (m^3/s)	L_i (km)	Q_i/Q_0										
		0.1	0.2	0.3	0.4	0.5	0.6	0.8	1.0	1.2	1.5	2.0
1.0	0	1.02	1.10	1.20	1.30	1.41	1.53	1.76	2.00	2.16	2.41	2.83
	0.2	1.00	1.01	1.04	1.07	1.11	1.14	1.27	1.43	1.60	1.85	2.27
	0.3		1.00	1.00	1.00	1.00	1.00	1.02	1.17	1.34	1.59	2.02
	0.4							1.00	1.00	1.09	1.34	1.77
	0.5									1.00	1.09	1.52
	0.6										1.03	1.45
	1.0										1.00	1.22
2.0	0	1.02	1.10	1.20	1.30	1.41	1.53	1.76	2.00	2.16	2.41	2.83
	0.2	1.03	1.09	1.15	1.20	1.25	1.32	1.43	1.64	1.80	2.00	2.49
	0.3	1.00	1.02	1.05	1.09	1.13	1.16	1.30	1.47	1.63	1.88	2.31
	0.4		1.00	1.00	1.01	1.03	1.06	1.13	1.30	1.47	1.72	2.14
	0.5				1.00	1.00	1.00	1.00	1.13	1.30	1.56	1.97
	0.6							1.00	1.00	1.14	1.40	1.82
	1.0									1.00	1.01	1.44

续表

Q_0 (m³/s)	L_i (km)	Q_i/Q_0										
		0.1	0.2	0.3	0.4	0.5	0.6	0.8	1.0	1.2	1.5	2.0
5.0	0	1.02	1.10	1.20	1.30	1.41	1.53	1.76	2.00	2.16	2.41	2.83
	0.2	1.00	1.15	1.25	1.34	1.41	1.47	1.64	1.80	1.96	2.11	2.63
	0.3	1.05	1.12	1.19	1.25	1.31	1.38	1.57	1.70	1.86	2.01	2.54
	0.4	1.03	1.08	1.15	1.18	1.22	1.29	1.44	1.61	1.73	1.92	2.44
	0.5	1.01	1.04	1.08	1.12	1.16	1.20	1.28	1.51	1.68	1.83	2.35
	0.6	1.00	1.01	1.04	1.07	1.10	1.14	1.26	1.42	1.58	1.74	2.25
	1.0		1.00	1.00	1.00	1.00	1.00	1.00	1.06	1.23	1.46	1.88
10.0	0	1.02	1.10	1.20	1.30	1.41	1.53	1.76	2.00	2.16	2.41	2.83
	0.2	1.05	1.14	1.23	1.34	1.45	1.57	1.72	1.88	2.04	2.29	2.71
	0.3	1.06	1.15	1.25	1.35	1.42	1.50	1.65	1.81	1.98	2.24	2.65
	0.4	1.07	1.15	1.21	1.29	1.36	1.44	1.59	1.75	1.92	2.17	2.53
	0.5	1.05	1.11	1.19	1.24	1.30	1.38	1.53	1.69	1.86	2.11	2.51
	0.6	1.03	1.08	1.14	1.20	1.25	1.31	1.48	1.63	1.80	2.05	2.47
	1.0	1.00	1.01	1.03	1.05	1.09	1.12	1.23	1.40	1.58	1.81	2.24
15.0	0	1.02	1.10	1.20	1.30	1.41	1.53	1.76	2.00	2.16	2.41	2.83
	0.2	1.04	1.13	1.23	1.33	1.41	1.56	1.74	1.90	2.06	2.30	2.74
	0.4	1.06	1.14	1.25	1.35	1.39	1.48	1.64	1.80	1.96	2.21	2.62
	0.6	1.06	1.13	1.20	1.26	1.30	1.40	1.54	1.71	1.87	2.12	2.53
	1.0	1.01	1.05	1.08	1.12	1.17	1.21	1.36	1.53	1.69	1.93	2.37
20.0	0	1.02	1.10	1.20	1.30	1.41	1.53	1.76	2.00	2.16	2.41	2.83
	0.2	1.04	1.12	1.23	1.33	1.44	1.55	1.76	1.91	2.06	2.33	2.75
	0.4	1.06	1.14	1.25	1.35	1.45	1.52	1.68	1.84	1.98	2.24	2.68
	0.6	1.06	1.15	1.23	1.30	1.37	1.44	1.60	1.76	1.90	2.16	2.60
	1.0	1.04	1.11	1.13	1.18	1.23	1.29	1.44	1.62	1.75	2.05	2.45
30.0	0	1.02	1.10	1.20	1.30	1.41	1.53	1.76	2.00	2.16	2.41	2.83
	0.2	1.04	1.12	1.22	1.33	1.43	1.55	1.78	1.94	2.10	2.35	2.78
	0.4	1.05	1.14	1.24	1.35	1.45	1.57	1.73	1.88	2.04	2.29	2.71
	0.6	1.06	1.15	1.25	1.36	1.46	1.51	1.67	1.82	1.98	2.23	2.66
	1.0	1.05	1.12	1.19	1.26	1.31	1.39	1.53	1.71	1.86	2.12	2.54
50.0	0	1.02	1.10	1.20	1.30	1.41	1.53	1.76	2.00	2.16	2.41	2.83
	0.2	1.04	1.12	1.22	1.32	1.42	1.54	1.78	1.96	2.12	2.37	2.80
	0.4	1.05	1.13	1.23	1.33	1.44	1.56	1.75	1.92	2.07	2.32	2.75
	0.6	1.06	1.14	1.24	1.34	1.45	1.56	1.71	1.87	2.03	2.28	2.71
	1.0	1.07	1.16	1.26	1.33	1.44	1.47	1.63	1.78	1.95	2.20	2.62
100	0	1.02	1.10	1.20	1.30	1.41	1.53	1.76	2.00	2.16	2.41	2.83
	0.2	1.03	1.11	1.21	1.32	1.42	1.54	1.77	1.97	2.13	2.38	2.81
	0.4	1.04	1.12	1.22	1.32	1.43	1.54	1.78	1.94	2.10	2.35	2.78
	0.6	1.05	1.13	1.23	1.33	1.44	1.55	1.76	1.92	2.08	2.37	2.75
	1.0	1.06	1.14	1.22	1.35	1.46	1.55	1.70	1.86	2.02	2.28	2.70

(3) 过程线叠加法：用过程线叠加是比较合理的，但要取得过程线一般比较困难。为安全计可以用同频率相加；如有实测资料或经过实地调查，可考虑错峰叠加；也可通过汇流分析计算，根据各沟洪峰到达时间的先后间隔，考虑错峰的可能进行过程线叠加。采用时主要根据当地水文气象与流域条件进行综合考虑决定。

4.3.6 设计洪水总量及设计洪水过程线

(1) 设计洪水总量：一次洪水总量可由公式（4-197）计算：

$$W = 1000 h_R F \tag{4-197}$$

式中 W ——一次洪水总量，m³；

h_R——一次净雨量，mm；

F——流域面积，km^2。

若用推理公式计算设计洪峰时，则洪水总量可按公式（4-198）计算：

$$W = 1000nSF \left[(1-n) \frac{S}{\mu} \right]^{\frac{1-n}{n}} \tag{4-198}$$

式中　n——暴雨衰减指数；

S——雨力，mm/h；

μ——流域平均损失率，按公式（4-134）计算。

（2）设计洪水过程线

小流域的设计洪水过程线，一般是根据概化过程线放大而得。常见的概化过程线有：三角形、曲线形及高峰三角形三种，如图 4-50 所示。已知设计洪峰流量和设计洪水总量，即可转换成设计洪水过程线。

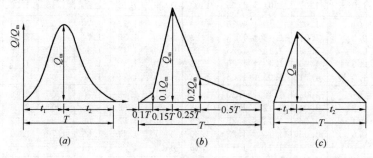

图 4-50　概化过程线

（a）曲线形；（b）高峰三角形；（c）三角形

洪水总历时 T 及涨洪历时 t_1 的计算方法，随概化过程线的形状不同而异，对于三角形概化过程线，T 的计算公式（4-199）～公式（4-202）为：

$$T = \frac{2W_p}{Q_p} \tag{4-199}$$

$$t_1 = \frac{T}{1+\gamma} \tag{4-200}$$

$$t_2 = T - t_1 \tag{4-201}$$

$$\gamma = \frac{t_2}{t_1} \tag{4-202}$$

γ 值与洪峰出现时间有关，一般山区河流洪水的 γ 值大一些；丘陵区河流洪水的 γ 值小一些，具体数值需由实测资料分析确定。小流域汇流历时接近上涨历时，也可采用 $t_1 = \tau$。曲线型概化过程线，T 的计算公式（4-203）为：

$$T = C \frac{W_p}{Q_p} \tag{4-203}$$

式中　C——反映过程线特性的参数；

W_p——设计频率的洪水总量；

Q_p——设计频率的洪峰流量。

具体计算中，需给出分区相对模型的形式，并给出参数 C。然后将模型纵坐标乘以

Q_p，横坐标乘以 T，即得设计洪水过程线。

概化多峰形过程线，是根据一定的设计暴雨时程分配，换算成多峰三角形洪水过程，一般认为一段均匀的降雨，产生一个单元三角形洪水过程线。这个三角形的面积，等于该段降雨所产生的洪量。三角形的底长，相当于过程线的总历时，等于该段降雨的产流历时与汇流历时之和。最大流量则相当于三角形的顶点。将每一时段净雨所形成的单元洪水过程线，与主雨峰形成的洪水过程线，依时序叠加，即得概化高峰三角形洪水过程线。

4.4　全国中小流域设计洪水（洪峰流量）计算成果汇总

据《水利水电工程设计洪水计算手册》一书介绍，自 20 世纪 70 年代末至 80 年代初，在暴雨洪水分析计算工作协调小组办公室的组织领导下，全国有 27 个省、市、自治区开展了编制暴雨径流查算图表的工作。该项全国性的工作，总共采用了约 1500 个流域，分析了 23000 次暴雨洪水资料。模型参数的确定尽可能地考虑设计条件，且各地的设计洪水成果在边界地区得到了协调，在各省、市、区内部得到了平衡，并对成果的合理性进行了充分论证，从而保证了成果的精度与实用性。原水利电力部已将这项成果批准，作为山丘区 $1000 km^2$ 面积以下水利水电工程推算设计洪水的参考。现将成果列后，供参阅。

（1）全国各省（市、自治区）设计流量 $Q_m \sim F$ 外包线：采用直接法（流量频率计算）与间接法（由暴雨推算洪水）计算不同大小实际流域的百年一遇（1%）与万年一遇（0.01%）相应的设计洪峰流量，然后绘制 $Q_m \sim F$ 关系，并求得外包线（见图 4-51～图 4-77）。同时根据上述 $Q_m \sim F$ 外包线，查得有关省（市、区）不同面积的设计洪峰流量值，列入表 4-73。

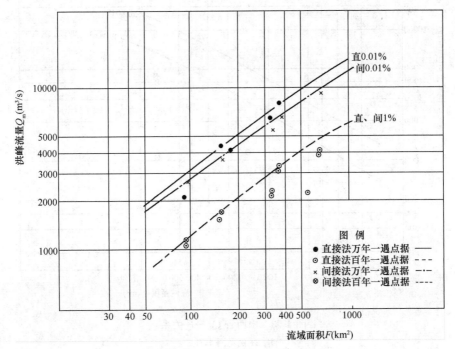

图 4-51　北京市 $Q_m \sim F$ 关系

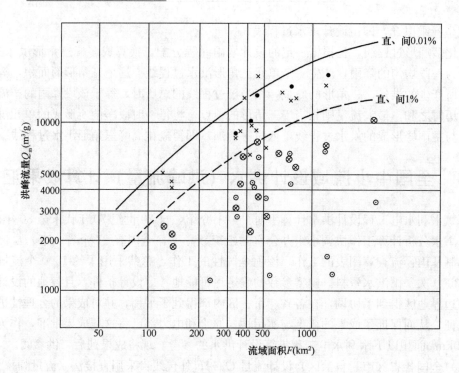

图 4-52 河北省 $Q_m \sim F$ 关系

注：图例见图 4-51。

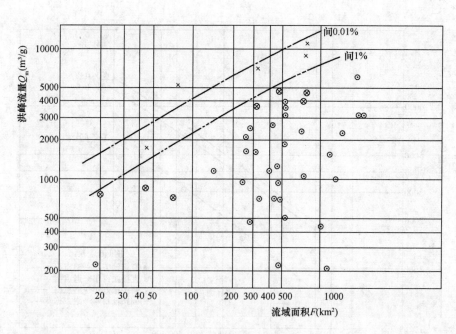

图 4-53 山西省 $Q_m \sim F$ 关系

注：图例见图 4-51。

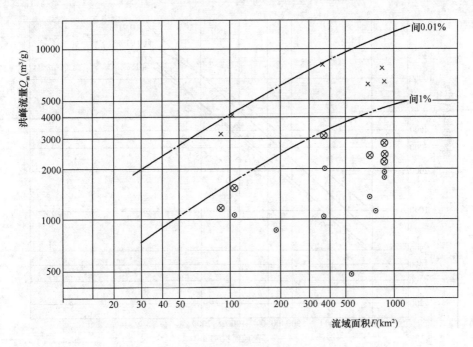

图 4-54 内蒙古自治区 $Q_m \sim F$ 关系

注：图例见图 4-51。

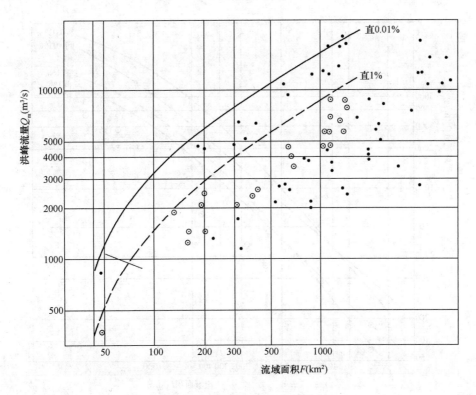

图 4-55 辽宁省 $Q_m \sim F$ 关系

注：图例见图 4-51。

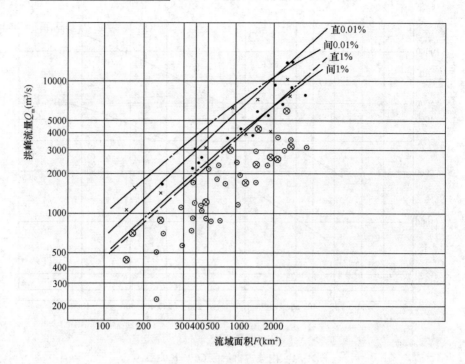

图 4-56 吉林省 $Q_m \sim F$ 关系

注：图例见图 4-51。

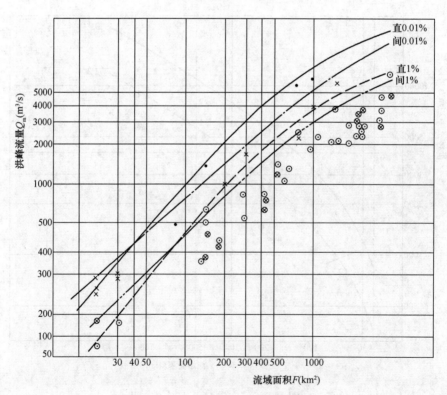

图 4-57 黑龙江省 $Q_m \sim F$ 关系

注：图例见图 4-51。

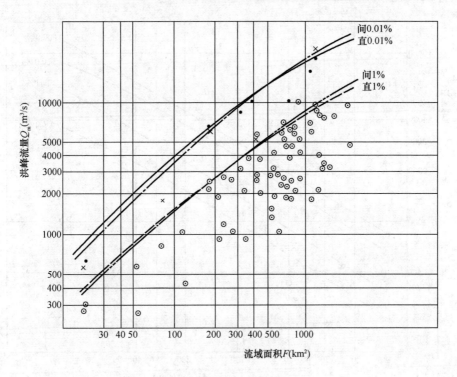

图 4-58 陕西省 $Q_m \sim F$ 关系

注：图例见图 4-51。

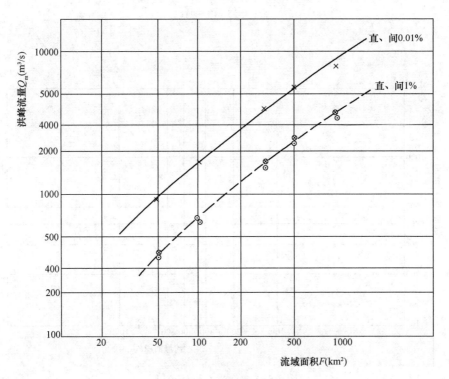

图 4-59 甘肃省 $Q_m \sim F$ 关系

注：图例见图 4-51。

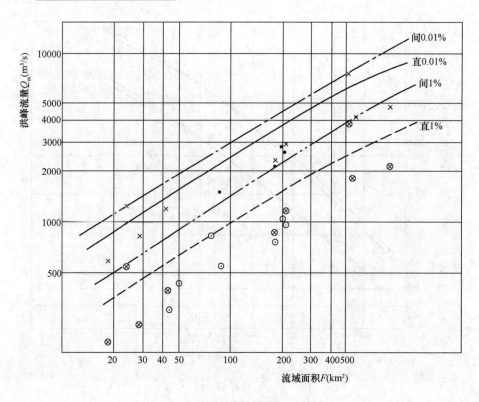

图 4-60 宁夏回族自治区 $Q_m \sim F$ 关系

注：图例见图 4-51。

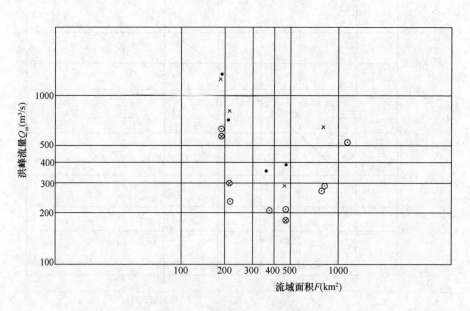

图 4-61 青海省 $Q_m \sim F$ 关系

注：图例见图 4-51。

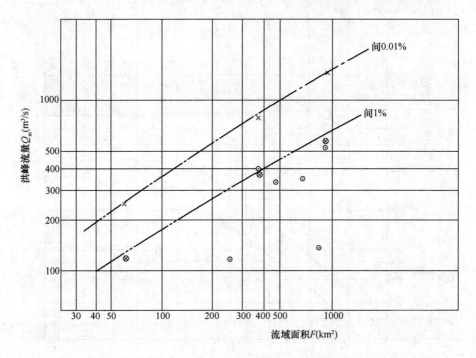

图 4-62　新疆维吾尔自治区 $Q_m \sim F$ 关系

注：图例见图 4-51。

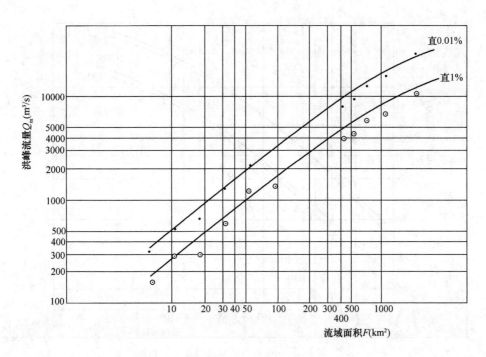

图 4-63　山东省（泰沂山南区）$Q_m \sim F$ 关系

注：图例见图 4-51。

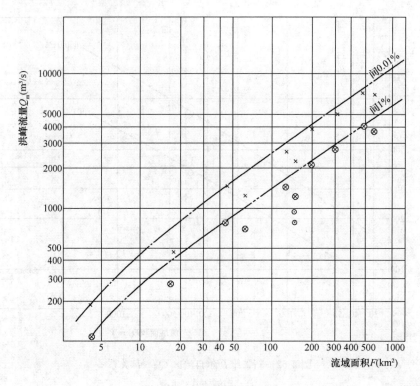

图 4-64 江苏省 $Q_m \sim F$ 关系

注：图例见图 4-51。

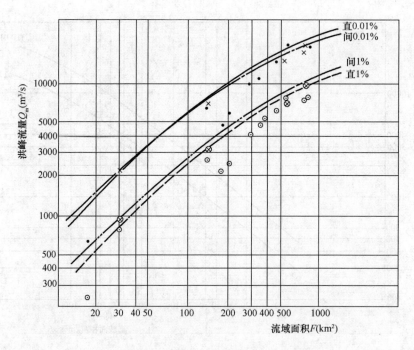

图 4-65 安徽省(江淮地区)$Q_m \sim F$ 关系

注：图例见图 4-51。

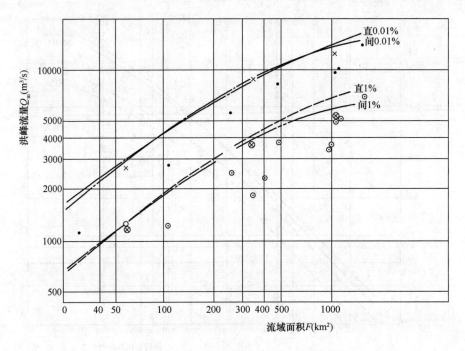

图 4-66 安徽省(皖南地区)$Q_m \sim F$ 关系

注：图例见图 4-51。

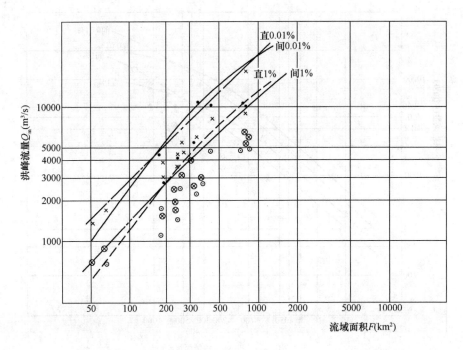

图 4-67 浙江省 $Q_m \sim F$ 关系

注：图例见图 4-51。

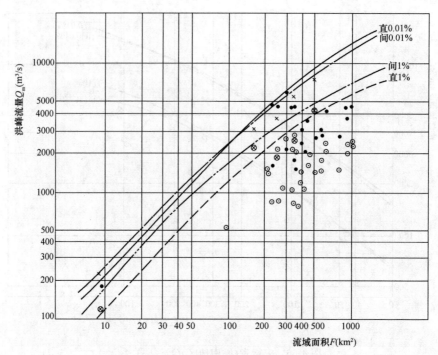

图 4-68 江西省 $Q_m \sim F$ 关系

注：图例见图 4-51。

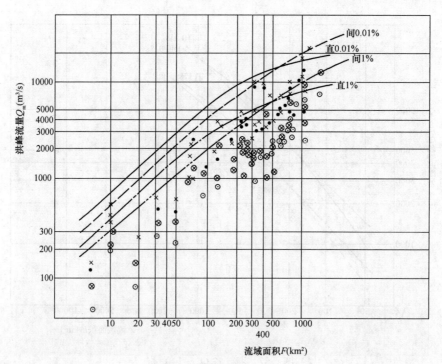

图 4-69 福建省 $Q_m \sim F$ 关系

注：图例见图 4-51。

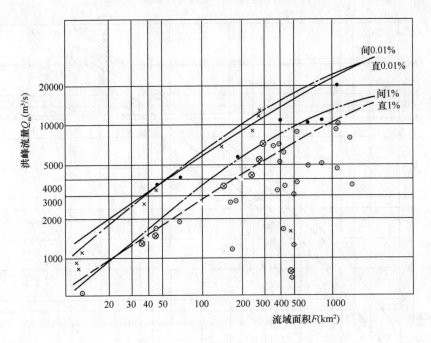

图 4-70　河南省 $Q_m \sim F$ 关系

注：图例见图 4-51。

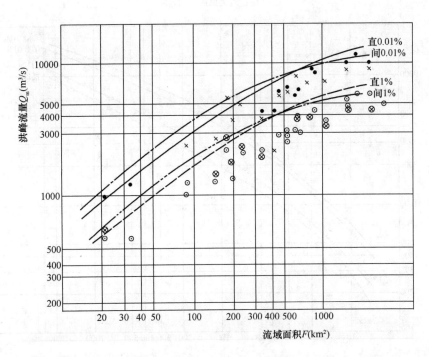

图 4-71　湖北省 $Q_m \sim F$ 关系

注：图例见图 4-51。

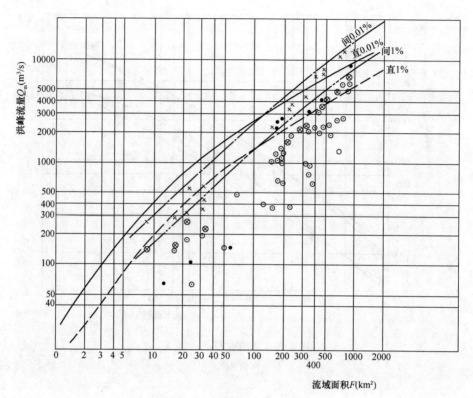

图 4-72 湖南省 $Q_m \sim F$ 关系

注：图例见图 4-51。

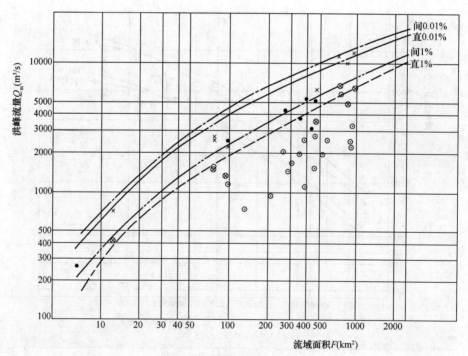

图 4-73 广东省 $Q_m \sim F$ 关系

注：图例见图 4-51。

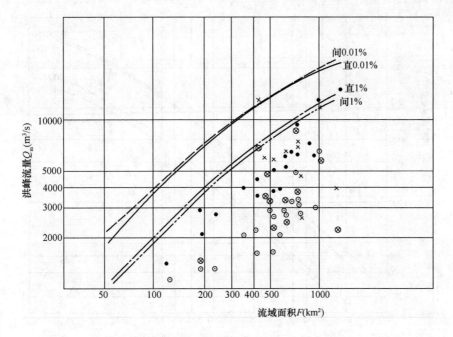

图 4-74 广西壮族自治区 $Q_m \sim F$ 关系

注：图例见图 4-51。

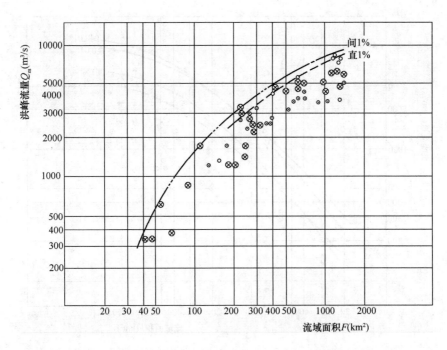

图 4-75 四川省 $Q_m \sim F$ 关系

注：图例见图 4-51。

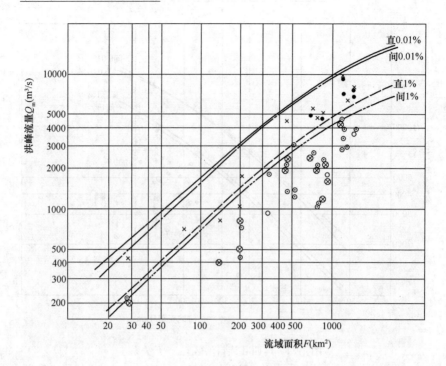

图 4-76 贵州省 $Q_m \sim F$ 关系

注：图例见图 4-51。

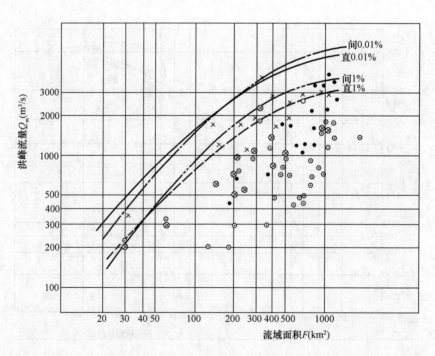

图 4-77 云南省 $Q_m \sim F$ 关系

注：图例见图 4-51。

全国各省设计流量 Q_m～F 外包线

表 4-73

省（市、区）名	频率法 P=0.01% 面积（km²）					频率法 P=1% 面积（km²）					间接法 P=0.01% 面积（km²）					间接法 P=1% 面积（km²）				
	50	100	300	500	1000	50	100	300	500	1000	50	100	300	500	1000	50	100	300	500	1000
北京	1900	3200	6800	9700	15000	740	1250	2850	4000	6000	1700	2800	5800	8200	12500	740	1250	2850	4000	6000
河北	2300	4600	11000	15500	22000	1200	2400	5700	8000	11000	2300	4600	11000	15500	22000	1200	2400	5700	8000	11000
山西											2800	4100	7500	9800	12800	1500	2200	4100	5300	7200
内蒙											2650	4000	7400	9600	12500	1000	1600	2900	3600	4700
辽宁	1900	3100	6800	9900	16000	930	1500	3300	4800	8000	1700	2800	8600	10300	19000	820	1400	4200	5500	10200
吉林	460	680	1850	3000	5600	190	480	1250	1950	3600		1000	2550	3900	6700		510	1350	2100	3700
黑龙江	2000	970	2900	4600	7500	860	430	1350	2200	3600	430	790	2000	3000	5000	220	430	1150	1750	2900
陕西	1000	3700	8700	12500	19000	380	1550	3500	5000	7800	1800	3300	8700	13000	20000	800	1450	3500	5200	8400
甘肃	1500	1650	3800	5400	8800	640	620	1500	2300	3600	900	1650	4000	5500	8000	370	700	1700	2500	3800
宁夏	1900	2300	4400	5800	8000	1000	970	1800	2400	3300	1900	2900	5300	7000	10000	900	1400	2700	3700	5400
新疆											220	360	730	1000	1500	115	175	340	460	670
山东	1900	3300	7500	10600	16500	1000	1700	3900	5500	8400	1600	2600	5500	8000	12500	880	1400	2900	4100	6400
江苏											3400	5800	12000	16000	20500	1500	2750	6000	8200	11000
安徽（江淮）	3250	5800	13000	17000	23000	1300	2450	5500	7500	10000	2700	4400	8200	10500	13500	1500	2750	5500	6900	6000
安徽（皖南）	2800	4400	8400	10500	14000	1150	1900	3800	5000	6800	2700	2900	8200	13000	24500	1150	1900	3600	4700	12000
浙江	1180	2800	9200	16000	33000	540	1300	4600	8200	17000	1400	2900	8200	13000	24500	720	1450	4400	6500	12000
江西	1150	2300	6200	9000	14000	600	1200	2900	4100	6000	1250	2300	5500	8000	12500	940	1700	3600	4800	7000
福建	2850	5000	10000	12200	15000	1440	2500	4800	5850	7200	2050	3600	8400	11600	17500	1030	1800	4000	5600	8700
河南	3700	5900	12000	16000	23000	1800	2800	5500	7400	10500	3700	6400	13000	17500	24000	2050	3500	7400	9700	13000
湖北	1900	3100	6200	8000	12000	1100	1650	3300	4500	6000	2300	3700	7700	6900	14400	1200	1950	3600	5200	6200
湖南	1700	2700	5000	6700	9700	880	1400	2850	3800	5700	1300	2400	6200	9400	15500	730	1350	3400	5000	8200
广东	2650	4000	7000	8800	12000	1300	1950	3600	4700	6700	2950	4600	8000	10000	13000	1550	2400	5150	5600	7800
广西	2840	4520	9500	13400	21400	1570	2500	5140	7300	11500	2930	4630	9700	13600	21500	1600	2530	5700	7220	11400
四川	1950	3700	8800	12000	17500	680	1400	3500	5000	7500	1500	4100	5150	8000	550		4100			
贵州	980	1750	4200	6100	9700	420	780	2000	3100	4800	860	1650	4100	6100	9700	380	720	1900	2800	4300
云南	700	1450	3400	4400	5400	400	780	1750	2300	2900	700	1450	3600	4600	6000	410	900	2200	2900	3600

（2）世界最大流量与面积外包关系：中国大陆发生的洪水量级是很大的，为与世界上发生的洪水进行比较，本手册引用了暴雨洪水分析计算工作协调小组办公室编制的"编制全国《暴雨径流查算图表》技术报告及各省（市、区）主要成果"中列出的世界（包括中国）实测最大流量记录，并据此绘制了外包关系，如图 4-78 所示。从图 4-78 可知，发生在河南省石漫滩与板桥、安徽佛子岭、台湾大肚、河北西台峪与海南宝桥的实测最大流量已等于并接近世界最大流量记录。此外，图 4-78 还同时绘制了 20 世纪发生在中国大陆十几场特大洪水的流量与面积关系。从图中可以看出，同次洪水的流量～面积增长率变化很大而且与世界记录外包线的增长率是不同的。

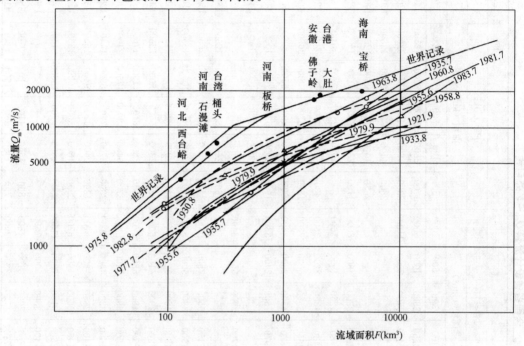

图 4-78　20 世纪发生在中国大陆的若干场大洪水 $Q_m \sim F$ 关系

4.5　历史洪水调查和计算

历史洪水调查是目前计算设计洪峰流量的重要手段之一。在有长期实测水文资料的河段，用频率计算方法可以求得比较可靠的设计洪峰流量。但我国河流一般实测水文资料年限较短，用来推算稀遇洪水，其结果可靠性较差，特别是在山区小河流，没有实测水文资料，用经验公式或推理公式计算，往往误差较大。因此在洪水计算中，对历史洪水调查应给予足够重视。

历史洪水调查是一项十分复杂的工作。在调查资料较少，河床变化较大的情况下，计算成果往往会产生较大的误差。因此，对洪水调查的计算成果，应根据影响成果精度的各种因素进行分析，来确定所得成果的可靠程度。

4.5.1　洪水调查的内容

（1）历史上洪水发生的情况：从地方志、碑记、老人及有关单位了解过去发生洪水的情况。洪水一般发生的月份、时间、洪水涨落时间及其组成情况。

（2）各次大洪水的详细情况：洪水发生的年、月、日及洪水痕迹，当时河道过水断面、河槽及河床情况，洪水涨落过程（开始、最高、落尽），洪水组成及遭遇情况，上游有无决口、卡槽和分流现象，洪水时期含砂量及固体径流情况。

（3）自然地理特征：流域面积、地形、土壤、植物及被覆等，有了这些资料，即可和其他相似流域洪水进行比较，借以判断洪水的可靠性。

（4）洪痕的调查和辨认：

1）河段的选择：

①选择河段最好靠近工程地点，并在上、下游若干公里内，另选一两个对比河段进行调查，以资校核。

②河段两岸最好有树木和房屋，以便查询历史洪水痕迹。

③河段尽可能选择在平面位置及河槽断面多年来没有较大冲淤、改道现象的地段。

④河段最好比较顺直，没有大的支流加入，河槽内没有构筑物和其他阻塞式回水、分流现象等。

⑤河段各处断面的形状及其大小比较一致。在不能满足此条件时，应选择向下游收缩的河段。

⑥河段各处河床覆盖情况基本一致。

⑦当利用控制断面及人工建筑物推算洪峰流量时，要求该河段的水位不受下游瀑布、陡滩；窄口或峡谷等控制。

⑧洪水时建筑物能正常工作，水流渐变段具有良好的形状，无旋涡现象，构筑物上、下游无因阻塞所引起的附加回水，并且在其上游适当位置有可靠的洪水痕迹。

2）洪痕的调查

①砖墙、土坯墙经洪水泡过，有明显的洪水痕迹，由于水浪冲击，在砖、土坯上显出凹痕或表层剥落，但要与长期遭受雨水吹打所造成的现象区别开来，根据风向与雨向来综合确定。

②从滞留在树干上的漂流物，可以判断洪水位。取证漂流物时，应注意由于被急流冲弯的影响，而不能真实地反应当时洪水位，并要注意不要被落水时遗留的漂浮物所混淆。

③在岩石裂缝中填充的泥沙，也可以作为辨认洪痕的依据。但要特别注意与撒入裂缝的砂区别开来。

④在山区溪沟中被洪水冲至河床两侧的巨大石块，它的顶部可作洪水位，但要肯定该石块是洪水冲来的，而不是因岸坍滚下来的。

洪水痕迹经访问、测量和分析，可按表 4-74 评定其可靠程度。

洪水痕迹可靠程度评定标准 　　　　　　　　　　表 4-74

评定因素	等　级		
	可靠	较可靠	供参考
指认人的印象和旁证情况	亲眼所见，印象深刻，所讲情况逼真，旁证确凿	亲眼所见，印象深刻，所讲情况逼真，旁证材料较少	听传说，或印象不深，所述情况不够清楚、具体，缺乏旁证

评定因素	等　级		
	可靠	较可靠	供参考
标志物和洪痕情况	标志物固定，洪痕位置具体，或有明显洪痕	标志物变化不大，洪痕位置较具体	标志物已有较大变化，洪痕位置不具体
估计可能误差范围（m）	0.2 以下	0.2～0.5	0.5～1.0

（5）测量工作

测出河道简易地形图、平面、横断、纵断；施测高程一般测至洪水位以上 2～3m，标出洪痕及有关地物；其施测长度，平原区河段上游测 200m，下游测 100m；山丘区河段上游测 100m，下游测 50m；在构筑物下游不远处，即注入大河则测至汇合口为宜；当构筑物处于壅水范围内，则其纵坡应测至壅水终点。

4.5.2　洪峰流量计算

根据历史洪水调查推算洪峰流量时，可按洪痕点分布及河段的水力特性等选用适当的方法。如当地有现成的水位流量关系曲线就可以利用，还要注意河道的变迁冲淤情况加以修正。当调查河段无实测水文资料时，一般可采用比降法；用该法时，需注意有效过水断面、水面线及河道糙率等基本数据的准确性。如断面及河段条件不适于用比降法计算时，则可采用水面曲线法。当调查河段具有良好的控制断面（如急滩、卡口、堰坝等）时，则可用水力学公式计算，这样可较少依赖糙率，成果精度较高。由洪痕推算洪峰流量，各种方法会得出不同结果，因此应进行综合分析比较后合理选定。

（1）由水位流量关系曲线确定洪峰流量：调查到的洪痕，如在水文站的附近，则可利用水文站的水位～流量关系曲线的延长，来求得历史洪水的洪峰流量。

（2）比降法计算洪峰流量

当调查河段较长、洪痕点较少、河床稳定时，一般就可以使用比降法推算洪峰流量。近似作为稳定流计算，即使用曼宁公式：

$$Q = \frac{1}{n}AR^{2/3}S^{1/2}$$

式中　Q——流量，m^3/s；

　　　n——糙率；

　　　A——洪痕高程以下的河道断面面积，m^2；

　　　R——水力半径，m；

　　　S——水面比降。

1）不考虑流速水头变化：在均直河段，若各个过水断面变化不大，可以忽略各断面流速水头的变化，而用水面比降代入流量公式进行计算。流量 Q（m^3/s）公式见式（4-204）为：

$$Q = \omega C\sqrt{Ri} \tag{4-204}$$

式中　ω——过水断面积，m^2；

$$C$$——流速系数；

$$C = \frac{1}{n}R^{1/6} \tag{4-205}$$

$$n$$——糙率；

$$R$$——水力半径；

$$i$$——水面比降，‰。

用水面比降代入上式，得公式（4-206）：

$$Q = \frac{\omega}{n}R^{\frac{2}{3}}I^{\frac{1}{2}} \tag{4-206}$$

单式河道洪峰流量计算：

令公式（4-206）中

$$K = \frac{\omega}{n}R^{\frac{2}{3}}$$

$$I = \frac{h_{\mathrm{f}}}{l}$$

式中　K——输水率；

h_{f}——两断面间能位差，当恒定均匀流时，$h_{\mathrm{f}} = \Delta H$（水面落差），m；

l——两断面间水平距，m。

如根据上、下游的断面和洪痕计算输水率时，K 值应取上、下游断面之均值即：

$$\overline{K} = \frac{K_1 + K_2}{2} \ \text{或} \ \overline{K} = \sqrt{K_1 K_2}$$

恒定均匀流的前提是 K_1 与 K_2 相近，如相差较大时，则应改为恒定非均匀流计算。

【例 28】　某河为单式断面，据调查上、下两断面的 K 值相近，故按恒定均匀流计算如表 4-75 所示。

单式断面恒定均匀流计算　　　　表 4-75

断面号	1960 年洪水位 H (m)	断面间距 L (m)	水位差 ΔH (m)	比降 I (‰)	断面积 w (m²)	水面宽 B (m)	R (m)	n	K (10^3)	$\overline{K}$ (10^3)	$I^{\frac{1}{2}}$	Q (m³/s)
1	69.70	920	1.55	1.69	3350	352	9.50	0.035	429	421	0.041	17250
2	68.15				3430	397	8.64	0.035	413			

2）考虑流速水头变化：若河段各个过水断面变化较大，则需考虑流速水头的变化，此时流量公式中的 i 值，应以 i_{e} 值代入，即以能坡线比降来代替，如图 4-79 所示。代入后得公式（4-207）及公式（4-208）。

$$i_{\mathrm{e}} = \frac{h_{\mathrm{f}}}{l} = \frac{h + \frac{v_1^2}{2g} - \frac{v_2^2}{2g}}{l} \tag{4-207}$$

$$Q = \overline{K}\sqrt{\frac{h + \frac{v_1^2}{2g} - \frac{v_2^2}{2g}}{l}} \tag{4-208}$$

式中　i_{e}——两断面间能坡线比降；

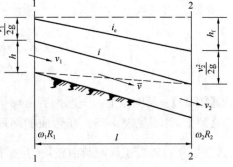

图 4-79　水面坡降

h——两断面间水位差，m；

h_f——两断面间能位差，m；

v_1——1-1 断面流速，m/s；

v_2——2-2 断面流速，m/s；

g——重力加速度，$g=9.81\text{m/s}^2$；

l——两断面间距离，m；

$\overline{K}$——两断面间平均输水因素，$\overline{K}=\sqrt{K_1 K_2}$；

K_1——1-1 断面的输水因素，$K_1=w_1\dfrac{1}{n}R_1^{2/3}$；

K_2——2-2 断面的输水因素，$K_2=w_2\dfrac{1}{n}R_2^{2/3}$；

w_1——1-1 断面面积，m^2；

w_2——2-2 断面面积，m^2；

R_1——1-1 断面水力半径，m；

R_2——2-2 断面水力半径，m。

3）考虑扩散损失及弯道损失：若河道的断面面积系向下游增大，则须考虑由于水流扩散所发生的损失 h_e，其值可按公式（4-209）计算，而流量公式则改为式（4-210）。

$$h_e=a\left(\frac{v_1^2}{2g}-\frac{v_2^2}{2g}\right) \tag{4-209}$$

$$Q=\overline{K}\sqrt{\frac{\left[h+(1-a)\dfrac{v_1^2}{2g}-\dfrac{v_2^2}{2g}\right]}{l}} \tag{4-210}$$

式中　a——系数，$a=0\sim1$，一般采用 0.5；

　　　h_e——水流扩散损失，m。

将 $v=\dfrac{Q}{w}$ 代入得公式（4-211）：

$$Q=\overline{K}\sqrt{\frac{\Delta H+\dfrac{1-a}{2g}\left(\dfrac{Q^2}{w_1^2}-\dfrac{Q^2}{w_2^2}\right)}{l}} \tag{4-211}$$

整理后得公式（4-212）：

$$Q=\overline{K}\sqrt{\frac{\Delta H}{l-\dfrac{1-a}{2g}\left(\dfrac{\overline{K}^2}{w_1^2}-\dfrac{\overline{K}^2}{w_2^2}\right)}} \tag{4-212}$$

【例 29】　某河段上、下断面有逐渐扩散现象，按恒定非均匀流计算。

【解】　计算见表 4-76。在弯曲的河段，公式内须减去弯道的水头损失，其数值亦不易估算。在一般较正直而断面较均匀的河段上，由于 $\left(\dfrac{v_1^2}{2g}-\dfrac{v_2^2}{2g}\right)$ 值不大，与 i 和 n 的误差比较起来也相对较小，按坡降法计算流量，已具有足够的精度。

断面扩散河段恒定非均匀流计算 表 4-76

断面	1960年洪水位 H (m)	断面间距 L (m)	面积 w (m²)	K (10^3)	$\overline{K}$ (10^3)	ΔH	$\left(\dfrac{K}{w_1}\right)^2$ (10^2)	$\dfrac{1-\xi}{2g}\left(\dfrac{\overline{K}^2}{w_1^2}-\dfrac{\overline{K}^2}{w_2^2}\right)$ (ξ采用0.4)	$\dfrac{(7)}{(3)-(9)}$ (10^{-4})	$\sqrt{(10)}$	Q (m³/s)
(1)	(2)	(3)	(4)	(5)	(6)	(7)	(8)	(9)	(10)	(11)	(12)
1	68.15	1480	3360	413	449	1.39	179	148	10.4	0.032	14500
2	66.76		3940	485			130				

4）复式断面计算：如河床为复式断面，具有较宽滩地，如图 4-80 所示，则计算时应将河槽与滩地分开进行计算。其总流量等于河槽与河滩流量之和，各部分流量分别根据其平均面积、平均水力半径及各自的糙率计算。

$$Q = Q_左 + Q_槽 + Q_右$$

5）各小段流量的平均

在洪水调查的河段，可按所测横断面分成若干小段，如图 4-81 所示。各小段分别计算流量，各为 Q_1、Q_2、Q_3 等。其流量公式为式（4-213）：

$$Q = \frac{Q_1 + Q_2 + Q_3 + \cdots\cdots + Q_n}{n} \tag{4-213}$$

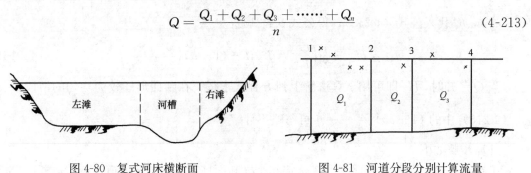

图 4-80 复式河床横断面　　　　　　图 4-81 河道分段分别计算流量

如各小段精度不同，可参考各段精度斟酌采用。

（3）水面曲线法计算洪峰流量

1）试算法：若所调查的河段长度较长，而洪水痕迹较少，各段河底坡度及横断面又不相同，洪水水面线呈曲折状，比降法不能应用时，需用水面曲线去推求洪峰流量。

假定一个流量 Q 值，根据各段河道的 n 值，自下游一个已知的洪水水面点起向上游河段推算水面线，并检查水面线与各个洪痕的相符程度。若不符合则另行假定一个流量值，再进行计算，直至大部分符合为止，如图 4-82 所示。

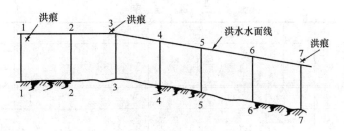

图 4-82 水面线法计算洪峰流量

在 1、2 两断面间写出下列方程式 (4-214)：

$$H_1 + \frac{v_1^2}{2g} = H_2 + \frac{v_2^2}{2g} + h_f \qquad (4\text{-}214)$$

式中 H_1 ——1-1 断面的水深，m；

        H_2 ——2-2 断面的水深，m；

        v_1 ——1-1 断面的流速，m/s；

        v_2 ——2-2 断面的流速，m/s；

        h_f —— 摩阻损失，m；

        g ——重力加速度，m/s^2。

若在扩散河段，则须计及扩散的水头损失 h_e，用公式 (4-215) 表示：

$$H_1 + \frac{v_1^2}{2g} = H_2 + \frac{v_2^2}{2g} + h_f + h_e \qquad (4\text{-}215)$$

式中 h_f ——摩阻损失，因 $h_f = \bar{i}l = \frac{i_1 + i_2}{2}l = \frac{1}{2}\left(\frac{Q^2}{K_1^2} + \frac{Q^2}{K_2^2}\right)l$

$$h_e = a\left(\frac{v_1^2}{2g} - \frac{v_2^2}{2g}\right)$$

将 h_f、h_e 代入公式 (4-215)，得公式 (4-216)：

$$H_1 = H_2 + \frac{1}{2}\left(\frac{Q^2}{K_1^2} + \frac{Q^2}{K_2^2}\right)l - (1-a)\left(\frac{v_1^2}{2g} - \frac{v_2^2}{2g}\right) \qquad (4\text{-}216)$$

当 Q 已知时，H_1 即可用试算法解上列方程式求得。在断面形式较为均匀的河段，公式 (4-216) 中的 $(1-a)\left(\dfrac{v_1^2}{2g} - \dfrac{v_2^2}{2g}\right)$ 可忽略不计。

计算步骤如下：

①在河道地形图及纵断面图上，选定几个横断面（在洪痕处及河道转折点或断面变化较大处），并确定各断面处的糙率，计算出各断面处的 w、R 及 K 值，并在横断面图上，绘成 $H \sim w$、$H \sim K$ 曲线。

②假定一个流量 Q，由最后一个断面向上游推算。按公式 (4-216) 假设 H_1 值，进行试算，其结果应与原假设 H_1 相等；若不相等重新计算，以相同方法向上游计算，最后算出的水面曲线接近大多数洪痕的高程，则选定的流量是对的；若相差太大，则需重新假定流量进行计算，直至与大多数洪痕的高程相等为止。

计算时可按表 4-77 进行。

试 算 程 序   表 4-77

1	2	3	4	5	6	7	8
断面	l	H	w	K	$i = \left(\dfrac{Q}{K}\right)^2$	$\bar{i} = \dfrac{i_1 + i_2}{2}$	$h_f = \bar{i}l$

9	10	11	12
$\dfrac{v^2}{2g}$	$\dfrac{v_1^2 - v_2^2}{2g}$	$(1-a)\left(\dfrac{v_1^2}{2g} - \dfrac{v_2^2}{2g}\right)$	$H_2 + h_f - (1-a)\left(\dfrac{v_1^2}{2g} - \dfrac{v_2^2}{2g}\right)$

2）图解法：图解法有很多种，现只介绍常用的"K^2"倒数曲线法。

在河段正直均匀的情况下，可用下列方程式（4-217）：

$$H_1 = H_2 + \frac{1}{2}\left(\frac{Q^2}{K_1^2} + \frac{Q^2}{K_2^2}\right)l_{2-1} \tag{4-217}$$

计算步骤如下：

①计算各个断面的 $H \sim w$、$H \sim K$ 及 $H \sim \frac{1}{K^2}$ 的关系曲线，并把各个 $H \sim \frac{1}{K^2}$ 关系曲线绘在一张图上，如图4-83所示。绘制时按照断面顺序分绘在纵轴的两侧，横坐标左、右均为正值。

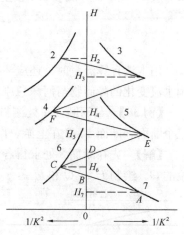

图 4-83 $H \sim 1/K^2$ 关系曲线

②假定一个流量值，自最后一个断面向上游推求各断面的洪水位。假定河段有七个断面，则在纵轴上先定出 H_7 的位置，由此画出水平线相交断面7的 $1/K_7^2$ 曲线于 A 点。计算 $\frac{1}{2}Q^2 l_{7-6} \frac{1}{K_7^2}$ 的数值，并在纵轴上截一点 B，使 $H_7 B = \frac{1}{2}Q^2 l_{7-6}\frac{1}{K_7^2}$，连 AB 线并延长之，交断面6的 $1/K_6^2$ 曲线于 C 点，由 C 点作水平线交纵轴于 H_6，此即为断面6的洪水位。

③由 H_6 向上在纵轴上画出 D，使 $H_6 D = \frac{1}{2}Q^2 l_{6-5}\frac{1}{K_6^2}$，然后连 CD 线并延长之，交断面5的 $1/K_5^2$ 曲线于 E 点，则 E 点的高程即为 H_5，按此类推，可以求得 H_4、H_3 …… 各点。

④在河道纵断面上，根据以上求得的 H_6、H_5 …… 的高程，绘出洪水水面线，并检查这个水面线与各个洪痕的符合情况。若大多数洪痕落在线上或线的附近，则表示所选流量是正确的，否则应重新计算，一直到水面曲线与大多数洪痕符合为止。

（4）控制断面法：在河道内如有天然或人工的控制断面，并在该断面上游留有洪水痕迹，而洪痕与控制断面之间没有支流汇入与分流及其他对控制断面的干扰。这样即可用控制断面法推算洪峰流量。所谓控制断面，即水流在该断面处受到控制，如河流中的瀑布、石梁、急滩、陡坡、卡口、堰坝等处均可作为控制断面。利用控制断面估算出的流量，用水面曲线法演算至上游洪痕，使之吻合，即为所求之流量。

1）急滩计算：当河床底坡转折点处发生临界水流，且已知其水深，则流量可用公式（4-218）计算：

$$Q = \sqrt{\frac{g w_k^3}{B_k}} = w_k \sqrt{\frac{g w_k}{B_k}} \tag{4-218}$$

式中 w_k——临界断面面积，m^2；

B_k——临界断面水面宽度，m。

当断面为矩形时，可用公式（4-219）：

$$Q = B_k h_k \sqrt{g h_k} \tag{4-219}$$

式中 h_k ——临界断面水深，m，$h_k = \dfrac{w_k}{B_k}$。

判断水流是否为临界流，可以近似地用下列方法进行判别。即在发生临界流处以下河床底坡 I_2 大于临界底坡 I_k，以上河床底坡 I_1 小于临界底坡 I_k，I_k 的计算公式（4-220）为：

$$I_k = \frac{Q^2}{w_k^2 C^2 h_k} = \frac{n^2 Q^2}{w_k^2 h_k^{4/3}} \tag{4-220}$$

用本法计算流量时，还应注意是否受下游壅水的影响。因此，对上、下游河道需作影响水流变化的障碍物与河床急剧变化等调查，以保证计算条件的正确性。

【例 30】 某河断面 1 处测得洪痕标高 107.15m，于断面 3 处形成急滩，测得 1、2、3 三个断面（断面 1、2 在上游，图中未表示出来），间距分别为 500m、1000m。

【解】 先在断面 3 处求得各种水位的 w、B，即能用临界流公式（4-218）求得各种水位的 Q。绘制 $H \sim Q$ 和 $H \sim w$ 关系曲线，同样在断面 1、2 处也作出类似曲线。

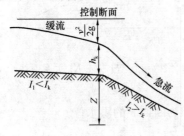

图 4-84 急滩水面示意

设控制断面处流量 $Q = 5000\text{m}^3/\text{s}$，从关系曲线上查得 $w_3 = 1084.6\text{m}^2$，$H_3 = 102.17\text{m}$。并求得 $R_3 = 2.18\text{m}$，选用 $n = 0.025$，则：

$$v_3 = \frac{5000}{1084.6} = 4.61\text{m/s}$$

$$\frac{v_3^2}{2g} = \frac{4.61^2}{2 \times 9.81} = 1.08\text{m}$$

$$i_3 = \left(\frac{nQ}{w_3 R_3^{2/3}}\right)^2 = \left(\frac{0.025 \times 4.61}{2.18^{2/3}}\right)^2 = 0.0047$$

根据能量守恒原理，按伯努利方程得公式（4-221）：

$$H_2 + \frac{v_2^2}{2g} = H_3 + \frac{v_3^2}{2g} + h_f = H_3 + \frac{v_3^2}{2g} + \frac{i_2 + i_3}{2} l_{2-3}$$

$$H_2 + \frac{v_2^2}{2g} - \frac{i_2}{2} l_{2-3} = H_3 + \frac{v_3^2}{2g} + \frac{i_3}{2} l_{2-3} \tag{4-221}$$

公式（4-221）右边 $= 102.17 + 1.08 + \dfrac{0.0047}{2} \times 1000 = 105.6\text{m}$。

在断面 2，假设 $H_2 = 105.9\text{m}$，则 $w_2 = 1500\text{m}^2$，$R_2 = 1.5\text{m}$，$v_2 = 3.33\text{m/s}$，$\dfrac{v^2}{2g} = \dfrac{3.33^2}{2 \times 9.81} = 0.565\text{m}$，$i_2 = \left(\dfrac{0.025 \times 3.33}{1.5^{2/3}}\right)^2 = 0.00404$

故公式（4-221）左边 $= 105.9 + 0.565 - \dfrac{0.00404}{2} \times 1000 = 104.45\text{m}$，左边与右边结果 105.6m 不接近，故需重算。经试算结果，当 $H_2 = 106.25\text{m}$ 时成立；如此上推至断面 1，求得 $H_1 = 107.15\text{m}$ 也成立，同时假设的 H_1 又与断面 1 处调查的洪水位相符。故在控制断面 3 处所假设流量 $Q = 5000\text{m}^3/\text{s}$，即为所求流量。

2）卡口计算：河道断面束窄，形成卡口如峡谷。束窄断面较大的桥梁等，在形成卡口前，水位壅高，卡口内流速增大，使水面下降。这时可根据束窄河段上、下游水位差计算卡口流速，从而求得流量，如图 4-85 所示。

断面 1、2 之间水流用伯努利方程式为：

$$H_1 + \frac{v_1^2}{2g} = H_2 + \frac{v_2^2}{2g} + h_f$$

所以

$$H_1 - H_2 = \frac{v_2^2}{2g} - \frac{v_1^2}{2g} + h_f$$

$$= \frac{Q^2}{2g}\left(\frac{1}{w_2^2} - \frac{1}{w_1^2}\right) + \frac{Q^2}{K}l$$

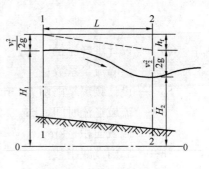

图 4-85 卡口水流示意

经移项得公式（4-222）：

$$Q = w_2\sqrt{\frac{2g(H_1 - H_2)}{\left(1 - \frac{w_2^2}{w_1^2}\right) + \frac{2glw_2^2}{K_1K_2}}} = w_2v_2 \qquad (4-222)$$

式中符号意义同前。

【**例 31**】 某卡口上游断面 1 的水位标高 $H_1 = 1285.30\text{m}$，卡口处 $H_2 = 1284.10\text{m}$，$l = 30\text{m}$，$n = 0.025$。

【**解**】 按公式（4-222）列表 4-78。

卡口水流计算   表 4-78

断面号	H (m)	w (m²)	w^2	p (m)	R (m)	$R^{2/3}$	K	K_1K_2	$\dfrac{w_2^2}{w_1^2}$	$\dfrac{2glw_2^2}{K_1K_2}$
1	1285.30	54.0	2916	17.0	3.18	2.16	4660	4194000	0.077	0.032
2	1284.10	15.0	225	8.2	1.83	1.50	900			

注：表中 p 表示湿周，m。

将表 4-78 中数字代入公式（4-222）计算 Q，得：

$$Q = w_2\sqrt{\frac{2g(H_1 - H_2)}{\left(1 - \frac{w_2^2}{w_1^2}\right) + \frac{2glw_2^2}{K_1K_2}}}$$

$$= 15 \times \sqrt{\frac{2 \times 9.81 \times 1.2}{1 - 0.077 + 0.032}}$$

$$= 74.5\text{m}^3/\text{s}$$

3）堰流计算：在河流、渠道上往往修建有闸堤，形成堰流，这正是推算流量的好地方。只要在其附近测得洪痕，即可按堰流水力学公式进行计算。其公式形式随堰流形状而异，公式繁多，不一一介绍，可参阅有关水力学书籍。

（5）水利部门推理公式

$$Q_m = 0.278\psi\frac{S_p}{\tau^n}F \qquad (4-223)$$

$$\tau = \frac{0.278L}{mQ_{\mathrm{m}}^{\frac{1}{4}} f^{\frac{1}{3}}} \tag{4-224}$$

式中 Q_{m}——设计洪峰流量，$\mathrm{m^3/s}$；

       ψ——洪峰流量系数；

       S_{P}——设计频率暴雨雨力，$\mathrm{mm/h}$；

       τ——流域汇流时间，h；

       F——流域面积，$\mathrm{km^2}$；

       n——暴雨衰减指数；

       L——主河槽长度，km；

       m——汇流参数；

       f——主河槽坡降。

假定条件及使用条件：

1）适用于流域面积小于 $500\mathrm{km^2}$ 的区域；不适于岩溶、泥石流及各种人为措施影响严重的地区；

2）认为降雨和产流在流域上的分布和时程上的分配都是均匀的；

3）认为流量出口断面处所形成的最大流量是由降雨强度决定的；

4）不考虑流量形成中流域面积的分配形式和流域调蓄作用；

5）假定流域上各点的水利条件相同。

部分地区（如广东、海南）认为由于影响因素复杂和地区不同，直接求径流系数值，容易得到满意的结果，因此将上式简化为：

$$Q_{\mathrm{m}} = 0.278\left(\frac{S_{\mathrm{P}}}{\tau^{\mathrm{n}}} - \overline{f}\right)F \tag{4-225}$$

式中 $\overline{f}$——平均后损率，$\mathrm{mm/h}$。

（6）经验公式法

地区经验公式是根据对本地区实测洪水资料或调查相关的洪水资料进行综合归纳，直接反映洪峰流量与其影响因素之间经验关系的公式，经验公式法只能推求洪峰流量：

$$Q = A \cdot J^{1/6} \cdot H_{24} \cdot \left(\frac{F}{L^2}\right)^{0.4} \cdot F^{0.7} \tag{4-226}$$

式中 A——综合系数，取 0.15；

       J——河道坡度；

      H_{24}——平均 $24\mathrm{h}$ 降雨量；

       F——流域面积；

       L——河道长度。

$$Q_{\mathrm{p}} = K_{\mathrm{p}} \cdot Q \tag{4-227}$$

适用条件：汇水面积小于 $100\mathrm{km^2}$，在 $40\sim50\mathrm{km^2}$ 较为适宜，适用于长历时降雨，天然小流域。

（7）室外排水公式法

室外排水公式法是城建部门计算洪峰流量的常用方法，它根据城市雨水管渠设计原理，利用暴雨强度公式、雨水设计流量公式推求出洪峰流量：

$$Q = \psi q F \tag{4-228}$$

$$q = \frac{167A(1 + c\log P)}{(t + b)^n} \tag{4-229}$$

$$t = t_1 + m t_2 \tag{4-230}$$

式中　　　Q——设计洪峰流量，L/s；

$\quad q$——设计暴雨强度，L/(s·hm²)；

$\quad P$——设计重现期，a；

$\quad t_1$——地面集水时间，min；

$\quad t_2$——渠道洪水流行时间，min；

$\quad m$——折减系数；

A、c、b、n——地方参数。

适用条件：集雨面积小于 30km²，适用于短历时降雨，人为措施影响较大的城市地区。

（8）铁三院公式

根据东北、华北地区洪水特点制定的铁道部第三勘测设计院（以下简称"铁三角"）公式如下：

$$Q_m = \frac{c_2 F g_0 I_4^{P_0}}{L_4^{P_0}} \times \eta^{\frac{1+r_0}{1-m_0 n}} \tag{4-231}$$

c_2 参数可按下式计算：

$$c_2 = 1.67\beta_0 \frac{S_P \dfrac{1+r_0}{1-m_0 n}}{A_4 \dfrac{(1+r_0)n}{1-m_0 n}} \tag{4-232}$$

式中　　　S_P——雨力；

β_0、r_0、m_0、A_4——参数，可由铁三院公式参数值表中查得；

$\quad P_0$——参数，$P_0 = \dfrac{N_0 n(1+r_0)}{1-m_0 n}$；

$\quad N_0$——参数，可由铁三院公式参数数值表中查得；

$\quad g_0$——参数，$g_0 = 1 + m_0 P_0$；

$\quad L_4$——流域长度，从分水岭算起；

$\quad I_4$——流域坡度，从分水岭算起，用加权法计算。

4.5.3　由历史洪峰流量推求设计洪峰流量

（1）有三个历史洪水流量和相对的水位：在调查到三个历史最大洪水位，并算其相对应流量，即可按下列步骤进行设计洪峰流量计算。

1）首先确定调查到的流量频率：选定 C_v、C_s 值，由雷布京表中查得 ϕ_p 值，所选定的 C_v、C_s 值应符合公式（4-233）：

$$\frac{Q_1}{\phi_{p_1} C_v + 1} = \frac{Q_2}{\phi_{p_2} C_v + 1} = \frac{Q_3}{\phi_{p_3} + C_v + 1} = \overline{Q} \qquad (4\text{-}233)$$

式中　Q_1、Q_2、Q_3——相应于不同频率的历史调查洪峰流量，m^3/s；

　　　$\overline{Q}$——试算出的多年平均洪峰流量，m^3/s；

　　　C_v——偏差系数；

　　　C_s——变差系数。

2）按公式（4-234）求设计洪峰流量：

$$Q_p = \overline{Q}(1 + \phi_p C_v) \qquad (4\text{-}234)$$

（2）通过调查能确定河流的多年平均洪峰流量 $\overline{Q}$ 值和某历史洪水流量及其频率可按下式计算：

$$Q_p = \overline{Q} K_p \qquad (4\text{-}235)$$

式中　Q_p——设计频率洪峰流量，m^3/s；

　　　$\overline{Q}$——多年平均洪峰流量，m^3/s；

　　　K_p——设计频率模量系数。

（3）由洪水调查成果用适线法推求设计洪峰流量：此方法的基本要求是在同一断面处有三个以上不同重现期的洪调成果。根据洪调成果首先假定均值及变差系数 C_v、C_s/C_v 值，按各省已定的经验关系值，把调查到的洪调成果点绘在频率线上，经过几次假定均值与 C_v 值，采用目估定线的方法，最后试算到频率曲线与洪调点结合得最佳为止。其所假定的均值与 C_v 即为设计参数。这种方法比较简便而且容易做到，故被广为应用。

【例 32】　某河在工程点处调查到三场大洪水，最远的大洪水为 1896 年 8 月的一次，被列为首位；其次是 1935 年 7 月 26 日；第三场为 1953 年 8 月 19 日。其调查的洪峰流量分别为 790m^3/s、685m^3/s、588m^3/s。其重现期经推算分别为 140a、70a、30a 一遇。将以上数据点绘在频率格线上，经过假定几个均值及 C_v 值，C_s 采用 2.5C_v。通过目估定线，最后确定设计参数值为：

$$\overline{Q} = 200 m^3/s$$
$$C_v = 0.8$$
$$C_s = 2.5 C_v$$

则线型与点据吻合。

4.5.4　历史洪水计算成果鉴定

洪峰流量计算成果的误差决定于洪水位、过水面积、水面比降及糙率的误差。

（1）对各种计算洪峰流量方法的评定：利用水文站的水位流量关系曲线延长，其精度决定于延长的范围和历史断面冲淤情况。如断面比较稳定，而曲线向上延长范围不大，则其精度约等于流量实测成果的精度，因为这个方法不需要应用水面比降 i 及糙率 n 的资料，即使应用也能自实测成果中求得，故其精度较高。

比降法和水面曲线法的原理基本相同，即都用流量公式。比降法是假定水面曲线为已知，计算各小段流量而加以平均。水面曲线法则假定若干流量值，推求全河段的水面曲线。而选定某一流量，其所得的水面曲线与各个洪水痕迹最为符合。在某些条件下，这两个方法可以互相补充。

比降法和水面曲线法计算流量的精度，除受水位及断面的影响外，还受水面比降 i 及糙率 n 的影响。如 i 的误差 $\Delta i/i$ 为 20%，则所引起的流量误差 $\Delta Q/Q = \dfrac{1}{2}\dfrac{\Delta i}{i} = 10\%$；糙率误差 $\dfrac{\Delta n}{n}$ 如为 20% 时，则所引起的流量误差也为 20%。当河道没有实测水文资料用来计算 n 值时，由于估算 n 值所引起的误差可能很大，因此，这两个计算方法成果的精度，均较水位流量关系曲线法差。

（2）对洪峰流量计算成果的可能误差的评定：洪水位的误差可根据洪水痕迹的指认情况（有无实在水印，记忆情况以及上、下游洪水痕迹的判断），以估计洪水痕迹的可能误差范围。通过上、下游众多洪水痕迹的中心点所绘的洪水水面线，或从水面曲线法计算所得的接近大多数洪水痕迹的洪水水面曲线，可以认为是接近实际的。

过水面积的误差，一方面是由于洪水位的高低，另一方面是由于冲淤的变化。由于洪水位误差 ΔH 所引起的断面积的误差等于 $\Delta A = B \cdot \Delta H$，由于冲淤变化估计不准而引起的误差，只能根据调查情况加以估计。

水面比降的误差，可由两个洪水痕迹或两个断面洪水位落差的误差，除以该河段长度而得：

$$\Delta i = \frac{\Delta h}{L}$$

糙率的误差，如有实测资料时，主要的误差由延长水位～糙率关系所产生；而在没有实测资料时，所选定糙率的误差只能估算而得。

4.6　洪水遭遇与洪水组成

4.6.1　洪水遭遇与洪水组成分析的内容

（1）河流的洪水量大小及其分布情况。
（2）分析哪种洪水过程线形式的遭遇是严重的。
（3）各支流的洪水是否同时发生。

4.6.2　洪水遭遇与洪水组成分析

（1）洪水量的推求：洪水量推求的方法较多，这里只介绍几种主要方法。

1）按照典型年洪水组成，分析现有资料中具有代表性的几次洪水，其遭遇情况比较严重的作为典型，按同样倍数放大至设计标准所要求频率的洪水，作为可能产生洪水组成情况。选择典型年的原则，可按以下几方面考虑：

①在实测资料中是较大的洪水；
②洪水过程线线型，具有一定的代表性；
③洪水遭遇是比较严重的。

2）分析历年各次洪水组成比例，绘制洪水组成曲线图，应用某一次洪水的分配比例，作为设计典型，但可能产生一定的偶然性。因此，需要进一步分析历年各次洪水组成情况，找出各次洪水分配比例与该地区总洪量之间的关系，这样就可以根据实际的洪水组成曲线，推求该地区发生较大洪水时，各支流上最可能的洪水分配比例与该地区总洪水量之间的关系，并将该分配比例作为设计洪水组成比例。

3）应用设计暴雨的平均雨深与面积关系曲线，在较小的流域上，通过各地区平均雨深与径流系数的关系，可将设计雨量换算为径流量，求出相应于断面控制面积上的径流量和不控制面积的径流量。

首先绘出地区的不同频率的平均降雨深与流域面积关系曲线 ($\bar{h} \sim F$) 及控制断面上、下游地区的平均降雨深与流域径流系数关系曲线 ($\bar{h} \sim \alpha\%$)，见图 4-86；然后根据控制断面上游所控制的面积与设计洪水同频率的平均降雨深，再从断面上游地区 ($\bar{h} \sim \alpha$) 关系曲线，找出相应的流域径流系数，即可求出断面上游的洪水量，可表示为公式 (4-236)：

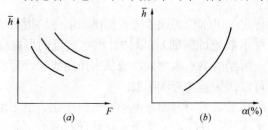

图 4-86　$\bar{h} \sim F$ 及 $F \sim \alpha\%$ 关系曲线
(a) 平均降雨深与流域面积关系曲线；
(b) 平均降雨深与流域径流系数关系曲线

$$W_1 = \bar{h} F_1 \alpha_1 \qquad (4\text{-}236)$$

在同一频率的暴雨面积曲线上，查出相当于全部流域面积的平均降雨深 $\bar{h}$，用公式 (4-237) 乘以流域面积后，再减去断面上游总降雨量，即断面下游地区的相应水量为：

$$W_2 = (\bar{h} F - \bar{h_1} F_1) \alpha_2 \qquad (4\text{-}237)$$

如果 $W_1 + W_2 = W$ 时（同频率的设计洪量），再选用其他频率暴雨的降雨深曲线重新计算。

式中　W——全流域水量，m^3；

W_1——控制断面上游地区水量，m^3；

W_2——控制断面下游地区水量，m^3；

F——全流域面积，km^2；

F_1——控制断面上游汇流面积，km^2；

F_2——控制断面下游汇流面积，km^2；

α_1——控制断面上游径流系数；

α_2——控制断面下游径流系数。

4）同频率组成法：是指某一分区发生与控制断面同频率的洪量，按水量平衡原则可计算出其余分区洪量的总数。如果其余分区不止一个，一般是按某一典型洪水对这些分区洪量的相应比例再进行分配。

如某工程控制点以上汇水面积为 $7500km^2$，在其上游有一座大型水库，汇水面积为 $3000km^2$，故设计洪水的地区组成采用同频率组成法。

考虑分为两个区，水库以上 $3000km^2$ 为一个区；水库至工程点之间 $4500km^2$ 为另一个区。其中暴雨中心位置可能出现以下三种情况：出现在流域中心，称之为平均情况；出现在水库上游，则以上游为主；出现在水库至工程点区间，则以区间为主。当上游水库为主时，区间为相应；当区间为主时，水库上游为相应。

已知工程点：$Q_{1\%} = 3500\mathrm{m^3/s}$；

$$W_{1d} = 2.5 \times 10^8 \mathrm{m^3}, \ W_{3d} = 3.8 \times 10^8 \mathrm{m^3}, \ W_{7d} = 5.4 \times 10^8 \mathrm{m^3}$$

上游水库：$Q_{1\%} = 1650\mathrm{m^3/s}$，

$$W_{1d} = 1.2 \times 10^8 \mathrm{m^3}, \ W_{3d} = 1.8 \times 10^8 \mathrm{m^3}, \ W_{7d} = 2.6 \times 10^8 \mathrm{m^3}$$

区间：$Q_{1\%} = 1900\mathrm{m^3/s}$，

$$W_{1d} = 1.4 \times 10^8 \mathrm{m^3}, \ W_{3d} = 2.02 \times 10^8 \mathrm{m^3}, \ W_{7d} = 2.90 \times 10^8 \mathrm{m^3}$$

当上游水库为主时，区间相应为：

$$W_{1区间} = 2.5 \times 10^8 - 1.2 \times 10^8 = 1.3 \times 10^8 \mathrm{m^3}$$

$$W_{3区间} = 3.8 \times 10^8 - 1.8 \times 10^8 = 2.0 \times 10^8 \mathrm{m^3}$$

$$W_{7区间} = 5.4 \times 10^8 - 2.6 \times 10^8 = 2.8 \times 10^8 \mathrm{m^3}$$

当区间为主时，上游水库相应为：

$$W_{1水库} = 2.5 \times 10^8 - 1.4 \times 10^8 = 1.1 \times 10^8 \mathrm{m^3}$$

$$W_{3水库} = 3.8 \times 10^8 - 2.02 \times 10^8 = 1.78 \times 10^8 \mathrm{m^3}$$

$$W_{7水库} = 5.4 \times 10^8 - 2.90 \times 10^8 = 2.50 \times 10^8 \mathrm{m^3}$$

以上计算出各时段洪量后，即可把选定的典型洪水过程线进行分时段同频率放大，推得为主、相应的设计洪水过程线。当放大相应洪水过程线时，其峰按一天量的放大系数放大。通过以上计算后，即可进行洪水组合。

先以水库为主，相应的洪水过程线进行调洪演算，即可得出水库放流，作为上游的来水进行洪水演进到工程点与区间的洪水组合。如以区间为主，则把上游相应的洪水过程线，经水库调节下泄的流量演进与区间为主的洪水进行组合。这两种组合后的洪水是不相同的，对水库的规模或区间堤防的规模也就不同。因此，需进行经济效益分析论证，最后确定两者的规模。

(2) 洪峰流量过程线线型的确定：上述计算只能近似地估出洪水量的大小，对洪水过程线的形状、洪峰流量大小及其出现时间，还要合理的确定。从实测资料中，选择典型洪水过程线，然后放大至设计频率的洪水过程线，作为可能产生的流量过程线。选择典型洪水过程线的原则，同洪水组成典型年选择原则一样。

4.7　潮　位　计　算

设计高（低）潮位是沿海城市进行防洪规划、设计时的一个重要水文数据。这不但关系到临海堤防、护岸和防潮闸等构筑物高程和船舶航行水域深度的确定，而且也影响到构筑物的选型和结构计算等。

高、低潮位的推算，采用年频率统计方法。应用此法可把不同观测年数的资料统一到一个相同的标准。对于其他一些特殊的潮位，可在规定重现期的基础上来确定。

潮位的频率分析曲线线型选择，一般采用耿贝尔曲线。潮位频率分析的实测资料年限 n，要求在 20a 以上；当不能满足上述要求时（$n>5$），可用"极值同步差比法"与附近有不少于连续 20a 以上资料的验潮站或港口，进行同步相关分析，以求得设计高（低）潮位。

在统计前，应对潮位资料先进行审查，特别是对特高（特低）潮位更要仔细检查。检查的方法是查看潮位逐时变化是否有规律性，也可绘成"潮位过程线"进行检查，看其是否有突变之处，必要时可查原始观测记录，或与附近验潮站同步的潮位进行对比，以验证潮位资料是否正确。还要检查各月份之间潮位记录零点高程是否一致，如不一致，应先订正至同一零点高程起算，再进行统计。

要搞清所使用潮位记录的潮高基准面与验潮基本水准点之间的高差关系及与"黄海平均海面"之间的高程关系，以便具体使用此资料时，能与工程使用的高程系统取得一致，或加减相应的修正值。

（1）有 20a 以上实测潮位资料推算设计高潮位

应用频率分析方法推算不同频率高潮位时，可采用第一型极值分布律进行计算。设有 n 个年最高（低）潮位值为 h_i，则可用公式（4-238）计算：

$$h_p = \overline{h} + \lambda_{pn} S \tag{4-238}$$

式中 h_p ——设计年频率 P 的高（低）潮位，m，高潮位用正号表示，低潮位用负号表示；

     λ_{pn} ——与设计年频率 P 及资料年数 n 有关的系数，见表 4-79；

     $\overline{h}$ ——n 年中的年最高（低）潮位值 h_i 平均值，m；

$$\overline{h} = \frac{1}{n} \sum_{i=1}^{n} h_i \tag{4-239}$$

     S ——n 年 h_i 的均方差；

$$S = \sqrt{\frac{1}{n} \sum_{i=1}^{n} h_i^2 - \overline{h}^2} \tag{4-240}$$

计算低潮位时，h_i 应按递增系列排列。

由公式（4-238）求出对应于不同频率 P 的 h_p，在几率格纸上绘出高潮位的理论频率曲线；同时绘上经验频率点，以检验理论频率曲线与它的配合程度。

若在 n 年的潮位资料以外，根据调查得出在历史上 N 年中出现过的特高潮位值 h_N，推求设计高低潮位。这时按公式（4-241）计算：

$$h_p = \overline{h} + \lambda_{pN} S \tag{4-241}$$

式中 λ_{pN} ——与设计年频率 P 及年数等于 N 有关的系数，见表 4-79，N 等于表内 n。

$$\overline{h} = \frac{1}{N} \left(h_N + \frac{N-1}{n} \sum_{i=1}^{n} h_i \right) \tag{4-242}$$

$$S = \sqrt{\frac{1}{N} \left(h_N^2 + \frac{N-1}{n} \sum_{i=1}^{n} h_i^2 \right) - \overline{h}^2} \tag{4-243}$$

     n ——实测高（低）潮位资料年数；

     N ——调查历史上出现的特高（低）潮位至今的年数。

特大值的经验频率 $P = \dfrac{1}{N+1} \times 100\%$，其他各点经验频率按式 $P = \dfrac{m}{n+1} \times 100\%$ 计算。

表 4-79

第Ⅰ型极值分布律的 λ_{pn} 值

n	频率 P (%)															
	99.9	99	97	95	90	75	50	25	10	5	4	2	1	0.5	0.2	0.1
8	−2.673	−2.224	−1.923	−1.749	−1.458	−0.897	−0.130	0.842	1.953	2.749	3.001	3.779	4.551	5.321	6.336	7.103
9	−2.609	−2.172	−1.879	−1.709	−1.426	−0.879	−0.133	0.814	1.895	2.670	2.916	3.673	4.425	5.174	6.162	6.909
10	−2.556	−2.129	−1.843	−1.677	−1.400	−0.865	−0.136	0.790	1.848	2.606	2.847	3.587	4.322	5.055	6.021	6.752
11	−2.514	−2.095	−1.813	−1.650	−1.378	−0.854	−0.138	0.771	1.809	2.553	2.789	3.516	4.238	4.957	5.905	6.622
12	−2.478	−2.065	−1.788	−1.628	−1.360	−0.844	−0.139	0.755	1.777	2.509	2.741	3.456	4.166	4.874	5.807	6.513
13	−2.447	−2.040	−1.769	−1.609	−1.345	−0.836	−0.141	0.741	1.748	2.470	2.699	3.405	4.105	4.802	5.723	6.418
14	−2.420	−2.018	−1.748	−1.592	−1.331	−0.829	−0.142	0.729	1.721	2.437	2.663	3.360	4.052	4.741	5.650	6.337
15	−2.396	−1.999	−1.732	−1.578	−1.320	−0.823	−0.143	0.718	1.703	2.408	2.632	3.321	4.005	4.687	5.586	6.265
16	−2.373	−1.980	−1.716	−1.564	−1.308	−0.817	−0.145	0.708	1.682	2.379	2.601	3.283	3.959	4.634	5.523	6.196
17	−2.354	−1.965	−1.703	−1.552	−1.299	−0.811	−0.146	0.699	1.664	2.355	2.575	3.250	3.921	4.589	5.471	6.137
18	−2.338	−1.951	−1.691	−1.541	−1.291	−0.807	−0.146	0.692	1.649	2.335	2.552	3.223	3.888	4.551	5.426	6.087
19	−2.323	−1.939	−1.681	−1.532	−1.283	−0.803	−0.147	0.685	1.636	2.317	2.533	3.199	3.860	4.518	5.387	6.043
20	−2.311	−1.930	−1.673	−1.525	−1.277	−0.800	−0.148	0.680	1.625	2.302	2.517	3.179	3.836	4.490	5.354	6.006
22	−2.287	−1.910	−1.657	−1.510	−1.265	−0.794	−0.149	0.669	1.603	2.272	2.484	3.139	3.788	4.435	5.288	5.933
24	−2.266	−1.893	−1.642	−1.497	−1.255	−0.788	−0.150	0.659	1.584	2.246	2.457	3.104	3.747	4.387	5.232	5.870
26	−2.249	−1.879	−1.630	−1.486	−1.246	−0.783	−0.151	0.651	1.568	2.224	2.433	3.074	3.711	4.346	5.183	5.816
28	−2.233	−1.866	−1.619	−1.477	−1.239	−0.779	−0.152	0.644	1.553	2.205	2.412	3.048	3.680	4.310	5.141	5.769
30	−2.219	−1.855	−1.610	−1.468	−1.232	−0.776	−0.153	0.638	1.541	2.188	2.393	3.026	3.653	4.279	5.104	5.727
35	−2.191	−1.832	−1.591	−1.451	−1.218	−0.768	−0.154	0.625	1.515	2.153	2.356	2.979	3.598	4.214	5.027	5.642
40	−2.170	−1.814	−1.576	−1.438	−1.208	−0.762	−0.155	0.615	1.495	2.126	2.326	2.942	3.554	4.164	4.968	5.576
45	−2.152	−1.800	−1.561	−1.427	−1.198	−0.758	−0.156	0.607	1.479	2.104	2.303	2.913	3.519	4.123	4.920	5.522
50	−2.138	1.788	−1.553	1.418	1.191	0.754	−0.157	0.601	1.466	2.087	2.283	2.889	3.491	4.090	4.881	5.479
60	−2.115	−1.770	−1.538	−1.404	−1.180	−0.748	−0.158	0.591	1.446	2.059	2.253	2.852	3.446	4.038	4.820	5.410
70	2.098	1.756	−1.526	1.394	1.172	−0.744	−0.159	0.583	1.430	2.038	2.230	2.824	3.413	4.000	4.774	5.359
80	−2.085	−1.746	−1.517	−1.386	−1.165	−0.740	−0.159	0.577	1.419	2.022	2.213	2.802	3.387	3.970	4.738	5.319
90	−2.075	−1.737	−1.510	−1.379	−1.160	−0.737	−0.160	0.572	1.409	2.008	2.199	2.784	3.366	3.945	4.710	5.287
100	−2.066	−1.720	−1.504	−1.374	−1.155	−0.735	−0.160	0.568	1.401	1.998	2.187	2.770	3.349	3.925	4.686	5.261
200	−2.023	−1.694	−1.474	−1.347	−1.134	−0.723	−0.162	0.549	1.362	1.944	2.129	2.698	3.263	3.826	4.568	5.130
500	−1.990	−1.668	−1.451	−1.326	−1.117	−0.714	−0.164	0.535	1.333	1.905	2.086	2.645	3.200	3.752	4.481	5.032
1000	−1.976	−1.657	−1.442	−1.318	−1.110	−0.710	−0.164	0.529	1.321	1.889	2.069	2.623	3.174	3.722	4.445	4.992
∞	−1.957	−1.641	−1.428	−1.306	−1.110	−0.705	−0.164	0.520	1.305	1.886	2.044	2.592	3.137	3.679	4.395	4.936

（2）不足 20a 实测潮位资料推求设计高潮位：实测潮位资料不足 20a，但在 5a 以上。可按极值同步差比法与附近有 20a 以上资料的验潮站（或港口）进行相关计算，推求设计高（低）潮位。

进行差比计算时，拟建工程地点与验潮站（或港口）应符合：

1）潮汐性质相似；

2）地理位置邻近；

3）受河流径流（包括汛期）的影响相似；受增减水影响相似。极值同步差比法的计算公式为：

$$h_{yp} = A_{Ny} + \frac{R_y}{R_x}(h_{xp} - A_{Nx}) \tag{4-244}$$

式中 h_{yp}、h_{xp}——分别为拟建工程地点和附近验潮站（或港口）的设计年频率的高（低）潮位值，m 或 cm；

A_{Ny}、A_{Nx}——分别为拟建工程地点和附近验潮站（或港口）的同期年平均潮位值，m 或 cm；

R_y、R_x——分别为拟建工程地点和附近验潮站（或港口）的年最高潮位平均值与同期年平均潮位的差值，m 或 cm。

【例 33】 已知某地有 25a 最高潮位资料（见表 4-80），同时根据调查得在 60a 中出现过的特高潮位值 $h_N = 3.59$m，推求频率 $P = 1\%$ 的设计高潮位。

【解】 1）将年最高潮位按递减次序进行排列，用公式 $P = \frac{m}{n+1} \times 100\%$ 计算对应各项的经验频率，并计算各年高潮位值的平方值（见表 4-80）。

经验频率计算 表 4-80

m	年最高潮位 h_i (m)	经验频率 $P = \frac{m}{n+1} \times 100\%$	h_i^2	m	年最高潮位 h_i (m)	经验频率 $P = \frac{m}{n+1} \times 100\%$	h_i^2
1	3.32	3.85	11.0224	14	2.87	53.85	8.2369
2	3.30	7.70	10.8900	15	2.86	57.69	8.1796
3	3.25	11.54	10.5625	16	2.83	61.54	8.0089
4	3.22	15.38	10.3684	17	2.83	65.38	8.0089
5	3.15	19.23	9.9225	18	2.80	69.23	7.8400
6	3.14	23.08	9.8596	19	2.79	73.08	7.7841
7	3.10	26.92	9.6100	20	2.75	76.92	7.5625
8	3.05	30.77	9.3025	21	2.71	80.77	7.3441
9	3.04	34.62	9.2416	22	2.64	84.62	6.9696
10	3.02	98.46	9.1204	23	2.63	88.46	6.9169
11	2.97	42.31	8.8209	24	2.60	92.30	6.7600
12	2.94	46.15	8.6436	25	2.56	96.15	6.5536
13	2.90	50.00	8.4100		73.27		215.9395

经验频率计算

2) 按公式 $P = \dfrac{1}{N+1} \times 100\%$，计算特高潮位的经验频率：

$$P = \frac{1}{N+1} \times 100\% = \frac{1}{60+1} \times 100\% = 1.64\%$$

3) 计算均值 $\bar{h}$：

$$\bar{h} = \frac{1}{N}\left(h_N + \frac{N-1}{n}\sum_{i=1}^{n} h_i\right) = \frac{1}{60}\left(3.59 + \frac{60-1}{25} \times 73.27\right) = 2.94\text{m}$$

4) 根据 $P=1\%$ 和 $N=60$ 查表 4-79 得 $\lambda_{pN} = 3.446$。

5) 计算 S：

$$S = \sqrt{\frac{1}{N}\left(h_N^2 + \frac{N-1}{n}\sum_{i=1}^{n} h_i^2\right) - \bar{h}^2}$$

$$= \sqrt{\frac{1}{60}\left(3.59^2 + \frac{60-1}{25} \times 215.9395\right) - 2.94^2} = 0.25$$

6) 计算 $P=1\%$ 高潮位：

$$h_{p(1\%)} = \bar{h} + \lambda_{pN}S = 2.94 + 3.446 \times 0.25 = 3.80\text{m}$$

第 5 章　分洪与蓄滞洪

5.1　分洪与蓄滞洪工程总体布置

分洪与蓄滞洪工程，在城市防洪中的作用，是将超过下游河道（或河段）安全泄量部分的洪水，导入其他河流或原河下游，或分流入蓄滞洪区蓄存，以减轻下游河道（或河段）的负担。山洪治理中也可因地制宜地将部分山洪导入蓄滞洪区或分流至邻近的山洪沟，以减少排洪渠道的工程量。

分洪与蓄滞洪工程，一般包括进洪工程（分洪闸或分洪口门）、泄洪工程（泄洪闸或泄洪口门）、分洪道、蓄滞洪区。如蓄滞洪区为农田尚有排水、灌溉等工程。图 5-1 为城市上游分洪与蓄滞洪工程示意。

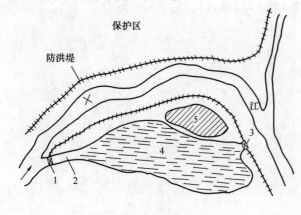

图 5-1　分洪与蓄滞洪工程示意

1—分洪闸；2—分洪道；3—泄洪闸；4—滞洪区；5—安全区

分洪与蓄滞洪工程的布置，必须以河流流域（或河段）规划为基础，因地制宜，综合治理。在研究确定分洪与蓄滞洪工程位置、范围时，一般应考虑如下因素：

（1）分洪口的位置，应尽可能地靠近城市（或保护区）的上游，以发挥最大的防洪作用。

（2）蓄滞洪区应尽量利用湖泊、废坑、坑塘、洼地等，力求少占耕地、好地，减少淹没损失。

（3）分洪口和泄洪口一般设有控制工程，以便运转管理。

（4）分洪闸和泄洪闸的闸址，应选择在水力条件和地质情况较好处。

（5）蓄滞洪区的蓄滞洪容积，应满足设计分洪量的调蓄要求。

（6）根据含砂量考虑淤积容积。

5.2　分洪工程规模的确定

分洪工程规模的确定，要考虑以下因素：

（1）上游河道洪水流量及洪水流量过程线。

（2）下游城市（或保护区）的防洪要求及河段的安全泄量。

（3）蓄滞洪区和分洪道的可能蓄泄能力。

（4）分洪水量流入原河流下游，水位抬高，对上游河道过洪能力的影响。

（5）近期可能实施的河道整治工程，如截弯取直、疏浚等对分洪量和水位的影响。

5.2.1 分洪最大流量和分洪流量过程线的确定

根据上游水文测站确定的设计洪水过程线，用洪水演算方法（详见 5.2.2），推算出分洪闸前的洪水过程线，扣除分洪闸下游河段的安全泄量，得闸前分洪流量过程线，其中的峰值就是最大分洪流量，如图 5-2 所示。

5.2.2 河槽洪水演算方法

1. 河槽洪水演算的意义

洪水在向下游传播的过程中，由于河槽具有一定的调蓄能力，因此洪水过程线的形状不断发生变化，在流量不变的情况下，洪水过程线下游常较上游矮而胖，即洪峰得到了削减，如图 5-3 所示。河槽洪水演算就是推求上、下游断面之间的洪水过程线的变化，以满足下游断面修建工程的要求。

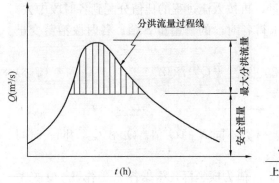

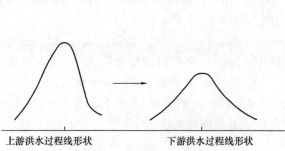

图 5-2　分洪流量过程线　　　　　　图 5-3　上、下游洪水过程线形状变化

河槽洪水演算方法有很多种，但在河道地形资料及实测水文资料较少的条件下，一般使用马司京干法。

2. 洪水流量演算方程

$$Q''_2 = C_0 Q''_1 + C_1 Q'_1 + C_2 Q'_2 \tag{5-1}$$

$$C_0 = \frac{\Delta t - 2KX}{2K(1-X) + \Delta t} \tag{5-2}$$

$$C_1 = \frac{\Delta t + 2KX}{2K(1-X) + \Delta t} \tag{5-3}$$

$$C_2 = \frac{2K(1-X) - \Delta t}{2K(1-X) + \Delta t} \tag{5-4}$$

$$C_0 + C_1 + C_2 = 1 \tag{5-5}$$

式中　Q'_1——上游断面时段始端流量，$\mathrm{m^3/s}$；

　　　　Q''_1——上游断面时段末端流量，$\mathrm{m^3/s}$；

　　　　Q'_2——下游断面时段始端流量，$\mathrm{m^3/s}$；

Q_2''——下游断面时段末端流量，m^3/s；

K——具体时间因次的系数；

X——体现楔形调蓄的无因次参数，其范围为 $0\sim0.5$；

Δt——计算时段，h。

在上述方程中，下游断面时段始端流量 Q_2' 可采用上游断面时段始端流量 Q_1'，因为在洪峰过程起峰前，上、下游断面的流量是相等的。

3. 有关参数的确定

在洪水演算方程中，有关参数 Δt、K、X 的选用是相互影响的，因此在选用时，可先假定计算时段 Δt，以计算 K 及 X 值，然后检验 Δt 是否满足要求。

(1) K、X 值的确定：在计算河段中，上、下游断面同时对某一次洪水进行观测，根据实测的上、下游洪水过程，推求 K、X 值，具体步骤如下：

1) 根据两断面的距离、河槽的纵坡等因素假定 Δt，常采用 $\Delta t = 6h$、12h、18h、24h。

2) 对区间入流量，可先算出区间入流总量，再按入流过程的比值分配到各时段中去。

3) 由各时段槽蓄变量 ΔS 顺时段累加，求得各时段的槽蓄量 S 值。各时段槽蓄变量按公式 (5-6) 计算：

$$\Delta S = (Q_1' + Q_1'')\Delta t/2 - (Q_2' + Q_2'')\Delta t/2 \tag{5-6}$$

式中 ΔS——各时段槽蓄变量 $\Delta S = S_2 - S_1$；

S_1、S_2——时段始、末河段蓄水量。

4) 假定 X 值，按 $Q' = XQ_1 + (1-X)Q_2$ 计算不同 X 的 Q' 值。Q_1 和 Q_2 为同一时间上、下游断面的流量。

5) 图解试算 K、X 值：以 Q' 值为纵坐标，S 值为横坐标，根据各 X 值作 $S\sim Q'$ 关系曲线。当涨、落洪段的 $S\sim Q'$ 关系基本合拢成为单一直线时，则该关系线的 X 值即为所求值；其坡度 $K = \Delta S/\Delta Q$，Δt (h) 亦为所求值。

按上述计算步骤，求出多次洪水的 K、X 值。如各次洪水的 K、X 值比较接近，则取其平均值；若出现个别特大或特小值，应分析其原因，决定取舍。

(2) 计算时段 Δt 的选用：计算时段 Δt 按传播距离、河槽的纵坡等因素选用。计算时段 Δt 选用过长，流量及槽蓄量在 Δt 内成直线变化的假定与实际相距愈近；Δt 选用过短，计算河段内的槽蓄量将出现不连续现象。一般 Δt 选用的范围是 $K \geqslant \Delta t > 2KX$。

4. 河槽洪水演算注意事项

(1) 水位变幅不大时，用一个固定的 X 值和 K 值；水位变幅较大时，高、中、低水位可用相同的 X 值及不同的 K 值；水位变幅甚大时，高、中、低水位可用不同的 X 值及不同的 K 值。

(2) 计算河段内有支流汇入时，常采用近似法来处理。靠近上游断面的支流，入流过程加在干流入流过程线上，并和下游断面的出流过程作洪水演算；靠近下游断面的支流入流过程在出流过程线上减去，并和上断面的入流过程作洪水演算。

(3) 对于江、湖连通河段，串联湖泊河段等复杂情况，其洪水演算需按有关方法另行计算。

(4) 河槽洪水详细演算可参考第 4.1.6 节。

5.2.3 分洪后原河道水面线的改变

河道分洪后，根据分泄洪水出路的不同，对原河道水面线的影响也不同，常遇有以下几种情况：

（1）分洪道将分泄洪水直接排入其他河流或湖、海，这时分洪口以下河流均按安全泄量形成新的水面线。

（2）分洪道将分泄洪水在城市下游流回原河流。

1）分洪口和泄洪口距离较近，泄洪口上游河段受泄洪回水的影响。泄洪流量较小，影响较小；泄洪流量较大，则影响也较大。回水对上游河段的影响，可按第 6.1 节天然河道水面曲线计算的方法，推求河段水面线。

2）泄洪口远离分洪口，泄洪回水影响可忽略不计。

3）蓄滞洪区的容积较大，分泄洪水可全部存蓄其中，待河道洪峰过后，再行泄洪，这时可按排入其他河流情况考虑。

5.3 分洪闸和泄洪闸

5.3.1 分洪闸

1. 分洪闸上游设计水位的确定

分洪闸的上游设计水位，根据原河道下游出口是否受其他水体影响，分两种情况计算：

（1）当原河道下游不受其他水体影响时，分洪闸上游设计水位可按公式（5-7）、公式（5-8）计算，见图 5-4。

$$x_0 = x_2 - z_2 \tag{5-7}$$

$$z_2 = x_2 - x_0 = \frac{3Kv_2^2}{4g(1-K)} \tag{5-8}$$

式中　x_0——分洪闸所在地的河道设计洪水位，用以作为分洪闸上游的设计水位，m；

x_2——相应于流量（$Q_0 - Q$）的河道水位差，m；

Q_0——分洪前河道的设计洪水流量，m^3/s；

Q——最大分洪流量，m^3/s；

z_2——分洪闸所在地由于分洪闸以下能量恢复所引起的河道水位差，m；

K——分洪流量与设计流量比值，K

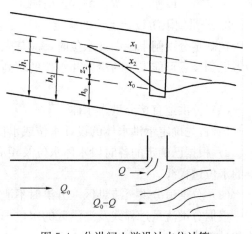

图 5-4　分洪闸上游设计水位计算

$$= Q/Q_0;$$

v_2——分洪后水位为 x_2 时的河道平均流速，m/s，$v_2 = \dfrac{Q_0 - Q}{\omega_2}$；

ω_2——分洪后水位为 x_2 处的河道过水断面面积，m^2；

g——重力加速度，$9.81 m/s^2$。

计算出的 x_0 与相应流量为 Q 的分洪闸前临界水深的水位 x_c 比较。如 $x_0 > x_c$，则用 x_0 作为闸上游设计水位；如 $x_0 < x_c$，则采用 $x_0 = x_c$，因为在缓流情况下，分洪闸前水位 x_0 不可能低于 x_c。

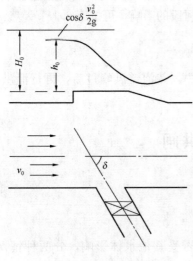

图 5-5 分洪闸上游水头计算

按上述方法计算的 z_2 是近似值，对重要工程应进行水工模型试验验证；另外 h_1、h_2、h_0 实际上不是在同一断面上的水深，为计算方便，可设定为同一断面的水深采用。

如考虑流速水头，闸上游水头 H_0 可按公式(5-9)计算，如图 5-5 所示。

$$H_0 = h_0 + \frac{v_0^2}{2g}\cos\delta \qquad (5-9)$$

式中 h_0——闸前静水头，m；

δ——引水角，°；

v_0——行进流速，m/s。

（2）当原河道下游受其他水体影响时，闸上游设计水位，可按以下方法确定：

1）根据设计洪水典型年或设计洪水标准，拟定分洪时段河道下游水体的水位或水位过程线，作为最大分洪流量时下游水体的水位。

2）根据分洪闸下游河道的安全泄量，由上述下游水体的水位向上游推算水面线，详见本册第 6 章。一般以闸址中点的河道水位作为分洪闸的闸上游设计水位。如闸址至下游水体间，还有支流汇入或分流河道，计算各河段水面线时，应考虑流量的变化。

3）闸址以上河道的水位，系根据上述算得的闸址水位，按分洪前河道全部流量继续向上游推算，以便和上游实测水位对照。

2. 分洪闸下游设计水位的确定

在确定分洪闸下游设计水位时，应首先推算闸下游分洪道的水位流量关系曲线，同时应考虑到今后可能发生的淤积和水位的壅高。分洪闸下游设计水位与分洪道及滞洪区等情况有关。

（1）分洪道直接分洪入水体

1）首先确定承洪水体的设计水位或水位过程线。

2）根据已确定的各时段水体水位及相应的分洪流量，用推求水面线的方法，推求闸下的水位过程线。

（2）分洪道分洪至滞洪区（分洪时不泄洪）

根据分洪流量过程线及滞洪区的水位～蓄量关系曲线，进行调蓄计算，求出滞洪区的水位过程线。

根据各时段滞洪区的水位及相应的分洪流量，用推求水面线的方法，沿分洪道推求闸下游水位过程线。

（3）分洪道分洪至滞洪区（滞洪区同时泄洪）：分洪闸下游水位的确定，一般用近似的试算方法计算：

1）确定承洪水体的水位过程线。

2）假定本时段的滞洪区泄流量 Q_2，用推求水面线的方法，从承洪水体推求得滞洪区出口处的水位。

3）计算本时段滞洪区蓄量的变化，即 $\Delta V = (Q_1 - Q_2)\Delta t$，$Q_1$ 为本时段流入滞洪区的分洪流量，由分洪流量过程线求得。

4）根据滞洪区的水位（中点水位或进、出口水位平均值）蓄量关系曲线及时段变化蓄量，求出滞洪区入口处的水位。

5）用滞洪区泄洪闸的泄流曲线，即入口水位、出口水位与 Q_2 的关系曲线，按2）、3）的水位校验 Q_2' 与 2）假定的 Q_2 是否吻合；如不吻合再重新假定，重复上述计算。

6）根据已校验吻合的滞洪区入口的水位及该时段的分洪流量 Q_1，用推求水面线的方法，顺分洪道推算出分洪闸下游的设计水位。

3. 分洪闸闸底、闸顶高程的确定

分洪闸闸底、闸顶高程，根据最大过闸流量，闸上、下游水位，闸址的地形、地质及滞洪区、分洪道的地形等条件，通过技术经济比较确定。

（1）闸底高程，主要根据闸址处的河道滩地高程、滞洪区的地形、闸址的地质条件，并考虑泥沙、单宽流量和闸门高度等因素选定。闸底高程，应高于河底高程，根据河道洪水泥沙含量和历次洪水的冲淤情况选定，一般要高出淤积高程 1.0m 以上。

闸底高程还可以用下列经验公式（5-10）确定：

$$Z_W = Z_P - H_0 \tag{5-10}$$

式中　Z_W——闸底高程，m；

Z_P——闸前河道设计洪水位，m；

H_0——闸前水头，m，$H_0 = \left(\dfrac{q}{M}\right)^{\frac{2}{3}}$；

M——综合流量系数，一般采用 $M=1.30$；

q——单宽流量，$\text{m}^3/(\text{s}\cdot\text{m})$，$q = Q/b$；

Q——分洪闸最大分洪流量，m^3/s；

b——闸孔宽，m。

单宽流量 q 可按第 11 章的要求选用。

（2）分洪闸闸顶高程，可按公式（5-11）计算：

$$Z_H = Z_P + e + h_\delta + \delta \tag{5-11}$$

式中　Z_H——闸顶高程，m；

Z_P——闸前河道设计洪水位，m；

h_δ——波浪侵袭高度，按第 6.2.3 节的方法计算；

δ——安全超高，按防洪建筑物级别确定，一般不小于 0.5m；

e——由于风浪而产生的水位升高，m，可按经验公式（5-12）求得：

$$e = \frac{v^2 D}{4840 H_0}\cos\beta \tag{5-12}$$

式中　v——风速，m/s；

　　　D——浪程，km；

　　　H_0——闸前水深，m；

　　　β——风向与计算吹程方向的夹角，°。

5.3.2　泄洪闸

（1）泄洪闸上游设计水位的确定

泄洪闸上游设计水位和分洪与滞洪工程的总体布置有关，一般分为有滞洪区和无滞洪区两种情况：

1）有滞洪区的泄洪闸：位于滞洪区下游的泄洪闸，闸上游设计水位可按滞洪区的水位过程线求得。如滞洪区与泄洪闸之间还有一段距离，此时还必须考虑其间连接渠道的水面降落。

2）分洪道下游的泄洪闸：在分洪道下游无滞洪区时，洪水直接由泄洪闸外泄，这时泄洪闸上游设计水位，可按分洪道排泄最大分洪流量时的水面线确定。

（2）泄洪闸下游设计水位的确定

泄洪闸下游设计水位，主要决定于泄洪时段承洪水体的设计水位或水位过程线，可按历史上的大洪水年份在泄洪期间相应的承洪水体的水位分析确定。对于分洪入海的泄洪闸，除了出口高程不受高潮位影响的情况外，一般均需有滞洪区调蓄，以便在高潮位时关闸蓄洪；低潮位时开闸泄洪。这时泄洪闸下游设计水位，可按最高最低潮位的平均值计算。

（3）泄洪闸闸底、闸顶高程的确定

泄洪闸闸底高程，应根据滞洪区的地形及泄洪要求、承洪水体的底高程和水位，经方案比较，综合分析后确定。有条件时应采用较高的闸底高程。泄洪闸闸顶高程的确定，一方面要考虑滞洪区的设计最高水位，另一方面还要考虑承洪水体的最高水位，因此闸上游设计水位采用较高值，其余计算同公式（5-11）。

5.3.3　临时分洪口

当分洪的几率较小时，为节省投资，可采用临时分洪。或当洪水超过设计标准，原有分洪闸的分洪能力已不能满足要求时，为了确保城市（或保护区）的安全，迅速降低下游河道的洪水位，也可配合分洪闸，同时采用临时扒口分洪。

（1）扒口的位置必须事先进行选定，并同时考虑以下因素：

1）河岸土质较好的地段，以减少护砌工程量。

2）分洪后洪水，应有一定的出路，或有合适和足够容积的滞洪区。

3）分洪路线的经济损失最小。

4）尽量避开影响国计民生的重大设施，如铁路、公路和电力网等。

（2）扒口的宽度，可根据其可能最大分洪流量，按宽顶堰流量公式进行计算确定。由于扒口分洪无法控制，一般前期分洪流量较需要分洪流量为大，而主河道的泄洪能力没有得到充分利用，在最大流量过后也有类似情况，故扒口分洪的有效作用比分洪闸小，其有效系数约为 0.7～0.8。

为了防止扒口宽度在行洪时过分扩大，事先应根据扒口宽度，在两端进行裹头加固；同时在扒口下游侧护砌一定长度，视土质情况，一般取 4～10 倍上、下游水头差。有关分洪闸、泄洪闸的闸址选择以及闸孔计算，详见本册第 11 章防洪闸。

5.4　分　洪　道

5.4.1　分洪道布置类型

根据城市地形、河道特性和下游承洪条件，分洪道布置，一般分为以下几种类型：

（1）河道中、下游的城市河段，由于河道过洪能力较小，来水量超过河道的安全泄量，在采用其他措施不经济或不安全的情况下，有条件时可考虑开挖分洪道，分泄一部分洪水流入附近其他河流或直接入海。

（2）上述情况，如没有合适的水体承洪，而附近有低洼地带可供调蓄，可开辟低洼地带为滞洪区，使洪水通过分洪道，引入滞洪区。

（3）当河道各河段的安全泄量不平衡时，对于安全泄量较小的卡口河段，如有合适的条件，可采用开挖分洪道，绕过卡口河段，以平衡各河段的安全泄量。

5.4.2　分洪道的规划设计

分洪道的规划设计，应遵循以下原则：

（1）分洪道的规划设计，必须符合分洪与滞洪工程的总体布置。

（2）分洪道的线路选择，要根据淹没损失大小、工程量多少、分洪道进口距滞洪区或承洪水体的远近等条件，经方案比较确定。

（3）分洪道采用的横断面形式、尺寸和纵坡，要根据进、出口水位，经推算水面线后确定。

（4）分洪道的起点位置选择，必须和分洪闸闸址要求一并考虑；出口位置可根据承洪水体的可能性、分洪效果和工程量等，进行比较确定。

5.5　蓄　滞　洪　区

蓄滞洪区是用来调蓄分洪流量的临时平原水库。调洪能力可按一般常用的调洪计算方法确定，即把蓄滞洪区水面看成水平的来考虑，其调蓄能力只与水位成函数关系，忽略动力方程对调蓄的影响。由于蓄滞洪区只有暂时储蓄洪水的作用，因此对峰型尖瘦、洪水陡涨陡落的河流，比洪峰历时长而洪水总量很大的河流，削减洪峰效果显著。

在选定蓄滞洪区时，不仅要满足分洪、蓄滞洪的要求，还要从经济、政治等多方面进行分析研究确定。

5.5.1 蓄滞洪区的布置

蓄滞洪区的布置主要是按照蓄滞洪区的地形，确定安全台或安全区。

（1）安全台或安全区，是分洪与蓄滞洪工程中的重要组成部分，它关系到蓄滞洪区人民的切身利益，因此必须做到确保安全，便于生产。

（2）安全台及安全区，一般布置在地势比较高、围堤工程量小、原有堤防工程比较好的顺堤之处。安全台可以是土台，也可以是楼房。对于人口比较稠密的居民点、农村贸易集镇以及工厂、企业等较集中的地点，可根据实际情况设立安全区。安全区的大小，以适当分散为宜。安全区的围堤设计水位，应分情况按江河水位或蓄滞洪区的最高水位确定。围堤堤顶高程和安全超高，一般按堤防工程设计规范执行。

（3）蓄滞洪区的报警措施、分洪汛号以及安全区的其他问题，如区内排渍、交通等，均应全面规划、妥善解决。

（4）蓄滞洪区在分洪年份，除了本区内涝积水量要排除外，还有大量洪水进入，而且使内涝水位较不分洪的年份大为增加。如蓄滞洪区为农田，为了汛后恢复和发展农业生产及满足其他有关要求，蓄滞洪区内的水，应适时排出。因此，除了在适当位置建泄洪闸外，还需要布置排水系统或其他排涝措施。

5.5.2 蓄滞洪区最高水位的确定

蓄滞洪区的最高水位，根据分洪与泄洪情况，分为两种类型：不能同时分洪、泄洪的蓄滞洪区；边分洪、边泄洪的蓄滞洪区。前者适用于承洪水体在分洪时段内，水位高于或接近蓄滞洪区的水位，当时不能开闸泄洪，需待承洪水体水位下降后才能开闸泄洪的情况；后者适用于承洪水体在分洪时段内的水位低于蓄滞洪区的最高水位，可开闸泄洪的情况。这两种情况，确定蓄滞洪区最高水位的方法也不同。

（1）不能同时分洪、泄洪的蓄滞洪区：根据分洪过程线决定分洪总量，根据分洪总量查滞洪区水位～容积曲线，即得蓄滞洪区的最高水位。如蓄滞洪区为长年积水的洼地或湖泊时，还需考虑原有积水容量。

（2）边分洪、边泄洪的蓄滞洪区：边分洪、边泄洪的蓄滞洪区的最高水位，需根据分洪流量和泄洪流量，按调蓄计算确定。蓄滞洪区调蓄计算的基本方程式（5-13）为：

$$\frac{Q_1 + Q_2}{2} \Delta t - \frac{q_1 + q_2}{2} \Delta t = W_2 - W_1 = \Delta W \tag{5-13}$$

式中　Q_1、Q_2——时段 Δt 始、末分入滞洪区的流量，$\mathrm{m^3/s}$；

q_1、q_2——时段 Δt 始、末泄洪闸的泄洪量，$\mathrm{m^3/s}$；

W_1、W_2——时段 Δt 始、末滞洪区的蓄水量，$\mathrm{m^3}$；

Δt——计算时段，s。

方程中 Q_1、Q_2 可由分洪过程线上查得；Δt 为选定，根据洪水过程的长短，可取 $\Delta t =$ 1～3h；q_1 及 W_1 可根据起调水位确定；q_2 及 W_2 是未知数，因此还必须建立蓄滞洪区下泄流量与蓄水量的关系，可以公式（5-14）表示：

$$q = f(W) \tag{5-14}$$

联立分解公式（5-13）与公式（5-14），求出泄洪过程线，从而可计算得蓄滞洪区的最高水位，常用的求解方法有列表试算法、半图解法、简化三角形法。

为进行蓄滞洪区调蓄计算，需先绘制蓄滞洪区水位与蓄量的关系曲线，即 $Z \sim W$ 关系曲线和泄洪闸泄量与泄洪区蓄量关系曲线，即 $q \sim W$ 关系曲线，如图 5-6、图 5-7 所示。

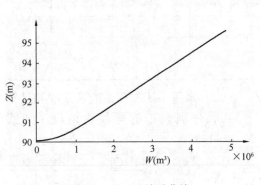

图 5-6 $Z \sim W$ 关系曲线

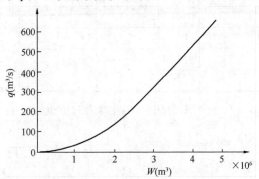

图 5-7 $q \sim W$ 关系曲线

$q \sim W$ 关系曲线，可用表 5-1 格式计算。

$q \sim W$ 关系曲线计算 表 5-1

滞洪区水位 Z (m)	闸顶水头 H (m)	下泄流量 q (m³/s)	蓄量 W (m³)	备注
(1)	(2)	(3)	(4)	(5)

表中（1）、（4）栏摘自蓄滞洪区水位～蓄量关系曲线；（2）栏闸顶水头等于蓄滞洪区水位 Z 减泄洪闸闸底高程；（3）栏下泄流量 $q = f(H)$，从泄洪闸泄流曲线上查得。

以（3）栏 q 为纵坐标、（4）栏 W 为横坐标，绘制 $q \sim W$ 曲线。

（3）列表试算法：列表试算法，是将公式（5-13）水量平衡方程中各项，按表 5-2 列出，逐时段试算出蓄滞洪区的最高水位。具体计算如下：

1）根据蓄滞洪区的水位～蓄量曲线、泄洪闸的 $q \sim W$ 曲线，从第一时段开始逐时段进行水量平衡计算。

2）已知第一时段初的泄流量 $q_1 = 0$，假定第一时段末的泄量为 q_2，因本时段 Q_1、Q_2 及 W_1 均为已知，得 $\Delta W = (Q_1 + Q_2) \Delta t / 2 - (q_1 + q_2) \Delta t / 2$、$W_2 = \Delta W + W_1$，再由 W_2 查 $q \sim W$ 曲线得 q'_2。如果 $q'_2 = q_2$，说明假定正确；如果 $q'_2 \neq q_2$，则必须另设 q_2，重新计算至相等为止。

3）第一时段末的泄流量 q_2 确定后，将此值作为第二时段初的泄流量，再计算第二时段末的泄流量，依次类推，计算以下各时段始、末的泄流量，直至时段末的泄流量为零时止。

4）根据各 W 值，查水位～蓄量曲线，得对应的水位 Z，其中最大的 Z 值即为蓄滞洪区的最高水位。

滞洪区调蓄计算（试算法） 表 5-2

时间 (h)	时段	Q (m³/s)	$\dfrac{Q_1+Q_2}{2}$ (m³/s)	$\dfrac{Q_1+Q_2}{2}\Delta t$ (m³)	q (m³/s)	$\dfrac{q_1+q_2}{2}$ (m³/s)	$\dfrac{q_1+q_2}{2}\Delta t$ (m³)	ΔW (m³)	W (m³)	Z (m)
(1)	(2)	(3)	(4)	(5)	(6)	(7)	(8)	(9)	(10)	(11)

（4）半图解法：半图解法的依据是：将公式（5-13）水量平衡方程中的未知项和已知项，分别列于等号左右两端，如式（5-15）：

$$\frac{W_2}{\Delta t}+\frac{q_2}{2}=\frac{Q_1+Q_2}{2}-q_1+\frac{W_1}{\Delta t}+\frac{q_1}{2}$$

(5-15)

公式（5-15）中左端是未知项，右端是已知项。未知项 $\left(\dfrac{W_2}{\Delta t}+\dfrac{q_2}{2}\right)$ 是 q 的函数，可绘制 $q\sim\left(\dfrac{W}{\Delta t}+\dfrac{q}{2}\right)$ 关系曲线，见图 5-8。

按已知各数求出右端项，即可得

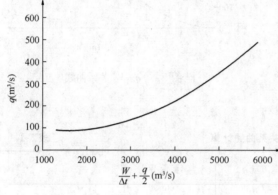

图 5-8 $\quad q\sim\left(\dfrac{W}{\Delta t}+\dfrac{q}{2}\right)$ 关系曲线

左端项；再根据 $\left(\dfrac{W_2}{\Delta t}+\dfrac{q_2}{2}\right)$ 从 $q\sim\left(\dfrac{W}{\Delta t}+\dfrac{q}{2}\right)$ 关系曲线上查得 q_2，然后依次类推，求出泄流过程线，找出最大泄量及对应的蓄滞洪区最高水位。

半图解法调蓄计算的步骤如下：

1）按表 5-3 的格式，计算滞洪区 $q\sim\left(\dfrac{W}{\Delta t}+\dfrac{q}{2}\right)$ 关系曲线。

$q\sim\left(\dfrac{W}{\Delta t}+\dfrac{q}{2}\right)$关系曲线计算 表 5-3

Z (m)	W (m³)	$\dfrac{W}{\Delta t}$ (m³/s)	q (m³/s)	$\dfrac{q}{2}$ (m³/s)	$\dfrac{W}{\Delta t}+\dfrac{q}{2}$ (m³/s)

2）按第一时段已知 Q_1、Q_2、q_1、W_1 和 Δt，求得 $\dfrac{W_2}{\Delta t}+\dfrac{q_2}{2}=\dfrac{Q_1+Q_2}{2}-q_1+\dfrac{W_1}{\Delta t}+\dfrac{q_1}{2}$。

3）由 $\dfrac{W_2}{\Delta t}+\dfrac{q_2}{2}$ 值在 $q\sim\left(\dfrac{W}{\Delta t}+\dfrac{q}{2}\right)$ 关系曲线上查得相应的 q_2 值，用同样的方法逐时段进行计算，见表 5-4。

滞洪区调蓄计算（半图解法）   表 5-4

时间 t (h)	时段	Q (m³/s)	$\dfrac{Q_1+Q_2}{2}$ (m³/s)	q (m³/s)	$\dfrac{W}{\Delta t}+\dfrac{q}{2}$ (m³/s)	备 注
(1)	(2)	(3)	(4)	(5)	(6)	(7)

　　4）从表 5-3 中摘取对应的 q 和 Z 值，绘制 $q{\sim}Z$ 曲线，见图 5-9。

　　5）从表 5-4 中找出泄量 q 的最大值 q_m。

　　6）根据 q_m 查 $q{\sim}Z$ 曲线，即得滞洪区的最高水位。

　　半图解法只适用于闸门全开或无闸门及时段 Δt 固定的情况。当有闸门控制及 Δt 变化时仍需采用试算法。

　　（5）简化三角形法：此法是将分洪过程线简化为三角形来考虑，同时把泄洪闸泄流过程也概化为三角形来考虑，这样就大大减少了计算工作量。

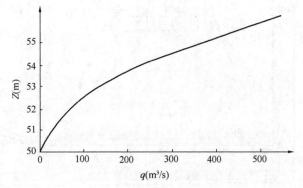

图 5-9　$q{\sim}Z$ 曲线

　　计算的基本公式是：

$$W=V\left(1-\frac{q_\mathrm{m}}{Q_\mathrm{m}}\right) \tag{5-16}$$

式中　W——调蓄容积，m³；

　　　q_m——泄洪闸最大泄流量，m³/s；

　　　V——进蓄滞洪区的洪水量，$V=Q_\mathrm{m}t/2$，m³；

　　　t——分洪历时，由分洪流量过程线确定，s；

　　　Q_m——最大分洪流量，m³/s。

　　调洪计算步骤如下：

　　1）首先绘制 $q{\sim}W$ 曲线和 $Z{\sim}W$ 曲线。

　　2）计算 V，$V=Q_\mathrm{m}t/2$。

　　3）设 q_m，代入公式（5-16）计算得 W。

　　4）根据计算的 W，查 $q{\sim}W$ 曲线得 q'_m，如 $q'_\mathrm{m}=q_\mathrm{m}$，即为所求，这时 W 即为最大调蓄容积；否则，需另行假设 q_m，直至两者相等为止。

　　5）根据 W 查 $Z{\sim}W$ 曲线得 Z，即为蓄滞洪区的最高水位。

　　简化三角形法只适用于无闸门的泄洪口，当泄流过程与直线变化相差很大时不宜用此法。

　　【例 1】　某市防洪工程中，河流设计洪峰流量 $Q=1430\mathrm{m}^3/\mathrm{s}$，城市段河流的安全泄洪量为 $850\mathrm{m}^3/\mathrm{s}$，附近又有洼地可供分蓄，为此采用分洪与蓄滞洪措施，在城市下游排入其他河流，以确保城市安全。已知分洪口附近河流的设计洪水过程线如图 5-10 所示，蓄滞洪区（洼地）的水位～蓄量和泄洪闸泄量～蓄量曲线如图 5-11 所示，选定泄洪闸闸底高程为 50.00m，试确定蓄滞洪区的最大蓄水量和最高水位。

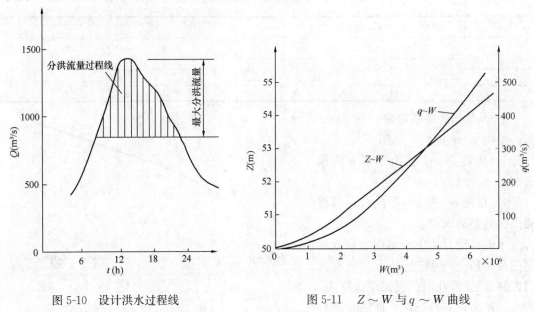

图 5-10　设计洪水过程线　　　　　　图 5-11　$Z \sim W$ 与 $q \sim W$ 曲线

【解】采用列表试算法（按表 5-2 格式）进行调洪计算（列于表 5-5）。现以 10～11h 的第 3 时段为例，进行计算说明。

滞洪区调蓄计算　　　　　　　　　　　　　　表 5-5

时间 (h)	时段	Q (m^3/s)	$\dfrac{Q_1+Q_2}{2}$ (m^3/s)	$\dfrac{Q_1+Q_2}{2}\Delta t$ $(10^4 m^3)$	q (m^3/s)	$\dfrac{q_1+q_2}{2}$ (m^3/s)	$\dfrac{q_1+q_2}{2}\Delta t$ $(10^4 m^3)$	ΔW $(10^4 m^3)$	W $(10^4 m^3)$	Z (m)
(1)	(2)	(3)	(4)	(5)	(6)	(7)	(8)	(9)	(10)	(11)
8		0			0				0	50.00
	1		85	30.60		0.4	0.14	30.46		
9		170			0.8				30.46	50.06
	2		255	91.80		10.4	3.74	88.06		
10		340			20.0				118.52	50.50
	3		420	151.20		60.0	21.60	129.60		
11		500			100.0				248.12	51.45
	4		540	194.40		160.0	57.60	136.80		
12		580			220.0				384.92	52.50
	5		575	207.00		275.0	99.00	108.00		
13		570			330.0				492.92	53.30
	6		550	198.00		355.0	127.80	70.20		
14		530			380.0				563.12	53.80
	7		485	174.60		395.0	142.20	32.40		
15		440			410.0				595.52	54.10
	8		415	149.40		410.0	147.60	1.80		
16		390			410.0				597.32	54.10
	9		370	133.20		405.0	145.80	−12.60		
17		350			400.0				584.72	54.00
	10		310	111.60		390.0	140.40	−28.80		
18		270			380.0				555.92	53.80
	11		210	75.60		357.5	128.70	−53.10		
19		150			335.0				502.82	53.35
	12		115	41.40		305.0	109.80	−68.40		
20		80			275.0				434.42	52.75
	13		40	14.40		237.5	85.50	−71.10		
21		0			200.0				363.32	52.00

1）因分洪过程线陡涨陡落，取计算时段 $\Delta t=1$h，即 $\Delta t=3600$s。开始时段从分洪开始算起。

2）根据分洪流量过程线图 5-10 查得 10h 分洪流量 $Q_1=340$m³/s，11h 分洪流量 $Q_2=500$m³/s，填入表中（1）、（3）栏。

3）按时段始末分洪流量，计算时段的入蓄滞洪区的平均流量 $\dfrac{Q_1+Q_2}{2}=\dfrac{340+500}{2}=420$m³/s，填入表中（4）栏。

4）计算本时段流入蓄滞洪区的水量 $\dfrac{Q_1+Q_2}{2}\Delta t=420\times3600=151.20$（$10^4$m³），填入表中（5）栏。

5）由试算决定本时段的泄洪量 $q=100$m³/s，填入表中（6）栏。

6）以时段初 q 为 q_1（$q_1=20$m³/s），时段末 q 为 q_2（$q_2=100$m³/s），计算本时段流出蓄滞洪区的平均泄洪量 $\dfrac{q_1+q_2}{2}=\dfrac{20+100}{2}=60$m³/s，并计算本时段流出蓄滞洪区的水量 $\dfrac{q_1+q_2}{2}\Delta t=60\times3600=21.6$（$10^4$m³），填入表中（7）、（8）栏。

7）根据公式 $\Delta W=\dfrac{Q_1+Q_2}{2}\Delta t-\dfrac{q_1+q_2}{2}\Delta t$，计算本时段的蓄水量变化值 $\Delta W=151.20-21.60=129.60$（$10^4$m³），填入表中（9）栏。

8）本时段末的蓄水量 $W_2=W_1+\Delta W$，其中 W_1 为本时段初的蓄水量，即上时段末的蓄水量，$W_1=118.52$，$W_2=118.52+129.60=248.12$（10^4m³），填入表中（10）栏。

9）根据（10）栏 W 值查图 3-11 的水位~蓄量曲线得相应水位 51.45m，填入表中（11）栏。

10）根据（10）栏 W 值查图 3-11 的泄量~蓄量曲线得泄量 $q'=100$m³/s，若和假定的 q 相等，说明假定正确，否则重新假定，直至 $q'=q$ 为止。

11）按上述方法逐时段计算分洪全过程，从（10）栏中找出蓄滞洪区的最大蓄水量 $W_{max}=597.32$（10^4m³）；从（11）栏中找出蓄滞洪区的最高水位 $Z_{max}=54.10$m。

第6章 堤 防

堤防工程设计，应以所在河流、湖泊、海岸带的综合规划或防洪、防潮专业规划为依据。城市堤防工程的设计还应以城市总体规划为依据，并与城市其他专业规划相协调。堤防工程的防洪标准应按照现行国家标准《防洪标准》确定。根据本工程在防洪体系中所起的作用，通过不同防洪标准可减免的洪灾经济损失与所需的防洪费用的对比分析，并考虑政治、社会、环境等因素，进行综合权衡论证，最后确定堤防工程的防洪标准。

标准确定以后，根据设计洪峰流量和设计洪水过程线，进行泄洪断面设计，并应推出河道水面线，从而（经方案比较）最终确定堤防的规模、结构形式和工程造价。

6.1 天然河道水面曲线计算

6.1.1 河道分段和河床糙率选用

（1）河道分段：河道水面曲线是逐段推算的，因此分段是否恰当，断面位置选择是否适宜，直接影响水面曲线计算成果，所以要认真研究分析。分段的原则如下。

1）在一个计算河段内，要求各种水力要素不能有较大的变化，应尽可能使河床平均坡降、水面坡降、流量、糙率以及断面形状基本一致。

2）河道比较顺直，过水断面形状基本一致，水流比较平稳的平原河流，河段划分可长些，一般可取 2~4km，特殊情况可达 8km，每段的水面落差不超过 0.50~0.75m；河道变化剧烈的山区河流，河段划分可短些，一般可取 100~1000m，每段的水面落差可取 1~3m。

3）在河流有分支或汇入处，因流量有变化，应在分支或汇入点前后增加计算断面。

4）计算断面应避开回流区，不可避免时，过水断面面积应扣除回流段所占面积。

5）在河道上设有构筑物如桥梁、拦河闸等处，应选取计算断面。

6）河段长度应沿相应流量和水位的水流深泓量取。

（2）河床糙率的选用：选用的糙率应尽量接近河道实际情况。有条件时可进行实测取得糙率值，无条件实测时，可参照表 6-1 选取。

天然河道糙率 表 6-1

类型	单式断面（或主槽）较高水部分			
	河道特征			糙率 n
	河床组成及床面特性	平面形态及水流流态	岸壁特征	
I	河床由砂质组成，床面较平整	河段顺直，断面规整，水流通畅	两侧岸壁为土质或土砂质	0.020~0.024

续表

单式断面（或主槽）较高水部分

类型		河道特征			糙率 n
		河床组成及床面特性	平面形态及水流流态	岸壁特征	
Ⅱ		河床由岩板、砂砾石或卵石组成，床面较平整	河段顺直，断面规整，水流通畅	两侧岸壁为土砂或石质	0.022～0.026
Ⅲ	1	砂质河床，河底不太平顺	水流不够通畅，局部有回流	两侧岸壁为黄土，有杂草	0.025～0.029
	2	河底由砂砾或卵石组成，底坡较均匀，床面尚平整	河段顺直段较长，水流较通畅	两侧略有杂草、小树	0.025～0.029
Ⅳ	1	细砂，河底有稀疏水草或水生植物	河段不够顺直，水流不顺畅	土质岸壁，坍塌，有杂草	0.030～0.034
	2	河床由砂砾或卵石组成，底坡较均匀，床面尚平整	断面尚规整，水流尚通畅	略有杂草、小树，形状较整齐	0.030～0.034
Ⅴ		石质河底，底坡尚均匀，床面不平整	断面尚规整	岸壁有杂草、树木	0.035～0.040
Ⅵ		河床由卵石、块石、乱石或大块石等组成，床面不平整，底坡有凹凸状	河段不顺直，上下游有急弯，或下游有急滩、深坑等；河段处于 S 形顺直段，不整齐；水流不通畅	岸壁为岩石及砂土，长有杂草、树木	0.04～0.10

滩地部分

类型	滩地特征描述			糙率 n	
	平纵横形态	床 质	植 被	变化幅度	平均值
Ⅰ	平面顺直，纵断平顺，横断整齐	土、砂质、淤泥	基本上无植物或为已收割的麦地	0.026～0.038	0.030
Ⅱ	平面、纵面、横面尚顺直整齐	土、砂质	稀疏杂草、杂树或矮小农作物	0.030～0.050	0.040
Ⅲ	平面、纵面、横面尚顺直整齐	砂砾、卵石滩，或为土砂质	稀疏杂草、小杂树，或种有高秆作物	0.040～0.060	0.050
Ⅳ	纵横面尚平坦，但有束水作用，水流不通畅	土砂质	种有农作物，或有稀疏树林	0.050～0.070	0.060
Ⅴ	平面不通畅，纵横面起伏不平	土砂质	有杂草、杂树，或为水稻田	0.060～0.090	0.075

续表

滩地部分					
类型	滩地特征描述			糙率 n	
	平纵横形态	床 质	植 被	变化幅度	平均值
Ⅵ	平面尚顺直，纵横面起伏不平，有洼地、土埂等	土砂质	长满中密的杂草及农作物	0.080～0.120	0.100
Ⅶ	平面不通畅，纵横面起伏不平，有洼地、土埂等	土砂质	3/4 地带长满茂密的杂草、灌木	0.100～0.160	0.130
Ⅷ	平面不通畅，纵横面起伏不平，有洼地、土埂阻塞物	土砂质	全断面有稠密的植被	0.160～0.200	0.180

6.1.2 水面曲线基本方程及有关参数确定

（1）水面曲线基本方程：

$$Z_2 + \frac{\alpha_2 v_2^2}{2g} = Z_1 + h_f + h_j + \frac{\alpha_1 v_1^2}{2g} \tag{6-1}$$

式中 Z_1——下游断面的水位高程，m；

Z_2——上游断面的水位高程，m；

h_f——两断面之间的沿程水头损失，m；

h_j——两断面之间的局部水头损失，m；

α_1——下游动能修正系数；

α_2——上游动能修正系数；

v_1——下游断面平均流速，m/s；

v_2——上游断面平均流速，m/s。

（2）沿程水头损失 h_f 计算：一般采用均匀流沿程水头损失的公式计算河道渐变流的沿程水头损失 h_f：

$$h_f = \overline{J} L \quad (\text{m}) \tag{6-2}$$

式中 $\overline{J}$——河段的平均水力坡降；

L——计算河段长度，m。

（3）局部水头损失 h_j 计算：在水面曲线计算中，河道糙率 n 既反映河槽本身因素（如河床壁的粗糙程度等）对水流阻力的影响，又反映水流因素（如水位的高低等）对水流阻力的影响。因此，除非河槽局部地方有突出的变化或障碍物（如断面的突缩和突扩，急弯段，两岸有显著的突嘴，河中有桥墩等），产生较大的局部水流阻力必须计算外，在一般情况下无须考虑局部水头损失。但在山区河流的水面曲线计算中，局部水头损失就有一定的影响，必须考虑。

（4）动能修正系数 α 的选用：动能修正系数 α 与断面上流速分布的不均匀性有关。复

式断面的 α 较单式断面的 α 大，山区河流的 α 较平原河流的 α 大，特别在河道断面发生突变的地方，水流近似为堰流的河段，α 值可达 2.1 左右。平原河流 $\alpha = 1.15 \sim 1.5$，山区河流 $\alpha = 1.5 \sim 2.0$。

6.1.3 水面曲线的计算方法

推算河道水面曲线的方法很多，常用的有试算法和图解法两种，下面仅介绍试算法。

试算法是推算水面曲线的基本方法，精确可靠，适用性广，在工程中被普遍采用。

1）单式断面：根据河道恒定非均匀流水面曲线基本方程式（即水流能量方程式），结合河道水流特性，可将公式(6-1)写成公式(6-3)：

$$E_2 = E_1 + h_f + h_j \tag{6-3}$$

式中　E_1、E_2——分别为下游断面和上游断面的总水头。

2）复式断面：复式断面河道水面曲线试算法与单式断面计算情况基本相同，公式(6-3)亦为试算的基本方程。

同单式断面水面曲线计算一样，第二次试算的水位值，也是经过一次试算求得水位修正值 ΔZ 后求得的。

6.1.4 几种特殊情况的河道水面曲线计算

（1）河床变形后水面曲线的推算：河床变形引起水面曲线升降的主要原因是：过水断面形状、河床的扩展及收缩、河床组成等变化，总之，当河床变形后，将引起断面上的各种水力因素变化。这些变化反映到水面曲线的计算上，是流量模数 K 的改变。而 K 值的改变，又导致水面曲线的变化。

（2）分汊河道水面曲线计算：当河道中出现江心洲时，就形成分汊河道，如图 6-1 所示，它的两个河汊的过水断面的形状、大小和糙率都不相同，其流量模数 K 也不相等，而且两个河汊的流量 Q_1 和 Q_2 尚不知道，这样，分汊河道的水面曲线计算比一般河道更为复杂。

进行分汊河道计算时，应满足下列两个条件：

1）河道的总流量 Q 为两河汊流量 Q_1 与 Q_2 之和，即 $Q = Q_1 + Q_2$；

2）两分汊河段的水位差应相等，即 $\Delta Z_1 = \Delta Z_2 = \Delta Z$。

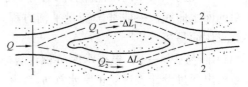

图 6-1　分汊河道平面

设两分汊河段的长度分别为 ΔL_1 及 ΔL_2，对每一河汊而言，仍可用计算一般河道水面曲线的公式来计算，只是流量模数不同。求出落差 ΔZ，根据 ΔZ 计算出 Q_1 和 Q_2，就可进一步计算两个河汊的水面曲线。

（3）桥前壅水：由于桥梁挤压了天然水流，使桥前水面升高，形成桥前壅水。桥前壅水最高点的位置，大约位于由桥台入口处和流向成 $45°$ 角的直线与泛滥线相交处。若桥头建有导流堤，则壅水最高点约在导流堤头部。

壅水高 ΔZ 较精确的计算，可依次建立各相邻断面的伯努利方程式逐步推求，但计算工作量较大，一般可按下列近似公式计算：

$$\Delta Z = \eta(\bar{v}^2 - v_0^2) \qquad (6\text{-}4)$$

式中　η——系数，按河流类型和河滩过水能力而定（一般在 $0.05\sim0.15$ 之间），见表 6-2；

　　　$\bar{v}$——通过设计流量时桥下平均流速，m/s，按表 6-3 采用；

　　　v_0——通过设计流量时，桥前天然水流全河床断面平均流速，m/s。

η 值		表 6-2
河　段　特　征		η
河滩很小的山区河流，桥头路堤阻挡流量占总流量的 10% 以下		0.05
河滩较小的半山区河流段，桥头路堤阻挡流量占总流量的 30% 以下		0.07
有中等河滩的平原河流，桥头路堤阻挡流量占总量的 50% 以下		0.10
河滩很大的低洼地区河流，桥头路堤阻挡流量占总流量 50% 以上		0.15

桥下平均流速 $\bar{v}$			表 6-3
土质	土　壤　类　别	冲刷完成程度	$\bar{v}$
松软土	淤泥、细砂、中砂、松软的淤泥质砂黏土	100%	$v = v_p$
中等土	砂砾、小卵石圆砾、中等密实的砂黏土等	50%	$\bar{v} = v_p 2p/(p+1)$
密实土	大卵石、漂石、密实的黏土等	未冲刷	$v = pv_p$

注：v_p——桥下设计流速。

桥前壅水曲线长度 L（m）按下式计算：

$$L = 2\Delta Z/i \qquad (6\text{-}5)$$

式中　i——河床比降；

　　　ΔZ——桥前壅水高，m。

（4）河湾水位超高：水流在河湾处，由于离心力作用，形成凹岸水位超高，即凹岸水位超出按直线计算水位的数值，在整个河湾范围内，均考虑全值，河湾上游用 $J/2$（J 为天然情况下设计水面坡度），下游用 $2J$ 与天然设计水面线顺接。

对于急弯处水流干扰大，流态紊乱不定的地段，计算所得数据需与现场调查资料进行核对与修正。

（5）建水库后回水曲线的计算：当城市下游修建水库时，应作回水曲线计算。建水库后的回水曲线，一般都按能量平衡方程式计算，但计算工作量大。一般粗估水面曲线时，采用简易法。

1）简易法（一）：根据水库淤积计算求得淤积纵断面图，在三角洲顶点处（即坝址处）求出通过设计流量的正常水深 h_0，由于三角洲顶点处的壅水水面与坝前水位相差甚微，可近似地认为水平，由此可求得三角洲顶点处的壅水高度 Z_1。然后按公式（6-6）求算任一断面的壅水值 Z。

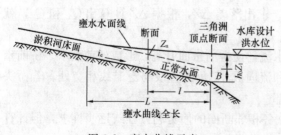

图 6-2　壅水曲线示意

$$\frac{i_e}{h_0} L = f\left(\frac{Z_1}{h_0}\right) - f\left(\frac{Z_x}{h_0}\right) \qquad (6\text{-}6)$$

式中符号意义，见图 6-2。

根据 Z_x/h_0 比值，查表 6-4 求得 $f(Z_1/h_0)$，代入公式（6-6），求出 $f(Z_x/h_0)$，再利用表 6-4 反求 Z_x/h_0 比值，然后即可求得该断面的壅水值 Z_x。

壅水曲线 $f\ (Z/h_0)$ 数值 表 6-4

$\dfrac{Z}{h_0}$	$f\left(\dfrac{Z}{h_0}\right)$	$\dfrac{Z}{h_0}$	$f\left(\dfrac{Z}{h_0}\right)$	$\dfrac{Z}{h_0}$	$f\left(\dfrac{Z}{h_0}\right)$	$\dfrac{Z}{h_0}$	$f\left(\dfrac{Z}{h_0}\right)$	$\dfrac{Z}{h_0}$	$f\left(\dfrac{Z}{h_0}\right)$
0.010	0.0067	0.235	1.2148	0.460	1.6032	0.685	1.9077	0.910	2.1800
0.015	0.1452	0.240	1.2254	0.465	1.6106	0.690	1.9140	0.915	2.1858
0.020	0.2444	0.245	1.2358	0.470	1.6179	0.695	1.9203	0.920	2.1916
0.025	0.3222	0.250	1.2461	0.475	1.6252	0.700	1.9266	0.925	2.1974
0.030	0.3863	0.255	1.2563	0.480	1.6324	0.705	1.9329	0.930	2.2032
0.035	0.4411	0.260	1.2664	0.485	1.6396	0.710	1.9392	0.935	2.2090
0.040	0.4889	0.265	1.2763	0.490	1.6468	0.715	1.9455	0.940	2.2148
0.045	0.5316	0.270	1.2861	0.495	1.6540	0.720	1.9517	0.945	2.2206
0.050	0.5701	0.275	1.2958	0.500	1.6611	0.725	1.9579	0.950	2.2264
0.055	0.6053	0.280	1.3054	0.505	1.6682	0.730	1.9641	0.955	2.2322
0.060	0.6376	0.285	1.3149	0.510	1.6753	0.735	1.9703	0.960	2.2380
0.065	0.6677	0.290	1.3243	0.515	1.6823	0.740	1.9765	0.965	2.2438
0.070	0.6958	0.295	1.3336	0.520	1.6893	0.745	1.9827	0.970	2.2496
0.075	0.7222	0.300	1.3428	0.525	1.6963	0.750	1.9888	0.975	2.2554
0.080	0.7472	0.305	1.3519	0.530	1.7032	0.755	1.9949	0.980	2.2611
0.085	0.7708	0.310	1.3610	0.535	1.7101	0.760	2.0010	0.985	2.2668
0.090	0.7933	0.315	1.3700	0.540	1.7170	0.765	2.0071	0.990	2.2725
0.095	0.8148	0.320	1.3789	0.545	1.7239	0.770	2.0132	0.995	2.2782
0.100	0.8353	0.325	1.3877	0.550	1.7308	0.775	2.0193	1.000	2.2839
0.105	0.8550	0.330	1.3964	0.555	1.7376	0.780	2.0254	1.100	2.3971
0.110	0.8739	0.335	1.4050	0.560	1.7444	0.785	2.0315	1.200	2.5083
0.115	0.8922	0.340	1.4136	0.565	1.7512	0.790	2.0375	1.300	2.6179
0.120	0.9098	0.345	1.4221	0.570	1.7589	0.795	2.0435	1.400	2.7264
0.125	0.9269	0.350	1.4306	0.575	1.7647	0.800	2.0495	1.500	2.8337
0.130	0.9434	0.355	1.4390	0.580	1.7714	0.805	2.0555	1.600	2.9401
0.135	0.9595	0.360	1.4473	0.585	1.7781	0.810	2.0615	1.700	3.0458
0.140	0.9751	0.365	1.4556	0.590	1.7848	0.815	2.0675	1.800	3.1508
0.145	0.9903	0.370	1.4638	0.595	1.7914	0.820	2.0735	1.900	3.2553
0.150	1.0051	0.375	1.4720	0.600	1.7980	0.825	2.0795	2.000	3.3594
0.155	1.0195	0.380	1.4801	0.605	1.8046	0.830	2.0855	2.100	3.4631
0.160	1.0335	0.385	1.4882	0.610	1.8112	0.835	2.0915	2.200	3.5664
0.165	1.0473	0.390	1.4962	0.615	1.8178	0.840	2.0975	2.300	3.6694
0.170	1.0608	0.395	1.5041	0.620	1.8243	0.845	2.1035	2.400	3.7720
0.175	1.0740	0.400	1.5119	0.625	1.8308	0.850	2.1095	2.500	3.8745
0.180	1.0869	0.405	1.5197	0.630	1.8373	0.855	2.1154	2.600	3.9768
0.185	1.0995	0.410	1.5275	0.635	1.8438	0.860	2.1213	2.700	4.0789
0.190	1.1119	0.415	1.5353	0.640	1.8503	0.865	2.1272	2.800	4.1808
0.195	1.1241	0.420	1.5430	0.645	1.8567	0.870	2.1331	2.900	4.2826
0.200	1.1361	0.425	1.5507	0.650	1.8631	0.875	2.1390	3.000	4.3843
0.205	1.1479	0.430	1.5583	0.655	1.8695	0.880	2.1449	3.500	4.8891
0.210	1.1595	0.435	1.5639	0.660	1.8759	0.885	2.1508	4.000	5.3958
0.215	1.1709	0.440	1.5734	0.665	1.8823	0.890	2.1567	4.500	5.8993
0.220	1.1821	0.445	1.5809	0.670	1.8887	0.895	2.1625	5.000	6.4020
0.225	1.1931	0.450	1.5884	0.675	1.8951	0.900	2.1683		
0.230	1.2040	0.455	1.5958	0.680	1.9014	0.905	2.1742		

注：当 $\dfrac{Z_1}{h_0} > 5$ 时壅水曲线即变为水平直线。

2）简易法（二）：当 $Z_1/h_0 \leqslant 1.5$ 时，可按公式（6-7）计算，即

$$Z_x = Z_1 \left(\frac{L-l}{L} \right)^2 \tag{6-7}$$

式中　$L = 2Z_1/i_e$。

6.2　堤　防　设　计

6.2.1　堤线布置

堤线布置应遵循以下原则：

（1）应与防洪工程总体布置密切结合，并与城市规划协调一致，同时还应考虑与涵闸、道路、码头、交叉构筑物、沿河道路、滨河公园、环境美化以及排涝泵站等构筑物配合修建。

（2）尽量利用原有的防洪设施。

（3）堤线应力求平顺，要因势利导，使水流顺畅，不宜硬性改变自然情况下的水流流向，堤线走向要求与汛期洪水流向大致相同，同时又要兼顾中水位的流向。

（4）要注意堤线通过岸坡的稳定性。防止水流对岸边的淘刷危及堤身的稳定。堤线与岸边要有一定距离，如果岸边冲刷严重，则要采取护岸措施，如果由于堤身重量引起岸坡不够稳定，堤线应向后移，加大岸边与堤身距离。应尽可能地走高埠老地，使堤身较低、堤基稳定，以利堤防安全。

（5）河道弯曲段，要采取较大弯曲半径，避免急转弯和折线。

（6）上下游要统筹兼顾，避免束窄河道。

（7）河堤堤距设计，应按堤线选择的原则，根据河道纵横断面、水力要求、河流特性及冲淤变化，分别计算不同堤距的河道设计水面线、设计堤顶高程线、工程量及工程投资等技术经济指标，综合权衡对设计有重大影响的自然因素和社会因素（如果堤距变窄，应充分考虑对上、下游的影响），最后确定堤距。

6.2.2　堤型选择

堤型选择应根据堤段在城市中的位置、城市总体规划要求、地质条件、水流、风浪特性、施工管理要求、工程造价等因素，通过技术经济比较，综合权衡确定。在城市不同地段，可分别采用不同的堤型。

堤型分类如下：

按筑堤材料分：可分为土堤、石堤、混凝土、钢筋混凝土防洪墙或分区填筑的混合材料堤等。

按堤体断面分：可分为斜坡式堤、直墙式堤、直斜复合式堤等。

按防渗体分：可分为均质土堤、斜墙式或心墙式土堤等。

一般，在我国大城市中心市区段，由于地方狭窄，土地昂贵，多数无条件修建土堤，同时结合城市环境的需要，宜采用混凝土或钢筋混凝土堤防。上海市外滩堤防，为解决由于堤防加高，把城区围起来而产生的窒息感，采用了空箱式钢筋混凝土堤防，空箱变成停

车场、商业用地，堤防顶部建成游览观光平台，既满足了防洪要求，又美化了城市环境，还为人们游览观光提供了场所，有很好的经济效益和环境效益。

芜湖市市区堤防也基于改善城市环境、开拓城市用地，而将原有土堤改造为空箱式钢筋混凝土结构，达到了综合开发的理想效果，这种形式都是在确保防洪安全的前提下兼顾其他效益而发挥其多功能的作用。

抚顺市浑河堤防在疏浚、渠化河道的基础上，将原有土堤改造为空箱式钢筋混凝土结构、混凝土直墙结构，达到了综合开发的理想效果，开拓了城市用地，这种形式都是在确保防洪安全的前提下兼顾其他效益而发挥其多功能的作用。

6.2.3 堤顶高程

（1）堤顶高程计算：堤顶高程应按设计洪水位或设计高潮位加堤顶超高确定，

$$Z_H = Z_P + \Delta Z \tag{6-8}$$

式中　Z_H——堤顶高程，m；

　　　Z_P——设计洪水位或设计高潮位，m；

　　　ΔZ——堤顶超高，m。

堤顶超高按下式计算：

$$\Delta Z = R_P + e + A \tag{6-9}$$

式中　R_P——设计波浪爬高，m；

　　　e——设计风壅水面高，m；

　　　　海堤中，设计高潮位如包括此数，不另计；

　　　A——安全加高，m，可按表6-5选用。

堤防工程安全加高值　　　　　　　　　　表6-5

堤防工程级别		1	2	3	4	5
安全加高值（m）	不允许越浪的堤防工程	1.0	0.8	0.7	0.6	0.5
	允许越浪的堤防工程	0.5	0.4	0.4	0.3	0.3

海堤工程中，对于堤线长、潮向不同、风浪大小有差别的大型工程，应分情况按堤段计算风浪爬高，分段确定堤顶高程，以节约工程量，并保证一定的安全度。河堤也有此种情况。

对于一般的土堤堤防，堤顶高程应加预留沉降值，沉降量可根据堤基地质、堤身土质及填筑密实度等分析确定，宜取堤高的3%～8%。各类土堤堤防的预留沉降值，可参照表6-6采用。

土堤预留沉降值（m）　　　　　　　　　　表6-6

堤身的土料		普　通　土		砂、砂卵石	
堤基的土质		普通土	砂、砂卵石	普通土	砂、砂卵石
堤高 （m）	3以下	0.20	0.15	0.15	0.10
	3～5	0.25	0.20	0.20	0.15
	5～7	0.25～0.35	0.20～0.30	0.20～0.30	0.15～0.25
	7以上	0.45	0.40	0.40	0.35

当有下列情况之一时，沉降量应按《堤防工程设计规范》GB 50286—2013 第 8.3 节的规定计算。

1）堤高度大于 10m；

2）堤基为软弱土层；

3）非压实土堤；

4）压实度较低的土堤。

海堤工程经常在软基上筑堤，沉陷量较大。有的一、二年后就沉陷 1m 以上，使海堤防御标准大大降低，因此，在确定海堤高程时，应进行沉陷量计算，并考虑沉陷预留量。

（2）波浪要素确定：影响风浪成长的基本因素为风况（风速、风向、风区长度、风的延时）与水域水深。

计算风浪的风速采用水面以上 10m 高度处的、风速时距为自记 10min 的平均风速。计算风浪的风向按水域计算点的主风向及左右 22.5°、45°的方位角确定，在±22.5°范围内，风向和波向可以认为是一致的。在有限水域，当计算风向两侧较宽广、水域周界比较规则时，风区长度可采用由计算点量到对岸的距离；当风向两侧水域狭窄、水域周界不规则、水域中有岛屿时，或在河道的转弯、汊道处，风区长度宜采用等效风区 F_e，F_e 按下式确定：

$$F_e = \frac{\sum_i r_i \cos^2 \alpha_i}{\sum_i \cos \alpha_i} \tag{6-10}$$

式中　r_i——在主风向两侧各 45°范围内，每隔 $\Delta \alpha$ 角，由计算点引到对岸的射线长度，m；

　　　α_i——射线 r_i 与主风向上射线 r_0 之间的夹角，°，$\alpha_i = i \times \Delta \alpha$。一般计算取 $\Delta \alpha = 7.5°(i = 0, \pm 1, \pm 2, \cdots\cdots \pm 6)$，初步计算也可取 $\Delta a = 15°(i = 0, \pm 1, \pm 2, \pm 3)$，见图 6-3。

风时为风作用的延时，当风区长度≤100km 时，可不考虑风时的影响，计算风浪的水深按风区内水域平均深度确定，当风区内水域的水深变化较小时，水域平均深度可沿计算风向作出地形剖面图求得，当风区内水域水深变化较大时，宜将水域分成几段，分段计算风浪要素。

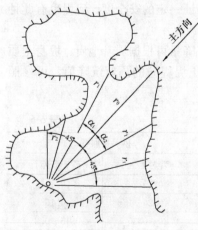

图 6-3　等效风区计算示意

1）风浪要素计算方法：风浪要素计算可按莆田试验站方法确定

$$\frac{g\overline{H}}{v^2} = 0.13 \text{th} \left[0.7 \left(\frac{gd}{v^2} \right)^{0.7} \right]$$

$$\text{th} \left\{ \frac{0.0018 \left(\frac{gF}{v^2} \right)^{0.45}}{0.13 \text{th} \left[0.7 \left(\frac{gd}{v^2} \right)^{0.7} \right]} \right\} \tag{6-11}$$

$$\frac{g\overline{T}}{v^2} = 13.9 \left(\frac{g\overline{H}}{v^2} \right)^{0.5} \tag{6-12}$$

$$\frac{g t_{\min}}{v} = 168 \left(\frac{g\overline{T}}{v} \right)^{3.45} \tag{6-13}$$

式中　$\overline{H}$、$\overline{T}$——分别为平均波高，m；平均波周期，s；

v——计算风速，m/s；

F——风区长度，m；

d——水域的平均水深，m；

g——重力加速度，9.81m/s^2；

$t_{\min}$——风浪达稳定状态的最小风时，s。

由已知的风速 v、风区 F 和水深 d，可按公式（6-11）、公式（6-12）确定稳定状态的风浪要素 $\overline{H}$、$\overline{T}$。由公式（6-13）可确定风浪达稳定状态所需的最小风时 $t_{\min}$。

在计算内陆水域的湖泊、水库的风浪时，公式（6-12）右侧的系数取为 12.5，公式（6-13）右侧的系数取为 272。

天然不规则波的波列波高采用超值累积频率为 P 的波高 H_P 表示，如 $H_{1\%}$、$H_{4\%}$、$H_{13\%}$ 等。不同累积频率波高 H_P 与平均波高 $\overline{H}$ 之比值 $H_P/\overline{H}$ 列于表 6-7。根据表 6-7 可进行不同累积频率波高之间换算。

不同累积频率波高换算　　　　　　　　　表 6-7

$\overline{H}/d$	P（%）	0.1	1	2	3	4	5	10	13	20	50
(1) 0.0		2.97	2.42	2.23	2.11	2.02	1.95	1.71	1.61	1.43	0.94
(2) 0.1		2.70	2.26	2.09	2.00	1.92	1.86	1.65	1.56	1.41	0.96
(3) 0.2	$H_P/\overline{H}$	2.46	2.09	1.96	1.88	1.81	1.76	1.59	1.51	1.37	0.98
(4) 0.3		2.23	1.93	1.82	1.76	1.70	1.66	1.52	1.45	1.34	1.00
(5) 0.4		2.01	1.78	1.69	1.64	1.60	1.56	1.44	1.39	1.30	1.01
(6) 0.5		1.80	1.63	1.56	1.52	1.49	1.46	1.37	1.33	1.25	1.01

不规则波的波周期 $\overline{T}$ 采用平均波周期表示，按平均波周期计算的波长 L 由下式确定：

$$L = \frac{g\overline{T}^2}{2\pi}\text{th}\frac{2\pi d}{L} \tag{6-14}$$

当水深 $d > 0.5L$，$L = L_0 = g\overline{H}^2/2\pi$ 时，称 L_0 为深水波长。波长 L 也可直接由表6-8查得。

2）设计重现期风浪推算：

①当工程地点有 20a 以上的长期风浪观测资料，可采用实测资料的某一累积频率波高的年最大值系列进行频率分析，以确定设计重现期波高。

波长～周期、水深关系表 $L=f$（T，d）　　　　　　表 6-8

周期（s） 水深（m）	2	3	4	5	6	7	8	9	10	12	14	16	18	20
1.0	5.21	8.68	11.99	15.23	18.43	21.61	24.78	27.94	31.10					
2.0	6.04	11.30	16.22	20.94	25.57	30.14	34.68	39.19	43.68					
3.0	6.21	12.67	18.95	24.92	30.71	36.40	42.02	47.59	53.14					
4.0	6.23	13.39	20.85	27.93	34.76	41.42	47.99	54.49	60.94					
5.0		13.75	22.19	30.30	38.07	45.64	53.06	60.39	67.66	82.05	96.32	110.6	124.7	138.9
6.0		13.92	23.12	32.17	40.85	49.25	57.48	65.58	73.60	89.44	105.1	120.7	136.3	151.8
7.0		13.99	23.76	33.67	43.20	52.40	61.39	70.22	78.94	96.00	113.2	130.1	146.9	163.7
8.0		14.02	24.19	34.87	45.21	55.18	64.88	74.20	83.79	102.3	120.6	138.7	156.9	174.7
9.0		14.03	24.48	35.82	46.92	57.62	68.03	78.21	88.24	108.0	127.4	146.7	166.0	185.0
10.0		14.04	24.66	36.58	48.39	59.80	70.88	81.70	92.34	113.4	133.8	154.2	174.5	194.7

续表

水深（m） ＼ 周期（s）	2	3	4	5	6	7	8	9	10	12	14	16	18	20
12.0		14.05	24.85	37.62	50.71	63.46	75.82	87.88	99.70	112.8	145.6	168.0	190.3	212.6
14.0			24.92	38.24	52.40	66.38	79.95	93.17	106.11	131.3	156.1	180.5	204.8	228.8
16.0			24.95	38.59	53.60	68.69	83.42	97.75	111.75	139.0	165.7	191.9	217.9	243.7
18.0			24.97	38.78	54.44	70.52	86.32	101.72	116.75	146.0	174.5	202.4	230.2	257.6
20.0				38.89	55.02	71.95	88.76	105.18	121.20	152.3	182.5	212.2	241.5	270.6
22.0				38.95	55.42	73.07	90.80	108.19	125.17	158.1	190.1	221.4	252.3	282.9
24.0				38.98	55.68	73.92	92.50	110.81	128.71	163.4	197.0	229.9	262.6	294.4
26.0				39.00	55.86	94.58	93.50	113.09	131.88	168.3	203.6	238.0	271.9	305.4
28.0				39.00	55.97	75.07	95.06	115.06	134.72	172.7	209.5	245.6	280.9	315.8
30.0				39.01	56.05	75.44	96.02	116.77	137.25	176.9	215.3	252.7	289.6	325.7
32.0					56.09	75.92	96.79	118.25	139.51	180.8	220.7	259.5	297.6	335.2
34.0					56.12	75.92	97.42	119.52	141.52	184.4	225.8	266.0	305.4	334.3
36.0					56.14	76.07	97.93	120.61	143.32	187.7	230.5	272.1	312.9	353.0
38.0					56.16	76.18	98.34	121.53	144.91	190.7	235.0	278.0	320.0	361.4
40.0					56.17	76.26	98.66	122.33	146.32	193.6	239.2	283.3	326.8	369.4
42.0					56.17	76.32	98.92	123.00	147.57	196.2	243.2	288.8	333.4	377.2
44.0					56.17	76.36	99.13	123.56	148.67	198.6	247.0	293.9	339.7	384.6
46.0					56.18	76.39	99.29	124.04	149.64	200.8	250.5	298.7	345.7	391.8
48.0						76.41	99.42	124.44	150.49	202.9	253.9	303.3	351.5	398.8
50.0						76.43	99.52	124.78	151.24	204.8	256.9	307.6	357.0	405.5
55.0						76.45	99.71	125.49	152.95	208.9	264.2	317.9	370.1	421.4
60.0						76.46	99.78	125.78	158.76	212.2	270.2	327.1	382.1	436.0
65.0						76.47	99.82	126.02	154.49	214.9	275.8	335.2	393.0	449.7
70.0							99.85	126.17	155.00	216.9	280.3	342.5	402.8	462.2
深水波	6.24	24.05	24.97	39.02	56.19	76.47	99.88	126.42	156.07	224.6	305.7	399.3	505.3	623.9

注：表中波长单位为 m。例如：当周期 $T=3.0$s，水深 $d=8$m 时，$L=14.02$m。

②当工程地点无长期测波资料时：

a. 在风区长度 $F<100$km 的条件下，可根据当地的风速资料确定设计重现期的风速，并计算相应的风浪要素。

b. 在风区长度 $F>100$km 或在开敞海岸的情况下，可采用历史天气图推算风浪要素的方法，确定设计重现期的风浪要素。

与设计重现期波高对应的波周期，可按风浪要素计算公式（6-12）确定。在有适当论证的条件下，可根据实测资料进行波高—波周期的直关分析，确定与设计波高对应的波周期。

3）近岸波浪浅水变形计算：风浪向近岸浅水区传播时，假定平均波周期不变，任意水深处的波长按公式（6-14）或表 6-8 确定。

浅水区任意水深处的波高，应考虑风浪浅水、折射效应，按浅水变形计算确定。当水底坡度平缓，风浪传播距离较长时，在浅水变形计算时，宜考虑底摩阻的影响。

由变形计算得到的设计波高，不应大于该水深条件下的极限波高。

（3）风壅水面高度计算：风沿水域吹过所形成的水面升高为风壅高度（风壅水面超过静水面的高度），在有限风区的情况下，可按下式计算

$$e = \frac{Kv^2 F}{2gd}\cos\beta \qquad (6\text{-}15)$$

式中　e——计算点的风壅水面高度，m；

　　　K——综合摩阻系数，取 $K=3.6\times10^{-6}$；

　　　v——水面上 10m 高度处的风速，m/s；

　　　F——从计算点作水域中线的平行线与对岸的交点到计算点的距离，m；

　　　d——水域的平均水深，m；

　　　β——风向与水域中线的夹角，°。

（4）风浪爬高计算：

1）在风的直接作用下，正向来波在单一斜坡上的爬高可按如下方法确定：

①当 $m=1.5\sim5.0$ 时，风浪爬高按公式（6-16）计算：

$$R_{P} = \frac{K_{A}K_{V}K_{P}}{\sqrt{1+m^2}}\sqrt{HL} \tag{6-16}$$

式中　R_P——累积频率为 P 的风浪爬高，m；

　　　K_A——斜坡的糙率渗透性系数，根据护面类型查表 6-9；

　　　K_V——经验系数，由风速 v（m/s）、堤前水深 d（m）、重力加速度 g（m/s^2）组成的无维量 $v/\sqrt{gd}$，查表 6-10；

　　　K_P——爬高累积率换算系数，查表 6-11；

　　　m——斜坡坡度系数，$m=\cot\alpha$，α 为斜坡坡角，°；

　　$\overline{H}$、L——堤前风浪的平均波高和波长，m。

②当 $m<1.25$ 时，风浪爬高按公式（6-17）计算：

$$R_{P} = K_{A}K_{V}K_{P}R_{0}\overline{H} \tag{6-17}$$

式中　R_0——无风的情况下，光滑墙面（$K_A=1$）、$\overline{H}=1$m 时的爬高值，m，按表 6-12 确定；

　　　其他符号意义同公式（6-16）。

③当 $1.25<m<1.5$ 时，可由 $m=1.5$ 和 $m=1.25$ 的计算值按内插法确定。

糙 渗 系 数 K_A　　　　　　　　　　　　　　　　　　　　　　　表 6-9

护面类型	K_A	护面类型	K_A
光滑不透水护面（沥青混凝土）	1.0	抛填两层块石（透水基础）	0.50~0.55
混凝土及混凝土板护面	0.9	四脚空心方块（安放一层）	0.55
草皮护面	0.85~0.90	四脚锥体（安放二层）	0.40
砌石护面	0.75~0.80	工字形块体（安放二层）	0.38
抛填两层块石（不透水基础）	0.60~0.65		

系　数 K_V　　　　　　　　　　　　　　　　　　　　　　　表 6-10

$v/\sqrt{gd}$	<1	1.5	2	2.5	3	3.5	4	$\geqslant5$
K_V	1	1.02	1.08	1.16	1.22	1.25	1.28	1.30

爬高累积率换算系数 K_P　　　　　　　　　　　　　　表 6-11

$\overline{H}/d$		P（%）	0.1	1	2	3	4	5	10	13	20	50
(1)	<0.1		2.66	2.23	2.07	1.97	1.90	1.84	1.64	1.54	1.39	0.96
(2)	0.1~0.3	$R_P/\overline{R}$	2.44	2.08	1.94	1.86	1.80	1.75	1.57	1.48	1.36	0.97
(3)	>0.3		2.13	1.86	1.76	1.70	1.65	1.61	1.48	1.40	1.31	0.99

注：$\overline{R}$——平均爬高。

R_0　值　　　　　　　　　　　　　　表 6-12

$m=\cot\alpha$	0	0.5	1.0	1.25
R_0	1.24	1.45	2.20	2.50

2）复式斜坡堤风浪爬高计算：带有平台的复式斜坡堤的风浪爬高，可先确定该断面的折算坡度系数 m_e，而后，按坡度系数为 m_e 的单坡断面近似确定其爬高。折算坡度系数 m_e 按公式（6-18）计算。

①当 $\Delta m = m_下 - m_上 = 0$，即上下坡度一致时，

$$m_e = m_上\left(1 - 4.0\frac{|d_w|}{L}\right)K_b \tag{6-18}$$

$$K_b = 1 + 3\frac{B}{L} \tag{6-19}$$

②当 $\Delta m > 0$，即下坡缓于上坡时，

$$m_e = (m_上 + 0.3\Delta m - 0.1\Delta m^2)\left(1 - 4.5\frac{d_w}{L}\right)K_b \tag{6-20}$$

③当 $\Delta m < 0$，即下坡陡于上坡时，

$$m_e = (m_上 + 0.5\Delta m + 0.08\Delta m^2)\left(1 + 3.0\frac{d_w}{L}\right)K_b \tag{6-21}$$

式中　$m_上$、$m_下$——分别为平台以上、以下的斜坡坡度系数；

　　　　d_w——平台上的水深，m，当平台在静水位以下时取正值；平台在静水位以上时取负值（见图6-4）。$|d_w|$ 表示取绝对值。

　　　　B——平台宽度，m；

　　　　L——波长，m。

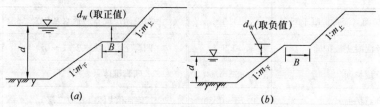

图 6-4　带平台的复式坡

（a）平台在静水位以下；（b）平台在静水位以上

折算坡度法适用于下述条件：$m_上 = 1.0 \sim 4.0, m_下 = 1.5 \sim 3, d_w/L = -0.067 \sim +0.067, B/L < 0.25$。

对1、2级堤防及断面形状复杂的复式堤的风浪爬高，宜通过模型试验确定。

3）若来波波向线与堤轴线的法线成 β 角度时，风浪爬高应乘以系数 K_β，当 $m>1$ 时，K_β 可按表 6-13 确定。

系　数　K_β　　　　　　　　表 6-13

β (°)	<15	20	30	40	50	60
K_β	1	0.96	0.92	0.87	0.82	0.76

6.2.4 堤身断面设计

（1）断面形式

1）土堤：除城市中心区外，地形条件允许，有足够土料来源的情况下，应优先考虑土堤，尤其优先考虑均质土堤，均质土堤施工不受干扰，心墙或斜墙土堤施工干扰较大。图 6-5 为已建内陆河流土堤实例。

（a）～（j）为内陆江河堤防常见的布置形式。

2）防洪墙：城市中心区为了减少修建堤防占地或避免大量拆迁，可采用浆砌石或钢筋混凝土防洪墙。这两种类型堤防的优点为占地少、工程量小、施工场地小、堤防结构坚固耐久、抗水流冲击能力强、岁修量较小。缺点是耗费石料和三大材料较多、抗洪抢险时不利于加高培厚。

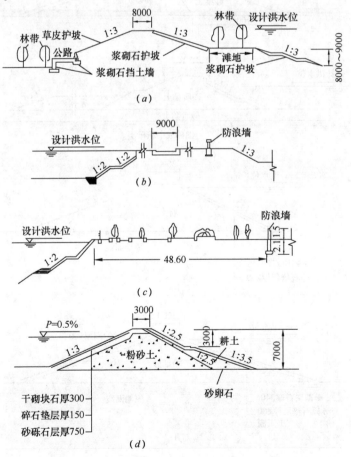

图 6-5　内陆河流土堤实例

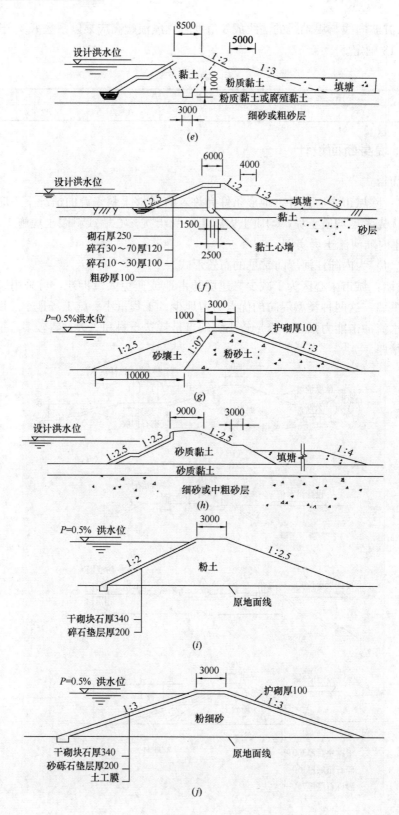

图 6-5 内陆河流土堤实例（续）

①钢筋混凝土防洪墙通常有悬臂式和扶壁式。断面应根据内力计算确定。当堤身较高，地基软弱时，可采用桩基础。如图 6-6 所示。

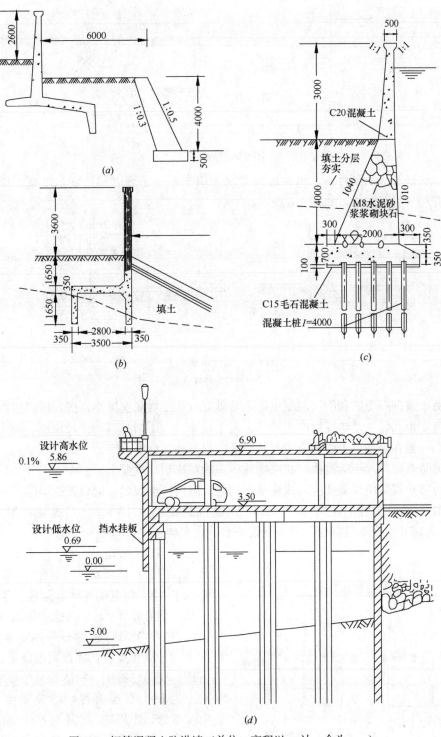

图 6-6 钢筋混凝土防洪墙（单位：高程以 m 计，余为 mm）

(*a*)、(*b*)、(*c*)、(*d*) 为采用桩基础时钢筋混凝土防洪墙常见的几种布置形式

②浆砌石堤均为重力式，如图 6-7 所示。图中（a）迎水面为直立面，（b）为两面均为斜面的形式。堤顶宽度通常为 0.5～1.0m。

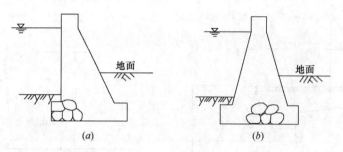

图 6-7 浆砌石堤

③在场地允许的条件下，可在堤防背水侧填土至一定宽度和高度，以减少堤防的断面，又有利于堤基防渗，如图 6-8 所示。

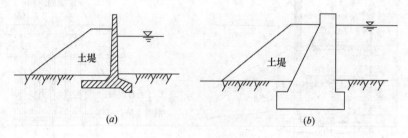

图 6-8 堤背水侧填土
（a）、（b）为两种形式

④由于浆砌石堤防和钢筋混凝土堤防基础宽度比土堤底宽度小得多，所以应特别注意基础渗流变形问题。严防堤后产生管涌、流土现象。为了增加基础渗径长度，减小堤后渗透压力，一般在堤基设置防渗齿墙，其深度应根据渗透计算确定。

⑤堤防基础埋深不应过浅，在寒冷地区应满足冻层深度要求。

⑥为防止堤防由于温度应力或地基不均匀沉降而产生裂缝，应设置变形缝，一般浆砌石和混凝土堤变形缝间距为 10～15m，钢筋混凝土堤为 15～20m，缝宽一般为 10～30mm。为防止沿变形缝漏水，缝内须设止水。止水构造，如图 6-9 所示。

⑦浆砌石堤防的石料，应不低于 Mu50，最适宜的岩石是火成岩，砌石的水泥砂浆应不低于 M8，勾缝的水泥砂浆应比砌石的高一档。钢筋混凝土堤，其强度等级应不低于 C20，在寒冷地区还应考虑抗冻要求。

（2）堤顶宽度：堤顶宽度应根据防汛、管理、交通、施工、构造及其他要求确定，对土堤和土石混合堤，堤顶宽度宜大于 6m，3 级以下堤防，也不宜小于 3m。

堤顶根据防汛交通、存放物料的需要，在顶宽以外应设置回车场、避车道、料场

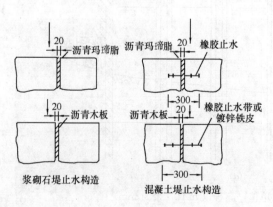

图 6-9 变形缝止水

等。堤坡还应设置上坡道，下坡道以满足群众、生产及防汛、交通的需要。对处于滨河游览区内以及堤顶兼作道路使用的，可根据其功能需要确定。

我国部分城市和河流土堤堤顶宽度列于表 6-14。

我国部分城市和河流的土堤堤顶宽度　　表 6-14

名　　称	堤顶宽度（m）	备注
哈尔滨市松花江故乡防洪堤	36	结合城市道路
哈尔滨市道里松花江防洪堤	50～80	滨江公园
锦州市小凌河防洪堤	3	
兰州黄河防洪堤	20	结合道路
淮北大堤	4，6，8，10	
荆江大堤	8，10，12	
武汉市汉江防洪堤	8	
武汉市长江青山段防洪堤	8	
襄樊汉江防洪堤	6	
抚顺市和平桥～浑河大桥段防洪堤	40	结合城市道路

（3）土堤边坡：土堤边坡应根据堤防等级、堤身结构、堤基、筑堤土质、堤身高度、洪水持续时间、波浪作用程度、施工及运用条件，经稳定计算确定。

一般土堤通常采用的边坡值可为 1∶2～1∶5，堤高超过 6m 者，应考虑设置戗台，戗台顶宽为 1.5～2.0m，有交通要求时，按有关规范选用。

我国部分城市和河流的土堤边坡值列于表 6-15。

我国几个城市和河流土堤边坡值　　表 6-15

名　　称	迎水坡	背水坡	备　　注
哈尔滨市松花江防洪堤	1∶2.0～1∶2.5	1∶2.5～1∶5.0	
锦州市小凌河防洪堤	1∶3.0	1∶2.5	坡脚有排水体
黄河大堤	1∶2.5～1∶3.0	1∶3.0～1∶3.5	
荆江大堤	1∶2.5～1∶3.0	1∶4	
抚顺市浑河防洪堤	1∶2.1～1∶2.7	1∶2.1～1∶2.7	

6.2.5　防浪墙

为了减少堤身工程量，或减轻软基所受荷重，降低堤顶高程，而又不降低设计标准，可在堤顶设置防浪墙。防浪墙一般设在堤顶外侧，也有设于堤顶内侧的，堤顶起消浪作用。通常堤顶略高于设计洪水位，因此防浪墙高度应满足波浪侵袭高度和安全超高的要求。为了美化城市环境，防浪墙应考虑造型美观，高度不宜大于 1.2m。

如图 6-10 所示。墙顶宽度通常为 0.5m，墙体常采用浆砌石结构，每隔 20～30m 设一道变形缝，缝宽为 10～30mm，自基础直通墙顶，缝两侧接触面应力求平整. 缝内应填塞柔性材料。

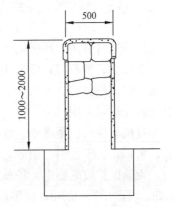

图 6-10　直墙式防浪墙
（单位：mm）

6.2.6　土堤防护

（1）堤顶防护：

1）为了防止降雨冲刷堤顶。一般在堤顶上铺设一层粗砂或碎石，或做成路面。

2）堤顶应具有向两侧倾斜的排雨水坡度，一般采用 2％～3％。当设有防浪墙时，可向一侧排水。

3）有风浪越过防浪墙冲刷堤顶时，堤顶要进行防护以防止冲刷，保护堤身安全。

（2）边坡防护：

1）边坡防护应考虑的问题：

①迎水坡经常遭受到水流和风浪的冲击，故需防护。背水坡一般可不防护，而设排水设施，较重要堤段，可用草皮护坡。

②边坡防护应视各河段的河道形态和水流流态，分别采取不同措施，不宜硬性一致。

③边坡高度超过 6m 时，宜在常水位稍高部位设置戗道，将常水位上下护坡分开，以便护坡维修。

④护坡设计应考虑维修人员通行方便和人民生活的需要（如游泳区、洗衣处以及钓鱼台等通行台阶）。

2）边坡护砌种类：边坡护砌种类有干砌石护坡；浆砌石护坡；混凝土或钢筋混凝土板护坡；沥青混凝土，沥青砂浆胶结块石护坡；水泥土护坡；草皮护坡；土工织物袋混凝土护坡；人工异形块体护坡；连锁板块；护坡砖等。

①干砌石护坡：干砌石的石块尺寸，应根据风浪大小，通过计算确定。一般厚度为 25～40cm，斜坡式海堤最小厚度不得小于 40cm。

a. 风浪作用下斜坡堤干砌块石护坡的护面层厚度 t（m）可按下式计算：

$$t = K_1 K_r \frac{H}{\sqrt{m}} \sqrt[3]{\frac{L}{H}} \tag{6-22}$$

式中　K_1——系数，对一般干砌石取 0.266，对砌方石、条石取 0.225；

　　　K_r——重度系数，$K_r = \dfrac{r}{r_b - r}$，r_b 和 r 分别为块石和水的重力密度，kN/m³；

　　　H——计算波高，m，当 $d/L > 0.125$ 时，取 $H_{4\%}$；当 $d/L < 0.125$ 时，取 $H_{13\%}$，d 为堤前水深，m；

　　　L——波长，m；

　　　m——斜坡坡度系数，$m = \cot\alpha$，α 为斜坡坡角，°。

公式（6-22）适用于 $1.5 < m < 5.0$。

护坡通常采用单层竖砌石形式，以增加嵌固力。

干砌块石的石料，应选用坚固、未风化、并能抵抗冰冻作用、有良好抗水性的石料，如花岗岩、辉长岩、闪长岩、斑岩等。密度大的玄武岩、沉积岩中的硅质砂岩、石英石和石灰岩等均可采用。

对抗水性弱、密度小、强度低、抗风化能力低的岩石，如页岩、泥灰岩、黏土岩、熔岩、角砾岩、千枚岩、粗砂岩等均不宜采用。

为确保护坡的稳定，护坡末端必须设置基脚，通常采用的形式为矩形断面。宽 1.0～1.5m，深 0.6～0.8m，如果堤脚挖槽困难，可采用先抛石再进行浆砌石作为基脚，并根据堤前波浪大小，对基脚进行抛石防冲保护。

海堤块石护坡的接头处，应采取封边措施，一般是砌筑边槽，宽 1.5～2.5m，深 0.6

～1.0m，边坡顶部应进行封顶，封顶宽度 1.0～1.5m。堤顶设有防浪墙的，可结合做成防浪墙基础。

b. 垫层或反滤层：垫层厚度为 0.1～0.2m 的碎石或砾石。为防止堤身材料被淘刷，有时需要设置反滤层。砌石下面反滤层设计应满足下列条件：

（*a*）各层内部颗粒不应发生移动。

（*b*）较细一层颗粒不应穿过较粗一层的空隙。

（*c*）除极细颗粒外，被保护的土壤颗粒不应带入滤层。

（*d*）允许被带走的细小颗粒不应在滤层中停留；为了满足反滤层上述条件的要求，可按下列方法计算：

a）单层反滤层：单层反滤层颗粒的有效粒径，d_{60} 按公式（6-23）计算：

$$d_{60} \geqslant 0.2 \sqrt[3]{\frac{G}{r_s}} \quad (\text{m}) \tag{6-23}$$

式中　G——铺砌或堆石的石块重力，kN；

　　　　r_s——石块重力密度，kN/m³。

同时要求材料不均匀系数：

$$\eta = \frac{d_{60}}{d_{10}} \leqslant 5 \sim 10$$

d_{60}、d_{10} 为通过筛孔 60% 及 10% 的粒径。

b）多层反滤层：多层反滤层相邻两层的层间系数 Φ 及同层的不均匀系数 η，应满足下列条件，而且末层及滤层的平均滤径 d_{50} 应小于铺石直径的 0.2 倍。

$$\Phi = \frac{d'_{50}}{d_{50}} \leqslant 10 \sim 15 \tag{6-24}$$

$$\eta = \frac{d_{60}}{d_{10}} \leqslant 5 \sim 10 \tag{6-25}$$

式中　d'_{50}——相邻层中较粗层颗粒平均粒径，mm；

　　　　d_{50}——相邻层中较细层颗粒平均粒径，mm。

在实际工程中反滤层厚度一般为 20～40cm，层数为 2～3 层。如图 6-11 所示。

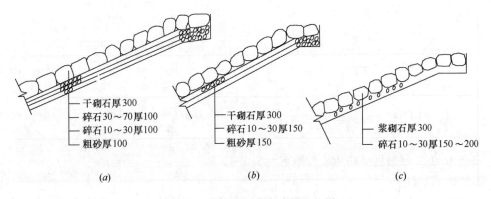

图 6-11　边坡护砌下反滤层和垫层

（*a*）、（*b*）、（*c*）为 3 种反滤层的做法

直立式海堤和混合式海堤，砌石体和土体之间，必须设置垫层，垫层由砂砾石、碎石组成，垫层厚度 0.6~1.0m。对于 Ⅰ~Ⅱ 级海堤的重要地段，或沿堤建筑物与海堤的连接部位应按反滤层设置。

　　c. 边坡护砌高度：通常护砌至设计洪水位以上，如果河道水面较宽、洪水期风浪较大，或雨水冲刷较严重，可砌至堤肩。

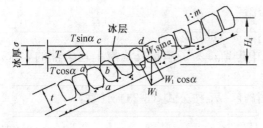

图 6-12　冰层作用力的分布

　　d. 非黏土防冻层：在北方寒冷地区，黏性土料筑堤在冬季会发生冻胀，对护坡有很大的破坏作用。因此，最好在边坡距结冰水位以上 1.5m 左右范围内设置一层不产生冻胀的非黏性土的防冻层。

　　e. 冰层对护坡的作用：冰层对护坡也有破坏作用，主要是静冰压力所产生的推力，如图 6-12 所示。根据力的平衡式，干砌块石护坡抵抗静冰压力的安全系数 *K* 可由公式(6-26)求得：

$$K = \frac{W_1 \sin\alpha + (T\sin\alpha + W_1 \cos\alpha)f}{T\cos\alpha} \tag{6-26}$$

式中　*f*——砌石护坡与反滤层间的摩擦系数；

　　　α——坡面与水平线的交角，°；

　　　T——冰层水平推力，kN；

　　　W_1——冰层内砌石计入冰层 *bcd* 的重量和扣除 *abcd* 体积的浮力后的重量，kN；

$$w_1 = \gamma_s H t \sqrt{m^2 + 1} - \frac{mt^2}{2} - t\delta\sqrt{m^2 + 1} \tag{6-27}$$

　　　γ_s——石块重力密度，kN/m³；

　　　H——抵抗冰层推力所需要的护坡高度，m；

　　　t——砌石厚度，m；

　　　δ——冰层厚度，m；

　　　m——边坡系数。

公式（6-26）可化为：

$$K = \frac{\left(\gamma_s H t \sqrt{m^2 + 1} - \frac{mt^2}{2} - t\delta\sqrt{m^2 + 1}\right)\left(\frac{1}{m} + f\right) + \frac{fT}{m}}{T} \tag{6-28}$$

$$H = \frac{1}{t\gamma_s\sqrt{m^2 + 1}}\left[\frac{(Km - f)}{1 + mf} + \frac{mt^2}{2} + t\delta\sqrt{m^2 + 1}\right] \quad (\text{m}) \tag{6-29}$$

安全系数 *K* 可根据堤防重要性取 *K*=1.1~1.3。

　　②浆砌石护坡：

　　a. 浆砌石护坡具有很好的抗风浪冲刷和抗冰层推力的性能，但水泥用量大，造价高；为了节省水泥用量，也有采用干砌后勾缝，勾缝深度一般为 0.15m 左右，同时留出约

15%的缝长作排水缝，但在寒冷地区勾缝易脱落。

　　b. 护坡厚度一般为 0.25～0.40m。

　　c. 浆砌石下面的垫层，最小厚度为 0.15m，垫层材料为碎石和砾石，粒径一般为 20～80mm。在护坡下面全铺垫层有困难时。可采用在护坡下设置斜向交叉的排水盲沟。如图 6-13 所示，排水盲沟相交处，砌石留有排水孔，但要求浆砌石护坡具有比较高的不透水性。砌石水泥砂浆应不低于 M5，浆砌石表面勾缝的水泥砂浆应比砌体水泥砂浆高一档，在寒冷地区要根据抗冻要求选用 M8 以上的水泥砂浆。

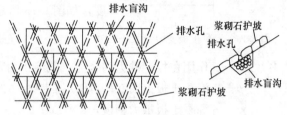

　　d. 为了防止护坡发生温度裂缝，每隔 10～15m 左右设置一条伸缩缝。

图 6-13　排水盲沟

　　③混凝土板护坡、钢筋混凝土板护坡：混凝土板和钢筋混凝土板护坡，比浆砌石具有更强的整体性、抗风浪冲刷和抗冰层推力的性能，在风浪冲刷严重、冰层推力大的河道上可采用，但造价较高。

　　a. 混凝土或钢筋混凝土预制板：

　　（a）预制板一般采用方形或六角形，板的平面尺寸通常采用(0.8～1.5)m×(0.8～1.5)m，板厚为 0.15～0.20m。板的尺寸取决于施工起吊能力。六角形板每边长为 0.30～0.40m，厚为 0.15～0.20m。图 6-14 为预制混凝土板护坡。

　　（b）预制板下面的垫层（或反滤层）同浆砌块石护坡。

　　（c）铺设平面尺寸较大的预制板时，在接缝处填放厚为 5～10mm 的沥青木板条，形成伸缩缝。

　　（d）在寒冷地区需要铺设非黏性土防冻层。

　　（e）混凝土强度等级为 C20 以上。

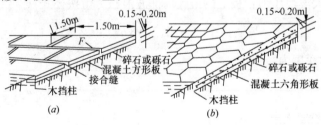

图 6-14　混凝土板护坡
(a) 方形板；(b) 六角形板；(a)、(b) 为两种常见的预制混凝土板形式

　　b. 现浇混凝土板：

　　（a）与预制板相比，其平面尺寸较大，一般采用(5×5)m～(10×10)m，故现浇混凝土板的抗风浪冲击和冰层推力性能强，板厚为 0.15～0.25m，大尺寸现浇板一般要配置钢筋。

　　（b）在寒冷地区，在板下全面铺设垫层，在垫层下设一层非黏性土防冻层。如没有冻胀情况，则只在板接缝处设置垫层或反滤层。

　　（c）为防止由温度变化和堤坡的不均匀沉陷造成裂缝，应在板的接缝处填沥青木

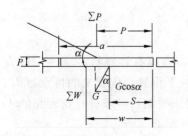

图 6-15 混凝土板受力情况

板条。

(d) 混凝土强度等级一般为 C20。

c. 混凝土板稳定计算：混凝土板稳定计算按最不利情况，即板下边缘位于最大压力线上。混凝土板的稳定是靠板的自重来维持的，因此稳定计算决定混凝土板的厚度，如图 6-15 所示。为维持板的稳定，必须满足下式：

$$\Sigma P p + \gamma_c a t S \cos\alpha \geqslant \Sigma W \omega \qquad (6\text{-}30)$$

式中　ΣP——作用在板上的力的合力（风浪压力及静水压力），kN；

　　　p——混凝土板上面 ΣP 力作用点距板边的距离，m；

　　　γ_c——混凝土板重力密度，kN/m³；

　　　a——混凝土板沿堤坡方向的长度，m；

　　　t——混凝土板厚度，m；

　　　S——混凝土板自重作用点距板边的距离，m；

　　　α——边坡与水平夹角，°；

　　　ΣW——作用在板下的上托力和静水压力的合力，kN；

　　　ω——混凝土板下面，ΣW 力作用点距板边的距离，m。

(a) 初步设计可按公式（6-31）计算：

$$t = K \frac{0.225 h_{bp}}{\gamma_\sigma - 1} \frac{\sqrt{1+m^2}}{m} \qquad (6\text{-}31)$$

式中　K——安全系数，$K = 1.25 \sim 1.50$；

　　　h_{bp}——波浪高度，m。

(b) 混凝土板稳定性的精确计算方法：作用板上的力为

a) 板上的最大波浪压力：板上的最大局部波浪压力可按公式（6-32）计算，即

$$P_{\max} = 1.59 \gamma K h_{bp} \qquad (6\text{-}32)$$

最大压力点的深度为

$$h_y = (0.75 - 0.25m + 0.032m^2)\left(\frac{L}{0.5 h_{bp}}\right)^{0.3} 0.5 h_{bp} \qquad (6\text{-}33)$$

式中　L——波浪长度之半，m；

　　　h_{bp}——波浪高度，m；

　　　m——边坡系数。

在风浪下滚时板面上的波浪压力分布可按公式（6-34）计算：

$$P_a = \eta P_{\max}\left[0.022\sqrt{m}e^{-10}L - 0.017 K_2 e^{\frac{10.5 x^3}{mL}}\sqrt{\frac{L}{0.5 h_b}}\right] \qquad (6\text{-}34)$$

$$K_2 = 6.11 - 2.78m + 0.38m^2 \qquad (6\text{-}35)$$

式中　x——以板的最低点为原点沿板面计算的坐标距离，m；

　　　η——系数，根据边坡系数 m 选用，

　　　$m = 2 \sim 3.5$，$\eta = 1.0$

$m=4$，$\eta=0.8$

$m=5$，$\eta=0.6$

为了安全起见，板的下部边缘应考虑位于静水位下 h_y 处，因此点板上浪压力系指向坡处的吸力，且系最大值，如图 6-16 所示。

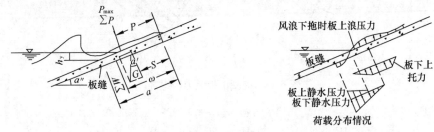

图 6-16　验算板的稳定性时的荷载

b) 板下的上托力：板下的上托力按下列公式逐步计算：

$$
\left.
\begin{aligned}
L_B &= h_e\sqrt{1+m^2} \\[1ex]
L_1 &= 0.85\,\frac{h}{\sqrt{m^3}} \\[1ex]
L_2 &= h_2\sqrt{1+m^2} \\[1ex]
L_g &= l_B - l_1 \\[1ex]
L &= 8.5\,\frac{h}{m^2} \\[1ex]
L_y &= h_y\sqrt{1+m^2} \\[1ex]
h_2 &= 0.25(3.3 - 1.36m + 0.2m^2)h
\end{aligned}
\right\}
\qquad (6\text{-}36)
$$

式中　　h_e——波浪侵袭高度，m；

　　　　h_y——最大波浪压力点的水深，m；

　　　　m——边坡系数。

其他符号见图 6-17。

板下的上托力成梯形分布，如图 6-17所示，最大压力等于 $0.85h(\mathrm{kN/m})$。

c) 板上及板下静水压力：板上最大静水压力为 $r_0 h_y$，板下的最大静水压力为 $r_0(h_y + t)$，压力分布，如图 6-18 (a) 所示。

将板上滚动的波浪压力，板下的上托力以及静水压力组合起来，然后将压力图形分为 W_1、W_2……W_n 等几块，如图 6-18 (b) 所示，按公式（6-37）计

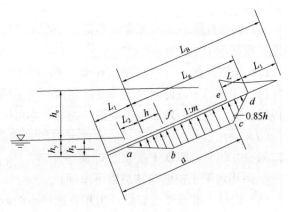

图 6-17　板下的上托力

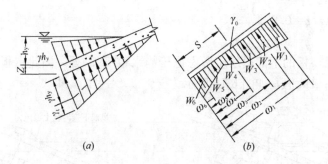

图 6-18 混凝土板上力的组合

算板的厚度：

$$t = \frac{W_1\omega_1 + W_2\omega_2 + W_3\omega_3 + \cdots\cdots + W_n\omega_n}{\gamma_a as\cos\alpha}K \quad (\text{m}) \tag{6-37}$$

K——安全系数，取 $K=1.25\sim1.50$。

④水泥土护坡：水泥土是用 $85\%\sim90\%$ 的土与 $15\%\sim10\%$ 的水泥加适量的水拌和均匀压实而成，近二三十年国内外开始采用水泥土护坡。对缺乏石料的平原地区，具有一定使用价值。

a. 水泥土护坡的优点：

（a）就地取材，砂土、粉土、壤土以及风化的页岩粉碴，均可作为原料；

（b）造价低，可节省大量劳动力；

（c）施工简便，易于掌握，维修方便；

（d）防渗效果好，具有一定的坚固耐久性，适应性较强。

b. 水泥土的性能：

（a）抗冻性能：经过 25 次冻融试验，抗压强度损失在 25% 以内，能满足抗冻要求。对有抗冻要求的水泥土，还可采取以下措施来增强抗冻性能：

a）在土料黏粒含量较多，如重粉质粉土、粉质黏土，可以加少量粗砂，黏粒含量控制不超过 13%。

b）加大水泥含量，不低于 15%，提高水泥土干重力密度达到 1.85kN/m^3 以上。

c）施工中要掌握气候条件，严寒季节最好停止浇筑，特别对塑性水泥土的浇筑更要注意。

（b）防渗性能：在水泥含量不低于 10%，干重力密度在 1.75kN/m^3 以上时，水泥土渗透系数都小于 10^{-5}mm/h。

（c）干缩性能：一般水泥土在 28d 和 60d 龄期的干缩率分别为 $0.062\%\sim0.122\%$ 和 $0.067\%\sim0.129\%$，说明水泥 28d 龄期后，其干缩变化已基本趋于稳定。水泥土的干缩率比混凝土大，因此，现场施工要留伸缩缝，亦可采用预制水泥土板施工。

（d）软化系数：一般土料的水泥土饱和时的抗压强度，只相当于干燥时抗压强度的 $0.37\%\sim0.56\%$，即软化系数为 $0.37\sim0.56$。

c. 采用水泥土护坡应注意以下事项：

（a）以砂土和砾质土较好，但用含细料少的砂则水泥用量大。

（b）一般水泥用量为土料干重力密度的 $9\%\sim15\%$。

（c）不应用含有机杂质的土。

（d）土的级配最好是粒径小于 50mm，而其中小于 5mm 的土粒占 55％～60％，小于 0.074mm 的土粒为 10％～25％。细粒（粒径＜0.074mm）含量多时抗冻性增高，但收缩性增大。

（e）如果护坡受冰块、漂木、含粗粒泥沙的水流严重撞击和冲刷时，土壤中应含有 20％以上的卵石。

（f）分层压实，按水平层铺筑，每层压实后不超过 0.15m。

（g）在填筑下一层之前，将前层面打毛约 20mm 深。

（h）护坡厚度通常采用 0.6～0.8m，相应水平宽度为 2～3m。

⑤沥青砂浆胶结块石护坡：近年来国外采用一种具有防渗、抗冲、柔性好、施工简便等特点的沥青砂浆胶结块石护坡。其做法如下：

a. 先在堤坡面上浇筑一层厚为 80mm 的渣油混凝土，然后在其上面浇筑厚为 50mm 沥青砂浆层，随即摆上块石，块石间留有 20mm 左右的间隙，灌以沥青砂浆，全部填满或部分填满，如图 6-19 所示。

b. 底层渣油混凝土采用的配合比为渣油 5％，沥青 2％，矿粉 7％，砂 36％和碎石 50％。

c. 沥青砂浆的配合比为沥青 10％，渣油 10％，矿粉 20％和砂 60％。

d. 块石错缝排列。

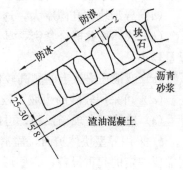

图 6-19　沥青砂浆胶结块石护坡
（单位：cm）

e. 为了使下垫层沥青砂浆的稠度增大，可掺 20％细砾。

⑥草皮护坡：草皮护坡多用于背水坡，既可挖草皮在堤坡上砌筑，也可在堤坡上撒草籽。后者易生杂草，初期坡面不能得到全部保护，效果不如前者。

a. 砌筑草皮：最好选择与堤坡土壤相接近的草地挖割草皮，移植草皮的时间最好是秋季，夏季草皮容易枯萎。

将草皮切割成 0.2m×0.2m 至 0.25m×0.6m 的矩形，或宽约 0.25m，长 2.5m 的长条形，如图 6-20（a）所示，厚为 0.05～0.1m。为使接边处更为密合起见，边是斜切的。如果堤坡是砂性土，则在铺草皮之前应先在坡面上铺一层腐殖土，0.05～0.1m，或铺一层草面向下的草皮。

铺设草皮有两种方法：

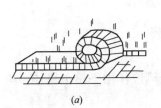
（a）

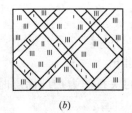
（b）

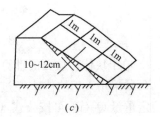
（c）

图 6-20　草皮和种草护坡

（a）草皮的切割；（b）草坡护坡；（c）种草护坡

（a）用草皮条铺成每边 1m 的方格，空格中播种矮草——紫苜蓿，猫尾草和三叶草等，如图 6-20 （b） 所示。

（b）堤坡全铺草皮。

b. 种草：如图 6-20 （c） 所示，在坡面上顺堤防轴线方向挖成锯齿沟，在其上撒布腐殖土，加肥料并种下草籽。为了播种均匀，尚须掺 3～5 倍湿的大砂粒和锯屑。草的种类应从土堤所在地区适应堤坡土壤条件的草籽中选用。另外，工程上常常采用三维土工网垫植草护坡的形式，即在腐殖土上方罩一层三维土工网，该种形式在种草初期，可以起到保土、防止坡面水流冲刷的作用，大大提高草的成活率。

⑦人工异型块体护坡：

a. 从 20 世纪 50 年代初起，开始在海堤上采用混凝土或钢筋混凝土异型块体护坡，以后并未广泛采用，这种异型块体与块石护面相比具有下列优点：

（a）异型块体孔隙率大，透水性强，表面粗糙度大，消能作用优越。

（b）块体彼此嵌合紧密，具有一定程度的整体性，在波浪作用下，稳定所要求的个体重量较小。

（c）波浪在堤坡上的爬高较低，越顶水量较少，堤前反射较弱。

（d）可采用较陡的边坡，较低的堤顶高程，故断面比较经济。

（e）块体可在现场预制，可以避免大型块石的开采和运输。

b. 采用异型块体护面，需消耗相当数量的水泥，有的还需加一定数量的钢筋，安装时需要一定的起重设备，有些形态奇特的块体，制模技术比较复杂，而且棱角易于碰伤，因此在作方案比较时，应根据当地条件、材料来源、运输单价、施工设备、养护、管理各种因素全面考虑，择优选用。

下面为几种混凝土预制块体形式，见图 6-21。

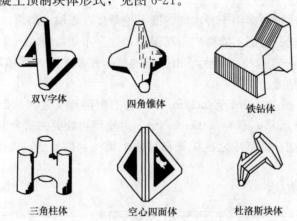

双V字体　　　　　四角锥体　　　　　铁钻体

三角柱体　　　　　空心四面体　　　　杜洛斯块体

图 6-21　几种混凝土预制异型块体的外形

c. 单个块体、块石的计算方法如下：

（a）采用人工块体或经过分选的块石作为护坡面层时，风浪作用下单个块体、块石的稳定重量 Q （t） 可按公式 （6-38） 计算：

$$Q = 0.1\gamma_b \frac{K_r^3 H^3}{K_D m} \tag{6-38}$$

式中　Q——主要护面层的护面块体、块石个体质量，t。如护面层由两层块石组成，则块石重量可在 $0.75Q\sim1.25Q$ 范围内，但应有 50% 以上的块石重量大于 Q；

　　　γ_b——块体或块石的重力密度，kN/m^3；

　　　K_γ——重度系数，$K_r=\dfrac{\gamma}{\gamma_b-\gamma}$，$\gamma$ 为水的重力密度，kN/m^3；

　　　H——设计波高，m，一般取 $H_{13\%}$，当平均波高与水深的比值 $H/d<0.3$ 时，宜采用 $H_{5\%}$；

　　　K_D——稳定系数，见表 6-16。

稳定系数 K_D　　　　　　　表 6-16

护面类型	构造形式	K_D	说明	护面类型	构造形式	K_D	说明
块石	抛填二层	4.0		四脚空心方块	安放一层	14	
块石	安放（立放）一层	5.5		工字型块体	安放二层	18	$H\geqslant7.5m$
方块	抛填二层	5.0		工字型块体	安放二层	24	$H<7.5m$
四脚锥体	安放二层	8.5					

　　块体、块石护面层厚度 t（m）可按公式（6-39）计算：

$$t=nc\left(\frac{Q}{0.1\gamma_b}\right)^{\frac{1}{3}} \tag{6-39}$$

式中　n——护面块体、块石的层数；

　　　c——系数，见表 6-17。

其他符号意义同前。

系 数 c　　　　　　　　表 6-17

护面类型	构造形式	c	说　明
块石	抛填二层	1.0	
块石	安放（立放）一层	1.3~1.4	
四脚锥体	安放二层	1.0	
工字型块体	安放二层	1.2	定点随机安放
工字型块体	安放二层	1.1	规则安放

　　（b）采用未经分选的级配块石作为护坡面层时，块石质量按公式（6-40）确定：

$$Q_{50}=0.1\gamma_b\frac{K_r^3H^3}{K_{DD}m} \tag{6-40}$$

式中　Q_{50}——块石质量，t，小于该质量的块石占全部块石质量的 50%；

　　　K_{DD}——级配块石的稳定系数，取 2.5；

　　　H——计算波高，m，取 $H_{13\%}$；

其他符号意义同前。

级配块石的最大块石质量 Q_{max}（t）和最小块石质量 Q_{min}（t）取为：

$$Q_{max}=4Q_{50} \tag{6-41}$$

$$Q_{min}=\frac{1}{8}Q_{50} \tag{6-42}$$

级配块石护面层厚度 t（m）可按公式（6-43）计算：

$$t = 1.67 \left(\frac{Q_{50}}{0.1\gamma_b} \right)^{\frac{1}{3}} \tag{6-43}$$

公式（6-38）、公式（6-40）适用于 $m = 1.5 \sim 5.0$。

（3）堤脚防护：堤脚的稳定程度直接影响到堤坡的稳定，为了防止堤脚被水流淘刷，引起堤坡的塌陷或滑动，对堤脚要采取防护措施。

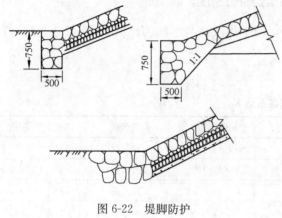

图 6-22　堤脚防护

1）砌石护脚：砌石护脚坚固耐久，适用于有滩地和缓坡的河岸段内，防护效果较好，维修方便。堤脚护砌深度应在冲刷线以下 $0.5 \sim 0.1$m，否则应有防冲措施；在寒冷地区还要满足土壤冻层要求，或采取防冻措施。当水流流速为 $4 \sim 5$m/s 时，宜采用浆砌石，砂浆等级为 M5 以上。护脚埋置深度一般不小于 0.7m，如图 6-22 所示。

2）打桩护脚

打桩护脚适用于冲刷严重的陡岸，堤脚护砌较深，单靠砌石防护有困难，可采用打桩来固定砌石或抛石，如图 6-23 所示。

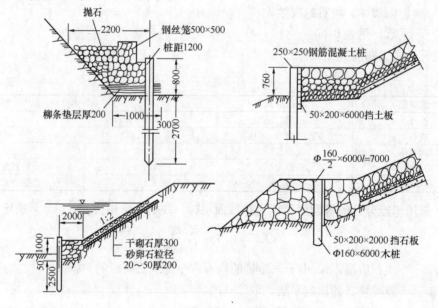

图 6-23　打桩护脚

① 钢筋混凝土桩：桩的断面尺寸不小于 0.25m，桩距为 $1.0 \sim 2.0$m，有时在桩与桩之间放置挡板，以防止石块被水流冲落。在北方寒冷地区对钢筋混凝土桩还需考虑抗冻问题，一般混凝土强度等级应在 C18 以上。

②木桩：一般采用直径为 $0.16 \sim 0.20$m 圆木，桩距为 $1.0 \sim 2.0$m，木桩使用年限比钢筋混凝土桩短，且耗费大量木材，所以近年逐渐被钢筋混凝土桩所代替。

3）铅丝石笼护脚：铅丝石笼抗冲刷性能好，一般用于水流流速为 5m/s 左右的情况，适应河床变形能力强，防护效果稳定，铅丝石笼下面通常垫柳条排，以便更好地适应河床变形。防护形式一般采用垒码或平铺，如图 6-24 所示。

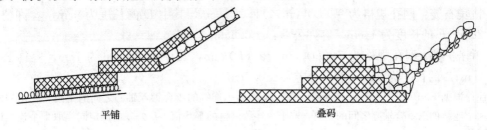

平铺 　　　　　　　　　　　叠码

图 6-24　铅丝石笼护脚

铅丝石笼的结构形式有箱形和圆柱形，其构造尺寸，见表 6-18。石笼可用钢丝或镀锌钢丝编织。钢丝使用年限约 4 年左右；镀锌钢丝使用年限可达 10 年左右，如铅丝石笼一直处于水下，使用年限较长。

常用铅丝石笼尺寸　　　　　　　　　　　　表 6-18

铅丝石笼		表面积（m²）	容量（m³）	装石粒径（mm）
形式	尺寸（m）			
箱形	3×1×1	14.0	3.00	50～200
箱形	3×2×1	22.0	6.00	50～200
扁箱形	4×2×0.5	22.0	4.00	50～200
扁箱形	3×2×0.5	17.0	3.00	50～200
扁箱形	2×1×0.25	5.5	0.50	50～200
扁箱形	4×3×0.5	31.0	6.00	50～200
扁箱形	3×1×0.5	10.0	1.50	50～200
圆柱形	$\phi 0.5×1.5$	2.4	0.30	50～150
圆柱形	$\phi 0.6×2.0$	3.8	0.57	50～150
圆柱形	$\phi 0.7×2.0$	4.4	0.77	50～150

注：铅丝石笼尺寸根据工程需要还可以加大。

铅丝石笼一般用直径为 6mm 的钢筋作骨架，用 2.5～4.0mm 的钢丝编网，其孔眼通常为 60mm×60mm、80mm×80mm 及 120mm×150mm。

为节省钢材，在南方产竹地区，可用竹石笼代替铅丝石笼，其防护加固作用相同，其坚固性虽不如铅丝石笼，但造价低廉，故常用于临时性防护工程，如能在短期内被泥沙淤塞固结，则仍可用于永久性防护工程。也有采用格栅石笼代替铅丝石笼的，格栅的优点是寿命长，可达 30 年，但是防火性能差，易燃烧。

4）格宾石笼、雷诺护垫

格宾石笼、雷诺护垫是将低碳钢丝经机器编织而成的三绞合六边形金属网结构，其寿命可达 40～50 年，抗冲刷性能好，一般用于水流流速为 3.5～8.0m/s 左右的情况，适应河床变形能力强，防护效果稳定。防护形式一般采用平铺。具体技术性能指标如下：

①钢丝直径

格宾石笼：一般情况下网面钢丝直径采用 2.7mm（大于 2.5mm，目前机器编织用的最大钢丝直径为 3.4mm），边缘钢丝直径 3.4mm，绞合钢丝直径 2.2mm。

雷诺护垫：一般情况下网面钢丝直径采用 2.0mm 或 2.2mm，边缘钢丝直径 2.7mm，绞合钢丝直径 2.2mm。

一般情况下，当石笼的厚度大于40cm时防护支挡的形式采用格宾石笼。

钢丝直径的公差必须符合国际标准EN10218。

②网孔尺寸

格宾石笼：网孔规格为9（D）cm×11（L）cm，其中D的长度为9cm，容许公差：±0.2cm；L的长度为11cm，容许公差：±0.5cm。

雷诺护垫：网孔规格为7（D）cm×9（L）cm，其中D的长度为7cm，容许公差：±0.2cm；L的长度为9cm，容许公差：±0.5cm。

注：根据EN10223-3标准，张开的网格D是指两个连续的绞合钢丝轴心之间的距离。公差的确定是指两个连续的三绞合轴心之间的距离，取十个连续网格的平均值。L公差的确定同样取十个连续网格的平均值。

③钢丝绞合部分要求

如图6-25所示，钢丝为三绞合形式，钢丝绞合部分长度为：网孔规格为7cm×9cm时，钢丝绞合部分长度为（4.5±0.5）cm；网孔规格为9cm×11cm时，钢丝绞合部分长度为（5±0.5）cm。

④钢丝抗张强度

用于生产格宾石笼和雷诺护垫的绞合钢丝必须按照国际标准EN10223-3达到抗拉强度350～500N/mm²。

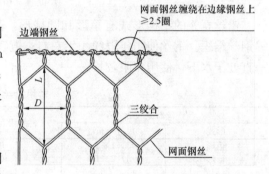

图6-25　格宾石笼、雷诺护垫网孔细部构造

⑤钢丝延伸率

按照国际标准EN10223-3，延伸率不能低于10%。实验必须用不短于30cm的样品做。

⑥Galfan（或镀锌）镀层质量

用于生产格宾石笼的钢丝一般采用重镀高尔凡（Galfan：在我国称为"锌－5%铝＋稀土元素合金钢丝"），或者高镀锌钢丝。按照国际标准EN10244-2（A级），最低镀层质量见表6-19。

Galfan（锌－5%铝＋稀土元素）**镀层最低质量**　　　　　　　　　　　表6-19

		网格钢丝	网格或绞边钢丝	网格或边端钢丝	边端钢丝
钢丝直径ϕ	mm	2.00	2.20	2.70	3.40
公差	（±）mm	0.05	0.06	0.06	0.06
最低Galfan镀层质量	g/m²	215	230	245	260

镀锌镀层最低质量　　　　　　　　　　　表6-20

		网格钢丝	网格或绞边钢丝	网格或边端钢丝	边端钢丝
钢丝直径ϕ	mm	2.00	2.20	2.70	3.40
公差	（±）mm	0.05	0.06	0.06	0.06
最低锌镀层质量	g/m²	215	230	245	260

注：当网格钢丝直径为2.0mm或2.2mm时，边端钢丝为2.7mm；当网格钢丝直径为2.7mm时，边端钢丝为3.4mm，绞边钢丝一般均为2.20mm，绞边钢丝必须采用与网格钢丝一样材质的钢丝，并且按照间隔10～15cm单圈－双圈交替绞合。

⑦钢丝镀层附着性

根据 EN10223-3 标准，镀层的粘附力应达到下述要求：当钢丝绕具有 4 倍钢丝直径的心轴 6 周时，用手指摩擦钢丝，其不会剥落或开裂。

⑧格宾石笼、雷诺护垫尺寸

长、宽、高见产品说明书（一般内部每间隔 1m 用隔板隔成独立的单元），特殊尺寸可以定做，具体设计、使用时可以先和生产厂家沟通。

当网格钢丝采用 2.0mm 时，雷诺护垫内部每间隔 1m 采用双隔板隔成独立的单元；雷诺护垫为一次成型生产，除盖板外，边板、端板、隔板及底板间不可分割。

常用格宾石笼、雷诺护垫规格尺寸　　　　　　　表 6-21

品　名	网格尺寸	钢丝主要技术参数	常用规格型号
雷诺护垫	7cm×9cm	网格钢丝直径 2.0mm（边端钢丝直径 2.7mm）	6m×2m×0.17m
			6m×2m×0.20m
		网格钢丝直径 2.2mm（边端钢丝直径 2.7mm）	6m×2m×0.23m
			6m×2m×0.25m
			6m×2m×0.30m
格宾石笼	9cm×11cm	网面钢丝直径 2.7mm（边端钢丝直径 3.4mm）	1.5m×1m×1m
			2.0m×1m×1m
			3.0m×1m×1m
			4.0m×1m×1m
			6m×2m×0.5m

⑨充填石料

护垫充填石料必须是新鲜或弱微风化岩石，饱和抗压强度＞40MPa，软化系数＞0.8，冻融损失率＜1%。

30cm 厚以下石笼石料粒径 7～15cm，$d_{50}=12cm$，50cm 厚格宾石笼石料粒径 10～25cm，$d_{50}=18cm$，在不放置在石笼表面的前提下，大小可以有 5% 变化。超大的石头尺寸必须不妨碍用不同大小的石头在石笼内至少填充两层的要求。在填充石料时应尽量注意不要损坏石笼上的镀层。

石料充填要求紧密，需采用部分人工砌筑以保证石料孔隙率较小。

（4）海堤护堤地：它是海堤防护的组成部分，直接关系到堤身的安全、防汛抢险和维护管理。护堤地的宽度根据海堤的等级、地基情况来确定，宽度一般在 10～30m，与海堤背水坡坡脚相连。其高程不得低于堤内地面高程。

当地基软弱，堤身较高时，还需设置抛石镇压层以保持堤身稳定。

6.3　稳　定　计　算

6.3.1　计算内容

堤防稳定计算包括以下内容：

（1）土堤边坡稳定计算。

（2）土堤渗流计算。

（3）防洪墙稳定计算。

（4）沉降计算。

6.3.2　土堤边坡稳定计算

（1）土堤边坡稳定计算：

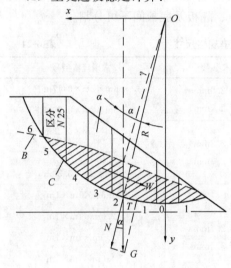

图 6-26　黏性土堤堤坡稳定性计算

1）稳定安全系数 K 值计算：边坡稳定计算方法很多，一般按圆弧法计算，如图 6-31 所示。取 1m 长土堤，将坍塌体分成许多小土条，使坍塌体滑动力为土堤自重和渗透压力；抵抗其滑动的力为滑动面上的土壤摩擦力和土壤凝聚力，取这些力对滑动圆心 "O" 的抵抗力矩和滑动力矩之比，即为稳定安全系数 K。

任意取一滑动弧圆心 "O" 及滑动半径 R，如图 6-26 所示，不计渗透压力时，则该滑动弧的稳定安全系数为：

$$K = \frac{\sum G\cos\alpha\tan\varphi + \sum Cl}{\sum G\sin\alpha} \tag{6-44}$$

或

$$K = \frac{\gamma b \sum (h\cos\alpha)\tan\varphi + \sum Cl}{\gamma b \sum h\sin\alpha} \tag{6-45}$$

式中　K——边坡稳定安全系数，按表 1-5 选用；

G——考虑了含水饱和层土重变化的小土条重量，kN；

φ——土壤内摩擦角，°；

γ——浸润线以下土条的浮重力密度，$10 kN/m^3$；

C——土壤单位凝聚力，$10 kN/m^2$；

α——N 与 G 的交角，°；

l——所分成小土条的长度，m，$l = b\sec\alpha$。

初步设计无试验资料时，γ、φ、C 值可参考表 6-22 选用。

	γ、φ、C 值		表 6-22
土壤名称	γ（kN/m³）	φ（°）	C（kN/m²）
黏土	18.0～20.0	10～20	90～100
粉质黏土	16.0～17.5	14～24	20～50
砂质粉土	16.0～17.5	15～30	
砂	15.0	28～36	

注：水下 φ 值可根据当地经验选用。

在进行迎水坡稳定计算时，应复核当水位骤然下降时的危险情况。

在进行背水坡稳定计算时，如高水位持续时间较长，应考虑渗透压力的影响，即：

$$K = \frac{\Sigma G\cos\alpha\tan\varphi + \Sigma Cl}{\Sigma G\sin\alpha + \Sigma\omega\bar{i}\dfrac{r}{R}}$$　　　　(6-46)

式中　ω——滑动圆弧以内渗流面积，m²；

　　　$\bar{i}$——在面积 ω 内渗流的平均水力坡降；

　　　r——作用到渗流土壤骨料上的动水压力 $(\omega\bar{i})$ 臂，m；

　　　R——滑动圆弧的半径，m。

为了便于计算和核对错误，可按表 6-23 进行计算。

边坡稳定计算　　　　　　　　　　　　　　　　　表 6-23

土条号	$\sin\alpha$	$\cos\alpha$	h'	h''	$b\gamma'h'$	$b\gamma''h''$	$b\gamma'''h''$	ΣG		$(8)\cos\alpha$	$(9)\sin\alpha$	l
								$(5)+(6)$	$(5)+(7)$			
(0)	(1)	(2)	(3)	(4)	(5)	(6)	(7)	(8)	(9)	(10)	(11)	(12)
										Σ	Σ	Σ

表中符号：

h'——浸润线以上土条的高度，m；

h''——浸润线以下土条的高度，m；

h——土条高度，m，在图上量取；

b——土条宽度，m，为便于计算可取 $b = \dfrac{R}{10}$；

γ'——浸润线以上土条的湿重力密度，10kN/m³；

γ''——浸润线以下与下游水位以上土条的饱和重力密度，10kN/m³（计算产生滑动力时采用）；

γ'''——浸润线以下土条的浮重力密度，10kN/m³（计算摩擦力时采用）。

2）最危险滑动面圆弧的确定：上述稳定安全系数，是根据任意选取的滑动面计算出来的，因而它不是最危险滑动面的稳定安全系数，但做相当多的滑动圆弧计算后，画出许多滑动圆弧，则可由这组曲线中选出一条相当于稳定安全系数最小的曲线来，这条曲线就是最危险滑动面圆弧。其计算步骤如下（见图 6-27）：

①确定最危险滑动面圆弧圆心的范围：

a. 堤坡外取一点 M_1 并使该点距堤顶为 $2H$，距堤脚为 $4.5H$（H 为堤身高）。

b. 从堤顶作 Aa，从堤脚作 B_1b 直线，其交点为 M_2，此两线的方向按角 β_1 和 β_2 来确定，两角之值随堤坡坡度而变，可由表 6-24 查得。

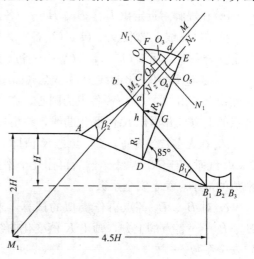

图 6-27　堤坡稳定计算

β_1、β_2 角与堤坡关系值

表 6-24

堤坡坡度	堤坡坡角	角　度（°）	
		β_1	β_2
1 : 0.58	60°00′	29	40
1 : 1.00	45°00′	28	37
1 : 1.50	33°40′	26	35
1 : 2.00	26°34′	25	35
1 : 3.00	18°26′	25	35
1 : 4.00	14°03′	25	36
1 : 5.00	11°19′	25	37

c. 在堤坡中点 D 作一铅垂线 DF，并且在该点作直线 DE 与坡面成 85°角。再以堤坡中点 D 为圆心，用 R_1 与 R_2 为半径分别画圆弧，交 DF 及 DE 于 F、h、G、E 成扇形，在一般情况下最危险滑动面圆弧的圆心位置是在扇形 $FhGE$ 所夹面积之内，R_1 和 R_2 值随堤坡的坡度而变，其值可由表 6-25 查得。

R_1、R_2 与堤坡关系值

表 6-25

堤坡坡度	1 : 1	1 : 2	1 : 3	1 : 4	1 : 5	1 : 6
内半径 R_1	0.75H	0.75H	1.00H	1.50H	2.20H	3.00H
外半径 R_2	1.50H	1.75H	2.30H	3.75H	4.80H	5.50H

d. 在试线时，可先连 M_1M_2 并延长，使其与 DF、FE 交于 C 点和 d 点，在 Cd 线上选定三至四点 O_1、O_2、O_3……为圆心作圆弧，求最小稳定安全系数，然后在其两侧寻找。当堤坡为折线时，可以一条平均的直线代替该折线。

②最危险滑动面圆弧的确定：

a. 在堤脚附近定出 B_1、B_2、B_3……各点。

b. 在 Cd 线上选取 O_1、O_2、O_3 各点为圆心，作圆弧，使其均通过 B_1 点，将求得的稳定安全系数，标于 O_1、O_2、O_3……各点的上方，而连成 K 的变化曲线。

c. 通过 K 值变化曲线上最小点（如图 6-27 中的 O_1 点）作 N_1N_1 线垂直于 Cd 线，在此线上定出 O_4、O_5……各点为圆心，亦通过 B_1 点作滑弧，将其 K 值标于 O_4、O_5……各点的上方，并再作 K 值变化曲线，找出最小的一点（如 O_4 点）。

d. 在大多数情况下，O_4 点之 K 值即为最小 K 值。为精确起见，可通过 O_4 点再作 N_2N_2 线垂直于 N_1N_1 线。然后再作几个滑弧通过 B_1 点，求得最小 K 值即为通过 B_1 点滑弧的最小点稳定安全系数。

e. 对 B_2、B_3……各点再作类似的试算，求得各点的最小 K 值。并以此 K 值绘于 B_1、B_2、B_3……各点的上方，画出 K 值变化曲线，曲线上的最小 K 值即为所求的堤坡最小稳定安全系数。

f. B_2、B_3……点也可以选定在堤坡上，因为在某些情况下，最危险滑动面圆弧有可

能通过堤坡，而不通过堤脚，形成堤坡的局部滑动。

g. 在一般情况下，选三个 *B* 点进行计算，即要作 15～21 个滑弧计算。在有些情况下，只研究 B_1 点最小稳定安全系数即可，因为通过 B_2、B_3……各点的最小稳定安全系数有时与 B_1 点相差不大，仅作 5～7 个滑弧计算就可以了。

如果堤基存在着软卧层，则还有必要以通过软卧层的较大半径核算堤基的整体稳定性。

当土堤较高时，为了加强堤坡的稳定性或抗洪抢险及维修上的要求。而在堤的背水坡和迎水坡设置戗道（或马道），其宽度一般为 1～3m。

【例 1】 某防洪堤工程，为 3 级建筑物（见图 6-28），堤防高度为 7.5m，设计水深为 6.0m。背水坡度为 1∶3，筑堤材料为砂壤土，土料指标为：$\varphi=25°$，$C=6kN/m^3$，土的湿重力密度 $\gamma'=19kN/m^3$。土的饱和重力密度 $\gamma''=20.5kN/m^3$，土的浮重力密度 $\gamma'''=10.5kN/m^3$，堤基亦为砂壤土，指标与堤身相同，试求背水堤坡的稳定安全系数。

【解】 1）求出最危险滑弧圆心的大致位置，首先确定 M_1 点。

M_1 点位于堤顶高程以下 $2H$（H 为堤高），距堤脚 $4.5H$ 处。

确定 M_2 点：在堤肩 *A* 作 $\beta_2=35°$，堤脚作 $\beta_1=25°$ 相交于 M_2 点。连 M_1M_2 并延长之，得 M_1M 线。

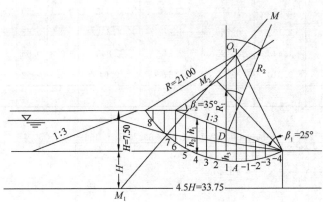

图 6-28　堤坡稳定计算

2）在堤坡中点 *D* 作一铅垂线，并在该点作另一直线与坡面成 85°角；以堤坡中心为圆心，分别以 $R_1=1.0m$，$H=7.5m$ 和 $R_2=2.3×7.5=17.25m$ 为半径作弧，与上述两直线相交，即得所求扇形。

3）在扇形范围内，M_1M 直线上任选一点 O_1，以 O_1 为圆心，选用半径 $R=21m$，作圆弧通过堤脚，再将圆弧内的土体，分成若干土条，采用的土条宽度 $b=0.1m$，$R=2.1m$，进行计算。

分条时以过圆心 "O_1" 点的铅直线 O_1A 为起点，即 O_1A 为零线，O_1A 以左分为 1，2，3，……8 条，O_1A 以右分为 -1，-2，-3，-4 条。

4）划出堤身断面的浸润线，按渗透水压力作用进行分析、计算时：浸润线以上的土体：采用湿重力密度（γ'）；浸润线以下，下游静水位以上的土体，计算滑动力时用饱和重力密度，列表进行计算求得 $K=1.75$。

5）为求最危险滑弧，再以其他圆心点 O_2，O_3，O_4，O_5……重新进行上述滑弧计算，直到得出最小稳定安全系数为止，并与表 6-26 对照，看是否满足稳定要求。

圆心 O_1 堤坡稳定分析计算　　　　　　　　　　表 6-26

| 土条编号 | 土条高度(m) | | | $h_1 \dfrac{\gamma'}{\gamma'''}$ | $h_2 \dfrac{\gamma''}{\gamma'''}$ | $h_阻$ | $h_滑$ | $\sin\alpha$ | $\cos\alpha$ | $h_滑 \sin\alpha$ | $h_阻 \cos\alpha$ |
	h_1	h_2	h_3								
(1)	(2)	(3)	(4)	(5)	(6)	(7)=(5)+(3)+(4)	(8)=(5)+(6)+(4)	(9)	(10)	(11)	(12)
8	0.59			1.070		1.070	1.070	0.8	0.60	0.856	0.642
7	3.3			5.973		5.973	5.973	0.7	0.71	4.181	4.241
6	3.8	1.1		6.878	2.145	7.978	9.023	0.6	0.80	5.414	6.382
5	3.5	2.1		6.335	4.095	8.435	10.430	0.5	0.87	5.215	7.338
4	3.4	2.4	0.2	6.154	4.680	8.754	11.034	0.4	0.92	4.414	8.054
3	3.0	2.0	1.0	5.430	3.900	8.430	10.330	0.3	0.95	3.099	8.009
2	2.7	1.6	1.6	4.887	3.120	8.087	9.607	0.2	0.98	1.920	7.925
1	2.4	1.3	2.0	4.344	2.535	7.644	8.879	0.1	0.99	0.888	7.568
0	2.0	1.0	2.0	3.620	1.950	6.820	7.770	0.0	1.00	0.000	6.820
−1	1.6	0.6	1.9	2.896	1.170	5.396	5.966	−0.1	0.99	−0.597	5.342
−2	1.2	0.4	1.7	2.172	0.780	4.272	4.652	−0.2	0.98	−0.930	4.187
−3	0.8	0.1	1.2	1.448	0.195	2.748	2.843	−0.3	0.95	−0.853	2.611
−4	0.17		0.33	0.310		0.640	0.64	−0.4	0.92	−0.256	0.589
合计										23.351	69.708

注：K 值求法如下：

$$K = \frac{b\gamma''' \sum h_阻 \cos\alpha \tan\varphi + Cl}{b\gamma''' \sum h_滑 \sin\alpha} = \frac{2.1 \times 1.05 \times 69.708 \times 0.466 + 0.6 \times 30.4}{2.1 \times 1.05 \times 23.351} = 1.75 > 1.20$$

其中，$l = \dfrac{\pi R}{180}\beta = \dfrac{3.14 \times 21}{180} \times 83 = 30.4\text{m}$

6.3.3　土堤渗流计算

城市防洪堤，一般堤内侧无水，但有的城市内涝严重或堤内侧有洼地，因此在洪水期堤内侧可能有水，在计算堤身渗流时应考虑上述两种情况。

城市防洪堤内侧，堤脚下多为道路，一般都不设排水体，但有的中小城市防洪堤离建筑物较远，为了减小背水坡的坡度，有的设排水体。

（1）浸润线形成的时间计算：浸润线到达坡脚时的时间，可用下列公式计算，如图 6-29 所示。

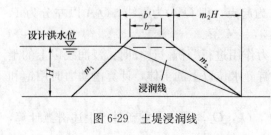

$$T = \frac{1}{K_1} \frac{(b' + m_2 H)\sqrt{H^2 + (b' + m_2 H)^2}}{H}$$

$$(6-47)$$

图 6-29　土堤浸润线

式中　T——浸润线形成的时间，s；

K_1——堤身渗透系数，m/s；

H——相应设计洪水位时的水深，m；

m_1——迎水坡边坡系数；

m_2——背水坡边坡系数；

b——堤顶宽度，m；

b'——设计洪水位处的堤宽，m。

在洪水持续时间短，浸润线达不到坡脚处时，可用公式（6-47）求出浸润线在水平方向前进的距离，如图 6-30 所示。

在设计洪水位时：

$$L_m = C\sqrt{\frac{K_1}{n}H_m T_m} \tag{6-48}$$

式中 L_m——设计洪水位为 H，持续时间为 T_m 时，浸润线在水平方向前进的距离，m；

T_m——设计洪水位持续时间，h；

H_m——设计洪水位时水深，m；

C——系数，取 $C=2$m/h；

n——土壤孔隙率；

K_1——堤身渗透系数，m/h。

（2）堤身渗流计算：

1）均质土堤：

①堤内侧堤脚无排水体：

a. 堤内侧无水：如图 6-31 所示，堤身浸润线为 abc。根据断面 0-0 和 2-2 上的水位高度 H_0 和 h_1 来计算渗流量 q_1，浸润线平均水力坡降为：

$$i = \frac{H_0 - h_1}{L + \Delta L} \tag{6-49}$$

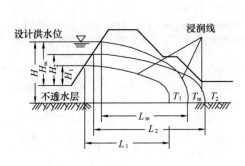

图 6-30　浸润线在水平方向前进距离

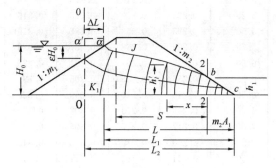

图 6-31　堤内侧无水的均质土堤

平均渗流断面为：

$$A = \frac{H_0 + h_1}{2} \quad (\text{m}^2) \tag{6-50}$$

按达西定律 $q_1 = K_1 i A$，则单位长度的渗透流量（简称为渗流量）为：

$$q_1 = K_1 \frac{H_0^2 - h_1^2}{2(L + \Delta L)} \quad (\text{m}^3/\text{s}) \tag{6-51}$$

公式（6-51）中 ΔL 值，根据电模拟试验成果提出：

$$\Delta L = \varepsilon H \quad (\text{m}) \tag{6-52}$$

而

$$\varepsilon = \frac{m_1}{2m_1 + 1} \tag{6-53}$$

但是，从电模拟试验得知，ΔL 不仅与上游边坡系数 m_1 有关，而且还与堤身渗径有关，因此，ΔL 与 L_1 有关。根据电模拟试验，更准确的 ε 值可根据上游边坡系数 m_1 及水头与渗径的比值 $\dfrac{L_1}{H_0}$ 由表 6-27 查得。

ε 值　　　　　　　　　　　　　　　表 6-27

$\dfrac{L}{H_0}$	$m_1=1$	$m_1=1.5$	$m_1=2$	$m_1=2.5$	$m_1=3$	$m_1=3.5$	$m_1=4$	$m_1=5$	$m_1=7$
1.00	0.066	0.083	0.101	0.113	0.124	0.133	0.142	0.147	0.148
1.25	0.088	0.103	0.121	0.134	0.147	0.156	0.165	0.170	0.171
1.50	0.100	0.120	0.140	0.155	0.169	0.178	0.187	0.192	0.193
1.75	0.115	0.130	0.156	0.173	0.190	0.198	0.207	0.213	0.214
2.00	0.129	0.150	0.172	0.190	0.209	0.218	0.227	0.232	0.233
2.25	0.142	0.163	0.185	0.205	0.226	0.235	0.245	0.250	0.251
2.50	0.154	0.176	0.198	0.220	0.242	0.251	0.261	0.266	0.267
2.75	0.165	0.187	0.209	0.233	0.257	0.267	0.276	0.282	0.283
3.00	0.174	0.196	0.219	0.245	0.270	0.280	0.290	0.296	0.297
3.25	0.182	0.205	0.228	0.255	0.283	0.294	0.304	0.309	0.310
3.50	0.188	0.212	0.236	0.265	0.294	0.305	0.316	0.322	0.323
3.75	0.194	0.219	0.244	0.274	0.304	0.316	0.328	0.334	0.335
4.00	0.199	0.225	0.250	0.282	0.314	0.326	0.338	0.345	0.345
4.25	0.204	0.230	0.256	0.289	0.322	0.335	0.348	0.354	0.355
4.50	0.209	0.235	0.262	0.296	0.329	0.343	0.357	0.364	0.365
4.75	0.213	0.240	0.268	0.302	0.336	0.350	0.365	0.372	0.373
5.00	0.217	0.245	0.273	0.313	0.343	0.360	0.372	0.380	0.381
5.25	0.221	0.250	0.278	0.316	0.349	0.364	0.378	0.386	0.387
5.50	0.225	0.253	0.282	0.319	0.355	0.370	0.384	0.391	0.392
5.75	0.229	0.258	0.287	0.323	0.359	0.372	0.389	0.395	0.396
6.00	0.232	0.261	0.291	0.328	0.364	0.379	0.393	0.400	0.401
6.25	0.236	0.265	0.295	0.332	0.368	0.383	0.397	0.405	0.406
6.50	0.240	0.270	0.299	0.336	0.372	0.387	0.401	0.409	0.410
6.75	0.243	0.273	0.302	0.339	0.375	0.390	0.405	0.413	0.414
7.00	0.247	0.276	0.305	0.341	0.379	0.392	0.408	0.417	0.418
7.25	0.250	0.279	0.308	0.345	0.382	0.397	0.412	0.421	0.422
7.50	0.254	0.282	0.311	0.347	0.384	0.400	0.415	0.425	0.426
7.75	0.257	0.285	0.314	0.350	0.387	0.403	0.419	0.428	0.429
8.00	0.260	0.288	0.316	0.353	0.390	0.405	0.421	0.432	0.433
8.25	0.264	0.292	0.319	0.356	0.393	0.409	0.424	0.435	0.436
8.50	0.266	0.294	0.321	0.358	0.395	0.411	0.427	0.438	0.439
8.75	0.269	0.296	0.323	0.360	0.398	0.414	0.430	0.440	0.441
9.00	0.271	0.298	0.324	0.362	0.400	0.416	0.433	0.443	0.444
9.25	0.273	0.300	0.326	0.364	0.402	0.419	0.436	0.446	0.447
9.50	0.275	0.301	0.327	0.365	0.404	0.422	0.439	0.448	0.449
9.75	0.277	0.303	0.329	0.367	0.406	0.424	0.442	0.451	0.452
10.00	0.279	0.305	0.330	0.369	0.408	0.426	0.445	0.453	0.454
	0.333	0.375	0.400	0.417	0.429	0.438	0.444	0.454	0.467

浸润线在下游堤坡的逸出点高度 h_1 与渗流量 q_1、堤身土壤渗透系数 K_1 和下游边坡系数 m_2 有关：

当 $m_2 > 1$ 时，

$$h_1 = \left(m_2 + \frac{1}{2}\right)\frac{q_1}{K_1} \quad (m) \tag{6-54}$$

当 $m_2 < 1$ 时，

$$h_1 = \frac{3}{4}(m_2 + 1)\frac{q_1}{K_1} \quad (m) \tag{6-55}$$

公式（6-54）或公式（6-55）与公式（6-51）联立试算求得 h_1。

堤身内浸润线任一点的高度 h_x，距逸出点 b 的水平距离为 x，由下式算得：

$$h_x = \sqrt{\frac{2q_1}{K_1}x + h_1^2} \quad (m) \tag{6-56}$$

b. 堤内侧有水：图 6-32 为堤内侧有水的均质土堤，一般发生在内涝的情况下，堤内侧水深为 h_0。

堤身渗流量 q_1 为：

$$q_1 = K_1 \frac{H_0^2 - (h_1 + h_0)^2}{2(L_2 - m_2 h_1 - m_2 h_0)}$$

$$= \frac{H_0^2 - (h_1 + h_0)^2}{2(L + \Delta L)} \quad (m^3/s) \tag{6-57}$$

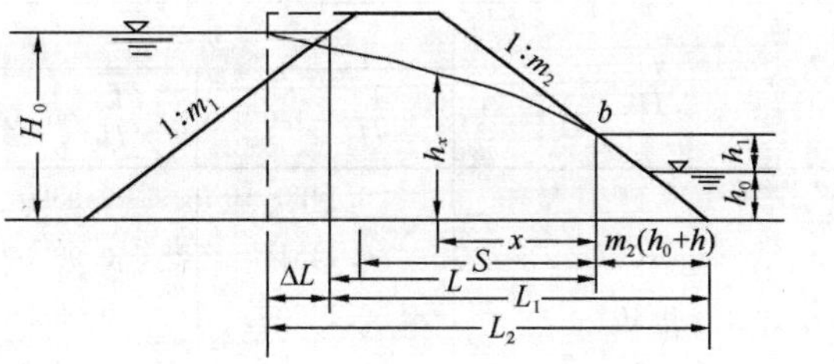

图 6-32 堤内侧有水的均质土堤

化为逸出点高度 h_1 的公式为：

$$h_1 = \frac{q_1}{K_1}m_2 - h_0 - \sqrt{\left(\frac{q_1}{K_1}m_2\right)^2 + H_0^2 - \frac{2q_1}{K_1}L_2} \quad (m) \tag{6-58}$$

根据 $\dfrac{L_2}{H_0}$、$\dfrac{h_0}{H_0}$ 和 m_2 值，可从表 6-28 查出 $\dfrac{q_1}{K_1 H_0}$ 值。

$$\frac{q_1}{K_1 H_0} \ 值 \qquad\qquad 表 6\text{-}28$$

$\dfrac{h_0}{H_0}$	$m_2 = 1.0$				
	$\dfrac{L_2}{H_0} = 2.0$	$\dfrac{L_2}{H_0} = 4.0$	$\dfrac{L_2}{H_0} = 6.0$	$\dfrac{L_2}{H_0} = 8.0$	$\dfrac{L_2}{H_0} = 10.0$
0.00	0.257	0.123	0.0800	0.0630	0.0290
0.05	0.257	0.123	0.0824	0.0623	0.0248
0.10	0.256	0.122	0.0815	0.0614	0.0284
0.15	0.256	0.121	0.0805	0.0603	0.0278
0.20	0.255	0.120	0.0793	0.0591	0.0270
0.25	0.254	0.118	0.0778	0.0577	0.0261
0.30	0.252	0.116	0.0762	0.0562	0.0250
0.35	0.249	0.113	0.0742	0.0546	0.0236
0.40	0.244	0.110	0.0719	0.0530	0.0220
0.45	0.237	0.106	0.0693	0.0510	0.0202
0.50	0.226	0.101	0.0664	0.0488	0.0380

$\dfrac{h_0}{H_0}$	$m_2=2.0$				
	$\dfrac{L_2}{H_0}=3.0$	$\dfrac{L_2}{H_0}=5.0$	$\dfrac{L_2}{H_0}=7.0$	$\dfrac{L_2}{H_0}=9.0$	$\dfrac{L_2}{H_0}=11.0$
0.00	0.186	0.103	0.0720	0.0550	0.0460
0.05	0.186	0.103	0.0720	0.0550	0.0460
0.10	0.186	0.102	0.0719	0.0550	0.0457
0.15	0.186	0.101	0.0716	0.0548	0.0452
0.20	0.185	0.100	0.0710	0.0544	0.0446
0.25	0.185	0.0986	0.0701	0.0538	0.0439
0.30	0.184	0.0970	0.0688	0.0529	0.0429
0.35	0.183	0.0951	0.0671	0.0513	0.0417
0.40	0.180	0.0928	0.0649	0.0500	0.0401
0.45	0.175	0.0899	0.0622	0.0481	0.0383
0.50	0.163	0.0867	0.0588	0.0458	0.0362

$\dfrac{h_0}{H_0}$	$m_2=3.0$				
	$\dfrac{L_2}{H_0}=4.0$	$\dfrac{L_2}{H_0}=6.0$	$\dfrac{L_2}{H_0}=8.0$	$\dfrac{L_2}{H_0}=10.0$	$\dfrac{L_2}{H_0}=12.0$
0.00	0.1480	0.0890	0.0640	0.0400	0.0411
0.05	0.1451	0.0890	0.0640	0.0490	0.0411
0.10	0.1420	0.0889	0.0639	0.0490	0.0411
0.15	0.1394	0.0887	0.0637	0.0489	0.0410
0.20	0.1374	0.0885	0.0634	0.0487	0.0408
0.25	0.1363	0.0880	0.0629	0.0486	0.0405
0.30	0.1380	0.0872	0.0621	0.0482	0.0400
0.35	0.1498	0.0860	0.0618	0.0475	0.0392
0.40	0.1576	0.0845	0.0598	0.0466	0.0382
0.45	0.1512	0.0824	0.0577	0.0455	0.0367
0.50	0.1430	0.0736	0.0554	0.0433	0.0350

$\dfrac{h_0}{H_0}$	$m_2=4.0$				
	$\dfrac{L_2}{H_0}=5.0$	$\dfrac{L_2}{H_0}=7.0$	$\dfrac{L_2}{H_0}=9.0$	$\dfrac{L_2}{H_0}=11.0$	$\dfrac{L_2}{H_0}=13.0$
0.00	0.1210	0.0780	0.0579	0.0462	0.0390
0.05	0.1226	0.0775	0.0579	0.0462	0.0390
0.10	0.1235	0.0770	0.0578	0.0462	0.0389
0.15	0.1237	0.0764	0.0577	0.0462	0.0388
0.20	0.1231	0.0757	0.0573	0.0461	0.0385
0.25	0.1214	0.0751	0.0568	0.0458	0.0385
0.30	0.1201	0.0744	0.0562	0.0454	0.0375
0.35	0.1202	0.0736	0.0552	0.0447	0.0368
0.40	0.1229	0.0727	0.0540	0.0439	0.0358
0.45	0.1243	0.0718	0.0527	0.0426	0.0347
0.50	0.1220	0.0708	0.0510	0.0407	0.0332

$\dfrac{h_0}{H_0}$	$m_2=5.0$			
	$\dfrac{L_2}{H_0}=6.0$	$\dfrac{L_2}{H_0}=8.0$	$\dfrac{L_2}{H_0}=10.0$	$\dfrac{L_2}{H_0}=12.0$
0.00	0.1030	0.0699	0.0526	0.0443
0.05	0.1045	0.0698	0.0525	0.0443
0.10	0.1059	0.0697	0.0524	0.0441
0.15	0.1069	0.0695	0.0522	0.0440
0.20	0.1070	0.0692	0.0519	0.0436
0.25	0.1038	0.0688	0.0516	0.0432
0.30	0.1011	0.0683	0.0511	0.0426
0.35	0.1025	0.0676	0.0506	0.0419
0.40	0.1061	0.0668	0.0499	0.0410
0.45	0.1067	0.0657	0.0491	0.0398
0.50	0.1055	0.0646	0.0482	0.0384

堤身浸润线任一点高度 h_x 可由公式（6-59）求得：

$$h_x=\sqrt{\frac{2q_1}{K_1}x+(h_1+h_0)^2}\quad(\mathrm{m})\qquad(6\text{-}59)$$

式中　x——浸润线上任一所求点距逸出点 b 的水平距离，m。

②堤内侧坡脚有水平排水体：

a. 堤内侧无水：如图 6-33 所示，单位堤长的渗流量 q_1 可以近似地按公式（6-60）计算：

$$q_1=K_1(\sqrt{L_1^2+H_0^2}-L_1)\quad(\mathrm{m})$$
$$(6\text{-}60)$$

$$h_1=\frac{q_1}{K_1}\quad(\mathrm{m})\qquad(6\text{-}61)$$

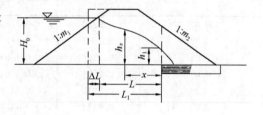

图 6-33　有水平排水体的均质土堤
（内侧无水）

堤身浸润线位置按公式（6-62）确定：

$$h_x=\sqrt{h_1^2+2\frac{q_1x}{K_1}}\quad(\mathrm{m})\qquad(6\text{-}62)$$

把电模拟试验 $m=\infty$，水平排水成果列成表 6-29，可以较方便地算得 h_1 值。然后用公式（6-63）计算渗流量 q_1。

水平排水成果　　　　　　　　　表 6-29

$\dfrac{L_1}{H_0}$	$\dfrac{h_1}{H_0}$ $m=\infty$	$\dfrac{L_1}{H_0}$	$\dfrac{h_1}{H_0}$ $m=\infty$	$\dfrac{L_1}{H_0}$	$\dfrac{h_1}{H_0}$ $m=\infty$	$\dfrac{L_1}{H_0}$	$\dfrac{h_1}{H_0}$ $m=\infty$
1.00	0.330	1.80	0.198	2.75	0.132	4.75	0.075
1.10	0.305	1.90	0.188	3.00	0.120	5.00	0.070
1.20	0.284	2.00	0.180	3.25	0.112	5.50	0.067
1.30	0.265	2.10	0.172	3.50	0.105	6.0	0.063
1.40	0.248	2.20	0.164	3.75	0.098	7.0	0.054
1.50	0.233	2.30	0.158	4.00	0.092	8.0	0.048
1.60	0.221	2.40	0.151	4.25	0.086	9.0	0.042
1.70	0.209	2.50	0.145	4.50	0.080	10.0	0.039

$$q_1 = K_1 \frac{H_0^2 - h_1^2}{2L_1} \quad (\text{m}^3/\text{s}) \tag{6-63}$$

b. 堤内侧有水：如图 6-34 所示，渗流量可由表 6-30 查得 $\frac{q_1}{K_1 H_0}$ 值，即可求出 q_1 值。

然后再用下式计算 $h_1 + h_0$ 值。

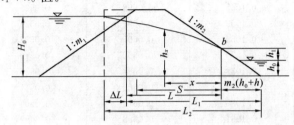

图 6-34 有水平排水体的均质土堤

$$\frac{q_1}{K_1 H_0}$$ 值 表 6-30

$\frac{h_0}{H_0}$	$\frac{q_1}{K_1 H_0}$				
	$\frac{L_1}{H_0}=2$	$\frac{L_1}{H_0}=4$	$\frac{L_1}{H_0}=6$	$\frac{L_1}{H_0}=8$	$\frac{L_1}{H_0}=10$
0.00	0.2330	0.1180	0.0800	0.0620	0.0490
0.02	0.2300	0.1175	0.0798	0.0618	0.0488
0.04	0.2268	0.1169	0.0796	0.0616	0.0484
0.06	0.2238	0.1164	0.0794	0.0613	0.0481
0.08	0.2210	0.1157	0.0791	0.0611	0.0478
0.10	0.2182	0.1151	0.0788	0.0608	0.0474
0.12	0.2155	0.1144	0.0784	0.0604	0.0471
0.14	0.2128	0.1136	0.0780	0.0601	0.0467
0.16	0.2102	0.1129	0.0776	0.0597	0.0463
0.18	0.2077	0.1121	0.0771	0.0592	0.0459
0.20	0.2053	0.1112	0.0766	0.0588	0.0454
0.22	0.2028	0.1102	0.0760	0.0583	0.0449
0.24	0.2005	0.1092	0.0753	0.0577	0.0444
0.26	0.1982	0.1082	0.0746	0.0571	0.0440
0.28	0.1961	0.1071	0.0738	0.0564	0.0435
0.30	0.1938	0.1059	0.0730	0.0557	0.0429
0.32	0.1917	0.1046	0.0722	0.0544	0.0424
0.34	0.1886	0.1033	0.0712	0.0540	0.0418
0.36	0.1876	0.1018	0.0701	0.0530	0.0412
0.38	0.1856	0.1003	0.0690	0.0520	0.0406
0.40	0.1840	0.0988	0.0678	0.0510	0.0400
0.42	0.1824	0.0972	0.0654	0.0499	0.0394
0.44	0.1810	0.0954	0.0650	0.0487	0.0386
0.46	0.1797	0.0935	0.0635	0.0475	0.0380
0.48	0.1785	0.0915	0.0618	0.0462	0.0373
0.50	0.1775	0.0895	0.0602	0.0448	0.0365

$$h_1 + h_0 = \sqrt{H_0^2 - 2\frac{q_1}{K_1}L_1} \quad (\text{m})$$

浸润线任一点高度 h_x 为：

$$h_x = \sqrt{(h_1 + h_0)^2 + 2\frac{q_1}{K_1}x} \quad (\text{m})$$

2）心墙土堤：

①堤内侧无水：如图 6-35 所示，堤身单位
长度的渗透流量可由公式（6-64）确定：

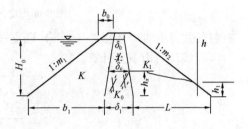

$$q_1 = \frac{K_1 h_3^2}{L + \sqrt{L^2 - m_2^2 h_3^2}} \quad (\text{m}^3/\text{s}) \quad (6\text{-}64)$$

$$h_3 = \frac{-B \pm \sqrt{B^2 - 4AC}}{2A} \quad (\text{m}) \quad (6\text{-}65)$$

$$A = \frac{K_0(\delta_1' - \delta_c - 2\delta_0)}{(\delta_0' + \delta_c)(\delta_c + \delta_1')}$$

图 6-35　堤内侧无水的心墙土堤渗流

$$B = \frac{-2K_0 H_0(\delta_1' - \delta_0')}{(\delta_0' + \delta_c)(\delta_0 + \delta_1')} \tag{6-66}$$

$$C = \frac{K_0 H_0^2}{\delta_0' + \delta_c} - q_1$$

$$\delta_c = \delta_1' - (\delta_1' - \delta_0')\frac{h_3}{H_0}$$

K_0——心墙的渗透系数。

当 $\dfrac{K_1}{K_0} > 100$ 时，迎水面堤身的阻渗作用可以忽略不计。而 δ_0' 和 δ_1' 就采用在迎水面水
位高程处和堤基面的实际心墙宽度 δ_0 和 δ_1。而当 $\dfrac{K_1}{K_0} < 100$ 时，则采用 $\delta_0' = \delta_c + \dfrac{K_0}{K_1}b_0$ 和
$\delta_1' = \delta_1 + \dfrac{K_0}{K_1}b_1$。

采用试算法，先假定 h_3 值，代入公式（6-64）计算出 q_1 值，再用公式（6-66）计算出
A、B、C 值，并代入公式（6-65）计算出 h_3。如此反复计算，直到与假定值相等为止，
即可得到 q_1 及 h_3 值。

浸润线高度按公式（6-67）计算：

$$h_x = \sqrt{h_1^2 + 2\frac{q_1}{K_1}x} \quad (\text{m}) \tag{6-67}$$

$$h_1 = \sqrt{h_3^2 - 2\frac{q_1}{K_1}(L - m_2 h_1)} \quad (\text{m}) \tag{6-68}$$

②堤内侧有水：如图 6-36 所示，单位堤长度渗透流量为：

$$q_1 = \frac{K_1\left[h_3^2 - \left(\dfrac{q_1'}{K_1}m_2 + h_0\right)^2\right]}{2\left[L - \left(\dfrac{q_1}{K_1}m_2 + h_0\right)m_2\right]} (\text{m}^3/\text{s}) \tag{6-69}$$

式中

$$\frac{q_1'}{K_1} = \frac{(h_3 - h_0)^2}{(L - m_2 h_0) + \sqrt{(L - m_2 h_0)^2 - (h_3 - h_0)^2 m_2^2}} \tag{6-70}$$

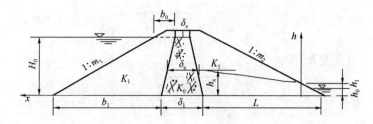

图 6-36　堤内侧有水的心墙土堤

将公式（6-69）与公式（6-65）联立试算求解，得出 q_1 和 h_3。

浸润线位置由下式计算：

$$h_x = \sqrt{(h_1 + h_0)^2 + 2 \frac{q_1}{K_1} x} \quad (\text{m}) \tag{6-71}$$

$$h_1 + h_0 = \sqrt{h_3^2 - 2 \frac{q_1}{K_1} [L - m_2 (h_1 + h_0)]} \quad (\text{m}) \tag{6-72}$$

城市防洪堤的浸润线，一般不宜在背水边坡上逸出。如果浸润线逸出点在堤坡上，可采取加大边坡坡度或设置水平排水体来降低浸润线逸出点，使之在堤脚之下。在边坡逸出点以上 2～3m 处设置戗道，并加大戗道以下边坡的坡度，或加大全部背水边坡的坡度。有条件在背水坡脚下，设置水平排水体的方法是比较经济的。在石料丰富地区亦可采取设置贴坡排水保护堤脚。

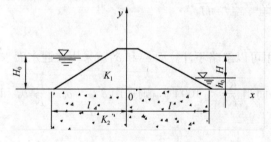

图 6-37　无限厚透水堤基

（3）堤基渗流计算：

1）无限厚透水堤基：图 6-37 为无限厚透水堤基，沿堤底的水头和流速为：

$$h = H \frac{1}{\pi} \arccos \frac{x}{l} (\text{m}) \tag{6-73}$$

$$v_x = K_2 H \frac{1}{\pi} \frac{1}{\sqrt{l^2 - x^2}} (\text{m/s}) \tag{6-74}$$

由迎水面底流入的渗流量为：

$$q_2 = K_2 H \frac{1}{\pi} \text{arch} \left(\frac{x}{l} \right) \tag{6-75}$$

式中 $-\infty \leqslant x \leqslant -l$。

沿背水面底的逸出渗透流速为：

$$v_y = \frac{K_2 H}{\pi} \frac{1}{\sqrt{x^2 - l^2}} \tag{6-76}$$

水头、流量及流速值，见表 6-31 和表 6-32。

无限厚透水堤基中渗流水头与水平流速　　　　　　　　　表 6-31

$\frac{x}{l}$	-1.0	-0.98	-0.95	-0.90	-0.80	-0.60	-0.40	-0.20	0	0.20	0.40	0.60	0.80	0.90	0.95	0.98	1.0
$\frac{h}{H}$	1.0	0.94	0.90	0.86	0.80	0.71	0.63	0.56	0.50	0.44	0.37	0.29	0.21	0.14	0.10	0.06	0
$\frac{v_x}{K_2 H}$	∞	1.60	1.02	0.73	0.53	0.40	0.35	0.33	0.32	0.33	0.35	0.40	0.53	0.73	1.02	1.60	∞

无限厚透水堤基中渗流量与垂直流速 表 6-32

$\dfrac{x}{l}$	1.00	1.05	1.11	1.20	1.32	1.48	1.67	1.90	2.18	2.51	2.90	5.00
$\dfrac{q_1}{K_2 H}$	0.00	0.10	0.15	0.20	0.25	0.30	0.35	0.40	0.45	0.50	0.55	0.73
$\dfrac{v_y}{K_2 H}$	∞	0.99	0.65	0.48	0.37	0.29	0.24	0.20	0.17	0.14	0.12	0.07

2）有限厚透水堤基：图 6-38 为有限厚透水堤基，沿堤基的水头为：

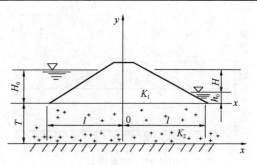

$$h = \frac{H}{2}\left\{1 - \frac{1}{k}F\left[\arcsin\frac{\text{th}\left(\frac{\pi}{2}\frac{x}{T}\right)}{\text{th}\left(\frac{\pi}{2}\frac{l}{2}\right)}\lambda\right]\right\} \text{(m)}$$

$$-l \leqslant x \leqslant l \qquad (6\text{-}77)$$

图 6-38 有限厚透水堤基

式中　λ——椭圆积分的模数，$\lambda = \text{th}\left(\dfrac{\pi l}{2T}\right)$；

　　　　k——与模数 λ 相应的第一类全椭圆积分。

堤基总渗流量为：

$$q_2 = K_2 H \frac{k'}{2k} \qquad (6\text{-}78)$$

式中　k'——与补充模数 $\lambda' = \sqrt{1-\lambda^2}$ 相应的第一类全椭圆积分。

令 q_r 为化引流量：

$$q_r = \frac{q_2}{K_2 H} = \frac{k'}{2k} \quad (\text{m}^3/\text{s}) \qquad (6\text{-}79)$$

根据 $\dfrac{2l}{T}$ 值从图 6-39 曲线上查得 q_r 值。同样，可以令化引水头 $h_r = \dfrac{h}{H}$ 而从图 6-40 查得 h_r 值。

式中　$l \leqslant x \leqslant \infty$。

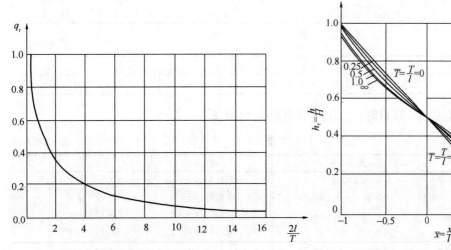

图 6-39　有限厚透水堤基的化引流量 q_r　　　　图 6-40　有限厚透水堤基的渗流化引水头 h_r

上式可写成下列形式：

$$v_y = K_2 \frac{H}{T} p \tag{6-80}$$

p 值列于表 6-33。

沿堤底的流速为：

$$v_x = \frac{K_2 H \pi}{4kT} \frac{\text{ch} \frac{\pi l}{2T}}{\sqrt{\text{ch} \frac{\pi(x+l)}{2T} \text{ch} \frac{\pi(x-l)}{2T}}} \quad (\text{m/s}) \tag{6-81}$$

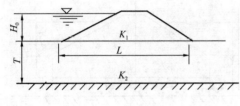

图 6-41　透水堤基

图 6-41 透水堤基，其渗流量亦可按公式 (6-82) 计算：

$$q_2 = \frac{H_0 T}{nL} K_2 \quad (\text{m}^3) \tag{6-82}$$

式中　K_2——堤基渗透系数，m/s；

　　　n——系数，可根据表 6-34 确定。

表 6-34 中的 n 值是根据流体力学解法得出的。公式 (6-82) 中的 nL 即相当于流线的平均长度。可以假设平均渗径为堤基长度 L 加 $0.88T$，即上、下游堤基宽度各展宽 $0.44T$，其结果与表 6-34 基本一致。

p 值　　　　　　　　表 6-33

$\frac{l}{T}$	$\frac{x-l}{T}$				
	0.1	0.2	0.5	1.0	2.0
0.2	1.81	1.080	0.468	0.182	0.038
0.4	1.36	0.870	0.395	0.160	0.032
0.6	1.17	0.740	0.345	0.142	0.030
0.8	1.01	0.630	0.305	0.125	0.026
1.0	0.910	0.580	0.275	0.112	0.022
2.0	0.594	0.379	0.180	0.073	0.014
3.0	0.441	0.281	0.133	0.054	0.011
4.0	0.350	0.224	0.106	0.043	0.009
5.0	0.291	0.185	0.088	0.036	0.007

n 值　　　　　　　　表 6-34

L/T	20	5	4	3	2	1
n	1.15	1.18	1.23	1.30	1.44	1.87

当初步设计无试验资料时，土壤渗透系数 K 可参照表 6-35 采用。

K 值　　　　　　　　表 6-35

土壤名称	K（m/s）	土壤名称	K（m/s）
黏土	$\leqslant 1 \times 10^{-9}$	细粒径砂土	$1 \times 10^{-6} \sim 1 \times 10^{-5}$
壤土	$1 \times 10^{-9} \sim 1 \times 10^{-7}$	中粒径砂土	$1 \times 10^{-5} \sim 1 \times 10^{-4}$
粉土	$1 \times 10^{-7} \sim 1 \times 10^{-5}$	粗粒径砂土	$1 \times 10^{-4} \sim 1 \times 10^{-3}$
淤泥质土	$1 \times 10^{-5} \sim 1 \times 10^{-4}$	砾石和卵石	$1 \times 10^{-3} \sim 1 \times 10^{-2}$
泥炭质土	$1 \times 10^{-6} \sim 1 \times 10^{-5}$		

（4）渗流变形：

1）渗流变形形式判别：

①渗流变形形式的判别标准：图 6-42 给出开始发生管涌时的渗流破坏坡降 J_F 与土的不均匀系数 η 的关系曲线。对具有一定 η 的土料当渗流坡降增大到曲线以上范围时产生渗流变形，变形的形式如下：

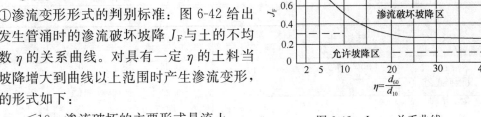

图 6-42 $J_F \sim \eta$ 关系曲线

a. $\eta \leqslant 10$，渗流破坏的主要形式是流土。

b. $\eta > 20$，渗流破坏的主要形式是管涌。

c. $10 < \eta < 20$，渗流破坏的主要形式是流土或是管涌。

②水利水电科学研究院的判别标准：

a. $\eta < 10$ 的砂土，渗流变形的形式为流土。

b. 正常级配的砂砾石，当细粒含量小于 30%～35% 时判别标准为：

当 $\eta < 10$ 时，渗流变形的形式为流土；

当 $\eta > 20$ 时，渗流变形的形式为管涌；

当 $10 < \eta < 20$ 时，渗流变形的形式为流土或管涌。

当细粒含量大于 35% 时，渗流变形的形式为流土。

c. 对颗粒级配微分曲线上呈双峰的土，即缺乏某一中间粒径的土，如图 6-43 中的 2_b 曲线，细粒含量小于 25%～30% 的将发生管涌，大于 30% 的将发生流土。

以上所指的细粒含量，在试验中是用的人工级配砂砾料，取 1mm 作为区分粒径。天然砂砾料的区分粒径，应该取颗粒级配微分曲线上断裂点（如图 6-43 曲线 2_b 上的 A 点）的粒径，或者取允许带出的颗粒直径。

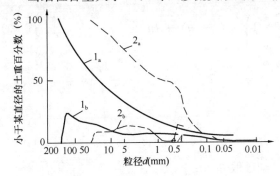

图 6-43 颗粒级配微分曲线

1_a—正常级配砂砾料的积分曲线；1_b—正常级配砂砾料的微分曲线；2_a—缺乏中间粒径砂砾料积分曲线；2_b—缺乏级配砂砾料的微分曲线

2）渗流控制：

①地基水平渗流坡降的允许值：可参考表 6-36 采用。

水平平均渗流坡降允许值　　　　　　　　　　表 6-36

基础表层土名称		构筑物等级			
		1	2	3	4
板桩形式的地下轮廓	密实黏土	0.50	0.55	0.60	0.65
	粗砂、砾石	0.30	0.33	0.36	0.39
	壤土	0.25	0.28	0.30	0.33
	中砂	0.20	0.22	0.24	0.26
	细砂	0.15	0.17	0.18	0.20

续表

基础表层土名称		构筑物等级			
		1	2	3	4
其他形式的地下轮廓	密实黏土	0.40	0.44	0.48	0.52
	粗砂、砾石	0.25	0.28	0.30	0.33
	壤土	0.20	0.22	0.24	0.26
	中砂	0.15	0.17	0.18	0.20
	细砂	0.12	0.13	0.14	0.16

②渗流逸出坡降的允许值：

a. 管涌的允许坡降值：对上升渗流的允许坡降 J_0 为：

（a）对 $\eta \leqslant 10$ 的土，$J_0 = 0.3 \sim 0.4$；

（b）对 $\eta > 20$ 的土，$J_0 = 0.1$；

（c）对 $10 < \eta < 20$ 的土，$J_0 = 0.2$。

b. 流土的允许坡降值：

对非黏性土上升渗流：

$$J_0 = \frac{J_F}{K} = \frac{1}{K} \left(\frac{\gamma_s}{\gamma_0} - 1 \right) \times (1 - n) + \beta n \qquad (6-83)$$

式中　J_0——允许坡降；

　　　J_F——破坏坡降；

　　　γ_s——土粒干重力密度，$10 \mathrm{kN/m^3}$；

　　　γ_0——水的重力密度，$10 \mathrm{kN/m^3}$；

　　　n——孔隙率；

　　　β——系数，粗砂和中砂取 $\beta = 0.5$，细砂取 $\beta = 0$；

　　　K——安全系数，$K = 1.5 \sim 2.0$。

（5）堤基防渗：堤基的防渗措施有垂直防渗和水平防渗，在城市堤防中，一般选用垂直防渗。垂直防渗的效果优于水平防渗，水平防渗要求堤前有较宽敞的滩地。对黏土铺盖，其上部往往还要铺防冲层，在寒冷地区冬季露在枯水位以上的部分还要设防冻层。

1）垂直防渗措施：

①截断透水层：

a. 黏土截水墙：施工简单，能可靠有效的截断堤基渗透水流，一般适用于 5m 以内的深度，如图 6-44 所示。一般均质土堤黏土截水墙可设在距迎水面堤脚 $\frac{1}{3}$ 底宽处。如有心墙或斜墙防渗体，则要与其连成一体，齿墙土料与填筑要求，同堤身防渗体。截水墙底部应嵌入不透水层，其嵌入深度应不小于 0.5m，其底宽除应满足施工要求外，还要满足渗透稳定要求，一般最小厚度采用 0.1～0.2 倍水头。当用重壤土和黏土回填时，不应小于 0.1 倍水头，当用轻壤土回填时，不应小于 0.2 倍水头。

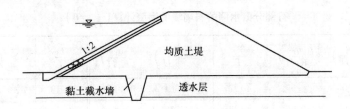

图 6-44　均质土堤黏土截水墙

b. 混凝土防渗墙：一般用钻机钻孔成槽或液压抓斗成槽浇混凝土而成墙防渗，质量容易控制，防渗效果良好，适用于较深的不透水层，但施工机械化程度比其他防渗措施要高。混凝土防渗墙的厚度一般为 0.3～0.9m，其水力梯度可用到 80%～90%。混凝土防渗墙顶部，应插入堤身防渗体内，插入深度一般为 $\frac{1}{6}$ 水头，其底部应嵌入不透水层，嵌入深度应不小于 0.5m。

c. 灌浆帷幕：灌浆帷幕适于城市堤防基础防渗，比混凝土防渗墙经济。灌浆帷幕的浆液目前有多种，如黏土浆液、水泥黏土浆液、水泥浆液以及化学浆液等。帷幕厚度 t 可根据所承受的水头和其本身的容许水力坡降按公式（6-84）计算：

$$t = \frac{H}{J_0}(\text{m}) \tag{6-84}$$

式中　　H——作用水头，m；

　　J_0——灌浆帷幕的容许水力坡降，一般取 $J_0 = 3～4$。

透水层的可灌性，一般通过现场试验确定。灌浆孔距可根据透水层砂砾组成情况和可灌性大小来选择，一般为 2.5～4.0m，开始时孔距可用大些，在灌浆过程中根据灌浆效果逐步加密灌孔。多排式灌孔应呈梅花形排列，一般排距等于孔距。灌浆的顺序应首先灌迎水面排孔，然后灌背水面排孔，最后灌中间排孔。

②部分截断透水层：部分截断透水层的垂直防渗措施（见图 6-45），也叫悬挂式垂直防渗措施，其防渗效果远不如截断透水层的垂直防渗措施，但由于透水层较深，全部截断有困难。部分截断透水层的堤基渗流量计算步骤如下：

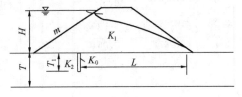

图 6-45　悬挂式垂直防渗

a. 由公式（6-48）求出浸润线水平投影长度 l，或假设浸润线逸出点在背水坡坡脚处；

b. 根据 $\frac{l}{H}$ 值，从表 6-38 查得改正系数 β_1 和 β_2 值；

c. 根据 $\frac{T_1}{T}$ 值，从表 6-37 查得 $\varepsilon_0 = \left(\frac{h_w}{H}\right)_0$ 和 $\left(\frac{q_1}{K_1 H}\right)_0$ 值；

d. 根据 $\frac{q_1}{K_1 H} = \beta_2 \left(\frac{q_1}{K_1 H}\right)_0$ 则 $q_1 = \beta_2 \left(\frac{q_1}{K_1 H}\right)_0$。

有部分截水墙的斜墙堤的渗流计算 $\left(\dfrac{l}{H}=6\right)$ 表 6-37

$\dfrac{T_1}{T}$	$\varepsilon_0=\left(\dfrac{h_w}{H}\right)_0$	$\left(\dfrac{q_1}{K_1 H}\right)_0$	$\dfrac{T_1}{T}$	$\varepsilon_0=\left(\dfrac{h_w}{H}\right)_0$	$\left(\dfrac{q_1}{K_1 H}\right)_0$	$\dfrac{T_1}{T}$	$\varepsilon_0=\left(\dfrac{h_w}{H}\right)_0$	$\left(\dfrac{q_1}{K_1 H}\right)_0$
0.10	0.400	0.572	0.27	0.564	0.461	0.48	0.680	0.368
0.11	0.419	0.564	0.28	0.570	0.456	0.50	0.690	0.362
0.12	0.435	0.557	0.29	0.576	0.450	0.52	0.700	0.355
0.13	0.449	0.549	0.30	0.582	0.445	0.54	0.709	0.348
0.14	0.461	0.542	0.31	0.588	0.440	0.56	0.718	0.342
0.15	0.471	0.535	0.32	0.594	0.436	0.58	0.727	0.336
0.16	0.481	0.528	0.33	0.599	0.431	0.60	0.736	0.330
0.17	0.491	0.521	0.34	0.605	0.426	0.62	0.744	0.325
0.18	0.499	0.514	0.35	0.611	0.421	0.64	0.752	0.320
0.19	0.507	0.508	0.36	0.616	0.417	0.66	0.760	0.315
0.20	0.515	0.501	0.37	0.622	0.413	0.68	0.768	0.310
0.21	0.523	0.495	0.38	0.628	0.408	0.70	0.776	0.305
0.22	0.531	0.489	0.39	0.633	0.404	0.72	0.783	0.301
0.23	0.538	0.483	0.40	0.638	0.400	0.74	0.790	0.296
0.24	0.544	0.477	0.42	0.649	0.392	0.76	0.797	0.292
0.25	0.551	0.472	0.44	0.659	0.384	0.78	0.804	0.288
0.26	0.558	0.466	0.46	0.670	0.380	0.80	0.810	0.284

有部分截水墙的斜墙堤的渗流计算（改正系数 β_1 和 β_2） 表 6-38

$\dfrac{l}{H}$	β_1	β_2	$\dfrac{l}{H}$	β_1	β_2	$\dfrac{l}{H}$	β_1	β_2
3.0	0.620	1.070	5.4	0.929	1.019	7.8	1.208	0.923
3.2	0.647	1.067	5.6	0.953	1.013	8.0	1.229	0.912
3.4	0.674	1.064	5.8	0.977	1.007	8.2	1.250	0.901
3.6	0.700	1.060	6.0	1.000	1.000	8.4	1.271	0.889
3.8	0.727	1.057	6.2	1.024	0.992	8.6	1.291	0.877
4.0	0.753	1.053	6.4	1.048	0.985	8.8	1.311	0.865
4.2	0.779	1.049	6.6	1.072	0.977	9.0	1.331	0.852
4.4	0.804	1.045	6.8	1.095	0.969	9.2	1.351	0.838
4.6	0.830	1.041	7.0	1.118	0.961	9.4	1.370	0.824
4.8	0.855	1.036	7.2	1.141	0.951	9.6	1.390	0.810
5.0	0.880	1.031	7.4	1.164	0.942	9.8	1.410	0.796
5.2	0.905	1.025	7.6	1.186	0.933	10.0	1.430	0.780

2）水平防渗措施：

①防渗铺盖：如图 6-46 所示。铺盖长度应满足地基中平均水力坡降小于或等于容许

平均水力坡降。保证地基渗透稳定的不透水铺盖长度 L 可按公式（6-85）计算：

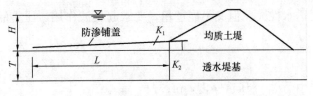

图 6-46 防渗铺盖

$$L \geqslant \frac{H}{J_0} (\mathrm{m}) \qquad (6\text{-}85)$$

式中 H——作用水头，m；

J_0——堤基的允许平均水力坡降。

按公式（6-85）求得的长度是完全不透水材料做成的铺盖，但土料都有一定透水性，因此要乘以换算系数，其换算方法如下：

a. 根据堤基透水层深度和防渗铺盖厚度的乘积 T_t 和 K_1/K_2 值，从表 6-39 查得 a_0。

	a_0 值				表 6-39
T_t	$\dfrac{K_1}{K_2} = \dfrac{1}{100}$	$\dfrac{K_1}{K_2} = \dfrac{1}{1000}$	T_t	$\dfrac{K_1}{K_2} = \dfrac{1}{100}$	$\dfrac{K_1}{K_2} = \dfrac{1}{1000}$
20	0.022	0.0071	120	0.0091	0.0029
40	0.016	0.0050	140	0.0085	0.0027
60	0.013	0.0041	160	0.0097	0.0025
80	0.011	0.0035	180	0.0075	0.0024
100	0.010	0.0032	200	0.0071	0.0022

b. 根据 $a_0 L$ 从表 6-40 查得铺盖加长百分数 β 值。

铺盖加长百分数 β 值			表 6-40
$a_0 L$	β（%）	$a_0 L$	β（%）
0.20	1.4	0.70	24.0
0.30	1.5	0.75	29.8
0.40	6.0	0.80	37.4
0.50	10.0	0.85	48.0
0.60	16.0	0.90	63.0

c. 实际铺盖长度 $L_n = L + \beta L$ （m）。

铺盖计算长度不应大于有效长度（再增大长度也不会再增大防渗效果）。

铺盖厚度一般取决于作用水头 H、施工条件和构造要求。其末端的厚度一般不应小于 $\frac{1}{10}H$，铺盖的渗透系数 K_1 一般不应大于 $1 \times 10^{-3}\,\mathrm{m/s}$。与堤基渗透系数 K_2 比值最好能小于 $\frac{1}{1000}$。一般有效长度采用作用水头的 $5 \sim 8$ 倍。

②背水坡脚压重：这种措施多用于增加上层覆盖层土重，以平衡下层的水压力，如图 6-47 所示。用作压重的土料最好比覆盖

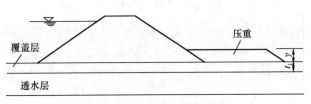

图 6-47 背水坡脚压重

层透水性大，但又不能过粗，要求起反滤作用。压重的厚度按公式（6-86）确定：

$$t = \frac{K\gamma_0 H_r - \gamma' t_1}{\gamma} \tag{6-86}$$

式中 t——压重厚度，m；

H_r——覆盖层底面上测压管水位与下游水位差，m；

γ_0——水的重力密度，kN/m^3；

t_1——覆盖层厚度，m；

γ'——覆盖层土体的浮重力密度，kN/m^3；

γ——压重土体的重力密度，kN/m^3；

K——安全系数，$K = 1.5 \sim 2.0$。

压重的长度，应使其末端覆盖层水力坡降小于容许水力坡降。

③渗流在土堤坡面逸出，不计土的凝聚力时，堤坡的坡角 θ 要满足公式（6-87）才不致发生流土：

$$\tan\theta \leqslant 0.5\tan\varphi \tag{6-87}$$

式中 φ——土的内摩擦角，°。

6.3.4 防洪墙稳定计算

防洪墙包括钢筋混凝土堤和浆砌石堤，作用在墙上的荷载包括基本荷载和特殊荷载两类。基本荷载：自重；设计洪水位时的静水压力；扬压力及风浪压力；土压力；冰压力；其他出现机会较高的荷载。特殊荷载：校核洪水位时的静水压力；扬压力及风浪压力；地震荷载；其他出现机会较少的荷载。

防洪墙设计的荷载组合可分为正常情况和非常情况两类。正常情况由基本荷载组合；非常情况由基本荷载和一种或几种特殊荷载组合。根据各种荷载实际同时出现的可能性，选择最不利的情况进行计算。

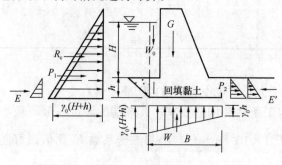

防洪墙在各种荷载组合情况下，基底的最大压应力应小于地基的允许承载力。土基上的防洪墙基底的压应力最大值与最小值之比，黏土为 $1.2 \sim 1.5$，砂土为 $1.5 \sim 2.0$。基础底面不得产生拉应力。

防洪墙的抗滑和抗倾覆稳定安全系数，应符合表1-5规定的数值。

图 6-48 作用力分布

（1）作用在堤防上的力：作用在堤防上的力有自重、水柱重、渗透压力、静水压力、动水压力、浪压力、土压力和地震力等，如图6-48所示。

1）自重 G：

$$G = \gamma_s V_s \tag{6-88}$$

式中 γ_s——堤防建筑材料的重力密度，kN/m^3；

V_s——1m 长堤防的体积，m^3，先按初步拟定的尺寸计算，并在计算完毕后加以检查，如果所采用的自重和真实的自重相差小于 5%，则可不需重新计算，否则要重新计算，直至小于 5%为止。

2）水柱重 W_0：

$$W_0 = \gamma_0 V_0 \tag{6-89}$$

式中　γ_0——水的重力密度，kN/m^3；

$\quad\quad V_0$——1m 长堤防上的水柱体积，m^3。

3）渗透压力 W：

$$W = \frac{1}{2}\left[\gamma_0\left(H+h\right)+\gamma_0 h\right]\times B \tag{6-90}$$

式中　H——堤前水深，m；

$\quad\quad h$——基础埋深，m；

$\quad\quad B$——基础宽度，m。

4）静水压力：

迎水面：

$$P_1 = \frac{1}{2}\gamma_0\left(H+h\right)^2 \text{(kN/m)}$$

背水面：

$$P_2 = \frac{1}{2}\gamma_0 h^2 \text{(kN/m)} \tag{6-91}$$

5）动水压力 P_3：

$$P_3 = K\gamma_0\frac{Q}{g}v\left(1-\cos\alpha\right)$$

$$= K\gamma_0\frac{v^2}{g}\omega\left(1-\cos\alpha\right)\text{(kN/m)} \tag{6-92}$$

式中　Q——流量，m^3/s；

$\quad\quad v$——流速，m/s；

$\quad\quad g$——重力加速度，m/s^2；

$\quad\quad \omega$——承受水流冲击断面面积，m^2；

$\quad\quad \alpha$——水流方向与承受水流冲击平面所成的角度，°；

$\quad\quad K$——绕流系数，$K=1.0$。

当 $\alpha=90°$时，

$$P_3 = 2K\gamma_0\omega\frac{v^2}{2g} \tag{6-93}$$

6）浪压力 R_c 如图 6-49 所示：

①波浪作用在 1m 长堤上的总压力 R_c：

$$R_c = \gamma_0\left[\frac{\left(H+h_0+h_b\right)\left(H+p_0\right)}{2}-\frac{H^2}{2}\right] \tag{6-94}$$

R_c 对于墙基的力矩 M_c 为：

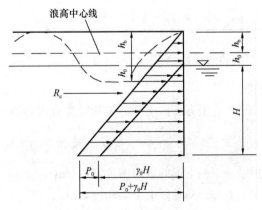

图 6-49　浪压力

$$M_c = \gamma_0 \left[\frac{(H+h_0+h_b)^2 \, (H+p_0)}{6} - \frac{H^3}{6} \right] \tag{6-95}$$

式中　H——堤前水深，m；

$\quad\quad h_b$——波浪高度，m；

$\quad\quad h_0$——波浪中心线在静水位以上的高度，可按下式计算：

$$h_0 = \frac{\pi h_b^2}{2L} \mathrm{cth}\, \frac{\pi H}{L}$$

$\quad\quad p_0$——水深 H 处的浪压力强度，按下式计算：

$$p_0 = \frac{h_b}{\mathrm{ch}\, \dfrac{\pi H}{L}}$$

$\quad\quad L$——波浪长度之半，波浪长度按下式计算：

$$2L = 0.304 v D^{\frac{1}{2}}$$

或

$$2L \approx (8 \sim 12) h_b$$

②适用条件：适用于正面为立墙或正面边坡 α 角大于 $45°$ 的构筑物；堤前水深大于临界水深 h_c。波浪遇到构筑物后，便有反射作用，当波的前进方向与构筑物垂直正交时，便会形成两个波峰重叠发生驻波，波高增加一倍，即为 $2h_b$。

③堤前临界水深 h_c 计算：

$$h_c = \frac{L\sqrt{\pi \dfrac{h_b}{2L}\mathrm{cth}\,\dfrac{\pi H}{L}}}{2\pi} \ln \frac{\sqrt{2\pi\mathrm{cth}\,\dfrac{\pi H}{L} + \pi\sqrt{\dfrac{2h_b}{L}}}}{\sqrt{2\pi\mathrm{cth}\,\dfrac{\pi H}{L} - \pi\sqrt{\dfrac{2h_b}{L}}}} \tag{6-96}$$

临界水深 h_c 的近似值，见表 6-41。

h_c 近 似 值　　　　　　　　　　　　表 6-41

构筑物前水底的性质	h_c (m)	构筑物前水底的性质	h_c (m)
平整的和坡缓的底	$\dfrac{3}{2}h_b$	湖底和库底的底	$2h_b$
高糙率的底（堆石、大块石）	$2h_b$		

双曲线函数可从表 6-42 查得；$\mathrm{ch}\,\dfrac{\pi H}{L}$ 和 $\mathrm{cth}\,\dfrac{\pi H}{L}$ 值可从图 6-50、图 6-51 曲线上直接查得。

7）土压力 E：土压力包括堤防背水面填土和堤防前基础埋深土压力。

$$E = \frac{1}{2}\gamma h^2 \tan^2\left(45° - \frac{\phi}{2}\right) \, (\mathrm{kN/m}) \tag{6-97}$$

式中　γ——土壤的重力密度，$\mathrm{kN/m^3}$；

$\quad\quad h$——基础以上土壤高度，m；

$\quad\quad \phi$——土壤内摩擦角，°。

双 曲 线 函 数   表 6-42

x	sh$x$	ch$x$	th$x$	cth$x$	x	sh$x$	ch$x$	th$x$	cth$x$
0.00	0.000	1.000	0.000	∞	0.80	0.888	1.337	0.664	1.506
0.05	0.050	1.001	0.050	20.000	0.85	0.956	1.384	0.691	1.447
0.10	0.100	1.005	0.100	10.000	0.90	1.027	1.433	0.716	1.397
0.15	0.151	1.011	0.149	6.711	0.95	1.099	1.486	0.740	1.351
0.20	0.201	1.020	0.197	6.076	1.00	1.175	1.543	0.762	1.312
0.25	0.253	1.031	0.245	4.082	1.05	1.259	1.604	0.782	1.279
0.30	0.305	1.045	0.291	3.436	1.10	1.336	1.669	0.801	1.248
0.35	0.357	1.062	0.336	2.976	1.15	1.421	1.787	0.818	1.222
0.40	0.411	1.081	0.380	2.632	1.20	1.509	1.811	0.834	1.199
0.45	0.465	1.103	0.422	2.370	1.25	1.602	1.888	0.848	1.179
0.50	0.521	1.128	0.462	2.164	1.30	1.698	1.971	0.862	1.160
0.55	0.578	1.155	0.501	1.996	1.35	1.799	2.058	0.875	1.144
0.60	0.637	1.185	0.537	1.862	1.40	1.904	2.151	0.885	1.130
0.65	0.697	1.219	0.572	1.748	1.45	2.014	2.249	0.896	1.116
0.70	0.759	1.255	0.604	1.656	1.50	2.129	2.352	0.905	1.105
0.75	0.822	1.295	0.635	1.575					

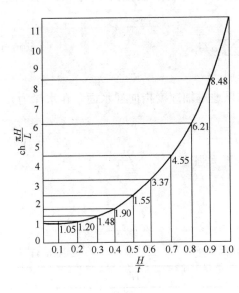

图 6-50 ch$\dfrac{\pi H}{L}$值图解

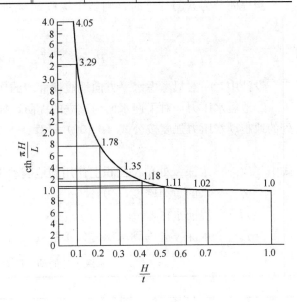

图 6-51 cth$\dfrac{\pi H}{L}$值图解

8) 地震力：当堤防修建在地震区时，应首先确定本地区的基本烈度，然后根据工程的重要性和堤基地质条件等，在基本烈度的基础上确定构筑物的设计烈度。一般情况下可采用基本烈度或提高一度（特别重要的大型工程）。当设计烈度为 7 度及 7 度以上时，一般都应进行抗震验算，并采取相应的工程措施。当设计烈度为 9 度以上时，则应进行专门研究。

①地震惯性力：当地震发生时，地震的加速度为 a，则堤防任一部位的惯性力可按公式（6-98）计算：

$$P_i = K_c a_i G_i \tag{6-98}$$

式中 P_i——某计算层的惯性力，kN；

      G_i——堤防计算层的重量，kN；

      K_c——地震系数，见表 6-43；

      a_i——动力系数，按下式计算 $a_i = 1 + 0.5 \dfrac{h_i}{h_0}$；其中

      h_i——某计算层重心距基底的距离，m；

      h_0——堤防重心至基底的距离，m。

地震系数 K_c 表 6-43

地震烈度	地震加速度（mm/s²）	地震系数 K_c	地震引起的破坏程度
1~6 级	2.5~100	<1/100	除高塔外，对一般建筑物均无危险
7~8 级	100~500	1/40~1/20	强烈的，有破坏性的地震
9 级	500~1000	1/10	更强烈的，破坏性更大的地震
10~12 级	1000~5000	1/10~1/2	最强烈的，有毁灭性的地震

当堤防分为 n 层计算时，则整个堤段地震惯性力 P_0 为各层惯性力 P_i 之和，可写成下式：

$$P_0 = \sum_{i=1}^{n} P_i = K_c \sum_{i=1}^{n} a_i G_i \tag{6-99}$$

设计中，一般只考虑水平方向地震惯性力的作用。

②地震水压力：对于迎水面为直立的堤防，如果地震加速度指向迎水面，在水深为 y 处的地震动水压力强度按公式（6-100）计算：

$$P_y = K_c \gamma_0 f_y H \tag{6-100}$$

式中 P_y——水深 y 处单位面积上作用的地震动水压力强度，10kN/m^2

      γ_0——水的重力密度，10kN/m^3；

      H——堤前水深，m；

      f_y——水深 y 处的动水压力分布系数，见表 6-44。

水深 y 处的动水压力分布系数   表 6-44

y/H	f_y	y/H	f_y	y/H	f_y
0.0	0.00	0.4	0.74	0.8	0.71
0.1	0.43	0.5	0.76	0.9	0.68
0.2	0.58	0.6	0.76	1.0	0.67
0.3	0.68	0.7	0.73	—	—

作用在 1m 宽度堤防上的总地震动水压力为：

$$P_0 = 0.64 K_c \gamma_0 H^2 (10\text{kN/m}) \tag{6-101}$$

其作用点高度自水面算起为 $0.55H$，如图 6-52 所示。

（2）稳定验算：

1）抗滑稳验算：

$$K_1 = \frac{f \Sigma N}{\Sigma P} \qquad (6\text{-}102)$$

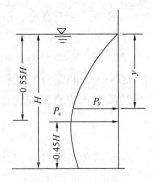

图 6-52 地震动水压力

式中 K_1——抗滑稳定安全系数，岩基按表 1-7 选用，非岩基按表 1-6 选用；

ΣN——垂直方向作用力的总和，10kN；

ΣP——水平方向作用力的总和，10kN；

f——堤基与地基土壤间的摩擦系数，其数值应根据试验决定，无试验资料时，可按表 6-45 选用。

名 称	f	名 称	f
石砌体和混凝土与黏性土：软性	0.25	石砌体和混凝土与砂类土	0.40
硬性	0.30	石砌体和混凝土与碎石、卵石类	0.40～0.50
半坚硬	0.30～0.40	石砌体和混凝土与软质岩石	0.40～0.60
石砌体和混凝土与粉质黏土、轻粉质黏土	0.30～0.40	石砌体和混凝土与硬质岩石	0.60～0.70

摩擦系数 f 值   表 6-45

2）抗倾覆验算：

$$K_0 = \frac{\Sigma M_N}{\Sigma N_P} \geqslant 1.3 \sim 1.4 \qquad (6\text{-}103)$$

式中 ΣM_N——抗倾覆力矩的总和，10kN·m；

ΣM_P——倾覆力矩的总和，10kN·m。

3）地基应力验算：

$$\sigma = \frac{\Sigma N}{F} \pm \frac{\Sigma M}{W} \leqslant [\sigma] \qquad (6\text{-}104)$$

式中 ΣN——垂直力的总和，10kN；

ΣM——力矩的总和，10kN·m；

F——堤防基础底面面积，m²；

W——堤防基础底面的截面模量，m²；

$[\sigma]$——地基允许应力，10kN/m²，该值由试验决定。

地基应力验算的结果必须满足以下要求（见图 6-53）：

①在堤防基础底面内不产生拉应力，即合力作用点应在基础的三分点之内，也就是要满足下列条件：

$$\sigma_{min} = \frac{\Sigma N}{B} \left(1 - \frac{6e_0}{B}\right) \geqslant 0 \qquad (6\text{-}105)$$

$$e_0 = \frac{B}{2} - \frac{M_N - M_P}{\Sigma N}$$

式中 e_0——外力合力作用点离开底板中心的偏心矩；

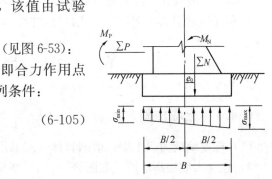

图 6-53 地基应力分布

B——底板宽度，m;

M_N——抗倾覆力矩，10kN·m;

M_P——倾覆力矩，10kN·m;

ΣN——垂直力的总和，10kN。

②最大压应力不应大于地基允许应力值，即满足下列条件：

$$\sigma_{max} = \frac{\Sigma N}{B}\left(1 + \frac{6e_0}{B}\right) \leqslant [\sigma] \qquad (6\text{-}106)$$

为了避免地基产生过大的不均匀沉陷，重要的堤防，一般对 $\sigma_{max}/\sigma_{min}$ 比值加以限制，砂土地基时，$\sigma_{max}/\sigma_{min} \leqslant 1.5\sim2$，黏土地基时，$\sigma_{max}/\sigma_{min} \leqslant 1.2\sim1.5$。

4）深层滑动验算：堤防除满足上述要求外，还要根据堤基土质情况等研究是否会产生深层滑动，深层滑动计算方法与堤坡稳定计算相同，详见 6.3.2 节。

6.3.5 沉降计算

当土堤高度大于 10m 或堤基为软土层时，应进行沉降量计算，一般计算堤轴处堤身和堤基的最终沉降量，可不计算其沉降过程。

根据堤基的地质条件、土层的压缩性、堤身的断面尺寸和荷载，可将堤防分为若干段，每段选取代表性断面进行沉降量计算。

堤身和堤基的最终沉降量，可按公式（6-107）计算：

$$S = m\sum_{i=1}^{n}\frac{e_{1i} - e_{2i}}{1 + e_{1i}}h_i \qquad (6\text{-}107)$$

式中 S——最终沉降量，cm;

n——压缩层范围的土层数;

e_{1i}——第 i 土层在平均自重应力作用下的孔隙比;

e_{2i}——第 i 土层在平均自重应力和平均附加应力共同作用下的孔隙比;

h_i——第 i 土层的厚度，cm;

m——修正系数，一般堤基的 $m=1.0$，对于海堤、超软土地基，可采用 1.3~1.6。

堤基压缩层的计算厚度，可按公式（6-108）确定：

$$\frac{\delta_2}{\delta_B} = 0.2 \qquad (6\text{-}108)$$

式中 δ_B——堤基计算层面处土的自重应力，kPa;

δ_2——堤基计算层面处土的附加应力，kPa。

如实际压缩层的厚度小于上式计算值时，则按实际压缩层的厚度计算其沉降量。

6.4 旧 堤 加 固

6.4.1 土堤加固

（1）标准偏低的旧土堤：根据具体情况采用以下方法提高标准：

1）在背水坡加高培厚，如图 6-54（a）所示。

2）在迎水坡加高培厚，如图6-54（b）所示。

3）在迎水坡和背水坡同时加高培厚，如图 6-54（c）所示。

4）如果因地形或构筑物加固受到限制时，可采取图 6-55 的方法。

（2）堤身裂缝的旧土堤：土堤的裂缝按照缝的方向，可分为龟裂缝、横向裂缝（垂直堤轴线）、纵向裂缝（平行堤轴线）；按照产生的原因可分为沉降裂缝、滑坡裂缝和干缩裂缝等；按照部位可分为表面裂缝和内部裂缝。

龟裂缝一般与表面垂直，上宽下窄，缝宽一般小于 10mm，深度通常不超过 1m。横向裂缝一般接近铅垂

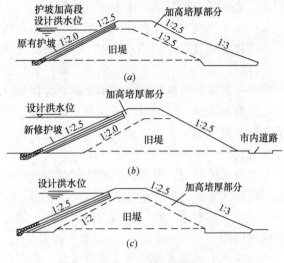

图 6-54 土堤堤身加固

或来回稍有倾斜地伸入堤身内，缝深从几米到十几米，上宽下窄，缝宽从几毫米到几百毫米。纵向裂缝一般接近于直线，基本是铅垂地向堤身内部延伸。裂缝两侧填土的错距一般不大于 0.3m，缝深从几米到十几米居多，也有更深的，缝宽从几毫米到十几厘米，缝长由几米到几百米。

堤面发生裂缝后，应通过表面观测和开挖探坑、探槽，查明裂缝的部位、形状、宽度、长度、深度、错距、走向以及发展情况。根据观测资料，结合堤防设计施工情况，分析裂缝成因，针对不同性质的裂缝，采取以下不同的处理措施：

1）开挖回填

①对于缝长不超过 5m 的裂缝，可采用开挖回填处理。

②开挖时采用梯形断面，使回填土与原堤身结合好；当裂缝较深时，为了开挖方便和安全，可挖成阶梯形坑槽，在回填时再逐级削去台阶，保持梯形断面；对于贯穿性的横缝，还应另行开挖接合槽，如图 6-56 所示。

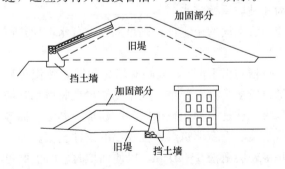

图 6-55 土堤堤身加固

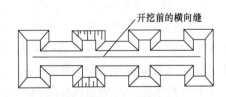

图 6-56 横向裂缝开挖平面

③开挖深度应比裂缝尽头深 0.3～0.5m，开挖长度应比缝端扩展约 2m，槽底宽约 1m。为了便于查找裂缝范围，可以在开挖前向缝内灌注石灰水，槽壁坡度应满足边坡稳定及新旧土结合等要求，一般采用 1∶0.4～1∶1.0，在开挖期间，特别是结束后尚未回

填以前，要尽量避免日晒、雨淋或冰冻等。

④回填土料宜与原土料相同，填筑含水量可控制在略大于塑性限度，回填土要分层夯实，严格控制质量，并用洒水、刨毛等措施，保证新老填土很好结合。

2）灌浆

①对于较深的裂缝，可以采用上部开挖回填、下部灌浆法处理。

②灌浆的浆液，可用纯黏土或黏土水泥浆，糟浆的压力要适当控制，以防止堤身发生过大变形和被顶起来，一般由现场试验确定。

3）滑坡

①对迎水坡滑坡，可填筑戗堤或放缓堤坡，如果不要求它起防渗作用，可用透水料填筑，但需砌筑牢固的护坡防冲。

②对背水坡滑坡，亦可用填筑戗堤加固，最好用透水料填筑，同时还应采取降低堤身浸润线的措施。

③填筑戗堤或放缓堤坡都应清坡清基，以保证新老材料结合紧密。

④滑坡裂缝，浅的可以开挖回填，深的应在堤坡补强结束后再作灌浆处理。

4）塌坑

①沉降塌坑，一般可回填处理，如面积和深度较大，所处部位又较重要，可根据具体情况采取其他加固措施。

②管涌塌坑的危险性很大，如不及时处理就会造成严重的后果。因此，应把渗漏通道全线挖开，然后回填与周围相同的土料，分层夯实，保证质量，同时还应根据堤体或堤基发生渗透破坏的原因，决定是否需要采取其他措施。

5）堤面渗水：对于堤面渗水，主要应检查渗水的逸出高度和集中程度，逸出点太高直接影响堤坡的稳定，而堤面集中渗漏往往是堤身发生渗透破坏的先兆。其加固方法有以下几种：

①用黏性土在迎水坡填筑防渗层，以截断渗透途径。

②有条件时可采用堤身帷幕灌浆、劈裂灌浆，或在堤身内设置混凝土防渗墙（高喷灌浆防渗墙或浇筑式混凝土槽板墙）。

③条件允许时还可在背水坡设置导渗沟和贴坡反滤排水。

④如在处理堤面渗水的同时，还要求增加背水坡的稳定性，则可采用在背水坡加筑透水戗堤。

6）土质严重不纯：对于历年用不同土质进行加高培厚，或临时堵口抢险，致使土质严重不纯，甚至夹有草捆、梢料等，堤身隐患较多，渗水严重，在汛期常出现脱坡和管涌等险工现象的堤段，最好用抽槽换土进行翻修，这是一种比较彻底的改建加固办法。抽槽换土法，就是将堤身挖开一条槽，更换杂质土壤，重新填筑渗透性较小的黏性土壤。

抽槽换土挖的沟槽边坡应呈台阶状，并将表层耙松 5~10cm，以便回填时新旧土壤更好的结合；新换的黏性土应分层填筑夯实。挖出来的土填筑背水坡，以扩大堤防的断面，从而增加堤防的稳定性。

抽槽换土的加固方法，虽能彻底消除隐患，但工程量较大，施工比较麻烦。因此，对旧堤土质隐患不是十分严重、只是渗水较多的堤段，可采取在迎水面修筑戗堤，土料用透水性小的黏性土的方法，填筑厚度应按渗透容许坡降或渗透流速来决定。

6.4.2 浆砌石堤和钢筋混凝土堤加固

（1）标准偏低的堤

1）浆砌石堤：一般是在背水面加高加厚，如图 6-57 所示。作法是将背水面勾缝凿掉，并冲洗干净，基础部分要将原砌石凿掉部分，使之成犬齿交错状，以利新旧砌石结成一体。

2）钢筋混凝土堤：可在迎水面或背水面浇筑一层混凝土或钢筋混凝土，如图 6-58 所示。做法是将旧堤面凿毛，并冲洗干净，然后再浇筑混凝土，其厚度应根据内力计算决定。新老混凝土接合面设置化学植筋或砂浆锚杆连接新老混凝土，其长度根据计算或根据规范规定取值。

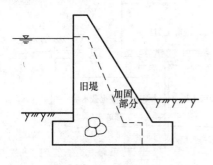

图 6-57　浆砌石堤加固

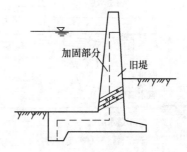

图 6-58　钢筋混凝土堤加固

（2）堤身渗漏的堤

1）浆砌石堤：可在迎水面浇筑混凝土或钢筋混凝土的防渗面板。新老结构接合面设置化学植筋或砂浆锚杆，以达到整体性。

2）钢筋混凝土堤：对于局部裂缝产生的渗水，可采取化学灌浆。因蜂窝麻面产生渗漏，可用环氧树脂砂浆抹面。如蜂窝麻面面积较大，可在迎水面采用高压喷水泥砂浆或碎石混凝土防渗层，也可浇筑钢筋混凝土防渗面板（新老混凝土接合面设置化学植筋或砂浆锚杆）。

6.4.3 堤基加固

当堤基无防渗措施时，可采用以下方法加固。

（1）对土堤基础透水层较薄，施工条件又允许的堤段，应优先考虑在迎水面修筑黏土截水墙，如图 6-59 所示。这种垂直防渗措施能可靠而有效地截断堤基渗透水流。截水墙要很好地与堤身连接，最好加修戗堤，黏土齿墙嵌入不透水层的深度应不小于 0.5m，齿墙厚度应根据水头及容许水力坡降计算确定。若无修筑黏土截水墙的条件，可在背水面坡脚处填土压重固基，以延长垂直和水平渗透途径，其厚度和长度由渗流计算确定。

（2）堤基透水层较厚时，有条件的堤段，可在迎水面距堤脚一定距离，用钻机打孔浇筑混凝土防渗墙，或打板桩，

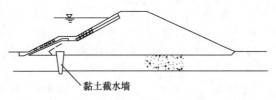

图 6-59　堤基加修筑黏土截水墙

然后用黏土或混凝土将顶部封闭，并与堤脚衔接好，如图6-60所示。防渗墙或板桩深入不透水层，一般不小于0.5m。混凝土防渗墙较板桩防渗效果好又经济。

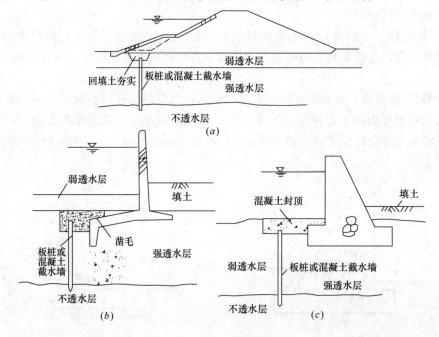

图 6-60　基础防渗

(*a*)、(*b*)、(*c*) 为基础防渗的几种布置形式

（3）堤基透水层较厚，又无条件打板桩时，可在堤顶上钻孔用压力灌浆固结透水堤基。采用哪种浆液效果好，要根据现场试验确定。

（4）若堤基透水层较厚，条件允许时，亦可采用水平铺盖来控制基础渗流，如图6-61所示。铺盖材料为：土堤用黏性土（在黏性土缺乏地区可采用土工膜做防渗铺盖，其上部要设置压重和防冲层），铺盖上部填防冲保护层；浆砌石堤和钢筋混凝土堤，可用混凝土

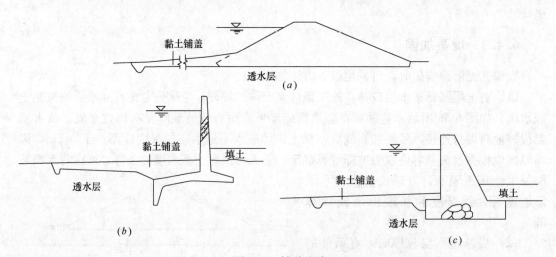

图 6-61　铺盖防渗

(*a*)、(*b*)、(*c*) 为铺盖防渗的几种布置形式

铺盖。铺盖较长，又不能完全截断水流时，防渗效果不如垂直防渗的效果好，因此可与下游设透水盖重或排水减压井等其他措施联合使用，铺盖应设计成逐渐加厚到堤脚，其最小厚度应满足垂直渗透坡降不大于容许值。

（5）对于堤防基础渗水严重、地表覆盖层又薄、坑洼地临近堤脚、地基承载力低的旧堤，易引起深层滑动，对此，可在堤防两侧均填筑土平台，如图6-62 所示。这种措施既能加固堤基，又

图 6-62　旧堤加平台

减少了渗透水头，延长了渗透途径。平台厚度为 1.5～3.0m，有的可达 5.0m；平台宽度为 10～30m，视具体情况而定，以满足渗透途径要求为原则。

6.5　海　堤　工　程

6.5.1　堤线布置

（1）堤线布置应依据防潮（洪）规划和流域、区域综合规划或相关的专业规划，结合地形、地质条件及河口海岸和滩涂演变规律，考虑拟建建筑物位置、已有工程现状、施工条件、防汛抢险、堤岸维修管理、征地拆迁、文物保护和生态环境等因素，经技术经济比较后综合分析确定。

（2）堤线布置应遵循以下主要原则：

1）堤线布置应服从治导线或规划岸线的要求。

2）堤线走向宜选取对防浪有利的方向，避开强风和波浪的正面袭击。

3）堤线布置宜利用已有旧堤线和有利地形，选择工程地质条件较好、滩面冲淤稳定的地基，避开古河道、古冲沟和尚未稳定的潮流沟等地层复杂的地段。

4）堤线布置应与入海河道的摆动范围及备用流路统一规划布局，避免影响入海河道、入海流路的管理使用。

5）堤线宜平滑顺直，避免曲折转点过多，转折段连接应平顺。迎浪向不宜布置成凹向，无法避免时，凹角应大于 150°。

6）堤线布置与城区景观、道路等结合时，应统一规划布置，相互协调。应结合与海堤交叉连接的建（构）筑物统一规划布置，合理安排，综合选线。

（3）对地形、地质和潮流等条件复杂的堤段，堤线布置应对岸滩的冲淤变化进行预测，必要时应进行专题研究。

6.5.2　堤型选择

（1）堤型选择应根据堤段所处位置的重要程度、地形地质条件、筑堤材料、水流及波浪特性、施工条件，结合工程管理、生态环境和景观等要求，综合比较确定。

（2）海堤断面形式根据具体条件可选择斜坡式、陡墙式和混合式等。

（3）当堤线较长或地质、水文条件变化较大时，宜分段设计，各段可采用不同的断面形式，结合部位应做好渐变衔接处理。

6.5.3　堤顶高程

（1）堤顶高程应根据设计高潮（水）位、波浪爬高及安全加高值按公式（6-109）计算，并应高出设计高潮（水）位 1.5～2.0m。

$$Z_P = h_P + R_F + A \tag{6-109}$$

式中　Z_P——设计频率的堤顶高程，m；

　　　h_P——设计频率的高潮（水）位，m；

　　　R_F——按设计波浪计算的累积频率为 F 的波浪爬高值（海堤按不允许越浪设计时取 $F=2\%$，按允许部分越浪设计时取 $F=13\%$），m；

　　　A——安全加高值，按表 6-46 的规定选取。

堤防工程安全加高值　　　　　　　　　　　　　　　表 6-46

	海堤工程级别	1	2	3	4	5
安全加高值（m）	不允许越浪的堤防工程	1.0	0.8	0.7	0.6	0.5
	允许越浪的堤防工程	0.5	0.4	0.4	0.3	0.3

海堤工程中，对于堤线长、潮向不同、风浪大小有差别的大型工程，应分情况按堤段计算风浪爬高，分段确定堤顶高程，以节约工程量，并保证一定的安全度。

（2）海堤按允许部分越浪设计时，堤顶高程按公式（6-109）计算后，还应按《海堤工程设计规范》SL 435—2008 附录 F 计算越浪量。计算采用的越浪量不应大于《海堤工程设计规范》SL 435—2008 所规定的允许越浪量。

（3）当堤顶临海侧设有稳定坚固的防浪墙时，堤顶高程可算至防浪墙顶面。但不计防浪墙的堤顶高程仍应高出设计高潮（水）位 $0.5H_1\%$。

（4）按允许部分越浪设计的海堤，当计算越浪量超过《海堤工程设计规范》SL 435—2008 所规定的允许值时，应通过加高堤身或者采用设置平台、人工消浪块体、消浪堤和防浪林等措施减小越浪量，满足不超过允许越浪量的要求。

（5）堤路结合海堤，按允许部分越浪设计时，在保证海堤自身安全及对堤后越浪水量排泄畅通的前提下，堤顶超高可不受（1）～（3）条规定的限制，但不计防浪墙的堤顶高程仍应高出设计高潮（水）位 0.5m。

（6）海堤设计应考虑预留工后沉降量。预留沉降量可根据堤基地质、堤身土质及填筑密度等因素分析确定，非软土地基可取堤高的 3%～5%，加高的海堤可取小值。当土堤高度大于 10m 或堤基为软弱地基时，预留沉降量应按《海堤工程设计规范》SL 435—2008 的规定计算确定。

6.5.4　堤身断面设计

（1）断面形式

海堤断面的结构形式，随着堤基的高程、风浪大小、地基土质软硬、施工条件、材料来源及地方经验的不同而异。其中堤基高程是一个重要因素，因为堤基高程的不同，影响到水深、风浪、土质和海堤结构形式及施工条件。在平均高潮位以上或小潮期高潮位以上筑堤时，小潮期滩地上一般不淹水，地基土质较硬，即使滩地淹没时，水深也不大，风浪较小，施工比较容易，这类高滩地上筑堤一般以土堤为主，迎海面做干砌块石护坡。

如果在中潮位上、下，或小潮期低潮位附近建堤时，由于滩地较低，地基土质软，水深较大，风浪作用增强，施工时土方易被潮浪冲刷，因此应采用土石混合海堤，施工时以石方掩护土方，防止土方受潮浪冲刷。

综上所连，海堤的断而形式主要有：斜坡式海堤、直立式海堤和混合式海堤三种。

1) 斜坡式海堤：以土堤为主，迎水面用大块石护坡，适用于高滩地的海堤工程，堤高一般低于 3～5m。如图 6-63 所示。

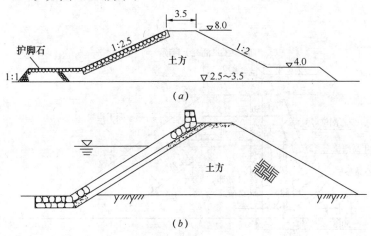

图 6-63　斜坡式海堤
(a)、(b) 为斜坡式海堤常见的防护形式

斜坡式海堤的优缺点如下：

①堤身断面大，占地多，所需土料和劳动力较多，但由于堤身与地基接触面积大，所以地基应力相应较小，在软弱地基上容易保持稳定。

②土堤斜坡对潮浪冲击适应性较强，斜面能消散大部分波浪能量，但外坡为 1：1.5～1：2 时，波浪爬高值较大。

③护面结构及施工技术简单，维修容易；但干砌块石护坡易遭风浪破坏，需要经常维修。

2) 直立式海堤（陡墙式海堤）：堤身由重力式防护墙和土堤组成。其特点是外坡坡度较陡，防护墙离开土体可以单独站立，墙面能反射波浪的能量。

其优缺点如下：

①断面小，占地少，所需土料较省。

②波浪爬高一般较斜坡式海堤小。

③加固时对原砌石体翻拆和拼宽可独立进行，受潮位、风浪影响小。

④重力式防护墙与地基接触面积小，地基应力较集中，需要较好的地基。

⑤波浪对防护墙动力作用强烈，浪花飞溅，防护墙体的薄弱部位容易变形破坏，维修

困难，越浪水体易使堤顶和背水坡造成冲刷破坏。

⑥反射波大，波浪在墙顶反射形成的波浪底层流速大，易引起堤脚淘刷。

⑦施工过程中，可以土石方同时进行，先修石方，从而避免土方在潮浪中被淘刷而流失，断面构造如图 6-64 所示。

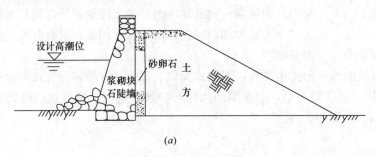

(a)

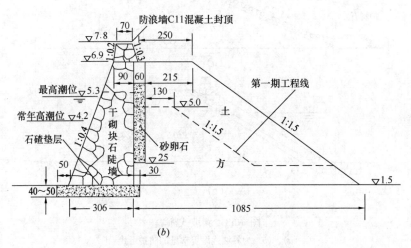

(b)

图 6-64 陡墙式海堤（单位：cm，高程以 m 计）
(a)、(b) 为陡墙式海堤常见的结构形式

3）混合式海堤：该堤的特点是迎水坡为变坡结构，坡面为斜坡和陡墙联合组成，当断面组合适当，可以发挥斜坡式海堤和直立式海堤两者的优点，而避免其缺点，但边坡转折处，波浪紊乱，波能较集中，容易变形破坏。

结构形式一般分为两种：一种是上部为斜坡、下部为陡墙；另一种是上部为陡墙、下部为斜坡。具体形式如图 6-65 所示。

当下部为陡墙、上部为斜坡时。陡墙的高度、墙顶以上的水深对波浪作用影响很大，最好应根据当地具体情况和要求通过试验确定。一般当墙顶上水深大于波高时，波浪对堤的作用接近于斜坡式海堤；当墙顶上水深小于波高时，则堤前波浪向立波过渡，波浪作用情况随墙高的增加而逐渐接近陡墙式海堤，这时虽然波浪对上面斜坡部分的作用减弱，但对下部石墙的作用显著加剧。

当堤基低于小潮期一般低潮位时，陡墙的砌筑很难进行，因此常常在堤基上先抛填堆石体，使其顶部高出低潮位，以便将堆石面层进行整平，上部再砌筑陡墙。

为了削减波浪爬高、降低堤身高度，还可建成带有平台的复式断面结构，这种形式，

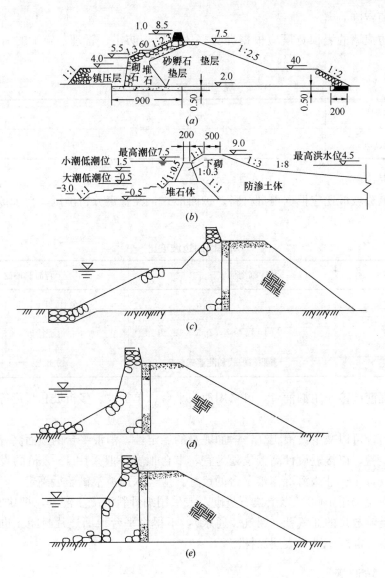

图 6-65 混合式海堤（单位：m）

(a)、(b)、(c)、(d)、(e) 为混合式海堤常见的结构形式

有利于稳定，但土石方工程量增大。

根据我国沿海地区实践经验看，斜坡式海堤堤前波浪作用比较平稳，经过多次台风考验，海堤破坏的较少，而陡墙式海堤堤前波浪作用强烈。波浪壅高超过斜坡式海堤，造成海堤决口，可见在风浪作用下，陡墙式较斜坡式容易破坏。

为了提高防浪效果，又满足地基稳定和施工要求，还可以前后做成镇压层的护坡式海堤如图 6-65（a）、（b）即是。

总之，海堤断面形式的选择，要因地制宜，实践中虽然斜坡式在抗台风和防风浪方面比陡墙式优越，但近几年在低滩地的海堤中，采用陡墙式的却比较多，这主要是与施工条件、潮浪、土质分不开的。

（2）堤顶宽度

不包括防浪墙的堤顶宽度应根据堤身整体稳定、防汛、管理、施工的需要按表 6-47 确定。

堤 顶 宽 度			表 6-47
海堤级别	1	2	3
堤顶宽度（m）	≥5	≥4	≥3

（3）海堤边坡

海堤两侧边坡坡比应根据堤身材料、护面形式，经稳定分析确定。初步拟定时可按表 6-48 选取。

海堤两侧边坡坡比		表 6-48
海堤堤型	临海侧坡比	背海侧坡比
斜坡式	1：1.5～1：3.5	水上：1：1.5～1：3.0
陡墙式	1：0.1～1：0.5	水下：海泥掺砂 1：5～1：10；
混合式	参照斜坡式和陡墙式	粉土 1：5～1：7

当海堤堤前波浪作用汹涌者，可采用消浪平台、单折坡、多折坡和弧形等防波浪冲击的变坡结构。

消浪平台，可以减少波浪爬高，增加堤身的稳定性，消浪平台的顶面高程，根据水槽试验和实践经验，以接近设计高潮位处为宜，平台顶宽一般采用1～2倍的设计波高，不得小于2～3m，Ⅰ～Ⅱ级海堤消浪平台的尺寸，应经水槽波浪试验后确定。

平台顶面应选用 1000N 以上块石竖砌，或采用细骨料混凝土灌砌，把块石连成整体，但必须留有足够数量的通气孔（通气、通水），不得将平台顶面连片封闭；也不宜用砂浆砌筑或用砂浆、混凝土进行表层涂抹。

6.5.5　防浪墙

为了减少堤身工程量，或减轻软基所受荷重，降低堤顶高程，而又不降低设计标准，可在堤顶设置防浪墙。防浪墙一般设在堤顶外侧，也有设于堤顶内侧的，堤顶起消浪作用。通常堤顶略高于设计洪水位，因此防浪墙高度应满足波浪侵袭高度和安全超高的要求。为了美化城市环境，防浪墙应考虑造型美观，高度不宜大于 1.2m。防浪墙结构形式有陡坡式、反弧式等。

（1）陡坡式：适用于波浪作用很强的海堤，通常墙体为浆砌石结构，顶部用浆砌条石或混凝土预制块压顶．顶宽为 0.6～1.0m，如图 6-66 所示。变形缝设置同直墙式。

（2）反弧式：适用于波浪作用很强的海堤。墙体为钢筋混凝土结构，如图 6-67 所示。混凝土强度等级不低于 C18，墙体每隔 10～15m 设置变形缝一道，缝宽为 10～20mm，缝内应填塞柔性材料。

反弧式防浪墙，墙顶向前伸出，形成挑浪鼻坎。好似弧形挑浪墙。能使波浪上卷时大

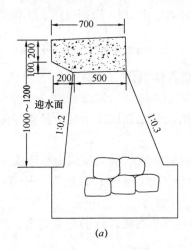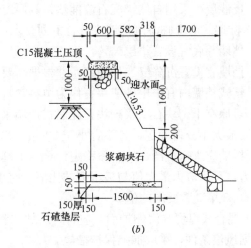

图 6-66　陡坡式防浪墙（单位：mm）

(*a*)、(*b*) 为陡坡式防浪墙常见的两种结构形式

量回入大海减少越顶水量及防止冲刷堤顶。

6.5.6　海堤防护

（1）海堤护面应根据具体情况选用不同的护面形式。对允许部分越浪的海堤，堤顶面及背海侧坡面应根据越浪量大小按《海堤工程设计规范》SL 435—2008 采用相应的防护措施。

（2）对于受海流、波浪影响较大的凸、凹岸堤段，应加强护面结构强度。

（3）浆砌块石、混凝土护坡及挡墙应设置沉降缝、伸缩缝。

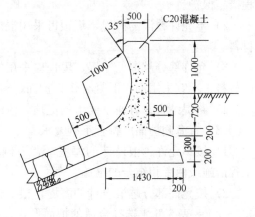

图 6-67　反弧式防浪墙

（4）斜坡式海堤临海侧护面可采用现浇混凝土、浆砌块石、混凝土灌砌石、干砌块石、预制混凝土异型块体、混凝土砌块和混凝土栅栏板等结构形式，并应符合下列要求：

1）波浪小的堤段可采用干砌块石或条石护面。干砌块石、条石厚度应按《海堤工程设计规范》SL 435—2008 附录 J 计算，其最小厚度不应小于 30cm。护坡砌石的始末处及建筑物的交接处应采取封边措施。

2）可采用混凝土或浆砌石框格固定干砌石来加强干砌石护坡的整体性，并应设置沉降缝。

3）浆砌石或灌砌块石护坡厚度应按《海堤工程设计规范》SL 435—2008 附录 J 计算，且不应小于 30cm。

4）对不直接临海堤段，护坡设计应沿堤线采取生态恢复措施。

5）护面采用预制混凝土异型块体时，其重量、结构和布置可按《海堤工程设计规范》SL 435—2008 附录 J.0.6 条设计。

6) 反滤层可采用自然级配石渣铺垫,其厚度为 20~40cm,底部可铺土工织物。

(5) 陡墙式海堤临海侧挡墙应符合下列要求:

1) 挡墙基底宜设置垫层。

2) 挡墙宜设置沉降缝、伸缩缝,并根据需要设置排水孔。

3) 箱式挡墙内宜采用砂或块石作为填料。

4) 对原有干砌块石、浆砌块石陡墙式挡墙采用混凝土加固护面时,护面厚度应根据作用的波浪大小分析确定,且不宜小于 20cm。

5) 挡墙应进行抗滑、抗倾覆稳定计算,土基挡墙基底的最大压应力应不大于地基允许承载力,且压应力最大值与最小值的比值,应小于《海堤工程设计规范》SL 435—2008 附录 M.0.3 第3款要求的值。

(6) 混合式海堤临海侧护面,应符合斜坡式和陡墙式海堤设计的有关规定。坡面转折处宜根据风浪条件,采取加强保护措施。

(7) 堤顶护面应符合下列要求:

1) 不适应沉降变形的堤顶护面,宜在堤身沉降基本稳定后实施,期间采用过渡性工程措施保护。

2) 不允许越浪的海堤,堤顶可采用混凝土、沥青混凝土、碎石、泥结石等作为护面材料。

3) 允许部分越浪的海堤,堤顶应采用抗冲护面结构,不应采用碎石、泥结石作为护面材料,不宜采用沥青混凝土作为护面材料。

4) 路堤结合并有通车要求的堤顶,应满足公路路面、路基设计要求。

(8) 背海侧护面应符合下列要求:

1) 按不允许越浪设计的海堤,背海侧坡应具备一定的抗冲能力,可采用植物措施、工程措施或两者相结合的措施。

2) 按允许部分越浪设计的海堤,根据越浪量的大小,应按《海堤工程设计规范》SL 435—2008 表 6.6.1 选择合适的护面形式。

(9) 旧海堤护面加固应符合下列要求:

1) 旧海堤护面的加固措施应根据海堤等级、波浪状况和原有护面的损害程度等综合确定。其新、旧护面应接合牢固,连接平顺。

2) 对于1级、2级海堤或波浪较大的堤段,当原海堤的临海侧干砌块石护面、浆砌块石护面基本完好且反滤层有效,或整修工作量不大时,可采用栅栏板、四脚空心块等预制混凝土块体护面。对于沉降已基本稳定,干砌块石、浆砌块石基本完好的斜坡式堤段,当反滤层良好或经修复后,可在其上增设混凝土护面。板厚应按《海堤工程设计规范》SL 435—2008 附录 J 计算,且不宜小于 8cm。

3) 对于3~5级海堤,在原海堤的临海侧干砌块石护坡基本完好、反滤层有效的条件下,可采用灌缝、框格加固。

4) 挡墙加固时应将原墙面排水孔延接至新墙外,新加固部分墙体的沉降缝位置应与原墙一致。

5) 堤顶及背海侧的加固应符合《海堤工程设计规范》SL 435—2008 的规定。

6.5.7 海堤护堤地

海堤护堤地是海堤防护的组成部分，直接关系到堤身的安全、防汛抢险和维护管理。护堤地的宽度根据海堤的等级、地基情况来确定，宽度一般在 10 ~ 30m，与海堤背水坡坡脚相连。其高程不得低于堤内地面高程。

当地基软弱、堤身较高时，还需设置抛石镇压层以保持堤身稳定。

第7章　护岸及河道整治

7.1　护岸（滩）工程

7.1.1　一般规定

（1）在城镇中的河（江）岸、海岸、湖岸被冲刷时，它会直接影响到城市防洪安全。为了保护岸边不被水流冲刷，防止岸边坍塌，保证汛期行洪岸边稳定，应采取护岸（滩）保护措施。护岸布置应减少对河势的影响，避免抬高洪水位。

（2）护岸整治线，既要与城市现状和总体规划相适应，又要结合城市防洪和河道整治的要求，使之具有足够的安全排泄设计洪水的能力。

（3）护岸形式应根据河流特性、河岸地质、城市建设、环境景观、航运码头、建筑材料和施工条件等因素综合分析确定。当河床土质较好时，宜采用坡式护岸和墙式护岸；当河床土质较差时，宜采用板桩护岸和桩基承台护岸；在冲刷严重河段的中枯水位以下部位宜采用顺坝或丁坝护岸。顺坝和短丁坝常用来保护坡式护岸和墙式护岸基础不被冲刷破坏。

（4）护岸整治线

在进行防洪工程规划设计时，通常根据河流水文、地形、地质等条件和河道演变规律以及泄洪需要，拟定比较理想的河槽，使其河槽宽度和平面形态，既能满足泄洪要求，又符合河床演变规律及保持相对稳定。设计洪水时的水边线，称为洪水整治线。中水整治线为河流主槽的水边线，这一河槽的大小和位置的确定，对与防洪有关的洪水河槽有直接影响。

1）整治线间距

整治线间距是指两岸整治线之间的距离，即整治线之间的水面宽度。实践证明，整治线间距确定得是否合理，对防洪投资及效果影响很大。一般是拟定几个方案，进行比较，从中选取最佳方案。

2）整治线走向

①确定整治线走向时，应结合上下游河势，使整治线走向尽量符合洪水主流流向，并兼顾中、枯水流流向，使之交角尽量小些，以减少洪水期的冲刷和淤积。

②整治线的起点和终点，应与上下游防洪设施相协调，一般应选择地势高于设计洪水，河床稳定和比较坚固的河岸作为整治线的起止点，或者与已有人工构筑物，如桥梁、码头、取水口、护岸等相衔接。

3）整治线线形

①冲积性河流，一般是以曲直相间，弯曲段弯曲半径适当，中心角适度，以及直线过渡段长度适宜的微弯河段较为稳定。

②整治线的弯曲半径，根据河道的比降、来砂量和河岸的可冲性等因素，一般以 4 ～ 6 倍的整治线间距为宜。

③两弯曲段之间的直线过渡段不宜过长，一般不应超过整治线间距的 3 倍。

④通航河道整治线，应使洪水流向大致与枯水河槽方向相吻合，以利航道的稳定。

4）整治线平面布置

①河道具有足够的泄洪断面，能够安全通过设计洪水，而且要和城市规划及现状相适应，兼顾交通、航运、取水、排水、环保等部门的要求，并应与河流流域规划相适应。

②应与滨河道路相结合，与规划中沿河建筑红线保持一定距离。

③在条件允许时，应与滨河公园和绿化相结合，为市民提供游览场所，美化城市，改善环境。

④应尽量利用现有防洪工程（如护岸、护坡、堤防等）及抗冲刷的坚固河岸，以减少工程投资。

5）要左右岸兼顾，上下游呼应，尽量与河流自然趋势相吻合，一般不宜做硬性改变。

（5）护岸设计应考虑下列荷载，并进行稳定分析。

1）自重及其上部荷载；

2）墙前水压力、冰压力和被动土压力与波吸力；

3）墙后水压力和主动土压力；

4）船舶系缆力；

5）地震力。

通常护岸设计荷载的分类为：

①设计荷载：一般包括建筑物自重及其上部荷载、土压力、水压力、地面荷载。

②校核荷载：一般包括冰压力、船舶系缆力、施工荷载。

③特殊荷载：波吸力、地震力。

（6）水较深、风浪较大，而且河滩较宽时，宜布置防浪平台，并栽植一定宽度的防浪林可显著消减风浪作用，但种植防浪林以不影响河、湖行洪为原则。

（7）各种形式的护坡，都应设置排泄堤顶和堤坡降水径流的沟渠，它可引导降水径流有序地流入河道，避免对堤顶和堤坡的冲刷。另外，还要设有排泄渗水和地下水的管、孔，它们可降低护坡背后的水压力，在河道水位骤降时，有利于护坡稳定。

（8）护岸材料

目前国内外通常采用梢料、块石、混凝土和钢筋混凝土，结构形式不断从重型实体、就地浇筑，向轻型空心、预制装配发展。随着塑料工业的发展，护岸工程又逐渐采用了土工合成材料。近年来，欧洲和美国在坡式护岸中已较多应用土工织物取代一般砂石反滤层；荷兰和日本采用尼龙砂袋抗御洪水也获得成功。

我国在护岸工程中应用塑料材料方面也取得很多成就。例如：土工膜袋。它可用于替代干砌块石、浆砌块石等修建堤坡、堤脚，构筑坝堤主体，也可用于堤坝崩塌、江河崩岸险情的抢修维护。它适用于容许流速 2～3m/s 的护岸冲刷防护。土工膜是将土工合成材料表面涂一层树脂或橡胶等防水材料，或将土工合成材料与塑料薄膜复合在一起形成的不透水防水材料。土工膜以薄型无纺布与薄膜复合较多，按工程需要可制成一布一膜、二布一膜或三布二膜等，所选用无纺布与薄膜厚度也可按需要而定。膜袋的主要技术指标见表 7-1。

膜袋主要技术指标 表 7-1

单层质量（g/m²）		200
拉伸强度（N/5cm）	经	1500
	纬	1300
延伸率（%）	经	14
	纬	12
撕裂强度（N/5cm）	经	600
	纬	400
顶破强度（N）		800
渗透系数（cm/s）		0.028
单层厚度（mm）		0.45

7.1.2　坡式护岸

1. 坡式护岸的类型

（1）按坡式护岸淹没情况分为以下 3 种类型：

1）下层护岸，护岸在枯水位以下。

2）中层护岸，护岸在枯水位与设计洪水位之间。

3）上层护岸，护岸在设计洪水位以上。

（2）按坡式护岸使用年限分为以下 2 种类型：

1）临时性护岸，一般采用竹、木、梢料等轻质材料修建，结构简单、施工方便，但防腐蚀和抗冲性差，使用期限较短，多用于防汛抢险。

2）永久性护岸，一般由土石料、混凝土等建成。如砌石、抛石、丁坝、顺坝、混凝土、钢筋混凝土以及板桩等护岸，防腐和抗冲性能强，使用年限长。

2. 下层护岸

下层护岸经常淹没在水中，遭受水流冲刷最严重，整个护岸的破坏往往从这里开始，所以要求下层护岸能够承受水流的冲刷，防止淘底和适应河床变形。

（1）抛石护岸

1）适用范围：在河床土质松软时，冲刷严重地段可先在底部铺沉排等衬垫后再抛石块，如图 7-1 所示。抛石的自然边坡为 1:1.5～1:2.0。当水深流急或波浪强烈时，可将抛石自然边坡放缓至 1:3～1:3.5。

2）抛石数量：抛石数量根据河岸坡度和河床水下地形确定。抛石护坡顶部厚度不应小于计算最小块石粒径的两倍。坡面部分的厚度视水流情况，以不小于 0.5m 为宜。抛石护坡镇脚厚度不应小于 0.6m，平铺厚度深泓部分为 0.7m 以上，岸边部分 0.5m 以上，如图 7-2 所示。为了使抛石有一定的密实

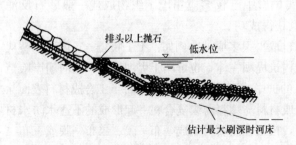

排头以上抛石
低水位
估计最大刷深时河床

图 7-1　沉排抛石护岸

度，宜采用大小不等的石块掺杂抛投，小于计算粒径的石块含量不应超过 25%。计算抛石数量时，应考虑一部分沉入泥土中及流失的数量。

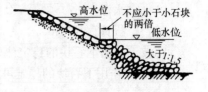

3）抛石粒径：抛石粒径大小，可以根据流速、边坡、波浪的大小进行估算。

图7-2 抛石护岸镇脚

①在水流作用下石块的稳定计算：通过对石块在水中受力情况的分析，得出在各种条件下石块在水流中保持稳定的折算直径（即所求块石折算成圆球形之直径，又称为当量粒径）为：

$$d = \frac{v^2}{C^2 \times 2g \dfrac{\gamma_s - \gamma_0}{\gamma_0}} \tag{7-1}$$

式中　d——折算直径，$d = 1.24 \sqrt[3]{W}$，m；

　　　W——石块体积，m^3；

　　　v——水流流速，m/s；

　　　γ_s——石块的重力密度，可取 $\gamma_s = 2.65 \times 10 kN/m^3$；

　　　γ_0——水的重力密度，$\gamma_0 = 10 kN/m^3$；

　　　g——重力加速度，m/s^2；

　　　C——石块运动的稳定系数，由试验确定。

在各种不同条件下，折算直径 d（m）具体表达式分别为：

a. 底坡水平：C 可取 0.90，则：

$$d = 0.0382 \, \overline{v}^2 \, (m) \tag{7-2}$$

式中　$\overline{v}$——抛石断面的平均流速，m/s，也可用石块的启动流速计算。

b. 底坡倾斜（与水流平行）：如丁坝或潜坝的坝坡由抛石堆成，这时 C 可取 1.20，则：

$$d = 0.0215 \, \overline{v}^2 \, (m) \tag{7-3}$$

式中　$\overline{v}$——水流经斜坡的流速，m/s，即石块在动水中抗冲的最大流速。

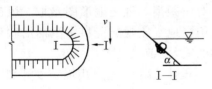

图7-3 丁坝坝头

c. 底坡倾斜（与水流垂直）：如丁坝坝头首部抛石护坡，如图 7-3 所示，这时 C 仍取 1.20，则：

$$d = 0.0215 \, \overline{v}^2 \sec\alpha \, (m) \tag{7-4}$$

式中　$\overline{v}$——坝头过水断面处的平均流速，m/s；

　　　α——坝头过水断面抛石堆成斜坡的坡底角，°。

d. 在水平与倾斜河床情况下，以重量表示的石块稳定关系式为：

$$G = 0.062 \, \overline{v}_c^6 \tag{7-5}$$

式中　G——石块重量，10kN；

　　　$\overline{v}_c$——近河底流速，m/s，可用下式计算：

$$\frac{\overline{v}_c}{\overline{v}} = \frac{1}{0.958\log\left(\dfrac{h}{d}\right) + 1}$$

式中　$\overline{v}$——断面平均流速，m/s；

h——水深，m；

d——折算直径，m。

②在波浪作用下石块的稳定计算：

a. 在波浪作用下石块的稳定可用公式（7-6）计算：

$$G = \frac{\gamma_s h_b^3}{K_D \left(\frac{\gamma_s - \gamma_0}{\gamma_0}\right)^3 \cot \alpha}$$ (7-6)

式中　G——单个石块重量，10kN；

　　　α——堆石斜坡坡度角，°；

　　　K_D——与石块（或块体）的形状、护面层粗糙度等因素有关的系数，见表 7-2；

　　　h_b——设计波高，m。

K_D　值　　　　　　　　　　　表 7-2

护面块体	施工方法	层　数	K_D			
			坝身部分		坝头部分	
			破碎波	不破碎波	破碎波	不破碎波
圆石	抛投	2	2.5	2.6	2.0	2.4
圆石	抛投	>3	3.0	3.2	2.7	2.9
棱角块石	抛投	2	3.0	3.5	2.7	2.9
棱角块石	抛投	>3	4.0	4.3	—	3.8
级配	任意		当水深小于 6m 时，K_D=1.3			
棱角块石	抛投		当水深大于 6m 时，K_D=1.7			

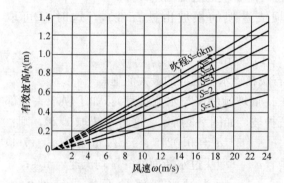

图 7-4　h_b' 曲线

h_b 可由关系式 $h_b = nh_b'$ 求得，其中 h_b' 为有效波高，由图 7-4 决定。系数 n 在 1～1.87 之间，一般工程 n 用 1.25，大型工程 n 用 1.60 或 1.87。图 7-4 中的吹程即是对岸距离，可从地形图量取。风速可采用当地气象观测资料中汛期沿吹程方向的最大风速。

b. 设计波高 h_b 也可用堤防设计采用的方法计算。详见 6.2.3 节。

4）抛石距离：抛石地点的选择，对工程实效，影响甚大。石块抛入水中后，一方面因为石块本身重量而下沉，另一方面石块又随着水流往下游移动。所以，抛石地点应在护岸地段的上游，其距离可结合当地的抛石经验来确定。长江抛石护岸经验公式为：

$$L = 0.92 \frac{\overline{v} H}{G^{\frac{1}{6}}}$$ (7-7)

$$L = 0.74 \frac{v_0 H}{G^{\frac{1}{6}}}$$ (7-8)

式中 L——抛石地点向护岸上游偏移的水平距离，m；

H——水深，m；

$\bar{v}$——抛石处水流平均流速，m/s；

v_0——水面流速，m/s；

G——石块重量，10kN。

公路部门的经验公式为：

$$L = 2.5 \frac{\bar{v}H}{d^{\frac{1}{2}}} \tag{7-9}$$

式中 L——石块冲移的水平距离，m；

$\bar{v}$——抛石处水流平均流速，m/s；

H——水深，m；

d——石块折算直径，cm。

（2）沉排护岸

1）适用范围：沉排具有整体性和柔软性，抗冲性能好，能抵抗流速为 2.5～3.0m/s 的冲刷。沉排护岸适用于土质松软、河床受冲范围较大、坡度变化较缓的凹岸。由于沉排面积大，且具有柔韧性，能够贴伏在河床表面，适应河床变形。即使沉排发生一定程度的弯曲，也不致破坏沉排的结构，所以使用年限较长。沉排护岸在长江和松花江下游沿岸城市防洪工程中被广泛利用，效果良好。

2）沉排尺寸和构造

①沉排平面尺寸：沉排的平面一般为矩形。有时为了适应地形需要，也可做成其他形状。沉排的尺寸，根据河床地形和水流流势决定。其伸出坡角处平坦河床的长度，系根据排端河床冲刷至预计深度时，沉排仍能维持稳定状态确定。沉排厚度一般为 0.6～1.2m，长度和宽度视需要而定，可从数十米到百余米。松花江下游哈尔滨市沉排尺寸为：宽 15～27m，长 30m。长江下游南京市浦口、下关沉排尺寸长达 60m×90m 和 90m×120m。

②沉排构造：沉排由下十字格、底梢、覆梢、上十字格、编篱及缆闩等组成，如图 7-5 所示。下十字格是沉排的底层结构，它的下梢龙与水流方向垂直，上梢龙与水流方向平行。

梢龙间距为 1.0m，两端各伸出边龙外 0.25～0.50m。上下梢龙互相垂直，组成 1.0m 的方格，每个交点用钢丝扎紧。

底梢和覆梢是铺在下层十字格上的散铺填料。底梢与水流方向平行，根部朝向上游，压实厚为 0.15～0.30m。覆梢与底梢和水流方向垂直，根都朝向岸边，压实厚为 0.15～0.30m，搭头约 0.8m。

上十字格与下十字格互相对称，它的下梢龙与水流方向平行，上梢龙与水流方向及下梢龙垂直。

编篱的主要作用为拦阻压排石块的走动。编篱以木梗为骨架，木梗直径约为 30mm，每米打三根，其中一根应打在十字格交叉点上。由上十字格梢龙直穿下十字格梢龙，以加强上下十字格的连接。

缆闩是沉排的附属构件，由小竹子短笼及梢料加扎在十字格梢龙两旁组成，其作用为加强系缆部分十字格的强度，并扩大其受力范围。

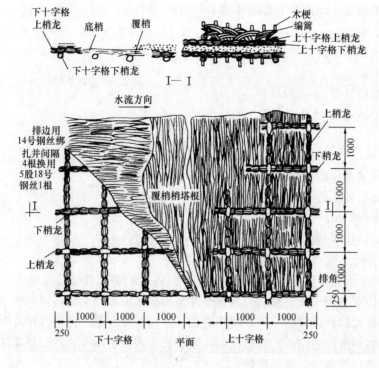

图 7-5　沉排构造（单位：mm）

　　沉排梢龙由各种梢料或秸料扎成。梢料应为无枝杈的树条，以新鲜、柔软、端直的为佳。结扎要求紧密光滑，搭接长度不得小于梢料全长的四分之一。

　　沉排护岸材料用量，参见表 7-3 所列数值。

　　3）沉排压石粒径计算

　　沉排是靠石块压沉的，石块的大小和数量应通过计算确定。为了保证沉排上的压石不致被水流冲走，必须计算石块的启动流速，以便确定石块粒径。沉排压石最小粒径可用公式（7-10）计算：

$$d = \left[\frac{v_{\mathrm{H}}}{1.47 g^{\frac{1}{2}} h^{\frac{1}{6}}} \right]^3 \text{（m）} \tag{7-10}$$

$$v_{\mathrm{H}} = \frac{v'_{\mathrm{H}}}{\sqrt{\dfrac{m^2 - m_0^2 \cos\theta}{1 + m^2}} - \dfrac{m_0 \sin\theta}{\sqrt{1 + m^2}}} \tag{7-11}$$

式中　v_{H}——流速，m/s；

　　　v'_{H}——石块在斜坡上的启动流速，计算时可近似地取接近护岸地点洪水期的最大平均流速，m/s；

　　　g——重力加速度，m/s²；

　　　h——水深，m；

　　　m——斜坡的边坡系数；

　　　m_0——石块的自然边坡系数；

　　　θ——水流方向与水边线的交角，°。

沉排护岸材料用量　　　　　　　　　表 7-3

编号	名称和规格	单位	每平方米用量	单位沉排用量			备　注
				30×30 (900m²)	30×27 (810m²)	30×24 (720m²)	
1	塘柴 $d=15\sim25$ $l=2.5\sim3.0$	10N	103	92600	83400	24100	1. 每平方米用量系照裕溪口河港实际耗量； 2. 根据裕溪口实际耗量计，已包括系缆门等各项材料； 3. d 为柴梗梢径(cm)，l 为柴梗长度(m)
2	芦柴 $d=20\sim30$ $l=4$	10N	1	900	810	720	
3	木梗 $d=30\sim40$ $l=1.5$	根	2.11	1899	1710	1523	
4	钢丝 18 号	10N	0.088	79	71	64	
5	钢丝 16 号	10N	0.0615	55	50	45	
6	钢丝 14 号	10N	0.011	10	9	8	
7	五股钢丝绳 18 号	10N	0.004	4	3	3	
8	九股钢丝绳 18 号	10N	0.023	21	19	17	
9	麻绳 $\phi 25mm$ 27 股	10N	0.016	14	13	12	
10	杉杆 $\phi 150mm$	m³	0.007	6.3	5.67	5.04	
11	块石 0.25m×0.30m	m³	0.300	2270	243	216	

　　4）压石数量：由压石重量与水流对沉排浮力的平衡条件，得出压石厚度计算公式 (7-12) 为：

$$T_1 = \frac{K(1-\varepsilon_2)(1-\gamma_2)T_2}{(1-\varepsilon_1)(\gamma_s-1)} \tag{7-12}$$

式中　　T_1——压石厚度，m；

　　　　T_2——沉排厚度，m；

　　　　ε_1——压石空缝率；

　　　　ε_2——沉排空缝率；

　　　　γ_s——压石重力密度，10kN/m³；

　　　　γ_2——沉排重力密度，10kN/m³；

　　　　K——安全系数，一般取 $K=1.2\sim1.5$。

　　在计算沉排需要石块数量时，除计算沉排的压石数量外，还应计入为了使沉排与河床接触更密实，在沉排沉放之前，填补河床局部洼坑的抛石量，以及为了保护沉排四周河床不被淘刷，防止沉排发生过大变形而在沉排四周河床抛石数量。

　　5）施工要求：沉排施工方法有两种。一是岸上编排，拖运水中压石下沉；二是冰上编排、压石，爆破下沉。

　　岸上编排法施工，最好选在枯水季节，这时河床水位较低，水流流速较小，沉排拖运和定位比较容易。沉排在沉放之前，应对防护地带进行一次水深测量，摸清坡面情况，有无洼坑，以确定沉排下面和四周的抛石量。一般是在岸边扎排，向河中拖运定位，然后压石下沉。沉排下沉时，借助于排角拉绳（粗麻绳或尼龙绳）控制位置。沉排之间应搭接紧密，其搭接长度为 1~2m。为了固定沉排位置，不使其沿岸坡滑动，应在排头进行抛石，其抛石宽度为 3~4m，厚度为 1.0m 左右。

冰上编排系就地在冰面上编排，压石填完后在沉排四周距排头 0.3~0.4m 处穿凿冰孔，然后破冰下沉。冰盖破碎后，在沉排的压重下，随即被水流冲往下游，下沉时应从下游向上游进行。

（3）沉树和沉篮护岸

在河床局部受到剧烈冲刷，并已形成较大冲坑的情况下，如采用抛石填坑，用石料甚多，也不经济；若采用沉排则不易贴附于冲坑上；此时可采用沉树和沉篮护底，不仅能防止冲坑的继续扩大，而且沉树可以起到缓流落淤作用。这种护岸在黄河和松花江下游护岸工程中曾经应用，实践证明防冲落淤效果较好。

沉树是将树杈茂密的树头或小树装在大柳框（或钢丝笼）中，并填满碎石绑好后沉入冲坑内。因树枝受浮托作用，沉树基本上保持直立状态，起到缓流落淤作用。沉树横向间距为 2m，纵向间距为 3m。沉篮是利用两个无把的土篮装满碎石相叩成盒，用 16 号钢丝将四边绑扎好，然后沉入冲坑内，如图 7-6 所示。在寒冷地区，可以利用封冻季节凿冰下沉，施工方便，沉放位置较为准确。

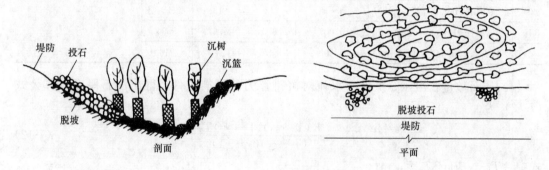

图 7-6 沉树和沉篮

（4）沉枕护岸

在河床土质松软并发生严重变形的情况下，沉枕是一种很好的下层护岸材料；其构造形式如图 7-7 所示。锦州市小凌河护岸采用此种护岸，效果良好。

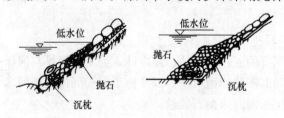

图 7-7 沉枕护岸

沉枕是用鲜柳枝或草材、石块等材料束成圆柱状，直径一般为 0.6~1.0m，长为 5~10m，每隔 0.3~0.6m 用钢丝捆扎一档。图 7-8 为黄河护岸工程中常用的沉枕制作方法。

（5）钢筋混凝土肋板护岸

1976 年以来，上海市郊区在滨江和沿海防洪工程中，应用钢筋混凝土肋板护岸，效果较好。这种护岸与砌石护岸、混凝土护岸相比，具有工程量小、有利消浪等优点，其构造见图 7-9。

（6）铰接混凝土板护岸

近年来，美国在较大河流平铺护岸中应用铰接混凝土板护岸，由每块尺寸为 11.8m×

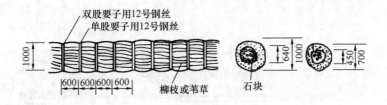

图 7-8 沉枕制作方法

3.56m×0.76m 的 20 块混凝土板铰接而成。板块之间用抗腐蚀的金属构件连在一起。我国设计和施工的铰接混凝土板，在武汉市长江河段天兴洲也首次沉放成功。这种护岸能适应河床变形。防止河岸在水流冲刷下崩塌，并能保护河床与河岸的稳定。

(7) 塑料柴帘护岸

它是一种新型的软体排类护岸形式。既吸收了柴排整体性强的优点，又保持了能够较理想的适应河床变形的特性，并具有结构简单、造价低、体型轻、工效高等优点。但当水面流速大于 2.14m/s 和水下坡度陡于 1:1 时，不宜采用。塑料柴帘构造见图 7-10。

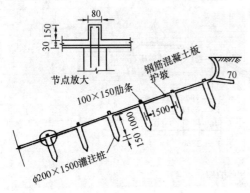

图 7-9 钢筋混凝土肋板护坡

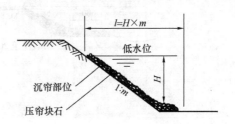

图 7-10 塑料柴帘护岸

(8) 锦纶模袋护岸

锦纶模袋（亦称法布），是用高强度锦纶丝（原料为尼龙 66）织成的双层布袋。铺设在需要防护的岸坡水下堤坡上，用泵压入流动性混凝土或水泥砂浆。由于锦纶模袋具有渗水性，在受到充灌填料的压力时，能将混凝土或水泥砂浆中的多余水分从模袋内排出，降低了水灰比，从而加速凝固，得到高密度、高强度的混凝土或水泥砂浆的硬化体，来保护坡面。

锦纶模袋护坡的优点是不须建筑围堰，效果显著，施工方便。但施工最大坡度为 1:1，较好的坡度为 1:1.5。

模袋充填厚度为 65～700mm。目前日本已施工的充填厚度达 1000mm，施工水深达 26m。模袋的耐寒性使其在零下 40℃时技术性能不受影响。我国扬州等城市已经采用。

3. 中层护岸

中层护岸经常承受水流冲刷和风浪袭击，由于水位经常变化，护岸材料处于时干时湿的状态，因此要求抗朽性强。一般多采用砌石、混凝土预制板，较少采用抛石和草皮。中层护岸的构造和要求可参照土堤护坡的构造和要求。

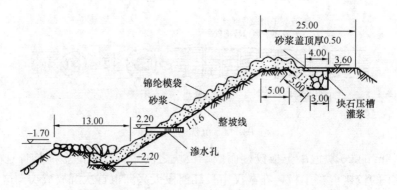

图 7-11 锦纶模袋护岸（单位：m）

4. 上层护岸

上层护岸主要是防止雨水冲刷和风浪的冲击。一般是将中层护岸延至岸顶，并做好岸边排水设施。有的在岸边顶部设置防浪墙，并兼作栏杆用。

图 7-12 和图 7-13 为某市公园护岸上、中、下三段护岸。

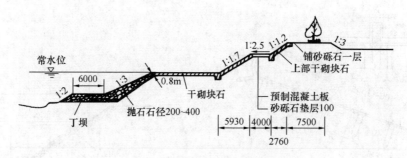

图 7-12 某市公园护岸

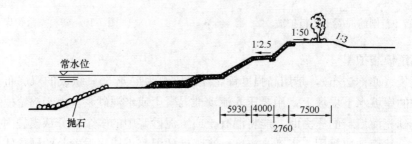

图 7-13 某市公园护岸

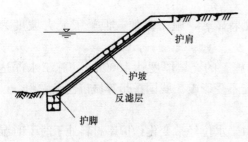

图 7-14 砌石护岸

当河岸较高、河床变化较大时，采用上、中、下三层不同护岸形式，能够充分发挥各层长处，以达到比较好的效果。

当河床较低、河床变化不大时，可采用一种护岸形式。在这种情况下，应用最广的是砌石护岸，其构造主要由护脚、护坡和护肩三个部分组成。如图 7-14 所示。

7.1.3 墙式护岸

墙式护岸具有断面小、占地少、整体性好等优点。其特点是：依靠自重及其填料的重量、地基的强度来维持自身和构筑物的整体稳定性，因此它要求有比较好的基础条件。

墙式护岸沿长度方向在下列位置应设变形缝：

(1) 新旧护岸连接处；

(2) 护岸高度或结构形式改变处；

(3) 护岸走向改变处；

(4) 地基地质差别较大的分界处。

变形缝的缝距：浆砌石结构可采用 15～20m，混凝土和钢筋混凝土结构可采用 10～15m。变形缝宽 2～5cm，做成上下垂直通缝，缝内填充弹性材料，必要时应设止水。

墙式护岸的墙身结构应根据荷载等情况进行下列计算和验算：

(1) 抗倾覆稳定和水平抗滑稳定；

(2) 墙基地基应力和墙身应力；

(3) 护岸地基埋深和抗冲稳定。

墙式护岸应设排水孔，并设置反滤。墙挡水位较高、墙后地面高程又较低的，应采取防渗透破坏措施。

排水孔的大小和布置应根据水位变化情况、墙后填料透水性能和岸壁断面形状确定。

墙顶宽度根据结构形式和城市建设要求确定，重要墙段应设防护栏和照明装置。

1. 分类与选型

墙式护岸的结构形式很多，按其墙身结构形式分为重力式、薄壁式、锚定式、加筋土式、空心方块式及异型方块式等。按其所用材料又分为浆砌石、混凝土及钢筋混凝土、钢板等。

(1) 重力式护岸

浆砌石和混凝土墙式护岸，在城市防洪工程中应用最为广泛。按其墙背形式可分为仰斜式、俯斜式和垂直式、凸型折线式以及卸荷板式和衡重式等。

1) 仰斜式，如图 7-15 所示。墙背主动土压力较小，墙身断面较小，造价较低。适用于墙趾处地面平坦的挖方段。

2) 俯斜式，如图 7-16 所示。墙背主动土压力较大，墙身断面较大，造价较高，但墙背填土夯实比较容易。适用于地形较陡或填土的岸边。

3) 垂直式，如图 7-17 所示。它介于仰斜式与俯斜式之间。适用条件和俯斜式相同。

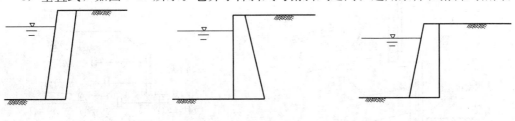

图 7-15　仰斜式护岸　　　　　图 7-16　俯斜式护岸　　　　　图 7-17　垂直式护岸

4) 凸型折线式，如图 7-18 所示。它将仰斜式挡土墙的上部墙背改为俯斜式，减小了上部断面尺寸, 故其断面较为经济。

5) 卸荷板式, 如图 7-19 所示。卸荷板起减小墙身土压力的作用, 故墙身断面小, 地基应力均匀。

6) 衡重式, 如图 7-20 所示。它是为了克服底宽大、地基应力不均匀而改进的一种形式, 但它不如卸荷板式经济。

图 7-18 凸型折线式护岸 　　图 7-19 卸荷板式护岸 　　图 7-20 衡重式护岸

（2）薄壁式护岸

薄壁式护岸一般为预制或现浇的钢筋混凝土结构, 如图 7-21、图 7-22 所示, 可分为扶壁式和悬臂式, 此种形式断面尺寸小, 适用于地基承载力较低、缺乏石料的地区。

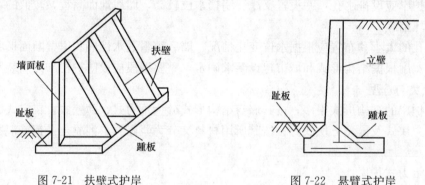

图 7-21 扶壁式护岸 　　　　　　　图 7-22 悬臂式护岸

（3）锚定式护岸

锚定式护岸可分为锚杆式和锚定板式, 如图 7-23、图 7-24 所示, 适用于墙高较大, 缺乏石料或挖基困难, 具有锚固条件的地区。

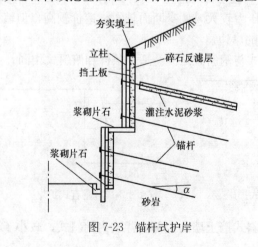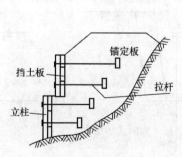

图 7-23 锚杆式护岸 　　　　　　　图 7-24 锚定板式护岸

（4）加筋土式护岸

加筋土式护岸属于柔性结构，对地基变形适应性大，抗震性能好，如图 7-25 所示，可适用于较高的河岸地段，同时减少占地面积。

（5）空心方块式及异型方块式护岸

混凝土和钢筋混凝土预制方块，形状有方形、矩形、工字形及 T 字形等。方块安装后，空心及空隙部分，全部或部分填充块石。这种结构较整体式节省混凝土，造价较低，但整体性和抗冻性较差。南方沿海城市护岸和海港码头使用较多，见图 7-26、图 7-27。

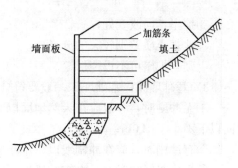

图 7-25 加筋土式护岸

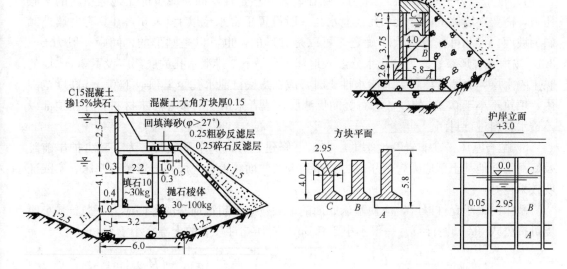

图 7-26 空心方块式护岸（单位：m）　　　　图 7-27 异型方块式护岸（单位：m）

2. 构造要求

（1）重力式护岸构造要求

1）最小厚度：重力式护岸的横断面岸顶最小厚度，依建筑材料而定，一般不小于下列数值：

①重力式钢筋混凝土护岸 0.3m；

②重力式混凝土护岸 0.4m；

③重力式浆砌石护岸 0.5m；

④重力式干砌石护岸 0.6m。

2）变形缝：重力式护岸沿长度方向必须设置变形缝。其间距应根据气候条件、结构形式、温度控制措施和地基特性等因素确定。通常：浆砌石结构为 15～20m，混凝土及钢筋混凝土结构为 10～15m。缝宽一般采用 20～50mm，应做成上下垂直通缝，缝内填充弹性材料。有防水要求的还应设置止水带。在下列位置必须设置变形缝：

①新旧护岸连接处；

②护岸高度或结构形式改变处；

③护岸走向改变处；

④地基土质差别较大的分界处。

干砌石护岸可不设变形缝。

3）基础埋深：基础埋深一般要符合下列要求：

①无冲刷时，一般应在天然地面以下不小于 1.0m，当河床有铺砌时，应在铺砌层顶面以下不小于 1.0m；

②有冲刷时，应在冲刷线以下不小于 1.0m；

③受冻胀影响时，应在冻结线以下不小于 0.25m。非冻胀土层中的基础，例如卵石、砾石、中砂或粗砂等，埋置深度可不受冻深的限制；

④对于硬质岩石地基，应清除表面风化层，并将基础置于风化层以下不少于 0.25～0.6m。

4）排水：为了减少墙后土压力，保证墙体的稳定性，同时减少冻胀地区填料的冻胀压力，需要在墙体上设置泄水孔，泄水孔一般设置于常水位以上 0.3m，并具有向墙外倾斜的坡度。尺寸可按流量大小确定，可以是方形的，也可以是圆形的，间距一般为 2～3m，按梅花桩形布置。为防止水分渗入地基，在最下一排泄水孔的底部应设置 30cm 厚的黏土隔水层，当墙背填料为非渗水性土时，应在最底排泄水孔至墙顶以下 0.5m 高度范围内，填筑不小于 0.3m 的砂、砾石竖向反滤层，或者采用土工布等渗水材料，并在顶部以不透水材料进行封闭。

5）抛石基床：在非岩石地基上，在水下修建重力式护岸基础时，为了减少护岸前趾及墙身下面地基土壤应力，将压应力分布到较大的面积上，一般均设置抛石基床。实践证明效果良好。

基床的最小允许厚度，应使基床底面的最大应力不超过地基的容许应力。抛石最小厚度可按公式（7-13）计算。一般不小于 0.5m，对压缩性较大的土不宜小于 1.0m。

$$h_{min} = \frac{2[R] - \gamma'_s B}{4\gamma'_s} - \sqrt{\left(\frac{\gamma'_s B - 2[R]}{4\gamma'_s}\right)^2 - \frac{B}{2\gamma'_s}(\sigma_{max} - [R])} \text{ (m)} \quad (7-13)$$

式中　$[R]$——地基容许承载力，$10kN/m^2$；

γ'_s——基床抛石水下重力密度，$10kN/m^3$；

B——岸壁底宽，m；

σ_{max}——基床底面最大应力，$10kN/m^2$。

6）护岸混凝土强度等级，一般不低于 C20；浆砌块石的石料强度等级不低于 MU30；砂浆强度等级不低于 M7.5，勾缝用砂浆强度等级不低于 M10。

（2）薄壁式护岸构造要求

薄壁式护岸可分为悬臂式护岸和扶壁式护岸，悬臂式护岸由立壁、墙趾、墙踵组成，扶壁式护岸由墙面板、扶壁、墙趾以及墙踵组成。悬臂式适用于 5m 以下的防护，而扶壁式可增高到 15m。

1）立壁（墙面板）的厚度一般不小于 0.20～0.25m，底板一般采用等厚度，其厚度不小于 0.3m。前趾的顶面可削成坡形，其最小厚度应不小于 0.20m。

2）扶壁式护岸的分段长度不宜超过 20m，每一分段宜设 3 个或 3 个以上的扶壁。

3）当墙后回填砂等细颗粒填料时，为防止填料外流及流入基床，在各扶壁墙段的接缝处应设置反滤层。

4) 混凝土强度等级不宜小于 C20。

（3）锚定式护岸构造要求

锚定式护岸又可分为锚杆式和锚定板式两种形式。

1）锚杆式护岸

①锚杆式护岸由钢筋混凝土肋柱、挡板、锚杆组成，肋柱间距以 2.0～3.0m 为宜，可垂直布置或向填土一侧倾斜，但斜度不宜过大，一般不超过 1：0.05。

②每级肋柱上的锚杆层数，可设计为双层或多层，可按弯矩相等或支反力相等的原则布置，角度略向下倾斜，一般以 15°～20°为宜，间距不小于 2m。

③多级肋柱式锚杆之间的平台，宜用厚度不小于 0.15m 的混凝土封闭，并设置向外的斜坡。

④墙面板宜采用等厚度，厚度不得小于 0.3m。

⑤混凝土强度等级不宜小于 C20。

2）锚定板式护岸

①锚定板式护岸由钢筋混凝土肋柱、挡板、锚杆及锚定板组成，肋柱间距以 1.5～2.5m 为宜，每级肋柱高度可采用 3～5m。

②肋柱下端应设置混凝土条形基础、混凝土垫块基础或杯座式基础，基础厚度不宜小于 0.5m，襟边宽度不宜小于 0.1m。

（4）加筋土式护岸构造要求

1）加筋土式护岸由面板、拉筋以及内部填土组成，依靠拉筋与填土之间的摩擦力保持整体稳定性，面板一般采用混凝土预制，筋带可以分为钢带、钢筋混凝土带和聚丙烯土工带三种。

2）加筋土的平面线形可以是直线、折线或曲线式，相邻墙面内夹角不宜小于 70°。

3）当面板不是设置于圬工、混凝土及基岩上时，墙面基础应设置宽度不小于 0.4m，厚度不小于 0.2m 的混凝土基础，基础埋置深度应满足冲刷和冻深要求。

4）多级加筋土式护岸的平台应设置不小于 2‰的纵坡，并用厚度不小于 0.15m 的混凝土板进行防护；当采用细粒填料时，上级墙的面板基础下应设置宽度不小于 1.0m，厚度不小于 0.50m 的砂砾或灰土垫层。

5）在满足抗拔稳定的前提下，拉筋长度应符合下列规定：

①墙高大于 3.0m 时，拉筋最小长度应大于 0.8 倍墙高，且不小于 5.0m；当采用不等长拉筋时，同等长度拉筋的墙段高度，应大于 3m；相邻不等长拉筋的长度差不宜小于 1.0m。

②墙高小于 3.0m 时，拉筋长度不宜小于 3.0m，且应采用等长拉筋。

③预制混凝土带每节长度不宜大于 2.0m。

（5）空心方块式及异型方块式护岸构造要求

1）混凝土方块的长高比不大于 3；高宽比一般不小于 1.0。

2）方块层数一般不超过 7～8 层；阶梯式断面的底层方块在横断面上不宜超过 3 块。

3）方块的垂直缝宽采用 20mm。上下层的垂直缝应互相错开。

4）混凝土空心方块的壁厚一般可取 0.4～0.6m，钢筋混凝土空心方块的壁厚，在冰冻区不得小于 0.3m。

5）混凝土方块强度等级一般不低于 C15；浆砌石方块的石料强度等级不低于 MU50，砂浆强度等级不低于 M10。在冰冻区，混凝土方块强度等级不低于 C20；浆砌石方块的石料强度等级不低于 MU60，砂浆强度等级不低于 M20。

3. 护岸稳定计算

(1) 重力式护岸的稳定计算

重力式护岸的稳定计算和地基应力验算，可参照 6.3.4 节防洪墙稳定计算的方法进行计算。护岸底宽可按公式（7-14）或（7-15）估算。墙身各部分的尺寸，可参照已建工程及实践经验拟定。

1）根据稳定条件估算护岸底宽：

$$B_1 = \frac{HK_1}{(h_1\gamma_1 + h_2\gamma_2)f}(\text{m}) \tag{7-14}$$

式中　H——作用于每延米护岸上的总水平力，t；

K_1——滑动稳定安全系数；

h_1——护岸水上部分高度，m；

γ_1——护岸水上部分混合重力密度，10kN/m^3；

h_2——护岸水下部分高度，m；

γ_2——护岸水下部分混合重力密度，10kN/m^3；

f——基床底的摩擦系数。

2）根据合力作用护岸底部三分点上的条件估算护岸底宽：

$$B_2 = \sqrt{\frac{M_0}{0.12(h_1\gamma_1 + h_2\gamma_2)}}\,(\text{m}) \tag{7-15}$$

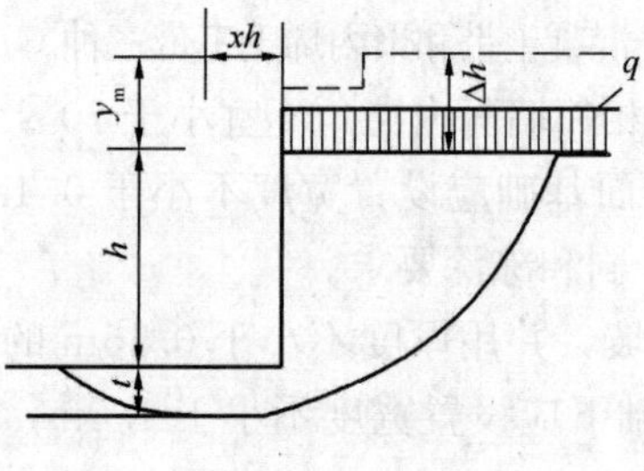

图 7-28　最危险滑弧中心经验关系

式中　M_0——倾覆力矩，N·m。

比较 B_1、B_2 值，取其较大值。然后再具体验算其在各种可能的最不利情况下的稳定程度，必要时进行适当调整。

根据大量计算分析，发现最危险的滑弧中心、荷载、滑动面及水底下的深度之间存在着一定的关系，如图 7-28 所示。据此作出表 7-4，可供设计时参考，以减少计算的工作量。

最危险滑弧中心经验关系　　　　　　　　　　　　表 7-4

$\dfrac{h}{\Delta h}$	$\dfrac{t}{h}$	滑动圆心坐标参数	
		x	y
0.0	0.5	0.25	0.26
0.0	1.0	0.33	0.41
0.5	0.5	0.31	0.35
0.5	1.0	0.41	0.53
1.0	0.5	0.34	0.39
1.0	1.0	0.44	0.57

注：Δh——岸壁高度与平均换算高度之差，m；

h——岸壁高度，m；

t——河床至滑动面的深度，m。

实际圆心的坐标为表中的坐标参数 x 及 y 各乘以 h 值。

（2）薄壁式护岸的稳定计算

薄壁式护岸的稳定计算包括土压力、墙身稳定、地基应力三部分。土压力计算可按公式（6-97）计算。

1）悬臂式护岸

①墙身可按固定在底板上的受弯构件计算，并验算其水平截面剪应力；底板可按固定在墙身上的受弯构件计算。

②墙身任意水平截面的弯矩公式可按公式（7-16）计算，剪应力可按公式（7-17）计算，底板任意截面的弯矩可按公式（7-18）计算。

$$M = Pl_2 \tag{7-16}$$

$$\tau = \frac{P}{A_0} \tag{7-17}$$

$$M_1 = G_1 l \tag{7-18}$$

式中　M——墙身计算截面的弯矩，kN·m；

　　　P——墙身计算截面以上所有水平向荷载的总和，kN；

　　　l_2——墙身计算截面以上所有水平向荷载的合力作用点至计算截面的距离，m；

　　　τ——墙身计算截面的剪应力，kPa；

　　　A_0——墙身计算截面的面积，m^2；

　　　M_1——底板任意截面的弯矩，kN·m；

　　　G_1——底板末端至计算截面范围内所有竖向荷载（包括基底应力）的总和，kN；

　　　l——底板末端至计算截面范围内所有竖向荷载的合力作用点至计算截面的距离，m。

③配筋可按行业标准《公路钢筋混凝土及预应力混凝土桥涵设计规范》JTG D62—2004相关公式进行计算，配筋率以 0.2%～0.8% 为宜。

2）扶壁式护岸

①墙身和底板在距墙身和底板交线 $1.5L_x$ 区段以内（L_x 为扶壁净距）可按在梯形荷载作用下的三边固定、一边自由的双向板计算，其余部分可按单向板或连续板计算（见图 7-29），梯形荷载可分解为三角荷载和均布荷载，分别按公式（7-19）～公式（7-24）计算相应荷载作用下墙身和底板的弯矩。

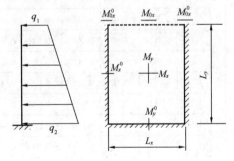

图 7-29　计算简图

$$M_x = m_x q L_x^2 \tag{7-19}$$

$$M_x^0 = m_x^0 q L_x^2 \tag{7-20}$$

$$M_y = m_y q L_y^2 \tag{7-21}$$

$$M_y^0 = m_y^0 q L_y^2 \tag{7-22}$$

$$M_{0x} = m_{0x} q L_x^2 \tag{7-23}$$

$$M_{0x}^0 = m_{0x}^0 q L_x^2 \tag{7-24}$$

式中　　　　　　M_x、M_x^0——分别为平行于 L_x 方向的跨中和固段弯矩，kN·m；

M_y、M_y^0——分别为平行于 L_y 方向的跨中和固段弯矩，kN·m；

M_{0x}、M_{0x}^0——分别为自由边平行于 L_x 方向的跨中和固段弯矩，kN·m；

m_x、m_x^0、m_y、m_y^0、m_{0x}、m_{0x}^0——相应弯矩的计算系数，可从表 7-5 查得；

q——计算荷载强度，kPa，当计算三角形荷载时，$q=q_2-q_1$；

当计算均布荷载时，$q=q_1$；

L_x、L_y——计算长度，m。

梯形荷载作用下三边固定、一边自由的双向板弯矩计算系数　　　　　表 7-5

荷载形式		三角形荷载						均布荷载					
计算系数		m_x	m_x^0	m_y	m_y^0	m_{0x}	m_{0x}^0	m_x	m_x^0	m_y	m_y^0	m_{0x}	m_{0x}^0
$\dfrac{L_y}{L_x}$	0.30	0.0007	−0.0050	0.0001	−0.0122	0.0019	−0.0079	0.0018	−0.0135	−0.0039	−0.0344	0.0068	−0.0345
	0.35	0.0014	−0.0067	0.0008	−0.0149	0.0031	−0.0098	0.0039	−0.0179	−0.0026	−0.0406	0.0112	−0.0432
	0.40	0.0022	−0.0085	0.0017	−0.0173	0.0044	−0.0112	0.0063	−0.0227	−0.0008	−0.0454	0.0160	−0.0506
	0.45	0.0031	−0.0104	0.0028	−0.0195	0.0056	−0.0121	0.0090	−0.0275	0.0014	−0.0489	0.0207	−0.0564
	0.50	0.0040	−0.0124	0.0038	−0.0215	0.0068	−0.0126	0.0116	−0.0322	0.0034	−0.0513	0.0250	−0.0607
	0.55	0.0050	−0.0144	0.0048	−0.0232	0.0078	−0.0126	0.0142	−0.0368	0.0054	−0.0530	0.0288	−0.0635
	0.60	0.0059	−0.0164	0.0057	−0.0249	0.0085	−0.0122	0.0166	−0.0412	0.0072	−0.0541	0.0320	−0.0652
	0.65	0.0069	−0.0183	0.0065	−0.0264	0.0091	−0.0116	0.0188	−0.0453	0.0087	−0.0548	0.0347	−0.0661
	0.70	0.0078	−0.0202	0.0071	−0.0279	0.0095	−0.0107	0.0209	−0.0490	0.0100	−0.0553	0.0368	−0.0663
	0.75	0.0087	−0.0220	0.0077	−0.0292	0.0098	−0.0098	0.0228	−0.0526	0.0111	−0.0557	0.0385	−0.0661
	0.80	0.0096	−0.0237	0.0081	−0.0305	0.0099	−0.0089	0.0246	−0.0558	0.0119	−0.0560	0.0399	−0.0656
	0.85	0.0105	−0.0254	0.0085	−0.0317	0.0099	−0.0079	0.0262	−0.0588	0.0125	−0.0562	0.0409	−0.0651
	0.90	0.0114	−0.0270	0.0087	−0.0329	0.0097	−0.0070	0.0277	−0.0615	0.0129	−0.0563	0.0417	−0.0644
	0.95	0.0122	−0.0284	0.0088	−0.0340	0.0096	−0.0061	0.0291	−0.0639	0.0132	−0.0564	0.0422	−0.0638
	1.00	0.0129	−0.0298	0.0089	−0.0350	0.0093	−0.0053	0.0304	−0.0662	0.0133	−0.0565	0.0427	−0.0632
	1.10	0.0144	−0.0323	0.0088	−0.0368	0.0088	−0.0040	0.0327	−0.0701	0.0133	−0.0566	0.0431	−0.0623
	1.20	0.0156	−0.0344	0.0085	−0.0384	0.0082	−0.0030	0.0345	−0.0732	0.0130	−0.0567	0.0433	−0.0617
	1.30	0.0167	−0.0361	0.0081	−0.0398	0.0075	−0.0023	0.0361	−0.0758	0.0125	−0.0568	0.0434	−0.0614
	1.40	0.0176	−0.0376	0.0076	−0.0410	0.0070	−0.0018	0.0374	−0.0778	0.0119	−0.0568	0.0433	−0.0614
	1.50	0.0184	−0.0387	0.0071	−0.0421	0.0065	−0.0015	0.0384	−0.0794	0.0113	−0.0569	0.0433	−0.0616

注：表中的系数适用于三边固定、一边自由的双向板$\left(泊松比 \mu=\dfrac{1}{6}\right)$的弯矩计算。

②扶壁部分可按固定在底板上的悬臂梁，按受弯构件计算。扶壁与墙体为一个整体进行受力，可按计算简图 7-30 截面 Ⅰ-Ⅰ 所示的 T 形断面沿墙高分 3～5 段分别核算截面抗弯刚度，斜面上任意截面的弯矩可按公式（7-25）计算，抗弯钢筋面积可按公式（7-26）计算。

$$M = PL \tag{7-25}$$

$$A_g = \frac{kM}{R_g \gamma_1 h_0} \sec\alpha \tag{7-26}$$

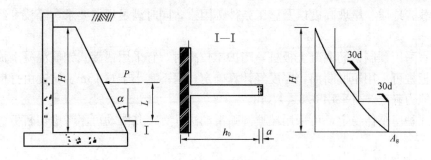

图 7-30 计算简图

式中 L——任意截面以上水平荷载的合力作用点至该任意截面的距离，m；

A_g——抗弯钢筋面积，cm²；

k——安全系数，按《水工混凝土结构设计规范》SL 191—2008 的规定采用；

R_g——钢筋设计强度，MPa；

α——扶壁斜面与垂直面的夹角，°；

h_0——截面有效高度，m；

γ_1——受破坏时的内力偶臂计算系数，可近似取 0.9。

③配筋可参照《公路钢筋混凝土及预应力混凝土桥涵设计规范》JTG D62—2004 相关规定进行计算。

（3）锚定式护岸的稳定性验算

锚定式护岸的稳定性验算包括内力平衡和整体验算，内力平衡包括土压力计算、立柱计算、拉杆计算、挡土板计算、锚定板计算。

1）土压力计算可采用库伦土压力计算公式进行计算；

2）立柱计算时可按弹性支撑连续梁计算或是刚性支撑连续梁计算；

3）通常拉杆是水平的，所用钢筋面积可按下式计算：

$$A_g = \frac{KN_n}{[\sigma_g]} \tag{7-27}$$

式中 $[\sigma_g]$——钢筋强度，MPa；

K——安全系数，一般取 $K=1.7$；

N_n——拉杆轴力，kN。

4）挡土板是以立柱为支座的简支板，其计算跨度 L_p 为挡土板两支座间的距离，荷载 q 取挡土板所在位置的土压力的平均值，之后计算最大弯矩和剪力并配筋；

5）锚定板垂直上下两部分的弯矩均可按固定于拉杆处的悬臂来计算，水平方向的弯矩，对于不连续的锚定板可按水平方向的悬臂梁进行计算，对于连续的锚定板则按连续梁计算。

（4）加筋土式护岸的稳定性验算

加筋土式护岸应进行内部稳定性验算和外部稳定性验算，内部稳定性分析包括计算拉筋拉力、拉筋断面面积、拉筋长度，外部稳定性验算包括基础底面地基承载力验算，基底抗滑稳定性验算和抗倾覆稳定性验算。详细计算可参考相关规范手册，在此不再赘述。

7.1.4 板桩式及桩基承台式护岸

港口、码头等重要河岸，若河岸地基软弱，宜采用板桩式及桩基承台式护岸，其形式应根据荷载、地质、岸坡高度以及施工条件等因素，同时满足环境要求，经技术经济比较确定。

板桩宜采用预制钢筋混凝土板桩，当护岸较高时，宜采用锚碇式钢筋混凝土板桩。钢筋混凝土板桩可采用矩形断面，厚度经计算确定，但不宜小于0.15m。宽度由打桩设备和起重设备能力确定，可采用0.5~1.0m。

板桩式护岸整体稳定，可采用瑞典圆弧滑动法计算，其滑动可不考虑切断板桩和拉杆的情况。

1. 分类及选型

(1) 分类

按板桩护岸构造特点，可分为有锚板桩护岸和无锚板桩护岸两大类。有锚板桩护岸类似于锚定式护岸，不同的是，锚定式护岸墙面板有基础支撑，而有锚板桩护岸的锚固桩是锚固在稳定的地基中。有锚板桩护岸可分为单锚、双锚板桩护岸，图7-31为单锚板桩护岸，图7-32为双锚板桩护岸，图7-33为无锚板桩护岸。

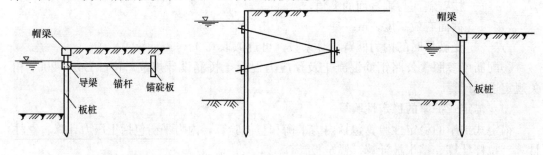

图7-31 单锚板桩护岸　　　　图7-32 双锚板桩护岸　　　　图7-33 无锚板桩护岸

按板桩护岸所用材料，可分为钢筋混凝土板桩护岸、钢板桩护岸和木板桩护岸三种。但木板桩护岸除特殊情况外不宜采用。

(2) 适用范围

1) 有锚板桩护岸：有锚板桩护岸由板桩、上部结构及锚碇结构组成。其特点是依靠板桩入土部分的横向土抗力和安设在上部的锚碇结构来维持其整体稳定性。

①单锚板桩护岸：适用于水深小于10m的城市护岸，并仅设有一个锚碇。优点为结构简单，施工比较方便，故广泛使用。

②双锚板桩护岸：适用于水深在10m以上或地基软弱的情况。为了使板桩所受弯矩不致过大，有些城市板桩护岸采用双级锚碇，这种结构构造比较复杂，下层拉杆有时需要在水下安装，施工不便，而且两层拉杆必须按设计计算情况受力，否则如有一层拉杆超载过多，可能造成整个结构的破坏。

2) 无锚板桩护岸：无锚板桩护岸的受力情况，相当于埋在基础内的悬臂梁，当悬臂长度增大时，其固定端弯矩急剧加大，板桩厚度必须相应地加厚，顶端位移较大，因此在使用时高度受到限制，一般适用于水深在10m以下的护岸工程。

(3) 选型

板桩护岸结构形式的选择，可以考虑以下几点：

1) 一般在中等密实软基上修建城市护岸，均可采用板桩结构。当原地面较高时，采取先在岸上打桩，设置锚碇，然后再做河底防护，较为经济合理。

2）在我国目前钢材不能满足需要的情况下，板桩材料应以钢筋混凝土为主，只有在水深在 10m 以上，使用钢筋混凝土板桩受到限制时，方可考虑采用钢板桩。

3）钢筋混凝土板桩断面在打桩设备能力允许的情况下，应尽可能加宽，并宜采用抗弯能力较大的工字形、空心等新型板桩断面。

4）锚碇板、锚碇桩以及板桩锚碇适用于原地面较高的情况，但会产生一定的位移。锚碇叉桩与板桩的距离可以较近，适用于原地面较低，且护岸背后地域狭窄的情况，其位移量较小。斜拉桩锚碇是一种比较经济的板桩结构，如图 7-34 所示。

2. 板桩护岸构造要求

板桩护岸主要由板桩、帽梁、锚碇结构，以及导梁和胸墙等组成。

（1）板桩

1）钢筋混凝土板桩

①钢筋混凝土板桩，应尽可能采用预应力钢筋混凝土结构或采用高强度等级混凝土预制，以提高板桩的耐久性。

②在地基条件和打桩设备能力允许的情况下，应尽可能加大板桩的宽度，以减少桩缝，加快施工进度。

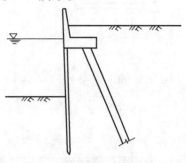

图 7-34 斜拉桩锚碇

③板桩的桩身带有阴、阳榫，如图 7-35 所示。在阳榫及阴榫的槽壁中应配钢筋，以免在施打时发生裂损以致脱落。

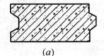 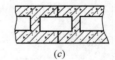

图 7-35 板桩榫槽

（a）梯形榫槽；（b）人字形榫槽；（c）工字形榫槽

④在板桩打设完毕后，需在板桩间的榫槽孔中灌注水泥砂浆，以防墙后泥土外漏。

2）钢板桩

钢板桩根据其加工制作工艺的不同分为热轧/拉伸钢板桩、冷弯薄壁钢板桩。

1）钢板桩在施打前一般均应进行除锈、涂漆等防腐处理。特别是在腐蚀性较大的海水介质中的钢板桩，其潮差部位更应采取可靠的防蚀措施。

2）钢板桩形式常见的有 U 型、Z 型、L/S 型、H 型、直线型、异型以及组合钢板桩（2 块 U 型钢板桩或者 H 型与 Z 型）等，如图 7-36 所示。

（2）帽梁

为将板桩连接成整体，保证护岸线平直，在板桩顶部必须现浇钢筋混凝土帽梁，帽梁应设置变形缝，间距一般可取 15～20m。

（3）导梁

导梁是板桩与锚杆间的主要传力构件，因此它必须在板桩受力前安装完毕。钢筋混凝土板桩的导梁，一般宜采用现浇的钢筋混凝土结构，以保证导梁紧贴各根板桩。钢板桩的

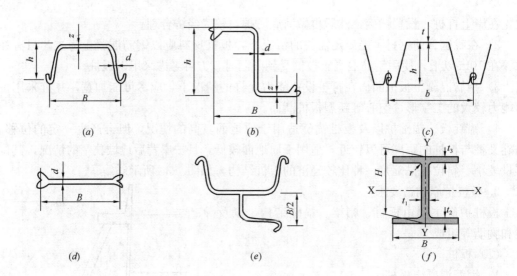

图 7-36　钢板桩断面

(*a*) U 型；(*b*) Z 型；(*c*) L/S 型；(*d*) 直线型；(*e*) 异型；(*f*) H 型

导梁一般均采用槽钢或工字钢制造，图 7-37 为槽钢的导梁。

（4）胸墙

当板桩的自由高度较小或水位差较小时，常用胸墙代替帽梁和导梁，以简化结构形式。钢板桩的钢导梁埋入胸墙，可防止锈蚀，如图 7-38 所示。胸墙的变形缝间距，一般可取 15～20m。

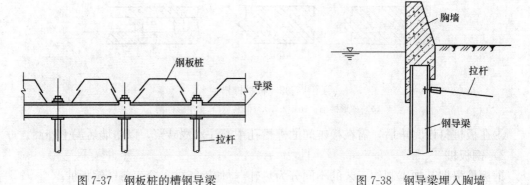

图 7-37　钢板桩的槽钢导梁　　　　　图 7-38　钢导梁埋入胸墙

（5）锚碇结构

1）锚碇桩（或板）：锚碇桩的桩顶一般在锚着点以上不小于 0.5m。

2）锚杆

①锚杆间距应尽可能大一些（一般为 1.5～4.0m），锚杆的中部应设紧张器，如图 7-39 所示。

②锚杆在安装之前，应根据锚杆直径的大小施加一定的初始拉力，一般不小于 20kN，以减少锚杆受力的不均匀程度。

③为了防止锚杆随着填土的沉降而下沉，产生过大的附加应力，最好在锚杆下面隔一定间距用打短桩或垫砌砖墩等把锚杆支承住。锚杆的两端应铰接。

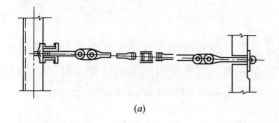 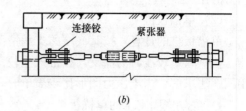

(a) (b)

图 7-39 锚杆构造

(a) 钢筋混凝土板桩锚杆构造；(b) 钢板桩锚杆构造

④锚杆的防锈措施常用以下两种方法：一种是涂刷红丹防锈漆各两道，外面缠沥青麻袋两层，在其四周还可夯打灰土加以保护；另一种是在锚杆外面包以素混凝土或钢丝网混凝土防护层，其断面一般不小于 $0.2m \times 0.2m$。

3. 板桩护岸计算

板桩护岸计算主要是按有关方法，求出作用于板桩护岸上的各种外力之后，进一步计算板桩的入土深度、弯矩和锚碇结构的拉力。

(1) 无锚板桩

一般用图解法进行计算，如图 7-40 所示，计算步骤如下：

1) 先假定入土深度 t_0，计算主动土压力及被动土压力，并绘制压力图。

2) 将土压力图分成高度为 $0.5 \sim 1.0m$ 的若干高度相同的三角形和梯形，通过三角形和梯形的重心各引一水平线，根据压力的大小绘出作用力图。

3) 按适当比例选定极点 0、极距 η 作力多边形和索多边形力矩图。

4) 自 A 点引一平行线平行于板桩，这条线是索多边形的闭合线。若最后一根索线与闭合线的交点恰在压力图上代表最后一个集中力的小面积的底边线上时，说

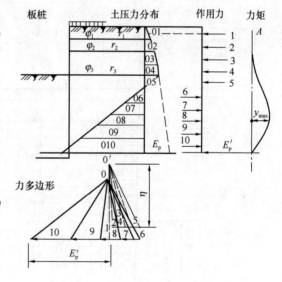

图 7-40 无锚板桩的图解法

明所选的 t_0 是合适的；若交点落下，说明 t_0 不足，反之则有余，经几次试算即可满足。

5) 根据力矩多边形的闭合条件，求出 E'_p 值后，再计算出在 t_0 深度处的极限土压力 e'，则可求出 Δt 值：

$$\Delta t = \frac{E'_p}{2e'} = \frac{E'_p}{2(e'_p - e'_s)} \tag{7-28}$$

式中　e'_s——墙前 t_0 深度处的主动土压力值；

　　　e'_p——墙后 $h + t_0$ 深度处的被动土压力值。

6) 板桩入土深 $t = \Delta t + t_0$，设计时亦可取 $t_{min} = (1.1 \sim 1.2)t$。

7) 板桩最大弯矩 $M_{max} = y_{max} \eta$，y_{max} 为索多边形图上用长度的比尺；η 为力多边形图上

用力的比尺。

（2）单锚板桩

单锚板桩的计算，按其底端的支承情况可分为：底端嵌固支承和底端自由支承两种类型。板桩入土较浅时为简支，板桩入土较深时为嵌固。当土压力图形比较复杂时，一般采用图解法求解；当土压力图形比较简单时，也可采用等值梁法求解。

1）底端嵌固支承的单锚板桩

①图解法（即弹性线法）计算步骤如下：

a. 选择入土深度 t_0。

b. 按有关方法计算土压力图，如图 7-41 （a）所示。

c. 将土压力图按 0.5~1.0m 高度分成若干小块，用相应的集中力代表每一小块的面积。其作用点位于各小块的重心上。

d. 按适当比例选定极点 0 及极距 η 作力多边形及索多边形力矩图，如图 7-41（b）和图 7-41（c）所示。索多边形的闭合索线必须通过索多边形与 R_a 及 e'_p 的交点，各力才能平衡。故需先使索多边形闭合，再求作用力的大小，通过最上面一根索线与 R_s 的交点向

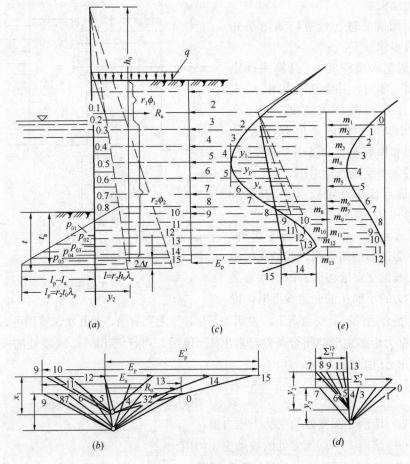

图 7-41　单锚板桩图解

（a）土压力分布图；（b）力多边形图；（c）索多边形力矩图；（d）力矩多边形图；（e）变形图

下画闭合线，该线应使跨中弯矩（即索多边形的横坐标 y）比底部弯矩大 $10\%\sim15\%$，由此即可求得 e'_p 的作用位置。

e. 将索多边形力矩图分成若干小块，用集中力（实际为力矩的单位）代表各小块面积，选适当比尺再做这些集中力的力多边形及索多边形，该索多边形即为变形图，如图 7-41 (e) 所示。通过变形图最上面一条索线与锚杆拉力作用线的交点作垂线，若恰为最后一根索线相切于 E'_p 的作用线上，则表示板桩入土深度是合适的。假若变形图不闭合，切点落上则说明入土深度不足，反之则有余，都需另行假定 t_0，重复上列计算，至满足要求为止。通常在设计中只要在作力矩图的闭合线时能满足跨中弯矩为固端弯矩的 $1.1\sim1.15$ 倍这一条件即可。除需要知道板桩的挠度外，一般不再作变形曲线图。

f. 在力多边形上由极点作与索多边形力矩图闭合线平行的线，使之与力线相交，即可求得 R_a 及 E'_p。

g. 按 $\Delta t = \dfrac{E'_p}{2e'} = \dfrac{E'_p}{2(e'_p - e'_s)}$ 及 $t = \Delta t + t_0$ 确定入土深度。

h. 板桩的 M_{max} 由索多边形力矩图上的最大横坐标 y_{max} 与极距 η 相乘而得，即 $M_{max} = y_{max}\eta$。

i. 对以弯曲变形为主的单锚板桩，若土压力按直线形分布方法计算（即未考虑土压力的重分布）时，则按上列计算步骤求得的锚点反力 R_a 尚需乘以 $1.35\sim1.40$ 的增大系数，即 $R_设 = (1.35\sim1.40)R_a$，而对板桩弯矩 M_{max}，尚需乘以 $0.6\sim0.8$ 的折减系数，即 $M_设 = (0.6\sim0.8)M_{max}$。

②等值梁法：

等值梁法是简化图解法，如图 7-42 所示，反弯点处 $M=0$，因此它假设板桩在反弯点处是一个铰，而将铰以上部分视为一个独立的带悬臂的简支梁，其反力（锚杆拉力及反弯点处的反力）和弯矩可按一般结构力学的方法来求解。铰以下部分亦可视为简支于两个支点的梁，除底部反力外，梁的上部支点反力及荷重均为已知，故梁的跨度可以通过对底部反力作用点取矩，以 $\Sigma M = 0$ 的平衡条件求得，然后再将按下部简支梁算得的入土深度乘以 1.2 倍，即得最后的入土深度。

铰点在土面下的深度，可根据土壤的 φ 值，参考图 7-43 估算。

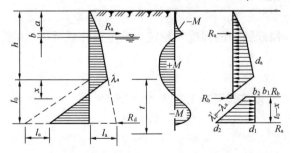

图 7-42 等值梁法求解

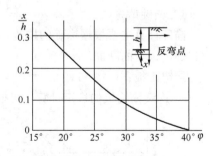

图 7-43 $\dfrac{x}{h} \sim \varphi$ 关系曲线

铰点以下 b_1d_1 段受有反力 R_B、R_D 及土压力 $b_1b_2d_2d_1$ 的作用，对 d_1 点取矩，可得：

$$t_0 \approx \frac{3}{2}h\frac{\lambda_a}{\lambda_p - \lambda_a} - \frac{x}{2} + \sqrt{\frac{6R_B}{(\lambda_p - \lambda_a)r}} \tag{7-29}$$

而板桩的入土深度 $t = 1.2t_0$。

2）底端自由支承的单锚板桩

①图解法：

作图方法和步骤与底端嵌固支承的单锚板桩相同，只是在作索多边形力矩图的闭合线时应使底部弯矩等于零（参见图 7-44 中最右侧的一条闭合线），然后在力多边形图上作闭合线的平行线，即可得出锚杆拉力 R_a，R_a 为所有主动土压力与被动土压力的差值。

但求出来的入土深度 t 是板桩入土深度的最小值，对板桩护岸的稳定性，几乎没有安全系数，而被动土压力的计算不可能与实际情况完全一致，故实际上板桩的设计深度采用 $t' = 1.4t_0$。

②数解法：

当土压力图形比较简单时，如图 7-44 所示，亦可采用数解法求解，其计算步骤如下：

a. 假定入土深度 t_0。

b. 按有关方法绘出土压力图形。

c. 将土压力图分成若干小块对锚着点取矩，若主动土压力的力矩 M_a 与被动土压力的力矩 M_p 相等，则假定的入土深度 t 合适，否则应改变 t 值重新计算，直至满足 $M_a = M_p$ 后为止。

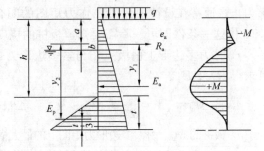

图 7-44 底端自由支撑的单锚板桩土压力分布

d. 由 $R_a = E_a - E_p$ 计算锚着点反力。

e. 按一般结构力学方法解算 M_{max}。

f. 取 $t' = 1.4t_0$。

3）顶端嵌固的板桩

对于高承台板桩护岸或其他特殊的板桩结构，有时将板桩顶端嵌入比板桩本身刚度大得多的刚性上部结构中，这种板桩即属于顶端嵌固的板桩，其计算方法和单锚板桩的图解法一样，自桩台底作索多边形力矩图，如图 7-45 所示，自 A' 点作 $A'D'$ 线与索多边形切于 D' 点，得最大横坐标 y_{max} 的中点，作闭合线 $A''C''$ 平行于 $A'D'$，得到 $y_0 = y = y_d$，其相应的弯矩 $M_0 = M = M_d$，即为板桩所受的弯矩。

4）锚碇计算

锚碇计算主要根据锚碇的构造，计算锚碇结构的强度和稳定，确定锚碇板至板桩的距离和确定锚杆的断面。

①锚碇板：

a. 连续锚碇板的稳定计算：可取单位长度来计算，如图 7-46 所示。

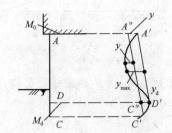

图 7-45 顶端嵌固的板桩图解法

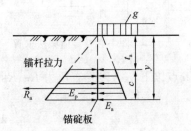

图 7-46 锚碇板土压力分布

在拉杆拉力 R_a（10kN/m）作用下，主要依靠锚碇板前的被动土压力 E_p 来维持稳定，要求：

$$R_a \leqslant \frac{1}{K}(E_p - E_a) \tag{7-30}$$

式中　K——稳定安全系数，一般采用 2.0。

b. 不连续锚碇板的稳定计算：由于锚碇板间土体的被动土压力对锚碇板的稳定也起作用，计算时可将锚板宽度 b 的土压力增大 n 倍，其稳定条件为：

$$R_a l \leqslant \frac{1}{K}(E_p - E_a)bn \tag{7-31}$$

式中　l——拉杆的间距，m；

n——增大倍数。

滑动棱体每边的扩散宽度，如图 7-47 所示，建议取：

$$\alpha = 0.75c\tan\varphi \tag{7-32}$$

式中　c——锚碇板高。

故增大倍数：

$$n = 1 + \frac{2}{3} \cdot \frac{a}{b} = 1 + 0.5\frac{c}{b}\tan\varphi \tag{7-33}$$

但当锚碇板中心间距 $l < b + 2a$ 时，滑动棱体重叠部分只能计算一次，此时增大倍数：

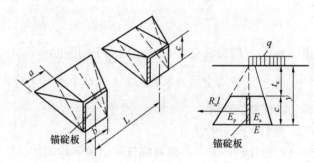

图 7-47　滑动棱体每边扩散宽度

$$n = 1 + \frac{2}{3} \cdot \frac{a}{b} - \frac{2a_1^3}{3a^2 b} \tag{7-34}$$

式中　a_1——滑动棱体重叠宽度之半，如图 7-48 所示，

$$a_1 = 0.5(b + 1.5c\tan\varphi - l)$$

同连续时一样，当 $y \leqslant 4.5c$ 时，在计算中均可用 y 来代替 c。

c. 锚碇板与板桩间的距离：

为使锚碇板前的被动土压力充分发挥作用，应保证锚碇板前的被动破坏棱体与板桩的主动破坏棱体不相交，如图 7-49 所示，则锚碇板与板桩间的距离：

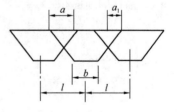

图 7-48　滑动棱体重叠宽度

$$L_a = h_c \tan\left(45° - \frac{\varphi}{2}\right) + y\tan\left(45° + \frac{\varphi}{2}\right)(\text{m}) \tag{7-35}$$

式中　h_c——板桩背后主动破坏棱体的深度，当板桩入土部分为嵌固支承时，h_c 为板桩土下最大弯矩点至顶面的高度（m）；

y——锚碇板底至顶面高度（m）。

当锚碇板至板桩间的距离受到条件限制不能满足要求时，如图 7-50 所示，则锚碇板

前被动破裂面 $B'A'$ 与板桩主动破裂面 BA 相交点 O 以上部分的被动土压力 ΔE_p，应从锚碇板总的被动土压力中扣除。

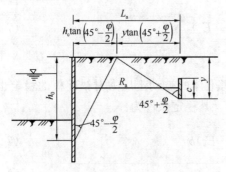

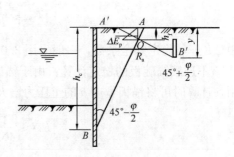

图 7-49　破坏棱体不相交　　　　　　　　图 7-50　破坏棱体相交

$$\Delta E_p = \frac{1}{2} r h_f^2 \lambda_p \tag{7-36}$$

式中　　h_f——破裂面交点 O 在地面以下的深度；

λ_p——被动土压力系数，$\lambda_p = \tan^2 \left(45° + \dfrac{\varphi}{2} \right)$。

②锚杆断面计算：

a. 锚杆的设计拉力：

设计锚杆时，需要考虑各锚杆张紧的不均匀性、锚杆以上土重对它的影响等因素，因此应当将板桩计算所得的拉力乘以不均匀系数 U，故锚杆的设计拉力：

$$T = U R_a l \sec \theta (\text{kN}) \tag{7-37}$$

式中　　R_a——从板桩设计中求得的锚着点水平反力，kN/m；

l——锚杆间距，m；

θ——锚杆与水平线的夹角，°；

U——不均匀系数，取 $U=1.2$。

b. 锚杆的断面积：

$$F_a = \frac{T}{[\sigma]} (\text{m}^2) \tag{7-38}$$

锚杆的直径：

$$d = \sqrt{\frac{4F_a}{\pi}} + \Delta d (\text{m}) \tag{7-39}$$

式中　　$[\sigma]$——锚杆材料的允许应力，10kPa；

Δd——预留锈蚀厚度，可根据锚杆所处介质的腐蚀性及锚杆的防蚀措施确定。

【例 1】　板桩护岸设计。图 7-51 所示为钢筋混凝土板桩护岸。基本数据如下：

(1) 岸壁顶面高程为 $+4.3$m，护岸前河床高程：常水位时为 -2.5m，洪水期为 -3.5m（考虑最大冲刷度为 1.0m）。

(2) 计算水位：高水位为 2.88m，低水位为 1.7m。

护岸后设置排水棱体，不考虑不平衡水压力。

(3) 荷载：护岸顶面均布荷载为 $q = 1.0 \times 10$kPa；-2.5m 高程上建筑物基础的局部

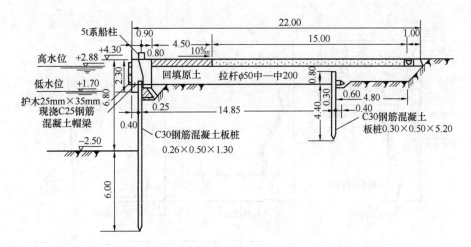

图 7-51　钢筋混凝土板桩护岸（单位：m）

均布荷载为 $q' = 2.0 \times 10 \text{kPa}$。

（4）土壤资料，见表 7-6。

土　壤　资　料　　　　　　　　表 7-6

高程（m）	土壤名称	固结快剪		快　剪	
		φ（°）	C（10kPa）	φ（°）	C（10kPa）
2.5 以上	回填土	20	1.5	10	1.5
2.5～+0.5	粉质黏土	23	1.5	10	2.5
0.5～-6.0	砂质粉土	20	0.5	20	0.5
-6.0～-8.0	粉质黏土	23	1.5	13.5	1.6
-8.0～-9.5	砂质粉土	27	1.5	23	1.5
-9.5～-10.5	黏土	23	1.5	9	2.0

各层土壤重力密度：水上 $\gamma = 1.85 \times 10 \text{ kN/m}^3 = 18.5 \text{ kN/m}^3$，

水下 $\gamma' = 0.85 \times 10 \text{ kN/m}^3 = 8.5 \text{ kN/m}^3$。

（5）建筑物等级为 IV 级。

【解】

（1）板桩土压力计算：考虑到施工程序是先打板桩和锚碇板桩，安设完拉杆后在板桩墙后回填，最后进行河床清理。故土压力按板桩取弯曲变形为主的情况来进行计算。

1）高水位为 2.8m 的计算情况：板桩前河床高程为 -3.5m。计算土压力采用固结快剪的 φ 值，高程 -3.5m 以下开始考虑粘结力 C。

① 墙后主动土压力：为使板桩跨中弯矩最大，地面均布荷载 q 布置在离护岸边线以后 l_1 开始，如图 7-52 所示。

$$l_1 = h_1 \tan\left(45° - \frac{20°}{2}\right) = 1.8\tan 35° = 1.3\text{m}$$

式中　h_1——锚着点以上板桩的悬臂高度。

墙后主动土压力的一般公式为：

$$e_a = [ae_b + (1-a)e_c]K_i$$

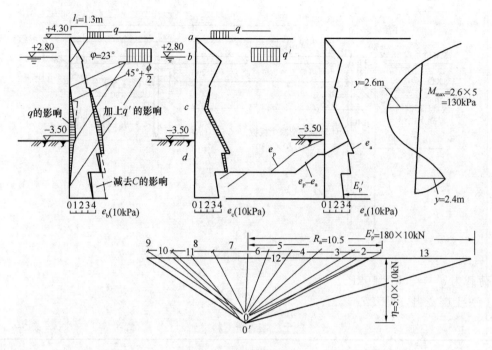

图 7-52　板桩的图解计算

a. 先计算 $e_b = (\gamma y + q)\lambda_a (10\text{kPa})$，见表 7-7。

<table>
<tr><td colspan="4" align="center">e_b　计　算</td><td align="right">表 7-7</td></tr>
</table>

高程（m）	$e_b = (\gamma y + q)\lambda_a$ (10kPa)	高程（m）	$e_b = (\gamma y + q)\lambda_a$ (10kPa)
+4.3	<0	+0.5	$(1.85 \times 1.5 + 0.85 \times 2.3 + 1.0)$ $\times 0.49 = 2.80$
+3.8	$1.85 \times 0.5 \times 0.49 = 0.45$	−6.0	$(1.85 \times 1.5 + 0.85 \times 8.8 + 1.0)$ $\times 0.49 = 5.51$
+2.5	$(1.85 \times 1.5 + 0.85 \times 0.3 + 1.0)$ $\times 0.49 = 1.97$	−6.0	$(1.85 \times 1.5 + 0.85 \times 8.8 + 1.0)$ $\times 0.44 = 4.95$
+2.5	$(1.85 \times 1.5 + 0.85 \times 0.3 + 1.0)$ $\times 0.44 = 1.77$	−8.0	$(1.85 \times 1.5 + 0.85 \times 10.8 + 1.0)$ $\times 0.44 = 5.70$
+0.5	$(1.85 \times 1.5 + 0.85 \times 2.3 + 1.0)$ $\times 0.44 = 2.52$		

注：$\varphi = 20°$，$\lambda_a = 0.49$；$\varphi = 23°$，$\lambda_a = 0.44$。

由 q' 所产生的主动土压力：

$e'_a = q' \lambda_a = 2 \times 0.49 \approx 1.0 \times 10\text{kPa}$，其作用范围在图 7-52 上由作图法求得。

自 −4.5m 以下的主动土压力区，减去粘结力对土压力的有利影响，其值为：

$-4.5 \sim -6.0\text{m}$，$e = 2C\tan\left(45° - \dfrac{\varphi}{2}\right) = 2 \times 0.5 \times \tan\left(45° - \dfrac{20°}{2}\right) = 0.7 \times 10\text{kPa}$

$-6.0\sim-8.0\text{m}$，$e=2C\tan\left(45°-\dfrac{\varphi}{2}\right)=2\times1.5\times\tan\left(45°-\dfrac{23°}{2}\right)=2.0\times10\text{kPa}$

b. 其次计算 e_c：按土压力性质划分各墙段的长度，如图 7-53 所示。

ab 段：拉杆高程为 2.5m，$h_1=4.3-2.5$ $=1.8$m

过渡区 bc 段：$h_2=\dfrac{1}{2}\left(h+\dfrac{t_0}{3}-h_1\right)$，设 $\dfrac{t_0}{3}$ $=1$m，故：

$$h_2=\frac{1}{2}(4.3+3.5+1-1.8)=3.5\text{m}$$

主动区 cd 段：$h_3=h_2=3.5$m

a 点（4.3m）：$e_c=e_b=0$

b 点（2.5m）：$e_c=(\gamma h_1+q)\tan^2 45°$

$\qquad\qquad=(1.85\times1.5+0.85\times0.3$

$\qquad\qquad\quad+1)\tan^2 45°$

$\qquad\qquad=4.03\times10\text{kPa}=40.3\text{kPa}$

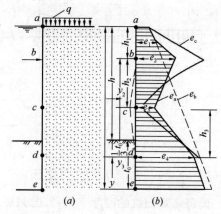

图 7-53 按土压力性质划分各墙段的长度

0.5m：bc 段内的 e_c 按下式计算：

$$e_c=[\gamma(h_1+y_2)+q]\tan^2\mu-\frac{[\gamma y_2^2\varphi'+2(\gamma h_1+q)y_2\varphi']\tan\mu(1+\tan^2\mu)}{2h_2}$$

$$y_2=2.5-0.5=2.0\text{m}$$

$$\gamma(h_1+y_2)=1.85\times1.5+0.85\times2.3=4.73$$

当 $\varphi=23°$ 时，$\mu=45°-\dfrac{23°\times2}{2\times3.5}=38.4°$，$\tan\mu=0.79$，$\tan^2\mu=0.62$

$e_c=(4.73+1)\times0.62$

$\qquad-\dfrac{(0.85\times2^2\times0.0175\times23+2\times4.03\times2\times0.0175\times23)\times0.79\times(1+0.62)}{2\times3.5}$

$\qquad=2.12\times10\text{kPa}=21.2\text{kPa}$

当 $\varphi=20°$ 时，$\mu=45°-\dfrac{20°\times2}{2\times3.5}=39.3°$

$\tan\mu=0.82$，$\tan^2\mu=0.67$，带入后得 $e_c'=2.50\times10\text{kPa}=25.0\text{kPa}$

c 点（-1.0m）：

$$e_c=[\gamma(h_1+h_2)+q]\tan^2\left(45°-\frac{\varphi}{2}\right)-\frac{1}{2}[\gamma h_2+2(\gamma h_1+q)]\varphi'\times\sqrt{\lambda_a}(1+\lambda_a)$$

$$=[1.85\times1.5+0.85\times3.8+1.0]\times0.49-\frac{1}{2}[0.85\times3.5+2\times4.03]\times0.0175\times20$$

$$\times\sqrt{0.49}(1+0.49)=1.42\times10\text{kPa}=14.2\text{kPa}$$

$q'=2.0\times10\text{kPa}=20.0\text{kPa}$ 对 e_c 的影响范围和大小，如图 7-53 所示。

c. a 值：$h_1/h=1.8/7.8=0.23<0.25$，a 均为 0.5。

d. K_i 值：

（a）ab 段，$K_1=\cos\delta=\cos 20°=0.94$

(b) bc 段，$K_2 = \left(\cos\delta + \dfrac{1-\cos\delta}{h_2}y_2\right)\left(1 - \dfrac{1-K_c}{h_2}y_2\right)$

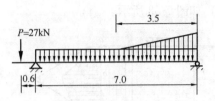

图 7-54　计算板桩挠度时
的计算图示

式中跨中主动土压力减少系数 K_c 可根据跨中（c 点）的相对挠度 f_c/h_2 查表 7-8 而得。计算挠度 f_c 时，将板桩及土压力简化为图 7-54 的计算图示。

系数 K_c 值					表 7-8
跨中相对挠度 f_c/h_2	0.001	0.0025	0.005	0.0075	0.01
系数 K_c	1.00	0.80	0.65	0.55	0.50

因此，$f_c = \dfrac{5p_1l^4}{384EJ} + \dfrac{\frac{1}{2}\cdot\frac{l}{2}p_2\times 3l^3}{320EJ} - \dfrac{pl_1l^2}{9\sqrt{3}EJ}$

设每米宽板桩的刚度 $EJ = 2.0\times10^6\times2.2\times10^{-3} = 4.4\times10^3\,\text{t}\cdot\text{m}^2/\text{m} = 4.4\times10^4\,\text{kN}\cdot\text{m}^2/\text{m}$，再将 p_1、p_2、p、l_1、l 等数值带入后，得

$$f_c = 0.0207\text{m}$$

$\dfrac{f_c}{h_2} = \dfrac{0.0207}{3.5} = 0.0059$，查表 7-8 得 $K_c = 0.61$，表中 f_c 为 c 点挠度。

0.5m 处的 K_2，当 $\varphi = 23°$ 时，

$$K_2 = \left(\cos 23° + \frac{1-\cos 23°}{3.5}\times 2\right)\left(1 - \frac{1-0.61}{3.5}\times 2\right) = 0.75$$

当 $\varphi = 20°$ 时，

$$K_2 = \left(\cos 20° + \frac{1-\cos 20°}{3.5}\times 2\right)\left(1 - \frac{1-0.61}{3.5}\times 2\right) = 0.76$$

-1.0m 处的 K_2 为：

$$K_2 = \left(\cos 20° + \frac{1-\cos 20°}{3.5}\times 3.5\right)\left(1 - \frac{1-0.61}{3.5}\times 3.5\right) = 0.61$$

(c) cd 段：

$$K_3 = \left(K_c + \frac{1-K_c}{h_3} - y_3\right)\left(1 - \frac{y_3}{10h_3}\right)$$

d 点（-4.5m）：$h_3 = 3.5$m，$y_3 = 3.5$m

$$K_3 = \left(0.61 + \frac{1-0.61}{3.5} - 3.5\right)\left(1 - \frac{3.5}{10\times 3.5}\right) = 0.9$$

(d) d 点以下 K_4 均为 0.9。

最后计算 e_a，见表 7-9。

② 当地面无载荷时，墙前被动土压力：

$$e_p = q_p\lambda_{pq} + \frac{C(\lambda_{pq}-1)}{\tan\varphi} + \gamma z\lambda_{pe}$$

$-3.5\sim 6.0$m，$\varphi = 20°$，自 -4.5m 以下考虑 $C = 0.5\times 10\text{kPa} = 5\text{kPa}$，取 $\delta = 20°$，查表得 $\lambda_{pq} = 2.7$，$\lambda_{pe} = 2.87$。

$-6.0\sim 8.0$m，$\varphi = 23°$，$C = 1.5\times 10\text{kPa} = 15\text{kPa}$，$q_s = \gamma h = 0.85\times(6-3.5) = 2.12\times 10\text{kPa} = 21.2\text{kPa}$，取 $\delta = 23°$，查表得 $\lambda_{pq} = 3.2$，$\lambda_{pe} = 3.4$。e_p 值的计算见表 7-10。

e_a 计 算

表 7-9

高程（m）	e_b (10kPa)	e_c (10kPa)	K_i	$e_a = \dfrac{e_b+e_c}{2}K_i$ (10kPa)
+4.3	0.0	0.0	0.94	0.0
+2.5	1.98	4.03	0.94	2.82
+2.5	1.78	4.03	0.94	2.73
+0.5	2.52	2.12	0.75	1.74
+0.5	2.80	2.50	0.76	2.01
−1.0	3.60	1.60	0.61	1.59
−4.5	5.20	5.20	0.90	4.68
−4.5	4.50	4.50	0.90	4.05
−6.0	4.90	4.90	0.90	4.41
−6.0	3.10	3.10	0.90	2.79
−8.0	3.70	3.70	0.90	3.33

e_p 值 计 算

表 7-10

高程（m）	e_p (10kPa)
−3.5	0
−4.5	$\dfrac{0.5(2.7-1)}{\tan 20°}+0.85\times 1\times 2.87 = 4.77$ t/m^2 = 4.77
−6.0	$\dfrac{0.5(2.7-1)}{\tan 20°}+0.85\times 2.5\times 2.87 = 8.43$ t/m^2 = 8.43
−6.0	$\dfrac{1.5(3.2-1)}{\tan 23°}+0.85\times 2.5\times 3.2 = 14.6$ t/m^2 = 14.6
−8.0	$\dfrac{1.5(3.2-1)}{\tan 23°}+0.85\times 2.5\times 3.2+0.85\times 2\times 3.4 = 20.4$ t/m^2 = 20.4

2）低水位为 1.7m 的计算情况：

板桩前深度用 −2.5m，计算方法和步骤同 1），具体数字从略。

（2）板桩计算

1）高水位为 2.8m 的计算情况：按图解法计算，详见图 7-52。

计算结果：板桩最大弯矩 $M_{max} = 13.0\times 10$kN·m = 130kN·m。$R_a = 10.5\times 10$kN/m = 105kN/m。$E'_p = 18.0\times 10$ kN/m = 180 kN/m，作用点位置在 −7.6m 处，即 $t_0 = 4.1$m。

$$\Delta t = \frac{E'_p}{2e'_p} = \frac{E'_p}{2(e'_p - e'_a)}$$

$e'_a = \gamma h\lambda_a = 0.85\times 4.1\times 0.44 = 1.53$kN/m^3（不计 C 的影响，偏于安全）。

$\delta = 0$ 时的 $\lambda_p = 2.28$，

$$e'_p = \Sigma\gamma h \times \lambda_p + \frac{C(\lambda_p - 1)}{\tan 23°}$$

$$= (1 + 1.85 \times 1.5 + 0.85 \times 10.4) \times 2.28 + \frac{1.5(2.28 - 1)}{0.424} = 33.3$$

$$\Delta t = \frac{18.0}{2(33.3 - 1.53)} = 0.28\text{m}$$

入土深度 $t = t_0 + \Delta t = 4.1 + 0.28 \approx 4.4\text{m}$（高程 -7.9m）。

2）低水位为 1.7m 的计算情况

计算结果：$M_{max} = 12.5 \times 10\text{kN} \cdot \text{m} = 125\text{kN} \cdot \text{m}$。$R_a = 11.0 \times 10\text{kN/m} = 110\text{kN/m}$。$E'_p = 18.3 \times 10\text{kN/m} = 183\text{kN/m}$，作用点位置 -7.2m，即 $t_0 = 4.7$m。$\Delta t = 0.27$m，故入土深度 $t = 4.7 + 0.27 \approx 5.0\text{m}$（高程 -7.5m）。

实际板桩桩尖打至 -8.0m。

3）板桩断面计算

板桩计算弯矩 $M = 130\text{kN} \cdot \text{m}$，采用普通钢筋混凝土板桩，每块宽 0.5m，混凝土标号 C30，钢筋钢号 I 级，按有关钢筋混凝土结构设计规范计算，其结果如下：

板桩厚度 0.26m，每边配置 $4\phi25$ 钢筋，计算裂缝宽度为 0.069mm。

（3）锚碇结构设计：

1）锚碇板桩：采用连续锚碇板桩，桩顶高程 3.0m，锚碇板桩后的地面均布荷载 $q = 15 \times 10\text{kN/m}^2$。

$2.5 \sim 0.5$m，$\varphi = 23°$，$\lambda_a = 0.44$，$\lambda_p = 2.28$。

其余均用 $\varphi = 20°$，$\lambda_a = 0.49$，$\lambda_p = 2.04$。

按 $e_a = (q + \gamma y)\lambda_a$ 及 $e_p = \gamma y\lambda_p$，计算土压力如表 7-11 所示。

计 算 土 压 力

表 7-11

高程（m）	e_a (kPa)	e_p (kPa)	高程（m）	e_a (kPa)	e_p (kPa)
+3.0	19.4	49.0	+0.5	28.2	108
+2.8	21.0	56.5	+0.5	30.6	96.5
+2.5	22.3	62.0	−2.0	41.0	140
+2.5	20.7	69.0			

按图解法计算，详见图 7-55。

计算结果：锚碇板桩最大弯矩 $M_{max} = 105\text{kN} \cdot \text{m}$，$E'_p = 127\text{kN/m}$，作用点位置在 -1.0m 处。

$$\Delta t = \frac{12.7}{2(12.24 - 2.94)} = 0.683\text{m}$$

实际桩尖打至 -1.9m。

C28 混凝土板桩，每块宽 0.5m，当厚度为 0.3m 时，每边配置 $4\phi20$ I 级钢筋。

2）锚杆：锚杆间距 $L = 2.0$m，每根锚杆拉力按下式计算：

$$T = KR_aL\sec\theta = 1.2 \times 11.0 \times 2.0 = 26.4 \times 10\text{kN} = 264\text{kN}$$

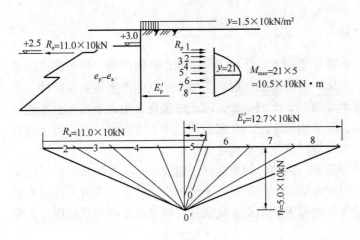

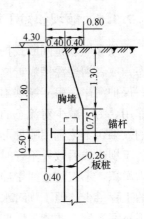

图 7-55 图解法计算 图 7-56 板桩胸墙尺寸（单位：m）

Ⅰ级锚杆允许应力采用 $[\sigma]=160\text{N/mm}^2$，故所需锚杆断面积为：

$$F_a=\frac{T}{[\sigma]}=\frac{264000}{160}=1650\text{mm}^2$$

锚杆直径：

$$d=\sqrt{\frac{4F_a}{\pi}}+\Delta d=\sqrt{\frac{4\times1650}{\pi}}+0.2=46\text{mm}$$

实际选用 $d=50\text{mm}$。锚杆在与紧张器及锚碇板桩连接处的直径加大为 60mm，以便车制螺纹。

（4）胸墙设计：

1）水平弯矩计算：胸墙断面图如图 7-56 所示，胸墙与锚杆连接部分的水平弯矩可按导梁计算。

$$M_{max}=\frac{1}{10}R_aL^2=\frac{1}{10}\times11\times2^2=4.4\times10\text{kN}\cdot\text{m}=44\text{kN}\cdot\text{m}$$

此弯矩假定由 $h=400\text{mm}$，$b=800\text{mm}$ 的梁来承受，其配筋及抗裂性计算从略。

2）竖向弯矩计算：胸端的竖向向外弯矩由墙后的土压力所产生。地面均布荷载 q 从岸壁前沿线开始布置。

高程 4.3m 处，$e_a=1.0\times0.49=0.49\times10\text{ kPa}=4.9\text{kPa}$。

高程 2.5m 处，$e_a=(1.85\times1.5+0.85\times0.3+1.0)\times0.49=1.97\times10\text{kPa}=19.7\text{kPa}$。

对 2.5m 处胸端断面的总土压力，$E=\frac{(0.49+1.97)}{2}\times1.8=2.21\times10\text{kPa}=22.1\text{kPa}$，作用点高度由梯形重心表求得为 0.72。

$$M=0.72\times2.21=1.6\times10\text{kN}\cdot\text{m}=16\text{kN}\cdot\text{m}$$

其他细部计算从略。

4. 板桩的整体稳定计算

板桩的整体稳定计算可按"土堤边坡稳定计算的圆弧滑动法进行计算"。

7.1.5　顺坝和短丁坝护岸

丁坝和顺坝是间断式护岸的两种主要形式。适用于河道凹岸冲刷严重、岸边形成陡壁状态，或者河道深槽靠近岸脚，河床失去稳定的河段。丁坝和顺坝的作用主要是防冲、落淤，保护河岸。由于顺坝不改变水流结构，水流平顺，因此应优先采用；丁坝具有挑流导沙作用，为了减少对流态的影响，宜采用短丁坝，在多沙河流中下游应用，会获得比较理想的效果。不论选用哪种形式坝型，应把防洪安全放在首位。

丁坝建成后效果不好时，较容易进行调整，使之达到预期效果；丁坝能将泥沙导向坝格内淤积，不仅防止河岸冲刷，同时也减少下游淤积。丁坝护岸比顺坝、重力式或板桩护岸的工程量少，但丁坝对水流结构改变较大，坝头水流紊乱，枯水新岸线发展较缓慢，要待坝格间淤满后才能最后形成。

对于条件复杂、要求较高的重点短丁坝群护岸，应通过水工模型试验确定。

1. 顺坝护岸

（1）顺坝的作用与分类

顺坝的作用，除能冲刷岸边落淤形成新的枯水岸线，以增大弯曲半径外，还能引导水流按指定方向流动，以改善水流条件，所以又叫导流坝。

顺坝有透水的和不透水的两种，一般多作成透水的，如钢丝石笼、打桩编柳及打桩梢捆等。图 7-57 为钢丝石笼顺坝；图 7-58 为框式打桩顺坝；图 7-59 为透水格坝。不透水的顺坝，一般为砌石结构，适应河床变形能力较差，坝体易损坏，所以应用较少。

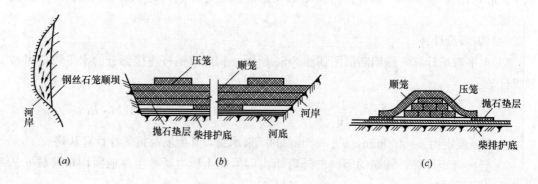

图 7-57　钢丝石笼顺坝
(a) 平面；(b) 纵断；(c) 横断

（2）顺坝布置与构造

1）由于顺坝的坝身是组成整治线的一部分，因此在布置顺坝时，应沿整治线布置，使坝身与整治线重合。在弯道上的顺坝，其坝轴线应呈平缓的曲线，如图 7-60 所示。顺坝与上下游岸线的衔接必须协调，否则水流紊乱，达不到预期效果。

2）顺坝坝头应布置在主流转向点稍上游处，坝头常做成封闭式或缺口式。

3）顺坝的构造与丁坝相似，分为坝头、坝身和坝根三部分，如图 7-60 所示。坝根应嵌入河岸中，并适当考虑其上、下游岸坡的保护，坝身的顶面应做成纵坡，可按洪水时的水面比降设计，使整个顺坝的坝顶在同一时间被淹没，从而减小坝顶部分溢流的破坏作用。为保护坝根，可适当加大坝根部分纵坡，以免坝根过早溢流而遭破坏。

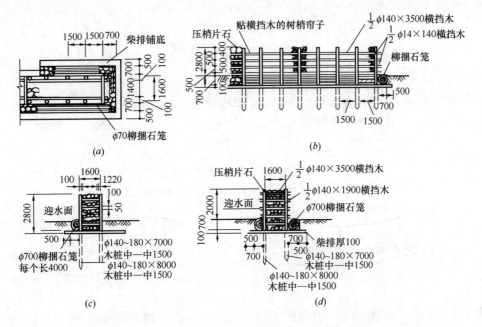

图 7-58 框式打桩顺坝

(a) 平面；(b) 坝身正面；(c) 横断面；(d) 坝头正面

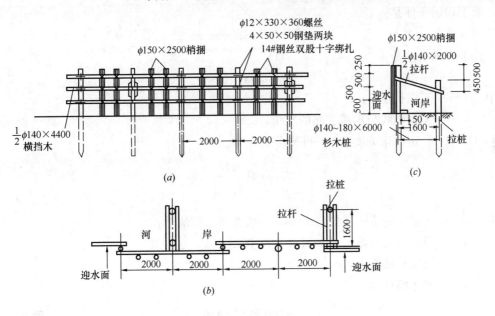

图 7-59 透水格坝

(a) 平面；(b) 正面；(c) 侧面

2. 丁坝护岸

(1) 丁坝的类型及作用

1) 按丁坝束窄河床的相对宽度可分为长丁坝、短丁坝和圆盘坝。丁坝愈长，束窄河床愈甚，挑流作用愈强，如图 7-61 所示。丁坝愈短，束窄河流宽度愈小，挑流作用愈弱，如图 7-62 所示。

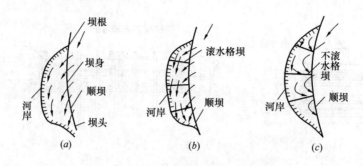

图 7-60 顺坝平面布置

(a) 不设格坝；(b) 设格坝滚水；(c) 设格坝不滚水

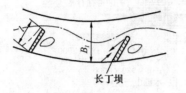

图 7-61 长丁坝

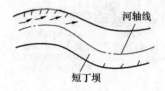

图 7-62 短丁坝

长丁坝与短丁坝一般按下列条件加以区分：

短丁坝的条件是：

$$l < 0.33B_y \cos \alpha \tag{7-40}$$

长丁坝的条件是：

$$l > 0.33B_y \cos \alpha \tag{7-41}$$

式中　　l——丁坝长度，m；

α——丁坝轴线与水流方向的交角，°；

B_y——稳定河床宽度，m，可按下式计算：

$$B_y = A \frac{Q^{\frac{1}{2}}}{v_p^{\frac{1}{2}} n^{\frac{1}{3}}}$$

式中　　Q——河道中的造床流量，m^3/s，一般为常水位流量；

A——河槽稳定系数，可参照表 7-12 选用；

v_p——泥沙移动流速，m/s；

n——河床糙率。

河槽稳定系数 A 值　　　　　　　　　　　　　　表 7-12

河床情况	稳定系数 A	河床情况	稳定系数 A
上游河床为大块石，比降大于临界比降	0.7～0.9	下游河床为细砂	1.1～1.3
山溪河床为砂砾，水流较平稳	0.9～1.0	下游河床为细砂或黏性土	1.3～1.7
中游河床为中粗砂，水流较平稳	1.0～1.1		

圆盘坝是由河岸边伸出的半圆形丁坝（也叫磨盘坝），由于圆盘坝的坝身很短，对水流影响较其他丁坝小，多用于保护岸脚和堤脚。

2）按丁坝外形分为：普通丁坝、勾头丁坝和丁顺坝。普通丁坝为直线形，勾头丁坝在平面上呈勾形。若勾头部分较长则为丁顺坝，如图 7-63 所示。L_1 为坝身在与水流垂直方向上的投影长度。当 $L_2 \leqslant 0.4L_1$ 时，称为勾头丁坝；当 $L_2 > 0.4L_1$ 时，称为丁顺坝。

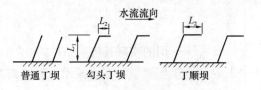

图 7-63　三种丁坝类型

勾头丁坝主要起丁坝作用，其勾头部分的作用是使坝头水流比较平顺；丁顺坝则同时兼起丁坝与顺坝的作用。

3）按丁坝轴线与水流的交角可分为上挑丁坝、下挑丁坝、正挑丁坝 3 种，如图 7-64 所示。丁坝轴线与水流方向的交角为 α，若 $\alpha < 90°$，则为上挑丁坝；$\alpha > 90°$，则为下挑丁坝；$\alpha = 90°$，则为正挑丁坝。

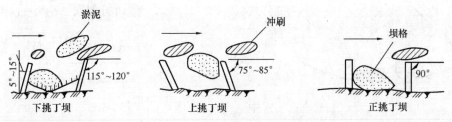

图 7-64　丁坝按坝轴线与水流交角分类

实践证明，上挑丁坝的坝头水流紊乱，坝头冲刷坑较深，且距坝头较近，故影响整治构筑物的稳定，坝格内较易淤积；下挑丁坝则相反，坝头水流较平顺，冲刷坑较浅，且离坝头较远，坝格内较难淤积；正挑丁坝介于两者之间。三种形式各有其特点，应根据具体要求合理选用。

（2）丁坝平面布置

1）丁坝平面布置合理可收到事半功倍的效果。否则，不但效果不好，有时甚至会使水流更加恶化，造成更严重的危害。布置丁坝时，除了必须符合河道规划整治线，还要因地制宜的选择坝型和布置坝位。

2）丁坝坝型的选择，要根据各种丁坝的作用和工程要求来选定。防洪护岸丁坝多采用短丁坝，布置成丁坝群效果较好，当比降小、流速低、泥沙多，要求坝格加快淤积时，多采用上挑丁坝；当流速大、泥沙少，要求调整流向，平顺水流时，则多采用下挑丁坝；山区河流一般水流较急，上挑丁坝与水流方向交角不宜小于 75°。为避免坝头水流过于紊乱，可采用勾头丁坝，或将一组上挑丁坝或正挑丁坝的第一条丁坝作成下挑丁坝。

3）当丁坝成组使用时，必须合理拟定丁坝间距。护岸短丁坝的间距以水流绕过上一丁坝扩散后不致冲刷下一丁坝根部为准，一般可采用丁坝长度的 2～3 倍，一般可按公式（7-42）确定。

$$L = l_\mathrm{p}\cos\theta + l_\mathrm{p}\sin\theta\cot(\varphi + \Delta\alpha) \tag{7-42}$$

式中　L——丁坝间距，m；

l_p——丁坝的有效长度，m，保证坝根不受淘刷采用：

$$l_{\mathrm{p}} = \frac{2}{3}l$$

　　l——丁坝的实际长度，m；

　　α——丁坝坝轴线与水流动力轴线的交角，°；

　　$\Delta\alpha$——水流扩散角，一般采用 $9\frac{1}{2}$°；

　　θ——丁坝与岸线间的交角，°；

　　φ——水流动力轴线与岸线间的交角，°。

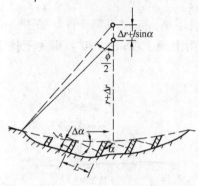

图 7-65　短丁坝坝头线布置

短丁坝群的坝头线应布置成一条与整治线相一致的凹岸曲线，其弯曲半径不小于 4.5 倍稳定河床宽度，如图 7-65 所示。河床弯曲半径调整值 Δr 可按公式（7-43）计算，一般可近似取 $\Delta r = \frac{1}{2}l$，即：

$$\Delta r = \frac{l\sin\alpha \times \cos\dfrac{\varphi}{2}}{1 - \cos\dfrac{\varphi}{2}} \qquad (7\text{-}43)$$

式中　r——河床弯曲半径，m。

在每一组丁坝群中，第一座丁坝受力最大，可适当缩短其长度，减小第 1、2 座丁坝之间的距离，使各座丁坝受力比较均匀。最末一座丁坝的长度和间距，也应适当地减小，从而可利用其上游丁坝作掩护。

为使丁坝平面布置合理，在布置时，应多听取各有关部门的意见，特别是航运部门及当地船工的意见。对于较复杂的丁坝群护岸，应争取通过水工模型试验确定。

（3）丁坝的构造：丁坝由坝头、坝身和坝根三部分组成。如图 7-66 所示。

1）坝头：丁坝坝头不但受水流的强烈冲击，还易受排筏及漂木的撞击，因此坝头必须加固。一般在坝头背水面加大坝顶宽度至 1.5～3.0m，并做成圆滑曲线形，以及将坝头向河边放缓至 1：3。放缓坝头边坡，不但加固坝头，并使绕过坝头的水流比较平顺。

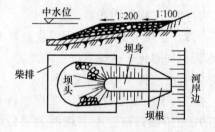

图 7-66　丁坝构造

2）坝身：

①坝身横断面一般为梯形，边坡系数和坝顶宽度视建筑材料和水流条件而定。丁坝的迎水坡为 1：1～1：2，背水坡为 1：1.5～1：3.0，丁坝顶宽为 1～2m。

②当河床基础为易冲刷的软质土壤或丁坝建在水流较急的河段时，要用沉排护底。沉排露出基础部分宽度视水流情况及土壤性质而定；一般在丁坝的迎水面露出 3.0m 以上，背水面露出 5m 以上。

③丁坝坝顶高程和坝顶纵坡，一般连接河岸的一端常与中水位齐平，自河岸向河心的纵坡一般采用 1：100～1：300，这种丁坝在洪水时期，淹没在水中。对于护岸丁坝，其

坝顶一般较高，在水位变幅不大时，连接河岸的一端常高于洪水位，由坝根向伸入河中一端逐渐降低，其末端一般不高于中水位，以免过多减小泄洪断面。

3）坝根：

如坝根结构薄弱，易冲成缺口，致使丁坝逐渐失去作用，应妥善处理。坝根处理及其护岸范围，与其所处河岸的土质、流速、水位变幅，以及丁坝所处位置有关。处理方法有：

①若岸坡土质较易冲刷，或渗透系数较大，坝根处应开挖基槽，将坝根嵌入岸中，并在其上、下游砌筑护坡。

②若岸坡土质不易冲刷，或渗透系数较小，仅采取上、下游适当护坡，坝根可不嵌入岸内。

③第一座丁坝受力较大，其坝根护坡较同组其他丁坝要求高些，其他丁坝因有第一座丁坝掩护，可以要求低些。

④对于水位变幅大，且变化频繁情况下的丁坝，其护岸范围应护高些。

⑤由于影响护岸坡的因素很多，诸因素对护岸坡的影响亦不一样，故护岸坡措施各地差异很大，应视具体情况确定。根据实践经验，一般护岸坡长度下游应大于上游，尤其是下挑丁坝更是如此，其范围一般上游护 5～15m，下游护 10～25m。

丁坝构造形式较多，图 7-67 为钢丝石笼丁坝，采用最为广泛。

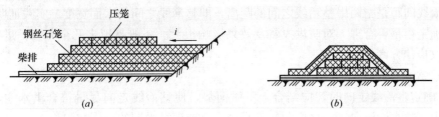

图 7-67　钢丝石笼丁坝
（a）纵剖面；（b）横剖面

7.2　河　道　整　治

7.2.1　一般规定

1. 河道整治的目的与原则

（1）河道整治的目的

靠整治河道提高全河道或较长河段的泄洪能力一般不够经济，多不采用。但对提高局部河段的泄量或平衡上下游河段的泄洪能力作用较大。城区河道不仅普遍存在因桥梁、码头、取水工程侵占和挤压而缩窄的现象，而且因人为设障和淤积，使城区河道泄洪能力明显下降。因此，城区河道整治主要是通过清淤、清障、扩宽、疏浚以及裁弯取直等措施，扩大泄洪断面，改善洪水流态、减小糙率、加大流速，从而达到提高城区河道泄洪能力或降低城区河道最高洪水位、提高城市防洪标准的目的。

（2）河道整治的原则

1）河道整治的基本原则是：全面规划、统筹兼顾、防洪为主、综合治理。

2）堤防、护岸布置以及洪水水面线衔接要兼顾上下游、左右岸，与流域防洪规划相协调。

3）蓄泄兼筹，以泄为主，因地制宜选用整治措施，改善流态，稳定河床，提高河道泄洪能力。

4）结合河道整治，利用有利地形和弃土进行滨河公园、景点、绿化带建设，改善和美化城市环境。

5）结合河道疏浚、裁弯取直，在有条件的地方，并经充分论证，可以适当压缩堤距，开拓城市建设用地，加快工程建设进度。

6）结合河道整治，宜采用橡胶坝抬高水位，增加城市河道水面，为开发水上游乐活动创造有利条件。

2. 护岸整治线

在进行防洪工程规划设计时，通常根据河流水文、地形、地质等条件和河道演变规律以及泄洪需要，拟定比较理想的河槽，使其河槽宽度和平面形态，既能满足泄洪要求，又符合河床演变规律及保持相对稳定。设计洪水时的水边线，称为洪水整治线。中水整治线为河流主槽的水边线，这一河槽的大小和位置的确定，对与防洪有关的洪水河槽有直接影响。

（1）整治线间距

整治线间距是指两岸整治线之间的距离，即整治线之间的水面宽度。实践证明，整治线间距确定得是否合理，对防洪投资及效果影响很大。一般是拟定几个方案，进行比较，从中选取最佳方案。

（2）整治线走向

1）确定整治线走向时，应结合上下游河势，使整治线走向尽量符合洪水主流流向，并兼顾中、枯水流流向，使之交角尽量小些，以减少洪水期的冲刷和淤积。

2）整治线的起点和终点，应与上下游防洪设施相协调，一般应选择地势高于设计洪水，河床稳定和比较坚固的河岸作为整治线的起止点，或者与已有人工构筑物，如桥梁、码头、取水口、护岸等相衔接。

（3）整治线线形

1）冲积性河流，一般以曲直相间，弯曲段弯曲半径适当，中心角适度，以及直线过渡段长度适宜的微弯河段较为稳定。

2）整治线的弯曲半径，根据河道的比降、来沙量和河岸的可冲性等因素，一般以4～6倍的整治线间距为宜。

3）两弯曲段之间的直线过渡段不宜过长，一般不应超过整治线间距的3倍。

4）通航河道整治线，应使洪水流向大致与枯水河槽方向相吻合，以利航道的稳定。

（4）整治线平面布置

1）河道具有足够的泄洪断面，能够安全通过设计洪水，而且要和城市规划及现状相适应，兼顾交通、航运、取水、排水、环保等部门的要求，并应与河流流域规划相适应。

2）应与滨河道路相结合，与规划中沿河建筑红线保持一定距离。

3）在条件允许时，应与滨河公园和绿化相结合，为市民提供游览场所，美化城市，改善环境。

4）应尽量利用现有防洪工程（如护岸、护坡、堤防等）及抗冲刷的坚固河岸，以减少工程投资。

5）要左右岸兼顾，上下游呼应，尽量与河流自然趋势相吻合，一般不宜做硬性改变。

3. 河道障碍物对泄洪能力的影响

（1）河道堆积及圈围阻水

堆积物集中放置于行洪河道的旁边，或在行洪河道岸边圈围，使河道的相当区段连续束狭，就会减少行洪断面，抬高洪水位。前者常见于堆积矿石、矿碴、砖料、石条及其他建筑材料等［见图 7-68 （a）、（b）］；后者常见于为扩大厂地修筑围墙或为扩大耕地修筑围堤等［见图 7-68 （c）、（d）］。

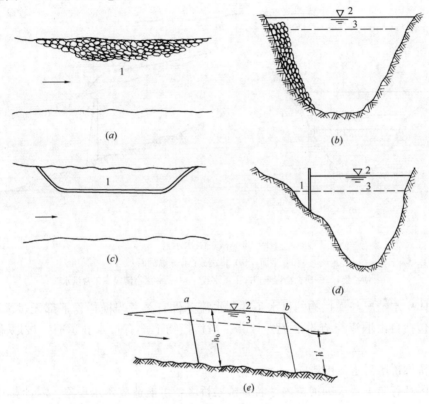

图 7-68　堆积阻水示意

（a）、（c）平面；（b）、（d）横剖面；（e）纵剖面

1—堆积体或圈围处；2—堆积或圈围影响情况下的洪水线；3—无堆积体情况下正常洪水线
ab—堆积（圈围）段；h_0—堆积（圈围）后正常水深；h'—堆积（圈围）前正常水深

此种阻水情况的水面线，在堆积（圈围）段 ab 处抬高；在其上游呈现壅水线；在其出口处因水流扩散，水面突然降落，以后又回复到正常水深。

此种阻水情况下洪水水面线的绘制：当要求精度较高时，可在堆积（圈围）段及其上下游划分若干断面，按天然河道自由水面线一般计算方法进行计算，必要时可考虑流速水头的变化及局部损失；当堆积（圈围）缩小的行洪面积比重不大时，可采用近似的简化计算法。当圈围河段的水位超过圈围物的顶高，则水流将漫溢圈围物而发生溃决，在计算其阻水影响时，从偏于安全考虑，仍按堆积阻水情况计算，一般不计入圈围的调蓄或溃决后的行洪作用。

（2）横拦阻水

常见于在河道内修生产堰及漫水桥等。此种阻水情况是，横拦物上游水位壅高，属壅水曲线；横拦物处水流以堰流（生产堰）或以堰流加孔流（漫水桥）的流态泄往下游。

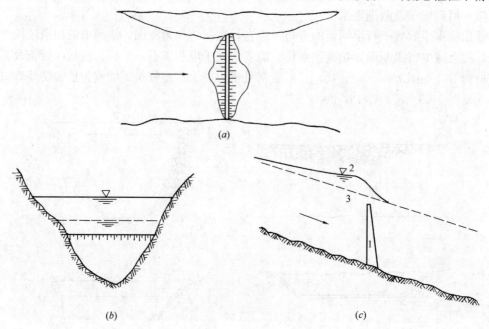

图 7-69　横拦阻水示意
（a）平面；（b）横剖面；（c）纵剖面
1—横拦物；2—横拦物影响情况下洪水线；3—无横拦物情况下正常洪水线

其具体壅水情况与横拦物的过水条件和水流条件有关。当横拦物下部无过水孔道时，按堰流（包括自由堰流与淹没堰流）计算；当横拦物下部有过水孔道时，按堰流加孔流计算。

（3）桥梁桥墩对水流的影响

在城区具有防洪要求的河段内，若有桥梁桥墩，可能造成壅水现象。需计算其壅水高度，以便研究是否需要采取措施。由于壅水计算，通常只能得到近似的数据，故对于平原区河道或重要的防护对象，需慎重处理，考虑偏于安全的计算数值。计算方法如下：

1）【方法一】桥墩区（桥墩上游、墩间及桥墩下游）的水流，按墩间流态可分为三类：

A 类——墩间为缓流；B 类——墩间为临界流；C 类——墩间为急流。其计算过程分为下述两步。

① 判别流态：

首先计算 η 值：

$$\eta = \Sigma B'/B \tag{7-44}$$

式中　η——平面收缩比；

$\Sigma B'$——桥墩的总宽，m；

B——无桥墩时的截面宽度，m。

其次计算 λ_3 值：

$$\lambda_3 = h_3/h_k \tag{7-45}$$

式中 λ_3——无桥墩时河道正常水深与临界水深的比值；

h_3——无桥墩时河道正常水深，即桥墩下游河道正常水深，m；

h_k——无桥墩时截面的临界水深，m。

由 η 及 λ_3 值从图 7-70 得出一交点，按交点的所在区，判别流态属于 A 类、B 类或 C 类。

②计算：

A 类水流：

该类墩间为缓流（$h_2 > h_{k2}$），桥墩上游为缓流（$h_1 > h_k$），桥墩下游亦为缓流（$h_3 > h_k$）。由图 7-70 确定为 A 类后，即可查图 7-71。

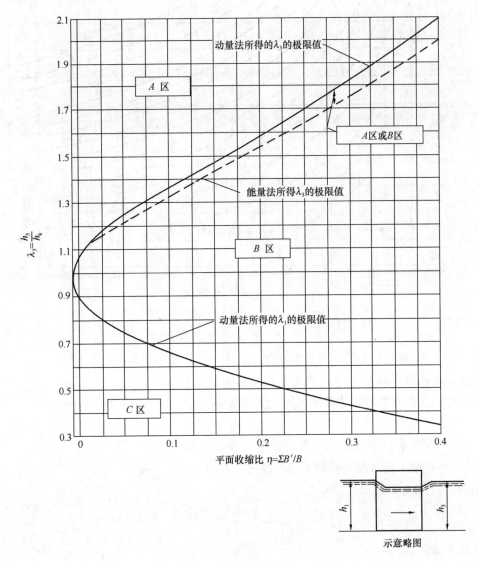

图 7-70　桥墩区流态判别

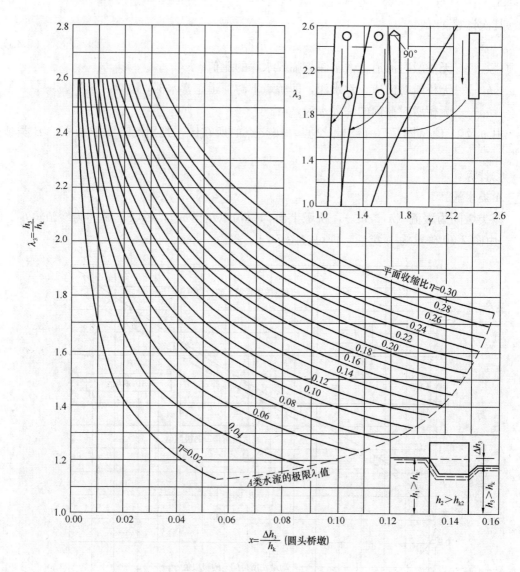

图 7-71 $\lambda_3 - \eta - x$ 及 $\lambda_3 - \eta$ 曲线

首先，由 λ_3 划一水平线，交至参变数 η 线于一点，得出横坐标的 x 值；

其次，由桥墩形式及 λ_3 从上图查出桥墩影响系数 γ；

然后，由公式（7-46）计算最大壅水高度 Δh_3：

$$\Delta h_3 = \gamma x\, h_k \qquad\qquad (7\text{-}46)$$

式中 x——圆形墩时为 $\Delta h_3/h_k$，其他墩形时为 $\Delta h_3/\gamma h_k$；

Δh_3——桥墩上游水深与桥墩下游水深之差，即 $h_1 - h_3$，m。

最后，由公式（7-47）计算 h_1：

$$h_1 = h_3 + \Delta h_3 \qquad\qquad (7\text{-}47)$$

B 类水流：

该类墩间为临界流（$h_2 = h_{k2}$），桥墩上游为缓流（$h_1 > h_k$），桥墩下游为缓流（$h_3 > h_k$）

或急流（$h_3 < h_k$）。由图 7-70 确定为 B 类后，即可用图 7-72 或图 7-73 计算。前者系动量法，未考虑桥墩形式的影响；后者系能量法，按方头桥墩及圆头桥墩分别使用。计算时，由已知的 η 值，查出相应的 λ_1 值，按下式计算 h_1：

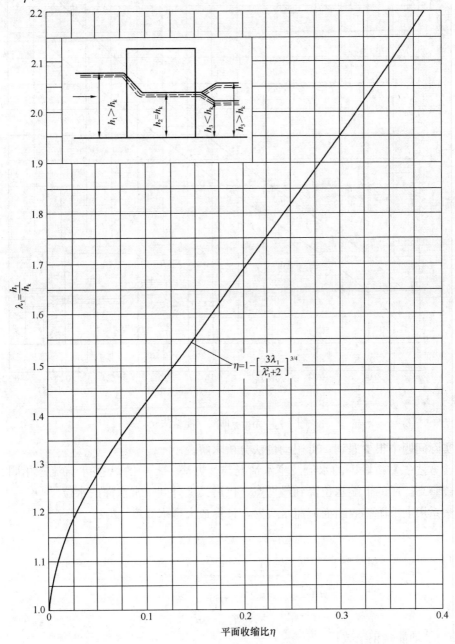

图 7-72　$\lambda_1 - \eta$ 曲线（动量法）

$$h_1 = \lambda_1 h_k \tag{7-48}$$

式中　λ_1——h_1/h_k。

C 类水流

该类墩间为急流（$h_2 < h_{k2}$），桥墩上游为急流（$h_1 < h_k$），墩下游亦为急流（$h_3 < h_k$）。

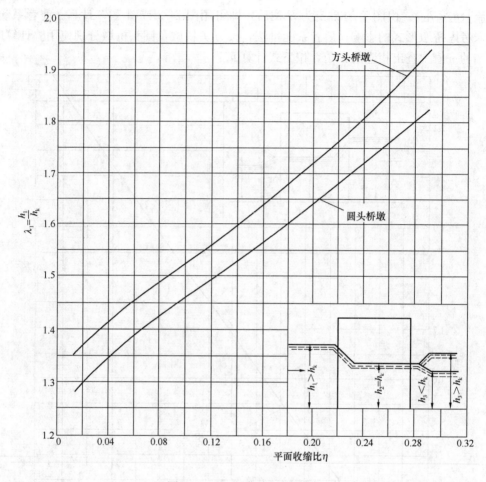

图 7-73 $\lambda_1 - \eta$ 曲线（能量法）

一般在实际问题中很少遇到，可用动量法分析求解。

2）【方法二】桥墩区的水流及壅水情况与［方法一］中的 A 类水流流态相同。墩上游水位被壅高，墩的下端水位降到最低点，以后又上升到正常水深的水位。

该法系用上下游有效断面流速水头差，计算最大壅水高度 Δh_3：

$$\Delta h_3 = \frac{a}{2g}(V_3'^2 - V_1^2) \qquad (7\text{-}49)$$

$$V_3' = \frac{V_3 B}{\varepsilon \Sigma b} \qquad (7\text{-}50)$$

$$V_1 = \frac{V_3 h_3}{h_3 + \Delta h_3} \qquad (7\text{-}51)$$

式中 a——动能修正系数；

V_3'——桥墩下游为正常水深时扣除桥墩后的有效过水断面的平均流速，m/s；

V_3——桥墩下游为正常水深时的断面平均流速，$V_3 = Q/Bh_3$，m/s；

V_1——桥墩上游最大壅水处的断面平均流速，m/s；

B——无桥墩时的截面宽度，m；

b——两墩间的净宽，m；

Q——正常水深时的流量，m^3/s；

h_3——桥墩下游正常水深，m；

Δh_3——最大壅水高度，h_1 与 h_2 的差值，m；

ε——过水断面收缩系数。

将公式（7-50）及公式（7-51）代入公式（7-49），得墩前最大壅水高度的计算公式：

$$\Delta h_3 = \frac{aV_3^2}{2g}\left[\left(\frac{B}{\varepsilon\Sigma b}\right)^2 - \left(\frac{h_3}{h_3+\Delta h_3}\right)^2\right] \tag{7-52}$$

一般取 $a=1.1$ 左右，$\varepsilon=0.85\sim0.95$。首次作近似计算时，先以 $\Delta h_3=0$ 代入上式，即 $h_3/(h_3+\Delta h_3)=1$（指方括号中的第二项），然后迭代出 Δh_3 的数值。

3)【方法三】

$$\Delta h_3 = \zeta\left[\left(\frac{Q}{h_3\Sigma b}\right)^2 - \left(\frac{Q}{h_3 B}\right)^2\right] \tag{7-53}$$

当水流紊动作用较大或需要考虑偏安全的情况，ζ 可用 0.1；否则，ζ 可用 0.05。

4) 注意事项：

① 桥墩壅水计算，应区分水流流态和桥墩形式。[方法一] 考虑了这一情况，适用于各类流态。

② 一般情况下墩间为缓流，[方法二] 适用于缓流的情况。

③ [方法三] 计算简便，只给出大概估算的数据。

【例2】 已知矩形河渠宽 60m，有两个 3m 宽的圆头桥墩，流量 $1100 m^3/s$，无桥墩时的水深 4.4m。求建墩后对上游的壅水高度。

【解】 按方法一计算：

1) 平面收缩比 η：$\eta = \Sigma$ 墩宽/渠宽 $=\Sigma B'/B = 3\times2/60 = 0.10$

2) 单宽流量 q：$q = 1100/60 = 18.3 \, m^3/(s\cdot m)$

3) 未收缩的河道的临界水深 h_k：$h_k = \sqrt[3]{\dfrac{q^2}{g}} = \sqrt[3]{\dfrac{18.3^2}{g}} = 3.25m$

4) $\lambda_3 = h_3/h_k = 4.4/3.25 = 1.35$；

5) 水流分类：在图 7-70 中，查 $\eta=0.1$ 及 $\lambda_3=1.35$ 的点，得知属 A 类水流；

6) 求 x 值及 γ 值：在图 7-71 中，以 $\eta=0.1$ 及 $\lambda_3=1.35$ 查得 $x=0.118$（因系圆墩，$\gamma=1$）；

7) 墩前壅水高度 Δh_3：

$$\Delta h_3 = x\gamma h_k = 0.118\times1\times3.25 = 0.38m$$

(4) 减低河道糙率增加泄洪能力

根据曼宁公式计算，若流量与比降不变，n 与 $R^{5/3}$ 成正比，采取降低河道糙率的措施，即可降低水深或增加河道泄洪能力。

对于山区性河段，植物被覆影响侧壁糙率的增加，若紧接城区上游具有开阔性河段，应考虑清除该河段的植物被覆，以减小侧壁阻力，降低具有控制性河段的水位，以利于上游城区防洪。对于平原性河段，滩地常有茂密的植物生长，增加了行洪的阻力，使洪水位抬高，对防洪不利，故应根据具体情况予以清理。

此外，河道中如分散地堆积矿渣、矿石或在枯水季节为交通运输铺设许多小桥涵等，常呈现群体阻水。群体阻水段水位抬高，其上游段略呈壅水曲线，如图 7-74 所示。群体阻水的程度与其形态、大小、多少有关。一般由于横向占有面积占洪水期过水面积的比例很小，对水位抬高的影响主要是阻水群体增加了水流的紊动，从而增大了河道的综合糙率系数。

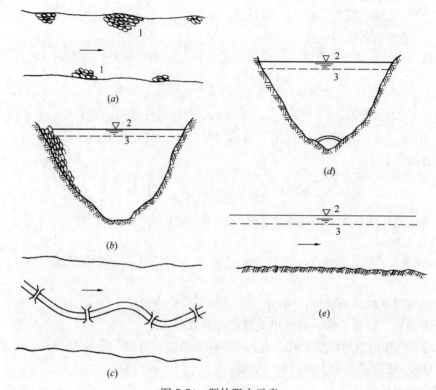

图 7-74   群体阻水示意

（*a*）、（*c*）平面；（*b*）、（*d*）横剖面；（*e*）纵剖面

1—阻水群体；2—阻水群体影响情况下洪水线；3—无阻水群体情况下正常洪水线

7.2.2   河道洪水水面线的衔接形式

河道洪水水面线的衔接形式，与水流的周界条件有关，现仅将在河道整治中常见的形式略述如下。

1. 壅水曲线

促使洪水水面曲线发生壅水作用的条件，一般有下列 5 种情况：

（1）河心阻水形体的壅水作用

具有防洪要求的河道，大都为缓坡河道，其阻水形体上游的壅水曲线呈上凹状，如图 7-75（*a*）所示。陡坡河道的壅水曲线接近水平线状，如图 7-75（*b*）所示。

（2）支流加入处的壅水作用

在支流入汇处，由于干支流涨水的幅度和先后的不同，在汇口上游的干流河段和汇口上游的支流河段，都有可能产生不同程度的壅高水位，如图 7-76（*a*）、（*b*）所示。壅水处有可能产生泥沙淤积；在汇口附近及汇口下游干流河段，常因支流冲出的大量泥沙形成汇口滩，这种情况起着进一步壅高上游水位的作用。

（3）断面束窄处的壅水作用

城区河段往往被侵占和挤压而束窄；由于各种防护工程使束窄河段具有不可冲刷的两

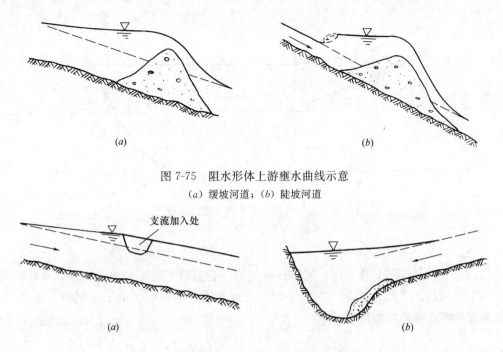

图 7-75 阻水形体上游壅水曲线示意
(a) 缓坡河道；(b) 陡坡河道

图 7-76 支流加入处上游壅水曲线示意
(a) 汇口上游干流河段；(b) 汇口上游支流河段

岸及难于冲刷的河床，因其正常水深较上游宽河段为大，对其上游常产生壅水作用，如图 7-77 所示。若其上游来沙在壅水段落淤，将进一步壅高上游水位。

（4）底坡变缓处的壅水作用：河床坡度变缓的河段，因其正常水深加大，对其上游段产生壅水作用，见图 7-78。若其上游段河底坡大于临界坡，则其壅水曲线近于水平线状，并在壅水末端发生水跃。

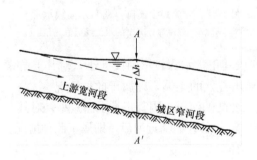

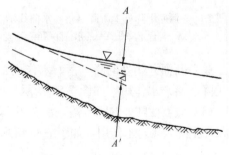

图 7-77 束窄河段上游壅水曲线示意
Δh—束窄河段上端 AA' 处的水位抬高值

图 7-78 底坡变缓处上游壅水曲线示意
Δh—底坡变缓河段上端 AA' 处的水位抬高值

（5）河湖连接处的壅水作用

湖泊的水位若高于入湖河流下端的正常水位，则对该河段产生壅水作用，如图 7-79 所示。

2. 降（落）水曲线

促使洪水水面线发生降落作用的条件，一般有下列 4 种情况：

（1）河底突然下降的降落作用：河底突然下降，水流受到明显影响时，对其上游河段产生降水作用，如图 7-80 所示。在支流出口的尾段，当干流水位较低时，亦会发生此种

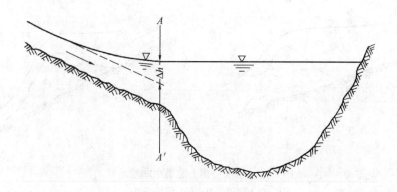

图 7-79 河湖连接处壅水曲线示意
Δh—入湖河流下端 AA' 处的水位抬高值

情况。

（2）分流的降（落）水作用：河流经分流后，分流口下游干流流量减少，水位降低，对上游干流河段产生降水作用，见图 7-81。与此类同，河流分叉的上游河段，亦会产生不同程度的降（落）水作用。

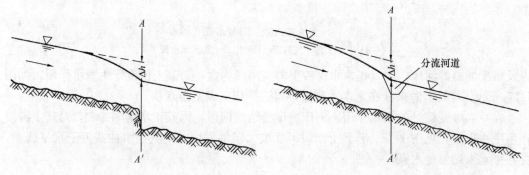

图 7-80 河底下降处上游降（落）水曲线示意
Δh—河底下降处 AA' 的水位降低值

图 7-81 分流口上游降（落）水曲线示意
Δh—分流口处 AA' 的水位降低值

（3）断面开阔处的降（落）水作用：开阔河段其正常水深较窄河段为小，对其上游常产生降（落）水作用，如图 7-82 所示。例如河流出谷处的尾端，即属于此种情况。

（4）底坡变陡处的降（落）水作用：河底坡度变陡的河段，因其正常水深减小，对其上游段产生降（落）水作用，如图 7-83 所示。例如河流入谷处的临近河段，即属于此种情况。

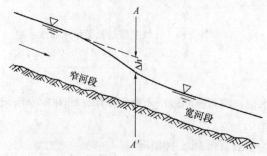

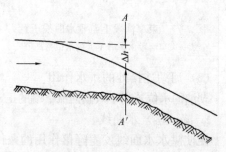

图 7-82 开阔河段上游降（落）水曲线示意
Δh—开阔河段上端 AA' 处的水位降低值

图 7-83 底坡变陡处上游降（落）水曲线示意
Δh—底坡变陡处上端 AA' 处的水位降低值

7.2.3 扩宽与疏浚

对于河道两旁的防洪保护区，为满足其防洪要求，有时可筹划采取使河道扩宽或疏浚的方法，也可筹划采取扩宽与疏浚二者兼施的方法。通过扩宽、疏浚，以降低洪水位，满足防洪保护区的要求。

1. 局部扩宽

扩宽可分为堤防退建和河槽扩宽两类。本节主要叙述以河槽扩宽、加大过水能力的方法，来相对地能降低同流量的洪水位，使其满足防洪保护区的要求，如图 7-84 所示。扩宽的长度，应包括防洪保护区附近河槽及相当区段的下游河槽。若扩宽的河槽其长度太短，由于下游的壅水作用，则防洪保护区附近的水位并不能降低到扩宽河槽的正常水位，如图 7-84 (b) 所示。因此，应使扩宽的长度向下游延伸，以使防洪保护区处在壅水范围以外，如图 7-84 (c) 所示（ab 段长于 cb 段）。

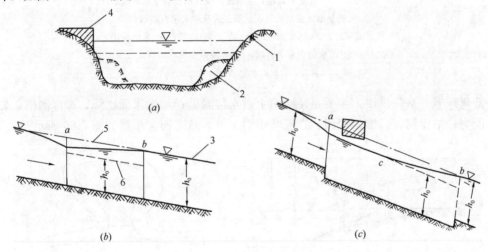

图 7-84　局部河槽扩宽后水面线示意

(a) 横剖面；(b) 无足够扩宽长度情况的纵剖面及洪水水面线示意；

(c) 有足够扩宽长度情况的纵剖面及洪水水面线示意

1—河底或河槽；2—河槽扩宽部分；3—水面曲线；4—防洪保护区；

5—扩宽前正常水面线；6—扩宽后正常水面线；

ab—扩宽的河段；c—壅水终点；h—正常水深

2. 局部疏浚

疏浚河槽亦可加大过水能力，相应地能降低同流量的洪水位，使其满足防洪保护区的要求，如图 7-85 所示。疏浚的长度，应包括防洪保护区附近河槽及其相当区段的下游河槽。若疏浚的河槽其长度太短，由于下游的壅水作用，则防洪保护区附近的水位并不能降低到疏浚河槽的正常水位，如图 7-85 (b) 所示。因此，应使疏浚的长度向下游延伸，以使防洪保护区处在壅水范围以外，如图 7-85 (c) 所示（ab 段长于 cb 段）。

7.2.4 河道人工裁弯取直

1. 裁弯取直改变河道水面线以利防洪

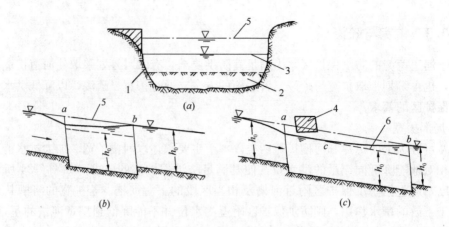

图 7-85 局部河槽疏浚后水面线示意

(a) 横剖面；(b) 无足够疏浚长度情况的纵剖面及洪水水面线示意；

(c) 有足够疏浚长度情况的纵剖面及洪水水面线示意

1—河底或河槽；2—河槽疏浚部分；3—水面曲线；4—防洪保护区；

5—疏浚前正常水面线；6—疏浚后正常水面线；

ab—疏浚的河段；c—壅水终点；h—正常水深

　　裁弯取直，从防洪讲，主要是使弯道上游水位降低；加大水面比降、冲深河槽，提高泄洪能力；减少河长、缩短堤线、摆脱弯道险工等。裁弯河段示意如图 7-86 所示。

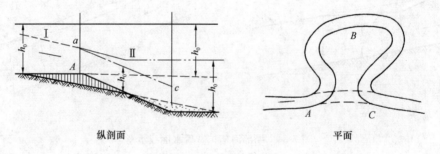

纵剖面　　　　　　　　　　　　平面

图 7-86 裁弯河段示意

h_0—原河道正常水深；h_0'—新河道正常水深；

Ⅰ—降水曲线；Ⅱ—壅水曲线

　　在城市防洪保护区下游，若有数个连续的河弯将发展成近于闭锁的河环时，如加以裁弯取直，对防洪能有一定效益。例如：我国长江荆江河段中洲子及上车湾两处裁弯，在当地防洪控制流量条件下，中洲子新河进口上游 42.6km 处降低洪水位 0.59m；美国密西西比河 15 处裁弯工程，使阿肯色市的水位在设计洪水情况下降低 3.7m。

　　裁弯取直所得防洪效益的主要指标，可用防洪控制点裁弯前后的水位流量关系曲线图（见图 7-87）来表示；也可将此关系列成裁弯前后相同流量的水位比较表或相同水位的流量比较表来表示。

　　研究裁弯取直，当上游水位降低或泄流量增加时，在规划设计中一般以引河断面发育或达到最终断面情况为准，在施工期有时还要考虑引河在发育过程中的预计断面和效益情况。

2. 河道裁弯取直的引河设计

(1) 拟定裁弯线路

1) 引河平面形态的曲率应适度，并能使进出口与原河道平顺衔接。若设计成直线或曲率半径过大的曲线，可能会出现犬牙交错状边滩，使引河两岸冲淤变化漫无规律，难以控制总体河势。

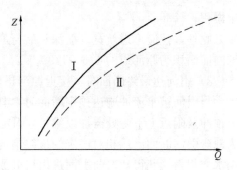

图 7-87　裁弯前后防洪控制点水位～流量曲线
Z—防洪控制点处水位；Q—防洪
控制点处泄流量；
Ⅰ—裁弯前；Ⅱ—裁弯后

2) 引河线上的土壤条件，关系到引河的开挖方式。如所经地带是难于冲刷的土壤，须采取全部开挖方式；如所经地带系较易冲刷的土壤，可采取先开挖小引河方式。由于地质条件对引河能否被冲开，具有决定性意义，所以一般应尽量通过砂土或粉土地区，力求避开壤土或黏土地区。如果表层系壤土或黏土而底层为沙土，也可令引河通过。

3) 引河长度应尽量缩短，这样，可以节省开挖量，较多地降低洪水位及缩短航程等。但引河过短，其发展过速，可能在下游引起严重淤积或河势变化过剧。所以，一般将裁弯比（河湾长度与引河长度之比）控制在 3～7 左右。然而，对于比降较缓的大河，其裁弯比可取大一些，如长江荆江河段，中洲子新河的裁弯比为 8.5 （老河长 36.7km，引河长 4.3km），上车湾新河的裁弯比为 9.3 （老河长 32.7km，引河长 3.5km）。

4) 引河进出口位置选择要求与上、下游河段平顺衔接。引河的进口段应与上游弯道的下段平顺衔接，引河的出口段应与下游弯道的上段平顺衔接。即引河轴线尽量与原河段轴线相切或所成交角不大，这样有利于将含沙量较小的表面水流导入引河，也有利于将从引河下泄的超饱和挟沙水流直接导入下游弯道的深槽，并避免引河下游河势变化过大。其进口交角 θ 一般不大于 $25°\sim30°$ （见图 7-88）。

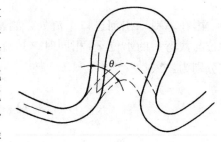

图 7-88　裁弯进口交角示意

(2) 引河断面设计

1) 不易冲刷土壤地区的引河开挖断面设计：

此种情况的开挖设计断面即为引河的最终断面，断面形式一般设计为梯形。边坡系数 m 视土壤性质而定。引河主河道河底高程应根据设计枯水位和满足航运要求来确定。以造床流量（一般用漫滩流量）作为设计引河主河道标准断面的流量，以防洪标准的设计流量作为规划堤距及堤顶高程的流量，详见第 6 章。

2) 可冲刷土壤地区的引河开挖断面设计：

可冲刷土壤地区新河堤距及堤顶高程规划同上，但其引河开挖断面一般比较小，主要藉水流冲刷作用达到其最终断面。所以，必须注意下面几个问题：

①引河中的流速必须保证能冲刷河底泥沙；

②引河中的流速也不宜过大，以免引河发展过快，招致下游河段河势的急剧变化和发

生淤积。

此外，还应考虑航宽、航深和航行的允许流速。根据国内外裁弯工程的经验，引河开挖断面面积为原河道的 $1/5 \sim 1/30$。

3）引河达最终断面时（接近原河道断面）裁弯效益计算：

当引河被水流冲刷达预定断面时，其宽深河相关系已接近原河道情况。此时，对其迎流顶冲及附近上下游处需加以维护，固定河势，限制河道以避免向不利方向发展，即可认为裁弯引河断面已达相对稳定的最终情况。其裁弯效益可通过水面线计算来确定。若能利用水文资料，获得裁弯前引河进出口处原河道稳定水位流量关系曲线，则可比较简便地概算其裁弯效益。其概算过程如下：

①引河出口处裁弯后的水位 Z'_C 可假定与裁弯前设计标准流量下的水位 Z_C 值相等。其值，可从水位～流量关系曲线（见图7-89）中 C 线查得。

②引河入口处裁弯前的水位 Z_A。其值，可从水位～流量关系曲线（见图7-89）中 A 线查得。

③假定不同的引河入口处裁弯后的水位 Z'_A 作流态线。Z'_A 应在以下范围内假定：

$$Z'_C < Z'_A < Z_A \qquad (7-54)$$

因在 A 处（引河进口干流处）当裁弯前的水位与裁弯后的水位 Z'_A 相同时，其流量不等，应分别为：

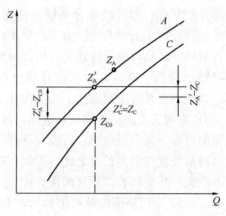

图7-89 引河进出口原河道裁弯前 $Z \sim Q$ 曲线

$$Q = K\sqrt{i} = K\sqrt{\frac{\Delta Z}{L}} \qquad (7-55)$$

$$Q' = K\sqrt{i'} = K\sqrt{\frac{\Delta Z'}{L'}} \qquad (7-56)$$

所以

$$Q' = Q\sqrt{\frac{L(Z'_A - Z'_C)}{L'(Z'_A - Z_{C0})}} \qquad (7-57)$$

式中 K——输水系数，m^8/s；

     L——老河河湾长度，m；

     L'——新河河湾长度，m；

     ΔZ——与裁弯后进口处水位相同的裁弯前正常落差（$Z'_A - Z_{C0}$），m，如图7-89所示；

     $\Delta Z'$——裁弯后新河进出口处的落差（$Z'_A - Z'_C$），m；

     Z_{C0}——由假定的 Z'_A 值查图7-89中 A 线相应 Z'_A 的流量 Q，再以 Q 从 C 曲线上读出的水位值，m；

     i——裁弯前水面比降；

i'——裁弯后水面比降;

Z'_A、Z'_C意义同前。

由假定的 Z'_A 用公式(7-57)算出相应的 Q',即可绘出如图 7-90 所示的流态线。

④由设计流量查图 7-90,得 Z'_A 作为近似值。

⑤由所得 Z'_A 及相应的 Q、Z_{C0} 值代入公式(7-57)得 Q',若 Q' 等于设计流量,即为正确。

⑥裁弯后引河进口处相应设计流量的水位降低值为 $Z_A - Z'_A$。

【例3】 某蜿蜒性河流,其一河湾如图 7-91 所示,老河河湾长 10km,裁弯取直的新河(引河)长 2km,若引河的最终断面与原河道断面相适应,其糙率值可认为与原河道糙率值相等,根据附近水文站水文资料及有关水面线资料得到引河进、出口处裁弯前原河道的水位~流量曲线如图 7-92 所示。

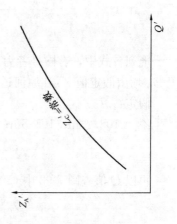

图 7-90 固定 Z'_C 值的引河进口处裁弯后的流态线

求裁弯后上游原河道无显著刷深时在防洪安全泄量为 $7000\text{m}^3/\text{s}$ 的引河进口上游原河道水位的降低值为多少?

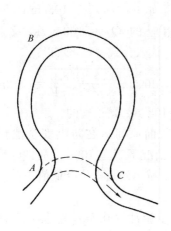

图 7-91 河道裁弯前后平面示意
A—进口处;C—出口处

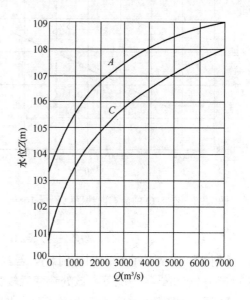

图 7-92 原河道 $Z\sim Q$ 曲线

【解】 当流量 $Q = 7000\text{m}^3/\text{s}$ 时,从图 7-92 中查得进、出口原河道水位 $Z_A = 109\text{m}$,$Z_C = 108\text{m}$。裁弯取直后,相应上述流量情况下,A 处之水位 Z'_A 应在如下范围:

$$108\text{m} < Z'_A < 109\text{m}$$

由公式(7-57)知:

$$Q' = Q\sqrt{\frac{L\,\Delta Z'}{L'\,\Delta Z}} = Q\sqrt{\frac{L(Z'_A - Z'_C)}{L'(Z'_A - Z_{C0})}}$$

因 $L=10\text{km}$，$L'=2\text{km}$，$Z'_{\text{C}}=108\text{m}$

则

$$Q'=2.24Q\sqrt{\frac{Z'_{\text{A}}-108}{Z'_{\text{A}}-Z_{\text{C0}}}} \tag{7-58}$$

上列各式中，有撇号者为裁弯后情况，无撇号者为裁弯前情况。公式（7-58）中，Q 及 Z_{C0} 均由假定值 Z'_{A} 在原河道稳定水位～流量曲线上查出（见图 7-92）。

假定：

$Z'_{\text{A}}=108.23\text{m}$；$108.5\text{m}$；$108.7\text{m}$，查图 7-92 中 A 线得相应的 Q 值为：

$$Q=4500\text{m}^3/\text{s}；5200\text{m}^3/\text{s}；5700\text{m}^3/\text{s}$$

再以 Q 值查图 7-92 中 C 线得相应的 Z_{C0} 值为：

$$Z_{\text{C0}}=106.80\text{m}；107.17\text{m}；107.41\text{m}$$

将 Z'_{A} 及相应的 Q、Z_{C0} 代入公式（7-58），得相应的 Q' 为

$$Q'=4100\text{m}^3/\text{s}；7200\text{m}^3/\text{s}；9420\text{m}^3/\text{s}$$

以 Z'_{A} 及 Q' 绘流态线，如图 7-93 所示。

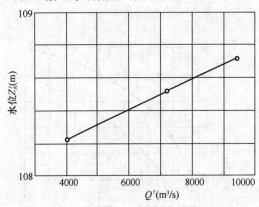

图 7-93 $Z'_{\text{A}}\sim Q'$ 的流态曲线图（$Z'_{\text{C}}=108\text{m}$）

以 $7000\text{m}^3/\text{s}$ 查图 7-93，得相应的 $Z'_{\text{A}}=108.5\text{m}$。此为初算的裁弯后引河进口处上游水位。

现验算如下：将 $Z'_{\text{A}}=108.5\text{m}$，同上法查得相应的 $Q=5100\text{m}^3/\text{s}$，$Z_{\text{C0}}=107.16\text{m}$，代入公式（7-58）得：

$$Q'=2.24\times5100\sqrt{\frac{108.5-108.0}{108.5-107.16}}=7000\text{m}^3/\text{s}$$

$Z'_{\text{A}}=108.5\text{m}$ 是正确的。

因裁弯前原河道在防洪安全泄量为 $7000\text{m}^3/\text{s}$ 情况下 $Z_{\text{A}}=109\text{m}$，故裁弯后引河进口处上游原河道水位降低值为：

$$Z_{\text{A}}-Z'_{\text{A}}=109-108.5=0.5\text{m}$$

【例 4】 裁弯取直情况同 [例 3]，若裁弯后引河进口上游冲深 0.5m，估算在防洪安全泄量为 $7000\text{m}^3/\text{s}$ 情况下，该处裁弯后较裁弯前水位的降低值。

【解】 冲刷的影响，可采用化算法，即采用与冲刷前等同断面的流态进行化算，而后再利用 [例 3] 的比拟法概算。

假定：

$$Z'_{\text{A}}=108.1；108.3；108.5\text{m}$$

化算为与冲刷前等同断面的水位 Z'_{A0}，则 $Z'_{\text{A0}}{}'=Z'_{\text{A}}+\Delta h$。此处 Δh 系冲深值，题意中为 0.5m。

故相应的 $Z'_{\text{A0}}=108.6；108.8；109.0\text{m}$。

以 Z'_{A0} 查图 7-92 中 A 线，得相应的 Q 值为：

$$Q=5450\text{m}^3/\text{s};\ 6100\text{m}^3/\text{s};\ 7000\text{m}^3/\text{s}$$

再以 Q 值查图 7-92 中 C 线，得相应的 Z_{C0} 值为：

$$Z_{C0}=107.3\text{m};\ 107.62\text{m};\ 108.0\text{m}$$

将上列各相应值 Z'_A、Z'_{A0}、Q、Z 代入与公式（7-58）相仿的公式（7-59）为：

$$Q'=2.24Q\sqrt{\frac{Z'_A-108}{Z'_{A0}-Z_{C0}}} \tag{7-59}$$

得相应的 Q' 为：

$$Q'=3390\text{m}^3/\text{s};\ 6890\text{m}^3/\text{s};\ 11000\text{m}^3/\text{s}$$

以 Z'_A 及 Q' 绘流态曲线如图 7-94 所示。以 7000m³/s 查图 7-94，得相应的 $Z'_A=$ 108.31m。此为初算的裁弯后引河进口处上游冲深 0.5m 时的水位。

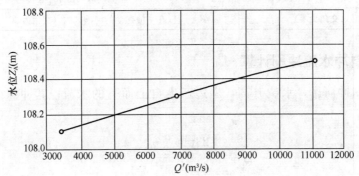

图 7-94　$Z'_A \sim Q'$ 的流态曲线
（$Z'_C=108\text{m}$；刷深 0.5m）

现验算如下：

将 $Z'_A=108.31\text{m}$，同上法得到相应的 $Z'_{A0}=108.81\text{m}$，$Q=6150\text{m}^3/\text{s}$，$Z_{C0}=$ 107.63m，代入公式（7-59）得：

$$Q'=2.24\times6150\sqrt{\frac{108.31-108.00}{108.81-107.63}}\approx7000\text{m}^3/\text{s}$$

故 $Z'_A=108.31\text{m}$ 是正确的。

因裁弯前原河道在防洪安全泄量为 7000m³/s 情况下 $Z_A=109\text{m}$，故考虑所述裁弯后冲深 0.5m 时，引河进口处上游原河道水位降低值为：

$$Z_A-Z'_A=109-108.31=0.69\text{m}$$

7.3　护岸与河道整治工程水力计算

河水流速超过岸边、河床的土壤容许流速时，或由于构筑物束狭河床增大流速，则产生冲刷。常用的冲刷计算方法如下。

7.3.1　平行水流冲刷计算

水流平行河道对岸边或河底的冲刷深度，一般采用公式（7-60）计算：

$$h_B = h_P \left[\left(\frac{v_P}{v_H} \right)^n - 1 \right] \tag{7-60}$$

式中 h_B——局部冲刷深度，m；

$\quad n$——平面形状系数，根据防护地段在平面上的形状而定，可按表7-13选用；

$\quad v_H$——河床容许的不冲流速，m/s；

$\quad v_P$——主河槽计算水位时的平均流速，m/s；

$\quad h_P$——一般冲刷后水深，m。

平面形状系数			表 **7-13**
平面形状与水流交角	n	平面形状与水流交角	n
半流线形（交角小于5°～10°）	1/4	非流线形（交角小于20°）	1/2
非流线形（交角为零）	1/3	在主流摆动的河槽区内（交角为20°～45°）	2/3

7.3.2 斜冲水流冲刷计算

由于水流斜冲河岸，水位升高，岸边产生自上而下的水流；其冲深按公式（7-61）计算：

$$\Delta h_P = \frac{23\tan\frac{\alpha}{2} v_P^2}{\sqrt{1+m^2}\,g} - 30d \tag{7-61}$$

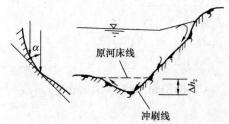

图 7-95 斜冲水流冲刷

式中 Δh_P——从河底算起的局部冲深，m，如图7-95所示；

$\quad \alpha$——水流流向与岸坡交角，°；

$\quad m$——防护构筑物迎水面边坡系数；

$\quad v_P$——水流偏斜时，水流的局部冲刷流速，m/s；

$\quad d$——坡脚处土壤计算粒径，对非黏性土壤取大于15%（按重量计）的筛孔直径；对黏性土壤，取表7-14的当量粒径值。

当量粒径值					表 **7-14**
土壤性质	孔隙比（空隙体积/土壤体积）	干重力密度（10kN/m³）	非黏性土壤当量粒径（mm）		
			黏土及重黏壤土	轻黏壤土	黄土
不密实	0.9～1.2	1.2	10	5	5
中等密实	0.6～0.9	1.2～1.6	40	20	20
密实	0.3～0.6	1.6～2.0	80	80	30
很密实	0.2～0.3	2.0～2.15	100	100	60

水流偏斜时，局部冲刷流速的计算方法如下：

（1）滩地河床 v_P 的计算：

$$v_P = \frac{q_1}{B_1 H_1}\left(\frac{2\beta}{1+\beta}\right)(\text{m/s})\tag{7-62}$$

式中　B_1——河滩宽度，从河床边缘至坡脚距离，m；

　　　q_1——通过河滩部分的设计流量，m^3/s；

　　　H_1——河滩水深，m；

　　　β——水流流速分配不均匀系数，与 α 角有关，可按表 7-15 选用。

β 值　　　　　　　　表 7-15

$\alpha\ (°)$	$\leqslant 15$	20	30	40	50	60	70	80	90
β	1.00	1.25	1.50	1.75	2.00	2.25	2.50	2.75	3.00

（2）无滩地河床 v_P 的计算：

$$v_P = \frac{Q}{\omega - \omega_P}(\text{m/s})\tag{7-63}$$

式中　Q——设计流量，m^3/s；

　　　ω——原河道过水断面面积，m^2；

　　　ω_P——河道缩窄部分的断面面积，m^2。

7.3.3　挤压水流的冲刷计算

当水流被挤压时，冲刷就开始，如图 7-96 所示。平均冲刷深度按公式（7-64）计算：

$$\Delta h_P = \frac{\Delta\omega}{B}\tag{7-64}$$

式中　Δh_P——由挤压水流断面而引起的河床平均冲刷深度，m；

　　　$\Delta\omega$——未挤压前的水流断面积与挤压后的水流断面积之差，m^2；

　　　B——河底宽，m（自对岸至堤坝坡脚）。

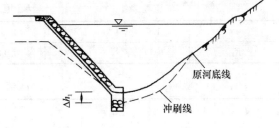

图 7-96　河床断面压缩时的冲刷

7.3.4　丁坝的冲刷计算

由于丁坝束狭河床水流，所以坝头处的河床发生冲刷。丁坝冲刷计算常用公式有下列两种：

（1）按有、无泥沙进入冲刷坑计算：

1）有泥沙进入冲刷坑时，

$$H_{\max} = \left(\frac{1.84h}{0.5b+h} + 0.0207\frac{v-v_0}{\omega_0}\right)bK_m K_\alpha\tag{7-65}$$

2）无泥沙进入冲刷坑时，

$$H_{\max} = \frac{1.84h}{0.5b+h}\left(\frac{v_P-v_B}{v_0-v_B}\right)^{0.75}bK_m K_\alpha\tag{7-66}$$

式中 H_{max}——局部冲刷后的最大水深，m；

h——局部冲刷前的水深，m；

b——丁坝在流向法线上的投影长度，m；

v_P——流向丁坝头的水流的垂线平均流速，m/s；

K_m——与丁坝头部边坡系数 m 有关的系数，查表 7-16；

K_α——与丁坝轴线和流向之间的夹角 α 有关的系数，由下式计算：

$$K_\alpha = \sqrt[3]{\frac{\alpha}{90}}$$

ω_0——土壤颗粒沉速，见表 7-17；

v_0——土壤的冲刷流速，m/s，

对非黏性土壤：$v_0 = 3.6\sqrt[4]{hd}$

对黏性土壤：$v_0 = \dfrac{0.4}{\varepsilon}(3.34 + \lg h)\sqrt{0.151 + C}$

d——土壤粒径，m；

ε——系数，当坑中有泥沙进入时用 1.0；

C——土壤黏聚力，由试验资料确定，无资料时可由表 7-18 选用；

v_B——土壤的起冲流速，可按下式计算：

$$v_B = v_0\left(\frac{d}{H}\right)^y$$

y——指数，由表 7-19 确定。

K_m 值 表 7-16

m	1.0	1.5	2.0	2.5	3.0	3.5
K_m	0.71	0.55	0.44	0.37	0.32	0.28

ω_0 值 表 7-17

d (mm)	ω_0 (mm/s)	d (mm)	ω_0 (mm/s)	d (mm)	ω_0 (mm/s)	d (mm)	ω_0 (mm/s)
0.02	0.20	0.30	28.00	3.0	230.00	30.0	740.00
0.03	0.46	0.40	39.00	4.0	270.00	40.0	760.00
0.04	0.82	0.50	51.00	5.0	300.00	50.0	780.00
0.05	1.20	0.60	62.00	6.0	330.00	60.0	890.00
0.06	1.80	0.70	73.00	7.0	360.00	70.0	910.00
0.07	2.50	0.80	84.00	8.0	380.00	80.0	980.00
0.08	3.30	0.90	96.00	9.0	400.00	90.0	1040.00
0.09	4.10	1.00	107.00	10.0	430.00	100.0	1100.00
0.10	5.10	1.50	160.00	15.0	520.00	150.0	1350.00
0.20	17.00	2.00	190.00	20.0	600.00	200.0	1530.00

土壤黏聚力 C（10kPa）　　　　　　　　　　表 7-18

塑限含水量（%）	孔 隙 比（%）					
	0.41～0.50	0.51～0.60	0.61～0.70	0.71～0.80	0.81～0.95	0.96～1.10
9.5～12.4	0.3	0.1	0.1	—	—	—
12.5～15.4	1.4	0.7	0.4	0.2	—	—
15.5～18.4	—	1.9	1.1	0.8	0.4	0.2
18.5～22.4	—	—	2.8	1.9	1.0	0.6
22.5～26.4	—	—	—	3.6	2.5	1.2
26.5～30.4	—	—	—	—	4.0	2.2

y 值　　　　　　　　　　表 7-19

h/d	20	40	60	80	100	200	400	600	800	1000	≥2000
y	0.198	0.181	0.173	0.167	0.163	0.152	0.143	0.139	0.137	0.134	0.125

（2）按河床土壤粒径计算

1）非淹没丁坝冲刷深度如图 7-97 所示，一般可按公式（7-67）计算：

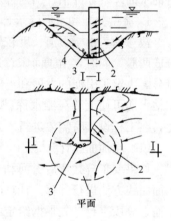

$$\Delta H = 27K_1K_2\left(\tan\frac{\alpha}{2}\right)\frac{v^2}{g} - 30d \qquad (7\text{-}67)$$

式中　ΔH——冲刷坑深度，m；

v——丁坝前水流的行进流速，m/s；

K_1——与丁坝在水流法线方向上投影长度 l 有关的系数，可按下式计算：

$$K_1 = e^{-5.1\sqrt{\frac{v^2}{gl}}}$$

K_2——与丁坝边坡系数 m 有关的系数，可按下式计算：

$$K_2 = e^{-0.2m}$$

图 7-97　丁坝坝头绕流冲刷

1—冲刷度；2—下行流束；
3—坑底涡流；4—泥沙下滑

α——水流轴线与丁坝轴线交角，°，当上挑丁坝时应取 $\tan(\alpha/2)=1$；

d——河床沙粒粒径，m；

g——重力加速度，m/s²。

2）当河床沙粒粒径较细时，可用公式（7-68）计算：

$$H = h_0 + \frac{2.8v^2}{\sqrt{1+m^2}}\sin\alpha^2 \qquad (7\text{-}68)$$

式中　H——局部冲刷水深，m，从水面算起；

h_0——考虑行进流速的水深，m；

v——流速，m/s。

7.3.5 锁坝的冲刷计算

整治河道时，为了堵塞支流、串沟而修建的低坝叫做锁坝。水流从锁坝顶漫溢后，下游河床产生局部冲刷。当水流呈淹没泄流时，冲刷深度可用公式（7-69）计算：

$$h_m + \frac{0.332}{\sqrt{d}\left(\frac{h}{d}\right)^{1/6}} q \tag{7-69}$$

式中　h_m——冲刷坑最大深度（从水面算起），m；

　　　q——单宽流量，m³/s；

　　　d——河床沙粒粒径，m；

　　　h——水深，m。

7.3.6 裁弯取直水力计算

裁弯取直工程设计中水力计算的任务主要是：确定裁弯后引河和老河的流量分配，上游的水面降落，并估计引河冲刷，老河淤积和上、下游河段冲淤变化情况。

1. 流量分配和水面降落计算

裁弯后，由于引河长度较短、比降较大、水流大量地进入引河，引河以上河道的流量分成两股。同时，由于河床总过水能力加大，引河上游水位必然要降低。引河和老河的流量分配决定了引河的发展和老河的衰亡，直接关系到裁弯工程的成败。上游水位的降落，在枯水期可使上游浅滩水深减小，在洪水期则可能降低洪水位，提高河道泄洪能力，因此，在工程设计时需要进行一定的估算。

（1）水面曲线计算

如果要了解裁弯后引河和老河的流量分配和水面曲线变化的详细情况，可以应用推求水面曲线方法进行计算。计算时，应根据裁弯河段地形图和设计引河地形图，全部计算自下而上分段进行。先根据给定的计算流量和控制断面相应水位，按一般方法推算水面曲线至引河出口断面，得引河出口处水位；再按汊流水面曲线计算的方法分别推算引河和老河的水面曲线至引河进口断面，得引河进口处水位；再按一般方法继续向上推算水面曲线直至与原水面线相交处为止。引河糙率根据引河土壤组成情况查糙率表确定。计算流量根据要求而定，一般只对洪水设计流量和整治流量进行计算。通航河道还要按航运要求进行计算。

（2）流量分配和水位降低值估算

如果不需要了解水面曲线变化的详细情况，而只需近似地确定引河和老河的流量分配和上游水位降落值，而且裁弯河段也不长，水位降落值不大时，也可采用下述近似方法来进行估算。

由水流连续公式和均匀流阻力公式可得公式（7-70）～公式（7-72）为：

$$Q_0 = Q_y + Q_l \tag{7-70}$$

$$Q_y = \left[\frac{\Delta Z}{\sum_{i=1}^{m} \frac{l_y}{K_y^2}}\right]^{\frac{1}{2}} \tag{7-71}$$

$$Q_l = \left[\frac{\Delta Z}{\sum\limits_{i=1}^{n} \dfrac{l_l}{\overline{K}_l^2}} \right]^{\frac{1}{2}} \tag{7-72}$$

式中　Q_0——计算流量，$\mathrm{m^3/s}$；

　　　　Q_y——分进引河的流量，$\mathrm{m^3/s}$；

　　　　Q_l——分进老河的流量，$\mathrm{m^3/s}$；

　　　　ΔZ——总落差，m；

　　　　l_y——引河长度，m；

　　　　l_l——老河长度，m；

　　　　$\overline{K}_y$——引河平均流量模数；

　　　　$\overline{K}_l$——老河平均流量模数；

　　　　m——引河分段数，一般 $m=1$；

　　　　n——老河分段数。

令 $\left(\sum\limits_{i=1}^{m} \dfrac{l_y}{\overline{K}_y^2} \right)^{\frac{1}{2}} = A_y$ $\left(\sum\limits_{i=1}^{n} \dfrac{l_l}{\overline{K}_l^2} \right)^{\frac{1}{2}} = A_l$，联解公式（7-70）~公式（7-72），得：

$$Q_y = \frac{Q_0}{1 + \dfrac{A_y}{A_l}} \tag{7-73}$$

$$A_l = Q_0 - Q_y \tag{7-74}$$

$$\Delta Z = Q_y^2 A_y^2 = Q_l^2 A_l^2 \tag{7-75}$$

利用公式（7-73）~公式（7-75），只要已知总流量 Q_0 以及引河、老河河床形态特征和糙率，就能求得引河和老河的流量分配和上游水位降落值。

式中的 K 可按公式（7-76）求出：

$$\overline{K} = \frac{\overline{B}\,\overline{H}^{\frac{5}{3}}}{n} \tag{7-76}$$

其中　$\overline{B}$——河段的平均宽度；

　　　　$\overline{H}$——河段的平均水深。

2. 裁弯后河床冲淤变化计算

裁弯后，引河将产生剧烈的冲刷，断面不断展宽、加深，直至达到稳定的河床断面。而老河则随之淤废，与此同时，邻近的上下游河段也将产生不同程度的冲淤变化。这些冲淤变化过程，决定裁弯工程的成败和效益。因此，在工程设计时，需要进行一定的估算。

（1）河床变形计算

如果要了解裁弯后河床冲淤变化的详细过程，可以应用一般河床变形计算的方法来进行计算。计算时，应根据裁弯河段河床地形图和设计引河断面图，全部计算分成以下四个部分进行：

1）上游河段冲刷计算：可按一般河床变形计算公式直接求出：

$$\Delta h_0 = \frac{\alpha_0 (S_{02} - S_{01}) Q_0 \Delta_t}{\gamma' B_0 l_0} \tag{7-77}$$

式中　S_{02}——上游出口断面（即裁弯分流断面）床沙质含沙量，按水流挟沙力公式计算，$\mathrm{kg/m^3}$；

S_{01}——上游进口断面床沙质含沙量，根据实际资料求出；

α_0——考虑河床组成中冲泻质含量的修正系数，其值为床沙粒配曲线中床沙质含量百分数的倒数；

Q_0——计算流量，m^3/s；

B_0——上游同段平均宽度，m；

l_0——上游同段长度，m；

Δt——计算时距，s；

γ'——淤积泥沙干重力密度，$10N/m^3$。

2）引河冲刷计算

① 引河分沙量的确定：

进入引河的分沙量决定于一系列的因素，如分流口门处的河床形态和环流结构等，并且是随着河床的冲淤变化而不断改变的，较难确定。目前采用的处理办法是以引河的河底高程为控制线平切分沙。具体做法是：先根据口门附近弯道断面实测含沙量分布资料，绘出相对含沙量与相对河底高程的关系曲线，如图 7-98 所示。然后假定，当引河河底高于老河河底时，取：

$$S_y = \xi S_0 \tag{7-78}$$

当引河河底与老河齐平，或者低于老河河底时，则取：

$$S_y = S_0 \tag{7-79}$$

式中　S_0——分流断面平均含沙量，由上游段冲刷计算求出；

S_y——分进引河的含沙量；

ξ——所取断面中阴影部分含沙量 S' 与全断面含沙量 S 的比值，即 $\xi = S'/S$。

图 7-98 中所示曲线，不同水位是不一致的，当变形计算需要考虑不同的计算流量时，应对每一种计算流量制定相应的曲线。

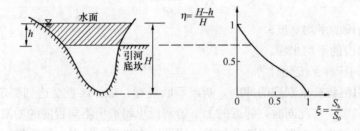

图 7-98　相对含沙量～相对河底高程关系曲线

② 引河的宽深关系：

引河的开挖断面远较上下游过水断面为小，引河的发展过程中，刷深和展宽是同时进行的，其宽深关系与水流条件和地质条件有关。通常引河发展初期的宽深关系，比稳定后的宽深关系要偏于窄深一些，在引河的发展过程中，宽深关系可写成：

$$\frac{B^m}{H} = A \tag{7-80}$$

式中　B——平滩河宽；

H——相应平滩水位的平均水深；

m、A——系数，据长江某裁弯工程实测资料，在引河底未冲刷到原河道平均河底高程以前，$m=0.352$，$A=0.685$。

③ 引河冲刷计算：

按照水流挟沙力，在 Δt 时段内引河冲刷体积 Δu 为

$$\Delta u_y = \frac{\alpha_y (S_{y2} - S_{y1}) Q_y \Delta t}{\gamma'} \tag{7-81}$$

式中　S_{y2}——引河出口断面含沙量，按水流挟沙力公式算出；

　　　S_{y1}——引河进口断面含沙量，按上述引河分沙计算结果得到；

　　　α_y——考虑引河河床河岸组成中冲泻质含沙量的修正系数，求法同 α_0。

假定引河断面发展过程如图 7-99 所示。从图可得 Δt 时段内的引河冲刷体积 Δu 应为：

$$\Delta u_y = [B_t (H_t + \delta) - B_c (H_c + \delta)] l_y \tag{7-82}$$

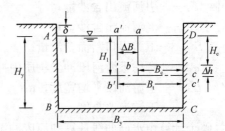

图 7-99　引河断面发展过程示意

a、b、c、D—原设计引河断面；a'、b'、c'、D—Δt 时段后引河断面；A、B、C、D—最终引河断面

式中　B_t——Δt 时段后的引河断面宽度，m；

　　　H_t——Δt 时段后的引河平均水深，m；

　　　B_c——原设计的引河断面宽度，m；

　　　H_c——原设计的引河平均水深，m；

　　　δ——岸距水面高度，m；

　　　l_y——引河长度，m。

令公式（7-81）与公式（7-82）相等，并将公式（7-80）代入，即可求得 Δt 时段后的引河平均宽度和平均深度。

3）老河淤积计算：

因为老河的淤积是不均匀的，故将整个河段分为上下两段来计算。计算段的划分根据河道地形并参考已有裁弯资料来选定。

进入老河的含沙量按公式（7-83）算出：

$$S_l = \frac{Q_0 S_0 - Q_y S_y}{Q_l} \tag{7-83}$$

式中符号含义同公式（7-70）。

老河上段淤积深度 Δh_{l1}，按公式（7-84）计算：

$$\Delta h_{l1} = \frac{\alpha_{l1} (S_l - S_{l1}) Q_l \Delta t}{\gamma' B_{l1} l_{l1}} \tag{7-84}$$

老河下段淤积厚度 Δh_{l2} 按公式（7-85）计算：

$$\Delta h_{l2} = \frac{\alpha_{l2} (S_{l1} - S_{l2}) Q_l \Delta t}{\gamma' B_{l2} l_{l2}} \tag{7-85}$$

式中　S_{l1}——老河上段水流挟沙力，按公式算出；

　　　S_{l2}——老河下段水流挟沙力，按公式算出；

　　　α_{l1}——考虑老河上段淤积物中冲泻质的修正系数；

　　　α_{l2}——考虑老河下段淤积物中冲泻质的修正系数；

　　　B_{l1}——老河上段平均宽度；

B_{l2}——老河下段平均宽度；

l_{l1}——老河上段长度；

l_{l2}——老河下段长度。

4）下游河段冲淤计算：下游河段进口断面的含沙量 S_{01} 按公式（7-86）算出：

$$S_{01} = \frac{Q_y S_y + Q_l S_l}{Q_0} \tag{7-86}$$

冲淤厚度按公式（7-87）确定：

$$\Delta h'_0 = \frac{\alpha'_0 (S_{02} - S_{01}) Q_0 \Delta t}{\gamma' B'_0 l'_0} \tag{7-87}$$

式中 S_y——引河流出含沙量；

S_l——老河流出含沙量；

S_{02}——下游出口断面含沙量；

α'_0——考虑下游河段冲淤物质中冲泻质含量的修正系数；

B'_0——下游河段平均宽度，m；

l'_0——下游河段长度。

整个计算由水面曲线计算和河床冲淤计算交替进行。即先自下而上的推算水面曲线，然后自上而下的计算冲淤变化，如此循环往复，直到引河发展到最终断面，老河淤废为止。

（2）引河冲淤复核和最终断面尺寸估算

在实际工作中，有时并不需要了解裁弯后河床冲淤变化的详细过程，而只需知道设计的引河断面能否产生冲刷，以及发展到稳定时的河床断面尺寸，此时，也可采用下述近似方法来进行校核和估算：

1）引河冲淤流速复核：为保证引河能发生冲刷，必须使开挖后的引河流速，大于其床沙的冲刷流速，即：

$$u_y \geqslant U_C$$

为保证下游河段不发生严重淤积，引河流速，需小于其保证引河出口下游河段不发生淤积的最大允许流速 u_t，即：

$$u_y \leqslant u_t$$

引河开挖后的平均流速可按公式（7-88）计算：

$$u_y = \frac{Q_y}{B_y H_y} = \frac{1}{1 + \frac{A_y}{A_l}} \frac{Q_0}{B_y H_y} \tag{7-88}$$

河床质冲刷流速 U_C 根据引河土壤颗粒直径按公式计算。

保证引河出口下游河段不发生严重淤积的引河中最大允许流速的计算方法如下：

为使引河出口下游河段不发生严重淤积，必须使裁弯初期引河和老河的输沙率之和不大于裁弯前老河的输沙率，即：

$$G_y + G_l \leqslant G_0$$

将 $G = QS_P$，$S_P = K(v^3/gH\omega)^m$ 代入，经简单运算后，得：

$$u_t = \left[\frac{H_v^{m-1}}{B_y} \left(\frac{Q_0^{3m+1}}{B_0^{3m} H_0^{4m}} - \frac{Q_l^{3m+1}}{B_l^{3m} H_l^{4m}} \right) \right]^{\frac{1}{3m+1}} \tag{7-89}$$

2) 引河最终断面尺寸估算：

因引河系处在原河段范围内，故引河最终断面必然与原河段断面的平均情况相近，其断面尺寸可联解造床流量下的水流连续公式、均匀流阻力公式和河相关系式求得：

$$QS = G \tag{7-90}$$

$$Q = \frac{1}{n} B_y H_y^{5/3} I^{1/2} \tag{7-91}$$

$$S = K \left(\frac{u^3}{g H_y \omega} \right)^m \tag{7-92}$$

$$\frac{\sqrt{B_y}}{H_y} = A \tag{7-93}$$

联解后得：

$$H_y = \left[\frac{G(g\omega)^m n^{3m+1}}{K A^2 I^{\frac{1+3m}{2}}} \right]^{\frac{3}{3m+11}} \tag{7-94}$$

$$B_y = A^2 H_y^2 \tag{7-95}$$

式中　H_y——引河最终断面的平均水深；

　　　B_y——引河最终断面的水面宽度；

　　　G——造床流量下的总输沙率，由裁弯前实测资料求得；

　　　ω——床沙质水力糙度，由裁弯前实测资料求得；

　　　I——原河床比降；

　　　A——河相系数，由裁弯前本河段资料分析确定；

　K、m——系数和指数，由裁弯前实测资料求得。

由公式（7-94）、公式（7-95）算得的水面宽度和平均水深，即为老河完全淤死后，引河断面达到相对平衡时的最终断面尺度。

第8章 治 涝 工 程

本章治涝工程是指城市雨水管网系统之外的排除城市涝水的水利工程，主要包括排涝河道、排涝泵站等内容。城市雨水管网的设计已经有相关的规范及设计资料，本手册分册不再进行介绍，本章只涉及与城市雨水管网相连接的有关内容。

治涝工程是城市基础设施，应根据自然地理条件、涝水特点以及城市可持续发展要求，统筹兼顾地处理好上游与下游、除害与兴利、整体与局部、近期与远期、治涝与城市其他部门要求等关系；针对城市治涝的特点，处理好排、蓄、截的关系，处理好自排与抽排的关系；为城市人民安居乐业、提高生活水平、稳定发展提供保障。应根据涝水的类型采取相应的防治措施。做到工程措施与植物措施相结合。

城市治涝工程设计应贯彻全面规划、综合治理、因地制宜、节约投资、讲求实效的原则。拟定几个可能的治理方案，重点研究骨干工程布局，协调排与蓄的关系，通过技术、经济分析比较，选出最优方案。

8.1 治 涝 工 程 布 置

（1）治涝工程总体布局需要与防洪（潮）工程统一全面考虑，统筹安排，发挥综合效益。我国大部分城市，一般同时受暴雨、洪水的影响，滨海地区的城市还受潮水、风暴潮等影响，既有防洪（潮）问题，又有治涝问题。

（2）城市治涝工程应与市政工程建设相结合

城市治涝工程设计要考虑的很重要的一项是与城市建筑相协调，美化城市景观。过去的工程设计理念多是注重结构上稳定安全，经济上节约，技术上可行，偏重于工程的水利功能。现在随着人们生活水平的提高，人们的需求多样化，对人居环境越来越重视，水利工程建筑物处于城市区域，必须与城市环境相协调，不仅是外观轮廓还有细部装饰，都应与城市建筑风格相融合，做到保护生态环境、美化景观、技术先进、安全可靠、经济合理。由于城市用地紧张或建筑物紧邻工程并已经建成，使得工程用地的征用很困难，因此城市治涝工程应重视节约用地，有条件的应与市政工程建设相结合。

城市各类建筑物及道路的大量兴建使城市不透水面积快速增长，综合径流系数也随之增大，雨水径流量也将大大增加，如果单纯考虑将雨水径流快速排出，所需排涝设施规模将随之增大，这对于城市建设和城市排涝是一个沉重的包袱。结合城市建设，因地制宜地设置雨洪设施，截流雨水径流是削减城市排涝峰量的有效措施之一。据有关研究，下凹式绿地，对 2~5a 一遇降雨，不仅绿地本身无径流外排，同时还可消纳相同面积不透水铺装地面的雨水径流，基本无径流外排。

（3）城市治涝工程可分片治理

城市涝区一般发生在低洼地带，当城市地势高差起伏较大时，可能有多片涝区。应根据涝区的自然条件、地形高程分布、水系特点、承泄条件以及行政区划等情况，结合防洪工程布局和现有治涝工程体系，合理确定治涝分片治理。地形高程变化相对较大的城市，还可采取分级治理方式。

（4）城市治涝工程要蓄排结合

治涝工程的蓄与排相辅相成，密切相关，设置一定的蓄涝容积，保留和利用城市现有的湖泊、洼地、河道等，不仅可以调节城市径流，有效削减排涝峰量，减少内涝，而且有利于维持生态平衡，改善城市环境。

（5）上游河流改道减轻城区洪水压力

对有外水汇入的城市，例如丘陵城市，有中、小河流贯穿城区的城市。有条件时，可结合防洪工程总体布局，开挖撇洪工程，实施河流改道工程使原城区段河流成为排涝内河，让原来穿城而过的上游洪水转为绕城而走，可减轻城区洪水压力，减少治涝工程规模。

（6）妥善处理好自排与抽排的关系

高水（潮）位时有自排条件的地区，一般宜在涝区内设置排涝沟渠、排涝河道以自排为主，局部低洼区域可设置排涝泵站抽排。高水（潮）位时不能自排或有洪（潮）水倒灌情况的地区，一般应在排水出口设置挡洪（潮）水闸，在涝区内设置蓄涝容积，并适当多设排水出口，以利于低水（潮）位时自流抢排，并可根据需要设置排涝泵站抽排。因地制宜处理好自排与抽排的关系，不同区域采取不同措施，既保证排涝安全，又节省工程投资。

我国城市根据所处地理位置不同一般可分为三种类型，分别采取不同的排涝方式：

1）沿河城市。沿河城市的内涝一般由于河道洪水使水位抬高，城区降雨产生的涝水无法排入河道或来不及排除而引起，或两者兼有。承泄区为行洪河道，水位变化较快。内涝的治理，一般在涝区内设置排涝沟渠、河道，沿河防洪堤上设置排涝涵洞或支河口门自排，低洼地区可设置排涝泵站抽排；有河道洪水倒灌情况的城市，一般应在排涝河道口或排涝涵洞口设置挡洪闸，并可设置排涝泵站抽排。

2）滨海城市。滨海城市的内涝一般由于地势低洼，受高潮位顶托，城区降雨产生的涝水无法排除或来不及排除而引起，或两者兼有。承泄区为海域或感潮河道，承泄区的水位呈周期性变化。内涝的治理，高潮位时有自排条件的地区，可在海塘（或防汛墙）上设置排涝涵洞或支河口门自排；高潮位时不能自排或有潮水倒灌情况的地区，一般应适当多设排水出口和蓄涝容积，以利于低潮时自流抢排，排水出口宜设置挡潮闸，并可根据需要设置排涝泵站抽排；地势低洼又有较大河流穿越的城市，在河道入海口有建闸条件的，可与防潮工程布局结合经技术经济比较在河口建挡潮闸或泵闸。

3）丘陵城市。丘陵城市一般主城区主要分布在山前平原上，而城郊区为山丘林园或景观古迹等，也有城市是平原、丘陵相间分布的。为了减轻平原区的排涝压力，在山丘区有条件的宜设置水库、塘坝等调蓄水体，沿山丘周围开辟撇洪沟、渠，直接将山丘区雨水高水高排出涝区。

（7）合理确定承泄区的设计水位

承泄区的组合水位是影响治涝工程规模和设计水位的重要因素。我国城市涝区一般以江河、湖泊、海域作为承泄区，江河承泄区水位一般变化较快，湖泊承泄区水位变化缓慢，海域承泄区的水位呈周期性变化。在确定承泄区相应的组合水位时，应根据承泄区与涝区暴雨的遭遇可能性，并考虑承泄区水位变化特点和治涝工程的类型，合理选定。当涝区暴雨与承泄区高水位的遭遇可能性较大时，可采用相应于治涝设计标准的治涝期间承泄区高水位；当遭遇可能性不大时，可采用治涝期间承泄区的多年平均高水位。承泄区的水位过程，可采用治涝期间承泄区的典型水位过程进行缩放，峰峰遭遇可以考虑较不利组合以保证排涝安全。当设计治涝暴雨采用典型降雨过程进行治涝计算时，也可直接采用相应典型年的承泄区水位过程。各地区也可根据具体情况分析确定。例如，上海市采用设计治涝暴雨相应典型年的实测潮水位过程，天津市采用治涝期典型的潮水位过程。

（8）涝水资源化

在水资源短缺的地区，可因地制宜地采取治涝综合措施，实现涝水资源化，既有利于削减洪峰流量，减少城市洪涝灾害，又增加宝贵的水资源。例如建设地下水库、水窖等。

8.2 涝水计算

城市治涝工程设计依据的设计涝水，按涝水形成地区下垫面情况不同，可分为城区（市政排水管网覆盖区域）设计涝水和郊区设计涝水两部分。城区和郊区的下垫面情况不同，计算涝水的设计标准和计算方法也不相同。计算设计涝水宜根据下垫面情况选定相应的计算方法。对于城区内，市政排水管网和郊区以外的山丘区设计洪水应按第 4 章设计洪水的方法计算。作为城市治涝工程的设计涝水，可按涝水形成地区的不同，分别计算城区设计涝水和郊区设计涝水。对城市排涝和排污合用的排水河道，必要时应适当考虑排涝期间的污水汇入量。对利用河、湖、洼蓄水、滞洪的地区，排涝河道的设计排涝流量，应适当考虑河、湖、洼的蓄水、滞洪作用。计算的设计涝水，应与实测调查资料，以及相似地区计算成果进行比较分析，检查其合理性。

8.2.1 城区设计涝水计算

（1）城区设计涝水可用以下方法和公式计算：

根据设计暴雨量计算设计涝水。按公式（8-1）计算：

$$Q = kq\varphi F \tag{8-1}$$

式中　k——与所用单位有关的系数；

　　　Q——涝水流量，L/s 或 $\mathrm{m^3/s}$；

　　　q——暴雨强度，L/（s·$\mathrm{hm^2}$）或 mm/h；

　　　φ——径流系数；

　　　F——汇水面积，$\mathrm{hm^2}$ 或 $\mathrm{km^2}$。

（2）暴雨强度应采用经分析的城市暴雨强度公式计算。当城市缺少该资料时，可采用地理环境及气候相似的邻近城市的暴雨强度公式。

（3）径流系数可按表 8-1 的规定确定。

城区径流系数 表 8-1

城区建筑情况	径流系数
建筑密集区（城市中心区）	0.60～0.85
建筑较密集区（一般规划区）	0.45～0.60
建筑稀疏区（公园、绿地）	0.20～0.45

8.2.2 郊区设计涝水计算

地势平坦、以农田为主的郊区的设计涝水，应根据当地或自然条件相似的邻近地区的实测涝水资料分析确定。缺少实测资料时，可根据排涝区的自然经济条件和生产发展水平等，分别选用下列公式或其他经过验证的公式计算排涝模数。

（1）经验公式法。按经验公式（8-2）计算：

$$q = kR^m A^n \tag{8-2}$$

式中　q——设计排涝模数，$m^3/(s \cdot km^2)$；

　　　R——设计暴雨产生的径流深，mm；

　　　A——设计排涝区面积，km^2；

　　　k——综合系数，反映降雨历时、涝水汇集区形状、排涝沟网密度及沟底比降等因素的影响；

　　　m——峰量指数，反映洪峰与洪量关系；

　　　n——递减指数，反映排涝模数与面积关系。

k、m、n 应根据具体情况，经实地测试确定。

（2）平均排除法

1）平原区旱地设计排涝模数按公式（8-3）计算：

$$q_d = \frac{R}{86.4T} \tag{8-3}$$

式中　q_d——旱地设计排涝模数，$m^3/(s \cdot km^2)$；

　　　R——旱地设计涝水深，mm；

　　　T——排涝历时，d。

2）平原区水田设计排涝模数按公式（8-4）计算：

$$q_w = \frac{P - h_1 - ET' - F}{86.4T} \tag{8-4}$$

式中　q_w——水田设计排涝模数，$m^3/(s \cdot km^2)$；

　　　P——历时为 T 的设计暴雨量，mm；

　　　h_1——水田滞蓄水深，mm；

　　　ET'——历时为 T 的水田蒸发量，mm；

　　　F——历时为 T 的水田渗漏量，mm。

3）平原区旱地和水田综合设计排涝模数按公式（8-5）计算：

$$q_p = \frac{q_d A_d + q_w A_w}{A_d + A_w} \tag{8-5}$$

式中　q_p——旱地、水田兼有的综合设计排涝模数，$m^3/(s \cdot km^2)$；

　　　A_d——旱地面积，km^2；

　　　A_w——水田面积，km^2。

8.3　排涝河道设计

（1）排涝河道与市政排水管网相协调

排涝河道，向上接受市政排水管网的排水，向下应及时将涝水排出，起到一个传输、调蓄涝水的作用，这个传输、调蓄作用将受到河道本身的容蓄能力大小及下游承泄区水位变动的影响。市政排水管网和河道排涝在排水设计及技术运用上不相同，在设计暴雨和暴雨参数推求时选样方法有很大差异。市政排水关注的主要是地面雨水的排除速度，即各级排水管道的尺寸，它主要取决于1h甚至更短的短历时暴雨强度；而河道排涝问题，除了涝水排除时间外，更关注河道最高水位，与短历时暴雨强度有一定关系，但由于河、湖等水体的调蓄能力，主要还与一定历时内的雨水量有关（一般为3~6h），以此来确定河道及其排涝建筑物的规模。所以管网排水设计和河道排涝设计之间存在协调和匹配的问题：从建设全局看，既无必要使河道的排涝能力大大超过市政管网的排水能力，使河道及其河口排涝建筑物的规模过大；又不应由于河道及其河口排涝建筑物规模过小而达不到及时排除城市排水管网按设计标准排出的雨水，从而使部分雨水径流暂存河道并壅高河道水位，反过来又影响管网正常排水。当河道容蓄能力较小时，河道设计就应尽可能与上游市政排水管网的排水标准相协调，做到能及时排除市政管网下排的雨水，以保证市政管网下口的通畅，维持其排水能力，此时河道设计标准中应使短历时（如1h或更短历时）设计暴雨的标准与市政管网的排水标准相当，或考虑到遇超标准短历时暴雨市政管网产生压力流时也能及时排水，也可采用略高于市政管网的标准。在河道有一定的容蓄能力、下游承泄区水位变动较大且有对河道顶托作用的条件下，河道排水能力可小于市政管网最大排水量，但应满足排除一定标准某种历时（如24h）暴雨所形成涝水的要求，并使河道最高水位控制在一定的标高以下，以保证城市经济、社会、环境、交通等正常运行，而这种历时的长短，主要取决于河道调蓄能力、城市环境容许等因素。

我国幅员辽阔，各地区的雨洪关系差别较大，在市政排水管网和河道排涝排水设计上，目前尚未建立统一的两种方法的设计值与重现期之间固定的定量关系。但对每一地区或城市，市政部门都有市政排水管网的计算公式，同时水利部门也有河道洪水的计算关系式。因此，通过计算结果的比较和统计，可以得到两种计算方法的设计值与重现期之间的对应关系，这样就能解决重现期和设计流量的匹配问题。

（2）排涝河道岸线

排涝河道利用原有河道的，宜保持原有河道的岸线，并创造改善河道两岸附近地区的生态环境的条件，成为城市绿色通道。原有河道不能满足城市排涝要求的，经技术经济比较后，需要开挖、改建、拓浚的，河道岸线布置应平顺，排水通畅，水流流态稳定。

（3）排涝河道参数

排涝河道参数主要包括河道设计水位、过水断面、纵坡等，应根据排涝要求确定。河道设计水位既要考虑城市排水管网出水的顺畅，又要考虑下游承泄区水位的影响，尽量考虑直接排放。当下游承泄区水位产生顶托，需要设置排涝水闸和排涝泵站时应综合考虑两者的关系，使泵站耗能最少。过水断面的形式应结合地质地形条件、原有河道断面形式等确定。城区的过水断面应考虑城市用地紧张状况，可采用减少河宽的断面形式；当排涝河道是城市景观的重要组成部分时，可适当拓宽采用多种断面形式以达到效果。排涝河道的纵坡应根据河道土质情况及护砌材料综合考虑，合理确定河道流速，做到不冲刷不淤积。

（4）排涝河道护砌

主城区排涝河道的护砌应与城市的建设相协调，非主城区的排涝河道无特殊要求时可保持泥质河道，边坡宜采用柔性边坡。城市排涝河道整治应强调生态治河理念，要与改善水环境、美化景观、挖掘历史文化底蕴等有机结合，增强河道的自然风貌及亲水性。

（5）排涝河道承泄区设计水位

承泄区的设计水位，应根据承泄区的设计水位和涝水遭遇情况，排涝系统和承泄区的连接形式，按以下原则确定：

1）按涝区典型年设计暴雨承泄区相应水位。

2）分析涝区暴雨与承泄区的遭遇水位关系，如涝区暴雨和承泄区高水位遭遇可能性较大，采用排涝期间与治涝同标准承泄区的水位；如遭遇的可能性较小，可采用历年排涝期间的承泄区的多年平均高水位。

3）承泄区为海洋或感潮河道，宜采用相应于治涝标准的高潮位或多年平均潮位。

（6）排涝水闸和排涝泵站

当承泄区水位短期顶托排涝河道时，可在下游出口处设排涝水闸；当承泄区水位长时间较高，排涝河道自排困难时，可在下游出口处设排涝泵站。

8.4　排　涝　泵　站

8.4.1　泵站分类

（1）城镇防洪排涝泵站按高程布置形式和操作方式不同，可分为半地下式泵站、全地下式泵站两类。

（2）城镇防洪排涝泵站按使用情况，可分为临时性泵站和永久性泵站两类。

（3）城镇防洪排涝泵站按排水设备类型可分为轴（混）流泵站和潜水泵站两类。

8.4.2　泵站等级

排涝泵站应根据装机流量与装机功率划分等别，其等别见表8-2。

排涝泵站等别指标　　　　　　　　　　　　　表 8-2

泵站等别	泵站规模	分等指标	
		装机流量（m³/s）	装机功率（10⁴kW）
Ⅰ	大（1）型	≥200	≥30
Ⅱ	大（2）型	200～50	30～10
Ⅲ	中型	50～10	10～1
Ⅳ	小（1）型	10～2	1～0.1
Ⅴ	小（2）型	<2	<0.1

8.4.3　泵站规模

（1）城市排涝泵站设计规模应根据城市防洪标准、近远期规划、排涝方式、设计暴雨强度、排涝面积及有效调蓄容积等因素综合分析计算后确定。

（2）防洪排涝泵站的设计流量按上游排水系统末端的最大设计流量计算，流量按照8.2.1节、8.2.2节推荐方法计算。

（3）泵站的建设规模在满足近期的前提下，要考虑远期发展，征地应按远期完成，土建工程根据远期规模考虑采用一次性建成或分期建设，泵站设备应按近期安装，并考虑远期更换水泵或增加水泵。

8.4.4　站址选择

（1）泵站站址应根据城市防洪排水总体规划，考虑地形、地质、排水区域、水文、电源、道路交通、堤防、征地、拆迁、施工、环境、管理、安全等因素，经技术经济综合比较后确定。

（2）排水泵站站址应选择在排水区地势低洼、能汇集排水区涝水，且靠近承泄区的地点，排水泵站出水口不宜设在迎溜、岸崩或淤积严重的河段。

（3）Ⅳ级以上泵站选址应进行专门的地质灾害评价。

（4）立交排水泵站选址应与道路桥梁规划设计统一考虑。

8.4.5　泵站总体布置

（1）泵站的总体布置应根据站址的地形、地质、水流、泥沙、供电、环境等条件，结合整个水利枢纽或供水系统布局、综合利用要求、机组形式等，做到布置合理、有利施工、运行安全、管理方便、少占耕地、投资节省和美观协调。

（2）泵站的总体布置应包括调节池（湖），泵房，进、出水建筑物，专用变电所，其他辅助生产建筑物和工程管理用房、职工住房，内外交通、通信以及其他维护管理设施的布置。

（3）站区布置应满足劳动安全与工业卫生、消防、水土保持和环境绿化等要求，泵房周围和职工生活区宜列为绿化重点地段。

（4）泵站室外专用变电站应靠近辅机房布置，宜与安装检修间同一高程，并应满足变电设备的安装检修、运输通道、进线出线、防火防爆等要求。

（5）当泵站进水引渠或出水干渠与铁路、公路干道交叉时，泵站进、出水池与铁路桥、公路桥之间的距离不宜小于100m。

（6）泵站应有围墙，调节池（湖）及进出水池应设防护和警示标志，并有救生圈等救护器具。

8.4.6　泵站布置形式

（1）泵站布置形式根据泵房性质、建设规模、选用的泵型与台数、进出水管渠的深度与方向、出水衔接条件、施工方法，以及地形、水文地质、工程地质条件综合确定。

（2）在具有部分自排条件的地点建排水泵站，泵站宜与排水闸合建；当建站地点已建有排水闸时，排水泵站宜与排水闸分建。排水泵站宜采用正向进水和正向出水的方式。

（3）在受地形限制或规划条件限制，修建地面泵站不经济或不许可的条件下，可布置全地下式泵站，地下式泵站应根据地质条件，合理布置泵房、辅机房及交通、防火、通风、排水等设施。

（4）泵站进水侧应有拦污设备和检修闸门，出水侧应设置拍门或鸭嘴阀。

（5）泵站出水口位置选择应避让水中的桥梁、堤坝等构筑物，出水口和护坡结构不得影响航道，水流不允许冲刷河道和影响航运，出口流速宜小于 0.5m/s，并取得航运、水利等部门的同意。出水口处应有警示和安全措施。

8.4.7　泵站特征水位

（1）**排水泵站进水池水位**应按下列规定采用：

1）最高水位：取排水区建站后重现期 10～20a 一遇的内涝水位。排水区有防洪要求的，应满足防洪要求。

2）设计水位：取由排水区设计排涝水位推算到站前的水位；对有集中调蓄区或与内排站联合运行的泵站，取由调蓄区设计水位或内排站出水池设计水位推算到站前的水位。

3）最高运行水位：取按排水区允许最高涝水位的要求推算到站前的水位；对有集中调蓄区或与内排站联合运行的泵站，取由调蓄区最高调蓄水位或内排站出水池最高运行水位推算到站前的水位。

4）最低运行水位：取按降低地下水埋深或调蓄区允许最低水位的要求推算到站前的水位。

5）平均水位：取与设计水位相同的水位。

（2）**排水泵站出水池水位**应按下列规定采用：

1）防洪水位：按当地的防洪标准分析确定。

2）设计水位：取承泄区重现期 5～10a 一遇洪水的 3～5d 平均水位。当承泄区为感潮河段时，取重现期 5～10a 一遇的 3～5d 平均潮水位。对特别重要的排水泵站，可适当提高排涝标准。

3）最高运行水位：当承泄区水位变化幅度较小，水泵在设计洪水位能正常运行时，取设计洪水位。当承泄区水位变化幅度较大时，取重现期 10～20a 一遇洪水的 3～5d 平均水位。当承泄区为感潮河段时，取重现期 10～20a 一遇的 3～5d 平均潮水位。对特别重要的排水泵站，可适当提高排涝标准。

4）最低运行水位：取承泄区历年排水期最低水位或最低潮水位的平均值。

5）平均水位：取承泄区排水期多年日平均水位或多年日平均潮水位。

（3）**特征扬程**

1）设计扬程：应按泵站进、出水池设计水位差，并计入水力损失确定。在设计扬程下，应满足泵站设计流量要求。

2）最高扬程：应按泵站出水池最高运行水位与进水池最低运行水位之差，并计入水力损失确定。

3）最低扬程：应按泵站进水池最高运行水位与出水池最低运行水位之差，并计入水力损失确定。

8.4.8　泵站调节池（湖）

（1）在城市总体规划的指导下，泵站宜设有调节池（湖），以便调节雨水量，调节池（湖）的容积应根据排水区域、规划条件、地形、环境等因素经综合技术经济比较确定。

（2）天然的湖、塘亦可作为防洪排水泵站的调节设施，但需采取防堵塞、淤积措施。

8.4.9　泵房布置

（1）泵房布置应根据泵站的总体布置要求和站址地质条件，机电设备型号和参数，进、出水流道（或管道），电源进线方向，对外交通以及有利于泵房施工、机组安装与检修和工程管理等，经技术经济比较确定。

（2）泵房形式通常可分为干式泵房和湿式泵房，宜优先采用湿式泵房。

（3）泵房设备可选立式轴流泵、潜水轴流泵、混流泵、潜水泵等形式，但宜有限选择潜水形式，以减少土建尺寸，降低工程造价。

（4）主泵房长度应根据主机组台数、布置形式、机组间距，边机组段长度和安装检修间的布置等因素确定，并应满足机组吊运和泵房内部交通的要求。

（5）主泵房宽度应根据主机组及辅助设备、电气设备布置要求，进、出水流道（或管道）的尺寸，工作通道宽度，进、出水侧必需的设备吊运要求等因素综合确定。

（6）主泵房各层高度应根据主机组及辅助设备、电气设备的布置，机组的安装、运行、检修，设备吊运以及泵房内通风、采暖和采光要求等因素综合确定。

（7）主泵房水泵层底板高程应根据水泵安装高程和进水流道（含吸水室）布置或管道安装要求等因素确定。水泵安装高程应根据工艺要求，结合泵房处的地形、地质条件综合确定。主泵房电动机层楼板高程应根据水泵安装高程和泵轴、电动机轴的长度等因素确定。

（8）安装在主泵房机组周围的辅助设备、电气设备及管道、电缆道，其布置应避免交叉干扰。

（9）泵房应有设备安装、检修所需的各种孔洞及运输通道，并有相应的安全和防火措施。

（10）地震动峰值加速度大于或等于 $0.10g$ 的地区，主要建筑物应进行抗震设计。地震动峰值加速度等于 $0.05g$ 的地区，可不进行抗震计算，但应对 I 级建筑物采取有效的抗震措施。

（11）泵站的结构设计应满足相关国家规范的要求。

（12）主泵选型应满足泵站设计流量、设计扬程的要求。在平均扬程时，水泵应在高效区运行；在最高与最低扬程时，水泵应能安全、稳定运行。排水泵站的主泵，在确保安全运行的前提下，其设计流量宜按最大单位流量计算，台数不应小于 2 台，且不应大于 6 台，可不设备用泵，但立交泵站应设备用泵，备用机组数的确定应根据排水的重要性分析确定。

（13）泵站水泵设备选择应符合下列规定：性能良好、可靠性高、寿命长。小型、轻型化，占地少。维护检修方便，确保运行维护人员的人身安全，便于运输和安装。设备噪声应符合国家有关环境保护的规定。

8.4.10　泵房进出水建筑物

（1）前池及进水池

1）泵站前池布置应满足水流顺畅、流速均匀、池内不得产生涡流的要求，宜采用正向进水方式。正向进水的前池，扩散角不应大于40°，底坡不宜陡于1:4。

2）进水池设计应使池内流态良好，满足水泵进水要求，且便于清淤和管理维护。侧向进水的前池，宜设分水导流设施，并应通过水工模型试验验证。

3）泵站进池的布置形式应根据地基、流态、含沙量、泵型及机组台数等因素，经技术经济比较确定，可选用开敞式、半隔墩式、全隔墩式矩形池或圆形池。

4）进水池的水下容积可按共用该进水池的水泵30～50倍设计流量确定。

5）进水池应有格栅，格栅及平台可露天设置，也可设在室内，也可以同进水闸门井合建，也可以与进水池合建成整体。

6）格栅宜采用机械清污装置，大中型泵站由于格栅数量多，宽度大，可采用带有轨道的移动式格栅清污机，格栅间隙宜在50～100mm之间。全地下式泵站宜采用粉碎性格栅，但数量不应少于2台。

（2）出水池

1）出水池分为封闭式和敞开式两种，敞开式高出地面，池顶可做成全敞开式或半敞开式。出水池的布置应满足水泵出水的工艺要求。

2）出水池内水流应顺畅、稳定，水力损失小。

3）出水池底宽若大于渠道底宽，应设渐变段连接，渐变段的收缩角不宜大于40°。

4）出水池池中流速不应超过2.0m/s，且不允许出现水跃。

8.4.11　地下式立交泵房专门要求

（1）下穿式立交桥泵站设计标准应高于一般的排水泵站，应结合当地暴雨强度、汇水面积大小及地区交通量而定。

（2）当地下水高于立交地面时，地下水的降低应一并考虑，需设盲沟收集地下水，通过立交泵站排水，雨水和地下水集水池和所选用的水泵可分开设置，也可以合用一套。

（3）泵站位置应建于距立交桥最低点尽可能低的地点，使雨水和地下水以最短的时间排入泵站，提高排水安全程度。

（4）立交排水必须采用雨、污分流制，以防影响立交范围内的环境卫生。

（5）在有条件的地区应设溢流井，溢流口高程应不使出口发生雨水倒灌，并应不高于慢车道地面，以便在断电或水泵发生事故时，尚能保证车辆在慢车道上通行。

（6）水泵应采用自灌式泵，不应采用干式泵，雨水工作泵一般2～3台，并应有1台备用泵，地下水工作泵1台，备用1台。

8.4.12　泵站电气要求

（1）泵站的供电系统设计应以泵站所在地区电力系统现状及发展规划为依据，经技术经济论证，合理确定供电点、供电系统接线方案、供电容量、供电电压、供电回路数及无功补偿方式等。

（2）泵站宜采用专用直配输电线路供电。根据泵站工程的规模和重要性，合理确定负荷等级。

（3）对泵站的专用变电站，宜采用站、变合一的供电管理方式。

（4）泵站供电系统应考虑生活用电，并与站用电分开设置。

（5）立交泵站应备双电源，在无双电源的条件下，可采用柴油发电机作为自备电源，发电机的容量可稍小于泵站最大容量。

（6）电气主接线设计应根据供电系统设计要求以及泵站规模、运行方式、重要性等因素合理确定。应接线简单可靠、操作检修方便、节约投资。当泵站分期建设时，应便于过渡。

（7）泵站电气设备选择应符合下列规定：可靠性高、寿命长；功能合理，经济适用；小型、轻型化，占地少；维护检修方便，确保运行维护人员的人身安全，便于运输和安装；对风沙、冰雪、地震等自然灾害，应有防护措施。

（8）泵站主变压器的容量应根据泵站的总计算负荷以及机组启动、运行方式进行确定，宜选用相同型号和容量的变压器。

8.4.13　泵站监控要求

（1）泵站的自动化程度及远动化范围应根据该地区区域规划和供电系统的要求，以及泵站运行管理具体情况确定。

（2）大中型泵站，应按"无人值守（少人值守）"控制模式采用计算机监控系统控制。地下式泵站应按"无人值守"控制模式采用计算机监控系统控制。

（3）泵站主机组及辅助设备按自动控制设计时，应以一个命令脉冲使所有机组按规定的顺序开机或停机，同时发出信号指示。

（4）泵站设置的信号系统，应能发出区别故障和事故的音响和信号，有条件的情况下，优先由计算机完成。

（5）雨水泵和地下水泵均应设置可靠的水位自控开停车系统。

（6）格栅清污机应设置过载保护装置和自动运行装置。

（7）全地下式泵站应有远程监控系统。

（8）泵站进、出水池应设置水位传感器。根据泵站管理的要求可加装水位报警装置。来水污物较多的泵站还应对拦污栅前后的水位落差进行监测。

8.4.14　通信

（1）泵站应设置包括水、电的生产调度通信和行政通信的泵站专用通信设施。泵站的通信方式应根据泵站规模、地方供电系统要求、生产管理体制、生活区位置等因素规划设计。

（2）泵站宜采用有线、无线、电力载波等通信方式。

（3）泵站生产调度通信和行政通信可根据具体情况合并或分开设置。

（4）通信设备的容量应根据泵站规模及自动化和远动化的程度等因素确定。

（5）通信装置必须有可靠的供电电源。

第9章 山洪防治

山区、半山区在荒山秃岭，上坡植被破坏地区，暴雨以后径流很快大量集中，造成山坡冲刷，水土流失，以致造成严重危害。治理山洪必须从分析形成山洪的原因着手，因地制宜进行整治，多年治理实践证明，采取综合治理措施，效果明显。综合治理措施是以植物措施与工程措施相结合的方法，即治本与治标相结合。植物措施主要是植树造林和合理耕种以延缓径流和分散径流的积累，减少雨水对土壤的侵蚀。工程措施主要是进行沟头防护，修筑谷坊、塘坝、跌水、排洪渠道和堤防等构筑物治理山洪沟，免除山洪对下游的危害。

9.1 山坡水土保持

坡面的植被、地形、地质等因素对山洪的形成和大小关系极大，因此做好山坡的水土保持工作对防治山洪有着非常重要的作用。山坡坡角大于 $45°$ 时，常采用植树种草措施；山坡坡角在 $25°\sim45°$ 之间时，可以挖鱼鳞坑和水平截水沟；山坡下部坡角在 $25°$ 以下时常为坡耕地。山坡水土保持应根据山坡具体情况可同时采用两种措施，如结合挖鱼鳞坑或水平截水沟在沟边植树以防止山坡水土流失。

9.1.1 植树种草

山坡植物被覆遭到破坏，是山洪灾害产生和加剧的主要根源，因此山沟治理应首先从改善山坡植物被覆着手，除保护原有植物被覆不遭破坏外，还要植树种草，以加速改善山坡被覆状况。

树木具有浓密的枝叶和庞大的树冠，当雨水落在树冠上以后，绝大部分经过植物密集的叶、枝、树干流到林地上，使雨滴失去了冲击力。同时由于林区和草地的土壤被植物根系所固结，增加了土壤的抗冲能力。另一方面，植树种草后增加了山坡的粗糙度和含水性，从而能防止山坡水土流失。

山坡种植的树木和草类应具备以下特性：

(1) 根部发达，密生须根；种子繁多；生长迅速，根及枝叶易于发育。

(2) 枝叶茂盛，覆盖面积较大；生有地下茎和匍匐茎，能长成丛密的草皮。

(3) 生存能力强，能适应各种环境而生长；具有耐牧性，放牧后生机易恢复。

(4) 具有持久性，长成后能历久不衰。

山坡土壤、气候等条件较好时，可全部造林；在土层较薄的山坡，一般应首先采用封坡育草、封山育林，使山坡先生长杂草和灌木，待改良了土壤水分等条件后，再栽植乔灌木。我国目前各地栽培的固坡树木和草类有橡树、栎树、洋槐、臭椿、油松、沙柳、葛藤、紫花苜蓿、草木樨、紫穗槐、醛柳、柠条、偏穗鹅、冠草、无芒草等。林带宽度一般为 20～40m，视山坡坡度而定，山坡较陡时，林带宽度应取大值。

在比较干旱和土层较薄的地区可结合挖鱼鳞坑和水平截水沟，在沟边和坑内植树。

在山坡上种草固坡，可采取品字形穴播法，穴距 0.2m×0.2m，然后利用草类的蔓生和匍生根等易于繁殖的特性，逐年连成一片，形成密厚的草层。

9.1.2 鱼鳞坑和水平截水沟

鱼鳞坑和水平截水沟的作用，主要是拦截山坡径流，减缓水势，以达到保护水土的目的。为了保护鱼鳞坑和水平截水沟的土壤免遭冲刷，宜在坑内和沟边植树，同时，由于它们的保水作用使树木更宜成活和生长。

鱼鳞坑一般长 0.8～1.2m，宽 0.4～0.6m，深 0.30～0.50m，埂高 0.20～0.40m，坑距为 1.5～2.5m 按交叉排列，如图 9-1 所示。如要栽果树则鱼鳞坑的尺寸可大些，长 1.5m，宽 0.8～1.0m，深 0.5～0.7m，行距和坑距 5～7m。

栽果树的鱼鳞坑，为了拦蓄更多的坡水，除培埂外，还应在坑的左右角上各开一条拦水小沟。

在挖坑时应首先将表土留在一边，用坑心土培埂，并稍超挖深一点，再填回表土，树就种在已经刨松的表土上，其位置应在坑中下部，接近上埂处。

水平截水沟一般沟长 4～6m，沟上口宽为 0.8m，底沟宽为 0.3m，沟深为 0.3～0.4m，沟下侧土埂顶宽为 0.2～0.3m，河沟斜距（L）为 3.0～3.5m，两沟沟头距离图 9-2 (b) 为 0.5～1.0m，成交叉形排列。树植于沟内斜坡上，如图 9-2 所示。

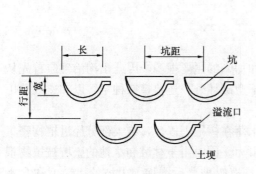

图 9-1 鱼鳞坑平面布置

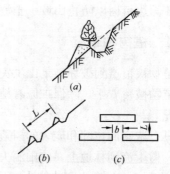

图 9-2 水平截水沟布置
(a) 沟内侧植树；(b) 纵向布置；(c) 平面布置

水平截水沟适用于坡面较大、较规则的山坡；鱼鳞坑适用于冲沟较发育、坡面较破碎的山坡。水平截水沟和鱼鳞坑也可同时参差布置。总之，应根据山坡坡度和土质情况，因地制宜进行布置，最大限度地拦截山坡径流，达到保持水土的目的。

9.1.3 坡地的合理耕种

坡地的合理耕种，既是一项农业措施，也是一项山洪沟的治理措施。坡地合理耕种后水土流失减少，保肥能力增强，为农业的稳产高产创造了条件；同时改变了山坡的径流系数，削减了洪峰流量，减少了冲刷和淤积，对防治山洪起了积极地作用。

坡地的合理耕种方法很多,适用于城市上游小面积坡耕地的有水平打垄和梯田两种方法。

(1) 水平打垄:水平打垄也就是沿等高线打垄,垄沟可以大量拦截坡水,使降雨在坡耕地上很少产生径流,较打顺坡垄水土流失大为减少。水平打垄后,土壤冲刷量和径流系数仅为顺坡打垄的 1/3～1/8。水平打垄,省工、投资少、水土保持效果好,因此目前被广泛采用。但在改水平垄时,应注意下列事项:

1) 改垄以前,应先根据地形确定改垄后排水沟和道路的位置,以免坡水乱流。排水沟内应种植多年生的草类和灌木加以防护。对于坡面上小水沟可以分段截死,以便慢慢淤平,以后再重新改打长垄。

2) 改垄时间最好在秋翻时,将整个坡面全部翻起来,统一进行改垄,并尽量消灭或减少犁沟,以免改垄后雨水将犁沟扩大,造成新的冲刷。

3) 新改垄的坡地在 2～3a 内要种植密生、早播的作物,如小麦等,以减少改垄后头几年的冲刷。

在地形坡度不规则的地方,进行水平打垄可能会产生短垄,这就需要在第二年的生产中逐步加以消灭。如这种坡地数量不多,又不影响大片土地耕作,也可采用其他措施,如鱼鳞坑和水平截水沟或植树种草的方法加以补救。

(2) 梯田:梯田应按照水土保持条件进行修建,对不符合水土保持条件的梯田应当退耕还坡,以便采取有效措施,防止水土流失。梯田根据其断面形状的不同,可分为波式梯田和阶式梯田。

1) 波式梯田:在山坡较缓(角度不超过 10°,坡度不超过 17%)的坡耕地上,可修成波式梯田。同时,根据梯埂和水槽在沿等高线方向,是水平还是倾斜,把波式梯田分成水平波式梯田和倾斜波式梯田。

① 水平波式梯田:适用于土壤吸水性良好的坡地上,梯埂较低,侧坡平缓而坚固,不致为水所冲溃,并可全部种作物,不影响农业机具的作业。因将两梯埂间的雨水全部截蓄于埂后蓄水槽内,所以蓄水槽的容量必需足够容纳两地埂间的径流量,以防止引起径流漫顶,冲毁梯埂。

② 倾斜波式梯田:适用于土壤吸水性差的坡地上,由于径流系数大,降雨时梯埂间的径流量大,如仍用水平波式梯田,则需用很高的梯埂,不利于耕作,而且地面径流停留时间过长还会影响作物生长,甚至沼泽化。因此,必须让径流沿梯埂流入沟渠或小溪,排至下游水体。由于水沟有一定的坡度,所以梯埂水沟与等高线成一很小的角度,故称倾斜波式梯田。倾斜波式梯田根据沿梯埂水沟断面的大小和坡度,须使水面低于埂顶 0.10～0.15m,同时沿梯埂的水流不应冲刷沟槽。

2) 阶式梯田:在山坡地面坡度大于 10°时,修筑波式梯田,则田面的宽度将变得很小,同时土壤流失还可能发生于梯田内部,使梯田上面的一部分土壤干燥而对农作物不利,用农业机械也因田面狭窄而感困难,所以在大于 10°的坡面上除修筑梯埂外,还须在梯田内部减少高差,即将梯田上面的一部分土壤移至下侧,面把梯田修筑成阶梯式。每一台阶,系由田面和梯埂构成。梯埂可以垂直或有一定的侧坡,至于采用哪种形式,需视具体情况而定。梯埂可用石块垒成,也可用泥土筑成;也有基脚用石块垒砌,上面则用泥土培成的混合式梯埂。为了保持耐久,也可在土埂的顶部与侧坡上种植草皮或灌木。但需注意：若在梯埂侧坡上种植灌木，为防止与耕地争水分，梯埂顶端1m内不能栽灌木；最下层灌木带则需离开田面2m远。在实施灌溉的梯田，因为长期受水浸泡，梯埂的基脚易于受损，应采用石埂。若当地缺乏石料，可采用土石混合式梯埂。梯埂的高度，随地形坡度和土壤性质而定，其变化范围一般在1～4m之间。梯埂高度愈小，愈易修筑，但梯埂的数目就愈多，田面也愈狭，致使耕作不方便，尤其在地形坡度较陡的情况下更是如此。反之，梯埂过高，则修筑费工、费时，工程质量要求也高。阶式梯田的田面在沿地形坡度方向，可以是水平，亦可具有一定的坡度。沿地形坡度方向倾斜的田面坡度一般为8%～10%。梯埂的侧坡，即纵与横的比值，随土壤性质而异，一般为4～2。这类梯田也可作为水平梯田的过渡阶段，逐年把田面上边的土壤运至下边，最后建成水平梯田。

9.2　山洪沟治理

山洪沟治理的主要目的，是控制水土流失，使山洪沟不再发育，以避免或减轻山洪对下游城市的威胁。多年实践证明，以植物措施和工程措施相结合的综合治理措施收效显著。

9.2.1　植物措施

植物措施可以保护沟头、沟坡，防止冲刷，增加摩擦阻力，减小流速，而且效果逐年增长。然而，在沟道中建立植被有一定困难，因为沟床一般都是无有机物质、无植物有效养分的瘠薄土，地下水位埋藏很深，因此需要因地制宜选择适宜的植物种类。最好在当地冲沟或冲沟附近寻找生长良好的灌木和草类进行培养、种植。

沟头和沟坡一般都比较陡，土坡不稳定，种植物有困难，可首选削土缓坡，然后进行植物移栽。当在沟坡上就地播种或移栽比较幼小的植物时，为防止被坡面径流冲走，可在上面加覆盖物进行保护。覆盖物可根据当地材料情况选用。

有时为了保护植物措施的实施，也可采用一些廉价的临时性工程措施，如在树木较多地区，用树枝编成木梢坝或打水桩构成一道墙；在产石地区也可用铁丝笼装块石堆成坝，以拦截泥沙，防止流失。过3～5a这些临时性工程措施失效后，沟坡植被已经形成，发挥作用，从此取而代之。

9.2.2　沟头防护

沟头防护，是为了防止山坡径流集中流入山洪沟，而引起沟头上爬（即"沟头溯源"）。

沟头防护形式有蓄水式和排水式两种。如沟头附近有农田，一般应采用以排为主的形式，把坡水尽可能地拦蓄起来加以利用；如沟头附近无农田，一般应采用以排为主的形式。有时为了增加山坡土壤的含水量，以便植树种草，也可修建以蓄为主的沟头防护。

（1）蓄水式沟头防护

1）沟埂式沟头防护：一般适用于沟头周围为荒山坡。沟埂与沟边的距离，应根据当地土质情况而定，以蓄水后不致造成沟岸崩塌、滑坡为原则。一般第一道沟埂与沟边的距离等于沟深，第一、二道沟埂的距离约为 20～30m。上一道沟埂在适当位置应设溢流口，以便满水时溢入下一道沟埂。要使总需水量和总的径流量相等。

沟埂可根据沟头坡地情况分为连续式和断续式，如图 9-3 所示。前者适用于坡地较完整的情况，后者适用于坡地较破碎的情况。

当采用连续式沟埂时，为防止沟埂不平、径流集中造成漫决，往往在沟埂内每隔一定距离设一道横埂。横埂高一般为 0.4～0.7m，顶宽为 0.3m，边坡为 1∶1，并分层夯实。各种坡度、不同埂高和每米埂长蓄水量，见表 9-1。

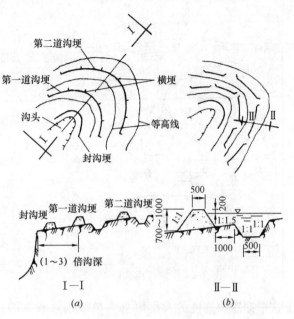

图 9-3 沟埂式沟头防护
(a) 连续式沟埂平面；(b) 断续式沟埂平面

各种坡度、不同埂高、每米埂长蓄水量 表 9-1

地面平均坡度角 (°)		埂高 (m)	安全超高 (m)	埂顶宽 (m)	内坡	外坡	每米埂长蓄水量 (m³)
高原沟壑区	2	0.6	0.2	0.5	1∶1	1∶1	2.35
		0.8					5.68
		0.9					8.65
		1.2					16.10
	4	0.6	0.2	0.5	1∶1	1∶1	1.47
		0.8					3.08
		0.9					4.63
		1.2					8.00
	6	0.6	0.2	0.5	1∶1	1∶1	1.09
		0.8					2.30
		0.9					3.34
		1.2					4.75
丘陵沟壑区	15	0.6	0.2	0.5	1∶1	1∶1	0.64
		0.9					1.52
		1.0					2.12
	20	0.6	0.2	0.5	1∶1	1∶1	0.58
		0.9					1.30
		1.0					1.82
	25	0.6	0.2	0.5	1∶1	1∶1	0.52
		0.9					1.16
		1.0					1.71

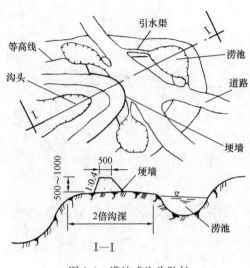

图9-4 涝池式沟头防护

2）涝池式沟头防护：一般适用于沟头有坡耕地，在确定涝池位置时，应根据山坡的土质和高程而定。一般涝池与沟头的距离，应等于沟深的2倍左右，如图9-4所示，涝池的总容量可按沟头上游的设计暴雨径流量确定。

（2）排水式沟头防护：沟头采用人工护面、护底，或将入沟水流挑离沟头，集中消能，防止冲刷。

1）悬臂式跌水适用于流量较小的情况，用木板或石板等作成流槽，将水流引离沟头，直接下注到沟底的消力池，然后下泄。

2）台阶式跌水适用于流量较大的情况，根据跌水高度的大小可分为单级跌水和多级跌水，水流从跌水墙跌入消力池，然后下泄。

9.2.3 谷坊

（1）谷坊的作用与分类：谷坊横截山洪沟后，由于抬高了水位，减缓了水力坡降与流速，使洪水中挟带的泥沙在谷坊前沉积下来，水流从溢流口溢出后进行集中消能；由于降低了流速和冲刷能力，从而防止了沟底下切和沟壁坍塌，有效地减小了山洪的破坏力和含沙量，久而久之，可从根本上改变各段山洪沟的纵坡，再配合其他措施，就可减轻或免除山洪对下游城市的威胁。

常采用的谷坊有土石混合谷坊和砌石谷坊，也有采用铅丝石笼谷坊和混凝土谷坊等。一般应根据当地建筑材料情况选用。

（2）谷坊高度和断面选择

1）谷坊高度选择：山洪沟各段的谷坊高度应分别确定。一般情况下宜建造低型谷坊，高度为1.5～4.0m。如高于5m，应按塘坝要求设计。

选择谷坊高度时，可先根据流量和沟床的断面拟定谷坊高度，再经水力计算求得谷坊溢流口堰顶上的临界水深和临界流速。计算方法如下：

① 矩形溢流口：

$$h_c = \sqrt[3]{\frac{aq^2}{g}} \qquad (9-1)$$

式中　h_c——堰上临界水深，m；

　　　g——重力加速度，9.81m/s²；

　　　a——流速分布不均匀系数，一般取 $a=1.0\sim1.1$；

　　　q——溢流口单宽流量。

$$q = \frac{Q}{b} \left[\text{m}^3/(\text{s} \cdot \text{m}) \right]$$

式中　Q——设计流量，m³/s；

　　b——溢流口的宽度，m。

$$v_c = \frac{q}{h_c} \tag{9-2}$$

式中　v_c——堰上临界流速，m/s。

　　② 梯形溢流口：

$$h_c = \sqrt[3]{\frac{aQ^2}{(b+h_c m)^2 g}} \tag{9-3}$$

式中　b——溢流口的底宽，m；

　　　m——梯形堰口边坡系数。

　　亦可利用附录 22 和附录 23 求 h_c。

$$v_c = \frac{Q}{(b+mh_c)h_c} \tag{9-4}$$

　　谷坊溢流口堰顶流速不应超过材料最大容许不冲流速，各种材料谷坊最大容许不冲流速，可参照表 9-2 选用。

各种材料谷坊最大容许不冲流速　　　　　　　　　　　表 9-2

谷坊类别	水流平均深度（m）			
	0.4	1.0	2.0	3.0
堆石谷坊（$d>200$）	3.8	4.2	4.7	5.1
干砌石谷坊（$d>300$）	4.0	5.0	6.0	6.0
浆砌石谷坊	5.0	6.0	7.5	8.5
混凝土谷坊（$d>150$）	6.0	7.0	8.5	9.0

注：1. 表中的流速值不应内插，按较接近的水深查用；

　　2. 水深大于 3.0m 时，按 3.0m 查用；

　　3. 水深小于 0.4m 时，按水深为 1.0m 时的流速乘以 0.7；

　　4. d 为石块块径，mm。

　　在沟道特别窄深时，谷坊溢流口应选择容许流速较大的材料修建。

　　2）谷坊横断面选择：谷坊的横断面一般为梯形，其尺寸可按表 9-3 采用。

谷坊断面　　　　　　　　　　　表 9-3

谷坊类别	断　　面			
	高（m）	顶宽（m）	迎水坡	背水坡
干砌石谷坊	1.0～2.5	1.0～1.2	1：0.5～1：1	1：0.5
浆砌石谷坊	2.0～4.0	1.0～1.5	1：0.5～1：1	1：0.3

　　谷坊下游的消能措施，应根据谷坊高度、单宽流量和地质情况而定。对于谷坊高度不大、单宽流量较小，可在谷坊下游修筑砌石护坦。护砌长度为谷坊高度的 3～5 倍，护砌厚度为 0.3～0.8m；当谷坊高度和单宽流量较大时，或当地质条件较差时，可参照本节跌水的消能措施计算确定。

　　（3）谷坊位置和间距选择

　　1）谷坊位置选择：谷坊应选在沟道窄而上游平缓宽敞，以及土质坚硬的地方；同时要考虑上、下游谷坊间的相互关系，即两谷坊间坡度为零，亦即上一个谷坊的底高程为下一个谷坊的溢流口高程，或两者间保持1%左右的坡度。

2) 谷坊间距选择：

① $i_2 = 0$，如图9-5所示。

$$L = \frac{h}{i_1} \tag{9-5}$$

式中　L——谷坊间距，m；

　　　h——谷坊有效高度，m；

　　　i_1——山洪沟沟底比降。

② $i_2 \neq 0$，如图9-6所示。

$$L = \frac{h}{i_1 - i_2} \tag{9-6}$$

式中　i_2——上一个谷坊底和下一个谷坊溢流口之间的坡度，一般为1%左右，视土质情况而定。

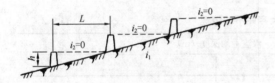

图9-5　谷坊间距布置（$i_2 = 0$）　　　　图9-6　谷坊间距布置（$i_2 \neq 0$）

(4) 几种主要类型的谷坊

1) 干砌石谷坊：适用于石料丰富地方。干砌石谷坊，如图9-7所示。

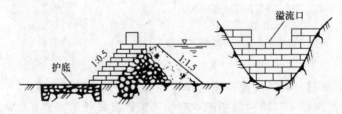

图9-7　干砌石谷坊

① 清基要求：沟床为土质时，应清至坚实土层；如为砂砾沟床，应清至硬底盘上；石质沟床，须清除表面风化层。

② 砌筑要求：谷坊表面可用粗料石砌筑，内部可用块石堆砌，但要尽量使缝隙最小。沟床为土质或砂砾层时，谷坊下游需设消能设施，以防冲刷。同时，在沟两侧亦须加设齿槽，插入沟岸0.5m。溢流口设在谷坊上时，一般在中间，视沟床土质可左右移动。溢流口可用浆砌石，以提高其整体性和最大容许不冲流速。

2) 浆砌石谷坊：多用于常流水的沟道内和要求较高的场合，基础要求同干砌石谷坊。用不低于M10水泥砂浆砌筑。

浆砌石谷坊如遇沟床两岸为岩石时，往往将谷坊的平面形状做成弯向上游的拱形，以改善其受力条件，如图9-8

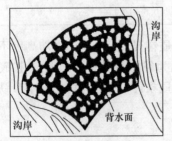

图9-8　拱形谷坊

所示。

9.2.4　跌水

跌水一般修建在纵坡大于1：4、流速较大的沟槽段、纵坡突然变化的陡坎处、台阶式沟头防护以及支沟入干沟的入口处。设置跌水消能，避免深挖高填的情况。

1. 跌水的布置

跌水下游水流速度很大，脉动剧烈，有很大的冲刷能力，常用砌石或混凝土做护面。一般跌水高度在 3.0m 以内可采用单级跌水，超过 3.0m 时宜采用多级跌水，高差较大时应通过技术经济比较后确定。

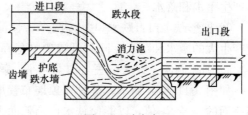

图 9-9　跌水布置

跌水由进口段、跌水段和出口段组成，如图 9-9 所示。

（1）进口段

1）进口翼墙

① 进口翼墙主要起导流作用，促成水流的良好收缩，保证水流均匀进入跌水口，并防止跌水口前发生危害性的冲刷。

② 在平面布置上最好采用弧形扭曲面，但施工麻烦。另外还可采用变坡式、角墙式和八字直墙式等。

③ 翼墙在单侧平面上的扩散角度不宜大于 15°。

④ 翼墙高度一般高出设计水位 0.3～0.5m。

⑤ 翼墙长度 L 与沟底宽 b、水深 H 有关，可参考下列比值确定：

当 $\dfrac{b}{H} \leqslant 2$ 时，$L = 2.5H$；

当 $2 < \dfrac{b}{H} \leqslant 3.5$ 时，$L = 3.0H$；

当 $\dfrac{b}{H} > 3.5$ 时，$L = 3.5H$。

⑥ 进口始端，应设刺墙伸入沟岸内，以减少两侧边坡的渗流和防止进口处沟岸发生冲刷。刺墙深度一般为水深的 1～0.5 倍。

2）护底

① 护底能防止进口沟底冲刷和减少跌水墙、侧墙及消力池的渗透压力。

② 一般多采用砌石和混凝土结构，其长度可取等于进口翼墙的长度，厚度应视沟水中水流速和护砌材料而定。一般砌石护底厚度取 0.3～0.6m，混凝土护底厚度取 0.15～0.4m。在寒冷地区应考虑土壤冻胀问题。

③ 在护底开始端，要设防冲齿墙，伸入沟底的深度，一般取 0.5～1.0m。

3）跌水口：通过跌水口的任一流量，在跌水口前不应产生壅水和落水，保持沟道中水流均匀性；水流出跌水口后，应均匀扩散，以利下游消能防冲。跌水口的形式有矩形、梯形和抬堰式 3 种，如图 9-10 所示。

① 矩形跌水口：跌水口底与沟渠底齐平，并利用两侧边墙收缩，使通过设计流量时

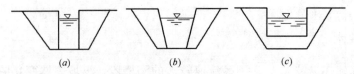

图 9-10 跌水口形式

(a) 矩形跌水口；(b) 梯形跌水口；(c) 抬堰式跌水口

不产生壅水和落水。

② 梯形跌水口：跌水口是按两个特性流量设计的，以便更近似地适应各种流量，不致产生大的壅水和落水，同时可减少单宽流量。梯形跌水口平面布置有以下两种形式：

a. 圆弧侧墙：跌水口底与沟渠齐平，侧墙为光滑的圆弧面，跌水口底缘亦作成圆弧面，如图 9-11 (a) 所示。此种宽顶堰布置形式采用最广泛，泄流效果较好。跌水口侧墙圆弧面的半径 R_1 值，以能使跌水口圆弧面正切于下游侧墙为原则。上游渐变段愈长，水流愈顺畅。过短则水流收缩很快，影响泄流和扩散。跌水口底部缘面半径 R_2 值，以能正切于沟渠底和斜坡上端为原则。

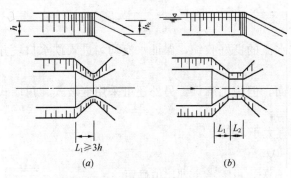

图 9-11 梯形跌水平面布置

(a) 圆弧侧墙；(b) 直线侧墙

b. 直线侧墙：跌水口与沟渠底齐平，跌水口底缘作成平直的，侧墙作成一定长度的直线段，如图 9-11 (b) 所示。直线段侧墙长度 L_2 以小于 1m 为宜；当 L_2 大于 1m 时，跌水口上游易产生壅水和下游扩散不均匀，影响泄量和消能效果。

③ 抬堰式跌水口：过水断面为矩形，但底部设底槛，较沟渠底为高，如图 9-10 所示。利用两边侧墙及底槛共同来缩小过水断面，通常取底槛的宽度等于上游沟渠的平均水面宽度。其缺点与短形跌水口相同。上游水位也将产生不同程度的壅高或落水。但抬堰式跌水口的单宽流量较小，对下游消能有利。

(2) 跌水段

1) 跌水墙：有三种形式。

① 直墙式：水流出跌水口后，自由跌落至消力池中，如图 9-12 所示。这种形式跌水，下游消能情况较其他几种常见的跌水墙为好。但当落差较大时，跌水墙工程较大，造价较高。

② 斜坡式：水流出跌水口后，沿斜坡下泄至消力池，斜坡有直线和曲线两种，如图 9-13 所示。斜坡坡度一般小于 1：3，当单宽流量和跌差都较大时，采用曲线式。这种形式的跌水墙，其下游消能情况一般不

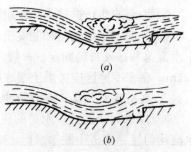

(a)

(b)

图 9-13 斜坡式跌水墙

(a) 直线斜坡式；(b) 曲线斜坡式

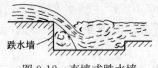

图 9-12 直墙式跌水墙

如直墙式，但斜坡段为一护砌段，较直墙式节约材料，减少挖方量，目前广泛采用。

③悬臂式：当地形非常陡峻时，由于地面的纵坡过大，不可能在其上敷设沟渠，因为高速水流有可能脱离沟渠而变成为瀑布，在这种情况下最好修建悬臂式跌水，如图 9-14 所示。悬臂式跌水在易冲刷土壤地区不宜修建，但当地质条件较好时，一般比修建斜坡式经济。

2）消力池：消力池的作用是促成淹没式水跃，消除能量，使水流平顺地过渡到下游而不产生危害的冲刷。当跌水下游沟渠尾水深度不能满足淹没水跃要求时，可采用消力池加深尾水深度，造成淹没式水跃，如图 9-15 所示。

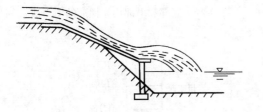 

图 9-14　悬臂式跌水墙　　　　　　　　图 9-15　消力池

消力池通常采用砌石、混凝土和钢筋混凝土结构。消力池底板厚度取决于水工计算，初估时可参照表 9-4 所列经验数据选用。

初估消力池底板厚度　　　　　　表 9-4

单宽流量 q（m³/s）	跌差（m）	底板厚度（m）
<2	<2	0.35～0.40
>2	<2	0.50
	2	0.60～0.70
>5	3.5	0.80～1.00

如果跌水下游水深已足够产生淹没式水跃，可不设消力池，而作成平底护坦，如图 9-16 所示。当水深相差不多时，可在护坦末端设消力槛或消力池，如图 9-17 和图 9-18 所示。护坦的护砌厚度，可参照消力池底板厚度。其长度由水力计算决定，初估时可采取沟渠设计水深 2～3 倍。消力槛高度由水力计算决定。

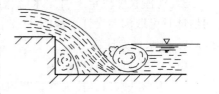

图 9-16　平底护坦

如果消力池的深度根据计算需要很深，或根据计算在一个高的消力槛后面，还需要设置一个或几个较低的消力槛时，最好设置综合式消力池。即在消力池末端加消力槛，如图 9-18 所示。实践证明综合式消力池不仅消能效果较好，而且造价较低。

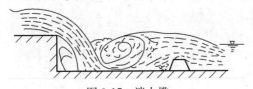 

图 9-17　消力槛　　　　　　　　　　图 9-18　综合式消力池

消力池形式很多，常用的形式如下：

① 消力池底部为矩形，上部为梯形，如图 9-19 所示。

② 消力池底部及上部均为梯形，如图 9-20 所示。

③ 消力池底部及上部均为矩形，如图 9-21 所示。

④ 消力池底部及上部为矩形，出口段为扭曲面与沟渠相接，如图 9-22 所示。

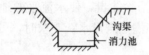
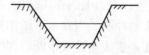

图 9-19　底部为矩形上部为梯形的消力池　　图 9-20　底部和上部均为梯形的消力池

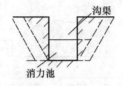
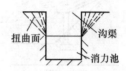

图 9-21　底部和上部均为矩形的消力池　　图 9-22　出口为扭曲面的消力池

实践证明，前两种形式消能效果较好，后两种形式消能效果较差。

（3）出口段：出口段是指消力池或护坦以下的海漫段，起继续消除水流剩余动能作用，但在海漫上绝不容许产生水跃。出口布置应注意以下事项：

1）单侧翼墙扩散角度一般为 $10°\sim30°$，当消力池宽度与沟渠底宽相差较大时，平面上的扩散度可取 $1:4\sim1:5$；当消力池断面大于沟渠断面的梯形时，池后衔接段收缩以不小于 $3:1$ 为宜。

2）海漫的材料应根据流速选择，平均流速在 2.5m/s 以内时，可以用干砌块石，为了排渗及减薄厚度，可应用透水海漫，下面设反滤层，海漫与护坦相接处应加厚。

3）海漫长度决定于引导水流从护坦到达渠道时，使水流流速减至沟渠容许的要求，初估计时可取沟渠设计水深的 $2\sim6$ 倍。

2. 跌水水力计算

（1）跌水口水力计算

1）矩形跌水口：按无底槛宽顶堰计算，如图 9-23 所示。

$$Q = \varepsilon M b H_0^{\frac{3}{2}} \tag{9-7}$$

式中　　Q——设计流量，m^3/s；

　　　　ε——侧收缩系数，一般采用 $0.85\sim0.95$；

　　　　M——无底槛宽顶堰的第二流量系数，一般可取 $M=1.62$；

　　　　b——跌水口的宽度，m；

　　　　H_0——计行进流速的堰顶水头，m；

$$H_0 = \frac{\alpha v_0^2}{2g} + H$$

　　　　H——堰顶水深（即上游沟道中的水深）；

　　　　v_0——行进流速，m/s；

α——流速系数，一般采用 $\alpha=1.05$。

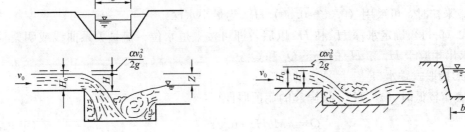

图 9-23　无底槛矩形跌水口　　　　　　　图 9-24　梯形跌水口

2）梯形跌水口：如图 9-24 所示。

$$Q = \varepsilon M(b+0.8nH)H_0^{\frac{3}{2}} \tag{9-8}$$

式中　n——梯形跌水口的边坡系数；

M——梯形堰的第二流量系数，$M=m\sqrt{2g}$，见表 9-5。

第二流量系数　　　　　　　　　　表 9-5

H/b	0.5	1.0	1.5	2.0	>2.0
m	0.37	0.415	0.43	0.435	0.45
M	1.68	1.84	1.91	1.93	2.00

在公式（9-8）中，b 与 n 值均为未知数，故欲求解公式（9-8），必须代入两个流量 Q_1 和 Q_2 及其相应的水深 H_1 和 H_2，并按公式（9-9）列出方程式联立求解，即：

$$\left.\begin{aligned} b &= \frac{Q_1}{\varepsilon M_1 H_{01}^{\frac{3}{2}}} - 0.8nH_1 \\[2mm] b &= \frac{Q_2}{\varepsilon M_2 H_{02}^{\frac{3}{2}}} - 0.8nH_2 \end{aligned}\right\} \tag{9-9}$$

$$n = 1.25 \frac{\dfrac{Q_1}{M_1 H_{01}^{\frac{3}{2}}} - \dfrac{Q_2}{M_2 H_{02}^{\frac{3}{2}}}}{H_1 - H_2} \tag{9-10}$$

式中　$H_{01} = H_1 + \dfrac{v_1^2}{2g}$(m)；

$H_{02} = H_2 + \dfrac{v_2^2}{2g}$(m)；

v_1、v_2——流量为 Q_1 和 Q_2 时，渠中的流速，m/s；

ε——侧收缩系数，可取 $\varepsilon=1.00$。

上式的流量 Q_1 及 Q_2 应具有代表性，即根据公式（9-9）、公式（9-10）计算所得的 b 和 n 值，能满足任何流量的要求，不产生水面下降，或水面下降值极微。要满足这一条件，H_1 及 H_2 值应按公式（9-11）计算：

$$H_1 = H_{\max} - 0.25(H_{\max} - H_{\min})(\mathrm{m}) \left.\right\}$$
$$H_2 = H_{\min} + 0.25(H_{\max} - H_{\min})(\mathrm{m}) \left.\right\} \tag{9-11}$$

当 $H_{\min}$ 未知时，可采用 $(0.33 \sim 0.50)H_{\max}$ 为最小水深。

按公式（9-11）确定水深 H_1 和 H_2 以后，即可按渠道水位～流量关系曲线或明渠计算公式，求出相应于 H_1 和 H_2 的流量 Q_1 和 Q_2。

3）矩形抬堰式跌水口

① 当底槛较低时（$a \leqslant H$），按隆起的宽顶堰计算：

$$Q = \varepsilon M b H_0^{\frac{3}{2}}(\mathrm{m}^3/\mathrm{s}) \tag{9-12}$$

仅第二流量系数采用 $M = 1.50 \sim 1.70$，$\dfrac{a}{H}$ 值接近于 1 为小值，$\dfrac{a}{H}$ 值接近于 0 为大值。

a——底槛高，m。

② 当底槛较高时（$a > H$），按薄壁堰计算：

$$Q = \varepsilon M b H_0^{\frac{3}{2}}(\mathrm{m}^3/\mathrm{s}) \tag{9-13}$$

式中　M——第二流量系数，采用 $M = 1.86$。

以上跌水口计算均未考虑淹没条件，当下游水深较大，以致影响跌水口泄流时，必须考虑淹没影响。但一般这种情况较少。

（2）消力池水力计算：消力池的水力计算包括共轭水深、消力池深度和长度计算。

在计算消力池尺寸之前，首先要计算共轭水深 h_1 和 h_2 值，以判定是否需要设置消力池。

1）共轭水深计算

① 梯形消力池

a. 试算法：平底沟渠上的水跃基本方程式为：

$$\frac{\alpha_0 Q^2}{g\omega_1} + y_1\omega_1 = \frac{\alpha_0 Q^2}{g\omega_2} + y_2\omega_2 \tag{9-14}$$

式中　Q——设计流量，m^3/s；

　　　ω_1——水流断面 Ⅰ-Ⅰ 的面积，m^2，如图 9-25 所示；

　　　ω_2——水流断面 Ⅱ-Ⅱ 的面积，m^2；

　　　y_1——水流断面 Ⅰ-Ⅰ 的重心离水面的深度，m；

　　　α_0——动力系数，平均等于 $1 \sim 1.1$；

　　　y_2——水流断面 Ⅱ-Ⅱ 的重心离水面的深度，m，水流断面重心离水面的深度 y，可

　　　　　　用下式决定：$y = \dfrac{h}{6} \dfrac{3b + 2mh}{b + mh}$

　　　h——水深，m；

　　　b——沟渠底宽，m。

公式（9-14）中 Q 是已知的，y_1、ω_1 和 y_2、ω_2 分别为水深 h_1 和 h_2 的函数，公式两边具有相同的形式，当流量 Q 及沟渠断面形状已知时，它仅是水深 h 的函数，称为水跃函数，以 $f(h)$ 表示。

则

$$f(h_1) = \frac{\alpha_0 Q^2}{g\omega_1} + y_1\omega_1 \tag{9-15}$$

$$f(h_2) = \frac{a_0 Q^2}{g\omega_2} + y_2\omega_2 \qquad (9\text{-}16)$$

$$f(h_1) = f(h_2) \qquad (9\text{-}17)$$

在已知共轭水深之一时，即若已知 h_1，则等式的一边为已知，另一边则是 h_2 的函数。用试算法可求出 h_2，即假定 h_2 值，求出 $f(h_2)$ 的数值，然后和已知的 $f(h_1)$ 值比较，如两者相等，则假定的 h_1 即为所求值，反之重新假定 h_2，直到算得两者相等为止。

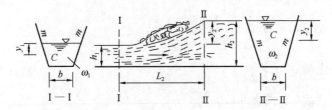

图 9-25　在水平底面梯形沟渠中的水跃

收缩水深 h_1 可按公式（9-18）计算，如图 9-26 所示。

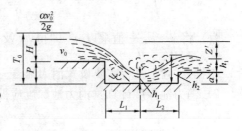

$$T_0 = h_1 + \frac{Q^2}{2g\varphi^2\omega_1^2} = h_1 + \frac{q^2}{2g\varphi^2 h_1^2} \quad (9\text{-}18)$$

公式（9-18）通过试算法求 h_1 值。T_0、Q 及 ω_1 为已知，在选定 φ 值后，可假设一个 h_1 值，求得 ω_1，则公式右边算得的数值等于已知

图 9-26　消力池

的 T_0 值，则所设的 h_1 即为所求。如不相等，再重新假设 h_1 值，重复上述计算，直至相等为止。计算中应注意公式（9-18）为三次方程，可以有三个根，所需要的只是小于临界水深 h_0 的那个 h 值，所以试算时只在小于 h_0 的数值中取假设值。

b. 查表法：计算步骤如下：

（*a*）根据已知条件计算 $\dfrac{q^{\frac{2}{3}}}{T_0}$ 及 $n = \dfrac{mq^{\frac{2}{3}}}{b}$。

（*b*）根据跌水高度选择流速系数 φ 值，可参照表 9-6 选用。

	φ 值				表 9-6
跌水壁高度（m）	1.0	2.0	3.0	4.0	5.0
φ	0.97～0.95	0.95～0.91	0.91～0.88	0.88～0.86	0.86～0.85

（*c*）根据 n、φ 及 $\dfrac{q^{\frac{2}{3}}}{T_0}$ 值查附录 24 得 $\dfrac{h_1}{q^{\frac{2}{3}}}$ 和 $\dfrac{h_2}{q^{\frac{2}{3}}}$。

（*d*）将 $\dfrac{h_1}{q^{\frac{2}{3}}}$ 及 $\dfrac{h_2}{q^{\frac{2}{3}}}$ 值乘以 $q^{\frac{2}{3}}$ 即得 h_1 及 h_2。

根据计算的 h_2 值判断是否需要设置消力池。当 h_2 小于尾水深 h_t 时，发生淹没式水跃，可不设消力池；当 h_2 大于 h_t 时，则发生远驱式水跃，应设置消力池，使之产生淹没式水跃。

② 矩形消力池

a. 试算法：按公式（9-19）和公式（9-20）进行试算，可求得值 h_1 及 h_2 值：

$$h_1 = \frac{h_2}{2}\left[\sqrt{1+\frac{8aq^2}{gh_2^3}}-1\right] \tag{9-19}$$

$$h_2 = \frac{h_1}{2}\left[\sqrt{1+\frac{8aq^2}{gh_1^3}}-1\right] \tag{9-20}$$

b. 查表法：其计算步骤如下：

（a）计算总水头 $T_0 = H + P + \frac{\alpha v_0^2}{2g}$。

（b）确定单宽流量 $q = \frac{Q}{b}$。

（c）确定流速系数 φ，按表 9-6 选用。

（d）根据 $\frac{q^{\frac{2}{3}}}{T_0}$ 及 φ 值查附录 25 得 $\frac{h_1}{q^{\frac{2}{3}}}$ 和 $\frac{h_2}{q^{\frac{2}{3}}}$。

（e）将 $\frac{h_1}{q^{\frac{2}{3}}}$ 及 $\frac{h_2}{q^{\frac{2}{3}}}$ 值乘以 $q^{\frac{2}{3}}$ 即得 h_1 及 h_2 值。

根据 h_2 判定是否需要设置消力池。

2）消力池深度计算：消力池深度应保证下游水深足以使水跃淹没，即满足下列条件：

$$d = \sigma h_2 - (h_t + \Delta Z) \tag{9-21}$$

式中 d——消力池深度，m；

     h_2——水跃第二共轭水深，m；

     h_t——下游沟渠中尾水深，m；

     σ——保证水跃淹没的安全系数，一般采用 $\sigma = 1.05 \sim 1.10$；

     ΔZ——水流从消力池流出时形成的落差，m；

$$\Delta Z = \frac{q^2}{2g\varphi^2 h_t^2}$$

梯形断面消力池深度计算，一般 ΔZ 值可忽略不计，则消力池深度为：

$$d = \sigma h_2 - h_t \text{(m)} \tag{9-22}$$

矩形消力池深度计算可采用查表法，计算步骤如下：

① 计算比值 $\frac{h_t}{q^{\frac{2}{3}}}$ 值，令 $\frac{h_2}{q^{\frac{2}{3}}} = \frac{h_t}{q^{\frac{2}{3}}}$，查附录 25 得 η_t 值（即表中 η 值）。

② 计算 $\frac{Z'}{q^{\frac{2}{3}}} = \frac{T_0}{q^{\frac{2}{3}}} - \eta_t$ 值及确定流速系数 φ 值（见表 9-6），查附录 25 得 η 值。

③ 消力池深度 $d_0 = q^{\frac{2}{3}}(\eta - \eta_t)$（m）。

④ 考虑水跃淹没安全系数，则消力池深度为：

$$d = \sigma d_0 \text{(m)}$$

矩形消力池的深度计算还可用图解法，具体方法如下：

在图 9-27 中，由 $\frac{T_0}{h_1}$ 作纵坐标的平行线交于 φ 曲线上，然后以交点作横坐标的平行

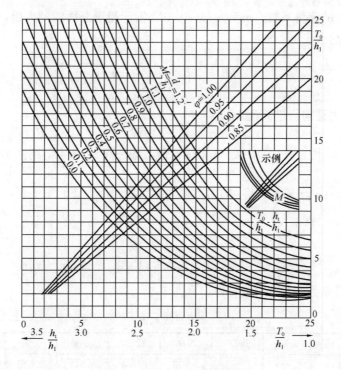

图 9-27 消力池深度图解法计算

线,再由 $\dfrac{h_1}{h_1}$ 作纵坐标的平行线与之相交,根据该点的 M 值,即可求得消力池深 $d = Mh_1$。

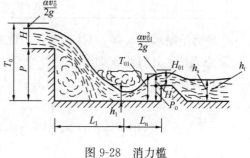

图 9-28 消力槛

3)消力槛高度计算:若水跃下游不产生淹没水跃,但水深相差不大时,一般采用在护坦末端设置消力槛。消力槛对消能起良好作用,增加护坦上水深,促成水跃淹没,缩短水跃长度,同时能将水流挑向水面,减少底部流速,在槛后形成涡流,免除槛下的冲刷。还可以起扩散水流的作用,削减下游侧边回流,使尽早恢复沟渠的正常流速分布,节省海漫长度,如图 9-28 所示。

① 试算法:

a. 消力槛高度可按公式(9-23)计算:

$$C = \sigma h_2 - H_1 \tag{9-23}$$

式中 C——消力槛高度,m;

σ——淹没安全系数,$\sigma = 1.05 \sim 1.10$;

h_2——第二共轭水深,m;

H_1——消力槛上的水头,不包括槛前的行进流速水头在内,m。

b. 先假定消力槛是非淹没堰,则消力槛上的总水头 H_{01} 为:

$$H_{01} = \left(\dfrac{q}{m\sqrt{2g}}\right)^{\frac{2}{3}} \text{(m)} \tag{9-24}$$

式中 m——槛顶的流量系数，$m = 0.36 \sim 0.48$，对于矩形断面的消力槛，取 $m = 0.48$。

c. 消力槛上的水头 H_1 为：

$$H_1 = H_{01} - \frac{a v_{01}^2}{2g} \text{(m)}$$

式中 v_{01}——消力槛前行进流速，$v_{01} = \dfrac{q}{h_2}$。

d. 将 H_1 和 h_2 代入公式（9-23）求得 C 值，如 $\dfrac{h_s}{H_{01}} \leqslant 0.45$，则消力槛为非淹没堰，与上述假定相同。若 $\dfrac{h_s}{H_{01}} > 0.45$，则消力槛为淹没堰，与上述假定不符，在计算 H_{01} 时要考虑淹没系数，加以修正。

$$H_{01} = \left[\frac{q}{\sigma_s m \sqrt{2g}} \right]^{\frac{2}{3}} \text{(m)} \tag{9-25}$$

式中 σ_s——淹没系数，从表 9-7 查得。

淹没系数 σ_s 值   表 9-7

h_s/H_{01}	$\leqslant 0.45$	0.50	0.55	0.60	0.65	0.70	0.72	0.74	0.76
σ_s	1.000	0.990	0.985	0.975	0.960	0.940	0.930	0.915	0.900
h_s/H_{01}	0.78	0.80	0.82	0.84	0.86	0.88	0.90	0.92	0.95	1.00
σ_s	0.885	0.865	0.845	0.815	0.785	0.750	0.710	0.651	0.535	0.000

e. 最后绘制函数 $q = f(C)$ 曲线，由此求出相应流量 q 的消力槛高度。

② 查表法：计算步骤如下：

a. 消力槛高度按公式（9-26）计算：

$$C = q^{\frac{2}{3}} (\eta - \beta) \text{(m)} \tag{9-26}$$

公式（9-26）适用于淹没或不淹没的消力槛。

b. 根据 $\dfrac{q^{\frac{2}{3}}}{T_0}$ 和 φ 值由附录 25 查得 η 值。

c. 计算 $\eta' = \eta - \dfrac{q^{\frac{2}{3}}}{T_0}$，根据 η' 和 m 值由附录 26 查得 β 值。

d. 由公式（9-26）求得 C 值。

上述求出的消力槛后面有时还可能产生水跃，因此还要复核第一道消力槛后的水流衔接的情况，以便判别是否需要修建第二道消力槛。

根据上述计算所得的 η 值以 $\dfrac{1}{\eta} = \dfrac{q^{\frac{2}{3}}}{T_0}$ 及第一道消力槛的流速系数 φ，由附录 25 查得新的 η 值，然后再按照前述方法计算第二道消力槛高度。如计算所得的消力槛高度 C 为负值，则表示在第一道消力槛后的水流是淹没的，可不设第二道消力槛。

消力池深度与消力槛高度的计算方法相同，为了保证消力池内及消力槛后面能产生淹没式水跃，所求出的消力池深度 d，必须稍为加大些，而消力槛高度 C，必须稍微减小些。

4) 综合式消力池计算

① 确定消力槛高：使槛下游形成临界水跃，即 $h_2 = h_t$，如图 9-29 所示，则收缩水深为：

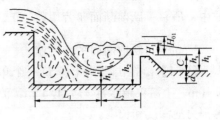

$$h_1 = \frac{h_t}{2}\left[\sqrt{1 + 8\frac{q^2}{gh_1^2}} - 1\right]\ (\text{m})$$

图 9-29　综合式消力池

消力槛高度为：

$$C = T_{01} - H_{01} = h_1 + \frac{q^2}{2g\varphi h_1^2} - \left[\frac{q}{m\sqrt{2g}}\right]^{\frac{2}{3}}\ (\text{m})$$

求出槛高 C 之后，为安全起见，设计取值可降低一些，以使槛后形成稍有淹没的水跃。

② 消力池深度计算：使池内形成稍有淹没的水跃，则：

$$d = \sigma h_2 - H_1 - C\ (\text{m})$$

h_2 可用上述试算法或查表法求得。

5) 消力池长度计算：为了保证消力池的消能作用，消力池要有适宜的长度，消力池长度按公式 (9-27) 计算：

$$L = L_1 + 0.8L_2 \tag{9-27}$$

式中　L——消力池长度，m；

　　　L_1——水舌射流长度，m；

　　　L_2——水跃长度，m。

① 水舌射流长度：对于有垂直跌水的水舌射流长度：

宽顶堰时：

$$L_1 = 1.64\sqrt{H_0(P + 0.24H_0)}\ (\text{m})$$

式中　H_0——堰上总水头，m；

　　　P——跌水高度，算至消力池底，m。

实用断面堰时：

如堰顶的宽度很小，即 $\delta < 0.7H_0$，且 $S \leqslant 0.5$，或 $\delta < 0.5H_0$，且 $2 \geqslant S \geqslant 0.5$，$\delta$ 为堰顶宽；S 为堰受压面与水平面倾角的余切，则溢流水舌将飞越堰顶，故射程计算与薄壁堰的情况相同，起算断面取堰顶起端，按下式计算：

$$L_1 = 0.3H_0 + 1.25\sqrt{H_0(P + 0.45H_0)}\ (\text{m})$$

如堰顶宽度较大，即 $\delta > 0.7H_0$，则水舌不发生飞越现象，起算断面可取堰顶末端的边缘上，射程按下式计算：

$$L_1 = 1.33\sqrt{H_0(P + 0.3H_0)}\ (\text{m})$$

② 水跃长度计算：

当 $1.7 < Fr \leqslant 9.0$ 时

当 $9.0 < Fr < 16$ 时

$$\left.\begin{array}{l} L_2 = 9.5h_1(Fr - 1)\ (\text{m}) \\ L_2 = [8.40(Fr - 9) + 76]h_1\ (\text{m}) \end{array}\right\} \tag{9-28}$$

式中　Fr——跃前断面弗劳德数，$Fr = \dfrac{v_1}{\sqrt{gh_1}}$；

　　　v_1——跃前断面平均流速。

【例1】　在山洪沟上修筑一个单级跌水，设计流量 $Q=8.70\text{m}^3/\text{s}$，跌水高度 $P=3.10\text{m}$，上游渠道水深 $H=1.52\text{m}$，流速 $v_0=1.20\text{m/s}$，下游渠道水深 $h_{\text{t}}=1.86\text{m}$，试计算消力池深度和长度。

【解】　采用矩形跌水口和矩形消力池。

1）计算跌水口宽度：

$$b = \frac{Q}{\varepsilon M H_0^{3/2}}$$

$$H_0 = H + \frac{\alpha v_0^2}{2g} = 1.52 + \frac{1.05 \times 1.20^2}{19.62} = 1.60\text{m}$$

采用 $\varepsilon=0.90$，$M=1.62$，

$$b = \frac{8.70}{0.90 \times 1.62 \times 1.60^{3/2}} = 2.95\text{m}$$

采用 $b=3.0\text{m}$，

$$q = \frac{Q}{b} = \frac{8.7}{3.0} = 2.90\text{m}^3/(\text{s} \cdot \text{m})$$

2）检验上下游水流的衔接性质：

$$T_0 = H + \frac{\alpha v_0^2}{2g} + P = 1.52 + \frac{1.05 \times 1.20^2}{19.62} + 3.10 = 4.70\text{m}$$

$$\frac{q^{\frac{2}{3}}}{T_0} = \frac{2.90^{\frac{2}{3}}}{4.70} = 0.433$$

根据 $P=3.10\text{m}$ 查表 9-6 得 $\varphi=0.90$。

当 $\varphi = 0.90$，$\dfrac{q^{\frac{2}{3}}}{T_0} = 0.433$ 时查附录 25 得：

$$\frac{h_1}{q^{\frac{2}{3}}} = 0.171; \frac{h_2}{q^{\frac{2}{3}}} = 1.008$$

$$h_1 = 0.171 \times 2.90^{\frac{2}{3}} = 0.35\text{m}$$

$$h_2 = 1.008 \times 2.90^{\frac{2}{3}} = 2.05\text{m}$$

因 $h_2 > h_{\text{t}}$，所以需要设置消力池。

3）消力池深度计算：

计算比值：
$$\frac{h_{\text{t}}}{q^{\frac{2}{3}}} = \frac{1.86}{2.90^{\frac{2}{3}}} = 0.91$$

令
$$\frac{h_2}{q^{\frac{2}{3}}} = \frac{h_{\text{t}}}{q^{\frac{2}{3}}} = 0.91$$

查附录 25 得 $\eta_{\text{t}}=0.97$，

计算比值：$\dfrac{Z'}{q^{\frac{2}{3}}} = \dfrac{T_0}{q^{\frac{2}{3}}} - \eta_{\text{t}} = \dfrac{4.70}{2.90^{\frac{2}{3}}} - 0.97 = 1.34$

根据 $\dfrac{Z'}{q^{\frac{2}{3}}} = 1.34$，$\varphi = 0.90$，查附录 25 得 $\eta = 1.072$

消力池深度：$d = \sigma d_0 = 1.05 \times 2.90^{\frac{2}{3}}(1.072 - 0.97) = 0.22\mathrm{m}$

采用 $d = 0.50\mathrm{m}$。

4）验算消力池后水跃淹没情况：

$$T' = H + \frac{\alpha v_0^2}{2g} + P + d$$

$$= 1.52 + \frac{1.05 \times 1.20^2}{19.62} + 3.10 + 0.50 = 5.20\mathrm{m}$$

$$\frac{q^{\frac{2}{3}}}{T'} = \frac{2.90^{\frac{2}{3}}}{5.20} = 0.391$$

当 $\varphi = 0.90$，$\dfrac{q^{\frac{2}{3}}}{T'} = 0.391$ 时，查附录 25 得：

$$\frac{h_1}{q^{\frac{2}{3}}} = 0.162$$

$$\frac{h_2}{q^{\frac{2}{3}}} = 1.046$$

$$h_1 = 0.162 \times 2.90^{\frac{2}{3}} = 0.33\mathrm{m}$$

$$h_2 = 1.046 \times 2.90^{\frac{2}{3}} = 2.13\mathrm{m}$$

取 $K = 1.05$，则 $\qquad Kh_2 = 1.05 \times 2.13 = 2.24\mathrm{m}$

$$h_t + d = 1.86 + 0.50 = 2.36\mathrm{m} > Kh_2$$

可产生淹没水跃。

5）消力池长度计算：

$$L = L_1 + 0.8L_2$$

$$L_1 = 1.64\sqrt{H_0(P + d + 0.24H_0)} = 1.64\sqrt{1.60(3.10 + 0.50 + 0.24 \times 1.60)} = 4.14\mathrm{m}$$

$$Fr = \frac{v_1}{\sqrt{gh_1}}$$

$$v_1 = \frac{q}{h_1} = \frac{2.90}{0.33} = 8.79\mathrm{m/s}$$

$$Fr = \frac{8.79}{\sqrt{9.81 \times 0.33}} = 4.89$$

当 $Fr < 9.0$ 时，

$$L_2 = 9.5h_1(Fr - 1) = 9.5 \times 0.33 \times (4.89 - 1) = 12.20\mathrm{m}$$

$$L = L_1 + 0.8L_2 = 4.14 + 0.8 \times 12.20 = 13.90\mathrm{m}$$

采用 $L = 15\mathrm{m}$。

6）多级跌水水力计算：当总落差较大（$P > 3.0\mathrm{m}$）时常做成多级跌水。多级跌水的水力计算包括确定进出口的尺寸及各级消力池的尺寸。

多级跌水的进口及出口，以及最末级消力池的计算方法均同单级跌水，唯中间各级（常用消力槛）消能计算略有不同。计算此类问题有两种方法：第一种使各级水面落差 Z_1

相等；第二种使各级跌水渠底差 S 相等。后者计算比较简便，如图 9-30 所示，$S_1 = S_2 = S_3 = \cdots\cdots$，其计算步骤如下：

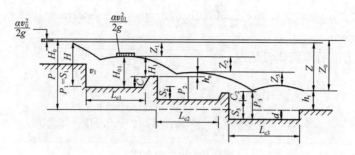

图 9-30 多级跌水

① 先计算第一级跌水，已知 $T_{01} = P_1 + H_0$，根据 $\dfrac{q^{\frac{2}{3}}}{T_{01}}$ 和流速系数 φ 值，从附录 25 查得 $\dfrac{h_2}{q^{\frac{2}{3}}}$。

② 按下式计算第一级消力槛上的水头（假定为非淹没实用堰）：

$$H_{01} = \left(\frac{q}{M}\right)^{\frac{2}{3}} (\text{m}) \tag{9-29}$$

③ 计算消力槛前的行进流速：

$$v_{01} = \frac{q}{h_2} (\text{m/s}) \tag{9-30}$$

④ 求第一级消力槛上的水深 H_1：$H_1 = H_{01} - \dfrac{\alpha v_{01}^2}{2g}(\text{m})$

⑤ 初步确定消力槛高度 C_1：　$C_1 = \sigma h_2 - H_1(\text{m})$

⑥ 验算第一级消力槛高度 C_1：在初步确定了 C_1 之后，还要验算由于跌落高度 S_1 增加为 $S_1 + C_1$ 时，相应总水头增加后的 C_1 是否能满足初步确定的 C_1 值，其验算步骤如下：

a. 计算 T_0'，并查出 $\dfrac{h_{02}}{q^{\frac{2}{3}}}$，$T_0' - T_0 + C_1$，求出 $\dfrac{q^{\frac{2}{3}}}{T_0'}$，并根据 φ 值由附录 25 查出 $\dfrac{h_1'}{q^{\frac{2}{3}}}$，求得 h_1'。

b. 计算消力池中收缩断面处的流速 v_1'：$v_1' = \dfrac{q}{h_1'}$ (m/s)

c. 计算消力槛上面的流速 v_2：$v_2 = \sqrt[3]{M^2 q}$ (m/s)

式中　M——堰的第二流量系数，一般采用 $M = 1.86$；

　　　q——堰顶的单宽流量，$\text{m}^3/(\text{s} \cdot \text{m})$。

d. 求出在壅高水跃条件下的第二共轭水深 h_2'：

$$h_2' = \sqrt{(h_1')^2 + 0.205q\,(v_1' - v_2)}(\text{m})$$

e. 计算消力槛前的行进流速 v_{01}'：$v_{01}' = \dfrac{q}{h_2'}$ (m/s)

f. 求出消力槛上水深 H_1'：$H_1' = H_{01}' - \dfrac{\alpha\,(v_{01}')^2}{2q}$ (m)

g. 计算消力槛高度 C_1'：$C_1' = \sigma h_2' - H_1'$（m）

h. 比较 C_1 与 C_1'，若二者相差较小，即可采用 C_1 作为消力槛的高度；若二者相差较大，则按 C_1' 修正 C_1，并重复上述计算，直至相差在 5% 之内时为止。

⑦ 第一级消力池的长度：

$$L_{01} = L_1 + 0.8 L_2$$

式中　L_1——水舌射流长度，m；

　　　L_2——水跃长度，m。

⑧ 第二级消力池深度及长度的计算与第一级的计算步骤相同，但第二级的比能为：

$$T_0 = P_2 + H_{01} \tag{9-31}$$

⑨ 第三级及其他各级的尺寸（除最后一级外），可采用与第二级完全相同的尺寸。

⑩ 最后一级消力池的计算：

a. 首先判别跌落在最后一级消力池上的射流与下游的衔接性质。若 $h_2 > h_t$，则下游产生远驱式水跃，仍需建消力设备。

b. 初步决定消力池深 d：$d = \sigma h_2 - h_t$（m）。

c. 对初定的 d 进行验算。

d. 计算消力池的长度。

⑪ 将以上各项计算结果列入下表，以作为设计的依据。

级　　数	跌水高度 P（m）	消力池深度 d（m）	消力池长度 L_c（m）
1			
2			
3			
……			
n			

【例 2】　在截洪沟和排洪渠道衔接处，总落差为 7.50m，截洪沟设计流量为 5.40m³/s，水深 $H = 1.25$m，排洪渠道为矩形断面，宽度 $b = 3.0$m，水深 $h_t = 1.30$m，试设计多级跌水。

【解】　1）根据总落差和常用每级跌差（<3.0m）采用有消力池的三级等落差跌水。

每级跌水的跌差：$P_n = \dfrac{P}{n} = \dfrac{7.50}{3} = 2.50$m

2）跌水口计算：采用无底槛矩形跌水口，宽度和排洪渠道相同，$b = 3.0$m。堰上水头：

$$H_0 = \left(\frac{Q}{\varepsilon M b} \right)^{\frac{2}{3}} = \left(\frac{5.40}{0.9 \times 1.62 \times 3.0} \right)^{\frac{2}{3}} = 1.15\text{m}$$

3）计算第一级跌水：

$$T_{01} = P_1 + H_0 = 2.50 + 1.15 = 3.65\text{m}$$

$$q = \frac{Q}{b} = \frac{5.40}{3.00} = 1.80\text{m}^3/(\text{s} \cdot \text{m})$$

$$\frac{q^{\frac{2}{3}}}{T_{01}} = \frac{1.80^{\frac{2}{3}}}{3.65} = 0.405$$

当 $\varphi = 0.90$，$\frac{q^{\frac{2}{3}}}{T_{01}} = 0.405$ 时，查附录 25 得：

$$\frac{h_1}{q^{\frac{2}{3}}} = 0.165, \frac{h_2}{q^{\frac{2}{3}}} = 1.031$$

$$h_1 = 0.165 \times 1.80^{\frac{2}{3}} = 0.24\text{m}$$

$$h_2 = 1.031 \times 1.80^{\frac{2}{3}} = 1.53\text{m}$$

采用降低渠底形成消力池。

第一级消力槛上的水头 H_{01}：$H_{01} = \left(\frac{q}{M}\right)^{\frac{2}{3}} = \left(\frac{1.80}{1.86}\right)^{\frac{2}{3}} = 0.98\text{m}$

消力槛前的行进流速 v_{01}：$v_{01} = \frac{q}{h_2} = \frac{1.80}{1.53} = 1.18\text{m/s}$

消力槛上水深 H_1：$H_1 = H_{01} - \frac{\alpha v_{01}^2}{2g} = 0.98 - \frac{1.05 \times 1.18^2}{2 \times 9.81} = 0.90\text{m}$

采用 $C_1 = 0.70\text{m}$。

初步确定第一级消力池深度 $d_1 = C_1$：

$$C_1 = \sigma h_2 - H_1 = 1.05 \times 1.53 - 0.90 = 0.71\text{m}$$

验算第一级消力池的深度：$T'_{01} = T_{01} + C_1 = 3.65 + 0.70 = 4.35\text{m}$

$$\frac{q^{\frac{2}{3}}}{T'_{01}} = \frac{1.80^{\frac{2}{3}}}{4.35} = 0.34, 并根据 \varphi = 0.90$$

查附录 25 得：$\frac{h'_{01}}{q^{\frac{2}{3}}} = 0.151$

$$h'_{01} = 0.151 \times 1.80^{\frac{2}{3}} = 0.22\text{m}$$

消力池中收缩断面的流速 v_1：$v_1 = \frac{q}{h'_{01}} = \frac{1.80}{0.22} = 8.18\text{m/s}$

消力槛顶的流速 v_2：$v_2 = \sqrt[3]{M^2 q} = \sqrt[3]{1.86^2 \times 1.80} = 1.84\text{m/s}$

壅高水跃的第二共轭水深：h'_{02}

$$h'_{02} = \sqrt{(h'_{01})^2 + 0.205q(v_1 - v_2)} = \sqrt{0.22^2 + 0.205 \times 1.80(8.18 - 1.84)} = 1.55\text{m}$$

$$v'_{02} = \frac{q}{h'_{02}} = \frac{1.80}{1.55} = 1.16\text{m/s}$$

$$H'_1 = H_{01} - \frac{\alpha v'^2_{02}}{2g} = 0.98 - \frac{1.05 \times 1.16^2}{2 \times 9.81} = 0.91\text{m}$$

$$C'_1 = \sigma h'_{02} - H'_1 = 1.05 \times 1.55 - 0.91 = 0.72\text{m}$$

$C'_1 \approx C_1$，采用 $C_1 = 0.70\text{m}$。

第一级消力池长度计算：$\quad L_{01} = L_1 + 0.8L_2$

$$L_1 = 1.64\sqrt{H_0(P + d + 0.24H_0)} = 1.64\sqrt{1.15(2.50 + 0.70 + 0.24 \times 1.15)} = 3.28\text{m}$$

$$Fr = \frac{v_1}{\sqrt{gh_1}} = \frac{8.18}{\sqrt{9.81 \times 0.22}} = 5.57$$

当 $Fr<9.0$ 时，$\qquad L_2 = 9.5h_1(Fr-1) = 9.5 \times 0.22(5.57-1) = 9.55\text{m}$

$$L_{01} = 3.28 + 0.8 \times 9.55 = 10.92\text{m}$$

采用 $L_{01} = 11.00\text{m}$。

4）计算第二级跌水：

$$T_{02} = P_2 + H_{01} = 2.50 + 0.98 = 3.48\text{m}$$

$$\frac{q^{\frac{2}{3}}}{T_{02}} = \frac{1.80^{\frac{2}{3}}}{3.48} = 0.425$$

当 $\varphi = 0.90$，$\dfrac{q^{\frac{2}{3}}}{T_{02}} = 0.425$ 时，查附录 25 得：

$$\frac{h_1}{q^{\frac{2}{3}}} = 0.170, \frac{h_2}{q^{\frac{2}{3}}} = 1.015$$

$$h_1 = 0.170 \times 1.80^{\frac{2}{3}} = 0.25\text{m}$$

$$h_2 = 1.015 \times 1.80^{\frac{2}{3}} = 1.50\text{m}$$

采用降低渠底形成消力池。

第二级消力槛上的水头 H_{02}：$H_{02} = \left(\dfrac{q}{M}\right)^{\frac{2}{3}} = \left(\dfrac{1.80}{1.86}\right)^{\frac{2}{3}} = 0.98\text{m}$

消力槛前的行进流速 v_{02}：$v_{02} = \dfrac{q}{h_2} = \dfrac{1.80}{1.50} = 1.20\text{m/s}$

消力槛上水深 H_2：$H_2 = H_{02} - \dfrac{\alpha v_{02}^2}{2g} = 0.98 - \dfrac{1.05 \times 1.20^2}{19.62} = 0.90\text{m}$

初步确定第二级消力池深度 $d_2 = C_2$：

$$C_2 = \sigma h_2 - H_2 = 1.05 \times 1.50 - 0.90 = 0.675\text{m}$$

采用 $C_2 = 0.70\text{m}$。

验算第二级消力池的深度：$T'_{02} = T_{02} + C_2 = 3.48 + 0.70 = 4.18\text{m}$

$\dfrac{q^{\frac{2}{3}}}{T'_{02}} = \dfrac{1.80^{\frac{2}{3}}}{4.18} = 0.354$，并根据 $\varphi = 0.90$，查附录 25 得 $\dfrac{h'_{01}}{q^{\frac{2}{3}}} = 0.154$

$$h'_{01} = 0.154 \times 1.80^{\frac{2}{3}} = 0.23\text{m}$$

消力池中收缩断面的流速 v_1：$v_1 = \dfrac{q}{h'_{01}} = \dfrac{1.80}{0.23} = 7.83\text{m/s}$

消力槛顶的流速 v_2：$v_2 = \sqrt[3]{M^2 q} = \sqrt[3]{1.86^2 \times 1.80} = 1.84\text{m/s}$

壅高水跃的第二共轭水深 h'_{02}

$$h'_{02} = \sqrt{(h'_{01})^2 + 0.205q(v_1 - v_2)}$$

$$= \sqrt{0.23^2 + 0.205 \times 1.80(7.83 - 1.84)} = 1.50\text{m}$$

$$v'_{02} = \frac{q}{h'_{02}} = \frac{1.80}{1.50} = 1.20\text{m/s}$$

$$H'_2 = H_{02} - \frac{\alpha v'^2_{02}}{2g} = 0.98 - \frac{1.05 \times 1.20^2}{19.62} = 0.90\text{m}$$

$$C'_2 = \sigma h'_{02} - H'_2 = 1.05 \times 1.50 - 0.90 = 0.675\text{m}$$

$$C'_2 \approx C_2，采用 C_2 = 0.70\text{m}$$

第二级消力池长度计算：$\qquad L_{02} = L_1 + 0.8L_2$

$$L_1 = 1.64\sqrt{H_{02}(P + d + 0.24H_{02})}$$

$$= 1.64\sqrt{0.98(2.50 + 0.70 + 0.24 \times 0.98)} = 3.01\text{m}$$

$$Fr = \frac{v_1}{\sqrt{gh_1}} = \frac{7.83}{\sqrt{9.81 \times 0.23}} = 5.21$$

当 $Fr < 9.0$ 时，

$$L_2 = 9.5h_1(Fr - 1) = 9.5 \times 0.23 \times (5.21 - 1) = 9.20\text{m}$$

$$L_{02} = L_1 + 0.8L_2 = 3.01 + 0.8 \times 9.20 = 10.37\text{m}$$

采用 $L_{02} = 11.00\text{m}$。

5）计算第三级跌水（即最后一级跌水）：

$$T_{03} = P_3 + H_{02} = 2.50 + 0.98 = 3.48\text{m}$$

$$\frac{q^{\frac{2}{3}}}{T_{03}} = \frac{1.80^{\frac{2}{3}}}{3.48} = 0.425$$

当 $\varphi = 0.90$，$\dfrac{q^{\frac{2}{3}}}{T_{03}} = 0.425$ 时，查附录 25，得 $\dfrac{h_{01}}{q^{\frac{2}{3}}} = 0.170$，$\dfrac{h_{02}}{q^{\frac{2}{3}}} = 1.015$

$$h_{01} = 0.170 \times 1.80^{\frac{2}{3}} = 0.25\text{m}$$

$$h_{02} = 1.015 \times 1.80^{\frac{2}{3}} = 1.50\text{m}$$

$h_{02} > h_t$ 需要设消力池。

初步确定消力池深 d_3：$d_3 = \sigma h_2 - h_t = 1.05 \times 1.50 - 1.30 = 0.28\text{m}$

采用 $d_3 = 0.30\text{m}$。

验算第三级消力池的深度：$T'_{03} = P_3 + H_{02} + d_3 = 2.50 + 0.98 + 0.30 = 3.78\text{m}$

$$\frac{q^{\frac{2}{3}}}{T'_{03}} = \frac{1.80^{\frac{2}{3}}}{3.78} = 0.391$$

当 $\varphi = 0.90$，$\dfrac{q^{\frac{2}{3}}}{T'_{03}} = 0.391$ 时，查附录 19 得：$\dfrac{h'_1}{q^{\frac{2}{3}}} = 0.163$，$\dfrac{h'_2}{q^{\frac{2}{3}}} = 1.042$

$$h'_1 = 0.163 \times 1.80^{\frac{2}{3}} = 0.24\text{m}$$

$$h'_2 = 1.042 \times 1.80^{\frac{2}{3}} = 1.54\text{m}$$

消力池中收缩断面的流速 v_1：$v_1 = \dfrac{q}{h'_{01}} = \dfrac{1.80}{0.24} = 7.50\text{m/s}$

消力槛顶的流速 v_2：$v_2 = \sqrt[3]{M^2q} = \sqrt[3]{1.86^2 \times 1.80} = 1.84\text{m/s}$

壅高水跃的第二共轭水深：h'_{02}

$$h'_{02} = \sqrt{(h'_{01})^2 + 0.205q(v_1 - v_2)}$$

$$= \sqrt{0.24^2 + 0.205 \times 1.80(7.50 - 1.84)} = 1.46\text{m}$$

$$d'_3 = \sigma h'_{02} - h_t = 1.05 \times 1.46 - 1.30 = 0.23\text{m}$$

采用 $d_3 = 0.30\text{m}$。

第三级消力池长度计算：$L_{03} = L_1 + 0.8 L_2$

$$L_1 = 1.64 \sqrt{H_{02}(P + d + 0.24 H_{02})}$$
$$= 1.64 \sqrt{0.98(2.50 + 0.30 + 0.24 \times 0.98)} = 2.83\text{m}$$

$$Fr = \frac{v_1}{\sqrt{gh_1}} = \frac{7.50}{\sqrt{9.81 \times 0.24}} = 4.89$$

当 $Fr < 9.0$ 时，

$$L_2 = 9.5 h_1 (Fr - 1) = 9.5 \times 0.24 \times (4.89 - 1) = 8.87\text{m}$$
$$L_{03} = 2.83 + 0.8 \times 8.87 = 9.93\text{m}$$

采用 $L_{03} = 10.00\text{m}$。

级数	跌水高度 P（m）	消力池深度 d（m）	消力池长度 L_0（m）
1	2.50	0.70	11.00
2	2.50	0.70	11.00
3	2.50	0.30	10.00

9.2.5 陡坡

陡坡的作用和跌水相同，当山洪沟、截洪沟、排洪渠道通过地形高差较大的地段时，用陡坡连接上下游沟渠，以调整纵坡，水流进入陡坡即成为跌落急流。

在地形变化均匀的坡面上，修建陡坡较跌水经济，施工方便，特别在地下水位高的地段尤为显著。

1. 陡坡布置和构造要求

陡坡由进口段、陡坡段和出口段组成，如图 9-31 所示。

（1）进口段：进口段主要是控制上游沟渠中水流不因修建陡坡而改变水力要素，特别是防止上游沟渠水深发生下降，同时又要使水流平顺地导入陡坡段。

陡坡进口形式与跌水进口形式相同，通常设计成扭曲面与上游沟渠相接。直墙式进口水流受两侧直墙的压缩，陡坡段水流扩散不均匀，主流集中下泄，往往造成下游冲刷。

进口段的构造要求与跌水进口段相同。

（2）陡坡段：陡坡段实际上是一个急流槽，底的纵坡通常为 1:4～1:20。横断面多采用矩形或梯形，在平面布置上，作成底宽不变或扩散两种形式，如图 9-32 所示。底宽逐渐扩散可以减小陡坡出口的单

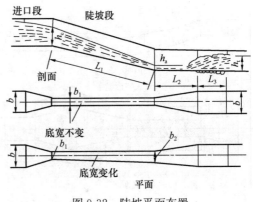

图 9-32 陡坡平面布置

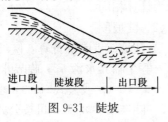

图 9-31 陡坡

宽流量，给下游消能创造有利条件。但陡坡内水深较小时，底宽则不宜扩散。由于山洪迅猛异常，带有较大的破坏力，因而陡坡段的陡度不宜过大，以避免造成下游消能的困难。

陡坡首先应根据地形条件选定坡底的纵坡 i 及横断面尺寸，然后验算陡坡 i 是否大于临界坡度 i_c，以便判定是否属于陡坡。其坡底的大小，往往由护砌材料的容许流速控制，当陡坡水流流速很大时，要注意选择相应的护砌材料。

当陡坡段平面布置为扩散形式时，其扩散度常为 1：4。护底应在伸缩缝处加齿坎，以利于防渗和抗滑。变形缝内应设止水或反滤盲沟，必要时可同时采用。

陡坡侧墙顶部安全超高，一般应比沟渠的超高要大一些，一般采用 20%～30%。为了减小渗透水流对侧墙和底板的压力，常在侧墙上设置排水孔。在寒冷地区护砌应考虑土壤冻胀影响。

陡坡底宽和水深比值，一般限制在 10～20 之间，过大易产生冲击波。

陡坡应考虑地基土壤的稳定，应满足 $\tan\sigma < \tan\alpha$（σ 为陡坡与水平面的夹角，α 为地基土壤内摩擦角）。

（3）出口段：陡坡出口段包括消力池和下游扩散部分。消力池与跌水出口消力池要求一样，消力池末端的扩散段翼墙，在平面上的扩散度，最好是在 1：5～1：6 之间，以防止水流脱防墙体。为了缩短扩散段的长度，槽底可设底槛。

2. 陡坡人工糙面

人工糙面不但可以降低流速，而且由于水流的扩散，有利于下游消能。在设计陡坡人工加糙时，最好是通过水工模型试验来验证人工加糙平面布置和糙条尺寸，以选择合适方案。

（1）糙条在陡坡上加设的位置，在跌差大于 10m 时，可由陡坡段上端 1/4～1/3 陡坡长度处向下开始；当跌差小于 5m 时，可以全陡坡加设糙坎。

（2）加糙可用相对糙度 $\varepsilon = \dfrac{h_1}{\sigma_0} = \dfrac{1}{1.5}$，及糙条间距 $\lambda = (8\sim10)\,\sigma_0$ 来衡量，h_1 为陡坡末端跃前水深；σ_0 为糙条高度。

（3）当陡坡坡度为 $\dfrac{1}{4} \sim \dfrac{1}{5}$，落差为 3.0～5.0m，而平面扩散度很小或为零时，加糙条以双人字形的作用较好，消力池内应设适当的消力齿坎，如图 9-33 所示。

在跌差很大时，可由陡坡段上端 $\dfrac{1}{4} \sim \dfrac{1}{5}$ 长度向下开始。糙条间距 $\lambda = (8\sim10)\,\sigma_0$，相对糙度 $\varepsilon = 5\sim6$。

3. 陡坡水力计算

（1）进口段：进口段水力计算可按堰流公式进行，计算方法与跌水进口水力计算相同。

（2）陡坡段

1）陡坡起点水深计算：陡坡起点水深 h 等于临界水深 h_c。临界水深 h_c 可按公式（9-1）或公式（9-3）求得。

2）陡坡临界坡度 i_c 可按公式（9-

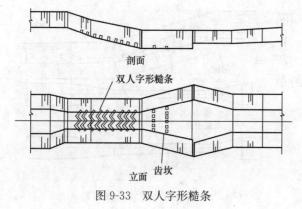

剖面

双人字形糙条

立面 齿坎

图 9-33 双人字形糙条

32）计算：

$$i_c = \frac{g}{\alpha C_c^2} \frac{\chi_c}{B_c} = \frac{Q^2}{K_c^2} \tag{9-32}$$

式中 i_c——临界坡度；

g——重力加速度，m/s^2；

α——流速不均匀系数，一般采用 $\alpha=1.1$；

C_c——临界水深断面的谢才系数；

B_c——临界水深断面的水面宽度，其值等于：$B_c = b + 2mh_c$；

Q——设计流量，m^3/s；

χ_c——临界水深断面的湿周，m；对于梯形断面其值等于：$\chi_c = b + 2h_c\sqrt{1+m^2}$；其中

b——陡坡底宽，m；

h_c——临界水深，m；

m——断面边坡系数；

K_c——临界水深断面的流量率，其值等于：$K_c = w_c C_c \sqrt{R_c}$；其中

w_c——临界水深断面的过水面积，m^2；

R_c——临界水深断面的水力半径，m。

　　按上述公式计算，对所得临界坡度和设计陡坡的坡度进行比较，只有当陡坡的坡度大于临界坡度时，才能按陡坡的方法进行计算。

　　（3）陡坡段的长度计算，按公式（9-33）计算：

$$L_a = \sqrt{P^2 + \left(\frac{P}{i}\right)^2} \tag{9-33}$$

式中 L_a——陡坡长度，m；

P——陡坡段的总落差，m；

i——陡坡段的坡度。

　　（4）陡坡水面曲线计算：陡坡起点水深等于临界水深，即 $h=h_c$，并沿陡坡逐渐减小，产生降水曲线，在陡坡有足够长度的时候，末端水深逐渐接近于正常水深 h_0，即有 $h_a = 1.005h_0$。

　　山洪流量变化较大，在设计流量很大时，往往为了减小陡坡末端的单宽流量，以利下游消能，而将陡坡底宽设计成逐渐扩散的形式。当设计流量较小时，陡坡起点水深较小，往往为了使陡坡末端保持一定水深，而将陡坡底宽设计成逐渐缩小的形式。但在一般情况下陡坡底宽不变。

　　陡坡水面曲线计算，通常有两种类型。第一种类型是已知底坡 i、糙率 n、上下游两断面形式和尺寸、水深 h_I、h_{II}、流量 Q，求两断面间降水的陡坡长度 l_{I-II}。第二种类型是已知底坡 i、糙率 n、两断面形式和尺寸、水深 h_{II}、流量 Q 及两断面之间的陡坡长度 l_{I-II}，求断面 $II-II$ 处的水深 h_{II}。

　　上述两种类型的水面曲线计算，可采用分段直接求和法及水力指数积分法计算。

　　1）分段直接求和法：将陡坡分成若干段，段的多少视要求精度而定。如果陡坡落差较小，亦可不分段，一次求出陡坡长度或断面水深。

① 第一种类型，计算步骤如下：

a. 将陡坡分成几段，如图 9-34 所示。

b. 根据已知条件求出各断面处的总水头 T_0。

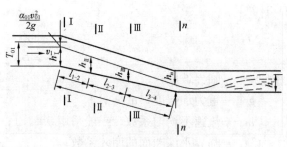

图 9-34　陡坡分段计算

$$T_{01} = \frac{\alpha_{01} v_{01}^2}{2g} + h_{\text{I}} \text{ (m)}$$

$$T_{02} = \frac{\alpha_{02} v_{02}^2}{2g} + h_{\text{II}} \text{ (m)}$$

$$\cdots\cdots$$

$$T_{0n} = \frac{\alpha_{0n} v_{0n}^2}{2g} + h_n \text{ (m)}$$

c. 求各断面间的距离 l：

$$l_{1-2} = \frac{T_{02} - T_{01}}{i - \overline{J}} \text{ (m)} \tag{9-34}$$

$$l_{2-3} = \frac{T_{03} - T_{02}}{i - \overline{J}} \text{ (m)}$$

$$\cdots\cdots$$

$$l_{(n-1)-n} = \frac{T_{0n} - T_{0(n-1)}}{i - \overline{J}} \text{ (m)}$$

d. 求陡坡总长度 L：

$$L = l_{1-2} + l_{2-3} + \cdots\cdots + l_{(n-1)-n} \tag{9-35}$$

② 第二种类型用试算法，其计算步骤如下：

先假定 II-II 断面水深 h'_{II}，并计算总水头 T'_{02}：

$$T'_{02} = \frac{\alpha_{02} (v'_{02})^2}{2g} + h'_{\text{II}} = \frac{\alpha_{01} v_{01}^2}{2g} + h_{\text{I}} \text{ (m)}$$

或

$$T'_{02} + \overline{J} l_{1-2} = T_{01} + i l_{1-2} \text{ (m)}$$

上式右边为已知，如果计算结果等式两边相等，则假定的 h'_{II} 即为所求的 h_{II}。如不相等，则重新假定 h'_{II} 值，重复上述计算，直至相等为止。

逐次假定 h'_{III}、h'_{IV} ……h'_n，经验算求得 h_{III}、h_{IV} ……h_n。

2）水力指数积分法：是对指数积分，经过一系列数学推导得出公式（9-36）降水曲线方程式。

$$L = \frac{h_0}{i} \{ \eta_2 - \eta_1 - (1 - \overline{J}) [\varphi(\eta_2) - \varphi(\eta_1)] \} \tag{9-36}$$

式中　　　L——两断面之间的距离，m；

h_0——均匀流情况下的水深，即正常水深，m；

i——陡坡段的纵坡；

η_2——断面 2-2 的水深与正常水深之比，$\eta_2 = \dfrac{h_2}{h_0}$；

η_1——断面 1-1 的水深与正常水深之比，$\eta_1 = \dfrac{h_1}{h_0}$；

$\varphi(\eta_2)$、$\varphi(\eta_1)$——与水深比 η_2、η_1 及水力指数 χ 有关的函数，详见附录15；

$\overline{J}$——两断面间的动能变化值，$\overline{J}=\dfrac{\alpha i\,\overline{C}^2}{g}\dfrac{\overline{B}}{\overline{\chi}}$；

α——流速分布不均匀系数，常用 $\alpha=1.1$；

$\overline{B}$——相应于两断面间平均水深 $\overline{h}$ 时的水面宽，m；

$\overline{\chi}$——相应于平均水深 $\overline{h}$ 时的湿周，m；

$\overline{C}$——相应于平均水深 $\overline{h}$ 时的谢才系数。

水力指数 χ，按公式（9-37）推求：

$$\chi = 2\,\frac{\lg\overline{K}-\lg K_0}{\lg\overline{h}-\lg h_0} \tag{9-37}$$

式中　$\overline{K}=\dfrac{1}{2}(K_1+K_2)$

$\overline{h}=\dfrac{1}{2}(h_1+h_2)$

K_0、$\overline{K}$——相应于正常水深 h_0 和平均水深 $\overline{h}$ 的过水断面的流量率（$K=\omega C\sqrt{R}$）。

如果算出的降水曲线长度小于陡坡长度（$l<L_a$），则表示降水曲线在陡坡中已终止（$h_a=h_0$）。如果 $l>L_a$，说明降水曲线在陡坡中未终止，这时按降水曲线公式及流速 $v_a=\dfrac{Q}{\omega_a}$（ω_a 表示陡槽终点处的水流断面面积，$\omega_a=h_a b$），计算得的 v_a 值不应超过陡坡护砌材料的最大容许流速 v_{max}，如果 $v_a>v_{max}$，则需变换护砌材料或采用人工加糙的陡坡，但需注意，当改变护砌材料或人工加糙后，应按新的糙率 n 值复核上述计算。

（5）陡坡末端消力池的水力计算

陡坡的末端消力池，根据其结构形式分为有陡坎的消力池和无陡坎的消力池两种，如图 9-35 所示。在山洪治理中一般陡坡长度较小，而纵坡较大，故常采用不带陡坎的消力池。

1）有陡坎消力池的计算步骤如下：

① 先假定池深 d，求算陡坡终点断面 $a\text{-}a$ 的比能 T'_0。如图 9-35（a）所示。

$$T'_0 = h_a + \frac{\alpha v_a^2}{2g} + d\,(\text{m})$$

式中　h_a——陡坡终点处的水深，m；

v_a——陡坡终点的流速，m/s；

d——消力池深度，m；

α——流速不均匀系数，$\alpha=1.0\sim1.1$；

g——重力加速度，m/s^2。

② 根据比值 $\dfrac{q^{\frac{2}{3}}}{T'_0}$ 及 φ 值查附录 25（梯形断面查附录 24），求得共轭水深 h_1 及 h_2。

③ 验算假定的 d 值是否能满足淹没安全系数的要求，

$$\sigma = \frac{d + (h_t + \Delta Z)}{h_2} \geqslant 1.05 \sim 1.1$$

如果 σ 值大于 1.1 则说明假定的 d 值大了，如果 σ 值小于 1.05，则说明假定的 d 值小了，均须重新假定 d 值，使 σ 值在 1.05~1.1 之间。

2）无陡坎消力池，陡坡终点的水深 h_a 就是消力池底收缩水深 h_1，即 $h_a = h_1$。第二共轭水深 h_2，即陡坡终点水深 h_1 的共轭水深，如图 9-35（b）所示。消力池深度按公式（9-38）计算：

$$d = \sigma h_2 - (h_t + \Delta Z) \tag{9-38}$$

式中第二共轭水深 h_2 可用试算法或查表法求得。消力池长度与跌水消力池长度计算相同。

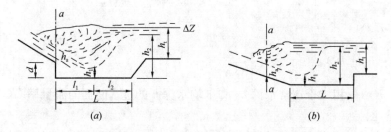

图 9-35　陡坡末端消力池
(a) 有陡坎消力池；(b) 无陡坎消力池

9.3　排 洪 明 渠

9.3.1　排洪明渠布置

1. 渠线走向

（1）在设计流量确定后，渠线走向是工程的关键，要多做些方案比较。

（2）与城市总体规划密切结合。

（3）从排洪安全角度，应选择分散排放渠线。

（4）尽可能利用天然沟道，如天然沟道不顺直或因城市规划要求，必须将天然沟道部分或全部改道时，则要使水流顺畅。

（5）渠线走向应选在地形较平缓，地质稳定地带，并要求渠线短；最好将水导至城市下游，以减少河水顶托；尽量避免穿越铁路和公路，以减少交叉构筑物；尽量减少弯道；要注意应少占或不占耕地，少拆或不拆房屋。

2. 进出口布置

（1）选择进出口位置时，充分研究该地带的地形和地质条件。

（2）进口布置要创造良好的导流条件，一般布置成喇叭口形，如图 9-36 所示。

（3）出口布置要使水流均匀平缓扩散，防止冲刷。

（4）当排洪明渠不穿越防洪堤，直接排入河道时，出口宜逐渐加宽成喇叭口形状，喇叭口可做成弧形或八字形，如图 9-37 所示。

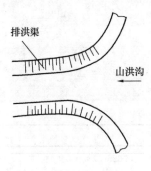 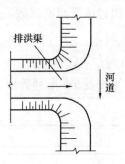

图 9-36　排洪明渠进口　　　　　　图 9-37　排洪明渠出口

（5）排洪明渠穿越防洪堤时，应在出口设置涵闸。

（6）出口高差大于 1m 时，应设置跌水。

3. 构造要求

（1）排洪明渠设计水位以上安全超高，一般采用 0.3～0.5m，如果保护对象有特殊要求时，安全超高可以适当加大。

（2）排洪明渠沿线截取几条山洪沟或几条截洪沟的水流时，其交汇处尽可能斜向下游，并成弧线连接，以便水流均匀平缓地流入渠道内。

（3）渠底宽度变化时，设置渐变段衔接，为避免水流速度突变，而引起冲刷和涡流现象，渐变段长度可取底宽差的 5～20 倍，流速大者取大值。

（4）设计流量较大，为了在小流量时减少淤积，明渠宜采用复式过水断面，使排泄小流量时，主槽过水仍保持最小容许流速。

（5）进口段长度可取渠中水深的 5～10 倍，最小不得小于 3m。

（6）出口经常处于两股水流冲刷时，应设置于地质、地形条件良好的地段，并采取护砌措施。

（7）在纵坡过陡或突变地段，宜设置陡坡或跌水来调整纵坡。

（8）流速大于明渠土壤最大容许流速时，应采取护砌措施防止冲刷。

9.3.2　排洪明渠水力计算

（1）流速计算公式：排洪明渠按均匀流速计算，其流速按公式（9-39）为：

$$v = C\sqrt{Ri} \tag{9-39}$$

$$C = \frac{1}{n}R^{1/6} \text{ 或 } C = \frac{1}{n}R^{y} \tag{9-40}$$

式中　v——平均流速，m/s；

　　　R——水力半径，m；

　　　i——渠底纵坡；

　　　C——流速系数；

　　　n——糙率，可查附录 16；

　　　y——指数，可按下式计算，

$$y = 2.5\sqrt{n} - 0.13 - 0.75\sqrt{R}(\sqrt{n} - 0.1)$$

指数 y 可近似地按下面所列数值选用：

当 $R<1.0$m 时，$y\approx1.5\sqrt{n}$

当 $R>1.0$m 时，$y\approx1.3\sqrt{n}$

亦可根据 n 值按表 9-8 所列数值选用。

y 值　　　　　　　　　　　　　　　　　　　　　　　　表 9-8

n	y	n	y
$0.01<n<0.015$	1/6	$0.025<n<0.04$	1/4
$0.015<n<0.025$	1/5		

（2）排洪能力计算：排洪明渠的排洪能力，系指在一定的正常水深下明渠通过的流量。在正常水深下明渠通过的流量按公式（9-41）计算：

$$Q = \omega v = \omega C\sqrt{Ri} = K\sqrt{i} \tag{9-41}$$

式中　Q——排洪明渠在正常水深下通过的流量，m^3/s；

　　　ω——排洪明渠过水断面面积，m^2；

　　　K——流量模数，m^3/s，$K = \omega C\sqrt{R}$。

（3）水力要素计算：排水明渠的水力要素有过水断面面积 ω、湿周 χ、水力半径 R。排洪明渠断面形状常采用梯形和复式断面。

1）过水断面面积 ω

① 梯形断面：如图 9-38（a）所示。

$$\omega = (b+mh)h(m^2) \tag{9-42}$$

式中　b——排洪明渠底宽，m；

　　　h——排洪明渠水深，m；

　　　m——边坡系数，$m = \dfrac{a}{H}$，参考表 9-9 选用。

边坡系数 m 值　　　　　　　　　　　　　　　　　　　表 9-9

土壤或铺砌名称	边坡 1:m	土壤或铺砌名称	边坡 1:m
粉砂	1:3.0~1:3.5	半岩性土	1:0.5~1:1.0
细沙、中砂、粗砂		风化岩石	1:0.25~1:0.5
（一）松散的	1:2.0~1:2.5	未风化的岩石	1:0.1~1:0.5
（二）密实的	1:1.5~1:2.0	平铺草皮、迭铺草皮	与上边坡相同
砂质粉土	1:1.5~1:2.0	砖、石、混凝土铺砌	
粉质黏土、黏土	1:1.25~1:1.5	（一）水深<2.5m	1:1
砾石土、卵石土	1:1.25~1:1.5	（二）水深>2.5m	与上边坡相同

注：1. 水上的边坡可采用较陡的坡度；

　　　用混凝土衬砌时，$m\geq1.25$；

　　　用砾石堆筑或堆石形成的护面时，$m\geq1.50$；

　　　用黏土、黏壤土护面时，$m\geq2.5$；

　　2. 当坡高≥5m时，边坡的稳定要专门计算，进行校核。

明渠两侧边坡系数不同时，如图 9-38（b）所示，可取平均后的边坡系数值。

$$\overline{m} = \frac{1}{2}(m_1 + m_2) \tag{9-43}$$

$$\omega = (b + \overline{m}h)h \tag{9-44}$$

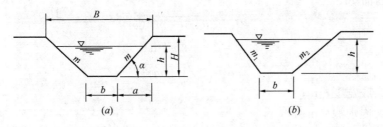

图 9-38 梯形断面排洪明渠

（a）边坡系数相同；（b）边坡系数不相同

② 复式断面：将复式断面划分为左、中、右三部分，如图 9-39（a）所示，左部面积为 ω_1，中部面积为 ω_2，右部面积为 ω_3。

左部面积 ω_1 为：$\omega_1 = \left(b_1 + \dfrac{m_1 h_1}{2}\right)h_1 (\text{m}^2)$

右部面积 ω_3 为：$\omega_3 = \left(b_3 + \dfrac{m_3 h_3}{2}\right)h_3 (\text{m}^2)$

中部面积 ω_2 有两种情况：

当 $h' > h''$ 时，将 ω_2 分成三部分，即 ω_2'、ω_2''、ω_2'''，如图 9-39（b）所示。

$$\omega_2 = \omega_2' + \omega_2'' + \omega_2''' (\text{m}^2)$$
$$\omega_2' = (b_2 + m_2 h'')h'' (\text{m}^2)$$
$$\omega_2'' = (h' - h'')\left[b_2 + 2m_2 h'' + \frac{m_2}{2}(h' - h'')\right](\text{m}^2)$$
$$\omega_2''' = (h_2 - h')[b_2 + m_2(h' + h'')](\text{m}^2)$$

当 $h' = h''$ 时，ω_2 按两个断面计算，如图 9-39（c）所示。

$$\omega_2 = \omega_2' + \omega_2'' (\text{m}^2)$$
$$\omega_2' = (b' + m_2 h')h (\text{m}^2)$$
$$\omega_2'' = (h_2 - h')(b_2 + 2m_2 h')(\text{m}^2)$$

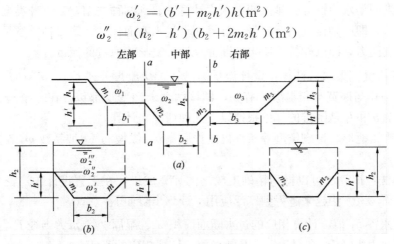

图 9-39 复式断面排洪明渠

（a）、（b）、（c）为三种复式断面排洪明渠

则总过水断面面积 ω 为：

$$\omega = \omega_1 + \omega_2 + \omega_3 (\text{m}^2)$$

2）湿周 χ

① 梯形断面 χ：

$$\chi = b + 2h\sqrt{1+m^2} (\text{m})$$

或

$$\chi = b + m'h (\text{m}) \tag{9-45}$$

$$m' = 2\sqrt{1+m^2} \tag{9-46}$$

式中 b——渠底宽度，m；

h——渠内水深，m；

m——边坡系数；

m'——第二边坡系数。

为了简化计算过程，将第二边坡系数制成表 9-10，可由 m 值直接查得 m' 值。

第二边坡系数 m' 值　　　　　　　　　　　　　　　表 **9-10**

m	0.00	0.10	0.20	0.25	0.50	0.75	1.00	1.25	1.50	2.00	2.50	3.00	4.00	5.00
m'	2.00	2.01	2.04	2.06	2.24	2.50	2.83	3.20	3.61	4.47	5.39	6.33	8.25	10.20

对于两侧边坡不同的梯形断面的湿周，按公式（9-47）计算：

$$\chi = b + h\left(\sqrt{1+m_1^2} + \sqrt{1+m_2^2}\right)(\text{m}) \tag{9-47}$$

② 复式断面湿周 χ，按公式（9-48）计算：

$$\chi = b_1 + h_1\sqrt{1+m_1^2} + b_2 + (h'+h'')\sqrt{1+m_2^2} + b_3 + h_3\sqrt{1+m_3^2}(\text{m}) \tag{9-48}$$

③ 水力半径 R：水力半径按公式（9-49）计算：

$$R = \frac{\omega}{\chi}(\text{m}) \tag{9-49}$$

式中 ω——过水断面面积，m²；

χ——湿周，m。

（4）排洪明渠水力计算：排洪明渠水力计算常遇到两种类型，第一种类型是新建排洪明渠水力计算，即已知设计洪峰流量，计算明渠过水断面尺寸；第二种类型是复核已建排洪明渠的排洪能力，即已知排洪明渠的断面尺寸，复核能通过的流量。

1）新建排洪明渠水力计算：设计流量为已知，从流量公式 $Q = \omega C\sqrt{Ri}$ 中可以看出 ω、C、R 三项均与底宽 b 和水深 h 有关，即该两个未知变量都包含在一个 Q 式之中。因此，直接求解 b 和 h 是困难的。可根据以下几种情况来计算。

根据地质、地形、护砌类型等条件确定渠底宽 b，纵坡 i，边坡系数 m，糙率 n，求算渠内水深 h。

① 试算法：试算法可以得到精确度较高的计算成果，在工程设计中广泛应用，随着计算机的普及，该方法越来越得到广泛应用。计算步骤如下：

a. 假定水深 h_1 值，计算相应的过水断面面积 ω_1、湿周 χ_1、水力半径 R_1。

b. 根据水力半径 R_1 和糙率 n，求得 C 值，计算相应的流速 v_1。

c. 根据 ω_1 和 v_1 计算相应的流量 Q_1。

d. 将计算的流量 Q_1 与设计流量 Q 相比较，若 Q_1 与 Q 误差大于 5%，则重新假定 h 值，重复上述计算，直到求得两者的误差小于 5% 为止。

为了减少试算的次数，可采用绘制 $Q \sim h$ 关系曲线的方法，假定三个以上的 h 值，按上述方法计算出相应的 Q 值，根据 Q 和 h 值绘制 $Q \sim h$ 关系曲线，如图 9-40 所示。根据流量 Q 值，在纵坐标上查得 h 值。

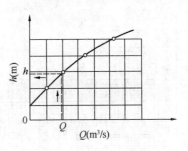

图 9-40　$Q \sim h$ 关系曲线

② 查图法：此法计算比较简单方便，计算成果又能达到一定精度。其计算步骤如下：

a. 计算流量模数 K 值：

$$K = \frac{Q}{\sqrt{i}} \tag{9-50}$$

b. 计算 $\dfrac{1}{K''}$ 值：

$$\frac{1}{K''} = \frac{b^{2.67}}{nK} \tag{9-51}$$

c. 在图 9-41 计算图横坐标轴上量取 $\dfrac{b^{2.67}}{nK}$ 点，作垂线与 m 的曲线相交，再由此点作水平线与纵坐标相交于一点得 $\left(\dfrac{h}{b}\right)$ 值，则 $h = \left(\dfrac{h}{b}\right)b$。

③ 计算为了与上游段渠道水面相衔接，确定了渠道内水深 h、纵坡 i、边坡系数 m，求算渠底宽 b。计算方法与前一类求 h 的方法相同，只是把未知数 h 换成 b。

用图解法，查图 9-42。

2）复核已建排洪明渠的排洪能力：渠道的断面形状和尺寸已定，故 m、n、h、b、i 为已知，求算通过的流量 Q 可直接用公式（9-41）计算。

水深 h 按渠道深减去安全超高，则流量为：$Q = hbc\sqrt{Ri}$（m^3/s）。

为了管理运转的方便，可计算出 $h \sim Q$ 关系曲线。

设三个以上的 h 值，计算相应的流量 Q，以 h 为纵坐标，Q 为横坐标，即可绘出 $h \sim Q$ 关系曲线，如图 9-40 所示。

（5）排洪明渠弯曲段水力计算：水流在流经弯道时，由于离心力的作用，使水流轴线偏向弯曲段外侧，造成弯曲段外侧水面升高，内侧水面降低，如图 9-43 所示。为了保证渠内水流的平缓衔接，必须使弯曲段渠底具有横向坡度，以避免出现横向环流，或使弯曲段半径大于容许半径。

1）弯曲段横向差计算：

$$Z = \frac{v^2}{g} \ln \frac{R_2}{R_1} \tag{9-52}$$

或

$$Z = 2.3 \frac{v^2}{g} \lg \frac{R_2}{R_1} \tag{9-53}$$

式中　Z——弯曲段内外侧水面差，m；

　　　v——弯曲段流速，m/s；

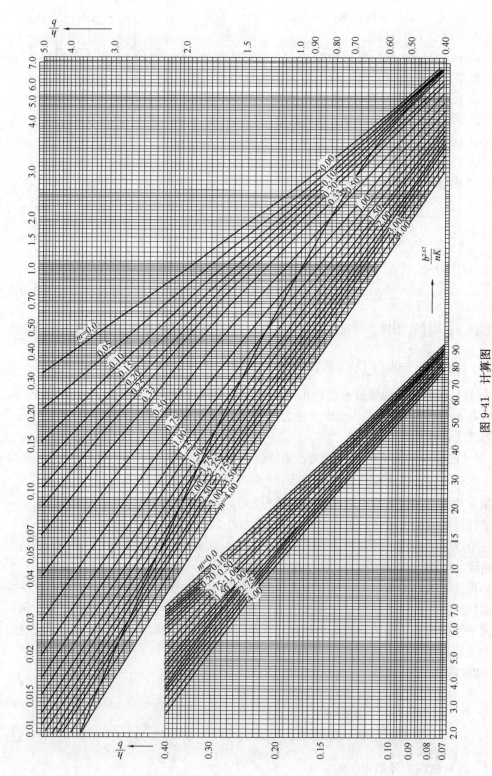

图 9-41 计算图

注：图中与基本曲线相交的那条曲线，是关于水力最佳断面之 h_0/b 最佳。

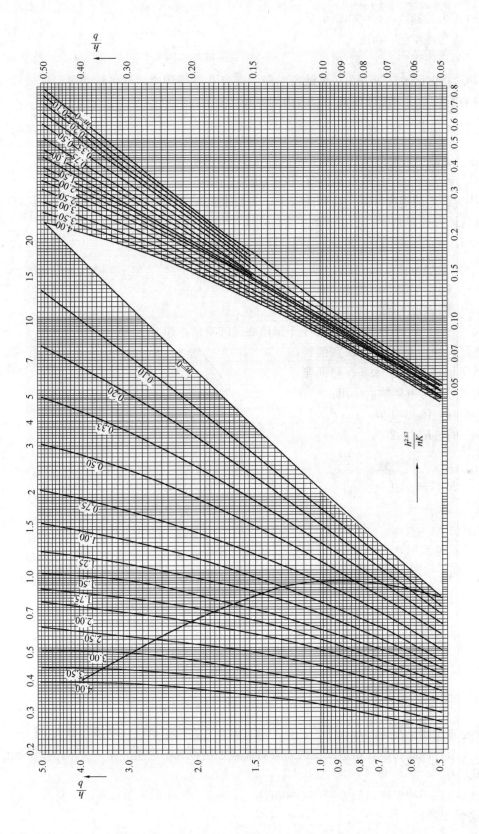

图 9-42 计算图

注：图中与基本曲线相交的那条曲线，是关于水力最佳断面之 h_0/b 最佳。

g——重力加速度，$g=9.81\mathrm{m/s^2}$；

R_1——内弯曲半径，m；

R_2——外弯曲半径，m。

2）弯曲段横向底坡计算：为了消除弯曲段的偏流及底部环流，可将弯曲段设计成具有横向底坡的断面，横向底坡任意一点与内侧渠底高差为：

$$\Delta Z = \frac{v^2}{g}\ln\frac{x}{R_1} \tag{9-54}$$

式中　ΔZ——计算点与内侧渠底高差，m；

x——流轴径，即计算点至转弯圆心的距离，m。

3）最小容许弯曲半径计算：在弯曲段上，为使水流平缓衔接，不产生偏流及底部环流，必须使弯曲段的弯曲半径不小于最小容许弯曲半径 $R_{\min}$。

$$R_{\min} = 1.1v^2\sqrt{w}+12 \tag{9-55}$$

式中　$R_{\min}$——最小容许弯曲半径，m；

v——渠中水流平均流速，m/s；

w——渠道过水断面面积，$\mathrm{m^2}$。

用公式（9-55）求得的 $R_{\min}$，不得小于渠道底宽的 5 倍，即 $R_{\min}>5b$。

寒冷地区，如在春汛时，须宣泄流冰，为了避免形成冰坝或冰塞，弯曲半径应予加大，可参考下列数值采用：

当 $\theta<45°$时，$R_{\min}>10b$；

当 $\theta>45°$时，$R_{\min}>20b$。

$$\tan\theta = \frac{0.3\mathrm{ch}a}{R(1-a)\left(1-\dfrac{a}{3}\right)}$$

$$\tag{9-56}$$

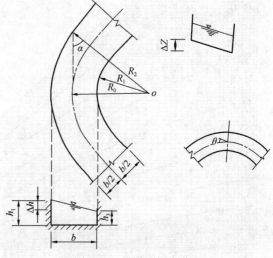

式中　θ——环向流时，底部的流向角度，如图 9-43 所示。

$$a = \frac{v_1-v'}{v'}$$

v_1——表面流速，m/s；

v'——底部流速，m/s；

ch——双曲线函数。

图 9-43　排洪明渠弯曲段

9.3.3　排洪明渠容许流速

为了防止排洪明渠在排洪过程中，产生冲刷和淤积，影响渠道稳定与排洪能力，以致达不到设计要求，因此在设计渠道断面时，要将流速控制在既不产生冲刷，又不产生淤积的容许范围之内。

（1）最大容许不冲流速：最大容许不冲流速 $v_{\max}$ 决定于沟床的土壤或衬砌材料。

1）无黏性土壤：

当 $50 \leqslant \dfrac{R}{\overline{d}} \leqslant 5000$ 时，按公式（9-57）计算：

$$v_{\max} = B\sqrt{\overline{d}}\ln\frac{R}{7\overline{d}} \tag{9-57}$$

式中　$v_{\max}$——最大容许不冲流速，m/s；

　　　B——系数，对于紧密土壤约等于 4.4，对于疏松土壤约等于 3.75；

　　　$\overline{d}$——土壤颗粒的平均直径，m，即土壤基本部分的各种颗粒的直径之算术平均值；

　　　R——水力半径，m。

当 $\dfrac{R}{\overline{d}} < 50$ 时，可按公式（9-58）计算：

$$v_{\max} = 3.13\sqrt{\overline{d}}f\left(\frac{R}{\overline{d}}\right) \tag{9-58}$$

式中 $f\left(\dfrac{R}{\overline{d}}\right)$ 是 $\dfrac{R}{\overline{d}}$ 的函数，其值可按表 9-11 采用。

$f\left(\dfrac{R}{\overline{d}}\right)$ 值　　　　　　　　表 9-11

$\dfrac{R}{\overline{d}}$	50	40	30	20	15	10	5	2	1
$f\left(\dfrac{R}{\overline{d}}\right)$	2.70	2.50	2.30	2.10	2.00	1.95	1.90	1.90	1.85

2）黏性土壤：当排洪明渠水力半径 $R=1.0\sim3.0\text{m}$ 时，最大容许不冲流速 $v_{\max}$ 可参照表 9-12 选用。

黏性土壤不冲流速　　　　　　　　表 9-12

土壤种类	$v_{\max}$（m/s）	土壤种类	$v_{\max}$（m/s）
松粉土	0.7～0.8	黏土：软	0.7
紧密粉土	1.0	正常	1.20～1.40
粉土：轻	0.7～0.8	密实	1.50～1.80
中等	1.10	淤泥质土壤	0.50～0.60
密实	1.10～1.20		

注：1. 当渠道的水力半径 $R>3.0\text{m}$ 时，上述的不冲流速可予加大；当 $R\approx4.0\text{m}$ 时，加大约 5%；当 $R\approx5.0\text{m}$ 时，加大约 6%；

　　2. 对于用圆石铺面衬砌的渠道，或用沥青深浸方式衬砌的渠道，可采用 $v_{\max}\approx2.0\text{m/s}$。

各类土质或铺砌渠道的最大不冲流速还可按附录 17、附录 18、附录 19、附录 20 选用。

（2）最小容许不淤流速：最小容许不淤流速可按经验公式（9-59）计算：

$$v_{\min} = 0.01\frac{\omega}{\sqrt{\overline{d}}}\sqrt[4]{\frac{p}{0.01}}\frac{0.0225}{n}\sqrt{R} \tag{9-59}$$

式中 v_{min}——最小容许不淤流速，m/s；

ω——直径 $d=\overline{d}$ 的颗粒的水力粗度，即沉降速度，m/s；

$\overline{d}$——悬移质泥沙主要部分颗粒的平均直径，mm；

p——粒度 $\geqslant 0.25$mm 的悬移质泥沙重量百分比；

n——糙率系数；

R——水力半径，m。

悬移质泥沙主要部分的平均直径 $\overline{d}=0.25$mm 时，其最小不淤流速可按公式（9-60）计算：

$$v_{min} = 0.5\sqrt{R} \tag{9-60}$$

如果水流中所含 $d>0.25$mm 的泥沙量不超过 1％（重量比）时，则水力半径 $R=1$m 的渠道的最小不淤流速可以用表 9-13 按 $\overline{d}$ 值近似予以确定。

最小不淤流速值

表 **9-13**

$\overline{d}$ (mm)	v_{min} (m/s)	$\overline{d}$ (mm)	v_{min} (m/s)	$\overline{d}$ (mm)	v_{min} (m/s)
0.1	0.22	1.0	0.95	2.0	1.10
0.2	0.45	1.2	1.00	2.2	1.10
0.4	0.67	1.4	1.02	2.4	1.11
0.6	0.82	1.6	1.05	2.6	1.11
0.8	0.90	1.8	1.07	3.0	1.11

注：对于 $R \neq 1.0$m 的渠道，则表中所列的 v_{min} 值必须相应地乘以 $\sqrt{R}$，如 $\overline{d}=1.0$mm，$R=2.0$m，则最小不淤流速 $v_{min}=0.95\sqrt{2}\approx1.35$m/s。

9.4 排 洪 暗 渠

我国不少城市地处半山区或丘陵区，山洪天然冲沟往往通过市区，给市容、环境卫生和交通运输带来了一系列问题，使道路的立面规划和横断设计也受到限制，因此要采用部分暗渠或全部暗渠。

9.4.1 排洪暗渠分类

1. 按断面形状分类

暗渠断面形状较多，一般常用的有以下 3 种：

（1）圆形暗渠，如图 9-44（a）所示。

（2）拱形暗渠，如图 9-44（b）所示。

（3）矩形暗渠，如图 9-44（d）所示。

2. 按建筑材料分类

（1）钢筋混凝土结构暗渠，如图 9-44（a）、（b）所示。

（2）混凝土结构暗渠，如图 9-44（e）所示。

（3）砌混凝土预制块结构，如图 9-44（c）所示。

（4）砌石混合结构暗渠，如图 9-44（*f*）所示。

3. 按孔数分类

（1）单孔暗渠，如图 9-44（*a*）所示。

（2）多孔暗渠，如图 9-44（*g*）所示。

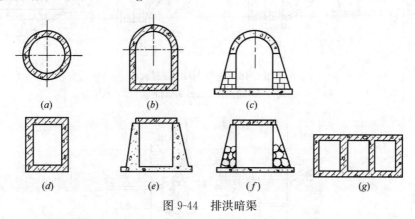

（*a*）　　　　　（*b*）　　　　　（*c*）

（*d*）　　　（*e*）　　　（*f*）　　　（*g*）

图 9-44　排洪暗渠

9.4.2　排洪暗渠布置

1. 布置要求

除满足排洪明渠布置要求外，还要注意以下事项：

（1）要特别注意与城市道路规划相结合。

（2）在水土流失严重地区，在进口前可设置沉砂池，以减少渠内淤积。

（3）对地形高差较大的城市，可根据山洪排入水体的情况，分高低区排泄。高区可采用压力暗渠。

（4）暗渠内流速不得小于 0.70m/s。设计水位以上净空不小于断面面积的 15%。

（5）在进口处要设置安全防护设施，以免泄洪时发生人身事故。但不宜设格栅，以免杂物堵塞格栅造成洪水漫溢。

（6）进口与山洪沟相接时，应设置喇叭口形或八字形导流墙，如图 9-45 所示；如与明渠相接，进口导流墙可为一字墙式、扭曲面、喇叭口、八字形等，如图 9-46 所示。

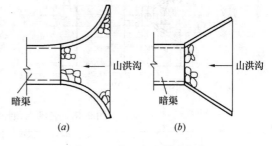

图 9-45　进口与山洪沟相接

（*a*）喇叭口形；（*b*）八字形

（7）当出口不受洪水顶托时，布置形式如图 9-47 所示；受洪水顶托时，布置形式如图 9-48 所示。

2. 构造要求

（1）暗渠设在车行道下面时，覆土厚度不宜小于 0.7m。

（2）在寒冷地区，暗渠埋深应不小于土壤冻结深度。进出口应采取适当的防冻措施。

（3）为了检修和清淤，应根据具体情况，每 50～100m 设一座检查井。在断面、高程、方向变化处增设检查井。

（4）暗渠受河水倒灌而引起灾害时，在出口设置闸门。

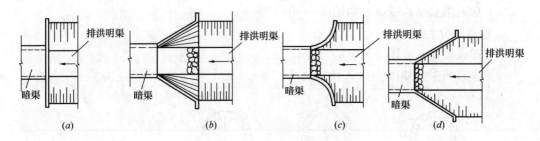

图 9-46 进口与明渠相接

(a) 一字墙式；(b) 扭曲面；(c) 喇叭口形；(d) 八字形

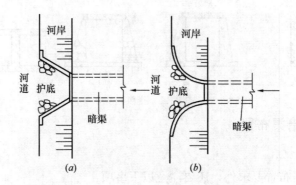

图 9-47 不受洪水顶托时出口布置形式

(a) 八字形；(b) 喇叭口形

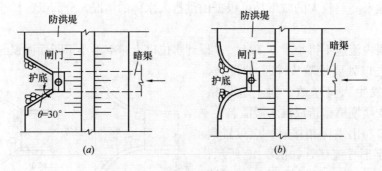

图 9-48 受洪水顶托时出口布置形式

(a) 八字形；(b) 喇叭口形

9.4.3 排洪暗渠水力计算

1. 排洪能力计算

（1）无压流：暗渠为无压流时，排洪能力对矩形和圆形暗渠系指满流时通过的流量，对拱形暗渠系指渠道内水位与直墙齐平时通过的流量，可按公式（9-41）计算，即：

$$Q = \omega C \sqrt{Ri} \, (\mathrm{m^3/s})$$

（2）压力流：暗渠为压力流时，可分为短暗渠与长暗渠两种情况。根据工程技术条件，需要详细考虑流速水头和所有阻力（沿程阻力和局部阻力）计算的情况，称为短暗渠；而沿程损失起决定性作用，局部阻力和流速水头小于沿程损失的 5%，可以忽略不计的情况，称长暗渠。

1）短暗渠

①自由出流，如图 9-49 所示。

排洪能力按公式（9-61）计算：

$$Q = \mu_0 \omega \sqrt{2gH_0} \, (\mathrm{m^3/s}) \tag{9-61}$$

$$H_0 = H + \frac{v_0^2}{2g} = \frac{v^2}{2g} + h_\mathrm{f} + \Sigma h_j \tag{9-62}$$

$$h_\mathrm{f} = \lambda \frac{l}{4R} \frac{v^2}{2g} \tag{9-63}$$

$$\Sigma h_j = \Sigma \xi \frac{v^2}{2g} \tag{9-64}$$

$$\mu_0 = \frac{1}{\sqrt{1 + \lambda \dfrac{l}{4R} + \sum \xi}} \tag{9-65}$$

式中　g——重力加速度，$\mathrm{m/s^2}$；

　　　ω——暗渠横断面面积，$\mathrm{m^2}$；

　　H_0——总水头，m；

　　h_f——沿程损失，m；

　Σh_j——各局部损失总和，m；

　$\Sigma \xi$——各局部阻力系数之和，ξ 见表 9-14；

　　　λ——沿程阻力系数，$\lambda = \dfrac{8g}{C^2}$；

　　　v_0——暗渠进口前流速，$\mathrm{m/s}$；

　　　v——暗渠流速，$\mathrm{m/s}$；

　　　R——水力半径，圆管暗渠 $R = \dfrac{d}{4}$，d 为直径，m；

　　　l——暗渠长度，m；

　　　H——上游水位与暗渠出口中心高程之差，m；

　　　μ_0——流量系数。

当行进流速 v_0 很小时，行进流速水头 $\dfrac{v_0^2}{2g}$ 可以忽略不计，则流量按式（9-67）计算：

$$Q = \mu_0 \omega \sqrt{2gH} \tag{9-66}$$

局部阻力系数 ξ 值　　　　　　　　　　　　　　　　表 9-14

名　　称		ξ
进口	边缘未作成圆弧形	0.50
	边缘微带圆弧形	0.20～0.25
	边缘轮廓很圆滑	0.05～0.10
	平板式闸门及门槽	0.20～0.40
	弧形闸门	0.20

续表

名 称		ξ
折角	$\theta=15°$	0.025
	$\theta=30°$	0.110
	$\theta=45°$	0.260
	$\theta=60°$	0.490
	$\theta=90°$	1.200

转弯
$$\xi = K \frac{\theta}{90°}$$

式中 θ——转角；

R——转角半径（m）；

b——渠宽（m）；

K——系数，见下

$\frac{b}{2R}$	0.1	0.2	0.3	0.4	0.5	0.6	0.7	0.8	0.9	1.0
K	0.12	0.14	0.18	0.25	0.40	0.64	1.02	1.55	2.27	3.23

斜分岔汇入	0.5
直角分岔汇入	1.5

出口
$$\xi = \left(1 - \frac{\omega_1}{\omega_2}\right)$$

ω_1——暗渠断面面积（m²）；

ω_2——出口断面面积（m²）

② 淹没出流，如图9-50所示。

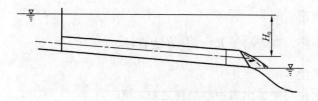

图 9-49 压力暗渠自由出流

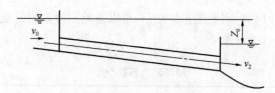

图 9-50 压力暗渠淹没出流

排洪能力按公式（9-67）计算：

$$Q = \mu_0 \omega \sqrt{2gZ_0} \ (\text{m}^3/\text{s}) \tag{9-67}$$

$$Z_0 = Z + \frac{v_0^2}{2g} = \frac{v_2^2}{2g} + h_\text{f} + \Sigma h_j \tag{9-68}$$

式中　Z_0——包括行进流速水头在内的作用水头，m；

v_2——暗渠出口流速，m/s。

当 v_0 和 v_2 较小，$\dfrac{v_0^2}{2g}$ 及 $\dfrac{v_2^2}{2g}$ 可以忽略不计时，则公式（9-68）变为（9-69）：

$$Z = h_f + \Sigma h_j = \frac{v_2^2}{2g}\left(\lambda\frac{l}{4R} + \Sigma\xi\right)(\text{m}) \tag{9-69}$$

2）长暗渠

① 自由出流：在不考虑行进流速水头、局部损失和流速水头的情况下，按公式（9-70）计算：

$$Q = K\sqrt{\frac{H}{l}} = \omega C\sqrt{RJ}\,(\text{m}^3/\text{s}) \tag{9-70}$$

② 淹没出流：在不考虑行进流速水头、局部损失和流速水头的情况下，按公式（9-71）计算：

$$Q = K\sqrt{\frac{Z}{l}} = \omega C\sqrt{RJ}\,(\text{m}^3/\text{s}) \tag{9-71}$$

2. 排洪暗渠计算步骤

暗渠水力计算常遇到的有新建暗渠和已建暗渠 2 种情况。

（1）无压暗渠：无压暗渠两种情况水力计算与明渠水力计算相同。

（2）有压暗渠

1）新建暗渠：新建暗渠水力计算的条件是已知设计流量 Q、总水头 H_0、暗渠长度 l，求算横断面尺寸。

① 短暗渠：自由出流：暗渠为矩形断面时，将公式（9-61）化为式（9-72）：

$$Q = bh\sqrt{\frac{2gH_0}{1 + \lambda\dfrac{l}{4R} + \Sigma\xi}}\,(\text{m}^3/\text{s}) \tag{9-72}$$

式中　b——矩形暗渠底宽，m；

h——矩形暗渠高度，m。

由公式（9-72）绘制 $h\sim Q$ 关系曲线，其计算步骤如下：

a. 先确定底宽 b。

b. 假设不同的 h 值，代入公式（9-72）中，求出相应的 Q 值。

c. 根据 h 和 Q 值绘制 $h\sim Q$ 关系曲线，如图 9-40 所示，在横坐标上截取设计流量 Q，则在纵坐标可得到相应的 h 值。

暗渠为圆管时，可用公式（9-73）绘制 $d\sim Q$ 关系曲线。

$$Q = \frac{\pi d^2}{4}\sqrt{\frac{2gH_0}{1 + \lambda\dfrac{l}{4R} + \Sigma\xi}}\,(\text{m}^3/\text{s}) \tag{9-73}$$

淹没出流：将公式（9-72）中的 H_0 改换为 Z_0，其计算方法与自由出流相同。

② 长暗渠：自由出流用公式（9-70）绘制 $h\sim Q$ 关系曲线，淹没出流用公式（9-71）绘制 $h\sim Q$ 关系曲线，其计算方法同短暗渠，若暗渠为圆管，则绘制 $d\sim Q$ 曲线。

2）已建暗渠：已建暗渠水力计算条件是已知暗渠横断面面积为 ω、总水头为 H_0、暗

渠长度为 l，通过的流量 Q 计算如下：

① 短暗渠：自由出流可由公式（9-66）直接求出流量 Q，淹没出流可由公式（9-67）直接求出流量 Q。

② 长暗渠：自由出流可由公式（9-70）直接求出流量 Q，淹没出流可由公式（9-71）直接求出流量 Q。

9.5 截 洪 沟

截洪沟是拦截山坡上的径流，使之排入山洪沟或排洪渠内，以防止山坡径流到处漫流，冲蚀山坡，造成危害，如图 9-51 所示。

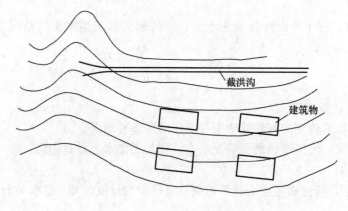

图 9-51 截洪沟平面

9.5.1 截洪沟布置

1. 设置截洪沟的条件

（1）根据实地调查山坡土质、坡度、植被情况及径流计算，综合分析可能产生冲蚀的危害，设置截洪沟。

（2）建筑物后面山坡长度小于 100m 时，可作为市区或厂区雨水排出。

（3）建筑物在切坡下时，切坡顶部应设置截洪沟，以防止雨水长期冲蚀而发生坍塌或滑坡，如图 9-52 所示。

2. 截洪沟布置基本原则

（1）必须密切结合城市规划或厂区规划。

（2）应根据山坡径流、坡度、土质及排出口位置等因素综合考虑。

（3）因地制宜，因势利导，就近排放。

（4）截洪沟走向宜沿等高线布置，选择山坡缓，土质较好的地段。

（5）截洪沟以分散排放为宜，线路过长、负荷大，易发生事故。

3. 构造要求

（1）截洪沟起点沟深应满足构造要求，不宜小于 0.3m；沟底宽应满足施工要求，不宜小于 0.4m。

（2）为保证截洪沟排水安全，应在设计水位以上加安全超高，一般不小于 0.2m。

（3）截洪沟弯曲段，当有护砌时，中心线半径一般不小于沟内水面宽度的 2.5 倍；当无护砌时，用 5 倍。

（4）截洪沟沟边与切坡顶边的距离应不小于 5m，如图 9-52 所示。

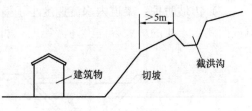

图 9-52 切坡上截洪沟

（5）截洪沟外边坡为填土时，边坡顶部宽度不宜小于 0.5m。

（6）截洪沟内水流流速超过土质容许流速时，应采取护砌措施。

（7）截洪沟排出口应设计成喇叭口形，使水流顺畅流出。

4. 截洪沟构造形式

截洪沟的构造形式主要决定于山坡的坡度和流速。主要构造形式如图 9-53 所示。

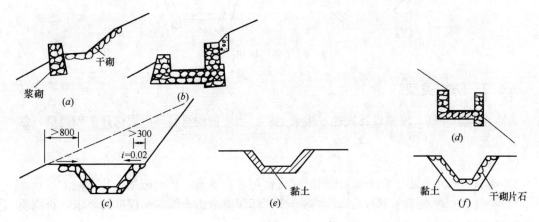

图 9-53 截洪沟构造形式

(a)、(b)、(c)、(d)、(e)、(f) 为截洪沟构造的各种形式

9.5.2 截洪沟水力计算

截洪沟水力计算按明渠均匀流公式计算，其计算方法和步骤与排洪明渠相同。

截洪沟沿途都有水流加入，流量逐渐增大，为了使设计的断面经济合理，当截洪沟较长时，最好分段计算，一般以 100～300m 分为一段。在截洪沟断面变化处，用渐变段衔接，以保证水流顺畅。

9.6 排洪渠道和截洪沟防护

9.6.1 防护范围

沟渠的防护范围需根据设计流速、地质及与建筑物距离等因素来确定。

（1）全部防护：渠道内水流速度大于渠道边坡和渠底土质的最大容许不冲流速时，渠道要全部防护。对重要保护对象，也要采取全部防护，以保安全。防护形式如图 9-54 所示。

（2）边坡防护：渠道内水流速度小于渠底土质的最大容许不冲流速，但大于边坡（一侧或两侧）土质的最大容许不冲流速时，可只进行边坡防护。边坡防护的形式如图 9-55 所示。

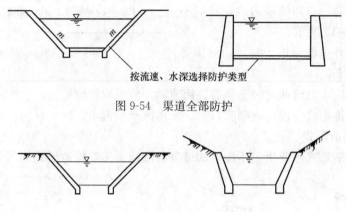

图 9-54　渠道全部防护

图 9-55　渠道边坡防护

9.6.2　防护类型

为防止沟渠冲刷，根据设计流速、沟渠土质、当地护砌材料等因素选择护砌类型，常用的有以下两种：

（1）砌石

1）砌石粒径不宜小于 0.3m，砌筑时应大面与坡面垂直，彼此嵌紧，自下向上砌筑。

2）护坡坡脚埋深不小于 0.5m，在寒冷地区埋深应考虑土壤冻结深度的要求，否则应敷设适当厚度的非黏性土垫层。

3）砌石层下应设碎石垫层或反滤层，以防止土粒流失破坏护砌。

4）浆砌石护坡在边坡下部设置排水孔。

5）浆砌石护砌应设变形缝，间距为 10～15m。缝宽约 10～30mm，缝内填塞沥青油麻或沥青木条。

6）浆砌石比干砌石抗冲能力强，但在寒冷地区易受冻害，往往导致护砌破坏，干砌石冻害影响小，易于修复。

（2）混凝土预制板防护

1）混凝土预制板护砌比砌石护砌抗冲能力强，整体稳定性好，施工方便。

2）预制板厚度一般为 0.1～0.2m，混凝土强度等级不低于 C20。

3）预制板平面尺寸可根据施工条件确定。

4）预制板下设置碎石垫层或反滤层。

截洪沟和排洪渠道护砌，可详见土堤防护中护坡部分。

（3）反滤层设计

反滤层设计可参见第 6.2.6 节边坡防护中的反滤层设计部分。

第10章 泥石流防治

10.1 泥石流的形成特征及分类

10.1.1 泥石流及其在我国的分布

(1) 泥石流的概念：泥石流是指发生在山区小型流域内，突然暴发的饱含泥沙、石块的特殊洪流，它在顷刻间将大量泥沙从流域内带出沟外，给沟外的城镇、农田、交通和环境带来巨大的危害，是要注意防治的一种自然灾害。

从城市防洪和工程治理角度看，当山洪重度达到 $14kN/m^3$ 时，固体颗粒含量已占总体积的 30%，超过一般流量计算时的误差范围，在流量计算中泥沙含量已不可被忽视。我国是世界上泥石流最发育的国家之一，给山区人民和工农业生产建设带来极大的危害。由于泥石流暴发突然，而城市人口密集，往往是危害最严重的地方。仅以兰州市为例，近40 年来暴发大规模泥石流 4 次，造成近 400 人死亡，是该市自然灾害中死亡人数最多的一种灾害。据近 40 年来不完全统计，全国已有 68 座县以上城市受到过泥石流的危害。

(2) 泥石流在我国的分布：我国泥石流主要分布在西南、西北地区，其次是东北、华北地区。华东、中南部分地区及台湾省、湖南省等山地，也有泥石流零星分布。据初步调查，在全国的分布总面积约为 100 万～110 万 km^2，占国土面积的 11%，危害较严重的泥石流区面积约为 65 万～70 万 km^2，占全国总面积的 7%，大致可分为 4 大区域。

1) 川滇地区：四川、云南两省是我国泥石流最发育的地区之一。云南省的山区占全省总面积的 84%，四川省高原、山地占总面积的 79%，这些山地大多有泥石流发育。较为发育的地区有东川小江流域、金沙江中下游、大盈江流域、西昌地区、汉源地区等。

2) 西藏高原东南部：这里是我国高山冰川最发育的地区，大量融雪径流、冰湖溃决水源和大量冰碛物造成了对泥石流发育十分有利的条件。泥石流主要分布在冈底斯山以南，青藏公路以东十大山区，即沿喜马拉雅结晶轴东北段深大断裂带发育的帕隆藏布江、波斗藏布江、易贡藏布江、东久河、尼羊河及怒江支流冷曲河、察隅河河谷地区。

3) 西北山区：西北山区地域辽阔，山区自然条件和气候特点差异极大。主要分布区有黄土高原区，以泥流为主。泥石流分布在陇南山区、秦岭南北坡以及祁连山、天山、阿尔泰山、东帕米尔、喀喇昆仑和昆仑山西区，但以陇南山区最为严重。

4) 东北和华北山区：东北地区主要分布在吉林东部和辽西山区。华北山区主要分布在太行山一带及燕山地区。北京的军都山和西山是泥石流比较集中的地区。

10.1.2 泥石流形成及特征

(1) 泥石流的形成条件：影响泥石流形成的因素很多，而在一个流域内泥石流能够形成的主要条件，概括起来要具备下述 3 个基本条件：

1）有一定的岩屑供给。流域内有较多的泥沙和石块能直接补给泥石流，是泥石流形成的最基本条件。泥沙、石块补给泥石流的方式有：滑坡坍塌等直接将泥石推入沟道，甚至堵塞河道；山坡上由于地下水作用而引起的浅层滑塌以及沟道中的原河床质也是补给来源之一，山坡上的面蚀也会补给泥石流。据现有调查资料，当补给物质在 $5 \times 10^4 \mathrm{m}^3/\mathrm{km}^2$ 以下时，一般不会发生大规模的泥石流，补给量在 $100 \times 10^4 \mathrm{m}^3/\mathrm{km}^2$ 以上时，多会发生黏性泥石流。

2）有一定量的水源供给。流域内的降雨、冰雪消融，水库或湖泊溃决等水源是直接引发泥石流的原因。我国城镇泥石流大多是由降雨引起的，其所需雨量各地条件各不相同，一般的说，10min 降雨量在 6～8mm 以上，小时降雨量在 20～30mm，日降雨量在 40～60mm 就有发生泥石流的可能。前期降雨在某些地区也是重要因素。

3）有能使大量的岩屑和水体迅速集聚、混合和流动的有利地形条件。据调查，我国泥石流多发生在小型流域内，流域面积为 $10\mathrm{km}^2$ 的泥石流沟占总数的 86.9%。流域平均比降 0.05～0.30，占总数的 79%，山坡坡度在 20°～50°的占 71%。

而上述 3 个条件的形成是由该地区的地质、地貌、气候（水文气象）诸因素综合影响的结果。另外人类在经济建设过程中，由于一些不合理的经济活动（例如滥垦坡地、滥伐森林、城市建设时不适当的开炸建筑石料及矿渣和路渣等大量岩屑乱堆在山坡上和沟谷中），破坏了当地的生态平衡，影响了坡地的稳定性，并提供了大量松散的固体物质。自然也就会加速该地区的泥石流的发生和发展，扩大泥石流的活动范围，增加泥石流发生的频率和强度。也可能使已经停息的泥石流又重新活跃起来。

（2）泥石流特征

1）泥石流体的组成：泥石流体由液体相（水）和固体相（泥沙、石块）组成。其固体相的数量和成分影响泥石流的物理力学特征，并决定了泥石流的类别。由细颗粒泥沙组成的为泥流，泥石流则为从黏土到漂砾的混杂体。在运动中，泥石流体可以分为运动介质和被搬运物质。对水石流，泥沙、石块都是被搬运物质。而在稀性泥石流中，细颗粒与水结合形成的泥浆是运动介质，而颗粒较粗的石块是它的搬运物质。在黏性泥石流中，被搬运物质仅是个别大石块。划分运动介质与被搬运物质的粒径界限，一般按公式（10-1）计算。

$$d = \frac{6\alpha\tau_0}{\gamma_H - \gamma_c} \tag{10-1}$$

式中　d——被搬运石块的最小粒径，m；

α——石块的形状系数，球形为 1，正方体为 1.2；

τ_0——泥石流浆体的静切应力，$\mathrm{kN/m}^2$；

γ_H——石块的颗粒重力密度，$\mathrm{kN/m}^3$；

γ_c——泥石流重力密度，$\mathrm{kN/m}^3$。

由于黏性泥石流重力密度大，黏滞度高，流速快，因而可携带体积达数百立方米的漂砾。

2）黏度及静切应力：泥石流的黏度及静切应力，表示泥石流运动时内摩擦力的大小，是判别泥石流类别的主要参数。在一定范围内，泥石流体中固体含量越多、颗粒越大、粒配越不均匀，静切应力及黏度值越大。当流体重力密度小于 $15\mathrm{kN/m}^3$ 时，静切应力及黏度值随重力密度的增加而平缓地相应变化；当泥石流重力密度在 15～18.5kN/m³ 之间时，静切应力与黏度随重力密度的变化显著的增加；当重力密度大于 18.5kN/m³ 时，重力密度每增加一点，静切应力和黏度值就剧烈地增加。由于测定技术的原因，目前实验室采用颗粒粒径小于 3mm 的浆体，其数值大致如表 10-1 所示。

蒋家沟泥石流按 τ_0 及 η 值划分泥石流类别　　　　　表 10-1

类别 项目	原泥石流体重力密度 (γ_c＝kN/m³)	静切应力 τ_0 (Pa)	动力黏度 η (10^{-1}Pa·s)
洪水	11～14	4	<1
稀性泥石流	14～18.5	4～10	1～3
黏性泥石流	18.5～20.5	10～25	3～10
	20.5～23	25～300	10～30

但对黏性泥石流的 τ_0 值，可根据黏性泥石流残留层来计算：

$$\tau_0 = \frac{h_0}{\gamma_c \sin\alpha} \tag{10-2}$$

式中　τ_0——泥石流静切应力，kPa；

　　　γ_c——泥石流重力密度，kN/m³；

　　　h_0——泥石流残留层厚度，m；

　　　α——沟道倾角，°。

据调查，纵坡为 10% 的沟道内，黏性泥石流的残留层厚度一般为 0.2～0.5m，最大值一般也不足 1m。其近似数值如表 10-2 所示，在没有实测资料时，可作为参考。

武都地区黏性泥石流的 τ_0 近似值　　　　　表 10-2

泥石流重力密度 γ_c (kN/m³)	22.4	22.0	21.0	20.0	19.0	18.0
静切应力 τ_0 (Pa)	120	100	80	60	30	10

据观测，当泥石流体中含有大量大石块时，静切应力值将增加，最大值可达 30～40kPa，在纵坡为 10% 的沟道内淤积厚度可达到 2～3m，因而当有大量石块时，表 10-2 中静切应力数值须加上一个附加静切应力，它可近似的按公式（10-3）计算：

$$\tau_1 = 840K^{1.14} \tag{10-3}$$

式中　τ_1——由于大石块而增加的静切应力（Pa）；

　　　K——粒径大于 15cm 的石块体积与泥石流总体积比，以小数计。

根据试验，泥石流体的流变特性接近于宾汉体，它的流变方程式（10-4）为：

$$\tau = \tau_0 + \eta \frac{dv}{dy} \tag{10-4}$$

式中　τ——剪切力；

　　　τ_0——静切应力；

　　　η——黏滞系数；

$\dfrac{\mathrm{d}v}{\mathrm{d}y}$ ——速度梯度。

3）泥石流的波状运动：泥石流有两种流动状态，一种为连续流，与一般水流相似，一种为间歇性流动，即每隔一段时间流过一个波，称阵性波状流。波状流动的泥位过程线见图 10-1。

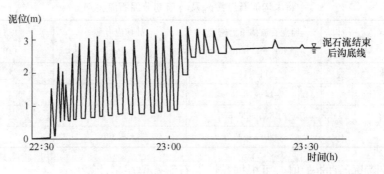

图 10-1 武都火烧沟 1972 年 8 月 26 日泥位过程线

① 波状运动产生的原因：一般认为，泥石流波是由于沟道堵塞时溃决而形成的。但在观测中看到，在一次泥石流中泥石流波的间隔和形状均相似，有时 1min 可出现 4～6 次。在泥浆模拟中，在泥浆供应稳定的情况下，在试槽内也出现阵性波状流。因此可以认为，堵塞不是产生波状流动的唯一原因。

综合分析波状流动特性的资料，可以认为，黏性泥石流流变特性是产生波状流动的主要原因。黏性泥石流要有足够厚度 H 才能克服静切应力发生运动，假如泥深为 H 时的流速为 v，在宽度为 B 的矩形槽中保证泥石流均匀流动的最小流量应为：$Q_{\min}=BHV$。当来自上游的泥石流流量小于 $Q_{\min}$ 时，泥石流停下来并缓慢蠕动。待上游泥石流不断到来，它的重力足以克服静切应力时，则出现第一阵波。但一经流动，又产生供应不足，于是又开始第二个波形成过程。所以波的形成与泥石流供应流量、沟道比降、宽度及泥石流黏度有关，这种关系已被泥浆试验证实。

② 泥石流波的高度：泥石流波的高度，随黏度的增加而加高，随沟道比降的增加而减小。在泥石流的物理力学性质和沟道条件一定的情况下，泥石流波高都很相似。根据模型试验资料分析，波的高度与残留层厚度有关，可用公式（10-5）估算：

$$h_{\mathrm{b}}=2.8h_0^{0.92} \qquad (10-5)$$

式中 h_{b}——从槽底算起的波高，m；

h_0——残留层厚度，m，由实地调查获得，或用公式（10-2）计算。

这个波高公式对计算一些特殊情况下的流量，设计冲积扇的堤坝都很有用处。

③ 大石块的挟带：泥石流中能够带有非常巨大的石块，是由于含砂浓度，特别是黏粒的增加，泥沙颗粒之间很快形成结构，浆体的黏度和静切应力增大，固体颗粒的重量由浆体的静切应力支持，只要有足够的坡降，大石块就会随泥石流流动。但如果我们用公式（10-1）来计算一下泥石流中的不沉颗粒粒径的话，一般在 25mm 左右，最大也约为 60mm，这与实际支持的石块粒径相差很大。因此石块颗粒之间接触碰撞而产生的离散力，是支持大石块颗粒运动的重要原因，它能用离散力理论予以计算。

④泥石流沉积特征：泥石流流出沟口后，沉积下来，形成大小不等的扇形地，泥石流

发育时间越长,扇形地规模越大,这是泥石流地区的地貌主要特征。泥石流不仅在沟口沉积,在沟内也会沉积。这些沉积物对泥石流调查有十分重要的意义。一般来说我们不一定能看到沟谷中泥石流的发生,而主要是通过沉积物的观察来了解泥石流的情况。

泥石流一出山沟的沟口,由于地形的开阔、坡度变缓,大量的泥石流体,就逐渐停滞下来。稀性泥石流,由于含水量较高,从扇顶至边缘坡度逐渐变缓,厚度由厚变薄。而黏性泥石流,由于含水量较少,物质的内部结构较紧密,常呈舌状的堆积体。泥石流在沟道处,常在凹岸坡上保留着运动时的堆积物,是泥石流调查时需要注意的。泥石流堆积的剖面中泥沙颗粒大小混杂,杂乱无章,并有泥包砾现象,但有层次,有时成不连续的透镜体状。泥石流沉积物虽也是一种砾石土,但其强度相对较低,且有一定的湿陷性,是要注意的一种特殊土,据武都地区测定,其物理指标如表 10-3 所示。

黏性泥石流沉积物一般物理指标 表 10-3

项目	天然重力密度 (kN/m³)	颗粒重力密度 (kN/m³)	塑限 (%)	液限 (%)	塑性指数 (%)	天然湿度 (%)	饱和度 (%)	容许荷载 (kPa)
数值	19.0～22.4	26.5～27.5	10.5～18.4	19.2～33.0	5.0～16.6	4.5～12.7	18.8～58.6	150～250

10.1.3 泥石流的分类

我国泥石流分布广泛,各地泥石流的成因、物质组成、流动特征和破坏程度各不相同,加上泥石流沟的地形、地貌、流域大小和泥石流规模和发展趋势不同,泥石流就有不同的形态特征。为了便于对泥石流的描述和通过互相比较,揭示泥石流的性质,将泥石流划分为不同类型,这也是设计参数的选用和确定泥石流防治措施的主要依据,现将泥石流按不同的分类方法列表于后。

(1) 按泥石流沟谷形态分类 (见表 10-4)。

按泥石流沟谷形态分类 表 10-4

特征 ＼ 类别	沟 谷 型	山 坡 型
地貌特征	有完整的流域形态,流域一般上宽下窄,有支沟发育。流域可分为形成区、流通区及冲积扇。冲积扇较发育,其形态与所处大河区段有关,流域面积较大	在山坡上切出的小型泥石流沟,流域呈长条形,一般没有支沟,沟道纵坡很大,形成区常与堆积区相连,冲积扇很小,但坡度较陡,堆积类似倒石堆。范围小,堆积形态一般与大河所在区段无关
危害	是一种典型的泥石流沟谷,具有泥石流的一切危害形式	规模小,危害轻,主要危害位于山坡下的设施,数量众多

对沟谷型泥石流沟,在地貌特点上可分为 3 个区段。形成区,又称汇集区,一般位于流域的中上部,又可分为清水汇集区和固体物质补给区。泥石流的规模、性质、危害程度往往取决于形成区的情况。流通区,又称沟谷区和流槽,是紧靠形成区下的一段沟谷,断面较为窄深,泥石流沟的流通区也有冲淤,并不是完全的平衡状态,故又称冲积扇。从水动力特性来说,流域全流道只能分为两个区段:由水力泥沙条件决定的下游沟槽区、沟道区,沟道总的趋势是下切的,上面讲的流通区一般正是这两个区间的过渡段。

（2）按泥石流流域大小分类（见表 10-5）。

按泥石流流域大小分类 表 10-5

性质 ＼ 类型 流域面积（km²）	大	中	小
黏性泥石流	>5	5～1	<1
稀性泥石流	>20	20～2	<2

（3）按泥石流动力特征分类（见表 10-6）。

按泥石流动力特征分类 表 10-6

项 目	黏性泥石流	稀性泥石流
重力密度	泥石流 18～23kN/m³ 泥 流 15～16kN/m³	泥石流 14～18kN/m³ 泥 流 14～16kN/m³
固体物质补给形式	多由滑坡或坍塌补给，补给量大，沟床完全堵塞或半堵塞。补给物集中在流域中、下部	补给最小，补给物较零星分散。多由面蚀、浅层滑塌、沟岸坍塌及沟床质补给
流域岩性	多由泥质岩和软岩组成，如千枚岩、炭质页岩、黄土或其他黏土岩类	多为白云岩，白云质灰岩，砾岩，砂岩及板岩等硬质岩
冲积扇	沉积物细颗粒较多，剖面上大小石块混杂，除常流水部分外表面平整致密，淤积物前缘常有舌状堆积，侧面常有龙岗状侧碛	沉积物中细颗粒较少，空隙率大，表面松散，石块粒径上游大，下游小，有分选现象

（4）按泥石流颗粒组成分类（见表 10-7）。

按泥石流颗粒组成分类 表 10-7

特征 ＼ 类别	泥石流	泥 流	水石流
颗粒组成	含有从漂砾到黏土的各种粒级，黏土含量可占 5%～15%，1mm 以下颗粒占 10%～60%	小于粉砂颗粒占 60% 以上，1mm 以下颗粒占 90% 以上，平均粒径在 1mm 以下	1mm 以下颗粒少于 10%，由较大颗粒组成
动力特征	稀性或黏性	稀性或黏性	稀性

（5）按泥石流作用强度分级（见表 10-8）。

按泥石流作用强度分级 表 10-8

级别	规模	形成区特征	单位面积固体物质补给量（10⁴m³/km²）	泥石流性质	可能出现最大流量（m³/s）	年平均单位面积物质冲出量（10⁴m³/km²）	破坏作用
I	大型（严重）	大型滑坡、坍塌堵塞沟道，沟道比降大	>100	黏性，重力密度 γ_c 大于 18kN/m³	>200	>5	以冲击和淤埋为主，危害严重，破坏强烈，可淤埋整个村镇或部分区域，治理困难

续表

级别	规模	形成区特征	单位面积固体物质补给量 ($10^4\,m^3/km^2$)	泥石流性质	可能出现最大流量 (m^3/s)	年平均单位面积物质冲出量 ($10^4\,m^3/km^2$)	破坏作用
Ⅱ	中型(中等)	沟坡上中小型滑坡坍塌较多,局部淤塞,沟底堆积物厚	30～100	稀性或黏性重力密度 γ_c 大于 16～18kN/m^3	200～50	5～1	有冲有淤,以淤为主,破坏作用大,可冲毁淤埋部分平房及桥涵,治理比较容易
Ⅲ	小型(轻微)	沟岸有零星滑坍,有部分沟床质	5～30	稀性或黏性,重力密度 γ_c 大于 14～16kN/m^3	<50	<1	以冲刷和淹没为主,破坏作用较小,治理容易

(6) 按泥石流发展期划分(见表 10-9)。

按泥石流发展期划分　　　　　　　　　表 10-9

发展期\\指标	发育初期	旺盛期	衰退期
沟谷形态	流域内山坡冲沟开始发育,多细沟等形式,下切深度较小,沟谷断面呈"V"形	流域内沟谷已严重下切,两岸滑坡,坍塌已严重发生,沟谷断面呈"V"形,沟底已有部分基岩出露	流域内各支沟已趋稳定,沟谷断面呈"U"形,上游沟床已多为基岩
不良物理地质现象	沟岸坍塌为主	以深层滑坡、大型坍塌及错落为主	以老滑坡前缘局部坍塌,泻溜为主
泥石流性质	黏性或稀性	以黏性为多	稀性
泥石流作用强度	一般或轻微	严重或极严重	一般或轻微
扇形地发展情况	开始发育,扇面较小	扇面大,淤高快,改道频繁	冲出物大部堆在扇顶部,逐渐向沟内回淤,冲积扇顶部有固定沟床
代表性泥石流区	白龙江舟曲至两河口及支流岷江和洋汤河流域,金沙江上下格达	云南省小江,大盈江,甘肃省白龙江	四川省西昌,陕西省华山北坡,甘肃省祁连山北坡山麓

10.2　泥石流的设计参数计算

10.2.1　泥石流重力密度的判别与计算

泥石流重力密度在勘测中无法直接求得,但是泥石流防治工程设计中的重要参数。为获得泥石流重力密度，除了解当地原有的观测、调查资料外，在勘测时常采用当地的泥沙、石块，加水搅拌成不同稀稠的若干种样品，请当地经常看到泥石流暴发的居民辨认，指认一种较为接近流动时情况的样品，称出重量，量出体积，即作为泥石流重力密度值。这种方法往往因为每个人的质感不同，难以一致。加之泥石流的底部泥沙运动很难直观看出。因此还应以经验公式、沉积地貌特征等加以计算、判别、综合选用。

（1）经验公式法

1）按固体物质补给量：根据实测和调查资料，泥石流重力密度与流域内单位固体物质补给量有较好相关关系可用公式（10-6）计算。

$$\gamma_c = 10.6A^{0.12} \tag{10-6}$$

式中　γ_c——泥石流计算重力密度，kN/m^3；

　　　A——流域中单位面积泥沙补给量，$10^4 m^3/km^2$。

2）按沟口附近沟床或扇形地坡度：对黏性泥石流来说，沟床坡度一般在 3‰～17‰ 之间，与扇形地的规模有关，而与泥石流的重力密度没有明显关系。但对稀性泥石流来说，根据调查，泥石流重力密度与泥石流沟道坡度有一定关系，经相关分析，泥石流的平均重力密度可用公式（10-7）计算：

$$\gamma_c = 16.9i + 14.4 \tag{10-7}$$

式中　γ_c——泥石流重力密度，kN/m^3；

　　　i——沟口附近沟床或冲积扇的平均坡度（小数计）。

（2）地貌和经验判别法：用地貌判别法进行综合判断，先分清是稀性的还是黏性的，再根据其严重程度来决定重力密度，是一种较好的办法。稀性泥石流时，重力密度一般为 14～18kN/m^3；黏性泥石流时，重力密度为 18～23kN/m^3。

黏性泥石流沟的特征是：流域面积较小，一般在 50km^2 以下。固体物质以滑坡及大型坍塌补给为主，滑坍面积一般占流域面积的 10％～30％ 以上。黏性泥石流的搬运能力很大，因而扇形地比较发育，扇形地表面，除长流水部分外，都比较致密而平整。常有舌状堆积及龙岗状侧碛等典型黏性泥石流沉积地貌。黏性泥石流流动体与沉积体的成分基本一致，流动时声音巨大而低沉，流动体表面较平滑，多呈间歇性的波状流动。

根据以上所述的沟谷情况及堆积物特点，参考综合判断表（见表 10-10），可以大致确定泥石流重力密度。

泥石流设计重力密度判断　　　　　　　　　表 10-10

固体物质补给形式	固体物质补给量（$10^4 m^3/km^2$）	每年每平方公里冲出量（$10^4 m^3$）	沉 积 特 征	设计泥石流重度（kN/m^3）
以深层滑坡和大型集中坍塌为主，沟道常出现全部或局部堵塞	300	＞5	有垄岗、舌状等黏性泥石流堆积形态，大漂石较多，常形成侧堤	21～23
由深层滑坡或大型坍塌补给，沟道常出现半堵塞	100～300	2～5	有舌状堆积形态，一般厚度在 20cm 以下，大颗粒较少，表面较为平坦	18～21

续表

固体物质补给形式	固体物质补给量 ($10^4 m^3/km^2$)	每年每平方公里冲出量 ($10^4 m^3$)	沉 积 特 征	设计泥石流重度 (kN/m^3)
由浅层滑坡及中小型坍塌补给，一般阻碍水流。或由大量河床质补给，河床有粗化层	300～100	1～2	沉积物细颗粒较少，颗粒间较松散，有岗状筛滤堆积形态，颗粒较粗	16～18
由浅层滑坡或零星坍塌补给，粗化层不明显	<30	<1	沉积物颗粒较细，沉积表面较平坦，很少有大于10cm以上颗粒	14～16

10.2.2 泥石流流速计算

根据现有研究，用薛齐-曼宁公式计算泥石流流速，较为适用。在有较大石块被搬运的情况下，建议采用泥沙启动流速来校核。

（1）按薛齐-曼宁公式计算：将泥石流中各种阻力因素都笼统的表示为糙率系数，则可以按常用的薛齐-曼宁公式来计算流速：

$$v_c = m_c H_c^{2/3} i_c^{1/2} \tag{10-8}$$

式中　v_c——泥石流平均流速，m/s；

　　　H_c——平均泥深或水力半径，m；

　　　i_c——沟床坡度或水面坡度（小数计）；

　　　m_c——$1/n$，泥石流沟道的糙率系数。根据实测资料制订的糙率系数见表 10-11。

泥石流沟道糙率系数值　　　　　　　　　　表 10-11

类别	沟 床 特 征	m_c 值 平均泥深（m）			
		0.5	1.0	2.0	4.0
I	较为大型的黏性泥石流沟，沟床较平坦开阔，流体中大石块很少，$i_c = 2\% \sim 6\%$	—	29	22	16
II	中小型黏性泥石流，沟谷一般顺直、平顺、泥石流体中含大石块较少，$i_c = 3\% \sim 8\%$	26	21	16	14
III	中小型黏性泥石流沟，沟谷狭窄而弯曲，有小跌坎，或虽顺直但流体内含大石块较多，$i_c = 4\% \sim 12\%$	20	15	11	8
IV	中小型稀性泥石流沟，碎石性河床，多块石，不平整，$i_c = 10\% \sim 18\%$	12	9	6.5	—
V	沟道弯曲多顽石，跌坎，床面极不平整的稀性泥石流沟	—	55	3.5	—

根据表 10-11，m_c 值与 H_c 成反向关系，流速也可按公式（10-9）计算：

$$v_c = m_c H_c^{1/4} i_c^{1/2} \tag{10-9}$$

式中　m_c——表 10-11 中水深为1m时的 m_c 值。

黏性泥石流东川泥石流流速改进公式：铁道科学研究院西南科学研究所研究东川泥石流后推荐的流速改进公式为：

$$v_c = \frac{m_c}{\alpha} R_c^{2/3} i_c^{1/2} \tag{10-10}$$

$$\alpha = \left[\frac{\gamma_H (\gamma_C - 1)}{\gamma_H - \gamma_C} \right]^{1/2} = [\gamma_H \psi + 1]^{1/2} \tag{10-11}$$

式中　m_c——黏性泥石流沟的沟床糙率系数；

　　　α——泥石流阻力系数；

　　　γ_H——泥沙颗粒密度，kN/m^3；

　　　ψ——泥石流流量增加系数；

　　　R_c——泥石流水力半径，m。

稀性泥石流东川泥石流流速改进公式假定清水动能与泥石流动能相等，按照恒定均匀流理论建立。在不同地域，都是以这个公式为基础推导出适合该地区的稀性泥石流计算公式。

$$v_c = \frac{1}{\alpha} \frac{1}{n} R_c^{2/3} i_c^{1/2} \tag{10-12}$$

式中　$\dfrac{1}{n}$——清水河槽糙率；

　　　R_c——泥石流水力半径，m；

　　　i_c——泥石流沟底坡度，‰；

　　　α——泥石流阻力系数。

表10-12所示即为我国典型泥石流流速经验公式。

我国典型泥石流流速经验公式汇总　　　　　　　表 10-12

编号	公式形式	公式名称	适用流态
1	$v_c = (1/n_c) H_c^{2/3} I_c^{1/2}$ $1/n_c = 28.5 H_c^{-0.34}$	云南东川蒋家沟公式	黏性
2	$v_c = K H_c^{2/3} I_c^{4/5}$	云南东川大白泥沟、蒋家沟公式	
3	$v_c = 65 K H_c^{1/4} I_c^{4/5}$	甘肃武都火烧沟、柳弯沟、泥湾沟公式	
4	$v_c = M_c H_c^{2/3} I_c^{1/2}$	甘肃武都地区公式	
5	$v_c = (K/n_c) H_c^{3/4} I_c^{1/2}$	西藏波密古乡沟公式	
6	$v_c = (1/n_c) H_c^{2/3} I_c^{1/2}$	西藏古乡沟、云南东川蒋家沟、甘肃武都火烧沟公式	
7	$v_c = \beta H_c^{1/3} I_c^{1/6}$ $\beta = 1.62 [S_v (1 - S_v)/d_{10}]^{2/3}$	费祥俊改进公式	
8	$v_c = (M_w/a) H_c^{2/3} I_c^{1/10}$	北京市政设计院公式	稀性
9	$v_c = (M_c/a) H_c^{2/3} I_c^{1/2}$	西南公式	
10	$v_c = (1/a) m H_c^{2/3} I_c^{1/6}$	丁玉寿改进公式	

（2）启动石块经验公式：根据泥石流观测和调查资料，制定了泥石流搬运大石块的经验公式，公式（10-13）可用来校核计算流速。

$$v_c = 6.5 d^{1/3} h^{1/5} \tag{10-13}$$

式中　d——平均最大粒径，m；

h——流深，m。

10.2.3 泥石流流量计算

由于泥石流形成的条件比较复杂，影响因素较多，流量计算很困难。目前，按暴雨洪水流量配方法计算，用形态调查法相补充，是比较常用的方法。

（1）配方法：假定沟谷里发生的清水水流，在流动过程中不断的加入泥沙，而使全部水流都变为一定重度的泥石流，这种方法一般称为配方法。适用于泥沙来源主要集中在流域的中下部，泥沙供应充分的情况。

1）一般的配方法：

$$Q_c = (1 + \psi)Q_b \tag{10-14}$$

$$\psi = \frac{\gamma_c - 1}{\gamma_H - \gamma_c} \tag{10-15}$$

式中　Q_b——一定重现期的清水流量，m^3/s；

　　　Q_c——与 Q_b 相同重现期的泥石流流量，m^3/s，一般为 $26.7 \sim 27.5 m^3/s$；

　　　γ_c——泥石流密度，kN/m^3；

　　　γ_H——泥沙颗粒密度，kN/m^3；

　　　ψ——泥石流流量增加系数。

按公式（10-14）计算出的泥石流流量一般偏小，因此建议增加一个附加流量。

$$Q_c = D(1 + \psi)Q_b \tag{10-16}$$

D 为泥石流增加系数，有的称为堵塞系数。根据沟道中泥沙的堵塞情况选用 $1 \sim 3$。在有较多或大型滑坡补给时，据云南东川地区观测，D 可按公式（10-17）计算：

$$D = 5.8Q_c^{-0.21} \tag{10-17}$$

则流量公式为

$$Q_c = [5.8(1 + \psi)Q_b]^{0.83} \tag{10-18}$$

2）考虑泥沙含水量的配方法：公式（10-15）中 ψ 的计算是假定泥沙不含水分的，对高重力密度的黏性泥石流来说，补给土体含水量是不可忽视的因素，因此：

$$Q_c = (1 + \psi')Q_b \tag{10-19}$$

$$\psi' = \frac{\gamma_c - 1}{\gamma_H(1 + \omega) - \gamma_c(1 + \gamma_H\omega)} \tag{10-20}$$

式中　ω——补给泥石流泥沙中的平均含水量（以小数计），一般为 $0.05 \sim 0.1$。

其他符号意义与公式（10-15）同。

建议泥石流流量计算中，当泥石流重力密度小于 $17kN/m^3$ 时，按公式（10-14）计算；当泥石流重力密度大于 $17kN/m^3$ 时，按公式（10-19）计算；但当补给物质含水量（ω）大于 0.1 及重力密度大于 $21kN/m^3$ 时，泥石流含水量已与滑坡含水量十分接近，只要将滑坡体加以搅动，破坏土体结构即可形成泥石流，这时泥石流形成不仅由水流条件决定，而且由固体物质条件决定，建议按公式（10-18）计算。

（2）形态调查法：由于每个人对泥石流情况的了解程度和经验不同，计算出来的泥石流流量有时有较大的差异，采用实际发生过的泥石流流量来核对计算值是很必要的。泥石流沟谷中的形态调查较一般洪水调查要做更细致的工作，才能作出正确的判定。在现场调查确定历史上曾经发生过的泥石流最高泥痕的位置时，不要把弯道上、障碍物前的冲起或涌高作为最高泥痕。如果沟道冲淤变化较大，要通过调查访问，确定当时沟床断面形态，然后确定过流断面及流动坡度。调查时还应查明流域内不良地质现象的分布，面积大小，岩性及地质地貌特性，并了解泥石流沟道堵塞情况。访问泥石流爆发时的流态，有无阵流现象发生，阵流头部的形状及其携带物的大小，泥石流黏稠程度及物质组成，以估计泥石流重度大小，并判断泥石流类型。了解沟谷历史上泥石流爆发的次数、情况及危害程度，以估计本次泥石流发生的频率。调查了解降雨情况及资料，看有无可能按降雨资料来求算爆发频率。同时还应调查了解是否是溃决型泥石流以及是否受到人为影响。

在调查了泥石流泥位及进行断面测量后，泥石流流量按公式（10-21）计算：

$$Q_c = W_c v_c \qquad (10\text{-}21)$$

式中　Q_c——调查的泥石流流量，$\mathrm{m^3/s}$；

　　　W_c——形态断面的有效过流面积，$\mathrm{m^2}$；

　　　v_c——形态断面的断面平均流速，$\mathrm{m/s}$。

由于泥石流形态调查的可靠性很大程度决定于断面的可靠性，因而对形态断面都进行了认真的选择。当形态断面与设计断面位置相距较远时，一般按公式（10-22）换算到设计断面。

$$Q_1 = Q_2 (F_1/F_2)^{0.8} \qquad (10\text{-}22)$$

式中　Q_1——设计断面处的调查流量，$\mathrm{m^3/s}$；

　　　Q_2——形态断面处的调查流量，$\mathrm{m^3/s}$；

　　　F_1——设计断面处的流域汇水面积，$\mathrm{km^2}$；

　　　F_2——形态断面处的流域汇水面积，$\mathrm{km^2}$。

当泥石流沿沟道有流量不断增加或逐渐减小的情况时，应另计算增减流量。

形态法调查流量的频率可采用发生这次泥石流的暴雨频率，也可以通过访问，确定这次泥石流的经验频率，即：

$$P = \frac{1}{1+n} \times 100\% \qquad (10\text{-}23)$$

式中　P——本次泥石流的经验频率；

　　　n——本次泥石流在居民的记忆中为最大值的总年数。

按公式（10-24）计算设计流量：

$$Q_P = \frac{K_P}{K_n} Q_n \qquad (10\text{-}24)$$

式中　Q_P——设计频率流量，$\mathrm{m^3/s}$；

　　　Q_n——调查流量，$\mathrm{m^3/s}$；

　　　K_P——设计流量频率的模比系数；

　　　K_n——调查流量频率的模比系数。

当缺少资料时，可参考表 10-13 换算模比系数值。

换算的模比系数值　　　　　　　　　　　　表 10-13

频率（%）	0.33	1	2	4	5	10	20
K_P，K_n	1.25	1.00	0.83	0.62	0.57	0.42	0.32

（3）最大砾径法

所谓"最大砾径法"，是日本泥石流学者高桥堡提出的。其理论根据是：因沟床内的最大洪积砾石为泥石流流体内最大砾石的停积物，那么，就可以根据沟床内最大砾石直径反求泥石流流量。公式为：

$$Q_c = 8.35Bd^{1.5} \tag{10-25}$$

式中　B——沟床宽度，m；

　　　d——泥石流流体内最大砾石的平均直径，m。

10.2.4　泥石流的冲击力

泥石流由于重度大，流速高，还携带有大石块，因此对建筑物有较大的冲击力。因此对泥石流防治工程设计时，必须计算泥石流的冲击力。

泥石流的整体冲击力公式为：

$$F = \lambda \frac{\gamma_c v_c}{g} \sin^2\alpha \tag{10-26}$$

式中　F——泥石流整体冲击力，tf/m^2；

　　　v_c——泥石流流速，m/s；

　　　α——受力面与泥石流冲击力方向所夹的角，°；

　　　λ——受力体形状系数，方形为1.47；矩形为1.33；圆形、尖端、圆端形为1.00。

（1）均质浆体的动压力：假定泥石流是均质的，按照一般物理学的概念，泥石流的冲击力应等于作用在建筑物上的动量，则可导出单位面积冲击力f（kN/m^2）为：

$$f = \frac{\gamma}{g}v^2 \tag{10-27}$$

式中　γ——泥石流重力密度，kN/m^3；

　　　v——泥石流流速，m/s；

　　　g——重力加速度，$9.81m/s^2$。

在倾斜壁时：
$$f = \frac{\gamma}{g}(v\cos\alpha)^2 \tag{10-28}$$

式中　α——壁与水平面的交角，°。

（2）大石块的撞击力：大石块的撞击力公式有以下几种：

1）铁路船筏撞击力公式。参考我国的《铁路工程技术规范》中的桥梁船筏撞击力公式，其表达式为：

$$P_d = \gamma v_d \sin\alpha \sqrt{Q/(C_1+C_2)} \tag{10-29}$$

式中　γ——动能折减系数，对于圆段属正面撞击，取0.3；

　　　Q——巨砾质量，kg；

　　　α——被撞击物的长轴与泥石流冲击力方向所夹的角，°；

C_1, C_2——巨砾及桥墩圬工的弹性变形系数，采用船筏与墩台撞击的数值有C_1+C_2=0.005。

2）公路船筏撞击力公式。参考我国的《公路桥涵设计规范》中的桥梁船筏撞击力公式，其表达式为：

$$P = \frac{wv_c}{gT} \qquad (10\text{-}30)$$

式中　w——大石块重力，kN；

　　　v_c——泥石流流速，m/s；

　　　T——撞击时间，s，无资料时取为 1s；

　　　g——重力加速度，m/s²。

公路桥规范的船撞力公式就是经典力学的冲量公式，理论清楚而直接，但其中的撞击时间因缺少实际资料，一般都选为 1s，按此值计算的船撞力与按国外规范计算的值相比较小。中国船舶科研中心所作的防撞器冲击试验结果表明，橡胶壁在整个变形过程中共需时间 0.12s，钢丝柔性防撞器可以做到 0.25～0.75s。

3）悬臂梁式冲击力公式。即将被撞结构简化为悬臂梁，泥石流巨砾作用其上的冲击力计算式为：

$$P_d = \sqrt{3EJv_c^2 Q/gl^2} \qquad (10\text{-}31)$$

式中　E——被撞构件的弹性模量，N/m²；

　　　J——惯性矩，m⁴；

　　　l——被撞构件长度，m；

其他符号意义同前。

4）简支梁式冲击力公式。即将被撞结构简化为简支梁，泥石流巨砾作用其上的冲击力计算式为：

$$P_d = \sqrt{48EJv_c Q/gl^3} \qquad (10\text{-}32)$$

式中符号意义同上式。

5）弹性碰撞法

将泥石流对防治结构或沟岸的冲击问题简化为碰撞问题。按弹性球的冲击理论，两球相冲击时，其冲击力表达式为：

$$F_c = na^{3/2} \qquad (10\text{-}33)$$

$$n = \sqrt{16R_{s1}R_{s2}Q/9\pi^2 (k_1 + k_2)^2 (R_{s1} + R_{s2})} \qquad (10\text{-}34)$$

$$k_1 = \frac{1-\mu_1^2}{\pi R E_1}, k_2 = \frac{1-\mu_2^2}{\pi R E_2}, a = \left(\frac{5v_{12}^5}{4n_1 n}\right)^{2/5}, n_1 = \frac{m_1 + m_2}{m_1 m_2}$$

式中　F_c——冲击力，kPa；

　R_{s1}，R_{s2}——分别为球 1 和球 2 的半径，m；

　μ_1，μ_2——分别为球 1 和球 2 材料的泊松比；

　E_1，E_2——分别为球 1 和球 2 材料的弹性模量，kg/m²；

　　　v_{12}——两球的相对速度，$v_{12} = v_{s1} + v_{s2}$；

　m_1，m_2——分别为球 1 和球 2 的质量，kg。

泥石流中大石块对构件的冲击，相当于一个弹性球与另一个速度为零而半径和质量均十分巨大的球相冲击，则上式中的 n 简化为：

$$n = \sqrt{16R_{s2}/9\pi^2 (k_1 + k_2)^2} \qquad (10\text{-}35)$$

实际上，泥石流体中大石块对结构或岸坡的冲击，不完全符合弹性假定，接触面会发生断裂、摩擦、微小凹凸破坏以及流体压力的缓冲作用等，应考虑修正系数 K_c，则：

$$F_c = K_c na^{3/2} \tag{10-36}$$

式中 K_c——应根据实验和野外实测资料确定，一般取 0.2。

（3）整体冲击力

泥石流体是非均匀流体，其内部结构和冲击过程十分复杂，所以这里从理论公式出发，选取了根据实测资料而进行修正的理论公式，公式为：

$$\sigma = \frac{K\gamma_c v_c^2}{g} \tag{10-37}$$

式中 σ——泥石流压强，t/m^2；

γ_c——泥石流流体密度，t/m^3；

v_c——泥石流平均流速，m/s；

K——泥石流流体不均匀系数，$K = 2.4 \sim 4$，按表 10-14 进行选取。

泥石流不均匀系数 表 10-14

性 质	不均匀系数 K	性 质	不均匀系数 K
稀性泥石流	3.5~4.0	黏性泥石流	2.4~3.0
过渡性泥石流	3.0~3.5		

陈洪凯教授在其建立的泥石流等效两相流理论基础上，假定泥石流的冲击力由固相冲击力与液相冲击力共同构成，构建了泥石流冲击力计算公式：

$$P = K' \left(\frac{1}{30} \zeta D \gamma_s \mu_s^2 + (1 - \zeta) \gamma_c \mu_f^2 \right) (\sin^2\theta) \tag{10-38}$$

式中 γ_s——固相颗粒重力密度，kN/m^3；

γ_c——液相浆体重力密度，kN/m^3；

μ_s——固相流速，m/s；

μ_f——液相流速，m/s；

D——固相颗粒平均粒径，m；

ζ——固相颗粒的体积分数；

θ——泥石流流速与汇流槽之间的夹角，°；

K'——冲击力实验系数，黏性泥石流取 $10 \sim 13$，稀性泥石流取 $12 \sim 15$。

（4）关于冲击力计算的讨论：泥石流的冲击力是建筑破坏的重要原因之一，是值得重视的一个问题。当实测的资料太少，在不能精确计算，或计算值没有把握时，可采用表 10-15 或表 10-16 进行估计。

泥石流冲击力估计 表 10-15

泥石流类型	严重的	中等的	轻微的
冲击力（kN/m^2）	12~18	6~12	4~6

福列什曼泥石流冲击力值 表 10-16

最大泥深（m）	2.0	2~3	3~5	5~10	>10
搬运最大粒径（m）	>0.5	>0.7	>1.5	2~3	>3
冲击力（kN/m^2）	5~6	7~8	9~10	11~15	15~30

10.2.5　泥石流的冲起高度和弯道超高

(1) 冲起高度：泥石流在运动中与岩壁或建筑物撞击时，泥石流的溅起现象叫冲高。其值可按公式（10-39）计算：

$$h = \frac{v^2}{2g} \tag{10-39}$$

式中　h——冲高值，m；

　　　v——泥石流流速，m/s；

　　　g——重力加速度，9.81m/s²。

(2) 弯道超高：泥石流的弯道超高一般多采用流体弯道超高的理论公式（10-40）：

$$\Delta h = \frac{v^2 B}{2gR} \tag{10-40}$$

式中　Δh——与正常水位相比的超高值；

　　　B——泥面宽度，m；

　　　R——弯道中线半径，m。

或采用公式（10-41）计算：

$$\Delta h = 2.3 \frac{v^2}{g} \log\left(\frac{R_2}{R_1}\right) \tag{10-41}$$

式中　R_1、R_2——分别为弯道两岸半径；一般情况下，$R_2 = R_1 + B$。

弯道顺畅，沟底平坦，沟壁平滑情况下，人工沟道中的超高值，与上式计算值相差不多。但在天然沟道中，由于泥石流沟的弯道较急又不平顺，两岸糙度很大，加上泥石流流速较高，实测数值常超过计算值很多。因此在弯道上常用 2 倍超高计算，或用弯道超高加冲起高度计算：

$$\Delta H = 2\Delta h = \frac{Bv^2}{Bg} \tag{10-42}$$

$$\Delta H = \frac{Bv^2}{2Rg} + \frac{v^2}{2g} \tag{10-43}$$

应注意的是上式算出的 ΔH 为弯道外侧泥面与弯道中线泥面（即正常泥面）的高差。

10.2.6　泥石流年平均冲出总量的计算

从泥石流沟谷中每年平均可能冲出的泥石流总量，是拦淤设计及预期排导沟沟口可能淤高程度的主要参数之一，当前一般用以下几种方法求算：

(1) 调查法：由于泥石流的地区性特点很强，因而大多情况下，还是采用实地调查来获得资料，进行分析换算。调查时要根据各条沟的不同特点，及可能掌握的资料，采用不同的方法。如调查当年的泥石流淤积量加以换算；调查冲积扇的发展和堆积量进行测算；调查流域内固体物质的流失量；当泥石流的泥沙来源主要由上游一些不稳定边坡段供给时，则采用调查各支沟的下切深度计算冲出量，以及用小型水库的淤积量推算等。

(2) 径流折算法

1) 年总径流量折算法：利用全年径流量来折算为泥石流流量，适合于常发性泥石流沟。

$$W_H = 1000KH\alpha F\psi \tag{10-44}$$

式中 W_H——泥石流年平均发生量，m^3；

    H——引起泥石流的雨季期间平均降雨总量，mm；

    α——径流系数，一般为 $0.2\sim0.5$；

    F——流域面积，km^2；

    K——泥石流形成系数，按严重级别取值，轻微 0.02，一般 0.05，严重 0.1，特别严重 0.2；

    ψ——见公式（10-15）。

2）一次典型降雨径流计算法：根据一次典型的泥石流观测，来推算年平均可能发生的泥石流总量。

3）黄土地区的径流模数法：据江忠善等研究，黄土地区流域内暴雨产砂模数与暴雨洪量模数有较密切的关系，泥沙的冲出量则可按公式（10-45）计算：

$$W_H = 0.285M^{1.15}IJSF \tag{10-45}$$

式中 W_H——冲出的黄土总量，m^3；

    M——洪量模数，m^3/km^2；

    I——流域平均坡度（以小数计）；

    J——土壤可蚀性因子，为黄土中砂粒和粉粒所占的比例，以小数计；

    S——与流域植被度有关的系数，见表 10-17。

S 值　　　　　　　　　　　　　　　　　　　　　　　　　表 10-17

植被度（%）	100	90	80	70	60	50	40	30	20	10	0
S	0.05	0.18	0.33	0.46	0.60	0.71	0.80	0.88	0.94	0.98	1

（3）固体径流模数法：各地水土保持手册都列有各地区侵蚀模数表，可参考使用。根据我国的一些地区泥石流调查及实际观测资料，列出我国的泥石流地区侵蚀模数表，也可供参考。

$$W_H = M_1 M_2 F \tag{10-46}$$

式中 W_H——泥石流年平均冲出流量，$10^4 m^3$；

    M_1——降水系数，见表 10-18；

    M_2——侵蚀系数，见表 10-19；

    F——流域面积，km^2。

M_1 值　　　　　　　　　　　　　　　　　　　　　　　　表 10-18

年降水量（mm）	M_1	年降水量（mm）	M_1
400~700	1	1000~1400	2
700~1000	1.5		

M_2 值　　　　　　　　　　　　　　　　　　　　　　　　表 10-19

沟谷情况	$10^4 m^3/km^2$	沟谷情况	$10^4 m^3/km^2$
轻微的稀性泥石流沟	0.5~1	严重的泥石流沟	2~5
一般的泥石流沟	1~2	特别严重的泥石流沟	5~10

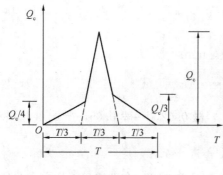

图 10-2　泥石流总量求解图示

(4) 五角形计算法

根据泥石流历时 T（s）和最大流量 Q_c（m^3/s），按泥石流暴涨暴落的特点，将其过程线化为五角形，如图 10-2 所示，按下式计算 W_c：

$$W_c = 19TQ_c/72 \qquad (10\text{-}47)$$

通过上式计算的泥石流总量一般比实际值偏大，尤其对于流域面积较大的泥石流沟来说更为显著，因此应对上式进行修正，即为：

$$W_c = KTQ_c \qquad (10\text{-}48)$$

K 为修正系数，其取值见表 10-20。

一次泥石流冲出固体物质总量按下式计算：

$$W_s = C_v W_c = (\gamma_c - \gamma_w)W_c/(\gamma_s - \gamma_w) \qquad (10\text{-}49)$$

泥石流总量修正系数　　　　　　　　　　表 10-20

流域面积（km^2）	<5	5～10	10～100	>100
K	0.202	0.113	0.0378	<0.0252

10.3　泥石流的治理

防治泥石流的危害，减轻灾害损失，要做两方面工作，一方面要采取各种坡面和沟道的工程手段，减轻泥石流的危害程度；另一方面要采用行政、法律等管理手段及预警预报措施。

10.3.1　泥石流的危害及治理途径

(1) 泥石流的危害和防治特点：泥石流对城市的危害是多方面的，不仅可以像山洪那样淹没城市，还可以在顷刻之间挟带大量泥沙、块石在沟口堆积起来，埋没沟口地区，还有如泥石流中的大石块对建筑物的撞击破坏。大量砂石汇入河流可能堵塞或改变河道等。从时间过程来看，危害可分为短时的（如泥石流的撞击、淹没、堵江等）和逐年积累的（如河床的逐年淤高、扇形地的逐年扩大等）。甘肃省白龙江中游段河床由于泥石流淤积，河床平均年淤高 6.8cm，以致武都城防洪堤逐年加高，现城市地面已低于白龙江河床 1.3m，低于北峪河床 6.8m。从长期来说，这种危害形式是非常严重的。在泥石流防治中只有注意了全部泥石流危害形式和可能影响的范围，才能保证防洪工程的安全。

泥石流防治是一项较为困难的工作，即使做好了治理工程，也只能防御一定标准的泥石流，对人口密集的城市地区，仍存在很大的潜在危险。因此，做好城市总体规划，是防治泥石流最重要的工作，例如主要城区应避开严重的泥石流沟，将危害区域规划为绿地、公园、运动场等人口稀少用地区。泥石流沟道与街区间用绿化带隔开等。对城市防治来说，应以防为主，尽量减小泥石流规模。对已发生的泥石流则以拦为主，将泥沙拦截在流域内，尽量减少泥沙进入城市。

泥石流和一般水流还有很多不同之处，对一般水流沟道，只要保证洪峰时的瞬间能够通过，这个沟道就是安全的。而泥石流由于其淤积作用，这次泥石流通过了，下次泥石流就不一定能通过，今年通过了，明年不一定能通过。因此，在泥石流的洪道设计时，必须了解可能发生的泥石流总量、通过沟槽时的淤积、流出沟道后的泥沙如何堆积，在使用年限中对城市又有什么影响。泥石流防治工程设计的成功与否，往往决定于这种预测的正确程度。

（2）泥石流防治的主要措施

1）生物措施：采用植树造林，种植草皮及合理耕种等方法，使流域内形成一种多结构的地面保护层，以拦截降水，增加入渗及汇水阻力，保护表土免受侵蚀。当植物群落形成后，不仅能防治泥石流，而且改变了水分和大气循环，对当地农业、林业都有好处，但需要较长的时间才能见效。

2）工程措施：工程措施的主要类型有：防治泥石流发生的措施，如修建塘坝、水库，减少径流量；治理滑坡、坍塌和沟道下切，减少泥砂来源；修建管道或水渠，将水与泥沙分隔开等。拦截泥石流的措施，如修建拦挡坝、停淤场等。泥石流排导措施，如修建排导沟、渡槽等。

3）综合治理：在泥石流防治中，最好采用生物措施和工程措施相结合的办法。这样既可以做到当年见效，又可在较短时间内防止泥石流的发生。

10.3.2 泥石流拦挡坝

泥石流往往由沟岸坍塌及沟底掏掘补给，大型滑坡也是在滑入沟道才补给泥石流的，所以沟道是泥石流中泥沙的主要补给区，据统计，在泥石流沟谷中，85%的泥沙来自仅占全流域面积10%的沟谷区，因而在沟谷内修建拦挡坝，对防治泥石流有较大的作用。因此成为世界各国防治泥石流的主要措施之一，其主要形式有：采用大型的拦挡坝与其他辅助水工建筑物相配合，一般称为美洲型。成群的中、小型拦挡坝，辅以林草措施，一般称为亚洲型。

（1）拦挡坝的作用：拦挡坝基本有两种类型：一种是高坝，它有比较大的库容，能保证将泥石流全部拦蓄在坝内。当坝体逐渐淤满时，予以清除或将坝体加高。另一种为低坝，也叫砂坊、谷坊或埝。这种坝体高度较小，往往成群布设，泥石流淤满后即从坝顶流过。它的作用主要有以下几方面：

1）拦截泥砂。拦截泥砂的数量往往决定于坝的高度，由于一般坝高较小，因而拦截的数量不多。以拦挡泥石流固体物质为主的拦挡坝，对间歇性泥石流沟，坝的库容不应小于拦蓄一次泥石流固体物质总量；对常发性泥石流沟，其库容不得小于拦蓄一年泥石流固体物质总量。

2）控制或提高沟底侵基准面。它不仅能防止沟道下切，而且通过淤积提高沟底标高，从而稳固了两岸的坍塌及稳定滑坡，减少泥石流的泥沙来源。稳定滑坡的拦挡坝，其坝高应满足拦挡的淤积物所产生的抗滑力大于滑坡的剩余下滑力。

3）改变流动条件。由于改变了沟床坡度、宽度，从而改变了流动条件，使流向稳定，减轻泥石流的侧向侵蚀。以淤积增宽沟床，减缓冲刷沟岸为主的拦挡坝，其坝高应使淤积后的沟床宽度相当于原沟床宽度的两倍以上。

4）调节泥沙和拦截大石块。由于拦坝上游淤满后，面积较大，对流量有一定的缓冲和调节作用。对切口坝在流量大时有拦蓄作用，而流量小时直接通过，格栅坝拦蓄大石块而将泥沙排出，也起到调节泥沙的作用。由于拦坝淤积后沟床坡度相对变缓，也有拦截大石块的作用。

（2）拦挡坝的布置：拦挡坝宜选择在上游地形开阔、容积较大的卡口处，易于满足应用期的拦蓄要求。以护床固沟为主的坝，应布置在侵蚀强烈的沟段或崩滑体下游。坝址还应该选择在基础条件较好和离建筑材料较近的区段。拦挡坝可单级或多级设置，由于坝体下游冲刷严重，除修建在基岩上的拦坝外，在堆积物上的坝体很易冲毁，因而拦挡坝还是以成群建筑为多，并由下游坝体的回淤，来保护上游坝体，因此要正确选择坝与坝之间的距离。

拦挡坝的间距由坝高及回淤坡度决定，在布置时可先定坝的位置，然后计算坝的高度，也可以先决定坝高后计算坝的间距。坝群布置如图 10-3 所示，坝高与间距的关系可

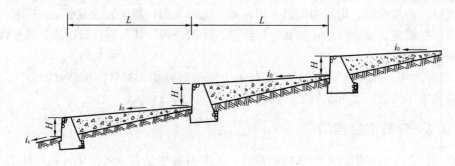

图 10-3　坝群布置示意

用公式（10-50）计算：

$$H = L(i_c - i_0) \tag{10-50}$$

式中　H——坝高，m；

　　　L——坝与坝的距离，m；

　　　i_c——修建拦坝处沟底纵坡（以小数计）；

　　　i_0——预期淤积后的回淤坡度（以小数计）。

泥沙回淤坡度 i_0，一般用比拟法决定。即采用调查已建拦挡坝的实际淤积坡度，与原沟床坡度作比较。无实测资料时，可用公式（10-51）计算：

$$i_0 = C_i \tag{10-51}$$

式中　i_0——拦挡坝修建后的回淤坡度（以小数计）；

　　　i——沟口附近冲积扇顶部的沟床坡度（以小数计）

　　　C——比例系数。

比例系数 C 是一个经常变动的数值，在泥石流变稀时，C 值减小，在泥石流严重时，C 值变大。将前者称为稳定回淤坡度，后者称为不稳定回淤坡度。C 的数值一般在 0.4～0.85 之间，也有接近于 1 的情况。根据调查资料编制的 C 值见表 10-21，选用时应按泥石流严重程度和坝的重要性来决定，在泥石流衰退期及坝高较大的情况下，采用较小的数值，在泥石流处于旺盛期及坝高较小的情况下，采用较大的数值。

| | *C* 值 | | 表 **10-21** | |
沟谷中泥石流情况	特别严重	严重	一般	轻微
C 值	0.8～0.9	0.7～0.8	0.6～0.7	0.5～0.6

当拦挡坝为停留大石块时，也需在一定长度上连续修建，需要修建的全长可参考公式（10-52）计算：

$$L_1 = fL_0 \qquad (10\text{-}52)$$

式中　L_1——拦截段全长，m；

　　　f——系数，严重的泥石流沟为 2.5，一般的泥石流沟为 2.0，轻微的泥石流沟为 1.5；

　　　L_0——粒径为 d 的石块降低到规定速度时所需平均长度，m，见表 10-22。

| | L_0 值 | | | | 表 **10-22** |
d (cm)	10	20	30	40	50	60
L_0 (m)	350	300	250	200	150	100

$$Wgf \geqslant F \qquad (10\text{-}53)$$

$$\frac{1}{2}\gamma H^2 \tan^2\left(45° + \frac{\psi}{2}\right) \geqslant F \qquad (10\text{-}54)$$

式中　F——滑坡单位宽度剩余下滑力，kN/m；

　　　W——高出滑坡面延长线的淤积物单宽重量，kN/m；

　　　f——淤积物内摩擦系数；

　　　γ——淤积物重力密度，kN/m³；

　　　H——淤积物内滑面延长线以上淤积物厚度，m；

　　　ψ——淤积物内摩擦角，°；

　　　g——重力加速度，9.81m/s²。

拦挡坝的高度（h）可按公式（10-55）计算：

$$h = H + H_1 + L(i - i_0) \qquad (10\text{-}55)$$

式中　H——按公式（10-54）计算值，m；

　　　H_1——滑坡临空面距沟底高度的平均值，m；

　　　L——拦挡坝距滑坡的平均距离，m；

　　　i——沟道坡度（以小数计）；

　　　i_0——预期淤积后的坡度（以小数计）。

（3）拦挡坝的构造：拦挡坝一般由坝身、护坦及截水墙组成，为防止冲刷，有时在截水墙前再建一段临时性护坦。拦挡坝的构造如图 10-4 所示，它和小型水工坝体构造有类似之处，因而小型水库的构造及修建经验可以作为借鉴。泥石流拦挡坝的断面形式，由坝体类型和建筑

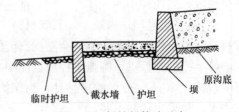

图 10-4　拦挡坝构造示意

材料决定，为避免大石块翻过坝体撞击坝身，坝下游面最好垂直。坝顶过流部分用坚固和整体性强的材料建造，以防石块越坝时的冲击和磨损。过流部分的外形最好作成流线型，坝身应嵌入两岸岸壁不少于1~2m。为了减轻坝体荷载，一般都设有泄水孔，将坝内积水排干。为使水流不淘刷岸壁，在坝顶上修建矩形和梯形的溢流口，否则要修建导流墙。溢流口的宽度应与下游沟道尺寸相适应，在许可的情况下，用较大的宽度，以减小过流流深。

除了矩形、梯形溢流口外，目前还有采用V形及条形溢流口，如图10-5所示。

矩形溢流口　　　梯形溢流口　　　V形溢流口　　　　条形溢流口

图10-5　拦挡坝的溢流口

（4）拦挡坝的形式：应用于一般水工建筑物上的各种坝体都被应用在泥石流防治上，例如重力式圬工坝、拱形坝、土坝等。泥石流防治中还常采用带孔隙的坝，例如格栅坝、桩林坝等。采用什么形式的坝体，要根据当地的材料、地质、地形、技术和经济条件决定。现将主要坝型简述如下：

1）浆砌块石重力坝

浆砌块石重力坝是一种最常用的坝型。坝体断面一般为梯形，下游面垂直，过流处应设不小于30cm的钢筋混凝土顶帽，以增加整体强度和防冲刷。它的轮廓尺寸可参考公式（10-56）、公式（10-57）估算后，再进行验算（见图10-6）。

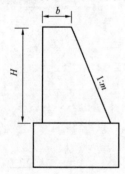

图10-6　浆砌块石
重力坝的轮廓尺寸

$$b = 0.6 + 0.1H \tag{10-56}$$
$$m = 0.25 + 0.03H \tag{10-57}$$

式中　b——坝顶宽度，m；

m——边坡系数；

H——坝高，m。

为尽快排出坝后积水，坝体纵横方向每隔1~1.5m设一泄水孔，泄水孔面积较大时可加装铁栅。对于较长的拦挡坝有时将泄水口做成自上面是贯通的一条窄缝，称窄缝式拦挡坝。

2）干砌块石坝：干砌块石坝的断面形状与浆砌块石坝相似，尺寸略大。为防止泥石流将坝顶的石块冲走，过流部分的最上三层石块应采用浆砌。为避免泥石流对坝体冲击面发生松散，除比较小的坝体外，坝后都进行填土，并设置反滤层。

3）混凝土拱坝：当缺少块石等材料，或两岸沟壁地质条件较好时，修建拱坝较为节省材料。由于拱坝厚度较小，会随泥石流的冲击而震动，大多采用钢筋混凝土。一般采用同心等半径的圆弧拱，圆弧半径根据使中心角保持110°~120°的经济角度选用。拱顶的厚度一般按1/30~1/50的跨度估计，为保护拱坝不受冲击，坝后需要回填土石。为加快施工进度，常采用预制安装。

4）格栅坝：格栅坝可分为平面型和立体型，平面型格栅坝由支承在两岸支墩上的钢梁或钢筋混凝土梁组成。实际上是挖空了的平板坝。立体型的常为钢或混凝土的框架结构，其目的是将大石块拦截，而将细颗粒泥石流流出。它的空隙大小按照需要停留的石块尺寸决定，栅条间的净间距一般为 1.4～2.0 倍的计划拦截的大石块直径。如果间隙太小，达不到部分泥石流通过坝体的目的。目前使用的完全由杆件组成的格栅坝，对运输困难地段的拦挡坝修建，提供了极大的方便。

5）护面土坝：土坝多属临时性构造物，大部分用在轻微的稀性泥石流及泥流地区。坝内应埋设泄水管，避免长期积水，并应设置黏土隔水土墙。坝坡应根据需要用混凝土或浆砌块石铺砌，小型土坝的尺寸可参考表 10-23。

表 10-23

护面土坝基本尺寸

坝高（m）	5～10	10～20	20～30
坝顶宽（m）	1.5～2.0	2.0～2.5	2.5～3.0
上游边坡	1：1	1：1.5	1：1.5～1：2
下游边坡	1：1.5	1：2	1：2～1：2.5

坝的其他形式还有很多，如桩林坝、柔性坝等。

（5）拦挡坝的基础设置：拦挡坝的基础设置是个很重要的问题，如处理不好，为保护基础的造价会等于或超过坝体的造价。基础的主要问题是冲刷。拦挡坝的坝下冲刷由三部分组成：

1）侵蚀基准面下降：侵蚀基准面下降后，会引起侵蚀性冲刷，其冲刷由下降处开始，不断向上游推进，全沟道冲刷量几乎相等。有时也称为溯源性冲刷。引起侵蚀基准面下降的原因有：大河对冲积扇的大量冲刷，下游泥石流的改道，沟道中的陡坎、坎坝的倒塌或破坏，河床标高的降低等。

2）泥砂水力条件改变的冲刷：由于滑坡的稳定或其他泥砂来源减少，使泥石流变稀，这样水流冲刷能力加强，造成沟床纵坡的改变，如甘肃省武都桑园子沟由原来的 8.8％改变为 5.5％，沟道便产生大量冲刷，冲刷深度从变坡点为零开始，越向上游冲刷越深（见图 10-7）。在设计时，可以将与本沟道水力泥沙条件相类似的沟备坡度作为冲刷后的坡度，或采用水动力平衡坡度来进行设计。

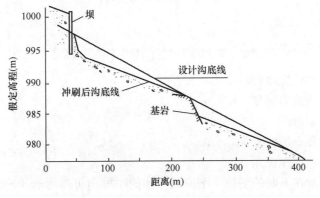

图 10-7 桑园子沟沟道冲刷纵剖面

3）坝下冲刷：由于泥石流由坝上跌落而形成坝下冲刷坑。对泥石流还缺少研究，常采用水工坝的计算方法。对独立的坝体或群坝中最下游坝体的基础埋深应低于最大冲刷线下2～4m。在有防护的坝基基础也应在护坦下2～4m。由于冲刷量较大，因此常采用群坝、坝下护坦和消力槛的办法加以保护。护坦的长度可按射流长度加水跃长度决定，一般采用2～4倍的坝高，也可近似地采用三倍的射流长度。即按公式（10-58）计算：

$$L = 1.3v_c(H+h)^{\frac{1}{2}} \tag{10-58}$$

式中　L——护坦长度，m；

　　　H——拦挡坝高度，m；

　　　h——坝上泥石流流深，m，

　　　v_c——坝顶泥石流流速，m/s。

护坦要受到泥石流及石块的巨大冲击，所以必须要有足够的强度。一般多采用浆砌块石，或混凝土铺砌，必要时用钢筋混凝土，以提高强度。为减小大石块的冲击力，往往将截水墙的顶面高出护坦，形成一个泥石流池，作为缓冲带。公式（10-59）可作为池的深度计算参考。

$$T = 0.1H + 0.5 \tag{10-59}$$

式中　T——前墙高出护坦的高度，m；

　　　H——拦挡坝高度，m。

（6）拦挡坝的受力情况：泥石流拦挡坝与一般坝体一样，受到自重、泥沙压力、冲击力、渗水压力及地震力等作用。作用于全坝断面上每米宽度的泥沙压力，如图10-8所示。

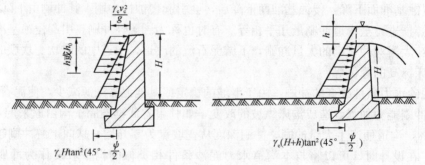

图10-8　泥石流对坝体的动静压力

一般按公式（10-60）计算：

$$P_c = \frac{1}{2}\gamma_c H^2\left(1 - \frac{2h}{H}\right)\tan^2\left(45° - \frac{\psi}{2}\right) \tag{10-60}$$

式中　P_c——坝前单位宽度泥沙压力，kN/m；

　　　γ_c——泥石流重力密度，kN/m³；

　　　H——坝高，m；

　　　h——坝上泥石流流动深，m；

　　　ψ——泥石流内摩擦角，°。

泥石流内摩擦角在不断的变化，刚流入坝体的摩擦角可参考表10-24。泥石流在坝后停积后，水流排出，内摩擦角增加，因此按公式（10-60）计算的压力作用时间很短暂。所以对小型沟谷中的低坝，内摩擦角值可按冲积扇上泥石流堆积物选用，据试验，黏性泥石流内摩擦角一般在 30°~38°之间，稀性泥石流在 34°~42°间。

泥石流内摩擦角值   表 10-24

γ_c (kN/m³)	<16	>16
ψ (°)	0	1.25 (γ_c−1)

坝体除受到压力作用外，还受到冲击力的作用。坝体必须在这些合力作用下有足够的强度和稳定性。由于坝体受冲击荷载只有短暂的瞬间，且仅承受一次。为冲击荷载而过于加大断面，经济上不甚合算，为此在计算时可适当考虑提高建筑材料的允许应力，其稳定系数可按特殊荷载组合的规定给予降低。还可在坝后填土，以减小冲击压力。

10.3.3 泥石流排导沟

将泥石流用人工沟道排入大河或适当地段，以保证城镇的安全，是目前常用的方法之一。即使沟内修建了拦挡坝等防治建筑，沟口也还要修排导沟以排出水流。排导沟应选择顺直、坡降大、长度短和出口处有堆积泥沙场地的地方。对城市的排导沟还应考虑避免穿越繁华和人口密集的地区及可能引起堵江和堵塞河道而造成洪水水位提高的地段。对城市泥石流排导沟来说，将泥石流改向相邻的沟道或选用绕避城市的改沟，在条件许可时，是可以采用的一种措施，但应论证其改沟的可靠性和对周围环境的影响。

排导沟应与天然沟道有良好的连接。一般可直接用堤坝连接，也可采用八字墙连接。但连接处的平面收缩角不宜大于 10°~15°，否则容易引起泥石流冲越堤坝等事故。

(1) 纵坡：泥石流排导沟宜采用较大的和均一的坡度，因地形限制要改变时，也不要变化太大。由于山口和汇入河流处的标高基本是固定的，因而最短的排导沟就有最大的坡度，因而首先要注意平面布置。排导沟的纵坡最好不要小于表 10-25 的数值。

泥石流排导沟合理纵坡   表 10-25

泥石流性质	重力密度（kN/m³）	类 别	纵坡（%）
稀性	14~15	泥流	3
		泥石流	3~5
	15~16	泥流	3~5
		泥石流	5~7
	16~18	泥流	5~7
		泥石流	7~10
黏性	18~20	水石流	5~15
		泥石流	8~12
	20~22	泥石流	10~18

(2) 横断面：泥石流排导沟宜采用窄而深的断面。较窄的沟道能使泥石流有较大的流速减少淤积，也可以增加平时水流对沟底淤积物的冲刷量。但沟底较窄时需要较大的沟深，因此沟底宽度要根据可能的沟深来综合考虑。公式（10-61）、公式（10-62）的计算宽度可作为断面宽度选择的参考。

当排导沟断面为梯形时：

$$B = 0.25 + 0.03H \tag{10-61}$$

当排导沟断面为矩形时：

$$B = 1.7i^{-0.4}F^{0.28} \tag{10-62}$$

式中 B——排导沟底宽，m；

    i——排导沟纵坡（小数计）；

    F——流域面积，km^2。

排导沟底宽还可参照流通区沟道宽度设计，可按公式（10-63）计算：

$$B \leqslant \left(\frac{i}{i_c}\right)^2 B_c \tag{10-63}$$

式中 i_c——流通区沟床纵坡（以小数计）；

    B_c——流通区沟道底宽，m；

其他符号意义同公式（10-62）。

排导沟的底宽还可以采用控制流态法、控制流速法等方法计算设计。

排导沟横断面形式由泥石流性质、建筑材料及防护方法决定，一般多采用梯形及矩形。如为黏性泥石流沟且沟道为下挖断面时，可采用梯形断面的土质渠道。如沟道断面是填筑而成或是稀性泥石流时，则沟道要加防护。如用护坡防护，则断面采用梯形；如用挡土墙，则断面多采用矩形。要使沟道底较窄而又通过较大的流量，梯形断面较为理想，尤其在黏性泥石流沟中。矩形断面或底宽较大的梯形断面，在经几次泥石流流动后就会变成底部较窄的梯形断面。为了防止梯形断面的两侧坡淤积，边坡坡度一般不缓于 1：1.5，常采用 1：1。

（3）深度设计：排导沟的深度按公式（10-64）计算：

$$H = H_c + H_N + \Delta H \tag{10-64}$$

式中 H——排导沟设计深度，m；

    H_c——设计泥石流流动深度，其数值也不得小于 1.2 倍的最大石块直径及 1.2 倍的波状流动时的波高（m），见公式（10-5）。在弯道处和顶冲处，还包括弯道超高和冲起高度；

    H_N——泥石流淤积高度，m，按设计淤积情况决定，每年清淤的沟道为一年淤积量，不经常清淤的沟道建议按 5～10a 的淤积量计算。在沟口还应包括冲积扇的淤高量；

    ΔH——安全值，根据泥石流的规模大小及排导沟的重要性采用 0.5～2m。

（4）沟口淤积估算：排导沟出口处，泥石流会停积下来形成一个新冲积扇。冲积扇不断淤高会影响泥石流的排出，其淤高量是很大的（见图 10-9），因此要对出口可能的淤积情况进行计算。

随着泥石流大量流出沟口，新生冲积扇将不断扩大和增高，根据年冲出的泥石流量，按公式（10-65）计算冲积扇堆积量，并采用公式（10-66）或公式（10-67）计算沟口冲积扇顶的淤积高度。

$$W_P = AW \tag{10-65}$$

式中 W_P——冲积扇年平均堆积量，m^3；

    W——泥石流沟年平均流出的泥石流量，m^3；

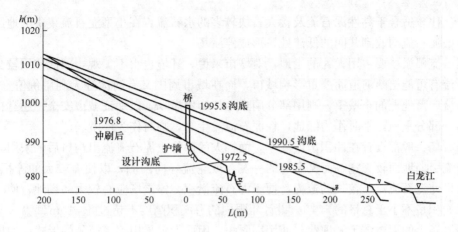

图 10-9 柳湾沟排导沟扇形地发育与沟道淤积

A——大河携带系数，泥石流沟在大河的峡谷段时 $A=0.5$。泥石流沟在大河的宽谷段时：大河主流在排导沟一侧 $A=0.65$；大河主流在排导沟对岸 $A=0.85$；泥石流沟不汇入大河 $A=0.95$。

当 $h_T > 25m$ 或 $W_P > 100 \times 10^4 m^3$ 时：

$$h_T = \left[\frac{W_P 10^4}{4.3} \right]^{\frac{1}{6.7}} \tag{10-66}$$

当 $h_T < 25m$ 或 $W_P < 100 \times 10^4 m^3$ 时：

$$h_T = \frac{W_P^{0.5}}{40} \tag{10-67}$$

式中 W_P——冲积扇堆积体的体积，m^3；

h_T——W_P的堆积物形成的冲积扇顶点高度，m。

冲积扇堆高之后，提高了沟口的基准面，而使沟道内产生回淤，按模型试验资料，当为黏性泥石流时，可近似地按公式（10-68）计算：

$$L = \frac{-1}{\gamma_c i^2} \left[\gamma_c h - h_p + n\tau_0 \ln\left(\frac{n\gamma_0 - \gamma_c h_i}{n\tau_0 - \gamma_c h_p i} \right) \right] \tag{10-68}$$

式中 L——计算断面距沟口的距离，m；

i——排导沟纵坡（以小数计）；

γ_c——泥石流重力密度，kN/m^3；

τ_0——泥石流静切应力，kN/m^2。

对于稀性泥石流，一般以调查该地区相似高度的新生冲积扇扇顶部分的坡度作为回淤坡度，或采用该沟老冲积扇平均坡度的 $0.75 \sim 1.0$ 倍。

10.3.4　泥石流停淤场

（1）停淤场的布置：停淤场，是使泥石流停淤的一块平坦而宽阔的场地。稀性泥石流流到这里后，流动范围扩大、流深及流速减小，大部分石块因失去动力而沉积。对于黏性泥石流，则利用它有残留层的特性，让它粘附在流过的地面上，停淤场就是利用广大的地面来停积泥石流的一种方法。它一般用在没有良好排导条件，而具有广阔的可供停淤场所的地方。比较适合于黏性泥石流及含大石块较多的水石流。在小型泥石流集中的地区，将相临两条泥石流沟改到共同的低洼处，形成停淤场。

泥石流停淤场要占用大片的土地，对城市来说，环境也很不美观，因此使用较少。但在泥石流有可能堵断河道而严重影响城市，而在城市周围又有河湾等无利用价值土地时。在泥石流扇形地上的小城镇，则用部分扇形地作为停淤场，以保证城市安全。还有在城市中辟出一部分土地，平时作为绿地，在泥石流发生时，临时作为停淤场。

停淤场一般都设置在冲积扇坡度小，面积大的部位。泥石流流出沟口后，采用导流坝将泥石流引向地面较为宽阔而又平坦的一侧，或轮流导向两侧，以便有较大的停积地面，同时又可使泥石流流经较长的流程，便于泥石流淤积。停淤场应有较大的场地，使一次泥石流的淤积量不小于总量的 50%，设计年限内的总淤积高度不超过 5~10m。

停淤场上的坝体由于淤埋快，使用期限短，因而大多采用比较简陋的形式，如推土机就地推筑的土坝。只有在冲刷严重，或受泥石流顶冲的坝体，才采用圬工铺砌坝面。稀性泥石流的冲刷能力较强，一般多用块石钢丝笼坝或圬工护面的土坝。只有在较为永久的坝体上，才采用浆砌块石或混凝土坝。

（2）停淤场的计算：停淤场的设计，主要计算停淤场需要的最小长度，以使黏性泥石流中 40%~60% 的泥石或稀性泥石流中某种粒径的石块能够停积下来，并计算可能停积数量。

1）黏性泥石流停淤场：黏性泥石流可能停积的数量，可用它的残留层厚度乘以泥石流流动面积来计算，根据模型试验，它在平坦的地形上流动时一侧的扩散宽度 B，可采用公式（10-69）计算：

$$B = K\sqrt{\frac{\tau_0}{\gamma_c i_c} L} \tag{10-69}$$

式中　B——泥石流流动 L（m）长度后，一侧的扩散宽度，m；

　　　τ_0——泥石流静切应力，kPa；

　　　γ_c——泥石流重力密度，kN/m³；

　　　i_c——冲积扇坡度（以小数计）；

　　　K——系数。在斜面状冲积扇上 $K=4$；在圆锥状冲积扇上 $K=6$。

考虑到地形不平整性等因素，在 L 长度内可能停积泥石流的数量可按公式（10-70）计算：

$$W_u = 5\left(\frac{\tau_0}{\gamma_c i_c} L\right)^{3/2} \tag{10-70}$$

式中　W_u——在 L 长度（m）内的停淤数量，m³。

根据上式也可求得停淤 W_u 数量的泥石流所需要的流动长度 L，按公式（10-71）计算：

$$L = \frac{\gamma_c i_c}{\tau_0}\left(\frac{W_u}{5}\right)^{2/3} \tag{10-71}$$

停淤场下游流量较原设计流量要减小，其折减系数 K 可参考公式（10-72）计算：

$$K = 1 - \frac{W_u}{W_c} \tag{10-72}$$

式中　K——泥石流流量折减系数；

W_u——停淤场停淤的泥石流量，m^3；

W_c——一次泥石流的总量，m^3。

2）稀性泥石流停淤场：稀性泥石流流出沟口后，一般以 5°～15°角度在冲积扇上扩散，部分石块便停淤下来。泥石流在沿途能停留的石块粒径与流通长度有关，一般按公式（10-73）估算：

$$L = 1.5Q_c i^{0.7} d_u^{-0.95} \tag{10-73}$$

式中　L——泥石流流动长度，m；

　　　Q_c——设计流量，m^3/s；

　　　i——冲积扇平均坡度（以小数计）；

　　　d_u——在经过 L 长度后，可能停留下来的石块直径，m。

由于石块的停留而减少的流量可按公式（10-74）估算：

$$Q_c = 0.1 \cdot \left(10 - P\frac{\gamma_c^{-10}}{\gamma_H^{-10}}\right)Q \tag{10-74}$$

式中　Q——原设计泥石流流量，m^3/s；

　　　Q_c——通过桥下的泥石流流量，m^3/s；

　　　P——泥石流中大于或等于 d_u 颗粒的石块占总泥砂量的百分数（以小数计）；

　　　γ_c——山口处的泥石流重力密度，kN/m^3；

　　　γ_H——泥浆颗粒的重力密度，kN/m^3。

10.3.5　泥石流的预警预报

目前，泥石流要达到完全治理的水平尚不容易，治理也只能抵御一定规模的泥石流，超过这个规模，仍会造成严重灾害。因此在尚未整治、整治不彻底，或虽已整治但尚有危险的地区，建立预警预报系统是一种投资少、安全度高的办法。它可减轻灾害程度和避免发生次生灾害，这对人口相对集中的城市来说，就显得特别重要。事实证明，建立警戒避难管理体制、安装预警与警报系统，宣传普及防灾知识、进行避难演习，提高防灾意识等措施是十分有效的。

从泥石流预报的方式来讲，主要有空间预报和时间预报两类，空间预报是指出可能发生泥石流的地区和位置，提供国民经济建设规划、建设和防灾工作参考。时间预报是指出泥石流发生的趋势。长期预报一般指 1～3 个月的预报，短期预报一般指 1～3d 的预报。实时预报一般指 1～3h 可能发生的泥石流，即为预警阶段，在确认灾害性泥石流会发生时，则发出警报。

（1）预报方法：对城市主要应采取实时预报，预报方法一般有分析法和传感法两种。

1）分析法。分析法就是根据本沟道中的观测资料，来确定爆发泥石流的临界雨量。具体做法是：画一个直角坐标图，纵坐标为降雨强度，横坐标为降雨总量，将沟道中每次观测到的降雨都点绘在图上，分爆发泥石流和没有爆发泥石流两类，之后可以画出一个临界线，将这条临界线参数直接安装在雨量计的计算机中，只要降雨达到爆发范围，立即报警。

这种方法虽然简单，但它仅判别发生和不发生的界限。要确定泥石流流量，则是根据遥测雨量计发来的降雨信息直接被计算机接收，在计算机中预先设定好泥石流流量计算程序。当达到警戒流量时，即预报警。

分析法可以较早的预知到泥石流情况，但可靠度相对较低。

2）传感法。传感法是将泥石流传感器安装在沟谷上游的适当地点。当泥石流发生后，传感器接收到信息后，进行报警。目前常用的传感器有：地震传感器、地声传感器、超声泥位计、泥位高度检知线等。

泥位高度检知线是在检测断面处，垂直泥石流流向，距河底一定高度拉一根塑料电线，在该线上通过微弱电流，当泥石流到达这个位置时，将电线冲断，继电器开始动作，而发出报警。传感法比较可靠，也无需很多观测资料，但报警的提前量较小。为提高报警的可靠性，避免误报，常采用复合式报警器。

（2）预警的准备工作：为使预警工作能起到应有的作用，不仅要安排好观测和报警工作，同时要做好避难的准备工作。

1）要有明确的预警时间提前量。没有足够的提前时间，不仅达不到避灾的目的，而且往往会造成次生灾害，建议的最短时间的提前量见表 10-26。

泥石流预警最少提前量 表 10-26

避难人数	预报（min）	警报（min）	避难人数	预报（min）	警报（min）
100~1000	>40	>20	10000 以上	>120	>60
1000~10000	>80	>40			

2）要有必要的警戒避难管理体制。这个管理体制包括决策机构、避难实施办法和法规，必要的民防组织等。

3）良好的通信线路。由于预警要有一定的提前时间，而传感器与警报点有一定的距离，如不能保证通信的畅通，则预警点仍不能起警报作用。

4）正确的决定警戒标准。多发性泥石流地区并不是发生泥石流即会造成灾害，而是要达到一定的量。并要决定预警观测点泥位与城市警戒泥位之间的关系。

5）正确决定灾害的性质和范围。只有在了解了泥石流危害的范围和危害的性质后，才能正确的决定撤离区域。

第11章 防 洪 闸

11.1 总 体 布 置

11.1.1 概述

防洪闸系指城市防洪工程中的挡洪闸、分洪闸、排（泄）洪闸和挡潮闸等。

防洪闸是用来防止洪水倒灌的防洪建筑物，挡洪闸一般修建在江河的支流河口附近，在江河洪水位上涨至关闸控制水位时，关闭闸门防止洪水倒灌；在洪水位下降至开闸控制水位时，开启闸门排泄上游积蓄之水。当闸上游河道或调蓄建筑物的调蓄能力较小，容纳不了洪水持续时间内积蓄的水量时，需要设置提升泵站与挡洪闸联合运行，以解决河道调蓄能力的不足。

分洪闸是用来将超过河道安全泄量的洪峰流量，分流入海或其他河流，或蓄（滞）洪区，或经过控制绕过被保护市区后，再排入原河道，以达到削减洪峰流量，降低洪水位，保障市区安全的目的。

排（泄）洪闸是用来排泄蓄（滞）洪区和湖泊的调节水量或分洪洪道的分流流量的泄水建筑物。排（泄）洪闸依据蓄（滞）洪区的调洪能力或洪道分流的流量，决定其排水能力和运行方式。

挡潮闸是用来防止潮水倒灌的防潮建筑物，在感潮河段为防止涨潮时潮水向河道倒灌，而在入海河口附近或支流河口附近修建防潮闸。当潮水位上涨至控制关闸水位时，则关闸挡潮；当潮水位退至控制开闸水位时，则开闸排水。若挡潮闸上游河道或调蓄建筑物的调蓄能力较小，容纳不了涨潮时间内积蓄的水量，则要设置提升泵站与防潮闸联合运行，以防止或减轻洪涝灾害。

防洪（挡潮）闸的级别不得低于防洪（挡潮）的级别；其防洪（挡潮）标准不得低于防洪（挡潮）堤的防洪（挡潮）标准。

防洪闸设计主要要求：

（1）设计必须满足城市防洪规划对防洪闸的功能和运行方式的要求。

（2）防洪闸的选址和布置，应根据其本身的特性和条件，多做比较论证（包括进行模型试验），以便做出安全可靠、技术可行、经济合理的最优方案。

（3）因地制宜地修建防洪闸上、下游河道的整治工程，以稳定河槽，保证防洪闸宣泄洪水顺畅。

（4）具有综合利用功能的防洪闸，设计应分清主次，在保证防洪闸防洪功能正常运作的前提下，最大限度地满足综合利用的要求。

（5）防洪闸设计，应采取必要的措施防止闸上、下游产生有危害性的淤积。

（6）工程应安全可靠，管理运用灵活方便。

11.1.2   闸址选择

闸址选择应根据其功能和运用要求，综合考虑地形、地质、水流、泥砂、航运、交通、施工和管理等因素，本着技术上可行，经济上合理的原则，进行研究比较，从中优选建闸地址。

选择在河道水流平顺、河槽稳定、河岸坚实的河段建闸，可减少建闸后对河道稳定性和闸室稳定性的不良影响。

选择在土质密实、均匀、压缩性小、承载力大的天然地基上建闸，可避免防洪闸各部分产生较大的不均匀沉降和结构变形，也可避免采用人工基础，以减少工程造价。

选择在渗透性小、抗渗稳定性好的地基上建闸，有利于采取较短的地下轮廓和比较简单的防渗措施，以减少工程造价。

闸址应有足够的施工场地、运输、供电、供水等条件，以保证施工的顺利进行。

具有不同功能的防洪闸，在闸址选择上又各有特点。

分洪闸闸址宜选择在河岸基本稳定的顺直段或弯曲河道的凹岸顶点稍偏下游处，但不宜选在险工段和被保护重要城镇的下游堤段及急弯河段。河道弯曲半径一般不小于3倍水面宽度。弯曲河段水流结构的主要特点是存在横向环流，横向环流将流速较高的表层含沙量小的水流推向凹岸，使河道主流靠近凹岸，并形成深槽。与此同时，横向环流将河底含沙量大的水流推向凸岸。分洪闸可利用这种弯道横流的特点，作为分洪防沙的措施之一，深槽有利于分洪，分洪闸的分洪方向与河道主流方向夹角小，分流平顺，分流量也大。

分洪闸闸址具体位置可参考公式（11-1），结合实际情况选定。

$$L = KB\sqrt{4\frac{R}{B}+1} \tag{11-1}$$

式中 L——从弯起点至分洪闸中点的弧长（沿弯道中心线），m；

B——弯道水面宽度，m；

R——弯道中心线的弯曲半径，m；

K——试验系数，$K=0.6\sim1.0$，一般选用0.8。

挡洪闸与排（泄）洪闸的闸址宜选择在河道顺直，河槽和岸边稳定的河段，排水出口段与外河交角宜小于60°。

挡潮闸建在入海河口或支流河口附近的河段上，河口最主要的水文现象是受海洋潮汐的影响。感潮的程度是随着河流的水流大小的潮汐的大小而变化的，一般使水位、流速分布呈周期性的变化。大潮涨潮时，水位形成倒比降，这时河流出现倒灌。在潮差小的河口底层，海水呈楔状上溯，河水成薄层位于其上，这时垂直流速分布呈舌状，形成异重流。

河口水流的性质是，洪水时河流作用强大，其梯度流显著；平水时除梯度流和潮流外，还有河水和海水产生的异重流；枯水时主要由潮水控制。

挡潮闸选址应研究所在河口的水文和水流的性质及特点，综合有无航运要求，在河口附近选择河道顺直、河槽和岸边稳定的河段，并尽量避免强风、强潮的影响。挡潮闸的引河短，引河淤积量小；引河长，纳潮量大，便于航运，引河淤积量大。

11.1.3   总体布置

防洪闸由进口段、闸室段和出口段三部分组成，泄洪、分洪闸采用开敞式。如图11-1

图 11-1　防洪闸的组成

所示。

（1）进口段：进口段包括铺盖、防冲槽、进口翼墙和上游岸边防护。

1）铺盖：铺盖的作用主要是防渗，同时兼有提高上游防冲和闸室抗滑稳定能力的作用。铺盖以一定坡度与上游防冲槽衔接，如图 11-2 所示。铺盖长度可根据闸基防渗需要确定，一般采用上、下游最大水位差的 3～5 倍。当铺盖兼有闸室抗滑作用时，可采用混凝土或钢筋混凝土铺盖。混凝土或钢筋混凝土铺盖最小厚度不宜小于 0.4m，其顺水流向的永久缝缝距可采用 8～20m，靠近翼墙的铺盖缝距宜采用小值。缝宽可采用 2～3cm。黏土或壤土铺盖的厚度应根据铺盖土料的允许水力坡降值计算确定，其前端最小厚度不宜小于 0.60m，逐渐向闸室方向加厚。铺盖上面应设保护层。保护层可采用砌石、预制混凝土板等，并在防冲层下面设垫层。采用防渗土工膜时，防渗土工膜厚度应根据作用水头、膜下土体可能产生裂隙宽度、膜的应变和强度等因素确定，但不宜小于 0.50m。土工膜上应设保护层。在寒冷和严寒地区，混凝土或钢筋混凝土铺盖应适当减小永久缝缝距，黏土或壤土铺盖应适当加大厚度，并应避免冬季暴露于大气中。

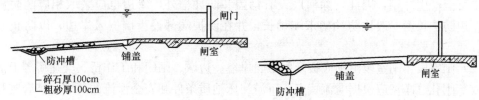

图 11-2　铺盖及防冲槽

2）防冲槽：防冲槽是水流进入防洪闸的第一道防线，一般采用砌石或堆石，如图 11-2 所示。防冲槽深度一般不小于 1.0m，底宽不小于 2.0m，边坡不小于 1∶1.5。砌石下面设粗砂、碎石垫层，各层深度不小于 0.1m。

3）进口翼墙：进口翼墙的作用是促成水流良好的收缩，引导水流平顺的进入闸室，同时起挡土、防冲和防渗的作用。墙顶高程与边墩齐平，顺水流方向的长度，一般大于或等于上游铺盖的长度，常用的翼墙形式有以下几种：

①直角翼墙：直角翼墙由两段互成正交的翼墙组成，如图 11-3 所示。翼墙在垂直流向插入河岸的直墙长度视岸边的坡度及其顶端插入岸顶深度 α 而定，α 值可取 0.5～1.0m。直角翼墙的优点是防止两岸绕流的效果较好，但造价较高，且在紧靠翼墙入口处上游容易发生回流，故岸边必须加强防护。

②八字形翼墙：八字形翼墙是顺水流方向的

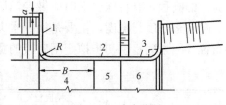

图 11-3　直角翼墙

1—上游翼墙；2—边墩；3—下游翼墙；

4—铺盖；5—闸室底板；6—护坦

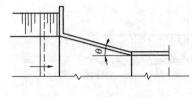

图 11-4 八字形翼墙

墙段向河岸偏转一个角度，偏转角 θ 一般取小于或等于 30°，如图 11-4 所示。八字形翼墙进水条件较直角翼墙有所改善，但水流进闸室仍有转折。

③圆弧形翼墙：圆弧形翼墙由两个不同半径的弧形墙组成，以适应水流收缩的需要，如图 11-5 所示。由于圆弧形翼墙有良好的收缩段，能使水流平稳而均匀地进入闸室。

④扭曲面翼墙：扭曲面翼墙是由直立的边墩处开始逐渐变为某一设计坡度的扭曲面，扭曲面为水流创造良好的渐变收缩条件，流势平顺，如图 11-6 所示。但施工较为复杂，墙后填土不易夯实。

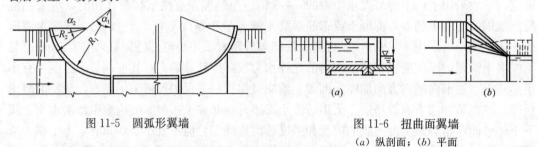

图 11-5 圆弧形翼墙

图 11-6 扭曲面翼墙
(a) 纵剖面；(b) 平面

4）上游岸边防护：由于闸室缩窄了河道的宽度，水流进入闸室后，流速加大，在闸室上游可能产生冲刷，因此，除河底设有铺盖和防冲槽外，岸边也应采取相应的防护措施。岸边防护长度一般比防冲槽末端稍长，并在防护端部设齿墙嵌入岸边，以防止水流淘刷。

（2）闸室段：闸室段由闸底板及闸墩、岸墙、边墩、闸门和工作桥、交通桥等上部结构组成。闸孔总净宽应根据泄流特点、下游河床地质条件和安全泄流的要求，结合闸孔孔径和孔数的选用，经技术经济比较后确定。闸孔孔径应根据闸的地基条件、运用要求、闸门结构形式、启闭机容量以及闸门的制作、运输安装等因素，进行综合分析确定。闸孔孔数少于 8 孔时，宜采用单数孔。闸室结构垂直水流向分段长度，应根据闸室地基条件和结构构造特点，结合考虑采用的施工方法和措施确定。对坚实地基上的防洪闸可在闸室底板上或闸墩中间设缝分段；对软弱地基上或地震区的防洪闸，在闸墩中间设缝分段。岩基上的分段长度不宜超过 20m，土基上的分段长度不宜超过 35m。永久缝的构造形式可采用铅直贯通缝、斜搭接缝或齿形搭接缝，缝宽可采用 2～3cm。

1）闸底板：闸底板高程应不低于闸下游出口段末端的河床高程，一般也不宜高于上游河床的高程，有特殊要求时应做专门研究。

闸底板长度与宽度，主要是根据水力计算、闸室在外力作用下的稳定要求以及机械设备布置等因素确定。初步拟定闸底板的宽度（顺水流方向）可参照表 11-1 选用。

闸底板宽度 表 11-1

基土种类	闸底板宽度	基土种类	闸底板宽度
砂砾土和砾石	$(1.25\sim1.75)\,H$	黏壤土	$(2.00\sim2.25)\,H$
粉土和砂土	$(1.75\sim2.00)\,H$	黏土	$(2.25\sim2.50)\,H$

注：H 为上下游最大水位差，m。

表 11-1 中的数值，仅考虑了在各种非岩基上抗滑稳定的因素，故布置闸门及其他上部设施时，可用估算的方法使所有各部分重量及水压等荷载的合力接近底板中心点。闸上水压力较大，合力可能偏向底板中心点下游，则闸门及具有较高桥位的工作桥，宜设于偏上游的位置，以资平衡。

闸底板宜采用平底板。在松软地基上且荷载较大时，也可采用箱式平底板。当需要限制单宽流量而闸底建基高程不能抬高，或因地基表层松软需要降低闸底建基高程，或在多泥沙河流上有拦沙要求时，可采用低堰底板。在坚实或中等坚实地基上，当闸室高度不大，但上、下游河渠底高差较大时，可采用折线底板，其后部可作为消力池的一部分。平底板的厚度，一般为 1.0~2.0m，最薄不宜小于 0.7m。闸底板在上、下游两端一般均设齿墙，齿墙混凝土等级强度应满足强度和抗渗要求。

2）闸墩

①闸墩的长度须满足布置闸门、检修门槽、工作桥和交通桥的需要。

②闸墩长度一般与闸底板等长，或稍短于底板，一般是根据闸门要求来确定。弧形闸门的支臂较长，约为水头的 1.2~1.5 倍，弧形闸门启闭时形成圆弧形的旋转面，因而需要较长的闸墩；平面闸门启闭呈垂直面升降，因此所需闸墩较短，但相应闸墩高度增加。

③工作闸槽和检修闸槽之间须有不小于 1.5m 的净距，以满足闸门检修时的工作面要求。

④闸墩的厚度应满足强度、稳定及门槽布置的要求，平面闸门闸墩门槽处最小厚度不宜小于 0.40m。

⑤工作桥与交通桥部分的闸墩顶高程，应在设计水位以上，泄流不产生阻水现象，并考虑和两岸或堤岸地面的衔接。

⑥闸墩迎水面的外形应满足过水平顺的要求，一般可采用半圆形、斜角形和流线形三种形式，如图 11-7 所示。

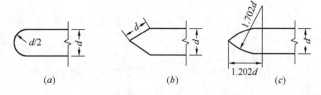

图 11-7　闸墩形式

(a) 半圆形；(b) 斜角形；(c) 流线形

3）岸墙与边墩：岸墙用以挡土，使两岸高填土不直接作用在边墩上；边墩用于布置闸门槽等，并和闸底板连成整体。在小型工程中，也可以直接利用边墩做岸墙。

岸墙与边墩的长度与闸底板长度相同。岸墙与边墩的顶面高程，一般与闸墩顶面高程相同。

4）闸门：挡水高度和闸孔孔径均较大，需由闸门控制泄水的防洪闸宜采用弧形闸门。当永久缝设置在闸室底板上时，宜采用平面闸门；如采用弧形闸门时，必须考虑闸墩间可能产生的不均匀沉降对闸门强度、止水和启闭的影响。受涌浪或风浪冲击力较大的挡潮闸，宜采用平面闸门，且闸门面板宜布置在迎潮侧。检修闸门应采用平面闸门或叠梁式闸门。露顶式闸门顶部应在可能出现的最高挡水位以上有 0.30~0.50m 的超高。

5）工作桥：工作桥的宽度应满足启闭设备布置的要求和操作运行时所需的空间要求。当闸门高度不大时，工作桥可直接支撑在闸墩上；当闸门高度较大时，可在闸墩上设支架结构支撑工作桥，以减少工程量。

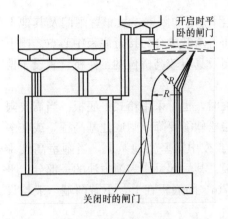

图 11-8 升卧式平面闸门

工作桥的梁系布置应考虑启闭机的地脚螺栓和预留孔的位置。

为了降低平面闸门工作桥的高度，并增加闸室的抗震能力，可采用升卧式平面闸门，如图 11-8 所示。其门槽下部为直线，上部为曲线，钢索扣于闸门的底部。闸门提升到一定的高度后，即沿曲线形轨道上升，最后闸门平卧于闸墩上，钢索呈不受力状态。

6）交通桥：交通桥宽度及其载重等级，视交通要求而定。位置应尽可能的使合力接近底板中心以及便于两岸连接，通常设置在低水位的一侧。工作桥、检修桥、交通桥的梁底高程均应高出最高洪水位 0.50m 以上，若有流冰，应高出流冰面 0.20m。

（3）出口段：出口段由护坦、海漫、防冲槽、出口翼墙、下游岸边防护组成。

1）护坦：是为了在闸室以下消减水流动能及保护在水跃范围内河岸不受水流冲刷，如图 11-9 所示。通常在护坦部位设置消能设施，例如消力池及其他形式的消能措施。

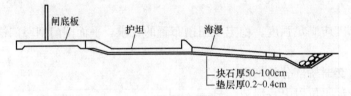

图 11-9 出口段

消能措施布置应根据闸基地质情况、水力条件以及闸门控制运用方式等因素，进行综合分析确定，一般闸下宜采用底流式消能。其消能设施的布置形式可按下列情况经技术经济比较后确定：①当闸下尾水深度小于跃后水深时可采用下挖式消力池消能，消力池可采用斜坡面与闸底板相连接，斜坡面的坡度不宜陡于 1：4。②当闸下尾水深度略小于跃后水深时，可采用突槛式消力池消能。③当闸下尾水深度远小于跃后水深且计算消力池深度又较深时，可采用下挖式消力池与突槛式消力池相结合的综合式消力池消能。④当防洪闸上、下游水位差较大且尾水深度较浅时，宜采用二级或多级消力池消能。消力池内可设置消力墩、消力梁等辅助消能工。

当闸下尾水深度较深且变化较小河床及岸坡抗冲能力较强时，可采用面流式消能。当闸承受水头较高，且闸下河床及岸坡为坚硬岩体时，采用挑流式消能。

在夹有较大砾石的多泥沙河流上，不宜设消力池，可采用抗冲耐磨的斜坡护坦与下游河道连接，末端应设防冲墙，在高速水流部位，尚应采取抗冲磨与抗空蚀的措施。

2）海漫：是继续消减水流出消力池后的剩余能量，并进一步扩散和调整水流，减小水流速度。海漫宜做成等于或缓于 1：10 的斜坡。为使海漫充分发挥防冲的作用，应具有以下性能：

①具有柔韧的性能：当下游河床受冲刷变形时，要求海漫能适应变形，继续起护面防冲的作用。

②具有透水的性能：使渗透水流自海漫底部自由逸出，以消除渗透压力。海漫采用混凝土板或浆砌石护面时，必须设置排水孔。为防止渗透水流将土颗粒带出，需要在海漫护面下设置垫层，一般设 2 层垫层，各层厚度为 0.1～0.2m，在渗透压力较大的情况，应考虑设置反滤层。

③具有粗糙的性能：海漫护面具有粗糙性能，有利于消除水流能量，故海漫常用砌石、抛石或混凝土预制块作为护面。

3）防冲槽：在海漫末端水流仍有较小的冲刷能量，为防止海漫末端由于受水流淘刷遭到破坏，而在末端设置防冲槽。当防冲槽下游河床形成最终冲刷状态时，防冲槽内的堆石将自动地铺护冲刷坑的边坡，使其保持稳定，从而保护海漫不遭破坏。如图 11-10 所示。

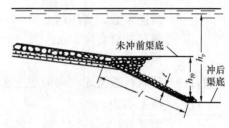

图 11-10 堆石防冲槽

4）出口翼墙：它的作用是引导出闸水流均匀地扩散，以减小单宽流量，有利于消能，并防止水跃范围内尾水的压缩而恶化消能。因此，出口翼墙顺水流方向的长度至少应与消力池的长度相等。

出口翼墙形式与进口翼墙相同，一般多采用八字形或圆弧形。八字形翼墙的扩散角度，一般取 7°～12°。翼墙分段长度应根据结构和地基条件确定，建筑在坚实或中等坚实地基上的翼墙分段长度可采用 15～20m；建筑在松软地基或回填土上的翼墙分段长度可适当减短。

5）下游岸边防护：水流流出翼墙段后，其流速和水面波动较大，对岸边需要采取防护措施，以防止冲刷。岸边防护的长度与水流流速、流态和岸边土质有关。对黏性土质的岸边，或者水流扩散分布均匀的，其防护长度比防冲槽稍长即可；对砂性土质岸边，或者水流扩散不良，容易发生偏折的，则防护长度要适当加长。

11.2 水力计算与消能防冲

11.2.1 水力计算

确定闸孔尺寸时，其单宽流量在很大程度上决定防洪闸的安全与经济问题，应当根据水流流态和地基的特点，对闸孔尺寸做多方案比较，选择最优方案。

砂质黏土地基，一般单宽流量取 15～25m³/s；对于尾水较浅、河床土质抗冲能力较差的，单宽流量可取 5～15m³/s。

确定闸孔宽度还要考虑闸门材料与结构形式等因素。

1. 实用堰式闸孔

（1）孔流：当实用堰顶上设置控制闸门，在闸门部分开启或有胸墙阻水，且出流不受下游水位影响时，闸下出流呈自由式孔流，如图 11-11 所示。

过闸流量按公式（11-2）计算：

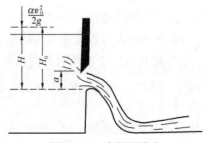

图 11-11 实用堰孔流

$$Q = \mu ab \sqrt{2gH_0} \qquad (11\text{-}2)$$

$$H_0 = H + \frac{\alpha v_0^2}{2g} \qquad (11\text{-}3)$$

式中　Q——过闸流量，m^3/s；

　　　μ——流量系数，$\mu = \varepsilon' \varphi$；

　　　ε'——垂直收缩系数，见表 11-2；

　　　φ——流速系数，实用堰 $\varphi = 0.95$；

　　　a——闸门开启高度，m；

　　　b——闸孔宽度，m；

　　　H_0——计入行近流速在内的堰上水深，m；

　　　H——堰上水头，m；

　　　α——流速分配不均匀系数，取 $1.0 \sim 1.1$；

　　　v_0——行近流速，m/s。

垂直收缩系数 ε' 值   表 **11-2**

a/H	0.00	0.10	0.15	0.20	0.25	0.30	0.35	0.40	0.45	0.50
ε'	0.611	0.615	0.618	0.620	0.622	0.625	0.628	0.632	0.638	0.645
a/H	0.55	0.60	0.65	0.70	0.75	0.80	0.85	0.90	0.95	1.00
ε'	0.650	0.660	0.672	0.690	0.705	0.720	0.745	0.780	0.835	1.000

当下游水位高于堰顶时，则闸下出流呈淹没式孔流，过闸流量按公式 (11-4) 计算：

$$Q = \mu ab \sqrt{2g(H_0 - h_n)} \qquad (11\text{-}4)$$

式中　h_n——下游堰上水深，m。

（2）堰流：当实用堰顶闸门全部开启，且出流不受下游水位影响时，出流呈自由式堰流，如图 11-12 所示。过闸流量按公式 (11-5) 计算：

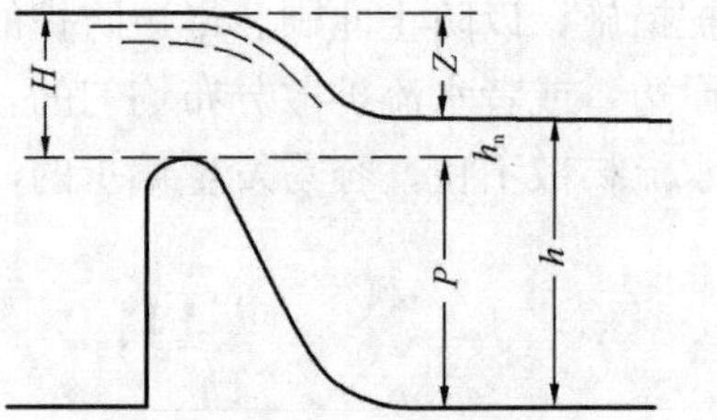

图 11-12　实用堰堰流

$$Q = \varepsilon mb \sqrt{2g} H_0^{3/2} \qquad (11\text{-}5)$$

式中　Q——过闸流量，m^3/s；

　　　ε——侧收缩系数；一般取 $0.85 \sim 0.95$；

　　　m——流量系数，一般取 $0.45 \sim 0.49$；

　　　b——闸孔宽度，m；

　　　H_0——计入行近流速在内的堰上水深，m。

当下游水位高于堰顶时，则出流呈淹没式堰流，过闸流量按公式 (11-6) 计算：

$$Q = \sigma_n \varepsilon mb \sqrt{2g} H_0^{3/2} \qquad (11\text{-}6)$$

式中　Q——过闸流量，m^3/s；

　　　σ_n——淹没系数，根据 h_n/H 值，查表 11-3。

淹没系数 σ_n 值 表 11-3

h_n/H	σ_n	h_n/H	σ_n	h_n/H	σ_n	h_n/H	σ_n	h_n/H	σ_n	h_n/H	σ_n
0.05	0.997	0.42	0.953	0.64	0.888	0.78	0.796	0.89	0.644	0.950	0.470
0.10	0.995	0.44	0.949	0.66	0.879	0.79	0.786	0.90	0.621	0.955	0.446
0.15	0.990	0.46	0.945	0.68	0.868	0.80	0.776	0.905	0.609	0.960	0.421
0.20	0.985	0.48	0.940	0.70	0.856	0.81	0.762	0.910	0.596	0.965	0.395
0.25	0.980	0.50	0.935	0.71	0.850	0.82	0.750	0.915	0.583	0.970	0.357
0.30	0.972	0.52	0.930	0.72	0.844	0.83	0.737	0.920	0.570	0.975	0.319
0.32	0.970	0.54	0.925	0.73	0.838	0.84	0.724	0.925	0.555	0.980	0.274
0.34	0.967	0.56	0.919	0.74	0.831	0.85	0.710	0.930	0.540	0.985	0.229
0.36	0.964	0.58	0.913	0.75	0.823	0.86	0.695	0.935	0.524	0.990	0.170
0.38	0.961	0.60	0.906	0.76	0.814	0.87	0.680	0.940	0.506	0.995	0.100
0.40	0.957	0.62	0.897	0.77	0.805	0.88	0.663	0.945	0.488	1.000	0.000

2. 宽顶堰式闸孔

（1）孔流：当宽顶堰顶上闸门部分开启或有胸墙阻水，且闸下出流不受下游水位影响时，则闸下出流呈自由式孔流，如图 11-13 所示。

过闸流量按公式（11-7）计算：

$$Q = \mu ab \sqrt{2g(H_0 - h_1)} \tag{11-7}$$

式中　h_1——收缩断面水深，m，$h_1 = \varepsilon' a$；

　　　ε'——垂直收缩系数，见表 11-2。

当闸门部分开启时，如果闸下游水流发生淹没水跃或下游水位高于闸门下缘时，则闸下水流呈淹没式孔流，过闸流量按公式（11-8）计算：

$$Q = \mu ab \sqrt{2g(H_0 - h_t)} \tag{11-8}$$

式中　h_t——闸下游尾水深，m。

（2）堰流：当宽顶堰顶上闸门全部开启，且闸下出流不受下游水位影响时，则闸下出流呈自由式出流，如图 11-14 所示，过闸流量按公式（11-9）计算：

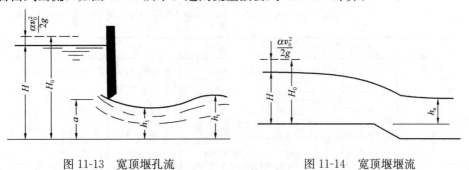

图 11-13　宽顶堰孔流　　　　　　图 11-14　宽顶堰堰流

$$Q = \varepsilon mb \sqrt{2g} H_0^{3/2} \tag{11-9}$$

式中　m——流量系数，视进口翼墙形状而定，见表 11-6～表 11-9；

　　　ε——侧收缩系数，详见以下计算。

1) 进口有坎宽顶堰的侧收缩系数按公式（11-10）计算：

$$\varepsilon = 1 - \frac{\alpha}{\sqrt[3]{0.2 + \dfrac{P}{H}}} \sqrt[4]{\frac{b}{B}} \left(1 - \frac{b}{B}\right) \tag{11-10}$$

式中　P——上游坎高，m；

　　　H——堰上水深，m；

　　　b——闸孔净宽，m；

　　　B——上游河宽，m，对于梯形断面近似用 1/2 水深处的水面宽；

　　　α——系数，闸墩墩头为矩形，宽顶堰进口边缘为直角时取 0.19；墩头为曲线形，宽顶堰进口边缘为直角或圆弧时取 0.10。

上式使用条件为 $b/B \geqslant 0.20$，$P/H \leqslant 3.0$。当 $P/H > 3.0$ 时，用 $P/H = 3.0$ 计算。

2) 多孔过流时，侧收缩系数可取加权平均值，按公式（11-11）～公式（11-13）计算：

$$\bar{\varepsilon} = \frac{\varepsilon_1 (n-1) + \varepsilon_2}{n} \tag{11-11}$$

$$\varepsilon_1 = 1 - \frac{\alpha}{\sqrt[3]{0.2 + \dfrac{P}{H}}} \sqrt[4]{\frac{b}{b+d}} \left(1 - \frac{b}{b+d}\right) \tag{11-12}$$

$$\varepsilon_2 = 1 - \frac{\alpha}{\sqrt[3]{0.2 + \dfrac{P}{H}}} \sqrt[4]{\frac{b}{b+\Delta b}} \left(1 - \frac{b}{b+\Delta b}\right) \tag{11-13}$$

式中　ε_1——中孔侧收缩系数；

　　　ε_2——边墩侧收缩系数；

　　　d——中墩厚度，m；

　　　Δb——边墩边缘线与上游河道水边线之间的距离，m。

侧收缩系数见表 11-4 及表 11-5。

侧收缩系数 ε（$\alpha = 0.10$）　　　　　　　表 11-4

b/B	P/H					
	0.0	0.25	0.50	1.0	2.0	3.0
0.1	0.913	0.930	0.939	0.950	0.959	0.964
0.2	0.913	0.930	0.939	0.950	0.959	0.964
0.3	0.915	0.932	0.941	0.951	0.960	0.965
0.4	0.918	0.936	0.946	0.955	0.963	0.968
0.5	0.929	0.945	0.953	0.960	0.967	0.971
0.6	0.940	0.954	0.961	0.967	0.973	0.976
0.7	0.955	0.964	0.970	0.974	0.979	0.982
0.8	0.968	0.976	0.979	0.983	0.986	0.988
0.9	0.984	0.988	0.990	0.992	0.993	0.994
1.0	1.000	1.000	1.000	1.000	1.000	1.000

侧收缩系数 ε (α=0.19)　　　　表 11-5

b/B	P/H					
	0.0	0.25	0.50	1.0	2.0	3.0
0.1	0.836	0.868	0.887	0.904	0.922	0.931
0.2	0.836	0.868	0.887	0.904	0.922	0.931
0.3	0.836	0.872	0.890	0.907	0.924	0.933
0.4	0.845	0.882	0.898	0.915	0.930	0.938
0.5	0.864	0.896	0.911	0.925	0.939	0.945
0.6	0.886	0.913	0.925	0.937	0.950	0.955
0.7	0.911	0.933	0.941	0.951	0.961	0.966
0.8	0.940	0.953	0.958	0.965	0.972	0.977
0.9	0.970	0.976	0.978	0.983	0.986	0.988
1.0	1.000	1.000	1.000	1.000	1.000	1.000

3）进口无底坎宽顶堰侧收缩系数：对于无底坎的平底闸，出现宽顶堰流，是由于平面上闸孔小于上游河宽，过水断面收缩而引起的。因边墩的侧收缩对过闸流量的影响已包含在流量系数中，计算用以下几种情况处理：

①单孔闸：若计算中流量系数 m 按表 11-6～表 11-9 直接选用，侧收缩系数 ε 不再计算（即取 $\varepsilon=1.0$），即侧收缩对过闸流量的影响包含在流量系数 m 中。

直角形翼墙进口的平底宽顶堰流量系数 m　　　　表 11-6

b/B	≈0.0	0.1	0.2	0.3	0.4	0.5	0.6	0.7	0.8	0.9	1.0
m	0.320	0.322	0.324	0.327	0.330	0.334	0.340	0.346	0.355	0.367	0.385

注：b 为闸孔净宽，m；B 为上游河宽，m。

八字形翼墙进口的平底宽顶堰流量系数 m　　　　表 11-7

cotθ	b/B										
	≈0.0	0.1	0.2	0.3	0.4	0.5	0.6	0.7	0.8	0.9	1.0
0.5	0.343	0.344	0.346	0.348	0.350	0.352	0.356	0.360	0.365	0.373	0.385
1.0	0.350	0.351	0.352	0.354	0.356	0.358	0.361	0.364	0.369	0.375	0.385
2.0	0.353	0.354	0.355	0.357	0.358	0.360	0.363	0.366	0.370	0.376	0.385
3.0	0.350	0.351	0.352	0.354	0.356	0.358	0.361	0.364	0.369	0.375	0.385

注：b 为闸孔净宽，m；B 为上游河宽，m；θ 为翼墙与水流轴线的交角，°。

圆弧形翼墙进口的平底宽顶堰流量系数 m　　　　表 11-8

r/b	b/B										
	≈0.0	0.1	0.2	0.3	0.4	0.5	0.6	0.7	0.8	0.9	1.0
0.00	0.320	0.322	0.324	0.327	0.330	0.334	0.340	0.346	0.355	0.367	0.385
0.05	0.335	0.337	0.338	0.340	0.343	0.346	0.350	0.355	0.362	0.371	0.385
0.10	0.342	0.344	0.345	0.343	0.349	0.352	0.354	0.359	0.365	0.373	0.385

续表

r/b	b/B										
	≈0.0	0.1	0.2	0.3	0.4	0.5	0.6	0.7	0.8	0.9	1.0
0.20	0.349	0.350	0.351	0.353	0.355	0.357	0.360	0.363	0.368	0.375	0.385
0.30	0.354	0.355	0.356	0.357	0.359	0.361	0.363	0.366	0.371	0.376	0.385
0.40	0.357	0.358	0.359	0.360	0.362	0.363	0.365	0.368	0.372	0.377	0.385
≥0.50	0.360	0.361	0.362	0.363	0.364	0.366	0.368	0.370	0.373	0.378	0.385

注：b 为闸孔净宽，m；B 为上游河宽，m；r 为进口圆弧半径，m。

斜角形翼墙进口的平底宽顶堰流量系数 m　　　　表 11-9

e/b	b/B										
	≈0.0	0.1	0.2	0.3	0.4	0.5	0.6	0.7	0.8	0.9	1.0
0.000	0.320	0.322	0.324	0.327	0.330	0.334	0.340	0.346	0.355	0.367	0.385
0.025	0.335	0.337	0.338	0.341	0.343	0.346	0.350	0.355	0.362	0.371	0.385
0.050	0.340	0.341	0.343	0.345	0.347	0.350	0.354	0.358	0.364	0.372	0.385
0.100	0.345	0.346	0.348	0.349	0.351	0.354	0.357	0.361	0.366	0.374	0.385
≥0.20	0.350	0.351	0.352	0.354	0.356	0.358	0.361	0.364	0.369	0.375	0.385

注：b 为闸孔净宽，m；B 为上游河宽，m；e 为斜角的高度，m。

②多孔闸：对于多孔闸其水流状态除受边墩影响外，还受中墩影响，因而要综合考虑边墩和中墩对过闸流量的影响。计算方法如下：

若用表 11-6～表 11-9 直接计算流量系数，则侧收缩系数不再计算，采用综合流量系数，其值为：

$$m = \frac{m_1(n-1) + m_2}{2} \tag{11-14}$$

式中　m_1——中孔流量系数，将中墩的一半看成边墩，然后按此边墩的形状查表 11-6～表 11-9 中相应的值，表中 $\frac{b}{B}$ 用 $\frac{b}{b+d}$ 代替；

　　　m_2——边孔流量系数；按边孔形状查表 11-6～表 11-9 中相应的值，表中 $\frac{b}{B}$ 用 $\frac{b}{b+\Delta b}$ 代替；

　　　n——闸孔数。

若采用综合流量系数 m 计算多孔闸过流能力，则公式（11-9）中的 $\varepsilon m = 0.385\bar{\varepsilon}$，$\bar{\varepsilon}$ 为综合侧收缩系数。

当堰顶以上的下游水深 $h_n > 0.8H_0$ 时，则按淹没式堰流计算，过闸流量按公式（11-15）计算：

$$Q = \varphi_0 b h_n \sqrt{2g(H_0 - h_n)} \tag{11-15}$$

式中　h_n——堰顶以上的下游水深，m；

　　　φ_0——流速系数，视流量系数 m 而定，见表 11-10。

流速系数 φ_0								表 11-10	
m	0.30	0.31	0.32	0.33	0.34	0.35	0.36	0.37	0.38
φ_0	0.78	0.81	0.84	0.87	0.90	0.93	0.96	0.98	0.99

3. 防潮闸过闸流量计算

确定防潮闸闸孔尺寸，首先要确定出闸上下游水位，然后选用相应的过闸流量公式计算过闸流量。确定闸上下游水位比较复杂，一般均按实践中得到的比较简单合理的近似方法来确定。

（1）闸下标准潮型选择：选择闸下标准潮型时，应分析对泄流量最不利的最高高潮水位及最高低潮水位产生原因，一般分为 3 种潮型。

1）主要受台风影响的潮型：河道平坦而河口宽深的潮水位多属于此类。大潮之日又遇台风，高潮水位为最高，低潮水位亦因高潮时灌入水量较多，一时不易退尽，低潮水位也较高（有时不明显）。上游洪峰来时，有时也能抬高水位，但远不如台风抬的高。如图 11-15 所示。

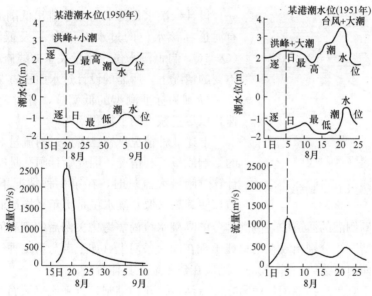

图 11-15 主要受台风影响的潮型

该类潮型频率组合以洪峰频率为主，闸下标准潮型采用历年最高潮水位的平均值，其低潮水位则用相应之值（在实测资料中找得）；或采用低潮水位为历年平均最高值，则其高潮水位用相应之值，最后通过计算，采用其中对泄水最不利的一个潮型，作为设计闸孔的闸下标准潮型。

2）主要受上游洪峰流量影响的潮型：当河道较陡，洪峰流量较大时，往往没有高潮倒灌现象，仅受高潮顶托，这种河道最高的高（低）潮水位出现在上游洪峰流量下泄时的大潮日。河道的潮水位与河道流量一般皆有较好的"水位～流量"关系，在河槽不变的情况下，只要知道相应的河道流量，便可求得相应的高（低）潮水位。如主河道需开挖，则首先求主河道开挖后的"水位～流量"关系，再求算标准潮型。如果洪峰流量与潮水位既有一定关系，但又没有遭遇问题存在，在这种河道上一般不需要兴建防洪闸。

3) 最高潮水位主要受台风影响, 最高的低潮水位主要受上游流量影响的潮型: 河道平坦, 河口浅窄的潮水位皆属此类, 如图 11-16 所示。每年最高潮水位的产生原因同第一种情况, 其选择方法亦同, 即采用历年平均最高潮水位作为标准潮型的高潮水位。每年最高的低潮水位的产生原因同第二种情况, 其选择方法基本相同, 即在河道不再开挖的情况下, 首先求得低潮水位与相应低潮流量的关系曲线, 如图 11-17 所示。再以河道的计划低潮流量自曲线上查得所需低潮水位。如查得的低潮水位过高, 而影响泄水时, 则开挖闸下河道, 降低潮水位。开挖断面可用下法计算:

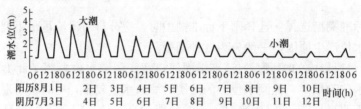

图 11-16   河口浅窄的潮水过程线

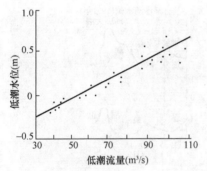

图 11-17   低潮水位流量关系曲线

设计低潮水位为 H, 要求排出低潮流量为 Q, 现有河道在该水位的过水面积为 ω_1 及低潮流量为 Q_1 ($Q_1 < Q$, 自低潮水位~流量关系曲线查得), 在流速不变的情况下, 所需的设计过水面积 ω 为 $Q\omega_1/Q_1$。

H 则为标准潮型的低潮位, 有时要核算不淤流速, 以尽量减少闸下淤积问题。

上述 3 种情况, 皆已考虑过闸流量对闸下潮水位的影响或最不利情况, 因此设计闸孔是安全的。但在计算过闸最大流量时, 在第 1 种情况下还需另取潮型, 使其高 (低) 潮水位是历年平均最低的, 方法同前。另外在高潮倒灌的河道中, 倒灌部分的高潮水位尚需考虑关闸后的壅高问题。

以上 3 种情况, 分别出现在河口或出现在同一条河上 (如上游为第二种情况, 中游为第三种情况, 而河口为第一种情况), 则应在建闸地点具体分析。

如在干流不宜兴建挡潮闸, 而需在支流河口兴建挡潮闸, 且干流流域面积不大时, 标准潮型选择方法同前; 当干流流域面积很大时, 干、支流洪峰不一定遭遇, 频率亦不同, 且潮水位与干、支流流量有关, 还需首先解决干、支流洪峰频率组合问题, 然后选择支流河口的标准潮型。

(2) 闸上半日河流水库蓄泄能力的简化计算

在高潮倒灌的河道中兴建挡潮闸后, 汛期当闸下潮水位下跌时, 开闸放水; 当闸下潮水位上涨时, 关闸防止潮水倒灌。关闸期间闸上游河道仍不断来水, 蓄于闸上河槽之中, 闸上水位便随之上升。当闸下潮水位下降而低于闸上水位时, 又开闸排去闸上河槽所蓄之水, 闸上水位又重新下降, 如图 11-18 所示。因此, 闸上河槽成为一个临时调节的蓄水库, 随着每次潮水位的涨落, 此水库就进行一次调节。每次潮水位涨落约半日, 故称它为闸上半日河流水库或简称河流水库。

闸上河流水库的水流情况属于变量变速流, 各处的水位、流量及流速均不断地变化,

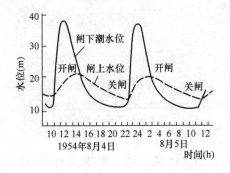 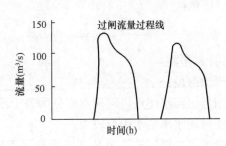

图 11-18 防潮闸实测"潮水位～过闸流量"闸上下水位过程线

为了推求出逐时闸上河流水库的水面线，其计算相当复杂，目前在实际工程中大多采用简化计算方法，即采用河道分段与时间分段的计算方法。

1）计算公式：

$$i = \frac{\overline{V}^2}{C^2 \overline{R}} = \frac{\overline{Q}^2}{\overline{\omega}^2 C^2 \overline{R}} \tag{11-16}$$

$$\overline{Q}_2 - \overline{Q}_1 = \frac{\Delta S_1}{\Delta t} \tag{11-17}$$

式中　i——河道水面比降；

　　　$\overline{V}$——两站间平均流速，m/s；

　　　$\overline{Q}$——两站间平均流量，m³/s；

　　　$\overline{\omega}$——两站间平均过水断面面积，m²；

　　　$\overline{R}$——两站间平均水力半径，m；

　　　Q_1——上游站在 Δt 时段内的平均流量，m³/s；

　　　Q_2——下游站在 Δt 时段内的平均流量，m³/s；

　　　C——流速系数。

将闸上半日河流水库分为若干段 L_0、L_1、L_2、L_3……，如图 11-19 所示。在 t 时刻水位分别为 H_0、H_1、H_2、H_3……，防潮闸开闸放水，经 Δt 时段后，水位下降为 H'_0、H'_1、H'_2、H'_3……，各河段在 Δt 时段内下泄的蓄水量为 ΔS_0、ΔS_1、ΔS_2、ΔS_3……，H_0 为回水终点处的水位，$\overline{Q}_0$ 为 Δt 时段内上游平均来水量，则两站间河段在 Δt 时段内的平均出流量为：

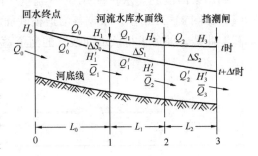

图 11-19 各河段水面线的变化

$$\overline{Q}_n = \overline{Q}_0 + \sum_{i=0}^{n-1} \frac{\Delta S_i}{\Delta t} \tag{11-18}$$

第一河段的平均出流量为 $\overline{Q}_1 = \overline{Q}_0 + \dfrac{\Delta S_0}{\Delta t}$；第二河段的平均出流量为 $\overline{Q}_2 = \overline{Q}_0 + \dfrac{\Delta S_0}{\Delta t} + \dfrac{\Delta S_1}{\Delta t}$ 等。若沿岸有支流汇入，如图 11-20 所示，该时段平均支流来水量为 $\overline{Q}_{vi}$，则按公式

(11-19) 计算：

$$\overline{Q}_n = \overline{Q}_0 + \sum_{i=0}^{n-1} \frac{\Delta S_i}{\Delta t} + \sum_{i=0}^{n-1} \overline{Q}_{vi} \tag{11-19}$$

2）计算步骤

①河道分段。

自闸址至回水终点将河流水库分为若干段，一般下游河段应较上游河段短些，因为下游河段受河流水库蓄水影响较大。

分段的多少视河道长短及精度要求而不同，当河道长，精度要求高时，分段越多越好，一般将河流水库分为 3~10 段为宜，每段 5~30km。河段分界线最好在支流河口上。

当回水终点离闸过远时，可在目前受潮水影响不大的地方，取为建闸后的回水终点。

②绘制各河段的"水位～水位～流量"曲线。

用动力平衡方程式（11-16）求出各河段不同上下游水位情况下的流量，绘制"水位～水位～流量"曲线，如图 11-21 所示。当已知其中任意 2 值，便可查得第 3 值。

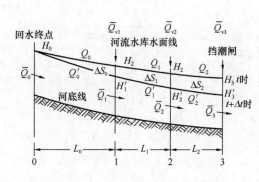

图 11-20 有支流汇入时的水面线

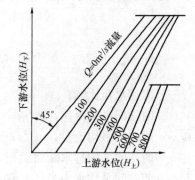

图 11-21 "水位～水位～流量"曲线

③绘制各河段的"水位～水位～蓄量"曲线。

利用某河段的"水位～水位～流量"曲线求得水面线，如图 11-22 所示。根据各河道横断面的"水位～面积"曲线，便可求得该水面线下的河道蓄量 S。见公式（11-20）。

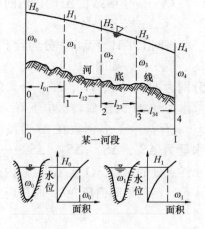

$$S = \frac{\omega_0 + \omega_1}{2} l_{01} + \frac{\omega_1 + \omega_2}{2} l_{12} + \cdots\cdots + \frac{\omega_n + \omega_{n+1}}{2} l_{n(n+1)}$$

$$\tag{11-20}$$

$$= \sum_{i=0}^{n-1} \frac{\omega_i + \omega_{i+1}}{2} l_{i(i+1)}$$

式中 ω_i——过水断面面积，m^2；

$l_{i(i+1)}$——两相邻断面的间距，m。

图 11-22 河道蓄量

根据某河段上下游水位及求得的蓄量，便可点绘成"水位～水位～蓄量"曲线，如图 11-23 所示。

④计算各河段出流量

在公式（11-19）$\overline{Q}_n = \overline{Q}_0 + \sum_{i=0}^{n-1} \frac{\Delta S_i}{\Delta t} + \sum_{i=0}^{n-1} \overline{Q}_{vi}$ 中 $\overline{Q}_0 =$

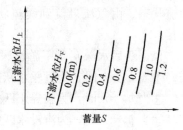

图 11-23 "水位～水位
～蓄量"曲线

$0.5(Q_0 + Q'_0)$，Q_0 及 Q'_0 可在该河段的"水位～水位～流量"曲线中，用该时段始末的上下游水位查得；ΔS_i用该时段始末的上下游水位在该河段"水位～水位～蓄量"曲线上查得。如在 $0 \sim 1$ 河段中，时段始用 H_0、H_1 查得河道蓄量为 S_0，时段末用 H_0、H'_1 查得河道蓄量 S'_0，则 $S_0 - S'_0 = \Delta S_0$；Δt 为采用时段（如半小时等）；$\overline{Q}_{vi}$ 为支流在该时段平均来水量，随河流水库水位的涨落而逐时不同，其变化情况不易马上求得，由于影响干流不大，仍假定与干流流量变化相似，如该河段支流与干流不受潮水影响的流量比值为 $Q_{vi}/Q_0 = K_1$，已求得干流在该时段的平均流量为 $\overline{Q}_0$，则 $\overline{Q}_{vi} = K_1\overline{Q}_0$，至此公式（11-19）右端各值皆可求得，相加即得 Q_n。

（3）过闸流量计算：挡潮闸过闸流量计算是否正确，不但和闸下潮型选择及闸上河流水库蓄泄能力的计算密切相关，而且和过闸流量计算的方法有关。

当闸下潮水位的涨落不影响过闸流量时，计算方法最简易，这是临界流情况，可直接应用水力学公式算得过闸流量，不再赘述。当闸下潮水位的涨落直接影响过闸流量时，其计算方法比较复杂。以往常用堰流计算法和合成波计算法，近年来由于电子计算机的普遍运用，对过闸的不恒定流作了大量的计算工作，并通过实测验证，认为挡潮闸过闸流量完全可以用宽顶堰的公式进行计算。

闸孔尺寸选择应根据过闸流量与上下游河道的泄流能力，进行若干方案比较，求得最经济的组合方案。

4. 防洪闸闸顶高程确定

防洪闸的闸顶高程不应低于岸（堤）顶高程；泄洪时不应低于设计洪水位（或校核洪水位）与安全超高之和；挡水时应不低于正常蓄水位（或最高挡水位）加波浪计算高度与相应安全超高之和。还应考虑以下因素，留有适当裕度：①多泥沙河流上因上、下游河道冲淤变化引起水位升高或降低的影响；②软弱地基上地基沉降的影响；③防洪闸两侧防洪堤堤顶可能加高的影响。

防潮闸通常具有防洪和挡潮双重功能。闸顶高程应满足泄洪、蓄水和挡潮工况的要求。

11.2.2 消能防冲

（1）护坦设计：护坦是闸身以下消减水流动能及保护在水跃范围内河床不受水流冲刷的主要结构，由于护坦表面受高速水流作用，因此护坦材料必须具有抗冲耐磨的性能，一般采用混凝土或钢筋混凝土结构。

1）水面连接的判别：由于防洪闸前后水流诸水力要素之间的关系不同，在闸下游可能发生各种不同之连接形式。防洪闸多系平底出流，因此只有底流式连接形式。假定防洪闸为定流量，下游河道水流状态为均匀流态，下游水深 h_t 为正常水深。一般建闸河道均系缓坡，水流是缓流状态，下游水深大于临界水深，在此情况下，当防洪闸泄流时，在距闸孔一定距离处形成收缩断面，水流在此处具有最小水深，该水深常小于临界水深，面呈急流状态。由急流过渡到缓流状态，必须通过水跃，因此防洪闸出流常借水跃与下游连接。

根据跃后水深 h_2 与下游水深 h_t 的关系，水面连接有 3 种方式：

①当 $h_2 > h_t$ 时，为远驱水跃式连接；

②当 $h_2 = h_t$ 时，为临界水跃式连接；

③当 $h_2 < h_t$ 时，为淹没水跃式连接。

以上 3 种连接方式，以第 1 种连接方式最为不利，因为在共轭水深 h_1 至 h_2 之间的回水曲线范围内，水流是急流状态，流速很大，将会造成严重冲刷，需要非常坚固的防护结构。在设计中应尽量避免这种连接方式。第 2 种连接方式是一种过渡形式，是第 1 种和第 3 种之界限。第 3 种连接方式对消能最有利，在设计中设法达到这种连接方式。

2) 构造设计：为了降低护坦下面的渗透压力，以减轻护坦的负荷，可在护坦上设置垂直排水孔，并在护坦下面设置反滤层，在水跃区域内不宜设置排水孔，因为该区域流速很高，可能在局部产生真空，形成负压，致使排水孔渗流逸出的坡降增大，容易造成地基的局部破坏。排水孔常布置成梅花状，孔距一般取 1.5 ~ 2.0m，孔径 30 ~ 25mm。当护坦作为防渗结构的一部分时，护坦应有足够的重量来平衡渗透压力，其厚度可按公式（11-21）复核。

$$t = \frac{10Kh}{\gamma_1 - 10} \tag{11-21}$$

式中　t——护坦厚度，m；

　　h——复核断面上的渗透压力水头，m；

　　K——安全系数，$K = 1.10 \sim 1.35$，视重要性而定；

　　γ_1——护坦的重力密度，kN/m^3。

护坦与闸室底板、翼墙之间均用变形缝分开，以适应不均匀沉降和伸缩。顺水流方向的纵缝最好与闸室底板上的纵缝及闸孔中线错开，以减轻急流对纵缝的冲刷作用。缝距一般为 15 ~ 20m，缝宽为 10 ~ 30mm。

3) 消力池：闸下消能防冲设计，应以闸门全开的泄流量或最大单宽流量为控制条件。

防洪闸泄流时，上下游水位差所形成的高速水流，将对下游河床和岸边产生冲刷作用，为了防止有害的冲刷，必须有效地消除由于高速水流所产生的巨大能量。水跃可以造成最大的能量损失，通过水跃，一般能消除总能量的 40% ~ 60%，因此，水跃是消能的主要措施。因此，在闸下游设置能促使形成水跃的消能设施，常用的消能设施有消力池、消力槛、综合式消力池以及一些辅助的消能工。水流经过消能设施后的剩余能量，再通过表面粗糙的海漫，进一步消能，最后以容许流速流入河道中。

当下游水深不足时，为了获得淹没式水跃，可加深下游护坦做成消力池，以加大下游水深，使之产生淹没式水跃。消力池是一种最可靠的消能设施，构造简单，使用广泛，通常采用混凝土或钢筋混凝土结构，不宜采用浆砌石结构。

如果消力池的深度根据计算需要很深，或消力槛的高度根据计算需要在第一个高的消力槛后面，还需设置一个或几个较低的消力槛，在此情况下，最好设置综合式消力池，既加深护坦，又设消力槛。根据实际运用的结果，综合式消力池不仅在消能方面可以获得良好的效果，而且在造价上也是比较经济的。为了保证消力池内及消力槛后面能产生淹没式水跃，所求出的消力池深度必须稍微加大些，而消力槛的高度必须稍微减小些。

消力池深度可按公式（11-22）计算，计算示意见图 11-24。

$$d = \sigma_0 h''_c - h'_s - \Delta Z \tag{11-22}$$

$$h''_c = \frac{h_c}{2}\left[\sqrt{1 + \frac{8aq^2}{gh_c^3}} - 1\right]\left[\frac{b_1}{b_2}\right]^{0.25} \tag{11-23}$$

$$h_c^3 - T_0 h_c^2 + \frac{aq^2}{2g\varphi^2} = 0 \tag{11-24}$$

$$\Delta Z = \frac{aq^2}{2g\varphi^2 h'^2_s} - \frac{aq^2}{2gh''^2_c} \tag{11-25}$$

式中　　d——消力池深度，m；

$\quad\sigma_0$——水跃淹没系数，可采用 1.05～1.10；

$\quad h''_c$——跃后水深，m；

$\quad h_c$——收缩水深，m；

$\quad a$——水流动能校正系数，可采用 1.0～1.05；

$\quad q$——过闸单宽流量，m^3/s；

$\quad b_1$——消力池首端宽度，m；

$\quad b_2$——消力池末端宽度，m；

$\quad T_0$——由消力池底板顶面算起的总势能，m；

$\quad \Delta Z$——出池落差，m；

$\quad h'_s$——出池河床水深，m。

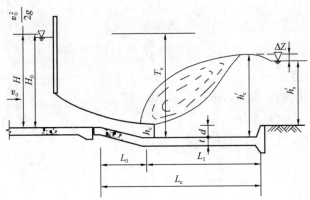

图 11-24　消力池计算示意

消力池长度可按公式（11-26）和公式（11-27）计算：

$$L_{sj} = L_s + \beta L_j \tag{11-26}$$

$$L_j = 6.9(h''_c - h_c) \tag{11-27}$$

式中　　L_{sj}——消力池长度，m；

$\quad L_s$——消力池斜坡段水平投影长度，m；

$\quad \beta$——水跃长度校正系数，可采用 0.7～0.8；

$\quad L_j$——水跃长度，m。

消力池底板厚度可根据抗冲和抗浮要求，分别按公式（11-28）和公式（11-29）计算，并取其大值。

抗冲
$$t = k_1 \sqrt{q\sqrt{\Delta H'}}$$
(11-28)

抗浮
$$t = k_2 \frac{U - W \pm P_{\mathrm{m}}}{r_{\mathrm{b}}}$$
(11-29)

式中 t——消力池底板始端厚度，m；

    $\Delta H'$——闸孔泄水时的上、下游水位差，m；

    k_1——消力池底板计算系数，可采用 0.15～0.20；

    k_2——消力池底板安全系数，可采用 1.1～1.3；

    U——作用在消力池底板底面的扬压力，kPa；

    W——作用在消力池底板顶面的水重，kPa；

    P_{m}——作用在消力池底板上的脉动压力，其值可取跃前收缩断面流速水头值的 5%；通常计算消力池底板前半部的脉动压力时取 "＋" 号，计算消力池底板后半部的脉动压力时取 "－" 号；

    γ_{b}——消力池底板的饱和重度，kN/m³。

跌坎计算示意见图 11-25，选定的跌坎高度应符合公式（11-30）～公式（11-32）的要求。

$$P \geqslant 0.186 \frac{h_{\mathrm{k}}^{2.75}}{h_{\mathrm{dc}}^{1.75}}$$
(11-30)

$$P < \frac{2.24 h_{\mathrm{k}} - h_{\mathrm{dc}}}{1.48 \dfrac{h_{\mathrm{k}}}{P_{\mathrm{d}}} - 0.84}$$
(11-31)

$$P > \frac{2.38 h_{\mathrm{k}} - h_{\mathrm{dc}}}{1.18 \dfrac{h_{\mathrm{k}}}{P_{\mathrm{d}}} - 1.16}$$
(11-32)

式中 P——跌坎高度，m；

    h_{k}——跌坎上的临界水深，m；

    h_{dc}——跌坎上的收缩水深，m；

    P_{d}——闸坎顶面与下游河底的高差，m。

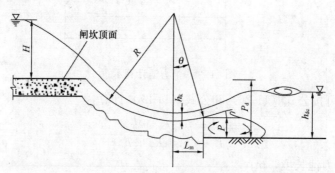

图 11-25 跌坎计算示意

选定的跌坎坎顶仰角 θ 宜在 0°～10° 范围内。

选定的跌坎反弧半径 R 不宜小于跌坎上收缩水深的 2.5 倍。

选定的跌坎长度 L_m 不宜小于跌坎上收缩水深的 1.5 倍。

（2）出口翼墙：出闸高速水流的平面扩散是消能的一个必要的步骤，平面扩散可以减小单宽流量，尤其是水位差较小的闸下消能，平面扩散更为重要。下游翼墙扩散角度对出闸水流影响很大，如果翼墙扩散角度太大或扩散不良，使水流不能顺着翼墙扩散面扩散，可能形成回流区域，压缩主流，使水流集中单宽流量增大，并容易造成偏流；同时翼墙末端与岸边连接处，因断面放大而形成甚强之回流，淘刷岸边及河底。翼墙扩散角度太大，还常常引致主流脱离翼墙，集中冲向下游形成折冲水流。反之，如翼墙扩散角太小，将增加扩散段长度，造成建筑材料的浪费。

（3）海漫：海漫的作用是保护护坦或消力池后面的河床免受高速水流冲刷，削减护坦消能后所剩下的能量，并进一步扩散与调整水流，减小流速，防止对河床有害的冲刷。在海漫上面不允许有水跃产生，海漫本身的材料，必须能长期经受高速水流的冲刷，并能适应河床的变形而不致破坏，其表面尽可能有一定的糙率，以减小水流速度。为了减小闸室底板和护坦下面的渗透压力，海漫应设计成透水的。在其下面设反滤层，以防止渗透水流把地基土粒带出。海漫的结构是根据海漫上水流流速大小来选择的，常用的海漫结构有以下几种。

1）堆石海漫：堆石海漫是用人工抛堆的，如图 11-26 所示。堆石厚度，一般为 $0.4\sim0.5\mathrm{m}$，堆石粒径可按公式（11-33）计算：

$$d = \left(\frac{v_{\max}}{4.2}\right)^2 \tag{11-33}$$

式中 d——堆石粒径，m。

$v_{\max}$——海漫上最大流速，m/s；$v_{\max}$ 可取断面平均流速的 1.6 倍。

2）干砌石海漫：干砌石海漫比堆石海漫能承受较大流速的水流冲刷，如图 11-27 所示。单层干砌石厚度，一般为 $0.3\sim0.4\mathrm{m}$，容许流速为 $2.5\sim4.0\mathrm{m/s}$；双层干砌石厚度，一般为 $0.5\sim0.7\mathrm{m}$，容许流速为 $3.5\sim5.0\mathrm{m/s}$。在使用和施工方便上，双层砌石不如加厚的单层砌石好。

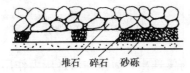

图 11-26 堆石海漫

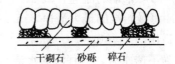

图 11-27 干砌石海漫

3）混凝土预制板海漫：混凝土预制板的抗冲能力更强，容许流速可达 $7\sim10\mathrm{m/s}$，板厚为 $0.2\sim0.3\mathrm{m}$，预制板的尺寸视施工条件而定，混凝土等级一般为 C20，如图 11-28 所示。

由于海漫是逐渐扩散的，水流出护坦之后，速度逐渐减小，海漫较长时，前段可采用抗冲能力较强的材料，后段可采用抗冲能力较弱的材料。海漫往往先做成水平段再接以倾斜段，全长均向下游倾斜，其倾斜坡度以 1：10 为

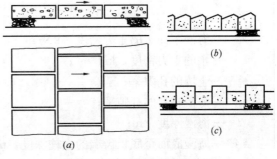

图 11-28 混凝土预制板海漫

（a）混凝土平板；（b）斜面块体；（c）城垛式块体

宜。降低海漫末端的高程、增加水深，防冲效果较好。

海漫长度可按公式（11-34）计算：

$$L = K(q\sqrt{\Delta H})^{\frac{1}{2}} \tag{11-34}$$

式中　L——海漫长度，m；

　　　q——海漫始端的单宽流量，$m^3/(s \cdot m)$；

　　ΔH——上下游水位差，m；

　　　K——系数，可按表11-11采用。

系数 K 值　　　　　　　　　　　　　　　　表 11-11

土壤名称	K	土壤名称	K
粉砂、细砂	13~14	粉质黏土	9~10
中砂、粗砂、粉质壤土	11~12	坚硬黏土	7~8

公式（11-34）的使用范围为$(q\sqrt{\Delta H})^{\frac{1}{2}} = 1 \sim 9$。

计算海漫长度的公式很多，计算结果有时相差较大，下面的公式仅供参考。

①适应于干砌石的海漫长度计算公式：

$$L = 0.665K\sqrt{\Delta Hq - l_h} \tag{11-35}$$

式中　K——系数，一般取12；

　　　l_h——护坦长度，m。

②适用于混凝土和抛块石的海漫长度计算公式：

$$L = Kh_t\left(1 - \frac{v_2}{v_{1max}}\right) \tag{11-36}$$

式中　K——系数，一般取9~15；

　　　h_t——下游水深，m；

　　　v_2——海漫末端的流速，m/s；

　v_{1max}——海漫始端的最大流速，m/s；可取1.2~1.3倍的平均流速。

该式的适用范围为$0.20 < v_2/v_{1max} < 0.80$。

当护坦为不透水时，地基渗透水流从下游海漫逸出，海漫在渗透压力作用下，有可能将海漫石块托起。为防止海漫产生渗透破坏，必须复核渗透水流的逸出坡降。临界坡降可用公式（11-37）计算：

$$J_c \leqslant \frac{r_s}{r_0} - (1 - n_s) + \left[\frac{r_k}{r_0} - (1 - n_k)\right]\frac{t}{h_s} \tag{11-37}$$

式中　r_s——海漫下面土的重力密度，kN/m^3；

　　　r_0——水的重力密度，kN/m^3；

　　　n_s——土壤的孔隙率；

　　　n_k——海漫材料的孔隙率；

　　　t——海漫厚度，m；

　　　h_s——海漫底面至底板齿墙的土柱深度，m。

（4）防冲槽：在海漫末端与河床相接处设置防冲槽，因为水流出海漫后流入河道，河床长期受水流冲刷，势必危及海漫结构的稳定，甚至遭到严重破坏。防冲槽通常采用抛砌石结构,其表面的水流流速应接近河床允许流速,才能避免河床产生有害冲刷。海漫末端的河床经过水流长期冲刷,必然将河床冲深,形成冲刷坑,这时防冲槽内的部分石块将自动填充被冲深的部位,以减轻水流对河床的进一步破坏。防冲槽的深度应根据海漫末端冲刷深度,同时参考当地类似工程的实际运行经验确定。

防冲槽的边坡长度,可按公式(11-38)计算:

$$L = (h_p - h_t)\sqrt{1 + m^2} \tag{11-38}$$

式中　L——防冲槽边坡长度,m;

h_p——冲刷后的水深,m;

h_t——冲刷前的水深,m;

m——坍落的堆石形成的护面边坡系数,可取 2~3。

冲刷后的水深 h_p 可按公式(11-39)估算:

$$h_p = \frac{Kq\sqrt{2a_0 - \dfrac{y}{h_t}}}{\sqrt{d}\left(\dfrac{h_t}{d}\right)^{\frac{1}{6}}} \tag{11-39}$$

黏性土冲刷后的水深 h_p 可按公式(11-40)估算:

$$h_p = \frac{Kq\sqrt{2a_0 - \dfrac{y}{h_t}}}{v_{max}} \tag{11-40}$$

式中　q——海漫末端的单宽流量,$m^3/(s \cdot m)$;

a_0——海漫末端断面处的动能改正系数,可查表 11-12;

y——海漫末端断面垂直线上最大流速点距河底的距离,m;可查表 11-12;

h_t——海漫末端断面水深,m;

K——海漫末端断面处单宽流量集中系数,可查表 11-13;

d——河床砂粒的平均粒径,m,可查表 11-14;

v_{max}——河床黏性土的容许不冲刷流速,m/s,见附录 18。

$\sqrt{2a_0 - y/h_t}$　　　　　　　　　　表 11-12

布置情况	进入冲刷河床前流速分布图	a_0	y/h	$\sqrt{2a_0 - y/h_t}$
消力池尾槛后为倾斜海漫		1.05~1.15	0.8~1.0	1.05~1.22
尾槛后为较长水平海漫		1.0~1.05	0.5~0.8	1.10~1.26
尾槛后无海漫,槛前产生水跃		1.1~1.3	0~0.5	1.30~1.61
尾槛后无海漫,槛前为缓流		1.05~1.2	0.5~1.0	1.05~1.38

单宽流量集中系数 *K* 值	表 11-13
消能扩散情况	*K*
墙扩散角度适宜，有池、槛、齿等较好的消能工，扩散较好，无回流或经过模型试验者	1.05～1.50
墙不适宜，消能工不强，扩散不良，下游河床有回流	1.50～3.00
无翼墙及消能工或极不相宜，有折冲水流或个别集中开放闸门者	3.00～5.50

河床砂粒的平均粒径 *d* 值（mm）						表 11-14
砂土分类	粉细砂	细砂	中砂	粗砂	细砾石	中砾石	粗砾石
d_{50}值	0.15	0.35	0.75	1.50	3.00	7.00	15.00

海漫末端冲刷深度公式均是经验公式，其计算结果是近似的，可按公式（11-41）计算：

$$\Delta h = 1.1 \frac{q}{[v]} - h_{\text{t}} \tag{11-41}$$

式中　Δh——海漫末端冲刷深度，m；

　　　q——海漫末端的单宽流量，m³/(s·m)；

　　　$[v]$——河床土质的不冲流速，m/s；

　　　h_{t}——海漫末端冲刷前的水深，m。

（5）下游岸边防护：为保护翼墙以外的岸边不受水流冲刷，在一定长度内需进行防护。翼墙下游岸边的防护可结合河道的防护形式，采取坡式护岸或重力式护岸，防护长度应大于海漫长度。

11.3　防　渗　排　水

水在土体孔隙中的流动，由于土体孔隙的断面大小和形状十分不规则，因而是非常复杂的现象。即使较单纯的粒状砂土，也不可能像研究管道中的层流那样求出流速分布的规律或者孔隙中真实的流速大小。因此，研究土的透水性，只能用平均概念，用单位时间内通过土体单位面积的水量这种平均渗透速度来代替真实速度，并且大都从实验入手进行。

11.3.1　布置

防洪闸设置防渗排水的目的，是防止渗透变形的发生，同时防渗排水也增加了闸基的稳定性。防渗排水布置，应根据闸基地质条件、闸上下游水位差的大小、闸室和消能结构形式以及两岸布置形式等因素综合考虑，使之构成完整的防渗排水系统。

（1）防渗排水布置形式：防渗排水布置有 3 种形式，即水平防渗排水设施、垂直防渗排水设施、水平和垂直相结合的防渗排水设施。

1）水平防渗排水设施：铺盖、浅齿墙、反滤层、反滤层排水盲沟等，如图 11-29 所示。

2）垂直防渗排水设施：截水墙、防渗墙、板桩、灌浆帷幕、土工膜防渗结构、排水减压井等，如图 11-30 所示。

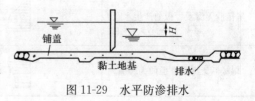

图 11-29　水平防渗排水

3）水平和垂直相结合的防渗排水设施：主要是铺盖与各种垂直防渗排水设施相结合，如图 11-31 所示。

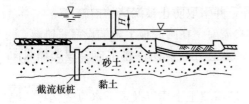

图 11-30　垂直防渗排水

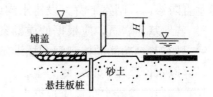

图 11-31　水平和垂直相结合的防渗排水

（2）防渗排水布置要求

1）均质土地基上的防洪闸闸基轮廓线应根据选用的防渗排水设施，经合理布置确定。在工程规划和可行性研究阶段，初步拟定的闸基防渗长度应满足公式（11-42）的要求：

$$L = C\Delta h \qquad (11\text{-}42)$$

式中　L——闸基防渗长度，闸基轮廓线防渗部分水平段和垂直段长度的总和，m；

　　　　C——允许渗径系数值，见表 11-15，当闸基设板桩时，用表中所列规定值的小值；

　　　　Δh——上下游水位差，m。

允许渗径系数值　　　　　　　　　　　　　　　　　　　　　表 11-15

地基类别 排水条件	粉砂	细砂	中砂	粗砂	中砾细砾	粗砾夹卵石	轻粉质砂壤土	轻砂壤土	壤土	黏土
有滤层	13～9	9～7	7～5	5～4	4～3	3～2.5	11～7	9～5	5～3	3～2
无滤层	—	—	—	—	—	—	—	—	7～4	4～3

2）在各种土质地基上都可以设置铺盖防渗，因而应用范围较广，与垂直防渗设施相结合防渗效果更佳。铺盖材料可采用黏性土或钢筋混凝土，一般要求铺盖的渗透系数比地基渗透系数小 100 倍。

3）当闸基为中壤土、轻壤土或重砂壤土时，闸室上游宜设置钢筋混凝土或黏土铺盖或土工膜防渗铺盖，闸室下游护坦底部应设滤层。当闸基为较薄的壤土层，其下卧层为深厚的相对透水层时，除应设置铺盖外，尚应验算覆盖土层抗渗抗浮的稳定性，必要时可在闸室下游设置深入相对透水层的排水井或排水沟，并采取防止被淤堵的措施。

4）当闸基为粉土、粉细砂、轻砂壤土或轻粉质砂壤土时，闸室上游宜采用铺盖和垂直防渗体相结合的布置形式，垂直防渗体宜布置在闸室底板的上游端。在地震区粉细砂地基上，闸室底板下布置的垂直防渗体宜构成四周封闭的形式。粉土、粉细砂、轻砂壤土或轻粉质砂壤土地基除应保证渗流平均坡降和出逸坡降小于允许值外，在渗流出口处（包括两岸侧向渗流的出口处）必须设置级配良好的滤层。

5）当闸基为较薄的砂性土层或砂砾石层，其下卧层为深厚的相对不透水层时，闸室底板上游端宜设置截水槽或防渗墙，闸室下游渗流出口处应设滤层，截水槽或防渗墙嵌入相对不透水层深度不应小于 1.0m。当闸基砂砾石层较厚时，闸室上游可采用铺盖和悬挂式防渗墙相结合的布置形式，闸室下游渗流出口处应设滤层。

6）当闸基为粒径较大的砂砾石层或粗砾夹卵石层时，闸室底板上游端宜设置深齿墙或深防渗墙,闸室下游渗流出口处应设滤层。

7) 当闸基为薄层黏性土和砂性土互层时,除应符合上述的规定外,铺盖前端宜加设一道垂直防渗体,闸室下游宜设排水沟或排水浅井,并采取防止被淤堵的措施。

8) 若地基为岩石,应根据地质勘察结论的防渗需要,在闸底板上游端设灌浆帷幕。

9) 具有蓄水功能的挡潮闸和挡洪闸承受双向水头作用,其防渗排水应合理选择双向布置,并以水位差较大的一侧为主。

10) 侧向防渗排水布置应根据上下游水位差、墙后填土土质以及地下水位变化等情况综合考虑,并与闸基的防渗排水布置相适应。

11) 当地基下卧层为相对透水层时,应验算覆盖层抗渗、抗浮的稳定性。

12) 由于渗流出口附近的土体,在渗流作用下能导致冲刷、发生管涌或流土的渗透破坏,为防止渗流破坏的发生,凡是有渗流逸出的地方均应设置滤层排水。

13) 闸室底板的上、下游端均宜设置齿墙,齿墙深度可采用 0.5~1.5m。

11.3.2 设施

1. 闸基防渗设施

它的形式,应根据水头大小、闸室结构形式、地质条件等因素,选择几个可行的方案,通过技术经济比较确定。河床沉积物的水平渗透性要比竖向大得多,因此,竖向防渗设施通常比铺盖更有效。

(1) 铺盖:它能有效地减小渗流量和渗透压力,但其防渗效果有一定限度,在水头较大时,常和竖向防渗设施及下游排水减压井联合设置,能取得较好的防渗效果。

铺盖长度应根据闸基渗透坡降的容许值,由渗流计算确定,一般可取最大水头的 3~5 倍。铺盖厚度应满足其渗透梯度不大于容许值,并可设计为不等厚,由上游向下游逐渐加厚,并应满足构造和施工要求。铺盖长度较小时,为方便施工,亦可设计成等厚的。

在防洪闸区域范围内的地质勘探孔、探坑等,必须填堵好,防止成为渗流通道,造成渗流破坏。铺盖的地基应将上部的卵石、漂石以及大的砾石清除,表面整平压实。铺盖与地基接触面应满足滤层条件,以免因渗透变形而使铺盖发生穿洞、坍坑等现象。当利用天然土层作为防渗铺盖时,应详细查明天然土层及下卧砂砾层分布厚度、颗粒组成、结构状态,应特别注意层间关系是否满足滤层条件,天然土层是否有过薄或不连续地段,凡是过薄和不连续地段,应采取补强或人工铺盖。

1) 黏性土铺盖

黏性土铺盖一般采用渗透系数 $K = 1 \times 10^{-5} \sim 1 \times 10^{-7}$ m/s,同时要求比地基土壤渗透系数小 100 倍以上。尽量避免采用以下几种黏性土料填筑铺盖:塑性指数大于 20 和液限大于 40% 的冲积黏土;浸水后膨胀软化较大的黏土;开挖压实困难的干硬黏土;冻土。

铺盖前缘的最小厚度不宜小于 0.6m,其末端厚度由渗流计算决定。为了增加铺盖与闸底板连接的可靠性,一般在该处将铺盖加厚做成齿墙,齿墙深度 0.5~1.0m。铺盖填筑应尽量减少施工缝,如必须分段填筑,其纵横向接缝的接合坡度不应陡于 1:3。

铺盖的填筑压实密度,以压实干重力密度为设计指标,并以压实度表示。铺盖压实度应不低于 0.93~0.96。压实度是设计填筑干重力密度与标准击实试验最大干重力密度之比。

$$p = \frac{\gamma_{ds}}{\gamma_{dmax}} \tag{11-43}$$

式中　p——压实度；

γ_{ds}——设计填筑土干重力密度，kN/m^3；

γ_{dmax}——设计填筑土标准击实试验最大干重力密度，kN/m^3。

黏性土的填筑含水量一般应控制在最优含水率附近。

2）混凝土和钢筋混凝土铺盖：应保证其不透水性、强度和耐久性。混凝土强度等级一般不低于 C20，厚度为 0.4～0.6m，与闸底板和两侧翼墙连接处加厚至 0.5～0.8m 做成齿墙。钢筋混凝土铺盖也可作为闸室的阻滑板。铺盖每隔 8～20m 设一道变形缝，缝内设止水。

3）浅齿墙：闸底板的上下游两端，常设有浅齿墙，既起延长渗径作用，又利于抗滑。就防渗来讲，上游端齿墙的作用是降低底板的渗透压力，下游端齿墙的作用是减小逸出坡降，防止地基产生渗透变形。齿墙深度一般为 0.5～2.0m。

4）防渗土工膜铺盖：防渗土工膜厚度应根据作用水头、膜下土体可能产生的裂隙宽度、膜的应变和强度等因素确定，但不宜小于 0.5m，土工膜上应设保护层。

（2）板桩：当地基透水层较浅时，板桩可穿过透水层打入相对不透水层中，而成为截流板桩。

板桩入土深度，应根据渗流计算和施工条件决定。一般入土深度为闸上水头的 0.6～1.0 倍。截流板桩嵌入相对不透水层深度应不小于 0.5m。

1）钢筋混凝土板桩：一般采用矩形断面，厚度由计算决定，但不宜小于 0.20m。宽度由打桩设备和起吊设备能力确定，不宜小于 0.40m，一般采用 0.5～1.0m。桩的两侧应做成阴阳榫，阴阳榫多做成梯形。非预应力钢筋混凝土板桩的强度等级不宜低于 C25，预应力钢筋混凝土板桩的强度等级不宜低于 C30。

2）板桩与板桩的连接方式：有两种，一种是将板桩紧靠底板前缘，当铺盖与底板连接厚度较大时采用，如图 11-32（a）、（b）所示。另一种是将板桩顶部嵌入底板，在浇筑底板混凝土时，在该处留一凹槽，以适应闸室的沉降，如图 11-32（c）所示。

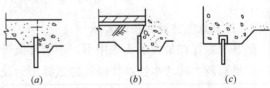

图 11-32　板桩与地板连接形式

(a)、(b)、(c) 为 3 种连接形式

3）黏土截水墙：是砂砾石层闸基上常用的防渗设施，其厚度应根据填筑土料的容许渗透坡降，与相对不透水层接触面抗渗流冲刷的容许坡降以及施工条件确定。黏土截水墙填筑压实度为 0.93～0.96。截水墙底必须挖至相对不透水层内，其嵌入深度不小于 0.5～1.0m。

4）混凝土截水墙：在较浅的砂砾石层地基上也可用混凝土截水墙代替黏土截水墙。由于混凝土比黏土施工方便，在渗流较大，或是在雨季施工，采用混凝土截水墙优于黏土截水墙。混凝土截水墙沿长度方向每隔 15～20m 设一道变形缝，缝内设止水。混凝土强度等级应不低于 C20。混凝土截水墙最小厚度不宜小于 0.2m。

5）帷幕：水泥砂浆帷幕或高压喷射灌浆帷幕的最小厚度不宜小于 0.10m。

6）地下垂直防渗土工膜厚度不宜小于 0.25mm，重要工程可采用复合土工膜，其厚度不宜小于 0.5mm。

2. 闸基排水设施

（1）滤层

1）滤层的作用：滤层是闸基排水设施的主要组成部分，其作用是滤层土排水，防止渗流逸出处产生渗透变形以及纵向渗流或表面流的冲刷。对下游具有承压水的地层，还起到压重作用。

2）滤层类型：滤层设计可分为两类，一种是滤层位于保护层的下部，渗流方向主要由上向下，如黏土铺盖下的滤层；另一种是滤层位于保护土的上部，渗流方向主要由下往上，如位于地基渗流逸出处的滤层。渗流方向水平，而滤层垂直的形式，如排水减压井的滤层，可归属前一类型。

（2）排水减压井：它是主要排水设施之一。排水减压井系统的设计在于确定井径、井距、井深、出口水位，计算渗流量及井间渗透压力，使其小于容许值。

1）排水减压井设计要求

出口高程应尽量降低，但不低于排水沟底面，以防排水沟内的泥沙进入井内。井径一般应大于 0.15m。

进水花管贯入强透水层的深度应大于强透水层厚度的 25%，一般多采用 50%～70% 之间，以完整井效果最好。

进水花管外应填滤料，花管的开孔率一般为 10%～20%，孔眼有条形和圆形两种，滤料与孔眼尺寸按公式（11-44）、公式（11-45）确定：

$$滤料 D_{85} / 条孔宽度 b \geqslant 1.2 \tag{11-44}$$

$$滤料 D_{85} / 圆孔直径 d \geqslant 1.0 \tag{11-45}$$

2）排水减压井对滤料的要求

闸基土颗粒在最大水头作用下，不被渗流带入井内或只带入某容许粒径以下的颗粒。

应具有较大的透水性，使渗流经过滤层、花管时不产生过大的水头损失。

滤料颗粒不允许进入花管。滤料的粒径应不大于层厚的 1/5，不均匀系数最好不大于 5～6。

3. 侧向防渗排水设施

防洪闸与防洪堤或河岸连接处的一定范围内发生无压渗透绕流，需设置防渗排水设施。

当两岸墙后土层的渗透系数小于地基渗透系数时，侧向渗透压力可近似地采用相对应部位的闸基扬压力计算值；当两岸墙后的渗透系数大于地基渗透系数时，应按侧向绕流计算。侧向防渗排水应与闸基防渗排水相协调，侧向防渗设施，一般是在岸墙的上下游两端设置刺墙，增加渗径，减少渗透坡降。刺墙伸入岸边的长度应根据绕流计算确定。

侧向排水可在下游翼墙靠岸一侧设置排水减压井，以降低渗透压力，减少渗透坡降。也可在翼墙或护坡上设排水孔，以降低墙后水位，这不仅对防止渗透变形有利，而且还可以减小作用在翼墙上的侧向压力和扬压力。

11.4 渗流设计与计算

11.4.1 防渗排水设计

1. 防渗排水设计内容

防洪闸的防渗排水设计应根据闸基地质情况、闸基和两侧轮廓线布置及上下游水位条件等进行。其内容应包括：渗透压力计算，抗渗稳定性验算，滤层设计，防渗帷幕及排水孔设计，永久缝止水设计。

2. 防渗排水设计计算方法

岩基上防洪闸基底渗透压力计算可采用全截面直线分布法，但应考虑设置防渗帷幕和排水孔时对降低渗透压力的作用和效果。土基上防洪闸基底渗透压力计算可采用改进阻力系数法或流网法。复杂土质地基上的重要防洪闸应采用数值计算法。

当岸墙、翼墙墙后土层的渗透系数小于或等于地基土的渗透系数时，侧向渗透压力可近似地采用相对应部位的防洪闸闸底正向渗透压力计算值，但应考虑墙前水位变化情况和墙后地下水补给的影响；当岸墙、翼墙墙后土层的渗透系数大于地基土的渗透系数时，可按闸底有压渗流计算方法进行侧向绕流计算。复杂土质地基上的重要防洪闸，应采用数值计算法进行计算。

当翼墙墙后地下水位高于墙前水位时，应验算翼墙墙基的抗渗稳定性。必要时可采取有效的防渗排水措施。

3. 闸基抗渗稳定性验算

(1) 验算闸基抗渗稳定性时要求水平段和出口段的渗流坡降必须分别小于表 11-16 规定的水平段和出口段允许渗流坡降值。

水平段和出口段允许渗流坡降值   表 11-16

地基类别	允许渗流坡降值	
	水平段	出口段
粉砂	0.05~0.07	0.25~0.30
细砂	0.07~0.10	0.30~0.35
中砂	0.10~0.13	0.35~0.40
粗砂	0.13~0.17	0.40~0.45
中砾细砾	0.17~0.22	0.45~0.50
粗砾夹卵石	0.22~0.28	0.50~0.55
砂壤土	0.15~0.25	0.40~0.50
壤土	0.25~0.35	0.50~0.60
软黏土	0.30~0.40	0.60~0.70
坚硬黏土	0.40~0.50	0.70~0.80
极坚硬黏土	0.50~0.60	0.80~0.90

注：当渗流出口处设滤层时表列数值可加大 30%。

(2) 当闸基土为砂砾石，验算闸基出口段抗渗稳定性时，应首先判别可能发生的渗流破坏形式，当 $4P_f(1-n)>1.0$ 时，为流土破坏；当 $4P_f(1-n)<1.0$ 时，为管涌破坏。

砂砾石闸基出口段，防止流土破坏的允许渗流坡降值即表 11-16 所列的出口段允许渗流坡降值。

砂砾石闸基出口段，防止管涌破坏的允许渗流坡降值可按公式（11-46）计算：

$$[J]=\frac{7d_5}{Kd_f}[4P_f(1-n)]^2 \tag{11-46}$$

$$d_f=1.3\sqrt{d_{15}d_{85}} \tag{11-47}$$

式中　　$[J]$——防止管涌破坏的允许渗流坡降值；

$\quad\quad d_f$——闸基土的粗细颗粒分界粒径，mm；

$\quad\quad P_f$——小于 d_f 的土粒百分数含量，%；

$\quad\quad n$——闸基土的孔隙率；

d_5、d_{15}、d_{85}——闸基土颗粒级配曲线上含量小于 5%、15%、85% 的粒径，mm；

$\quad\quad K$——防止管涌破坏的安全系数，可采用 1.5～2.0。

4. 滤层设计

(1) 滤层的要求：滤层的级配应能满足被保护土的稳定性和滤料的透水性要求，且滤料颗粒级配曲线应大致与被保护土颗粒级配曲线平行。

选择滤料时，要使滤层的透水性比被保护土大很多倍，能畅通地排除渗流。滤层的颗粒组成能保证被保护土不能进入第一滤层，第一层滤料的颗粒不进入第二层，防止离析现象。防止黏性土接触流土进入滤层空隙中，避免滤层淤塞失效。滤层厚度应根据滤料级配、滤层的形式来决定。一般水平滤层厚度可采用 0.2～0.3m，垂直或倾斜滤层的最小厚度可采用 0.5m。

(2) 滤层设计：选择滤料级配时，应保证渗流自由流出，对于被保护的第一层滤料，可按下列方法确定。

$$D_{15}/d_{85}\leqslant 5$$

$$D_{15}/d_{15}\geqslant 5\sim 40$$

$$D_{50}/d_{50}\leqslant 25$$

式中　D_{15}、D_{50}——滤层滤料颗粒级配曲线上含量小于 15%、50% 的粒径，mm；

$\quad\quad d_{15}$、d_{50}——被保护土颗粒级配曲线上含量小于 15%、50% 的粒径，mm。

当选择第二、三层滤料时，同样可按以上方法确定。但选择第二层滤料时，以第一层滤料为保护土；选择第三层滤料时，以第二层滤料为保护土。

(3) 采用土工织物代替传统砂石料作为滤层时，选用的土工织物应有足够的强度和耐久性，且应能满足保土性、透水性和防堵性要求。

5. 防渗帷幕及排水孔设计

岩基上防洪闸基底帷幕灌浆孔宜设单排，孔距宜取 1.5～3m，孔深宜取闸上最大水深的 0.3～0.7 倍。帷幕灌浆应在有一定厚度混凝土盖重及固结灌浆后进行，灌浆压力应以不掀动基础岩体为原则，通过灌浆试验确定。防渗帷幕体透水率的控制标准不宜大于 5Lu。

帷幕灌浆孔后排水孔宜设单排，其与帷幕灌浆孔的间距，不宜小于 2.0m。排水孔孔距宜取 2.0～3.0m，孔深宜取帷幕灌浆孔孔深的 0.4～0.6 倍，且不宜小于固结灌浆孔孔深。

6. 永久缝止水设计

位于防渗范围内的永久缝应设一道止水。大型防洪闸的永久缝应设两道止水。止水的形式应能适应不均匀沉降和温度变化的要求。止水材料应耐久。垂直止水与水平止水相交处必须构成密封系统。永久缝可铺贴沥青油毡或其他柔性材料，缝下土质地基上宜铺设土工织物带。设计烈度为 8 度及 8 度以上地震区，大中型防洪闸的永久缝止水设计，应作专门研究。

11.4.2 渗透压力计算

1. 全截面直线分布法

（1）当岩基上防洪闸闸基设有水泥灌浆帷幕和排水孔时，闸底板底面上游端的渗透压力作用水头为 $H-h_s$，排水孔中心线处为 $\alpha(H-h_s)$，下游端为零。其间各段依次以直线连接。见图 11-33。

作用于闸底板底面上的渗透压力可按公式（11-48）计算：

$$U = \frac{1}{2} r(H-h_s)(L_1 + \alpha L) \tag{11-48}$$

式中　U——作用于闸底板底面上的渗透压力，kN/m；

L_1——排水孔中心线与闸底板底面上游端的水平距离，m；

L——闸底板底面的水平投影长度，m；

α——渗透压力强度系数，可采用 0.25。

（2）当岩基上防洪闸闸基未设水泥灌浆帷幕和排水孔时，闸底板底面上游端的渗透压力作用水头为 $H-h_s$，下游端为零，其间以直线连接，见图 11-34。

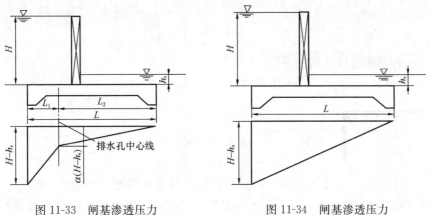

图 11-33　闸基渗透压力　　　　图 11-34　闸基渗透压力

作用于闸底板底面上的渗透压力可按公式（11-49）计算：

$$U = \frac{1}{2} r(H-h_s)L \tag{11-49}$$

2. 改进阻力系数法

(1) 土基上防洪闸的地基有效深度可按公式 (11-50) 或公式 (11-51) 计算:

当 $\dfrac{L_0}{S_0} \geqslant 5$ 时, $\qquad\qquad\qquad T_e = 0.5L_0$ (11-50)

当 $\dfrac{L_0}{S_0} < 5$ 时, $\qquad\qquad\qquad T_e = \dfrac{5L_0}{1.6\dfrac{L_0}{S_0}+2}$ (11-51)

式中 T_e——土基上防洪闸的地基有效深度,m;

L_0——地下轮廓的水平投影长度,m;

S_0——地下轮廓的垂直投影长度,m。

当计算的 T_e 大于地基实际深度时,T_e 值应按地基实际深度采用。

(2) 分段阻力系数可按公式 (11-52) ~ 公式 (11-54) 计算:

1) 进出口段,见图 11-35。

$$\xi_0 = 1.5\left(\frac{S}{T}\right)^{\frac{3}{2}} + 0.441 \tag{11-52}$$

式中 ξ_0——进出口段的阻力系数;

S——板桩或齿墙的入土深度,m;

T——地基透水层深度,m。

2) 内部垂直段,见图 11-36。

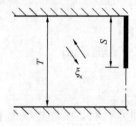 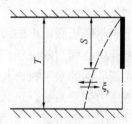

图 11-35　进出口段　　　　　　图 11-36　内部垂直段

$$\xi_y = \frac{2}{\pi}\ln\cot\frac{\pi}{4}\left(1-\frac{S}{T}\right) \tag{11-53}$$

式中 ξ_y——内部垂直段的阻力系数。

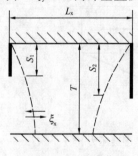

3) 水平段,见图 11-37。

$$\xi_x = \frac{L_x - 0.7(S_1 + S_2)}{T} \tag{11-54}$$

式中 ξ_x——水平段的阻力系数;

L_x——水平段长度,m;

S_1、S_2——进出口段板桩或齿墙的入土深度,m。

(3) 各分段水头损失值,可按公式 (11-55) 计算:

$$h_i = \xi_i \frac{\Delta H}{\sum\limits_{i=1}^{n}\xi_i} \tag{11-55}$$

图 11-37　水平段

式中 h_i——第 i 段水头损失值,m;

ξ_i——第 i 段的阻力系数;

n——总分段数。

以直线连接各分段计算点的水头值，即得渗透压力的分布图形。

（4）进出口段水头损失值和渗透压力分布图形可按下列方法进行局部修正：

1）进出口段修正后的水头损失值可按公式（11-56）计算，见图 11-38。

$$h'_0 = \beta' h_0 \tag{11-56}$$

$$h_0 = \sum_{i=1}^{n} h_i \tag{11-57}$$

$$\beta' = 1.21 - \frac{1}{\left[12\left(\dfrac{T'}{T}\right)^2 + 2\right]\left(\dfrac{S'}{T} + 0.059\right)} \tag{11-58}$$

式中　h'_0——进出口段修正后的水头损失值，m；

　　　h_0——进出口段的水头损失值，m；

　　　β'——阻力修正系数，当计算的 $\beta' \geqslant 1.0$ 时，采用 1.0；

　　　S'——底板埋深与板桩入土深度之和，m；

　　　T'——板桩另一侧地基透水层深度，m。

2）修正后水头损失的减小值，可按公式（11-59）计算：

$$\Delta h = (1 - \beta') h_0 \tag{11-59}$$

式中　Δh——修正后水头损失的减小值，m。

3）水力坡降呈急变形式的长度可按公式（11-60）计算：

$$L'_x = \frac{\dfrac{\Delta h}{\Delta H} T}{\displaystyle\sum_{i=1}^{n} \xi_i} \tag{11-60}$$

式中　L'_x——水力坡降呈急变形式的长度，m。

4）出口段渗透压力分布图形可按下列方法进行修正，如图 11-39 所示。图中的 Q'_P 为原有水力坡降线，根据公式（11-58）～公式（11-60）计算的 Δh 和 L'_x 值，分别定出 P 点和 O 点，连接 QOP，即为修正后的水力坡降线。

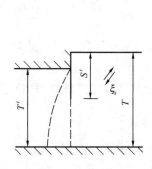

图 11-38　进出口段停止后水头损失值

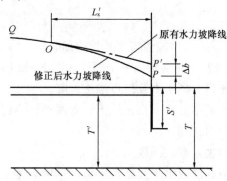

图 11-39　出口段渗透压力分布修正

（5）进出口段齿墙不规则部位可按下列方法进行修正，见图 11-40 和图 11-41。

1）当 $h_x \geqslant \Delta h$ 时，可按公式（11-61）进行修正：

$$h'_x = h_x + \Delta h \tag{11-61}$$

式中　h'_x——修正后的水平段水头损失值，m；

　　　h_x——水平段的水头损失值，m；

　　　Δh——水平段的水头损失增加值，m。

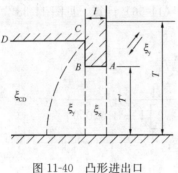

图 11-40　凸形进出口

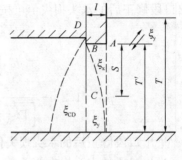

图 11-41　Γ形进出口

2）当 $h_x < \Delta h$ 时，可按下列两种情况分别进行修正：

①若 $h_x + h_y \geqslant \Delta h$，可按公式（11-62）和公式（11-63）进行修正：

$$h'_x = 2h_x \tag{11-62}$$

$$h'_y = h_y + \Delta h - h_x \tag{11-63}$$

式中　h'_x——修正后的内部垂直段水头损失值，m；

　　　h_x——内部垂直段的水头损失值，m。

②若 $h_x + h_y < \Delta h$，可按公式（11-62）、公式（11-64）和公式（11-65）进行修正：

$$h'_y = 2h_y \tag{11-64}$$

$$h'_{cd} = h_{cd} + \Delta h - (h_x + h_y) \tag{11-65}$$

式中　h'_{cd}——修正后的 cd 段水头损失值，m；

　　　h_{cd}——cd 段的水头损失值，m。

以直线连接修正后的各分段计算点的水头值，即得修正后的渗透压力分布图形。

（6）出口段渗流坡降值可按公式（11-66）计算：

$$J = \frac{h'_0}{S'} \tag{11-66}$$

式中　J——出口段渗流平均坡降值，m。

【例1】　泄洪闸地下轮廓线如图 11-42 所示，地基透水层很深，用改进阻力系数法求出渗透流量、扬压力及出口渗透坡降。

（1）地基分段：根据地下轮廓线形状，将地基分为 14 段，为简化计算将地下轮廓线板桩左角简化到 e。

（2）地基有效深度

地下轮廓线水平投影长度 $L_0 = 30$m，地下轮廓线垂直投影长度 $S_0 = 6$m。

$$\frac{L_0}{S_0} = \frac{30}{6} = 5 \geqslant 5$$

地基有效深度 $T_e = 0.5 L_0 = 15$m，计算取地基有效深度为 15m。

（3）阻力系数计算

1）进口段：$S = 0.5$m，$T = 15$m，$S/T = 0.333$

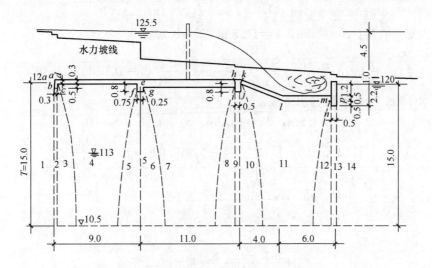

图 11-42 泄洪闸地下轮廓线（单位：m）

$$\xi_1 = 1.5\left(\frac{S}{T}\right)^{\frac{3}{2}} + 0.441 = 0.450$$

2）水平段：$S_1 = S_2 = 0$，$T = 14.5\text{m}$，$l = 0.3\text{m}$

$$\xi_2 = \frac{l - 0.7(S_1 + S_2)}{T} = \frac{0.3}{14.5} = 0.021$$

3）内部垂直段：$S = 0.5\text{m}$，$T = 15\text{m}$，$S/T = 0.033$

$$\xi_3 = \frac{2}{\pi}\ln\cot\frac{\pi}{4}\left(1 - \frac{S}{T}\right) = \frac{2}{3.14}\ln\cot\frac{3.14}{4}(1 - 0.033) = 0.033$$

4）水平段：$S_1 = 0.5\text{m}$，$S_2 = 5.5\text{m}$，$T = 15\text{m}$，$l = 8.7\text{m}$

$$\xi_4 = \frac{l - 0.7(S_1 + S_2)}{T} = \frac{8.7 - 0.7(0.5 + 5.5)}{15} = 0.30$$

5）内部垂直段：$S = 5.5\text{m}$，$T = 15\text{m}$，$S/T = 0.367$

$$\xi_5 = \frac{2}{\pi}\ln\cot\frac{\pi}{4}\left(1 - \frac{S}{T}\right) = \frac{2}{3.14}\ln\cot\frac{3.14}{4}(1 - 0.367) = 0.389$$

6）内部垂直段：$S = 5.0\text{m}$，$T = 14.5\text{m}$，$\frac{S}{T} = 0.345$

$$\xi_6 = \frac{2}{\pi}\ln\cot\frac{\pi}{4}\left(1 - \frac{S}{T}\right) = \frac{2}{3.14}\ln\cot\frac{3.14}{4}(1 - 0.345) = 0.364$$

7）水平段：$S_1 = 5.0\text{m}$，$S_2 = 0.5\text{m}$，$T = 14.5\text{m}$，$l = 10.5\text{m}$

$$\xi_7 = \frac{l - 0.7(S_1 + S_2)}{T} = \frac{10.5 - 0.7(5 + 0.5)}{14.5} = 0.459$$

8）内部垂直段：$S = 0.5\text{m}$，$T = 14.5\text{m}$，$\frac{S}{T} = 0.034$

$$\xi_8 = \frac{2}{\pi}\ln\cot\frac{\pi}{4}\left(1 - \frac{S}{T}\right) = \frac{2}{3.14}\ln\cot\frac{3.14}{4}(1 - 0.034) = 0.035$$

9）水平段：$S_1 = S_2 = 0, T = 14\text{m}, l = 0.5\text{m}$

$$\xi_9 = \frac{l - 0.7(S_1 + S_2)}{14} = \frac{0.5}{14} = 0.036$$

10) 内部垂直段：$S=0.8$m，$T=14.8$m，$\dfrac{S}{T}=0.054$

$$\xi_{10} = \frac{2}{\pi}\text{lncot}\,\frac{\pi}{4}\left(1-\frac{S}{T}\right) = \frac{2}{3.14}\text{lncot}\,\frac{3.14}{4}(1-0.054) = 0.054$$

11) 水平段，分倾斜段与水平段：

倾斜段：$l=4$m，$T_1=14.8$m，$T_2=13.3$m，$S_1=0.8$m，$S_2=0$

$$\xi_s = \frac{l-0.35\,(T_1+T_2)\left(\dfrac{S_1}{T_1}+\dfrac{S_2}{T_2}\right)}{T_1-T_2}\ln\frac{T_1}{T_2} = \frac{4-0.35(14.8+13.3)\left(\dfrac{0.8}{14.8}\right)}{14.8-13.3}\ln\frac{14.8}{13.3} = 0.247$$

水平段：$S_1=0$，$S=0.5$m，$l=5.5$m，$T=13.3$m

$$\xi_x = \frac{l-0.7(S_1+S_2)}{T}$$

$$= \frac{5.5-0.7\times0.5}{13.3} = 0.387$$

$$\xi_{11} = \xi_s + \xi_x = 0.247 + 0.387 = 0.634$$

12) 内部垂直段：$S=0.5$m，$T=13.3$m，$\dfrac{S}{T}=0.038$

$$\xi_{12} = \frac{2}{\pi}\text{lncot}\,\frac{\pi}{4}\left(1-\frac{S}{T}\right)$$

$$= \frac{2}{3.14}\text{lncot}\,\frac{3.14}{4}(1-0.038) = 0.038$$

13) 水平段：$S_1=S_2=0$，$T=12.8$m，$l=0.5$m

$$\xi_{13} = \frac{l-0.7(S_1+S_2)}{12.8} = \frac{0.5}{12.8} = 0.039$$

14) 出口段：$S=2.2$m，$T=15.0$m，$\dfrac{S}{T}=0.147$

$$\xi_{14} = 1.5\left(\frac{S}{T}\right)^{3/2} + 0.441 = 1.5(0.147)^{3/2} + 0.441 = 0.525$$

$\Sigma\xi=0.450+0.021+0.033+0.300+0.389+0.364+0.495+0.035+0.036+0.054$
$+0.634+0.038+0.039+0.525=3.413$

(4) 渗透流量计算：

$$q = \frac{\Delta H}{\Sigma\xi}K = \frac{4.50}{3.413}K = 1.318K\,(\text{m}^3/\text{s})$$

(5) 各段水头损失计算：

$$h_1 = \frac{q}{K}\xi_1 = 1.318\times0.450 = 0.593\text{m}$$

$$h_2 = 1.318\times0.021 = 0.028\text{m}$$

$$h_3 = 1.318\times0.033 = 0.043\text{m}$$

$$h_4 = 1.318\times0.300 = 0.395\text{m}$$

$$h_5 = 1.318\times0.389 = 0.513\text{m}$$

$$h_6 = 1.318\times0.364 = 0.480\text{m}$$

$$h_7 = 1.318\times0.495 = 0.652\text{m}$$

$$h_8 = 1.318 \times 0.035 = 0.046 \text{m}$$
$$h_9 = 1.318 \times 0.036 = 0.047 \text{m}$$
$$h_{10} = 1.318 \times 0.054 = 0.071 \text{m}$$
$$h_{11} = 1.318 \times 0.634 = 0.836 \text{m}$$
$$h_{12} = 1.318 \times 0.038 = 0.050 \text{m}$$
$$h_{13} = 1.318 \times 0.039 = 0.050 \text{m}$$
$$h_{14} = 1.318 \times 0.525 = 0.692 \text{m}$$

（6）对进出口处水头损失的修正

1）进口处：

修正系数

$$\beta = 1.21 - \frac{1}{\left[12\left(\dfrac{T'}{T}\right)^2 + 2\right]\left(\dfrac{S}{T} + 0.059\right)}$$

$$= 1.21 - \frac{1}{\left[12\left(\dfrac{14.5}{15}\right)^2 + 2\right]\left(\dfrac{0.5}{15} + 0.059\right)} = 0.390 < 1$$

由于 $\beta < 1$，进口处水头损失应修正。

进口处修正后的水头损失为 $h'_1 = \beta h_1 = 0.390 \times 0.593 = 0.231 \text{m}$

减少值为 $\Delta h = h_1 - h'_1 = 0.593 - 0.231 = 0.362 \text{m}$

$$\Delta h > h_2 + h_3 = 0.028 + 0.043 = 0.071 \text{m}$$
$$h'_2 = 2h_2 = 2 \times 0.028 = 0.056 \text{m}$$
$$h'_3 = 2h_3 = 0.043 \times 2 = 0.086 \text{m}$$
$$h'_4 = h_4 + \Delta h - h_2 - h_3$$
$$= 0.395 + 0.362 - 0.028 - 0.043 = 0.686 \text{m}$$

2）出口处修正后的水头损失：

修正系数：

$$\beta = 1.21 - \frac{1}{\left[12\left(\dfrac{12.8}{15}\right)^2 + 2\right]\left(\dfrac{2.2}{15} + 0.059\right)} = 0.757$$

$\beta < 1$，应修正。$h'_{14} = \beta h_{14} = 0.757 \times 0.692 = 0.524 \text{m}$

减少值为 $\quad \Delta h = h_{14} - h'_{14} = 0.692 - 0.524 = 0.168 \text{m}$

$$\Delta h > h_{13} + h_{12} = 0.050 + 0.050 = 0.100 \text{m}$$

则 $\quad h'_{13} = 2 \times h_{13} = 2 \times 0.05 = 0.10 \text{m}$

$$h'_{12} = 2 \times h_{12} = 2 \times 0.05 = 0.10 \text{m}$$
$$h'_{11} = h_{11} + \Delta h - h_{13} - h_{12}$$
$$= 0.836 + 0.168 - 0.05 - 0.05 = 0.904 \text{m}$$

（7）地下轮廓线上各关键点的渗流水头：由上下游水头差 $\Delta H = 4.5 \text{m}$ 相继减去各段的水头损失，便得各关键点的渗流水头 ΔH_i。计算结果列表如下：

关键点	A	b	c	d	e	f	g	h
H_1	4.500	4.273	4.219	4.133	3.454	2.942	2.462	1.810

关键点	I	j	k	m	n	o	p	
H_1	1.764	1.717	1.646	0.746	0.646	0.546	0.084	

（8）绘扬压力图：按以上求得的各段水头损失或关键点的渗流水头值，便可绘得水头线，由水头线、地下轮廓线和地下轮廓线上下游端点作的铅垂线所包围的图形面积，即为扬压力图，如图11-42所示。

（9）出口渗流平均坡降为：

$$J = \frac{h'_{14}}{S} = \frac{0.524}{2.2} = 0.238$$

3. 流网法

流网法是研究平面渗流问题最有用和全面的流动图案，有了流网整个渗流场的问题就得到了解决。流网由流线（实线）和等势线（虚线）两组互相垂直交织的曲线所组成，如图11-43所示。流线在稳定流的情况下，表示水质点的运动路线；等势线表示势能或水头的等值线。

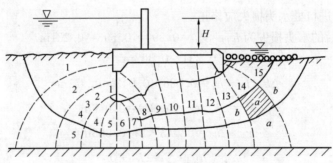

图11-43　闸基渗流网

流网具有两个特性：一是流线和等势线互相垂直正交；二是当流网各等势线间的差值相等时，则各流网间的差值也相等，各个网格的长宽比为常数。根据流网特性分析可知，凡是流线越密的部位流速越大，等势线越密的部位水力坡降越大。

图解法绘制流网。该法绘制流网的最大特点是简便迅速，也能应用于建筑物边界轮廓较复杂的情况。这个方法的精度，一般不会比土质不均匀所引起的误差更大，能满足工程的精度要求，有使用价值。

流网绘制主要依据流网的两个特性和渗流场的边界条件，先初步勾出流网，然后逐步修正，而修正流线和等势线的形状应结合渗流场的边界条件。绘制正方形网格的流网最为方便。

假定将上下游的总水头差 ΔH 分为 m 等份，每相邻等势线间的差值为 $\Delta h = \Delta H/m$；流线所划分的流带数为 n，若总渗流量为 q，每相邻流线间的流量为 $\Delta q = q/n$。沿流线和等势线的边长分别为 a 和 b，则渗流坡降按公式（11-67）计算：

$$J = \frac{\Delta h}{a} \tag{11-67}$$

渗流流速按公式（11-68）计算：

$$v = KJ = K\frac{\Delta h}{a} = K\frac{\Delta H}{am} \tag{11-68}$$

总单宽流量按公式（11-69）计算：

$$q = n\Delta q = K\Delta H\frac{bn}{am} \tag{11-69}$$

式中　K——渗透系数。

11.5　排水设施的渗流计算

为了降低防洪闸的渗流压力，常在其下面设置排水减压井、水平排水和护坦上设排水孔等排水设施，以下分别介绍其渗流计算方法。

11.5.1　排水减压井

在防洪闸强透水层地基上，表面被不透水土层覆盖时，常在防洪闸下游设置排水井，如图 11-44 所示。

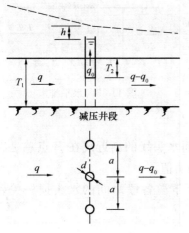

图 11-44　排水减压井

渗流入井的局部水头损失 h，可按公式（11-70）计算：

$$h = \xi\frac{q_0}{K} \tag{11-70}$$

式中　h——渗流入井的局部水头损失，m；

　　　q_0——把井列线简化为虚拟的完整沟，平均单宽入井流量（即每个井的出水量为 aq_0），m³/(d·m)；

　　　ξ——排水减压井段的阻力系数，当覆盖层延长很远时，可由公式（11-71）计算：

$$\xi = \frac{a}{T_1}(f + 0.11) \tag{11-71}$$

$$f = 2.3\left[\frac{1}{2\pi} + 0.085\left(\frac{T_1}{T_2} - 1\right)\left(\frac{T_1}{T_2} + 1\right)\right]\lg\frac{a}{\pi d} \tag{11-72}$$

式中　a——排水减压井的间距，m；

　　　T_1——地基透水层深度，m；

　　　f——与完整沟相比的附加阻力项；

　　　T_2——排水减压井的深度，m；

　　　d——排水减压井的直径，m。

排水减压井与其上下游各段之间的水头损失关系式分别为：

$$(\Sigma\xi)_u\frac{q}{K} + \xi\frac{q_0}{K} = H \tag{11-73}$$

$$(\Sigma\xi)_d\frac{q - q_0}{K} - \xi\frac{q_0}{K} = 0 \tag{11-74}$$

式中 $(\Sigma \xi)_u$ ——用阻力系数法求出的排水减压井段上游各段的阻力系数之和；

$(\Sigma \xi)_d$ ——用阻力系数法求出的排水减压井段下游各段的阻力系数之和；

q ——排水减压井上游平均单宽渗流量，$m^3/(d \cdot m)$。

计算步骤：

先用阻力系数法求出 $(\Sigma \xi)_u$ 和 $(\Sigma \xi)_d$，然后再用公式（11-71）求出 ξ，联立解式（11-73）、式（11-74）得 q 和 q_0，再用公式（11-70）计算求得 h。求得各段水头损失 h_i 后，连接各关键点的水头，即得扬压力图。

沿井壁周围的渗流平均坡降为：

$$J = \frac{a}{\pi d \omega} \frac{q_0}{K} \qquad (11-75)$$

11.5.2 水平排水

如图 11-45 所示，根据解析解可写出水头分布曲线的渐近线在排水设施两端的水头损失为：

上游端： $\qquad h_A = \xi \frac{q}{K} + \xi' \frac{q_0}{K} \qquad (11-76a)$

下游端： $\qquad h_B = \xi \frac{q - q_0}{K} - \xi' \frac{q_0}{K} \qquad (11-76b)$

阻力系数为：

$$\xi = \frac{b}{2T} - 1.466 \lg \text{ch} \frac{\pi b}{4T} \qquad (11-77)$$

$$\xi' = 0.733 \lg \text{cth} \frac{\pi b}{4T} \qquad (11-78)$$

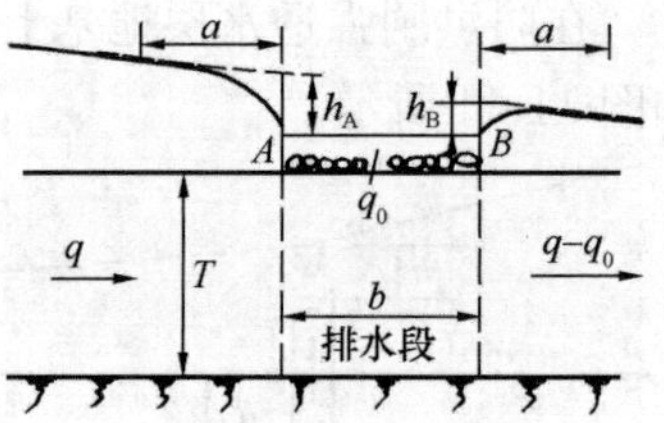

图 11-45 水平排水

由于地基渗流，在经过排水后，水头仍有回升，因而水头线的渐近线在 B 点总是高出排水水面，由公式（11-76b）（下游端）求得的 h_B 将为负值。

用改进阻力系数法将地基分段，则有排水段与其上下游各段之间的水头损失关系式为：

$$(\Sigma \xi)_u \frac{q}{K} + \xi \frac{q}{K} + \xi' \frac{q_0}{K} = H_1 \qquad (11-79)$$

$$(\Sigma \xi)_d \frac{q - q_0}{K} + \xi' \frac{q - q_0}{K} - \xi' \frac{q_0}{K} = H_2 \qquad (11-80)$$

式中 $(\Sigma \xi)_u$ ——用阻力系数法求出的排水段上游各段的阻力系数之和；

$(\Sigma \xi)_d$ ——用阻力系数法求出的排水段下游各段的阻力系数之和；

H_1 ——闸上游水面与排水面的水位差，m；

H_2 ——排水面与闸下游水面的水位差，一般认为排水面与下游水面有同一高程，即 $H_2 = 0$。

计算步骤：

用阻力系数求 $(\Sigma \xi)_u$ 和 $(\Sigma \xi)_d$，同时用公式（11-78）和公式（11-79）求出 ξ 和 ξ'，然后联立解式（11-79）和式（11-80）得 q 和 q_0，继而由公式（11-76a、b）求得 h_A 和 h_B。并

按阻力系数法求得其他各段的水头损失，最后连接各关键点的水头，即得扬压力图。

水头线在排水段左右两侧处的水头应和排水水位相一致。精确度要求较高时，可将水头线作局部修正，如图 11-45 所示，排水上游的修正范围为：

$$a_1 = \frac{h_A}{q/K}T \tag{11-81}$$

排水下游的修正范围为：

$$a_2 = \frac{h_B}{(q-q_0)/K}T \tag{11-82}$$

11.5.3 护坦上设排水孔

（1）用阻力系数法或其他方法求出护坦没有开孔时，地下轮廓的扬压力图，如图 11-46 所示，排水孔中心点 c 的渗流压力为 h_0。

（2）护坦开孔后的孔中心点渗流压力为 h_c。则 h_c 为：

$$h_c = h_0 \frac{A}{1+(1+\pi)\frac{d}{a}\frac{l}{a-d}}\frac{L}{L'} \tag{11-83}$$

$$A = \frac{0.35}{0.77-\sqrt{d/a}} \tag{11-84}$$

式中　l——计算的排水孔的中心点至闸上游面沿地下轮廓线的长度，m；

　　　L——地下轮廓线的总长度，m；

　　　L'——最靠上游的一列孔至护坦末端的距离，m；

　　　a——排水孔的间距，m；

　　　d——排水孔的直径，m。

由公式（11-83）求得各孔中心点的渗流压力

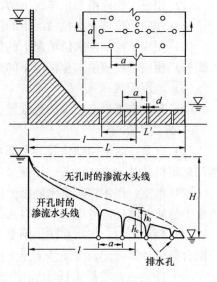

图 11-46　护坦设排水孔

h_c，然后近似地模仿无孔时水头线的趋势，以曲线连接，便得护坦开孔的渗流压力图。

由于此法只求得一点的渗流压力，根据 3 点去作一曲线，因此此法不大精确，可作为估算用。

11.6　闸室、岸墙稳定计算

11.6.1　荷载计算及组合

在计算闸室作用荷载时，首先应确定计算单元，单孔闸按一个单元分析计算，多孔闸一般沿水流方向的沉降缝将闸室分为若干个单元，并取其中最不利的一个单元分析。作用在防洪闸上的荷载可分为基本荷载和特殊荷载两类。

1. 基本荷载主要有下列各项

（1）防洪闸结构及其上部填料和永久设备的自重；

(2) 相应于正常蓄水位或设计洪水位情况下防洪闸底板上的水重；

(3) 相应于正常蓄水位或设计洪水位情况下的静水压力；

(4) 相应于正常蓄水位或设计洪水位情况下的扬压力，即浮托力与渗透压力之和；

(5) 土压力；

(6) 淤沙压力；

(7) 风压力；

(8) 相应于正常蓄水位或设计洪水位情况下的浪压力；

(9) 冰压力；

(10) 土的冻胀力；

(11) 其他出现机会较多的荷载等。

2. 特殊荷载主要有下列各项

(1) 相应于校核洪水位情况下防洪闸底板上的水重；

(2) 相应于校核洪水位情况下的静水压力；

(3) 相应于校核洪水位情况下的扬压力；

(4) 相应于校核洪水位情况下的浪压力；

(5) 地震荷载；

(6) 其他出现机会较少的荷载等。

3. 荷载计算

(1) 自重：防洪闸结构及其上部填料的自重，应按其几何尺寸及材料重度计算，确定闸门启闭机及其他永久设备应尽量采用实际重量。

(2) 水重：作用在防洪闸底板上的水重应按其实际体积及水的重度计算确定，多泥沙河流上的防洪闸还应考虑含沙量对水的重度的影响。

(3) 静水压力：作用在防洪闸上的静水压力应根据防洪闸不同运用情况时的上下游水位组合条件计算确定，多泥沙河流上的防洪闸还应考虑含沙量对水的重度的影响。作用于防洪闸上任意一点的静水压力强度 p 与该点的水深 h 成正比，压力的方向与作用面相垂直。

即：
$$p = rh$$

式中　r——水的重力密度，kN/m^3；

　　　h——水深，m。

(4) 扬压力：作用在防洪闸基础底面的扬压力应根据地基类别、防渗排水布置及防洪闸上下游水位组合条件计算确定。扬压力是作用于底板地面的垂直分力，它由两部分组成，一部分是由下游水头形成的，通常称为浮托力；另一部分是由上下游水头差形成的，称为渗透压力。渗透压力要根据各点的渗透水头确定，详见渗透计算部分。稳定计算阶段，由于闸室的地下轮廓和尺寸尚待根据稳定计算的结果进行修正，故可用简单方法计算确定，可假定渗透压力沿底板地下轮廓成直线分布。

(5) 土压力：作用在防洪闸上的土压力应根据填土性质、挡土高度、填土内的地下水位、填土顶面坡角及超荷载等计算确定。对于向外侧移动或转动的挡土结构，可按主动土压力计算；对于保持静止不动的挡土结构，可按静止土压力计算。土压力计算可参考相关资料。

（6）淤沙压力：作用在防洪闸上的淤沙压力应根据防洪闸上下游可能淤积的厚度及泥沙重度等计算确定。

（7）风压力：作用在防洪闸上的风压力，应根据当地气象台站提供的风向风速和防洪闸受风面积等计算确定，计算风压力时应考虑防洪闸周围地形、地貌及附近建筑物的影响。

（8）浪压力：作用在防洪闸上的浪压力应根据防洪闸闸前风向、风速、风区长度（吹程）、风区内的平均水深以及闸前实际波态的判别等按公式（11-85）和公式（11-86）计算确定。

1）平均波高和平均波周期可按莆田试验站公式计算：

$$\frac{gh_{\mathrm{m}}}{v_0^2} = 0.13\mathrm{th}\left[0.7\left(\frac{gH_{\mathrm{m}}}{v_0^2}\right)^{0.7}\right]\mathrm{th}\left\{\frac{0.0018\left(\frac{gD}{v_0^2}\right)^{0.45}}{0.13\mathrm{th}\left[0.7\left(\frac{gH_{\mathrm{m}}}{v_0^2}\right)^{0.7}\right]}\right\} \tag{11-85}$$

$$\frac{gT_{\mathrm{m}}}{v_0} = 13.9\left(\frac{gh_{\mathrm{m}}}{v_0^2}\right)^{0.5} \tag{11-86}$$

式中　h_{m}——平均波高，m；

　　　v_0——计算风速，m/s；

当浪压力参与荷载的基本组合时，可采用当地气象台站提供的重现期为 50a 的年最大风速；当浪压力参与荷载的特殊组合时，可采用当地气象台站提供的多年平均最大风速；

　　　d——风区长度，m；

当闸前水域较宽阔或对岸最远水面距离不超过防洪闸前沿水面宽度 5 倍时，可采用对岸至防洪闸前沿的直线距离；当闸前水域较窄或对岸最远水面距离超过防洪闸前沿水面宽度 5 倍时，可采用防洪闸前沿水面宽度的 5 倍；

　　　H_{m}——风区内的平均水深，m；

可由沿风向作出的地形剖面图求得，其计算水位应与相应计算情况下的静水位一致；

　　　T_{m}——平均波周期，s。

2）波列累计频率可由表 11-17 查得。表 11-17 中的 P 为波列累计频率（%）。

P 值					表 11-17
防洪闸级别	1	2	3	4	5
P（%）	1	2	5	10	20

3）波高与平均波高的比值可由表 11-18 查得。表 11-18 中的 h_{p} 为相应于波列累计频率 P 的波高（m）。

$h_{\mathrm{P}}/h_{\mathrm{m}}$ 值					表 11-18
$h_{\mathrm{P}}/h_{\mathrm{m}}$	P（%）				
	1	2	5	10	20
0.0	2.42	2.23	1.95	1.71	1.43
0.1	2.26	2.09	1.87	1.65	1.41
0.2	2.09	1.96	1.76	1.59	1.37
0.3	1.93	1.82	1.66	1.52	1.34
0.4	1.78	1.68	1.56	1.44	1.30
0.5	1.63	1.56	1.46	1.37	1.25

4) 平均波长与平均波周期的关系可按公式 (11-87) 换算：

$$L_{\mathrm{m}} = \frac{gT_{\mathrm{m}}^2}{2}\mathrm{th}\frac{2\pi H}{L_{\mathrm{m}}} \tag{11-87}$$

式中 L_{m} ——平均波长，m；

H ——闸前水深，m。

平均波长与平均波周期的换算值也可由表 11-19 查得。

| | L_{m}值 | | | | | | | | | | | | | | 表 11-19 |

H (m)	T_{m} (s)														
	1	2	3	4	5	6	7	8	9	10	12	14	16	18	20
1.0	1.56	5.22	8.69	12.0	15.24	16.11	21.62	24.79	27.96	31.11	37.41	43.70	49.98	56.26	62.54
2.0		6.05	11.31	16.23	20.56	25.58	30.16	34.60	30.20	43.70	52.66	61.50	70.50	79.40	88.20
3.0	—	6.22	12.68	18.96	24.98	30.72	35.41	42.08	47.61	53.16	64.19	75.17	86.12	97.04	107.95
4.0	—	—	13.41	20.86	27.96	34.77	41.44	48.01	54.51	60.96	73.77	86.50	99.18	111.82	124.44
5.0	—	—	13.76	22.20	30.31	38.09	45.66	53.08	60.41	67.88	82.08	96.37	110.59	124.76	138.90
6.0			13.93	23.18	32.19	40.87	49.27	57.50	65.61	73.62	89.48	105.20	120.82	138.38	151.90
7.0	—	—		23.78	33.59	43.22	52.42	61.41	70.24	78.96	96.19	113.23	130.16	147.00	163.79
8.0	—	—		24.21	34.89	45.22	55.19	64.90	74.43	83.82	102.33	120.62	138.77	156.82	174.80
9.0	—	—		24.48	35.84	46.91	57.65	68.05	78.24	88.27	108.01	127.49	146.79	166.98	185.09
10.0	—	—		24.68	38.69	48.41	59.82	70.90	81.73	92.37	113.30	133.91	154.31	174.58	194.76
12.0	—	—	—	24.87	37.64	50.73	63.49	75.85	87.90	99.73	122.80	145.64	168.13	190.44	212.62
14.0				38.25	52.40	65.40	79.98	93.20	106.14	131.42	158.18	180.51	204.82	228.87
16.0		—	—	—	38.61	53.62	68.72	83.45	97.78	111.78	139.09	165.76	192.02	218.02	243.83
18.0		—	—	—	38.80	54.47	70.55	86.35	101.75	116.79	146.03	174.53	202.55	230.25	257.72
20.0		—	—	—	—	55.05	71.08	88.79	106.21	121.24	152.36	182.62	212.33	241.66	270.72
22.0						55.44	73.10	90.83	108.22	125.21	158.15	190.12	221.45	252.35	282.96
24.0						55.71	73.95	92.53	110.85	128.75	163.47	197.10	230.00	262.42	294.49
26.0						56.88	74.81	93.94	113.18	131.93	168.36	203.61	238.06	271.94	305.44
28.0							75.10	95.10	115.10	134.76	172.87	209.70	245.64	280.96	316.85
30.0							75.47	96.05	116.82	137.29	177.04	215.41	252.81	289.51	325.78

5) 作用于防洪闸铅直或近似铅直迎水面上的浪压力，应根据闸前水深和实际波态，分别按下列规定计算：

①当 $H \geqslant H_{\mathrm{K}}$ 和 $H \geqslant L_{\mathrm{m}}/2$ 时，浪压力可按公式 (11-88) 和公式 (11-89) 计算（计算示意图见图 11-47），临界水深可按公式 (11-90) 计算：

$$P_1 = \frac{1}{4}rL_{\mathrm{m}}(h_{\mathrm{p}} + h_{\mathrm{z}}) \tag{11-88}$$

$$h_{\mathrm{z}} = \frac{h_{\mathrm{p}}^2}{L_{\mathrm{m}}}\mathrm{cth}\frac{2H}{L_{\mathrm{m}}} \tag{11-89}$$

$$H_{\mathrm{k}} = \frac{L_{\mathrm{m}}^2}{4}\ln\frac{L_{\mathrm{m}} + 2h_{\mathrm{p}}}{L_{\mathrm{m}} - 2h_{\mathrm{p}}} \tag{11-90}$$

式中　P_1——作用于防洪闸迎水面上的浪压力，kN/m；

　　　h_z——波浪中心线超出计算水位的高度，m；

　　　H_k——使波浪破碎的临界水深，m。

②当 $H \geqslant H_K$ 和 $H < L_m/2$ 时，浪压力可按公式（11-91）和公式（11-92）计算（计算示意图见图11-48）：

$$P_1 = \frac{1}{2}\left[(h_p + h_z)(rH + p_s) + Hp_s\right] \tag{11-91}$$

$$p_s = rh_p \operatorname{sech} \frac{2H}{L_m} \tag{11-92}$$

式中　p_s——闸墩（闸门）底面处的剩余浪压力强度，kPa。

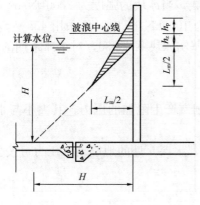 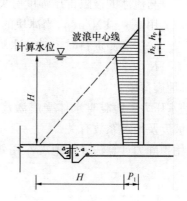

图 11-47　波浪压力计算图 1　　　　　图 11-48　波浪压力计算图 2

③当 $H < H_K$ 时，浪压力可按公式（11-93）和公式（11-94）计算，计算示意图见图11-49：

$$P_1 = \frac{1}{2}p_j\left[(1.5 - 0.5\eta)(h_p + h_z) + (0.7 + \eta)H\right] \tag{11-93}$$

$$p_j = \frac{1}{2}K_i r(h_p + h_z) \tag{11-94}$$

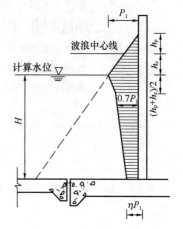

式中　p_j——计算水位处的浪压力强度，kPa；

　　　η——闸墩（闸门）底面处的浪压力强度折减系数，当 $H \leqslant 1.7(h_p + h_z)$ 时，可采用0.6；当 $H > 1.7(h_p + h_z)$ 时，可采用0.5；

　　　K_i——闸前河（渠）底坡影响系数，可按表11-20采用。表11-20中的 I 为闸前一定距离内河（渠）底坡的平均值。

图 11-49　波浪压力计算图 3

K_i 值　　　　　　　　　　　　　　　　　　　　　　表 11-20

I	1/10	1/20	1/30	1/40	1/50	1/60	1/80	$\leqslant$1/100
K_i	1.89	1.61	1.48	1.41	1.36	1.33	1.29	1.25

（9）冰压力：作用在防洪闸上的冰压力分为静冰压力和流冰冲击力，静冰压力是河流

冰冻以后，在温度升高时，冰盖膨胀对周围产生的压力，对防洪闸来说，闸门刚度较小不能承受巨大冰压力，应在闸门前采取防冰措施。因此闸门一般不考虑静冰压力。当流冰的运动方向与建筑物正面垂直时，流冰压力可用公式（11-95）计算：

$$p_b = KVh\sqrt{lb} \tag{11-95}$$

式中　p_b——流冰冲击力，kN；

　　　V——流冰速度，m/s；

　　　h——流冰厚度，m；

　　　l——流冰长度，m；

　　　b——流冰宽度，m；

　　　K——与流冰的极限抗压强度有关的系数，当冰块的强度为 2000kN/m² 时，K 采用 60s·kN/m²；当冰块的强度为 1000kN/m²时，K 采用 43s·kN/m²；当缺少实测资料时，对结冰初期的坚实冰块 K 取 36，对结冰末期的松软冰块 K 取 27。

（10）地震荷载

1）动水压力：地震时水体受震激荡，对闸室产生附加的压力，其大小与水的深度、作用面的坡度及地震系数有关。

①采用拟静力计算法计算地震作用效应时，水深 h 处的地震动水压力可按公式（11-96）计算。

$$P_{w(h)} = \alpha_h\xi\psi(h)\rho_w H_0 \tag{11-96}$$

式中　$P_{w(h)}$——作用在直立面水深 h 处的地震动水压力代表值，kN/m²；

　　　α_h——水平向设计地震加速度代表值，m/s²；

　　　ξ——地震作用的效应折减系数，除另行规定外，取 0.25；

　　　$\psi(h)$——水深 h 处的地震动水压力分布系数，按表 11-21 的规定取值；

　　　ρ_w——水体重力密度标准值，kN/m³；

　　　H_0——水深，m。

地震动水压力分布系数　(h)　　表 11-21

h/H_0	0.0	0.1	0.2	0.3	0.4	0.5	0.6	0.7	0.8	0.9	1.0
$\psi(h)$	0.00	0.43	0.58	0.68	0.74	0.76	0.76	0.75	0.71	0.68	0.67

单位宽度的总地震动水压力作用在水面以下 $0.54H_0$ 处，其代表值应按公式（11-97）计算：

$$F_0 = 0.76\alpha_h\xi\rho_w H_0 \tag{11-97}$$

与水平面夹角为 θ 的倾斜迎水面，按公式（11-97）计算的动水压力代表值应乘以折减系数 $\eta_c = \theta/90$。

②采用动力法计算地震作用效应时，可将公式（11-98）计算的地震动水压力折算为与单位地震加速度相应的附加质量。

$$P_{w(h)} = 0.875\alpha_h\rho_w(H_{0h})0.5 \tag{11-98}$$

2）动土压力：地震主动动土压力代表值应采用公式（11-99）计算，并应取式中"＋"/"－"号中结果的最大值。地震被动动土压力应经专门研究确定。

$$F_{\mathrm{E}} = \left[q_0 \frac{\cos\varphi_1}{\cos(\varphi_1 - \varphi_2)} H + 0.5\gamma H^2 \right](1 \pm \xi\alpha_{\mathrm{v}}/g)C_{\mathrm{e}} \tag{11-99}$$

$$C_{\mathrm{e}} = \frac{\cos^2(\varphi - \theta_{\mathrm{e}} - \varphi_1)}{\cos\theta_{\mathrm{e}}\cos^2\varphi_1\cos(\delta + \varphi_1 + \theta_{\mathrm{e}})(1 + \sqrt{Z})^2} \tag{11-100}$$

$$Z = \frac{\sin(\delta + \varphi)\sin(\varphi - \theta_{\mathrm{e}} - \varphi_2)}{\cos(\delta + \varphi_1 + \theta_{\mathrm{e}})\cos(\varphi_2 - \varphi_1)} \tag{11-101}$$

式中　F_{E}——地震主动动土压力代表值，kN/m；

q_0——土表面单位长度的荷重；

φ_1——挡土墙面与垂直面的夹角；

φ_2——土表面与水平面的夹角；

φ——土的内摩擦角；

δ——挡土墙面与土之间的摩擦角；

H——土的高度，m；

γ——土的重力密度标准值，kN/m³；

θ_{e}——地震系数角，$\theta_{\mathrm{e}} = \tan^{-1}\dfrac{\xi\alpha_{\mathrm{h}}}{g - \xi\alpha_{\mathrm{v}}}$；

α_{h}——水平向设计地震加速度代表值；

α_{v}——竖向设计地震加速度代表值；

ξ——地震作用的效应折减系数，动力法计算地震作用效应时取 1.0，拟静力法计算地震效应时取 0.25，对钢筋混凝土结构取 0.35。

3）地震作用惯性力：由于地面加速度的作用，防洪闸各部分将产生惯性力。采用拟静力计算法计算地震作用效应时，沿建筑物高度作用于各质点的水平地震惯性力代表值按公式（11-102）计算。

$$F_i = \alpha_{\mathrm{h}}\xi GE_i\alpha_i/g \tag{11-102}$$

式中　F_i——作用在质点 i 的水平向地震惯性力代表值，kN；

ξ——地震作用的效应折减系数，取 0.25；

GE_i——集中在质点 i 的重力作用标准值；

α_i——质点 i 的动态分布系数，见表 11-22；

g——重力加速度。

防洪闸动态分布系数 α_i　　　　　　　　　表 11-22

续表

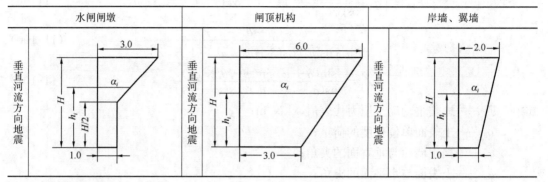

| 水闸闸墩 | 闸顶机构 | 岸墙、翼墙 |

注：1. 水闸墩底以下 a_i 取 1.0。

　　2. H 为建筑物高度。

4）地震荷载以及其他荷载，可按国家现行的有关标准的规定计算确定，施工过程中各个阶段的临时荷载应根据工程实际情况确定。

（11）荷载组合

设计防洪闸时，应将可能同时作用的各种荷载进行组合。可分为基本组合和特殊组合两类。基本组合由基本荷载组成，特殊组合由基本荷载和一种或几种特殊荷载组成，但地震荷载只应与正常蓄水位情况下的相应荷载组合。计算闸室稳定和应力时的荷载组合可按表 11-23 的规定采用，必要时还可考虑其他可能的不利组合。

荷 载 组 合 表 **11-23**

荷载组合	计算情况	荷　载											说　明
		自重	水重	静水压力	扬压力	土压力	淤沙压力	风压力	浪压力	冰压力	土冻胀力	地震力	其他	
基本组合	完建情况	✓	—	—	—	✓	—	—	—	—	—	—	✓	必要时可考虑地下水产生的扬压力
	正常蓄水位情况	✓	✓	✓	✓	✓	✓	✓	✓	—	—	—	✓	按正常蓄水位组合计算水重、静水压力、扬压力及浪压力
	设计洪水位情况	✓	✓	✓	✓	✓	✓	✓	✓	—	—	—	✓	按设计洪水位组合计算水重、静水压力、扬压力及浪压力
	冰冻情况	✓	✓	✓	✓	✓	✓	✓	—	✓	✓	—	✓	按正常蓄水位组合计算水重、静水压力、扬压力及浪压力
特殊组合	施工情况	✓	—	—	—	✓	—	—	—	—	—	—	✓	考虑施工过程中各阶段的临时荷载
	检修情况	✓	✓	✓	✓	✓	✓	✓	✓	—	—	—	✓	按正常蓄水位组合（必要时可按设计洪水位组合或冬季低水位条件）计算静水压力、扬压力及浪压力

荷载组合	计算情况	荷载												说 明
		自重	水重	静水压力	扬压力	土压力	淤沙压力	风压力	浪压力	冰压力	土冻胀力	地震力	其他	
特殊组合	校核洪水位情况	√	√	√	√	√	√	√	√	—	—	—	—	按校核水位组合计算水重、静水压力、扬压力及浪压力
	地震情况	√	√	√	√	√	√	√	√	—	—	√	—	按正常蓄水位组合计算水重、静水压力、扬压力及浪压力

计算岸墙、翼墙稳定和应力时的荷载组合可按本表的规定采用，并应验算施工期、完建期和检修期（墙前无水和墙后有地下水）等情况。

11.6.2 闸室、岸墙稳定计算

闸室稳定计算宜取两相邻顺水流向永久缝之间的闸段作为计算单元。

1. 土基上的闸室稳定计算应满足的要求

（1）在各种计算情况下，闸室平均基底应力不大于地基允许承载力，最大基底应力不大于地基允许承载力的 1.2 倍。

（2）闸室基底应力的最大值与最小值之比不大于表 11-24 规定的允许值。

土基上闸室基底应力的最大值与最小值之比的允许值 表 11-24

地基土质	荷载组合	
	基本组合	特殊组合
松软	1.50	2.00
中等坚实	2.00	2.50
坚实	2.50	3.00

注：1. 对特别重要的大型防洪闸，闸室基底应力的最大值与最小值之比的允许值可按表列数值适当减小；

2. 对地震区的防洪闸，闸室基底应力的最大值与最小值之比的允许值可按表列数值适当增大；

3. 对地基特别坚实或可压缩土层甚薄的防洪闸，可不受本表限制，但要求闸室基底不出现拉应力。

（3）沿闸室基底面的抗滑稳定安全系数不小于表 11-25 规定的允许值。

土基上沿闸室基底面的抗滑稳定安全系数的允许值 表 11-25

荷载组合		防洪闸级别			
		1	2	3	4、5
基本组合		1.35	1.30	1.25	1.20
特殊组合	Ⅰ	1.20	1.15	1.10	1.05
	Ⅱ	1.10	1.05	1.05	1.00

注：1. 特殊组合Ⅰ适用于施工情况、检修情况及校核水位情况；

2. 特殊组合Ⅱ适用于地震情况。

2. 岩基上的闸室稳定计算应满足的要求

(1) 在各种计算情况下，闸室最大基底应力不大于地基允许承载力。

(2) 在非地震情况下，闸室基底不出现拉应力；在地震情况下，闸室基底拉应力不大 100kPa。

(3) 沿闸室基底面的抗滑稳定安全系数不小于表 11-26 规定的允许值。

岩基上沿闸室基底面的抗滑稳定安全系数的允许值　　　　　　　　表 11-26

荷载组合		按公式 (11-105) 计算时			按公式 (11-107) 计算时
		防洪闸级别			
		1	2、3	4、5	
基本组合		1.10	1.08	1.05	3.00
特殊组合	I	1.05	1.03	1.03	2.50
	II		1.00		2.30

注：1. 特殊组合 I 适用于施工情况、检修情况及校核水位情况；

　　2. 特殊组合 II 适用于地震情况。

3. 计算公式

(1) 闸室基底应力应根据结构布置及受力情况确定，当结构布置及受力情况对称时，按公式 (11-103) 计算。

$$p_{\min}^{\max} = \frac{\Sigma G}{A} \pm \frac{\Sigma M}{W} \tag{11-103}$$

式中　　$p_{\min}^{\max}$ ——闸室基底应力的最大值或最小值，kPa；

　　　　ΣG ——作用在闸室上的全部竖向荷载（包括闸室基础底面上的扬压力在内），kN；

　　　　ΣM ——作用在闸室上的全部竖向和水平向荷载对于基础底面垂直水流方向的形心轴的力矩，kN·m；

　　　　A ——闸室基底面的面积，m²；

　　　　W ——闸室基底面对于该底面垂直水流方向的形心轴的截面矩，m²。

(2) 当结构布置及受力情况不对称时，按公式 (11-104) 计算。

$$p_{\min}^{\max} = \frac{\Sigma G}{A} \pm \frac{\Sigma M_{X}}{W_{X}} \pm \frac{\Sigma M_{Y}}{W_{Y}} \tag{11-104}$$

式中　ΣM_{X}、ΣM_{Y} ——作用在闸室上的全部竖向和水平向荷载对于基础底面形心 X/Y 轴的力矩，kN·m；

　　　　W_{X}、W_{Y} ——闸室基底面对于该底面形心轴 X/Y 的截面矩，m³。

(3) 土基上沿闸室基底面的抗滑稳定安全系数，应按公式 (11-105) 或公式 (11-106) 计算。

$$K_{c} = \frac{f \Sigma G}{\Sigma H} \tag{11-105}$$

$$K_{c} = \frac{\tan\varphi_{0} \Sigma G + C_{0} A}{\Sigma H} \tag{11-106}$$

式中　K_{c} ——沿闸室基底面的抗滑安全系数；

f——闸室基底面与地基之间的摩擦系数；

ΣH——作用在闸室上的全部水平向荷载，kN；

φ_0——闸室基底面与土质地基之间的摩擦角，°；

C_0——闸室基底面与土质地基之间的粘结力，kPa。

对于黏性土地基上的大型防洪闸，沿闸室基底面的抗滑稳定安全系数宜按公式（11-106）计算。对于土基上采用钻孔灌注桩基础的防洪闸，若验算沿闸室底板底面的抗滑稳定性，应计入桩体材料的抗剪断能力。

（4）岩基上沿闸室基底面的抗滑稳定安全系数，应按公式（11-107）计算。

$$K_c = \frac{f'\Sigma G + C'A}{\Sigma H} \qquad (11\text{-}107)$$

式中 f'——闸室基底面与岩石地基之间的抗剪断摩擦系数；

C'——闸室基底面与岩石地基之间的抗剪断粘结力，kPa。

闸室基底面与岩石地基之间的抗剪断摩擦系数 f' 值及抗剪断粘结力 C' 值可根据室内岩石抗剪断试验成果，并参照类似工程实践经验及表11-27所列数值选用。但选用的 f'、C' 值不应超过闸室基础混凝土本身的抗剪断参数值。

岩石地基 f'、C' 值　　　　　　表 11-27

岩石地基类别		f'	C'
硬质岩石	坚硬	1.5～1.3	1.5～1.3
	较坚硬	1.3～1.1	1.3～1.1
软质岩石	较软	1.1～0.9	1.1～0.7
	软	0.9～0.7	0.7～0.3
	极软	0.7～0.4	0.3～0.05

注：如岩石地基内存在结构面软弱层（带）或断层的情况，f'、C' 值应按现行的《水利发电工程地质勘察规范》GB 50287—2006 的规定选用。

（5）当闸室承受双向水平向荷载作用时，应验算其合力方向的抗滑稳定性，其抗滑稳定安全系数应按土基或岩基分别不小于表11-25或表11-26规定的允许值。

在没有试验资料的情况下，闸室基底面与地基之间的摩擦系数 f 值，可根据地基类别按表11-28所列数值选用；闸室基底面与土质地基之间的摩擦角 φ_0 值及粘结力 C_0 值，可根据土质地基类别按表11-29的规定采用。

闸室基底面与地基之间的摩擦系数 f 值　　　　　　表 11-28

地基类别		f
黏土	软弱	0.20～0.25
	中等坚硬	0.25～0.35
	坚硬	0.35～0.45
壤土、粉质壤土		0.25～0.40
粉土、粉砂土		0.35～0.40
细砂、极细砂		0.40～0.45

续表

地基类别		f
中砂、粗砂		0.45～0.50
砂砾石		0.40～0.50
砾石、卵石		0.50～0.55
碎石土		0.40～0.50
软质岩石	极软	0.40～0.45
	软	0.45～0.55
	较软	0.50～0.60
硬质岩石	较坚硬	0.60～0.65
	坚硬	0.65～0.70

闸室基底面与土质地基之间的摩擦角 φ_0 值及粘结力 C_0 值   表 11-29

土质地基类别	φ_0	C_0
黏性土	0.9φ	$(0.2～0.3)\,C$
砂性土	$(0.85～0.9)\,\varphi$	0

注：表中 φ 为室内饱和固结快剪（黏性土）或饱和快剪（砂性土）试验测得的内摩擦角，°；C 为室内饱和固结快剪试验测得的粘结力，kPa。

按表 11-31 的规定采用 φ_0 值和 C_0 值时，应按公式（11-108）折算闸室基底面与土质地基之间的综合摩擦系数。

$$f_0 = \frac{\tan\varphi_0 \Sigma G + C_0 A}{\Sigma G} \tag{11-108}$$

式中 f_0——闸室基底面与土质地基之间的综合摩擦系数。

对于黏性土地基，如折算的综合摩擦系数大于 0.45；或对于砂性土地基，如折算的综合摩擦系数大于 0.50，采用的 φ_0 值和 C_0 值均应有论证。对于特别重要的大型防洪闸工程，采用的 φ_0 值和 C_0 值还应经现场地基土对混凝土板的抗滑强度试验验证。

（6）当闸室设有两道检修闸门或只设一道检修闸门，利用工作闸门与检修闸门进行检修时，应按公式（11-109）进行抗浮稳定计算。

$$K_f = \frac{\Sigma V}{\Sigma U} \tag{11-109}$$

式中 K_f——闸室抗浮稳定安全系数；

     ΣV——作用在闸室上全部向下的铅直力之和，kN；

     ΣU——作用在闸室基底面上的扬压力，kN。

不论防洪闸级别和地基条件，在基本荷载组合条件下，闸室抗浮稳定安全系数不应小于 1.10；在特殊荷载组合条件下，闸室抗浮稳定安全系数不应小于 1.05。

（7）岸墙、翼墙稳定计算

岸墙、翼墙稳定计算宜取单位长度或分段长度的墙体作为计算单元。

1）土基上的岸墙、翼墙稳定计算应满足下列要求：

①在各种计算情况下，岸墙、翼墙平均基底应力不大于地基允许承载力，最大基底应

力不大于地基允许承载力的 1.2 倍；

②岸墙、翼墙基底应力的最大值与最小值之比不大于表 11-24 规定的允许值；

③沿岸墙、翼墙基底面的抗滑稳定安全系数不小于表 11-25 规定的允许值。

2) 岩基上的岸墙、翼墙稳定计算应满足下列要求：

①在各种计算情况下，岸墙、翼墙最大基底应力不大于地基允许承载力；

②翼墙抗倾覆稳定安全系数，在基本荷载组合条件下，抗倾覆安全系数不应小于 1.50；在特殊荷载组合条件下，抗倾覆安全系数不应小于 1.30；

③沿岸墙、翼墙基底面的抗滑稳定安全系数不小于表 11-26 规定的允许值。

3) 计算公式

①岸墙、翼墙的基底应力按公式（11-103）计算；

②土基上沿岸墙、翼墙基底面的抗滑稳定安全系数应按公式（11-105）或公式（11-106）计算；

③岩基上沿岸墙、翼墙基底面的抗滑稳定安全系数应按公式（11-107）计算。

4) 岩基上翼墙的抗倾覆稳定安全系数，应按公式（11-110）计算：

$$K_0 = \frac{\sum M_Y}{\sum M_H} \tag{11-110}$$

式中　K_0——翼墙抗倾覆稳定安全系数；

$\sum M_Y$——对翼墙前趾的抗倾覆力矩，kN·m；

$\sum M_H$——对翼墙前趾的倾覆力矩，kN·m。

11.6.3　闸室、岸墙稳定措施

(1) 当沿闸室基底面抗滑稳定安全系数计算值小于允许值时，可在原有结构布置的基础上，结合工程的具体情况，采用下列一种或几种抗滑措施。

1) 将闸门位置移向低水位一侧，或将防洪闸底板向高水位一侧加长；

2) 适当增大闸室结构尺寸；

3) 增加闸室底板的齿墙深度；

4) 增加铺盖长度或帷幕灌浆深度，或在不影响防渗安全的条件下将排水设施向防洪闸底板靠近；

5) 利用钢筋混凝土铺盖作为阻滑板，但闸室自身的抗滑稳定安全系数不应小于 1.0（计算由阻滑板增加的抗滑力时，阻滑板效果的折减系数可采用 0.80，阻滑板应满足抗裂要求）；

6) 增设钢筋混凝土抗滑桩或预应力锚固结构。

(2) 当沿岸墙、翼墙基底面的抗滑稳定安全系数计算值小于允许值时，可采用下列一种或几种抗滑措施。

1) 适当增加底板宽度；

2) 在基底增设凸榫；

3) 在墙后增设阻滑板或锚杆；

4) 在墙后改填摩擦角较大的填料，并增设排水；

5) 在不影响防洪闸正常运用的条件下，适当限制墙后的填土高度或在墙后采用其他减载措施。

11.7 结构、地基设计

11.7.1 结构设计

1. 结构应力分析

防洪闸结构应力分析应根据各分部结构布置形式、尺寸及受力条件等进行。

开敞式防洪闸闸室底板的应力分析可按下列方法选用：

（1）土基上防洪闸闸室底板的应力分析可采用反力直线分布法或弹性地基梁法。相对密度小于或等于 0.50 的砂土地基，可采用反力直线分布法；黏性土地基或相对密度大于0.50 的砂土地基可采用弹性地基梁法。当采用弹性地基梁法分析防洪闸闸室底板应力时，应考虑可压缩土层厚度与弹性地基梁半长之比值的影响。当比值小于 0.25 时，可按基床系数法（文克尔假定）计算；当比值大于 2.0 时，可按半无限深的弹性地基梁法计算；当比值为 0.25~2.0 时，可按有限深的弹性地基梁法计算。岩基上防洪闸闸室底板的应力分析可按基床系数法计算。

（2）开敞式防洪闸闸室底板的应力可按闸门门槛的上、下游段分别进行计算，并计入闸门门槛切口处分配于闸墩和底板的不平衡剪力。

（3）当采用弹性地基梁法时，可不计闸室底板自重；但当作用在基底面上的均布荷载为负值时，则仍应计及底板自重的影响，计及的百分数则以使作用在基底面上的均布荷载值等于零为限度确定。

（4）当采用弹性地基梁法时，可按表 11-30 的规定计及边荷载计算百分数。

边荷载计算百分数 表 11-30

地基类别	边荷载使计算闸段底板内力减少	边荷载使计算闸段底板内力增加
砂性土	50%	100%
黏性土	0	100%

注：1. 对于黏性土地基上的老闸加固边荷载的影响可按本表规定适当减小；

　　2. 计算采用的边荷载作用范围可根据基坑开挖及墙后土料回填的实际情况研究确定，通常可采用弹性地基梁长度的 1 倍或可压缩层厚度的 1.2 倍。

（5）开敞式或胸墙与闸墩简支连接的胸墙式防洪闸，其闸墩应力分析方法应根据闸门形式确定，平面闸门闸墩的应力分析可采用材料力学方法，弧形闸门闸墩的应力分析宜采用弹性力学方法。

（6）涵洞式、双层式或胸墙与闸墩固支连接的胸墙式防洪闸，其闸室结构应力可按弹性地基上的整体框架结构进行计算。

（7）受力条件复杂的大型防洪闸闸室结构，宜视为整体结构采用空间有限单元法进行应力分析，必要时应经结构模型试验验证。

（8）防洪闸底板和闸墩的应力分析，应根据工程所在地区的气候特点、防洪闸地基类别、运行条件和施工情况等因素考虑温度应力的影响。为减少防洪闸底板或闸墩的温度应力，宜采用下列一种或几种防裂措施：

1）适当减小底板分块尺寸及闸墩长高比；

2）在可能产生温度裂缝的部位预留宽缝，两侧增设插筋或构造加强筋，结合工程具体情况，采取控制和降低混凝土浇筑温度的工程措施，并加强混凝土养护；

3）对于严寒、寒冷地区的防洪闸底板和闸墩，其冬季施工期和冬季运用期均应采取适当的保温防冻措施。

（9）闸室上部工作桥、检修便桥、交通桥以及两岸岸墙、翼墙等结构应力，可根据各自的结构布置形式及支承情况采用结构力学方法进行计算。

2. 变形缝与止水设施

（1）变形缝：为了适应地基的不均匀沉降和温度应力变化，各构件之间按结构要求设置变形缝，使每个构件能独立自由的变位。凡是不允许透水的变形缝，均应设置止水设施。各种变形缝应尽可能做成平面形状，其缝宽一般为 10～30mm，缝距应按规范规定设置。

（2）止水设施

1）止水材料：要既能抗水的腐蚀和老化，又能适应变形。常用的止水材料有金属（紫铜片、铝片、不锈钢片、镀锌铁片）、橡胶、塑料、沥青掺合料及沥青加工制成品等。

紫铜片、不锈钢片和铝片的耐久性好，能适应不均匀沉降，防渗性能好，但多为贵重金属，只能用于重要部位的止水，其厚度一般为 1.4mm 左右；镀锌铁片耐久性较差，只能用于次要部位的止水，其厚度一般为 2～3mm。

橡胶和塑料止水带防渗性能好，弹性大，施工方便，但对较大沉降适应性稍差，工程中多用它代替金属止水片。

沥青掺合料一般用 3 号石油沥青掺和细砂制成，其组成成分一般是沥青 30%～35%，砂 70%～65%，掺合料的软化温度在 700℃ 左右为宜。沥青和水柏油加工制成品包括油毛毡、热沥青涂油毛毡、薄木板、水柏油浸制的麻布及麻索等。

2）止水类型

①垂直止水：一般设在靠近上游挡水面处，止水上游侧的缝应不透水，为此多在缝中铺设填充材料，而在止水下游侧的缝宜保持畅通，以便万一有透过或绕过止水设备的水流能顺畅流向下游。为了防止止水部分的沥青流向下游，宜在靠近它的下游约 0.5～1.0m 的范围内用油毛毡等填充。

在闸基防渗范围内（即不透水部分），所有垂直止水除了应满足防止渗漏的要求以外，还要能适应相邻两个构件之间的止水构造要求，如图 11-50（a）、（b）、（c）所示。

在闸基防渗范围以外的垂直

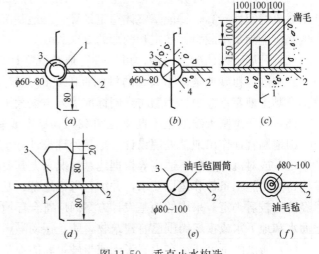

图 11-50 垂直止水构造

1—金属止水；2—接缝填充料；3—灌注沥青；4—φ100 止水井

止水，既是为了防渗防漏，也是为了防止水流冲刷缝后填土或墙后渗水在逸出处把填土由缝中带出。其构造如图 11-50 (d)、(e)、(f) 所示。

②水平止水：它的构造形式较多，如图 11-51 所示。其中 (a) 为最常用的止水形式，因为紫铜片柔性好，能适应地基变形；(b) 为止水嵌入沥青砂的一端，也是为了适应变形，但有可能水从沥青砂的接触面绕过止水片；(c)、(d)、(e)、(f) 诸形式，均是采用塑料止水或橡胶止水，考虑到塑料止水可能老化失效，适应不均匀沉降条件较差，故设置一些辅助措施，如缝间嵌塞柏油绳，或用沥青砂嵌塞，或在缝底铺 2～3 层沥青油毛毡，以增加止水结构的可靠性；(g) 种止水形式只能用于极其次要的部位，基本上无沉降差的情况下，止水效果较差。

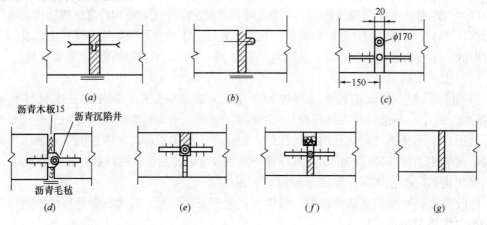

图 11-51　水平止水构造

(a)、(b)、(c)、(d)、(e)、(f)、(g) 为不同水平止水构造形式

11.7.2　地基设计

1. 一般规定

(1) 防洪闸地基计算应根据地基情况、结构特点及施工条件进行，其内容应包括：①地基渗流稳定性验算；②地基整体稳定计算；③地基沉降计算。在各种运用情况下，防洪闸地基应能满足承载力、稳定和变形的要求。

(2) 凡属下列情况之一者，可不进行地基沉降计算：①岩石地基；②砾石、卵石地基；③中砂、粗砂地基；④大型防洪闸标准贯入击数大于 15 击的粉砂、细砂、砂壤土、壤土及黏土地基；⑤中、小型防洪闸标准贯入击数大于 10 击的壤土及黏土地基。

(3) 当防洪闸天然地基不能满足承载力、稳定或变形的要求时，应根据工程具体情况，因地制宜地作出地基处理设计。地基处理设计方案应针对地基承载力或稳定安全系数的不足，或对沉降变形不适应等根据地基情况（尤其要注意考虑地基中渗流作用的影响）、结构特点、施工条件和运用要求，并综合考虑地基、基础及其上部结构的相互协调，经技术经济比较后确定。采用的地基设计方案尚应符合环境保护的要求，避免因地基处理污染地面水和地下水或损坏周围已有建筑物，防止振动噪声对周围环境产生不良影响。

(4) 防洪闸不宜建造在半岩半土或半硬半软的地基上；否则须采取严格的工程措施。

(5) 地基渗流稳定性验算应按 11.4 中的有关内容计算。

2. 地基整体稳定计算

（1）计算方法

1）在竖向对称荷载作用下，可按限制塑性区开展深度的方法计算土质地基的允许承载力；在竖向荷载和水平向荷载共同作用下，可按 C_k 法验算土质地基的整体稳定，也可按汉森公式计算土质地基的允许承载力。当土质地基持力层内夹有软弱土层时，还应采用折线滑动法（复合圆弧滑动法）对软弱土层进行整体抗滑稳定验算。

2）岸墙、翼墙地基的整体抗滑稳定及上、下游护坡工程的边坡稳定可采用瑞典圆弧滑动法或简化毕肖普圆弧滑动法计算。

3）按瑞典圆弧滑动法或折线滑动法计算的整体抗滑稳定安全系数或边坡稳定安全系数均不应小于表 11-25 规定的允许值；按简化毕肖普圆弧滑动法计算的整体抗滑稳定安全系数或边坡稳定安全系数均不应小于表 11-31 规定允许值的 1.1 倍。

整体抗滑或边坡稳定安全系数的允许值　　　　　　　　表 11-31

荷载组合		水闸级别			
		1	2	3	4, 5
基本组合		1.30	1.25	1.20	1.15
特殊组合	I	1.20	1.15	1.10	1.05
	II	1.10	1.05	1.05	1.00

注：1. 特殊组合 I 适用于施工情况、检修情况及校核洪水位情况；
　　　2. 特殊组合 II 适用于地震情况。

4）当岩石地基持力层范围内存在软弱结构面时必须对软弱结构面进行整体抗滑稳定验算。对于地质条件复杂的大型防洪闸，其地基整体抗滑稳定计算应作专门研究。

（2）地基整体抗滑稳定计算公式

1）在竖向对称荷载作用下，可按限制塑性区开展深度的方法计算土质地基的允许承载力：

$$[R] = N_B \gamma_B B + N_D \gamma_D D + N_C C \tag{11-111}$$

$$N_B = \frac{\pi}{4\left(\cot\phi - \frac{\pi}{2} + \phi\right)} \tag{11-112}$$

或

$$N_B = \frac{\pi}{3\left(\cot\phi - \frac{\pi}{2} + \phi\right)} \tag{11-113}$$

$$N_D = \frac{\pi}{\cot\phi - \frac{\pi}{2} + \phi} + 1 \tag{11-114}$$

$$N_C = \frac{\pi}{\tan\phi\left(\cot\phi - \frac{\pi}{2} + \phi\right)} \tag{11-115}$$

式中　　$[R]$——按限制塑性区开展深度计算的土质地基允许承载力，kPa；

　　　　γ_B——基底面以下土的重力密度，kN/m³；地下水位以下取浮重度；

　　　　γ_D——基底面以上土的重力密度，kN/m³；地下水位以下取浮重度；

  B——基底面宽度，m；

  D——基底埋置深度，m；

  C——地基土的粘结力，kPa；

N_B、N_D、N_C——承载力系数，可按公式（11-112）～公式（11-115）计算，也可从表

      11-32 查得；

  ϕ——地基土的内摩擦角，°；

  π——圆周率。

承载力系数 表 11-32

ϕ（°）	N_B		N_D	N_C
	$[Y]=B/4$	$[Y]=B/3$		
0	0.000	0.000	1.000	3.142
1	0.014	0.019	1.056	3.229
2	0.029	0.039	1.116	3.320
3	0.045	0.063	1.179	3.413
4	0.061	0.082	1.246	3.510
5	0.079	0.105	1.316	3.610
6	0.098	0.130	1.390	3.714
7	0.117	0.156	1.469	3.821
8	0.138	0.184	1.553	3.933
9	0.160	0.214	1.641	4.048
10	0.184	0.245	1.735	4.168
11	0.209	0.278	1.824	4.292
12	0.235	0.313	1.940	4.421
13	0.263	0.351	2.052	4.555
14	0.293	0.390	2.170	4.694
15	0.324	0.432	2.297	4.839
16	0.358	0.477	2.431	4.990
17	0.393	0.524	2.573	5.146
18	0.431	0.575	2.725	5.310
19	0.472	0.629	2.887	5.480
20	0.515	0.686	3.059	5.657
21	0.561	0.748	3.243	5.843
22	0.610	0.813	3.439	6.036
23	0.662	0.883	3.648	6.238
24	0.718	0.957	3.872	6.449
25	0.778	1.037	4.111	6.670
26	0.842	1.122	4.366	6.902
27	0.910	1.213	4.640	7.144

续表

ϕ (°)	N_B		N_D	N_C
	$[Y]=B/4$	$[Y]=B/3$		
28	0.984	1.311	4.934	7.399
29	1.062	1.416	5.249	7.665
30	1.147	1.529	5.588	7.946
31	1.238	1.650	5.951	8.240
32	1.336	1.781	6.343	8.550
33	1.441	1.922	6.765	8.876
34	1.555	2.073	7.219	9.220
35	1.678	2.237	7.710	9.583
36	1.810	2.414	8.241	9.966
37	1.954	2.605	8.815	10.371
38	2.109	2.812	9.437	10.799
39	2.278	3.038	10.113	11.253
40	2.462	3.282	10.846	11.734
41	2.661	3.548	11.645	12.245
42	2.879	3.828	12.515	12.788
43	3.116	4.155	13.464	13.366
44	3.376	4.501	14.503	13.982

注：$[Y]$ 为地基上的容许塑性区开展深度，m。

2）在竖向荷载和水平向荷载共同作用下，可按 C_K 法验算土质地基整体稳定：

$$C_K = \frac{\sqrt{\dfrac{(\sigma_y - \sigma_x)^2}{2} + \tau_{xy}^2} - \dfrac{\sigma_y + \sigma_x}{2}\sin\phi}{\cos\phi} \qquad (11\text{-}116)$$

式中　C_K——满足极限平衡条件时所需的地基土最小粘结力，kPa；

　　　ϕ——地基土的内摩擦角，°；

σ_x、σ_y、τ_{xy}——计算点处的地基竖向应力、水平向应力和剪应力，kPa。

当计算 C_K 值小于计算点的粘结力值时，表示该点处于稳定状态；当 C_K 值等于或大于粘结力值时，表示该点处于塑性变形状态。经多点计算后，可绘出塑性变形区的范围。

大型防洪闸土质地基的容许塑性变形区开展深度（塑性变形区最大深度）一般在基础下游边缘下垂线 ab 附近，见图 11-52，可取 $B/4$，中型防洪闸可取 $B/3$，B 为闸室基础底面宽度，m。

3）竖向均布荷载作用下的地基应力计算示意图见图 11-53。

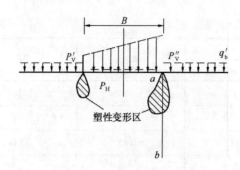

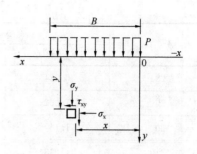

图 11-52 塑性变形区示意   图 11-53 竖向均布荷载作用下的
P_V'、P_V''—竖向荷载；P_H—水平向荷载；q_b'—边荷载   地基应力

地基竖向应力、水平向应力和剪应力可分别按公式（11-117）～公式（11-119）计算求得；地基应力系数可分别按公式（11-120）～公式（11-122）计算求得。也可从表 11-33 查得。

$$\sigma_y = K_y P_V \tag{11-117}$$

$$\sigma_x = K_x P_V \tag{11-118}$$

$$\tau_{xy} = K_{xy} P_V \tag{11-119}$$

$$K_y = \frac{1}{\pi}\left[\arctan\frac{x}{y} - \arctan\frac{x-B}{y} + \frac{xy}{x^2+y^2} - \frac{(x-B)y}{(x-B)^2+y^2}\right] \tag{11-120}$$

$$K_x = \frac{1}{\pi}\left[\arctan\frac{x}{y} - \arctan\frac{x-B}{y} - \frac{xy}{x^2+y^2} + \frac{(x-B)y}{(x-B)^2+y^2}\right] \tag{11-121}$$

$$K_{xy} = -\frac{1}{\pi}\left[\frac{y^2}{x^2+y^2} - \frac{y^2}{(x-B)^2+y^2}\right] \tag{11-122}$$

式中 K_y、K_x、K_{xy}——地基竖向应力系数、水平向应力系数和剪应力系数；

P_V——竖向均布荷载，kPa；

x——应力核算点距 y 轴的水平距离，m；

y——应力核算点距 x 轴的深度，m。

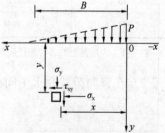

图 11-54 竖向三角形分布荷载作用下的地基应力

4）竖向三角形分布荷载作用下的地基应力计算示意图式见 11-54。地基竖向应力、水平向应力和剪应力可分别按公式（11-123）～公式（11-125）计算求得；地基应力系数可分别按公式（11-126）～公式（11-128）计算求得，也可从表 11-34 查得。

$$\sigma_y = K_y P_s \tag{11-123}$$

$$\sigma_x = K_x P_s \tag{11-124}$$

$$\tau_{xy} = K_{xy} P_s \tag{11-125}$$

$$K_y = \frac{1}{\pi B}\left[(x-B)\arctan\frac{x-B}{y} - (x-B)\arctan\frac{x}{y} + \frac{B_{xy}}{x^2+y^2}\right] \tag{11-126}$$

$$K_x = \frac{1}{\pi B}\left\{(x-B)\arctan\frac{x-B}{y} - (x-B)\arctan\frac{x}{y}\right.$$

$$+ y\ln\left[(x-B)^2 + y^2\right] + y\ln\left(x^2 + y^2\right) - \frac{B_{xy}}{x^2 + y^2}\Big\} \tag{11-127}$$

$$K_{xy} = -\frac{1}{\pi B}\left[y\mathrm{arctan}\frac{x}{y} - y\mathrm{arctan}\frac{x-B}{y} - \frac{By^2}{x^2 + y^2}\right] \tag{11-128}$$

式中　P_s——竖向三角形分布荷载，kPa。

5）水平向均布荷载作用下的地基应力计算示意图见图 11-55，地基竖向应力、水平向应力和剪应力可分别按公式（11-129）～公式（11-131）计算求得，地基应力系数可分别按公式（11-132）～公式（11-134）计算求得，也可从表 11-35 查得。

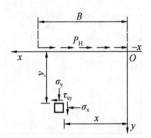

图 11-55　水平向均布荷载
作用下的地基应力

$$\sigma_y = K_y P_H \tag{11-129}$$
$$\sigma_x = K_x P_H \tag{11-130}$$
$$\tau_{xy} = K_{xy} P_H \tag{11-131}$$

$$K_y = -\frac{1}{\pi}\left[\frac{y^2}{(x-B)^2 + y^2} - \frac{y^2}{x^2 + y^2}\right] \tag{11-132}$$

$$K_x = -\frac{1}{\pi}\left\{\ln\left(y^2 + x^2\right) - \ln\left[y^2 + (x-B)^2\right] + \frac{y^2}{x^2 + y^2} - \frac{y^2}{(x-B)^2 + y^2}\right\}$$
$$\tag{11-133}$$

$$K_{xy} = -\frac{1}{\pi}\left[\mathrm{arctan}\frac{x-B}{y} - \mathrm{arctan}\frac{x}{y} + \frac{xy}{x^2 + y^2} - \frac{(x-B)y}{(x-B)^2 + y^2}\right] \tag{11-134}$$

式中　P_H——水平向均布荷载，kPa。

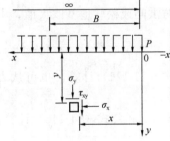

图 11-56　竖向半无限均布荷载
作用下的地基应力

6）竖向半无限均布荷载作用下的地基应力计算示意图见图 11-56，地基竖向应力、水平向应力和剪应力可分别按公式（11-135）～公式（11-137）计算求得，地基应力系数可分别按公式（11-138）～公式（11-140）计算求得，也可从表 11-36 查得。

$$\sigma_y = K_y P_v' \tag{11-135}$$
$$\sigma_x = K_x P_v' \tag{11-136}$$
$$\tau_{xy} = K_{xy} P_v' \tag{11-137}$$

$$K_y = \frac{1}{\pi}\left[\frac{\pi}{2} + \mathrm{arctan}\frac{x}{y} + \frac{xy}{x^2 + y^2}\right] \tag{11-138}$$

$$K_x = \frac{1}{\pi}\left[\frac{\pi}{2} + \mathrm{arctan}\frac{x}{y} - \frac{xy}{x^2 + y^2}\right] \tag{11-139}$$

$$K_{xy} = -\frac{1}{\pi}\left(\frac{y^2}{x^2 + y^2}\right) \tag{11-140}$$

式中　P_v'——竖向半无限均布荷载，kPa。

7）在竖向荷载和水平向荷载共同作用下，也可按汉森公式（11-141）～公式（11-152）计算土质地基允许承载力：

$$[R'] = \frac{1}{K}(0.5r_B B N_r S_r i_r + q N_q S_q d_q i_q + C N_c S_c d_c i_c) \tag{11-141}$$

$$N_r = 1.5(N_q - 1)\tan\phi \tag{11-142}$$

$$N_q = e^{\pi\tan\phi}\tan^2\left[45 + \frac{\phi}{2}\right] \tag{11-143}$$

$$N_c = (N_q - 1)\cot\phi \tag{11-144}$$

$$S_r = 1 - 0.40(B/L) \tag{11-145}$$

$$S_q = S_c = 1 + 0.2(B/L) \tag{11-146}$$

$$d_q = d_c = 1 + 0.35(D/B) \tag{11-147}$$

$$i_r = i_q \tag{11-148}$$

$$i_q = \frac{1 + \sin\phi\sin(2\alpha - \phi)}{1 + \sin\phi}e^{\left(\frac{\pi}{2} + \phi - 2\alpha\right)\tan\phi} \tag{11-149}$$

$$i_c = i_q - \frac{1 - i_q}{N_q - 1} \tag{11-150}$$

$$\alpha = \frac{\phi}{2} + \tan^{-1}\frac{\sqrt{1 - (\tan\delta\cot\phi)^2} - \tan\delta}{1 + \dfrac{\tan\delta}{\sin\phi}} \tag{11-151}$$

$$\tan\delta = \frac{\tau}{P + C\cot\phi} \tag{11-152}$$

式中　　$[R']$——按汉森公式计算的土质地基允许承载力，kPa；

$\qquad K$——地基承载力安全系数，可取 2~3（大型防洪闸或松软地基取大值，中小型防洪闸或坚实地基取小值）；

$\qquad q$——基底面以上的有效边荷载，kPa；

N_r、N_q、N_c——承载力系数，可按公式（11-142）~公式（11-144）计算，也可从表 11-37 查得；

S_r、S_q、S_c——形状系数，对于矩形基础可按公式（11-145）和公式（11-146）计算，对于条形基础 $S_r = S_q = S_c = 1$；

d_q、d_c——深度系数，可按公式（11-147）计算，但式中 D/B 应小于 1；

i_r、i_q、i_c——倾斜系数 可按公式（11-148）~公式（1-150）计算，也可从表 11-38 查得；

$\qquad L$——基底面长度，m；

$\qquad P$——作用在基底面上的竖向荷载，kPa。

当 $\phi = 0$ 时，$N_r = 0$，$N_q = i_r = i_q = 1$；$N_c = \pi + 2$，i_c 可按公式（11-153）计算也可从表 11-37 查得。

$$i_c = \frac{\pi - \sin^{-1}\dfrac{\tau}{C} + 1 + \sqrt{1 - \left(\dfrac{\tau}{C}\right)^2}}{\pi + 2} \tag{11-153}$$

表 11-33

竖向均布荷载作用下的地基应力计算

$\frac{x}{B}$	系数	$\frac{y}{B}$ 0.01	0.05	0.10	0.15	0.20	0.25	0.33	0.40	0.50	0.60	0.80	1.00	1.20	1.40	2.00
-1.0	k_y	0.000	0.000	0.000	0.001	0.001	0.003	0.006	0.010	0.017	0.026	0.048	0.071	0.091	0.107	0.134
	k_x	0.003	0.016	0.031	0.047	0.061	0.074	0.093	0.107	0.122	0.132	0.139	0.134	0.123	0.109	0.071
	k_{xy}	0.000	-0.001	-0.002	-0.005	-0.009	-0.014	-0.023	-0.032	-0.045	-0.058	-0.080	-0.095	-0.104	-0.106	-0.095
-0.5	k_y	0.000	0.000	0.002	0.005	0.011	0.019	0.037	0.056	0.084	0.111	0.155	0.185	0.202	0.210	0.205
	k_x	0.008	0.042	0.082	0.117	0.147	0.171	0.196	0.208	0.211	0.205	0.177	0.146	0.117	0.094	0.049
	k_{xy}	0.000	-0.003	-0.011	-0.023	-0.038	-0.055	-0.082	-0.103	-0.127	-0.144	-0.158	-0.157	-0.147	-0.134	-0.096
-0.25	k_y	0.000	0.002	0.011	0.031	0.059	0.089	0.137	0.173	0.214	0.243	0.276	0.288	0.287	0.279	0.242
	k_x	0.020	0.099	0.180	0.237	0.270	0.285	0.286	0.274	0.249	0.221	0.168	0.127	0.096	0.073	0.034
	k_{xy}	0.000	-0.012	-0.042	-0.080	-0.116	-0.147	-0.182	-0.199	-0.211	-0.212	-0.197	-0.175	-0.152	-0.131	-0.085
-0.1	k_y	0.000	0.020	0.091	0.165	0.224	0.267	0.313	0.338	0.360	0.371	0.373	0.360	0.342	0.321	0.263
	k_x	0.057	0.246	0.352	0.374	0.366	0.349	0.314	0.284	0.243	0.206	0.148	0.107	0.077	0.057	0.026
	k_{xy}	-0.003	-0.063	-0.157	-0.215	-0.244	-0.259	-0.265	-0.262	-0.252	-0.237	-0.203	-0.171	-0.143	-0.120	-0.073
0	k_y	0.500	0.500	0.500	0.499	0.498	0.497	0.493	0.489	0.480	0.468	0.440	0.409	0.378	0.348	0.275
	k_x	0.494	0.448	0.437	0.406	0.376	0.317	0.304	0.269	0.225	0.188	0.130	0.091	0.065	0.047	0.020
	k_{xy}	-0.318	-0.318	-0.315	-0.311	-0.306	-0.300	-0.287	-0.274	-0.255	-0.234	-0.194	-0.159	-0.130	-0.108	-0.064
0.1	k_y	1.000	0.980	0.909	0.833	0.773	0.727	0.673	0.638	0.598	0.564	0.506	0.455	0.410	0.372	0.285
	k_x	0.930	0.690	0.521	0.436	0.383	0.343	0.291	0.252	0.205	0.167	0.111	0.075	0.052	0.037	0.016
	k_{xy}	-0.003	-0.063	-0.155	-0.212	-0.240	-0.252	-0.254	-0.247	-0.231	-0.212	-0.173	-0.139	-0.112	-0.091	-0.053
0.25	k_y	1.000	0.998	0.988	0.967	0.937	0.902	0.845	0.797	0.735	0.679	0.586	0.510	0.450	0.400	0.298
	k_x	0.966	0.834	0.685	0.564	0.468	0.393	0.304	0.247	0.186	0.143	0.087	0.055	0.037	0.025	0.010
	k_{xy}	0.000	-0.011	-0.038	-0.072	-0.103	-0.127	-0.151	-0.158	-0.157	-0.147	-0.121	-0.096	-0.076	-0.061	-0.034

续表

$\dfrac{x}{B}$	系数	$\dfrac{y}{B}$ 0.01	0.05	0.10	0.15	0.20	0.25	0.33	0.40	0.50	0.60	0.80	1.00	1.20	1.40	2.00
0.5	k_y	1.000	1.000	0.997	0.990	0.977	0.959	0.921	0.881	0.818	0.755	0.642	0.550	0.477	0.420	0.306
	k_x	0.975	0.874	0.752	0.639	0.538	0.450	0.336	0.260	0.182	0.129	0.069	0.041	0.025	0.017	0.006
	k_{xy}	0.000	0.000	0.000	0.000	0.000	0.000	0.000	0.000	0.000	0.000	0.000	0.000	0.000	0.000	0.000
0.75	k_y	1.000	0.998	0.988	0.967	0.937	0.902	0.845	0.797	0.735	0.679	0.586	0.510	0.450	0.400	0.298
	k_x	0.966	0.834	0.685	0.564	0.468	0.393	0.304	0.247	0.186	0.143	0.087	0.055	0.037	0.025	0.010
	k_{xy}	0.000	0.011	0.038	0.072	0.103	0.127	0.151	0.158	0.157	0.147	0.121	0.096	0.076	0.061	0.034
1.0	k_y	0.500	0.500	0.500	C.499	0.498	0.497	0.493	0.489	0.480	0.468	0.440	0.409	0.378	0.348	0.275
	k_x	0.494	0.468	0.437	C.406	0.376	0.347	0.304	0.269	0.225	0.188	0.130	0.091	0.065	0.047	0.020
	k_{xy}	0.318	0.318	0.315	0.311	0.306	0.300	0.287	0.274	0.255	0.234	0.194	0.159	0.130	0.108	0.064
1.25	k_y	0.000	0.002	0.011	0.031	0.059	0.089	0.137	0.173	0.214	0.243	0.276	0.288	0.287	0.279	0.242
	k_x	0.020	0.099	0.180	0.237	0.270	0.285	0.286	0.274	0.249	0.221	0.168	0.127	0.096	0.073	0.034
	k_{xy}	0.000	0.012	0.042	0.080	0.116	0.147	0.182	0.199	0.211	0.212	0.197	0.175	0.152	0.131	0.085
1.5	k_y	0.000	0.000	0.002	0.005	0.011	0.019	0.037	0.056	0.034	0.111	0.155	0.185	0.202	0.210	0.205
	k_x	0.008	0.042	0.082	0.117	0.147	0.171	0.196	0.208	0.211	0.205	0.177	0.146	0.117	0.094	0.040
	k_{xy}	0.000	0.003	0.011	0.023	0.038	0.055	0.082	0.103	0.127	0.144	0.158	0.157	0.147	0.134	0.096
2.0	k_y	0.000	0.000	0.000	0.001	0.001	0.003	0.006	0.010	0.017	0.026	0.048	0.071	0.091	0.107	0.134
	k_x	0.003	0.016	0.031	0.047	0.061	0.074	0.093	0.107	0.122	0.132	0.139	0.134	0.123	0.109	0.071
	k_{xy}	0.000	0.001	0.002	0.005	0.009	0.014	0.023	0.032	0.045	0.058	0.080	0.095	0.104	0.106	0.095

竖向三角形分布荷载作用下的地基应力计算 表 11-34

$\dfrac{x}{B}$	系数	$\dfrac{y}{B}$ 0.01	0.05	0.10	0.15	0.20	0.25	0.33	0.40	0.50	0.60	0.80	1.00	1.20	1.40	2.00
−1.0	k_y	0.000	0.000	0.000	0.000	0.001	0.002	0.004	0.007	0.012	0.018	0.032	0.046	0.057	0.066	0.078
	k_x	0.002	0.010	0.019	0.028	0.037	0.045	0.056	0.064	0.072	0.076	0.078	0.072	0.064	0.055	0.033
	k_{xy}	0.000	0.000	−0.002	−0.003	−0.006	−0.009	−0.015	−0.021	−0.029	−0.037	−0.049	−0.057	−0.060	−0.059	−0.050
−0.5	k_y	0.000	0.000	0.001	0.004	0.009	0.015	0.029	0.042	0.062	0.080	0.106	0.121	0.126	0.127	0.115
	k_x	0.006	0.028	0.055	0.078	0.097	0.111	0.124	0.127	0.124	0.116	0.092	0.071	0.054	0.041	0.020
	k_{xy}	0.000	−0.002	−0.008	−0.017	−0.028	−0.040	−0.058	−0.071	−0.085	−0.093	−0.096	−0.089	−0.080	−0.070	−0.046
−0.25	k_y	0.000	0.001	0.010	0.027	0.050	0.075	0.111	0.136	0.162	0.177	0.187	0.184	0.175	0.165	0.134
	k_x	0.015	0.073	0.131	0.168	0.186	0.189	0.178	0.162	0.137	0.113	0.078	0.054	0.038	0.028	0.012
	k_{xy}	0.000	−0.010	−0.034	−0.064	−0.091	−0.112	−0.132	−0.139	−0.139	−0.132	−0.112	−0.092	−0.076	−0.062	−0.037
−0.1	k_y	0.000	0.019	0.084	0.150	0.197	0.229	0.257	0.267	0.270	0.266	0.247	0.225	0.204	0.186	0.143
	k_x	0.048	0.201	0.272	0.270	0.247	0.220	0.181	0.151	0.118	0.093	0.059	0.039	0.027	0.019	0.008
	k_{xy}	−0.003	−0.057	−0.137	−0.180	−0.196	−0.197	−0.188	−0.175	−0.155	−0.137	−0.105	−0.082	−0.064	−0.052	−0.029
0	k_y	0.497	0.484	0.468	0.453	0.437	0.422	0.399	0.379	0.352	0.328	0.285	0.250	0.221	0.197	0.148
	k_x	0.467	0.389	0.321	0.270	0.230	0.197	0.155	0.127	0.096	0.074	0.046	0.029	0.020	0.014	0.006
	k_{xy}	−0.313	−0.294	−0.271	−0.250	−0.231	−0.213	−0.187	−0.167	−0.142	−0.122	−0.090	−0.068	−0.053	−0.042	−0.023
0.1	k_y	0.900	0.879	0.802	0.718	0.648	0.591	0.522	0.475	0.422	0.380	0.317	0.270	0.235	0.207	0.151
	k_x	0.823	0.558	0.366	0.269	0.212	0.174	0.130	0.104	0.076	0.057	0.034	0.021	0.014	0.010	0.004
	k_{xy}	0.006	−0.022	−0.088	−0.125	−0.139	−0.141	−0.133	−0.122	−0.105	−0.090	−0.067	−0.050	−0.039	−0.030	−0.017
0.25	k_y	0.750	0.748	0.737	0.714	0.682	0.645	0.584	0.534	0.473	0.421	0.343	0.287	0.246	0.215	0.155
	k_x	0.718	0.591	0.452	0.341	0.259	0.198	0.134	0.098	0.066	0.046	0.025	0.014	0.009	0.006	0.002
	k_{xy}	0.009	0.034	0.040	0.031	0.016	0.003	−0.013	−0.020	−0.024	−0.025	−0.021	−0.017	−0.013	−0.011	−0.006

续表

$\dfrac{x}{B}$	系数	$\dfrac{y}{B}$ 0.01	0.05	0.10	0.15	0.20	0.25	0.33	0.40	0.50	0.60	0.80	1.00	1.20	1.40	2.00
0.5	k_y	0.500	0.500	0.498	0.495	0.489	0.480	0.461	0.440	0.409	0.378	0.321	0.275	0.239	0.210	0.153
	k_x	0.487	0.437	0.376	0.320	0.269	0.225	0.168	0.130	0.091	0.065	0.035	0.020	0.013	0.008	0.003
	k_{xy}	0.010	0.044	0.075	0.096	0.108	0.113	0.111	0.104	0.091	0.078	0.056	0.041	0.030	0.023	0.012
0.75	k_y	0.250	0.250	0.251	0.252	0.255	0.257	0.261	0.263	0.262	0.258	0.243	0.223	0.204	0.186	0.143
	k_x	0.249	0.242	0.233	0.222	0.209	0.194	0.170	0.148	0.120	0.097	0.062	0.041	0.027	0.019	0.008
	k_{xy}	0.010	0.044	0.078	0.103	0.119	0.130	0.138	0.138	0.132	0.122	0.100	0.079	0.063	0.051	0.029
1.0	k_y	0.003	0.016	0.032	0.047	0.061	0.075	0.095	0.110	0.127	0.140	0.155	0.159	0.157	0.151	0.127
	k_x	0.026	0.080	0.115	0.136	0.146	0.151	0.149	0.142	0.129	0.113	0.084	0.061	0.045	0.033	0.015
	k_{xy}	0.005	0.023	0.044	0.061	0.075	0.087	0.100	0.108	0.113	0.113	0.104	0.091	0.078	0.066	0.041
1.25	k_y	0.000	0.000	0.001	0.004	0.009	0.014	0.026	0.036	0.052	0.066	0.089	0.103	0.111	0.114	0.109
	k_x	0.005	0.025	0.049	0.069	0.084	0.096	0.108	0.112	0.112	0.107	0.091	0.073	0.058	0.045	0.022
	k_{xy}	0.000	0.002	0.008	0.016	0.025	0.035	0.049	0.060	0.072	0.080	0.085	0.083	0.077	0.069	0.048
1.5	k_y	0.000	0.000	0.000	0.001	0.002	0.004	0.008	0.013	0.022	0.031	0.049	0.064	0.075	0.083	0.089
	k_x	0.003	0.014	0.027	0.039	0.050	0.060	0.073	0.080	0.087	0.089	0.085	0.075	0.063	0.053	0.029
	k_{xy}	0.000	0.001	0.003	0.006	0.010	0.015	0.024	0.032	0.042	0.051	0.062	0.067	0.067	0.064	0.050
2.0	k_y	0.000	0.000	0.000	0.000	0.000	0.001	0.002	0.003	0.005	0.008	0.016	0.025	0.034	0.041	0.057
	k_x	0.001	0.006	0.012	0.018	0.024	0.029	0.037	0.043	0.050	0.056	0.061	0.062	0.059	0.054	0.038
	k_{xy}	0.000	0.000	0.001	0.002	0.003	0.005	0.008	0.011	0.016	0.021	0.031	0.039	0.044	0.047	0.046

表 11-35

水平向均布荷载作用下的地基应力计算

$\dfrac{x}{B}$	系数	$\dfrac{y}{B}$ 0.01	0.05	0.10	0.15	0.20	0.25	0.33	0.40	0.50	0.60	0.80	1.00	1.20	1.40	2.00
-1.0	k_y	0.000	0.001	0.002	0.005	0.009	0.014	0.023	0.032	0.045	0.058	0.080	0.095	0.104	0.106	0.095
	k_x	0.441	0.440	0.437	0.431	0.423	0.413	0.394	0.375	0.345	0.313	0.251	0.196	0.152	0.117	0.054
	k_{xy}	-0.003	-0.016	-0.031	-0.047	-0.061	-0.074	-0.093	-0.107	-0.122	-0.132	-0.139	-0.134	-0.123	-0.109	-0.071
-0.5	k_y	0.000	0.003	0.011	0.023	0.038	0.055	0.082	0.103	0.127	0.144	0.158	0.157	0.147	0.134	0.096
	k_x	0.699	0.691	0.677	0.652	0.619	0.582	0.517	0.461	0.385	0.319	0.216	0.147	0.102	0.071	0.027
	k_{xy}	-0.008	-0.042	-0.082	-0.117	-0.147	-0.171	-0.196	-0.208	-0.211	-0.205	-0.177	-0.146	-0.117	-0.094	-0.049
-0.25	k_y	0.000	0.012	0.042	0.080	0.116	0.147	0.182	0.199	0.211	0.212	0.197	0.175	0.152	0.131	0.085
	k_x	1.024	1.001	0.938	0.852	0.759	0.670	0.543	0.452	0.349	0.271	0.166	0.105	0.068	0.045	0.016
	k_{xy}	-0.020	-0.099	-0.180	-0.237	-0.270	-0.285	-0.286	-0.274	-0.249	-0.221	-0.168	-0.127	-0.096	-0.073	-0.034
-0.1	k_y	0.003	0.063	0.157	0.215	0.244	0.259	0.265	0.262	0.252	0.237	0.203	0.171	0.143	0.120	0.073
	k_x	1.520	1.393	1.152	0.943	0.780	0.653	0.501	0.402	0.298	0.223	0.130	0.078	0.049	0.032	0.010
	k_{xy}	-0.057	-0.246	-0.352	-0.374	-0.366	-0.349	-0.314	-0.284	-0.243	-0.206	-0.148	-0.107	-0.077	-0.057	-0.026
0	k_y	0.318	0.318	0.315	0.311	0.306	0.300	0.287	0.274	0.255	0.234	0.194	0.159	0.130	0.108	0.064
	k_x	2.613	1.590	1.154	0.904	0.731	0.602	0.452	0.356	0.258	0.189	0.105	0.061	0.037	0.024	0.007
	k_{xy}	-0.494	-0.468	-0.437	-0.406	-0.376	-0.347	-0.304	-0.269	-0.225	-0.188	-0.130	-0.091	-0.065	-0.047	-0.020
0.1	k_y	0.003	0.063	0.155	0.212	0.240	0.252	0.254	0.247	0.231	0.212	0.173	0.139	0.112	0.091	0.053
	k_x	1.393	1.266	1.027	0.821	0.662	0.540	0.397	0.307	0.216	0.155	0.082	0.046	0.027	0.017	0.005
	k_{xy}	-0.930	-0.690	-0.521	-0.436	-0.383	-0.343	-0.291	-0.252	-0.205	-0.167	-0.111	-0.075	-0.052	-0.037	-0.016
0.25	k_y	0.000	0.011	0.038	0.072	0.103	0.127	0.151	0.158	0.157	0.147	0.121	0.096	0.076	0.061	0.034
	k_x	0.698	0.677	0.619	0.542	0.461	0.385	0.284	0.216	0.147	0.102	0.051	0.027	0.015	0.009	0.003
	k_{xy}	-0.966	-0.834	-0.685	-0.564	-0.468	-0.393	-0.304	-0.247	-0.186	-0.143	-0.087	-0.055	-0.037	-0.025	-0.010

续表

$\dfrac{x}{B}$	系数	$\dfrac{y}{B}$ 0.01	0.05	0.10	0.15	0.20	0.25	0.33	0.40	0.50	0.60	0.80	1.00	1.20	1.40	2.00
0.5	k_y	0.000	0.000	0.000	0.000	0.000	0.000	0.000	0.000	0.000	0.000	0.000	0.000	0.000	0.000	0.000
	k_x	0.000	0.000	0.000	0.000	0.000	0.000	0.000	0.000	0.000	0.000	0.000	0.000	0.000	0.000	0.000
	k_{xy}	−0.975	−0.874	−0.752	−0.639	−0.538	−0.450	−0.336	−0.260	−0.182	−0.129	−0.069	−0.041	−0.025	−0.017	−0.006
0.75	k_y	0.000	−0.011	−0.038	−0.072	−0.103	−0.127	−0.151	0.158	−0.157	−0.147	−0.121	−0.096	−0.076	−0.061	−0.034
	k_x	−0.698	−0.677	−0.619	−0.542	−0.461	−0.385	−0.284	−0.216	−0.147	−0.102	−0.051	−0.027	−0.015	−0.009	−0.003
	k_{xy}	−0.966	−0.834	−0.685	−0.564	−0.468	−0.393	−0.304	−0.247	−0.186	−0.143	−0.087	−0.055	−0.037	−0.025	−0.010
1.0	k_y	−0.318	−0.318	−0.315	−0.311	−0.306	−0.300	−0.287	−0.274	−0.255	−0.234	−0.194	−0.159	−0.130	−0.108	−0.064
	k_x	−2.613	−1.590	−1.154	−0.904	−0.731	−0.602	−0.452	−0.356	−0.258	−0.189	−0.105	−0.061	−0.037	−0.024	−0.007
	k_{xy}	−0.494	−0.468	−0.437	−0.406	−0.376	−0.347	−0.304	−0.269	−0.225	−0.188	−0.130	−0.091	−0.065	−0.047	−0.020
1.25	k_y	0.000	−0.012	−0.042	−0.080	−0.116	−0.147	−0.182	−0.199	−0.211	−0.212	−0.197	−0.175	−0.152	−0.131	−0.085
	k_x	−1.024	−1.001	−0.938	−0.852	−0.759	−0.670	−0.543	−0.452	−0.349	−0.271	−0.166	−0.105	−0.068	−0.045	−0.016
	k_{xy}	−0.020	−0.099	−0.180	−0.237	−0.270	−0.285	−0.286	−0.274	−0.249	−0.221	−0.168	−0.127	−0.096	−0.073	−0.034
1.5	k_y	0.000	−0.003	−0.011	−0.023	−0.038	−0.055	−0.082	−0.103	−0.127	−0.144	−0.158	−0.157	−0.147	−0.134	−0.096
	k_x	−0.699	−0.694	−0.677	−0.652	−0.619	−0.582	−0.517	−0.461	−0.385	−0.319	−0.216	−0.147	−0.102	−0.071	−0.027
	k_{xy}	−0.008	−0.042	−0.082	−0.117	−0.147	−0.171	−0.196	−0.208	−0.211	−0.205	−0.177	−0.146	−0.177	−0.094	−0.049
2.0	k_y	0.000	−0.001	−0.002	−0.005	−0.009	−0.014	−0.023	−0.032	−0.045	−0.058	−0.080	−0.095	−0.104	−0.106	−0.095
	k_x	−0.441	−0.440	−0.437	−0.431	−0.423	−0.413	−0.394	−0.375	−0.345	−0.313	−0.251	−0.196	−0.152	−0.117	−0.054
	k_{xy}	−0.003	−0.016	−0.031	−0.047	−0.061	−0.074	−0.093	−0.107	−0.122	−0.132	−0.139	−0.134	−0.123	−0.109	−0.071

表 11-36

竖向半无限均布载作用下的地基应力计算

x/B	系数	y/B=0.01	0.05	0.10	0.15	0.20	0.25	0.33	0.40	0.50	0.60	0.80	1.00	1.20	1.40	2.00
-1.0	k_y	0.000	0.000	0.000	0.001	0.002	0.003	0.007	0.011	0.020	0.032	0.060	0.091	0.122	0.152	0.225
	k_x	0.000	0.032	0.063	0.094	0.124	0.153	0.196	0.231	0.275	0.312	0.370	0.409	0.435	0.453	0.480
	k_{xy}	0.000	-0.001	-0.003	-0.007	-0.012	-0.019	-0.031	-0.044	-0.064	-0.084	-0.124	-0.159	-0.188	-0.211	-0.255
-0.5	k_y	0.000	0.000	0.002	0.005	0.011	0.020	0.039	0.060	0.091	0.122	0.179	0.225	0.261	0.290	0.347
	k_x	0.013	0.063	0.124	0.180	0.231	0.275	0.332	0.370	0.409	0.435	0.465	0.480	0.487	0.492	0.497
	k_{xy}	0.000	-0.003	-0.012	-0.026	-0.044	-0.064	-0.097	-0.124	-0.159	-0.188	-0.229	-0.255	-0.271	-0.282	-0.300
-0.25	k_y	0.000	0.002	0.011	0.032	0.060	0.091	0.140	0.179	0.225	0.261	0.313	0.347	0.371	0.389	0.421
	k_x	0.025	0.124	0.231	0.312	0.370	0.409	0.447	0.465	0.480	0.487	0.494	0.497	0.498	0.499	0.500
	k_{xy}	-0.001	-0.012	-0.044	-0.084	-0.124	-0.159	-0.202	-0.229	-0.255	-0.271	-0.290	-0.300	-0.305	-0.308	-0.313
-0.1	k_y	0.000	0.020	0.091	0.166	0.225	0.269	0.318	0.347	0.376	0.396	0.421	0.437	0.447	0.455	0.468
	k_x	0.063	0.275	0.409	0.460	0.480	0.489	0.495	0.497	0.498	0.499	0.500	0.500	0.500	0.500	0.500
	k_{xy}	-0.003	-0.064	-0.159	-0.220	-0.255	-0.274	-0.292	-0.300	-0.306	-0.310	-0.313	-0.315	-0.316	-0.317	-0.318
0	k_y	0.500	0.500	0.500	0.500	0.500	0.500	0.500	0.500	0.500	0.500	0.500	0.500	0.500	0.500	0.500
	k_x	0.500	0.500	0.500	0.500	0.500	0.500	0.500	0.500	0.500	0.500	0.500	0.500	0.500	0.500	0.500
	k_{xy}	-0.318	-0.318	-0.318	-0.318	-0.318	-0.318	-0.318	-0.318	-0.318	-0.318	-0.318	-0.318	-0.318	-0.318	-0.318
0.1	k_y	1.000	0.980	0.909	0.834	0.775	0.731	0.682	0.653	0.624	0.604	0.579	0.563	0.553	0.545	0.532
	k_x	0.937	0.725	0.591	0.540	0.520	0.511	0.505	0.503	0.502	0.501	0.500	0.500	0.500	0.500	0.500
	k_{xy}	-0.003	-0.064	-0.159	-0.220	-0.255	-0.274	-0.292	-0.300	-0.306	-0.310	-0.313	-0.315	-0.316	-0.317	-0.318
0.25	k_y	1.000	0.998	0.989	0.968	0.940	0.909	0.860	0.821	0.775	0.739	0.687	0.653	0.629	0.611	0.579
	k_x	0.975	0.876	0.769	0.688	0.630	0.591	0.553	0.535	0.520	0.513	0.506	0.503	0.502	0.501	0.500
	k_{xy}	-0.001	-0.012	-0.044	-0.084	-0.124	-0.159	-0.202	-0.229	-0.255	-0.271	-0.290	-0.300	-0.305	-0.308	-0.313

续表

$\dfrac{x}{B}$	系数	\多 $\dfrac{y}{B}$ 2.00	1.40	1.20	1.00	0.80	0.60	0.50	0.40	0.33	0.25	0.20	0.15	0.10	0.05	0.01
0.5	k_y	0.653	0.710	0.739	0.775	0.821	0.878	0.909	0.940	0.961	0.980	0.989	0.995	0.998	1.000	1.000
	k_x	0.503	0.508	0.513	0.520	0.535	0.565	0.591	0.630	0.668	0.725	0.769	0.820	0.876	0.937	0.987
	k_{xy}	−0.300	−0.282	−0.271	−0.255	−0.229	−0.188	−0.159	−0.124	−0.097	−0.064	−0.044	−0.026	−0.012	−0.003	0.000
0.75	k_y	0.719	0.739	0.821	0.858	0.899	0.940	0.960	0.976	0.985	0.993	0.996	0.998	1.000	1.000	1.000
	k_x	0.510	0.524	0.535	0.552	0.581	0.630	0.666	0.712	0.751	0.802	0.838	0.876	0.916	0.958	0.992
	k_{xy}	−0.279	−0.247	−0.229	−0.204	−0.169	−0.124	−0.098	−0.070	−0.052	−0.032	−0.021	−0.012	−0.006	−0.001	0.000
1.0	k_y	0.775	0.848	0.878	0.909	0.940	0.968	0.980	0.989	0.993	0.997	0.998	0.999	1.000	1.000	1.000
	k_x	0.520	0.547	0.565	0.591	0.630	0.688	0.725	0.769	0.804	0.847	0.876	0.906	0.937	0.968	0.995
	k_{xy}	−0.255	−0.211	−0.188	−0.159	−0.124	−0.084	−0.064	−0.044	−0.031	−0.019	−0.012	−0.007	−0.003	−0.001	0.000
1.25	k_y	0.821	0.890	0.916	0.940	0.963	0.982	0.989	0.994	0.996	0.998	0.999	1.000	1.000	1.000	1.000
	k_x	0.535	0.574	0.597	0.630	0.674	0.733	0.769	0.809	0.839	0.876	0.900	0.924	0.949	0.975	0.996
	k_{xy}	−0.229	−0.177	−0.153	−0.124	−0.092	−0.060	−0.044	−0.030	−0.021	−0.012	−0.008	−0.005	−0.002	−0.001	0.000
1.5	k_y	0.858	0.920	0.940	0.960	0.976	0.989	0.993	0.996	0.998	0.999	1.000	1.000	1.000	1.000	1.000
	k_x	0.552	0.602	0.630	0.666	0.712	0.769	0.802	0.838	0.864	0.896	0.916	0.937	0.958	0.979	0.996
	k_{xy}	−0.204	−0.148	−0.124	−0.093	−0.070	−0.044	−0.032	−0.021	−0.015	−0.009	−0.006	−0.003	−0.001	0.000	0.000
2.0	k_y	0.909	0.955	0.968	0.980	0.989	0.995	0.997	0.998	0.999	1.000	1.000	1.000	1.000	1.000	1.000
	k_x	0.591	0.656	0.688	0.725	0.769	0.820	0.847	0.876	0.897	0.921	0.937	0.952	0.968	0.984	0.997
	k_{xy}	−0.159	−0.105	−0.084	−0.064	−0.044	−0.026	−0.019	−0.012	−0.008	−0.005	−0.003	−0.002	−0.001	0.000	0.000

承 载 力 系 数 表 11-37

Φ (°)	N_r	N_q	N_c
0	0.000	1.000	5.142
1	0.002	1.094	5.379
2	0.010	1.197	5.632
3	0.024	1.309	5.900
4	0.045	1.433	6.185
5	0.075	1.568	6.489
6	0.113	1.716	6.813
7	0.162	1.879	7.158
8	0.223	2.058	7.527
9	0.298	2.255	7.922
10	0.389	2.471	8.345
11	0.499	2.710	8.798
12	0.629	2.974	9.285
13	0.784	3.264	9.807
14	0.967	3.586	10.370
15	1.182	3.941	10.977
16	1.434	4.335	11.631
17	1.730	4.772	12.338
18	2.075	5.258	13.104
19	2.478	5.798	13.934
20	2.948	6.399	14.835
21	3.496	7.071	15.815
22	4.134	7.821	16.883
23	4.878	8.661	18.049
24	5.746	9.603	19.324
25	6.758	10.662	20.721
26	7.941	11.854	22.254
27	9.324	13.199	23.942
28	10.942	14.720	25.803
29	12.841	16.443	17.860
30	15.070	18.401	30.140
31	17.693	20.631	32.671
32	20.786	23.177	35.490
33	24.442	26.092	38.638
34	28.774	29.440	42.164
35	33.921	33.296	46.124
36	40.053	37.752	50.585
37	47.383	42.920	55.6305
38	56.174	48.933	61.352
39	66.755	55.967	67.867
40	79.541	64.195	75.313
41	95.052	73.897	83.858
42	113.956	85.374	93.706
43	137.100	99.014	105.107
44	165.579	115.308	118.369

表 11-38

倾 斜 系 数 i_c

ϕ(°) \ $\tan\delta$	0.01	0.04	0.08	0.12	0.16	0.20	0.24	0.28	0.32	0.36	0.40	0.44	0.48	0.52	0.56	0.60	0.64	0.68	0.72	0.76	0.80	0.84	0.88	0.92	0.96
1	0.972																								
2	0.976																								
3	0.977	0.875																							
4	0.977	0.889																							
5	0.977	0.895	0.721																						
6	0.977	0.897	0.756																						
7	0.977	0.899	0.771	0.565																					
8	0.976	0.899	0.778	0.624																					
9	0.976	0.899	0.783	0.646																					
10	0.976	0.899	0.785	0.658	0.502																				
11	0.975	0.898	0.787	0.666	0.530																				
12	0.975	0.897	0.787	0.670	0.545	0.395																			
13	0.975	0.896	0.787	0.673	0.555	0.427																			
14	0.974	0.895	0.786	0.675	0.561	0.444	0.305																		
15	0.974	0.894	0.785	0.675	0.565	0.455	0.339																		
16	0.974	0.892	0.783	0.675	0.568	0.462	0.356	0.232																	
17	0.973	0.891	0.782	0.674	0.569	0.467	0.367	0.265																	
18	0.973	0.890	0.780	0.672	0.569	0.469	0.375	0.282	0.175																
19	0.972	0.888	0.778	0.670	0.568	0.471	0.380	0.293	0.206																
20	0.971	0.886	0.775	0.668	0.567	0.471	0.383	0.300	0.221	0.132															
21	0.971	0.885	0.773	0.666	0.565	0.471	0.384	0.305	0.231	0.159															
22	0.970	0.883	0.770	0.663	0.562	0.470	0.385	0.308	0.238	0.172	0.100														

续表

tanδ / φ(°)	0.01	0.04	0.08	0.12	0.16	0.20	0.24	0.28	0.32	0.36	0.40	0.44	0.48	0.52	0.56	0.60	0.64	0.68	0.72	0.76	0.80	0.84	0.88	0.92	0.96
23	0.970	0.881	0.767	0.660	0.560	0.468	0.384	0.309	0.242	0.181	0.123														
24	0.969	0.879	0.764	0.656	0.557	0.465	0.383	0.310	0.244	0.186	0.133	0.077													
25	0.969	0.877	0.761	0.653	0.553	0.463	0.381	0.309	0.246	0.190	0.140	0.094													
26	0.968	0.875	0.758	0.649	0.549	0.459	0.379	0.308	0.246	0.192	0.145	0.103	0.061												
27	0.968	0.873	0.754	0.645	0.545	0.456	0.376	0.306	0.246	0.193	0.148	0.108	0.073												
28	0.967	0.871	0.751	0.641	0.541	0.452	0.373	0.304	0.244	0.193	0.148	0.112	0.079												
29	0.966	0.869	0.747	0.636	0.537	0.448	0.370	0.302	0.243	0.193	0.149	0.114	0.083	0.048											
30	0.966	0.866	0.744	0.632	0.532	0.443	0.366	0.298	0.241	0.191	0.150	0.115	0.085	0.056											
31	0.965	0.864	0.740	0.627	0.527	0.439	0.361	0.295	0.238	0.190	0.149	0.115	0.087	0.060	0.038										
32	0.964	0.862	0.736	0.622	0.522	0.434	0.357	0.291	0.235	0.188	0.148	0.115	0.088	0.063	0.043	0.021									
33	0.964	0.859	0.731	0.617	0.516	0.428	0.352	0.287	0.232	0.185	0.146	0.114	0.088	0.065	0.046	0.029									
34	0.963	0.857	0.727	0.612	0.511	0.423	0.347	0.283	0.228	0.182	0.144	0.113	0.087	0.066	0.048	0.033	0.019								
35	0.962	0.854	0.723	0.607	0.505	0.417	0.342	0.278	0.224	0.179	0.142	0.112	0.087	0.066	0.049	0.035	0.023								
36	0.931	0.851	0.718	0.601	0.499	0.411	0.336	0.273	0.220	0.176	0.139	0.110	0.085	0.066	0.050	0.036	0.025	0.015							
37	0.960	0.848	0.713	0.595	0.493	0.405	0.331	0.268	0.216	0.172	0.137	0.108	0.084	0.066	0.050	0.037	0.026	0.018	0.010						
38	0.960	0.845	0.709	0.589	0.487	0.399	0.325	0.263	0.211	0.168	0.133	0.105	0.082	0.064	0.049	0.037	0.027	0.020	0.014	0.008					
39	0.959	0.842	0.704	0.583	0.480	0.392	0.319	0.257	0.206	0.164	0.130	0.102	0.080	0.062	0.048	0.036	0.027	0.020	0.014	0.010	0.005				
40	0.958	0.839	0.698	0.577	0.473	0.386	0.312	0.251	0.201	0.160	0.127	0.100	0.078	0.061	0.047	0.036	0.027	0.020	0.015	0.010	0.007				
41	0.957	0.836	0.693	0.570	0.466	0.379	0.306	0.245	0.196	0.156	0.123	0.097	0.076	0.059	0.046	0.035	0.027	0.020	0.015	0.011	0.007	0.005			
42	0.956	0.832	0.687	0.564	0.459	0.372	0.299	0.239	0.191	0.151	0.119	0.094	0.073	0.057	0.044	0.034	0.026	0.020	0.015	0.011	0.008	0.005	0.003		
43	0.955	0.829	0.682	0.557	0.452	0.364	0.292	0.233	0.185	0.146	0.115	0.090	0.071	0.055	0.043	0.033	0.025	0.019	0.014	0.011	0.008	0.006	0.004	0.002	
44	0.954	0.825	0.676	0.550	0.444	0.357	0.285	0.227	0.180	0.142	0.111	0.087	0.068	0.053	0.041	0.032	0.024	0.019	0.014	0.011	0.008	0.006	0.004	0.003	0.001

表 11-39

倾 斜 系 数 i_q

φ(°) \\ tanδ	0.01	0.04	0.08	0.12	0.16	0.20	0.24	0.28	0.32	0.36	0.40	0.44	0.48	0.52	0.56	0.60	0.64	0.68	0.72	0.76	0.80	0.84	0.88	0.92	0.96
1	0.986																								
2	0.988																								
3	0.988	0.935																							
4	0.989	0.943																							
5	0.989	0.946	0.849																						
6	0.988	0.947	0.870																						
7	0.988	0.948	0.878	0.752																					
8	0.988	0.948	0.882	0.790																					
9	0.988	0.948	0.885	0.804																					
10	0.988	0.948	0.886	0.811	0.709																				
11	0.988	0.948	0.887	0.816	0.728																				
12	0.987	0.947	0.887	0.819	0.739	0.629																			
13	0.987	0.947	0.887	0.820	0.745	0.653																			
14	0.987	0.946	0.887	0.821	0.749	0.666	0.553																		
15	0.987	0.945	0.886	0.822	0.752	0.675	0.582																		
16	0.987	0.945	0.885	0.821	0.753	0.680	0.597	0.482																	
17	0.987	0.945	0.884	0.821	0.754	0.683	0.606	0.515																	
18	0.986	0.944	0.883	0.820	0.754	0.685	0.612	0.531	0.418																
19	0.986	0.943	0.882	0.819	0.754	0.686	0.616	0.541	0.454																
20	0.986	0.942	0.880	0.817	0.753	0.686	0.619	0.548	0.471	0.363															
21	0.986	0.941	0.879	0.816	0.751	0.686	0.620	0.552	0.481	0.399															
22	0.985	0.940	0.877	0.814	0.750	0.685	0.620	0.555	0.487	0.415	0.316														

续表

ϕ (°) \ $\tan\delta$	0.01	0.04	0.08	0.12	0.16	0.20	0.24	0.28	0.32	0.36	0.40	0.44	0.48	0.52	0.56	0.60	0.64	0.68	0.72	0.76	0.80	0.84	0.88	0.92	0.96
23	0.985	0.939	0.876	0.812	0.748	0.684	0.620	0.556	0.492	0.425	0.350														
24	0.985	0.938	0.874	0.810	0.746	0.682	0.619	0.556	0.494	0.431	0.365	0.278													
25	0.984	0.937	0.872	0.808	0.744	0.680	0.618	0.556	0.496	0.436	0.374	0.307													
26	0.984	0.936	0.871	0.806	0.741	0.678	0.616	0.555	0.496	0.436	0.380	0.321	0.246												
27	0.984	0.934	0.869	0.803	0.738	0.675	0.613	0.554	0.496	0.439	0.384	0.329	0.269												
28	0.983	0.933	0.867	0.801	0.736	0.672	0.611	0.552	0.494	0.439	0.386	0.334	0.281	0.218											
29	0.983	0.932	0.864	0.798	0.733	0.669	0.608	0.549	0.493	0.439	0.387	0.337	0.288	0.236											
30	0.983	0.931	0.862	0.796	0.729	0.666	0.605	0.546	0.491	0.438	0.387	0.339	0.292	0.246	0.194										
31	0.982	0.930	0.860	0.792	0.726	0.662	0.601	0.543	0.488	0.436	0.386	0.340	0.295	0.251	0.207	0.144									
32	0.982	0.928	0.858	0.789	0.722	0.658	0.597	0.540	0.485	0.433	0.385	0.339	0.296	0.255	0.215	0.172									
33	0.982	0.927	0.855	0.786	0.719	0.654	0.593	0.536	0.481	0.430	0.383	0.338	0.296	0.257	0.219	0.181	0.137								
34	0.981	0.925	0.853	0.782	0.715	0.650	0.589	0.532	0.478	0.427	0.380	0.336	0.296	0.258	0.222	0.187	0.152								
35	0.981	0.924	0.850	0.779	0.711	0.646	0.585	0.527	0.473	0.423	0.377	0.334	0.294	0.257	0.223	0.190	0.159	0.124							
36	0.980	0.923	0.847	0.775	0.707	0.641	0.580	0.523	0.469	0.419	0.373	0.331	0.292	0.256	0.223	0.192	0.162	0.133	0.098						
37	0.980	0.921	0.845	0.772	0.702	0.637	0.575	0.518	0.464	0.415	0.370	0.328	0.290	0.254	0.222	0.192	0.165	0.138	0.111						
38	0.980	0.919	0.842	0.768	0.698	0.632	0.570	0.512	0.459	0.410	0.365	0.324	0.287	0.252	0.221	0.192	0.166	0.141	0.117	0.091					
39	0.979	0.918	0.839	0.764	0.693	0.626	0.564	0.507	0.454	0.405	0.361	0.320	0.283	0.249	0.219	0.191	0.165	0.142	0.120	0.098	0.074				
40	0.979	0.916	0.836	0.760	0.688	0.621	0.559	0.501	0.448	0.400	0.356	0.316	0.279	0.246	0.216	0.189	0.165	0.142	0.121	0.102	0.082				
41	0.978	0.914	0.832	0.755	0.683	0.615	0.553	0.495	0.443	0.396	0.351	0.311	0.275	0.243	0.213	0.187	0.163	0.141	0.122	0.103	0.086	0.068			
42	0.978	0.912	0.829	0.751	0.678	0.610	0.547	0.489	0.437	0.389	0.345	0.306	0.271	0.239	0.210	0.184	0.161	0.140	0.121	0.103	0.088	0.073	0.056		
43	0.977	0.910	0.826	0.746	0.672	0.604	0.541	0.483	0.430	0.383	0.340	0.301	0.266	0.234	0.206	0.181	0.159	0.138	0.120	0.104	0.089	0.075	0.061	0.046	
44	0.977	0.908	0.822	0.741	0.666	0.597	0.534	0.476	0.424	0.376	0.334	0.295	0.261	0.230	0.202	0.178	0.156	0.136	0.119	0.103	0.088	0.075	0.063	0.051	0.037

表 11-40

倾 斜 系 数 i_c

$\tan\delta$ / ϕ(°)	0.01	0.04	0.08	0.12	0.16	0.20	0.24	0.28	0.32	0.36	0.40	0.44	0.48	0.52	0.56	0.60	0.64	0.68	0.72	0.76	0.80	0.84	0.88	0.92	0.96
1	0.838																								
2	0.927																								
3	0.951	0.726																							
4	0.962	0.811																							
5	0.968	0.850	0.584																						
6	0.972	0.874	0.687																						
7	0.975	0.889	0.739	0.469																					
8	0.977	0.899	0.771	0.591																					
9	0.978	0.907	0.793	0.647																					
10	0.980	0.913	0.809	0.683	0.511																				
11	0.980	0.917	0.821	0.708	0.569																				
12	0.981	0.920	0.830	0.727	0.606	0.441																			
13	0.982	0.923	0.837	0.741	0.632	0.500																			
14	0.982	0.925	0.843	0.752	0.652	0.537	0.380																		
15	0.982	0.927	0.847	0.761	0.667	0.564	0.440																		
16	0.983	0.928	0.851	0.768	0.679	0.584	0.476	0.327																	
17	0.983	0.929	0.853	0.773	0.689	0.599	0.502	0.387																	
18	0.983	0.930	0.856	0.778	0.696	0.611	0.521	0.421	0.282																
19	0.983	0.930	0.857	0.781	0.702	0.621	0.536	0.446	0.340																
20	0.983	0.931	0.858	0.784	0.707	0.628	0.548	0.464	0.373	0.245															
21	0.983	0.931	0.859	0.785	0.711	0.634	0.557	0.478	0.395	0.300															
22	0.983	0.931	0.860	0.787	0.713	0.639	0.565	0.489	0.412	0.329	0.216														

续表

tanδ / φ(°)	0.01	0.04	0.08	0.12	0.16	0.20	0.24	0.28	0.32	0.36	0.40	0.44	0.48	0.52	0.56	0.60	0.64	0.68	0.72	0.76	0.80	0.84	0.88	0.92	0.96
23	0.983	0.931	0.860	0.788	0.715	0.643	0.570	0.498	0.425	0.350	0.265														
24	0.983	0.930	0.860	0.788	0.716	0.645	0.575	0.505	0.435	0.365	0.291	0.194													
25	0.983	0.930	0.859	0.788	0.717	0.647	0.578	0.510	0.443	0.377	0.310	0.235													
26	0.982	0.930	0.859	0.788	0.717	0.648	0.580	0.514	0.450	0.386	0.323	0.258	0.177												
27	0.982	0.929	0.858	0.787	0.717	0.649	0.582	0.517	0.454	0.393	0.334	0.274	0.209												
28	0.982	0.928	0.857	0.786	0.716	0.648	0.583	0.519	0.458	0.399	0.341	0.285	0.229	0.161											
29	0.982	0.928	0.856	0.786	0.715	0.648	0.583	0.520	0.460	0.402	0.347	0.294	0.242	0.187											
30	0.982	0.927	0.854	0.783	0.714	0.647	0.582	0.520	0.461	0.405	0.352	0.301	0.252	0.202	0.147										
31	0.981	0.926	0.853	0.781	0.712	0.645	0.581	0.520	0.462	0.407	0.355	0.306	0.259	0.213	0.167	0.101									
32	0.981	0.925	0.851	0.779	0.710	0.643	0.579	0.519	0.462	0.408	0.357	0.309	0.264	0.221	0.179	0.134									
33	0.981	0.924	0.850	0.777	0.707	0.641	0.577	0.517	0.461	0.408	0.358	0.312	0.268	0.227	0.188	0.149	0.103								
34	0.981	0.923	0.848	0.775	0.705	0.638	0.575	0.515	0.459	0.407	0.358	0.313	0.271	0.231	0.194	0.158	0.122								
35	0.980	0.922	0.846	0.772	0.702	0.635	0.572	0.513	0.457	0.406	0.358	0.313	0.272	0.234	0.199	0.165	0.132	0.097							
36	0.980	0.920	0.843	0.769	0.699	0.632	0.569	0.510	0.455	0.404	0.356	0.313	0.273	0.236	0.202	0.170	0.140	0.110	0.074						
37	0.980	0.919	0.841	0.766	0.695	0.628	0.565	0.506	0.452	0.401	0.355	0.312	0.273	0.237	0.204	0.173	0.145	0.118	0.090						
38	0.979	0.918	0.838	0.763	0.691	0.624	0.561	0.502	0.448	0.398	0.352	0.310	0.272	0.237	0.205	0.175	0.148	0.123	0.098	0.072					
39	0.979	0.916	0.836	0.759	0.687	0.620	0.557	0.498	0.444	0.395	0.349	0.308	0.270	0.236	0.205	0.176	0.150	0.126	0.104	0.082	0.057				
40	0.978	0.915	0.833	0.756	0.683	0.615	0.552	0.493	0.440	0.391	0.346	0.305	0.268	0.234	0.204	0.176	0.151	0.128	0.107	0.087	0.068				
41	0.978	0.913	0.830	0.752	0.679	0.610	0.547	0.489	0.435	0.386	0.342	0.302	0.265	0.232	0.203	0.176	0.152	0.130	0.110	0.091	0.074	0.056			
42	0.977	0.911	0.827	0.748	0.674	0.605	0.542	0.483	0.430	0.381	0.338	0.298	0.262	0.230	0.201	0.175	0.151	0.130	0.111	0.093	0.077	0.062	0.045		
43	0.977	0.909	0.824	0.744	0.669	0.600	0.536	0.478	0.425	0.376	0.333	0.294	0.258	0.227	0.198	0.173	0.150	0.130	0.111	0.095	0.079	0.065	0.052	0.037	
44	0.976	0.908	0.820	0.739	0.664	0.594	0.530	0.472	0.419	0.371	0.328	0.289	0.254	0.223	0.195	0.171	0.148	0.129	0.111	0.095	0.081	0.067	0.055	0.043	0.029

倾斜系数 i_c（$\phi=0°$） 表 **11-41**

τ/C	0.00	0.05	0.10	0.15	0.20	0.25	0.30	0.35	0.40	0.45	0.50
i_c	1.000	0.990	0.980	0.969	0.957	0.945	0.932	0.918	0.904	0.888	0.872
τ/C	0.55	0.60	0.65	0.70	0.75	0.80	0.85	0.90	0.95	0.98	1.00
i_c	0.855	0.836	0.816	0.794	0.769	0.742	0.710	0.672	0.622	0.578	0.500

3. 地基沉降计算

（1）计算公式：防洪闸土质地基沉降可只计算最终沉降量，并应选择有代表性的计算点进行计算，计算时应考虑结构刚性的影响。

土质地基最终沉降量可按公式（10-154）计算：

$$S_\infty = m \sum_{i=1}^{n} \frac{e_{1i} - e_{2i}}{1 + e_{1i}} h_i \tag{11-154}$$

式中　S_∞——土质地基最终沉降量，m；

n——土质地基压缩层计算深度范围内的土层数；

e_{1i}——基础底面以下第 i 层土在平均自重应力作用下，由压缩曲线查得的相应孔隙比；

e_{2i}——基础底面以下第 i 层土在平均自重应力加平均附加应力作用下，由压缩曲线查得的相应孔隙比；

h_i——基础底面以下第 i 层土的厚度，m；

m——地基沉降量修正系数，可采用 1.0～1.6（坚实地基取较小值，软土地基取较大值）。

（2）压缩曲线选用：对于一般土质地基，当基底压力小于或接近于防洪闸闸基未开挖前作用于该基底面上土的自重压力时，土的压缩曲线宜采用 $e\sim p$ 回弹再压缩曲线；但对于软土地基，土的压缩曲线宜采用 $e\sim p$ 压缩曲线。对于重要的大型防洪闸工程，有条件时土的压缩曲线也可采用 $e\sim \log p$ 压缩曲线。

（3）土质地基压缩层计算深度：可按计算层面处土的附加应力与自重应力之比为 0.10～0.20（软土地基取小值，坚实地基取大值）的条件确定。高饱和度软土地基的沉降量计算，有条件时可采用考虑土体侧向变形影响的简化计算方法。

（4）土质地基允许最大沉降量和最大沉降差：应以保证防洪闸安全和正常使用为原则，根据具体情况研究确定。天然土质地基上防洪闸地基最大沉降量不宜超过 15cm，相邻部位的最大沉降差不宜超过 5cm。

（5）对于软土地基上的防洪闸当计算地基最大沉降量或相邻部位的最大沉降差超过上述的允许值时，宜采用下列一种或几种措施。

1）变更结构形式（采用轻型结构或静定结构等）或加强结构刚度；

2）采用沉降缝隔开；

3）改变基础形式或刚度；

4）调整基础尺寸与埋置深度；

5）必要时对地基进行人工加固；

6）安排合适的施工程序，严格控制施工速率。

11.7.3 地基处理

1. 岩基处理

（1）对岩基中的全风化带宜予清除，强风化带或弱风化带可根据防洪闸的受力条件和重要性进行适当处理。

（2）对裂隙已发育的岩基，宜进行固结灌浆处理，固结灌浆孔可按梅花形或方格形布置，孔距、排距宜取 3～4m，孔深宜取 3～5m，必要时可加深加密。灌浆压力应以不掀动基础岩体和混凝土盖重为原则，无混凝土盖重时不宜小于 100kPa，有混凝土盖重时不宜小于 200kPa。

（3）对岩基中的泥化夹层和缓倾角软弱带应根据其埋藏深度和对地基稳定的影响程度采取不同的处理措施。在埋藏深度较浅且不能满足地基稳定要求时，应予全部清除；在埋藏深度较深或埋藏深度虽较浅但能满足地基稳定要求时可全部保留或部分保留，但应有防止恶化的工程措施。

（4）对岩基中的断层破碎带应根据其分布情况和对防洪闸工程安全的影响程度采取不同的处理措施，通常以开挖为主，开挖深度取破碎带宽度的 1～1.2 倍，并用混凝土回填，必要时可铺设钢筋。在灌浆帷幕穿过断层破碎带的部位帷幕灌浆孔应适当加密。

（5）对地基整体稳定有影响的溶洞或溶沟等，可根据其位置、大小、埋藏深度和水文地质条件等，分别采取压力灌浆、挖填等处理方法。

2. 土基处理

土基常用的处理方法可根据防洪闸地基情况、结构特点和施工条件等，采用一种或多种处理方法。对于地基中的液化土层可采用挖除置换、强力夯实、振动水冲、板桩（连续墙）围封或沉井基础等常用处理方法，当采用板桩（连续墙）围封或沉井基础处理时，桩（墙、井壁）体必须嵌入非液化土层。处理方法见表 11-42。

土 基 处 理 方 法　　　　　　　表 11-42

处理方法	基本作用	适用范围	说　　明
垫层法	改善地基应力分布，减少沉降量，适当提高地基稳定性和抗渗稳定性	厚度不大的软土地基	用于深厚的软土地基时仍有较大的沉降量
强力夯实法	增加地基承载力，减少沉降量，提高抗振动液化的能力	透水性较好的松软地基，尤其适用于稍密的碎石土或松砂地基	用于淤泥或淤泥质土地基时，需采取有效的排水措施
振动水冲法	增加地基承载力，减少沉降量，提高抗振动液化的能力	松砂、软弱的粉土或砂卵石地基	处理后地基的均匀性和防止渗透变形的条件较差，用于不排水抗剪强度小于 20kPa 的软土地基时，处理效果不显著
桩基础	增加地基承载力，减少沉降量，提高抗滑稳定性	较深厚的松软地基，尤其适用于上部为松软土、下部为硬土层的地基	桩尖未嵌入硬土层的摩擦桩仍有一定的沉降量，用于松砂、粉土地基时，应注意渗透变形
沉井基础	除与桩基础作用相同外，对防止地基变形有利	适用于上部为软土层或粉细砂层，下部为硬土层或岩层地基	不宜用于上部夹有蛮石、树根等杂物的松软地基或下部为顶面倾斜度较大的岩层

11.8　闸门及启闭设备

11.8.1　闸门形式的选择

闸门按形式分为平面闸门和弧形闸门。闸门门体材料一般为钢材。

(1) 平面闸门：其特点是构造较简单，制造方便，对闸墩的长度要求较小，但平面闸门在水深较大时，要求启闭力较大，孔径高度较大时，工作桥高度随之增加，因此在地震地区显得尤为不利。

为了降低工作桥的高度，并增强其抗震能力，而采取升卧式平面闸门，即平面闸门关闭时为直立挡水，提升时由于自重产生的倾翻力矩的作用，使闸门在上升中上部自动地逐步地向下（上）游倾斜，闸门全开时，闸门便水平卧于闸墩顶部；关闸时靠自重沿弧形轨道下降，并重新回到直立挡水位置。这就大大的降低了工作桥的高度，增强了工作桥的抗震能力。

(2) 弧形闸门：它的启门力主要取决于门体活动部分的自重，而水压力所产生的摩阻力的影响甚小，因此适用于较大孔径的防洪闸，而且工作桥高度也较低。正因为有如此优点，所以弧形闸门也是防洪闸较常用的闸门形式。但弧形闸门设计、施工和安装均较平面闸门复杂，而且需要较长的闸墩。

防洪闸除了设置工作闸门外，为了检修工作闸门和闸槽等水下部分，还需要设置检修闸门。检修闸门一般设置在水位高的一侧。对于检修闸门宜采用平面闸门。

为了提高闸门止水效果，同时又不增加启闭中的摩擦阻力，在平面闸门设计中，除了设一道固定的侧止水外，也可采用在内侧加设一道伞形活动止水装置。在常态下该装置的活动止水不与闸墩接触，待闸门关闭时，上提拉杆，使止水和闸墩压紧，并将拉杆锁定，达到止水的目的，开启闸门时释放拉杆，活动止水脱离闸墩，闸门即可正常运作。

11.8.2　闸门启闭力计算

在防洪闸运行过程中，根据上下游水位的变化，需随时开关闸门或调整闸门的开启高度，因此，在设计时要考虑闸门能在动水中灵活启闭。

(1) 平面闸门启闭力计算：在动水中启闭平面闸门，其启闭力应包括以下几个力：

1) 闭门力按公式 (11-155) 计算：

$$F_W = n_T(T_{zd} + T_{zs}) - n_G G + P_t \tag{11-155}$$

计算结果为"正"值时，需要加重，加重方式有加重块、水柱或机械下压等；若为"负"值时，依靠自重即可关闭。

2) 持住力按公式 (11-156) 计算：

$$F_T = n_G' G + G_j + W_s + P_x - P_t - (T_{zd} + T_{zs}) \tag{11-156}$$

3) 启门力按公式 (11-157) 计算：

$$F_Q = n_T(T_{zd} + T_{zs}) + P_x + n_G' G + G_j + W_s \tag{11-157}$$

式中　n_T——摩擦阻力的安全系数，一般采用 1.2；

n_G——计算闭门力时所采用的闸门自重修正系数，一般采用 0.9～1.0；

n'_G——计算持住力和启门力时所采用的闸门自重修正系数，一般采用 1.0～1.1；

G——闸门自重，当有拉杆时，应计入拉杆重量，计算闭门力时采用浮重，kN；

G_j——加重块重量，kN；

W_s——作用在闸门上的水柱重量，kN；

P_t——上托力，包括底缘托力及止水托力，kN；

P_x——下吸力，kN；

T_{zd}——支撑摩阻力，kN；

T_{zs}——止水摩阻力，kN，$T_{zs}=f_3 P_{zs}$；

P_{zs}——作用在止水上的压力，kN。

滑动轴承的滚轮摩阻力按公式（11-158）计算，滚动轴承的滚轮摩阻力按公式（11-159）计算，滑轮支撑摩阻力按公式（11-160）计算：

$$T_{zd} = \frac{P}{R}(f_1 r + f) \tag{11-158}$$

$$T_{zd} = \frac{Pf}{R}\left(\frac{R_1}{d} + 1\right) \tag{11-159}$$

$$T_{zd} = f_2 P \tag{11-160}$$

式中　P——作用在闸门上的总水压力，kN；

　　　r——滚轮轴半径，mm；

　　　R_1——滚轮轴承的平均半径，mm；

　　　R——滚轮半径，mm；

　　　d——滚轮轴承滚柱直径，mm；

f_1、f_2、f_3——滑动摩擦系数，计算持住力时应取小值；计算启闭力、闭门力时应取大值，见表 11-43。

上托力系数，当计算闭门力时，按闸门接近完全关闭时的条件考虑，取 $\beta_t = 1.0$；当计算持住力时，按闸门的不同开度考虑，β_t 可按表 11-44 选用。

对于高水头、大型防洪闸的平面闸门，启闭力应按不同开度进行详细计算后确定；对于一般中小型平面闸门，可采用开度 $n=0.1～0.2$ 等小开度计算启闭力；采用开度 $n=0.2$ 左右计算持住力。

对于静水中开启的闸门，在启闭力计算时除计入闸门自重外，尚应考虑一定的水位差引起的摩阻力。露顶式平面闸门可采用不大于 1m 的水位差；潜孔式闸门可采用 1～5m 的水位差。对于有可能发生淤积的情况，尚应酌情增加。

（2）弧形闸门启闭力计算

1）闭门力按公式（11-161）计算：

$$F_W = \frac{1}{R_1}\left[n_T(T_{zd}r_0 + T_{zs}r_1) + P_t r_3 - n_G G r_2\right] \tag{11-161}$$

计算结果为"正"值时，需要加重；为"负"值时，依靠闸门自重即可以关闭。

2）启门力按公式（11-162）计算：

$$F_Q = \frac{1}{R_2}\left[n_T(T_{zd}r_0 + T_{zs}r_1) + n'_G G r_2 + G_j R + P_x r_4\right] \tag{11-162}$$

式中 r_0、r_1、r_2、r_3、r_4——转动支铰摩阻力，止水摩阻力、闸门自重、上托力和下吸力对弧形闸门转动中心的力臂，m；

R_1、R_2——加重（或下压力）和启门力对弧形闸门转动中心的力臂，m；

T_{zs}——止水摩阻力，当侧止水橡皮预留压缩量时，尚需计入因压缩橡皮而引起的摩阻力，kN。

摩 擦 系 数   表 11-43

种类	材料及工作条件	系数值	
		最大	最小
滑动摩擦系数	1. 钢对钢（干摩擦）	0.5～0.6	0.15
	2. 钢对铸铁（干摩擦）	0.35	0.16
	3. 钢对木材（有水时）	0.65	0.30
	4. 胶木滑道，胶木对不锈钢在清水中		
	压强 $q>2.5$kN/mm	0.10～0.11	0.06
	压强 $q=2.5\sim2.0$kN/mm	0.11～0.13	0.065
	压强 $q=2.0\sim1.5$kN/mm	0.13～0.15	0.075
	压强 $q<1.5$kN/mm	0.17	0.085
	5. 钢基铜塑三层复合材料		
	滑道及填充聚四氟乙烯板滑道对不锈钢，在清水中		
	压强 $q>2.5$kN/mm	0.09	0.04
	压强 $q=2.5\sim2.0$kN/mm	0.09～0.11	0.05
	压强 $q=2.0\sim1.5$kN/mm	0.11～0.13	0.05
	压强 $q=1.5\sim1.0$kN/mm	0.13～0.15	0.06
	压强 $q<1.0$kN/mm	0.15	0.06
滑动轴承摩擦系数	1. 钢对青铜（干摩擦）	0.30	0.16
	2. 钢对青铜（有润滑）	0.25	0.12
	3. 钢基铜塑复合材料对镀铬钢（不锈钢）	0.12～0.14	0.05
止水摩擦系数	1. 橡皮对钢	0.70	0.35
	2. 橡皮对不锈钢	0.50	0.20
	3. 橡塑复合止水对不锈钢	0.20	0.05
滚动摩擦系数	1. 钢对钢	1mm	
	2. 钢对铸铁	1mm	

注：1. 工件表面粗糙度：轨道工作面应达到 $R_a=1.6\mu m$；胶木（填充聚四氟乙烯）工作面应达到 $Ra=3.2\mu m$；

　　2. 表中胶木滑道所列数值适用于事故闸门和快速闸门，当用于工作时，尚应根据工作条件专门研究。

上托力系数 β_t 表 11-44

$\dfrac{a}{D_1}$ α（°）	2	4	8	12	16
60	0.8	0.7	0.5	0.4	0.25
52.5	0.7	0.5	0.3	0.15	—
45	0.6	0.4	0.1	0.05	—

注：a—闸门开启高度，m；

　　α—闸门底缘的上游倾角，°。

11.8.3　闸门启闭设备选择

防洪闸闸门启闭设备的选择，主要根据闸门形式、启闭方式、启闭力大小和启闭行程的大小等因素确定。防洪闸闸门启闭设备常用的有螺杆式启闭机、卷扬式启闭机和油压式启闭机等。

（1）螺杆式启闭机：它的体积较小而封闭，构造简单，使用安全可靠，管理维护较为方便，价格亦较低廉。在螺杆细长比的许可范围内，能对闸门施加闭门力。螺杆和螺母有自锁作用，即闸门能够停留在任何位置而不会自行滑落，比较安全。但螺杆式启闭机由于机体没有减速或者减速程序少，速比小，因此启闭能力较小。同时由于采用螺杆连接，启闭行程受到一定限制，一般不大于5m。

（2）卷扬式启闭机：它由于通过减速箱和减速齿轮的减速，其减速程序多，比速大。有时则又通过滑轮纽作倍率放大，因此可以获得较大的启门力，适用于较大闸孔和较高水头的闸门。另外钢丝绳缠绕在绳鼓上，可以绕单层，也可以绕多层，这样就可以大大的增加启闭行程，因此它适用于行程较大的闸门，在采用电动式，启闭速度较快时，适用于迅速关闭和经常启闭的闸门。

卷扬式启闭机有下列缺点：钢丝绳只能用于开启闸门，而不能对闸门的关闭提供任何帮助。卷扬式启闭机没有自锁作用，不论采用手动或电动，都必须附有可靠的制动装置，否则不安全。另外，钢丝绳及滑轮组如长期在水中工作易锈蚀，维护困难。同时，在钢丝绳松弛情况下启动时，有时会在滑轮处产生掉槽卡住等现象。

（3）油压式启闭机：它是利用液体油压作为动力的，它由油缸及一些零件组成。

油压式启闭机用钢材较少，利用较小的动力便能获得较大的起闭能，它操作简便，造价较低，启闭速度也较快，而且便于集中控制和自动化操作。因此油压式启闭机适用于启闭力大或闸孔数较多的闸门。但油压式启闭机零件的加工要求比较高；在长期工作状态下，容易产生漏油现象，且使闸门逐渐自行下落；另外它的零件易受磨损，维护和更换较麻烦，这些是油压式启闭机存在的不足。

综上所述，各种启闭机均有其独特的优点，但又都存在某些不足，在选用时应根据闸门的要求等条件，经比较确定。

11.9　观　测　设　计

（1）防洪闸的观测设计内容应包括：设置观测项目，布置观测设施，拟定观测方法，提出整理分析观测资料的技术要求。

（2）防洪闸应根据其工程规模、等级、地基条件、工程施工和运用条件等因素设置一般性观测项目，并根据需要有针对性地设置专门性观测项目。防洪闸的一般性观测项目应包括：水位、流量、沉降、水平位移、扬压力、闸下流态冲刷、淤积等。防洪闸的专门性观测项目主要有永久缝、结构应力、地基反力、墙后土压力、冰凌等。当发现防洪闸产生裂缝后，应及时进行裂缝检查，对沿海地区或附近有污染源的防洪闸，还应经常检查混凝土碳化和钢结构锈蚀情况。

（3）防洪闸观测设施的布置应符合下列要求：全面反映防洪闸工程的工作状况，观测方便、直观，有良好的交通和照明条件，有必要的保护设施。

（4）观测方法

1）防洪闸的上、下游水位可通过设自动水位计或水位标尺进行观测。测点应设在防洪闸上下游水流平顺、水面平稳、受风浪和泄流影响较小处。

2）防洪闸的过闸流量可通过水位观测，根据闸址处经过定期律定的水位流量关系曲线推求。对于大型防洪闸，必要时可在适当地点设置测流断面进行观测。

3）防洪闸的沉降可通过埋设沉降标点进行观测，测点可布置在闸墩、岸墙、翼墙顶部的端点和中点。工程施工期可先埋设在底板面层，待工程竣工后，放水前再引接到上述结构的顶部。第一次的沉降观测应在标点埋设后及时进行，然后根据施工期不同荷载阶段按时进行观测。在工程竣工放水前、后应立即对沉降分别观测一次，以后再根据工程运用情况定期进行观测，直至沉降稳定时为止。

4）防洪闸的水平位移可通过沉降标点进行观测，水平位移测点宜设在已设置的视准线上，且宜与沉降测点共用同一标点。水平位移应在工程竣工前、后立即分别观测一次，以后再根据工程运行情况不定期进行观测。

5）防洪闸闸底的扬压力可通过埋设测压管或渗压计进行观测。对于水位变化频繁或透水性甚小的黏土地基上的防洪闸，其闸底扬压力观测应尽量采用渗压计。测点的数量及位置应根据闸的结构形式、闸基轮廓线形状和地质条件等因素确定，并应以能测出闸底扬压力的分布及其变化为原则。测点可布置在地下轮廓线有代表性的转折处，测压断面不应少于 2 个，每个断面上的测点不应少于 3 个。对于侧向绕流的观测，可在岸墙和翼墙填土侧布置测点。扬压力观测的时间和次数应根据闸的上、下游水位变化情况确定。

6）防洪闸闸下流态及冲刷、淤积情况可通过在闸的上、下游设置固定断面进行观测。有条件时，应定期进行水下地形测量。

7）防洪闸的专门性观测的测点布置及观测要求应根据工程具体情况确定。

8）在防洪闸运行期间，如发现异常情况，应有针对性的对某些观测项目加强观测。

9）对于重要的大型防洪闸，可采用自动化观测手段。

10）防洪闸的观测设计应对观测资料的整理分析提出技术要求。

第12章 交叉构筑物

在城市防洪工程中，由于水系、建筑物互相交叉而需要设置跨越或穿越的构筑物，称为交叉构筑物，如桥梁、涵洞、涵闸、交通闸、渡槽等。

12.1 桥　　梁

本节桥梁系指在城市防洪工程中，由于河流、沟渠与堤防、道路、铁路等交叉而设置的桥梁，因此特大桥、大桥较少，中桥、小桥居多。有关特大桥、大桥的设计事宜，请参照相关专业规范、资料及书籍，这里就不再赘述。本章只对中、小跨度的板、梁桥及拱桥做简要介绍。

12.1.1　总体布置和构造要求

1. 桥梁的等级应根据交叉的道路、河流、沟渠或防洪堤堤顶使用功能等，按《城市道路工程设计规范》CJJ 37—2012 及《城市桥梁设计规范》CJJ 11—2011 确定。

2. 桥梁的防洪标准除满足桥梁自身的防洪标准外，还应不低于跨越排洪河流、沟渠的防洪标准，并考虑桥梁不受壅水、浪高的影响。

城市桥梁设计宜采用百年一遇的洪水频率，对特别重要的桥梁可提高到三百年一遇。

城市防洪标准较低的地区，当采用上述洪水频率设计，导致桥面高程较高而引起困难时，可按相交河道或排洪沟渠的规划洪水频率设计，但应确保桥梁结构在百年一遇或三百年一遇洪水频率下的安全。

3. 桥梁孔径应按批准的城乡规划中河道及航道整治规划，结合现状布设。当无规划时，应根据现状，按设计洪水流量满足泄洪要求（和通航要求）布设。但不宜过大改变水流的天然状态。

4. 桥型选择应根据其等级、使用功能、位置及防洪要求等因素确定。桥梁建筑应符合城乡规划的要求，重点应放在总体布置和主体结构上，结构受力应合理，总体布置应舒展、造型美观，且应与周围环境和景观协调。同时应根据城乡规划、城市环境、市容特点，进行绿化、美化市容和保护环境设计。

5. 桥下净空是指桥梁梁体底部高出设计水位(包括壅水高和浪高)或最高流冰水位的高度。桥下净空应根据设计洪水位(包括壅水高和浪高)或最高流冰水位加上安全高度确定。

当河流、沟渠有形成流冰阻塞的危险或有漂浮物通过时，应按实际调查的数据，在计算水位的基础上，结合当地具体情况留一定的富裕量，作为确定桥下净空的依据。对于有淤积的河流、沟渠，桥下净空应适当增加。

在不通航和无流放木筏（及漂浮物）的河流与沟渠上，桥下净空应不小于表 12-1 所列数值。

非通航沟渠桥下最小净空 表 12-1

桥梁的部位		高出计算水位（m）	高出最高流冰面（m）
梁底	洪水期无大漂流物	0.50	0.75
	洪水期有大漂流物	1.50	
	有泥石流	1.00	
支承垫石顶面		0.25	0.50
拱脚		0.25	0.25

无铰拱桥的拱脚允许被设计洪水淹没，但不宜超过拱圈矢高的 2/3，拱顶底面至设计计算水位的净高不得小于 1.0m。

在不通航和无流筏的水库区域内，梁底面或拱顶底面离开水面的高度不应小于计算浪高的 0.75 倍加 0.25m。

对桥下净空有特殊要求的航道或路段，桥下净空尺度应作专题研究、论证。

6. 跨越道路或公路的城市跨线桥梁，桥下净空应分别符合现行行业标准《城市道路工程设计规范》CJJ 37—2012、《公路工程技术标准》JGJ B01—2003 的建筑限界规定。跨越城市轨道交通或铁路的桥梁，桥下净空应分别符合现行国家标准《地铁设计规范》GB 50157 和《标准轨距铁路建筑限界》GB 146.2 的规定。

7. 桥梁墩位布置应满足桥下道路或铁路的行车视距和前方交通信息识别的要求，并应按相关规范的规定要求，避开既有的地下构筑物和地下管线。

8. 桥上纵坡不宜超过 4%，桥头引道纵坡不宜大于 5%，位于城市混合交通繁忙处，桥上纵坡和桥头引道纵坡均不宜大于 3%。桥头两端引道线型应与桥上线型相配合。

9. 为了便利桥面排水，桥面应根据不同类型的桥面铺装设置 1.5%～3.0%的横坡，并在行车道两侧适当长度内设置排水管，人行道设置向行车道倾斜的 1%～2%横坡。

10. 桥面铺装的结构型式宜与所在位置的道路路面相协调。桥面铺装应有完善的桥面防水、排水系统。

11. 桥面宽度应根据道路的等级确定。

12.1.2 桥梁孔径计算

1. 出流状态

（1）自由出流状态：桥下游水深 h_t 等于或小于 1.3 倍的桥下临界水深 h_c，即 $h_t \leqslant 1.3h_c$。此时，在桥的下游出口处渠道水面不会影响桥下的水面标高，如图 12-1 所示。这种状态也称为临界状态。

（2）非自由出流状态：桥下游水深 h_t 大于 1.3 倍的桥下临界水深 h_c 即 $h_t > 1.3h_c$。此时，桥下水面将被淹没，桥下水深等于下游河道或排洪沟渠的水深 h_t，如图 12-2 所示。桥下流速明显降低，过桥流量就要比自由出流状态减少。这种状态也称为淹没出流状态。桥梁一般以自由出流状态居多。

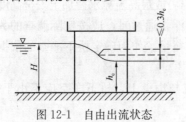
图 12-1 自由出流状态

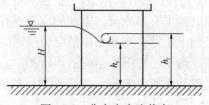
图 12-2 非自由出流状态

2. 判别出流状态

（1）桥下游水深 h_t 和流速 v_t 的确定

设在河道或排洪沟渠上的桥梁，其下游水深 h_t 和流速 v_t，一般是已知的，若 h_t 和 v_t 为未知时，可根据已知设计流量，河道或排洪沟渠的断面、糙率、纵坡用试算法求出 h_t 和 v_t。即先假定 h_t，则 $v_t = c\sqrt{Rt}$，由 $Q = \omega v_t$ 求出流量。若所得流量与设计流量相符或误差不大于 5%，则 h_t、v_t 即为所求，否则重新假定 h_t，重复上述计算，直到符合要求为止。

（2）桥下临界水深计算：在计算桥梁孔径时，必须使桥下临界流速 v_c 不大于容许不冲流速 v_m。对于矩形桥孔断面，平均临界水深 h_c 与最大临界水深相等；对于宽的梯形桥孔断面，两者相差不大，亦可视为相等。如临界流速 v_c 等于容许不冲流速 v_m，则桥下的平均临界水深为：

$$h_c = \frac{\alpha v_c^2}{g} = \frac{\alpha v_m^2}{g} \tag{12-1}$$

流速不均匀系数 α，一般可采用 1.0。容许不冲流速 v_m 可根据河道或排洪沟渠的土质或护砌类型按附录 17～附录 20 选用。

（3）判别出流状态：在确定了桥下临界水深 h_c 后，即可判别出流状态。

当 $h_t \leqslant 1.3 h_c$ 时，桥下水流为自由出流状态。

当 $h_t > 1.3 h_c$ 时，桥下水流为非自由出流状态，一般桥下过流最好不出现非自由出流状态。

3. **桥孔径 b 的计算**

（1）自由出流状态

1）桥孔为矩形断面：

单孔
$$b = \frac{Qg}{\varepsilon v_m^3} \tag{12-2}$$

多孔
$$B = b + Nd \tag{12-3}$$

式中　b——桥孔净宽，m；

　　　B——桥孔总宽，m；

　　　Q——设计流量，m^3/s；

　　　g——重力加速度，m/s^2；

　　　ε——挤压系数，按表 12-2 选用；

　　　N——中墩个数；

　　　D——中墩宽度，m。

桥梁 ε、φ 值　　　　　　　　　　　　表 12-2

桥台形式	挤压系数 ε	流速系数 φ
单孔桥锥坡填土	0.90	0.90
单孔桥八字翼墙	0.85	0.90
多孔桥无锥坡	0.80	0.85
拱桥之拱脚被淹没	0.75	0.80

2）桥孔为梯形断面：

单孔
$$b = \frac{\sqrt{Q^2 g^2 - 4\varepsilon n v_m^5 Q}}{\varepsilon v_m^3} \tag{12-4}$$

多孔 $$B = b + Nd \tag{12-5}$$

式中　n——梯形断面的边坡系数。

（2）非自由出流状态

1）桥孔为矩形断面：

单孔 $$b = \frac{Q}{\varepsilon v_{\mathrm{m}} h_{\mathrm{t}}} \tag{12-6}$$

多孔 $$B = b + Nd \tag{12-7}$$

2）桥孔为梯形断面：

单孔 $$b = \frac{\sqrt{Q^2 g^2 - 4n\varepsilon v_{\mathrm{t}}^5 Q}}{\varepsilon v_{\mathrm{t}}^3} \tag{12-8}$$

多孔 $$B = b + Nd \tag{12-9}$$

式中　v_{t}——桥下水深为 h_{t} 时的流速，m/s。

4. 桥前壅水高度 H 计算

（1）自由出流状态

$$H = h_{\mathrm{c}} + \frac{v_{\mathrm{c}}^2}{2g\varphi^2} - \frac{v_0^2}{2g} \tag{12-10}$$

式中　v_0——桥前行进流速，m/s；

　　　φ——流速系数，按表 12-2 选用；

其他符号意义同前。

（2）非自由出流状态

$$H = h_{\mathrm{t}} + \frac{v_{\mathrm{t}}^2}{2g\varphi^2} - \frac{v_0^2}{2g} \tag{12-11}$$

如选用标准孔径，应先计算与孔径 b 相近的标准孔径，然后再按标准孔径复核桥下设计流速，看是否满足自由出流。

$$v_{\mathrm{c}} = \sqrt{\frac{Qg}{\varepsilon b_1}} \tag{12-12}$$

$$h_{\mathrm{c}} = \frac{v_{\mathrm{c}}^2}{g} \tag{12-13}$$

式中　b_1——标准孔径，m。

5. 桥孔净高

$$H_1 = H + \Delta h \tag{12-14}$$

式中　Δh——桥下净空值，m，可按表 12-1 选用。

【例1】　某排洪沟渠设计洪峰流量为 $250\mathrm{m}^3/\mathrm{s}$，沟渠断面为矩形，宽 50m，水深 2.05m，纵坡 $i=0.0036$，干砌石护坡，$n=0.04$，容许不冲流速为 4.0m/s，该沟渠与公路相交叉，需设置跨越沟渠的桥梁，试求桥孔净宽、桥下流速、桥前壅水高度。

【解】　1）验算排洪沟渠的流速：

$$v = Q/W = 250/(50 \times 2.05) = 2.44\mathrm{m/s}$$

2）确定桥下临界水深 h_{c}：

取临界流速 v_{c} 等于容许不冲流速 v_{m}，则：

$$h_{\mathrm{c}} = \frac{\alpha v_{\mathrm{m}}^2}{g} = \frac{1.0 \times 4^2}{9.81} = 1.63\mathrm{m}$$

3）判断桥下出流状态：

$$1.3h_c = 1.3 \times 1.63\text{m} = 2.12\text{m} > 2.05\text{m}$$

桥下为自由出流。

4）桥孔净宽 b：

$$b = \frac{Qg}{\varepsilon v_m^3} = \frac{250 \times 9.81}{0.8 \times 4^3} = 47.9\text{m}$$

采用标准跨径 $b = 10\text{m}$ 五孔，则桥孔净宽为 50m。

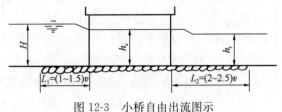

5）验证桥下实际流速：

$$v = \sqrt[3]{\frac{Qg}{\varepsilon b}} = \sqrt[3]{\frac{250 \times 9.81}{0.8 \times 50}}$$
$$= 3.94\text{m/s} < 4.0\text{m/s}$$

图 12-3　小桥自由出流图示

6）确定桥前壅水高度：

$$H = h_c + \frac{v_c^2}{2g\varphi^2} - \frac{v_0^2}{2g} = 1.63 + \frac{3.94^2}{2 \times 9.81 \times 0.85^2} - \frac{2.44^2}{2 \times 9.81} = 2.42\text{m}$$

12.1.3　作用及组合

1. 作用

城市桥梁设计采用的作用，除可变作用中的设计汽车荷载与人群荷载按《城市桥梁设计规范》CJJ 11—2011 采用外，其他作用与作用效应组合均应按现行行业标准《公路桥涵设计通用规范》JTG D60—2004 的有关规定执行。

（1）作用分类、代表值

1）桥涵设计采用的作用分为永久作用、可变作用和偶然作用三类，如表 12-3 所示。

作 用 分 类　　　　　　　　　　　　　　　表 12-3

编　号	作用分类	作用名称
1	永久作用	结构重力（包括结构附加重力）
2		预加力
3		土的重力
4		土侧压力
5		混凝土收缩及徐变作用
6		水的浮力
7		基础变位作用
8	可变作用	汽车荷载
9		汽车冲击力
10		汽车离心力
11		汽车引起的土侧压力
12		人群荷载
13		汽车制动力
14		风荷载
15		流水压力
16		冰压力
17		温度（均匀温度和梯度温度）作用
18		支座摩阻力

续表

编　号	作用分类	作用名称
19	偶然作用	地震作用
20		船舶或漂流物的撞击作用
21		汽车撞击作用

2）桥涵设计时，对不同的作用应采用不同的代表值。

①永久作用应采用标准值作为代表值。

②可变作用应根据不同的极限状态分别采用标准值、频遇值或准永久值作为其代表值。承载能力极限状态设计及按弹性阶段计算结构强度时，应采用标准值作为可变作用的代表值。正常使用极限状态按短期效应（频遇）组合设计时，应采用频遇值作为可变作用的代表值；按长期效应（准永久）组合设计时，应采用准永久值作为可变作用的代表值。

③偶然作用取其标准值作为代表值。

3）作用的代表值按下列规定取用：

①永久作用的标准值，对于结构自重（包括结构附加重力），可按结构构件的设计尺寸与材料的重力密度计算确定。

②可变作用的标准值应按下面有关章节中的规定采用。

可变作用频遇值为可变作用标准值乘以频遇值系数 Ψ_1。可变作用准永久值为可变作用标准值乘以准永久值系数 Ψ_2。

③偶然作用应根据调查、试验资料，结合工程经验确定其标准值。

4）作用的设计值规定为作用的标准值乘以相应的作用分项系数。

（2）永久作用

1）结构自重及桥面铺装、附属设备等附加重力均属结构重力，结构重力标准值可按表 12-4 所列常用材料的重力密度计算。

常用材料的重力密度　　　　　　　　　　　　表 12-4

材料种类	重力密度（kN/m³）	材料种类	重力密度（kN/m³）
钢、铸钢	78.5	浆砌片石	23.0
铸铁	72.5	干砌块石或片石	21.0
锌	70.5	沥青混凝土	23.0～24.0
铅	114.0	沥青碎石	22.0
黄铜	81.1	碎（砾）石	21.0
青铜	87.4	填土	17.0～18.0
钢筋混凝土或预应力混凝土	25.0～26.0	填石	19.0～20.0
混凝土或片石混凝土	24.0	石灰二合土、石灰土	17.5
浆砌块石或料石	24.0～25.0		

2）在结构进行正常使用极限状态设计和使用阶段构件应力计算时，预加力应作为永久作用计算其主效应和次效应，并计入相应阶段的预应力损失，但不计由于预加力偏心距增大引起的附加效应。在结构进行承载能力极限状态设计时，预加力不作为作用，而将预应力钢筋作为结构抗力的一部分，但在连续梁等超静定结构中，仍需考虑预加力引起的次

效应。

3）土的重力及土侧压力按下列规定计算：

①静土压力的标准值可按下列公式计算：

$$e_j = \xi \gamma h \tag{12-15}$$

$$\xi = 1 - \sin\phi \tag{12-16}$$

$$E_j = \frac{1}{2}\xi\gamma H^2 \tag{12-17}$$

式中　e_j——任一高度 h 处的静土压力强度，kN/m^2；

ξ——压实土的静土压力系数；

γ——土的重力密度，kN/m^3；

ϕ——土的内摩擦角，°；

h——填土顶面至任一点的高度，m；

H——填土顶面至基底高度，m；

E_j——高度 H 范围内单位宽度的静土压力标准值，kN/m。

在计算倾覆和滑动稳定时，墩、台、挡土墙前侧地面以下不受冲刷部分土的侧压力可按静土压力计算。

②主动土压力的标准值可按下列公式计算（见图 12-4）：

a. 当土层特性无变化且无汽车荷载时，作用在桥台、挡土墙前后的主动土压力标准可按下式计算：

$$E = \frac{1}{2}Bu\gamma H^2 \tag{12-18}$$

$$\mu = \frac{\cos^2(\phi - \alpha)}{\cos^2\alpha \cdot \cos(\alpha+\delta)\left[1 + \sqrt{\dfrac{\sin(\varphi+\delta)\sin(\varphi-\beta)}{\cos(\alpha+\delta)\cos(\alpha-\beta)}}\right]} \tag{12-19}$$

式中　E——主动土压力标准值，kN；

γ——土的重力密度，kN/m^3；

B——桥台的计算宽度或挡土墙的计算长度，m；

H——计算土层高度，m；

β——填土表面与水平面的夹角，当计算台后或墙后的主动土压力时，β 按图 12-4（a）取正值；当计算台前或墙前的主动土压力时，β 按图 12-4（b）取负值；

α——桥台或挡土墙背与竖直面的夹角，俯墙背（见图 12-4）时为正值，反之为负值；

δ——台背或墙背与填土间的摩擦角，可取 $\delta = \phi/2$。

主动土压力的着力点自计算土层底面算起，$C = H/3$。

b. 当土层特性无变化但有汽车荷载作用时，作用在桥台、挡土墙后的主动土压力标准值在 $\beta = 0°$ 时可按下式计算：

$$E = \frac{1}{2}Bu\gamma H(H + 2h) \tag{12-20}$$

式中　h——汽车荷载的等代均布土层厚度，m。

主动土压力的着力点自计算土层底面算起，$C = \dfrac{H}{3} \times \dfrac{H + 3h}{H + 2h}$。

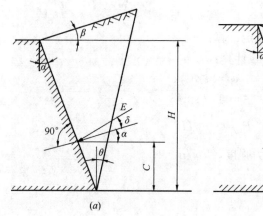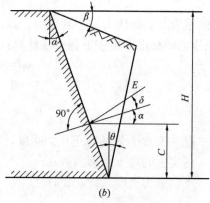

图 12-4 主动土压力

c. 当 $\beta=0°$ 时，破坏棱体破裂面与竖直线间夹角 θ 的正切值可按下式计算：

$$\tan\theta =-\tan\omega +\sqrt{(\cot\varphi +\tan\omega)(\tan\omega -\tan\alpha)} \qquad (12\text{-}21)$$

式中：$\omega=\alpha+\delta+\phi$。

③当土层特性有变化或受水位影响时，宜分层计算土的侧压力。

④土的重力密度和内摩擦角应根据调查或试验确定，当无实际资料时，可按照表 12-4 和现行的《公路桥涵地基与基础设计规范》JTG D63—2007 采用。

⑤承受土侧压力的柱式墩台，作用在柱上的土压力计算宽度，按下列规定采用（图 12-5）：

a. 当 $l_i\leqslant D$ 时，作用在每根柱上的土压力计算宽度按下式计算：

$$b = \frac{nD + \sum_{i=1}^{n-1}l_i}{n} \qquad (12\text{-}22)$$

式中 b——土压力计算宽度，m；

D——柱的直径或宽度，m；

l_i——柱间净距，m；

n——柱数。

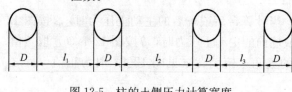

图 12-5 柱的土侧压力计算宽度

b. 当 $l_i>D$ 时，应根据柱的直径或宽度来考虑柱间空隙的折减。

当 $D\leqslant 1.0$m 时，作用在每一柱上的土压力计算宽度可按下式计算：

$$b = \frac{D(2n-1)}{n} \qquad (12\text{-}23)$$

当 $D>1.0$m 时，作用在每一柱上的土压力计算宽度可按下式计算：

$$b = \frac{n(D+1)-1}{n} \qquad (12\text{-}24)$$

⑥压实填土重力的竖向和水平压力强度标准值，可按下式计算：

竖向压力强度 $\qquad\qquad\qquad q_{\mathrm{v}} = \gamma h \qquad\qquad\qquad\qquad (12\text{-}25)$

水平压力强度 $\qquad\qquad\qquad q_{\mathrm{H}} = \lambda\gamma h \qquad\qquad\qquad\qquad (12\text{-}26)$

$$\lambda = \tan^2\left(45° - \frac{\varphi}{2}\right) \tag{12-27}$$

式中　γ——土的重力密度，kN/m^3；

　　　H——计算截面至路面顶的高度，m；

　　　λ——侧压系数。

4）水的浮力可按下列规定采用：

①基础底面位于透水性地基上的桥梁墩台，当验算稳定时，应考虑设计水位的浮力；当验算地基应力时，可仅考虑低水位的浮力，或不考虑水的浮力。

②基础嵌入不透水性地基的桥梁墩台不考虑水的浮力。

③作用在桩基承台底面的浮力，应考虑全部底面积。对桩嵌入不透水地基并灌注混凝土封闭者，不应考虑桩的浮力，在计算承台底面浮力时应扣除桩的截面面积。

④当不能确定地基是否透水时，应以透水或不透水两种情况与其他作用组合，取其最不利者。

5）混凝土收缩及徐变作用可按下述规定取用：

①外部超静定的混凝土结构、钢和混凝土的组合结构等应考虑混凝土收缩及徐变的作用。

②混凝土的收缩应变和徐变系数可按《公路钢筋混凝土及预应力混凝土桥涵设计规范》JTG D62—2004 的规定计算。

③混凝土徐变的计算，可假定徐变与混凝土应力呈线性关系。

④计算圬工拱圈的收缩作用效应时，如考虑徐变影响，作用效应可乘以 0.45 折减系数。

6）超静定结构当考虑由于地基压密等引起的长期变形影响时，应根据最终位移量计算构件的效应。

（3）可变作用

1）城市桥梁设计时的汽车荷载：

①汽车荷载应分为城—A 级和城—B 级两个等级。

②汽车荷载应由车道荷载和车辆荷载组成。车道荷载应由均布荷载和集中荷载组成。桥梁结构的整体计算应采用车道荷载，桥梁结构的局部加载、桥台和挡土墙压力等的计算应采用车辆荷载。车道荷载与车辆荷载的作用不得叠加。

③车道荷载的计算（图 12-6）应符合下列规定：

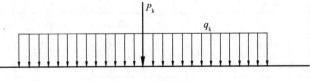

图 12-6　车道荷载

a. 城-A 级车道荷载的均布荷载标准值（q_k）应为 10.5kN/m。集中荷载标准值（P_k）的选取：当桥梁计算跨径小于或等于 5m 时，$P_k=180kN$；当桥梁计算跨径等于或大于 50m 时，$P_k=360kN$；当桥梁计算跨径在 5～50m 之间时，P_k 值应采用直线内插求得。当计算剪力效应时，集中荷载标准值（P_k）应乘以 1.2 的系数。

b. 城-B 级车道荷载的均布荷载标准值（q_k）和集中荷载标准值（P_k）应按城—A 级车道荷载的 75% 采用。

    c. 车道荷载的均布荷载标准值应满布于使结构产生最不利效应的同号影响线上；集中荷载标准值应只作用于相应影响线中一个最大影响线峰值处。

    ④车辆荷载的立面、平面布置及标准值应符合下列规定：

    a. 城—A级车辆荷载的立面、平面、横桥向布置（图 12-7）及标准值应符合表 12-5 的规定：

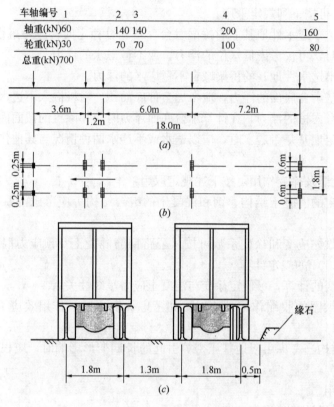

图 12-7　城—A 级车辆荷载立面、平面、横桥向布置

（*a*）立面布置；（*b*）平面布置；（*c*）横桥向布置

城—A级车辆荷载 表 12-5

车轴编号	单位	1	2	3	4	5
轴重	kN	60	140	140	200	160
轮重	kN	30	70	70	100	80
纵向轴距	m	3.6	1.2		6	7.2
每组车轮的横向中距	m	1.8	1.8	1.8	1.8	1.8
车轮着地的宽度×长度	m	0.25×0.25	0.6×0.25	0.6×0.25	0.6×0.25	0.6×0.25

    b. 城—B级车辆荷载的立面、平面布置及标准值应采用现行行业标准《公路桥涵设计通用规范》JTG D60—2004 的规定值。

    ⑤车道荷载横向分布系数、多车道的横向折减系数、大跨径桥梁的纵向折减系数、汽车荷载的冲击力、离心力、制动力及车辆荷载在桥台或挡土墙后填土的破坏棱体上引起的

土侧压力等均应按现行行业标准《公路桥涵设计通用规范》JTG D60—2004 的规定计算。

⑥应根据道路的功能、等级和发展要求等具体情况选用设计汽车荷载。桥梁的设计汽车荷载等级应根据表 12-6 选用，并应符合下列规定：

桥梁设计汽车荷载等级　　　　　　　　　表 12-6

城市道路等级	快速路	主干路	次干路	支路
设计汽车荷载等级	城—A 级 或城—B 级	城—A 级	城—A 级 或城—B 级	城—B 级

a. 快速路、主、次干路上如重型车辆行驶频繁时，设计汽车荷载应选用城—A 级汽车荷载；

b. 小城市中的支路上如重型车辆较少时，设计汽车荷载采用城—B 级车道荷载的效应乘以 0.8 的折减系数，车辆荷载的效应乘以 0.7 的折减系数；

c. 小型车专用道路，设计汽车荷载可采用城—B 级车道荷载的效应乘以 0.6 的折减系数，车辆荷载的效应乘以 0.5 的折减系数。

⑦在城市指定路线上行驶的特种平板挂车应根据具体情况按《城市桥梁设计规范》CJJ 11—2011 附录 A 中所列的特种荷载进行验算。对既有桥梁，可根据过桥特重车辆的主要技术指标，按上述规范附录 A 的要求进行验算。

对设计汽车荷载有特殊要求的桥梁，设计汽车荷载标准应根据具体交通特征进行专题论证。

2) 汽车荷载冲击力应按下列规定计算：

①钢桥、钢筋混凝土及预应力混凝土桥、圬工拱桥等上部构造和钢支座、板式橡胶支座、盆式橡胶支座及钢筋混凝土柱式墩台，应计算汽车的冲击作用。

②填料厚度（包括路面厚度）等于或大于 0.5m 的拱桥、涵洞以及重力式墩台不计冲击力。

③支座的冲击力，按相应的桥梁取用。

④汽车荷载的冲击力标准值为汽车荷载标准值乘以冲击系数 μ。

⑤冲击系数 μ 可按下式计算：

当 $f < 1.5\text{Hz}$ 时，　　　　　　$\mu = 0.05$

当 $1.5\text{Hz} \leqslant f \leqslant 14\text{Hz}$ 时，$\mu = 0.1767\ln f - 0.0157$　　　　　　(12-28)

当 $f > 14\text{Hz}$ 时，　　　　　　$\mu = 0.45$

式中　f——结构基频，Hz。

⑥汽车荷载的局部加载及在 T 梁、箱梁悬臂板上的冲击系数采用 0.3。

3) 汽车荷载离心力可按下列规定计算：

①当弯道桥的曲线半径等于或小于 250m 时，应计算汽车荷载引起的离心力。汽车荷载离心力标准值为按本节 1.（3）.1）.④规定的车辆荷载（不计冲出力）标准值乘以离心力系数 C 计算。离心力系数按下式计算：

$$C = \frac{v^2}{127R}$$　　　　　　(12-29)

式中　v——设计速度，km/h，应按桥梁所在路线设计速度采用；

R——曲线半径，m。

②计算多车道桥梁的汽车荷载离心力时，车辆荷载标准值应乘以表 12-7 规定的横向折减系数。

横向折减系数   表 12-7

横向布置设计车道数（条）	2	3	4	5	6	7	8
横向折减系数	1.00	0.78	0.67	0.60	0.55	0.52	0.50

③离心力的着力点在桥面以上 1.2m 处（为计算简便也可移至桥面上，不计由此引起的作用效应）。

4）汽车荷载引起的土压力采用车辆荷载加载，并可按下列规定计算：

①车辆荷载在桥台或挡土墙后填土的破坏棱体上引起的土侧压力，可按下式换算成等代均布土层厚度 h（m）计算：

$$h = \frac{\Sigma G}{B l_0 \gamma} \qquad\qquad (12\text{-}30)$$

式中 γ——土的重力密度，kN/m^3；

     ΣG——布置在 $B \times l_0$ 面积内的车轮的总重力，kN，计算挡土墙的土压力时，车辆荷载应按本节图 12-7 规定作横向布置，车辆外侧车轮中线距路面边缘 0.5m，计算中当涉及多车道加载时，车轮总重力应按表 12-7 规定进行折减；

     l_0——桥台或挡土墙后填土的破坏棱体长度，m，对于墙顶以上有填土的路堤式挡土墙，l_0 为破坏棱体范围内的路基宽度部分；

     B——桥台横向全宽或挡土墙的计算长度，m。

挡土墙的计算长度可按下列公式计算，但不应超过挡土墙分段长度：

$$B = 13 + H \tan 30° \qquad\qquad (12\text{-}31)$$

式中 H——挡土墙高度，m，对墙顶以上有填土的挡土墙，为两倍墙顶填土厚度加墙高。

当挡土墙分段长度小于 13m 时，B 取分段长度，并在该长度内按不利情况布置轮重。

②计算涵洞顶上车辆荷载引起的竖向土压力时，车轮按其着地面积的边缘向下作 30°角分布。当几个车轮的压力扩散线相重叠时，扩散面积以最外边的扩散线为准。

5）城市桥梁设计时，人群荷载应符合下列规定：

①人行道板的人群荷载按 5kPa 或 1.5kN 的竖向集中力作用在一块构件上，分别计算，取其不利者。

②梁、桁架、拱及其他大跨结构的人群荷载（W）可采用下列公式计算，且 W 值在任何情况下不得小于 2.4kPa：

当加载长度 $L < 20$m 时：

$$W = 4.5 \times \frac{20 - \omega_p}{20} \qquad\qquad (12\text{-}32)$$

当加载长度 $L \geqslant 20$m 时：

$$W = \left(4.5 - 2 \times \frac{L - 20}{80}\right)\left(\frac{20 - \omega_p}{20}\right) \qquad\qquad (12\text{-}33)$$

式中　W——单位面积的人群荷载，kPa；

　　　L——加载长度，m；

　　　ω_P——单边人行道宽度，m；在专用非机动车桥上为1/2桥宽，大于4m时仍按4m计。

③检修道上设计人群荷载应按2kPa或1.2kN的竖向集中荷载，作用在短跨小构件上，可分别计算，取其不利者。计算与检修道相连构件，当计入车辆荷载或人群荷载时，可不计检修道上的人群荷载。

④专用人行桥和人行地道的人群荷载应按现行行业标准《城市人行天桥与人行地道技术规范》CJJ 69的有关规定执行。

⑤桥梁的非机动车道和专用非机动车桥的设计荷载，应符合下列规定：

a. 当桥面上非机动车道与机动车道间未设置永久性分隔带时，除非机动车道上按本节1.（3）.5）规定的人群荷载作为设计荷载外，尚应将非机动车道与机动车道合并后的总宽作为机动车道，采用机动车布载，分别计算，取其不利者。

b. 桥面上机动车道与非机动车道间设置永久性分隔带的非机动车道和非机动车专用桥，当桥面宽度大于3.50m时，除按本章1.（3）.5）规定的人群荷载作为设计荷载外，尚应采用本节1.（3）.1）.⑥规定的小型车专用道路设计汽车荷载（不计冲击）作为设计荷载，分别计算，取其不利者。

c. 当桥面宽度小于3.50m时，除按本节1.（3）.5）规定的人群荷载作为设计荷载外，再以一辆人力劳动车（图12-8）作为设计荷载分别计算，取其不利者。

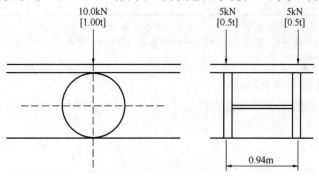

图12-8　一辆人力劳动车荷载

⑥作用在桥上人行道栏杆扶手上的竖向荷载应为1.2kN/m；水平向外荷载应为2.5kN/m。两者应分别计算。

6）汽车荷载制动力可按下列规定计算和分配：

①汽车荷载制动力按同向行驶的汽车荷载（不计冲击力）计算。

一个设计车道上由汽车荷载产生的制动力标准值，按本节1.（3）.1）规定的车道荷载标准值在加载长度上计算的总重力的10%计算，但城—A级汽车荷载的制动力标准值不得小于165kN；城—B级汽车荷载的制动力标准值不得小于90kN。同向行驶双车道的汽车荷载制动力标准值为一个设计车道制动力标准值的两倍；同向行驶三车道为一个设计车道的2.34倍；同向行驶四车道为一个设计车道的2.68倍。

②制动力的着力点在桥面以上1.2m处，计算墩台时，可移至支座铰中心或支座底座

面上。计算刚构桥、拱桥时，制动力的着力点可移至桥面上，但不计因此而产生的竖向力和力矩。

③设有板式橡胶支座的简支梁、连续桥面简支梁或连续梁排架式柔性墩台，应根据支座与墩台的抗推刚度的刚度集成情况分配和传递制动力。

设有板式橡胶支座的简支梁刚性墩台，按单跨两端的板式橡胶支座的抗推刚度分配制动力。

④设有固定支座、活动支座（滚动或摆动支座、聚四氟乙烯板支座）的刚性墩台传递的制动力，按表 12-8 的规定采用。每个活动支座传递的制动力，其值不应大于其摩阻力，当大于摩阻力时，按摩阻力计算。

刚性墩台各种支座传递的制动力 表 12-8

桥梁墩台及支座类型		应计的制动力	符号说明
简支梁桥台	固定支座	T_1	
	聚四氟乙烯板支座	$0.30T_1$	
	滚动（或摆动）支座	$0.25T_1$	T_1——加载长度为计算跨径时的制动力；
简支梁桥墩	两个固定支座	T_2	
	一个固定支座，一个活动支座	注	T_2——加载长度为相邻两跨计算跨径之和时的制动力；
	两个聚四氟乙烯板支座	$0.30T_2$	
	两个滚动（或摆动）支座	$0.25T_2$	T_3——加载长度为一联长度的制动力
连续梁桥墩	固定支座	T_3	
	聚四氟乙烯板支座	$0.30T_3$	
	滚动（或摆动）支座	$0.25T_3$	

注：固定支座按 T_4 计算，活动支座按 $0.30T_5$（聚四氟乙烯板支座）计算或 $0.25T_5$（滚动或摆动支座）计算，T_4 和 T_5 分别为与固定支座或活动支座相应的单跨跨径的制动力，桥墩承受的制动力为上述固定支座与活动支座传递的制动力之和。

7) 风荷载标准值可按下列规定计算：

①横桥向风荷载假定水平地垂直作用于桥梁各部分迎风面积的形心上，其标准值可按下式计算：

$$F_{wh} = k_0 k_1 k_3 W_d A_{wh} \tag{12-34}$$

$$W_d = \frac{\nu V_d^2}{2g} \tag{12-35}$$

$$W_0 = \frac{\nu V_{10}^2}{2g} \tag{12-36}$$

$$V_d = k_2 k_5 V_{10} \tag{12-37}$$

$$\gamma = 0.012017 e^{-0.0001z} \tag{12-38}$$

式中 F_{wh}——横桥向风荷载标准值，kN；

W_0——基本风压，kN/m^2，全国各主要气象台站 10a、50a、100a 一遇的基本风压可按附录 26 的有关数据经实地核实后采用；

W_d——设计基准风压，kN/m^2；

A_{wh}——横向迎风面积，m^2，按桥跨结构各部分的实际尺寸计算；

V_{10}——桥梁所在地区的设计基本风速，m/s，系按平坦空旷地面，离地面 10m 高，重现期为 100 年 10min 平均最大风速计算确定；当桥梁所在地区缺乏风速

观测资料时，V_{10} 可按《公路桥涵设计通用规范》JTG D60—2004 附录 A
的有关数据并经实地调查核实后采用；

V_d——高度 Z 处的设计基准风速，m/s；

Z——距地面或水面的高度，m；

γ——空气重力密度，kN/m^3；

k_0——设计风速重现期换算系数，对于单孔跨径指标为特大桥和大桥的桥梁，k_0
$=1.0$，对其他桥梁，$k_0=0.90$；对施工架设期桥梁，$k_0=0.75$；当桥梁位
于台风多发地区时，可根据实际情况适度提高 k_0 值；

k_3——地形、地理条件系数，按表 12-9 取用；

k_5——阵风风速系数，对 A、B 类地表 $k_5=1.38$，对 C、D 类地表 $k_5=1.70$。A、
B、C、D 地表类别对应的地表状况见表 12-10；

k_2——考虑地面粗糙度类别和梯度风的风速高度变化修正系数，可按表 12-11 取
用；位于山间盆地、谷地或峡谷、山口等特殊场合的桥梁上、下部结构的
风速高度变化修正系数 k_2 按 B 类地表类别取值；

k_1——风载阻力系数，见表 12-12～表 12-14；

g——重力加速度，$g=9.81m/s^2$。

地形、地理条件系数 k_3 表 12-9

地形、地理条件	地形、地理条件系数 k_3
一般地区	1.00
山间盆地、谷地	0.75～0.85
峡谷口、山口	1.20～1.40

地 表 分 类   表 12-10

地表粗糙度类别	地 表 状 况
A	海面、海岸、开阔水面
B	田野、乡村、丛林及低层建筑物稀少地区
C	树木及低层建筑物等密集地区、中高层建筑物稀少地区、平缓的丘陵地
D	中高层建筑物密集地区、起伏较大的丘陵地

风速高度变化修正系数 k_2 表 12-11

离地面或水面高度（m）	地 表 类 别			
	A	B	C	D
5	1.08	1.00	0.86	0.79
10	1.17	1.00	0.86	0.79
15	1.23	1.07	0.86	0.79
20	1.28	1.12	0.92	0.79
30	1.34	1.19	1.00	0.85
40	1.39	1.25	1.06	0.85
50	1.42	1.29	1.12	0.91
60	1.46	1.33	1.16	0.96
70	1.48	1.36	1.20	1.01

续表

离地面或水面高度	地　表　类　别			
(m)	A	B	C	D
80	1.51	1.40	1.24	1.05
90	1.53	1.42	1.27	1.09
100	1.55	1.45	1.30	1.13
150	1.62	1.54	1.42	1.27
200	1.73	1.62	1.52	1.39
250	1.75	1.67	1.59	1.48
300	1.77	1.72	1.66	1.57
350	1.77	1.77	1.71	1.64
400	1.77	1.77	1.77	1.71
≥450	1.77	1.77	1.77	1.77

风载阻力系数应按下列规定确定：

a. 普通实腹桥梁上部结构的风载阻力系数可按下式计算：

$$k_1 = \begin{cases} 2.1 - 0.1\left(\dfrac{B}{H}\right) & 1 \leqslant \dfrac{B}{H} < 8 \\ 1.3 & 8 \leqslant \dfrac{B}{H} \end{cases} \tag{12-39}$$

式中　B——桥梁宽度，m；

　　　H——梁高，m。

b. 桁架桥上部结构的风载阻力系数 k_1 规定见表 12-12。上部结构为两片或两片以上桁架时，所有迎风桁架的风载阻力系数均取 ηk_1，η 为遮挡系数，按表 12-13 采用；桥面系构造的风载阻力系数取 $k_1 = 1.3$。

桁架的风载阻力系数　　　　　　　　　　　表 12-12

实面积比	矩形与 H 形截面构件	圆柱型构件（D 为圆柱直径）	
		$D/\sqrt{W_0} < 5.8$	$D\sqrt{W_0} \geqslant 5.8$
0.1	1.9	1.2	0.7
0.2	1.8	1.2	0.8
0.3	1.7	1.2	0.8
0.4	1.7	1.1	0.8
0.5	1.6	1.1	0.8

注：1. 实面积比＝桁架净面积/桁架轮廓面积；

　　2. 表中圆柱直径 D 以 m 计，基本风压以 kN/m² 计。

桁架遮挡系数 η　　　　　　　　　　　　　　表 12-13

间距比	实　面　积　比				
	0.1	0.2	0.3	0.4	0.5
≤1	1.0	0.90	0.80	0.60	0.45
2	1.0	0.90	0.80	0.65	0.50
3	1.0	0.95	0.80	0.70	0.55
4	1.0	0.95	0.80	0.70	0.60
5	1.0	0.95	0.85	0.75	0.65
6	1.0	0.95	0.90	0.80	0.70

注：间距比＝两桁架中心距/迎风桁架高度。

c. 桥墩或桥塔的风载阻力系数 k_1 可依据桥墩的断面形状、尺寸比及高宽比值的不同由表 12-14。表中没有包括的断面，其 k_1 值宜由风洞试验确定。

②桥梁顺桥向可不计桥面系及上承式梁所受的风荷载，下承式桁架顺桥向风荷载标准值按其横桥向风压的 40% 乘以桁架迎风面积计算。

桥墩上的顺桥向风荷载标准值可按横桥向风压的 70% 乘以桥墩迎风面积计算。

桥台可不计算纵、横向风荷载。

上部构造传至墩台的顺桥向风荷载，其在支座的着力点及墩台上的分配，可根据上部构造的支座条件，按本节 1.（3）.6）汽车制动力的规定处理。

③对风敏感且可能以风荷载控制设计的桥梁，应考虑桥梁在风荷载作用下的静力和动力失稳，必要时应通过风洞试验验证，同时可采取适当的风致振动控制措施。

桥墩或桥塔的阻力系数 k_1　　　　　　　　　　　表 12-14

断面形状	$\dfrac{t}{b}$	桥墩或桥塔的高宽比						
		1	2	4	6	10	20	40
风向 →	≤1/4	1.3	1.4	1.5	1.6	1.7	1.9	2.1
→	1/3 1/2	1.3	1.4	1.5	1.6	1.6	2.0	2.2
→	2/3	1.3	1.4	1.5	1.6	1.8	2.0	2.2
→	1	1.2	1.3	1.4	1.5	1.6	1.8	2.0
→	3/2	1.0	1.1	1.2	1.3	1.4	1.5	1.7
→	2	0.8	0.9	1.0	1.1	1.2	1.3	1.4
→	3	0.8	0.8	0.8	0.9	0.9	1.0	1.2

续表

断面形状	$\dfrac{t}{b}$	桥墩或桥塔的高宽比						
		1	2	4	6	10	20	40
（矩形带尖端）	≥4	0.8	0.8	0.8	0.8	0.8	0.9	1.1
（菱形→八边形）		1.0	1.1	1.1	1.2	1.2	1.3	1.4
12 边形		0.7	0.8	0.9	0.9	1.0	1.1	1.3
光滑表面圆形且 $D/\sqrt{W_0} \geqslant 5.8$		0.5	0.5	0.5	0.5	0.5	0.6	0.6
1. 光滑表面圆形且 $D/\sqrt{W_0} < 5.8$ 2. 粗糙表面或有凸起的圆形		0.7	0.7	0.8	0.8	0.9	1.0	1.2

注：1. 上部结构架设后，应按高度比为 40 计算 k_1 值；

2. 对于带有圆弧角的短形桥墩，其风载阻力系数应从表中查得 k_1 值后，再乘以折减系数 $(1-1.5r/b)$ 或 0.5，取其二者之较大值，在此 r 为圆弧角的半径；

3. 对于沿桥墩高度有锥度变化的情形，k_1 值应按桥墩高度分段计算，每段的 t 及 b 取各段的平均值，高度比则应以桥墩总高度对每段的平均宽度之比计算；

4. 对于带三角尖端的桥墩，其 k_1 值应按包括该桥墩处边缘的矩形截面计算。

8) 作用在桥墩上的流水压力标准值可按下式计算：

$$F_w = KA \frac{\gamma V^2}{2g} \tag{12-40}$$

式中　F_w——流水压力标准值，kN；

　　　γ——水的重力密度，kN/m³；

　　　V——设计流速，m/s；

　　　A——桥墩阻水面积，m²，计算至一般冲刷线处；

　　　g——重力加速度，$g=9.81$，m/s²；

　　　K——桥墩形状系数，见表 12-15。

流水压力合力的着力点，假定在设计水位线以下 0.3 倍水深处。

桥墩形状系数　　　　　　　　　　　　　　　　表 12-15

桥墩形状	K	桥墩形状	K
方形桥墩	1.5	尖端形桥墩	0.7
矩形桥墩（长边与水流平行）	1.3	圆端形桥墩	0.6
圆形桥墩	0.8		

9）对具有竖向前棱的桥墩，冰压力可按下述规定取用：

①冰对桩或墩产生的冰压力标准值可按下式计算：

$$F_i = mC_t btR_{ik} \qquad (12\text{-}41)$$

式中 F_i——冰压力标准值，kN；

 m——桩或墩迎冰面形状系数，可按表 12-16 取用；

 C_t——冰温系数，可按表 12-17 取用；

 b——桩或墩迎冰面投影宽度，m；

 t——计算冰厚，m，可取实际调查的最大冰厚；

 R_{ik}——冰的抗压强度标准值，kN/m²，可取当地冰温 0℃时的冰抗压强度；当缺乏实测资料时，对海冰可取 $R_{ik} = 750$kN/m²；对河冰，流冰开始时 $R_{ik} = 750$kN/m²，最高流冰水位时可取 $R_{ik} = 450$kN/m²。

桩或墩迎冰面形状系数 m 表 12-16

迎冰面形状 系数	平面	圆弧形	尖角形的迎冰面角度				
			45°	60°	75°	90°	120°
m	1.00	0.90	0.54	0.59	0.64	0.69	0.77

冰温系数 C_t 表 12-17

冰温（℃）	0	−10 及以下
C_t	1.0	2.0

注：1. 表列冰温系数可直线内插；

　　2. 对海冰，冰温取结冰期最低冰温；对河冰，取解冻期最低冰温。

当冰块流向桥轴线的角度 $\phi \leqslant 80°$ 时，桥墩竖向边缘的冰荷载应乘以 $\sin\phi$ 予以折减。冰压力合力作用在计算结冰水位以下 0.3 倍冰厚处。

②当流冰范围内桥墩有倾斜表面时，冰压力应分解为水平分力和竖向分力。

水平分力 $$F_{xi} = m_0 C_t R_{bk} t^2 \tan\beta \qquad (12\text{-}42)$$

竖向分力 $$F_{zi} = \frac{F_{xi}}{\tan\beta} \qquad (12\text{-}43)$$

式中 F_{xi}——冰压力的水平分力，kN；

 F_{zi}——冰压力的垂直分力，kN；

 β——桥墩倾斜的棱边与水平线的夹角，°；

 R_{bk}——冰的抗弯强度标准值，kN/m²，取 $R_{bk} = 0.7R_{ik}$；

 m_0——系数，$m_0 = 0.2b/t$，但不小于 1.0。

③建筑物受冰作用的部位宜采用实体结构。对于具有强烈流冰的河流中的桥墩、柱，其迎冰面宜做成圆弧形、多边形或尖角，并做成 3：1～10：1（竖：横）的斜度，在受冰作用的部位宜缩小其迎冰面投影宽度。

对流冰期的设计高水位以上 0.5m 到设计低水位以下 1.0m 的部位宜采取抗冻性混凝土或花岗岩镶面或包钢板等防护措施。同时，对建筑物附近的冰体采取适宜的措施使冰体对结构物的作用力减小。

10）计算温度作用时的材料线膨胀系数及作用标准值可按下列规定取用：

①桥梁结构当要考虑温度作用时，应根据当地具体情况、结构物使用的材料和施工条件等因素计算由温度作用引起的结构效应。各种结构的线膨胀系数规定见表12-18。

线膨胀系数 表 12-18

结构种类	线膨胀系数（以摄氏度计）
钢结构	0.000012
混凝土和钢筋混凝土及预应力混凝土结构	0.000010
混凝土预制块砌体	0.000009
石砌体	0.000008

②计算桥梁结构因均匀温度作用引起外加变形或约束变形时，应从受到约束时的结构温度开始，考虑最高和最低有效温度的作用效应。如缺乏实际调查资料，混凝土结构和钢结构的最高和最低有效温度标准值可按表12-19取用。

桥梁结构的有效温度标准值（℃） 表 12-19

气温分区	钢桥面板钢桥		混凝土桥面板钢桥		混凝土、石桥	
	最高	最低	最高	最低	最高	最低
严寒地区	46	−43	39	−32	34	−23
寒冷地区	46	−21	39	−15	34	−10
温热地区	46	−9（−3）	39	−6（−1）	34	−3（0）

注：1. 气温分区见《公路桥涵设计通用规范》JTG D60—2004 附录 B；
2. 表中括号内数值适用于昆明、南宁、广州、福州地区。

③计算桥梁结构由于梯度温度引起的效应时，可采用图12-9所示的竖向温度梯度曲线，其桥面板表面的最高温度 T_1 规定见表12-20。对混凝土结构，当梁高 H 小于 400mm 时，图 12-9 中 $A = H - 100$（mm）；梁高 H 等于或大于 400mm 时，$A = 300$mm。对带混凝土桥面板的钢结构，$A = 300$mm，图 12-9 中的 t 为混凝土桥面板的厚度（mm）。

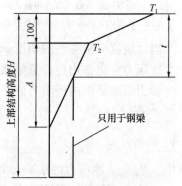

图 12-9 竖向梯度温度
（尺寸单位：mm）

混凝土上部结构和带混凝土桥面板的钢结构的竖向日照反温差为正温差乘以 −0.5。

④计算圬工拱圈考虑徐变影响引起的温差作用效应时，计算的温差效应应乘以 0.7 的折减系数。

竖向日照正温差计算的温度基数 表 12-20

结构类型	T_1（℃）	T_2（℃）
混凝土铺装	25	6.7
50mm 沥青混凝土铺装层	20	6.7
100mm 沥青混凝土铺装层	14	5.5

11）支座摩阻力标准值可按下式计算：

$$F = \mu W \tag{12-44}$$

式中 W——作用于活动支座上由上部结构重力产生的效应；

μ——支座的摩擦系数，无实测数据时可按表 12-21 取用。

支座摩擦系数 表 **12-21**

支座种类	支座摩擦系数 μ
滚动支座或摆动支座 板式橡胶支座：	0.05
支座与混凝土面接触	0.30
支座与钢板接触	0.20
聚四氟乙烯板与不锈钢板接触	0.06（加硅脂；温度低于$-25℃$时为 0.078）
	0.12（不加硅脂；温度低于$-25℃$时为 0.156）

（4）偶然作用

1）地震作用

地震动峰值加速度等于 $0.10g$、$0.15g$、$0.20g$、$0.30g$ 地区的桥涵，应进行抗震设计。地震动峰值加速度大于或等于 $0.40g$ 地区的桥涵，应进行专门的抗震研究和设计。地震动峰值加速度小于或等于 $0.05g$ 地区的桥涵，除有特殊要求者外，可采用简易设防。做过地震小区划的地区，应按主管部门审批后的地震动参数进行抗震设计。

桥梁地震作用的计算及结构的设计，应符合现行《城市桥梁抗震设计规范》CJJ 166—2011 的规定。

2）位于通航河流或有漂流物的河流中的桥梁墩台，设计时应考虑船舶或漂流物的撞击作用，其撞击作用标准值可按下列规定采用或计算：

①当缺乏实际调查资料时，内河上船舶撞击作用的标准值可按表 12-22 采用。

四、五、六、七级航道内的钢筋混凝土桩墩，顺桥向撞击作用可按表 12-22 所列数值的 50% 考虑。

内河船舶撞击作用标准值 表 **12-22**

内河航道等级	船舶吨级 DWT（t）	横桥向撞击作用（kN）	顺桥向撞击作用（kN）
一	3000	1400	1100
二	2000	1100	900
三	1000	800	650
四	500	550	450
五	300	400	350
六	100	250	200
七	50	150	125

②当缺乏实际调查资料时，海轮撞击作用的标准值可按表 12-23 采用。

海轮撞击作用的标准值 表 **12-23**

船舶吨级 DWT（t）	3000	5000	7500	10000	20000	30000	40000	50000
横桥向撞击作用（kN）	19600	25400	31000	35800	50700	62100	71700	80200
顺桥向撞击作用（kN）	9800	12700	15500	17900	25350	31050	35850	40100

③可能遭受大型船舶撞击作用的桥墩，应根据桥墩的自身抗撞击能力、桥墩的位置和外形、水流流速、水位变化、通航船舶类型和碰撞速度等因素作桥墩防撞设施的设计。当

设有与墩台分开的防撞击的防护结构时，桥墩可不计船舶的撞击作用。

④漂流物横桥向撞击力标准值可按下式计算：

$$F = \frac{WV}{gT} \tag{12-45}$$

式中 W——漂流物重力，kN，应根据河流中漂流物情况，按实际调查确定；

V——水流速度，m/s；

T——撞击时间，s，应根据实际资料估计，在无实际资料时，可用 1s；

g——重力加速度，$g=9.81\text{m/s}^2$。

⑤内河船舶的撞击作用点，假定为计算通航水位线以上 2m 的桥墩宽度或长度的中点。海轮船舶撞击作用点需视实际情况而定。漂流物的撞击作用点假定在计算通航水位线上桥墩宽度的中点。

⑥桥梁结构必要时可考虑汽车的撞击作用。汽车撞击力标准值在车辆行驶方向取 1000kN，在车辆行驶垂直方向取 500kN，两个方向的撞击力不同时考虑，撞击力作用于行车道以上 1.2m 处，直接分布于撞击涉及的构件上。

对于设有防撞设施的结构构件，可视防撞设施的防撞能力，对汽车撞击力标准值予以折减，但折减后的汽车撞击力标准值不应低于上述规定值的 1/6。

⑦防撞护栏的防撞等级可按表 12-24 选用。与防撞等级相应的作用于桥梁护栏上的碰撞荷载大小可按现行行业标准《公路交通安全设施设计规范》JTG D81 的规定确定。

护栏防撞等级　　　　　　　　　　　　　　　表 12-24

道路等级	设计车速（km/h）	车辆驶出桥外有可能造成的交通事故等级	
		重大事故或特大事故	二次重大事故或二次特大事故
快速路	100、80、60	SB、SBm	SS
主干路	60	A、Am	SA、SAm
	50、40		SB、SBm
次干路	50、40、30	A	SB
支路	40、30、20	B	A

注：1. 表中 A、Am、B、SA、SB、SAm、SBm、SS 等均为防撞等级代号；

　　2. 因桥梁线形、运行速度、桥梁高度、交通量、车辆构成和桥下环境等因素造成更严重碰撞后果的区段，应在表 12-24 基础上提高护栏的防撞等级。

2. 作用效应组合

(1) 桥涵结构设计应考虑结构上可能同时出现的作用，按承载能力极限状态和正常使用极限状态进行作用效应组合，取其最不利效应组合进行设计：

1) 只有在结构上可能同时出现的作用，才进行其效应的组合。当结构或结构构件需做不同受力方向的验算时，则应以不同方向的最不利的作用效应进行组合。

2) 当可变作用的出现对结构或结构构件产生有利影响时，该作用不应参与组合。实际不可能同时出现的作用或同时参与组合概率很小的作用，按表 12-25 规定不考虑其作用效应的组合。

可变作用不同时组合表　　　　　　　　　　　　　　　　表 12-25

编号	作用名称	不与该作用同时参与组合的作用编号
13	汽车制动力	15、16、18
15	流水压力	13、16
16	冰压力	13、15
18	支座摩阻力	13

　　3) 施工阶段作用效应的组合，应按计算需要及结构所处条件而定，结构上的施工人员和施工机具设备均应作为临时荷载加以考虑。组合式桥梁，当把底梁作为施工支撑时，作用效应宜分两个阶段组合，底梁受荷为第一个阶段，组合梁受荷为第二个阶段。

　　4) 多个偶然作用不同时参与组合。

　　(2) 桥涵结构按承载能力极限状态设计时，应采用以下两种作用效应组合：

　　1) 基本组合。永久作用的设计值效应与可变作用设计值效应相组合，其效应组合表达式为：

$$\gamma_0 S_{ud} = \gamma_0 \left(\sum_{i=1}^m \gamma_{Gi} S_{Gik} + \gamma_{Q1} S_{Q1k} + \psi_c \sum_{j=2}^n \gamma_{Qj} S_{Qjk} \right) \qquad (12\text{-}46)$$

或

$$\gamma_0 S_{ud} = \gamma_0 \left(\sum_{i=1}^m S_{Gid} + S_{Q1d} + \psi_c \sum_{j=2}^n S_{Qjd} \right) \qquad (12\text{-}47)$$

式中　S_{ud}——承载能力极限状态下作用基本组合的效应组合设计值；

　　　γ_0——结构重要性系数，按表 12-26 规定的结构设计安全等级采用，对应于设计安全等级一级、二级和三级，分别取 1.1、1.0 和 0.9；

　　　γ_{Gi}——第 i 个永久作用效应的分项系数，应按表 12-28 的规定采用；

S_{Gik}、S_{Gid}——第 i 个永久作用效应的标准值和设计值；

　　　γ_{Q1}——汽车荷载效应（含汽车冲击力、离心力）的分项系数，取 $\gamma_{Q1}=1.4$。当某个可变作用在效应组合中其值超过汽车荷载效应时，则该作用取代汽车荷载，其分项系数应采用汽车荷载的分项系数；对专为承受某作用而设置的结构或装置，设计时该作用的分项系数取与汽车荷载同值；计算人行道板和人行道栏杆的局部荷载，其分项系数也与汽车荷载取同值；

S_{Q1k}、S_{Q1d}——汽车荷载效应（含汽车冲击力、离心力）的标准值和设计值；

　　　γ_{Qj}——在作用效应组合中除汽车荷载效应（含汽车冲击力、离心力）、风荷载外的其他第 j 个可变作用效应的分项系数，取 $\gamma_{Qj}=1.4$，但风荷载的分项系数取 $\gamma_{Qj}=1.1$；

S_{Qjk}、S_{Qjd}——在作用效应组合中除汽车荷载效应（含汽车冲击力、离心力）外的其他第 j 个可变作用效应的标准值和设计值；

　　　ψ_c——在作用效应组合中除汽车荷载效应（含汽车冲击力、离心力）外的其他可变作用效应的组合系数，当永久作用与汽车荷载和人群荷载（或其他一种可变作用）组合时，人群荷载（或其他一种可变作用）的组合系数取 $\psi_c=0.80$；当除汽车荷载（含汽车冲击力、离心力）外尚有两种其他可变作用参与组合时，其组合系数取 $\psi_c=0.70$；尚有三种可变作用参与组合时，其组合系数取 $\psi_c=0.60$；尚有四种及多于四种的可变作用参与组合时，取 $\psi_c=0.50$。

公路桥涵结构的设计安全等级　　　　　　　表 12-26

设计安全等级	桥涵结构
一级	特大桥、重要大桥
二级	大桥、中桥、重要小桥
三级	小桥、涵洞

注：本表所列特大、大、中桥，系指按表 12-27 中的单孔跨径确定（对多孔桥梁，以其中最大跨径为准）。"重要"系指高速公路、一级公路、国防公路上及城市附近交通繁忙公路上的桥梁。

桥梁涵洞分类　　　　　　　　　　表 12-27

桥涵分类	单孔跨径 L_K（m）	桥涵分类	单孔跨径 L_K（m）
特大桥	$L_K>150$	小桥	$5\leq L_K<20$
大桥	$40\leq L_K\leq150$	涵洞	$L_K<5$
中桥	$20\leq L_K<40$		

永久作用效应的分项系数　　　　　　　　表 12-28

编号	作用类别		永久作用效应的分项系数	
			对结构的承载能力不利时	对结构的承载能力有利时
1	混凝土和圬工结构重力（包括结构附加重力）		1.2	1.0
	钢结构重力（包括结构附加重力）		1.1 或 1.2	
2	预加力		1.2	1.0
3	土的重力		1.2	1.0
4	混凝土的收缩及徐变作用		1.0	1.0
5	土侧压力		1.4	1.0
6	水的浮力		1.0	1.0
7	基础变位作用	混凝土和圬工结构	0.5	0.5
		钢结构	1.0	1.0

注：本表编号 1 中，当钢桥采用钢桥面板时，永久作用效应分项系数取 1.1；当采用混凝土桥面板时，取 1.2。

设计弯桥时，当离心力与制动力同时参与组合时，制动力标准值或设计值按 70% 取用。

2) 偶然组合。永久作用标准值效应与可变作用某种代表值效应、一种偶然作用标准值效应相组合。偶然作用的效应分项系数取 1.0；与偶然作用同时出现的可变作用，可根据观测资料和工程经验取用适当的代表值。地震作用标准值及其表达式按现行《城市桥梁抗震设计规范》CJJ 166—2011 规定采用。

（3）桥涵结构按正常使用极限状态设计时，应根据不同的设计要求，采用以下两种效应组合：

1) 作用短期效应组合。永久作用标准值效应与可变作用频遇值效应相组合，其效应组合表达式为：

$$S_{sd} = \sum_{i=1}^{m} S_{Gik} + \sum_{j=1}^{n} \Psi_{1j} S_{Qjk} \tag{12-48}$$

式中　S_{sd}——作用短期效应组合设计值；

Ψ_{1j}——第 j 个可变作用效应的频遇值系数，汽车荷载（不计冲击力）$\Psi_1=0.7$，人群荷载 $\Psi_1=1.0$，风荷载 $\Psi_1=0.75$，温度梯度作用 $\Psi_1=0.8$，其他作用 Ψ_1

=1.0;

$\Psi_{1j}S_{Qjk}$——第 j 个可变作用效应的频遇值。

2) 作用长期效应组合。永久作用标准值效应与可变作用准永久值效应相组合，其效应组合表达式为：

$$S_{1d} = \Sigma_{i=1}^{m} S_{Gik} + \Sigma_{j=1}^{n} \Psi_{2j}S_{Qjk} \tag{12-49}$$

式中　S_{1d}——作用长期效应组合设计值；

Ψ_{2j}——第 j 个可变作用效应的准永久值系数，汽车荷载（不计冲击力）$\Psi_2=0.4$，人群荷载 $\Psi_2=0.4$，风荷载 $\Psi_2=0.75$，温度梯度作用 $\Psi_2=0.8$，其他作用 $\Psi_2=1.0$；

$\Psi_{2j}S_{Gjk}$——第 j 个可变作用效应的准永久值。

（4）结构构件当需进行弹性阶段截面应力计算时，除特别指明外，各作用效应的分项系数及组合系数均取为 1.0，各项应力限值按各设计规范规定采用。

（5）验算结构的抗倾覆、滑动稳定时，稳定系数、各作用的分项系数及摩擦系数，应根据不同结构按各有关桥涵设计规范的规定确定，支座的摩擦系数可按表 12-21 规定采用。

（6）构件在吊装、运输时，构件重力应乘以动力系数 1.2 或 0.85，并可视构件具体情况作适当增减。

12.1.4　中、小跨径板、梁桥

1. 钢筋混凝土简支板桥

钢筋混凝土简支板桥，有整体式与装配式两种结构。整体式结构跨径适用于 4～8m；装配式结构跨径适用于 6～13m，当跨径大于 10m 时常采用钢筋混凝土空心板结构。这种类型桥梁比其他类型桥梁的结构简单，并便于施工。

钢筋混凝土简支板桥设计和计算的主要内容是桥面净宽、设计荷载、跨径以及拟定各部位的尺寸，然后根据设计荷载和跨度进行内力计算，最后确定结构各部位的截面和配筋。

（1）构造要求

1) 钢筋混凝土简支板桥有整体式现浇板桥和预制装配式板桥两种。

2) 桥板厚度一般可按计算跨径的 1/16～1/23 选用（随跨径的增大取用较小数值）。

3) 对于混凝土铺装层能确保与桥板紧密结合成整体共同受力时，板的计算厚度可以包括参与工作的铺装层厚度在内，但要扣除铺装层的磨耗厚度（其厚度应不小于 2cm）。

4) 整体式简支板桥一般做成实体的等厚度板。截面配筋应按计算的纵、横向弯矩值来确定。按计算一般无需设置斜筋，但习惯上仍在跨径 1/4～1/6 处将一部分主筋以 30°或 45°角弯起。另外，考虑板边部对荷载的分布范围比跨中小，通常在两侧各 1/6 板宽范围内增加 15% 的钢筋。横向钢筋的配置，其面积一般按主筋面积的 15% 配置，并且间距不大于 25cm。

5) 预制装配式板桥的板块划分，根据施工能力一般沿横向取 1m 左右宽一块。当跨径大于 10m 时，为减轻自重，充分合理利用材料常做成空心板。空洞与周边、空洞与空洞最薄处不得小于 8cm，以保证施工质量和局部承载的需要。为保证抗剪要求，应在截面

内按计算需要配置弯起钢筋和箍筋。

（2）整体式简支板桥的计算

桥板的内力主要由恒荷载和活荷载产生，取 1m 宽的板带进行计算。

1）恒载内力

简支板由均布恒荷载产生的跨中弯矩为：

$$M_{Z1} = \frac{ql^2}{8} \tag{12-50}$$

式中　M_{Z1}——由均布恒荷载产生的跨中弯矩，kN·m；

　　　q——每米板带长度上的均布荷载，kN/m；

　　　l——板的计算跨径，$l = l_0 + t$，m；

　　　l_0——板的净跨径，m；

　　　t——板厚，m，如果板厚 t 大于板的支承长度 a，则 $l = l_0 + a$。

简支板由均布恒荷载产生的支点剪力为：

$$Q_{01} = \frac{ql}{2} \tag{12-51}$$

式中　Q_{01}——由均布恒荷载产生的支点剪力，kN。

2）活载内力

简支板承受活荷载时的弯矩按车道荷载进行计算，汽车荷载要考虑冲击系数 $(1 + \mu)$。当板的弯矩取 1m 宽的板带进行计算时，荷载效应数值应除以相应车道数的板的宽度 B。则由活荷载产生的跨中弯矩为：

$$M_{Z2} = \frac{(1+\mu)(q_k W + P_k y_{max})}{B} \tag{12-52}$$

式中　M_{Z2}——由活荷载产生的跨中弯矩，kN·m；

　　　q_K——车道荷载的均布荷载标准值，kN/m；

　　　W——跨中截面弯矩影响线面积，m²；

　　　μ——汽车荷载的冲击系数；

　　　P_K——车道荷载的集中荷载标准值，kN；

　　　y_{max}——相应于弯矩影响线的最大影响线峰值，m；

　　　B——相应车道数的板宽。

由活荷载产生的支点剪力为：

$$Q_{02} = \frac{(1+\mu)(q_k W_0 + 1.2 P_K y_{0max})}{B} \tag{12-53}$$

式中　Q_{02}——由活荷载产生的支点剪力，kN；

　　　W_0——支点截面剪力影响线面积，m²；

　　　y_{0max}——相应于支点影响线的最大影响线峰值，m。

3）内力组合及截面计算

板跨中设计弯矩：　　　　　$M_d = \gamma_{Gi} M_{Z1} + \gamma_{Q1} M_{Z2}$ 　　　　(12-54)

板支点设计剪力：　　　　　$Q_d = \gamma_{Gi} Q_{01} + \gamma_{Q1} Q_{02}$ 　　　　(12-55)

正截面抗弯承载力计算应符合下列规定：

$$\gamma_0 M_\mathrm{d} \leqslant f_\mathrm{cd} b x \left(h_0 - \frac{x}{2}\right) + f'_\mathrm{sd} A'_\mathrm{s}(h_0 - a'_\mathrm{s}) \tag{12-56}$$

式中 x——混凝土受压区高度，按下式计算：

$$f_\mathrm{sd} A_\mathrm{s} = f_\mathrm{cd} b x + f'_\mathrm{sd} A'_\mathrm{s} \tag{12-57}$$

并应符合下列要求：

$$x \leqslant \xi_\mathrm{b} h_0 \tag{12-58}$$

γ_0——桥梁结构的重要性系数，按公路桥涵的设计安全等级，一级、二级、三级分别取用 1.1、1.0、0.9；抗震设计不考虑结构的重要性系数；

M_d——弯矩组合设计值；

f_cd——混凝土轴心抗压强度设计值；

f_sd、f'_sd——纵向普通钢筋的抗拉强度设计值、抗压强度设计值；

A_s、A'_s——受拉区、受压区纵向普通钢筋的截面面积；

b——板截面宽度；

h_0——截面有效高度，$h_0 = h - a$；

h——截面全高；

a——受拉区、受压区普通钢筋的合力点至受拉区边缘、受压区边缘的距离；

a'_s——受压区普通钢筋合力点至受压区边缘的距离。

抗剪截面应符合下列要求：

$$\gamma_0 Q_\mathrm{d} \leqslant 0.51 \times 10^{-3} \sqrt{f_\mathrm{cu,k}} b h_0 \quad (\mathrm{kN}) \tag{12-59}$$

式中 $f_\mathrm{cu,k}$——边长为 150mm 的混凝土立方体抗压强度标准值，MPa，即为混凝土强度等级。

(3) 装配式简支板桥的计算

铰结装配式板桥的荷载横向分配计算的方法较多，但在计算结果上并无多大差别。这里只介绍"铰结梁法"。

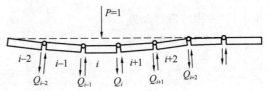

图 12-10 铰结装配式板桥单位荷载横向分布值

1) 荷载作用在跨中时的横向分布系数

预制装配式的桥板在横向各板之间认为是理想的铰接，如图 12-10 所示。当一块板受力变形，相邻各构件也相应变形，由于有铰的存在，相邻构件在铰处的变形相等。

①单位荷载横向分布值

当单位荷载 $P=1$ 作用于构件 i 时，其他构件（$i-2$、$i-1$、$i+1$、$i+2$）通过各构件之铰的连接作用也受力，此时各构件所受到的力就称为单位荷载横向分布值，该值与各构件的挠度成正比。

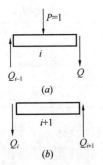

图 12-11 构件 i 在单位荷载 $P=1$ 的作用下，受力情况

a. 构件 i 在单位荷载 $P=1$ 的作用下，其受力情况，如图 12-11 所示。构件 i 的单位荷载分布值为：

$$\eta_i = 1 - Q_i - Q_{i-1} \tag{12-60}$$

b. 构件 $i+1$ 的单位荷载横向分布如图 12-11 （b）所示，其分布值为：

$$\eta_{i+1} = Q_i - Q_{i+1} \qquad (12\text{-}61)$$

②单位荷载横向分布影响线

单位荷载 $P=1$ 沿横向分布值是变化的，根据结构力学中虚功互等原理，$P=1$ 作用在构件 i 上，各构件的单位荷载横向分布值为 η_{i-2}、η_{i-1}、η_i……，就是构件 i 的荷载横向分布影响线的竖标。据此可以绘出构件 i 的荷载横向分布影响线。

③构件所受压力：在横向分布影响线上，将汽车荷载按横向最不利位置加载，构件 i 所受压力应为：

$$R_i = P/2\Sigma\eta_{\mathrm{n}} = m_i P \qquad (12\text{-}62)$$

式中　$P/2$——汽车荷载的轮压力，为轴压力之半，kN；

　　　η_{n}——汽车荷载按横向最不利位置时，各车轮所在位置下的影响线竖标值；

　　　m_i——构件 i 的荷载横向分布系数，即构件 i 在汽车荷载作用下所受到的压力与汽车荷载轴压力 P 的比值，$m_i=1/2\Sigma\eta_{\mathrm{n}}$。

④系数 ρ 的计算：铰接板的上部构造的单位荷载横向分布值，即荷载横向分布影响线的竖标，取决于系数 ρ（这时取混凝土的剪切弹性模量 $G=0.425E$），ρ 值可按公式（12-63）计算：

$$\rho = 5.8\,\frac{I_{\mathrm{x}}b^2}{I_{\mathrm{T}}l^2} \qquad (12\text{-}63)$$

式中　b——构件中矩，对等宽度的铰接实心板即等于板宽，m，对于铰接实心板，ρ 值可按下式计算：

$$\rho = 5.8\,\frac{\frac{1}{12}bh^3}{k_jbh^3}\,\frac{b^2}{l^2} = \frac{b^2}{2.07k_jl^2} \qquad (12\text{-}64)$$

式中　l——构件设计跨度，m；

　　　I_{x}——矩形截面构件（实心板）的抗弯惯性矩，可按公式（12-65）计算：

$$I_{\mathrm{x}} = \frac{1}{12}bh^3 \qquad (12\text{-}65)$$

　　　I_{T}——抗扭惯性矩，可按公式（12-66）计算：

$$I_{\mathrm{T}} = k_jbh^3 \qquad (12\text{-}66)$$

　　　k_i——与截面边长有关的系数，可从表 12-29 查得。

					k_i　值					表 **12-29**
b/h	1.00	1.10	1.20	1.25	1.30	1.40	1.50	1.60	1.75	1.80
k_{e}	0.141	0.154	0.166	0.172	0.177	0.187	0.197	0.204	0.214	0.217
b/h	2.00	2.50	3.00	3.50	4.00	5.00	8.00	10.00	20.00	∞
k_{e}	0.229	0.249	0.263	0.273	0.281	0.291	0.307	0.312	0.323	0.333

求得系数 ρ 值后，可用表 12-29 所列的铰接板桥荷载横向分布影响线竖标 η_{ik}，即可绘制荷载横向分布影响线，在影响线上按照横向最不利位置布置荷载，将各车轮荷载 $P/2$ 所在位置的影响线竖标 η_{ik} 总和起来，即可求得汽车荷载轴压力 P 对构件 i 的横向分布系数 $m_i = 1/2\Sigma\eta_{ik}$。

2）荷载在支点时的分布系数

在计算支点剪力时，顺桥方向的荷载最不利位置，是将后轮置于支座边缘，前轮位于跨间，这时由于支座上基本不发生挠曲变形，荷载将直接传到墩台，而不向相邻的板块传递。一般预制板块为1m左右宽，可近似假定一个车轮荷载就只传到预制板上，即横向分布系数对汽车荷载来说为：$m_0 = 1/2$。

当预制板宽度很大时，可以按实际布置的车轮荷载计算。

3）横向分布系数沿跨径方向的变化：横向分布系数沿跨径方向的变化是从跨径 1/4 处为转折点，在中间半跨长度内，横向分布系数等于 $m_{0.5}$，从跨径的 1/4 处到支点，横向分布系数值由 $m_{0.5}$ 渐变为 m_0，如图 12-12 所示。

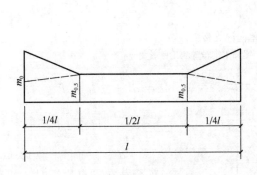

图 12-12　横向分布系数沿跨径方向的变化

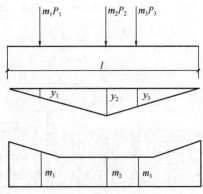

图 12-13　简支板内力计算

4）装配式简支桥面板内力计算：荷载横向分布系数求出后，可按上面整体式简支板桥方法进行计算。

5）对于人群荷载的内力计算可参照上述方法进行，只是不考虑冲击系数。

6）其他有关钢筋混凝土连续板桥、预应力混凝土板桥的设计计算，请按照相关的设计规范进行。

2. 钢筋混凝土简支梁桥

当桥的跨径大于 8~10m 时，可以采用钢筋混凝土梁桥。这种桥的类型较多，按梁的截面可分为 T 形截面梁、I 形截面梁、箱形截面梁。钢筋混凝土 T 形、I 形截面简支梁标准跨径不宜大于 16m，钢筋混凝土箱形截面简支梁标准跨径不宜大于 25m。

（1）桥面板计算

简支板：桥面板主要承受恒载及车辆荷载，中、小跨径桥梁简支板多采用单向板。单向板的条件是横隔梁间距 l_a 比主梁间距 l_b 等于或大于 2，即 $l_a/l_b \geqslant 2$，如图 12-14 所示。单向板主要受力是沿短跨方向。主梁间距一般为 2~4m；横隔梁间距一般为 4~6m。

1）集中荷载在板上的分布：集中荷载（车轮压力）在板面上的分布见图 12-15，梁桥中板的计算跨度与行车方向垂直。

①当一个单轮荷载在板跨中时，如图 12-15（a）所示，则荷载有效分布宽度为：

$$a = a_1 + \frac{1}{3}l_b = a_2 + 2H + \frac{1}{3}l_b \geqslant \frac{2}{3}l_b \tag{12-67}$$

②当几个相同车轮荷载在跨中时，如图 12-15（b）所示，其有效分布宽度发生重叠时，则荷载取各车轮重的总和，而有效分布宽度按两边车轮荷载分布后的外缘计算。

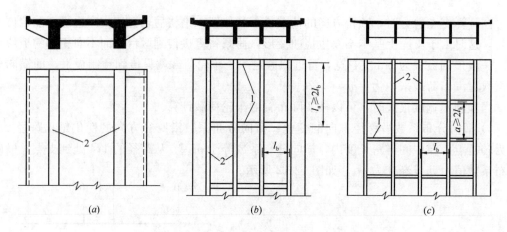

图 12-14　单向简支板

（a）、（b）、（c）为单向板横梁和主梁布置的几种形式

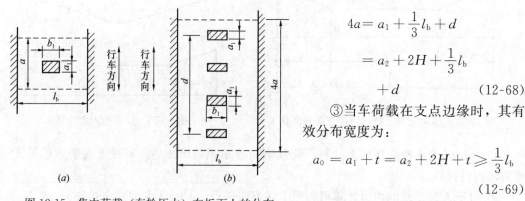

图 12-15　集中荷载（车轮压力）在板面上的分布

$$4a = a_1 + \frac{1}{3}l_b + d$$

$$= a_2 + 2H + \frac{1}{3}l_b$$

$$+ d \qquad (12\text{-}68)$$

③当车荷载在支点边缘时，其有效分布宽度为：

$$a_0 = a_1 + t = a_2 + 2H + t \geqslant \frac{1}{3}l_b$$

$$(12\text{-}69)$$

式中　　H——铺装层厚度，m；

　　　　t——板厚，m。

按上述各条算得的宽度，均不得大于全板宽度，当分布宽度超过板边时（如车轮靠近板边附近），分布宽度的边界也以板边为界，对彼此不相连的装配式板，车轮荷载分布宽度不大于一个装配式板的板宽。

2）内力计算：单向桥面板按弹性支承计算：

①弯矩：当板厚 t 与主梁高 h 之比 $t/h < 1/4$ 时：

支点弯矩：　　　　　　　　$M_支 = -0.7M_0$ 　　　　　　　　(12-70)

跨中弯矩：　　　　　　　　$M_中 = +0.5M_0$ 　　　　　　　　(12-71)

当 $t/h \geqslant 1/4$ 时：

支点弯矩：　　　　　　　　$M_支 = -0.7M_0$ 　　　　　　　　(12-72)

跨中弯矩：　　　　　　　　$M_中 = +0.7M_0$ 　　　　　　　　(12-73)

式中　　M_0——将板当作简支时，由恒载及活载（包括冲击力）产生的跨中最大弯矩。

计算单向简支板时（见图 12-16），每米宽弯矩为：

$$M_0 = \frac{1}{8}ql^2 + (1+\mu)\frac{pb_1}{4}\left(l - \frac{b_1}{2}\right) \qquad (12\text{-}74)$$

式中　　q——每平方米板的恒载，N/m²；

p——车辆荷载的分布强度，N/m²，$p = P/ab_1$；

P——车轮压力，N/m²。

板的计算跨径 l，在主梁肋不宽时（如 T 形梁），可取梁肋的中距，当主梁梁肋宽度较大时（如箱形梁），可取梁肋间净距（即板的净距）加板厚。

②剪力计算：单向板的支点剪力计算，可以不考虑板和主梁的弹性支座作用，近似按简支板计算。跨径则取板的净跨径 l_0，荷载应靠近支座边缘布置。

跨径内有一个车轮荷载的情况，每米板宽上的计算剪力为：

$$Q = \frac{1}{2}ql_0(1+\mu)\frac{P}{a_x}y_x \qquad (12\text{-}75)$$

式中　P——车轮压力；

a_x——与荷载中心位置相对应的板的有效分布宽度；

y_x——与荷载相对应的支点剪力影响线竖标。

3）悬臂板：

①荷载有效分布宽度：车轮荷载的有效分布宽度为：

$$a + a_1 + 2b_x = a_2 + 2H + 2b_x \qquad (12\text{-}76)$$

式中　b_x——车轮压力分布面积外缘到支承边缘的距离；

其他符号意义同前。

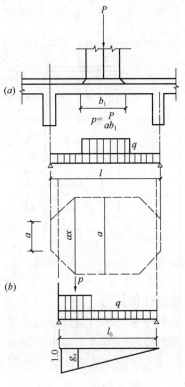

图 12-16　单向板内力计算

②内力计算：装配式 T 形梁桥中间主梁是悬臂板，其上所作用的活荷载强度为 $p = P/ab_1$（其中 P 为车轮压力）。单位面积上恒荷载为 q，则悬臂板（跨径 b_x）的内力为：

弯矩：
$$M = \frac{1}{2}qb_x^2 + \frac{1}{2}(1+\mu)pb_x^2 \qquad (12\text{-}77)$$

剪力：
$$Q = qb_x + (1+\mu)pb_x \qquad (12\text{-}78)$$

对于图 12-17 有人行道的悬臂板，在计算时要注意《公路桥涵设计通用规范》JTG D60—2004 规定的车轮中心距人行道边缘的最小距离，并且恒载弯矩和剪力要按实际情况计算，不能套用上述公式。

（2）主梁计算

由主梁、横梁和桥面板所组成的上部构造在车轮荷载作用下，主梁的内力计算，一般先计算各主梁的荷载横向分布系数，然后再在纵向利用主梁的内力影响线求算主梁内力。计算主梁荷载横向分布系数的方法很多，下面仅介绍常采用的杠杆法、偏心受压法、横向铰结法。

1）构造及其适用条件

①T 形、I 形截面梁应设置跨端横隔梁和跨间横隔梁，当横向刚性连接时，横隔梁间距不应大于 10m。箱形截面梁应设置箱内端横隔板，跨间横隔板设置可经结构分析确定。

②装配式 T 形梁高与跨径之比，一般取 $h/l = 1/11 \sim 1/16$，随着跨径增大，而采用

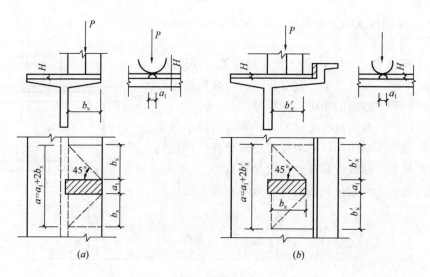

图 12-17　悬臂板荷载有效分布宽度

较小的比值。

③不考虑桥面铺装层与主梁结合共同受力时，预制的 T 形、I 形截面梁或箱形截面梁翼缘悬臂端的厚度不应小于 10cm。

④ T 形、I 形截面梁，在与腹板相连处的翼缘厚度，不应小于梁高的 1/10，当该处设有承托时，翼缘厚度可计入承托加厚部分厚度；当承托底坡 $\tan\alpha$ 大于 1/3 时，取 1/3。箱形截面梁顶、底板的中部厚度，不应小于板净跨径的 1/30，且不应小于 20cm。

⑤ T 形、I 形截面梁或箱形截面梁的腹板宽度不应小于 14cm，一般采用 15～18cm。箱形截面梁上下承托之间的腹板高度不应大于腹板宽度的 15 倍。当腹板宽度有变化时，其过渡段长度不宜小于 12 倍腹板宽度差。

⑥横隔梁高度为主梁梁肋高度的 0.7～0.9 倍，端横隔梁可以做成与主梁同高或与中隔梁同高，横隔梁厚度一般为 13～20cm。

⑦梁肋要满足主拉应力的要求和钢筋保护层的净距要求。

⑧当施工条件受到限制，修建预制装配式梁桥有困难时，可以修建就地浇筑的整体式 T 形梁桥。其主梁肋宽一般采用 25～35cm，桥面板厚一般为 12～14cm。在梁肋衔接处设置承托以加大板厚。

2）设计荷载横向分布系数

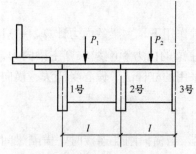

图 12-18　横隔梁和桥面板在主梁处断开的计算

①横向铰结法：计算方法同板桥。这时公式（12-65）、公式（12-66）中的 I_x 和 I_T 分别为 T 形主梁的抗弯惯性矩和抗扭惯性矩，b 为梁翼缘宽度，l 为主梁跨径。

②杠杆法：

a. 假定横隔梁和桥面板在主梁处是断开的，不起联系作用，计算简图如图 12-18 所示。将横隔梁和桥面板当作是两端支承于主梁上的简支梁，而伸出主梁外的桥面板则当作单悬臂看待。桥面板上的荷载 P_1

按杠杆原理分布于 1 号和 2 号主梁上, P_2 按杠杆原理分布于 2 号和 3 号主梁上等。

b. 为了求出车辆荷载在桥的横向各种可能位置对 1 号、2 号和 3 号主梁产生的最大荷载, 就要绘出 R_1、R_2、R_3 等支点反力影响线, 这些支点反力影响线称为各主梁的荷载横向分布影响线。

在荷载横向分布影响线上将横向的车辆荷载分别加于最不利位置, 即可求出各主梁上所承受的最大反力。

对汽车荷载:

$$P_i = \frac{P}{2}\eta_1 + \frac{P}{2}\eta_2 + \cdots = \frac{1}{2}\Sigma\eta_i P_i = m_i P \qquad (12\text{-}79)$$

式中　　　　　m_i——汽车荷载对主梁 i 的横向分布系数, $m_i = \Sigma\eta_i/2$;

　　η_1、η_2,$\cdots$,η_i——主梁 i 的横向分布影响线在各荷载位置处的竖标;

　　　　　　P——汽车荷载轴压力, kN。

c. 对于人群荷载, 其横向分布系数就是与人群荷载相对应的横向分布影响线的面积。

③偏心受压法: 横向为刚性连接的梁桥, 其横向刚度较大, 对于这种桥梁可采用偏心受压法计算梁的横向荷载分布系数。如整体多梁式桥和横向为刚性连接的装配式梁桥都可用本法计算。

偏心受压法计算的横向荷载分布与偏心受压杆件截面中的应力分布规律相同, 即在活荷载作用下各主梁挠度成直线关系。偏心受压法对于窄桥 ($l/B \geqslant 2$) 其计算结果足够精确。

a. 汽车荷载对主梁的作用: 如图 12-19 所示, 各主梁刚度较大, 汽车荷载合力 R 作用可分为两部分。

(*a*) 作用在桥中线上的合力 R, 它平均分配在各主梁上, 设主梁根数为 n, 则每根主

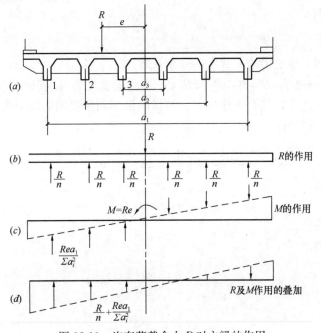

图 12-19　汽车荷载合力 R 对主梁的作用

梁承担的压力为 R/n。

(b) 力偶 $M = Re$，此力偶对各主梁产生的作用力按直线分布。设作用在 1 号主梁的压力为 A_1，距桥中线距离为 $a_{1/2}$，作用在 2 号主梁的压力为 A_2，距桥中线距离为 $a_{2/2}$，余者类推，由直线变形规律可得：

$$A_2 = A_1 \frac{a_{2/2}}{a_{1/2}} = A_1 \frac{a_2}{a_1}$$

$$A_3 = A_1 \frac{a_3}{a_1}$$

各主梁作用力偶之和应为 $M = Re$，即：

$$Re = A_1 a_1 + A_2 a_2 + A_3 a_3 + \cdots + A_n a_n = A_1 a_1 + A_1 \frac{a_2^2}{a_1} + A_1 \frac{a_3^2}{a_1} + \cdots + A_1 \frac{a_n^2}{a_1}$$

由此可得：

$$A_1 = \frac{Rea_1}{a_1^2 + a_2^2 + a_3^2 + \cdots + a_n^2} = \frac{Rea_1}{\Sigma a_i^2}$$

同理可得：

$$A_2 = \frac{Rea_2}{a_1^2 + a_2^2 + a_3^2 + \cdots + a_n^2} \frac{Rea_2}{\Sigma a_i^2}$$

b. i 号主梁由于在桥中线上的合力 R 及力偶 $M = Re$ 的作用所受到的压力 R_i 为：

$$R_i = \frac{R}{n} \pm \frac{Rea_i}{\Sigma a_i^2} = m_i R \tag{12-80}$$

$$m_i = \frac{1}{n} \pm \frac{ea_i}{\Sigma a_i^2}$$

m_i 为荷载 R 对 i 号主梁的荷载横向分布系数。

对于汽车荷载，如为双车道，$R = 2P$（P 为汽车轴压力）；按偏心受压法计算时，汽车荷载可用 $R = 2P$ 代替，其合力作用点应按横向最不利位置偏离桥中线，这时：

1 号主梁所受压力为：

$$R_1 = 2P\left(\frac{1}{n} \pm \frac{ea_1}{\Sigma a_i^2}\right) = m_1 P$$

$$m_1 = 2\left(\frac{1}{n} \pm \frac{ea_1}{\Sigma a_i^2}\right)$$

2 号主梁所受压力为：

$$R_2 = 2P\left(\frac{1}{n} \pm \frac{ea_2}{\Sigma a_i^2}\right) = m_2 P$$

$$m_2 = 2\left(\frac{1}{n} \pm \frac{ea_2}{\Sigma a_i^2}\right)$$

余者类推。

c. 人群荷载对主梁的横向分布系数也可用同样方法确定。

3）内力计算

①主梁内力计算分两部分荷载，即由恒荷载作用产生的内力和活荷载作用产生的内力。在确定了作用在每根主梁上的恒荷载和活荷载后，即可进行主梁的内力计算。

②对于跨径不大的简支梁桥的主梁，通常只要跨中和支点两个截面的内力；对于较大跨径的主梁，必要时还应计算跨径 1/4 处的内力，如果主梁沿桥轴方向截面有变化，则还应计算截面变化处的内力。

③计算恒荷载内力时，将主梁所承受的全部恒荷载都作为沿跨径方向均匀分布的线荷载。

④恒荷载内力对于每根主梁基本上是相同的，因此控制设计的主梁内力决定于活荷载内力。由恒荷载产生的内力，计算比较简单，这里不再赘述。活荷载产生的内力可按上述整体式简支板桥方法进行计算。

4）主梁截面计算

在求出主梁最不利的内力值后，就可根据内力，按《公路钢筋混凝土及预应力混凝土桥涵设计规范》JTG D62—2004 进行持久状况下的承载能力极限状态计算与正常使用极限状态计算来对主梁合理地配置钢筋。

其他，有关钢筋混凝土连续梁桥、预应力混凝土桥梁的设计计算，请按照相关的设计规范进行。

12.1.5 中、小跨径板、梁桥墩台

板、梁桥墩台是桥墩和桥台的合称，墩台承受桥跨结构的恒荷载和活荷载，并连同本身自重及填土压力传递至地基上。桥梁的墩台形式较多，跨越排洪沟渠的桥梁一般跨径较小，高度较低，所以多采用重力式和井柱式的墩台。

1. 重力式墩台

（1）构造要求

1）重力式桥墩的平面形状，通常设计成墩头半圆形或三角形，墩顶宽 0.8～1.0m，长度根据桥面宽度而定。桥墩两侧通常设计成 30∶1～40∶1 的竖向坡度，小型桥梁可做成竖直的。

2）桥墩的基础尺寸，应根据地基承载力决定，通常为改善地基应力，基础可适当增大，如图 12-20 所示。

3）桥涵墩台基础（不包括桩基础）基底埋置深度：

①当墩台基底设置在不冻胀土层中时，基底埋深可不受冻深的限制。

②上部为外超静定结构的桥涵基础，其地基为冻胀土层时，应将基底埋入冻结线以下不小于 0.25m。

③当墩台基础设置在季节性冻胀土层中时，基底的最小埋置深度可按下式计算：

$$d_{\min} = Z_d - h_{\max} \tag{12-81}$$

$$Z_d = \psi_{zs}\psi_{zw}\psi_{ze}\psi_{zg}\psi_{zf}Z_0 \tag{12-82}$$

式中 $d_{\min}$——基底最小埋置深度，m；

Z_d——设计冻深，m；

Z_0——标准冻深，m；无实测资料时，可按附录 28 采用；

ψ_{zs}——土的类别对冻深的影响系数，按表 12-30 查取；

ψ_{zw}——土的冻胀性对冻深的影响系数，按表 12-31 查取；

ψ_{ze}——环境对冻深的影响系数，按表 12-33 查取；

ψ_{zg}——地形坡向对冻深的影响系数，按表 12-34 查取；

ψ_{zf}——基础对冻深的影响系数，取 $\psi_{zf}=1.1$；

h_{max}——基础底面下容许最大冻层厚度，m，按表 12-35 查取。

土的类别对冻深的影响系数 ψ_{zs} 表 12-30

土的类别	黏性土	细砂、粉砂、粉土	中砂、粗砂、砾砂	碎石土
ψ_{zs}	1.00	1.20	1.30	1.40

土的冻胀性对冻深的影响系数 ψ_{zw} 表 12-31

冻胀性	不冻胀	弱冻胀	冻胀	强冻胀	特强冻胀	极强冻胀
ψ_{zw}	1.00	0.95	0.90	0.85	0.80	0.75

注：季节性冻土分类见表 12-32。

桥涵地基土的季节性冻胀性分类 表 12-32

土的名称	冻前天然含水量 w（%）	冻前地下水位至地表距离 z（m）	平均冻胀率 K_d（%）	冻胀等级	冻胀类别
岩石、碎石土、砾砂、粗砂、中砂（粉黏粒含量≤15%）	不考虑	不考虑	$K_d \leqslant 1$	I	不冻胀
碎石土、砾砂、粗砂、中砂（粉黏粒含量>15%）	$w \leqslant 12$	$z > 1.5$	$K_d \leqslant 1$	I	不冻胀
		$z \leqslant 1.5$	$1 < K_d \leqslant 3.5$	II	弱冻胀
	$12 < w \leqslant 18$	$z > 1.5$			
		$z \leqslant 1.5$	$3.5 < K_d \leqslant 6$	III	冻胀
	$w > 18$	$z > 1.5$			
		$z \leqslant 1.5$	$6 < K_d \leqslant 12$	IV	强冻胀
细砂、粉砂	$w \leqslant 14$	$z > 1.0$	$K_d \leqslant 1$	I	不冻胀
		$z \leqslant 1.0$	$1 < K_d \leqslant 3.5$	II	弱冻胀
	$14 < w \leqslant 19$	$z > 1.0$			
		$1.0 > z \geqslant 0.25$	$3.5 < K_d \leqslant 6$	III	冻胀
		$z \leqslant 0.25$	$6 < K_d \leqslant 12$	IV	强冻胀
	$19 < w \leqslant 23$	$z > 1.0$	$3.5 < K_d \leqslant 6$	III	冻胀
		$1.0 > z \geqslant 0.25$	$6 < K_d \leqslant 12$	IV	强冻胀
		$z \leqslant 0.25$	$12 < K_d \leqslant 18$	V	特强冻胀
	$w > 23$	$z > 1.0$	$6 < K_d \leqslant 12$	IV	强冻胀
		$z \leqslant 1.0$	$12 < K_d \leqslant 18$	V	特强冻胀

土的名称	冻前天然含水量 w（%）	冻前地下水位至地表距离 z（m）	平均冻胀率 K_d（%）	冻胀等级	冻胀类别
粉土	$w \leqslant 19$	$z > 1.5$	$K_d \leqslant 1$	Ⅰ	不冻胀
		$z \leqslant 1.5$	$1 < K_d \leqslant 3.5$	Ⅱ	弱冻胀
	$19 < w \leqslant 22$	$z > 1.5$			
		$z \leqslant 1.5$	$3.5 < K_d \leqslant 6$	Ⅲ	冻胀
	$22 < w \leqslant 26$	$z > 1.5$			
		$z \leqslant 1.5$	$6 < K_d \leqslant 12$	Ⅳ	强冻胀
	$26 < w \leqslant 30$	$z > 1.5$			
		$z \leqslant 1.5$	$K_d > 12$	Ⅴ	特强冻胀
	$w > 30$	不考虑			
黏性土	$w \leqslant w_p + 2$	$z > 2.0$	$K_d \leqslant 1$	Ⅰ	不冻胀
		$z \leqslant 2.0$	$1 < K_d \leqslant 3.5$	Ⅱ	弱冻胀
	$w_p + 2 < w \leqslant w_p + 5$	$z > 2.0$			
		$2.0 > z \geqslant 1.0$	$3.5 < K_d \leqslant 6$	Ⅲ	冻胀
		$1.0 > z \geqslant 0.5$	$6 < K_d \leqslant 12$	Ⅳ	强冻胀
		$z \leqslant 0.5$	$12 < K_d \leqslant 18$	Ⅴ	特强冻胀
	$w_p + 5 < w \leqslant w_p + 9$	$z > 2.0$	$3.5 < K_d \leqslant 6$	Ⅲ	冻胀
		$2.0 > z \geqslant 0.5$	$6 < K_d \leqslant 12$	Ⅳ	强冻胀
		$0.5 > z \geqslant 0.25$	$12 < K_d \leqslant 18$	Ⅴ	特强冻胀
		$z \leqslant 0.25$	$K_d > 18$	Ⅵ	极强冻胀
	$w_p + 9 < w \leqslant w_p + 15$	$z > 2.0$	$6 < K_d \leqslant 12$	Ⅳ	强冻胀
		$2.0 > z \geqslant 0.25$	$12 < K_d \leqslant 18$	Ⅴ	特强冻胀
		$z \leqslant 0.25$	$K_d > 18$	Ⅵ	极强冻胀
	$w_p + 15 < w \leqslant w_p + 23$	$z > 2.0$	$12 < K_d \leqslant 18$	Ⅴ	特强冻胀
		$z \leqslant 2.0$	$K_d > 18$	Ⅵ	极强冻胀
	$w > w_p + 23$	不考虑			

注：1. w_p—塑限含水量（%）；w—在冻土层内冻前天然含水量的平均值；
　　2. 本分类不包括盐渍化冻土。

环境对冻深的影响系数 ψ_{ze}　　　　表 12-33

周围环境	村、镇、旷野	城市近郊	城市市区
ψ_{ze}	1.00	0.95	0.90

注：当城市市区人口为 20 万～50 万人时，按城市近郊取值；当城市市区人口大于 50 万人、小于或等于 100 万人时，按城市市区取值；当城市市区人口超过 100 万人时，按城市市区取值，5km 以内的郊区应按城市近郊取值。

地形坡向对冻深的影响系数 ψ_{zg}　　　　表 12-34

地形坡向	平坦	阳坡	阴坡
ψ_{zg}	1.0	0.9	1.1

不同冻胀土类别在基础底面下容许最大冻层厚度 h_{max}　　　　表 12-35

冻胀土类别	弱冻胀	冻胀	强冻胀	特强冻胀	极强冻胀
h_{max}	$0.38Z_0$	$0.28Z_0$	$0.15Z_0$	$0.08Z_0$	0

注：Z_0—标准冻深，m。

④桥梁墩台建在非岩石地基上时，基础埋深安全值按表 12-36 确定。

基础埋深安全值（m）　　　　表 12-36

总冲刷深度（m）	0	5	10	15	20
大桥、中桥、小桥（不铺砌）	1.5	2.0	2.5	3.0	3.5

注：1. 总冲刷深度为自河床面算起的河床自然演变冲刷、一般冲刷与局部冲刷深度之和。

2. 表列数值为墩台基底埋入总冲刷深度以下的最小值；若对设计流量、水位和原始断面资料无把握或不能获得河床演变准确资料时，其值宜适当加大。

3. 若桥位上下游有已建桥梁，应调查已建桥梁的特大洪水冲刷情况，新建桥梁墩台基础埋置深度不宜小于已建桥梁的冲刷深度且适当增加必要的安全值。

4. 如河床上有铺砌层时，基础底面宜设置在铺砌层顶面以下不小于 1m。

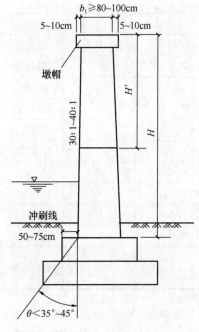

图 12-20　桥墩各部尺寸和相关关系

⑤岩石河床墩台基底最小埋置深度可参考《公路工程水文勘测设计规范》JTG C30—2002 附录 C 确定。

⑥位于河槽的桥台，当其最大冲刷深度小于桥墩总冲刷深度时，桥台基底的埋深应与桥墩基底相同。当桥台位于河滩时，对河槽摆动不稳定河流，桥台基底高程应与桥墩基底高程相同；在稳定河流上，桥台基底高程可按照桥台冲刷结果确定。

4）桥台将桥跨结构与两岸路堤相连接，桥台通常既是承重结构，又是挡土结构。在平面上常设计成"凵"形，它由基础底板、前墙和侧墙三部分所组成，且连成整体，其各部尺寸和相关关系，如图 12-21 所示。

5）主梁在墩台上的支承形式，简支梁桥一般设一个固定支座和一个或多个（多跨）活动支座。固定支座用于固定桥跨结构对墩台的位置，可以转动而不能移动；活动支座可以保证在温度变化、混凝土胀缩和荷载作用下，桥跨结构自由变形。

①跨越排洪沟渠的桥梁跨径一般都不大，可以采用较简单的平面钢板支座，如图 12-22 所示。活动支座由两块钢板构成，分别固定在主梁和桥墩上，板间涂润滑剂以防锈蚀；固定支座由一块钢板制成，板中穿过一根穿钉以固定梁的位置。

②现在桥梁最常采用各种橡胶支座。板式橡胶支座常用在中、小跨径的桥梁上。

（2）墩台稳定性计算

作用在桥墩上的荷载有：自重 W_1、桥墩基础上的土重 W_2、上部结构自重 W_3、车辆

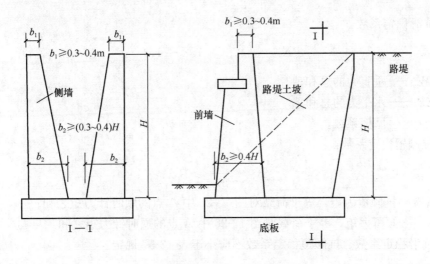

图 12-21 桥台各部尺寸和相关关系

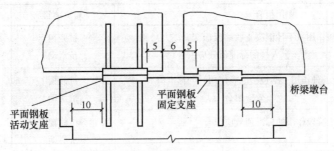

图 12-22 平面钢板支座（单位：cm）

荷载对支座的作用力 W_4、扬压力 W_5、车辆制动力 H、温度变化引起的摩阻力 T。桥台则还有填土重 W_6 以及土侧压力 E，如图 12-23 所示。

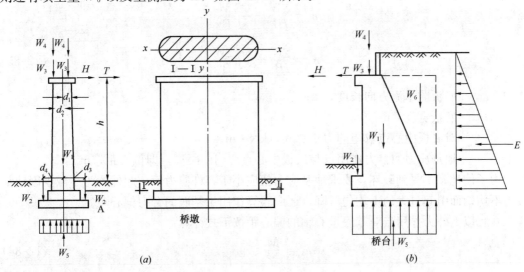

图 12-23 墩台稳定计算

（a）桥墩；（b）桥台

1）抗滑稳定系数：

$$K_1 = \frac{f\Sigma W}{\Sigma P} \geqslant 1.2 \sim 1.4 \qquad (12\text{-}83)$$

式中 ΣW ——垂直力的总和；

ΣP ——水平力的总和；

f ——摩擦系数。

2）抗倾覆稳定系数：

$$K_2 = \frac{M_1}{M_2} \geqslant 1.5 \qquad (12\text{-}84)$$

式中 M_1 ——抗倾覆力矩，等于荷载对图 12-26 中 A 点的顺时针力矩之和；

M_2 ——倾覆力矩，等于荷载对图 12-26 中 A 点的逆时针力矩之和。

3）抗滑稳定系数、抗倾覆稳定系数不应小于表 12-37 规定。

抗倾覆和抗滑动的稳定系数 表 12-37

作用组合		验算项目	稳定系数
使用阶段	永久作用（不计混凝土收缩及徐变、浮力）和 汽车、人群的标准值效应组合	抗倾覆	1.5
		抗滑动	1.3
	各种作用（不包括地震作用）的标准值 效应组合	抗倾覆	1.3
		抗滑动	1.2
施工阶段作用的标准值效应组合		抗倾覆	1.2
		抗滑动	1.2

（3）地基应力计算

重力式墩台地基应力分布，可按偏心受压计算：

$$\sigma = \frac{\Sigma W}{lB} \pm \frac{6\Sigma M_0}{l^2 B}$$

或 $$\sigma = \frac{\Sigma W}{lB} \pm \frac{6e_0 \Sigma W}{l^2 B} \qquad (12\text{-}85)$$

式中 l ——底板顺水流方向长度，m；

B ——底板宽度，m；

ΣM_0 ——对底板中心点取矩的力矩总和，kN·m；

e_0 ——地基反力的合力作用点与底板中心点之间的距离，即偏心距，m。

为了使地基不受到破坏，要求地基应力值应小于容许应力值，此外，为了减少因地基应力不均匀而引起过大的不均匀沉降，还应验算作用于基底的合力偏心距。

基底以上外力作用点对基底重心轴的偏心距按下式计算：

$$e_0 = \frac{M}{N} \leqslant [e_0] \qquad (12\text{-}86)$$

式中 N、M ——作用于基底的竖向力和所有外力（竖向力、水平力）对基底截面重心的弯矩；

$[e_0]$ ——墩台基底的合力偏心距容许值。应符合表 12-38 的规定。

墩台基底的合力偏心距容许值 $[e_0]$　　　　　　　　　表 12-38

作用情况	地基条件	合力偏心距	备　注
墩台仅承受永久作用标准值 效应组合	非岩石地基	桥墩 $[e_0] \leqslant 0.1\rho$	拱桥、钢构桥墩台的合力 作用点应尽量在重心附近
		桥台 $[e_0] \leqslant 0.75\rho$	
墩台承受可变作用标准值 效应组合或偶然作用（地震 作用除外）标准值效应组合	非岩石地基	$[e_0] \leqslant \rho$	拱桥单向推力墩不限制， 但应符合抗倾覆稳定 的要求
	较破碎、极破碎岩石地基	$[e_0] \leqslant 1.2\rho$	
	完整、较完整岩石地基	$[e_0] \leqslant 1.5\rho$	

对于宽度较小的排洪沟渠，且两侧土质密实，亦可在距沟渠边坡顶面 $1.5 \sim 3.0$m 处设置钢筋混凝土枕梁桥台，如图 12-24 所示。

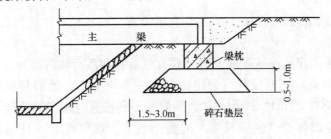

图 12-24　钢筋混凝土枕梁桥台

2. 钻孔桩式墩台

钻孔桩式墩台是先用钻机在设墩台处钻孔，然后向孔内浇筑混凝土或钢筋混凝土作为桥墩台的基础，地面（或冲刷线）以上接着浇筑混凝土或钢筋混凝土柱，再在柱上部设置盖梁，这就成为钻孔桩式墩台。这种形式的墩台施工设备简单、工程造价低、建造速度快，特别适用于水下施工和地下水位高，明挖基础施工有困难的情况。钻孔桩式墩台有单柱式、双柱式、多柱式等多种，单、双柱式如图 12-25 所示。

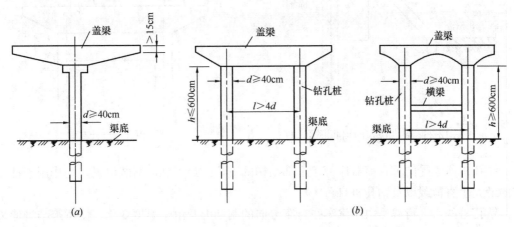

图 12- 25　钻孔桩式墩台

(a) 单柱式桥墩；(b) 双柱式桥墩

（1）构造要求

1）单柱式桥墩，如图 12-25（a）所示，这种桥墩最适用于单车道的简易道路桥，桥高一般不大于 4m，净跨在 5～10m 之间，钻孔桩直径不宜小于 80cm。

2）双柱式桥墩，如图 12-25（b）所示，每排由两根钻孔桩组成，这种桥墩适用于桥高不超过 8m，净跨在 5～15m 之间的情况，当桥高大于 6m 时，两柱之间要加设横梁，以增加钻孔桩桥墩的刚度，柱顶设置双悬臂盖梁，两端自由悬臂长约 0.2～0.4 倍两柱间距。跨度较大的桥梁可采用双柱变截面或其他形式的桥墩。

3）钻孔桩按支承情况可以分为摩擦桩和支承桩，当土层厚度较大时，采用摩擦桩；当岩层或坚硬层埋藏较浅时，则采用支承桩。前者靠钻孔桩与土层间的摩阻力及钻孔桩桩尖的反力支承钻孔桩上的作用力；后者靠钻孔桩桩尖的反力支承钻孔桩上的作用力。摩擦钻孔桩的中距不得小于成孔直径的 2.5 倍。支承（或嵌固）在基岩中的钻孔桩的中距不得小于成孔直径的 2.0 倍。

4）桥台与桥墩结构形式相同，只是钻孔桩全部为钻机钻孔浇筑的钢筋混凝土柱，如图 12-26 所示。

（2）设计荷载：作用在钻孔桩上的荷载有恒荷载和活荷载两部分。在计算每根桩柱承受的最大计算荷载时，恒荷载可假定由各桩柱平均分担，活荷载应考虑行车时纵向和横向的最不利位置。图 12-27 中 ΣP 为纵向最不利位置时的车辆总重，C_1 是车辆横向中距，C 为车轮距路缘处（或人行道）的最小距离。单车道求 B 柱的最大荷载有两种情况。一是车轮在路边（图 12-27 中实线箭头所示）；一是车轮布置在 B 柱上（图 12-27 中虚线箭头所示）。可分别求出上述两种情况下 B 点的反力，取其最大者作为钻孔桩的设计活荷载。

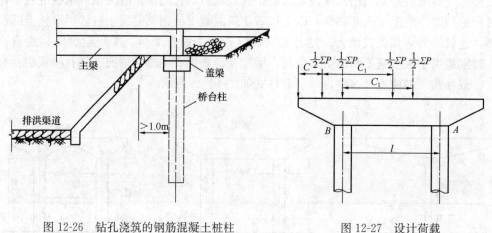

图 12-26　钻孔浇筑的钢筋混凝土桩柱　　　　　图 12-27　设计荷载

钻孔桩所承受的垂直荷载应等于上部结构的重量，最不利活荷载位置，是作用于钻孔桩的最大垂直荷载以及钻孔桩自重。

钻孔桩的水平荷载是由于汽车在行车方向的制动力及由于温度变化，使桥跨结构伸长或缩短，在支座处产生摩阻力而引起的水平推力。

（3）钻孔桩的轴向承载力

1）摩擦钻孔桩（单柱）轴向容许承载力可按公式（12-87）计算：

$$[P] = \frac{1}{\text{安全系数}}[\text{柱身摩擦力} + \text{桩尖支承力}] = \frac{1}{2}\{\pi Dl\tau_P + 2\lambda\varphi F[\sigma]\} \quad (12\text{-}87)$$

式中　[P]——摩擦钻孔桩轴向受压容许承载力，kN；

　　　　D——钻孔桩直径（按成孔直径计），m；

　　　　l——钻孔桩桩尖埋置深度，m，一般从冲刷线算起，无冲刷时由天然地面或实际开挖地面算起；

　　　　τ_P——柱壁与土层间的加权平均极限摩阻力，MPa，可按表 12-39 选用；

　　　　λ——考虑钻孔桩入土长度的影响修正系数，可按表 12-40 选用；

　　　　φ——孔底清底系数，可按表 12-41 选用；

　　　　[σ]——钻孔桩桩尖处土的容许承载力，MPa，可按公式（12-88）计算：

$$[\sigma] = \sigma_0 + K_0\gamma(l-3) \tag{12-88}$$

　　　　σ_0——当钻孔桩桩尖埋置深度 ≤3m 时，桩尖处的基本承载力，MPa，可按表 12-42～表 12-48 选用；

　　　　γ——钻孔桩桩尖以上土的重力密度，kN/m^3，水下按浮重力密度算；

　　　　K_0——考虑钻孔桩桩尖以上土层的附加荷载作用系数，可按表 12-49 选用；

　　　　F——柱底横截面面积，m^2。

钻孔桩桩周土的极限摩阻力 τ_P　　　　　表 12-39

土的名称	极限摩阻力（kN/m^2）	土的名称	极限摩阻力（kN/m^2）
回填的中密炉渣，粉煤灰	40～60	硬塑粉质黏土，硬塑轻黏土	55～85
极软黏土，粉质黏土，黏质粉土	20～30	粉砂，细砂	35～55
软塑黏土	30～50	中砂	40～60
硬塑黏土	50～80	粗砂，砾砂	60～140
硬黏土	80～120	圆砾，角砾	120～180
软塑粉质黏土，软塑黏质粉土	35～55	碎石，卵石	160～400

注：1. 漂石、块石（含量占 40%～50%，粒径在 300～400mm）可按 600kN/m² 采用；

　　2. 砂类土可根据密实度选用其较小值或较大值；

　　3. 圆砾、角砾、碎石、卵石，可根据密实度和填充料选用较小值或较大值。

考虑钻孔桩入土长度的影响修正系数 λ　　　　　表 12-40

桩底土情况 ＼ l/D	4～20	20～25	＞25
透水性土	0.70	0.70～0.85	0.85
不透水性土	0.65	0.65～0.72	0.72

注：l—桩入土长度，D—桩径。

钻孔桩清底系数 φ　　　　　表 12-41

沉淀土厚 l/桩径 D	0.6～0.3	0.3～0.1
φ	0.25～0.70	0.70～1.0

注：1. 设计时宜限制 $t/D<0.4$，不得已才采用 $0.4<t/D<0.6$；

　　2. 当实际施工发生 $t/D>0.6$ 时，桩底反力 [σ] 按沉淀承载力 $\sigma_0=0.5$MPa 或 1.0MPa（如沉淀土中有碎石），$K_0=1$（表 12-52），$\varphi=1$ 验算，如沉淀土过厚应对桩的承载力进行鉴定。

一般黏性土地基的基本承载力 σ_0（MPa）　　表 12-42

土的天然孔隙比	地基上的液性指数 I_L										
e_0	0	0.1	0.2	0.3	0.4	0.5	0.6	0.7	0.8	0.9	1.0
0.5	0.45	0.44	0.43	0.42	0.40	0.38	0.35	0.31	0.27	—	—
0.6	0.42	0.41	0.40	0.38	0.36	0.34	0.31	0.28	0.25	0.21	—
0.7	0.40	0.37	0.35	0.33	0.31	0.29	0.27	0.24	0.22	0.19	0.16
0.8	0.38	0.33	0.30	0.28	0.26	0.24	0.23	0.21	0.18	0.16	0.14
0.9	0.32	0.28	0.26	0.24	0.22	0.21	0.19	0.18	0.16	0.14	0.12
1.0	—	0.23	0.22	0.21	0.19	0.17	0.16	0.15	0.14	0.12	—
1.1	—	—	0.16	0.15	0.14	0.13	0.12	0.11	0.10	—	—

注：土中含有粒径大于 2mm 颗粒重量超过全部重量 20% 时，可酌量提高。

硬黏性土地基的基本承载力 σ_0（MPa）　　表 12-43

原状土室内压缩模量 E_s（N/cm²）	1000	1500	2000	2500	3000	3500	4000
σ_0	0.38	0.46	0.52	0.55	0.58	0.61	0.63

残积黏性土地基的基本承载力 σ_0（MPa）　　表 12-44

原状土室内压缩模量 E_s（N/cm²）	400	600	800	1000	1200	1400	1600	1800	2000
σ_0	0.19	0.22	0.25	0.27	0.29	0.31	0.32	0.33	0.34

砂类土地基的基本承载力 σ_0（MPa）　　表 12-45

砂类土名称	密实度／湿度	密实	中等密实	稍松
砾砂，粗砂	与湿度无关	0.55	0.40	0.20
中砂	与湿度有关	0.45	0.35	0.15
细砂	水上	0.35	0.25	0.10
细砂	水下	0.30	0.20	—
粉砂	水上	0.30	0.20	—
粉砂	水下	0.20	0.10	—

注：砂类土密实度划分标准如下：

项目	稍松	中等密实	密实
相对密实度 D	$0.20 \leqslant D \leqslant 0.33$	$0.33 < D < 0.67$	$0.67 \leqslant D < 1.0$
标准贯入击数 N	5～9	10～29	30～50

碎卵石类土地基的基本承载力 σ_0（MPa）　　表 12-46

密实程度	松散	中等密实	密实
卵石	0.3～0.5	0.6～1.0	1.0～1.2
碎石	0.2～0.4	0.5～0.8	0.8～1.0
圆砾	0.2～0.3	0.4～0.7	0.7～0.9
角砾	0.2～0.3	0.3～0.5	0.5～0.7

注：1. 由硬质岩块组成，或填充砂类土的用高值；由软质岩块组成，或填充黏性土的用低值；当含水量较大时，还可将表列数据降低；

2. 半胶结的碎、卵石类土，可按密实的同类土的 σ_0 值提高 10%～30%；

3. 松散的碎、卵石类土在天然河床中很少见，需要特别注意鉴定。

黄土地基的基本承载力 σ_0（MPa）　　　　　　　表 12-47

黄土年代	W_L	e_0	W_0				
			$W_0<10$	$10<W_0<15$	$15<W_0<20$	$20<W_0<25$	$25<W_0<30$
新黄土 Q_4、Q_5	$W_L\leqslant26$	0.7~0.9	0.22	0.18	0.14	0.11	—
		0.9~1.1	0.20	0.16	0.12	0.08	—
		1.1~1.3	0.17	0.14	0.10	—	—
	$26<W_L\leqslant30$	0.7~0.9	0.26	0.23	0.19	0.15	0.10
		0.9~1.1	0.24	0.21	0.17	0.13	—
		1.1~1.3	0.21	0.18	0.14	0.11	—
	$W_L>30$	0.7~0.9	—	0.25	0.22	0.19	0.15
		0.9~1.1	—	0.23	0.20	0.16	0.13
		1.1~1.3	—	0.20	0.17	0.13	0.10

老黄土 Q_1、Q_2	W_L　　e_0	$e_0<0.8$	$0.8<e_0<1.0$	$e_0>1.0$
	$W_L\leqslant28$	0.5~0.6	0.3~0.5	0.3
	$28<W_L\leqslant32$	0.6~0.7	0.4~0.6	0.3~0.4
	$W_L>32$	0.7~0.9	0.5~0.7	0.4~0.5

注：1. 表列新黄土数值系指天然地基的 σ_0 值。当为湿陷性黄土时应按湿陷性黄土地基处理（人工处理后，值可予提高，见公路桥涵设计规范）；

　　2. 当可明确为 Q_3 黄土时，表列新黄土数值可适当提高 0.5；

　　3. 表列老黄土数值适用于半干硬状态（$I_L<0$），对于硬塑状态（$0\leqslant I_L<0.5$），表列老黄土数值可适当降低；

　　4. 新老黄土的划分，见《公路桥涵设计规范》第七章；

　　5. e_0—土的天然孔隙比；W_0—土的天然含水量；W_L—土的液限，以含水量重量的百分数表示。

岩石地基的基本承载力 σ_0（MPa）　　　　　　　表 12-48

岩石破碎性　　岩石坚固性	碎石状	块石状	大块状
硬质岩（$R_c>3.0kN/cm^2$）	1.5~2.0	2.0~3.0	>4.0
软质岩（$R_c=0.5~3.0kN/cm^2$）	0.8~1.2	1.0~1.5	1.5~3.0
极软岩（$R_c<0.5kN/cm^2$）	0.4~0.8	0.6~1.0	0.8~1.2

注：1. 易软化的岩石按软质岩确定；

　　2. 表中数值视岩块强度、层厚、裂隙发育程度等因素适当选用。易软化的岩石及极软岩受水浸泡时，宜用较低值；

　　3. 岩体已风化成砾、砂土状的（即风化残积物），可比照相应的土类确定，如颗粒间有一定的胶结力，可比相应的土类提高；

　　4. R_c 为天然湿度下岩石试件的单轴极限抗压强度；

　　5. 岩石破碎的划分：

　　　碎石状：岩体多数分割成 2~20cm 的岩块；

　　　块石状：岩体多数分割成 20~40cm 的岩块；

　　　大块状：岩体多数分割成 40cm 以上的岩块。

考虑桩尖以上土层的附加荷载作用的系数 K_0　　　　　　　表 12-49

系数 \ 土名	一般黏土		硬黏土	粉砂	细砂	中砂	粗砂	砾砂	碎、卵石
	$0<I_L<0.5$	$I_L\geqslant0.5$							
K_0	2.5	1.5	2.5	2	3	4	5	5	6

注：I_L—土的液性指数。

钻孔嵌入桩的系数 C_1、C_2　　　　　　　表 12-50

条件	C_1	C_2	条件	C_1	C_2
良好的	0.48	0.040	较差的	0.32	0.024
一般的	0.40	0.032			

2）支承在岩基上单柱轴向容许承载力：支承在岩基上或嵌固岩基深度小于 0.5m 的单柱轴向受压容许承载力可按公式(12-89)计算。

$$[P] = (0.30 \sim 0.45)R_cF \tag{12-89}$$

式中　　　F——柱底横截面面积，m²；

　　　　R_c——天然湿度下岩石单轴极限抗压强度，MP，试件的直径为 $7\sim10$cm，试件高度与直径相同；

0.30~0.45——系数，严重裂纹、易软化，可采用 0.30；匀质无裂纹，可采用 0.45。

3）嵌入基岩中单柱轴向容许承载力：嵌入基岩中的钻孔桩，当嵌入深度（不包括风化层）等于或大于 0.5m 以上时，单柱轴向受压容许承载力可按公式（12-90）计算：

$$[P] = (C_1F + C_2\pi Dl)/R_c \tag{12-90}$$

式中　F——钻孔桩底横截面面积，m²，按设计直径计算；

C_1、C_2——根据岩石破碎程度，清孔情况等因素而定的系数，可按表 12-50 选用。

（4）钻孔桩水平承载力

从试验成果看，钻孔桩入土长度对其水平承载能力影响不大；钻孔桩直径越大，其水平承载能力越大；钻孔桩顶部固定端比自由端时的水平承载能力要大得多。

钻孔桩内力计算方法常用的有两种。一是"K"法：它是对桩入土较深，柱径相对较细的钻孔桩，将柱视为弹性地基上的梁来分析计算内力；二是"m"法：它是对桩入土较浅，柱径相对较粗的钻孔桩，将钻孔桩视为埋入土中的弹性杆件，周围的土体当作弹性变形体，以计算钻孔桩内力。

1）"K"法计算钻孔桩内力和位移

如图 12-28 所示的钻孔桩，在钻孔桩顶的水平力 H，弯矩 M 和分布荷载 q_1、q_2 作用下，钻孔桩发生弹性弯曲变形，钻孔桩顶的水平位移最大，向下逐渐减小，至地面下某一深度 t 时，钻孔桩水平位移为 0（称为第一弹性 0 点），再往下钻孔桩的水平位移与第一弹性 0 点以上相反，而后钻孔桩的弹性变形曲线成为波浪形，出现水平位移为 0 的第二或第三弹性 0 点。由于钻孔桩发生水平位移，在土基中将产生抗力。在计算中假定（钻孔桩入土深度等于或大于 5m 时）：

① 土的抗力与钻孔桩的水平位移成正比，在地面或局部冲刷线处土的抗力为 0；在第一弹性 0 点处，因钻孔桩水平位移为 0，土的抗力亦为 0。在地面或局部冲刷线与第一弹性 0 点之间土的抗力取为抛物线变化；

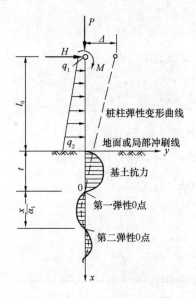

图 12-28　"K"法计算
钻孔桩内力和位移

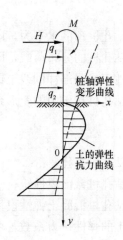

图 12-29　"m"法计算钻
孔桩内力和位移

② 地面至第一弹性 0 点之间土的弹性抗力系数 K 随深度增加，第一弹性 0 点以下的 K 为常数；

③ 第一弹性 0 点以下，钻孔桩按支承在弹性地基上的梁计算。当钻孔桩入土深度 $l \geqslant t+\pi/\alpha_1$ 时，为弹性地基无限长梁；当钻孔桩入土深度 $l < t+\pi/\alpha_1$ 时，为弹性地基有限长梁。α_1 为钻孔桩在土中的变形系数，t 为钻孔桩第一弹性 0 点至地面或局部冲刷线之间的距离。

根据已有经验，并考虑到安全，钻孔桩顶可不考虑上部结构对钻孔桩顶转动约束，可假定为铰接（自由）。但钻孔桩顶实际上存在弯矩，为保证安全，可将钻孔桩的钢筋直通到顶。

根据上述假定，从地面到第一弹性 0 点的微分方程式为：

$$EI\,\frac{\mathrm{d}^4 y}{\mathrm{d}x^4} = \frac{4q_0}{t^2}x^2 - \frac{4q_0}{t}x \qquad (12\text{-}91)$$

式中　q_0——距第一弹 0 性点为 $t/2$ 处的土的弹性抗力；

　　x——垂直坐标；

　　y——水平坐标。

在第一弹性 0 点以下的微分方程式为：

$$EI\,\frac{\mathrm{d}^4 y}{\mathrm{d}x^4} + KDx = 0 \qquad (12\text{-}92)$$

式中　D——钻孔桩直径，m；

　　K——土的弹性抗力系数（地基系数）。

根据钻孔桩的边界条件，对上述微方程式求解，计算钻孔桩的内力和位移。

a. 第一弹性 0 点的弯矩：

$$M_{\mathrm{t}} = -\frac{H + \frac{1}{2}(q_1 + q_2)l_0}{a_1\left(n - \frac{m}{3}a_1^2 t^2\right)} \tag{12-93}$$

式中 H——钻孔桩顶的水平力，kN；

q_1、q_2——钻孔桩的分布荷载，kN/m；

l_0——地面或局部冲刷线至钻孔桩顶的距离，m；

α_1——钻孔桩在土中的变形系数，可按公式（12-94）计算。

$$a_1 = \sqrt{\frac{KD}{EI}} \tag{12-94}$$

D——钻孔桩直径，m；

I——钻孔桩截面惯性矩；

E——钻孔桩混凝土弹性模量；

K——土的弹性抗力系数，可按表 12-51 选用；

t——地面或局部冲刷线至第一弹性 0 点的距离 m，可按公式（12-95）计算。

土的弹性抗力系数 K（kN/cm²）   表 12-51

土 的 分 类	K	土 的 分 类	K
流塑黏性土 $I_L \geqslant 1$，淤泥	0.10～0.20	坚硬、半坚硬黏性土 $I_L > 0$，粗砂	0.65～1.00
软塑黏性土 $1 > I_L \geqslant 0.5$，粉砂	0.20～0.45	砾砂、角砾砂、圆砾砂、碎石、卵石	1.00～1.30
硬塑黏性土 $I_L > 0$，细砂、中砂	0.45～0.65	密实卵石夹粗砂，密实漂卵石	1.30～2.00

$$t^3 + 2\bar{x}t^2 - \frac{6n}{ma_1^2}t - \frac{6(1 + a_1 n\bar{x})}{ma_1^3} = 0 \tag{12-95}$$

$$\bar{x} = \frac{Hl_0 + \frac{1}{2}q_1 l_0^2 + \frac{1}{6}(q_2 - q_1)l_0^2 + M}{H + \frac{1}{2}(q_2 + q_1)l_0} \tag{12-96}$$

$$m = \frac{nF_2(a_1 x) - F_1(a_1 x)}{2F_4(a_1 x)} \tag{12-97}$$

$$n = \frac{F_1(a_1 x)F_3(a_1 x) + 4F_4(a_1 x)}{F_2(a_1 x)F_3(a_1 x) - F_1(a_1 x)F_4(a_1 x)} \tag{12-98}$$

式中 x——自第一弹性 0 点向下的距离，m；

M——钻孔桩顶的弯矩，kN·m；

$$F_1(a_1 x) = \mathrm{ch}a_1 x \cos a_1 x$$

$$F_2(a_1 x) = \frac{1}{2}[\mathrm{ch}a_1 x \sin a_1 x + \mathrm{sh}a_1 x \cos a_1 x]$$

$$F_3(a_1 x) = \frac{1}{2}\mathrm{sh}a_1 x \sin a_1 x \tag{12-99}$$

$$F_4(a_1 x) = \frac{1}{4}[\mathrm{ch}a_1 x \sin a_1 x - \mathrm{sh}a_1 x \cos a_1 x]$$

当钻孔桩入土深度 $l \geqslant t + \pi/\alpha_1$ 时，可认为钻孔桩为弹性地基上的无限长梁，$m = n = 0$。

当钻孔桩入土深度 $l < t + \pi/\alpha_1$ 时，钻孔桩为弹性地基上的有限长度梁，m、n 值可根据 $\alpha_1 x$ 值从表 12-52 查得。

按 "K" 法计算的 m、n 值　　　　　　　　　　　　　表 12-52

$\alpha_1 x_b$	m	n	$\alpha_1 x_b$	m	n
0.1	1666.8000	16.6672	1.6	1.0801	1.0799
0.2	192.2143	7.6895	1.7	1.0533	1.0485
0.3	55.7011	5.0017	1.8	1.0368	1.0258
0.4	23.0093	3.7230	1.9	1.0270	1.0088
0.5	12.2572	3.0048	2.0	1.0217	0.9969
0.6	7.2236	2.5083	2.2	1.0181	0.9850
0.7	4.6970	2.1549	2.4	1.0718	0.9827
0.8	3.3116	1.8959	2.6	1.0713	0.9852
0.9	2.4810	1.6944	2.8	1.0158	0.9857
1.0	1.9662	1.5371	3.0	1.0134	0.9938
1.1	1.6373	1.4125	3.5	1.0063	0.9998
1.2	1.4225	1.3129	4.0	1.0011	1.0007
1.3	1.2806	1.2342	4.5	1.0003	1.0003
1.4	1.1851	1.1703	5.0	1.0000	1.0000
1.5	1.1216	1.1196			

函数 $F_1(a_1 x)$、$F_2(a_1 x)$、$F_3(a_1 x)$、$F_4(a_1 x)$ 可根据 $a_1 x$ 值从表 12-53 查得。

按 "K" 法计算的 $F_1(a_1 x)$、$F_2(a_1 x)$、$F_3(a_1 x)$、$F_4(a_1 x)$ 值　　　表 12-53

$a_1 x$	$F_1(a_1 x)$	$F_2(a_1 x)$	$F_3(a_1 x)$	$F_4(a_1 x)$	$a_1 x$	$F_1(a_1 x)$	$F_2(a_1 x)$	$F_3(a_1 x)$	$F_4(a_1 x)$
0	1.0000	0.0000	0.0000	0.0000	1.5	−0.1664	1.2486	1.0620	0.5490
0.1	1.0000	0.1000	0.0050	0.0002	1.6	−0.0753	1.2535	1.1873	0.6615
0.2	0.9997	0.2000	0.0200	0.0014	1.7	−0.3644	1.2322	1.3118	0.7863
0.3	0.9987	0.2999	0.0450	0.0045	1.8	−0.7060	1.1789	1.4326	0.9237
0.4	0.9957	0.3997	0.0800	0.0107	1.9	−1.1049	1.0888	1.5464	1.0727
0.5	0.9895	0.4990	0.1249	0.0208	2.0	−1.5656	0.9558	1.6490	1.2325
0.6	0.9784	0.5974	0.1798	0.0360	2.2	−2.6882	0.5351	1.8018	1.5791
0.7	0.9600	0.6944	0.2444	0.0571	2.4	−4.0976	−0.1386	1.8401	1.9461
0.8	0.9318	0.7891	0.3186	0.0852	2.6	−5.8003	−1.1236	1.7256	2.3065
0.9	0.8908	0.8804	0.4021	0.1211	2.8	−7.7759	−2.4770	1.3721	2.6208
1.0	0.8337	0.9668	0.4945	0.1659	3.0	−9.9673	−4.2485	0.7069	2.8346
1.1	0.7568	1.0465	0.5952	0.2203	3.5	−15.5206	−10.6531	−2.9014	2.4195
1.2	0.6561	1.1173	0.7035	0.2852	4.0	−17.8490	−19.2517	−10.3265	−0.7073
1.3	0.5272	1.1767	0.8183	0.3612	4.5	−19.4890	−26.7447	−21.9959	−8.6290
1.4	0.3656	1.2217	0.9383	0.4490	5.0	−21.0534	−25.0543	−35.5767	−23.0529

b. 第一弹性 0 点至地面或局部冲刷线之间钻孔桩各截面弯矩 M_{x1}；可按公式(12-100) 计算：

$$M_{x1} = \left[\frac{ma_1^3}{6t} x_1^4 - \frac{ma_1^3}{3} x_1^3 + na_1 x_1 + 1 \right] M_t \tag{12-100}$$

式中　x_1——自第一弹性 0 点向上距离。

c. 第一弹性 0 点至地面之间最大弯矩截面距离 x_1，可按公式（12-101）计算：

$$n - ma_1^2 x_1^2 + \frac{2ma_1^2 x_1^3}{3t} = 0 \tag{12-101}$$

d. 第一弹性 0 点以下桩身各截面弯矩：

$$M_x = [2mF_4(a_1x) + F_1(a_1x) - nF_2(a_1x)]M_t \qquad (12\text{-}102)$$

式中　x——自第一弹性 0 点向下距离。

　　$e.$ 钻孔桩顶水平位移：

$$\Delta = \frac{1}{EI}\left\{\frac{q_1 + 4q_2}{120}l_0^4 + \left[\frac{A}{6}l_0^3 + \frac{B}{2}l_0^2 + \left(ct + \frac{m}{2a_1}\right)\right]l_0\right\} \qquad (12\text{-}103)$$

式中

$$A = a_1\left(n - \frac{m}{3}a_1^2t^2\right)$$

$$B = 1 + na_1t - \frac{ma_1^2t^2}{6}$$

$$C = 1 + \frac{na_1t}{2} + \frac{ma_1^3t^3}{20}$$

$$D = \frac{1}{2} + \frac{na_1t}{6} - \frac{ma_1^3t^3}{90}$$

2）"m"法计算钻孔桩内力和位移

如图 12-29 所示的钻孔桩，在钻孔桩顶的水平力 H，弯矩 M 和分布荷载 q_1、q_2 作用下，钻孔桩发生弹性弯曲变形。土基产生弹性抗力，整个钻孔桩绕着地面以下某点 0 而转动，在 0 点以下，土基弹性抗力方向相反。在计算中假定：

① 将钻孔桩视为埋入土基中的弹性杆件，假定地面或局部冲刷线以下，周围的土当作弹性变形介质，其地基的弹性抗力系数（地基系数）在地面或局部冲刷线处为零，并随深度成正比例增加。

② 对于钻孔桩，计算钻孔桩顶在轴向力作用下的位移时，假定土的摩阻力沿钻孔桩均匀分布。

③ 在水平力和竖直力作用下，任何深度处土的压缩性均用地基弹性抗力表示。

④ 当 $a_2l \leqslant 2.5$ 时，假定钻孔桩的刚度为无限大，按刚性基础计算；当 $a_2l > 2.5$ 时，按弹性基础计算。l 为地面或局部冲刷线以下钻孔桩入土深度；a_2 为钻孔桩在土中的变形系数。

根据以上假定，并以弹性的挠曲微分方程式为基础，可得"m"法的典型表达式（地面以下钻孔桩）：

$$\frac{d^4x}{dy^4} + \frac{mb_1}{EI}xy = 0 \qquad (12\text{-}104)$$

式中　m——地基土的比例系数；

　　　b_1——钻孔桩基础计算宽度；

　　　x——水平坐标；

　　　y——垂直坐标。

当 $a_1l > 2.5$ 时，可由公式（12-104）微分方程式求解，计算钻孔桩内力和位移：

$a.$ 地面或局部冲刷线处钻孔桩弯矩及剪力弯矩按公式（12-105）计算：

$$M_0 = M + Hl_0 + \frac{2q_1 + q_2}{6}l_0^2 \qquad (12\text{-}105)$$

剪力可按公式（12-106）计算：

$$H_0 = H + \frac{1}{2}(q_1 + q_2)l_0 \qquad (12\text{-}106)$$

式中　M_0——地面或局部冲刷线处钻孔桩弯矩，$kN \cdot m$；

　　　H_0——地面或局部冲刷线处钻孔桩剪力，kN；

　　　M——钻孔桩顶部的弯矩，$kN \cdot m$；

　　　H——钻孔桩顶部的水平力，kN；

　q_1、q_2——钻孔桩的分布荷载，kN/m；

　　　l_0——地面或局部冲刷线至钻孔桩顶距离，m。

　　b. 地面或局部冲刷线处钻孔桩水平位移和转角：

水平位移可按公式（12-107）计算：

$$x = H_0 \delta_{HH} + M_0 \delta_{HM} \tag{12-107}$$

转角（弧度）可按公式（12-108）计算：

$$\phi_0 = -(H_0 \delta_{MH} + M_0 \delta_{MM}) \tag{12-108}$$

式中　δ_{HH}、δ_{MH}——在地面或局部冲刷线处，于钻孔桩上施加单位水平荷载时，该处钻孔桩产生的水平位移和转角，如图 12-30 所示；

　　　δ_{HM}、δ_{MM}——在地面或局部冲刷线处，于钻孔桩上施加单位弯矩时，该处钻孔桩产生的水平位移和转角，如图 12-30 所示。

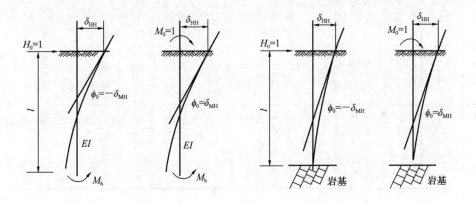

图 12-30　地面或局部冲刷线处钻孔桩水平位移和转角

$$\left. \begin{aligned} \delta_{HH} &= \frac{1}{a_2^3 EI} \frac{(B_3 D_4 - B_4 D_3)}{(A_3 B_4 - A_4 B_3)} \\[2mm] \delta_{MH} &= \frac{1}{a_2^2 EI} \frac{(A_3 D_4 - A_4 D_3)}{(A_3 B_4 - A_4 B_3)} \\[2mm] \delta_{HM} &= \frac{1}{a_2^2 EI} \frac{(B_3 C_4 - B_4 C_3)}{(A_3 B_4 - A_4 B_3)} \\[2mm] \delta_{MM} &= \frac{1}{a_2^2 EI} \frac{(A_3 C_4 - A_4 C_3)}{(A_3 B_4 - A_4 B_3)} \end{aligned} \right\} \tag{12-109}$$

　　A_3、B_3、C_3、D_3、A_4、B_4、C_4、D_4 以及它们相互的乘除值可根据钻孔桩在土中的换算埋置深度 $a_2 y$ 和 $a_2 l$，从表 12-54 中查得。

表 12-54

按"m"法计算值

a_2y	A_3	B_3	C_3	D_3	A_4	B_4	C_4	D_4	$\dfrac{B_3D_4-B_4D_3}{A_3B_4-A_4B_3}$	$\dfrac{A_3D_4-A_4D_3}{A_3B_4-A_4B_3}=\dfrac{B_3C_4-B_4C_3}{A_3B_4-A_4B_3}$	$\dfrac{A_3C_4-A_4C_3}{A_3B_4-A_4B_3}$
0	0.00000	0.00000	1.00000	0.00000	0.00000	0.00000	0.00000	1.00000	∞	∞	∞
0.1	−0.00017	−0.00001	1.00000	0.10000	−0.00500	−0.00033	−0.00001	1.00000	3770.490	54098.4	819672.0
0.2	−0.00133	−0.00013	0.999999	0.20000	−0.02000	−0.00267	−0.00020	0.99999	424.771	2807.280	21028.6
0.3	−0.00450	−0.00067	0.99994	0.30000	−0.04500	−0.00900	−0.00101	0.99992	196.135	869.565	4347.97
0.4	−0.01067	−0.00213	0.99974	0.39998	−0.08000	−0.02133	−0.00320	0.99966	111.936	372.930	1399.07
0.5	−0.02083	−0.00521	0.99922	0.49991	−0.12499	−0.04167	−0.00781	0.99896	72.102	192.214	576.825
0.6	−0.03600	−0.01080	0.99806	0.59974	−0.17997	−0.07199	−0.01620	0.99741	50.012	111.179	278.134
0.7	−0.05716	−0.02001	0.99580	0.69935	−0.24490	−0.11433	−0.03001	0.99440	36.740	70.001	150.236
0.8	−0.08532	−0.03412	0.99181	0.79854	−0.31975	−0.17060	−0.05120	0.98908	28.108	46.884	88.179
0.9	−0.12144	−0.05466	0.98524	0.89705	−0.40443	−0.24284	−0.08198	0.98032	22.245	33.009	55.312
1.0	−0.16652	−0.08329	0.97501	0.99445	−0.49881	−0.33298	−0.12493	0.96667	18.028	24.102	36.480
1.1	−0.22152	−0.12192	0.95975	1.09016	−0.60268	−0.44292	−0.18285	0.94634	14.915	18.160	25.122
1.2	−0.28737	−0.17260	0.93783	1.18342	−0.71573	−0.57450	−0.25886	0.91712	12.550	14.039	17.941
1.3	−0.36496	−0.23760	0.90727	1.27320	−0.83753	−0.72950	−0.35631	0.87638	10.716	11.102	13.235
1.4	−0.45515	−0.31993	0.86573	1.35821	−0.96746	−0.90954	−0.47883	0.82102	9.265	8.952	10.049
1.5	−0.55870	−0.42039	0.81054	1.43680	−1.10468	−1.11609	−0.63027	0.74745	8.101	7.349	7.838
1.6	−0.67629	−0.54348	0.73859	1.50695	−1.24808	−1.35042	−0.81466	0.65156	7.154	6.129	6.268
1.7	−0.80848	−0.69144	0.64637	1.56621	−1.39623	−1.61346	−1.03616	0.52871	6.375	5.189	5.133
1.8	−0.95564	−0.86715	0.52997	1.61162	−1.54728	−1.90577	−1.29909	0.37368	5.730	4.456	4.300
1.9	−1.11796	−1.07357	0.38503	1.63969	−1.69889	−2.22745	−1.60770	0.18071	5.190	3.878	3.680
2.0	−1.29535	−1.31361	0.20676	1.64628	−1.84818	−2.57798	−1.96620	−0.05652	4.737	3.418	3.213
2.2	−1.69334	−1.90567	0.27087	1.57538	−2.12481	−3.35952	−2.84858	−0.69158	4.032	2.756	2.591
2.2	−2.14117	−2.66329	−0.94885	1.35201	−2.33901	−4.22811	−3.97323	−1.59151	3.526	2.327	2.227
2.4	−2.62126	−3.59987	−1.87734	0.91679	−2.43695	−5.14023	−5.35541	−2.82106	3.161	2.048	2.013
2.8	−3.10341	−4.71748	−3.10791	0.19729	−2.34558	−6.02299	−6.99007	−4.44491	2.905	1.869	1.889
3.0	−3.54058	−5.99979	−4.68788	−0.89126	−1.96928	−6.76460	−8.84029	−6.51972	2.727	1.785	1.818
3.5	−3.91921	−9.54367	−10.3404	−5.85402	−1.07408	−6.78895	−13.6924	−13.8261	2.502	1.641	1.757
4.0	−1.61428	−11.73066	−17.9186	−15.0755	−9.24368	−0.35762	−15.6015	−23.1404	2.441	1.625	1.751
4.5	6.63993	−7.60958	−24.0843	−28.4841	25.2321	19.8922	−6.09194	−29.1054	2.432	1.621	1.750
5.0	24.9767	11.9485	−19.6011	−41.3554	49.0851	62.7054	30.0745	−27.6764	2.431	1.621	1.749

a_2——钻孔桩在土中变形系数，可按公式（12-110）计算：

$$a_2 = \sqrt[5]{\frac{mb_1}{EI}} \tag{12-110}$$

m——地基土的比例系数，将土视为具有随深度成正比增长的地基弹性抗力系数的弹性变形介质，相应于深度 y 处的钻孔桩侧面土的弹性抗力系数 $C_y' = my$；相应于钻孔桩底深度 l 处土的弹性抗力系数 $C_0 = ml_0$，但不小于 $10m_0$。m 和 m_0 值可按表 12-55 选用。

非岩石类土的比例系数 m 和 m_0（kN/m⁴）　　　　　表 12-55

序号	土的名称	m 或 m_0
1	流塑黏性土 $I_L > 1$，淤泥	3000~5000
2	软塑黏性土 $1 > I_L > 0.5$，粉沙	5000~10000
3	硬塑黏性土 $0.5 > I_L > 0$，细砂，中砂	10000~20000
4	坚硬，半坚硬黏性土 $I_L > 0$，粗砂	20000~30000
5	砾砂，角砾砂，圆砾砂，碎石，卵石	30000~80000
6	密实卵石夹粗砂，密实漂卵石	80000~120000

注：1. I_L 为土的液性指数；

　　2. 本表可用于结构在地面处位移最大值不超过 6mm，位移较大时，适当降低；

　　3. 当基础侧面设有斜坡或台阶，且其坡度或台阶总宽与深度之比超过 1∶20 时，m 值减小 50%；

　　4. 岩石地基的地基系数 C_0 不随岩层面的埋置深度而变，C_0 值如下：

岩石的单轴极限强度 R_c（MPa）	C_0（kN/m³）
1.0	300000
>25	15000000

注：R_c 为中间值时，采用内插法计算。

当土基有三层或两层不同土层时，如图 12-31 所示，可将地面或局部冲刷线以下 $l_m = 2(D+1)$ 深度内的各层土按公式（12-111）换算成一个 m 值，作为整个深度内的 m 值：

$$m = \frac{m_1 l_1^2 + m_2 (2l_1 + l_2) + m_3 (2l_1 + 2l_2 + l_3)}{l_m^2} \tag{12-111}$$

式中　E——钻孔桩混凝土弹性模量，MPa；

　　　I——钻孔桩截面惯性矩，m⁴，$I = \pi D^4/64$；

　　　b_1——钻孔桩基础计算宽度，m，按公式（12-112）计算：

$$b_1 = 0.9KK_0D = 0.9k(D+1) \tag{12-112}$$

　　　K_0——考虑钻孔桩基础实际空间工作条件不同于假设的平面工作条件的系数，

$$K_0 = 1 + \frac{1}{D}$$

　　　D——钻孔桩的直径，m；

　　　K——各钻孔桩间相互影响系数，可从表 12-56 查得。

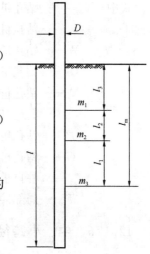

图 12-31　基础有三层和两层不同土层时 m 值的换算

b_1 和 k 值 表 12-56

项次	图 示	b_1	k	说 明
1	$H \rightarrow \bigcirc$ D	0.9 $(D+1)$	1.0	
2	$H \rightarrow \bigcirc$ $\bigcirc$ D B (n根)	0.9 $(D+1)$	1.0	求得的 nb_1 值不得大于 $(B+1)$，大于 $(B+1)$ 时采用 $(B+1)$，n 为桩柱数

c. 地面或局部冲刷线以下深度 y 处井柱各截面的弯矩和剪力：

(a) 弯矩可按公式 （12-113） 计算：

$$M_y = a_2^2 EI \left(x_0 A_3 + \frac{\phi_0}{a_2} B_3 + \frac{M_0}{a_2^2 EI} C_3 + \frac{H_0}{a_2^3 EI} D_3 \right) \quad (12\text{-}113)$$

(b) 剪力可按公式 （12-114） 计算：

$$Q_y = a_2^3 EI \left(x_0 A_4 + \frac{\phi_0}{a_2} B_4 + \frac{M_0}{a_2^2 EI} C_4 + \frac{H_0}{a_2^3 EI} D_4 \right) \quad (12\text{-}114)$$

当钻孔桩在地面或局部冲刷线以下入土深度 $l \geqslant \dfrac{4}{a_2}$ 时，则 $l \geqslant \dfrac{4}{a_2}$ 以下钻孔桩部分的弯矩和剪力可取为零。

d. 钻孔桩顶水平位移：

$$\Delta = x_0 - \phi_0 l_0 + \Delta_0 \quad (12\text{-}115)$$

$$\Delta_0 = \frac{Hl_0^3}{3EI} + \frac{M_0 l_0^2}{2EI} + \frac{(11q_1 - 4q_2) l_0^4}{120EI} \quad (12\text{-}116)$$

e. 钻孔桩底最大和最小应力：

$$\sigma_{\min}^{\max} = \frac{N_l}{F} \pm \frac{M_l}{W} \leqslant \sigma_{R/2} \quad (12\text{-}117)$$

式中　$\sigma_{R/2}$——钻孔桩桩尖处土的容许承载力（荷载为主要组合）；

　　F——钻孔桩底截面面积；

　　W——钻孔桩底截面惯性矩；

　　M_l——钻孔桩底截面弯矩，当 $a_2 l \geqslant 4$ 时，$M_l = 0$；

　　N_l——钻孔桩底截面轴向力，对于非岩石类地基 $N_l = P + G - T$；对于岩石类地基 $N_l = P + G$；

　　P——钻孔桩顶垂直作用力；

　　G——钻孔桩自重，当计算非岩石地基的 N_l 时，在局部冲刷线以下的钻孔桩自重，按 1/2 考虑；

　　T——局部冲刷线以下钻孔桩侧面土的容许摩阻力总和。

12.1.6　中、小跨径拱桥

拱桥具有悠久的历史，是一种传统的桥梁形式，拱桥在结构上有多种形式，从受力结构分有无铰拱桥、两铰拱桥、三铰拱桥等；从拱上结构分有实腹式拱桥、空腹式拱桥；按拱轴线型分有圆弧线拱桥、悬链线拱桥等。拱桥适用于修建在挖方排拱渠段上，对地基要求较梁式桥高。拱桥结构坚固，用料少，工程造价低，造型美观。

1. 构造要求及拱上建筑

（1）拱桥的形式、跨径及矢跨比等，应按因地制宜、就地取材的原则，根据地形、水文、通航、施工设备等条件选择。

（2）悬链线拱的拱轴系数 m 不宜大于 3.5。

（3）空腹式拱上建筑的腹孔跨径不宜大于主拱跨径的 $1/8 \sim 1/15$。其比值随跨径的增大而减小。腹拱靠近墩台的第一孔应做成三铰拱；腹拱的拱铰可用弧形铰、平铰或其他形式假铰。在腹拱铰上面的侧墙、人行道、栏杆等均应设置变形缝。

（4）实腹拱应在侧墙与桥台间设伸缩缝分开；对于多孔拱桥应在桥墩顶部设伸缩缝。

（5）梁式或板式拱上建筑，宜在主拱圈两端的拱脚上设置腹孔墩或采取其他措施，与桥墩台设缝分开。梁和板与腹孔墩的支承连接宜采用铰接；当梁或板直接放在桥上时，应采用摆动、滚动或橡胶支座以适应主拱圈的变形。

（6）多孔拱桥应根据使用要求设置单向推力墩或采取其他抗单向推力的措施。单向推力墩宜每隔 $3 \sim 5$ 孔设置一个。

（7）在严寒地区修建拱桥，设计上要特别注意温度变化的影响，要采取一定的措施，如采用较大的矢跨比和较小的拱轴系数；拱圈尽可能在低温时合拢；混凝土板拱和双曲拱主拱圈的拱脚顶面及拱顶底面增设钢筋网，拱脚顶面钢筋应伸入拱座；可增加拱脚附近一段截面下缘宽度或增加钢筋，并相应加密箍筋以提高拱脚下缘的局部承压能力；拱上建筑应适应严寒地区温度变形的要求。

（8）为了保证拱的横向刚度，沿桥跨可每隔 $3 \sim 5m$ 设置横系梁或横隔板；在拱顶、拱跨 $1/4$ 和柱式腹孔墩的下面以及分段吊装的接头附近，均应设置横隔板或横系梁。对于小跨径宽桥，拱顶横隔板应特别加强。

（9）当拱桥由预制构件或预制构件与现浇构件组成时，必须保证其组合截面的横向和纵向整体性。设计可考虑在构造上采取措施，使预制与现浇、预制与预制构件之间结合良好，保证其连接强度；为保证拱肋与拱板紧密结合，可在拱肋顶部设置锚筋、键槽或齿槽；为保证预制构件与现浇构件间的连接强度，应将预制构件的钢筋或连接钢筋伸出混凝土外，以便与现浇构件钢筋连接牢固，并采取措施保证接头的刚性；组合截面各部分的混凝土强度等级应尽量接近，砌筑强度等级不宜低于 M10。

2. 石拱桥

石拱桥是用天然石料砌成的，构造简单，承载潜力大，经久耐用，可就地取材，不需要特殊的施工设备，施工方便易行，维护费用低，在石料丰富的地区可优先选用。

石拱桥按拱上建筑形式，可分为实腹式和空腹式两种。

实腹式石拱桥的主拱圈为一个石砌拱板，在跨径小于 15m 的拱圈，通常采用实腹式等截面圆弧拱，矢跨比为 $1/2 \sim 1/6$。如果采用变截面悬链线拱，则受力是有利的，但拱石的型号就很多，使拱石的加工及砌筑都增加了困难。

实腹式石拱桥的主拱圈是由加工的粗料石砌成的，拱石的各向尺寸由拱圈大样尺寸决定，其厚度常不小于 $20 \sim 30cm$，宽度约为厚度的 $1 \sim 1.5$ 倍；长度则为厚度的 $2.5 \sim 4$ 倍。砌筑主拱圈的石料强度不低于 MU30 级，砌筑砂浆等级一般为 M5 或 M10。主拱圈的拱石在排列时，其受力面的砌缝应设计成径向缝，如图 12-32（a）所示，因此每块拱石都要加工成上宽下窄的梯形，为了加工和施工的方便，将拱石加工成矩形、而以楔形砌缝来调整，较厚的拱圈则要由几层拱石砌筑成。相邻的拱石应该错缝，拱圈横截面上沿横向的砌缝也应错开，如图 12-32（b）所示。

空腹式石拱桥的主拱圈也是石砌板拱，所不同的是其拱上建筑设有腹拱和横墙。一般大、中跨径拱圈，可采用空腹式等截面或变截面悬链线拱，矢跨比一般为 1/4～1/8。主拱圈在坚固的岩基上一般都采用无铰拱，在非岩基或承载力较弱的岩基上，可采用二铰拱。采用满布式拱架施工时，预留拱度一般可按拱圈跨径的 1/400～1/800 估计。

腹拱多设计成圆弧拱，其拱圈厚度不小于 30cm。主拱圈每一边的腹拱数一般为 2～5孔，大多数设计成等跨形式，腹拱的净跨径约为主拱圈净跨的 1/8～1/20。支承腹拱的横墙可为等厚的或具有 30：1～20：1 斜坡的上窄下宽的形式，横墙与主拱圈做成同宽，它们联结采用五角石。

拱圈与墩台联结处也采用五角石，如图 12-33 所示，五角石加工费时，可用现浇混凝土台帽代替五角石与主拱圈的联结。

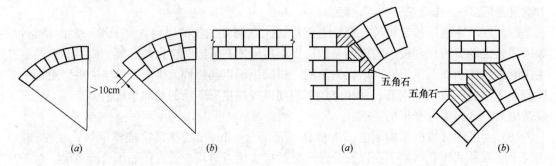

图 12-32　实腹式石拱桥主拱圈的砌筑

图 12-33　横墙与拱圈用五角石联接
（a）、（b）为联接的两种形式

初拟拱图尺寸可用公式（12-118）估算：

$$d = mK\sqrt[3]{L_0} \tag{12-118}$$

式中　d——拱圈厚度，cm；

　　L_0——拱圈净跨，cm；

　　m——系数，一般为 4.5～6.6，矢跨比越小 m 值越大；

　　K——荷载系数，公路一Ⅰ级、城—A 级为 1.3；公路-Ⅱ级、城—B 级为 1.2。

3. 双曲拱桥

图 12-34 为双曲拱桥各组成部分的示意。双曲拱能充分发挥混凝土的抗压性能，结构坚固，造型美观，主拱圈可分块预制，吊装施工。但施工量大，施工需要吊装设备，对地基要求比石拱桥稍低，在我国江苏等地区的中、小桥梁中常采用。

双曲拱桥的拱轴线选择，应注意使主拱圈的施工荷载与设计荷载的压力线尽可能接近；应与施工方法相互配合，力求拱轴线线型平顺。

双曲拱桥主拱圈的截面形式，根据现浇拱板的形状可分为平板形、波形和折线形，如图 12-35 所示。按拱波的多少又可分为单波、多波、悬半波和高低肋等，如图 12-36 所示。

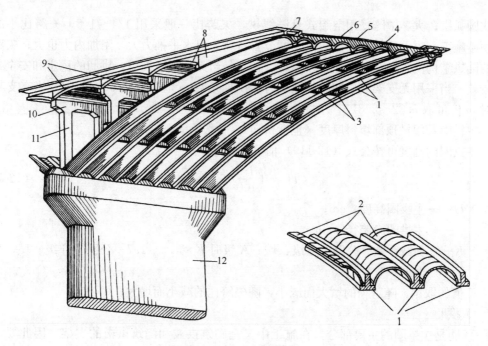

图 12- 34　双曲拱桥

1—拱肋；2—预制拱波；3—横隔板；4—防水层；5—填料；6—路面；

7—人行道块件；8—侧墙；9—腹拱；10—盖梁；11—立柱；12—桥墩

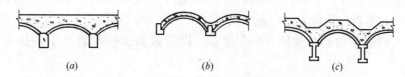

(a)　　　　　　　　　(b)　　　　　　　　　(c)

图 12- 35　主拱圈的截面形式

(a) 平板形；(b) 波形；(c) 折线形

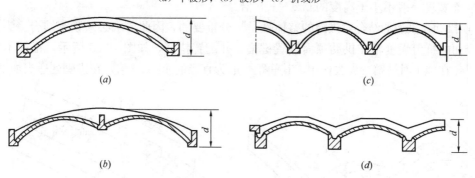

(a)　　　　　　　　　　　　　　(c)

(b)　　　　　　　　　　　　　　(d)

图 12- 36　双曲拱桥主拱圈截面形式

(a) 单波；(b) 双波高低肋；(c) 多波波浪式悬半波；(d) 多波折线式

　　主拱圈构造：双曲拱桥的主拱圈不仅在纵向是曲线的，而且在横向也是曲线的。主拱圈由拱肋、拱波、拱板及横向联系四部分组成，如图 12-37 所示。主拱圈一般采用装配整体式结构，拱肋与拱波安装砌筑后，在它上面浇一层拱波混凝土（即拱板）把预制拱肋和拱波联成一整体。双曲拱桥的拱轴线通常采用圆弧拱和悬链线拱。一般小跨径拱圈可用实腹式圆弧拱；大、中跨径用空腹式悬链线拱，矢跨比一般采用 1/4～1/8。矢跨比小的坦拱便于施工，拱上建筑高度也较低，可节省材料，但水平推力大，附加内力也大；矢跨比大的陡拱结构受力有利，但施工较困难，特别是当无支架施工时，拱肋的稳定和安全条件都较差。当采用无支架或早期脱架施工时，拱抽系数 m 值可取 3.50～2.24；当有支架施工时 m 值可取 5.32～2.81。

主拱圈及腹拱顶部填料厚度（包括桥面），一般为 30～50cm。

主拱圈的高度可按公式（12-119）估算：

$$H = \left(\frac{L_0}{100} + 35\right)K \tag{12-119}$$

式中 H——主拱圈高度，cm；

L_0——主拱圈净跨径，cm；

K——荷载系数。公路—Ⅰ级、城—A 级时 $K=1.5～1.7$；公路—Ⅱ级、城—B 级时 $K=1.3～1.5$。

K 值的取用，随跨径的增大而减小，随矢跨比的减小而增大。

1）拱肋

① 肋是主拱圈的主要部分，在施工中又是砌筑拱波和浇筑拱板的支架，因此要求拱肋有足够的刚度。

② 拱肋的截面形状，有矩形、⊥形及 L 形，矩形截面构造简单，但实践证明，采用矩形截面的拱肋会使主拱截面重心偏高，对主拱圈下缘受力不利，拱肋与拱波的结合面又处在截面中和轴附近，剪应力大，使主拱圈易产生纵向水平裂缝，因此，稍大的跨径多采用⊥形。L 形则用于边肋，如图 12-37 所示。拱肋截面面积不宜小于主拱圈截面面积的 25%。

③ 在有支架施工的拱肋高度可按主拱圈高度的 0.3～0.5 倍估算。在无支架施工时，拱肋高度根据裸拱纵向稳定计算确定，⊥形的拱肋高度不宜小于主拱圈跨径的 0.012 倍。拱肋底面宽度一般不小于高度的 0.6～1.0 倍。

④ 拱肋与拱板的结合对拱圈的整体性是十分重要的，因此要求必须紧密结合。为了增强结合面的抗剪强度常在拱肋顶面设置键槽，并配置锚筋，如图 12-38 所示，锚筋不宜太细，以免在施工时被踏弯失去作用，其间距一般为直径的 40～50 倍，在拱脚处适当加密。

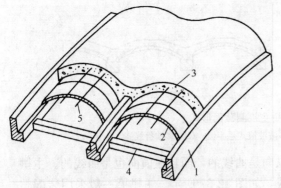

图 12-37 主拱圈

1—拱肋；2—预制拱波；3—现浇拱板；

4—横系梁；5—纵向钢筋

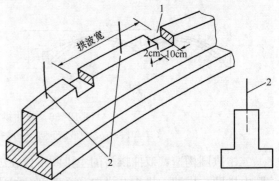

图 12-38 拱肋设键槽和锚筋

1—键槽；2—锚固钢筋

2）拱波

① 拱波为预制的圆弧拱圈，矢跨比为 1/3～1/5 左右。

② 拱波净跨径一般为 1.2～1.6m，拱波厚度为 6～8cm。每块宽为 30～50cm，以便运输安装。

③ 拱波顶面在纵向如做成平齐，如图 12-39（a）所示，则拱波间的砌缝很难填密实，为了加强整体性，一般多将横波一侧削去一角，如图 12-39（b）所示，或做成高低波，如图 12-39（c）所示。

3）拱板

① 拱板也称现浇拱波，它起着把预制拱肋、拱波联成整体的作用，采用波形拱板能有效地防止纵向裂缝，为了施工方便，也可以将波形拱板做成折线形。

② 拱板的厚度不宜小于拱波厚度，在无支架施工时，拱板的截面面积占主拱圈截面面积的 35%～40%。

4）横向联系

① 横向联系一般采用横系梁及横隔板，如图 12-40 所示。

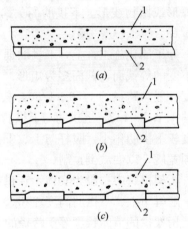

图 12-39　拱波

（a）顶面平齐；（b）顶面一侧
削去一角；（c）做成高低波
1—现浇混凝土拱板；2—预制拱波

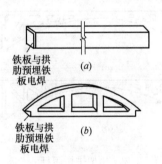

图 12-40　横向联系
（a）横系梁；（b）空心横隔板

② 为了保证拱的横向稳定，沿跨径每隔 3～5m 设置一道横系梁或横隔板，在拱顶、拱跨 1/4 和柱式腹孔墩的下面以及分段吊装的接头附近均应设置横隔板。对于小跨径的宽拱桥，拱顶横隔板应特别加强。

4. 桁架拱桥

它的受力结构是由预制的钢筋混凝土桁架拱片所组成，如图 12-41 所示。在结构上具有桁架和拱的特点，桁架和拱整体受力，能充分利用材料性能，减小拱肋及其下部结构尺寸。桁架拱桥结构轻巧，整体性强，能适应较大跨径和软土地基，能适应有支架和无支架吊装施工，施工工序少，工期短。但要求有一定机械设备施工条件。

钢筋混凝土桁架拱桥有直杆式与斜杆式两种，如图 12-42 所示。其中斜杆式桁架拱桥的腹杆可全部采用人字式斜杆，也可采用竖杆和斜杆组成的形式。

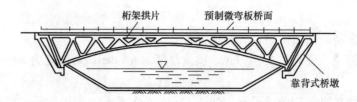

图 12-41　桁架拱桥

　　斜杆式桁架拱桥由于杆件受力以轴向力为主，刚度大，变形比较小，裂缝比较少，自重小，下部受力小，因此适应性较强，桁架拱片分段预制时，边段拱片的节点钢筋密集，浇捣混凝土较困难。直杆式桁架拱桥由于竖杆及上弦以受弯为主，下拱肋为偏心受压杆件，因此，直杆式桁架拱的承载能力、整体刚度及抗裂性均不如斜杆式桁架拱，故仅用于活荷载较轻的中、小跨径桥梁。

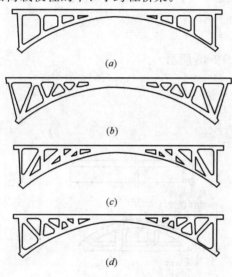

(a)

(b)

(c)

(d)

图 12-42　桁架拱桥腹杆

(a) 直杆式桁架拱桥；(b) 腹杆为人字式斜杆的桁架拱桥；(c)、(d) 腹杆为直杆及斜杆的桁架拱桥

　　桁架拱的上拱肋一般采用圆弧形或直线形，但圆弧形的矢跨比应符合有关桥面纵坡的要求。对于中、小跨径桥梁，下拱肋一般采用圆弧形或抛物线形。下拱肋的矢跨比约为 1/6～1/10。

　　为了简化施工，上，下拱肋通常采用沿拱轴不变的等截面，截面多为矩形。下拱肋截面高度一般为跨径的 1/50～1/80，截面宽度为高度的 1/1.5～1/2。上拱肋与下拱肋同宽，但其高度较下拱肋稍小。腹杆与上、下拱肋一般取相同宽度，以便放倒预制。

　　桁架拱跨中一段为实体，在拱顶截面的高度一般等于上、下拱肋高度之和。

　　桁架拱的节间长度等于跨径的 1/8～1/12。斜杆式桁架拱宜采用不等节间长度，使斜杆与水平线夹角接近 60°为宜。

　　桁架拱桥下拱肋与墩台的联结，宜设计成铰，以减少温度变化、弹性压缩及墩台位移时的应力。铰的构造可采用下拱肋脚插入台帽上的预留拱座空洞内 20cm 左右，然后以砂浆填实缝隙。上拱肋拱脚与墩台联结处用板式橡胶支座或用油毛毡隔开，作为伸缩缝。

　　桁架拱横向构造如图 12-43 所示。图 12-43 (a) 为拱顶截面，桁架拱片实腹段之间用横系梁联结，一般中、小跨径在拱顶设一道横系梁即可。图 12-43 (b) 为 1/4 跨径处的截面，桁架拱片之间设横杆及交叉撑联系。

　　5. 三铰拱桥

　　三铰拱桥常用于单跨为 6～12m 的排洪渠道上，一般采用预制装配施工，跨径较大的可采用现浇施工。三铰拱的构件轻，工程量小，施工方便，因拱顶设有铰，对地基变形有一定适应性。

　　装配式三铰拱桥（见图 12-44）主拱圈矢跨比一般取 1/6～1/8 之间，拱片一般设计成

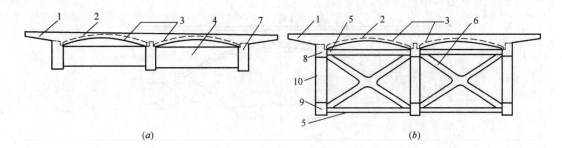

图 12-43　桁架拱横向构造

(a) 拱顶截面；(b) 跨径 1/4 处截面

1—悬臂板；2—现浇混凝土桥面；3—预制拱波；4—横系梁；5—横杆；

6—交叉撑；7—拱肋；8—上拱肋；9—下拱肋；10—腹杆

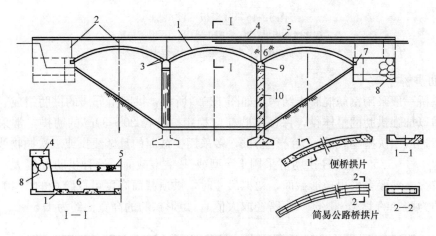

图 12-44　装配式三铰拱桥

1—钢筋混凝土拱片；2—变形缝；3—排水孔；4—混凝土缘石；5—桥面铺装；6—素土夯实；

7—混凝土拱座；8—水泥砂浆砌片石；9—带有拱座的排架横梁；10—钢筋混凝土排架

凹形截面，其最薄部分应不小于 5cm，拱片宽度可根据起重设备能力确定。简易公路上拱片厚度可取 10~15cm，公路上拱片厚度可取 15~18cm。拱上填土必须夯实，厚度不小于 30cm，当采用多跨时，要求各跨径相等，并外形对称，一般单跨宜不大于 7m，且不超过三跨为宜，桥的总净跨（包括墩柱尺寸）应达到设计洪水位水面宽度的边缘附近，但拱脚不可伸入渠岸，以使每一拱跨都得到对称的外形。

当采用桥跨较大时，在挖方渠道上可采用现浇微弯板三铰拱桥，如图 12-45 所示，利用土模施工。拱上仍用夯实的素土回填，主拱圈的矢跨比仍取 1/6~1/8 之间。

微弯板的净宽一般为 0.8~1.6m，顶部厚不小于 8~10cm，拱肋宽度不小于 25cm。拱的内弧曲线或拱轴线，一般用悬链线形，由于拱板很薄，设计可将拱净跨作为计算跨径，拱内弧作为拱轴线。

现浇微弯板三铰拱桥比装配式多跨三铰拱桥节省钢材，整体稳定性好，但工程量大，同双曲拱桥相比，现浇微弯板三铰拱桥工序和技术简单，工期短，整体性好，对桥台位移适应性较强，但现浇微弯板三铰拱桥只能在挖方排洪渠道且有利用土模条件的情况下，才能施工，使用范围受到限制。

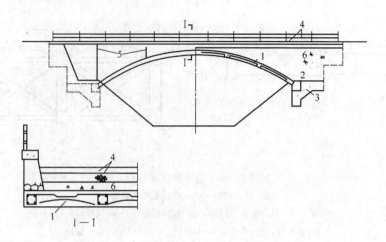

图 12-45　微弯板三铰拱桥

1—现浇微弯板拱；2—混凝土拱座；3—混凝土桥台；

4—桥面铺装；5—变形缝；6—素土夯实

6. 肋拱桥

肋拱桥一般采用钢筋混凝土结构，如图 12-46 所示，拱圈由分离的拱肋组成，肋间用横撑联结以加强拱肋的整体性，保证拱肋横向稳定。跨径 20～30m 的肋拱，常采用等截面的圆弧拱或二次抛物线拱。大跨径肋拱，多采用变截面的悬链线拱或二次抛物线拱。矢跨比常取 1/3～1/5。大跨径拱肋可采用 I 字型或 T 字型截面，这种拱肋刚度大，但温度应力也较大。一般多采用矩形截面，初拟尺寸时，拱顶截面高度可取跨径的 1/40～1/60，拱脚处约为跨径的 1/20～1/50（小跨径取大值），矩形拱肋的高宽比约为 1.5～2.5。

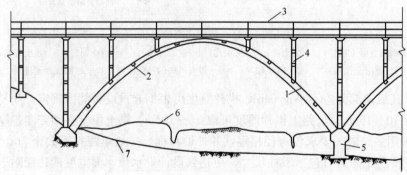

图 12-46　肋拱桥

1—肋拱；2—横系梁；3—栏杆；4—拱上排架；5—桥墩；6—原河床；7—基岩

肋拱桥外形轻巧美观，自重较轻，工程量少。大跨径的钢筋混凝土肋拱桥，可采用分段预制装配施工，也可现浇施工。

7. 拱的计算

（1）拱圈内力计算

拱圈内力计算应按结构力学分析方法或有限元分析方法进行，详见相关的桥梁专业技术文献和规范与设计手册。它应做以下内容：

1）恒荷载作用下的内力。

2）活荷载作用下的内力。

3）温度作用下的内力。

无铰拱除了荷载作用产生内力外，当温度上升时，拱轴线要伸长，温度下降时，拱轴线要缩短，但这些伸长或缩短受到拱两端约束的作用，因而要产生附加内力。计算由于温度变化所产生的附加内力时，先按结构力学中的弹性中心法计算出弹性中心处的附加水平力，而后求得任意截面的附加弯矩及轴向力。

对于跨径不大于 25m 的石、混凝土预制块砌体的拱桥，当矢跨比等于或大于 1/5 时，可不计温度变化影响力。

4）拱圈自重作用下的内力：

拱圈在有架施工时，为了提高拱架利用率，并使拱圈逐渐受力，逐渐完成弹性压缩，在拱圈封拱合拢达到一定强度后，就卸落拱架，称为早期脱架施工。因拱轴线是按照全部荷载的压力线确定的，当拱圈只承受拱圈自重时，其压力线不能与拱轴线重合，因而除产生轴向压力外，还有弯矩产生，因此要对施工阶段受力情况进行验证。

5）拱圈内力计算是按弹性理论计算的，在下列情况下，可以不计弹性压缩：

a. 拱圈跨径≤30m，矢跨比≥1/3。

b. 拱圈跨径≤20m，矢跨比≥1/4。

c. 拱圈跨径≤10m，矢跨比≥1/5。

（2）拱圈强度及稳定性验算

求得拱圈的内力后，即可进行内力组合。

根据组合后的最大弯矩及其相应的轴向力验算拱圈的截面强度与稳定性。对中、小跨径拱圈应验算拱顶、拱跨 1/4 和拱脚三个截面。

（3）施工验算

1）拱桥应设置施工预拱度。

预拱度按主拱圈的弹性与非弹性下沉、拱架的弹性与非弹性下沉、墩台位移等因素产生的挠度曲线反向设置，在无资料时可按下述方法估算。

预拱度的估算：预拱度的大小应按有支架和无支架两种情况，并考虑下列因素估算。

①对无支架施工的拱桥应考虑：

a. 拱圈重力产生的弹性压缩；

b. 混凝土的收缩和徐变；

c. 温度下降；

d. 墩台位移；

e. 施工过程中的裸肋变形；

②对有支架施工的拱桥应考虑：

a. 拱圈重力产生的弹性压缩；

b. 混凝土收缩和徐变；

c. 温度下降；

d. 墩台位移；

e. 拱架在设计荷载下的弹性与非弹性变形。

石拱桥采用有支架施工，当无可靠资料时，由 *a*～*e* 项因素引起的变形，可按 $L/400$

～$L/800$ 估算。对于双曲拱桥由 a～d 项因素引起的变形，可按 $L^2/4000f$～$L^2/6000f$ 估算，当墩台可能有水平位移时取较大值，无水平位移时，取较小值；其裸肋变形可按 $L/1000$ 估算。

预拱度的设置：

预拱度应根据上述各项因素产生的挠度曲线反向设置，在无资料时可根据以往实践经验按下述方法之一设置：

① 按抛物线设置。

② 按拱脚推力影响线比例设置。

③ 对于悬链线拱，在考虑预拱度后的拱轴线放样坐标可按公式（12-120）计算：

$$y' = \frac{f + \Delta f}{m' - 1}(\text{ch}K'\xi - 1) \tag{12-120}$$

式中　Δf——拱顶截面的预留拱度；

　　f——矢高；

　　m'——比设计拱轴系数小一级的拱轴系数；

　　ξ——拱轴线上各点横坐标与 $L/2$ 的比值；

$$K' = \ln\left[m' + \sqrt{m^2 - 1}\right] \tag{12-121}$$

2) 对大、中跨径拱桥在无支架施工或早期脱架施工时，应根据安装砌筑程序对裸肋或裸拱进行截面强度及稳定验算（可根据具体施工条件假定为双铰或无铰拱；或按最不利受力考虑，假定拱脚支承条件），并在施工时采取必要的稳定措施（如设置缆风索、横夹木、下拉索、扣索及浇筑或安装横隔板等）。

拱桥采用早期脱架或无架施工时，对悬链线拱其拱轴系数宜采用较小值，并不宜大于 2.24；对其他拱轴线拱，应使拱轴线接近裸拱时的重力压力线。

12.1.7　中、小跨径拱桥墩台

1. 桥台形式及墩台顶宽

桥台一般常采用 U 形桥台、空心桥台、轻型桥台等。U 形桥台的前墙，其任一水平截面的宽度，不宜小于该截面至墙顶高度的 0.4 倍。U 形桥台的侧墙，其任一截面的宽度，对于片石砌体不小于该截面至墙顶高度的 0.4 倍，块石、料石砌体或混凝土不小于 0.35 倍；如桥台内填料为透水性良好的砂性土或砂砾，则上述两项可分别相应减为 0.35 倍和 0.30 倍，如图 12-47 所示。

当 U 形桥台两侧墙宽度不小于同一水平截面前墙全长的 0.4 倍时，可按 U 形整体截面验算截面强度。

U 形桥台侧墙顶长 b_1，一般取 0.4～1.0m，侧墙顶宽 b_2，一般取 0.4～0.5m，侧墙底长 b_3，一般取桥台高 H 的 0.3～0.4 倍，侧墙底宽 b_4，一般取桥台高 H 的 0.4 倍，如图 12-47（b）所示。

等跨拱桥的实体桥墩的顶宽（单向推力墩除外），混凝土墩可按跨径的 1/15～1/30，石砌墩可按拱跨的 1/10～1/15（其比值随跨径的增大而减小）估算。墩身两侧边坡可取为 20：1～30：1。如图 12-47（a）所示。

2. 桥台背后填土

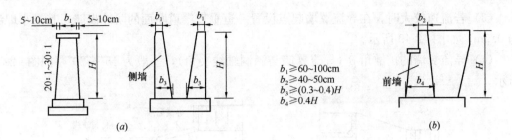

图 12-47 实体桥墩及 U 形桥台尺寸（cm）示意

(a) 实体墩；(b) U 形桥台

对各种形式的桥台，为了减少土的变形对上部结构的影响，桥台背后填土可在主拱圈安装以前完成。台后填土不得采用含有淤泥、杂草的土壤及冻土、腐殖土填筑，且应在最佳含水量情况下分层夯实，每层厚度不宜超过 30cm，密实度控制在 0.9～0.98 之间。

桥台后的土侧压力，一般情况下可采用主动土压力，或按填土压实情况采用静土压力；或静土压力加土抗力。

3. 桥台基础

组合式桥台由前台与后台两部分组成，前台可采用桩基或沉井基础，当采用多排桩基础时，宜斜直桩相结合，前直后斜，且斜桩多于直桩；当采用多排桩基础时，宜增加后排桩长或桩数，以提高桩基抵抗前台向后转动和水平位移的能力。

前台和后台之间设置沉降缝，以适应不均匀沉降。后台在考虑沉降后的基底标高，宜接近于拱脚截面中心标高。

前台以承受拱的竖向力为主，拱的水平推力则主要由后台基底的摩阻力及台后的土侧压力来平衡。其计算可采用静力平衡法或变形协调法。

在软土地基上修建拱桥，应防止由于后台的不均匀沉降引起前台向后倾斜，可采取扩大桥台的台底面积和台背面积，以减小基底压力，并利用基底与地基的摩阻力和适当利用台背土侧压力，以平衡拱的水平推力。

12.2 涵洞及涵闸

12.2.1 涵洞布置和构造要求

涵洞由进口段、洞身、出口段三部分组成，如图 12-48 所示。

1. 进口段

（1）涵洞进口段主要起导流作用，为使水流从渠道中平顺通畅地流进洞身，一般设置导流翼墙，导流翼墙有喇叭口形状（扭曲面或直立面）或八字墙形状，以便水流逐渐缩窄，平顺而均匀地流入洞身，并起到保护渠岸不受水流冲刷。

（2）为防止洞口前产生冲刷，除在进口段进行护底外，还要根据水流速度的大小，向上游护砌一段距离。

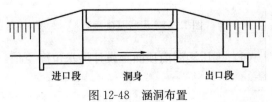

图 12-48 涵洞布置

（3）若流速较大时，在导流翼墙起点设置一道垂直渠道断面的防冲齿墙，其最小埋深为 0.5m，如图 12-49 所示。

（4）导流翼墙的扩散角 β（导流翼墙与涵洞轴线夹角），一般为 15°～20°，如图 12-50 所示。

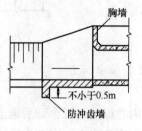

图 12-49　进口胸墙

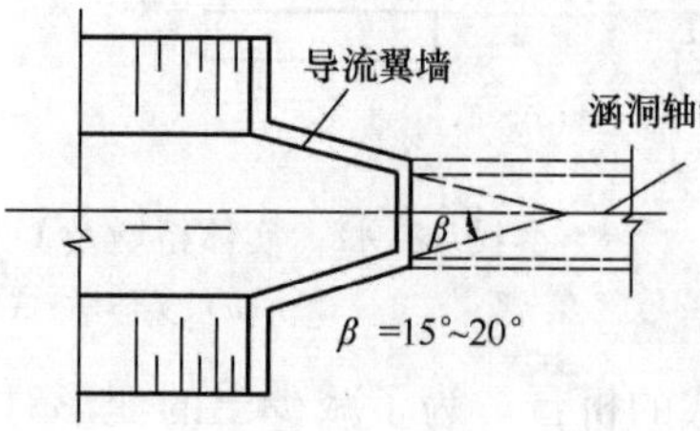

图 12-50　进口翼墙扩散角

（5）导流翼墙长度不宜小于洞高的 3 倍。

（6）为挡住洞口顶部土壤，在洞身进口处设置胸墙，与洞口相连的迎水面做成圆弧形，如图 12-49 所示。

2. 洞身

（1）洞身中轴线要与上下游排洪渠道中轴线在一条直线上，以避免产生偏流，造成洞口处冲刷、淤积和壅水等现象。

（2）在排洪渠道穿越公路、铁路和堤防等构筑物时，为了便于涵洞的平面布置和缩短长度尽量选择正交。如果上游流速较大，或水流含砂量很大时，宜顺原渠道水流方向设置涵洞，不宜强求正交。

（3）为防止洞内产生淤积，洞身的纵向坡度一般均比排洪渠道稍陡。在地形较平坦处，洞底纵坡不应小于 0.4%；但在地形较陡的山坡上涵洞洞底纵坡应根据地形确定。

（4）若洞身纵坡大于 5% 时，洞底基础可作成齿坎形状，如图 12-51 所示，以增加抗滑力。

（5）山坡很陡时，应在出口处设置支撑墩，以防涵洞下滑，如图 12-52 所示。

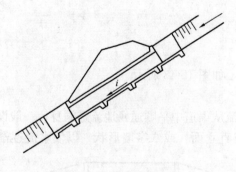
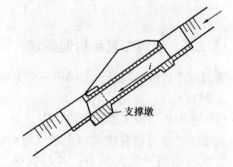

图 12-51　齿状基础涵洞

图 12-52　有支撑墩涵洞

（6）无压涵洞内顶面至设计洪水位净空值，可按表 12-57 采用。

无压涵洞净空值（m）　　　　　　　　表 12-57

涵洞类型 进口净高或内径（m）	管涵	拱涵	矩形涵
$h \leqslant 3$	$>h/4$	$>h/4$	$\geqslant h/6$
$h > 3$	>0.75	$\geqslant 0.75$	$\geqslant 0.5$

（7）当涵洞长度为 15～30m 时，其内径（或净高）不宜小于 1.0m；当大于 30m 时，其内径不宜小于 1.50m。

（8）洞身与进出口导流翼墙和闸室连接处应设变形缝。设在软土地基上的涵洞，洞身较长时，应考虑纵向变形的影响。

（9）建在季节冻土地区的涵洞，进出口和洞身两端基底的埋深，应考虑地基冻胀的影响。

3. 出口段

（1）出口段主要是使水流出涵洞后，尽可能的在全部宽度上均匀分布，故在出口处一般要设置导流翼墙，使水流逐渐扩散。

（2）导流翼墙的扩散角度一般采用 10°～15°。

（3）为防止水流冲刷渠底，应根据出口流速大小及扩散后的流速来确定护砌长度，但至少要护砌到导流翼墙的末端。

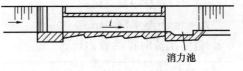

（4）当出口流速较大时，除加长护砌外，在导流翼墙末端设置齿墙，深度应不小于 0.5m。

图 12-53　涵洞出口设消力池

（5）若出口流速很大，护砌已不能保证下游不发生冲刷或护砌长度过长，可在出口段设置消力池，消除多余能量，如图 12-53 所示。

12.2.2　涵洞水力计算

1. 涵洞水流状态判别

判别水流通过涵洞的状态，可以起到正确选用各种水流状态的计算公式，但由于影响涵洞水流状态的因素比较复杂，要做到精确地确定各种水流状态之间的界限是比较困难的。一般是根据实验按近似的经验数值来判别。

水流状态的判别，可根据涵洞进口水头 H 和洞身净高 h_T 的比值来确定，其判别条件如下：

（1）具有各式翼墙的进口：

1）洞身为矩形或接近矩形断面时：

$$\left. \begin{array}{l} \text{当 } H/h_T \leqslant 1.2 \text{ 时，为无压流} \\[4pt] \text{当 } 1.5 > H/h_T > 1.2 \text{ 时，为半有压流} \\[4pt] \text{当 } H/h_T \geqslant 1.5 \text{ 时，为有压流} \end{array} \right\} \qquad (12\text{-}122)$$

2）洞身为圆形或接近圆形断面时：

$$\left.\begin{array}{l} \text{当 } H/h_T \leqslant 1.1 \text{ 时,为无压流} \\ \text{当 } 1.5 > H/h_T > 1.1 \text{ 时,为半有压流} \\ \text{当 } H/h_T \geqslant 1.5 \text{ 时,为有压流} \end{array}\right\} \tag{12-123}$$

（2）无翼墙进口：

$$\left.\begin{array}{l} \text{当 } H/h_T \leqslant 1.25 \text{ 时,为无压流} \\ \text{当 } 1.5 > H/h_T > 1.25 \text{ 时,为半有压流} \\ \text{当 } H/h_T \geqslant 1.50 \text{ 时,为有压流} \end{array}\right\} \tag{12-124}$$

当涵洞坡度 i 大于临界坡度 i_c 时，出口水流形成均匀流动的正常水深；当涵洞坡度 i 小于或等于临界坡度 i_c，且洞身又较长时，则出口的水流形成临界水深 h_c。

2. 涵洞出流状态判别

涵洞出流分为自由出流和淹没出流，当下游水深 h_t 对设计流量下泄无影响时，为自由出流；当下游水深 h_t 对设计流量下泄产生影响时，为淹没出流，其判别条件为：

$$\left.\begin{array}{l} \text{对无压涵洞:} h_t/H < 0.75 \\ \text{对有压涵洞:} h_t/h_T > 0.75 \end{array}\right\} \text{时,为淹没出流} \tag{12-125}$$

式中 H——洞前水深，m；

h_T——洞身净高，m；

h_t——下游水深，m。

3. 自由出流时排洪能力计算

（1）无压涵洞的排洪能力计算

排洪流量公式为：

$$Q = \varphi \omega_1 \sqrt{2g(H_0 - h_1)} \tag{12-126}$$

$$\varphi = \sqrt{\frac{1}{1+\xi}} \tag{12-127}$$

$$H_0 = H + \frac{v_0^2}{2g} \tag{12-128}$$

$$H_0 = h_1 + \frac{v_1^2}{2g} + \xi \frac{v_1^2}{2g} = h_1 + \frac{v_1^2}{2g\varphi^2}$$

$$v_1 = \varphi \sqrt{2g(H_0 - h_1)} \tag{12-129}$$

式中 Q——涵洞排洪流量，m³/s；

ω_1——收缩水深断面处的过水面积，m²；

φ——流速系数，可从表 12-58 查得；

H——洞前水深，m；

v_0——洞前行进流速，m/s；

H_0——洞前总水头，m；

h_1——收缩断面水深，m，$h_1 = 0.9h_c$；

v_1——收缩断面处流速，m/s。

公式（12-129）为自由出流情况下的排洪能力，当为淹没出流时，应乘以淹没系数 σ，可从表 12-59 查得。

ε、φ、ξ、k 值　　　表 12-58

进口特征	收缩系数 ε	流速系数 φ	进口损失系数 ξ	k
流线形进口	1.00	0.95	0.10	0.64
八字翼墙进口	0.90	0.85	0.38	0.59
门式端墙进口	0.85	0.80	0.56	0.56

无压涵洞淹没系数值　　　表 12-59

h_t/H	σ	h_t/H	σ	h_t/H	σ
<0.750	1.000	0.900	0.739	0.980	0.360
0.750	0.974	0.920	0.676	0.990	0.257
0.800	0.928	0.940	0.598	0.995	0.183
0.830	0.889	0.950	0.552	0.997	0.142
0.850	0.855	0.960	0.499	0.998	0.116
0.870	0.815	0.970	0.436	0.999	0.082

　　在设计流量 Q 及涵洞底坡为已知的条件下，先假定一个临界流速 v_c，然后确定涵洞尺寸，或者假定一个涵洞尺寸，然后验算其水流速度是否合理。无论矩形或圆形涵洞的计算，都应当先从临界水深开始计算。

　　（2）水力特性计算

　　1）箱形涵洞

　　先假定涵洞宽度为 B，则临界水深为：

$$h_c = \sqrt[3]{\frac{\alpha Q^2}{gB^2}} = \sqrt[3]{\frac{\alpha q^2}{g}} \qquad (12\text{-}130)$$

式中　α——流速修正系数，$\alpha = 1.0 \sim 1.1$；

　　　q——单宽流量，$\mathrm{m^3/(s \cdot m)}$；

　　　B——涵洞宽度，m；

　　　Q——设计流量，$\mathrm{m^3/s}$；

　　　g——重力加速度，$\mathrm{m/s^2}$。

　　根据 q 及 α 值从表 12-59 查得 h_c 值。

　　若先假定临界流速 v_c，则临界水深 h_c 可由公式（12-131）求得：

$$\frac{Q^2}{g} = \frac{\omega_c^3}{B_c} \qquad (12\text{-}131)$$

或

$$\frac{Q^2}{g\omega_c^2} = \frac{\omega_c}{B_c}$$

$$v_c^2 = \frac{Q^2}{\omega_c^2}$$

$$h_c = \frac{\omega_c}{B_c} \qquad (12\text{-}132)$$

则

$$h_c = \frac{v_c^2}{g} \qquad (12\text{-}133)$$

　　在求得临界水深 h_c 值后，即可计算下列各值：

　　① 收缩水深 h_1：

$$h_1 = 0.9h_c \tag{12-134}$$

② 临界水深时的过水断面面积 ω_c：

$$\omega_c = Bh_c$$

③ 临界流速 v_c：

$$v_c = \frac{Q}{\omega_c}$$

④ 收缩水深处的过水断面面积 ω_1：

$$\omega_1 = \frac{Q}{v_1}$$

⑤ 涵洞前水深 H：

$$H = h_c + \frac{v_c^2}{2g\varphi}$$

或

$$H = h_c + \frac{h_c}{2\varphi^2} = \left(\frac{2\varphi^2+1}{2\varphi^2}\right)h_c$$

令

$$h = \frac{2\varphi^2+1}{2\varphi^2} \tag{12-135}$$

则

$$H = \frac{h_c}{k} \tag{12-136}$$

式中　φ——流速系数，从表 12-58 查得；

　　　k——系数，从表 12-58 查得。

⑥ 涵洞临界坡度 i_c：

$$i_c = \frac{v_c^2}{C_c^2 R_c}$$

式中　R_c——临界水深处的水力半径，m；

　　　C_c——临界水深处流量系数。

⑦ 收缩断面处的坡度 i_1：

$$i_1 = \frac{v_1^2}{C_1^2 R_1}$$

2）圆形涵洞

① 表格法：根据已知设计流量 Q 和涵洞直径 d，由 Q^2/gd^5 值从表 12-60 可求得 h_c 值。

圆形涵洞水力特征值　　　　　　　　　　　　　　　表 **12-60**

充满度	水　力　特　征　值			
$\dfrac{h_0}{d}$ 或 $\dfrac{h_c}{d}$	$\dfrac{\omega^3}{B_c d^5} = \dfrac{Q^2}{gd^5}$	比值 $\dfrac{K_0}{K_d}$	比值 $\dfrac{w_0}{w_d}$	总比值 $\dfrac{K_0}{K_d} < \dfrac{\omega_0}{\omega_d}$
0.00	0.00	0.000	0.000	0.000
0.05	0.00	0.004	0.184	0.022
0.10	0.00	0.017	0.333	0.051
0.15	0.00	0.043	0.457	0.094
0.20	0.00	0.084	0.565	0.141
0.25	0.005	0.129	0.661	0.195
0.30	0.009	0.188	0.748	0.251

充满度	水 力 特 征 值			
$\dfrac{h_0}{d}$ 或 $\dfrac{h_c}{d}$	$\dfrac{\omega^3}{B_c d^5} = \dfrac{Q^2}{g d^5}$	比值 $\dfrac{K_0}{K_d}$	比值 $\dfrac{w_0}{w_d}$	总比值 $\dfrac{K_0}{K_d} < \dfrac{\omega_0}{\omega_d}$
0.35	0.016	0.256	0.821	0.312
0.40	0.025	0.332	0.889	0.374
0.45	0.040	0.414	0.948	0.436
0.50	0.060	0.500	1.000	0.500
0.55	0.088	0.589	1.045	0.564
0.60	0.121	0.678	1.083	0.626
0.65	0.166	0.765	1.113	0.680
0.70	0.220	0.850	1.137	0.748
0.75	0.294	0.927	1.152	0.805
0.80	0.382	0.994	1.159	0.857
0.85	0.500	1.048	1.157	0.905
0.90	0.685	1.082	1.142	0.948
0.95	1.035	1.089	1.103	0.980
1.00	1.000	1.000	1.000	1.000

注：1. 流量 $Q = K_\phi \sqrt{i}$（m^3/s）；$v_0 = \omega_0 \sqrt{i}$（m/s）；

　　2. 对于全部充满水的钢筋混凝土圆形涵洞的满流特征流量 $K_d = 24 d^8/\text{s}$（m^3/s）。$\omega_d = 30.5 d^2/\text{s}$（$d$ 以 m 计）；

　　3. 该表可以内插。

② 图解法：图 12-54 为各种涵洞断面的 $Q^2/r^5 \sim B_c/r$ 关系曲线，可根据设计流量 Q 及半径 r 查得 B_c/r。求得 P_c，则 h_c 即可求得。B_c 为临界水深时涵洞过水断面面积的平均水面宽度。

求得临界水深 h_c 值后，就可计算其他各值。

a. 收缩断面水深 h_1 为：

$$h_1 = 0.9 h_c$$

b. 临界水深及收缩断面水深的过水断面面积 ω_c 和 ω_1，可分别根据 h_c/d 及 h_1/d 的比值，从表 12-61 中查出相应的 X 值。根据下式求算 ω_c 和 ω_1 为：

$$\omega_c = X_c d^2$$
$$\omega_1 = X_1 d^2$$

c. 临界流速 v_c，收缩断面流速 v_1，涵洞前水深 H 和临界坡度 i_c 的计算与箱形涵洞相同。但水力半径 $R = Y d$，可查表 12-61 计算。

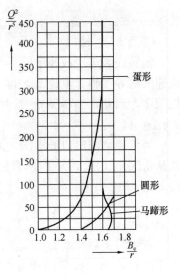

图 12-54　涵洞断面的 Q^2/r_5-$B_{c/r}$ 关系曲线

X、Y 值 表 12-61

$\dfrac{h_1}{d}$ 或 $\dfrac{h_c}{d}$	X $(X = \omega/d^2)$	Y $(Y = R/d)$	$\dfrac{h_1}{d}$ 或 $\dfrac{h_c}{d}$	X $(X = \omega/d^2)$	Y $(Y = R/d)$
0.30	0.19817	0.1712	0.40	0.29337	0.2143
0.35	0.24498	0.1951	0.45	0.34278	0.2338
0.50	0.39270	0.2500	0.75	0.63155	0.3016
0.55	0.44262	0.2642	0.80	0.67357	0.3031
0.60	0.49243	0.2775	0.85	0.71152	0.3022
0.65	0.54042	0.2867	0.90	0.74452	0.2977
0.70	0.58723	0.2957	0.95	0.77072	0.2861

3）出口流速计算

① 当 $i > i_c$ 时：

涵洞底坡大于临界坡度时，出口水深等于该坡度下的正常水深 h_0，此时 $h_0 < h_c$，$v_0 > v_c$，用等速流公式计算。

矩形涵洞可采用试算法，先求得 h_0，然后再用下式计算出口流速：

$$v_0 = \frac{Q}{\omega_0}$$

圆形涵洞计算比较复杂，一般可采用较简单的查表法，具体计算步骤如下：

a. 首先求出流量模数 $K_0 = \frac{Q}{\sqrt{i}}$ 和满流特征流量 $K_d = 24d^{8/3}$。

b. 计算 K_0/K_d 值。

c. 根据 K_0/K_d 值，从表 12-60 查出相应的 h_0/d 和 ω_0/ω_d 值，则：

$$v_0 = \frac{\omega_0}{\omega_d} 30.5 d^{2/3} i^{1/2}$$

或根据查得的 h_0/d 值，求得 h_0，然后根据 h_0 值从表 12-61 查得 X 值，则按下式求出 v_0：

$$v_0 = \frac{Q}{\omega_0} = \frac{Q}{x d^2} (\text{m/s})$$

② 当 $i \leqslant i_c$ 时：

涵洞底坡等于或小于临界坡度时，出口处的水深形成临界水深 h_c 或接近临界水深。流速大约等于临界流速 v_c。即当采取比临界坡度更小的坡度时，也不至于使出口流速降低很多，因此，当涵洞 $i = i_c$ 时，出口水深可按临界水深 h_c 计算，相应 h_c 的流速就是临界流速 v_c。

为了让涵洞出口处水深，能达到 h_c 的值，则需要涵洞有个最小的长度，这个长度就是从水深 h_1 增大到 h_c 时所需要的距离，取涵洞坡度等于 i_c，自 h_0 以后的自由水面是水平线，则：

$$L_{\min} = \frac{h_c - h_1}{i_c} = \frac{h_c - 0.9 h_c}{i_c} = \frac{0.1 h_c}{i_c} \tag{12-137}$$

若涵洞实际长度 $L < L_{\min}$ 时，则出口水深将小于 h_c，大于 h_0；出口流速 v_0 则大于临界流速 v_c，小于收缩断面处的流速 v_1。现将出口流速分布状况，汇列于表 12-62 和图 12-55。

涵洞出口流速 表 **12-62**

涵洞坡度 涵洞长度	$i \leqslant i_c$	$i_c < i < i_1$	$i = i_1$	$i_1 < i < i_{\max}$	$i = i_{\max}$
$L < L_{\min}$	$v_c < v_0 < v_1$	$v_c < v_0 < v_1$	$v_0 = v_1$	$v_1 < v_0 < 4.5 \sim 6$	$v_0 = 4.5 \sim 6$
$L \geqslant L_{\min}$	$v_0 = v_c$	$v_c < v_0 < v_1$	$v_0 = v_1$	$v_1 < v_0 < 4.5 \sim 6$	$v_0 = 4.5 \sim 6$

注：$L_{\max}$ 为出口流速 v_0 达 4～6m/s 时的坡度。

4）最小路堤高度计算

无压涵洞处的路堤最小高度 $H_{\min}$，按公式（12-138）、公式（12-139）计算，并取其中一个较大值作为路堤高度。

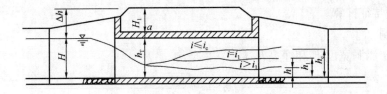

图 12-55　涵洞出口水深

$$H_{\min} = h_T + a + H_1 \tag{12-138}$$

$$H_{\min} = H + \delta \tag{12-139}$$

式中　$H_{\min}$——最小路堤高度，即从涵洞进口处洞底到路肩的高度，m；

　　　　h_T——涵洞净高，m；

　　　　a——洞身顶板厚度，m；

　　　　H_1——涵洞洞身顶板外皮至路肩高度，m；

　　　　H——涵洞前水深，m；

　　　　δ——安全超高，一般为在涵洞前水位以上加 $0.2\sim0.5$m。

（3）半有压流涵洞的排洪流量计算

1）排洪流量公式

①箱形涵洞：

$$Q = \varphi\omega_1\sqrt{2g\,(H_0 - h_1)}$$

$$H_0 = H + \frac{v_0^2}{2g}$$

$$h_1 = \varepsilon h_T$$

②圆形涵洞：

$$h_1 = \varepsilon d$$

式中　Q——涵洞排洪流量，m³/s；

　　　H_0——涵洞前总水头，m；

　　　h_T——箱形涵洞净高，m；

　　　D——圆形涵洞内直径，m；

　　　ω_1——收缩断面面积，m²；

　　　h_1——收缩水深，m；

　　　v_0——涵洞前水流行进流速，m/s；

　　　ε——挤压系数，可从表 12-63 查得；

　　　φ——流速系数，可从表 12-63 查得。

ε、φ 值（半有压涵洞）　　　　　　　　表 12-63

进口类型	挤压系数 δ		流速系数 φ
	箱形断面	圆形断面	
喇叭口式端墙（翼墙高程两端相等者）	0.67	0.60	0.90
喇叭口式端墙（翼墙高程靠近建筑物一端较高，另一端较低者）	0.64	0.60	0.85
端墙式	0.60	0.60	0.80

2）水力特征计算

箱形涵洞：

①先假定涵洞宽度 B 和净高 h_T：

则
$$h_c = \sqrt{\frac{Q^2}{gB^2}}$$
$$h_1 = \varepsilon h_T$$
$$\omega_1 = Bh_1$$

② 求涵前水深 H：

$$H = H_0 - \frac{v_0^2}{2g}$$

$$H_0 = \frac{Q^2}{\varphi^2 \omega_1^2 2g} + h_1$$

若忽略 $\frac{v_0^2}{2g}$ 不计，则 $H \approx H_0$。

③ 判别水流状态：根据进口翼墙形式，洞身断面形状及 H/H_T 值，用公式（12-122）～公式（12-124），判别是否属于半有压流涵洞。

④ 临界流速和临界坡度计算方法与无压涵洞相同。圆形涵洞计算与箱形涵洞相同，只是将箱形涵洞净高 h_T 换成圆形涵洞直径 d。

3）出口流速 v：

当 $i \leqslant i_c$ 时，$v = v_c$；

当 $i > i_c$ 时，$v = v_0$。

（4）有压流涵洞的排洪能力计算

1）排洪流量公式

①箱形涵洞：

$$Q = \varphi \omega \sqrt{2g(H_0 - h_T)} \qquad (12\text{-}140)$$

式中　Q——涵洞的排洪流量，m^3/s；

φ——流速系数，$\varphi = 0.95$；

ω——涵洞的断面面积，m^2；

h_T——涵洞净高，m；

H_0——涵洞前总水头，m。

② 圆形涵洞：将箱形涵洞净高 h_T 换成圆形涵洞内径 d。

2）水力特征计算

① 涵洞出口流速：

$$v_0 = \frac{Q}{\omega}$$

② 涵洞坡度不应大于摩阻力坡度 i_f：

$$i_f = \frac{Q}{\omega^2 C^2 R^2}$$

4. 淹没出流排洪能力计算

涵洞出流为淹没状态其排洪流量为

$$Q = \varphi\omega\sqrt{2g(H_0 + iL) - h_t} \qquad (12\text{-}141)$$

式中 φ——流速系数，按下式确定：

$$\varphi = \sqrt{\frac{1}{\xi_1 + \xi_2 + \xi_3}}$$

ξ_1——入口损失系数，取$=0.5$；

ξ_2——沿程损失系数，$\xi_2 = \dfrac{2gL}{C^2R}$；

ξ_3——出口损失系数，$\xi_3 = 1.0$；

i——涵洞底坡；

L——涵洞水平长度，m；

h_t——出口下游水深，m；

C——流速系数；

R——水力半径，m；

H_0——涵洞前总水头，m。

12.2.3 涵闸

排洪渠道穿越堤防时，为防止河水倒灌，在涵洞出口设置闸门，称为涵闸。

1. 涵闸布置和构造要求

（1）直升式平板闸门涵闸

涵闸主要由闸门、闸室、工作桥、出口段组成，如图 12-56 所示。

1）直升式平板闸门：应用极为广泛，如图 12-57 所示。闸门启闭设备多采用手动或电动固定式启闭机，闸门多为钢木混合结构，也有采用钢结构或钢筋混凝土结构。

2）闸室：闸室设置在涵洞末端，与涵洞相连接处，一般设置变形缝，以防止由于地基不均匀沉降或温度产生裂缝。闸室包括底板、闸墩及闸墙三部分。底板基础埋深，一般要比涵洞基础深。底板通常采用钢筋混凝土或混凝土结构。

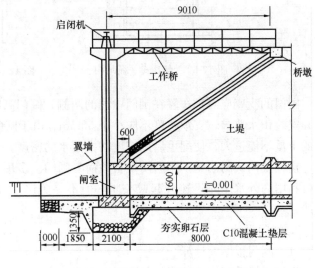

图 12-56 涵闸

闸墩是用来分隔闸孔，安装闸门和支承工作桥的，墩头一般做成半圆形或流线形。

闸墙位于闸室两侧，其作用是构成流水范围的水槽，并支撑墙后土壤不坍塌，因此闸墙可按挡土墙的要求布置，为减小墙后水压力，可在墙上设置排水孔，排水孔处设置反滤层。

3）工作桥：用来安装闸门启闭设备、闸门启闭操作以及管理人员通行。桥面标高应不低于设计洪水位加波浪和安全超高，并满足闸门检修要求。

4）出口段

① 出口段是使水流在出涵闸后，尽可能的在全部宽度上均匀分布，因此在出口处设置导流翼墙，使水流逐渐扩散。

② 导流翼墙的扩散角度一般采用 10°～15°为宜。

③ 为防止水流冲刷渠底，应根据出口流速大小及扩散后的流速来确定护砌长度，一般都护砌到导流翼墙的末端。

④ 当出口流速较大时，除加长护砌外，在导流翼墙末端设置齿墙，深度应不小于 0.5m。

⑤ 若出口流速很大，护砌已不能保证下游不发生冲刷或护砌长度过长，可在出口段设置消力池以消除多余能量。

（2）横轴拍门式闸门涵闸

这种涵闸，是将闸门安装在涵洞出口处，门轴安装在闸门顶部。在涵洞出口顶对称部位安装两个铰座，在闸门上相对位置安装两个支座，以门轴和铰座相连，使闸门能绕水平轴上下移动，如图 12-58 所示。

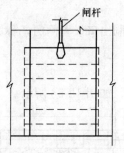

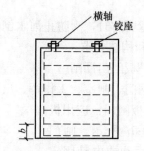

图 12-57　直升式平板闸门　　　　图 12-58　横轴拍门式闸门

闸门的支座应对称布置在闸门中线的两侧，闸门高度和宽度，应满足闸门支承长度要求和安装止水要求，支承长度不应小于 50mm。由于闸门开启和关闭是靠水压力完成，闸门的重量不能过大，使配重后的密度略大于水的密度。

横轴拍门式闸门是不用启闭设备的简易闸门。多用于尺寸较小的涵闸工程上。这种闸门可利用内外水压差迅速升起或关闭，但不易关严，可采取将闸门向外稍倾斜，闸门易关严。

2. 闸门设计

（1）闸门板厚度计算

闸门板按受弯构件计算，其厚度公式为：

$$t = \left(\frac{6M}{[\sigma]b} \right)^{1/2} \tag{12-142}$$

式中　t——闸板厚度，m；

$[\sigma]$——木板抗弯容许应力，一般采用松木，$[\sigma] = 7000000 \sim 8000000 \mathrm{kN/m^2}$；

b——闸门板高度，m，一般取 1m 进行计算；

M——闸门板承受的最大弯矩，

$$M = \frac{1}{8}qL_0^2$$

L_0——闸门计算跨度，$L_0=1.05L$；

L——闸孔净宽度，m；

q——作用在闸板计算高度 b 的水压力：

$$q = \gamma Hb(10\text{kN/m})$$

H——闸门两侧最大水位差，m。

将 M 和 $[\sigma]$ 值代入公式（12-142）得：

$$i = 0.0343LH^{\frac{1}{2}} \tag{12-143}$$

（2）启门拉力和闭门压力计算

1）启门拉力 P_1：

$$P_1 = \left[\frac{1}{2}\gamma Bf(h_1^2 - h_2^2) + G - W\right]K \tag{12-144}$$

式中 P_1——启门拉力，10kN；

γ——水重力密度，10kN/m³；

f——闸门与闸槽的摩擦系数，可参照表 12-64 选用；

B——闸门宽度，m；

h_1——闸门前水深，m；

h_2——闸门后水深，m；

G——闸门自重，湿松木可采用 8000kN/m；

W——水对闸门的浮力，10kN；

K——安全系数，$K=1.2\sim1.5$。

摩擦系数值　　　　表 12-64

材料名称	摩擦系数 f	材料名称	摩擦系数 f
木与钢（水中）	0.3～0.65	钢与钢（水中）	0.15～0.5
橡胶与钢（水中）	0.65		

2）闭门压力 P_2：

$$P_2 = \left[\frac{1}{2}\gamma Bf(h_1^2 - h_2^2) - G + W\right]K \tag{12-145}$$

3）闸门螺杆计算：在启闭闸门时，螺杆受到拉、压力及扭力，要分别算出，再假定螺杆直径，并核算其容许应力。

① 螺杆扭力矩：

$$T = \frac{P_1 r(\tan\alpha + \tan\beta)}{1 - \tan\alpha\tan\beta} \tag{12-146}$$

式中 T——扭力矩，10kN·mm；

P_1——启门拉力，10kN；

r——螺杆平均半径，mm；

β——螺杆旋面的摩擦角，一般采用 $5°\sim7°$

$$\tan\beta = 0.087 \sim 0.122$$

α——螺杆螺旋的斜角，一般采用 $3°\sim5°$

$$\tan\alpha = \frac{p}{2\pi r}$$

p——螺距，mm。

② 螺杆扭应力：

$$S_\tau = \frac{16T}{\pi d^3} \qquad (12\text{-}147)$$

式中　S_τ——扭应力，$10\mathrm{kN/mm^2}$；

　　　d——螺杆净直径，mm。

闸门螺杆一般为 HPB 300 级钢，其容许应力可按表 12-65 选用。

由锻材和轧制钢锻造闸门机械零件的容许应力（MPa）　　　　　表 12-65

应力种类	HPB 300　级　钢	
	主要荷载	主要荷载 和附加荷载
拉、压、弯曲应力	100	110
剪应力	65	70
局部承压应力	150	165
局部紧接挤压应力	80	90
孔眼受拉应力	120	140

注：局部紧接挤压应力，指不常转动的铰接触表面投影面积而言。

③闸门螺杆安全压力：

$$P = \frac{1}{4}P_c \qquad (12\text{-}148)$$

$$P_c = \frac{\pi^2 EI}{L_0^2} \qquad (12\text{-}149)$$

式中　P_c——螺杆临界荷载，10kN；

　　　E——钢的弹性模量，$E=2000\mathrm{kN/mm^2}$；

　　　I——螺杆惯性矩，mm^4，$I=\pi d^4/64$；

　　　L_0——螺杆的计算长度，mm，$L_0=0.7L$；

　　　L——螺杆的实际长度，mm；

　　　d——螺杆净直径，mm。

将公式（12-149）代入公式（12-148）得：

$$P = \frac{1}{4}P_c = 4936\frac{d^4}{L^2} \qquad (12\text{-}150)$$

公式（12-150）适用于 $L_0/R=0.7L/d/4>100$；若 $L_0/R<100$，则公式（12-150）不能应用，应按表 12-66 求螺杆的容许应力折减系数 φ，再求螺杆直径。

压杆的容许应力折减系数 φ 值　　　　　表 12-66

$\frac{L_0}{R}$	φ	$\frac{L_0}{R}$	φ	$\frac{L_0}{R}$	φ
10	0.99	50	0.89	90	0.69
20	0.96	60	0.86	100	0.60
30	0.94	70	0.81	110	0.52
40	0.92	80	0.75	120	0.45

④ 启门时扭应力与拉应力联合作用：

$$\sigma = (S_t^2 + 4S_\tau^2)^{\frac{1}{2}} < 9000 (\text{MPa}) \tag{12-151}$$

式中　S_t——拉应力，$S_t = \dfrac{4P_1}{\pi d^2}$，MPa；

　　　S_τ——扭应力，MPa。

3. 启闭设备

（1）平轮式启闭机

平轮式启闭机结构较为简单，闸门螺杆的下端固定于闸门上，上端有螺丝穿过平轮，平轮放于座架上，如图 12-59 所示。闸门螺杆螺距为 6～12.5mm，多采用矩形螺纹。

闸门启闭力为：

$$F = \frac{PS}{2\pi R\eta} \tag{12-152}$$

式中　F——闸门启闭力，10kN；

　　　P——闸门重加上门在槽内的摩擦力，10kN；

　　　S——闸门螺杆的螺距，mm；

　　　R——平轮半径，mm；

　　　η——螺丝对螺杆传力的效率，矩形螺纹为 15%～35%。

（2）蜗轮蜗杆式启闭机

这种启闭机是由蜗轮和蜗杆组成，蜗轮和蜗杆的关系与上述平轮式启闭机一样，摇柄上的力由蜗杆传到蜗轮，再传到螺杆，如图 12-60 所示。

1）闸门开启力为：

$$F = \frac{SS_1 P}{4\pi^2 RR_1 \eta_1 \eta_2} \tag{12-153}$$

式中　F——闸门启闭力，10kN；

　　　P——闸门重加上门在槽内的摩擦力，10kN；

　　　S——螺杆的螺距，mm；

　　　S_1——蜗杆的螺距，mm；

　　　R——摇柄的长度，mm；

　　　R_1——蜗轮的半径，mm；

　　　η_1——蜗杆与蜗轮之间的效率，约为 40%；

　　　η_2——蜗轮与螺杆之间的效率，矩形螺纹为 15%～35%。

2）机械效益为：

$$\frac{P}{F} = \frac{4\pi^2 RR_1 \eta_1 \eta_2}{SS_1} \tag{12-154}$$

此种形式启闭机适用于开启重量较大的闸门，速度较慢，亦可改装成电动启动。

（3）八字轮式启闭机

这种启闭机启门速度较蜗轮蜗杆式快，启门力较平轮式大，故广泛应用于小型涵闸上，其构造由一组互相垂直的八字轮构成，如图 12-61 所示。

闸门启门力为：

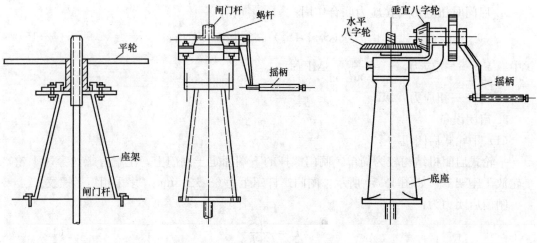

图 12-59 平轮式启闭机   图 12-60 蜗轮蜗杆式启闭机   图 12-61 八字轮式启闭机

$$F = \frac{SrP}{2\pi RR_1 \eta_2 \eta_3} \tag{12-155}$$

式中　　F——闸门启闭力，10kN；

　　　　P——闸门重加上门在槽内的摩擦力，10kN；

　　　　S——螺杆的螺距，mm；

　　　　r——小轮的半径，mm；

　　　　R——摇柄长度，mm；

　　　　R_1——平轮的半径，mm；

　　　　η_2——平轮与螺杆间传力效率，矩形螺纹 $\eta_2 = 15\% \sim 35\%$；

　　　　η_3——小轮与平轮间传力效率，铸造齿 $\eta_3 = 90\%$。

12.3　引 道 及 通 行 闸

12.3.1　引道

当土堤与道路交叉时，多采用引道从堤顶逐渐坡向道路，引道有直交和斜交两种，如图 12-62～图 12-64 所示。

引道一般与土堤顶齐平，有时为了节省土方或满足道路坡度要求，引道顶低于堤顶，但过堤顶处的路面不低于设计洪水位。安全超高部分可在洪水期临时堵上。图 12-63、图 12-64 为某市防洪堤与公路交叉的引道，堤高为 3m，堤顶宽为 3m，边坡为 1：3。道路宽为 5m，公路路面与校核洪水位齐平，低于堤顶 0.7m，引道纵坡为 0.04。

堤顶作为道路时，可作侧向引道上堤，如图 12-65 所示。

引道应保持平顺，使车辆能平稳通过，引道一般为直线，如必须设计成曲线时，其各项指标应符合公路部门规定。引道的纵坡应满足公路的要求，一般应不大于 5%。引道的构造应与道路同级，各级公路、城市道路的技术指标详见相关现行设计规范。

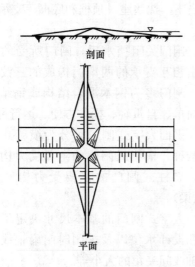

图 12-62　与堤顶齐平的引道

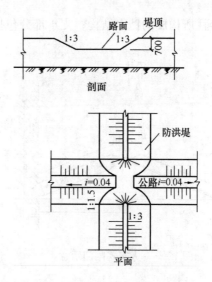

图 12-63　土堤与公路正交引道

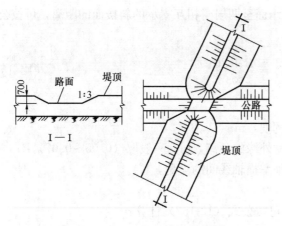

图 12-64　土堤与公路斜交引道

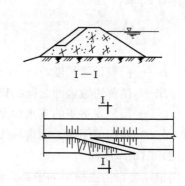

图 12-65　土堤的侧向引道

12.3.2　通行闸

　　为了满足港口码头运输和寒冷地区冬季冰上运输的要求，在堤防上留闸口，作为车辆通行的道路。为防止洪水期进水，在闸口处设闸挡水，这种闸称为通行闸，若上部设置桥梁，则为桥闸。通行闸在枯水期和平水期间闸门是开着的，车辆可以正常通行。只有在洪水期，当水位达到关门控制水位时，才关闭闸门挡水；当水位退至开门水位时，开始开门。通行闸的关门和开门控制水位均在闸底板以下，因此，通行闸的闸门开关运行是在没有水压力的情况下进行的。通行闸闸门形式有人字式闸门、横拉式闸门和叠梁式闸门。

　　1. 人字式闸门

　　它通常用于闸门较宽、水头较高、关门次数较多的通行闸上。人字式闸门是由两扇绕垂直轴转动的平面门扇构成的闸门，闸门关闭挡水时，两门扇构成"人"字形，如图 12-66 所示。

　　人字式闸门由门扇、支承部和止水装置所组成。门扇是由面板、主横梁、次梁、门轴柱及斜接柱所构成的挡水结构；支承部分包括支垫座、枕垫座、顶框和底框等支承闸门的设备。

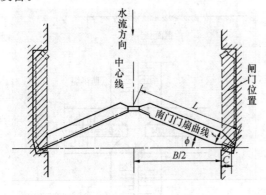

图 12-66 人字式闸门示意

闸门关闭挡水后，闸门所受的水压力是由相互支承的两扇门构成的三铰拱所承受。闸门多为钢木混合结构或钢结构，构造简单、自重轻、操作方便、运行可靠。

平面人字式闸门可分为横梁式和立柱式两种，横梁式闸门的主要受力构件为横梁；立柱式闸门的主要受力构件为立柱（纵梁）。

人字式闸门的基本尺寸决定于闸口尺寸和设计水位以及关闭时门扇轴线与闸室横轴线间夹角的大小等。

（1）门扇计算长度

门扇计算长度系指门扇支垫座的支承面至两扇门相互支承的斜接面的距离，可按公式（12-156）计算：

$$L = \frac{B + 2C}{2\cos \phi} \qquad (12\text{-}156)$$

式中 L——门扇计算长度，m；

B——闸首边墩墙面之间的口门宽度，m；

C——门扇支垫座的支承面至门龛外缘的距离，m，一般取（0.05～0.07）B；

ϕ——闸门关闭时，门扇轴线与闸室横轴线间的夹角，(°)。

（2）门扇厚度

门扇厚度系指主横梁的中部高度，可按公式（12-157）计算：

$$t = (0.1 \sim 0.125)L \qquad (12\text{-}157)$$

式中 t——门扇厚度，m；

L——门扇计算长度，m。

（3）门扇高度

门扇高度系指面板底至顶的距离，可按公式（12-158）计算：

$$h = H_1 - H_2 + \Delta h \pm S \qquad (12\text{-}158)$$

式中 h——门扇高度，m；

H_1——设计水位，m；

H_2——闸底板面标高，m；

Δh——设计水位以上安全超高，应符合表 12-67 的规定；

S——闸门面板底部与闸底板面或闸槛顶面的高差，与止水布置有关。

（4）门扇轴线与闸室轴线间的夹角 θ

夹角 θ 取值的大小关系到门扇结构承受的轴向压力与传递到闸首边墩上水平推力的大小及门扇长度，因此要通过方案比较来确定。

建筑物级别 建筑物名称	1	2	3	4
土堤、防洪墙、防洪闸	1.0	0.8	0.6	0.5
护岸、排洪渠道、渡槽	0.8	0.6	0.5	0.4

安全超高（m）　　　　　　　　　　　　　表 12-67

2. 横拉式闸门

适用于闸门较宽、水头较高、关门次数较多的通行闸上。它是沿通行闸闸口横向移动的单扇平面闸门，如图 12-67 所示。横拉式闸门一般由门扇、支承移动设备和止水装置所组成。门扇是由面板、主横梁、纵梁、端架及联结系统所构成的挡水结构；闸门一侧设有闸库和启闭设备工作台。横拉式闸门一般采用钢木混合结构，制造安装简单，操作方便，运行可靠。

3. 叠梁式闸门

它是通行闸采用最早的闸门形式，也是使用最普遍的，如图 12-68 所示。这种闸门适用于闸门宽度较小、水头较低、关闭次数较少的通行闸上。一般可根据水头高低，设置一道闸门或两道闸门。在洪水位上涨至关门控制水位时，将叠梁闸放入闸槽内，并在背水面培土夯实，或在两道闸门之间，填夯实黏性土，以防止渗漏。叠梁一般采用钢筋混凝土结构或木材制成。

若通行闸的闸口较宽，可采用多孔通行闸。

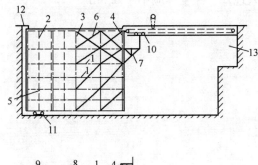

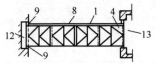

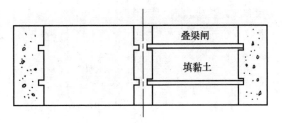

图 12-67　横拉闸门构造示意

1—主横梁；2—次梁；3—竖立桁架；4—端柱；
5—加强桁架；6—联结系统；7—三角桁架；
8—面板；9—支承木；10—顶轮小车；11—底
轮小库；12—门槽；13—门库

图 12-68　叠梁闸门平面

12.4　渡　　槽

1. 渡槽是跨越灌溉渠道、溪谷、洼地、铁路、道路的明渠输水建筑物。渡槽比倒虹吸水头损失小，管理运用方便。因此，渡槽是常用的交叉建筑物。

2. 渡槽的纵轴线宜与河道正交，渡槽支墩的轴线宜与河道水流方向一致。

3. 渡槽的设计洪水标准，应不低于所在河道的防洪标准。

4. 在平面布置上，渡槽的进、出口应尽可能与上、下游渠道顺直连接。衔接段宜设在挖方段上，进、出口槽身的底部宜深入挖方渠段，深入的长度最好为 2.5～3.5 倍的渠道水深，并使槽底渗径长度达到渠道水深的 4 倍以上，同时在进口首端与出口末端修建截水墙，以延长渗径，确保安全。

当渡槽进、出口与填方渠道连接时，宜待填方体预沉后再进行连接段的施工。当填方段为砂性土壤时，渠槽底部应改填黏性土壤，厚度不得小于 0.5～1.0m，以加强防渗。

顺直连接有困难时，应在进、出口段前、后设置一顺直渐变段。渡槽进、出口渐变段长度应符合以下规定：

(1) 渡槽进口渐变段长度，一般为渐变段水面宽度差的 1.5～2.0 倍。

(2) 渡槽出口渐变段长度，一般为渐变段水面宽度差的 2.5～3.0 倍。

5. 渡槽槽身一般采用矩形和 U 型断面，也有梯形、半椭圆形、抛物线形等。矩形槽身多为悬臂侧墙式钢筋混凝土结构；U 型槽身也多用钢筋混凝土制作。当跨径较大时，可采用预应力钢筋混凝土，以利于抗裂防渗。

6. 渡槽内的水面，应与上、下游沟渠水面平顺连接。渡槽设计水位以上的安全超高值应符合表 12-67 规定。

7. 渡槽出口应采取消能和防冲措施，通常要求做护底铺砌。护底铺砌的形式和长度，应根据水流流速确定。护底铺砌的防冲齿墙嵌入地基，深度不应小于 0.5m。

第13章 防洪工程管理

城市防洪工程管理是城市防洪工程设计中的重要组成部分，是城市防洪工程建成投产后能够正常安全运行、发挥工程效益的基础。在社会主义市场经济体制逐步建立、传统水利向现代水利和可持续发展水利转变的新形势下，工程管理提到了一个相对比较高的高度。因此，只有加强对城市防洪工程的管理，才能最大限度地发挥城市防洪工程的效益，保障城市经济的可持续发展。因此城市防洪工程设计应重视工程管理设计，针对城市防洪工程类型多、密度大、标准高的特点，进行管理设计，为运行管理打好基础。防洪工程管理设计的主要内容包括：明确管理体制、机构设置和人员编制，划定工程管理范围和保护范围，提出观测、交通、通信、抢险、生产管理和生活设施，进行防汛指挥调度系统设计，编制防洪调度运行管理规定，以及测算年运行管理费等。

13.1 防洪管理体制

城市防洪工程设计应根据管理单位的任务和收益状况，确定管理单位性质。根据防洪工程特点、规模、管理单位性质确定管理机构设置和人员编制，明确相应的管理任务、职责和权利。

目前，我国的水管理体制还比较松散，很多城市的防洪工程分别由水利、城建和市政等部门共同管理。在这种体制下，不可避免地形成了各部门之间业务范围交叉、办事效率低下、责任不清等状况，不利于城市防洪的统一管理，也不利于城市防洪工程整体效益的发挥，应逐步集中到一个部门管理，实施水务一体化管理。

按照国务院体改办 2002 年 9 月 3 日颁布的《水利工程管理体制改革实施意见》，应根据水管单位承担的任务和收益状况，确定城市防洪管理单位的性质。

第一类是指承担防洪、排涝等水利工程管理运行维护任务的水管单位，称为纯公益性水管单位，定性为事业单位。

第二类是指承担既有防洪、排涝等公益性任务，又有供水、水力发电等经营性功能的水利工程管理运行维护任务的水管单位，称为准公益性水管单位。准公益性水管单位依其经营收益情况确定性质，不具备自收自支条件的，定性为事业单位；具备自收自支条件的，定性为企业。目前已转制为企业的，维持企业性质不变。

城市防洪工程基本上是以防洪为主的纯公益性的水利工程，或者是准公益性的水利工程，城市防洪管理单位一般没有直接的财务收入，不具备自收自支条件，其管理单位大多为事业单位。

对于新建工程，应该建立新的防洪管理单位。对于改扩建工程，原有体制还基本合适的，可结合原有管理模式，进行适当调整和优化；如原有管理模式确实已不适合改建后工程的特点，也可建立新的管理单位。

13.2 防洪工程管理范围和保护范围

防洪工程管理范围和保护范围应根据城市的自然地理条件、土地开发利用情况、工程运行需要及当地人民政府的规定划定，同时依据防洪建筑物的种类和级别确定。根据《中华人民共和国水法》的规定和工程实际需要，工程管理用地是保证工程安全、进行工程管理所必须的，但现实城市用地十分紧张，地价昂贵，造成管理用地的征用比较困难；工程保护范围用地虽不征用，但对土地使用仍然是有限制的。因此，划定工程的管理范围和保护范围是政策性很强的工作，必须以防洪保安为重点，以法律、法规为依据，同时符合地方法规。

13.2.1 堤防工程管理范围和保护范围

（1）堤防工程管理范围

堤防工程的管理范围，一般应包括以下工程和设施的建筑场地和管理用地：

1）堤身，堤内外戗堤，防渗导渗工程及堤内、外护堤地。

2）穿堤、跨堤交叉建筑物：包括各类水闸、船闸、桥涵、泵站、鱼道、伐道、道口、码头等。

3）附属工程设施：包括观测、交通、通信设施、测量控制标点、护堤哨所、界碑里程碑及其他维护管理设施。

4）护岸控导工程：包括各类立式和坡式护岸建筑物，如丁坝、顺坝、坝垛、石矶等。

5）综合开发经营生产基地。

6）管理单位生产、生活区建筑：包括办公用房屋、设备材料仓库、维修生产车间、砂石料堆场、职工住宅及其他生产生活福利设施。

（2）护堤地范围，应根据工程级别并结合当地的自然条件、历史习惯和土地资源开发利用等情况进行综合分析确定。护堤地范围必须从工程建筑轮廓线（包括渗控工程）开始起算向外延伸。

1）护堤地的顺堤向布置应与堤防走向一致。

2）护堤地横向宽度，应从堤防内外坡脚线开始起算。

设有戗堤或防渗压重铺盖的堤段，应从戗堤或防渗压重铺盖坡脚线开始起算。

3）堤内、外护堤地宽度，可参照表 13-1 规定的数值确定。

护堤地宽度数值 表 13-1

工程级别	1	2、3	4、5
护堤地宽度（m）	30～100	20～60	5～30

4）堤防工程首尾端护堤地纵向延伸长度，应根据地形特点适当延伸，一般可参照相应护堤地的横向宽度确定。

5）特别重要的堤防工程或重点险工险段，根据工程安全和管理运用需要，可适当扩大护堤地范围。

6）海堤工程的护堤地范围，一般临海一侧的护堤地宽度为 100～200m；背海一侧的护堤地宽度为 20～50m。背海侧顺堤向挖有海堤河的，护堤地宽度应以海堤河为界。

（3）护岸控导工程的管理范围，除工程自身的建筑范围外，可按以下不同情况分别确定：

1）邻近堤防工程或与堤防工程形成整体的护岸控导工程，其管理范围应从护岸控导工程基脚连线起向外侧延伸 30～50m。但延伸后的宽度，不应小于规定的护堤地范围。

2）与堤防工程分建且超出护堤地范围以外的护岸控导工程，其管理范围：横向宽度应从护岸控导工程的顶缘线和坡脚线起分别向内外侧各延伸 30～50m；纵向长度应从工程两端点分别向上下游各延伸 30～50m。

3）在平面布置上不连续，独立建造的坝垛、石矶工程，其管理范围应从工程基脚轮廓线起沿周边向外扩展 30～50m。

4）河势变化较剧烈的河段，根据工程安全需要，其护岸控导工程的管理范围应适当扩大。

（4）工程保护范围

1）在堤防工程背水侧紧邻护堤地边界线以外，应划定一定的区域，作为工程保护范围。堤防工程保护范围的横向宽度可参照表 13-2 规定的数值确定。

堤防工程保护范围横向宽度数值　　　　　　　表 13-2

工程级别	1	2、3	4、5
保护范围的横向宽度（m）	200～300	100～200	50～100

2）堤防工程临水侧的保护范围，应按照国家颁布的《河道管理条例》有关规定执行。

（5）上述内容是《堤防工程管理设计规范》SL 171—1996 对堤防工程管理范围和堤防工程保护范围的相关内容，在做防洪管理设计时可参考。由于城市用地紧张，城市堤防工程的护堤地宽度，在保证工程安全和管理运用方便的前提下，可根据城区土地利用情况，对表 13-2 中规定的数值进行适当调整。

13.2.2 防洪闸工程管理范围和保护范围

1.防洪闸工程管理范围

防洪闸工程的管理范围是水闸管理单位直接管理和使用的范围，应包括：

（1）防洪闸工程各组成部分的覆盖范围。包括上游引水渠、闸室、下游消能防冲工程和两岸联接建筑物。

（2）为保证工程安全，加固维修、美化环境等需要，在防洪闸工程建筑物覆盖范围以外划出的一定范围，其值可参照表 13-3 确定。

防洪闸工程建筑物覆盖范围以外的管理范围　　　　　　　表 13-3

建筑物等级	1	2	3	4	5
闸上、下游的宽度（m）	500～1000	300～500	100～300	50～100	50～100
闸两侧的宽度（m）	100～200	50～100	30～50	30～50	30～50

注：1.若1、2、3级防洪闸，其规模为中型，则管理范围标准相应降低一级；若为小型则相应降低两级；

2.堤防上的防洪闸，管理范围应与堤防管理范围统筹确定；

3.特别重要的防洪闸工程，经过设计论证，可适当扩大管理范围。

（3）管理和运行所必需的其他设施占地。包括管理单位的生产、生活区，多种经营生产区以及职工文化、福利设施等建设占地。

2. 防洪闸工程保护范围

为保证工程安全，在工程管理范围以外划定一定的宽度，在此范围内禁止进行挖洞、建窑、打井、爆破等危害工程安全的活动。

13.3　防洪工程调度

城市防洪是一项涉及面很广的系统工程。除建设完整的工程体系外，还需加强城市防洪非工程体系的建设。工程措施与非工程措施并用，才能最大限度地发挥城市防洪工程的效益。防洪非工程措施包括加强管理、通信、预报、预警等措施。防汛指挥调度系统包含水库、河道、水闸等城市防洪工程的调度，也包含了对非工程措施的管理。因此，建立防汛指挥调度系统是非常必要的，调度系统应包括城市防洪调度预案、信息采集系统、通信系统、计算机网络系统和决策支持系统等。

城市防洪调度预案和城市防洪超标准洪水调度预案是建立防汛指挥调度系统的基础。编制洪水调度预案和超标准洪水调度预案时应考虑的因素有：根据流域防洪规划、区域防洪规划、城市防洪总体规划，结合防洪工程的实际情况编制城市防洪调度预案和超标准洪水调度预案。调度预案应在防御洪水方案和洪水调度方案的框架内编制，单项防洪工程的防洪调度预案应符合城市总体防洪调度预案。并根据防洪工程的实际情况，对洪水调度方案进行细化，形成的预案要具有可操作性、可选择性，有利于有关部门进行决策。

防洪指挥调度系统中的水情自动测报、通信系统、计算机网络系统、决策支持系统的建设应符合有关专业规范的要求。

防洪指挥调度系统应是一个实时的、动态的系统，在实际运行中应进行动态管理，结合新的工程情况和调度方案进行不断修订，不断补充完善。这其中既包括由于工程情况和调度方案的变化而造成的防汛指挥调度系统的修订，也包括随着科技的发展和对防汛指挥调度系统认识及要求的提高而需要进行的修订。

13.4　年运行管理费测算

城市防洪安全是关系到社会安定、经济发展的大事。保证工程发挥效益，必须做好防洪工程的管理工作，必须要有稳定的经费来源作保证。既要完善各项管理规章制度，又要落实管理费用，工程建设与工程管理并重。年运行管理费用测算，是为有关部门筹集维护管理资金和制定相关的财务补贴政策提供数值依据。

城市防洪工程管理设计，应在工程总体经济评价的基础上，提出工程初期运行和正常运行期间所需要的年运行管理费用。

测算城市防洪工程年运行管理费的工程项目，应包括主体工程、配套工程及其附属设施和管理单位生产、生活用房屋建筑工程。

城市防洪工程的年运行管理费主要包括以下内容：

（1）工资及福利费，主要包括基本工资、补助工资及劳保福利费等；

（2）材料、燃料及动力费，主要包括消耗的原材料、辅助材料、备品备件、燃料及动力费；

（3）工程维修费，主要包括主体工程及其附属工程的岁修费、养护费、检修费及防汛抢险经费等；

（4）其他直接费，主要包括技术开发费、监测费、试验费等；

（5）管理费，主要包括办公费、差旅费、邮电费、水电费、会议费、采暖费、房屋修缮费及工会经费等。

工程年运行管理费的计算原则和方法，应遵照现行的《水利建设项目经济评价规范》SL 72—1994 中对水利经济、财务评价的基本准则、年运行管理费的项目内容和计算方法及综合利用水利建设项目费用分摊办法等都作了明确规定。同时要符合国家现行的财务会计制度。

城市防洪工程管理设计应根据国家有关法律法规规定，与城市政府相关部门密切配合，明确年运行管理费资金来源。《中华人民共和国防洪法》第六章第四十九条的规定，"城市防洪工程设施的建设和管理费用，由城市人民政府承担"；国家防汛总指挥部《关于加强城市防洪工作的意见》明确提出"城市防洪工程建设、维修和管理所需经费，主要应由地方自筹解决。与大江大河有密切关系的大城市防洪骨干工程，仍以地方为主，中央可予以适当补助"。城市应从地方财政和城市维护建设费中拨出一定经费，按照城市防洪规划进行城市防洪工程建设和维修管理。同时还应按照"谁受益，谁出资"的原则，采取多层次、多渠道的途径开辟资金来源。

附 录

附录 1　经验频率 $P=\dfrac{m}{n+1}\times100\%$

经验频率 $P=\dfrac{m}{n+1}\times100\%$ 见附表 1。

经验频率 $P=\dfrac{m}{n+1}\times100\%$

附表 1

m\n	31	32	33	34	35	36	37	38	39	40	41	42	43	44	45	46	47	48	49	50
1	3.13	3.03	2.94	2.86	2.78	2.70	2.63	2.56	2.50	2.44	2.38	2.33	2.27	2.22	2.17	2.13	2.08	2.04	2.00	1.96
2	6.25	6.06	5.88	5.71	5.56	5.41	5.26	5.13	5.00	4.88	4.76	4.65	4.55	4.44	4.35	4.26	4.17	4.08	4.00	3.92
3	9.38	9.09	8.82	8.57	8.33	8.11	7.89	7.69	7.50	7.32	7.14	6.98	6.82	6.67	6.52	6.38	6.25	6.12	6.00	5.88
4	12.5	12.1	11.8	11.4	11.1	10.8	10.5	10.3	10.0	9.76	9.52	9.30	9.09	8.89	8.70	8.51	8.33	8.16	8.00	7.84
5	15.6	15.2	14.7	14.3	13.9	13.5	13.2	12.8	12.5	12.2	11.9	11.6	11.4	11.1	10.9	10.6	10.4	10.2	10.0	9.80
6	18.8	18.2	17.6	17.1	16.7	16.2	15.8	15.4	15.0	14.6	14.3	14.0	13.6	13.3	13.0	12.8	12.5	12.2	12.0	11.8
7	21.9	21.2	20.6	20.0	19.4	18.9	18.4	17.9	17.5	17.1	16.7	16.3	15.9	15.6	15.2	14.9	14.6	14.3	14.0	13.7
8	25.0	24.2	23.5	22.9	22.2	21.6	21.1	20.5	20.0	19.5	19.0	18.6	18.2	17.8	17.4	17.0	16.7	16.3	16.0	15.7
9	28.1	27.3	26.5	25.7	25.0	24.3	23.7	23.1	22.5	22.0	21.4	20.9	20.5	20.0	19.6	19.1	18.8	18.4	18.0	17.6
10	31.3	30.3	29.4	28.6	27.8	27.0	26.3	25.6	25.0	24.4	23.8	23.3	22.7	22.2	21.7	21.3	20.8	20.4	20.0	19.6
11	34.4	33.3	32.4	31.4	30.6	29.7	28.9	28.2	27.5	26.8	26.2	25.6	25.0	24.4	23.9	23.4	22.9	22.4	22.0	21.6
12	37.5	36.4	35.3	34.3	33.3	32.4	31.6	30.8	30.0	29.3	28.6	27.9	27.3	26.7	26.1	25.5	25.0	24.5	24.0	23.5
13	40.6	39.4	38.2	37.1	36.1	35.1	34.2	33.3	32.5	31.7	31.0	30.2	29.5	28.9	28.3	27.7	27.1	26.5	26.0	25.5
14	43.8	42.4	41.2	40.0	38.9	37.8	36.8	35.9	35.0	34.1	33.3	32.6	31.8	31.1	30.4	29.8	29.2	28.6	28.0	27.5
15	46.9	45.5	44.1	42.9	41.7	40.5	39.5	38.5	37.5	36.6	35.7	34.9	34.1	33.3	32.6	31.9	31.3	30.6	30.0	29.4

续表

m \ n	31	32	33	34	35	36	37	38	39	40	41	42	43	44	45	46	47	48	49	50
16	50.0	48.5	47.1	45.7	44.4	43.2	42.1	41.0	40.0	39.0	38.1	37.2	36.4	35.6	34.8	34.0	33.3	32.7	32.0	31.4
17	53.1	51.5	50.0	48.6	47.2	45.9	44.7	43.6	42.5	41.5	40.5	39.5	38.6	37.8	37.0	36.2	35.4	34.7	34.0	33.3
18	56.3	54.5	52.9	51.4	50.0	48.6	47.4	46.2	45.0	43.9	42.9	41.9	40.9	40.0	39.1	38.3	37.5	36.7	36.0	35.3
19	59.4	57.6	55.9	54.3	52.8	51.4	50.0	48.7	47.5	46.3	45.2	44.2	43.2	42.2	41.3	40.4	39.6	38.8	38.0	37.3
20	62.5	60.6	58.8	57.1	55.6	54.1	52.6	51.3	50.0	48.8	47.6	46.5	45.5	44.4	43.5	42.6	41.7	40.8	40.0	39.2
21	65.6	63.6	61.8	60.0	58.3	56.8	55.3	53.8	52.5	51.2	50.0	48.8	47.7	46.7	45.7	44.7	43.8	42.9	42.0	41.2
22	68.8	66.7	64.7	62.9	61.1	59.5	57.9	56.4	55.0	53.7	52.4	51.2	50.0	48.9	47.8	46.8	45.8	44.9	44.0	43.1
23	71.9	69.7	67.6	65.7	63.9	62.2	60.5	59.0	57.5	56.1	54.8	53.5	52.3	51.1	50.0	48.9	47.9	46.9	46.0	45.1
24	75.0	72.7	70.6	68.6	66.7	64.9	63.2	61.5	60.0	58.5	57.1	55.8	54.5	53.3	52.2	51.1	50.0	49.0	48.0	47.1
25	78.1	75.8	73.5	71.4	69.4	67.6	65.8	64.1	62.5	61.0	59.5	58.1	56.8	55.6	54.3	53.2	52.1	51.0	50.0	49.0
26	81.3	78.8	76.5	74.3	72.2	70.3	68.4	66.7	65.0	63.4	61.9	60.5	59.1	57.8	56.5	55.3	54.2	53.1	52.0	51.0
27	84.4	81.8	79.4	77.1	75.0	73.0	71.1	69.2	67.5	65.9	64.3	62.8	61.4	60.0	58.7	57.4	56.3	55.1	54.0	52.9
28	87.5	84.8	82.4	80.0	77.8	75.7	73.7	71.8	70.0	68.3	66.7	65.1	63.6	62.2	60.9	59.6	58.3	57.1	56.0	54.9
29	90.6	87.9	85.3	82.9	80.6	78.4	76.3	74.4	72.5	70.7	69.0	67.4	65.9	64.4	63.0	61.7	60.4	59.2	58.0	56.9
30	93.8	90.9	88.2	85.7	83.3	81.1	78.9	76.9	75.0	73.2	71.4	69.8	68.2	66.7	65.2	63.8	62.5	61.2	60.0	58.8
31	96.9	93.9	91.2	88.6	86.1	83.8	81.6	79.5	77.5	75.6	73.8	72.1	70.5	68.9	67.4	66.0	64.6	63.3	62.0	60.8
32		97.0	94.1	91.4	88.9	86.5	84.2	82.1	80.0	78.0	76.2	74.4	72.7	71.1	69.6	68.1	66.7	65.3	64.0	62.7
33			97.1	94.3	91.7	89.2	86.8	84.6	82.5	80.5	78.6	76.7	75.0	73.3	71.7	70.2	68.8	67.3	66.0	64.7
34				97.1	94.4	91.9	89.5	87.2	85.0	82.9	81.0	79.1	77.3	75.6	73.9	72.3	70.8	69.4	68.0	66.7
35					97.2	94.6	92.1	89.7	87.5	85.4	83.3	81.4	79.5	77.8	76.1	74.5	72.9	71.4	70.0	68.6
36						97.3	94.7	92.3	90.0	87.8	85.7	83.7	81.8	80.0	78.3	76.6	75.0	73.5	72.0	70.6
37							97.4	94.9	92.5	90.2	88.1	86.0	84.1	82.2	80.4	78.7	77.1	75.5	74.0	72.5
38								97.4	95.0	92.7	90.5	88.4	86.4	84.4	82.6	80.8	79.2	77.6	76.0	74.5
39									97.5	95.1	92.9	90.7	88.6	86.7	84.8	83.0	81.2	79.6	78.0	76.5
40										97.6	95.2	93.0	90.9	88.9	87.0	85.1	83.3	81.6	80.0	78.4
41											97.6	95.3	93.2	91.1	89.1	87.2	85.4	83.7	82.0	80.4
42												97.7	95.5	93.3	91.3	89.4	87.5	85.7	84.0	82.4

m \ n	30	29	28	27	26	25	24
30	96.8						
29	93.5	96.7					
28	90.3	93.3	96.6				
27	87.1	90.0	93.1	96.4			
26	83.9	86.7	89.7	92.9	96.3		
25	80.6	83.3	86.2	89.3	92.6	96.2	
24	77.4	80.0	82.8	85.7	88.9	92.3	96.0

续表

$m \backslash n$	50	49	48	47	46	45	44	43	42	41	40	39	38	37	36	35	34	33	32	31
23	84.3	86.0	87.8	89.6	91.5	93.5	95.6	97.7					95.8	92.0	88.5	85.2	82.1	79.3	76.7	74.2
22	86.3	88.0	89.8	91.7	93.6	95.7	97.8					95.7	91.7	88.0	84.6	81.5	78.6	75.9	73.3	71.0
21	88.2	90.0	91.8	93.8	95.7	97.8					95.5	91.3	87.5	84.0	80.8	77.8	75.0	72.4	70.0	67.7
20	90.2	92.0	93.9	95.8	97.9					95.2	90.9	87.0	83.3	80.0	76.9	74.1	71.4	69.0	66.7	64.5
19	92.2	94.0	95.9	97.9					95.0	90.5	86.4	82.6	79.2	76.0	73.1	70.4	67.9	65.5	63.3	61.3
18	94.1	96.0	98.0					94.7	90.0	85.7	81.8	78.3	75.0	72.0	69.2	66.7	64.3	62.1	60.0	58.1
17	96.1	98.0					94.4	89.5	85.0	81.0	77.3	73.9	70.8	68.0	65.4	63.0	60.7	58.6	56.7	54.8
16	98.0					94.1	88.9	84.2	80.0	76.2	72.7	69.6	66.7	64.0	61.5	59.3	57.1	55.2	53.3	51.6
15					93.8	88.2	83.3	78.9	75.0	71.4	68.2	65.2	62.5	60.0	57.7	55.6	53.6	51.7	50.0	48.4
14				93.3	87.5	82.4	77.8	73.7	70.0	66.7	63.6	60.9	58.3	56.0	53.8	51.9	50.0	48.3	46.7	45.2
13			92.9	86.7	81.3	76.5	72.2	68.4	65.0	61.9	59.1	56.5	54.2	52.0	50.0	48.1	46.4	44.8	43.3	41.9
12		92.3	85.7	80.0	75.0	70.6	66.7	63.2	60.0	57.1	54.5	52.2	50.0	48.0	46.2	44.4	42.9	41.4	40.0	38.7
11	91.7	84.6	78.6	73.3	68.8	64.7	61.1	57.9	55.0	52.4	50.0	47.8	45.8	44.0	42.3	40.7	39.3	37.9	36.7	35.5
10	83.3	76.9	71.4	66.7	62.5	58.8	55.6	52.6	50.0	47.6	45.5	43.5	41.7	40.0	38.5	37.0	35.7	34.5	33.3	32.3
9	75.0	69.2	64.3	60.0	56.3	52.9	50.0	47.4	45.0	42.9	40.9	39.1	37.5	36.0	34.6	33.3	32.1	31.0	30.0	29.0
8	66.7	61.5	57.1	53.3	50.0	47.1	44.4	42.1	40.0	38.1	36.4	34.8	33.3	32.0	30.8	29.6	28.6	27.6	26.7	25.8
7	58.3	53.8	50.0	46.7	43.8	41.2	38.9	36.8	35.0	33.3	31.8	30.4	29.2	28.0	26.9	25.9	25.0	24.1	23.3	22.6
6	50.0	46.2	42.9	40.0	37.5	35.3	33.3	31.6	30.0	28.6	27.3	26.1	25.0	24.0	23.1	22.2	21.4	20.7	20.0	19.4
5	41.7	38.5	35.7	33.3	31.3	29.4	27.8	26.3	25.0	23.8	22.7	21.7	20.8	20.0	19.2	18.5	17.9	17.2	16.7	16.1
4	33.3	30.8	28.6	26.7	25.0	23.5	22.2	21.1	20.0	19.0	18.2	17.4	16.7	16.0	15.4	14.8	14.3	13.8	13.3	12.9
3	25.0	23.1	21.4	20.0	18.8	17.6	16.7	15.8	15.0	14.3	13.6	13.0	12.5	12.0	11.5	11.1	10.7	10.3	10.0	9.68
2	16.7	15.4	14.3	13.3	12.5	11.8	11.1	10.5	10.0	9.52	9.09	8.70	8.33	8.00	7.69	7.41	7.14	6.90	6.67	6.45
1	8.33	7.69	7.14	6.67	6.25	5.88	5.56	5.26	5.00	4.76	4.55	4.35	4.17	4.00	3.85	3.70	3.57	3.45	3.33	3.23
$n \backslash m$	11	12	13	14	15	16	17	18	19	20	21	22	23	24	25	26	27	28	29	30

附录 2 皮尔逊Ⅲ型曲线离均系数 Φ 值

皮尔逊Ⅲ型曲线离均系数 Φ 值见附表2。

皮尔逊Ⅲ型曲线离均系数 Φ 值

附表 2

C_s	P（%）												
	0.01	0.1	1	2	5	10	20	50	80	90	95	99	99. 9
0.0	3.72	3.09	2.33	2.05	1.64	1.28	0.84	0.00	−0.84	−1.28	−1.64	−2.33	−3.09
0.1	3.93	3.23	2.40	2.11	1.67	1.29	0.84	−0.02	−0.85	−1.27	−1.62	−2.25	−2.95
0.2	4.15	3.38	2.47	2.16	1.70	1.30	0.83	−0.03	−0.85	−1.26	−1.59	−2.18	−2.81
0.3	4.37	3.52	2.54	2.21	1.73	1.31	0.82	−0.05	−0.85	−1.25	−1.56	−2.10	−2.67
0.4	4.60	3.67	2.62	2.26	1.75	1.32	0.82	−0.07	−0.86	−1.23	−1.52	−2.03	−2.53
0.5	4.82	3.81	2.69	2.31	1.77	1.32	0.81	−0.08	−0.86	−1.22	−1.49	−1.95	−2.40
0.6	5.05	3.96	2.76	2.36	1.80	1.33	0.80	−0.10	−0.86	−1.20	−1.46	−1.88	−2.27
0.7	5.27	4.10	2.82	2.41	1.82	1.33	0.79	−0.12	−0.86	−1.18	−1.42	−1.81	−2.14
0.8	5.50	4.24	2.89	2.45	1.84	1.34	0.78	−0.13	−0.86	−1.17	−1.39	−1.73	−2.02
0.9	5.73	4.39	2.96	2.50	1.86	1.34	0.77	−0.15	−0.85	−1.15	−1.35	−1.66	−1.90
1.0	5.96	4.53	3.02	2.54	1.88	1.34	0.76	−0.16	−0.85	−1.13	−1.32	−1.59	−1.79
1.1	6.18	4.67	3.09	2.58	1.89	1.34	0.75	−0.18	−0.85	−1.11	−1.28	−1.52	−1.68
1.2	6.40	4.81	3.15	2.63	1.91	1.34	0.73	−0.20	−0.84	−1.09	−1.24	−1.45	−1.58
1.3	6.64	4.96	3.21	2.67	1.93	1.34	0.72	−0.21	−0.84	−1.06	−1.21	−1.38	−1.48
1.4	6.87	5.10	3.27	2.71	1.94	1.34	0.71	−0.23	−0.83	−1.04	−1.17	−1.32	−1.39
1.5	7.09	5.23	3.33	2.74	1.95	1.33	0.69	−0.24	−0.83	−1.02	−1.13	−1.26	−1.31
1.6	7.32	5.37	3.39	2.78	1.96	1.33	0.68	−0.25	−0.82	−0.99	−1.09	−1.20	−1.24
1.7	7.54	5.51	3.44	2.81	1.97	1.32	0.66	−0.27	−0.81	−0.97	−1.06	−1.14	−1.17
1.8	7.77	5.64	3.50	2.86	1.98	1.32	0.64	−0.28	−0.80	−0.94	−1.02	−1.09	−1.11
1.9	7.99	5.78	3.55	2.88	1.99	1.31	0.63	−0.29	−0.79	−0.92	−0.98	−1.04	−1.05
2.0	8.21	5.91	3.61	2.91	2.00	1.30	0.61	−0.31	−0.78	−0.895	−0.949	−0.990	−0.999
2.1	8.43	6.04	3.66	2.94	2.00	1.29	0.59	−0.32	−0.76	−0.869	−0.915	−0.946	−0.952
2.2	8.65	6.17	3.71	2.97	2.01	1.28	0.57	−0.33	−0.75	−0.844	−0.882	−0.905	−0.909
2.3	8.87	6.30	3.75	3.00	2.01	1.27	0.56	−0.34	−0.74	−0.819	−0.850	−0.867	−0.890
2.4	9.08	6.42	3.80	3.02	2.01	1.26	0.54	−0.35	−0.72	−0.795	−0.819	−0.832	−0.833
2.5	9.30	6.55	3.85	3.05	2.01	1.25	0.52	−0.36	−0.71	−0.771	−0.790	0.799	−0.800
2.6	9.51	6.67	3.89	3.07	2.01	1.24	0.50	−0.37	−0.70	−0.747	−0.762	−0.769	−0.769
2.7	9.73	6.79	3.93	3.09	2.01	1.22	0.48	−0.38	−0.68	−0.724	−0.736	−0.740	−0.740
2.8	9.94	6.92	3.97	3.11	2.01	1.21	0.46	−0.38	−0.67	−0.702	−0.711	−0.714	−0.714
2.9	10.15	7.03	4.01	3.13	2.01	1.20	0.44	−0.39	−0.65	−0.681	−0.688	−0.690	−0.690
3.0	10.35	7.15	4.05	3.15	2.00	1.18	0.42	−0.40	−0.64	−0.660	−0.665	−0.667	−0.667
3.1	10.56	7.27	4.09	3.17	2.00	1.16	0.40	−0.40	−0.62	−0.641	−0.644	−0.645	−0.645
3.2	10.77	7.38	4.12	3.19	1.99	1.15	0.38	−0.40	−0.61	−0.622	−0.624	−0.625	−0.625
3.3	10.97	7.50	4.16	3.20	1.99	1.13	0.36	−0.41	−0.59	−0.604	−0.606	−0.606	−0.606
3.4	11.17	7.61	4.19	3.21	1.98	1.11	0.34	−0.41	−0.58	−0.587	−0.588	−0.588	−0.588

C_s	$P(\%)$												
	0.01	0.1	1	2	5	10	20	50	80	90	95	99	99.9
3.5	11.37	7.72	4.22	3.23	1.97	1.10	0.32	−0.41	−0.56	−0.570	−0.571	−0.571	−0.571
3.6	11.67	7.83	4.26	3.24	1.96	1.08	0.30	−0.41	−0.55	−0.555	0.556	−0.556	−0.556
3.7	11.77	7.94	4.29	3.25	1.95	1.06	0.28	−0.41	−0.54	−0.540	−0.541	−0.541	−0.541
3.8	11.97	8.04	4.31	3.26	1.94	1.04	0.26	−0.41	−0.52	−0.526	−0.526	−0.526	−0.526
3.9	12.16	8.15	4.34	3.27	1.93	1.02	0.24	−0.41	−0.51	−0.513	−0.513	−0.513	−0.513
4.0	12.36	8.25	4.37	3.27	1.92	1.00	0.23	−0.41	−0.50	−0.500	−0.500	−0.500	−0.500
4.1	12.55	8.36	4.39	3.28	1.91	0.98	0.21	−0.41	−0.486	−0.488	−0.488	−0.488	−0.488
4.2	12.74	8.46	4.42	3.29	1.90	0.96	0.19	−0.41	−0.475	−0.476	−0.476	−0.476	−0.476
4.3	12.93	8.56	4.44	3.29	1.88	0.94	0.17	−0.41	−0.464	−0.465	−0.465	−0.465	−0.465
4.4	13.12	8.65	4.46	3.29	1.87	0.92	0.15	−0.40	−0.454	−0.455	−0.455	−0.455	−0.455
4.5	13.31	8.75	4.48	3.30	1.85	0.90	0.14	−0.40	−0.444	−0.444	−0.444	−0.444	−0.444
4.6	13.49	8.85	4.50	3.30	1.84	0.88	0.12	−0.40	−0.434	−0.435	−0.435	−0.435	−0.435
4.7	13.67	8.94	4.52	3.30	1.82	0.86	0.10	−0.39	−0.425	−0.426	−0.426	−0.426	−0.426
4.8	13.86	9.04	4.54	3.30	1.81	0.84	0.09	−0.39	−0.417	−0.417	−0.417	−0.417	−0.417
4.9	14.04	9.13	4.56	3.30	1.79	0.82	0.07	−0.38	−0.408	−0.408	−0.408	−0.408	−0.408
5.0	14.22	9.22	4.57	3.30	1.77	0.80	0.06	−0.379	−0.400	−0.400	−0.400	−0.400	−0.400
5.1	14.40	9.31	4.59	3.30	1.76	0.78	0.04	−0.374	−0.392	−0.392	−0.392	−0.392	−0.392
5.2	14.58	9.40	4.60	3.30	1.74	0.75	0.03	−0.369	−0.385	−0.385	−0.385	−0.385	−0.385
5.3	14.75	9.40	4.62	3.29	1.72	0.73	0.02	−0.366	−0.377	−0.377	−0.377	−0.377	−0.377
5.4	14.93	9.57	4.63	3.29	1.70	0.71	0.00	−0.360	0.370	−0.370	−0.370	−0.370	−0.370
5.5	15.10	9.66	4.64	3.28	1.68	0.69	−0.01	−0.355	−0.364	−0.364	−0.364	−0.364	−0.364
5.6	15.28	9.74	4.65	3.28	1.66	0.67	−0.02	−0.360	−0.357	−0.357	−0.357	−0.357	−0.357
5.7	15.45	9.83	4.66	3.27	1.65	0.65	−0.03	−0.345	−0.351	−0.351	−0.351	−0.351	−0.351
5.8	15.62	9.91	4.67	3.27	1.63	0.63	−0.05	−0.350	−0.345	−0.345	−0.345	−0.345	−0.345
5.9	15.79	9.99	4.68	3.26	1.61	0.61	−0.06	−0.335	−0.339	−0.339	−0.339	−0.339	−0.339
6.0	15.96	10.07	4.89	3.25	1.59	0.59	−0.07	−0.330	−0.333	−0.333	−0.333	−0.333	−0.333

附录 3　皮尔逊Ⅲ型曲线的模比系数 K_p 值

皮尔逊Ⅲ型曲线的模比系数 K_p 值见附表3。

皮尔逊Ⅲ型曲线的模比系数 K_p 值　　　　　　　　附表 3

(1) $C_s = C_v$

$P(\%)$ / C_v	0.01	0.1	0.2	0.33	0.5	1	2	5	10	20	50	75	90	95	99	$P(\%)$ / C_s
0.05	1.19	1.16	1.15	1.14	1.13	1.12	1.11	1.09	1.07	1.04	1.00	0.97	0.94	092	0.89	0.05
0.06	1.23	1.19	1.18	1.17	1.16	1.14	1.13	1.10	1.08	1.05	1.00	0.96	0.92	0.90	0.96	0.06
0.07	1.27	1.23	1.21	1.20	1.19	1.17	1.15	1.12	1.09	1.06	1.00	0.95	0.91	0.89	0.84	0.07
0.08	1.31	1.26	1.24	1.23	1.21	1.19	1.71	1.13	1.10	1.07	1.00	0.95	0.90	0.87	0.82	0.08
0.09	1.35	1.29	1.27	1.25	1.24	1.22	1.19	1.15	1.12	1.08	1.00	0.94	0.89	0.86	0.80	0.09

续表

P(%) / C_v	0.01	0.1	0.2	0.33	0.5	1	2	5	10	20	50	75	90	95	99	P(%) / C_s
0.10	1.39	1.32	1.30	1.28	1.27	1.24	1.21	1.17	1.13	1.08	1.00	0.93	0.87	0.84	0.78	0.10
0.11	1.44	1.36	1.33	1.31	1.30	1.27	1.23	1.19	1.14	1.09	1.00	0.93	0.86	0.83	0.76	0.11
0.12	1.48	1.39	1.36	1.34	1.32	1.29	1.25	1.20	1.15	1.10	1.00	0.92	0.85	0.81	0.73	0.12
0.13	1.52	1.43	1.39	1.37	1.35	1.32	1.28	1.22	1.17	1.11	1.00	0.92	0.84	0.80	0.71	0.13
0.14	1.56	1.46	1.43	1.40	1.38	1.34	1.30	1.24	1.18	1.12	1.00	0.91	0.82	0.78	0.69	0.14
0.15	1.61	1.50	1.46	1.43	1.41	1.37	1.32	1.26	1.20	1.13	1.00	0.90	0.81	0.77	0.67	0.15
0.16	1.65	1.53	1.49	1.46	1.43	1.39	1.34	1.27	1.21	1.13	0.99	0.89	0.80	0.76	0.65	0.16
0.17	1.70	1.57	1.52	1.49	1.46	1.42	1.37	1.29	1.22	1.14	0.99	0.88	0.79	0.73	0.63	0.17
0.18	1.74	1.60	1.56	1.52	1.49	1.44	1.39	1.30	1.23	1.15	0.99	0.88	0.77	0.71	0.61	0.18
0.19	1.79	1.64	1.59	1.55	1.52	1.47	1.41	1.32	1.25	1.16	0.99	0.87	0.76	0.70	0.59	0.19
0.20	1.83	1.68	1.62	1.58	1.55	1.49	1.43	1.34	1.26	1.17	0.99	0.86	0.75	0.68	0.56	0.20
0.21	1.88	1.72	1.66	1.61	1.58	1.52	1.46	1.36	1.28	1.18	0.99	0.85	0.74	0.67	0.54	0.21
0.22	1.92	1.75	1.69	1.64	1.61	1.55	1.48	1.37	1.29	1.18	0.99	0.85	0.72	0.65	0.52	0.22
0.23	1.97	1.79	1.73	1.68	1.64	1.58	1.50	1.39	1.30	1.19	0.99	0.84	0.71	0.64	0.50	0.23
0.24	2.02	1.82	1.76	1.71	1.67	1.60	1.52	1.41	1.31	1.20	0.99	0.83	0.70	0.62	0.48	0.24
0.25	2.07	1.86	1.80	1.74	1.70	1.63	1.55	1.43	1.33	1.21	0.99	0.83	0.69	0.61	0.47	0.25
0.26	2.12	1.90	1.83	1.77	1.73	1.65	1.57	1.44	1.34	1.22	0.99	0.82	0.67	0.59	0.45	0.26
0.27	2.17	1.94	1.87	1.81	1.77	1.68	1.60	1.46	1.36	1.23	0.99	0.81	0.66	0.58	0.43	0.27
0.28	2.22	1.97	1.90	1.84	1.80	1.71	1.62	1.48	1.37	1.23	0.99	0.80	0.65	0.56	0.41	0.28
0.29	2.27	2.02	1.94	1.88	1.83	1.74	1.64	1.50	1.38	1.24	0.99	0.79	0.64	0.55	0.39	0.29
0.30	2.31	2.06	1.97	1.91	1.86	1.76	1.66	1.52	1.39	1.25	0.98	0.79	0.63	0.54	0.37	0.30
0.31	2.36	2.10	2.01	1.94	1.89	1.79	1.68	1.54	1.40	1.26	0.98	0.79	0.62	0.53	0.35	0.31
0.32	2.42	2.13	2.04	1.98	1.92	1.82	1.71	1.55	1.42	1.26	0.98	0.78	0.60	0.51	0.33	0.32
0.33	2.47	2.17	2.08	2.01	1.95	1.85	1.73	1.57	1.43	1.27	0.98	0.78	0.59	0.50	0.32	0.33
0.34	2.52	2.21	2.12	2.05	1.98	1.88	1.76	1.59	1.45	1.28	0.98	0.77	0.58	0.48	0.30	0.34
0.35	2.57	2.26	2.16	2.08	2.02	1.91	1.78	1.61	1.46	1.29	0.98	0.76	0.57	0.47	0.28	0.35
0.36	2.62	2.30	2.19	2.12	2.05	1.93	1.80	1.63	1.47	1.30	0.98	0.75	0.55	0.45	0.26	0.36
0.37	2.68	2.34	2.23	2.15	2.08	1.96	1.83	1.65	1.49	1.31	0.98	0.74	0.54	0.44	0.24	0.37
0.38	2.73	2.38	2.27	2.19	2.11	1.99	1.85	1.66	1.50	1.31	0.98	0.73	0.53	0.42	0.22	0.38
0.39	2.79	2.43	2.30	2.22	2.15	2.02	1.88	1.68	1.52	1.32	0.97	0.72	0.52	0.41	0.21	0.39
0.40	2.84	2.47	2.34	2.26	2.18	2.05	1.00	1.70	1.53	1.33	0.97	0.72	0.51	0.39	0.19	0.40
0.41	2.90	2.51	2.38	2.30	2.22	2.07	1.93	1.72	1.54	1.34	0.97	0.72	0.50	0.38	0.17	0.41
0.42	2.96	2.56	2.42	2.33	2.25	2.10	1.95	1.74	1.55	1.34	0.97	0.71	0.48	0.37	0.15	0.42
0.43	3.01	2.60	2.46	2.37	2.28	2.13	1.98	1.76	1.57	1.35	0.97	0.71	0.47	0.36	0.14	0.43
0.44	3.07	2.65	2.50	2.40	2.31	2.16	2.00	1.77	1.58	1.36	0.97	0.70	0.46	0.34	0.12	0.44
0.45	3.13	2.69	2.54	2.44	2.35	2.19	2.03	1.79	1.60	1.37	0.97	0.69	0.45	0.33	0.10	0.45
0.46	3.19	2.73	2.58	2.48	2.38	2.22	2.05	1.81	1.61	1.37	0.95	0.68	0.44	0.31	0.08	0.46
0.47	3.25	2.78	2.62	2.51	2.42	2.25	2.08	1.83	1.62	1.38	0.95	0.67	0.43	0.30	0.07	0.47
0.48	3.30	2.82	2.66	2.55	2.45	2.28	2.11	1.85	1.63	1.39	0.95	0.67	0.41	0.28	0.05	0.48
0.49	3.36	2.87	2.70	2.59	2.49	2.31	2.14	1.87	1.65	1.40	0.95	0.66	0.40	0.27	0.04	0.49
0.50	3.42	2.91	2.74	2.63	2.52	2.34	2.16	1.89	1.66	1.40	0.95	0.65	0.39	0.26	0.02	0.50
0.52	3.54	3.00	2.82	2.71	2.59	2.40	2.21	1.93	1.69	1.42	0.95	0.64	0.37	0.23	−0.01	0.52

续表

$P(\%)$ / C_v	0.01	0.1	0.2	0.33	0.5	1	2	5	10	20	50	75	90	95	99	$P(\%)$ / C_s
0.54	3.66	3.10	2.91	2.78	2.66	2.46	2.26	1.96	1.71	1.43	0.95	0.62	0.35	0.21	0.04	0.54
0.55	3.72	3.14	2.95	2.82	2.70	2.49	2.29	1.98	1.73	1.44	0.95	0.61	0.34	0.20	−0.06	0.55
0.56	3.78	3.19	2.99	2.86	2.73	2.52	2.31	2.00	1.75	1.45	0.95	0.60	0.32	0.18	−0.07	0.56
0.58	3.91	3.29	3.08	2.93	2.81	2.59	2.36	2.04	1.77	1.46	0.94	0.58	0.30	0.15	−0.10	0.58
0.60	4.03	3.38	3.16	3.01	2.88	2.65	2.41	2.08	1.80	1.48	0.94	0.57	0.28	0.13	−0.13	0.60
0.62	4.16	3.46	3.25	3.09	2.95	2.71	2.46	2.12	1.82	1.50	0.94	0.56	0.26	0.10	−0.16	0.62
0.64	4.29	3.56	3.33	3.17	3.03	2.78	2.52	2.16	1.85	1.51	0.93	0.54	0.24	0.08	−0.19	0.64
0.65	4.36	3.62	3.38	3.21	3.07	2.81	2.55	2.18	1.87	1.52	0.93	0.53	0.23	0.07	−0.20	0.65
0.66	4.42	3.66	3.42	3.25	3.10	2.84	2.57	2.20	1.88	1.53	0.93	0.52	0.21	0.06	−0.21	0.65
0.68	4.56	3.76	3.51	3.33	3.18	2.91	2.63	2.23	1.90	1.54	0.92	0.51	0.19	0.03	−0.24	0.68
0.70	4.70	3.87	3.60	3.42	3.25	2.97	2.68	2.27	1.93	1.55	0.92	0.50	0.17	0.01	−0.27	0.70
0.72	4.84	3.97	3.70	3.50	3.33	3.04	2.74	2.31	1.96	1.57	0.91	0.48	0.15	−0.02	−0.29	0.72
0.74	4.98	4.08	3.79	3.59	3.41	3.11	2.79	2.35	1.98	1.58	0.91	0.46	0.13	−0.04	−0.32	0.74
0.75	5.05	4.13	3.84	3.63	3.45	3.14	2.82	2.37	2.00	1.59	0.91	0.45	0.12	−0.05	−0.33	0.75
0.76	5.12	4.18	3.89	3.67	3.49	3.17	2.85	2.39	2.02	1.59	0.90	0.44	0.10	−0.06	−0.34	0.76
0.78	5.26	4.29	3.98	3.76	3.57	3.24	2.90	2.43	2.04	1.61	0.90	0.43	0.08	−0.08	−0.37	0.78
0.80	5.40	4.39	4.08	3.84	3.65	3.31	2.96	2.47	2.07	1.62	0.90	0.42	0.06	−0.10	−0.39	0.80
0.82	5.55	4.50	4.18	3.93	3.73	3.38	3.02	2.51	2.10	1.64	0.89	0.40	0.04	−0.13	−0.41	0.82
0.84	5.70	4.61	4.28	4.02	3.81	3.46	3.08	2.55	2.12	1.65	0.88	0.38	0.02	−0.15	−0.43	0.84
0.85	5.78	4.67	4.33	4.07	3.86	3.49	3.11	2.57	2.14	1.66	0.88	0.37	0.01	−0.16	−0.44	0.85
0.86	5.86	4.73	4.37	4.11	3.90	3.52	3.13	2.59	2.15	1.66	0.87	0.36	0.00	−0.17	−0.45	0.86
0.88	6.01	4.84	4.47	4.20	3.98	3.60	3.19	2.63	2.18	1.68	0.87	0.35	−0.02	−0.20	−0.47	0.88
0.90	6.16	4.95	4.57	4.29	4.06	3.66	3.25	2.67	2.21	1.69	0.86	0.34	−0.04	−0.22	−0.49	0.90
0.92	6.32	5.07	4.67	4.38	4.14	3.73	3.31	2.71	2.24	1.71	0.86	0.33	−0.06	−0.24	−0.51	0.92
0.94	6.48	5.18	4.78	4.48	4.23	3.80	3.37	2.76	2.26	1.72	0.86	0.32	−0.08	−0.26	−0.53	0.94
0.95	6.56	5.24	4.83	4.53	4.28	3.84	3.40	2.78	2.28	1.73	0.85	0.31	−0.09	−0.27	−0.55	0.95
0.96	6.64	5.30	4.88	4.57	4.32	3.88	3.42	2.80	2.29	1.73	0.85	0.30	−0.09	−0.28	−0.56	0.96
0.98	6.80	5.41	4.99	4.67	4.40	3.95	3.48	2.83	2.31	1.74	0.85	0.28	−0.11	−0.30	−0.57	0.98
1.00	6.96	5.53	5.09	4.76	4.49	4.02	3.54	2.88	2.34	1.76	0.84	0.27	−0.13	−0.32	−0.59	1.00
1.02	7.13	5.65	5.20	4.86	4.58	4.10	3.60	2.92	2.37	1.77	0.83	0.25	−0.15	−0.34	−0.61	1.02
1.04	7.30	5.77	5.30	4.96	4.67	4.17	3.66	2.96	2.39	1.78	0.82	0.23	−0.16	−0.36	−0.62	1.04
1.05	7.38	5.83	5.35	5.01	4.72	4.21	3.69	2.98	2.41	1.78	0.82	0.22	−0.17	−0.37	−0.63	1.05
1.06	7.46	5.90	5.41	5.05	4.76	4.25	3.72	3.00	2.42	1.79	0.82	0.21	−0.18	−0.37	−0.64	1.06
1.08	7.63	6.02	5.51	5.15	4.85	4.33	3.78	3.04	2.45	1.80	0.81	0.20	−0.19	−0.39	−0.65	1.08
1.10	7.80	6.14	5.62	5.25	4.94	4.40	3.84	3.08	2.47	1.81	0.80	0.19	−0.21	−0.41	−0.67	1.10
1.12	7.98	6.27	5.73	5.35	5.03	4.48	3.90	3.13	2.50	1.82	0.79	0.17	−0.23	−0.42	−0.68	1.12
1.14	8.16	6.39	5.84	5.45	5.12	4.55	3.96	3.17	2.53	1.84	0.79	0.15	−0.25	−0.44	−0.70	1.14
1.15	8.25	6.46	5.90	5.50	5.17	4.59	3.99	3.19	2.54	1.85	0.79	0.14	−0.26	−0.45	−0.71	1.15
1.16	8.33	6.52	5.96	5.54	5.21	4.63	4.02	3.21	2.55	1.85	0.78	0.13	−0.26	−0.45	−0.72	1.16
1.18	8.51	6.64	6.07	5.64	5.30	4.70	4.08	3.25	2.58	1.87	0.78	0.12	−0.28	−0.47	−0.73	1.18
1.20	8.69	6.77	6.18	5.74	5.39	4.78	4.14	3.29	2.61	1.88	0.77	0.11	−0.30	−0.49	−0.74	1.20
1.22	8.88	6.90	6.30	5.85	5.48	4.86	4.21	3.33	2.64	1.89	0.76	0.10	−0.32	−0.50	−0.75	1.22
1.24	9.07	7.04	6.42	5.95	5.58	4.94	4.27	3.38	2.66	1.90	0.75	0.08	−0.33	−0.52	−0.76	1.24

续表

$P(\%)$ / C_v	0.01	0.1	0.2	0.33	0.5	1	2	5	10	20	50	75	90	95	99	$P(\%)$ / C_s
1.25	9.16	7.11	6.48	6.01	5.63	4.98	4.31	3.40	2.68	1.91	0.75	0.07	−0.34	−0.53	−0.77	1.25
1.26	9.25	7.17	6.53	6.06	5.67	5.02	4.34	3.42	2.69	1.91	0.74	0.06	−0.34	−0.54	−0.77	1.26
1.28	9.44	7.31	6.65	6.16	5.77	5.09	4.40	3.46	2.71	1.92	0.74	0.05	−0.36	−0.55	−0.78	1.28
1.30	9.63	7.44	6.77	6.27	5.86	5.17	4.47	3.50	2.74	1.94	0.73	0.04	−0.38	−0.56	0.79	1.30
1.32	9.83	7.58	6.89	6.38	5.96	5.25	4.53	3.54	2.77	1.95	0.72	0.03	−0.40	−0.58	−0.80	1.32
1.34	10.03	7.72	7.01	6.49	6.06	5.33	4.60	3.59	2.80	1.96	0.71	0.02	−0.41	−0.59	−0.81	1.34
1.35	10.13	7.79	7.08	6.54	6.11	5.38	4.63	3.61	2.81	1.97	0.71	0.01	−0.42	−0.60	−0.82	1.35
1.36	10.22	7.85	7.14	6.59	6.16	5.42	4.66	3.63	2.82	1.97	0.71	0.00	−0.43	−0.61	−0.83	1.36
1.38	10.42	7.99	7.26	6.70	6.25	5.50	4.73	3.68	2.85	1.98	0.70	−0.01	−0.44	−0.62	−0.84	1.38
1.40	10.62	8.13	7.38	6.81	6.36	5.58	4.79	3.72	2.88	1.99	0.69	−0.02	−0.46	−0.64	−0.85	1.40
1.42	10.82	8.27	7.51	6.92	6.46	5.66	4.85	3.76	2.90	2.00	0.68	−0.03	−0.47	−0.65	−0.86	1.42
1.44	11.03	8.42	7.64	7.03	6.56	5.75	4.92	3.80	2.92	2.01	0.67	−0.05	−0.49	−0.66	−0.87	1.44
1.45	11.13	8.49	7.70	7.09	6.62	5.79	4.95	3.82	2.94	2.02	0.66	−0.06	−0.50	−0.67	−0.87	1.45
1.46	11.23	8.56	7.76	7.14	6.67	5.83	4.98	3.84	2.95	2.02	0.66	−0.07	−0.50	−0.68	−0.88	1.46
1.48	11.44	8.71	7.89	7.25	6.77	5.92	5.05	3.88	2.97	2.03	0.65	−0.08	−0.52	−0.69	−0.88	1.48
1.50	11.61	8.85	8.02	7.36	6.87	6.00	5.11	3.92	3.00	2.04	0.64	−0.10	−0	−0.70	−0.89	1.50

(2) $C_s = 2C_v$

$P(\%)$ / C_v	0.01	0.1	0.2	0.33	0.5	1	2	5	10	20	50	75	90	95	99	$P(\%)$ / C_s
0.05	1.20	1.16	1.15	1.14	1.13	1.12	1.11	1.08	1.06	1.04	1.00	0.97	0.94	0.92	0.89	0.10
0.06	1.24	1.20	1.19	1.17	1.16	1.14	1.13	1.10	1.08	1.05	1.00	0.96	0.92	0.90	0.87	0.12
0.07	1.29	1.23	1.22	1.20	1.19	1.17	1.15	1.12	1.09	1.06	1.00	0.95	0.91	0.89	0.85	0.14
0.08	1.34	1.27	1.25	1.23	1.22	1.20	1.17	1.14	1.10	1.07	1.00	0.94	0.90	0.87	0.82	0.16
0.09	1.38	1.30	1.28	1.26	1.24	1.22	1.19	1.15	1.12	1.07	1.00	0.94	0.89	0.86	0.80	0.18
0.10	1.42	1.34	1.31	1.29	1.27	1.25	1.21	1.17	1.13	1.08	1.00	0.93	0.87	0.84	0.78	0.20
0.11	1.47	1.38	1.35	1.33	1.30	1.27	1.24	1.19	1.14	1.09	1.00	0.92	0.86	0.83	0.76	0.22
0.12	1.52	1.42	1.38	1.36	1.34	1.30	1.26	1.21	1.16	1.10	0.99	0.91	0.85	0.81	0.74	0.24
0.13	1.57	1.46	1.42	1.39	1.37	1.33	1.29	1.22	1.17	1.11	0.99	0.91	0.84	0.80	0.73	0.26
0.14	1.62	1.50	1.45	1.42	1.40	1.36	1.31	1.24	1.18	1.12	0.99	0.90	0.83	0.78	0.71	0.28
0.15	1.67	1.54	1.48	1.46	1.43	1.38	1.33	1.26	1.20	1.12	0.99	0.90	0.81	0.77	0.69	0.30
0.16	1.72	1.57	1.52	1.49	1.46	1.41	1.35	1.28	1.21	1.13	0.99	0.89	0.80	0.75	0.67	0.32
0.17	1.77	1.61	1.56	1.53	1.49	1.44	1.38	1.30	1.22	1.14	0.99	0.88	0.79	0.74	0.65	0.34
0.18	1.82	1.65	1.60	1.56	1.52	1.47	1.40	1.31	1.24	1.15	0.99	0.88	0.78	0.72	0.63	0.36
0.19	1.87	1.69	1.63	1.59	1.56	1.49	1.43	1.33	1.25	1.16	0.99	0.87	0.77	0.71	0.61	0.38
0.20	1.92	1.73	1.67	1.63	1.59	1.52	1.45	1.35	1.26	1.16	0.99	0.86	0.75	0.70	0.59	0.40
0.21	1.98	1.78	1.71	1.67	1.62	1.55	1.48	1.37	1.28	1.17	0.98	0.85	0.74	0.68	0.58	0.42
0.22	2.04	1.82	1.75	1.70	1.66	1.58	1.50	1.39	1.29	1.18	0.98	0.84	0.73	0.67	0.56	0.44
0.23	2.10	1.87	1.79	1.74	1.69	1.61	1.53	1.41	1.30	1.18	0.98	0.84	0.72	0.66	0.55	0.46
0.24	2.16	1.91	1.83	1.77	1.73	1.64	1.55	1.43	1.32	1.19	0.98	0.83	0.71	0.64	0.53	0.48
0.25	2.22	1.96	1.87	1.81	1.77	1.67	1.58	1.45	1.33	1.20	0.98	0.82	0.70	0.63	0.52	0.50
0.26	2.28	2.01	1.91	1.85	1.80	1.70	1.60	1.46	1.34	1.21	0.98	0.82	0.69	0.62	0.50	0.52
0.27	2.34	2.05	1.95	1.89	1.84	1.73	1.63	1.48	1.35	1.21	0.98	0.80	0.67	0.61	0.48	0.54
0.28	2.40	2.10	2.00	1.93	1.87	1.76	1.66	1.50	1.37	1.22	0.97	0.79	0.66	0.59	0.47	0.56

续表

$P(\%)$ C_v	0.01	0.1	0.2	0.33	0.5	1	2	5	10	20	50	75	90	95	99	$P(\%)$ C_s
0.29	2.46	2.14	2.04	1.97	1.90	1.80	1.69	1.52	1.39	1.23	0.97	0.79	0.65	0.58	0.45	0.58
0.30	2.52	2.19	2.08	2.01	1.94	1.83	1.71	1.54	1.40	1.24	0.97	0.78	0.64	0.56	0.44	0.60
0.31	2.58	2.24	2.13	2.05	1.98	1.86	1.74	1.56	1.41	1.25	0.97	0.78	0.63	0.55	0.43	0.62
0.32	2.65	2.29	2.17	2.09	2.01	1.90	1.76	1.58	1.43	1.25	0.97	0.77	0.62	0.54	0.41	0.64
0.33	2.72	2.34	2.22	2.13	2.05	1.93	1.79	1.60	1.44	1.26	0.96	0.76	0.61	0.53	0.40	0.66
0.34	2.79	2.39	2.26	2.17	2.09	1.96	1.81	1.62	1.45	1.27	0.96	0.76	0.60	0.52	0.38	0.68
0.35	2.86	2.44	2.31	2.22	2.13	2.00	1.84	1.64	1.47	1.28	0.96	0.75	0.59	0.51	0.37	0.70
0.36	2.93	2.49	2.36	2.26	2.17	2.03	1.86	1.66	1.48	1.28	0.96	0.74	0.58	0.50	0.36	0.72
0.37	2.99	2.54	2.40	2.30	2.21	2.06	1.89	1.68	1.50	1.29	0.96	0.73	0.56	0.48	0.34	0.74
0.38	3.06	2.59	2.45	2.34	2.24	2.09	1.92	1.70	1.51	1.30	0.95	0.73	0.55	0.47	0.33	0.76
0.39	3.13	2.65	2.49	2.38	2.28	2.13	1.95	1.72	1.52	1.31	0.95	0.72	0.54	0.46	0.31	0.78
0.40	3.20	2.70	2.54	2.42	2.32	2.16	1.98	1.74	1.54	1.31	0.95	0.71	0.53	0.45	0.30	0.80
0.41	3.28	2.75	2.59	2.47	2.37	2.19	2.01	1.76	1.55	1.32	0.95	0.70	0.52	0.44	0.29	0.82
0.42	3.36	2.81	2.64	2.51	2.40	2.23	2.04	1.78	1.56	1.32	0.95	0.69	0.51	0.43	0.28	0.84
0.43	3.43	2.87	2.69	2.56	2.45	2.26	2.07	1.80	1.58	1.33	0.94	0.68	0.50	0.42	0.28	0.86
0.44	3.51	2.92	2.74	2.60	2.49	2.30	2.10	1.82	1.59	1.34	0.94	0.68	0.49	0.41	0.26	0.88
0.45	3.59	2.98	2.80	2.65	2.53	2.33	2.13	1.84	1.60	1.35	0.93	0.67	0.48	0.40	0.26	0.90
0.46	3.67	3.04	2.85	2.70	2.57	2.37	2.15	1.86	1.62	1.35	0.93	0.66	0.47	0.38	0.24	0.92
0.47	3.75	3.10	2.90	2.74	2.61	2.40	2.18	1.88	1.63	1.36	0.92	0.66	0.47	0.37	0.24	0.94
0.48	3.82	3.15	2.95	2.79	2.65	2.44	2.21	1.90	1.64	1.36	0.92	0.65	0.46	0.36	0.23	0.96
0.49	3.90	3.21	3.00	2.83	2.69	2.48	2.24	1.92	1.66	1.37	0.92	0.65	0.45	0.35	0.22	0.98
0.50	3.98	3.27	3.05	2.88	2.74	2.51	2.27	1.94	1.67	1.38	0.92	0.64	0.44	0.34	0.21	1.00
0.52	4.15	3.39	3.16	2.98	2.83	2.59	2.33	1.98	1.70	1.39	0.91	0.62	0.42	0.32	0.19	1.04
0.54	4.33	3.52	3.27	3.08	2.94	2.66	2.39	2.02	1.72	1.40	0.90	0.60	0.40	0.31	0.18	1.08
0.55	4.42	3.58	3.32	3.12	2.97	2.70	2.42	2.04	1.74	1.41	0.90	0.59	0.40	0.30	0.16	1.10
0.56	4.50	3.64	3.37	3.18	3.01	2.74	2.45	2.06	1.75	1.41	0.89	0.58	0.39	0.29	0.14	1.12
0.58	4.68	3.77	3.48	3.28	3.10	2.81	2.51	2.10	1.78	1.43	0.89	0.57	0.37	0.27	0.13	1.16
0.60	4.85	3.89	3.59	3.37	3.20	2.89	2.57	2.15	1.80	1.44	0.89	0.56	0.35	0.26	0.13	1.20
0.62	5.04	4.02	3.71	3.48	3.30	2.97	2.63	2.19	1.83	1.45	0.88	0.55	0.34	0.24	0.12	1.24
0.64	5.23	4.16	3.83	3.59	3.39	3.05	2.70	2.23	1.86	1.46	0.87	0.54	0.32	0.23	0.11	1.28
0.65	5.33	4.22	3.89	3.64	3.44	3.09	2.74	2.25	1.87	1.47	0.87	0.52	0.31	0.22	0.10	1.30
0.66	5.43	4.29	3.95	3.70	3.49	3.13	2.76	2.27	1.88	1.47	0.86	0.51	0.30	0.21	0.10	1.32
0.68	5.62	4.43	4.07	3.80	3.58	3.21	2.83	2.32	1.91	1.48	0.86	0.50	0.29	0.20	0.09	1.36
0.70	5.81	4.56	4.19	3.91	3.68	3.29	2.90	2.36	1.94	1.50	0.85	0.49	0.27	0.18	0.08	1.40
0.72	6.02	4.71	4.32	4.02	3.78	3.38	2.96	2.40	1.96	1.51	0.84	0.48	0.26	0.17	0.07	1.44
0.74	6.23	4.86	4.45	4.13	3.88	3.46	3.02	2.44	1.99	1.52	0.83	0.47	0.25	0.16	0.06	1.48
0.75	6.33	4.93	4.52	4.19	3.93	3.50	3.06	2.46	2.00	1.52	0.82	0.45	0.24	0.15	0.06	1.50
0.76	6.43	5.00	4.58	4.25	3.98	3.54	3.09	2.48	2.01	1.53	0.81	0.44	0.23	0.14	0.05	1.52
0.78	6.64	5.15	4.71	4.36	4.08	3.63	3.16	2.53	2.04	1.54	0.80	0.43	0.22	0.13	0.05	1.56
0.80	6.85	5.30	4.84	4.47	4.19	3.71	3.22	2.57	2.06	1.54	0.80	0.42	0.21	0.12	0.04	1.60
0.82	7.08	5.46	4.97	4.59	4.29	3.80	3.29	2.61	2.09	1.55	0.79	0.41	0.20	0.11	0.04	1.64
0.84	7.30	5.61	5.11	4.71	4.40	3.89	3.36	2.65	2.11	1.56	0.78	0.40	0.19	0.10	0.03	1.68
0.85	7.41	5.69	5.17	4.77	4.46	3.93	3.39	2.68	2.12	1.56	0.77	0.39	0.18	0.10	0.03	1.70

C_v ＼ $P(\%)$	0.01	0.1	0.2	0.33	0.5	1	2	5	10	20	50	75	90	95	99	$P(\%)$ ＼ C_s
0.86	7.53	5.77	5.24	4.83	4.50	3.97	3.42	2.70	2.14	1.56	0.76	0.37	0.17	0.09	0.03	1.72
0.88	7.75	5.92	5.38	4.95	4.62	4.06	3.49	2.74	2.16	1.57	0.75	0.36	0.16	0.08	0.02	1.76
0.90	7.98	6.08	5.51	5.07	4.74	4.15	3.56	2.78	2.19	1.58	0.75	0.35	0.15	0.08	0.02	1.80
0.92	8.23	6.25	5.65	5.20	4.85	4.24	3.63	2.82	2.21	1.58	0.74	0.34	0.14	0.08	0.02	1.84
0.94	8.47	6.41	5.79	5.32	4.96	4.33	3.70	2.87	2.23	1.59	0.73	0.33	0.13	0.07	0.01	1.88
0.95	8.59	6.49	5.86	5.38	5.02	4.38	3.74	2.89	2.25	1.60	0.72	0.31	0.13	0.07	0.01	1.90
0.96	8.72	6.58	5.94	5.44	5.07	4.43	3.77	2.91	2.26	1.60	0.70	0.30	0.12	0.06	0.01	1.92
0.98	8.96	6.74	6.08	5.57	5.18	4.52	3.84	2.95	2.28	1.60	0.69	0.29	0.12	0.06	0.01	1.96
1.00	9.21	6.91	6.22	5.70	5.30	4.61	3.91	3.00	2.30	1.61	0.69	0.29	0.11	0.05	0.01	2.00
1.02	9.47	7.09	6.37	5.83	5.42	4.70	3.98	3.04	2.32	1.62	0.68	0.28	0.10	0.05	0.01	2.04
1.04	9.73	7.26	6.52	5.97	5.53	4.80	4.05	3.08	2.34	1.62	0.67	0.27	0.09	0.04	0.01	2.08
1.05	9.86	7.35	6.59	6.03	5.59	4.84	4.08	3.10	2.35	1.62	0.66	0.26	0.09	0.04	0.01	2.10
1.06	10.00	7.44	6.67	6.10	5.65	4.89	4.12	3.12	2.36	1.63	0.65	0.25	0.08	0.03	0.01	2.12
1.08	10.26	7.61	6.82	6.24	5.76	4.99	4.19	3.16	2.39	1.63	0.64	0.24	0.07	0.03	0.01	2.16
1.10	10.52	7.79	6.97	6.37	5.88	5.08	4.26	3.20	2.41	1.63	0.64	0.23	0.07	0.03	0.00	2.20
1.12	10.80	7.97	7.13	6.51	6.00	5.18	4.33	3.24	2.43	1.63	0.63	0.22	0.07	0.02	0.00	2.24
1.14	11.07	8.15	7.29	6.65	6.13	5.28	4.40	3.28	2.45	1.63	0.62	0.21	0.06	0.02	0.00	2.28
1.15	11.21	8.24	7.36	6.71	6.19	5.32	4.44	3.30	2.46	1.64	0.61	0.21	0.06	0.02	0.00	2.30
1.16	11.35	8.34	7.44	6.78	6.25	5.37	4.48	3.33	2.47	1.64	0.59	0.21	0.06	0.02	0.00	2.32
1.18	11.62	8.53	7.60	6.92	6.38	5.47	4.55	3.37	2.49	1.64	0.58	0.20	0.05	0.02	0.00	2.36
1.20	11.90	8.70	7.76	7.06	6.50	5.57	4.62	3.41	2.51	1.65	0.58	0.18	0.05	0.02	0.00	2.40
1.22	12.19	8.89	7.92	7.20	6.63	5.67	4.69	3.45	2.53	1.65	0.57	0.17	0.04	0.02	0.00	2.44
1.24	12.48	9.09	8.08	7.34	6.76	5.76	4.76	3.49	2.55	1.65	0.56	0.16	0.04	0.01	0.00	2.48
1.25	12.63	9.18	8.16	7.41	6.82	5.81	4.80	3.51	2.56	1.65	0.55	0.16	0.04	0.01	0.00	2.50
1.26	12.78	9.28	8.25	7.48	6.89	5.86	4.84	3.53	2.56	1.65	0.54	0.15	0.03	0.01	0.00	2.52
1.28	13.07	9.48	8.41	7.62	7.02	5.96	4.91	3.57	2.58	1.65	0.53	0.15	0.03	0.01	0.00	2.56
1.30	13.36	9.67	8.57	7.76	7.14	6.06	4.98	3.61	2.60	1.65	0.52	0.14	0.03	0.01	0.00	2.60
1.32	13.67	9.87	8.74	7.89	7.27	6.16	5.05	3.65	2.62	1.65	0.51	0.13	0.03	0.01	0.00	2.64
1.34	13.98	10.07	8.91	8.04	7.40	6.26	5.13	3.69	2.64	1.65	0.51	0.13	0.02	0.01	0.00	2.68
1.35	14.13	10.17	8.99	8.13	7.46	6.31	5.16	3.71	2.65	1.65	0.50	0.12	0.02	0.01	0.00	2.70
1.36	14.28	10.27	9.07	8.19	7.52	6.36	5.20	3.73	2.66	1.65	0.49	0.12	0.02	0.01	0.00	2.72
1.38	14.59	10.47	9.24	8.34	7.65	6.46	5.28	3.77	2.68	1.64	0.48	0.11	0.02	0.01	0.00	2.76
1.40	14.90	10.67	9.41	8.50	7.78	6.56	5.35	3.81	2.69	1.64	0.47	0.10	0.02	0.01	0.00	2.80
1.42	15.23	10.88	9.59	8.64	7.91	6.66	5.43	3.85	2.71	1.64	0.46	0.10	0.02	0.01	0.00	2.84
1.44	15.55	11.09	9.77	8.79	8.04	6.77	5.50	3.89	2.72	1.64	0.45	0.09	0.01	0.00	0.00	2.88
1.45	15.71	11.20	9.85	8.89	8.11	6.82	5.54	3.91	2.73	1.64	0.44	0.09	0.01	0.00	0.00	2.90
1.46	15.88	11.31	9.94	8.95	8.18	6.87	5.58	3.92	2.74	1.63	0.44	0.08	0.01	0.00	0.00	2.92
1.48	16.20	11.52	10.12	9.10	8.31	6.98	5.65	3.96	2.75	1.63	0.43	0.07	0.01	0.00	0.00	2.96
1.50	16.53	11.73	10.30	9.27	8.44	7.08	5.73	4.00	2.77	1.63	0.42	0.07	0.01	0.00	0.00	3.00
1.55	17.37	12.26	10.76	9.66	8.78	7.33	5.91	4.10	2.80	1.62	0.38	0.07	0.01	0.00	0.00	3.10
1.60	18.23	12.81	11.22	10.06	9.13	7.59	6.10	4.19	2.82	1.61	0.36	0.06	0.01	0.00	0.00	3.20
1.65	19.10	13.36	11.69	10.46	9.48	7.85	6.29	4.28	2.85	1.59	0.34	0.05	0.00	0.00	0.00	3.30
1.70	19.99	13.92	12.16	10.86	9.84	8.11	6.47	4.37	2.88	1.58	0.31	0.04	0.00	0.00	0.00	3.40

续表

P(%) C_v	0.01	0.1	0.2	0.33	0.5	1	2	5	10	20	50	75	90	95	99	P(%) C_s
1.75	20.90	14.50	12.63	11.26	10.19	8.38	6.65	4.45	2.91	1.56	0.28	0.04	0.00	0.00	0.00	3.50
1.80	21.83	15.09	13.11	11.67	10.54	8.65	6.83	4.53	2.94	1.54	0.25	0.03	0.00	0.00	0.00	3.60
1.85	22.77	15.69	13.60	12.08	10.90	8.92	7.01	4.61	2.96	1.52	0.22	0.02	0.00	0.00	0.00	3.70
1.90	23.73	16.29	14.09	12.50	11.26	9.19	7.19	4.69	2.98	1.50	0.20	0.01	0.00	0.00	0.00	3.80
1.95	24.71	16.89	14.59	12.92	11.63	9.46	7.36	4.76	2.99	1.48	0.19	0.01	0.00	0.00	0.00	3.90
2.00	25.72	17.50	15.10	13.36	12.00	9.74	7.54	4.84	3.00	1.46	0.18	0.01	0.00	0.00	0.00	4.00

(3) $C_s = 2.5 C_v$

P(%) C_v	0.01	0.1	0.2	0.33	0.5	1	2	5	10	20	50	75	90	95	99	P(%) C_s
0.05	1.20	1.16	1.15	1.14	1.14	1.12	1.11	1.08	1.07	1.04	1.00	0.97	0.94	0.92	0.89	0.12
0.06	1.25	1.20	1.19	1.17	1.16	1.15	1.13	1.10	1.08	1.05	1.00	0.96	0.92	0.90	0.87	0.15
0.07	1.29	1.24	1.22	1.20	1.19	1.17	1.15	1.12	1.09	1.06	1.00	0.95	0.91	0.89	0.85	0.18
0.08	1.34	1.28	1.25	1.23	1.22	1.20	1.17	1.14	1.10	1.07	1.00	0.94	0.90	0.87	0.83	0.20
0.09	1.38	1.31	1.28	1.26	1.25	1.22	1.20	1.15	1.12	1.08	1.00	0.94	0.89	0.86	0.81	0.22
0.10	1.43	1.35	1.31	1.29	1.28	1.25	1.22	1.17	1.13	1.08	1.00	0.93	0.88	0.84	0.79	0.25
0.11	1.48	1.39	1.35	1.33	1.31	1.28	1.25	1.19	1.14	1.09	1.00	0.92	0.87	0.83	0.77	0.28
0.12	1.54	1.43	1.39	1.36	1.34	1.30	1.27	1.21	1.16	1.10	0.99	0.92	0.86	0.81	0.75	0.30
0.13	1.59	1.47	1.43	1.40	1.38	1.33	1.29	1.22	1.17	1.11	0.99	0.91	0.84	0.80	0.74	0.32
0.14	1.65	1.51	1.47	1.43	1.41	1.36	1.31	1.24	1.18	1.11	0.99	0.90	0.83	0.79	0.72	0.35
0.15	1.70	1.55	1.50	1.47	1.44	1.39	1.34	1.26	1.20	1.12	0.99	0.89	0.82	0.77	0.70	0.38
0.16	1.75	1.60	1.54	1.51	1.47	1.42	1.36	1.28	1.21	1.13	0.99	0.89	0.81	0.76	0.68	0.40
0.17	1.18	1.64	1.58	1.54	1.51	1.45	1.39	1.30	1.22	1.14	0.99	0.88	0.80	0.74	0.66	0.42
0.18	1.86	1.68	1.62	1.58	1.54	1.48	1.41	1.32	1.24	1.15	0.99	0.87	0.78	0.73	0.65	0.45
0.19	1.92	1.72	1.66	1.61	1.58	1.51	1.44	1.34	1.25	1.16	0.99	0.86	0.77	0.72	0.63	0.48
0.20	1.97	1.76	1.70	1.65	1.61	1.54	1.46	1.35	1.26	1.16	0.98	0.86	0.76	0.70	0.61	0.50
0.21	2.03	1.81	1.74	1.69	1.65	1.57	1.49	1.37	1.28	1.17	0.98	0.85	0.75	0.69	0.60	0.52
0.22	2.10	1.86	1.79	1.73	1.68	1.60	1.51	1.39	1.29	1.18	0.98	0.84	0.74	0.68	0.58	0.55
0.23	2.16	1.91	1.83	1.77	1.72	1.64	1.54	1.41	1.31	1.19	0.98	0.84	0.73	0.66	0.57	0.58
0.24	2.23	1.96	1.88	1.81	1.75	1.67	1.57	1.43	1.32	1.19	0.98	0.83	0.72	0.65	0.55	0.60
0.25	2.29	2.00	1.92	1.85	1.79	1.70	1.60	1.45	1.33	1.20	0.97	0.82	0.70	0.64	0.54	0.62
0.26	2.36	2.05	1.96	1.89	1.83	1.73	1.62	1.47	1.35	1.21	0.97	0.81	0.69	0.63	0.53	0.65
0.27	2.42	2.10	2.01	1.93	1.87	1.76	1.65	1.49	1.36	1.21	0.97	0.80	0.68	0.62	0.51	0.68
0.28	2.49	2.15	2.05	1.97	1.90	1.80	1.68	1.51	1.37	1.22	0.97	0.80	0.67	0.60	0.50	0.70
0.29	2.55	2.20	2.10	2.01	1.94	1.83	1.70	1.53	1.39	1.23	0.97	0.79	0.66	0.59	0.48	0.72
0.30	2.62	2.25	2.14	2.05	1.98	1.86	1.73	1.55	1.40	1.24	0.96	0.78	0.65	0.58	0.47	0.75
0.31	2.70	2.31	2.19	2.09	2.02	1.89	1.76	1.57	1.41	1.24	0.96	0.77	0.64	0.57	0.46	0.78
0.32	2.77	2.36	2.24	2.13	2.06	1.93	1.79	1.59	1.43	1.25	0.96	0.76	0.63	0.56	0.44	0.80
0.33	2.85	2.42	2.29	2.17	2.11	1.96	1.82	1.61	1.44	1.26	0.96	0.76	0.62	0.55	0.43	0.82
0.34	2.92	2.47	2.34	2.22	2.15	1.99	1.84	1.63	1.46	1.26	0.95	0.75	0.61	0.54	0.42	0.85
0.35	3.00	2.53	2.39	2.27	2.19	2.03	1.87	1.65	1.47	1.27	0.95	0.75	0.60	0.53	0.41	0.88
0.36	3.08	2.59	2.44	2.31	2.23	2.07	1.90	1.67	1.48	1.28	0.95	0.74	0.59	0.51	0.40	0.90
0.37	3.15	2.64	2.49	2.36	2.27	2.10	1.93	1.69	1.49	1.28	0.94	0.73	0.58	0.50	0.39	0.92
0.38	3.23	2.70	2.54	2.41	2.32	2.14	1.96	1.71	1.51	1.29	0.94	0.73	0.57	0.49	0.38	0.95

$P(\%)$ C_v	0.01	0.1	0.2	0.33	0.5	1	2	5	10	20	50	75	90	95	99	$P(\%)$ C_s
0.39	3.30	2.75	2.59	2.46	2.36	2.17	1.99	1.73	1.52	1.30	0.94	0.72	0.56	0.48	0.37	0.98
0.40	3.38	2.81	2.64	2.50	2.40	2.21	2.02	1.75	1.54	1.30	0.94	0.71	0.55	0.47	0.36	1.00
0.41	3.47	2.87	2.69	2.55	2.44	2.25	2.05	1.77	1.55	1.31	0.93	0.70	0.54	0.46	0.35	1.02
0.42	3.56	2.93	2.75	2.60	2.48	2.28	2.08	1.79	1.56	1.32	0.93	0.69	0.53	0.45	0.34	1.05
0.43	3.64	2.99	2.80	2.65	2.53	2.32	2.11	1.81	1.58	1.32	0.93	0.69	0.53	0.45	0.34	1.08
0.44	3.73	3.05	2.86	2.70	2.57	2.36	2.14	1.83	1.59	1.33	0.92	0.68	0.52	0.44	0.33	1.10
0.45	3.82	3.12	2.91	2.75	2.62	2.40	2.17	1.85	1.60	1.33	0.92	0.67	0.51	0.43	0.32	1.12
0.46	3.91	3.18	2.97	2.80	2.67	2.44	2.20	1.87	1.62	1.34	0.92	0.66	0.50	0.42	0.32	1.15
0.47	4.00	3.24	3.02	2.85	2.72	2.47	2.23	1.90	1.63	1.34	0.91	0.65	0.49	0.41	0.31	1.18
0.48	4.08	3.31	3.08	2.90	2.76	2.51	2.26	1.92	1.64	1.35	0.91	0.65	0.49	0.40	0.30	1.20
0.49	4.17	3.37	3.13	2.95	2.81	2.55	2.29	1.94	1.66	1.36	0.90	0.64	0.48	0.40	0.30	1.22
0.50	4.26	3.44	3.19	3.00	2.85	2.59	2.32	1.96	1.67	1.36	0.90	0.63	0.47	0.39	0.29	1.25
0.52	4.46	3.58	3.31	3.11	2.95	2.67	2.38	2.00	1.70	1.37	0.89	0.62	0.45	0.38	0.28	1.30
0.54	4.66	3.72	3.44	3.22	3.05	2.75	2.45	2.04	1.72	1.38	0.88	0.61	0.44	0.36	0.27	1.35
0.55	4.75	3.79	3.50	3.27	3.10	2.79	2.48	2.07	1.73	1.39	0.88	0.60	0.43	0.35	0.26	1.38
0.56	4.85	3.86	3.56	3.32	3.15	2.83	2.51	2.09	1.75	1.40	0.87	0.59	0.42	0.34	0.26	1.40
0.58	5.05	4.00	3.69	3.43	3.25	2.92	2.58	2.13	1.78	1.41	0.87	0.58	0.41	0.33	0.25	1.45
0.60	5.25	4.14	3.81	3.54	3.35	3.00	2.64	2.17	1.80	1.42	0.86	0.56	0.39	0.32	0.24	1.50
0.62	5.47	4.29	3.94	3.66	3.46	3.08	2.71	2.21	1.83	1.43	0.85	0.55	0.38	0.31	0.24	1.55
0.64	5.69	4.44	4.07	3.78	3.56	3.17	2.78	2.25	1.85	1.44	0.84	0.54	0.37	0.30	0.24	1.60
0.65	5.80	4.52	4.14	3.83	3.61	3.21	2.81	2.27	1.86	1.44	0.83	0.53	0.36	0.30	0.23	1.62
0.66	5.92	4.60	4.21	3.89	3.67	3.26	2.85	2.29	1.87	1.44	0.83	0.52	0.35	0.29	0.23	1.65
0.68	6.14	4.75	4.34	4.01	3.77	3.34	2.92	2.34	1.90	1.45	0.82	0.51	0.34	0.28	0.23	1.70
0.70	6.36	4.90	4.47	4.13	3.88	3.43	2.98	2.39	1.92	1.46	0.81	0.50	0.33	0.27	0.22	1.75
0.72	6.60	5.06	4.61	4.26	3.99	3.52	3.05	2.43	1.94	1.46	0.80	0.49	0.32	0.27	0.22	1.80
0.74	6.84	5.22	4.75	4.38	4.10	3.61	3.12	2.47	1.97	1.47	0.79	0.47	0.31	0.26	0.22	1.85
0.75	6.96	5.31	4.82	4.44	4.16	3.66	3.15	2.49	1.98	1.47	0.78	0.46	0.31	0.26	0.21	1.88
0.76	7.09	5.39	4.90	4.51	4.22	3.71	3.19	2.51	1.99	1.48	0.78	0.45	0.30	0.25	0.21	1.90
0.78	7.33	5.56	5.04	4.63	4.33	3.80	3.26	2.56	2.02	1.48	0.76	0.44	0.30	0.25	0.21	1.95
0.80	7.57	5.73	5.18	4.76	4.44	3.89	3.33	2.60	2.04	1.49	0.75	0.43	0.28	0.24	0.21	2.00
0.82	7.83	5.91	5.33	4.89	4.56	3.98	3.40	2.64	2.06	1.49	0.74	0.42	0.28	0.23	0.21	2.05
0.84	8.09	6.08	5.48	5.03	4.68	4.08	3.47	2.68	2.08	1.49	0.73	0.41	0.27	0.23	0.21	2.10
0.85	8.22	6.17	5.55	5.09	4.73	4.12	3.50	2.70	2.10	1.50	0.72	0.40	0.27	0.23	0.20	2.12
0.86	8.36	6.26	5.63	5.16	4.79	4.17	3.54	2.72	2.11	1.50	0.72	0.39	0.26	0.23	0.20	2.15
0.88	8.62	6.43	5.78	5.30	4.91	4.27	3.61	2.76	2.13	1.50	0.71	0.38	0.26	0.23	0.20	2.20
0.90	8.88	6.61	5.93	5.43	5.03	4.35	3.68	2.80	2.15	1.50	0.70	0.37	0.25	0.22	0.20	2.25
0.92	9.16	6.80	6.09	5.57	5.15	4.46	3.75	2.84	2.17	1.51	0.69	0.36	0.25	0.22	0.20	2.30
0.94	9.45	6.99	6.25	5.71	5.28	4.56	3.82	2.88	2.19	1.51	0.68	0.35	0.24	0.22	0.20	2.35
0.95	9.59	7.09	6.33	5.78	5.34	4.60	3.86	2.90	2.20	1.51	0.67	0.35	0.24	0.21	0.20	2.38
0.96	9.73	7.17	6.41	5.85	5.40	4.65	3.90	2.93	2.21	1.52	0.66	0.35	0.24	0.21	0.20	2.40
0.98	10.02	7.36	6.57	5.99	5.53	4.75	3.97	2.97	2.23	1.52	0.65	0.34	0.23	0.21	0.20	2.45
1.00	10.30	7.55	6.73	6.13	5.65	4.85	4.04	3.01	2.25	1.52	0.64	0.33	0.23	0.21	0.20	2.50
1.02	10.60	7.75	6.90	6.27	5.78	4.95	4.11	3.05	2.27	1.52	0.63	0.32	0.22	0.20	0.20	2.55

626 附　录

续表

P(%)／C_v	0.01	0.1	0.2	0.33	0.5	1	2	5	10	20	50	75	90	95	99	P(%)／C_s
1.04	10.90	7.95	7.06	6.42	5.91	5.05	4.19	3.09	2.29	1.52	0.62	0.31	0.22	0.20	0.20	2.60
1.05	11.05	8.04	7.14	6.49	5.97	5.10	4.22	3.11	2.29	1.52	0.61	0.31	0.22	0.20	0.20	2.62
1.06	11.20	8.14	7.23	6.56	6.03	5.15	4.26	3.13	2.30	1.52	0.60	0.30	0.22	0.20	0.20	2.65
1.08	11.50	8.34	7.39	6.71	6.16	5.20	4.34	3.17	2.32	1.52	0.59	0.30	0.21	0.20	0.20	2.70
1.10	11.80	8.54	7.56	6.85	6.29	5.35	4.41	3.21	2.34	1.52	0.58	0.29	0.21	0.20	0.20	2.75
1.12	12.12	8.75	7.74	7.00	6.42	5.45	4.48	3.25	2.36	1.52	0.57	0.28	0.21	0.20	0.20	2.80
1.14	12.45	8.96	7.91	7.15	6.55	5.55	4.56	3.29	2.37	1.51	0.56	0.27	0.21	0.20	0.20	2.85
1.15	12.61	9.06	8.00	7.23	6.62	5.60	4.60	3.30	2.38	1.51	0.55	0.27	0.21	0.20	0.20	2.88
1.16	12.77	9.16	8.09	7.31	6.89	5.66	4.63	3.32	2.39	1.51	0.55	0.27	0.21	0.20	0.20	2.90
1.18	13.10	9.37	8.26	7.46	6.82	5.76	4.71	3.36	2.40	1.50	0.54	0.26	0.21	0.20	0.20	2.95
1.20	13.42	9.58	8.44	7.61	6.95	5.86	4.78	3.40	2.42	1.50	0.53	0.26	0.21	0.20	0.20	3.00
1.22	13.76	9.80	8.63	7.77	7.09	5.96	4.86	3.44	2.43	1.50	0.52	0.25	0.21	0.20	0.20	3.05
1.24	14.10	10.02	8.81	7.93	7.23	6.07	4.93	3.48	2.44	1.49	0.51	0.25	0.21	0.20	0.20	3.10
1.25	14.27	10.12	8.90	8.01	7.29	6.12	4.97	3.50	2.44	1.49	0.50	0.25	0.21	0.20	0.20	3.12
1.26	14.45	10.23	9.00	8.09	7.36	6.17	5.01	3.52	2.45	1.49	0.49	0.24	0.21	0.20	0.20	3.15
1.28	14.79	10.45	9.18	8.25	7.50	6.27	5.08	3.56	2.46	1.48	0.48	0.24	0.21	0.20	0.20	3.20
1.30	15.13	10.67	9.37	8.41	7.64	6.38	5.16	3.60	2.47	1.48	0.48	0.24	0.20	0.20	0.20	3.25
1.32	15.49	10.90	9.56	8.57	7.78	6.49	5.23	3.63	2.48	1.47	0.47	0.24	0.20	0.20	0.20	3.30
1.34	15.85	11.13	9.75	8.73	7.92	6.59	5.30	3.66	2.49	1.47	0.46	0.24	0.20	0.20	0.20	3.35
1.35	16.02	11.24	9.84	8.80	8.00	6.64	5.34	3.68	2.50	1.46	0.45	0.23	0.20	0.20	0.20	3.38
1.36	16.20	11.35	9.93	8.88	8.07	6.70	5.38	3.70	2.51	1.46	0.45	0.23	0.20	0.20	0.20	3.40
1.38	16.56	11.58	10.12	9.04	8.21	6.80	5.45	3.73	2.52	1.45	0.44	0.23	0.20	0.20	0.20	3.45
1.40	16.92	11.81	10.31	9.20	8.35	6.91	5.52	3.76	2.53	1.45	0.43	0.23	0.20	0.20	0.20	3.50
1.42	17.30	12.05	10.50	9.37	8.49	7.02	5.59	3.78	2.54	1.44	0.42	0.23	0.20	0.20	0.20	3.55
1.44	17.68	12.28	10.79	9.53	8.63	7.12	5.66	3.82	2.55	1.43	0.41	0.23	0.20	0.20	0.20	3.60
1.45	17.86	12.40	10.79	9.61	8.70	7.17	5.70	3.83	2.56	1.43	0.40	0.22	0.20	0.20	0.20	3.62
1.46	18.05	12.52	10.89	9.70	8.78	7.23	5.74	3.85	2.56	1.42	0.39	0.22	0.20	0.20	0.20	3.65
1.48	18.43	12.75	11.09	9.85	8.92	7.33	5.81	3.88	2.57	1.42	0.38	0.22	0.20	0.20	0.20	3.70
1.50	18.81	12.99	11.28	10.03	9.06	7.44	5.88	3.91	2.58	1.41	0.37	0.22	0.20	0.20	0.20	3.75
1.55	19.79	13.59	11.77	10.46	9.43	7.71	6.06	3.99	2.59	1.38	0.36	0.21	0.20	0.20	0.20	3.88
1.60	20.78	14.20	12.28	10.89	9.80	7.98	6.23	4.07	2.60	1.36	0.34	0.21	0.20	0.20	0.20	4.00
1.65	21.79	14.82	12.80	11.32	10.17	8.25	9.41	4.14	2.62	1.34	0.32	0.20	0.20	0.20	0.20	4.12
1.70	22.82	15.45	13.32	11.76	10.54	8.52	6.59	4.21	2.62	1.31	0.31	0.20	0.20	0.20	0.20	4.25
1.75	23.87	16.10	13.85	12.20	10.92	8.79	6.77	4.28	2.62	1.28	0.30	0.20	0.20	0.20	0.20	4.38
1.80	24.94	16.75	14.38	12.64	11.20	9.06	6.94	4.34	2.62	1.25	0.28	0.20	0.20	0.20	0.20	4.50
1.85	26.02	17.41	14.91	13.08	11.68	9.33	7.11	4.39	2.62	1.23	0.27	0.20	0.20	0.20	0.20	4.62
1.90	27.14	18.08	15.45	13.54	12.06	9.60	7.27	4.44	2.62	1.20	0.26	0.20	0.20	0.20	0.20	4.75
1.95	28.28	18.76	16.00	14.00	12.45	9.87	7.44	4.49	2.61	1.16	0.25	0.20	0.20	0.20	0.20	4.88
2.00	29.44	19.44	16.54	14.46	12.84	10.14	7.60	4.54	2.60	1.12	0.24	0.20	0.20	0.20	0.20	5.00

(4) $C_s = 3C_v$

P(%)／C_v	0.01	0.1	0.2	0.33	0.5	1	2	5	10	20	50	75	90	95	99	P(%)／C_s
0.05	1.20	1.17	1.15	1.14	1.14	1.12	1.11	1.08	1.07	1.04	1.00	0.97	0.94	0.92	0.89	0.15
0.06	1.25	1.20	1.18	1.18	1.16	1.15	1.13	1.10	1.08	1.05	1.00	0.96	0.92	0.90	0.87	0.18

续表

$P(\%)$ / C_v	0.01	0.1	0.2	0.33	0.5	1	2	5	10	20	50	75	90	95	99	$P(\%)$ / C_s
0.07	1.29	1.24	1.22	1.21	1.19	1.17	1.15	1.12	1.09	1.06	1.00	0.95	0.91	0.89	0.85	0.21
0.08	1.34	1.28	1.26	1.24	1.22	1.20	1.17	1.14	1.11	1.07	1.00	0.94	0.90	0.87	0.83	0.24
0.09	1.39	1.31	1.29	1.27	1.26	1.23	1.20	1.15	1.12	1.07	1.00	0.94	0.89	0.86	0.81	0.27
0.10	1.44	1.35	1.32	1.30	1.29	1.25	1.22	1.17	1.13	1.08	0.99	0.93	0.88	0.85	0.79	0.30
0.11	1.49	1.39	1.36	1.34	1.32	1.28	1.25	1.19	1.14	1.09	0.99	0.92	0.86	0.84	0.77	0.33
0.12	1.54	1.43	1.39	1.37	1.35	1.31	1.27	1.21	1.16	1.10	0.99	0.92	0.85	0.82	0.75	0.36
0.13	1.60	1.48	1.43	1.41	1.39	1.34	1.30	1.23	1.17	1.11	0.99	0.91	0.84	0.81	0.74	0.39
0.14	1.65	1.52	1.47	1.44	1.42	1.37	1.32	1.25	1.19	1.12	0.99	0.90	0.83	0.79	0.72	0.42
0.15	1.71	1.56	1.51	1.48	1.45	1.40	1.35	1.26	1.20	1.12	0.99	0.89	0.82	0.78	0.70	0.45
0.16	1.77	1.60	1.55	1.52	1.48	1.43	1.37	1.28	1.21	1.13	0.98	0.89	0.81	0.77	0.69	0.48
0.17	1.83	1.65	1.59	1.55	1.52	1.46	1.40	1.30	1.23	1.14	0.98	0.88	0.79	0.75	0.67	0.51
0.18	1.89	1.70	1.63	1.59	1.55	1.49	1.42	1.32	1.25	1.15	0.98	0.87	0.78	0.74	0.65	0.54
0.19	1.95	1.74	1.68	1.63	1.59	1.52	1.45	1.34	1.26	1.15	0.98	0.86	0.77	0.72	0.64	0.57
0.20	2.02	1.79	1.72	1.67	1.63	1.55	1.47	1.36	1.27	1.16	0.98	0.86	0.76	0.71	0.62	0.60
0.21	2.08	1.84	1.76	1.71	1.67	1.58	1.50	1.38	1.28	1.17	0.98	0.85	0.75	0.70	0.61	0.63
0.22	2.14	1.89	1.81	1.75	1.70	1.62	1.52	1.40	1.29	1.18	0.98	0.84	0.74	0.69	0.60	0.66
0.23	2.21	1.94	1.86	1.79	1.74	1.65	1.55	1.42	1.31	1.18	0.97	0.84	0.73	0.67	0.58	0.69
0.24	2.28	1.99	1.90	1.84	1.78	1.68	1.58	1.44	1.32	1.19	0.97	0.83	0.72	0.66	0.57	0.72
0.25	2.35	2.05	1.95	1.88	1.82	1.72	1.61	1.46	1.34	1.20	0.97	0.82	0.71	0.65	0.56	0.75
0.26	2.42	2.10	2.00	1.92	1.86	1.75	1.63	1.48	1.35	1.21	0.97	0.81	0.70	0.64	0.54	0.78
0.27	2.49	2.15	2.04	1.96	1.90	1.78	1.66	1.50	1.36	1.21	0.96	0.80	0.69	0.63	0.53	0.81
0.28	2.57	2.20	2.09	2.01	1.94	1.82	1.69	1.52	1.37	1.22	0.96	0.80	0.68	0.62	0.52	0.84
0.29	2.64	2.26	2.14	2.05	1.98	1.85	1.72	1.54	1.39	1.22	0.96	0.79	0.67	0.61	0.51	0.87
0.30	2.72	2.32	2.19	2.10	2.02	1.89	1.75	1.56	1.40	1.23	0.96	0.78	0.66	0.60	0.50	0.90
0.31	2.80	2.37	2.24	2.14	2.06	1.92	1.78	1.58	1.42	1.24	0.95	0.77	0.65	0.59	0.49	0.93
0.32	2.88	2.43	2.29	2.19	2.10	1.96	1.81	1.60	1.43	1.24	0.95	0.77	0.64	0.58	0.48	0.96
0.33	2.96	2.49	2.34	2.24	2.15	2.00	1.84	1.62	1.44	1.25	0.95	0.76	0.63	0.57	0.47	0.99
0.34	3.04	2.55	2.40	2.29	2.19	2.03	1.87	1.64	1.46	1.26	0.94	0.75	0.62	0.56	0.46	1.02
0.35	3.12	2.61	2.46	2.33	2.24	2.07	1.90	1.66	1.47	1.26	0.94	0.74	0.61	0.55	0.46	1.05
0.36	3.21	2.67	2.51	2.38	2.28	2.11	1.93	1.68	1.48	1.27	0.94	0.73	0.60	0.54	0.45	1.08
0.37	3.30	2.73	2.56	2.43	2.33	2.15	1.96	1.70	1.50	1.27	0.93	0.73	0.59	0.53	0.44	1.11
0.38	3.38	2.80	2.62	2.48	2.37	2.19	1.99	1.72	1.51	1.28	0.93	0.72	0.58	0.52	0.43	1.14
0.39	3.47	2.86	2.67	2.53	2.42	2.22	2.02	1.74	1.52	1.29	0.92	0.71	0.58	0.51	0.43	1.17
0.40	3.56	2.92	2.73	2.58	2.46	2.26	2.05	1.76	1.54	1.29	0.92	0.70	0.57	0.50	0.42	1.20
0.41	3.66	2.99	2.79	2.64	2.51	2.30	2.08	1.79	1.55	1.30	0.92	0.70	0.56	0.50	0.41	1.23
0.42	3.75	3.06	2.85	2.69	2.56	2.34	2.11	1.81	1.56	1.31	0.91	0.69	0.55	0.49	0.41	1.26
0.43	3.85	3.12	2.91	2.74	2.61	2.38	2.14	1.83	1.58	1.31	0.91	0.68	0.54	0.48	0.40	1.29
0.44	3.94	3.19	2.97	2.80	2.65	2.42	2.17	1.85	1.59	1.32	0.91	0.67	0.54	0.47	0.40	1.32
0.45	4.04	3.26	3.03	2.85	2.70	2.46	2.21	1.87	1.60	1.32	0.90	0.67	0.53	0.47	0.39	1.35
0.46	4.14	3.33	3.09	2.90	2.75	2.50	2.24	1.89	1.61	1.33	0.90	0.66	0.52	0.46	0.39	1.38
0.47	4.24	3.40	3.15	2.96	2.80	2.54	2.28	1.91	1.63	1.33	0.90	0.66	0.52	0.45	0.38	1.41
0.48	4.34	3.47	3.21	3.01	2.85	2.58	2.31	1.93	1.65	1.34	0.89	0.65	0.51	0.45	0.38	1.44

P(%)／C_v	0.01	0.1	0.2	0.33	0.5	1	2	5	10	20	50	75	90	95	99	P(%)／C_s
0.49	4.44	3.54	3.28	3.07	2.91	2.62	2.34	1.95	1.66	1.34	0.89	0.64	0.50	0.44	0.37	1.47
0.50	4.55	3.62	3.34	3.12	2.96	2.67	2.37	1.98	1.67	1.35	0.88	0.64	0.49	0.44	0.37	1.50
0.52	4.76	3.76	3.46	3.24	3.06	2.75	2.44	2.02	1.69	1.36	0.87	0.62	0.48	0.42	0.36	1.56
0.54	4.98	3.91	3.60	3.36	3.16	2.84	2.51	2.06	1.72	1.36	0.86	0.61	0.47	0.41	0.36	1.62
0.55	5.09	3.99	3.66	3.42	3.21	2.88	2.54	2.08	1.73	1.36	0.86	0.60	0.46	0.41	0.36	1.65
0.56	5.20	4.07	3.73	3.48	3.27	2.93	2.57	2.10	1.74	1.37	0.85	0.59	0.46	0.40	0.35	1.68
0.58	5.43	4.23	3.86	3.59	3.38	3.01	2.64	2.14	1.77	1.38	0.84	0.58	0.45	0.40	0.35	1.74
0.60	5.66	4.38	4.01	3.71	3.49	3.10	2.71	2.19	1.79	1.38	0.83	0.57	0.44	0.39	0.35	1.80
0.62	5.90	4.55	4.15	3.84	3.60	3.19	2.78	2.23	1.82	1.39	0.82	0.55	0.43	0.38	0.34	1.86
0.64	6.14	4.71	4.29	3.96	3.71	3.28	2.85	2.27	1.84	1.40	0.81	0.54	0.42	0.37	0.34	1.92
0.65	6.26	4.81	4.36	4.03	3.77	3.33	2.88	2.29	1.85	1.40	0.80	0.53	0.41	0.37	0.34	1.95
0.66	6.39	4.88	4.43	4.09	3.83	3.38	2.92	2.32	1.86	1.41	0.80	0.53	0.41	0.37	0.34	1.98
0.68	6.64	5.06	4.58	4.22	3.94	3.47	2.99	2.36	1.88	1.41	0.79	0.52	0.40	0.36	0.34	2.04
0.70	6.90	5.23	4.73	4.35	4.06	3.56	3.05	2.40	1.90	1.41	0.78	0.50	0.39	0.36	0.34	2.10
0.72	7.16	5.41	4.89	4.48	4.18	3.66	3.12	2.44	1.93	1.42	0.77	0.49	0.38	0.35	0.34	2.16
0.74	7.43	5.59	5.04	4.62	4.30	3.75	3.20	2.48	1.95	1.42	0.76	0.48	0.38	0.35	0.34	2.22
0.75	7.57	5.68	5.12	4.69	4.36	3.80	3.24	2.50	1.96	1.42	0.76	0.48	0.38	0.35	0.34	2.25
0.76	7.70	5.77	5.20	4.76	4.43	3.85	3.27	2.52	1.97	1.42	0.75	0.47	0.37	0.35	0.34	2.28
0.78	7.98	5.95	5.35	4.90	4.55	3.95	3.34	2.56	1.99	1.43	0.73	0.47	0.37	0.34	0.34	2.34
0.80	8.26	6.14	5.50	5.04	4.66	4.05	3.42	2.61	2.01	1.43	0.72	0.46	0.36	0.34	0.34	2.40
0.82	8.55	6.33	5.67	5.18	4.79	4.14	3.49	2.65	2.03	1.43	0.71	0.45	0.36	0.34	0.34	2.46
0.84	8.85	6.52	5.84	5.33	4.92	4.24	3.56	2.69	2.05	1.43	0.70	0.44	0.36	0.34	0.34	2.52
0.85	9.00	6.62	5.92	5.40	4.98	4.29	3.59	2.71	2.06	1.43	0.69	0.44	0.35	0.34	0.34	2.55
0.86	9.15	6.72	6.00	5.47	5.04	4.34	3.63	2.73	2.06	1.43	0.68	0.43	0.35	0.34	0.34	2.58
0.88	9.45	6.91	6.16	5.61	5.17	4.44	3.70	2.77	2.08	1.43	0.67	0.42	0.35	0.34	0.34	2.64
0.90	9.75	7.11	6.33	5.75	5.30	4.54	3.78	2.81	2.10	1.43	0.67	0.42	0.35	0.34	0.34	2.70
0.92	10.06	7.31	6.50	5.90	5.43	4.64	3.85	2.85	2.12	1.43	0.65	0.41	0.34	0.34	0.34	2.76
0.94	10.38	7.51	6.68	6.05	5.56	4.75	3.93	2.89	2.14	1.43	0.64	0.40	0.34	0.34	0.34	2.82
0.95	10.54	7.62	6.76	6.13	5.62	4.80	3.96	2.91	2.14	1.43	0.64	0.39	0.34	0.34	0.34	2.85
0.96	10.70	7.72	6.85	6.21	5.69	4.84	4.00	2.93	2.15	1.42	0.63	0.39	0.34	0.34	0.34	2.88
0.98	11.02	7.94	7.03	6.36	5.83	4.94	4.08	2.97	2.17	1.42	0.62	0.38	0.34	0.34	0.34	2.94
1.00	11.35	8.15	7.20	6.51	5.96	5.05	4.15	3.00	2.18	1.42	0.61	0.38	0.34	0.34	0.34	3.00
1.02	11.68	8.36	7.39	6.67	6.10	5.15	4.22	3.04	2.20	1.42	0.60	0.38	0.34	0.34	0.34	3.06
1.04	12.02	8.57	7.57	6.82	6.24	5.26	4.31	3.08	2.20	1.42	0.59	0.38	0.34	0.34	0.34	3.12
1.05	12.20	8.68	7.66	6.90	6.31	5.32	4.34	3.10	2.21	1.41	0.58	0.37	0.34	0.33	0.33	3.15
1.06	12.37	8.79	7.75	6.98	6.38	5.37	4.38	3.12	2.21	1.41	0.58	0.37	0.34	0.33	0.33	3.18
1.08	12.71	9.01	7.94	7.14	6.51	5.47	4.45	3.16	2.22	1.40	0.57	0.36	0.34	0.33	0.33	3.24
1.10	13.07	9.24	8.13	7.31	6.65	5.57	4.53	3.19	2.23	1.40	0.55	0.36	0.34	0.33	0.33	3.30
1.12	13.42	9.47	8.31	7.47	6.79	5.67	4.60	3.22	2.25	1.39	0.54	0.36	0.34	0.33	0.33	3.36
1.14	13.78	9.70	8.50	7.63	6.93	5.78	4.67	3.25	2.26	1.39	0.53	0.35	0.34	0.33	0.33	3.42
1.15	13.96	9.81	8.59	7.70	7.00	5.83	4.70	3.26	2.26	1.38	0.53	0.35	0.34	0.33	0.33	3.45

续表

C_v \ P(%)	0.01	0.1	0.2	0.33	0.5	1	2	5	10	20	50	75	90	95	99	C_s \ P(%)
1.16	14.14	9.93	8.69	7.78	7.07	5.89	4.74	3.28	2.27	1.37	0.52	0.35	0.34	0.33	0.33	3.48
1.18	14.51	10.17	8.88	7.95	7.21	6.09	4.81	3.32	2.28	1.37	0.52	0.35	0.34	0.33	0.33	3.54
1.20	14.88	10.40	9.07	8.12	7.36	6.10	4.89	3.35	2.30	1.36	0.51	0.35	0.33	0.33	0.33	3.60
1.22	15.26	10.64	9.27	8.28	7.51	6.21	4.96	3.38	2.30	1.35	0.50	0.35	0.33	0.33	0.33	3.66
1.24	15.64	10.88	9.47	8.45	7.65	6.31	5.03	3.42	2.31	1.35	0.49	0.35	0.33	0.33	0.33	3.72
1.25	15.84	11.00	9.57	8.53	7.72	6.36	5.07	3.44	2.31	1.34	0.49	0.35	0.33	0.33	0.33	3.75
1.26	16.03	11.12	9.67	8.61	7.79	6.42	5.10	3.45	2.32	1.33	0.48	0.35	0.33	0.33	0.33	3.78
1.28	16.42	11.36	9.87	8.78	7.94	6.53	5.17	3.48	2.32	1.32	0.47	0.35	0.33	0.33	0.33	3.84
1.30	16.81	11.60	10.06	8.94	8.09	6.64	5.25	3.51	2.33	1.31	0.47	0.34	0.33	0.33	0.33	3.90
1.32	17.21	11.84	10.26	9.12	8.24	6.75	5.32	3.54	2.33	1.31	0.46	0.34	0.33	0.33	0.33	3.96
1.34	17.60	12.08	10.47	9.30	8.38	6.86	5.38	3.57	2.34	1.30	0.45	0.34	0.33	0.33	0.33	4.02
1.35	17.80	12.21	10.57	9.38	8.45	6.91	5.42	3.59	2.34	1.30	0.45	0.34	0.33	0.33	0.33	4.05
1.36	18.01	12.33	10.67	9.47	8.52	6.96	5.46	3.60	2.34	1.29	0.44	0.34	0.33	0.33	0.33	4.08
1.38	18.42	12.57	10.88	9.64	8.67	7.07	5.53	3.63	2.34	1.28	0.43	0.34	0.33	0.33	0.33	4.14
1.40	18.84	12.82	11.10	9.82	8.82	7.18	5.60	3.66	2.34	1.27	0.43	0.34	0.33	0.33	0.33	4.20
1.42	19.24	13.08	11.31	10.00	8.97	7.29	5.67	3.68	2.35	1.26	0.43	0.34	0.33	0.33	0.33	4.26
1.44	19.66	13.34	11.52	10.17	9.12	7.40	5.74	3.71	2.35	1.24	0.42	0.34	0.33	0.33	0.33	4.32
1.45	19.88	13.47	11.62	10.26	9.20	7.45	5.77	3.72	2.35	1.23	0.42	0.34	0.33	0.33	0.33	4.35
1.46	20.09	13.60	11.72	10.34	9.28	7.60	5.81	3.73	2.35	1.23	0.42	0.34	0.33	0.33	0.33	4.38
1.48	20.52	13.86	11.93	10.52	9.44	7.61	5.88	3.76	2.35	1.22	0.41	0.34	0.33	0.33	0.33	4.44
1.50	20.95	14.12	12.14	10.69	9.59	7.72	5.95	3.78	2.35	1.21	0.40	0.34	0.33	0.33	0.33	4.50
1.55	22.05	14.79	12.68	11.14	9.96	7.99	6.12	3.83	2.35	1.19	0.39	0.33	0.33	0.33	0.33	4.65
1.60	23.17	15.46	13.22	11.60	10.34	8.26	6.28	3.88	2.34	1.14	0.38	0.33	0.33	0.33	0.33	4.80
1.65	24.31	16.14	13.77	12.06	10.73	8.53	6.45	3.93	2.34	1.11	0.37	0.33	0.33	0.33	0.33	4.95
1.70	25.48	16.83	14.32	12.53	11.12	8.79	6.61	3.98	2.33	1.08	0.36	0.33	0.33	0.33	0.33	5.10
1.75	26.66	17.53	14.88	12.99	11.51	9.05	6.77	4.02	2.31	1.04	0.36	0.33	0.33	0.33	0.33	5.25
1.80	27.86	18.23	15.45	13.45	11.89	9.32	6.92	4.06	2.29	1.00	0.36	0.33	0.33	0.33	0.33	5.40
1.85	29.09	18.94	16.02	13.91	12.28	9.58	7.07	4.10	2.27	0.96	0.35	0.33	0.33	0.33	0.33	5.55
1.90	30.35	19.66	16.60	14.38	12.67	9.83	7.22	4.13	2.24	0.92	0.35	0.33	0.33	0.33	0.33	5.70
1.95	31.61	20.40	17.18	14.84	13.06	10.11	7.36	4.16	2.21	0.89	0.34	0.33	0.33	0.33	0.33	5.85
2.00	32.88	21.14	17.76	15.30	13.46	10.36	7.50	4.18	2.18	0.86	0.34	0.33	0.33	0.33	0.33	6.00

(5) $C_s = 3.5 C_v$

C_v \ P(%)	0.01	0.1	0.2	0.33	0.5	1	2	5	10	20	50	75	90	95	99	C_s \ P(%)
0.05	1.20	1.17	1.16	1.15	1.14	1.12	1.11	1.09	1.07	1.04	1.00	0.97	0.94	0.92	0.89	0.18
0.06	1.25	1.20	1.19	1.18	1.17	1.15	1.13	1.10	1.08	1.05	1.00	0.96	0.92	0.91	0.87	0.21
0.07	1.30	1.24	1.23	1.21	1.20	1.18	1.16	1.12	1.09	1.06	1.00	0.95	0.91	0.89	0.85	0.24
0.08	1.35	1.28	1.26	1.24	1.23	1.20	1.18	1.14	1.11	1.07	1.00	0.94	0.90	0.88	0.83	0.28
0.09	1.40	1.32	1.30	1.28	1.26	1.23	1.20	1.16	1.12	1.07	1.00	0.94	0.89	0.86	0.82	0.32
0.10	1.45	1.36	1.33	1.31	1.29	1.26	1.22	1.17	1.13	1.08	0.99	0.93	0.88	0.85	0.79	0.35
0.11	1.50	1.40	1.37	1.35	1.33	1.29	1.25	1.19	1.14	1.09	0.99	0.92	0.86	0.83	0.78	0.38
0.12	1.56	1.44	1.41	1.38	1.36	1.32	1.27	1.21	1.15	1.10	0.99	0.92	0.85	0.82	0.76	0.42
0.13	1.62	1.49	1.45	1.42	1.39	1.35	1.30	1.23	1.17	1.11	0.99	0.91	0.84	0.80	0.74	0.46

C_v \ P(%)	0.01	0.1	0.2	0.33	0.5	1	2	5	10	20	50	75	90	95	99	C_s P(%)
0.14	1.67	1.53	1.48	1.45	1.42	1.38	1.32	1.25	1.18	1.11	0.99	0.90	0.83	0.79	0.72	0.49
0.15	1.73	1.58	1.52	1.49	1.46	1.41	1.35	1.27	1.20	1.12	0.99	0.89	0.82	0.78	0.71	0.52
0.16	1.79	1.62	1.56	1.53	1.49	1.44	1.38	1.29	1.21	1.13	0.99	0.88	0.81	0.77	0.70	0.56
0.17	1.86	1.67	1.61	1.57	1.53	1.47	1.40	1.31	1.23	1.14	0.98	0.88	0.80	0.75	0.68	0.60
0.18	1.92	1.72	1.66	1.61	1.57	1.50	1.43	1.33	1.24	1.14	0.98	0.87	0.78	0.74	0.66	0.63
0.19	1.99	1.77	1.70	1.65	1.61	1.53	1.46	1.34	1.25	1.15	0.98	0.86	0.77	0.73	0.65	0.66
0.20	2.06	1.82	1.74	1.69	1.64	1.56	1.48	1.36	1.27	1.16	0.98	0.86	0.76	0.72	0.64	0.70
0.21	2.13	1.87	1.79	1.73	1.68	1.60	1.51	1.38	1.28	1.17	0.97	0.85	0.75	0.71	0.63	0.74
0.22	2.20	1.92	1.84	1.77	1.72	1.63	1.54	1.40	1.29	1.17	0.97	0.84	0.74	0.69	0.61	0.77
0.23	2.26	1.98	1.89	1.82	1.76	1.66	1.56	1.42	1.31	1.18	0.97	0.83	0.73	0.68	0.60	0.80
0.24	2.34	2.03	1.94	1.86	1.80	1.70	1.59	1.44	1.32	1.19	0.97	0.82	0.72	0.67	0.59	0.84
0.25	2.42	2.09	1.99	1.91	1.85	1.74	1.62	1.46	1.34	1.19	0.96	0.82	0.71	0.66	0.58	0.88
0.26	2.50	2.14	2.04	1.96	1.89	1.77	1.65	1.48	1.35	1.20	0.96	0.81	0.70	0.65	0.57	0.91
0.27	2.58	2.20	2.09	2.00	1.93	1.81	1.68	1.50	1.36	1.21	0.96	0.80	0.69	0.64	0.56	0.94
0.28	2.66	2.26	2.14	2.05	1.97	1.84	1.71	1.52	1.38	1.21	0.96	0.80	0.68	0.63	0.55	0.98
0.29	2.73	2.32	2.19	2.10	2.02	1.88	1.74	1.55	1.39	1.22	0.95	0.79	0.67	0.62	0.54	1.02
0.30	2.82	2.38	2.24	2.14	2.06	1.92	1.77	1.57	1.40	1.22	0.95	0.78	0.67	0.61	0.53	1.05
0.31	2.90	2.44	2.30	2.19	2.11	1.95	1.80	1.59	1.42	1.23	0.95	0.77	0.66	0.60	0.53	1.08
0.32	2.99	2.50	2.35	2.24	2.15	1.99	1.83	1.61	1.43	1.24	0.94	0.76	0.65	0.59	0.52	1.12
0.33	3.08	2.56	2.40	2.29	2.20	2.03	1.86	1.63	1.44	1.24	0.94	0.76	0.64	0.59	0.51	1.16
0.34	3.17	2.63	2.46	2.34	2.24	2.07	1.89	1.65	1.46	1.25	0.94	0.75	0.63	0.58	0.51	1.19
0.35	3.26	2.70	2.52	2.39	2.29	2.11	1.92	1.67	1.47	1.26	0.93	0.74	0.62	0.57	0.50	1.22
0.36	3.35	2.76	2.58	2.44	2.34	2.15	1.95	1.69	1.48	1.26	0.93	0.73	0.62	0.56	0.50	1.26
0.37	3.46	2.83	2.64	2.50	2.38	2.19	1.99	1.71	1.50	1.27	0.92	0.73	0.61	0.56	0.49	1.30
0.38	3.55	2.90	2.70	2.55	2.43	2.23	2.02	1.73	1.51	1.27	0.92	0.72	0.60	0.54	0.48	1.33
0.39	3.65	2.97	2.76	2.60	2.48	2.27	2.05	1.75	1.52	1.28	0.92	0.71	0.59	0.54	0.48	1.36
0.40	3.75	3.04	2.82	2.66	2.53	2.31	2.08	1.78	1.53	1.28	0.91	0.71	0.58	0.53	0.47	1.40
0.41	3.85	3.11	2.88	2.72	2.58	2.35	2.12	1.80	1.55	1.29	0.91	0.70	0.58	0.53	0.47	1.44
0.42	3.95	3.18	2.95	2.77	2.63	2.39	2.15	1.82	1.56	1.29	0.90	0.69	0.57	0.52	0.46	1.47
0.43	4.05	3.25	3.01	2.82	2.68	2.43	2.18	1.84	1.57	1.30	0.90	0.69	0.56	0.51	0.46	1.50
0.44	4.16	3.33	3.08	2.88	2.73	2.48	2.21	1.86	1.59	1.30	0.89	0.68	0.56	0.51	0.46	1.54
0.45	4.27	3.40	3.14	2.94	2.79	2.52	2.25	1.88	1.60	1.31	0.89	0.67	0.55	0.50	0.45	1.58
0.46	4.37	3.48	3.21	3.00	2.84	2.56	2.28	1.90	1.61	1.31	0.88	0.66	0.54	0.50	0.45	1.61
0.47	4.48	3.55	3.28	3.06	2.89	2.60	2.32	1.93	1.62	1.32	0.88	0.66	0.54	0.49	0.45	1.64
0.48	4.60	3.63	3.35	3.12	2.94	2.65	2.35	1.95	1.64	1.32	0.87	0.65	0.53	0.49	0.45	1.68
0.49	4.71	3.71	3.42	3.18	3.00	2.69	2.38	1.97	1.65	1.32	0.87	0.65	0.53	0.48	0.45	1.72
0.50	4.82	3.78	3.48	3.24	3.06	2.74	2.42	1.99	1.66	1.32	0.86	0.64	0.52	0.48	0.44	1.75
0.52	5.06	3.95	3.62	3.36	3.16	2.83	2.48	2.03	1.69	1.33	0.85	0.63	0.51	0.47	0.44	1.82
0.54	5.30	4.11	3.76	3.48	3.28	2.91	2.55	2.07	1.71	1.34	0.84	0.61	0.50	0.47	0.44	1.89

$P(\%)$ C_v	0.01	0.1	0.2	0.33	0.5	1	2	5	10	20	50	75	90	95	99	$P(\%)$ C_s
0.55	5.41	4.20	3.83	3.55	3.34	2.96	2.58	2.10	1.72	1.34	0.84	0.60	0.50	0.46	0.44	1.92
0.56	5.55	4.28	3.91	3.61	3.39	3.01	2.62	2.12	1.73	1.35	0.83	0.60	0.49	0.46	0.43	1.96
0.58	5.80	4.45	4.05	3.74	3.51	3.10	2.69	2.16	1.75	1.35	0.82	0.58	0.48	0.46	0.43	2.03
0.60	6.06	4.62	4.20	3.87	3.62	3.20	2.76	2.20	1.77	1.35	0.81	0.57	0.48	0.45	0.43	2.10
0.62	6.32	4.80	4.35	4.01	3.74	3.29	2.83	2.24	1.79	1.36	0.80	0.56	0.47	0.45	0.43	2.17
0.64	6.59	4.98	4.50	4.15	3.86	3.39	2.90	2.28	1.82	1.36	0.79	0.55	0.47	0.44	0.43	2.24
0.65	6.73	5.08	4.58	4.22	3.92	3.44	2.94	2.30	1.83	1.36	0.78	0.55	0.46	0.44	0.43	2.28
0.66	6.87	5.17	4.66	4.29	3.98	3.48	2.98	2.32	1.84	1.36	0.78	0.54	0.46	0.44	0.43	2.31
0.68	7.14	5.35	4.82	4.42	4.11	3.58	3.05	2.36	1.86	1.36	0.76	0.53	0.46	0.44	0.43	2.38
0.72	7.43	5.54	4.98	4.56	4.23	3.68	3.12	2.41	1.88	1.37	0.75	0.53	0.45	0.44	0.43	2.45
0.72	7.73	5.74	5.14	4.70	4.36	3.78	3.19	2.45	1.90	1.37	0.74	0.52	0.45	0.43	0.43	2.52
0.74	8.02	5.93	5.30	4.84	4.49	3.88	3.26	2.49	1.91	1.37	0.73	0.51	0.44	0.43	0.43	2.59
0.75	8.16	6.02	5.38	4.92	4.55	3.92	3.30	2.51	1.92	1.37	0.72	0.50	0.44	0.43	0.43	2.62
0.76	8.32	6.12	5.47	4.99	4.62	3.98	3.34	2.53	1.93	1.37	0.72	0.50	0.44	0.43	0.43	2.66
0.78	8.63	6.32	5.64	5.14	4.74	4.08	3.42	2.57	1.95	1.37	0.71	0.49	0.44	0.43	0.43	2.73
0.80	8.94	6.53	5.81	5.29	4.87	4.18	3.49	2.61	1.97	1.37	0.70	0.49	0.44	0.43	0.43	2.80
0.82	9.26	6.73	5.98	5.45	5.00	4.28	3.56	2.65	1.98	1.37	0.68	0.48	0.44	0.43	0.43	2.87
0.84	9.59	6.94	6.16	5.60	5.13	4.38	3.64	2.69	2.00	1.36	0.67	0.47	0.44	0.43	0.43	2.94
0.85	9.75	7.05	6.25	5.67	5.20	4.43	3.67	2.70	2.00	1.36	0.67	0.47	0.44	0.43	0.43	2.98
0.86	9.91	7.16	6.34	5.75	5.27	4.49	3.71	2.72	2.01	1.36	0.66	0.47	0.43	0.43	0.43	3.01
0.88	10.25	7.37	6.53	5.90	5.41	4.58	3.79	2.76	2.02	1.36	0.65	0.47	0.43	0.43	0.43	3.08
0.90	10.60	7.59	6.71	6.06	5.54	4.69	3.86	2.80	2.04	1.35	0.64	0.46	0.43	0.43	0.43	3.15
0.92	10.94	7.81	6.90	6.23	5.68	4.80	3.94	2.84	2.04	1.35	0.63	0.46	0.43	0.43	0.43	3.22
0.94	11.29	8.03	7.08	6.39	5.82	4.90	4.02	2.87	2.05	1.34	0.61	0.46	0.43	0.43	0.43	3.29
0.95	11.46	8.15	7.18	6.47	5.89	4.95	4.05	2.89	2.06	1.34	0.61	0.45	0.43	0.43	0.43	3.32
0.96	11.65	8.26	7.27	6.55	5.97	5.00	4.09	2.90	2.07	1.34	0.61	0.45	0.43	0.43	0.43	3.36
0.98	12.00	8.49	7.46	6.70	6.11	5.11	4.16	2.94	2.08	1.33	0.60	0.45	0.43	0.43	0.43	3.43
1.00	12.37	8.72	7.65	6.86	6.25	5.22	4.23	2.97	2.09	1.32	0.59	0.45	0.43	0.43	0.43	3.50
1.02	12.74	8.95	7.84	7.03	6.39	5.32	4.30	3.00	2.10	1.32	0.58	0.45	0.43	0.43	0.43	3.57
1.04	13.12	9.19	8.03	7.19	6.53	5.43	4.37	3.03	2.11	1.30	0.57	0.45	0.43	0.43	0.43	3.64
1.05	13.31	9.31	8.13	7.27	6.60	5.49	4.41	3.05	2.11	1.29	0.56	0.44	0.43	0.43	0.43	3.68
1.06	13.50	9.43	8.23	7.36	6.67	5.54	4.44	3.07	2.12	1.29	0.55	0.44	0.43	0.43	0.43	3.71
1.08	13.89	9.67	8.42	7.52	6.82	5.65	4.51	3.10	2.12	1.28	0.55	0.44	0.43	0.43	0.43	3.78
1.10	14.28	9.91	8.62	7.69	6.97	5.76	4.59	3.13	2.13	1.28	0.54	0.44	0.43	0.43	0.43	3.85
1.12	14.66	10.15	8.83	7.86	7.11	5.87	4.66	3.16	2.14	1.27	0.54	0.44	0.43	0.43	0.43	3.92
1.14	15.07	10.39	9.03	8.04	7.25	5.98	4.73	3.19	2.14	1.26	0.53	0.43	0.43	0.43	0.43	3.99
1.15	15.26	10.51	9.13	8.12	7.33	6.03	4.76	3.20	2.14	1.26	0.53	0.43	0.43	0.43	0.43	4.02
1.16	15.47	10.64	9.23	8.21	7.40	6.08	4.80	3.22	2.15	1.26	0.52	0.43	0.43	0.43	0.43	4.06
1.18	15.88	10.89	9.44	8.38	7.56	6.19	4.88	3.25	2.15	1.24	0.52	0.43	0.43	0.43	0.43	4.13
1.20	16.29	11.14	9.65	8.56	7.71	6.29	4.95	3.28	2.15	1.23	0.51	0.43	0.43	0.43	0.43	4.20

$P(\%)$ / C_v	0.01	0.1	0.2	0.33	0.5	1	2	5	10	20	50	75	90	95	99	$P(\%)$ / C_s
1.22	16.70	11.40	9.87	8.74	7.86	6.40	5.01	3.30	2.15	1.22	0.50	0.43	0.43	0.43	0.43	4.27
1.24	17.13	11.65	10.08	8.91	8.02	6.51	5.08	3.33	2.16	1.21	0.50	0.43	0.43	0.43	0.43	4.34
1.25	17.33	11.78	10.18	8.99	8.10	6.56	5.12	3.34	2.16	1.20	0.50	0.43	0.43	0.43	0.43	4.38
1.26	17.56	11.91	10.29	9.08	8.17	6.62	5.15	3.35	2.16	1.20	0.49	0.43	0.43	0.43	0.43	4.41
1.28	17.89	12.17	10.50	9.26	8.31	6.73	5.22	3.37	2.16	1.19	0.49	0.43	0.43	0.43	0.43	4.48
1.30	18.41	12.44	10.70	9.44	8.46	6.84	5.29	3.40	2.16	1.18	0.48	0.43	0.43	0.43	0.43	4.55
1.32	18.85	12.71	10.92	9.62	8.61	6.94	5.35	3.42	2.16	1.17	0.48	0.43	0.43	0.43	0.43	4.62
1.34	19.29	12.98	11.13	9.80	8.77	7.06	5.42	3.44	2.16	1.15	0.48	0.43	0.43	0.43	0.43	4.69
1.35	19.50	13.11	11.24	9.89	8.84	7.11	5.45	3.44	2.16	1.14	0.47	0.43	0.43	0.43	0.43	4.72
1.36	19.74	13.24	11.35	9.98	8.92	7.16	5.49	3.45	2.16	1.13	0.47	0.43	0.43	0.43	0.43	4.76
1.38	20.20	13.51	11.57	10.17	9.08	7.26	5.55	3.47	2.16	1.12	0.47	0.43	9.43	0.43	0.43	4.83
1.40	20.66	13.78	11.78	10.35	9.23	7.37	5.62	3.49	2.15	1.11	0.47	0.43	0.43	0.43	0.43	4.90
1.42	21.12	14.05	12.00	10.54	9.39	7.48	5.68	3.52	2.14	1.09	0.46	0.43	0.43	0.43	0.43	4.97
1.44	21.58	14.33	12.23	10.72	9.54	7.59	5.75	3.54	2.14	1.08	0.46	0.43	0.43	0.43	0.43	5.04
1.45	21.80	14.46	12.34	10.81	9.61	7.64	5.78	3.55	2.14	1.07	0.46	0.43	0.43	0.43	0.43	5.08
1.46	22.05	14.60	12.46	10.91	9.69	7.69	5.81	3.55	2.14	1.06	0.46	0.43	0.43	0.43	0.43	5.11
1.48	22.51	14.88	12.67	11.09	9.85	7.79	5.88	3.57	2.13	1.05	0.45	0.43	0.43	0.43	0.43	5.18
1.50	23.00	15.17	12.90	11.28	10.01	7.89	5.95	3.59	2.12	1.04	0.45	0.43	0.43	0.43	0.43	5.25
1.55	24.18	15.86	13.45	11.73	10.39	8.16	6.10	3.63	2.10	1.00	0.45	0.43	0.43	0.43	0.43	5.42
1.60	25.43	16.58	14.02	12.20	10.78	8.43	6.25	3.66	2.07	0.96	0.44	0.43	0.43	0.43	0.43	5.60
1.65	26.70	17.32	14.61	12.67	11.17	8.70	6.39	3.70	2.05	0.92	0.44	0.43	0.43	0.43	0.43	5.78
1.70	27.96	18.05	15.20	13.13	11.57	8.96	6.53	3.72	2.02	0.89	0.44	0.43	0.43	0.43	0.43	5.95
1.75	29.26	18.79	15.78	13.60	11.96	9.21	6.67	3.74	1.99	0.86	0.43	0.43	0.43	0.43	0.43	6.12
1.80	30.61	19.54	16.37	14.07	12.34	9.46	6.80	3.75	1.95	0.82	0.43	0.43	0.43	0.43	0.43	6.30

(6) $C_s = 4C_v$

$P(\%)$ / C_v	0.01	0.1	0.2	0.33	0.5	1	2	5	10	20	50	75	90	95	99	$P(\%)$ / C_s
0.05	1.21	1.17	1.16	1.15	1.14	1.12	1.11	1.08	1.06	1.04	1.00	0.97	0.94	0.92	0.89	0.20
0.06	1.26	1.21	1.20	1.18	1.17	1.15	1.13	1.10	1.08	1.05	1.00	0.96	0.93	0.91	0.87	0.24
0.07	1.30	1.24	1.23	1.21	1.20	1.18	1.16	1.12	1.09	1.06	1.00	0.95	0.91	0.89	0.85	0.28
0.08	1.35	1.29	1.26	1.24	1.23	1.21	1.18	1.14	1.11	1.07	1.00	0.94	0.90	0.88	0.84	0.32
0.09	1.41	1.32	1.30	1.28	1.27	1.23	1.21	1.16	1.12	1.07	0.99	0.94	0.89	0.86	0.82	0.36
0.10	1.46	1.37	1.34	1.31	1.30	1.26	1.23	1.18	1.13	1.08	0.99	0.93	0.88	0.85	0.80	0.40
0.11	1.52	1.41	1.38	1.35	1.33	1.29	1.26	1.19	1.15	1.09	0.99	0.92	0.87	0.83	0.78	0.44
0.12	1.57	1.46	1.42	1.38	1.36	1.32	1.28	1.21	1.16	1.10	0.99	0.92	0.85	0.82	0.77	0.48
0.13	1.63	1.50	1.46	1.42	1.40	1.35	1.31	1.23	1.17	1.11	0.99	0.91	0.84	0.81	0.75	0.52
0.14	1.70	1.55	1.50	1.46	1.43	1.38	1.33	1.25	1.19	1.11	0.99	0.90	0.83	0.80	0.73	0.56
0.15	1.76	1.59	1.54	1.50	1.47	1.41	1.35	1.27	1.20	1.12	0.98	0.89	0.82	0.78	0.72	0.60
0.16	1.83	1.64	1.58	1.54	1.51	1.45	1.38	1.29	1.21	1.13	0.98	0.88	0.81	0.77	0.71	0.64
0.17	1.89	1.69	1.63	1.58	1.55	1.48	1.41	1.31	1.23	1.14	0.98	0.88	0.80	0.76	0.69	0.68
0.18	1.96	1.75	1.68	1.62	1.58	1.51	1.43	1.33	1.24	1.14	0.98	0.87	0.79	0.75	0.68	0.72

续表

$P(\%)$ / C_v	0.01	0.1	0.2	0.33	0.5	1	2	5	10	20	50	75	90	95	99	$P(\%)$ / C_s
0.19	2.03	1.80	1.72	1.67	1.62	1.54	1.46	1.35	1.25	1.15	0.98	0.86	0.78	0.74	0.66	0.76
0.20	2.10	1.85	1.77	1.71	1.66	1.58	1.49	1.37	1.27	1.16	0.97	0.85	0.77	0.72	0.65	0.80
0.21	2.17	1.90	1.82	1.75	1.70	1.61	1.52	1.39	1.28	1.16	0.97	0.85	0.76	0.72	0.64	0.84
0.22	2.25	1.96	1.87	1.80	1.74	1.65	1.55	1.41	1.30	1.17	0.97	0.84	0.75	0.71	0.63	0.88
0.23	2.33	2.02	1.92	1.84	1.79	1.68	1.58	1.43	1.31	1.18	0.97	0.83	0.74	0.69	0.62	0.92
0.24	2.41	2.07	1.97	1.89	1.83	1.72	1.61	1.45	1.32	1.18	0.96	0.82	0.73	0.68	0.61	0.96
0.25	2.49	2.13	2.02	1.94	1.87	1.76	1.64	1.47	1.34	1.19	0.96	0.82	0.72	0.67	0.60	1.00
0.26	2.57	2.19	2.07	1.99	1.92	1.79	1.67	1.49	1.35	1.20	0.96	0.81	0.71	0.66	0.60	1.04
0.27	2.66	2.25	2.13	2.04	1.97	1.83	1.69	1.51	1.36	1.20	0.95	0.80	0.70	0.65	0.59	1.08
0.28	2.74	2.32	2.18	2.09	2.01	1.87	1.73	1.53	1.38	1.21	0.95	0.79	0.69	0.65	0.58	1.12
0.29	2.83	2.38	2.24	2.14	2.06	1.91	1.76	1.55	1.39	1.21	0.95	0.79	0.68	0.64	0.57	1.16
0.30	2.92	2.44	2.30	2.18	2.10	1.94	1.79	1.57	1.40	1.22	0.94	0.78	0.68	0.63	0.56	1.20
0.31	3.02	2.51	2.35	2.24	2.15	1.98	1.82	1.59	1.42	1.23	0.94	0.77	0.66	0.62	0.56	1.24
0.32	3.12	2.58	2.41	2.29	2.19	2.02	1.85	1.62	1.43	1.23	0.93	0.76	0.65	0.61	0.55	1.28
0.33	3.21	2.64	2.47	2.34	2.24	2.06	1.88	1.64	1.44	1.24	0.93	0.76	0.65	0.61	0.55	1.32
0.34	3.31	2.71	2.53	2.40	2.29	2.10	1.91	1.66	1.45	1.24	0.93	0.75	0.64	0.60	0.54	1.36
0.35	3.40	2.78	2.60	2.45	2.34	2.14	1.95	1.68	1.47	1.25	0.92	0.74	0.64	0.59	0.54	1.40
0.36	3.51	2.86	2.66	2.51	2.39	2.19	1.98	1.70	1.48	1.25	0.92	0.74	0.63	0.58	0.53	1.44
0.37	3.61	2.93	2.72	2.56	2.44	2.23	2.02	1.72	1.49	1.26	0.91	0.73	0.62	0.58	0.53	1.48
0.38	3.72	3.00	2.78	2.62	2.49	2.27	2.05	1.74	1.51	1.26	0.91	0.72	0.62	0.57	0.53	1.52
0.39	3.82	3.07	2.85	2.68	2.55	2.31	2.08	1.76	1.52	1.27	0.90	0.72	0.61	0.57	0.52	1.56
0.40	3.92	3.15	2.92	2.74	2.60	2.36	2.11	1.78	1.53	1.27	0.90	0.71	0.60	0.56	0.52	1.60
0.41	4.04	3.22	2.98	2.80	2.65	2.40	2.15	1.81	1.54	1.28	0.89	0.70	0.60	0.56	0.52	1.64
0.42	4.15	3.30	3.05	2.86	2.70	2.44	2.18	1.83	1.56	1.28	0.89	0.70	0.59	0.55	0.52	1.68
0.43	4.26	3.38	3.12	2.91	2.76	2.48	2.22	1.85	1.57	1.28	0.88	0.69	0.59	0.55	0.51	1.72
0.44	4.38	3.46	3.19	2.98	2.81	2.53	2.25	1.87	1.58	1.29	0.88	0.68	0.58	0.55	0.51	1.76
0.45	4.49	3.54	3.25	3.03	2.87	2.58	2.28	1.89	1.59	1.29	0.87	0.68	0.58	0.54	0.51	1.80
0.46	4.62	3.62	3.32	3.10	2.92	2.62	2.32	1.91	1.61	1.29	0.87	0.67	0.57	0.54	0.51	1.84
0.47	4.74	3.70	3.40	3.16	2.98	2.66	2.35	1.93	1.62	1.30	0.86	0.66	0.57	0.54	0.51	1.88
0.48	4.86	3.79	3.47	3.22	3.04	2.71	2.39	1.96	1.63	1.30	0.86	0.66	0.56	0.53	0.51	1.92
0.49	4.98	3.87	3.54	3.29	3.09	2.76	2.42	1.98	1.64	1.30	0.85	0.65	0.56	0.53	0.50	1.96
0.50	5.10	3.96	3.61	3.35	3.15	2.80	2.45	2.00	1.65	1.31	0.84	0.64	0.55	0.53	0.50	2.00
0.52	5.36	4.12	3.76	3.48	3.27	2.90	2.52	2.04	1.67	1.31	0.83	0.63	0.55	0.52	0.50	2.08

P(%) C_v	0.01	0.1	0.2	0.33	0.5	1	2	5	10	20	50	75	90	95	99	P(%) C_s
0.54	5.62	4.30	3.91	3.61	3.38	2.99	2.59	2.08	1.69	1.31	0.82	0.62	0.54	0.52	0.50	2.16
0.55	5.76	4.39	3.99	3.68	3.44	3.03	2.63	2.10	1.70	1.31	0.82	0.62	0.54	0.52	0.50	2.20
0.56	5.90	4.48	4.06	3.75	3.50	3.09	2.66	2.12	1.71	1.31	0.81	0.61	0.53	0.51	0.50	2.24
0.58	6.18	4.67	4.22	3.89	3.62	3.19	2.74	2.16	1.74	1.32	0.80	0.60	0.53	0.51	0.50	2.32
0.60	6.45	4.85	4.38	4.03	3.75	3.29	2.81	2.21	1.76	1.32	0.79	0.59	0.52	0.51	0.50	2.40
0.62	6.74	5.04	4.54	4.17	3.87	3.38	2.88	2.25	1.78	1.32	0.78	0.58	0.52	0.51	0.50	2.48
0.64	7.04	5.24	4.70	4.31	4.00	3.48	2.95	2.29	1.79	1.32	0.77	0.58	0.52	0.50	0.50	2.56
0.65	7.18	5.34	4.78	4.38	4.07	3.53	2.99	2.31	1.80	1.32	0.76	0.57	0.51	0.50	0.50	2.60
0.66	7.33	5.43	4.87	4.45	4.13	3.58	3.02	2.33	1.81	1.32	0.76	0.57	0.51	0.50	0.50	2.64
0.68	7.64	5.63	5.04	4.60	4.26	3.68	3.10	2.37	1.83	1.32	0.75	0.56	0.51	0.50	0.50	2.72
0.70	7.95	5.84	5.21	4.75	4.39	3.78	3.18	2.41	1.85	1.32	0.73	0.55	0.51	0.50	0.50	2.80
0.72	8.27	6.05	5.38	4.90	4.52	3.88	3.25	2.45	1.86	1.32	0.72	0.54	0.51	0.50	0.50	2.88
0.74	8.60	6.25	5.56	5.05	4.65	3.98	3.32	2.48	1.88	1.32	0.71	0.54	0.51	0.50	0.50	2.96
0.75	8.76	6.36	5.65	5.13	4.72	4.03	3.36	2.50	1.88	1.32	0.71	0.54	0.51	0.50	0.50	3.00
0.76	8.93	6.47	5.74	5.21	4.79	4.08	3.40	2.52	1.89	1.31	0.70	0.53	0.51	0.50	0.50	3.04
0.78	9.27	6.68	5.93	5.37	4.92	4.19	3.48	2.56	1.90	1.31	0.69	0.53	0.50	0.50	0.50	3.12
0.80	9.62	6.90	6.11	5.53	5.06	4.30	3.55	2.60	1.91	1.30	0.68	0.53	0.50	0.50	0.50	3.20
0.82	9.96	7.13	6.30	5.69	5.21	4.40	3.63	2.63	1.92	1.30	0.67	0.52	0.50	0.50	0.50	3.28
0.84	10.32	7.35	6.49	5.85	5.35	4.50	3.70	2.67	1.94	1.29	0.66	0.52	0.50	0.50	0.50	3.36
0.85	10.50	7.46	6.58	5.93	5.42	4.55	3.74	2.68	1.94	1.29	0.65	0.52	0.50	0.50	0.50	3.40
0.86	10.68	7.58	6.68	6.01	5.49	4.61	3.77	2.70	1.95	1.29	0.65	0.52	0.50	0.50	0.50	3.44
0.88	11.04	7.81	6.87	6.17	5.63	4.72	3.84	2.73	1.96	1.28	0.64	0.52	0.50	0.50	0.50	3.52
0.90	11.41	8.05	7.06	6.34	5.77	4.82	3.92	2.76	1.97	1.27	0.63	0.51	0.50	0.50	0.50	3.60
0.92	11.79	8.29	7.25	6.50	5.91	4.93	3.99	2.80	1.98	1.26	0.62	0.51	0.50	0.50	0.50	3.68
0.94	12.18	8.53	7.45	6.67	6.06	5.04	4.06	2.83	1.99	1.25	0.61	0.51	0.50	0.50	0.50	3.76
0.95	12.37	8.65	7.55	6.75	6.13	5.10	4.10	2.84	1.99	1.25	0.60	0.51	0.50	0.50	0.50	3.80
0.96	12.56	8.77	7.65	6.83	6.20	5.15	4.13	2.86	1.99	1.24	0.60	0.51	0.50	0.50	0.50	3.84
0.98	12.96	9.01	7.85	7.00	6.35	5.26	4.20	2.89	2.00	1.23	0.60	0.51	0.50	0.50	0.50	3.92
1.00	13.36	9.25	8.05	7.18	6.50	5.37	4.27	2.92	2.00	1.23	0.59	0.50	0.50	0.50	0.50	4.00
1.02	13.76	9.50	8.26	7.35	6.65	5.47	4.34	2.95	2.00	1.22	0.58	0.50	0.50	0.50	0.50	4.08
1.04	14.17	9.75	8.47	7.53	6.80	5.57	4.42	2.98	2.01	1.21	0.57	0.50	0.50	0.50	0.50	4.16
1.05	14.38	9.87	8.57	7.62	6.87	5.63	4.46	3.00	2.01	1.20	0.57	0.50	0.50	0.50	0.50	4.20
1.06	14.58	10.00	8.68	7.70	6.94	5.69	4.49	3.01	2.01	1.19	0.57	0.50	0.50	0.50	0.50	4.24
1.08	15.00	10.26	8.89	7.88	7.09	5.80	4.56	3.03	2.01	1.18	0.56	0.50	0.50	0.50	0.50	4.32
1.10	15.43	10.52	9.10	8.05	7.25	5.91	4.63	3.06	2.01	1.18	0.56	0.50	0.50	0.50	0.50	4.40

续表

C_v \\ $P(\%)$	0.01	0.1	0.2	0.33	0.5	1	2	5	10	20	50	75	90	95	99	$P(\%)$ \\ C_s
1.12	15.86	10.78	9.31	8.22	7.40	6.01	4.70	3.08	2.01	1.16	0.55	0.50	0.50	0.50	0.50	4.48
1.14	16.29	11.04	9.52	8.40	7.55	6.12	4.76	3.10	2.01	1.15	0.54	0.50	0.50	0.50	0.50	4.56
1.15	16.51	11.18	9.62	8.50	7.62	6.18	4.80	3.12	2.01	1.15	0.54	0.50	0.50	0.50	0.50	4.60
1.16	16.73	11.31	9.73	8.59	7.70	6.23	4.83	3.12	2.01	1.14	0.54	0.50	0.50	0.50	0.50	4.64
1.18	17.17	11.58	9.95	8.77	7.85	6.34	4.89	3.14	2.01	1.12	0.54	0.50	0.50	0.50	0.50	4.72
1.20	17.62	11.85	10.17	8.96	8.01	6.45	4.96	3.16	2.01	1.11	0.53	0.50	0.50	0.50	0.50	4.80
1.22	18.08	12.12	10.39	9.14	8.16	6.55	5.02	3.18	2.00	1.10	0.53	0.50	0.50	0.50	0.50	4.88
1.24	18.54	12.39	10.60	9.32	8.32	6.66	5.09	3.20	2.00	1.08	0.53	0.50	0.50	0.50	0.50	4.96
1.25	18.78	12.52	10.71	9.41	8.40	6.71	5.12	3.21	2.00	1.07	0.53	0.50	0.50	0.50	0.50	5.00
1.26	19.01	12.66	10.83	9.50	8.47	6.76	5.15	3.22	2.00	1.07	0.53	0.50	0.50	0.50	0.50	5.04
1.28	19.48	12.94	11.05	9.69	8.63	6.86	5.22	3.23	1.99	1.06	0.52	0.50	0.50	0.50	0.50	5.12
1.30	19.94	13.22	11.27	9.88	8.79	6.96	5.29	3.25	1.99	1.04	0.52	0.50	0.50	0.50	0.50	5.20
1.32	20.42	13.50	11.49	10.06	8.94	7.07	5.35	3.27	1.98	1.03	0.52	0.50	0.50	0.50	0.50	5.28
1.34	20.90	13.78	11.72	10.24	9.09	7.18	5.41	3.28	1.98	1.01	0.52	0.50	0.50	0.50	0.50	5.36
1.35	21.14	13.92	11.83	10.33	9.17	7.24	5.44	3.29	1.97	1.00	0.52	0.50	0.50	0.50	0.50	5.40
1.36	21.39	14.06	11.94	10.42	9.24	7.29	5.47	3.30	1.97	0.99	0.52	0.50	0.50	0.50	0.50	5.44
1.38	21.88	14.35	12.17	10.62	9.40	7.39	5.53	3.31	1.96	0.98	0.51	0.50	0.50	0.50	0.50	5.52
1.40	22.38	14.64	12.40	10.80	9.55	7.50	5.59	3.32	1.94	0.96	0.51	0.50	0.50	0.50	0.50	5.60
1.42	22.89	14.92	12.64	10.98	9.71	7.60	5.65	3.34	1.93	0.95	0.51	0.50	0.50	0.50	0.50	5.68
1.44	23.40	15.22	12.87	11.16	9.87	7.71	5.71	3.35	1.92	0.93	0.51	0.50	0.50	0.50	0.50	5.76
1.45	23.65	15.37	12.99	11.27	9.95	7.77	5.74	3.36	1.91	0.93	0.51	0.50	0.50	0.50	0.50	5.80
1.46	23.90	15.52	13.10	11.36	10.03	7.82	5.77	3.37	1.91	0.92	0.51	0.50	0.50	0.50	0.50	5.84
1.48	24.40	15.81	13.33	11.55	10.18	7.92	5.82	3.38	1.90	0.91	0.51	0.50	0.50	0.50	0.50	5.92
1.50	24.91	16.10	13.57	11.72	10.34	8.02	5.88	3.39	1.88	0.90	0.51	0.50	0.50	0.50	0.50	6.00
1.55	26.23	16.84	14.16	12.20	10.73	8.28	6.01	3.40	1.85	0.86	0.50	0.50	0.50	0.50	0.50	6.20
1.60	27.58	17.61	14.76	12.68	11.11	8.53	6.14	3.42	1.82	0.82	0.50	0.50	0.50	0.50	0.50	6.40

(7) $C_s = 5C_v$

C_v \\ $P(\%)$	0.01	0.1	0.2	0.33	0.5	1	2	5	10	20	50	75	90	95	99	$P(\%)$ \\ C_s
0.05	1.21	1.17	1.10	1.15	1.14	1.13	1.11	1.09	1.07	1.04	1.00	0.97	0.94	0.92	0.89	0.25
0.10	1.48	1.38	1.35	1.33	1.30	1.27	1.23	1.18	1.13	1.08	0.99	0.93	0.88	0.85	0.80	0.50
0.15	1.81	1.63	1.57	1.53	1.49	1.43	1.36	1.27	1.20	1.12	0.98	0.89	0.82	0.79	0.73	0.75
0.20	2.19	1.91	1.82	1.75	1.70	1.60	1.51	1.38	1.27	1.15	0.97	0.85	0.77	0.74	0.68	1.00
0.25	2.63	2.22	2.10	2.00	1.93	1.80	1.66	1.48	1.34	1.18	0.95	0.81	0.74	0.69	0.65	1.25
0.30	3.13	2.57	2.40	2.27	2.17	2.00	1.82	1.58	1.40	1.21	0.93	0.78	0.69	0.66	0.62	1.50
0.35	3.68	2.95	2.74	2.57	2.44	2.21	1.99	1.69	1.46	1.23	0.90	0.75	0.67	0.64	0.61	1.75
0.40	4.28	3.36	3.09	2.88	2.72	2.44	2.16	1.80	1.52	1.24	0.88	0.72	0.64	0.62	0.60	2.00

C_v \ $P(\%)$	0.01	0.1	0.2	0.33	0.5	1	2	5	10	20	50	75	90	95	99	$P(\%)$ \ C_s
0.45	4.94	3.81	3.47	3.22	3.01	2.68	2.34	1.90	1.56	1.25	0.85	0.69	0.63	0.61	0.60	2.25
0.50	5.65	4.28	3.87	3.57	3.32	2.92	2.52	2.00	1.62	1.26	0.82	0.67	0.61	0.60	0.60	2.50
0.55	6.40	4.77	4.28	3.93	3.65	3.17	2.71	2.11	1.67	1.26	0.79	0.65	0.61	0.60	0.60	2.75
0.60	7.21	5.29	4.72	4.31	3.98	3.43	2.89	2.20	1.71	1.25	0.77	0.63	0.61	0.60	0.60	3.00
0.65	8.07	5.83	5.18	4.71	4.32	3.69	3.08	2.30	1.73	1.24	0.74	0.62	0.60	0.60	0.60	3.25
0.70	8.96	6.40	5.66	5.10	4.68	3.95	3.26	2.38	1.76	1.22	0.71	0.62	0.60	0.60	0.60	3.50
0.75	9.90	7.00	6.14	5.52	5.03	4.22	3.44	2.46	1.79	1.20	0.68	0.61	0.60	0.60	0.60	3.75
0.80	10.89	7.60	6.64	5.94	5.40	4.50	3.61	2.54	1.80	1.18	0.67	0.61	0.60	0.60	0.60	4.00
0.85	11.91	8.23	7.16	6.48	5.77	4.76	3.80	2.61	1.81	1.15	0.65	0.60	0.60	0.60	0.60	4.25
0.90	12.97	8.88	7.69	6.81	6.15	5.03	3.97	2.66	1.81	1.13	0.64	0.60	0.60	0.60	0.60	4.50
0.95	14.07	9.55	8.22	7.27	6.53	5.30	4.14	2.72	1.81	1.10	0.63	0.60	0.60	0.60	0.60	4.75
1.00	15.22	10.20	8.77	7.73	6.92	5.57	4.30	2.77	1.80	1.06	0.62	0.60	0.60	0.60	0.60	5.00
1.05	16.39	10.92	9.33	8.19	7.31	5.88	4.47	2.81	1.79	1.03	0.62	0.60	0.60	0.60	0.60	5.25
1.10	17.61	11.63	9.89	8.66	7.69	6.09	4.61	2.85	1.77	0.99	0.61	0.60	0.60	0.60	0.60	5.50
1.15	18.87	12.34	10.48	9.12	8.08	6.36	4.76	2.89	1.74	0.95	0.61	0.60	0.60	0.60	0.60	5.75
1.20	20.13	13.08	11.06	9.58	8.46	6.62	4.90	2.91	1.71	0.92	0.61	0.60	0.60	0.60	0.60	6.00
1.25	21.46	13.83	11.64	10.06	8.86	6.88	5.03	2.93	1.68	0.88	0.60	0.60	0.60	0.60	0.60	6.25

(8) $C_s = 6C_v$

C_v \ $P(\%)$	0.01	0.1	0.2	0.33	0.5	1	2	5	10	20	50	75	90	95	99	$P(\%)$ \ C_s
0.05	1.22	1.18	1.16	1.15	1.14	1.13	1.11	1.09	1.06	1.04	1.00	0.97	0.94	0.93	0.91	0.30
0.10	1.51	1.40	1.36	1.34	1.31	1.28	1.24	1.18	1.13	1.08	0.99	0.93	0.88	0.86	0.81	0.60
0.15	1.86	1.66	1.60	1.55	1.51	1.45	1.28	1.28	1.20	1.12	0.98	0.89	0.83	0.81	0.76	0.90
0.20	2.28	1.96	1.86	1.79	1.73	1.63	1.52	1.38	1.27	1.15	0.96	0.85	0.78	0.75	0.71	1.20
0.25	2.77	2.31	2.16	2.06	1.98	1.83	1.69	1.48	1.33	1.17	0.94	0.82	0.75	0.72	0.69	1.50
0.30	3.33	2.69	2.50	2.36	2.24	2.05	1.86	1.59	1.40	1.19	0.92	0.78	0.72	0.69	0.67	1.80
0.35	3.95	3.11	2.87	2.68	2.53	2.28	2.03	1.69	1.45	1.21	0.89	0.76	0.70	0.68	0.67	2.10
0.40	4.63	3.57	3.25	3.02	2.83	2.52	2.21	1.80	1.50	1.22	0.86	0.73	0.68	0.67	0.67	2.40
0.45	5.39	4.06	3.66	3.38	3.15	2.77	2.39	1.90	1.54	1.22	0.83	0.71	0.68	0.67	0.67	2.70
0.50	6.18	4.58	4.10	3.76	3.48	3.02	2.58	2.00	1.59	1.21	0.80	0.69	0.67	0.67	0.67	3.00
0.55	7.03	5.12	4.56	4.16	3.83	3.28	2.76	2.09	1.62	1.20	0.78	0.69	0.67	0.67	0.67	3.30
0.60	7.94	5.70	5.04	4.56	4.18	3.55	2.94	2.18	1.65	1.18	0.75	0.68	0.67	0.67	0.67	3.60
0.65	8.90	6.30	5.53	4.97	4.54	3.82	3.12	2.25	1.66	1.16	0.73	0.68	0.67	0.67	0.67	3.90
0.70	9.92	6.92	6.05	5.41	4.91	4.09	3.30	2.33	1.67	1.13	0.71	0.67	0.67	0.67	0.67	4.20
0.75	10.98	7.56	6.57	5.85	5.20	4.36	3.47	2.39	1.68	1.10	0.70	0.67	0.67	0.67	0.67	4.50
0.80	12.08	8.23	7.11	6.30	5.67	4.63	3.64	2.44	1.67	1.07	0.69	0.67	0.67	0.67	0.67	4.80
0.85	13.24	8.91	7.66	6.76	6.06	4.89	3.80	2.49	1.66	1.00	0.68	0.67	0.67	0.67	0.67	5.10
0.90	14.43	9.61	8.22	7.22	6.45	5.16	3.96	2.53	1.65	1.00	0.68	0.67	0.67	0.67	0.67	5.40
0.95	15.68	10.33	8.80	7.68	6.83	5.42	4.10	2.56	1.62	0.96	0.67	0.67	0.67	0.67	0.67	5.70
1.00	16.94	11.07	9.38	8.15	7.22	5.68	4.25	2.59	1.59	0.93	0.67	0.67	0.67	0.67	0.67	6.00
1.05	18.27	11.82	9.97	8.62	7.62	5.94	4.38	2.61	1.56	0.89	0.67	0.67	0.67	0.67	0.67	6.30

(9) 当 $C_v=1$，C_s 为负值时皮尔逊Ⅲ型曲线 ϕ 值

周期(年)	1.001	1.01	1.03	1.11	1.25	2	5	10	15	20	25	50	100	200	300	500	1,000	10,000
频率 P(%)	99.9	99	97	90	80	50	20	10	6.67	5	4	2	1	0.50	0.33	0.20	0.10	0.01
C_s																		
0.00	-3.09	-2.33	-1.88	-1.28	-0.84	0.00	0.85	1.28	1.47	1.64	1.75	2.06	2.33	2.58	2.70	2.86	3.09	3.72
-0.1	-3.23	-2.40	-1.92	-1.29	-0.84	0.02	0.85	1.27	1.45	1.61	1.70	2.00	2.25	2.48	2.60	2.78	2.95	3.52
-0.2	-3.38	-2.47	-1.96	-1.30	-0.83	0.03	0.85	1.26	1.43	1.58	1.66	1.93	2.18	2.39	2.50	2.62	2.81	3.28
-0.3	-3.52	-2.54	-2.00	-1.31	-0.82	0.05	0.85	1.25	1.42	1.55	1.64	1.87	2.10	2.29	2.40	2.50	2.67	3.05
-0.4	-3.66	-2.61	-2.04	-1.32	-0.82	0.07	0.85	1.23	1.41	1.52	1.60	1.83	2.03	2.20	2.30	2.40	2.54	2.90
-0.5	-3.81	-2.68	-2.08	-1.32	-0.81	0.08	0.85	1.22	1.38	1.49	1.56	1.79	1.96	2.11	2.20	2.29	2.40	2.71
-0.6	-3.96	-2.75	-2.12	-1.33	-0.80	0.10	0.85	1.20	1.35	1.45	1.51	1.71	1.88	2.02	2.10	2.18	2.27	2.51
-0.7	-4.10	-2.82	-2.15	-1.34	-0.79	0.12	0.85	1.18	1.32	1.42	1.48	1.67	1.81	1.93	2.00	2.07	2.14	2.38
-0.8	-4.24	-2.89	-2.18	-1.34	-0.78	0.13	0.85	1.17	1.29	1.38	1.43	1.61	1.74	1.84	1.90	1.95	2.02	2.21
-0.9	-4.38	-2.96	-2.22	-1.34	-0.77	0.15	0.85	1.15	1.26	1.35	1.40	1.54	1.66	1.75	1.80	1.85	1.90	2.05
-1.0	-4.53	-3.02	-2.25	-1.34	-0.76	0.16	0.85	1.13	1.24	1.32	1.37	1.49	1.59	1.66	1.71	1.75	1.79	1.89
-1.1	-4.67	-3.09	-2.28	-1.34	-0.74	0.18	0.85	1.10	1.21	1.28	1.32	1.44	1.52	1.58	1.62	1.65	1.68	1.72
-1.2	-4.81	-3.15	-2.31	-1.34	-0.73	0.19	0.85	1.08	1.18	1.24	1.26	1.38	1.45	1.50	1.53	1.55	1.58	1.65
-1.3	-4.95	-3.21	-2.34	-1.34	-0.72	0.21	0.84	1.06	1.15	1.20	1.23	1.33	1.38	1.42	1.45	1.47	1.48	1.52
-1.4	-5.09	-3.27	-2.37	-1.34	-0.71	0.23	0.84	1.04	1.12	1.17	1.20	1.28	1.32	1.35	1.37	1.38	1.39	1.42
-1.5	-5.23	-3.33	-2.39	-1.33	-0.69	0.24	0.83	1.02	1.09	1.13	1.16	1.22	1.26	1.28	1.30	1.30	1.31	1.33
-1.6	-5.37	-3.39	-2.42	-1.33	-0.68	0.25	0.82	0.99	1.06	1.10	1.12	1.17	1.20	1.22	1.23	1.23	1.24	1.26
-1.7	-5.50	-3.44	-2.44	-1.32	-0.66	0.27	0.81	0.97	1.02	1.06	1.08	1.12	1.14	1.15	1.16	1.16	1.17	1.18
-1.8	-5.64	-3.50	-2.46	-1.32	-0.64	0.28	0.80	0.94	0.99	1.02	1.04	1.08	1.09	1.10	1.10	1.10	1.11	1.12
-1.9	-5.77	-3.55	-2.49	-1.31	-0.63	0.29	0.79	0.92	0.96	0.98	0.99	1.02	1.04	1.04	1.04	1.05	1.05	1.06
-2.0	-5.91	-3.60	-2.51	-1.30	-0.61	0.31	0.78	0.90	0.94	0.95	0.96	0.98	0.99	0.995	0.996	0.998	0.999	0.999

附录 4　三点法用表——S 与 C_s 关系

三点法用表——S 与 C_s 关系见附表 4。

三点法用表——S 与 C_s 关系　　　　　　　　　附表 4

(1) $P=1\%\sim50\%\sim99\%$

S	0	1	2	3	4	5	6	7	8	9
0.0	0.00	0.03	0.05	0.08	0.10	0.13	0.15	0.18	0.21	0.23
0.1	0.26	0.28	0.31	0.34	0.36	0.39	0.41	0.44	0.47	0.49
0.2	0.52	0.54	0.57	0.60	0.62	0.65	0.67	0.70	0.73	0.75
0.3	0.78	0.81	0.83	0.86	0.89	0.91	0.94	0.97	0.99	1.02
0.4	1.05	1.08	1.10	1.13	1.16	1.19	1.22	1.24	1.27	1.30
0.5	1.33	1.36	1.39	1.42	1.45	1.48	1.51	1.54	1.57	1.60
0.6	1.64	1.67	1.70	1.74	1.77	1.80	1.84	1.88	1.91	1.95
0.7	1.99	2.03	2.07	2.11	2.16	2.20	2.24	2.29	2.34	2.39
0.8	2.44	2.50	2.55	2.61	2.68	2.74	2.81	2.88	2.96	3.04
0.9	3.13	3.23	3.34	3.45	3.58	3.74	3.92	4.14	4.43	4.90

(2) $P=3\%\sim50\%\sim97\%$

S	0	1	2	3	4	5	6	7	8	9
0.0	0.00	0.03	0.06	0.10	0.13	0.16	0.19	0.22	0.25	0.29
0.1	0.32	0.35	0.38	0.42	0.45	0.48	0.51	0.54	0.57	0.61
0.2	0.64	0.67	0.70	0.73	0.76	0.79	0.83	0.86	0.89	0.92
0.3	0.95	0.98	1.02	1.05	1.08	1.11	1.14	1.17	1.21	1.24
0.4	1.27	1.30	1.33	1.36	1.40	1.43	1.46	1.49	1.53	1.56
0.5	1.59	1.63	1.66	1.69	1.72	1.76	1.79	1.83	1.86	1.90
0.6	1.93	1.97	2.00	2.04	2.08	2.12	2.15	2.19	2.23	2.27
0.7	2.32	2.36	2.40	2.45	2.49	2.54	2.58	2.64	2.69	2.74
0.8	2.79	2.84	2.90	2.96	3.02	3.09	3.16	3.23	3.31	3.39
0.9	3.48	3.58	3.69	3.80	3.93	4.08	4.26	4.48	4.77	5.22

(3) $P=5\%\sim50\%\sim95\%$

S	0	1	2	3	4	5	6	7	8	9
0.0	0.00	0.04	0.07	0.11	0.15	0.18	0.22	0.26	0.29	0.33
0.1	0.36	0.40	0.44	0.47	0.51	0.54	0.58	0.62	0.65	0.69
0.2	0.72	0.76	0.80	0.83	0.87	0.90	0.94	0.97	1.01	1.04
0.3	1.08	1.11	1.15	1.18	1.21	1.25	1.29	1.32	1.36	1.39
0.4	1.42	1.46	1.49	1.53	1.56	1.60	1.63	1.67	1.70	1.74
0.5	1.77	1.81	1.84	1.88	1.91	1.95	1.99	2.02	2.06	2.10
0.6	2.13	2.17	2.21	2.25	2.29	2.32	2.36	2.40	2.44	2.48
0.7	2.53	2.57	2.62	2.66	2.70	2.75	2.80	2.85	2.90	2.96
0.8	3.01	3.07	3.13	3.19	3.25	3.32	3.39	3.46	3.54	3.62
0.9	3.70	3.80	3.91	4.03	4.16	4.30	4.48	4.70	4.98	5.43

(4) $P=10\%\sim50\%\sim90\%$

S	0	1	2	3	4	5	6	7	8	9
0.0	0.00	0.05	0.10	0.14	0.19	0.23	0.28	0.33	0.37	0.42
0.1	0.47	0.51	0.56	0.60	0.65	0.69	0.74	0.78	0.83	0.87
0.2	0.92	0.96	1.00	1.05	1.09	1.13	1.18	1.22	1.26	1.30
0.3	1.34	1.38	1.43	1.47	1.51	1.55	1.59	1.63	1.67	1.71
0.4	1.75	1.79	1.82	1.86	1.90	1.95	1.98	2.02	2.06	2.10
0.5	2.14	2.17	2.21	2.25	2.29	2.33	2.37	2.41	2.45	2.49
0.6	2.53	2.57	2.61	2.65	2.69	2.73	2.77	2.81	2.86	2.90
0.7	2.95	2.99	3.04	3.58	3.13	3.18	3.23	3.28	3.33	3.38
0.8	3.44	3.50	3.56	3.62	3.68	3.75	3.82	3.89	3.97	4.06
0.9	4.14	4.24	4.34	4.45	4.58	4.73	4.91	5.12	5.81	—

附录 5 三点法用表——C_s 与有关 Φ_p 值关系

三点法用表——C_s 与有关 Φ_p 值关系见附表 5。

三点法用表——C_s 与有关 Φ_p 值关系　　　　附表 5

C_s	$\Phi_{0.5}$	$\Phi_{0.01}\sim$ $\Phi_{0.99}$	$\Phi_{0.03}\sim$ $\Phi_{0.97}$	$\Phi_{0.05}\sim$ $\Phi_{0.95}$	$\Phi_{0.10}\sim$ $\Phi_{0.90}$	C_s	$\Phi_{0.5}$	$\Phi_{0.01}\sim$ $\Phi_{0.99}$	$\Phi_{0.03}\sim$ $\Phi_{0.97}$	$\Phi_{0.05}\sim$ $\Phi_{0.95}$	$\Phi_{0.10}\sim$ $\Phi_{0.96}$
0.0	−0.000	4.653	3.762	3.290	2.563	3.1	−0.400	4.734	3.289	2.643	1.805
0.1	−0.017	4.652	3.761	3.289	2.562	3.2	−0.405	4.750	3.274	2.618	1.769
0.2	−0.033	4.651	3.758	3.286	2.559	3.3	−0.408	4.765	3.260	2.592	1.735
0.3	−0.050	4.648	3.753	3.281	2.555	3.4	−0.411	4.781	3.246	2.568	1.700
0.4	−0.067	4.645	3.747	3.274	2.548	3.5	−0.413	4.796	3.231	2.543	1.666
0.5	−0.083	4.640	3.739	3.265	2.539	3.6	−0.414	4.811	3.217	2.518	1.632
0.6	−0.099	4.635	3.730	3.255	2.529	3.7	−0.414	4.826	3.203	2.494	1.599
0.7	−0.116	4.630	3.719	3.242	2.516	3.8	−0.414	4.840	3.189	2.469	1.566
0.8	−0.132	4.624	3.705	3.228	2.502	3.9	−0.414	4.854	3.175	2.445	1.533
0.9	−0.148	4.617	3.690	3.212	2.486	4.0	−0.413	4.868	3.159	2.420	1.501
1.0	−0.164	4.611	3.675	3.194	2.468	4.1	−0.411	4.881	3.145	2.396	1.469
1.1	−0.180	4.605	3.658	3.174	2.448	4.2	−0.409	4.893	3.129	2.371	1.437
1.2	−0.195	4.599	3.640	3.153	2.427	4.3	−0.406	4.905	3.114	2.347	1.406
1.3	−0.210	4.594	3.621	3.131	2.403	4.4	−0.403	4.917	3.099	2.322	1.375
1.4	−0.225	4.589	3.601	3.107	2.378	4.5	−0.400	4.927	3.082	2.297	1.344
1.5	−0.240	4.586	3.580	3.082	2.351	4.6	−0.396	4.934	3.066	2.273	1.314
1.6	−0.254	4.585	3.560	3.056	2.323	4.7	−0.392	4.947	3.050	2.248	1.284
1.7	−0.268	4.585	3.539	3.029	2.294	4.8	−0.388	4.957	3.033	2.223	1.254
1.8	−0.281	4.586	3.518	3.001	2.263	4.9	−0.384	4.965	3.016	2.198	1.224
1.9	−0.294	4.590	3.497	2.973	2.230	5.0	−0.379	4.973	2.998	2.173	1.195
2.0	−0.307	4.595	3.477	2.944	2.197	5.1	−0.374	4.980	2.980	2.148	1.167
2.1	−0.319	4.602	3.456	2.916	2.163	5.2	−0.369	4.987	2.963	2.123	1.138
2.2	−0.330	4.611	3.436	2.887	2.128	5.3	−0.365	4.993	2.944	2.097	1.110
2.3	−0.341	4.621	3.418	2.859	2.093	5.4	−0.360	4.999	2.925	2.072	1.082
2.4	−0.351	4.632	3.400	2.831	2.057	5.5	−0.355	5.004	2.907	2.047	1.065
2.5	−0.360	4.645	3.383	2.803	2.021	5.6	−0.350	5.008	2.888	2.021	1.028
2.6	−0.369	4.658	3.365	2.775	1.985	5.7	−0.345	5.012	2.868	1.996	1.001
2.7	−0.376	4.672	3.349	2.748	1.948	5.8	−0.340	5.015	2.849	1.970	0.974
2.8	−0.384	4.687	3.333	2.721	1.912	5.9	−0.335	5.018	2.829	1.940	0.948
2.9	−0.390	4.702	3.318	2.695	1.876	6.0	−0.330	5.020	2.808	1.919	0.923
3.0	−0.396	4.718	3.303	2.669	1.840						

附录6　马司京干法分段连续流量演算法（有限差解）汇流系数表（三角形入流）

马司京干法与段连续流量演算法（有限差解）汇流系数表（三角形入流）见附表6。

马司京干法分段连续流量演算法（有限差解）汇流系数表（三角形入流）　　附表6

$x=-0.10, \Delta t=K$，则 $C_0=0.375, C_1=0.250, C_2=0.375$

m＼n	0	1	2	3	4	5	6	7	8	9	10	n＼m
0	1	0.375	0.141	0.053	0.020	0.007	0.003	0.001				0
1		0.391	0.293	0.165	0.082	0.039	0.017	0.008	0.003	0.001	0.001	1
2		0.146	0.262	0.233	0.160	0.095	0.052	0.027	0.013	0.006	0.003	2
3		0.055	0.156	0.212	0.198	0.150	0.099	0.060	0.034	0.018	0.010	3
4		0.021	0.080	0.148	0.183	0.174	0.140	0.100	0.065	0.040	0.023	4
5		0.008	0.038	0.090	0.139	0.163	0.157	0.131	0.099	0.068	0.044	5
6		0.003	0.017	0.050	0.093	0.131	0.149	0.144	0.124	0.097	0.070	6
7		0.001	0.008	0.026	0.057	0.094	0.124	0.138	0.134	0.118	0.095	7
8			0.003	0.013	0.033	0.062	0.093	0.117	0.129	0.126	0.112	8
9			0.001	0.006	0.018	0.038	0.064	0.091	0.112	0.121	0.119	9
10			0.001	0.003	0.009	0.022	0.042	0.066	0.090	0.107	0.115	10
11				0.001	0.005	0.012	0.026	0.045	0.067	0.088	0.103	11
12					0.002	0.007	0.015	0.029	0.047	0.067	0.086	12
13					0.001	0.003	0.009	0.018	0.032	0.049	0.067	13
14						0.002	0.005	0.011	0.020	0.034	0.050	14
15						0.001	0.003	0.006	0.013	0.023	0.036	15
16							0.001	0.003	0.008	0.014	0.025	16
17							0.001	0.002	0.004	0.009	0.016	17
18								0.001	0.003	0.005	0.010	18
19								0.001	0.001	0.003	0.006	19
⋮									⋮	⋮	⋮	⋮

$x=0, \Delta t=K$，则 $C_0=0.333, C_1=0.333, C_2=0.333$

m＼n	0	1	2	3	4	5	6	7	8	9	10	n＼m
0	1	0.333	0.111	0.037	0.012	0.004	0.001					0
1		0.444	0.296	0.148	0.066	0.027	0.011	0.004	0.002	0.001		1
2		0.148	0.296	0.247	0.154	0.082	0.040	0.018	0.008	0.003	0.001	2
3		0.049	0.165	0.236	0.212	0.149	0.091	0.050	0.025	0.012	0.006	3
4		0.016	0.077	0.159	0.202	0.188	0.143	0.094	0.057	0.031	0.017	4
5		0.005	0.033	0.090	0.150	0.180	0.170	0.136	0.096	0.061	0.036	5
6		0.002	0.013	0.045	0.095	0.142	0.164	0.157	0.129	0.095	0.064	6
7		0.001	0.005	0.021	0.054	0.097	0.134	0.152	0.146	0.124	0.094	7
8			0.002	0.010	0.028	0.060	0.097	0.128	0.142	0.137	0.118	8

续表

m\\n	0	1	2	3	4	5	6	7	8	9	10	n\\m
9			0.001	0.004	0.014	0.034	0.064	0.096	0.122	0.134	0.130	9
10				0.002	0.007	0.018	0.039	0.066	0.095	0.117	0.127	10
11				0.001	0.003	0.009	0.022	0.042	0.068	0.093	0.112	11
12					0.001	0.005	0.012	0.025	0.045	0.069	0.091	12
13					0.001	0.002	0.006	0.015	0.028	0.047	0.069	13
14						0.001	0.003	0.008	0.017	0.031	0.049	14
15							0.002	0.004	0.010	0.019	0.033	15
16							0.001	0.002	0.005	0.011	0.021	16
17								0.001	0.003	0.007	0.013	17
18								0.001	0.001	0.004	0.008	18
19									0.001	0.002	0.004	19
⋮										⋮	⋮	⋮

$$x=0.05,\Delta t=K,则 C_0=0.310,C_1=0.379,C_2=0.310$$

m\\n	0	1	2	3	4	5	6	7	8	9	10	n\\m
0	1	0.310	0.096	0.030	0.009	0.003	0.001					0
1		0.476	0.295	0.137	0.057	0.022	0.008	0.003	0.001			1
2		0.148	0.318	0.253	0.148	0.074	0.034	0.015	0.006	0.002	0.001	2
3		0.046	0.169	0.252	0.220	0.148	0.085	0.044	0.021	0.010	0.004	3
4		0.014	0.074	0.165	0.215	0.196	0.143	0.090	0.051	0.027	0.013	4
5		0.004	0.030	0.089	0.157	0.191	0.178	0.138	0.093	0.056	0.032	5
6		0.001	0.011	0.042	0.095	0.148	0.174	0.164	0.132	0.094	0.060	6
7			0.004	0.019	0.051	0.098	0.141	0.161	0.153	0.127	0.094	7
8			0.001	0.008	0.026	0.058	0.099	0.134	0.150	0.144	0.122	8
9			0.001	0.003	0.012	0.031	0.062	0.098	0.128	0.141	0.136	9
10				0.001	0.005	0.016	0.036	0.065	0.097	0.123	0.134	10
11				0.002	0.008	0.020	0.040	0.067	0.096	0.118		11
12				0.001	0.004	0.010	0.023	0.043	0.069	0.094		12
13					0.002	0.005	0.012	0.026	0.046	0.070		13
14					0.001	0.002	0.006	0.015	0.029	0.048		14
15							0.001	0.003	0.008	0.017	0.031	15
16								0.002	0.004	0.010	0.019	16
17								0.001	0.002	0.005	0.011	17
18									0.001	0.003	0.006	18
19										0.001	0.003	19
⋮										⋮	⋮	⋮

$x=0.10, \Delta t=K$，则 $C_0=0.286, C_1=0.428, C_2=0.286$

m\n	0	1	2	3	4	5	6	7	8	9	10	n\m
0	1	0.286	0.082	0.023	0.007	0.002	0.001					0
1		0.510	0.292	0.125	0.048	0.017	0.006	0.002	0.001			1
2		0.146	0.344	0.259	0.141	0.066	0.028	0.011	0.004	0.002	0.001	2
3		0.042	0.173	0.271	0.229	0.144	0.077	0.037	0.016	0.007	0.003	3
4		0.012	0.071	0.171	0.230	0.205	0.143	0.084	0.045	0.022	0.010	4
5		0.003	0.026	0.087	0.164	0.204	0.187	0.139	0.089	0.051	0.027	5
6		0.001	0.009	0.039	0.095	0.156	0.185	0.173	0.134	0.091	0.055	6
7			0.003	0.016	0.048	0.099	0.148	0.171	0.161	0.129	0.092	7
8			0.001	0.006	0.022	0.055	0.101	0.141	0.160	0.152	0.125	8
9				0.002	0.010	0.028	0.060	0.101	0.135	0.150	0.144	9
10				0.001	0.004	0.013	0.033	0.064	0.100	0.129	0.142	10
11					0.002	0.006	0.017	0.037	0.067	0.099	0.124	11
12					0.001	0.003	0.008	0.020	0.041	0.069	0.097	12
13						0.001	0.004	0.010	0.023	0.044	0.070	13
14							0.002	0.005	0.013	0.026	0.046	14
15							0.001	0.002	0.006	0.015	0.029	15
16								0.001	0.003	0.008	0.017	16
17									0.001	0.004	0.009	17
18									0.001	0.002	0.005	18
19										0.001	0.003	19
⋮										⋮	⋮	⋮

$x=0.15, \Delta t=K$，则 $C_0=0.259, C_1=0.481, C_2=0.259$

m\n	0	1	2	3	4	5	6	7	8	9	10	n\m
0	1	0.259	0.067	0.017	0.005	0.001						0
1		0.549	0.285	0.111	0.038	0.012	0.004	0.001				1
2		0.142	0.375	0.263	0.131	0.056	0.021	0.008	0.003	0.001		2
3		0.037	0.175	0.294	0.237	0.139	0.068	0.030	0.012	0.005	0.002	3
4		0.010	0.066	0.178	0.249	0.215	0.140	0.077	0.038	0.017	0.007	4
5		0.002	0.022	0.083	0.172	0.220	0.197	0.139	0.083	0.044	0.021	5
6		0.001	0.007	0.034	0.094	0.164	0.200	0.182	0.135	0.086	0.049	6
7			0.002	0.013	0.044	0.099	0.156	0.184	0.171	0.132	0.089	7
8			0.001	0.005	0.019	0.052	0.102	0.149	0.171	0.161	0.128	8
9				0.002	0.007	0.024	0.058	0.103	0.143	0.161	0.152	9
10				0.001	0.003	0.011	0.029	0.062	0.103	0.137	0.153	10
11					0.001	0.004	0.014	0.034	0.065	0.102	0.132	11
12						0.002	0.006	0.017	0.038	0.068	0.101	12
13						0.001	0.003	0.008	0.020	0.041	0.069	13
14							0.001	0.004	0.010	0.023	0.044	14
15								0.002	0.005	0.012	0.025	15
16								0.001	0.002	0.006	0.014	16
17									0.001	0.003	0.007	17
18										0.001	0.004	18
19										0.001	0.002	19
⋮										⋮	⋮	⋮

$x=0.20, \Delta t=K$，则 $C_0=0.231, C_1=0.538, C_2=0.231$

m \ n	0	1	2	3	4	5	6	7	8	9	10	m
0	1	0.231	0.053	0.012	0.003	0.001						0
1		0.592	0.273	0.095	0.029	0.008	0.002	0.001				1
2		0.137	0.413	0.264	0.119	0.045	0.015	0.005	0.002			2
3		0.032	0.176	0.324	0.244	0.131	0.058	0.023	0.008	0.003	0.001	3
4		0.007	0.059	0.183	0.273	0.225	0.136	0.068	0.030	0.012	0.004	4
5		0.002	0.018	0.078	0.180	0.240	0.208	0.137	0.075	0.036	0.016	5
6			0.005	0.029	0.090	0.173	0.217	0.194	0.136	0.080	0.042	6
7			0.001	0.010	0.039	0.098	0.166	0.200	0.182	0.133	0.083	7
8				0.003	0.015	0.047	0.102	0.159	0.186	0.172	0.131	8
9				0.001	0.005	0.020	0.053	0.104	0.153	0.175	0.163	9
10					0.002	0.008	0.025	0.058	0.105	0.147	0.166	10
11					0.001	0.003	0.011	0.029	0.062	0.105	0.141	11
12						0.001	0.004	0.014	0.033	0.065	0.104	12
13							0.002	0.006	0.016	0.037	0.068	13
14							0.001	0.002	0.007	0.019	0.040	14
15								0.001	0.003	0.009	0.022	15
16									0.001	0.004	0.011	16
17									0.001	0.002	0.005	17
18										0.001	0.002	18
19											0.001	19

$x=0.25, \Delta t=K$，则 $C_0=0.200, C_1=0.600, C_2=0.200$

m \ n	0	1	2	3	4	5	6	7	8	9	10	m
0	1	0.200	0.040	0.008	0.002							0
1		0.640	0.256	0.077	0.020	0.005	0.001					1
2		0.128	0.461	0.261	0.102	0.034	0.010	0.003	0.001			2
3		0.026	0.174	0.364	0.250	0.118	0.046	0.016	0.005	0.001		3
4		0.005	0.051	0.187	0.306	0.235	0.127	0.056	0.022	0.008	0.002	4
5		0.001	0.014	0.071	0.188	0.268	0.220	0.131	0.064	0.027	0.011	5
6			0.003	0.023	0.085	0.183	0.241	0.206	0.133	0.071	0.033	6
7			0.001	0.007	0.032	0.094	0.177	0.221	0.195	0.133	0.075	7
8				0.002	0.011	0.040	0.100	0.170	0.206	0.185	0.132	8
9					0.003	0.015	0.047	0.103	0.164	0.193	0.176	9
10					0.001	0.005	0.020	0.053	0.105	0.158	0.183	10
11						0.002	0.007	0.024	0.058	0.106	0.153	11
12						0.001	0.003	0.010	0.028	0.061	0.107	12
13							0.001	0.004	0.012	0.031	0.064	13
14								0.001	0.005	0.015	0.035	14
15									0.002	0.006	0.017	15
16									0.001	0.002	0.008	16
17										0.001	0.003	17
18											0.001	18
19												19

$x=0.30, \Delta t=K$，则 $C_0=0.167, C_1=0.667, C_2=0.167$

m \ n	0	1	2	3	4	5	6	7	8	9	10	m
0	1	0.167	0.028	0.005	0.001							0
1		0.694	0.231	0.058	0.013	0.003	0.001					1
2		0.116	0.521	0.251	0.083	0.023	0.006	0.001				2
3		0.019	0.167	0.417	0.250	0.101	0.033	0.009	0.002	0.001		3
4		0.003	0.041	0.188	0.351	0.242	0.113	0.042	0.014	0.004	0.001	4
5		0.001	0.009	0.060	0.194	0.307	0.231	0.121	0.051	0.018	0.006	5
6			0.002	0.016	0.075	0.193	0.275	0.220	0.126	0.058	0.023	6
7				0.004	0.024	0.086	0.189	0.252	0.210	0.128	0.064	7
8				0.001	0.007	0.032	0.094	0.184	0.233	0.200	0.130	8
9					0.002	0.010	0.039	0.100	0.178	0.218	0.191	9
10						0.003	0.014	0.045	0.104	0.172	0.206	10
11						0.001	0.004	0.017	0.050	0.106	0.167	11
12							0.001	0.006	0.021	0.054	0.108	12
13								0.002	0.008	0.024	0.058	13
14								0.001	0.003	0.010	0.028	14
15									0.001	0.004	0.012	15
16										0.001	0.005	16
17											0.002	17
18											0.001	18
19												19

$x=0.35, \Delta t=K$，则 $C_0=0.130, C_1=0.739, C_2=0.130$

m \ n	0	1	2	3	4	5	6	7	8	9	10	m
0	1	0.130	0.017	0.002								0
1		0.756	0.197	0.039	0.007	0.001						1
2		0.099	0.597	0.229	0.059	0.013	0.003					2
3		0.013	0.153	0.491	0.241	0.077	0.020	0.004	0.001			3
4		0.002	0.030	0.181	0.418	0.243	0.091	0.027	0.007	0.002		4
5			0.005	0.046	0.194	0.366	0.239	0.102	0.034	0.010	0.003	5
6			0.001	0.010	0.061	0.199	0.328	0.233	0.110	0.041	0.013	6
7				0.002	0.016	0.073	0.199	0.299	0.225	0.116	0.047	7
8					0.003	0.021	0.083	0.197	0.276	0.218	0.120	8
9					0.001	0.005	0.027	0.090	0.193	0.257	0.210	9
10						0.001	0.008	0.033	0.096	0.189	0.242	10
11							0.002	0.010	0.038	0.101	0.185	11
12								0.003	0.013	0.043	0.104	12
13								0.001	0.004	0.016	0.048	13
14									0.001	0.005	0.018	14
15										0.001	0.006	15
16											0.002	16
17											0.001	17

$x=0.40, \Delta t=K$，则 $C_0=0.091, C_1=0.818, C_2=0.091$

n\m	0	1	2	3	4	5	6	7	8	9	10	m\n
0	1	0.091	0.008	0.001								0
1		0.826	0.150	0.020	0.002							1
2		0.075	0.697	0.188	0.034	0.005	0.001					2
3		0.007	0.125	0.599	0.211	0.048	0.009	0.001				3
4		0.001	0.017	0.159	0.523	0.225	0.060	0.013	0.002			4
5			0.002	0.029	0.180	0.465	0.232	0.071	0.017	0.003	0.001	5
6				0.004	0.040	0.193	0.419	0.234	0.081	0.022	0.005	6
7				0.001	0.007	0.051	0.201	0.382	0.234	0.090	0.026	7
8					0.001	0.011	0.061	0.205	0.353	0.231	0.097	8
9						0.002	0.014	0.070	0.206	0.328	0.228	9
10							0.003	0.018	0.077	0.205	0.308	10
11							0.001	0.004	0.022	0.084	0.204	11
12								0.001	0.005	0.027	0.090	12
13									0.001	0.007	0.030	13
14										0.002	0.009	14
15											0.002	15

$x=0.45, \Delta t=K$，则 $C_0=0.048, C_1=0.905, C_2=0.048$

n\m	0	1	2	3	4	5	6	7	8	9	10	m\n
0	1	0.048	0.002									0
1		0.907	0.086	0.006								1
2		0.043	0.827	0.118	0.011	0.001						2
3		0.002	0.079	0.757	0.143	0.017	0.002					3
4			0.006	0.107	0.697	0.164	0.023	0.003				4
5				0.010	0.131	0.645	0.180	0.030	0.004			5
6				0.001	0.016	0.150	0.599	0.193	0.036	0.005	0.001	6
7					0.001	0.021	0.165	0.559	0.203	0.043	0.007	7
8						0.002	0.027	0.177	0.524	0.210	0.049	8
9							0.003	0.033	0.187	0.493	0.216	9
10								0.005	0.039	0.194	0.466	10
11								0.001	0.006	0.045	0.200	11
12									0.001	0.008	0.051	12
13										0.001	0.009	13
14											0.001	14

注:本表系华东水利学院水文系提供的最新电算成果。

附录 7　S(t) 曲线表

S(t)曲线表见附表7。

S(t)曲线表

n=0.1~2.0

附表 7

n \ t/K	0.1	0.2	0.3	0.4	0.5	0.6	0.7	0.8	0.9	1.0	1.1	1.2	1.3	1.4	1.5	1.6	1.7	1.8	1.9	2.0
0.1	0.827	0.676	0.545	0.436	0.345	0.271	0.211	0.163	0.125	0.095	0.072	0.054	0.041	0.030	0.023	0.017	0.012	0.009	0.006	0.005
0.2	0.879	0.764	0.658	0.560	0.473	0.396	0.329	0.272	0.223	0.181	0.147	0.118	0.095	0.075	0.060	0.047	0.037	0.029	0.023	0.018
0.3	0.908	0.817	0.727	0.641	0.561	0.488	0.420	0.360	0.306	0.259	0.218	0.182	0.152	0.126	0.104	0.085	0.069	0.056	0.046	0.037
0.4	0.928	0.852	0.776	0.701	0.629	0.560	0.495	0.435	0.380	0.330	0.285	0.245	0.209	0.178	0.151	0.127	0.107	0.089	0.074	0.062
0.5	0.941	0.879	0.814	0.748	0.683	0.619	0.558	0.499	0.444	0.393	0.347	0.304	0.265	0.230	0.199	0.171	0.147	0.125	0.106	0.090
0.6	0.952	0.899	0.843	0.785	0.727	0.668	0.611	0.555	0.502	0.451	0.404	0.359	0.319	0.281	0.247	0.216	0.188	0.164	0.141	0.122
0.7	0.960	0.915	0.867	0.816	0.763	0.710	0.557	0.604	0.553	0.503	0.456	0.412	0.370	0.331	0.294	0.261	0.231	0.203	0.178	0.156
0.8	0.966	0.928	0.886	0.841	0.794	0.746	0.596	0.647	0.598	0.551	0.505	0.460	0.418	0.378	0.341	0.306	0.273	0.243	0.216	0.191
0.9	0.972	0.939	0.902	0.863	0.820	0.776	0.731	0.685	0.639	0.593	0.549	0.505	0.463	0.423	0.385	0.349	0.315	0.284	0.255	0.228
1.0	0.976	0.948	0.916	0.881	0.843	0.803	0.761	0.719	0.675	0.632	0.589	0.547	0.506	0.466	0.428	0.391	0.356	0.324	0.293	0.264
1.1	0.979	0.955	0.927	0.896	0.862	0.826	0.788	0.748	0.708	0.667	0.626	0.585	0.545	0.506	0.468	0.431	0.396	0.363	0.331	0.301
1.2	0.982	0.961	0.937	0.909	0.879	0.846	0.811	0.775	0.737	0.699	0.660	0.621	0.582	0.544	0.506	0.470	0.435	0.401	0.368	0.337
1.3	0.985	0.966	0.945	0.920	0.893	0.864	0.832	0.798	0.763	0.727	0.691	0.654	0.616	0.579	0.543	0.507	0.471	0.437	0.405	0.373
1.4	0.987	0.971	0.952	0.930	0.906	0.879	0.850	0.819	0.787	0.753	0.719	0.684	0.648	0.612	0.577	0.541	0.507	0.473	0.440	0.408
1.5	0.989	0.975	0.958	0.939	0.917	0.893	0.866	0.838	0.808	0.777	0.744	0.711	0.677	0.643	0.608	0.574	0.540	0.507	0.474	0.442
1.6	0.990	0.978	0.963	0.946	0.926	0.905	0.881	0.855	0.827	0.798	0.768	0.736	0.704	0.671	0.638	0.605	0.572	0.539	0.507	0.475
1.7	0.991	0.981	0.968	0.952	0.935	0.915	0.893	0.870	0.844	0.817	0.789	0.759	0.729	0.698	0.666	0.634	0.602	0.570	0.538	0.507

续表

n \ t/K	2.0	1.9	1.8	1.7	1.6	1.5	1.4	1.3	1.2	1.1	1.0	0.9	0.8	0.7	0.6	0.5	0.4	0.3	0.2	0.1
1.8	0.537	0.568	0.599	0.630	0.661	0.692	0.722	0.752	0.781	0.808	0.835	0.860	0.883	0.905	0.924	0.942	0.958	0.972	0.983	0.993
1.9	0.566	0.596	0.627	0.657	0.687	0.716	0.745	0.773	0.800	0.826	0.850	0.874	0.895	0.915	0.933	0.949	0.963	0.975	0.985	0.994
2.0	0.594	0.623	0.653	0.682	0.710	0.739	0.766	0.792	0.818	0.842	0.865	0.886	0.906	0.924	0.940	0.955	0.967	0.978	0.987	0.994
2.1	0.620	0.649	0.677	0.705	0.733	0.759	0.785	0.810	0.834	0.856	0.878	0.897	0.915	0.932	0.947	0.960	0.971	0.981	0.989	0.995
2.2	0.645	0.673	0.700	0.727	0.753	0.779	0.803	0.826	0.849	0.870	0.889	0.907	0.924	0.939	0.952	0.964	0.974	0.983	0.990	0.996
2.3	0.669	0.696	0.722	0.748	0.772	0.796	0.819	0.841	0.862	0.882	0.900	0.916	0.932	0.945	0.957	0.968	0.977	0.985	0.991	0.996
2.4	0.692	0.717	0.742	0.767	0.790	0.813	0.835	0.855	0.875	0.893	0.909	0.925	0.939	0.951	0.962	0.972	0.980	0.987	0.992	0.997
2.5	0.713	0.737	0.761	0.784	0.807	0.828	0.849	0.868	0.886	0.902	0.918	0.932	0.945	0.956	0.966	0.975	0.982	0.988	0.993	0.997
2.6	0.733	0.756	0.779	0.801	0.822	0.842	0.861	0.879	0.896	0.912	0.926	0.939	0.950	0.961	0.970	0.977	0.984	0.990	0.994	0.997
2.7	0.751	0.774	0.796	0.816	0.836	0.855	0.873	0.890	0.905	0.920	0.933	0.945	0.955	0.965	0.973	0.980	0.986	0.991	0.995	0.998
2.8	0.769	0.790	0.811	0.831	0.849	0.867	0.884	0.899	0.914	0.927	0.939	0.950	0.960	0.968	0.976	0.982	0.987	0.992	0.995	0.998
2.9	0.785	0.806	0.825	0.844	0.862	0.878	0.894	0.908	0.922	0.934	0.945	0.955	0.964	0.972	0.978	0.984	0.989	0.993	0.996	0.998
3.0	0.801	0.820	0.839	0.856	0.873	0.888	0.903	0.916	0.929	0.940	0.950	0.959	0.967	0.974	0.981	0.986	0.990	0.994	0.996	0.998
3.1	0.815	0.834	0.851	0.868	0.883	0.898	0.911	0.924	0.935	0.946	0.955	0.963	0.971	0.977	0.983	0.987	0.991	0.994	0.997	0.999
3.2	0.829	0.846	0.863	0.878	0.893	0.906	0.919	0.930	0.941	0.951	0.959	0.967	0.974	0.979	0.984	0.989	0.992	0.995	0.997	0.999
3.3	0.841	0.858	0.873	0.888	0.902	0.914	0.926	0.937	0.946	0.955	0.963	0.970	0.976	0.982	0.986	0.990	0.993	0.995	0.997	0.999
3.4	0.853	0.869	0.883	0.897	0.910	0.921	0.932	0.942	0.951	0.959	0.967	0.973	0.979	0.983	0.987	0.991	0.994	0.996	0.998	0.999
3.5	0.864	0.879	0.892	0.905	0.917	0.928	0.938	0.947	0.956	0.963	0.970	0.976	0.981	0.985	0.989	0.992	0.994	0.996	0.998	0.999
3.6	0.874	0.888	0.901	0.913	0.924	0.934	0.944	0.952	0.960	0.967	0.973	0.978	0.983	0.987	0.990	0.993	0.995	0.997	0.998	0.999
3.7	0.884	0.897	0.909	0.920	0.930	0.940	0.948	0.956	0.963	0.970	0.975	0.980	0.984	0.988	0.991	0.993	0.996	0.997	0.998	0.999
3.8	0.893	0.905	0.916	0.926	0.936	0.945	0.953	0.960	0.967	0.973	0.978	0.982	0.986	0.989	0.992	0.994	0.996	0.997	0.999	0.999
3.9	0.901	0.912	0.923	0.933	0.941	0.950	0.957	0.964	0.970	0.975	0.980	0.984	0.987	0.990	0.993	0.995	0.996	0.998	0.999	0.999

续表

t/K \ n	2.0	1.9	1.8	1.7	1.6	1.5	1.4	1.3	1.2	1.1	1.0	0.9	0.8	0.7	0.6	0.5	0.4	0.3	0.2	0.1
4.0	0.908	0.919	0.929	0.938	0.946	0.954	0.961	0.967	0.973	0.977	0.982	0.985	0.989	0.991	0.993	0.995	0.997	0.998	0.999	1.000
4.1	0.915	0.925	0.935	0.943	0.951	0.958	0.964	0.970	0.975	0.980	0.983	0.987	0.990	0.992	0.994	0.996	0.997	0.998	0.999	
4.2	0.922	0.931	0.940	0.948	0.955	0.962	0.967	0.973	0.977	0.981	0.985	0.988	0.991	0.993	0.995	0.996	0.997	0.998	0.999	
4.3	0.928	0.937	0.945	0.952	0.959	0.965	0.970	0.975	0.979	0.983	0.986	0.989	0.992	0.994	0.995	0.997	0.998	0.999	0.999	
4.4	0.934	0.942	0.949	0.956	0.962	0.968	0.973	0.977	0.981	0.985	0.988	0.990	0.992	0.994	0.996	0.997	0.998	0.999	0.999	
4.5	0.939	0.947	0.953	0.960	0.966	0.971	0.975	0.979	0.983	0.986	0.989	0.991	0.993	0.995	0.996	0.997	0.998	0.999	0.999	
4.6	0.944	0.951	0.957	0.963	0.968	0.973	0.978	0.981	0.985	0.987	0.990	0.992	0.994	0.995	0.997	0.998	0.998	0.999	0.999	
4.7	0.948	0.955	0.961	0.966	0.971	0.976	0.980	0.983	0.986	0.989	0.991	0.993	0.994	0.996	0.997	0.998	0.999	0.999	1.000	
4.8	0.952	0.958	0.964	0.969	0.974	0.978	0.981	0.985	0.987	0.990	0.992	0.994	0.995	0.996	0.997	0.998	0.999	0.999		
4.9	0.956	0.962	0.967	0.972	0.976	0.980	0.983	0.986	0.988	0.991	0.993	0.994	0.996	0.997	0.998	0.998	0.999	0.999		
5.0	0.960	0.965	0.970	0.974	0.978	0.981	0.985	0.987	0.990	0.992	0.993	0.995	0.996	0.997	0.998	0.998	0.999	0.999		
5.1	0.963	0.968	0.972	0.976	0.980	0.983	0.986	0.988	0.990	0.992	0.994	0.995	0.996	0.997	0.998	0.999	0.999	0.999		
5.2	0.966	0.970	0.975	0.978	0.982	0.985	0.987	0.989	0.991	0.993	0.994	0.996	0.997	0.998	0.998	0.999	0.999	0.999		
5.3	0.969	0.973	0.977	0.980	0.983	0.986	0.988	0.990	0.992	0.994	0.995	0.996	0.997	0.998	0.998	0.999	0.999	1.000		
5.4	0.971	0.975	0.979	0.982	0.985	0.987	0.989	0.991	0.993	0.994	0.995	0.997	0.997	0.998	0.999	0.999	0.999			
5.5	0.973	0.977	0.980	0.983	0.986	0.988	0.990	0.992	0.994	0.995	0.996	0.997	0.998	0.998	0.999	0.999	0.999			
5.6	0.976	0.979	0.982	0.985	0.987	0.989	0.991	0.993	0.994	0.995	0.996	0.997	0.998	0.998	0.999	0.999	0.999			
5.7	0.978	0.981	0.984	0.986	0.988	0.990	0.992	0.993	0.995	0.996	0.997	0.997	0.998	0.999	0.999	0.999	1.000			
5.8	0.979	0.982	0.985	0.987	0.989	0.991	0.993	0.994	0.995	0.996	0.997	0.998	0.998	0.999	0.999	0.999				
5.9	0.981	0.984	0.986	0.988	0.990	0.992	0.993	0.995	0.996	0.997	0.997	0.998	0.999	0.999	0.999	0.999				
6.0	0.983	0.985	0.987	0.989	0.991	0.993	0.994	0.995	0.996	0.997	0.998	0.998	0.999	0.999	0.999	0.999				
6.1	0.984	0.986	0.988	0.990	0.992	0.993	0.994	0.996	0.996	0.997	0.998	0.998	0.999	0.999	0.999	1.000				

续表

n＼t/K	0.1	0.2	0.3	0.4	0.5	0.6	0.7	0.8	0.9	1.0	1.1	1.2	1.3	1.4	1.5	1.6	1.7	1.8	1.9	2.0
6.2						0.999	0.999	0.999	0.998	0.998	0.997	0.997	0.996	0.995	0.994	0.993	0.991	0.989	0.988	0.985
6.3						0.999	0.999	0.999	0.999	0.998	0.998	0.997	0.996	0.995	0.994	0.993	0.992	0.990	0.989	0.987
6.4						1.000	0.999	0.999	0.999	0.998	0.998	0.997	0.997	0.996	0.995	0.994	0.993	0.991	0.990	0.988
6.5							0.999	0.999	0.999	0.998	0.998	0.998	0.997	0.996	0.995	0.994	0.993	0.992	0.990	0.989
6.6							0.999	0.999	0.999	0.999	0.998	0.998	0.997	0.997	0.996	0.995	0.994	0.993	0.991	0.990
6.7							0.999	0.999	0.999	0.999	0.998	0.998	0.997	0.997	0.996	0.995	0.994	0.993	0.992	0.991
6.8							1.000	0.999	0.999	0.999	0.999	0.998	0.998	0.997	0.997	0.996	0.995	0.994	0.993	0.991
6.9								0.999	0.999	0.999	0.999	0.998	0.998	0.997	0.997	0.996	0.995	0.994	0.993	0.992
7.0								1.000	0.999	0.999	0.999	0.998	0.998	0.998	0.997	0.996	0.996	0.995	0.994	0.993
7.1									0.999	0.999	0.999	0.999	0.998	0.998	0.997	0.997	0.996	0.995	0.994	0.993
7.2									0.999	0.999	0.999	0.999	0.998	0.998	0.998	0.997	0.996	0.996	0.995	0.994
7.3									0.999	0.999	0.999	0.999	0.999	0.998	0.998	0.997	0.997	0.996	0.995	0.994
7.4									0.999	0.999	0.999	0.999	0.999	0.998	0.998	0.998	0.997	0.996	0.996	0.995
7.5									0.999	0.999	0.999	0.999	0.999	0.999	0.998	0.998	0.997	0.997	0.996	0.995
7.6									1.000	0.999	0.999	0.999	0.999	0.999	0.998	0.998	0.998	0.997	0.996	0.996
7.7										1.000	0.999	0.999	0.999	0.999	0.999	0.998	0.998	0.997	0.997	0.996
7.8											1.000	0.999	0.999	0.999	0.999	0.998	0.998	0.998	0.997	0.996
7.9												0.999	0.999	0.999	0.999	0.998	0.998	0.998	0.997	0.997
8.0												0.999	0.999	0.999	0.999	0.999	0.998	0.998	0.997	0.997
8.1												0.999	0.999	0.999	0.999	0.999	0.998	0.998	0.998	0.997
8.2												1.000	0.999	0.999	0.999	0.999	0.999	0.998	0.998	0.997
8.3													0.999	0.999	0.999	0.999	0.999	0.998	0.998	0.998

续表

t/K	0.1	0.2	0.3	0.4	0.5	0.6	0.7	0.8	0.9	1.0	1.1	1.2	1.3	1.4	1.5	1.6	1.7	1.8	1.9	2.0
8.4													1.000	0.999	0.999	0.999	0.999	0.999	0.998	0.998
8.5														0.999	0.999	0.999	0.999	0.999	0.998	0.998
8.6														0.999	0.999	0.999	0.999	0.999	0.999	0.998
8.7														1.000	0.999	0.999	0.999	0.999	0.999	0.998
8.8															0.999	0.999	0.999	0.999	0.999	0.999
8.9															1.000	0.999	0.999	0.999	0.999	0.999
9.0																0.999	0.999	0.999	0.999	0.999
9.1																1.000	0.999	0.999	0.999	0.999
9.2																	0.999	0.999	0.999	0.999
9.3																	0.999	0.999	0.999	0.999
9.4																	1.000	0.999	0.999	0.999
9.5																		1.000	0.999	0.999
9.6																			0.999	0.999
9.7																			1.000	0.999
9.8																				0.999
9.9																				0.999
10.0																				1.000

n=2.1~4.0

t/K	2.1	2.2	2.3	2.4	2.5	2.6	2.7	2.8	2.9	3.0	3.1	3.2	3.3	3.4	3.5	3.6	3.7	3.8	3.9	4.0
0.1	0.003	0.002	0.002	0.001	0.001	0.001														
0.2	0.014	0.010	0.008	0.006	0.005	0.004	0.003	0.002	0.002	0.001	0.001	0.001								
0.3	0.030	0.024	0.019	0.015	0.012	0.009	0.007	0.006	0.005	0.004	0.003	0.002	0.002	0.001	0.001	0.001	0.001			
0.4	0.051	0.042	0.034	0.028	0.023	0.019	0.015	0.012	0.010	0.008	0.006	0.005	0.004	0.003	0.003	0.002	0.002	0.001	0.001	0.001
0.5	0.076	0.064	0.054	0.045	0.037	0.031	0.026	0.021	0.018	0.014	0.012	0.010	0.008	0.006	0.005	0.004	0.003	0.003	0.002	0.002

续表

t/K ＼ n/K	4.0	3.9	3.8	3.7	3.6	3.5	3.4	3.3	3.2	3.1	3.0	2.9	2.8	2.7	2.6	2.5	2.4	2.3	2.2	2.1
0.6	0.003	0.004	0.005	0.006	0.007	0.009	0.011	0.013	0.016	0.019	0.023	0.028	0.033	0.039	0.047	0.055	0.065	0.076	0.090	0.105
0.7	0.006	0.007	0.008	0.010	0.012	0.014	0.017	0.021	0.024	0.029	0.034	0.040	0.047	0.056	0.065	0.076	0.088	0.102	0.118	0.136
0.8	0.009	0.011	0.013	0.015	0.018	0.021	0.025	0.030	0.035	0.041	0.047	0.055	0.064	0.074	0.086	0.099	0.113	0.130	0.148	0.169
0.9	0.013	0.016	0.019	0.022	0.026	0.030	0.035	0.041	0.047	0.054	0.063	0.072	0.083	0.095	0.109	0.124	0.141	0.159	0.180	0.203
1.0	0.019	0.022	0.026	0.030	0.035	0.040	0.046	0.053	0.061	0.070	0.080	0.092	0.104	0.118	0.134	0.151	0.170	0.190	0.213	0.238
1.1	0.026	0.030	0.034	0.040	0.045	0.052	0.060	0.068	0.077	0.088	0.100	0.113	0.127	0.143	0.160	0.179	0.200	0.222	0.247	0.273
1.2	0.034	0.039	0.044	0.051	0.058	0.066	0.074	0.084	0.095	0.107	0.121	0.135	0.151	0.169	0.188	0.209	0.231	0.255	0.281	0.308
1.3	0.043	0.049	0.056	0.063	0.071	0.081	0.091	0.102	0.114	0.128	0.143	0.159	0.177	0.196	0.216	0.239	0.262	0.288	0.315	0.343
1.4	0.054	0.061	0.069	0.077	0.087	0.097	0.109	0.121	0.135	0.150	0.167	0.184	0.203	0.224	0.246	0.269	0.294	0.321	0.348	0.378
1.5	0.066	0.074	0.083	0.092	0.103	0.115	0.128	0.142	0.157	0.173	0.191	0.210	0.231	0.252	0.275	0.300	0.326	0.353	0.382	0.411
1.6	0.079	0.088	0.098	0.109	0.121	0.134	0.148	0.164	0.180	0.198	0.217	0.237	0.258	0.281	0.305	0.331	0.357	0.385	0.414	0.444
1.7	0.093	0.103	0.115	0.127	0.140	0.154	0.170	0.186	0.204	0.223	0.243	0.264	0.287	0.310	0.335	0.361	0.389	0.417	0.446	0.476
1.8	0.109	0.120	0.132	0.146	0.160	0.175	0.192	0.210	0.228	0.248	0.269	0.292	0.315	0.340	0.365	0.392	0.419	0.448	0.477	0.507
1.9	0.125	0.138	0.151	0.166	0.181	0.197	0.215	0.234	0.253	0.274	0.296	0.319	0.343	0.368	0.395	0.421	0.449	0.478	0.507	0.536
2.0	0.143	0.156	0.171	0.186	0.203	0.220	0.239	0.258	0.279	0.301	0.323	0.347	0.372	0.397	0.423	0.451	0.478	0.507	0.536	0.565
2.1	0.161	0.176	0.191	0.208	0.225	0.244	0.263	0.283	0.305	0.327	0.350	0.375	0.400	0.425	0.452	0.479	0.507	0.535	0.563	0.592
2.2	0.181	0.196	0.212	0.230	0.248	0.267	0.287	0.309	0.331	0.354	0.377	0.402	0.427	0.453	0.480	0.507	0.534	0.562	0.590	0.618
2.3	0.201	0.217	0.234	0.252	0.271	0.291	0.312	0.334	0.356	0.380	0.404	0.429	0.454	0.480	0.507	0.533	0.560	0.588	0.615	0.642
2.4	0.221	0.238	0.256	0.275	0.295	0.316	0.337	0.359	0.382	0.406	0.430	0.455	0.481	0.507	0.533	0.559	0.586	0.613	0.639	0.665
2.5	0.242	0.260	0.279	0.299	0.319	0.340	0.362	0.385	0.408	0.432	0.456	0.481	0.506	0.532	0.558	0.584	0.610	0.636	0.662	0.688
2.6	0.264	0.283	0.302	0.322	0.343	0.364	0.387	0.410	0.433	0.457	0.482	0.506	0.532	0.557	0.582	0.608	0.634	0.659	0.684	0.708
2.7	0.286	0.305	0.325	0.346	0.367	0.389	0.411	0.434	0.458	0.482	0.506	0.531	0.556	0.581	0.606	0.631	0.656	0.680	0.704	0.728

续表

t/K \ n	2.1	2.2	2.3	2.4	2.5	2.6	2.7	2.8	2.9	3.0	3.1	3.2	3.3	3.4	3.5	3.6	3.7	3.8	3.9	4.0
2.8	0.747	0.724	0.701	0.677	0.653	0.629	0.604	0.580	0.555	0.531	0.506	0.482	0.459	0.436	0.413	0.391	0.369	0.348	0.328	0.308
2.9	0.764	0.742	0.720	0.697	0.674	0.650	0.626	0.602	0.578	0.554	0.530	0.506	0.483	0.460	0.437	0.414	0.392	0.371	0.350	0.330
3.0	0.781	0.760	0.738	0.716	0.694	0.671	0.648	0.624	0.600	0.577	0.553	0.530	0.506	0.483	0.460	0.438	0.416	0.394	0.373	0.353
3.1	0.796	0.776	0.756	0.734	0.713	0.691	0.668	0.645	0.622	0.599	0.576	0.552	0.529	0.506	0.483	0.461	0.439	0.417	0.396	0.375
3.2	0.811	0.792	0.772	0.752	0.731	0.709	0.688	0.665	0.643	0.620	0.597	0.574	0.552	0.529	0.506	0.484	0.462	0.440	0.418	0.397
3.3	0.824	0.806	0.787	0.768	0.748	0.727	0.706	0.685	0.663	0.641	0.618	0.596	0.573	0.551	0.528	0.506	0.484	0.462	0.441	0.420
3.4	0.837	0.820	0.802	0.783	0.764	0.744	0.724	0.703	0.682	0.660	0.638	0.616	0.594	0.572	0.550	0.528	0.506	0.484	0.463	0.442
3.5	0.849	0.832	0.815	0.798	0.779	0.760	0.741	0.721	0.700	0.679	0.658	0.636	0.615	0.593	0.571	0.549	0.528	0.506	0.485	0.463
3.6	0.860	0.844	0.828	0.811	0.794	0.776	0.757	0.737	0.718	0.697	0.677	0.656	0.634	0.613	0.592	0.570	0.549	0.527	0.506	0.485
3.7	0.870	0.856	0.840	0.824	0.807	0.790	0.772	0.753	0.734	0.715	0.695	0.674	0.654	0.633	0.612	0.590	0.569	0.548	0.527	0.506
3.8	0.880	0.866	0.852	0.836	0.820	0.804	0.786	0.768	0.750	0.731	0.712	0.692	0.672	0.651	0.631	0.610	0.589	0.568	0.547	0.527
3.9	0.889	0.876	0.862	0.848	0.832	0.817	0.800	0.783	0.765	0.747	0.728	0.709	0.689	0.670	0.649	0.629	0.609	0.588	0.567	0.547
4.0	0.897	0.885	0.872	0.858	0.844	0.829	0.813	0.796	0.779	0.762	0.744	0.725	0.706	0.687	0.667	0.648	0.627	0.607	0.587	0.567
4.1	0.905	0.893	0.881	0.868	0.854	0.840	0.825	0.809	0.793	0.776	0.759	0.741	0.723	0.704	0.685	0.665	0.646	0.626	0.606	0.586
4.2	0.912	0.901	0.890	0.877	0.864	0.851	0.837	0.822	0.806	0.790	0.773	0.756	0.738	0.720	0.701	0.682	0.663	0.644	0.624	0.605
4.3	0.919	0.909	0.898	0.886	0.874	0.861	0.847	0.833	0.818	0.803	0.787	0.770	0.753	0.735	0.717	0.699	0.680	0.661	0.642	0.623
4.4	0.925	0.915	0.905	0.894	0.883	0.870	0.857	0.844	0.830	0.815	0.799	0.783	0.767	0.750	0.733	0.715	0.697	0.678	0.660	0.641
4.5	0.931	0.922	0.912	0.902	0.891	0.879	0.867	0.854	0.841	0.826	0.812	0.796	0.781	0.764	0.747	0.730	0.712	0.695	0.676	0.658
4.6	0.936	0.928	0.919	0.909	0.899	0.888	0.876	0.864	0.851	0.837	0.823	0.809	0.793	0.778	0.761	0.745	0.728	0.710	0.692	0.674
4.7	0.941	0.933	0.925	0.916	0.906	0.896	0.884	0.873	0.861	0.848	0.834	0.820	0.806	0.790	0.775	0.759	0.742	0.725	0.708	0.690
4.8	0.946	0.938	0.930	0.922	0.913	0.903	0.892	0.881	0.870	0.857	0.845	0.831	0.817	0.803	0.788	0.772	0.756	0.740	0.723	0.706
4.9	0.950	0.943	0.936	0.928	0.919	0.910	0.900	0.889	0.878	0.867	0.854	0.842	0.828	0.814	0.800	0.785	0.769	0.754	0.737	0.721
5.0	0.954	0.947	0.940	0.933	0.925	0.916	0.907	0.897	0.886	0.875	0.864	0.851	0.839	0.825	0.811	0.797	0.782	0.767	0.751	0.735

续表

t/K \ n	2.1	2.2	2.3	2.4	2.5	2.6	2.7	2.8	2.9	3.0	3.1	3.2	3.3	3.4	3.5	3.6	3.7	3.8	3.9	4.0
5.1	0.957	0.951	0.945	0.938	0.930	0.922	0.913	0.904	0.894	0.884	0.872	0.861	0.849	0.836	0.822	0.809	0.794	0.780	0.764	0.749
5.2	0.961	0.955	0.949	0.942	0.935	0.928	0.919	0.911	0.901	0.891	0.881	0.870	0.858	0.846	0.833	0.820	0.806	0.792	0.777	0.762
5.3	0.964	0.959	0.953	0.947	0.940	0.933	0.925	0.917	0.908	0.898	0.888	0.878	0.867	0.855	0.843	0.830	0.817	0.803	0.789	0.775
5.4	0.967	0.962	0.957	0.951	0.945	0.938	0.930	0.923	0.914	0.905	0.896	0.886	0.875	0.864	0.852	0.840	0.828	0.814	0.801	0.787
5.5	0.969	0.965	0.960	0.955	0.949	0.942	0.935	0.928	0.920	0.912	0.903	0.893	0.883	0.872	0.861	0.850	0.838	0.825	0.812	0.798
5.6	0.972	0.968	0.963	0.958	0.952	0.946	0.940	0.933	0.926	0.918	0.909	0.900	0.891	0.880	0.870	0.859	0.847	0.835	0.822	0.809
5.7	0.974	0.970	0.966	0.961	0.956	0.950	0.944	0.938	0.931	0.923	0.915	0.907	0.898	0.888	0.878	0.867	0.856	0.845	0.833	0.820
5.8	0.976	0.973	0.969	0.964	0.959	0.954	0.948	0.942	0.936	0.928	0.921	0.913	0.904	0.895	0.886	0.875	0.865	0.854	0.842	0.830
5.9	0.978	0.975	0.971	0.967	0.962	0.957	0.952	0.946	0.940	0.933	0.926	0.919	0.910	0.902	0.893	0.883	0.873	0.862	0.851	0.840
6.0	0.980	0.977	0.973	0.969	0.965	0.961	0.956	0.950	0.944	0.938	0.931	0.924	0.916	0.908	0.899	0.890	0.881	0.871	0.860	0.849
6.1	0.981	0.979	0.975	0.972	0.968	0.964	0.959	0.954	0.948	0.942	0.936	0.929	0.922	0.914	0.906	0.897	0.888	0.878	0.868	0.857
6.2	0.983	0.980	0.977	0.974	0.970	0.966	0.962	0.957	0.952	0.946	0.940	0.934	0.927	0.920	0.912	0.904	0.895	0.886	0.876	0.866
6.3	0.984	0.982	0.979	0.976	0.973	0.969	0.965	0.960	0.955	0.950	0.944	0.938	0.932	0.925	0.918	0.910	0.901	0.893	0.883	0.874
6.4	0.986	0.983	0.981	0.978	0.975	0.971	0.967	0.963	0.959	0.954	0.948	0.943	0.936	0.930	0.923	0.915	0.908	0.899	0.890	0.881
6.5	0.987	0.985	0.982	0.980	0.977	0.973	0.970	0.966	0.962	0.957	0.952	0.947	0.941	0.935	0.928	0.921	0.913	0.905	0.897	0.888
6.6	0.988	0.986	0.984	0.981	0.978	0.975	0.972	0.968	0.964	0.960	0.955	0.950	0.945	0.939	0.933	0.926	0.919	0.911	0.903	0.895
6.7	0.989	0.987	0.985	0.983	0.980	0.977	0.974	0.971	0.967	0.963	0.958	0.954	0.949	0.943	0.937	0.931	0.924	0.917	0.909	0.901
6.8	0.990	0.988	0.986	0.984	0.982	0.979	0.976	0.973	0.969	0.966	0.961	0.957	0.952	0.947	0.941	0.935	0.929	0.922	0.915	0.907
6.9	0.991	0.989	0.987	0.985	0.983	0.981	0.978	0.975	0.972	0.968	0.964	0.960	0.955	0.950	0.945	0.939	0.933	0.927	0.920	0.913
7.0	0.991	0.990	0.988	0.986	0.984	0.982	0.980	0.977	0.974	0.970	0.967	0.963	0.958	0.954	0.949	0.943	0.938	0.932	0.925	0.918
7.1	0.992	0.991	0.989	0.988	0.986	0.983	0.981	0.979	0.976	0.973	0.969	0.965	0.961	0.957	0.952	0.947	0.942	0.936	0.930	0.923
7.2	0.993	0.992	0.990	0.989	0.987	0.985	0.983	0.980	0.977	0.975	0.971	0.968	0.964	0.960	0.955	0.951	0.946	0.940	0.934	0.928

续表

t/K \ n	2.1	2.2	2.3	2.4	2.5	2.6	2.7	2.8	2.9	3.0	3.1	3.2	3.3	3.4	3.5	3.6	3.7	3.8	3.9	4.0
7.3	0.993	0.992	0.991	0.989	0.988	0.986	0.984	0.982	0.979	0.976	0.973	0.970	0.967	0.963	0.959	0.954	0.949	0.944	0.939	0.933
7.4	0.994	0.993	0.992	0.990	0.989	0.987	0.985	0.983	0.981	0.978	0.975	0.972	0.969	0.965	0.961	0.957	0.953	0.948	0.942	0.937
7.5	0.994	0.993	0.992	0.991	0.990	0.988	0.986	0.984	0.982	0.980	0.977	0.974	0.971	0.968	0.964	0.960	0.956	0.951	0.946	0.941
7.6	0.995	0.994	0.993	0.992	0.990	0.989	0.987	0.986	0.983	0.981	0.979	0.976	0.973	0.970	0.966	0.963	0.959	0.954	0.950	0.945
7.7	0.995	0.994	0.994	0.992	0.991	0.990	0.988	0.987	0.985	0.983	0.980	0.978	0.975	0.972	0.969	0.965	0.961	0.957	0.953	0.948
7.8	0.996	0.995	0.994	0.993	0.992	0.991	0.989	0.988	0.986	0.984	0.982	0.979	0.977	0.974	0.971	0.968	0.964	0.960	0.956	0.952
7.9	0.996	0.995	0.995	0.994	0.993	0.991	0.990	0.989	0.987	0.985	0.983	0.981	0.979	0.976	0.973	0.970	0.966	0.963	0.959	0.955
8.0	0.996	0.996	0.995	0.994	0.993	0.992	0.991	0.989	0.988	0.986	0.984	0.982	0.980	0.978	0.975	0.972	0.969	0.965	0.962	0.958
8.1	0.997	0.996	0.995	0.995	0.994	0.993	0.992	0.990	0.989	0.987	0.986	0.984	0.982	0.979	0.977	0.974	0.971	0.968	0.964	0.960
8.2	0.997	0.996	0.996	0.995	0.994	0.993	0.992	0.991	0.990	0.988	0.987	0.985	0.983	0.981	0.978	0.976	0.973	0.970	0.967	0.963
8.3	0.997	0.997	0.996	0.995	0.995	0.994	0.993	0.992	0.991	0.989	0.988	0.986	0.984	0.982	0.980	0.977	0.975	0.972	0.969	0.965
8.4	0.997	0.997	0.996	0.996	0.995	0.994	0.993	0.992	0.991	0.990	0.989	0.987	0.985	0.983	0.981	0.979	0.977	0.974	0.971	0.968
8.5	0.998	0.997	0.997	0.996	0.996	0.995	0.994	0.993	0.992	0.991	0.989	0.988	0.986	0.985	0.983	0.980	0.978	0.976	0.973	0.970
8.6	0.998	0.997	0.997	0.996	0.996	0.995	0.994	0.994	0.993	0.991	0.990	0.989	0.987	0.986	0.984	0.982	0.980	0.977	0.975	0.972
8.7	0.998	0.998	0.997	0.997	0.996	0.996	0.995	0.994	0.993	0.992	0.991	0.990	0.988	0.987	0.985	0.983	0.981	0.979	0.976	0.974
8.8	0.998	0.998	0.997	0.997	0.997	0.996	0.995	0.995	0.994	0.993	0.992	0.990	0.989	0.988	0.986	0.984	0.982	0.980	0.978	0.976
8.9	0.998	0.998	0.998	0.997	0.997	0.996	0.996	0.995	0.994	0.993	0.992	0.991	0.990	0.989	0.987	0.985	0.984	0.982	0.980	0.977
9.0	0.999	0.998	0.998	0.998	0.997	0.997	0.996	0.995	0.995	0.994	0.993	0.992	0.991	0.989	0.988	0.987	0.985	0.983	0.981	0.979
9.1	0.999	0.998	0.998	0.998	0.997	0.997	0.996	0.996	0.995	0.994	0.993	0.992	0.991	0.990	0.989	0.987	0.986	0.984	0.982	0.980
9.2	0.999	0.999	0.998	0.998	0.998	0.997	0.997	0.996	0.995	0.995	0.994	0.993	0.992	0.991	0.990	0.988	0.987	0.985	0.984	0.982
9.3	0.999	0.999	0.998	0.998	0.998	0.997	0.997	0.996	0.996	0.995	0.994	0.994	0.993	0.992	0.990	0.989	0.988	0.986	0.985	0.983
9.4	0.999	0.999	0.999	0.998	0.998	0.998	0.997	0.997	0.996	0.995	0.995	0.994	0.993	0.992	0.991	0.990	0.989	0.987	0.986	0.984

续表

n \\ t/K	4.0	3.9	3.8	3.7	3.6	3.5	3.4	3.3	3.2	3.1	3.0	2.9	2.8	2.7	2.6	2.5	2.4	2.3	2.2	2.1
9.5	0.985	0.987	0.988	0.990	0.991	0.992	0.993	0.994	0.994	0.995	0.996	0.996	0.997	0.997	0.998	0.998	0.998	0.999	0.999	0.999
9.6	0.986	0.988	0.989	0.990	0.991	0.992	0.993	0.994	0.995	0.996	0.996	0.997	0.997	0.998	0.998	0.998	0.999	0.999	0.999	0.999
9.7	0.987	0.989	0.990	0.991	0.992	0.993	0.994	0.995	0.995	0.996	0.996	0.997	0.997	0.998	0.998	0.998	0.999	0.999	0.999	0.999
9.8	0.988	0.989	0.991	0.992	0.993	0.994	0.994	0.995	0.996	0.996	0.997	0.997	0.998	0.998	0.998	0.999	0.999	0.999	0.999	0.999
9.9	0.989	0.990	0.991	0.992	0.993	0.994	0.995	0.995	0.996	0.997	0.997	0.997	0.998	0.998	0.998	0.999	0.999	0.999	0.999	0.999
10.0	0.990	0.991	0.992	0.993	0.994	0.994	0.995	0.996	0.996	0.997	0.997	0.998	0.998	0.998	0.999	0.999	0.999	0.999	0.999	0.999
10.1	0.990	0.991	0.992	0.993	0.994	0.995	0.995	0.996	0.997	0.997	0.997	0.998	0.998	0.998	0.999	0.999	0.999	0.999	0.999	0.999
10.2	0.991	0.992	0.993	0.994	0.995	0.995	0.996	0.996	0.997	0.997	0.998	0.998	0.998	0.999	0.999	0.999	0.999	0.999	0.999	0.999
10.3	0.992	0.993	0.994	0.994	0.995	0.996	0.996	0.997	0.997	0.997	0.998	0.998	0.998	0.999	0.999	0.999	0.999	0.999	0.999	1.000
10.4	0.992	0.993	0.994	0.995	0.995	0.996	0.996	0.997	0.997	0.998	0.998	0.998	0.999	0.999	0.999	0.999	0.999	0.999	0.999	
10.5	0.993	0.994	0.994	0.995	0.996	0.996	0.997	0.997	0.998	0.998	0.998	0.998	0.999	0.999	0.999	0.999	0.999	0.999	1.000	
10.6	0.993	0.994	0.995	0.995	0.996	0.997	0.997	0.997	0.998	0.998	0.998	0.999	0.999	0.999	0.999	0.999	0.999	1.000		
10.7	0.994	0.995	0.995	0.996	0.996	0.997	0.997	0.998	0.998	0.998	0.998	0.999	0.999	0.999	0.999	0.999	0.999			
10.8	0.994	0.995	0.996	0.996	0.997	0.997	0.997	0.998	0.998	0.998	0.998	0.999	0.999	0.999	0.999	0.999	1.000			
10.9	0.995	0.995	0.996	0.996	0.997	0.997	0.998	0.998	0.998	0.998	0.999	0.999	0.999	0.999	0.999	0.999				
11.0	0.995	0.996	0.996	0.997	0.997	0.997	0.998	0.998	0.998	0.999	0.999	0.999	0.999	0.999	0.999	0.999				
11.1	0.995	0.996	0.996	0.997	0.997	0.998	0.998	0.998	0.999	0.999	0.999	0.999	0.999	0.999	0.999	1.000				
11.2	0.996	0.996	0.997	0.997	0.998	0.998	0.998	0.998	0.999	0.999	0.999	0.999	0.999	0.999	0.999					
11.3	0.996	0.997	0.997	0.998	0.998	0.998	0.998	0.999	0.999	0.999	0.999	0.999	0.999	0.999	1.000					
11.4	0.996	0.997	0.997	0.998	0.998	0.998	0.998	0.999	0.999	0.999	0.999	0.999	0.999	0.999						
11.5	0.997	0.997	0.997	0.998	0.998	0.998	0.999	0.999	0.999	0.999	0.999	0.999	0.999	1.000						
11.6	0.997	0.997	0.998	0.998	0.998	0.998	0.999	0.999	0.999	0.999	0.999	0.999	0.999							
11.7	0.997	0.997	0.998	0.998	0.998	0.999	0.999	0.999	0.999	0.999	0.999	0.999	1.000							
11.8	0.997	0.998	0.998	0.998	0.998	0.999	0.999	0.999	0.999	0.999	0.999	0.999								

续表

t/K＼n	2.1	2.2	2.3	2.4	2.5	2.6	2.7	2.8	2.9	3.0	3.1	3.2	3.3	3.4	3.5	3.6	3.7	3.8	3.9	4.0
11.9									1.000	0.999	0.999	0.999	0.999	0.999	0.999	0.999	0.998	0.998	0.998	0.998
12.0										0.999	0.999	0.999	0.999	0.999	0.999	0.999	0.998	0.998	0.998	0.998
12.1										1.000	0.999	0.999	0.999	0.999	0.999	0.999	0.999	0.998	0.998	0.998
12.2											1.000	0.999	0.999	0.999	0.999	0.999	0.999	0.999	0.998	0.998
12.3												0.999	0.999	0.999	0.999	0.999	0.999	0.999	0.998	0.998
12.4												0.999	0.999	0.999	0.999	0.999	0.999	0.999	0.999	0.998
12.5												1.000	0.999	0.999	0.999	0.999	0.999	0.999	0.999	0.998
12.6													0.999	0.999	0.999	0.999	0.999	0.999	0.999	0.999
12.7													1.000	0.999	0.999	0.999	0.999	0.999	0.999	0.999
12.8														0.999	0.999	0.999	0.999	0.999	0.999	0.999
12.9														1.000	0.999	0.999	0.999	0.999	0.999	0.999
13.0															1.000	0.999	0.999	0.999	0.999	0.999
13.1																0.999	0.999	0.999	0.999	0.999
13.2																1.000	0.999	0.999	0.999	0.999
13.3																	0.999	0.999	0.999	0.999
13.4																	1.000	0.999	0.999	0.999
13.5																		0.999	0.999	0.999
13.6																		1.000	0.999	0.999
13.7																			0.999	0.999
13.8																			1.000	0.999
13.9																				0.999
14.0																				1.000

续表

$n=4.1\sim6.0$

$t/K \backslash n$	4.1	4.2	4.3	4.4	4.5	4.6	4.7	4.8	4.9	5.0	5.1	5.2	5.3	5.4	5.5	5.6	5.7	5.8	5.9	6.0
0.1																				
0.2																				
0.3																				
0.4	0.001																			
0.5	0.001	0.001	0.001	0.001	0.001															
0.6	0.003	0.002	0.002	0.001	0.001	0.001	0.001	0.001												
0.7	0.005	0.004	0.003	0.003	0.002	0.002	0.001	0.001	0.001	0.001	0.001	0.001								
0.8	0.008	0.006	0.005	0.004	0.004	0.003	0.003	0.002	0.002	0.001	0.001	0.001	0.001	0.001	0.001					
0.9	0.011	0.010	0.008	0.007	0.006	0.005	0.004	0.003	0.003	0.002	0.002	0.002	0.001	0.001	0.001	0.001	0.001	0.001		
1.0	0.016	0.014	0.012	0.010	0.009	0.007	0.006	0.005	0.004	0.004	0.003	0.003	0.002	0.002	0.002	0.001	0.001	0.001	0.001	0.001
1.1	0.022	0.019	0.016	0.014	0.012	0.010	0.009	0.008	0.006	0.005	0.005	0.004	0.003	0.003	0.002	0.002	0.002	0.001	0.001	0.001
1.2	0.029	0.026	0.022	0.019	0.017	0.014	0.012	0.011	0.009	0.008	0.007	0.006	0.005	0.004	0.003	0.003	0.002	0.002	0.002	0.002
1.3	0.038	0.033	0.029	0.025	0.022	0.019	0.017	0.014	0.012	0.011	0.009	0.008	0.007	0.006	0.005	0.004	0.004	0.003	0.003	0.002
1.4	0.047	0.042	0.037	0.032	0.028	0.025	0.022	0.019	0.016	0.014	0.012	0.011	0.009	0.008	0.007	0.006	0.005	0.004	0.004	0.003
1.5	0.058	0.052	0.046	0.040	0.036	0.031	0.028	0.024	0.021	0.019	0.016	0.014	0.012	0.011	0.009	0.008	0.007	0.006	0.005	0.004
1.6	0.070	0.063	0.056	0.050	0.044	0.039	0.035	0.031	0.027	0.024	0.021	0.018	0.016	0.014	0.012	0.011	0.009	0.008	0.007	0.006
1.7	0.084	0.075	0.067	0.060	0.054	0.048	0.043	0.038	0.033	0.030	0.026	0.023	0.020	0.018	0.016	0.014	0.012	0.011	0.009	0.008
1.8	0.098	0.089	0.080	0.072	0.064	0.058	0.051	0.046	0.041	0.036	0.032	0.029	0.025	0.022	0.020	0.017	0.015	0.013	0.012	0.010
1.9	0.114	0.103	0.093	0.084	0.076	0.068	0.061	0.055	0.049	0.044	0.039	0.035	0.031	0.028	0.025	0.022	0.019	0.017	0.015	0.013
2.0	0.130	0.119	0.108	0.098	0.089	0.080	0.072	0.065	0.059	0.053	0.047	0.042	0.038	0.034	0.030	0.027	0.024	0.021	0.019	0.017
2.1	0.148	0.135	0.123	0.112	0.102	0.093	0.084	0.076	0.069	0.062	0.056	0.050	0.045	0.041	0.036	0.032	0.029	0.026	0.023	0.020
2.2	0.166	0.153	0.140	0.128	0.117	0.107	0.097	0.088	0.080	0.072	0.066	0.059	0.053	0.048	0.043	0.039	0.035	0.031	0.028	0.025
2.3	0.185	0.171	0.157	0.144	0.132	0.121	0.111	0.101	0.092	0.084	0.076	0.069	0.062	0.057	0.051	0.046	0.041	0.037	0.033	0.030
2.4	0.205	0.190	0.175	0.161	0.149	0.137	0.125	0.115	0.105	0.096	0.087	0.080	0.072	0.066	0.060	0.054	0.049	0.044	0.040	0.036
2.5	0.225	0.209	0.194	0.179	0.166	0.153	0.141	0.129	0.119	0.109	0.100	0.091	0.083	0.076	0.069	0.063	0.057	0.051	0.047	0.042

续表

n \\ t/K	6.0	5.9	5.8	5.7	5.6	5.5	5.4	5.3	5.2	5.1	5.0	4.9	4.8	4.7	4.6	4.5	4.4	4.3	4.2	4.1
2.6	0.049	0.054	0.060	0.066	0.072	0.079	0.086	0.095	0.103	0.113	0.123	0.133	0.145	0.157	0.170	0.183	0.198	0.213	0.229	0.246
2.7	0.057	0.062	0.068	0.075	0.082	0.090	0.098	0.107	0.116	0.126	0.137	0.149	0.161	0.174	0.187	0.202	0.217	0.233	0.250	0.268
2.8	0.065	0.071	0.078	0.085	0.093	0.101	0.110	0.120	0.130	0.141	0.152	0.165	0.178	0.191	0.206	0.221	0.237	0.253	0.271	0.289
2.9	0.074	0.081	0.088	0.096	0.105	0.114	0.123	0.133	0.144	0.156	0.168	0.181	0.195	0.209	0.224	0.240	0.257	0.274	0.292	0.311
3.0	0.084	0.091	0.099	0.108	0.117	0.127	0.137	0.148	0.160	0.172	0.185	0.198	0.213	0.228	0.244	0.260	0.277	0.295	0.314	0.333
3.1	0.094	0.102	0.111	0.120	0.130	0.140	0.151	0.163	0.175	0.188	0.202	0.216	0.231	0.247	0.263	0.280	0.298	0.316	0.335	0.355
3.2	0.105	0.114	0.123	0.133	0.144	0.155	0.166	0.179	0.192	0.205	0.219	0.234	0.250	0.266	0.283	0.301	0.319	0.338	0.357	0.377
3.3	0.117	0.126	0.136	0.147	0.158	0.170	0.182	0.195	0.208	0.223	0.237	0.253	0.269	0.286	0.303	0.321	0.340	0.359	0.379	0.399
3.4	0.129	0.139	0.150	0.161	0.173	0.185	0.198	0.211	0.226	0.240	0.256	0.272	0.289	0.306	0.324	0.342	0.361	0.380	0.400	0.421
3.5	0.142	0.153	0.164	0.176	0.188	0.201	0.214	0.229	0.243	0.259	0.275	0.291	0.308	0.326	0.344	0.363	0.382	0.402	0.422	0.442
3.6	0.156	0.167	0.179	0.191	0.204	0.217	0.231	0.246	0.261	0.277	0.294	0.311	0.328	0.346	0.365	0.384	0.403	0.423	0.443	0.464
3.7	0.170	0.182	0.194	0.207	0.220	0.234	0.249	0.264	0.280	0.296	0.313	0.330	0.348	0.366	0.385	0.404	0.424	0.444	0.464	0.485
3.8	0.184	0.197	0.210	0.223	0.237	0.251	0.266	0.282	0.298	0.315	0.332	0.350	0.368	0.387	0.406	0.425	0.445	0.465	0.485	0.506
3.9	0.199	0.212	0.226	0.239	0.254	0.269	0.284	0.300	0.317	0.334	0.352	0.370	0.388	0.407	0.426	0.446	0.465	0.485	0.506	0.526
4.0	0.215	0.228	0.242	0.256	0.271	0.287	0.303	0.319	0.336	0.353	0.371	0.389	0.408	0.427	0.446	0.466	0.486	0.506	0.526	0.546
4.1	0.231	0.244	0.259	0.274	0.289	0.305	0.321	0.338	0.355	0.373	0.391	0.409	0.428	0.447	0.466	0.486	0.506	0.526	0.546	0.566
4.2	0.247	0.261	0.276	0.291	0.307	0.323	0.340	0.357	0.374	0.392	0.410	0.429	0.448	0.467	0.486	0.506	0.525	0.545	0.565	0.585
4.3	0.263	0.278	0.293	0.309	0.325	0.341	0.358	0.375	0.393	0.411	0.430	0.448	0.467	0.486	0.506	0.525	0.545	0.564	0.584	0.603
4.4	0.280	0.295	0.311	0.327	0.343	0.360	0.377	0.394	0.412	0.430	0.449	0.468	0.486	0.506	0.525	0.544	0.563	0.583	0.602	0.621
4.5	0.297	0.312	0.328	0.344	0.361	0.378	0.395	0.413	0.431	0.449	0.468	0.487	0.505	0.524	0.544	0.563	0.582	0.601	0.620	0.639
4.6	0.314	0.330	0.346	0.363	0.379	0.397	0.414	0.432	0.450	0.468	0.487	0.505	0.524	0.543	0.562	0.581	0.600	0.619	0.637	0.656
4.7	0.332	0.348	0.364	0.381	0.398	0.415	0.433	0.451	0.469	0.487	0.505	0.524	0.543	0.561	0.580	0.599	0.617	0.636	0.654	0.672
4.8	0.349	0.365	0.382	0.399	0.416	0.433	0.451	0.469	0.487	0.505	0.524	0.542	0.561	0.579	0.598	0.616	0.634	0.653	0.671	0.688
4.9	0.366	0.383	0.400	0.417	0.434	0.452	0.469	0.487	0.505	0.524	0.542	0.560	0.578	0.597	0.615	0.633	0.651	0.669	0.686	0.704
5.0	0.384	0.401	0.418	0.435	0.452	0.470	0.487	0.505	0.523	0.541	0.560	0.578	0.596	0.614	0.632	0.650	0.667	0.685	0.702	0.718

续表

n / t/K	6.0	5.9	5.8	5.7	5.6	5.5	5.4	5.3	5.2	5.1	5.0	4.9	4.8	4.7	4.6	4.5	4.4	4.3	4.2	4.1
5.1	0.402	0.418	0.435	0.453	0.470	0.488	0.505	0.523	0.541	0.559	0.577	0.595	0.613	0.630	0.648	0.665	0.683	0.700	0.716	0.733
5.2	0.419	0.436	0.453	0.470	0.488	0.505	0.523	0.541	0.558	0.576	0.594	0.612	0.629	0.647	0.664	0.681	0.698	0.714	0.731	0.746
5.3	0.437	0.453	0.471	0.488	0.505	0.523	0.540	0.558	0.575	0.593	0.610	0.628	0.645	0.662	0.679	0.696	0.712	0.728	0.744	0.760
5.4	0.454	0.471	0.488	0.505	0.522	0.540	0.557	0.575	0.592	0.609	0.627	0.644	0.661	0.678	0.694	0.710	0.726	0.742	0.757	0.772
5.5	0.471	0.488	0.505	0.522	0.539	0.557	0.574	0.591	0.608	0.626	0.642	0.659	0.676	0.692	0.708	0.724	0.740	0.755	0.770	0.784
5.6	0.488	0.505	0.522	0.539	0.556	0.573	0.590	0.607	0.624	0.641	0.658	0.674	0.691	0.707	0.722	0.738	0.753	0.768	0.782	0.796
5.7	0.505	0.522	0.539	0.556	0.573	0.590	0.606	0.623	0.640	0.656	0.673	0.689	0.705	0.720	0.736	0.751	0.765	0.780	0.793	0.807
5.8	0.522	0.538	0.555	0.572	0.589	0.606	0.622	0.639	0.655	0.671	0.687	0.703	0.719	0.734	0.749	0.763	0.777	0.791	0.805	0.818
5.9	0.538	0.555	0.571	0.588	0.605	0.621	0.638	0.654	0.670	0.686	0.701	0.717	0.732	0.747	0.761	0.775	0.789	0.802	0.815	0.828
6.0	0.554	0.571	0.587	0.604	0.620	0.636	0.652	0.668	0.684	0.700	0.715	0.730	0.745	0.759	0.773	0.787	0.800	0.813	0.825	0.837
6.1	0.570	0.587	0.603	0.619	0.635	0.651	0.667	0.683	0.698	0.713	0.728	0.743	0.757	0.771	0.785	0.798	0.811	0.823	0.835	0.846
6.2	0.586	0.602	0.618	0.634	0.650	0.666	0.681	0.696	0.712	0.726	0.741	0.755	0.769	0.782	0.796	0.808	0.821	0.833	0.844	0.855
6.3	0.601	0.617	0.633	0.649	0.664	0.680	0.695	0.710	0.725	0.739	0.753	0.767	0.780	0.793	0.806	0.818	0.830	0.842	0.853	0.863
6.4	0.616	0.632	0.648	0.663	0.678	0.693	0.708	0.723	0.737	0.751	0.765	0.778	0.791	0.804	0.816	0.828	0.840	0.851	0.861	0.871
6.5	0.631	0.646	0.662	0.677	0.692	0.707	0.721	0.735	0.749	0.763	0.776	0.789	0.802	0.814	0.826	0.837	0.848	0.859	0.869	0.879
6.6	0.645	0.661	0.676	0.690	0.705	0.720	0.734	0.748	0.761	0.774	0.787	0.800	0.812	0.824	0.835	0.846	0.857	0.867	0.877	0.886
6.7	0.659	0.674	0.689	0.704	0.718	0.732	0.746	0.759	0.772	0.785	0.798	0.810	0.822	0.833	0.844	0.855	0.865	0.875	0.884	0.893
6.8	0.673	0.688	0.702	0.716	0.730	0.744	0.758	0.771	0.783	0.796	0.808	0.820	0.831	0.842	0.853	0.863	0.872	0.882	0.891	0.899
6.9	0.686	0.701	0.715	0.729	0.742	0.756	0.769	0.782	0.794	0.806	0.818	0.829	0.840	0.851	0.861	0.870	0.880	0.889	0.897	0.905
7.0	0.699	0.713	0.727	0.741	0.754	0.767	0.780	0.792	0.804	0.816	0.827	0.838	0.848	0.859	0.868	0.878	0.887	0.895	0.903	0.911
7.1	0.712	0.726	0.739	0.752	0.765	0.778	0.790	0.802	0.814	0.825	0.836	0.846	0.857	0.866	0.876	0.885	0.893	0.901	0.909	0.916
7.2	0.724	0.738	0.751	0.764	0.776	0.788	0.800	0.812	0.823	0.834	0.844	0.855	0.864	0.874	0.883	0.891	0.899	0.907	0.915	0.921
7.3	0.736	0.749	0.762	0.774	0.787	0.798	0.810	0.821	0.832	0.843	0.853	0.862	0.872	0.881	0.889	0.897	0.905	0.913	0.920	0.926
7.4	0.747	0.760	0.773	0.785	0.797	0.808	0.819	0.830	0.841	0.851	0.860	0.870	0.879	0.887	0.896	0.903	0.911	0.918	0.925	0.931
7.5	0.759	0.771	0.783	0.795	0.806	0.818	0.828	0.839	0.849	0.859	0.868	0.877	0.886	0.894	0.902	0.909	0.916	0.923	0.929	0.935

续表

t/K ＼ n	6.0	5.9	5.8	5.7	5.6	5.5	5.4	5.3	5.2	5.1	5.0	4.9	4.8	4.7	4.6	4.5	4.4	4.3	4.2	4.1
7.6	0.769	0.781	0.793	0.805	0.816	0.826	0.837	0.847	0.857	0.866	0.875	0.884	0.892	0.900	0.907	0.914	0.921	0.928	0.934	0.939
7.7	0.780	0.791	0.803	0.814	0.825	0.835	0.845	0.855	0.864	0.873	0.882	0.890	0.898	0.906	0.913	0.919	0.926	0.932	0.938	0.943
7.8	0.790	0.801	0.812	0.823	0.833	0.843	0.853	0.862	0.871	0.880	0.888	0.896	0.904	0.911	0.918	0.924	0.930	0.936	0.942	0.947
7.9	0.799	0.810	0.821	0.832	0.842	0.851	0.861	0.870	0.878	0.887	0.894	0.902	0.909	0.916	0.923	0.929	0.935	0.940	0.945	0.950
8.0	0.809	0.819	0.830	0.840	0.850	0.859	0.868	0.877	0.885	0.893	0.900	0.908	0.915	0.921	0.927	0.933	0.939	0.944	0.949	0.953
8.1	0.818	0.828	0.838	0.848	0.857	0.866	0.875	0.883	0.891	0.899	0.906	0.913	0.919	0.926	0.932	0.937	0.942	0.947	0.952	0.956
8.2	0.826	0.836	0.846	0.855	0.864	0.873	0.881	0.889	0.897	0.904	0.911	0.918	0.924	0.930	0.936	0.941	0.946	0.951	0.955	0.959
8.3	0.835	0.844	0.854	0.863	0.871	0.880	0.888	0.895	0.903	0.910	0.916	0.923	0.929	0.934	0.940	0.945	0.949	0.954	0.958	0.962
8.4	0.843	0.852	0.861	0.870	0.878	0.886	0.894	0.901	0.908	0.915	0.921	0.927	0.933	0.938	0.943	0.948	0.953	0.957	0.961	0.964
8.5	0.850	0.859	0.868	0.876	0.884	0.892	0.899	0.907	0.913	0.920	0.926	0.931	0.937	0.942	0.947	0.951	0.956	0.960	0.963	0.967
8.6	0.858	0.866	0.875	0.883	0.891	0.898	0.905	0.912	0.918	0.924	0.930	0.935	0.941	0.945	0.950	0.954	0.958	0.962	0.966	0.969
8.7	0.865	0.873	0.881	0.889	0.896	0.903	0.910	0.917	0.923	0.929	0.934	0.939	0.944	0.949	0.953	0.957	0.961	0.965	0.968	0.971
8.8	0.872	0.880	0.887	0.895	0.902	0.909	0.915	0.921	0.927	0.933	0.938	0.943	0.948	0.952	0.956	0.960	0.964	0.967	0.970	0.973
8.9	0.878	0.886	0.893	0.900	0.907	0.914	0.920	0.926	0.931	0.937	0.942	0.946	0.951	0.955	0.959	0.962	0.966	0.969	0.972	0.975
9.0	0.884	0.892	0.899	0.906	0.912	0.918	0.924	0.930	0.935	0.940	0.945	0.950	0.954	0.958	0.961	0.965	0.968	0.971	0.974	0.976
9.1	0.890	0.897	0.904	0.911	0.917	0.923	0.929	0.934	0.939	0.944	0.948	0.953	0.957	0.960	0.964	0.967	0.970	0.973	0.976	0.978
9.2	0.896	0.903	0.909	0.916	0.922	0.927	0.933	0.938	0.943	0.947	0.951	0.955	0.959	0.963	0.966	0.969	0.972	0.975	0.977	0.979
9.3	0.901	0.908	0.914	0.920	0.926	0.931	0.936	0.941	0.946	0.950	0.954	0.958	0.962	0.965	0.968	0.971	0.974	0.976	0.979	0.981
9.4	0.907	0.913	0.919	0.925	0.930	0.935	0.940	0.945	0.949	0.953	0.957	0.961	0.964	0.967	0.970	0.973	0.976	0.978	0.980	0.982
9.5	0.911	0.918	0.923	0.929	0.934	0.939	0.944	0.948	0.952	0.956	0.960	0.963	0.966	0.969	0.972	0.975	0.977	0.979	0.982	0.983
9.6	0.916	0.922	0.928	0.933	0.938	0.942	0.947	0.951	0.955	0.959	0.962	0.965	0.969	0.971	0.974	0.976	0.979	0.981	0.983	0.985
9.7	0.921	0.926	0.932	0.937	0.941	0.946	0.950	0.954	0.958	0.961	0.965	0.968	0.971	0.973	0.976	0.978	0.980	0.982	0.984	0.986
9.8	0.925	0.930	0.935	0.940	0.945	0.949	0.953	0.957	0.960	0.964	0.967	0.970	0.972	0.975	0.977	0.979	0.981	0.983	0.985	0.987
9.9	0.929	0.934	0.939	0.943	0.948	0.952	0.956	0.959	0.963	0.966	0.969	0.972	0.974	0.977	0.979	0.981	0.983	0.984	0.986	0.988
10.0	0.933	0.938	0.942	0.947	0.951	0.955	0.958	0.962	0.965	0.968	0.971	0.973	0.976	0.978	0.980	0.982	0.984	0.986	0.987	0.988

续表

t/K \ n	4.1	4.2	4.3	4.4	4.5	4.6	4.7	4.8	4.9	5.0	5.1	5.2	5.3	5.4	5.5	5.6	5.7	5.8	5.9	6.0
10.1	0.989	0.988	0.987	0.985	0.983	0.981	0.979	0.977	0.975	0.973	0.970	0.967	0.964	0.961	0.957	0.954	0.950	0.946	0.941	0.937
10.2	0.990	0.989	0.987	0.986	0.984	0.983	0.981	0.979	0.977	0.974	0.972	0.969	0.966	0.963	0.960	0.956	0.953	0.949	0.945	0.940
10.3	0.991	0.990	0.988	0.987	0.985	0.984	0.982	0.980	0.978	0.976	0.974	0.971	0.968	0.965	0.962	0.959	0.955	0.952	0.948	0.943
10.4	0.991	0.990	0.989	0.988	0.986	0.985	0.983	0.981	0.980	0.977	0.975	0.973	0.970	0.967	0.965	0.961	0.958	0.954	0.951	0.947
10.5	0.992	0.991	0.990	0.989	0.987	0.986	0.984	0.983	0.981	0.979	0.977	0.975	0.972	0.969	0.967	0.964	0.960	0.957	0.953	0.950
10.6	0.993	0.992	0.991	0.989	0.988	0.987	0.985	0.984	0.982	0.980	0.978	0.976	0.974	0.971	0.969	0.966	0.963	0.960	0.956	0.952
10.7	0.993	0.992	0.991	0.990	0.989	0.988	0.986	0.985	0.983	0.982	0.980	0.978	0.975	0.973	0.971	0.968	0.965	0.962	0.959	0.955
10.8	0.994	0.993	0.992	0.991	0.990	0.989	0.987	0.986	0.984	0.983	0.981	0.979	0.977	0.975	0.972	0.970	0.967	0.964	0.961	0.958
10.9	0.994	0.993	0.992	0.991	0.990	0.989	0.988	0.987	0.985	0.984	0.982	0.980	0.978	0.976	0.974	0.972	0.969	0.966	0.963	0.960
11.0	0.994	0.994	0.993	0.992	0.991	0.990	0.989	0.988	0.986	0.985	0.983	0.982	0.980	0.978	0.976	0.973	0.971	0.968	0.965	0.962
11.1	0.995	0.994	0.993	0.993	0.992	0.991	0.990	0.989	0.987	0.986	0.984	0.983	0.981	0.979	0.977	0.975	0.973	0.970	0.968	0.965
11.2	0.995	0.995	0.994	0.993	0.992	0.991	0.990	0.989	0.988	0.987	0.985	0.984	0.982	0.980	0.979	0.977	0.974	0.972	0.969	0.967
11.3	0.996	0.995	0.994	0.994	0.993	0.992	0.991	0.990	0.989	0.988	0.986	0.985	0.983	0.982	0.980	0.978	0.976	0.974	0.971	0.969
11.4	0.996	0.995	0.995	0.994	0.993	0.993	0.992	0.991	0.990	0.988	0.987	0.986	0.984	0.983	0.981	0.979	0.977	0.975	0.973	0.971
11.5	0.996	0.996	0.995	0.994	0.994	0.993	0.992	0.991	0.990	0.989	0.988	0.987	0.985	0.984	0.982	0.981	0.979	0.977	0.975	0.972
11.6	0.996	0.996	0.995	0.995	0.994	0.994	0.993	0.992	0.991	0.990	0.989	0.988	0.986	0.985	0.983	0.982	0.980	0.978	0.976	0.974
11.7	0.997	0.996	0.996	0.995	0.995	0.994	0.993	0.992	0.992	0.991	0.990	0.988	0.987	0.986	0.984	0.983	0.981	0.979	0.978	0.975
11.8	0.997	0.997	0.996	0.996	0.995	0.994	0.994	0.993	0.992	0.991	0.990	0.989	0.988	0.987	0.985	0.984	0.982	0.981	0.979	0.977
11.9	0.997	0.997	0.996	0.996	0.995	0.995	0.994	0.993	0.993	0.992	0.991	0.990	0.989	0.988	0.986	0.985	0.984	0.982	0.980	0.978
12.0	0.997	0.997	0.997	0.996	0.996	0.995	0.995	0.994	0.993	0.992	0.992	0.991	0.990	0.988	0.987	0.986	0.985	0.983	0.981	0.980
12.1	0.998	0.997	0.997	0.996	0.996	0.996	0.995	0.994	0.994	0.993	0.992	0.991	0.990	0.989	0.988	0.987	0.986	0.984	0.983	0.981
12.2	0.998	0.997	0.997	0.997	0.996	0.996	0.995	0.995	0.994	0.993	0.993	0.992	0.991	0.990	0.989	0.988	0.986	0.985	0.984	0.982
12.3	0.998	0.998	0.997	0.997	0.997	0.996	0.996	0.995	0.995	0.994	0.993	0.992	0.992	0.991	0.990	0.988	0.987	0.986	0.985	0.983
12.4	0.998	0.998	0.998	0.997	0.997	0.996	0.996	0.995	0.995	0.994	0.994	0.993	0.992	0.991	0.990	0.989	0.988	0.987	0.986	0.984
12.5	0.998	0.998	0.998	0.997	0.997	0.997	0.996	0.996	0.995	0.995	0.994	0.993	0.993	0.992	0.991	0.990	0.989	0.988	0.987	0.985

t/K ＼ n	6.0	5.9	5.8	5.7	5.6	5.5	5.4	5.3	5.2	5.1	5.0	4.9	4.8	4.7	4.6	4.5	4.4	4.3	4.2	4.1
12.6	0.986	0.987	0.989	0.990	0.991	0.991	0.992	0.993	0.994	0.994	0.995	0.996	0.996	0.996	0.997	0.997	0.998	0.998	0.998	0.998
12.7	0.987	0.988	0.989	0.990	0.991	0.992	0.993	0.994	0.994	0.995	0.995	0.996	0.996	0.997	0.997	0.997	0.998	0.998	0.998	0.998
12.8	0.988	0.989	0.990	0.991	0.992	0.993	0.993	0.994	0.995	0.995	0.996	0.996	0.997	0.997	0.997	0.998	0.998	0.998	0.999	0.999
12.9	0.989	0.990	0.991	0.991	0.992	0.993	0.994	0.994	0.995	0.995	0.996	0.996	0.997	0.997	0.998	0.998	0.998	0.998	0.999	0.999
13.0	0.989	0.990	0.991	0.992	0.993	0.994	0.994	0.995	0.995	0.996	0.996	0.997	0.997	0.997	0.998	0.998	0.998	0.998	0.999	0.999
13.1	0.990	0.991	0.992	0.993	0.993	0.994	0.995	0.995	0.996	0.996	0.997	0.997	0.997	0.998	0.998	0.998	0.998	0.999	0.999	0.999
13.2	0.991	0.991	0.992	0.993	0.994	0.994	0.995	0.995	0.996	0.996	0.997	0.997	0.997	0.998	0.998	0.998	0.998	0.999	0.999	0.999
13.3	0.991	0.992	0.993	0.993	0.994	0.995	0.995	0.996	0.996	0.997	0.997	0.997	0.998	0.998	0.998	0.998	0.999	0.999	0.999	0.999
13.4	0.992	0.993	0.993	0.994	0.995	0.995	0.996	0.996	0.996	0.997	0.997	0.998	0.998	0.998	0.998	0.998	0.999	0.999	0.999	0.999
13.5	0.992	0.993	0.994	0.994	0.995	0.995	0.996	0.996	0.997	0.997	0.997	0.998	0.998	0.998	0.998	0.999	0.999	0.999	0.999	0.999
13.6	0.993	0.993	0.994	0.995	0.995	0.996	0.996	0.997	0.997	0.997	0.998	0.998	0.998	0.998	0.999	0.999	0.999	0.999	0.999	0.999
13.7	0.993	0.994	0.995	0.995	0.996	0.996	0.996	0.997	0.997	0.997	0.998	0.998	0.998	0.998	0.999	0.999	0.999	0.999	0.999	0.999
13.8	0.994	0.994	0.995	0.995	0.996	0.996	0.997	0.997	0.997	0.998	0.998	0.998	0.998	0.999	0.999	0.999	0.999	0.999	0.999	1.000
13.9	0.994	0.995	0.995	0.996	0.996	0.997	0.997	0.997	0.998	0.998	0.998	0.998	0.999	0.999	0.999	0.999	0.999	0.999	1.000	
14.0	0.994	0.995	0.996	0.996	0.996	0.997	0.997	0.997	0.998	0.998	0.998	0.998	0.999	0.999	0.999	0.999	0.999	1.000		
14.1	0.995	0.995	0.996	0.996	0.997	0.997	0.997	0.998	0.998	0.998	0.998	0.999	0.999	0.999	0.999	0.999	0.999			
14.2	0.995	0.996	0.996	0.997	0.997	0.997	0.997	0.998	0.998	0.998	0.998	0.999	0.999	0.999	0.999	0.999	1.000			
14.3	0.995	0.996	0.996	0.997	0.997	0.998	0.998	0.998	0.998	0.998	0.999	0.999	0.999	0.999	0.999	0.999				
14.4	0.996	0.996	0.997	0.997	0.997	0.998	0.998	0.998	0.998	0.998	0.999	0.999	0.999	0.999	0.999	1.000				
14.5	0.996	0.996	0.997	0.997	0.997	0.998	0.998	0.998	0.998	0.999	0.999	0.999	0.999	0.999	0.999					
14.6	0.996	0.997	0.997	0.997	0.998	0.998	0.998	0.998	0.999	0.999	0.999	0.999	0.999	0.999	0.999					
14.7	0.997	0.997	0.997	0.998	0.998	0.998	0.998	0.998	0.999	0.999	0.999	0.999	0.999	0.999	0.999					
14.8	0.997	0.997	0.997	0.998	0.998	0.998	0.998	0.999	0.999	0.999	0.999	0.999	0.999	0.999	0.999					
14.9	0.997	0.997	0.998	0.998	0.998	0.998	0.998	0.999	0.999	0.999	0.999	0.999	0.999	0.999	0.999					
15.0	0.997	0.998	0.998	0.998	0.998	0.998	0.999	0.999	0.999	0.999	0.999	0.999	0.999	0.999	1.000					

续表

t/K \ n	4.1	4.2	4.3	4.4	4.5	4.6	4.7	4.8	4.9	5.0	5.1	5.2	5.3	5.4	5.5	5.6	5.7	5.8	5.9	6.0
15.1							0.999	0.999	0.999	0.999	0.999	0.999	0.999	0.999	0.999	0.998	0.998	0.998	0.998	0.997
15.2							1.000	0.999	0.999	0.999	0.999	0.999	0.999	0.999	0.999	0.998	0.998	0.998	0.998	0.998
15.3								0.999	0.999	0.999	0.999	0.999	0.999	0.999	0.999	0.999	0.998	0.998	0.998	0.998
15.4								1.000	1.000	0.999	0.999	0.999	0.999	0.999	0.999	0.999	0.999	0.998	0.998	0.998
15.5										0.999	0.999	0.999	0.999	0.999	0.999	0.999	0.999	0.998	0.998	0.998
15.6										0.999	0.999	0.999	0.999	0.999	0.999	0.999	0.999	0.999	0.998	0.998
15.7										0.999	0.999	0.999	0.999	0.999	0.999	0.999	0.999	0.999	0.998	0.998
15.8										1.000	0.999	0.999	0.999	0.999	0.999	0.999	0.999	0.999	0.999	0.998
15.9											1.000	0.999	0.999	0.999	0.999	0.999	0.999	0.999	0.999	0.999
16.0												0.999	0.999	0.999	0.999	0.999	0.999	0.999	0.999	0.999
16.1												1.000	0.999	0.999	0.999	0.999	0.999	0.999	0.999	0.999
16.2													0.999	0.999	0.999	0.999	0.999	0.999	0.999	0.999
16.3													1.000	0.999	0.999	0.999	0.999	0.999	0.999	0.999
16.4														1.000	0.999	0.999	0.999	0.999	0.999	0.999
16.5															0.999	0.999	0.999	0.999	0.999	0.999
16.6															1.000	0.999	0.999	0.999	0.999	0.999
16.7																1.000	0.999	0.999	0.999	0.999
16.8																	1.000	0.999	0.999	0.999
16.9																		0.999	0.999	0.999
17.0																		0.999	0.999	0.999
17.1																		1.000	0.999	0.999
17.2																			0.999	0.999
17.3																			1.000	0.999
17.4																				0.999
17.5																				1.000

续表

$n=6.1\sim8.0$

n \ t/K	6.1	6.2	6.3	6.4	6.5	6.6	6.7	6.8	6.9	7.0	7.1	7.2	7.3	7.4	7.5	7.6	7.7	7.8	7.9	8.0
0.1																				
0.2																				
0.3																				
0.4																				
0.5																				
0.6																				
0.7																				
0.8																				
0.9																				
1.0																				
1.1	0.001	0.001	0.001																	
1.2	0.001	0.001	0.001	0.001	0.001	0.001														
1.3	0.002	0.002	0.001	0.001	0.001	0.001														
1.4	0.003	0.002	0.002	0.002	0.001	0.001	0.001	0.001	0.001	0.001	0.001									
1.5	0.004	0.003	0.003	0.002	0.002	0.002	0.001	0.001	0.001	0.001	0.001	0.001	0.001							
1.6	0.005	0.005	0.004	0.003	0.003	0.002	0.002	0.002	0.001	0.001	0.001	0.001	0.001	0.001	0.001	0.001				
1.7	0.007	0.006	0.005	0.005	0.004	0.003	0.002	0.002	0.002	0.002	0.002	0.001	0.001	0.001	0.001	0.001	0.001	0.001		
1.8	0.009	0.008	0.007	0.006	0.005	0.005	0.004	0.003	0.003	0.003	0.002	0.002	0.001	0.001	0.001	0.001	0.001	0.001	0.001	0.001
1.9	0.012	0.010	0.009	0.008	0.007	0.006	0.005	0.005	0.004	0.003	0.003	0.003	0.002	0.002	0.002	0.001	0.001	0.001	0.001	0.001
2.0	0.015	0.013	0.011	0.010	0.009	0.008	0.007	0.006	0.005	0.005	0.004	0.003	0.003	0.003	0.002	0.002	0.002	0.001	0.001	0.001
2.1	0.018	0.016	0.014	0.013	0.011	0.010	0.009	0.008	0.007	0.006	0.005	0.004	0.004	0.003	0.003	0.003	0.002	0.002	0.002	0.001
2.2	0.022	0.020	0.018	0.016	0.014	0.012	0.011	0.010	0.008	0.007	0.007	0.006	0.005	0.004	0.004	0.003	0.003	0.003	0.002	0.002
2.3	0.027	0.024	0.021	0.019	0.017	0.015	0.013	0.012	0.011	0.009	0.008	0.007	0.006	0.006	0.005	0.004	0.004	0.003	0.003	0.003
2.4	0.032	0.029	0.026	0.023	0.021	0.018	0.016	0.015	0.013	0.012	0.010	0.009	0.008	0.007	0.006	0.006	0.005	0.004	0.004	0.003
2.5	0.038	0.034	0.031	0.028	0.025	0.022	0.020	0.018	0.016	0.014	0.013	0.011	0.010	0.009	0.008	0.007	0.006	0.005	0.005	0.004

续表

n \ t/K	8.0	7.9	7.8	7.7	7.6	7.5	7.4	7.3	7.2	7.1	7.0	6.9	6.8	6.7	6.6	6.5	6.4	6.3	6.2	6.1
2.6	0.005	0.006	0.007	0.008	0.009	0.010	0.011	0.012	0.014	0.015	0.017	0.019	0.021	0.024	0.027	0.029	0.033	0.036	0.040	0.044
2.7	0.007	0.007	0.008	0.009	0.011	0.012	0.013	0.015	0.017	0.018	0.021	0.023	0.025	0.028	0.031	0.035	0.038	0.042	0.047	0.052
2.8	0.008	0.009	0.010	0.011	0.013	0.014	0.016	0.018	0.020	0.022	0.024	0.027	0.030	0.033	0.037	0.040	0.045	0.049	0.054	0.059
2.9	0.010	0.011	0.012	0.014	0.015	0.017	0.019	0.021	0.023	0.026	0.029	0.032	0.035	0.039	0.043	0.047	0.052	0.057	0.062	0.068
3.0	0.012	0.013	0.015	0.016	0.018	0.020	0.022	0.025	0.027	0.030	0.034	0.037	0.041	0.045	0.049	0.054	0.059	0.065	0.071	0.077
3.1	0.014	0.016	0.018	0.019	0.022	0.024	0.026	0.029	0.032	0.035	0.039	0.043	0.047	0.051	0.056	0.061	0.067	0.073	0.080	0.087
3.2	0.017	0.019	0.021	0.023	0.025	0.028	0.031	0.034	0.037	0.041	0.045	0.049	0.054	0.058	0.064	0.070	0.076	0.082	0.090	0.097
3.3	0.020	0.022	0.024	0.027	0.029	0.032	0.035	0.039	0.043	0.047	0.051	0.056	0.061	0.066	0.072	0.078	0.085	0.092	0.100	0.108
3.4	0.023	0.025	0.028	0.031	0.034	0.037	0.041	0.044	0.049	0.053	0.058	0.063	0.069	0.075	0.081	0.088	0.095	0.103	0.111	0.120
3.5	0.027	0.029	0.032	0.035	0.039	0.042	0.046	0.051	0.055	0.060	0.065	0.071	0.077	0.084	0.090	0.098	0.106	0.114	0.123	0.132
3.6	0.031	0.034	0.037	0.040	0.044	0.048	0.052	0.057	0.062	0.068	0.073	0.079	0.086	0.093	0.101	0.108	0.117	0.126	0.135	0.145
3.7	0.035	0.039	0.042	0.046	0.050	0.054	0.059	0.064	0.070	0.076	0.082	0.088	0.096	0.103	0.111	0.120	0.129	0.138	0.148	0.159
3.8	0.040	0.044	0.048	0.052	0.056	0.061	0.066	0.072	0.078	0.084	0.091	0.098	0.106	0.114	0.122	0.131	0.141	0.151	0.162	0.173
3.9	0.045	0.049	0.054	0.058	0.063	0.068	0.074	0.080	0.086	0.093	0.101	0.108	0.116	0.125	0.134	0.144	0.154	0.164	0.176	0.187
4.0	0.051	0.055	0.060	0.065	0.071	0.076	0.082	0.089	0.096	0.103	0.111	0.119	0.128	0.137	0.146	0.156	0.167	0.178	0.190	0.202
4.1	0.057	0.062	0.067	0.073	0.078	0.084	0.091	0.098	0.105	0.113	0.121	0.130	0.139	0.149	0.159	0.170	0.181	0.193	0.205	0.217
4.2	0.064	0.069	0.075	0.080	0.087	0.093	0.100	0.108	0.116	0.124	0.133	0.142	0.151	0.162	0.172	0.183	0.195	0.207	0.220	0.233
4.3	0.071	0.077	0.083	0.089	0.095	0.103	0.110	0.118	0.126	0.135	0.144	0.154	0.164	0.175	0.186	0.198	0.210	0.222	0.236	0.249
4.4	0.079	0.085	0.091	0.098	0.105	0.112	0.120	0.129	0.137	0.147	0.156	0.167	0.177	0.188	0.200	0.212	0.225	0.238	0.251	0.266
4.5	0.087	0.093	0.100	0.107	0.115	0.122	0.131	0.140	0.149	0.159	0.169	0.180	0.191	0.202	0.214	0.227	0.240	0.254	0.268	0.282

续表

t/K \ n	8.0	7.9	7.8	7.7	7.6	7.5	7.4	7.3	7.2	7.1	7.0	6.9	6.8	6.7	6.6	6.5	6.4	6.3	6.2	6.1
4.6	0.095	0.102	0.109	0.117	0.125	0.133	0.142	0.151	0.161	0.171	0.182	0.193	0.205	0.217	0.229	0.242	0.256	0.270	0.284	0.299
4.7	0.104	0.111	0.119	0.127	0.135	0.144	0.154	0.163	0.174	0.184	0.195	0.207	0.219	0.232	0.244	0.258	0.272	0.286	0.301	0.316
4.8	0.113	0.121	0.129	0.138	0.147	0.156	0.166	0.176	0.187	0.198	0.209	0.221	0.234	0.247	0.260	0.274	0.288	0.303	0.318	0.333
4.9	0.123	0.131	0.140	0.149	0.158	0.168	0.178	0.189	0.200	0.211	0.223	0.236	0.249	0.262	0.276	0.290	0.304	0.319	0.335	0.350
5.0	0.133	0.142	0.151	0.160	0.170	0.180	0.191	0.202	0.213	0.225	0.238	0.251	0.264	0.278	0.292	0.306	0.321	0.336	0.352	0.368
5.1	0.144	0.153	0.162	0.172	0.182	0.193	0.204	0.216	0.227	0.240	0.253	0.266	0.279	0.293	0.3C8	0.322	0.338	0.353	0.369	0.385
5.2	0.155	0.164	0.174	0.184	0.195	0.206	0.218	0.229	0.242	0.254	0.268	0.281	0.295	0.309	0.324	0.339	0.354	0.370	0.386	0.402
5.3	0.167	0.176	0.187	0.197	0.208	0.220	0.231	0.244	0.256	0.269	0.283	0.297	0.311	0.326	0.340	0.356	0.371	0.387	0.403	0.420
5.4	0.178	0.189	0.199	0.210	0.222	0.233	0.246	0.258	0.271	0.285	0.298	0.312	0.327	0.342	0.357	0.372	0.388	0.404	0.421	0.437
5.5	0.191	0.201	0.212	0.223	0.235	0.247	0.260	0.273	0.286	0.300	0.314	0.328	0.343	0.358	0.374	0.389	0.405	0.421	0.438	0.454
5.6	0.203	0.214	0.225	0.237	0.249	0.262	0.275	0.288	0.301	0.315	0.330	0.344	0.359	0.375	0.390	0.406	0.422	0.438	0.455	0.471
5.7	0.216	0.227	0.239	0.251	0.263	0.276	0.289	0.303	0.317	0.331	0.346	0.360	0.376	0.391	0.407	0.423	0.439	0.455	0.472	0.488
5.8	0.229	0.241	0.253	0.265	0.278	0.291	0.304	0.318	0.332	0.347	0.362	0.377	0.392	0.408	0.423	0.439	0.456	0.472	0.488	0.505
5.9	0.242	0.254	0.267	0.279	0.293	0.306	0.320	0.334	0.348	0.363	0.378	0.393	0.408	0.424	0.440	0.456	0.472	0.488	0.505	0.522
6.0	0.256	0.268	0.281	0.294	0.307	0.321	0.335	0.349	0.364	0.379	0.394	0.409	0.425	0.440	0.456	0.472	0.489	0.505	0.521	0.538
6.1	0.270	0.283	0.295	0.309	0.322	0.336	0.350	0.365	0.380	0.395	0.410	0.425	0.441	0.457	0.473	0.489	0.505	0.521	0.538	0.554
6.2	0.284	0.297	0.310	0.324	0.337	0.351	0.366	0.380	0.395	0.410	0.426	0.441	0.457	0.473	0.489	0.505	0.521	0.537	0.553	0.570
6.3	0.298	0.311	0.325	0.339	0.353	0.367	0.381	0.396	0.411	0.426	0.442	0.457	0.473	0.489	0.505	0.521	0.537	0.553	0.569	0.585
6.4	0.313	0.326	0.340	0.354	0.368	0.382	0.397	0.412	0.427	0.442	0.458	0.473	0.489	0.505	0.521	0.537	0.553	0.569	0.585	0.600
6.5	0.327	0.341	0.355	0.369	0.383	0.398	0.413	0.427	0.443	0.458	0.473	0.489	0.505	0.521	0.536	0.552	0.568	0.584	0.600	0.615

续表

t/K \ n	8.0	7.9	7.8	7.7	7.6	7.5	7.4	7.3	7.2	7.1	7.0	6.9	6.8	6.7	6.6	6.5	6.4	6.3	6.2	6.1
6.6	0.342	0.356	0.370	0.384	0.398	0.413	0.428	0.443	0.458	0.474	0.489	0.505	0.520	0.536	0.552	0.568	0.583	0.599	0.614	0.630
6.7	0.357	0.371	0.385	0.399	0.414	0.429	0.444	0.459	0.474	0.489	0.505	0.520	0.536	0.551	0.567	0.583	0.598	0.614	0.629	0.644
6.8	0.372	0.386	0.400	0.414	0.429	0.444	0.459	0.474	0.489	0.505	0.520	0.536	0.551	0.567	0.582	0.597	0.613	0.628	0.643	0.658
6.9	0.386	0.401	0.415	0.430	0.444	0.459	0.474	0.489	0.505	0.520	0.535	0.551	0.566	0.581	0.597	0.612	0.627	0.642	0.657	0.672
7.0	0.401	0.416	0.430	0.445	0.460	0.474	0.490	0.505	0.520	0.535	0.550	0.566	0.581	0.596	0.611	0.626	0.641	0.656	0.671	0.685
7.1	0.416	0.431	0.445	0.460	0.475	0.490	0.505	0.520	0.535	0.550	0.565	0.580	0.595	0.610	0.625	0.640	0.655	0.669	0.684	0.698
7.2	0.431	0.446	0.460	0.475	0.490	0.505	0.520	0.535	0.550	0.565	0.580	0.595	0.610	0.624	0.639	0.654	0.668	0.682	0.697	0.710
7.3	0.446	0.460	0.475	0.490	0.505	0.519	0.534	0.549	0.564	0.579	0.594	0.609	0.624	0.638	0.653	0.667	0.681	0.695	0.709	0.723
7.4	0.461	0.475	0.490	0.505	0.519	0.534	0.549	0.564	0.579	0.593	0.608	0.623	0.637	0.652	0.666	0.680	0.694	0.708	0.721	0.734
7.5	0.475	0.490	0.504	0.519	0.534	0.549	0.563	0.578	0.593	0.607	0.622	0.636	0.651	0.665	0.679	0.693	0.706	0.720	0.733	0.746
7.6	0.490	0.504	0.519	0.534	0.548	0.563	0.578	0.592	0.607	0.621	0.635	0.650	0.664	0.678	0.691	0.705	0.718	0.731	0.744	0.757
7.7	0.504	0.519	0.533	0.548	0.562	0.577	0.591	0.606	0.620	0.634	0.649	0.663	0.676	0.690	0.704	0.717	0.730	0.743	0.755	0.768
7.8	0.519	0.533	0.548	0.562	0.576	0.591	0.605	0.619	0.634	0.648	0.662	0.675	0.689	0.702	0.716	0.729	0.741	0.754	0.766	0.778
7.9	0.533	0.547	0.562	0.576	0.590	0.605	0.619	0.633	0.647	0.661	0.674	0.688	0.701	0.714	0.727	0.740	0.752	0.765	0.776	0.788
8.0	0.547	0.561	0.576	0.590	0.604	0.618	0.632	0.646	0.660	0.673	0.687	0.700	0.713	0.726	0.738	0.751	0.763	0.775	0.786	0.798
8.1	0.561	0.575	0.589	0.603	0.617	0.631	0.645	0.659	0.672	0.685	0.699	0.712	0.725	0.737	0.749	0.762	0.773	0.785	0.796	0.807
8.2	0.575	0.589	0.603	0.616	0.630	0.644	0.658	0.671	0.684	0.697	0.710	0.723	0.736	0.748	0.760	0.772	0.783	0.795	0.805	0.816
8.3	0.588	0.602	0.616	0.630	0.643	0.657	0.670	0.683	0.696	0.709	0.722	0.734	0.747	0.759	0.770	0.782	0.793	0.804	0.814	0.825
8.4	0.601	0.615	0.629	0.642	0.656	0.669	0.682	0.695	0.708	0.721	0.733	0.745	0.757	0.769	0.780	0.791	0.802	0.813	0.823	0.833
8.5	0.614	0.628	0.641	0.655	0.668	0.681	0.694	0.707	0.719	0.732	0.744	0.756	0.767	0.779	0.790	0.801	0.811	0.822	0.831	0.841

续表

t/K＼n	8.0	7.9	7.8	7.7	7.6	7.5	7.4	7.3	7.2	7.1	7.0	6.9	6.8	6.7	6.6	6.5	6.4	6.3	6.2	6.1
8.6	0.627	0.641	0.654	0.667	0.680	0.693	0.706	0.718	0.730	0.742	0.754	0.766	0.777	0.788	0.799	0.810	0.820	0.830	0.839	0.849
8.7	0.640	0.653	0.666	0.679	0.692	0.704	0.717	0.729	0.741	0.753	0.765	0.776	0.787	0.798	0.808	0.818	0.828	0.838	0.847	0.856
8.8	0.652	0.665	0.678	0.691	0.703	0.716	0.728	0.740	0.752	0.763	0.774	0.785	0.796	0.807	0.817	0.827	0.836	0.846	0.855	0.863
8.9	0.664	0.677	0.690	0.702	0.715	0.727	0.739	0.750	0.762	0.773	0.784	0.795	0.805	0.815	0.825	0.835	0.844	0.853	0.862	0.870
9.0	0.676	0.689	0.701	0.713	0.725	0.737	0.749	0.760	0.772	0.783	0.793	0.804	0.814	0.824	0.833	0.842	0.851	0.860	0.869	0.877
9.1	0.688	0.700	0.712	0.724	0.736	0.748	0.759	0.770	0.781	0.792	0.802	0.812	0.822	0.832	0.841	0.850	0.859	0.867	0.875	0.883
9.2	0.699	0.711	0.723	0.735	0.746	0.758	0.769	0.780	0.790	0.801	0.811	0.821	0.830	0.839	0.848	0.857	0.865	0.874	0.881	0.889
9.3	0.710	0.722	0.734	0.745	0.757	0.768	0.778	0.789	0.799	0.809	0.819	0.829	0.838	0.847	0.856	0.864	0.872	0.880	0.887	0.894
9.4	0.721	0.733	0.744	0.755	0.766	0.777	0.788	0.798	0.808	0.818	0.827	0.837	0.845	0.854	0.862	0.871	0.878	0.886	0.893	0.900
9.5	0.731	0.743	0.754	0.765	0.776	0.786	0.797	0.807	0.816	0.826	0.835	0.844	0.853	0.861	0.869	0.877	0.884	0.892	0.899	0.905
9.6	0.742	0.753	0.764	0.774	0.785	0.795	0.805	0.815	0.824	0.834	0.843	0.851	0.860	0.868	0.875	0.883	0.890	0.897	0.904	0.910
9.7	0.752	0.762	0.773	0.784	0.794	0.804	0.814	0.823	0.832	0.841	0.850	0.858	0.866	0.874	0.882	0.889	0.896	0.902	0.909	0.915
9.8	0.761	0.772	0.782	0.793	0.802	0.812	0.822	0.831	0.840	0.848	0.857	0.865	0.873	0.880	0.887	0.894	0.901	0.907	0.914	0.919
9.9	0.771	0.781	0.791	0.801	0.811	0.820	0.829	0.838	0.847	0.855	0.863	0.871	0.879	0.886	0.893	0.900	0.906	0.912	0.918	0.924
10.0	0.780	0.790	0.800	0.810	0.819	0.828	0.837	0.846	0.854	0.862	0.870	0.877	0.885	0.892	0.898	0.905	0.911	0.917	0.922	0.928
10.1	0.789	0.799	0.808	0.818	0.827	0.836	0.844	0.853	0.861	0.868	0.876	0.883	0.890	0.897	0.903	0.906	0.916	0.921	0.927	0.932
10.2	0.797	0.807	0.816	0.825	0.834	0.843	0.851	0.859	0.867	0.875	0.882	0.889	0.896	0.902	0.908	0.914	0.920	0.925	0.931	0.935
10.3	0.806	0.815	0.824	0.833	0.842	0.850	0.858	0.866	0.873	0.881	0.888	0.894	0.901	0.907	0.913	0.919	0.924	0.929	0.934	0.939
10.4	0.814	0.823	0.832	0.840	0.849	0.857	0.864	0.872	0.879	0.886	0.893	0.900	0.906	0.912	0.918	0.823	0.928	0.933	0.938	0.942
10.5	0.821	0.830	0.839	0.847	0.855	0.863	0.871	0.878	0.885	0.892	0.898	0.905	0.911	0.916	0.922	0.927	0.932	0.937	0.941	0.946

续表

n / (t/K)	8.0	7.9	7.8	7.7	7.6	7.5	7.4	7.3	7.2	7.1	7.0	6.9	6.8	6.7	6.6	6.5	6.4	6.3	6.2	6.1
10.6	0.829	0.838	0.846	0.854	0.862	0.869	0.877	0.884	0.891	0.897	0.903	0.909	0.915	0.921	0.926	0.931	0.936	0.940	0.945	0.949
10.7	0.836	0.845	0.853	0.861	0.868	0.875	0.883	0.889	0.896	0.902	0.908	0.914	0.920	0.925	0.930	0.935	0.939	0.944	0.948	0.952
10.8	0.843	0.852	0.859	0.867	0.874	0.881	0.888	0.895	0.901	0.907	0.913	0.918	0.924	0.929	0.934	0.938	0.942	0.947	0.951	0.954
10.9	0.850	0.858	0.866	0.873	0.880	0.887	0.893	0.900	0.906	0.912	0.917	0.923	0.928	0.932	0.937	0.941	0.946	0.950	0.953	0.957
11.0	0.857	0.864	0.872	0.879	0.886	0.892	0.899	0.905	0.910	0.916	0.921	0.927	0.931	0.936	0.940	0.945	0.949	0.952	0.956	0.959
11.1	0.863	0.870	0.878	0.884	0.891	0.897	0.903	0.909	0.915	0.920	0.925	0.930	0.935	0.939	0.944	0.948	0.951	0.955	0.958	0.962
11.2	0.869	0.876	0.883	0.890	0.896	0.902	0.908	0.914	0.919	0.924	0.929	0.934	0.938	0.943	0.947	0.951	0.954	0.958	0.961	0.964
11.3	0.875	0.882	0.889	0.895	0.901	0.907	0.913	0.918	0.923	0.928	0.933	0.937	0.942	0.946	0.950	0.953	0.957	0.960	0.963	0.966
11.4	0.881	0.887	0.894	0.900	0.906	0.912	0.917	0.922	0.927	0.932	0.936	0.941	0.945	0.949	0.952	0.956	0.959	0.962	0.965	0.968
11.5	0.886	0.893	0.899	0.905	0.910	0.916	0.921	0.926	0.931	0.935	0.940	0.944	0.948	0.951	0.955	0.958	0.961	0.964	0.967	0.970
11.6	0.892	0.898	0.904	0.909	0.915	0.920	0.925	0.930	0.934	0.939	0.943	0.947	0.951	0.954	0.958	0.961	0.964	0.966	0.969	0.972
11.7	0.897	0.903	0.908	0.914	0.919	0.924	0.929	0.933	0.938	0.942	0.946	0.950	0.953	0.957	0.960	0.963	0.966	0.968	0.971	0.973
11.8	0.901	0.907	0.913	0.918	0.923	0.928	0.932	0.937	0.941	0.945	0.949	0.952	0.956	0.959	0.962	0.965	0.968	0.970	0.973	0.975
11.9	0.906	0.912	0.917	0.922	0.927	0.931	0.936	0.940	0.944	0.948	0.952	0.955	0.958	0.961	0.964	0.967	0.970	0.972	0.974	0.976
12.0	0.910	0.916	0.921	0.926	0.930	0.935	0.939	0.943	0.947	0.951	0.954	0.957	0.961	0.964	0.966	0.969	0.971	0.974	0.976	0.978
12.1	0.915	0.920	0.925	0.929	0.934	0.938	0.942	0.946	0.950	0.953	0.957	0.960	0.963	0.966	0.968	0.971	0.973	0.975	0.977	0.979
12.2	0.919	0.924	0.929	0.933	0.937	0.941	0.945	0.949	0.953	0.956	0.959	0.962	0.965	0.968	0.970	0.972	0.975	0.977	0.979	0.980
12.3	0.923	0.928	0.932	0.936	0.941	0.944	0.948	0.952	0.955	0.958	0.961	0.964	0.967	0.969	0.972	0.974	0.976	0.978	0.980	0.982
12.4	0.927	0.931	0.935	0.940	0.944	0.947	0.951	0.954	0.957	0.961	0.963	0.966	0.969	0.971	0.973	0.975	0.977	0.979	0.981	0.983
12.5	0.930	0.935	0.939	0.943	0.946	0.950	0.953	0.957	0.960	0.963	0.965	0.968	0.970	0.973	0.975	0.977	0.979	0.981	0.982	0.984

续表

t/K \ n	8.0	7.9	7.8	7.7	7.6	7.5	7.4	7.3	7.2	7.1	7.0	6.9	6.8	6.7	6.6	6.5	6.4	6.3	6.2	6.1
12.6	0.934	0.938	0.942	0.946	0.949	0.953	0.956	0.959	0.962	0.965	0.967	0.970	0.972	0.974	0.976	0.978	0.980	0.982	0.983	0.985
12.7	0.937	0.941	0.945	0.948	0.952	0.955	0.958	0.961	0.964	0.967	0.969	0.972	0.974	0.976	0.978	0.980	0.981	0.983	0.984	0.986
12.8	0.940	0.944	0.948	0.951	0.954	0.958	0.961	0.963	0.966	0.969	0.971	0.973	0.975	0.977	0.979	0.981	0.982	0.984	0.985	0.987
12.9	0.943	0.947	0.950	0.954	0.957	0.960	0.963	0.965	0.968	0.970	0.973	0.975	0.977	0.979	0.980	0.982	0.983	0.985	0.986	0.987
13.0	0.946	0.950	0.953	0.956	0.959	0.962	0.965	0.967	0.970	0.972	0.974	0.976	0.978	0.980	0.981	0.983	0.984	0.986	0.987	0.988
13.1	0.949	0.952	0.955	0.958	0.961	0.964	0.967	0.969	0.971	0.974	0.976	0.978	0.979	0.981	0.983	0.984	0.985	0.987	0.988	0.989
13.2	0.951	0.955	0.958	0.961	0.963	0.966	0.968	0.971	0.973	0.975	0.977	0.979	0.981	0.982	0.984	0.985	0.986	0.987	0.989	0.990
13.3	0.954	0.957	0.960	0.963	0.965	0.968	0.970	0.972	0.975	0.976	0.978	0.980	0.982	0.983	0.985	0.986	0.987	0.988	0.989	0.990
13.4	0.956	0.959	0.962	0.965	0.967	0.970	0.972	0.974	0.976	0.978	0.980	0.981	0.983	0.984	0.986	0.987	0.988	0.989	0.990	0.991
13.5	0.959	0.961	0.964	0.967	0.969	0.971	0.973	0.975	0.977	0.979	0.981	0.982	0.984	0.985	0.986	0.988	0.989	0.990	0.991	0.991
13.6	0.961	0.963	0.966	0.968	0.971	0.973	0.975	0.977	0.979	0.980	0.982	0.983	0.985	0.986	0.987	0.988	0.989	0.990	0.991	0.992
13.7	0.963	0.965	0.968	0.970	0.972	0.974	0.976	0.978	0.980	0.981	0.983	0.984	0.986	0.987	0.988	0.989	0.990	0.991	0.992	0.993
13.8	0.965	0.967	0.970	0.972	0.974	0.976	0.978	0.979	0.981	0.983	0.984	0.985	0.987	0.988	0.989	0.990	0.991	0.991	0.992	0.993
13.9	0.967	0.969	0.971	0.973	0.975	0.977	0.979	0.981	0.982	0.984	0.985	0.986	0.987	0.988	0.989	0.990	0.991	0.992	0.993	0.993
14.0	0.968	0.971	0.973	0.975	0.977	0.978	0.980	0.982	0.983	0.984	0.986	0.987	0.988	0.989	0.990	0.991	0.992	0.993	0.993	0.994
14.1	0.970	0.972	0.974	0.976	0.978	0.980	0.981	0.983	0.984	0.985	0.987	0.988	0.989	0.990	0.991	0.992	0.992	0.993	0.994	0.994
14.2	0.972	0.974	0.976	0.978	0.979	0.981	0.982	0.984	0.985	0.986	0.987	0.988	0.989	0.990	0.991	0.992	0.993	0.993	0.994	0.995
14.3	0.973	0.975	0.977	0.979	0.980	0.982	0.983	0.985	0.986	0.987	0.988	0.989	0.990	0.991	0.992	0.993	0.993	0.994	0.994	0.995
14.4	0.975	0.977	0.978	0.980	0.981	0.983	0.984	0.986	0.987	0.988	0.989	0.990	0.991	0.992	0.992	0.993	0.994	0.994	0.995	0.995
14.5	0.976	0.978	0.980	0.981	0.983	0.984	0.985	0.986	0.988	0.989	0.990	0.990	0.991	0.992	0.993	0.993	0.994	0.995	0.995	0.996

续表

t/K ＼ n	14.6	14.7	14.8	14.9	15.0	15.1	15.2	15.3	15.4	15.5	15.6	15.7	15.8	15.9	16.0	16.1	16.2	16.3	16.4	16.5
8.0	0.977	0.979	0.980	0.981	0.982	0.983	0.984	0.985	0.986	0.987	0.987	0.988	0.989	0.989	0.990	0.991	0.991	0.992	0.992	0.993
7.9	0.979	0.980	0.981	0.982	0.983	0.984	0.985	0.986	0.987	0.988	0.988	0.989	0.990	0.990	0.991	0.991	0.992	0.992	0.993	0.993
7.8	0.981	0.982	0.983	0.984	0.985	0.986	0.986	0.987	0.988	0.989	0.989	0.990	0.991	0.991	0.992	0.992	0.993	0.993	0.993	0.994
7.7	0.982	0.983	0.984	0.985	0.986	0.987	0.987	0.988	0.989	0.990	0.990	0.991	0.991	0.992	0.992	0.993	0.993	0.994	0.994	0.994
7.6	0.984	0.984	0.985	0.986	0.987	0.988	0.989	0.989	0.990	0.990	0.991	0.992	0.992	0.993	0.993	0.993	0.994	0.994	0.995	0.995
7.5	0.985	0.986	0.987	0.987	0.988	0.989	0.989	0.990	0.991	0.991	0.992	0.992	0.993	0.993	0.994	0.994	0.994	0.995	0.995	0.995
7.4	0.986	0.987	0.988	0.988	0.989	0.990	0.990	0.991	0.991	0.992	0.992	0.993	0.993	0.994	0.994	0.994	0.995	0.995	0.995	0.996
7.3	0.987	0.988	0.989	0.989	0.990	0.991	0.991	0.992	0.992	0.993	0.993	0.994	0.994	0.994	0.995	0.995	0.995	0.996	0.996	0.996
7.2	0.988	0.989	0.990	0.990	0.991	0.991	0.992	0.992	0.993	0.993	0.994	0.994	0.994	0.995	0.995	0.995	0.996	0.996	0.996	0.996
7.1	0.989	0.990	0.991	0.991	0.992	0.992	0.993	0.993	0.994	0.994	0.994	0.995	0.995	0.995	0.996	0.996	0.996	0.996	0.997	0.997
7.0	0.990	0.991	0.991	0.992	0.992	0.993	0.993	0.994	0.994	0.994	0.995	0.995	0.995	0.996	0.996	0.996	0.996	0.997	0.997	0.997
6.9	0.991	0.992	0.992	0.993	0.993	0.993	0.994	0.994	0.995	0.995	0.995	0.996	0.996	0.996	0.996	0.997	0.997	0.997	0.997	0.997
6.8	0.992	0.992	0.993	0.993	0.994	0.994	0.994	0.995	0.995	0.995	0.996	0.996	0.996	0.997	0.997	0.997	0.997	0.997	0.998	0.998
6.7	0.993	0.993	0.993	0.994	0.994	0.995	0.995	0.995	0.996	0.996	0.996	0.996	0.997	0.997	0.997	0.997	0.998	0.998	0.998	0.998
6.6	0.993	0.994	0.994	0.994	0.995	0.995	0.995	0.996	0.996	0.996	0.997	0.997	0.997	0.997	0.997	0.998	0.998	0.998	0.998	0.998
6.5	0.994	0.994	0.995	0.995	0.995	0.996	0.996	0.996	0.996	0.997	0.997	0.997	0.997	0.997	0.998	0.998	0.998	0.998	0.998	0.998
6.4	0.994	0.995	0.995	0.995	0.996	0.996	0.996	0.997	0.997	0.997	0.997	0.997	0.998	0.998	0.998	0.998	0.998	0.998	0.998	0.998
6.3	0.995	0.995	0.996	0.996	0.996	0.996	0.997	0.997	0.997	0.997	0.997	0.998	0.998	0.998	0.998	0.998	0.998	0.998	0.999	0.999
6.2	0.995	0.996	0.996	0.996	0.997	0.997	0.997	0.997	0.997	0.998	0.998	0.998	0.998	0.998	0.998	0.998	0.998	0.999	0.999	0.999
6.1	0.996	0.996	0.996	0.997	0.997	0.997	0.997	0.997	0.998	0.998	0.998	0.998	0.998	0.998	0.998	0.999	0.999	0.999	0.999	0.999

续表

（表头：列为 n，行为 t/K）

t/K	8.0	7.9	7.8	7.7	7.6	7.5	7.4	7.3	7.2	7.1	7.0	6.9	6.8	6.7	6.6	6.5	6.4	6.3	6.2	6.1
16.6	0.993	0.994	0.994	0.995	0.995	0.996	0.996	0.996	0.997	0.997	0.997	0.998	0.998	0.998	0.998	0.998	0.999	0.999	0.999	0.999
16.7	0.993	0.994	0.995	0.995	0.995	0.996	0.996	0.997	0.997	0.997	0.997	0.998	0.998	0.998	0.998	0.999	0.999	0.999	0.999	0.999
16.8	0.994	0.994	0.995	0.995	0.996	0.996	0.996	0.997	0.997	0.997	0.998	0.998	0.998	0.998	0.998	0.999	0.999	0.999	0.999	0.999
16.9	0.994	0.995	0.995	0.996	0.996	0.996	0.997	0.997	0.997	0.998	0.998	0.998	0.998	0.998	0.999	0.999	0.999	0.999	0.999	0.999
17.0	0.994	0.995	0.995	0.996	0.996	0.997	0.997	0.997	0.997	0.998	0.998	0.998	0.998	0.999	0.999	0.999	0.999	0.999	0.999	0.999
17.1	0.995	0.995	0.996	0.996	0.996	0.997	0.997	0.997	0.998	0.998	0.998	0.998	0.998	0.999	0.999	0.999	0.999	0.999	0.999	0.999
17.2	0.995	0.996	0.996	0.996	0.997	0.997	0.997	0.998	0.998	0.998	0.998	0.998	0.999	0.999	0.999	0.999	0.999	0.999	0.999	0.999
17.3	0.995	0.996	0.997	0.997	0.997	0.997	0.997	0.998	0.998	0.998	0.998	0.999	0.999	0.999	0.999	0.999	0.999	0.999	0.999	0.999
17.4	0.996	0.996	0.997	0.997	0.997	0.997	0.998	0.998	0.998	0.998	0.998	0.999	0.999	0.999	0.999	0.999	0.999	0.999	0.999	0.999
17.5	0.996	0.996	0.997	0.997	0.997	0.998	0.998	0.998	0.998	0.998	0.999	0.999	0.999	0.999	0.999	0.999	0.999	0.999	0.999	0.999
17.6	0.996	0.997	0.997	0.997	0.997	0.998	0.998	0.998	0.998	0.998	0.999	0.999	0.999	0.999	0.999	0.999	0.999	0.999	0.999	1.000
17.7	0.996	0.997	0.997	0.997	0.998	0.998	0.998	0.998	0.998	0.999	0.999	0.999	0.999	0.999	0.999	0.999	0.999	0.999	0.999	
17.8	0.997	0.997	0.997	0.998	0.998	0.998	0.998	0.998	0.999	0.999	0.999	0.999	0.999	0.999	0.999	0.999	0.999	0.999	1.000	
17.9	0.997	0.997	0.997	0.998	0.998	0.998	0.998	0.998	0.999	0.999	0.999	0.999	0.999	0.999	0.999	0.999	0.999	1.000		
18.0	0.997	0.997	0.998	0.998	0.998	0.998	0.998	0.999	0.999	0.999	0.999	0.999	0.999	0.999	0.999	0.999	0.999			
18.1	0.997	0.998	0.998	0.998	0.998	0.998	0.999	0.999	0.999	0.999	0.999	0.999	0.999	0.999	0.999	0.999	1.000			
18.2	0.997	0.998	0.998	0.998	0.998	0.998	0.999	0.999	0.999	0.999	0.999	0.999	0.999	0.999	0.999	0.999				
18.3	0.998	0.998	0.998	0.998	0.998	0.999	0.999	0.999	0.999	0.999	0.999	0.999	0.999	0.999	0.999	1.000				
18.4	0.998	0.998	0.998	0.998	0.999	0.999	0.999	0.999	0.999	0.999	0.999	0.999	0.999	0.999	1.000					
18.5	0.998	0.998	0.998	0.998	0.999	0.999	0.999	0.999	0.999	0.999	0.999	0.999	0.999	0.999						

续表

t/K \ n	6.1	6.2	6.3	6.4	6.5	6.6	6.7	6.8	6.9	7.0	7.1	7.2	7.3	7.4	7.5	7.6	7.7	7.8	7.9	8.0
18.6							1.000	0.999	0.999	0.999	0.999	0.999	0.999	0.999	0.999	0.999	0.999	0.998	0.998	0.998
18.7								1.000	0.999	0.999	0.999	0.999	0.999	0.999	0.999	0.999	0.999	0.999	0.998	0.998
18.8									0.999	0.999	0.999	0.999	0.999	0.999	0.999	0.999	0.999	0.999	0.998	0.998
18.9									1.000	0.999	0.999	0.999	0.999	0.999	0.999	0.999	0.999	0.999	0.999	0.998
19.0										0.999	0.999	0.999	0.999	0.999	0.999	0.999	0.999	0.999	0.999	0.998
19.1										1.000	0.999	0.999	0.999	0.999	0.999	0.999	0.999	0.999	0.999	0.999
19.2											0.999	0.999	0.999	0.999	0.999	0.999	0.999	0.999	0.999	0.999
19.3											1.000	0.999	0.999	0.999	0.999	0.999	0.999	0.999	0.999	0.999
19.4												0.999	0.999	0.999	0.999	0.999	0.999	0.999	0.999	0.999
19.5												1.000	0.999	0.999	0.999	0.999	0.999	0.999	0.999	0.999
19.6													1.000	0.999	0.999	0.999	0.999	0.999	0.999	0.999
19.7														1.000	0.999	0.999	0.999	0.999	0.999	0.999
19.8															1.000	0.999	0.999	0.999	0.999	0.999
19.9																0.999	0.999	0.999	0.999	0.999
20.0																1.000	0.999	0.999	0.999	0.999
20.1																	0.999	0.999	0.999	0.999
20.2																	1.000	0.999	0.999	0.999
20.3																		1.000	0.999	0.999
20.4																			1.000	0.999
20.5																				0.999
20.6																				0.999
20.7																				1.000

续表

$n=8.1\sim10.0$

t/K	8.1	8.2	8.3	8.4	8.5	8.6	8.7	8.8	8.9	9.0	9.1	9.2	9.3	9.4	9.5	9.6	9.7	9.8	9.9	10.0
0.1																				
0.2																				
0.3																				
0.4																				
0.5																				
0.6																				
0.7																				
0.8																				
0.9																				
1.0																				
1.1																				
1.2																				
1.3																				
1.4																				
1.5																				
1.6																				
1.7																				
1.8																				
1.9	0.001																			
2.0	0.001	0.001	0.001	0.001	0.001															
2.1	0.001	0.001	0.001	0.001	0.001	0.001	0.001													
2.2	0.002	0.001	0.001	0.001	0.001	0.001	0.001	0.001	0.001											
2.3	0.002	0.002	0.002	0.002	0.001	0.001	0.001	0.001	0.001	0.001	0.001									
2.4	0.003	0.003	0.002	0.002	0.002	0.002	0.001	0.001	0.001	0.001	0.001	0.001	0.001							
2.5	0.004	0.003	0.003	0.003	0.002	0.002	0.002	0.001	0.001	0.001	0.001	0.001	0.001	0.001	0.001					

续表

t/K \ n	8.1	8.2	8.3	8.4	8.5	8.6	8.7	8.8	8.9	9.0	9.1	9.2	9.3	9.4	9.5	9.6	9.7	9.8	9.9	10.0
2.6	0.005	0.004	0.004	0.003	0.003	0.003	0.002	0.002	0.002	0.001	0.001	0.001	0.001	0.001	0.001	0.001	0.001			
2.7	0.006	0.005	0.005	0.004	0.004	0.003	0.003	0.002	0.002	0.002	0.002	0.001	0.001	0.001	0.001	0.001	0.001	0.001	0.001	0.001
2.8	0.007	0.006	0.006	0.005	0.005	0.004	0.004	0.003	0.003	0.002	0.002	0.002	0.002	0.001	0.001	0.001	0.001	0.001	0.001	0.001
2.9	0.009	0.008	0.007	0.006	0.006	0.005	0.004	0.004	0.003	0.003	0.003	0.002	0.002	0.002	0.002	0.001	0.001	0.001	0.001	0.001
3.0	0.011	0.010	0.009	0.008	0.007	0.006	0.005	0.005	0.004	0.004	0.003	0.003	0.003	0.002	0.002	0.002	0.002	0.001	0.001	0.001
3.1	0.013	0.011	0.010	0.009	0.008	0.007	0.007	0.006	0.005	0.005	0.004	0.004	0.003	0.003	0.003	0.002	0.002	0.002	0.002	0.001
3.2	0.015	0.014	0.012	0.011	0.010	0.009	0.008	0.007	0.006	0.006	0.005	0.005	0.004	0.004	0.003	0.003	0.002	0.002	0.002	0.002
3.3	0.018	0.016	0.015	0.013	0.012	0.011	0.010	0.009	0.008	0.007	0.006	0.006	0.005	0.004	0.004	0.004	0.003	0.003	0.002	0.002
3.4	0.021	0.019	0.017	0.016	0.014	0.013	0.011	0.010	0.009	0.008	0.007	0.007	0.006	0.005	0.005	0.004	0.004	0.003	0.003	0.003
3.5	0.024	0.022	0.020	0.018	0.016	0.015	0.013	0.012	0.011	0.010	0.009	0.008	0.007	0.006	0.006	0.005	0.005	0.004	0.004	0.003
3.6	0.028	0.026	0.023	0.021	0.019	0.017	0.016	0.014	0.013	0.012	0.011	0.010	0.009	0.008	0.007	0.006	0.006	0.005	0.004	0.004
3.7	0.032	0.029	0.027	0.024	0.022	0.020	0.018	0.017	0.015	0.014	0.012	0.011	0.010	0.009	0.008	0.007	0.007	0.006	0.005	0.005
3.8	0.037	0.034	0.031	0.028	0.026	0.023	0.021	0.019	0.018	0.016	0.015	0.013	0.012	0.011	0.010	0.009	0.008	0.007	0.006	0.006
3.9	0.042	0.038	0.035	0.032	0.029	0.027	0.024	0.022	0.020	0.019	0.017	0.015	0.014	0.013	0.011	0.010	0.009	0.008	0.008	0.007
4.0	0.047	0.043	0.040	0.036	0.033	0.031	0.028	0.026	0.023	0.021	0.019	0.018	0.016	0.015	0.013	0.012	0.011	0.010	0.009	0.008
4.1	0.053	0.049	0.045	0.041	0.038	0.035	0.032	0.029	0.027	0.024	0.022	0.020	0.019	0.017	0.015	0.014	0.013	0.012	0.011	0.010
4.2	0.059	0.055	0.050	0.046	0.043	0.039	0.036	0.033	0.030	0.028	0.026	0.023	0.021	0.020	0.018	0.016	0.015	0.013	0.012	0.011
4.3	0.066	0.061	0.056	0.052	0.048	0.044	0.041	0.038	0.035	0.032	0.029	0.027	0.024	0.022	0.020	0.019	0.017	0.016	0.014	0.013
4.4	0.073	0.068	0.063	0.058	0.054	0.050	0.046	0.042	0.039	0.036	0.033	0.030	0.028	0.025	0.023	0.021	0.020	0.018	0.016	0.015
4.5	0.081	0.075	0.069	0.064	0.060	0.055	0.051	0.047	0.044	0.040	0.037	0.034	0.031	0.029	0.027	0.024	0.022	0.020	0.019	0.017

续表

n \ t/K	10.0	9.9	9.8	9.7	9.6	9.5	9.4	9.3	9.2	9.1	9.0	8.9	8.8	8.7	8.6	8.5	8.4	8.3	8.2	8.1
4.6	0.020	0.021	0.023	0.025	0.028	0.030	0.033	0.035	0.038	0.042	0.045	0.049	0.053	0.057	0.061	0.066	0.071	0.077	0.082	0.089
4.7	0.022	0.024	0.026	0.029	0.031	0.034	0.037	0.040	0.043	0.046	0.050	0.054	0.059	0.063	0.068	0.073	0.079	0.084	0.091	0.097
4.8	0.025	0.027	0.030	0.032	0.035	0.038	0.041	0.044	0.048	0.052	0.056	0.060	0.065	0.070	0.075	0.080	0.086	0.093	0.099	0.106
4.9	0.028	0.031	0.033	0.036	0.039	0.042	0.046	0.049	0.053	0.057	0.062	0.066	0.071	0.077	0.082	0.088	0.094	0.101	0.108	0.115
5.0	0.032	0.034	0.037	0.040	0.044	0.047	0.051	0.055	0.059	0.063	0.068	0.073	0.078	0.084	0.090	0.096	0.103	0.110	0.117	0.125
5.1	0.036	0.038	0.042	0.045	0.048	0.052	0.056	0.060	0.065	0.070	0.075	0.080	0.086	0.092	0.098	0.105	0.112	0.119	0.127	0.135
5.2	0.040	0.043	0.046	0.050	0.054	0.058	0.062	0.067	0.071	0.076	0.082	0.088	0.094	0.100	0.107	0.114	0.121	0.129	0.137	0.146
5.3	0.044	0.047	0.051	0.055	0.059	0.063	0.068	0.073	0.078	0.084	0.089	0.096	0.102	0.109	0.116	0.123	0.131	0.140	0.148	0.157
5.4	0.049	0.052	0.056	0.061	0.065	0.070	0.075	0.080	0.085	0.091	0.097	0.104	0.111	0.118	0.125	0.133	0.141	0.150	0.159	0.169
5.5	0.054	0.058	0.062	0.066	0.071	0.076	0.081	0.087	0.093	0.099	0.106	0.113	0.120	0.127	0.135	0.143	0.152	0.161	0.171	0.180
5.6	0.059	0.063	0.068	0.073	0.078	0.083	0.089	0.095	0.101	0.107	0.114	0.122	0.129	0.137	0.145	0.154	0.163	0.172	0.182	0.192
5.7	0.065	0.069	0.074	0.079	0.085	0.090	0.096	0.103	0.109	0.116	0.123	0.131	0.139	0.147	0.156	0.165	0.174	0.184	0.194	0.205
5.8	0.071	0.076	0.081	0.086	0.092	0.098	0.104	0.111	0.118	0.125	0.133	0.141	0.149	0.158	0.167	0.176	0.186	0.196	0.207	0.218
5.9	0.077	0.082	0.088	0.094	0.100	0.106	0.113	0.120	0.127	0.135	0.143	0.151	0.160	0.169	0.178	0.188	0.198	0.209	0.219	0.231
6.0	0.084	0.089	0.095	0.101	0.108	0.114	0.121	0.129	0.136	0.144	0.153	0.161	0.171	0.180	0.190	0.200	0.210	0.221	0.232	0.244
6.1	0.091	0.097	0.103	0.109	0.116	0.123	0.130	0.138	0.146	0.155	0.163	0.172	0.182	0.192	0.202	0.212	0.223	0.234	0.246	0.258
6.2	0.098	0.105	0.111	0.118	0.125	0.132	0.140	0.148	0.156	0.165	0.174	0.184	0.193	0.203	0.214	0.225	0.236	0.247	0.259	0.271
6.3	0.106	0.113	0.119	0.126	0.134	0.142	0.150	0.158	0.167	0.176	0.185	0.195	0.205	0.216	0.226	0.237	0.249	0.261	0.273	0.285
6.4	0.114	0.121	0.128	0.136	0.143	0.151	0.160	0.168	0.178	0.187	0.197	0.207	0.217	0.228	0.239	0.251	0.262	0.274	0.287	0.300
6.5	0.123	0.130	0.137	0.145	0.153	0.161	0.170	0.179	0.189	0.198	0.208	0.219	0.230	0.241	0.252	0.264	0.276	0.288	0.301	0.314

续表

t/K ＼ n	10.0	9.9	9.8	9.7	9.6	9.5	9.4	9.3	9.2	9.1	9.0	8.9	8.8	8.7	8.6	8.5	8.4	8.3	8.2	8.1
6.6	0.131	0.139	0.147	0.155	0.163	0.172	0.181	0.190	0.200	0.210	0.220	0.231	0.242	0.254	0.265	0.277	0.290	0.302	0.315	0.328
6.7	0.140	0.148	0.156	0.165	0.173	0.183	0.192	0.202	0.212	0.222	0.233	0.244	0.255	0.267	0.279	0.291	0.304	0.316	0.330	0.343
6.8	0.150	0.158	0.166	0.175	0.184	0.194	0.203	0.213	0.224	0.234	0.245	0.257	0.268	0.280	0.292	0.305	0.318	0.331	0.344	0.358
6.9	0.160	0.168	0.177	0.186	0.195	0.205	0.215	0.225	0.236	0.247	0.258	0.270	0.281	0.294	0.306	0.319	0.332	0.345	0.359	0.372
7.0	0.170	0.178	0.187	0.197	0.206	0.216	0.227	0.237	0.248	0.259	0.271	0.283	0.295	0.307	0.320	0.333	0.346	0.360	0.373	0.387
7.1	0.180	0.189	0.198	0.208	0.218	0.228	0.239	0.250	0.261	0.272	0.284	0.296	0.308	0.321	0.334	0.347	0.360	0.374	0.388	0.402
7.2	0.190	0.200	0.209	0.219	0.230	0.240	0.251	0.262	0.274	0.285	0.297	0.310	0.322	0.335	0.348	0.361	0.375	0.389	0.403	0.417
7.3	0.201	0.211	0.221	0.231	0.242	0.252	0.263	0.275	0.287	0.299	0.311	0.323	0.336	0.349	0.362	0.376	0.389	0.403	0.417	0.432
7.4	0.212	0.222	0.232	0.243	0.254	0.265	0.276	0.288	0.300	0.312	0.324	0.337	0.350	0.363	0.377	0.390	0.404	0.418	0.432	0.446
7.5	0.224	0.234	0.244	0.255	0.266	0.277	0.289	0.301	0.313	0.325	0.338	0.351	0.364	0.377	0.391	0.405	0.418	0.432	0.447	0.461
7.6	0.235	0.246	0.256	0.267	0.279	0.290	0.302	0.314	0.326	0.339	0.352	0.365	0.378	0.392	0.405	0.419	0.433	0.447	0.461	0.476
7.7	0.247	0.258	0.269	0.280	0.291	0.303	0.315	0.327	0.340	0.353	0.366	0.379	0.392	0.406	0.419	0.433	0.447	0.461	0.476	0.490
7.8	0.259	0.270	0.281	0.293	0.304	0.316	0.328	0.341	0.354	0.366	0.380	0.393	0.406	0.420	0.434	0.448	0.462	0.476	0.490	0.504
7.9	0.271	0.282	0.294	0.305	0.317	0.329	0.342	0.354	0.367	0.380	0.393	0.407	0.420	0.434	0.448	0.462	0.476	0.490	0.504	0.519
8.0	0.283	0.295	0.306	0.318	0.330	0.343	0.355	0.368	0.381	0.394	0.407	0.421	0.435	0.448	0.462	0.476	0.490	0.504	0.519	0.533
8.1	0.296	0.307	0.319	0.331	0.344	0.356	0.369	0.382	0.395	0.408	0.421	0.435	0.449	0.462	0.476	0.490	0.504	0.518	0.533	0.547
8.2	0.308	0.320	0.332	0.344	0.357	0.370	0.382	0.395	0.409	0.422	0.435	0.449	0.463	0.476	0.490	0.504	0.518	0.532	0.546	0.561
8.3	0.321	0.333	0.345	0.358	0.370	0.383	0.396	0.409	0.422	0.436	0.449	0.463	0.477	0.490	0.504	0.518	0.532	0.546	0.560	0.574
8.4	0.334	0.346	0.359	0.371	0.384	0.397	0.410	0.423	0.436	0.450	0.463	0.477	0.490	0.504	0.518	0.532	0.546	0.560	0.574	0.588
8.5	0.347	0.359	0.372	0.384	0.397	0.410	0.423	0.436	0.450	0.463	0.477	0.491	0.504	0.518	0.532	0.546	0.559	0.573	0.587	0.601

续表

t/K \ n	10.0	9.9	9.8	9.7	9.6	9.5	9.4	9.3	9.2	9.1	9.0	8.9	8.8	8.7	8.6	8.5	8.4	8.3	8.2	8.1
8.6	0.360	0.372	0.385	0.398	0.411	0.424	0.437	0.450	0.464	0.477	0.491	0.504	0.518	0.532	0.545	0.559	0.573	0.587	0.600	0.614
8.7	0.373	0.386	0.398	0.411	0.424	0.437	0.450	0.464	0.477	0.491	0.504	0.518	0.531	0.545	0.559	0.572	0.586	0.600	0.613	0.626
8.8	0.386	0.399	0.412	0.425	0.438	0.451	0.464	0.477	0.491	0.504	0.518	0.531	0.545	0.558	0.572	0.586	0.599	0.612	0.626	0.639
8.9	0.399	0.412	0.425	0.438	0.451	0.464	0.477	0.491	0.504	0.518	0.531	0.545	0.558	0.572	0.585	0.598	0.612	0.625	0.638	0.651
9.0	0.413	0.425	0.438	0.451	0.464	0.478	0.491	0.504	0.518	0.531	0.544	0.558	0.571	0.585	0.598	0.611	0.624	0.637	0.650	0.663
9.1	0.426	0.439	0.452	0.465	0.478	0.491	0.504	0.517	0.531	0.544	0.557	0.571	0.584	0.597	0.611	0.624	0.637	0.650	0.662	0.675
9.2	0.439	0.452	0.465	0.478	0.491	0.504	0.517	0.531	0.544	0.557	0.570	0.584	0.597	0.610	0.623	0.636	0.649	0.662	0.674	0.687
9.3	0.452	0.465	0.478	0.491	0.504	0.517	0.530	0.544	0.557	0.570	0.583	0.596	0.609	0.622	0.635	0.648	0.661	0.673	0.686	0.698
9.4	0.465	0.478	0.491	0.504	0.517	0.530	0.543	0.557	0.570	0.583	0.596	0.609	0.622	0.635	0.647	0.660	0.672	0.685	0.697	0.709
9.5	0.478	0.491	0.504	0.517	0.530	0.543	0.556	0.569	0.582	0.595	0.608	0.621	0.634	0.646	0.659	0.671	0.684	0.696	0.708	0.720
9.6	0.491	0.504	0.517	0.530	0.543	0.556	0.569	0.582	0.595	0.608	0.620	0.633	0.646	0.658	0.671	0.683	0.695	0.707	0.719	0.730
9.7	0.504	0.517	0.530	0.543	0.556	0.569	0.581	0.594	0.607	0.620	0.632	0.645	0.657	0.670	0.682	0.694	0.706	0.718	0.729	0.740
9.8	0.517	0.530	0.543	0.555	0.568	0.581	0.594	0.607	0.619	0.632	0.644	0.657	0.669	0.681	0.693	0.705	0.716	0.728	0.739	0.750
9.9	0.529	0.542	0.555	0.568	0.581	0.593	0.606	0.619	0.631	0.643	0.656	0.668	0.680	0.692	0.704	0.715	0.727	0.738	0.749	0.760
10.0	0.542	0.555	0.568	0.580	0.593	0.605	0.618	0.630	0.643	0.655	0.667	0.679	0.691	0.703	0.714	0.726	0.737	0.748	0.759	0.769
10.1	0.555	0.567	0.580	0.592	0.605	0.617	0.630	0.642	0.654	0.666	0.678	0.690	0.702	0.713	0.725	0.736	0.747	0.758	0.768	0.779
10.2	0.567	0.579	0.592	0.604	0.617	0.629	0.641	0.654	0.666	0.677	0.689	0.701	0.712	0.724	0.735	0.746	0.756	0.767	0.777	0.787
10.3	0.579	0.591	0.604	0.616	0.628	0.641	0.653	0.665	0.677	0.688	0.700	0.711	0.723	0.734	0.745	0.755	0.766	0.776	0.786	0.796
10.4	0.591	0.603	0.616	0.628	0.640	0.652	0.664	0.676	0.687	0.699	0.710	0.722	0.733	0.744	0.754	0.765	0.775	0.785	0.795	0.804
10.5	0.603	0.615	0.627	0.639	0.651	0.663	0.675	0.687	0.698	0.709	0.721	0.732	0.742	0.753	0.763	0.774	0.784	0.794	0.803	0.812

续表

n \ t/K	10.0	9.9	9.8	9.7	9.6	9.5	9.4	9.3	9.2	9.1	9.0	8.9	8.8	8.7	8.6	8.5	8.4	8.3	8.2	8.1	n \ t/K
10.6	0.615	0.627	0.639	0.651	0.662	0.674	0.686	0.697	0.708	0.720	0.731	0.741	0.752	0.762	0.773	0.783	0.792	0.802	0.811	0.820	10.6
10.7	0.626	0.638	0.650	0.662	0.673	0.685	0.696	0.708	0.719	0.730	0.740	0.751	0.761	0.771	0.781	0.791	0.801	0.810	0.819	0.828	10.7
10.8	0.637	0.649	0.661	0.673	0.684	0.695	0.707	0.718	0.729	0.739	0.750	0.760	0.770	0.780	0.790	0.799	0.809	0.818	0.827	0.835	10.8
10.9	0.649	0.660	0.672	0.683	0.695	0.706	0.717	0.728	0.738	0.749	0.759	0.769	0.779	0.789	0.798	0.807	0.816	0.825	0.834	0.842	10.9
11.0	0.659	0.671	0.682	0.694	0.705	0.716	0.727	0.737	0.748	0.758	0.768	0.778	0.788	0.797	0.806	0.815	0.824	0.833	0.841	0.849	11.0
11.1	0.670	0.682	0.693	0.704	0.715	0.726	0.736	0.747	0.757	0.767	0.777	0.786	0.796	0.805	0.814	0.823	0.831	0.840	0.848	0.856	11.1
11.2	0.681	0.692	0.703	0.714	0.725	0.735	0.746	0.756	0.766	0.776	0.785	0.795	0.804	0.813	0.822	0.830	0.838	0.847	0.854	0.862	11.2
11.3	0.691	0.702	0.713	0.724	0.734	0.745	0.755	0.765	0.775	0.784	0.794	0.803	0.812	0.820	0.829	0.837	0.845	0.853	0.861	0.868	11.3
11.4	0.701	0.712	0.723	0.733	0.744	0.754	0.764	0.773	0.783	0.792	0.802	0.811	0.819	0.828	0.836	0.844	0.852	0.860	0.867	0.874	11.4
11.5	0.711	0.722	0.732	0.743	0.753	0.763	0.772	0.782	0.791	0.800	0.809	0.818	0.827	0.835	0.843	0.851	0.858	0.866	0.873	0.880	11.5
11.6	0.721	0.731	0.742	0.752	0.762	0.771	0.781	0.790	0.799	0.808	0.817	0.825	0.834	0.842	0.850	0.857	0.864	0.872	0.878	0.885	11.6
11.7	0.730	0.741	0.751	0.761	0.770	0.780	0.789	0.798	0.807	0.816	0.824	0.833	0.841	0.848	0.856	0.863	0.870	0.877	0.884	0.890	11.7
11.8	0.740	0.750	0.760	0.769	0.779	0.788	0.797	0.806	0.815	0.823	0.831	0.839	0.847	0.855	0.862	0.869	0.876	0.883	0.889	0.895	11.8
11.9	0.749	0.759	0.768	0.778	0.787	0.796	0.805	0.814	0.822	0.830	0.838	0.846	0.854	0.861	0.868	0.875	0.882	0.888	0.894	0.900	11.9
12.0	0.758	0.767	0.777	0.786	0.795	0.804	0.813	0.821	0.829	0.837	0.845	0.853	0.860	0.867	0.874	0.881	0.887	0.893	0.899	0.905	12.0
12.1	0.766	0.776	0.785	0.794	0.803	0.811	0.820	0.828	0.836	0.844	0.851	0.859	0.866	0.873	0.879	0.886	0.892	0.898	0.904	0.909	12.1
12.2	0.775	0.784	0.793	0.802	0.810	0.819	0.827	0.835	0.843	0.850	0.858	0.865	0.872	0.878	0.885	0.891	0.897	0.903	0.908	0.914	12.2
12.3	0.783	0.792	0.801	0.809	0.818	0.826	0.834	0.842	0.849	0.857	0.864	0.871	0.877	0.884	0.890	0.896	0.902	0.907	0.913	0.918	12.3
12.4	0.791	0.800	0.808	0.817	0.825	0.833	0.841	0.848	0.855	0.863	0.869	0.876	0.883	0.889	0.895	0.901	0.906	0.912	0.917	0.922	12.4
12.5	0.799	0.807	0.816	0.824	0.832	0.839	0.847	0.854	0.861	0.868	0.875	0.882	0.888	0.894	0.900	0.905	0.911	0.916	0.921	0.926	12.5

t/K \ n	10.0	9.9	9.8	9.7	9.6	9.5	9.4	9.3	9.2	9.1	9.0	8.9	8.8	8.7	8.6	8.5	8.4	8.3	8.2	8.1
12.6	0.806	0.814	0.823	0.831	0.838	0.846	0.853	0.860	0.867	0.874	0.880	0.887	0.893	0.899	0.904	0.910	0.915	0.920	0.925	0.929
12.7	0.813	0.822	0.830	0.837	0.845	0.852	0.859	0.866	0.873	0.879	0.886	0.892	0.898	0.903	0.909	0.914	0.919	0.924	0.928	0.933
12.8	0.821	0.829	0.836	0.844	0.851	0.858	0.865	0.872	0.878	0.885	0.891	0.897	0.902	0.908	0.913	0.918	0.923	0.927	0.932	0.936
12.9	0.827	0.835	0.843	0.850	0.857	0.864	0.871	0.877	0.884	0.890	0.896	0.901	0.907	0.912	0.917	0.922	0.926	0.931	0.935	0.939
13.0	0.834	0.842	0.849	0.856	0.863	0.870	0.876	0.883	0.889	0.895	0.900	0.906	0.911	0.916	0.921	0.926	0.930	0.934	0.938	0.942
13.1	0.841	0.848	0.855	0.862	0.869	0.875	0.882	0.888	0.894	0.899	0.905	0.910	0.915	0.920	0.925	0.929	0.933	0.938	0.941	0.945
13.2	0.847	0.854	0.861	0.868	0.874	0.881	0.887	0.893	0.898	0.904	0.909	0.914	0.919	0.924	0.928	0.933	0.937	0.941	0.944	0.948
13.3	0.853	0.860	0.867	0.873	0.880	0.886	0.892	0.897	0.903	0.908	0.913	0.918	0.923	0.927	0.932	0.936	0.940	0.944	0.947	0.951
13.4	0.859	0.866	0.872	0.879	0.885	0.891	0.896	0.902	0.907	0.912	0.917	0.922	0.926	0.931	0.935	0.939	0.943	0.946	0.950	0.953
13.5	0.865	0.871	0.878	0.884	0.890	0.895	0.901	0.906	0.911	0.916	0.921	0.926	0.930	0.934	0.938	0.942	0.946	0.949	0.952	0.956
13.6	0.870	0.877	0.883	0.889	0.894	0.900	0.905	0.910	0.915	0.920	0.925	0.929	0.933	0.937	0.941	0.945	0.948	0.952	0.955	0.958
13.7	0.876	0.882	0.888	0.893	0.899	0.904	0.909	0.914	0.919	0.924	0.928	0.932	0.936	0.940	0.944	0.948	0.951	0.954	0.957	0.960
13.8	0.881	0.887	0.892	0.898	0.903	0.909	0.914	0.918	0.923	0.927	0.932	0.936	0.940	0.943	0.947	0.950	0.953	0.956	0.959	0.962
13.9	0.886	0.892	0.897	0.902	0.908	0.913	0.917	0.922	0.927	0.931	0.935	0.939	0.942	0.946	0.949	0.953	0.956	0.959	0.961	0.964
14.0	0.891	0.896	0.902	0.907	0.912	0.917	0.921	0.926	0.930	0.934	0.938	0.942	0.945	0.949	0.952	0.955	0.958	0.961	0.963	0.966
14.1	0.895	0.901	0.906	0.911	0.916	0.920	0.925	0.929	0.933	0.937	0.941	0.945	0.948	0.951	0.954	0.957	0.960	0.963	0.965	0.968
14.2	0.900	0.905	0.910	0.915	0.919	0.924	0.928	0.932	0.936	0.940	0.944	0.947	0.951	0.954	0.957	0.960	0.962	0.965	0.967	0.970
14.3	0.904	0.909	0.914	0.919	0.923	0.927	0.932	0.936	0.939	0.943	0.947	0.950	0.953	0.956	0.959	0.962	0.964	0.967	0.969	0.971
14.4	0.908	0.913	0.918	0.922	0.927	0.931	0.935	0.939	0.942	0.946	0.949	0.952	0.955	0.958	0.961	0.964	0.966	0.968	0.971	0.973
14.5	0.912	0.917	0.921	0.926	0.930	0.934	0.938	0.942	0.945	0.948	0.952	0.955	0.958	0.960	0.963	0.965	0.968	0.970	0.972	0.974

续表

n \ t/K	10.0	9.9	9.8	9.7	9.6	9.5	9.4	9.3	9.2	9.1	9.0	8.9	8.8	8.7	8.6	8.5	8.4	8.3	8.2	8.1
14.6	0.916	0.921	0.925	0.929	0.933	0.937	0.941	0.944	0.948	0.951	0.954	0.957	0.960	0.962	0.965	0.967	0.970	0.972	0.974	0.976
14.7	0.920	0.924	0.928	0.932	0.936	0.940	0.944	0.947	0.950	0.953	0.956	0.959	0.962	0.964	0.967	0.969	0.971	0.973	0.975	0.977
14.8	0.923	0.928	0.932	0.936	0.939	0.943	0.946	0.950	0.953	0.956	0.958	0.961	0.964	0.966	0.968	0.971	0.973	0.975	0.976	0.978
14.9	0.927	0.931	0.935	0.939	0.942	0.946	0.949	0.952	0.955	0.958	0.961	0.963	0.966	0.968	0.970	0.972	0.974	0.976	0.978	0.979
15.0	0.930	0.934	0.938	0.941	0.945	0.948	0.951	0.954	0.957	0.960	0.963	0.965	0.967	0.970	0.972	0.974	0.976	0.977	0.979	0.981
15.1	0.933	0.937	0.941	0.944	0.948	0.951	0.954	0.957	0.959	0.962	0.964	0.967	0.969	0.971	0.973	0.975	0.977	0.979	0.980	0.982
15.2	0.936	0.940	0.944	0.947	0.950	0.953	0.956	0.959	0.961	0.964	0.966	0.969	0.971	0.973	0.975	0.976	0.978	0.980	0.981	0.983
15.3	0.939	0.943	0.946	0.949	0.952	0.955	0.958	0.961	0.963	0.966	0.968	0.970	0.972	0.974	0.976	0.978	0.979	0.981	0.982	0.984
15.4	0.942	0.946	0.949	0.952	0.955	0.958	0.960	0.963	0.965	0.967	0.970	0.972	0.974	0.976	0.977	0.979	0.980	0.982	0.983	0.985
15.5	0.945	0.948	0.951	0.954	0.957	0.960	0.962	0.965	0.967	0.969	0.971	0.973	0.975	0.977	0.978	0.980	0.982	0.983	0.984	0.985
15.6	0.947	0.951	0.954	0.956	0.959	0.962	0.964	0.966	0.969	0.971	0.973	0.975	0.976	0.978	0.980	0.981	0.983	0.984	0.985	0.986
15.7	0.950	0.953	0.956	0.958	0.961	0.964	0.966	0.968	0.970	0.972	0.974	0.976	0.978	0.979	0.981	0.982	0.983	0.985	0.986	0.987
15.8	0.952	0.955	0.958	0.960	0.963	0.965	0.968	0.970	0.972	0.974	0.975	0.977	0.979	0.980	0.982	0.983	0.984	0.986	0.987	0.988
15.9	0.955	0.957	0.960	0.962	0.965	0.967	0.969	0.971	0.973	0.975	0.977	0.978	0.980	0.981	0.983	0.984	0.985	0.986	0.987	0.988
16.0	0.957	0.959	0.962	0.964	0.967	0.969	0.971	0.973	0.975	0.976	0.978	0.980	0.981	0.982	0.984	0.985	0.986	0.987	0.988	0.989
16.1	0.959	0.961	0.964	0.966	0.968	0.970	0.972	0.974	0.976	0.978	0.979	0.981	0.982	0.983	0.985	0.986	0.987	0.988	0.989	0.990
16.2	0.961	0.963	0.966	0.968	0.970	0.972	0.974	0.976	0.977	0.979	0.980	0.982	0.983	0.984	0.985	0.987	0.988	0.989	0.990	0.990
16.3	0.963	0.965	0.967	0.969	0.971	0.973	0.975	0.977	0.978	0.980	0.981	0.983	0.984	0.985	0.986	0.987	0.988	0.989	0.990	0.991
16.4	0.965	0.967	0.969	0.971	0.973	0.975	0.976	0.978	0.980	0.981	0.982	0.984	0.985	0.986	0.987	0.988	0.989	0.990	0.991	0.991
16.5	0.966	0.968	0.970	0.972	0.974	0.976	0.978	0.979	0.981	0.982	0.983	0.985	0.986	0.987	0.988	0.989	0.990	0.990	0.991	0.992

续表

t/K \ n	10.0	9.9	9.8	9.7	9.6	9.5	9.4	9.3	9.2	9.1	9.0	8.9	8.8	8.7	8.6	8.5	8.4	8.3	8.2	8.1
16.6	0.968	0.970	0.972	0.974	0.976	0.977	0.979	0.980	0.982	0.983	0.984	0.985	0.986	0.988	0.988	0.989	0.990	0.991	0.992	0.992
16.7	0.970	0.972	0.973	0.975	0.977	0.978	0.980	0.981	0.983	0.984	0.985	0.986	0.987	0.988	0.989	0.990	0.991	0.992	0.992	0.993
16.8	0.971	0.973	0.975	0.976	0.978	0.980	0.981	0.982	0.984	0.985	0.986	0.987	0.988	0.989	0.990	0.991	0.991	0.992	0.993	0.993
16.9	0.972	0.974	0.976	0.978	0.979	0.981	0.982	0.982	0.984	0.986	0.987	0.988	0.989	0.990	0.990	0.991	0.992	0.992	0.993	0.994
17.0	0.974	0.976	0.977	0.979	0.980	0.982	0.983	0.984	0.985	0.986	0.987	0.988	0.989	0.990	0.991	0.992	0.992	0.993	0.994	0.994
17.1	0.975	0.977	0.978	0.980	0.981	0.983	0.984	0.985	0.986	0.987	0.988	0.989	0.990	0.991	0.991	0.992	0.993	0.993	0.994	0.994
17.2	0.976	0.978	0.980	0.981	0.982	0.984	0.985	0.986	0.987	0.988	0.989	0.990	0.990	0.991	0.992	0.993	0.993	0.994	0.994	0.995
17.3	0.978	0.979	0.981	0.982	0.983	0.984	0.986	0.987	0.988	0.989	0.989	0.990	0.991	0.992	0.992	0.993	0.994	0.994	0.995	0.995
17.4	0.979	0.980	0.982	0.983	0.984	0.985	0.986	0.987	0.988	0.989	0.990	0.991	0.992	0.992	0.993	0.993	0.994	0.994	0.995	0.995
17.5	0.980	0.981	0.983	0.984	0.985	0.986	0.987	0.988	0.989	0.990	0.991	0.991	0.992	0.993	0.993	0.994	0.994	0.995	0.995	0.996
17.6	0.981	0.982	0.984	0.985	0.986	0.987	0.988	0.989	0.990	0.990	0.991	0.992	0.992	0.993	0.994	0.994	0.995	0.995	0.996	0.996
17.7	0.982	0.983	0.984	0.985	0.987	0.988	0.988	0.989	0.990	0.991	0.992	0.992	0.993	0.993	0.994	0.994	0.995	0.995	0.996	0.996
17.8	0.983	0.984	0.985	0.986	0.987	0.988	0.989	0.990	0.991	0.991	0.992	0.993	0.993	0.994	0.994	0.995	0.995	0.996	0.996	0.996
17.9	0.984	0.985	0.986	0.987	0.988	0.989	0.990	0.990	0.991	0.992	0.993	0.993	0.994	0.994	0.995	0.995	0.996	0.996	0.997	0.997
18.0	0.985	0.986	0.987	0.988	0.989	0.989	0.990	0.991	0.992	0.992	0.993	0.994	0.994	0.995	0.995	0.995	0.996	0.996	0.997	0.997
18.1	0.985	0.986	0.987	0.988	0.989	0.990	0.991	0.991	0.992	0.993	0.993	0.994	0.994	0.995	0.995	0.996	0.996	0.996	0.997	0.997
18.2	0.986	0.987	0.988	0.989	0.990	0.991	0.991	0.992	0.993	0.993	0.994	0.994	0.995	0.995	0.996	0.996	0.996	0.997	0.997	0.997
18.3	0.987	0.988	0.989	0.990	0.990	0.991	0.992	0.992	0.993	0.994	0.994	0.995	0.995	0.995	0.996	0.996	0.997	0.997	0.997	0.997
18.4	0.988	0.989	0.990	0.990	0.991	0.992	0.992	0.993	0.993	0.994	0.994	0.995	0.995	0.996	0.996	0.996	0.997	0.997	0.997	0.998
18.5	0.988	0.989	0.990	0.991	0.991	0.992	0.993	0.993	0.994	0.994	0.995	0.995	0.996	0.996	0.996	0.997	0.997	0.997	0.997	0.998

续表

t/K \ n	8.1	8.2	8.3	8.4	8.5	8.6	8.7	8.8	8.9	9.0	9.1	9.2	9.3	9.4	9.5	9.6	9.7	9.8	9.9	10.0
18.6	0.998	0.998	0.997	0.997	0.997	0.997	0.996	0.996	0.995	0.995	0.995	0.994	0.994	0.993	0.993	0.992	0.991	0.991	0.990	0.989
18.7	0.998	0.998	0.998	0.997	0.997	0.997	0.996	0.996	0.996	0.995	0.995	0.994	0.994	0.993	0.993	0.992	0.992	0.991	0.990	0.990
18.8	0.998	0.998	0.998	0.997	0.997	0.997	0.997	0.996	0.996	0.996	0.995	0.995	0.994	0.994	0.993	0.993	0.992	0.992	0.991	0.990
18.9	0.998	0.998	0.998	0.998	0.997	0.997	0.997	0.997	0.996	0.996	0.996	0.995	0.995	0.994	0.994	0.993	0.993	0.992	0.991	0.991
19.0	0.998	0.998	0.998	0.998	0.998	0.997	0.997	0.997	0.996	0.996	0.996	0.995	0.995	0.995	0.994	0.994	0.993	0.992	0.992	0.991
19.1	0.998	0.998	0.998	0.998	0.998	0.997	0.997	0.997	0.997	0.996	0.996	0.996	0.995	0.995	0.994	0.994	0.993	0.993	0.992	0.992
19.2	0.999	0.998	0.998	0.998	0.998	0.998	0.997	0.997	0.997	0.997	0.996	0.996	0.996	0.995	0.995	0.994	0.994	0.993	0.993	0.992
19.3	0.999	0.998	0.998	0.998	0.998	0.998	0.998	0.997	0.997	0.997	0.996	0.996	0.996	0.995	0.995	0.995	0.994	0.994	0.993	0.993
19.4	0.999	0.999	0.998	0.998	0.998	0.998	0.998	0.997	0.997	0.997	0.997	0.996	0.996	0.996	0.995	0.995	0.994	0.994	0.993	0.993
19.5	0.999	0.999	0.999	0.998	0.998	0.998	0.998	0.998	0.997	0.997	0.997	0.997	0.996	0.996	0.996	0.995	0.995	0.994	0.994	0.993
19.6	0.999	0.999	0.999	0.999	0.998	0.998	0.998	0.998	0.998	0.997	0.997	0.997	0.997	0.996	0.996	0.995	0.995	0.995	0.994	0.994
19.7	0.999	0.999	0.999	0.999	0.998	0.998	0.998	0.998	0.998	0.997	0.997	0.997	0.997	0.996	0.996	0.996	0.995	0.995	0.995	0.994
19.8	0.999	0.999	0.999	0.999	0.999	0.998	0.998	0.998	0.998	0.998	0.997	0.997	0.997	0.997	0.996	0.996	0.996	0.995	0.995	0.994
19.9	0.999	0.999	0.999	0.999	0.999	0.998	0.998	0.998	0.998	0.998	0.998	0.997	0.997	0.997	0.997	0.996	0.996	0.996	0.995	0.995
20.0	0.999	0.999	0.999	0.999	0.999	0.999	0.998	0.998	0.998	0.998	0.998	0.997	0.997	0.997	0.997	0.996	0.996	0.996	0.995	0.995
20.1	0.999	0.999	0.999	0.999	0.999	0.999	0.999	0.998	0.998	0.998	0.998	0.998	0.997	0.997	0.997	0.997	0.996	0.996	0.996	0.995
20.2	0.999	0.999	0.999	0.999	0.999	0.999	0.999	0.998	0.998	0.998	0.998	0.998	0.998	0.997	0.997	0.997	0.997	0.996	0.996	0.996
20.3	0.999	0.999	0.999	0.999	0.999	0.999	0.999	0.999	0.998	0.998	0.998	0.998	0.998	0.998	0.997	0.997	0.997	0.996	0.996	0.996
20.4	0.999	0.999	0.999	0.999	0.999	0.999	0.999	0.999	0.999	0.998	0.998	0.998	0.998	0.998	0.997	0.997	0.997	0.997	0.996	0.996
20.5	0.999	0.999	0.999	0.999	0.999	0.999	0.999	0.999	0.999	0.998	0.998	0.998	0.998	0.998	0.998	0.997	0.997	0.997	0.997	0.996

续表

t/K ＼ n	10.0	9.9	9.8	9.7	9.6	9.5	9.4	9.3	9.2	9.1	9.0	8.9	8.8	8.7	8.6	8.5	8.4	8.3	8.2	8.1
20.6	0.996	0.997	0.997	0.997	0.998	0.998	0.998	0.998	0.998	0.998	0.999	0.999	0.999	0.999	0.999	0.999	0.999	0.999	0.999	0.999
20.7	0.997	0.997	0.997	0.997	0.998	0.998	0.998	0.998	0.998	0.999	0.999	0.999	0.999	0.999	0.999	0.999	0.999	0.999	0.999	0.999
20.8	0.997	0.997	0.997	0.998	0.998	0.998	0.998	0.998	0.998	0.999	0.999	0.999	0.999	0.999	0.999	0.999	0.999	0.999	0.999	0.999
20.9	0.997	0.997	0.998	0.998	0.998	0.998	0.998	0.998	0.999	0.999	0.999	0.999	0.999	0.999	0.999	0.999	0.999	0.999	0.999	1.000
21.0	0.997	0.997	0.998	0.998	0.998	0.998	0.998	0.999	0.999	0.999	0.999	0.999	0.999	0.999	0.999	0.999	0.999	0.999	1.000	
21.1	0.997	0.998	0.998	0.998	0.998	0.998	0.998	0.999	0.999	0.999	0.999	0.999	0.999	0.999	0.999	0.999	0.999	0.999		
21.2	0.998	0.998	0.998	0.998	0.998	0.998	0.999	0.999	0.999	0.999	0.999	0.999	0.999	0.999	0.999	0.999	0.999	1.000		
21.3	0.998	0.998	0.998	0.998	0.999	0.999	0.999	0.999	0.999	0.999	0.999	0.999	0.999	0.999	0.999	0.999	1.000			
21.4	0.998	0.998	0.998	0.998	0.999	0.999	0.999	0.999	0.999	0.999	0.999	0.999	0.999	0.999	0.999	0.999				
21.5	0.998	0.998	0.998	0.998	0.999	0.999	0.999	0.999	0.999	0.999	0.999	0.999	0.999	0.999	0.999	1.000				
21.6	0.998	0.998	0.998	0.999	0.999	0.999	0.999	0.999	0.999	0.999	0.999	0.999	0.999	0.999	1.000					
21.7	0.998	0.998	0.999	0.999	0.999	0.999	0.999	0.999	0.999	0.999	0.999	0.999	0.999	0.999						
21.8	0.998	0.998	0.999	0.999	0.999	0.999	0.999	0.999	0.999	0.999	0.999	0.999	0.999	1.000						
21.9	0.998	0.999	0.999	0.999	0.999	0.999	0.999	0.999	0.999	0.999	0.999	0.999	1.000							
22.0	0.998	0.999	0.999	0.999	0.999	0.999	0.999	0.999	0.999	0.999	0.999	0.999								
22.1	0.999	0.999	0.999	0.999	0.999	0.999	0.999	0.999	0.999	0.999	0.999	1.000								
22.2	0.999	0.999	0.999	0.999	0.999	0.999	0.999	0.999	0.999	0.999	1.000									
22.3	0.999	0.999	0.999	0.999	0.999	0.999	0.999	0.999	0.999	0.999										
22.4	0.999	0.999	0.999	0.999	0.999	0.999	0.999	0.999	0.999	1.000										
22.5	0.999	0.999	0.999	0.999	0.999	0.999	0.999	0.999	1.000											
22.6	0.999	0.999	0.999	0.999	0.999	0.999	0.999	0.999												
22.7	0.999	0.999	0.999	0.999	0.999	0.999	0.999	1.000												
22.8	0.999	0.999	0.999	0.999	0.999	0.999	1.000													
22.9	0.999	0.999	0.999	0.999	0.999	0.999														
23.0	0.999	0.999	0.999	0.999	0.999	1.000														

注:本表系长办水文处新的电算成果。

附录 8　入渗率 **μ** 曲线

入渗率 μ 曲线见附图 1。

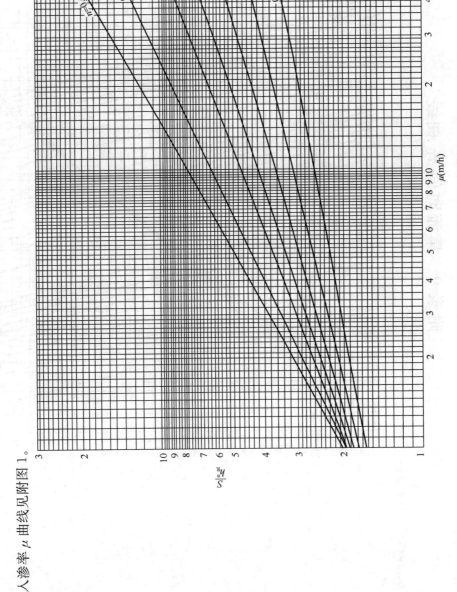

附图 1　入渗率 μ 曲线图

附录 9　集流时间 τ_0 曲线

集流时间 τ_0 曲线见附图 2。

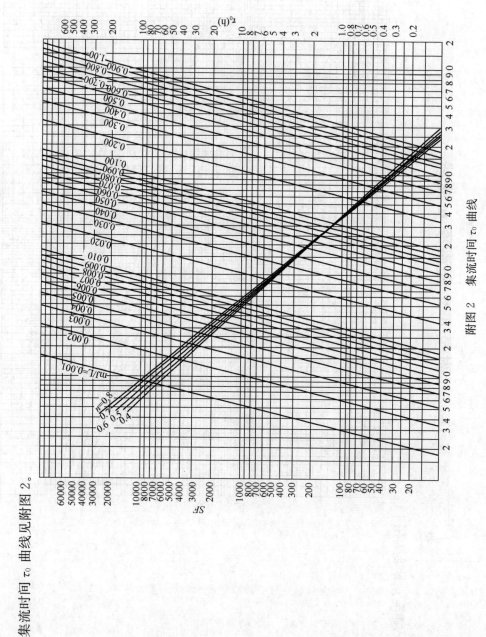

附图 2　集流时间 τ_0 曲线

附录 10　ψ、τ 曲线

ψ、τ 曲线见附图 3。

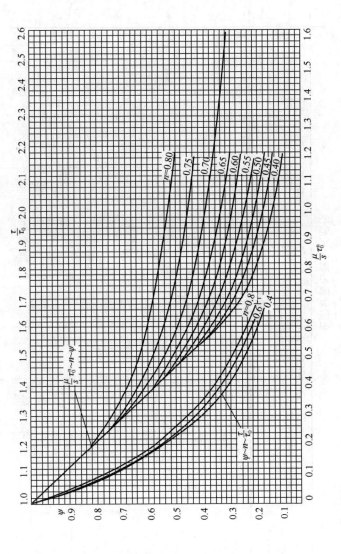

附图 3　ψ、τ 曲线

附录 11　全国分区经验公式成果

全国分区经验公式成果见附表 8。

全国分区经验公式成果

附表 8

分区编号	分区名称	$Q_0=CF^n$				$Q_{2\%}=KF^{n'}$				$\dfrac{Q_0\%}{Q_2\%}$	公式使用说明
		C	n	误差(%)平均	误差(%)最大	K	n'	误差(%)平均	误差(%)最大		
1	三江平原区	1.67	0.65			8.24	0.65	14	30.5	1.17	三江口以上黑龙江流域各支流(我方一侧)及汤旺河流域 C=3.00;拉河流域 C=2.14;其他流域 C=2.51
2	大小兴安岭区	2.14~3.00	0.65			7.00~17.3	0.65	21.5	59	1.17	K=7.00 适用于三江口以上黑龙江流域各支流,K=10 适用于穆棱河,绥芬河,蚂蚁河,汤旺河及该区范围内松花江沿岸各支流; K=17.3 适用于拉林河,呼兰河水系
3	嫩江流域区	0.38	0.80			1.09~2.60	0.80	18.7	49.4	1.17	K=1.09 适用于嫩江县以上各支流,K=1.47 适用于嫩江县以下各支流(讷谟尔,乌裕尔水系除外); K=2.60 适用于讷谟尔,乌裕尔水系
4	海拉尔河上游区	0.71	0.65			2.13	0.65	16.5	32	1.10	
5	图,牡,绥区	0.33	0.88	36	145	2.00	0.86	39	187	1.09	
6	二松,拉江区	0.46	0.70	40	166	8.00	0.74	33	108	1.10	
7	鸭绿江区	1.04	0.85	23	51	2.90	0.93	19	57	1.08	
8	东江河区	5.64	0.75	34	71	48.00	0.45	46	83	1.12	
9	松嫩平原区										

续表

分区编号	分区名称	Q₀=CFⁿ				Q₂%=KFⁿ				$\dfrac{Q_1\%}{Q_2\%}$	公式使用说明
				误差(%)				误差(%)			
		C	n	平均	最大	K	n'	平均	最大		
10	洮蛟山丘区	2.50	0.49	40	136	47.00	0.40	25	67	1.08	缺观测资料
11	霍内上游区										缺观测资料
12	西辽河下游区										
13	辽东北部山丘区	0.97	0.84	13.1	29.4	10.10	0.75	21.8	38.7	1.17~1.31	采用等值线
14	辽东及沿海山丘区	7.40	0.70	22.9	62.9	33.70	0.68	16.6	45.9	1.13~1.28	采用等值线
15	辽河平原区	4.87	0.68	17.8	36.3	10.90	0.75	21.1	43.3	1.09~1.22	采用等值线
16	辽西丘陵区	6.80	0.65	17.1	55.0	16.50	0.72	15.7	37.5	1.16~1.30	采用等值线
17	辽西山丘区	3.40	0.65	16.1	39.7	52.00	0.50	28.3	59.5	1.09~1.33	采用等值线
18	辽西风沙区	0.16	0.84	13.3	34.8	4.10	0.61	19.2	46.2	1.12~1.27	采用等值线
18'	辽河丘陵区	5.88	0.61	8	12	4.50	0.91	3	5	1.09	
19	深山区	9.60	0.60	19	54	57.00	0.60	30	74	1.22	
20	沿海丘陵区	3.10	0.85	16	70	15.00	0.85	23	77	1.21	
21	浅山区	5.90	0.55	25	77	24.30	0.55	34	116	1.25	
22	北部高原区	0.30	0.60	45	75	1.00	0.60	55	128	1.23	
23											
24	太行山北部区	11.60	0.60	25	69	66.70	0.60	18	68	1.27	
25	坝下山区	3.26	0.60	15	33	13.80	0.60	9.2	15	1.20	
26	太行山南部区	10.90	0.55	27	92	66.70	0.55	27	108	1.26	
27	东北部草原丘陵区	0.184	0.50	16.4	21	1.00	0.50	21.2	28.3	1.24	
27'	无资料										
28	内陆河草原丘陵区	2.52	0.60	34.3	152	12.00	0.60	39.3	124	1.24	百灵庙站按本区之亚区 考虑 C=0.95　K=5.82 n=0.60　n'=0.60

续表

分区编号	分　区　名　称	$Q_0 = CF^n$				$Q_2\% = KF^{n'}$				$\dfrac{Q_1\%}{Q_2\%}$	公式使用说明
		C	n	误差(%) 平均	误差(%) 最大	K	n'	误差(%) 平均	误差(%) 最大		
29	大青山、蛮汗山、土石山丘陵区	4.45	0.60	9.9	18.2	23.44	0.60	13.1	27.3	1.25	系中线数值,上限为C,K乘1.3,下限为C,K乘0.7。上限一般在植被破很差,光土石山区采用,下限一般在植被好,森林面积稍大,汇水面积大部分为平原区采用
30	大青山、蛮汗山、土石山丘陵区	14.50	0.50	6.6	18.5	88.40	0.45	16.8	29.2	1.21	
31	黄河流域黄土丘陵沙丘区	5.76	0.75	16.1	30	37.64	0.70	6.8	15.6	1.22	
32	晋北(Ⅰ)区(雁北地区)	8.33	0.50	13	25	60.94	0.45	14	23	1.23	
33	晋中(Ⅱ)区	5.59	0.60	21	41	16.18	0.66	16	49	1.23	
34、36	晋东南(Ⅲ)区	8.13	0.50	20	34	38.57	0.50	19	42	1.26	
35	晋东南(特)(Ⅲ₁)区(浊漳河水系)	53.22	0.35	5	8	111.50	0.43	14	27	1.16	
37	晋西南(Ⅳ)区	10.79	0.60	24	40	85.83	0.50	19	42	1.22	
38	鲁山区	19.00	0.60	15.6	46.1	66.83	0.60	17.6	52.9	1.18	$C_v = 0.9018/F^{0.0062}$
39	鲁苏丘陵区	0.33	1.00	20.4	39.8	7.15	1.00	40	93.5	1.16	鲁苏丘陵区 $Q_2\% = 1.09F$ 精度差不采用
40											
41	苏西地区	4.04	0.71	14.2	27.4	11.14	0.75	12.2	24.5	1.20	包括洪、汝、沙、颍、涡、沱、惠济、贾鲁河
42	淮河平原区	0.47	0.80	15	39	7.65	0.63	17	51	1.15	
43	黄河流域区	2.35	0.73	20	67	7.30	0.78	19	34	1.20	包括伊、洛、沁、济河
44	淮河山丘区	51.00	0.45	19	46	145.00	0.48	28	99	1.18	包括淮河、竹竿、潢、史灌、白露河及洪汝、沙、颍河上游
45	长江流域区	8.85	0.65	23	36	280.00	0.39	22	56	1.19	包括丹江、唐、白河水系

续表

分区编号	分区名称	$Q_0 = CF^n$				$Q_2\% = KF^{n'}$				$\dfrac{Q_0\%}{Q_2\%}$	公式使用说明
		C	n	误差(%) 平均	误差(%) 最大	K	n'	误差(%) 平均	误差(%) 最大		
46	南、堵、蛮、沮、漳、黄柏河区	1.35	0.86	18.9	34.1	19.07	0.69	15.1	31.7		包括丹江、唐、白河水系
47	汉北区	24.00	0.51	14.8	35.0	111.00	0.46	13.3	20.8		
48	澴、峰、巴、倒、蕲、浠水	17.50	0.59	16.0	34.2	141.70	0.48	10.3	29.9		
49	皖、浙、赣山丘区	$0.26H_{24}^{1.5}\times10^{-2}$	0.85	15	45	$0.88H_{24}^2\times10^{-3}$	0.85	18.7	52	1.08~1.23	1. 本区分 $F<3000\mathrm{km}^2$ 统计及 $F>3000\mathrm{km}^2$ 参数相同，调节参数 H_{24} 指数不同。2. $F<3000\mathrm{km}^2$ 时，Q_0 中 C 值变幅分中上限 0.29~0.37，安徽省大别山区用上限，其他地区用中限。3. $F<3000\mathrm{km}^2$ 时，$Q_2\%$ 中 K 值变幅为 0.62~1.10，安徽省大别山区用 1.1，其他地区用 0.85
		$0.3H_{24}^{1.5}\times10^{-1}$	0.54	18	39	$6.8H_{24}^2\times10^{-3}$	0.52	23.5	44.4	1.06~1.14	
50	瓯江、椒江、奉化江、曹娥江水系区	$6.52H_{24}\times10^{-2}$	0.76	10.1	33.0	$0.35H_{24}$	0.66	12.5	32.2	1.15	1. 本区分 $F<3000\mathrm{km}^2$ 统计及 $F>3000\mathrm{km}^2$ 参数相同，调节参数 H_{24} 指数不同。2. $F<3000\mathrm{km}^2$ 时，Q_0 中 C 值为 6.52，$Q_2\%$ 中 K 值为 0.35，用于内陆海雨区及沿海雨区。3. $F>3000\mathrm{km}^2$ 时，Q_0 中 C 值为 13.9，$Q_2\%$ 中 K 值为 1.56，用于过渡区
51	闽、浙沿海台风雨区	$(1.15\sim1.33)\times10^2 H^{1.4}$	0.75	7.6	14.4	$3.47\times10^{-2}H^{1.4}$	0.75	10.2	25.1	1.15	浙江省水系 $C=1.15\times10^{-2}H^{1.4}$ 福建省水系 $C=1.35\times10^{-2}H^{1.4}$

续表

分区编号	分区名称	$Q_0 = CF^n$				K	$Q_2\% = KF^{n'}$			$\dfrac{Q_1\%}{Q_2\%}$	公式使用说明
		C	n	误差（%）平均	最大		n'	误差（%）平均	最大		
52	福建沿海台风雨区	$6.7\times10^{-3}H_{24}^{1.6}$	0.65	12.5	28.7	$17.2\times10^{-3}H_{24}^{1.6}$	0.65	15.5	42.3	1.14	九龙江水系 $C=6.6\times10^{-2}H_{24}^{1.6}$ $K=6.0\times10^{-2}H_{24}^{1.4}$ 其余水系 $C=7.2\times10^{-3}H_{24}^{1.6}$ $K=6.3\times10^{-2}H_{24}^{1.4}$
53	福建内陆锋面雨区	$2.7\times10^{-3}H_{24}^{1.6}$	0.75	8.8	26.9	$6.22\times10^{-3}H_{24}^{1.6}$	0.75	13.0	40.6	1.12	建溪水系 $C=3.1\times10^{-3}H_{24}^{1.6}$ $K=6.0\times10^{-2}H_{24}^{1.2}$ 沙溪水系 $C=2.6\times10^{-3}H_{24}^{1.6}$ $K=4.9\times10^{-2}H_{24}^{1.2}$ 其余水系 $C=2.7\times10^{-3}H_{24}^{1.6}$ $K=5.5\times10^{-2}H_{24}^{1.2}$
54	赣江区	5.40	0.70	9.4	23.1	25.3	0.61	16.7	28.4	1.12	
55	金、富、陆、修水区	4.85	0.77	10.3	36.2	19.0	0.72	9.6	20.2		
56	湖区										
57	清江三峡区	4.30	0.77	13.6	26.8	24.5	0.66	14.0	33.9	1.10	
58	澧水流域区	11.44	0.71	13.2	43.0	45.20	0.63	11.5	28.2	1.20	
59	沅水中下游区	6.76	0.72	14.1	35.0	23.09	0.68	15.9	36.6		
60	沅水上游区	2.47	0.78	12.1	30.2	7.91	0.75	13.1	31.7	1.14	除63区外，包括沅水干支流，藏江、黔城等以上地段的沅水支流，及渠水巫水上游地区

续表

分区编号	分区名称	$Q_0=CF^n$				K	n'	$Q_2\%=KF^{n'}$			$\dfrac{Q_1\%}{Q_2\%}$	公式使用说明
		C	n	误差(%) 平均	误差(%) 最大			误差(%) 平均	误差(%) 最大		
61	资水流域区	11.95	0.62	8.2	22.1	31.59	0.59	12.6	24.9	1.10	
62	湘江流域区	2.77	0.78	13.2	32.4	7.23	0.75	16.9	48.2	1.10	
63	内陆区	$0.0046H_{24}^{1.6}$	0.65	6.5	−18	$0.024H_{24}^{1.6}$	0.55	9.5	−27	1.13	
64	沿海区	$0.0033H_{24}^{1.6}$	0.65	10.5	26	$0.0166H_{24}^{1.6}$	0.55	12.3	29	1.13	
65	郁江、贺江区	7.92	0.70	14.8	57	55.00	0.55	12.7	57	1.12	
66	柳江、桂江区	22.50	0.60	16.4	54	52.80	0.60	24.3	66	1.13	
67	红水河区	8.20	0.60	18.2	39	45.00	0.50	21.6	49	1.14	
68	左右江区	3.30	0.70	14.4	27	12.10	0.64	10.6	17	1.15	
69	沿海区	13.51	0.60	20.9	40	78.00	0.50	19.1	28	1.15	
70	海南岛区(西北区)(东区)	$0.0059H_{24}^{1.6}$	0.65	11.4	−36	149.00	0.55	18.6	41	1.17	防城河河流域 C 值采用 58.1，K 值采用 284
71	台湾省										
72	阿尔齐太区	0.39~0.73	0.80	22	44	1.16~2.14	0.75	14	33	1.11	额尔齐斯主流 $C=0.18$ $K=0.69$
73	伊力区	0.31~0.58	0.75	28	75	0.54~1.00	0.75	20	58	1.09	
74	天山北坡区	0.27~0.50	0.80	45	129	0.82~1.52	0.80	39	78	1.17	
75	天山南坡区	1.66~2.84	0.60	20	63	7.13~13.25	0.53	30	88	1.13	开都河水系 $C=1.0$　$K=4.32\sim7.13$
76	昆仑山北坡区	0.28~0.52	0.80	20	58	2.97,1.60	0.80	25	53	1.15	和田地区 $K=1.12\sim2.08$，喀什地区 $K=2.08\sim3.86$

续表

分区编号	分区名称	$Q_0=CF^n$				K	$Q_2\%=KF^{n'}$				$\dfrac{Q_1\%}{Q_2\%}$	公式使用说明
		C	n	误差（%）平均	最大		n'	误差（%）平均	最大		
77	阿左旗荒漠区											缺资料
78	贺兰山、六盘山山区	5.20 上限 8.00 下限 3.60	0.60	25.4	77.5	23.00 上限 34.00 下限 16.00	0.60	25.9	104	1.25	固原东部茹河水系；贺兰山北段用上限、西吉、泾源、香山地区用下限
79	吴忠盐池区	2.20	0.60	21.6	61.8	5.50	0.60	33.4	110	1.20	红柳沟上游、苦水河上游用上限、苦水河下游盐池内陆河用下限
80	河西走廊北部荒漠区											无资料地区
81	河西走廊西区	0.010 0.014 0.018 0.049	0.90	24	52	0.042 0.060 0.078 0.390	0.90	25	75	1.23	
82	河西走廊东区	0.070 0.091 0.810	0.90	15	33	0.555 0.720 14.29	0.85	21	50	1.23	荒漠边缘区 $C=0.03$　$n=0.90$ $K=0.19$　$n'=0.85$
83	祁连山区	1.15 1.49 0.485	0.67	22	56	20.46 26.62	0.45	18	43	1.23	
84	中部干旱区	0.690 0.890	0.75	26	138	10.94~ 15.49	0.55	21	97	1.21	
85	黄河上游区	0.060 0.085 0.110	0.90	15	32	1.29 1.84 2.38	0.71	20	95	1.18	大峪沟、冶木河、广通河 $K=$ $C=0.24, n=0.90, K=$ $2.38, n'=0.71$

续表

分区编号	分区名称	$Q_0=CF^n$				$Q_2\%=KF^{n'}$				$\dfrac{Q_1\%}{Q_2\%}$	公式使用说明
		C	n	误差(%) 平均	最大	K	n'	误差(%) 平均	最大		
86	陇东泾、渭、汉区	2.89 4.10 5.30	0.64	26	67	22.26~44.65	0.55	28	72	1.23	
87	陇南白龙江区	0.210 0.300 0.390	0.82	24	116	0.94~1.55	0.77	19	45	1.14	
88	青海高原区	$(0.0073\sim 0.0125)Y^{0.8}$	0.75	19.3	41.5	$(0.027\sim 0.045)Y^{0.8}$	0.72	20.4	69.5	1.20	$F<1000\text{km}^2$，D_0 及 D 取上限。上游山区 $D_0=0.0125\sim 0.0112$，$D=0.045\sim 0.041$，下游平原区 $D_0=0.0086\sim 0.0073$，$D=0.032\sim 0.027$；介于两者之间 D_0 及 D 取平均值。同仁 D_0 及 D 取下限至平均值
89	陕北窟野河区	48.50	0.48	19.8	53.7	320.00	0.45	14.4	42.0	1.20	
90	陕北大理河、延河区	6.10	0.65	23.3	42.1	13.80	0.72	17.3	40.5	1.18	
91	渭河北岸泾、洛、渭区	2.80	0.64	14.4	26.7	31.20	0.53	12.0	34.0	1.30	
92	渭河南岸秦岭北麓区	1.90	0.83	17.3	51.6	3.69	0.92	13.9	47.1	1.10	
93	陕南山岭区	3.50	0.76	13.9	45.0	15.90	0.70	12.0	47.0	1.10	
94	大巴山暴雨区	5.77	0.80	22.9	44.4	25.40	0.73	18.5	41.6		
95	东部盆地丘陵区	4.80	0.73	19.0	53.4	11.22	0.73	14.1	36.7		
96	长江南岸深丘区	5.32	0.73	14.9	38.4	10.70	0.74	20.7	49.9		
97	青衣江、鹿头山暴雨区	17.20	0.64	22.9	61.6	23.62	0.69	19.8	54.6		
98	安宁河区	3.92	0.68	17.4	45.4	9.10	0.66	23.7	40.8		
99	川西北高原干旱区	54.00	0.32	14.1	38.0	74.00	0.38	25.1	42.8		
100	金沙江及雅砻江下段区	1.55	0.69	18.4	41.0	6.60	0.59	19.7	50.1		

续表

分区编号	分区名称	$Q_0 = CF^n$				K	$Q_2\% = KF^{n'}$			$\dfrac{Q_2\%}{Q_2\%}$	公式使用说明
		C	n	误差(%)平均	最大		n′	误差(%)平均	最大		
101	贵州东南部多雨区	高 8.00 中 6.43 低 5.23	0.70	17.14	26.5	55.70 42.80 33.80	0.60	13.3	22.0	1.20	黔东北锦江、松桃河黔东南都柳江、潕江可用高值；清水江各支流及干流下游段可用中值；清水河中游及六洞河可用低值；雷公山、梵净山地区用高值。
102	贵州中部过渡区滇西北区	高 6.12 中 4.51 低 3.65	0.70	13.33	27.2	39.80 29.10 21.10	0.60	18.20	45.10	1.20	乌江支流、清水江中下游、石阡河、西江水系的六洞河可用高值；乌江中下游干支流、西江水系的平舟河、蒙江以及赤水河中下游、浣阳河上游以及上游以下游用低值。
103	贵州西部少雨区	高 3.88 中 3.01 低 2.38	0.70	14.48	29.8	21.10 17.30 13.10	0.60	13.6	62.3	1.20	浣阳河中下游用低值。北盘江中下游、六冲河、乌江鸭池河至乌江干流北岸各支流用中值；北盘江上游、南盘江二岔河上流、南盘江贵州境内干支流以及威宁、赫章等地区用低值。
104	滇东区	3.60	0.60	21.8	109	1.80	0.80	32.1	117	1.14	$C = 2.9 \sim 4.5$，$K = 1.45 \sim 2.5$，按云南省曾划的副区使用，以利于提高精度。
105	滇中区	1.20	0.70	25.5	52	3.00	0.65	44.9	135	1.12	$C = 0.95 \sim 1.54$，$K = 2.55 \sim 4.5$，按云南省曾划的副区使用，以利于提高精度。

续表

分区编号	分区名称	$Q_0=CF^n$				$Q_2\%=KF^{n'}$				$\dfrac{Q_1\%}{Q_2\%}$	公式使用说明
		C	n	误差（%）平均	最大	K	n'	误差（%）平均	最大		
106	滇西北区	0.80	0.80	23.6	89	7.50	0.65	27.5	83	1.17	$C=0.6\sim1.04$　$K=5.6\sim11.2$ 按云南省增划的副区使用,以利提高精度(资料另详)
107	滇南区	1.23	0.83	19.3	40	6.40	0.75	24.2	58	1.13	$C=1.0\sim1.6$　$K=4.8\sim8.45$ 按云南省增划的副区使用,以利提高精度(资料另详)
108	滇西区	3.30	0.70	20.6	50	6.90	0.70	31.7	67	1.10	$C=2.64\sim4.2$　$K=5.2\sim9.6$ 按云南省增划的副区使用,以利提高精度(资料另详)
109	西藏高原湖泊区										无资料
110	西藏东部区	0.09	0.95	7.4	19.8	0.50	0.85	7.0	14.6	1.08	参见有关资料
111	雅鲁藏布江区	0.77	0.75	15.1	37.4	1.40	0.75	9.6	28.3	1.09	参见有关资料

附录 12　全国分区 C_v 值

洪峰全国分区 C_v 值见附表 9。

洪峰全国分区 C_v 值

附表 9

分区编号	分区名称	流域面积（km²）							
		100	250	500	1000	5000	10000	25000	50000
1	三江平原区		采	用	等	值	线		
2	大小兴安岭区		采	用	等	值	线		
3	嫩江流域区		采	用	等	值	线		
4	海拉尔河上游区		采	用	等	值	线		
5	图、牡、绥区	1.55	1.40	1.30	1.20	1.01	0.94	0.85	0.80
6	二松、拉区	1.31	1.22	1.17	1.11	0.99	0.94	0.88	0.83
7	鸭绿江区	1.08	1.05	1.02	1.00	0.95	0.92	0.90	0.87
8	东辽河区	1.25	1.22	1.20	1.19	1.14			
9	松嫩平原区		缺	观	测	资	料		
10	洮蛟山丘区	1.73	1.61	1.52	1.43	1.26	1.19	1.10	1.04
11	霍内上游区		缺	观	测	资	料		
12	西辽河下游区		缺	观	测	资	料		
13	辽东北部山区		采	用	等	值	线		
14	辽东及沿海山丘区		采	用	等	值	线		
15	辽河平原区		采	用	等	值	线		
16	辽西丘陵区		采	用	等	值	线		
17	辽西山丘区		采	用	等	值	线		
18	辽西风沙区		采	用	等	值	线		
18′	辽河丘陵区		1.06	1.00	0.94	0.82			
19	深山区		采	用	等	值	线		
20	沿海丘陵区		采	用	等	值	线		
21	浅山区		采	用	等	值	线		
22	北部高原区		采	用	等	值	线		
23			采	用	等	值	线		
24	太行山北部区		采	用	等	值	线		
25	坝下山区		采	用	等	值	线		
26	太行山南部区		采	用	等	值	线		
27	东北部草原丘陵区	1.30	1.26	1.24	1.20	1.12	1.10		
28	内陆河草原丘陵区	1.42	1.37	1.32	1.28	1.20	1.16		
29	大青山、蛮汗山、土石山丘陵区	1.60	1.52	1.47	1.44	1.37	1.32		
30	大青山、蛮汗山、土石山丘陵区	1.40	1.25	1.15	1.07	0.88	0.80		

续表

分区编号	分区名称	流域面积(km²)							
		100	250	500	1000	5000	10000	25000	50000
31	黄河流域黄土丘陵沙丘区	1.40	1.30	1.20	1.13	0.95	0.90		
32	晋北(Ⅰ)区(雁北地区)	1.40	1.40	1.40	1.35	1.14	1.04	0.92	
33	晋中(Ⅱ)区	1.40	1.30	1.22	1.16	1.00	0.94	0.88	
34	晋东南(Ⅲ)区	1.22	1.18	1.16	1.12	1.06	1.03	1.00	
35	晋东南(特)(Ⅲ₁)区(浊漳河水系)	1.05	1.05	1.05	1.05	1.05	1.05	1.05	
36	同34区								
37	晋西南(Ⅳ)区	1.32	1.22	1.17	1.12	1.00	0.96	0.90	
38	鲁山区	$C_v = 0.9018/F^{0.0062}$							
39	鲁苏丘陵区		采	用	等	值	线		
40									
41	苏西地区		采	用	等	值	线		
42	淮河平原区		采	用	等	值	线		
43	黄河流域区		采	用	等	值	线		
44	淮河山丘区		采	用	等	值	线		
45	长江流域区		采	用	等	值	绵		
46	南、堵、蛮、沮、漳、黄柏河区	$F \leqslant 300$ $C_v = 1.02$		$F > 300$ $C_v = 38.4 \times F^{-0.64}$					
47	汉北区	$C_v = 1.7F^{-0.115}$							
48	滠、举、巴、倒、蕲、浠水	$F < 560$ $C_v = 1.12$		$F \geqslant 560$ $C_v = 5.68 \times F^{-0.26}$					
49	皖、浙、赣山丘区	$C_v = 2.9^{-0.2}$							
50	瓯江、椒江、奉化江、曹娥江水系区	$C_v = \dfrac{2.15}{F^{0.18}}$							
51	闽、浙沿海台风雨区	0.76	0.71	0.67	0.63	0.54			
52	福建沿海台风雨区	0.60	0.57	0.55	0.53	0.48	0.46	0.44	
53	福建内陆锋面雨区	0.60	0.54	0.51	0.48	0.40	0.37	0.34	(0.32)
54	赣江区	0.80	0.71	0.65	0.58	0.47	0.43	0.38	0.34
55	金、富、陆、修水区	$C_v = 0.94F^{-0.06}$							
56	湖区								
57	清江三峡区	$C_v = 2.4F^{-0.2}$							
58	澧水流域区		0.70	0.50	0.43	0.38	0.34	0.34	
59	沅水中下游区		0.70	0.64	0.60	0.56	0.54	0.51	0.35
60	沅水上游区		0.70	0.64	0.60	0.56	0.54	0.51	0.35

分区编号	分区名称	流域面积(km²)							
		100	250	500	1000	5000	10000	25000	50000
61	资水流域区				0.60	0.40	0.40	0.40	
62	湘江流域区		0.59	0.55	0.53	0.45	0.45	0.43	0.36
63	内陆区	0.72	0.64	0.58	0.53	0.44	0.40		
64	沿海区	0.72	0.64	0.58	0.53	0.44	0.40		
65	郁江、贺江区	0.80	0.71	0.64	0.58	0.46	0.42		
66	柳江、桂江区	0.80	0.71	0.64	0.58	0.46	0.42		
67	红水河区	0.80	0.71	0.64	0.58	0.46	0.42		
68	左右江区	0.85	0.78	0.71	0.66	0.52	0.47		
69	沿海区	0.85	0.78	0.71	0.66	0.52	0.47		
70	海南岛区（西北区） 　　　　　（东区）	0.72 0.88	0.64 0.85	0.58 0.83	0.53 0.80	0.44 0.76	0.40 0.74		
71	台湾省								
72	阿尔泰区		采	用	等	值	线		
73	伊力区		采	用	等	值	线		
74	天山北坡区		采	用	等	值	线		
75	天山南坡区		采	用	等	值	线		
76	昆仑山北坡区		采	用	等	值	线		
77	阿左旗荒漠区								
78	贺兰山、六盘山区	1.20	1.10	1.04	0.98	0.84	0.78		
79	吴忠盐池区	1.20	1.10	1.04	0.98	0.84	0.78		
80	走廊北部荒漠区								
81	河西走廊西区		采	用	等	值	线		
82	河西走廊东区		采	用	等	值	线		
83	祁连山区		采	用	等	值	线		
84	中部干旱区		采	用	等	值	线		
85	黄河上游区		采	用	等	值	线		
86	陇东泾、渭、汉区		采	用	等	值	线		
87	陇南白龙江区		采	用	等	值	线		
88	青海高原区		采	用	等	值	线		
89	陕北窟野河区	1.55	1.45	1.30	1.23	1.06	1.00	0.92	0.86
90	陕北大理河、延河区	1.55	1.45	1.30	1.23	1.06	1.00	0.92	0.86
91	渭河北岸泾、洛、渭区	1.52	1.42	1.31	1.24	1.09	1.03	0.97	0.92
92	渭河南岸秦岭北麓区	0.92	0.87	0.81	0.76	0.67	0.64	0.59	0.56
93	陕南山岭区	1.52	1.42	1.31	1.24	1.09	1.03	0.97	0.92

附录 13 全国分区 C_s/C_v 经验关系   **701**

续表

分区编号	分区名称	流域面积(km²)							
		100	250	500	1000	5000	10000	25000	50000
94	大巴山暴雨区		0.72	0.68	0.62	0.52	0.48		
95	东部盆地丘陵区	0.81	0.72	0.66	0.62	0.51	0.47		
96	长江南岸深丘区		0.70	0.63	0.57	0.45	0.41		
97	青衣江、鹿头山暴雨区		0.38~0.80	0.34~0.72	0.32~0.64	0.25~0.52	0.22~0.45		
98	安宁河区	0.75~1.85	0.56~1.20	0.46~0.88	0.36~0.64	0.25~0.30	0.18~0.22		
99	川西北高原干旱区		0.57	0.52	0.49	0.41	0.38	0.34	
100	金沙江及雅砻江下段区	0.69~1.50	0.52~1.10	0.42~0.92	0.34~0.76	0.21~0.47	0.18~0.38		
101	贵州东南部多雨区	采	用	等	值	线			
102	贵州中部过渡区	采	用	等	值	线			
103	贵州西部少雨区	采	用	等	值	线			
104	滇东区	采	用	等	值	线			
105	滇中区	采	用	等	值	线			
106	滇西北区	采	用	等	值	线			
107	滇南区	采	用	等	值	线			
108	滇西区	采	用	等	值	线			
109	西藏高原湖泊区	采	用	等	值	线			
110	四藏东部区	采	用	等	值	线			
111	雅鲁藏布江区	采	用	等	值	线			

附录 13 全国分区 C_s/C_v 经验关系

洪峰全国分区 C_s/C_v 经验关系见附表 10。

全国分区 C_s/C_v 经验关系   附表 10

分区编号	区　名	C_s/C_v 的经验关系	分区编号	区　名	C_s/C_v 的经验关系
1	三江平原区	2.5	13	辽东北部山区	3
2	大小兴安岭区	2.5	14	辽东及沿海山丘区	3
3	嫩江流域区	2.0	15	辽河平原区	2.5
4	海拉尔河上游区	2.0	16	辽西丘陵区	3
5	图、牡、绥区	2.5	17	辽西山丘区	3
6	二松、拉区	2.5	18′	辽河丘陵区	1.5
7	鸭绿江区	2.5	18	辽西风沙区	3
8	东辽河区	3.0	19	深山区	2.5
9	松嫩平原区	缺观测资料	20	沿海丘陵区	2
10	洮蛟山丘区	2.5	21	浅山区	2.5
11	霍内上游区	2.5	22	北部高原区	3
12	西辽河下游区		23		

分区编号	区　名	C_s/C_v 的经验关系	分区编号	区　名	C_s/C_v 的经验关系
24	太行山北部区	2.5	68	左右江区	3
25	坝下山区	2.5	69	沿海区	3
26	太行山南部区	2.5	70	海南岛区（西北区）（东区）	
27	东北部草原丘陵区	3.5	71	台湾省	
28	内陆河草原丘陵区	2.5	72	阿尔泰区	1.5
29	大青山、蛮汗山、土石山丘陵区	2.5	73	伊力区	1.5
30	大青山、蛮汗山、土石山丘陵区	2.5	74	天山北坡区	3.5
31	黄河流域黄土丘陵沙丘区	2.5	75	天山南坡区	3
32	晋北（Ⅰ）区（雁北地区）	3	76	昆仑山北坡区	3.5
33	晋中（Ⅱ）区	3	77	阿左旗荒漠区	3
34	晋东南（Ⅲ）区	3	78	贺兰山、六盘山区	3
35	晋东南（特）（Ⅲ₁）区（浊漳河水系）	3	79	吴忠盐池区	3
36	同 34 区	3	80	走廊北部荒漠区	无资料地区
37	晋西南（Ⅳ）区	3	81	河西走廊西区	3.5
38	鲁山区	2.5	82	河西走廊东区	3
39	鲁苏丘陵区	2	83	祁连山区	3.5
40			84	中部干旱区	3
41	苏西地区	3	85	黄河上游区	3
42	淮河平原区	2	86	陇东泾、渭、汊区	3
43	黄河流域区	2	87	陇南白龙江区	3.5
44	淮河山丘区	2.5	88	青海高原区	2～4 一般取 3
45	长江流域区	2.5	89	陕北窟野河区	3
46	南、堵、蛮、沮、漳、黄柏河区	3.5、2.5	90	陕北大理河、延河区	3
47	汉北区	2.5	91	渭河北岸泾、洛、渭区	2.5
48	漆、举、巴、倒、蕲、浠水	3.5、2.0	92	渭河南岸秦岭北麓区	3
49	皖、浙、赣山丘区	2.0～3.5	93	陕南山岭区	2
50	瓯江、椒江、奉化江、曹娥江水系区	2.0～3.5	94	大巴山暴雨区	2
51	闽、浙沿海台风雨区	2.0～3.0	95	东部盆地丘陵区	2
52	福建沿海台风雨区	3	96	长江南岸深丘区	2.5
53	福建内陆锋面雨区	3.5	97	青衣江、鹿头山暴雨区	2.5
54	赣江区	3	98	安宁河区	2
55	金、富、陆、修水区	2.5	99	川西北高原干旱区	3
56	湖区		100	金沙江及雅砻江下段区	2
57	清江三峡区	2.5、3.5	101	贵州东南部多雨区	3.5
58	澧水流域区	2	102	贵州中部过渡区	3.5
59	沅水中下游区	2.5	103	贵州西部少雨区	3.5
60	沅水上游区	2.5	104	滇东区	4
61	资水流域区	2	105	滇中区	4
62	湘江流域区	1	106	滇西北区	4
63	内陆区	3	107	滇南区	4
64	沿海区	3	108	滇西区	4
65	郁江、贺江区	3	109	西藏高原湖泊区	
66	柳江、桂江区	3	110	西藏东部区	4
67	红水河区	3	111	雅鲁藏布江区	4

附录 14　计算消力槛高度需用 β 的数值

计算消力槛高度需用 β 的数值见附表11。

附表 11

计算消力槛高度需用 β 的数值

h_n/H_0	$\Delta Z_0/H_0$	σ_n 当 m<0.45	σ_n 当 m≥0.45	m=0.36 η′	m=0.36 β	m=0.38 η′	m=0.38 β	m=0.40 η′	m=0.40 β	m=0.42 η′	m=0.42 β	m=0.44 η′	m=0.44 β	m=0.46 η′	m=0.46 β	m=0.48 η′	m=0.48 β
<0.45	>0.55	0.10	1.00	>0.403	0.733	>0.389	0.707	>0.376	0.683	>0.364	0.661	>0.352	0.641	>0.342	0.622	>0.333	0.605
0.50	0.50	0.990	0.975	0.369	0.738	0.356	0.712	0.344	0.688	0.333	0.666	0.323	0.645	0.316	0.633	0.308	0.615
0.55	0.45	0.985	0.970	0.333	0.740	0.321	0.714	0.311	0.690	0.301	0.668	0.291	0.647	0.286	0.635	0.278	0.617
0.60	0.40	0.975	0.960	0.298	0.745	0.287	0.719	0.278	0.695	0.269	0.672	0.261	0.652	0.256	0.639	0.247	0.621
0.65	0.35	0.960	0.945	0.264	0.753	0.254	0.726	0.246	0.702	0.238	0.679	0.230	0.659	0.226	0.646	0.220	0.628
0.70	0.30	0.940	0.925	0.229	0.764	0.221	0.736	0.214	0.712	0.207	0.689	0.200	0.668	0.197	0.655	0.191	0.637
0.72	0.28	0.930	0.910	0.215	0.769	0.208	0.742	0.201	0.717	0.194	0.694	0.188	0.673	0.186	0.663	0.180	0.644
0.74	0.26	0.915	0.895	0.202	0.777	0.195	0.750	0.189	0.725	0.182	0.701	0.177	0.680	0.174	0.670	0.169	0.651
0.76	0.24	0.900	0.880	0.189	0.787	0.182	0.758	0.176	0.733	0.170	0.709	0.165	0.688	0.163	0.678	0.158	0.659
0.78	0.22	0.885	0.865	0.175	0.796	0.169	0.768	0.163	0.742	0.158	0.718	0.153	0.696	0.151	0.685	0.147	0.666
0.80	0.20	0.865	0.845	0.161	0.807	0.156	0.778	0.150	0.752	0.146	0.728	0.141	0.706	0.139	0.696	0.135	0.677
0.82	0.18	0.845	0.820	0.148	0.820	0.143	0.791	0.138	0.764	0.133	0.740	0.129	0.717	0.128	0.710	0.124	0.690
0.84	0.16	0.815	0.790	0.134	0.840	0.130	0.810	0.125	0.783	0.121	0.758	0.118	0.735	0.116	0.728	0.113	0.708
0.86	0.14	0.785	0.760	0.121	0.861	0.116	0.831	0.112	0.803	0.109	0.777	0.105	0.753	0.105	0.747	0.102	0.726
0.88	0.12	0.750	0.725	0.107	0.888	0.103	0.856	0.099	0.827	0.096	0.801	0.093	0.776	0.093	0.771	0.090	0.749
0.90	0.10	0.710	0.680	0.092	0.921	0.089	0.888	0.086	0.858	0.083	0.831	0.081	0.805	0.080	0.805	0.078	0.782
0.92	0.08	0.651	0.655	0.078	0.975	0.075	0.941	0.073	0.909	0.070	0.880	0.068	0.853	0.068	0.851	0.066	0.827
0.95	0.05	0.535	0.500	0.056	1.112	0.054	1.072	0.052	1.036	0.050	1.003	0.049	0.973	0.049	0.968	0.048	0.960
1.00	0.00	0.000	0.000	0.000	∞	0.000	∞	0.000	∞	0.000	∞	0.000	∞	0.000	∞	0.000	∞

注：h_n/H_0 <0.45 行为未淹没消力槛；h_n/H_0 ≥0.50 各行为被淹没消力槛。

附录 15   函数 φ(η) 的数值

函数 φ(η) 的数值见附表 12。

函数 φ(η) 的数值(底坡 i>0)

附表 12

x=2.50

η	φ(η)	η	φ(η)	η	φ(η)	η	φ(η)	η	φ(η)	η	φ(η)
0	0	0.73	0.862	0.940	1.534	1.08	1.053	1.33	0.551	1.90	0.276
0.05	0.050	0.74	0.881	0.945	1.570	1.09	1.009	1.34	0.542	1.95	0.264
0.10	0.100	0.75	0.900	0.950	1.610	1.10	0.969	1.35	0.533	2.0	0.253
0.15	0.150	0.76	0.920	0.955	1.654	1.11	0.933	1.36	0.524	2.1	0.233
0.20	0.201	0.77	0.940	0.960	1.702	1.12	0.901	1.37	0.516	2.2	0.216
0.25	0.252	0.78	0.961	0.965	1.758	1.13	0.872	1.38	0.508	2.3	0.201
0.30	0.304	0.79	0.983	0.970	1.820	1.14	0.846	1.39	0.500	2.4	0.188
0.35	0.357	0.80	1.006	0.975	1.896	1.15	0.821	1.40	0.492	2.5	0.176
0.40	0.411	0.81	1.030	0.980	1.985	1.16	0.798	1.41	0.484	2.6	0.165
0.45	0.468	0.82	1.055	0.985	2.100	1.17	0.776	1.42	0.477	2.7	0.155
0.50	0.527	0.83	1.081	0.990	2.264	1.18	0.756	1.43	0.470	2.8	0.146
0.55	0.590	0.84	1.109	0.995	2.544	1.19	0.737	1.44	0.463	2.9	0.138
0.60	0.657	0.85	1.138	1.000	∞	1.20	0.719	1.45	0.456	3.0	0.131
0.61	0.671	0.86	1.169	1.005	2.139	1.21	0.702	1.46	0.450	3.5	0.103
0.62	0.685	0.87	1.202	1.010	1.865	1.22	0.686	1.47	0.444	4.0	0.084
0.63	0.699	0.88	1.237	1.015	1.704	1.23	0.671	1.48	0.438	4.5	0.070
0.64	0.714	0.89	1.275	1.020	1.591	1.24	0.657	1.49	0.432	5.0	0.060
0.65	0.729	0.90	1.316	1.025	1.504	1.25	0.643	1.50	0.426	6.0	0.046
0.66	0.744	0.905	1.339	1.030	1.432	1.26	0.630	1.55	0.399	8.0	0.029
0.67	0.760	0.910	1.362	1.035	1.372	1.27	0.618	1.60	0.376	10.0	0.021
0.68	0.776	0.915	1.386	1.040	1.320	1.28	0.606	1.65	0.355		
0.69	0.792	0.920	1.412	1.045	1.274	1.29	0.594	1.70	0.336		
0.70	0.809	0.925	1.440	1.05	1.234	1.30	0.582	1.75	0.318		
0.71	0.829	0.930	1.469	1.06	1.164	1.31	0.571	1.80	0.303		
0.72	0.844	0.935	1.500	1.07	1.105	1.32	0.561	1.85	0.289		

$x=3.00$　　　　　　　　　　　　　　　　　　　续表

η	$\varphi(\eta)$	η	$\varphi(\eta)$	η	$\varphi(\eta)$	η	$\varphi(\eta)$	η	$\varphi(\eta)$	η	$\varphi(\eta)$
0	0	0.73	0.823	0.940	1.403	1.08	0.749	1.33	0.349	1.90	0.147
0.05	0.050	0.74	0.840	0.945	1.434	1.09	0.713	1.34	0.341	1.95	0.139
0.10	0.100	0.75	0.857	0.950	1.467	1.10	0.680	1.35	0.334	2.0	0.132
0.15	0.150	0.76	0.874	0.955	1.504	1.11	0.652	1.36	0.328	2.1	0.119
0.20	0.200	0.77	0.892	0.960	1.545	1.12	0.626	1.37	0.322	2.2	0.108
0.25	0.251	0.78	0.911	0.965	1.591	1.13	0.602	1.38	0.316	2.3	0.098
0.30	0.302	0.79	0.930	0.970	1.644	1.14	0.581	1.39	0.310	2.4	0.090
0.35	0.354	0.80	0.950	0.975	1.707	1.15	0.561	1.40	0.304	2.5	0.082
0.40	0.407	0.81	0.971	0.980	1.783	1.16	0.542	1.41	0.298	2.6	0.076
0.45	0.461	0.82	0.993	0.985	1.880	1.17	0.525	1.42	0.293	2.7	0.070
0.50	0.517	0.83	1.016	0.990	2.017	1.18	0.510	1.43	0.288	2.8	0.065
0.55	0.575	0.84	1.040	0.995	2.250	1.19	0.495	1.44	0.283	2.9	0.060
0.60	0.637	0.85	1.065	1.000	∞	1.20	0.480	1.45	0.278	3.0	0.056
0.61	0.650	0.86	1.092	1.005	1.649	1.21	0.467	1.46	0.273	3.5	0.041
0.62	0.663	0.87	1.120	1.010	1.419	1.22	0.454	1.47	0.268	4.0	0.031
0.63	0.676	0.88	1.151	1.015	1.286	1.23	0.442	1.48	0.263	4.5	0.025
0.64	0.689	0.89	1.183	1.020	1.191	1.24	0.431	1.49	0.259	5.0	0.019
0.65	0.703	0.90	1.218	1.025	1.119	1.25	0.420	1.50	0.255	6.0	0.014
0.66	0.717	0.905	1.237	1.030	1.061	1.26	0.410	1.55	0.235	8.0	0.009
0.67	0.731	0.910	1.257	1.035	1.011	1.27	0.400	1.60	0.218	10.0	0.005
0.68	0.746	0.915	1.278	1.040	0.967	1.28	0.391	1.65	0.203		
0.69	0.761	0.920	1.300	1.045	0.929	1.29	0.382	1.70	0.189		
0.70	0.776	0.925	1.323	1.05	0.896	1.30	0.373	1.75	0.177		
0.71	0.791	0.930	1.348	1.06	0.838	1.31	0.365	1.80	0.166		
0.72	0.807	0.935	1.374	1.07	0.790	1.32	0.357	1.85	0.156		

$x=3.50$ 续表

η	$\varphi(\eta)$	η	$\varphi(\eta)$	η	$\varphi(\eta)$	η	$\varphi(\eta)$	η	$\varphi(\eta)$	η	$\varphi(\eta)$
0	0	0.73	0.795	0.940	1.312	1.08	0.565	1.33	0.235	1.90	0.084
0.05	0.050	0.74	0.809	0.945	1.339	1.09	0.533	1.34	0.229	1.95	0.078
0.10	0.100	0.75	0.828	0.950	1.367	1.10	0.506	1.35	0.224	2.0	0.073
0.15	0.150	0.76	0.840	0.955	1.399	1.11	0.482	1.36	0.219	2.1	0.064
0.20	0.200	0.77	0.857	0.960	1.436	1.12	0.460	1.37	0.214	2.2	0.056
0.25	0.250	0.78	0.875	0.965	1.475	1.13	0.441	1.38	0.209	2.3	0.050
0.30	0.300	0.79	0.893	0.970	1.520	1.14	0.422	1.39	0.204	2.4	0.044
0.35	0.351	0.80	0.912	0.975	1.574	1.15	0.406	1.4	0.199	2.5	0.040
0.40	0.403	0.81	0.931	0.980	1.640	1.16	0.390	1.41	0.194	2.6	0.036
0.45	0.456	0.82	0.951	0.985	1.726	1.17	0.377	1.42	0.190	2.7	0.033
0.50	0.510	0.83	0.971	0.990	1.844	1.18	0.364	1.43	0.186	2.8	0.030
0.55	0.566	0.84	0.992	0.995	2.043	1.19	0.352	1.44	0.182	2.9	0.027
0.60	0.624	0.85	1.015	1.000	∞	1.20	0.341	1.45	0.178	3.0	0.026
0.61	0.636	0.86	1.038	1.005	1.329	1.21	0.330	1.46	0.174	3.5	0.017
0.62	0.648	0.87	1.064	1.010	1.138	1.22	0.320	1.47	0.171	4.0	0.012
0.63	0.660	0.88	1.092	1.015	1.020	1.23	0.310	1.48	0.168	4.5	0.009
0.64	0.673	0.89	1.121	1.020	0.940	1.24	0.300	1.49	0.165	5.0	0.006
0.65	0.686	0.90	1.150	1.025	0.879	1.25	0.291	1.50	0.162	6.0	0.004
0.66	0.699	0.905	1.166	1.030	0.827	1.26	0.283	1.55	0.147	8.0	0.002
0.67	0.712	0.910	1.183	1.035	0.785	1.27	0.275	1.60	0.134	10.0	0.001
0.68	0.725	0.915	1.202	1.040	0.748	1.28	0.268	1.65	0.123		
0.69	0.739	0.920	1.221	1.045	0.716	1.29	0.261	1.70	0.113		
0.70	0.753	0.925	1.242	1.05	0.637	1.30	0.254	1.75	0.104		
0.71	0.767	0.930	1.264	1.06	0.640	1.31	0.247	1.80	0.096		
0.72	0.781	0.935	1.287	1.07	0.600	1.32	0.241	1.85	0.090		

x=4.00 续表

η	$\varphi(\eta)$	η	$\varphi(\eta)$	η	$\varphi(\eta)$	η	$\varphi(\eta)$	η	$\varphi(\eta)$	η	$\varphi(\eta)$
0	0	0.73	0.780	0.940	1.246	1.08	0.441	1.33	0.166	1.90	0.050
0.05	0.050	0.74	0.794	0.945	1.270	1.09	0.415	1.34	0.161	1.95	0.046
0.10	0.100	0.75	0.808	0.950	1.296	1.10	0.392	1.35	0.157	2.0	0.043
0.15	0.150	0.76	0.823	0.955	1.324	1.11	0.372	1.36	0.153	2.1	0.037
0.20	0.200	0.77	0.838	0.960	1.355	1.12	0.354	1.37	0.149	2.2	0.032
0.25	0.250	0.78	0.854	0.965	1.391	1.13	0.337	1.38	0.145	2.3	0.0279
0.30	0.300	0.79	0.870	0.970	1.431	1.14	0.322	1.39	0.141	2.4	0.0245
0.35	0.351	0.80	0.887	0.975	1.479	1.15	0.308	1.40	0.137	2.5	0.0216
0.40	0.402	0.81	0.904	0.980	1.536	1.16	0.295	1.41	0.134	2.6	0.0192
0.45	0.454	0.82	0.922	0.985	1.610	1.17	0.283	1.42	0.131	2.7	0.0171
0.50	0.507	0.83	0.940	0.990	1.714	1.18	0.272	1.43	0.128	2.8	0.0153
0.55	0.561	0.84	0.960	0.995	1.889	1.19	0.262	1.44	0.125	2.9	0.0137
0.60	0.617	0.85	0.980	1.000	∞	1.20	0.252	1.45	0.122	3.0	0.0123
0.61	0.628	0.86	1.002	1.005	1.107	1.21	0.243	1.46	0.119	3.5	0.0077
0.62	0.640	0.87	1.025	1.010	0.936	1.22	0.235	1.47	0.116	4.0	0.0052
0.63	0.652	0.88	1.049	1.015	0.836	1.23	0.227	1.48	0.113	4.5	0.0037
0.64	0.664	0.89	1.075	1.020	0.766	1.24	0.219	1.49	0.110	5.0	0.0027
0.65	0.676	0.90	1.103	1.025	0.712	1.25	0.212	1.50	0.108	6.0	0.0015
0.66	0.688	0.905	1.117	1.030	0.668	1.26	0.205	1.55	0.097	8.0	0.0007
0.67	0.700	0.910	1.133	1.035	0.632	1.27	0.199	1.60	0.087	10.0	0.0003
0.68	0.713	0.915	1.149	1.040	0.600	1.28	0.193	1.65	0.079		
0.69	0.726	0.920	1.166	1.045	0.572	1.29	0.187	1.70	0.072		
0.70	0.739	0.925	1.185	1.05	0.548	1.30	0.181	1.75	0.065		
0.71	0.752	0.930	1.204	1.06	0.506	1.31	0.176	1.80	0.060		
0.72	0.766	0.935	1.224	1.07	0.471	1.32	0.171	1.85	0.055		

$x=4.50$ 　　　　　　　　　　　　　　　　　续表

η	$\varphi(\eta)$	η	$\varphi(\eta)$	η	$\varphi(\eta)$	η	$\varphi(\eta)$	η	$\varphi(\eta)$	η	$\varphi(\eta)$
0	0	0.73	0.767	0.940	1.197	1.08	0.355	1.33	0.121	1.90	0.031
0.05	0.050	0.74	0.780	0.945	1.218	1.09	0.332	1.34	0.117	1.95	0.028
0.10	0.100	0.75	0.794	0.950	1.241	1.10	0.312	1.35	0.113	2.0	0.026
0.15	0.150	0.76	0.808	0.955	1.267	1.11	0.294	1.36	0.110	2.1	0.0217
0.20	0.200	0.77	0.822	0.960	1.295	1.12	0.279	1.37	0.107	2.2	0.0184
0.25	0.250	0.78	0.837	0.965	1.327	1.13	0.265	1.38	0.104	2.3	0.0157
0.30	0.300	0.79	0.852	0.970	1.363	1.14	0.252	1.39	0.101	2.4	0.0153
0.35	0.350	0.80	0.867	0.975	1.405	1.15	0.240	1.40	0.098	2.5	0.0117
0.40	0.401	0.81	0.883	0.980	1.457	1.16	0.229	1.41	0.095	2.6	0.0102
0.45	0.452	0.82	0.900	0.985	1.523	1.17	0.218	1.42	0.092	2.7	0.0089
0.50	0.504	0.83	0.917	0.990	1.615	1.18	0.209	1.43	0.090	2.8	0.0078
0.55	0.556	0.84	0.935	0.995	1.771	1.19	0.200	1.44	0.087	2.9	0.0069
0.60	0.611	0.85	0.954	1.000	∞	1.20	0.192	1.45	0.085	3.0	0.0061
0.61	0.622	0.86	0.974	1.005	0.954	1.21	0.185	1.46	0.083	3.5	0.0036
0.62	0.634	0.87	0.995	1.010	0.792	1.22	0.178	1.47	0.081	4.0	0.0022
0.63	0.645	0.88	1.017	1.015	0.703	1.23	0.171	1.48	0.079	4.5	0.0015
0.64	0.657	0.89	1.040	1.020	0.641	1.24	0.164	1.49	0.077	5.0	0.0010
0.65	0.668	0.90	1.066	1.025	0.594	1.25	0.158	1.50	0.075	6.0	0.0005
0.66	0.680	0.905	1.080	1.030	0.555	1.26	0.153	1.55	0.066	8.0	0.0002
0.67	0.692	0.910	1.094	1.035	0.522	1.27	0.147	1.60	0.058	10.0	0.0001
0.68	0.704	0.915	1.109	1.040	0.495	1.28	0.142	1.65	0.052		
0.69	0.716	0.920	1.124	1.045	0.470	1.29	0.137	1.70	0.047		
0.70	0.728	0.925	1.141	1.050	0.448	1.30	0.133	1.75	0.042		
0.71	0.741	0.930	1.158	1.060	0.411	1.31	0.129	1.80	0.038		
0.72	0.754	0.935	1.177	1.07	0.381	1.32	0.125	1.85	0.034		

附录 16 各种壁面材料明渠的糙率 n 值

各种壁面材料明渠的糙率 n 值见附表 13。

各种壁面材料明渠的糙率 n 值

附表 13

壁面材料	粗糙情况		
	较好	中等	较差
1.土渠			
清洁,形状正常	0.020	0.0225	0.025
不通畅、并有杂草	0.027	0.030	0.035
渠线略有弯曲、有杂草	0.025	0.030	0.033
挖泥机挖成的土渠	0.0275	0.030	0.033
砂砾渠道	0.025	0.027	0.030
细砾石渠道	0.027	0.030	0.033
土底、石砌坡岸渠	0.030	0.033	0.035
不光滑的石底、有杂草的土坡渠	0.030	0.035	0.040
2.石渠			
清洁的、形状正常的凿石渠	0.030	0.033	0.035
粗糙的断面不规则的凿石渠	0.040	0.045	
光滑而均匀的石渠	0.025	0.035	0.040
精细地开凿的石渠		0.02~0.025	
3.各种材料护面的渠道			
三合土(石灰、沙、煤灰)护面	0.014	0.016	
浆砌砖护面	0.012	0.015	0.017
条石护面	0.013	0.015	0.017
浆砌石护面	0.017	0.0225	0.030
干砌石护面	0.023	0.032	0.035
4.混凝土渠道			
抹灰的混凝土或钢筋混凝土护面	0.011	0.012	0.013
无抹灰的混凝土或钢筋混凝土护面	0.013	0.014~0.015	0.017
喷浆护面	0.016	0.018	0.021
5.木质渠道			
刨光木板	0.012	0.013	0.014
未刨光的木板	0.013	0.014	0.015

附录 17　非黏性土壤容许（不冲刷）流速

非黏性土壤容许（不冲刷）流速见附表 14。

非黏性土壤容许（不冲刷）流速

附表 14

序号	土壤及其特征		土壤颗粒 (mm)	水流平均深度 (m)					
	名称	特　征		平均流速 (m/s)					
				0.4	1.0	2.0	3.0	5.0	10 及以上
1	粉土与淤泥	灰尘及淤泥混细砂、沃土	0.005~0.05	0.15~0.20	0.20~0.30	0.25~0.40	0.30~0.45	0.40~0.55	0.45~0.65
2	细砂	细砂带中砂	0.05~0.25	0.20~0.35	0.30~0.45	0.40~0.55	0.45~0.60	0.55~0.70	0.65~0.80
3	中砂	细砂带黏土、中砂带粗砂	0.25~1.00	0.35~0.50	0.45~0.60	0.55~0.70	0.60~0.75	0.70~0.85	0.80~0.95
4	粗砂	砂夹砾石、中砂带黏土	1.00~2.50	0.50~0.65	0.60~0.75	0.70~0.80	0.75~0.90	0.85~1.00	0.95~1.20
5	细砾石	细砾掺中等砾石	2.50~5.00	0.65~0.80	0.75~0.85	0.80~1.00	0.90~1.10	1.00~1.20	1.20~1.50
6	中砾石	大砾石含砂和小砾石	5.00~10.0	0.80~0.90	0.85~1.05	1.00~1.15	1.10~1.30	1.20~1.45	1.50~1.75
7	粗砾石	小卵石含砂和砾石	10.0~15.0	0.90~1.10	1.05~1.20	1.15~1.35	1.30~1.50	1.45~1.65	1.75~2.00
8	小卵石	中卵石含砂和砾石	15.0~25.0	1.10~1.25	1.20~1.45	1.35~1.65	1.50~1.85	1.65~2.00	2.00~2.30
9	中卵石	大卵石掺砾石	25.0~40.0	1.25~1.50	1.45~1.85	1.65~2.10	1.85~2.30	2.00~2.45	2.30~2.70
10	大卵石	小卵石含卵石和砾石	40.0~75.0	1.50~2.00	1.85~2.40	2.10~2.75	2.30~3.10	2.45~3.30	2.70~3.60
11	小圆石	中等圆石带卵石	75.0~100	2.00~2.45	2.40~2.80	2.75~3.20	3.10~3.50	3.30~3.80	3.60~4.20
12	中圆石	中等圆石夹大个鹅卵石	100~150	2.45~3.00	2.80~3.35	3.20~3.75	3.50~4.10	3.80~4.40	4.20~4.50
13	中圆石	大圆石带小杂物	100~150	2.45~3.00	2.80~3.35	3.20~3.75	3.50~4.10	3.80~4.40	4.20~4.50
14	大圆石	大圆石带小漂石及卵石	150~200	3.00~3.50	3.35~3.80	3.75~4.30	4.10~4.65	4.40~5.00	4.50~5.40
15	小漂石	中漂石带卵石	200~300	3.50~3.85	3.80~4.35	4.30~4.70	4.65~4.90	5.00~5.50	5.40~5.90
16	中漂石	漂石夹石	300~400	—	4.35~4.75	4.70~4.95	4.90~5.30	5.50~5.60	5.90~6.00
17	特大漂石	漂石夹鹅卵石	400~500 及上	—	—	4.95~5.35	5.30~5.50	5.60~6.00	6.00~6.20

附录 18　黏性土壤容许(不冲刷)流速

黏性土壤容许(不冲刷)流速见附表 15。

黏性土壤容许(不冲刷)流速

附表 15

序号	土壤名称	颗粒成分(%) <0.005(mm)	颗粒成分(%) 0.005~0.05(mm)	不大紧密的土壤(孔隙系数为1.2~0.9),土壤骨架单位体积重为1.2t/m³以下				中等紧密的土壤(孔隙系数为0.9~0.6),土壤骨架单位体积重为1.2~1.66t/m³				紧密土壤(孔隙系数为0.6~0.3),土壤骨架单位体积重为1.66~2.04t/m³				极紧密土壤(孔隙系数为0.3~0.2),土壤骨架单位体积重为2.04~2.14t/m³			
				水流平均深度(m) 平均流速(m/s)															
				0.4	1.0	2.0	≥3.0	0.4	1.0	2.0	≥3.0	0.4	1.0	2.0	≥3.0	0.4	1.0	2.0	≥3.0
1	黏土	30~50	70~50	0.3	0.4	0.45	0.50	0.70	0.85	0.95	1.10	1.00	1.20	1.40	1.50	1.40	1.70	1.90	2.10
2	重砂质黏土	20~30	30~70																
3	贫脊的砂质黏土	10~20	90~80	0.35	0.40	0.45	0.50	0.65	0.80	0.90	1.00	0.95	1.20	1.40	1.50	1.40	1.70	1.90	2.10
4	沉陷已结束之黄土	—	—	—	—	—	—	0.60	0.70	0.80	0.85	0.80	1.00	1.20	1.30	1.10	1.30	1.50	1.70

注:1. 当水深大于 3m 时,容许流速按 $v=\overline{H}^{0.2}v_1$ (m/s)公式计算,式中 $\overline{H}$——平均水深(m);v_1——水深 1m 时的容许流速(m/s);

2. 当设计位于易受风化的紧密及极紧密的土壤中的地面排水沟时,容许流速按中等紧密的土壤取值。

附录 19　岩石容许(不冲刷)流速

岩石容许(不冲刷)流速见附表 16。

岩石容许(不冲刷)流速 　　　　　　　　　　　　　　　　附表 16

序号	岩　石　名　称	岩石表面粗糙时				岩石表面光滑时			
		水流平均深度(m)							
		0.4	1.0	2.0	3.0	0.4	1.0	2.0	3.0
		平均流速(m/s)							
	一、沉积岩								
1	砾岩、泥灰岩、板岩、页岩	2.1	2.5	2.9	3.1	—	—	—	—
2	松石灰岩、灰质砂岩、白云质石灰岩、紧密砾岩	2.5	3.0	3.4	3.7	4.2	5.0	5.7	6.2
3	白云质砂岩、紧密的非层状石灰岩、硅质石灰岩	3.7	4.5	5.2	5.6	5.8	7.0	8.0	8.7
	二、结晶岩								
4	大理岩、花岗岩、正长岩、辉长岩(极限抗压强度 70～160MPa)	16	20	23	25	25	25	25	25
5	斑岩、安山岩、玄武岩、辉绿岩、石英岩(极限抗压强度 160～220MPa 以上)	21	25	25	25	25	25	25	25

注：1. 表中岩石系无裂缝且岩面新显未风化者,若有裂缝,且风化,则容许流速应视裂隙情况及风化程度予以减小。如岩石风化很严重(有碎块),其容许流速可根据碎块的大小及其容重按非黏性土壤容许(不冲刷)平均流速数据采用；

　　2. 当水深大于 3m 时,容许流速按 $v=\overline{H}0.2v_1$(m/s)公式计算,式中 $\overline{H}$——平均水深(m)；v_1——水深 1m 时的容许流速(m/s)。

附录 20　铺砌及防护渠道容许(不冲刷)流速

铺砌及防护渠道容许(不冲刷)流速见附表 17。

铺砌及防护渠道容许(不冲刷)流速 　　　　　　　　　附表 17

序号	铺砌及防护类型	水流平均深度(m)			
		0.4	1.0	2.0	3.0
		平均流速(m/s)			
1	平铺草皮	0.6	0.8	0.9	1.0
2	叠铺草皮	1.5	1.8	2.0	2.2
3	仔细铺筑的树枝盖面	1.3	2.2	2.5	2.7
4	堆石	根据石块粒度按表决定			
5	竹笼中堆石	根据石块粒度按表决定增加 10%			

续表

序号	铺砌及防护类型	水流平均深度(m)			
		0.4	1.0	2.0	3.0
		平均流速(m/s)			
6	单层铺石(石块尺寸 15cm)	2.5	3.0	3.5	3.3
7	单层铺石(石块尺寸 20cm)	2.9	3.5	4.0	4.3
8	双层铺石(石块尺寸 15cm)	3.1	3.7	4.3	4.6
9	双层铺石(石块尺寸 20cm)	3.6	4.3	5.0	5.4
10	铁丝石笼	达 4.2	达 5.0	达 5.7	达 6.2
11	水泥砂浆砌砖水工砖等级不低于 M3	1.6	2.0	2.3	2.5
12	水泥砂浆砌软弱沉积岩块石砌体,石材等级不低于 MU10	2.9	3.5	4.0	4.4
13	水泥砂浆砌中等强度沉积岩块石砌体	5.3	7.0	8.1	8.7
14	水泥砂浆砌石材等级不低于 MU30	7.1	8.5	9.8	11.0
15	混凝土或钢筋混凝土铺砌混凝土等级为 C10	5.0	6.0	7.0	8.0
16	混凝土或钢筋混凝土铺砌混凝土等级为 C15	6.0	7.0	8.0	9.0
17	混凝土或钢筋混凝土铺砌混凝土等级为 C20	7.0	8.0	9.0	10.0
18	混凝土或钢筋混凝土铺砌混凝土等级为 C25	8.0	9.0	10.0	11.0

注:1. 表中数值不可内插,如水中深度在表列之间,则采用较接近的数值;
　　2. 当平均水深大于 3.0m 时,容许流速按 $v = \overline{H}0.2v_1$ 公式计算,式中 H—平均水深(m);v_1—水深 1m 时的容许流速(m/s)。

附录 21　钢筋混凝土圆形涵洞

钢筋混凝土圆形涵洞见附表 18。

钢筋混凝土圆形涵洞　　　　附表 18

孔径(m)	流量 Q (m³/s)	端墙式及八字式						坡度			结构条件所需路肩高度最小/最大(m)
		状态	涵前积水 H(m)	h_1(m)	监界水深 h_c(m)	v_1(m/s)	临界流速 v_c(m/s)	i_1	临界 i_c	i_{max}	
0.75	0.30	无压	0.53	0.30	0.33	1.82	1.58	0.006	0.004	0.181	
	0.40		0.63	0.35	0.39	1.98	1.72	0.007	0.005	0.143	
	0.50		0.71	0.40	0.44	2.09	1.86	0.007	0.005	0.119	
	0.60		0.80	0.43	0.48	2.29	2.01	0.007	0.005	0.102	
	0.70		0.90	0.45	0.52	2.53	2.14	0.009	0.006	0.091	
	0.80	半有压	1.04	0.45	0.55	2.89	2.30	0.011	0.007	0.082	1.08/2.08
	0.90		1.20	0.45	0.59	3.25	2.41	0.014	0.007	0.075	
	1.00		1.37	0.45	0.62	3.61	2.56	0.018	0.008	0.069	
	1.10		1.57	0.45	0.64	3.98	2.74	0.022	0.009	0.064	
	1.20		1.78	0.45	0.66	4.34	2.91	0.026	0.010	0.061	
	1.30		2.01	0.45	0.68	4.70	3.09	0.030	0.012	0.057	
	1.40		2.26	0.45	0.70	5.06	3.26	0.035	0.014	0.055	
	1.50		2.52	0.45	0.71	5.42	3.47	0.040	0.016	0.052	
	1.60		2.81	0.45	0.72	5.78	3.67	0.046	0.018	0.050	
	1.66		2.99	0.45	0.72	6.00	3.81	0.049	0.019	0.049	

孔径 (m)	流量 Q (m³/s)	端墙式及八字式						坡度			结构条件所需路肩高度 最小/最大 (m)
		状态	涵前积水 H(m)	h_1(m)	监界水深 h_c(m)	v_1 (m/s)	临界流速 v_c(m/s)	i_1	临界 i_c	i_{max}	
1.00	0.60	无压	0.70	0.40	0.44	2.05	1.80	0.006	0.004	0.117	1.34/10.38
	0.80		0.82	0.46	0.51	2.27	1.99	0.006	0.004	0.088	
	1.00		0.95	0.51	0.57	2.48	2.16	0.006	0.005	0.073	
	1.20		1.06	0.56	0.63	2.65	2.30	0.007	0.005	0.063	
	1.40		1.18	0.59	0.68	2.90	2.46	0.008	0.005	0.056	
	1.43		1.20	0.60	0.69	2.91	2.47	0.008	0.005	0.056	
	1.60	半有压	1.35	0.60	0.73	3.25	2.60	0.010	0.006	0.051	
	1.80		1.55	0.60	0.77	3.66	2.77	0.012	0.006	0.047	
	2.00		1.77	0.60	0.81	4.07	2.93	0.015	0.007	0.043	
	2.10		1.88	0.60	0.83	4.27	3.01	0.017	0.007	0.042	
	2.20		2.01	0.60	0.85	4.47	3.09	0.019	0.008	0.041	
	2.50		2.42	0.60	0.89	5.08	3.39	0.024	0.010	0.037	
	2.95		3.14	0.60	0.93	6.00	3.88	0.034	0.013	0.034	
1.25	1.20	无压	0.94	0.53	0.59	2.42	2.10	0.005	0.004	0.068	1.62/15.65
	1.40		1.03	0.58	0.64	2.52	2.22	0.005	0.004	0.060	
	1.60		1.11	0.62	0.69	2.64	2.30	0.006	0.004	0.054	
	1.80		1.19	0.66	0.73	2.74	2.42	0.006	0.004	0.049	
	2.00		1.28	0.69	0.77	2.88	2.52	0.006	0.004	0.045	
	2.50		1.50	0.75	0.86	3.26	2.78	0.007	0.005	0.038	
	2.70	半有压	1.62	0.75	0.90	3.51	2.85	0.009	0.005	0.036	
	3.00		1.82	0.75	0.95	3.90	3.00	0.011	0.006	0.033	
	3.50		2.22	0.75	1.01	4.56	3.30	0.014	0.007	0.030	
	3.70		2.38	0.75	1.04	4.81	3.39	0.016	0.007	0.029	
	4.00		2.67	0.75	1.08	5.21	3.55	0.019	0.008	0.027	
	4.60		3.29	0.75	1.14	6.00	3.92	0.025	0.010	0.025	
1.50	2.00	无压	1.16	0.66	0.73	2.67	2.35	0.005	0.004	0.047	1.88/15.92
	2.50		1.33	0.74	0.82	2.88	2.53	0.005	0.004	0.039	
	3.00		1.48	0.81	0.90	3.08	2.73	0.006	0.004	0.034	
	3.50		1.65	0.86	0.97	3.34	2.90	0.006	0.004	0.030	
	3.95		1.80	0.90	1.04	3.57	3.02	0.007	0.005	0.028	
	4.00	半有压	1.82	0.90	1.04	3.61	3.06	0.007	0.005	0.027	
	4.50		2.06	0.90	1.11	4.06	3.21	0.009	0.005	0.025	
	5.00		2.34	0.90	1.16	4.52	3.41	0.011	0.006	0.023	
	5.50		2.64	0.90	1.22	4.97	3.57	0.013	0.006	0.022	
	5.80		2.84	0.90	1.25	5.24	3.68	0.015	0.007	0.021	
	6.00		2.97	0.90	1.26	5.42	3.79	0.016	0.007	0.021	
	6.50		3.33	0.90	1.30	5.87	4.00	0.019	0.008	0.020	
	6.65		3.44	0.90	1.32	6.00	4.04	0.020	0.008	0.020	

续表

孔径 (m)	流量 Q (m³/s)	端墙式及八字式						坡度			结构条件所需路肩高度 最小/最大 (m)
		状态	涵前积水 H(m)	h_1(m)	监界水深 h_c(m)	v_1 (m/s)	临界流速 v_c(m/s)	i_1	临界 i_c	i_{max}	
2.00	3.50	无 压	1.43	0.80	0.89	2.93	2.59	0.005	0.003	0.033	2.42/16.48
	4.00		1.54	0.86	0.96	3.10	2.68	0.005	0.003	0.029	
	4.50		1.64	0.92	1.02	3.19	2.80	0.005	0.003	0.027	
	5.00		1.74	0.97	1.08	3.31	2.89	0.005	0.003	0.024	
	5.50		1.84	1.02	1.13	3.41	3.00	0.005	0.003	0.023	
	6.00		1.95	1.06	1.18	3.55	3.11	0.005	0.004	0.021	
	6.50		2.04	1.11	1.23	3.63	3.21	0.005	0.004	0.020	
	7.00		2.15	1.14	1.28	3.78	3.30	0.005	0.004	0.019	
	7.50		2.26	1.17	1.33	3.93	3.38	0.006	0.004	0.018	
	8.00		2.38	1.19	1.37	4.11	3.49	0.006	0.004	0.017	
	8.12		2.40	1.20	1.38	4.12	3.51	0.006	0.004	0.017	
	8.50	半 有 压	2.52	1.20	1.41	4.32	3.59	0.007	0.004	0.016	
	9.00		2.68	1.20	1.46	4.57	3.66	0.008	0.004	0.016	
	9.50		2.85	1.20	1.49	4.83	3.78	0.009	0.005	0.015	
	10.00		3.02	1.20	1.52	5.08	3.90	0.010	0.005	0.015	
	11.00		3.40	1.20	1.60	5.59	4.08	0.012	0.005	0.014	
	11.80		3.74	1.20	1.66	6.00	4.23	0.013	0.006	0.013	
2.50	7.0	无 压	1.92	1.08	1.20	3.45	3.00	0.004	0.003	0.020	2.94/16.98
	7.5		1.99	1.12	1.24	3.52	3.08	0.004	0.003	0.019	
	8.0		2.07	1.15	1.28	3.62	3.16	0.004	0.003	0.018	
	8.5		2.15	1.19	1.32	3.69	3.23	0.005	0.003	0.017	
	9.0		2.23	1.22	1.36	3.78	3.30	0.005	0.003	0.016	
	9.5		2.29	1.26	1.40	3.83	3.36	0.005	0.003	0.016	
	10.0		2.36	1.30	1.44	3.88	3.42	0.005	0.003	0.015	
	11.0		2.51	1.36	1.51	4.03	3.55	0.005	0.008	0.014	
	12.0		2.67	1.40	1.58	4.24	3.67	0.005	0.004	0.013	
	13.0		2.81	1.46	1.67	4.37	3.73	0.005	0.004	0.012	
	14.0		2.98	1.49	1.72	4.59	3.89	0.006	0.004	0.012	
	14.2		3.00	1.50	1.74	4.62	3.89	0.006	0.004	0.012	
	15.0	半 有 压	3.18	1.50	1.78	4.88	4.01	0.007	0.004	0.011	
	16.0		3.41	1.50	1.83	5.20	4.15	0.007	0.004	0.011	
	17.0		3.66	1.50	1.89	5.53	4.27	0.008	0.004	0.010	
	18.0		3.91	1.50	1.95	5.85	4.38	0.009	0.005	0.010	
	18.5		4.04	1.50	1.97	6.00	4.46	0.010	0.005	0.010	

注：1. 结构条件所需路肩高度系指土质路堤；

　　2. h_1、v_1、i_1 为入口跌落后收缩断面水深，流速及相应的坡度；

　　3. i_{max} 为出口流速为 6m/s 时的坡度。

附录 22　梯形、矩形、圆形断面临界水深求解图

梯形、矩形、圆形断面临界水深求解图见附图 4。

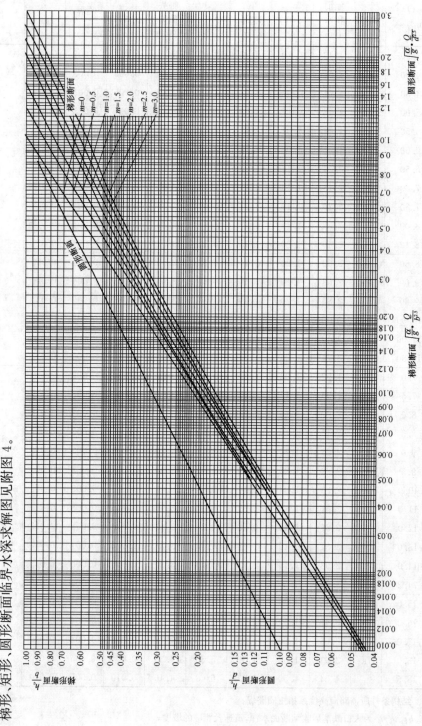

附图 4　梯形、矩形、圆形断面临界水深求解图

Q—流量；h_c—临界水深；α—动能修正系数；g—重力加速度；m—梯形边坡系数；b—梯形底宽；d—圆形直径

附录 23　梯形、矩形断面临界水深求解

梯形、矩形断面临界水深求解见附表 19。

梯形、矩形断面临界水深求解

附表 19

$\dfrac{h_c}{b}$	$\sqrt{\dfrac{\sigma}{g}}\cdot\dfrac{Q}{b^{2.5}}$						
	$m=0$	$m=0.5$	$m=1.0$	$m=1.5$	$m=2.0$	$m=2.5$	$m=3.0$
0.001	3.162×10^{-5}	3.163×10^{-5}	3.164×10^{-5}	3.165×10^{-5}	3.165×10^{-5}	3.166×10^{-5}	3.167×10^{-5}
0.002	8.944×10^{-5}	8.949×10^{-5}	8.953×10^{-5}	8.960×10^{-5}	8.962×10^{-5}	8.966×10^{-5}	8.971×10^{-5}
0.003	1.643×10^{-4}	1.644×10^{-4}	1.646×10^{-4}	1.647×10^{-4}	1.648×10^{-4}	1.649×10^{-4}	1.651×10^{-4}
0.004	2.530×10^{-4}	2.532×10^{-4}	2.499×10^{-4}	2.537×10^{-4}	2.540×10^{-4}	2.543×10^{-4}	2.545×10^{-4}
0.005	3.536×10^{-4}	3.540×10^{-4}	3.544×10^{-4}	3.549×10^{-4}	3.553×10^{-4}	3.558×10^{-4}	3.562×10^{-4}
0.006	4.648×10^{-4}	4.655×10^{-4}	4.661×10^{-4}	4.669×10^{-4}	4.676×10^{-4}	4.683×10^{-4}	4.690×10^{-4}
0.007	5.857×10^{-4}	5.867×10^{-4}	5.877×10^{-4}	5.888×10^{-4}	5.898×10^{-4}	5.908×10^{-4}	5.919×10^{-4}
0.008	7.155×10^{-4}	7.170×10^{-4}	7.184×10^{-4}	7.198×10^{-4}	7.213×10^{-4}	7.228×10^{-4}	7.243×10^{-4}
0.009	8.538×10^{-4}	8.557×10^{-4}	8.577×10^{-4}	8.596×10^{-4}	8.616×10^{-4}	8.636×10^{-4}	8.656×10^{-4}
0.010	1.000×10^{-3}	1.002×10^{-3}	1.005×10^{-3}	1.008×10^{-3}	1.010×10^{-3}	1.013×10^{-3}	1.015×10^{-3}
0.012	1.315×10^{-3}	1.318×10^{-3}	1.322×10^{-3}	1.327×10^{-3}	1.331×10^{-3}	1.335×10^{-3}	1.339×10^{-3}
0.014	1.657×10^{-3}	1.662×10^{-3}	1.668×10^{-3}	1.674×10^{-3}	1.680×10^{-3}	1.686×10^{-3}	1.692×10^{-3}
0.016	2.024×10^{-3}	2.032×10^{-3}	2.040×10^{-3}	2.049×10^{-3}	2.057×10^{-3}	2.065×10^{-3}	2.074×10^{-3}
0.018	2.415×10^{-3}	2.426×10^{-3}	2.437×10^{-3}	2.448×10^{-3}	2.460×10^{-3}	2.471×10^{-3}	2.483×10^{-3}
0.020	2.828×10^{-3}	2.843×10^{-3}	2.858×10^{-3}	2.872×10^{-3}	2.887×10^{-3}	2.902×10^{-3}	2.917×10^{-3}
0.0225	3.375×10^{-3}	3.394×10^{-3}	3.414×10^{-3}	3.434×10^{-3}	3.453×10^{-3}	3.474×10^{-3}	3.494×10^{-3}
0.0250	3.953×10^{-3}	3.978×10^{-3}	4.003×10^{-3}	4.029×10^{-3}	4.055×10^{-3}	4.082×10^{-3}	4.108×10^{-3}
0.0275	4.560×10^{-3}	4.592×10^{-3}	4.624×10^{-3}	4.657×10^{-3}	4.690×10^{-3}	4.724×10^{-3}	4.759×10^{-3}
0.0300	5.196×10^{-3}	5.236×10^{-3}	5.276×10^{-3}	5.317×10^{-3}	5.358×10^{-3}	5.401×10^{-3}	5.444×10^{-3}
0.0325	5.859×10^{-3}	5.908×10^{-3}	5.956×10^{-3}	6.007×10^{-3}	6.058×10^{-3}	6.110×10^{-3}	6.162×10^{-3}
0.0350	6.548×10^{-3}	6.606×10^{-3}	6.665×10^{-3}	6.726×10^{-3}	6.788×10^{-3}	6.850×10^{-3}	6.914×10^{-3}
0.0375	7.262×10^{-3}	7.331×10^{-3}	7.402×10^{-3}	7.473×10^{-3}	7.548×10^{-3}	7.623×10^{-3}	7.699×10^{-3}
0.0400	8.000×10^{-3}	8.081×10^{-3}	8.164×10^{-3}	8.250×10^{-3}	8.337×10^{-3}	8.425×10^{-3}	8.515×10^{-3}
0.0425	8.762×10^{-3}	8.857×10^{-3}	8.953×10^{-3}	9.052×10^{-3}	9.155×10^{-3}	9.258×10^{-3}	9.363×10^{-3}
0.0450	9.546×10^{-3}	9.655×10^{-3}	9.767×10^{-3}	9.882×10^{-3}	1.000×10^{-2}	1.012×10^{-2}	1.024×10^{-2}
0.0475	1.035×10^{-2}	1.048×10^{-2}	1.061×10^{-2}	1.074×10^{-2}	1.087×10^{-2}	1.101×10^{-2}	1.115×10^{-2}
0.0500	1.112×10^{-2}	1.132×10^{-2}	1.146×10^{-2}	1.164×10^{-2}	1.177×10^{-2}	1.193×10^{-2}	1.209×10^{-2}
0.0525	1.203×10^{-2}	1.219×10^{-2}	1.236×10^{-2}	1.253×10^{-2}	1.270×10^{-2}	1.288×10^{-2}	1.306×10^{-2}
0.0550	1.290×10^{-2}	1.308×10^{-2}	1.327×10^{-2}	1.346×10^{-2}	1.366×10^{-2}	1.386×10^{-2}	1.406×10^{-2}
0.0575	1.379×10^{-2}	1.399×10^{-2}	1.420×10^{-2}	1.442×10^{-2}	1.464×10^{-2}	1.486×10^{-2}	1.509×10^{-2}

$\dfrac{h_c}{b}$	$\sqrt{\dfrac{\sigma}{g}} \cdot \dfrac{Q}{b^{2.5}}$						
	$m=0$	$m=0.5$	$m=1.0$	$m=1.5$	$m=2.0$	$m=2.5$	$m=3.0$
0.0600	1.470×10^{-2}	1.492×10^{-2}	1.526×10^{-2}	1.540×10^{-2}	1.564×10^{-2}	1.597×10^{-2}	1.615×10^{-2}
0.0625	1.563×10^{-2}	1.588×10^{-2}	1.614×10^{-2}	1.640×10^{-2}	1.668×10^{-2}	1.696×10^{-2}	1.724×10^{-2}
0.0650	1.657×10^{-2}	1.685×10^{-2}	1.713×10^{-2}	1.743×10^{-2}	1.773×10^{-2}	1.804×10^{-2}	1.836×10^{-2}
0.0675	1.754×10^{-2}	1.784×10^{-2}	1.816×10^{-2}	1.848×10^{-2}	1.882×10^{-2}	1.916×10^{-2}	1.951×10^{-2}
0.0700	1.852×10^{-2}	1.885×10^{-2}	1.920×10^{-2}	1.956×10^{-2}	1.992×10^{-2}	2.030×10^{-2}	2.069×10^{-2}
0.0725	1.952×10^{-2}	1.989×10^{-2}	2.026×10^{-2}	2.066×10^{-2}	2.106×10^{-2}	2.147×10^{-2}	2.189×10^{-2}
0.0750	2.054×10^{-2}	2.093×10^{-2}	2.135×10^{-2}	2.178×10^{-2}	2.222×10^{-2}	2.267×10^{-2}	2.313×10^{-2}
0.0775	2.158×10^{-2}	2.201×10^{-2}	2.245×10^{-2}	2.292×10^{-2}	2.340×10^{-2}	2.389×10^{-2}	2.439×10^{-2}
0.0800	2.263×10^{-2}	2.309×10^{-2}	2.358×10^{-2}	2.409×10^{-2}	2.461×10^{-2}	2.514×10^{-2}	2.568×10^{-2}
0.0825	2.370×10^{-2}	2.420×10^{-2}	2.473×10^{-2}	2.527×10^{-2}	2.584×10^{-2}	2.641×10^{-2}	2.700×10^{-2}
0.0850	2.478×10^{-2}	2.532×10^{-2}	2.589×10^{-2}	2.648×10^{-2}	2.709×10^{-2}	2.772×10^{-2}	2.835×10^{-2}
0.0885	2.588×10^{-2}	2.647×10^{-2}	2.708×10^{-2}	2.772×10^{-2}	2.837×10^{-2}	2.905×10^{-2}	2.973×10^{-2}
0.0900	2.700×10^{-2}	2.762×10^{-2}	2.829×10^{-2}	2.897×10^{-2}	2.965×10^{-2}	3.040×10^{-2}	3.114×10^{-2}
0.0925	2.813×10^{-2}	2.881×10^{-2}	2.951×10^{-2}	3.025×10^{-2}	3.100×10^{-2}	3.178×10^{-2}	3.258×10^{-2}
0.0950	2.928×10^{-2}	3.000×10^{-2}	3.076×10^{-2}	3.154×10^{-2}	3.236×10^{-2}	3.318×10^{-2}	3.404×10^{-2}
0.0975	3.044×10^{-2}	3.121×10^{-2}	3.202×10^{-2}	3.286×10^{-2}	3.373×10^{-2}	3.462×10^{-2}	3.553×10^{-2}
0.100	3.162×10^{-2}	3.244×10^{-2}	3.330×10^{-2}	3.420×10^{-2}	3.513×10^{-2}	3.608×10^{-2}	3.706×10^{-2}
0.120	4.157×10^{-2}	4.287×10^{-2}	4.425×10^{-2}	4.569×10^{-2}	4.718×10^{-2}	4.825×10^{-2}	5.027×10^{-2}
0.140	5.238×10^{-2}	5.430×10^{-2}	5.636×10^{-2}	5.851×10^{-2}	6.073×10^{-2}	6.302×10^{-2}	6.535×10^{-2}
0.160	6.400×10^{-2}	6.669×10^{-2}	6.959×10^{-2}	7.263×10^{-2}	7.579×10^{-2}	7.902×10^{-2}	8.231×10^{-2}
0.180	7.637×10^{-2}	8.000×10^{-2}	8.394×10^{-2}	8.808×10^{-2}	9.235×10^{-2}	9.673×10^{-2}	1.012×10^{-1}
0.200	8.944×10^{-2}	9.420×10^{-2}	9.937×10^{-2}	1.048×10^{-1}	1.104×10^{-1}	1.162×10^{-1}	1.220×10^{-1}
0.225	1.067×10^{-1}	1.132×10^{-1}	1.202×10^{-1}	1.276×10^{-1}	1.352×10^{-1}	1.430×10^{-1}	1.509×10^{-1}
0.250	1.250×10^{-1}	1.334×10^{-1}	1.426×10^{-1}	1.524×10^{-1}	1.624×10^{-1}	1.726×10^{-1}	1.803×10^{-1}
0.275	1.442×10^{-1}	1.549×10^{-1}	1.668×10^{-1}	1.792×10^{-1}	1.920×10^{-1}	2.051×10^{-1}	2.184×10^{-1}
0.300	1.643×10^{-1}	1.777×10^{-1}	1.925×10^{-1}	2.081×10^{-1}	2.242×10^{-1}	2.406×10^{-1}	2.572×10^{-1}
0.325	1.853×10^{-1}	2.017×10^{-1}	2.200×10^{-1}	2.392×10^{-1}	2.589×10^{-1}	2.790×10^{-1}	2.994×10^{-1}
0.350	2.071×10^{-1}	2.270×10^{-1}	2.491×10^{-1}	2.724×10^{-1}	2.963×10^{-1}	3.206×10^{-1}	3.452×10^{-1}
0.375	2.296×10^{-1}	2.534×10^{-1}	2.800×10^{-1}	3.077×10^{-1}	3.362×10^{-1}	3.653×10^{-1}	3.946×10^{-1}
0.400	2.530×10^{-1}	2.811×10^{-1}	3.124×10^{-1}	3.452×10^{-1}	3.789×10^{-1}	4.131×10^{-1}	4.477×10^{-1}

续表

$\dfrac{h_c}{b}$	$\sqrt{\dfrac{\sigma}{g}}\cdot\dfrac{Q}{b^{2.5}}$						
	$m=0$	$m=0.5$	$m=1.0$	$m=1.5$	$m=2.0$	$m=2.5$	$m=3.0$
0.425	2.771×10^{-1}	3.099×10^{-1}	3.465×10^{-1}	3.849×10^{-1}	4.243×10^{-1}	4.642×10^{-1}	5.046×10^{-1}
0.450	3.019×10^{-1}	3.399×10^{-1}	3.824×10^{-1}	4.269×10^{-1}	4.725×10^{-1}	5.187×10^{-1}	5.654×10^{-1}
0.475	3.274×10^{-1}	3.711×10^{-1}	4.200×10^{-1}	4.711×10^{-1}	5.235×10^{-1}	5.765×10^{-1}	6.301×10^{-1}
0.500	3.536×10^{-1}	4.016×10^{-1}	4.593×10^{-1}	5.176×10^{-1}	5.773×10^{-1}	6.378×10^{-1}	6.988×10^{-1}
0.525	3.804×10^{-1}	4.370×10^{-1}	5.003×10^{-1}	5.665×10^{-1}	6.241×10^{-1}	7.026×10^{-1}	7.716×10^{-1}
0.550	4.079×10^{-1}	4.472×10^{-1}	5.432×10^{-1}	6.178×10^{-1}	6.939×10^{-1}	7.709×10^{-1}	8.486×10^{-1}
0.575	4.360×10^{-1}	5.076×10^{-1}	5.878×10^{-1}	6.714×10^{-1}	7.567×10^{-1}	8.429×10^{-1}	9.298×10^{-1}
0.600	4.648×10^{-1}	5.446×10^{-1}	6.342×10^{-1}	7.274×10^{-1}	8.225×10^{-1}	9.186×10^{-1}	1.015
0.625	4.941×10^{-1}	5.828×10^{-1}	6.824×10^{-1}	7.859×10^{-1}	8.914×10^{-1}	9.979×10^{-1}	1.105
0.650	5.240×10^{-1}	6.222×10^{-1}	7.324×10^{-1}	8.469×10^{-1}	9.377×10^{-1}	1.081	1.200
0.675	5.546×10^{-1}	6.628×10^{-1}	7.842×10^{-1}	9.103×10^{-1}	1.039	1.168	1.298
0.700	5.857×10^{-1}	7.046×10^{-1}	8.379×10^{-1}	9.763×10^{-1}	1.117	1.259	1.402
0.725	6.173×10^{-1}	7.475×10^{-1}	8.935×10^{-1}	1.045	1.199	1.354	1.510
0.750	6.500×10^{-1}	7.916×10^{-1}	9.510×10^{-1}	1.116	1.284	1.453	1.623
0.775	6.823×10^{-1}	8.369×10^{-1}	1.010	1.190	1.372	1.556	1.740
0.800	7.155×10^{-1}	8.835×10^{-1}	1.072	1.266	1.464	1.663	1.863
0.850	7.837×10^{-1}	9.801×10^{-1}	1.200	1.539	1.657	1.889	2.122
0.900	8.538×10^{-1}	1.082	1.336	1.599	1.850	2.133	2.402
0.950	9.259×10^{-1}	1.188	1.481	1.782	2.082	2.394	2.702
1.00	1.000	1.299	1.633	1.976	2.324	2.673	3.024
1.10	1.154	1.536	1.963	2.400	2.842	3.286	3.732
1.20	1.315	1.794	2.326	2.872	3.422	3.975	4.529
1.30	1.482	2.071	2.725	3.393	4.066	4.742	5.420
1.40	1.675	2.370	3.159	3.965	4.776	5.591	6.407
1.50	1.837	2.690	3.631	4.590	5.555	6.523	7.493
1.60	2.024	3.031	4.140	5.268	6.404	7.542	8.683
1.70	2.217	3.394	4.688	6.003	7.325	8.651	9.978
1.80	2.415	3.780	5.276	6.794	8.320	9.850	11.38
1.90	2.619	4.188	5.903	7.643	9.392	11.14	12.90
2.00	2.828	4.619	6.573	8.552	10.54	12.53	14.53

注：h_c—临界水深；b—底宽；Q—流量；a—动能修正系数；g—重力加速度；m—边坡系数。

附录 24　梯形河槽中水跃共轭水深计算

梯形河槽中水跃共轭水深计算见附表 20。

梯形河槽中水跃共轭水深计算　　　　　　　　　附表 20

$n=0.00$

$\dfrac{h_1}{q^{\frac{2}{3}}}$	$\dfrac{h_2}{q^{\frac{2}{3}}}$	$\dfrac{q^{\frac{2}{3}}}{T_0}$			$\dfrac{Z_0}{q^{\frac{2}{3}}}$	
		$\varphi=0.90$	$\varphi=0.95$	$\varphi=1.00$	$\varphi=0.90$	$\varphi=1.00$
0.050	1.995	0.040	0.044	0.049	23.235	18.451
0.060	1.814	0.057	0.064	0.070	15.732	12.410
0.070	1.672	0.077	0.086	0.096	11.245	8.804
0.080	1.555	0.101	0.112	0.124	8.361	6.492
0.090	1.460	0.127	0.142	0.157	0.402	4.925
0.100	1.379	0.156	0.174	0.192	5.014	3.820
0.105	1.311	0.172	0.191	0.211	4.487	3.400
0.110	1.308	0.188	0.209	0.231	4.005	3.016
0.115	1.276	0.205	0.228	0.251	3.608	2.702
0.120	1.244	0.223	0.247	0.273	3.248	2.417
0.125	1.217	0.240	0.267	0.295	2.943	2.177
0.130	1.188	0.259	0.288	0.318	2.667	1.959
0.135	1.162	0.279	0.309	0.341	2.432	1.775
0.140	1.139	0.298	0.331	0.365	2.213	1.603
0.145	1.115	0.318	0.353	0.389	2.028	1.458
0.150	1.093	0.339	0.376	0.414	1.855	1.323
0.160	1.051	0.382	0.423	0.465	1.568	1.102
0.170	1.014	0.426	0.471	0.517	1.334	0.920
0.180	0.978	0.471	0.520	0.570	1.145	0.776
0.190	0.946	0.517	0.570	0.624	0.988	0.657
0.200	0.915	0.564	0.620	0.678	0.859	0.560
0.220	0.859	0.658	0.721	0.785	0.662	0.415
0.240	0.810	0.750	0.819	0.889	0.523	0.315
0.260	0.765	0.840	0.913	0.986	0.426	0.249
0.280	0.725	0.923	0.999	1.075	0.358	0.205
0.300	0.688	1.001	1.078	1.154	0.311	0.179
0.320	0.654	1.070	1.147	1.223	0.281	0.164
0.340	0.623	1.131	1.207	1.280	0.262	0.158
0.360	0.594	1.183	1.256	1.327	0.252	0.159
0.380	0.567	1.226	1.297	1.364	0.249	0.166
0.400	0.542	1.260	1.328	1.391	0.251	0.177
0.420	0.518	1.287	1.351	1.410	0.259	0.191
0.440	0.496	1.307	1.366	1.422	0.269	0.207

n=0.10　　　　　　　　　　　　　　　　　续表

$\dfrac{h_1}{q^{\frac{2}{3}}}$	$\dfrac{h_2}{q^{\frac{2}{3}}}$	$\dfrac{q^{\frac{2}{3}}}{T_0}$			$\dfrac{Z_0}{q^{\frac{2}{3}}}$	
		$\varphi=0.90$	$\varphi=0.95$	$\varphi=1.00$	$\varphi=0.90$	$\varphi=1.00$
0.050	1.879	0.040	0.044	0.049	23.351	18.571
0.060	1.715	0.057	0.063	0.070	15.831	12.509
0.070	1.587	0.079	0.088	0.097	11.073	8.681
0.080	1.483	0.102	0.114	0.126	8.282	6.442
0.090	1.395	0.129	0.143	0.159	6.372	4.913
0.100	1.318	0.159	0.177	0.196	4.954	3.781
0.105	1.284	0.175	0.194	0.215	4.442	3.374
0.110	1.253	0.193	0.214	0.237	3.934	2.969
0.115	1.223	0.209	0.233	0.257	3.555	2.669
0.120	1.195	0.227	0.252	0.279	3.207	2.394
0.125	1.168	0.246	0.274	0.302	2.892	2.144
0.130	1.143	0.265	0.295	0.325	2.626	1.934
0.135	1.119	0.286	0.317	0.349	2.382	1.744
0.140	1.096	0.307	0.340	0.375	2.160	1.568
0.145	1.074	0.327	0.362	0.399	1.985	1.432
0.150	1.054	0.349	0.387	0.426	1.809	1.294
0.160	1.014	0.393	0.435	0.478	1.531	1.077
0.170	0.977	0.439	0.486	0.533	1.298	0.898
0.180	0.945	0.487	0.537	0.589	1.109	0.753
0.190	0.913	0.535	0.589	0.645	0.956	0.637
0.200	0.885	0.584	0.642	0.701	0.828	0.541
0.220	0.832	0.683	0.748	0.814	0.632	0.396
0.240	0.784	0.780	0.851	0.922	0.498	0.300
0.260	0.742	0.874	0.949	1.024	0.402	0.234
0.280	0.703	0.962	1.040	1.117	0.336	0.192
0.300	0.667	1.043	1.121	1.199	0.292	0.167
0.320	0.635	1.115	1.193	1.270	0.262	0.152
0.340	0.605	1.177	1.254	1.329	0.244	0.148
0.360	0.576	1.231	1.305	1.376	0.237	0.151
0.380	0.550	1.275	1.346	1.413	0.235	0.158
0.400	0.525	1.309	1.377	1.440	0.239	0.170
0.420	0.501	1.336	1.399	1.457	0.248	0.185
0.440	0.481	1.354	1.413	1.467	0.257	0.201

$$n=0.20$$

$\dfrac{h_1}{q^{\frac{2}{3}}}$	$\dfrac{h_2}{q^{\frac{2}{3}}}$	$\dfrac{q^{\frac{2}{3}}}{T_0}$			$\dfrac{Z_0}{q^{\frac{2}{3}}}$	
		$\varphi=0.90$	$\varphi=0.95$	$\varphi=1.00$	$\varphi=0.90$	$\varphi=1.00$
0.050	1.786	0.041	0.046	0.051	22.476	17.876
0.060	1.638	0.059	0.065	0.072	15.436	12.203
0.070	1.519	0.079	0.088	0.097	11.141	8.749
0.080	1.421	0.104	0.116	0.128	8.197	6.385
0.090	1.339	0.132	0.147	0.162	6.245	4.821
0.100	1.268	0.163	0.181	0.200	4.885	3.735
0.105	1.236	0.179	0.199	0.220	4.343	3.303
0.110	1.207	0.196	0.218	0.241	3.899	2.950
0.115	1.178	0.214	0.238	0.263	3.499	2.632
0.120	1.152	0.233	0.259	0.286	3.137	2.345
0.125	1.127	0.252	0.280	0.309	2.836	2.107
0.130	1.103	0.273	0.303	0.334	2.564	1.892
0.135	1.080	0.293	0.325	0.358	2.334	1.711
0.140	1.058	0.314	0.349	0.384	2.123	1.545
0.145	1.037	0.336	0.372	0.410	1.944	1.405
0.150	1.018	0.359	0.398	0.438	1.766	1.266
0.160	0.976	0.406	0.449	0.493	1.490	1.052
0.170	0.946	0.453	0.500	0.549	1.261	0.874
0.180	0.915	0.503	0.554	0.608	1.074	0.730
0.190	0.885	0.553	0.609	0.666	0.923	0.616
0.200	0.857	0.605	0.665	0.726	0.797	0.521
0.220	0.806	0.708	0.775	0.843	0.606	0.380
0.240	0.761	0.810	0.883	0.957	0.474	0.285
0.260	0.720	0.908	0.985	1.062	0.382	0.222
0.280	0.683	1.000	1.079	1.158	0.317	0.180
0.300	0.646	1.084	1.164	1.243	0.277	0.158
0.320	0.616	1.159	1.238	1.316	0.247	0.144
0.340	0.587	1.224	1.301	1.376	0.230	0.140
0.360	0.561	1.278	1.352	1.424	0.222	0.141
0.380	0.535	1.322	1.393	1.460	0.224	0.150
0.400	0.511	1.356	1.423	1.485	0.226	0.162
0.420	0.486	1.382	1.444	1.502	0.238	0.180
0.440	0.466	1.399	1.457	1.509	0.249	0.197

$n=0.30$　　　　　　　　　　　　　　　　　　　　续表

$\dfrac{h_1}{q^{\frac{2}{3}}}$	$\dfrac{h_2}{q^{\frac{2}{3}}}$	$\dfrac{q^{\frac{2}{3}}}{T_0}$			$\dfrac{Z_0}{q^{\frac{2}{3}}}$	
		$\varphi=0.90$	$\varphi=0.95$	$\varphi=1.00$	$\varphi=0.90$	$\varphi=1.00$
0.050	1.713	0.041	0.046	0.051	22.549	17.949
0.060	1.573	0.059	0.065	0.072	15.501	12.268
0.070	1.460	0.081	0.090	0.099	10.953	8.608
0.080	1.371	0.106	0.118	0.130	8.105	6.319
0.090	1.292	0.133	0.148	0.164	6.204	4.797
0.100	1.225	0.166	0.184	0.204	4.814	3.685
0.105	1.195	0.182	0.203	0.224	4.290	3.268
0.110	1.166	0.200	0.223	0.246	3.824	2.897
0.115	1.139	0.218	0.243	0.268	3.441	2.592
0.120	1.114	0.239	0.266	0.293	3.067	2.296
0.125	1.090	0.258	0.287	0.316	2.782	2.070
0.130	1.067	0.279	0.309	0.341	2.522	1.855
0.135	1.045	0.300	0.333	0.367	2.285	1.678
0.140	1.025	0.323	0.358	0.395	2.070	1.509
0.145	1.005	0.346	0.383	0.422	1.889	1.367
0.150	0.985	0.369	0.409	0.450	1.723	1.237
0.160	0.951	0.417	0.461	0.506	1.449	1.024
0.170	0.918	0.467	0.515	0.566	1.225	0.850
0.180	0.887	0.519	0.572	0.626	1.042	0.709
0.190	0.858	0.571	0.628	0.687	0.894	0.597
0.200	0.832	0.624	0.686	0.749	0.770	0.504
0.220	0.784	0.733	0.802	0.872	0.581	0.363
0.240	0.739	0.840	0.915	0.990	0.452	0.271
0.260	0.700	0.943	1.022	1.101	0.361	0.209
0.280	0.663	1.038	1.119	1.200	0.301	0.171
0.300	0.630	1.125	1.207	1.287	0.259	0.147
0.320	0.599	1.202	1.283	1.363	0.233	0.136
0.340	0.570	1.268	1.347	1.422	0.218	0.133
0.360	0.544	1.323	1.398	1.470	0.212	0.137
0.380	0.519	1.367	1.438	1.505	0.212	0.146
0.400	0.494	1.401	1.467	1.529	0.220	0.160
0.420	0.474	1.426	1.487	1.543	0.227	0.174
0.430	0.459	1.435	1.493	1.547	0.238	0.187

$$n=0.40$$ 续表

$\dfrac{h_1}{q^{\frac{2}{3}}}$	$\dfrac{h_2}{q^{\frac{2}{3}}}$	$\dfrac{q^{\frac{2}{3}}}{T_0}$			$\dfrac{Z_0}{q^{\frac{2}{3}}}$	
		$\varphi=0.90$	$\varphi=0.95$	$\varphi=1.00$	$\varphi=0.90$	$\varphi=1.00$
0.050	1.651	0.041	0.046	0.051	22.611	18.011
0.060	1.519	0.060	0.067	0.074	15.107	11.959
0.070	1.412	0.082	0.091	0.101	10.764	8.464
0.080	1.325	0.107	0.119	0.132	8.012	6.254
0.090	1.251	0.137	0.152	0.168	6.075	4.700
0.100	1.187	0.169	0.188	0.207	4.742	3.634
0.105	1.158	0.185	0.206	0.228	4.237	3.232
0.110	1.131	0.205	0.228	0.252	3.748	2.842
0.115	1.105	0.223	0.248	0.274	3.382	2.551
0.120	1.081	0.244	0.271	0.299	3.023	2.266
0.125	1.058	0.264	0.293	0.324	2.727	2.032
0.130	1.036	0.286	0.317	0.350	2.460	1.821
0.135	1.015	0.308	0.341	0.376	2.236	1.644
0.140	0.995	0.332	0.368	0.406	2.019	1.473
0.145	0.976	0.354	0.392	0.432	1.848	1.339
0.150	0.958	0.379	0.420	0.462	1.680	1.207
0.160	0.924	0.429	0.474	0.521	1.407	0.994
0.170	0.892	0.481	0.531	0.583	1.186	0.823
0.180	0.862	0.534	0.589	0.645	1.010	0.689
0.190	0.835	0.590	0.640	0.709	0.861	0.575
0.200	0.809	0.646	0.709	0.774	0.739	0.483
0.220	0.762	0.758	0.829	0.901	0.557	0.348
0.240	0.719	0.870	0.947	1.024	0.431	0.258
0.260	0.681	0.977	1.057	1.138	0.343	0.198
0.280	0.645	1.076	1.159	1.240	0.285	0.161
0.300	0.613	1.166	1.249	1.331	0.245	0.139
0.320	0.583	1.245	1.327	1.406	0.220	0.128
0.340	0.555	1.313	1.391	1.467	0.207	0.127
0.360	0.528	1.368	1.443	1.514	0.203	0.133
0.380	0.504	1.411	1.482	1.548	0.205	0.142
0.400	0.481	1.444	1.510	1.570	0.211	0.156
0.420	0.460	1.467	1.527	1.583	0.222	0.172
0.430	0.446	1.475	1.533	1.586	0.232	0.185

$n=0.50$ 续表

$\dfrac{h_1}{q^{\frac{2}{3}}}$	$\dfrac{h_2}{q^{\frac{2}{3}}}$	$\dfrac{q^{\frac{2}{3}}}{T_0}$			$\dfrac{Z_0}{q^{\frac{2}{3}}}$	
		$\varphi=0.90$	$\varphi=0.95$	$\varphi=1.00$	$\varphi=0.90$	$\varphi=1.00$
0.050	1.598	0.041	0.046	0.051	22.664	18.064
0.060	1.471	0.060	0.067	0.074	15.155	12.007
0.070	1.370	0.082	0.091	0.101	10.806	8.506
0.080	1.286	0.109	0.121	0.134	7.917	6.184
0.090	1.215	0.138	0.154	0.170	6.028	4.669
0.100	1.153	0.172	0.191	0.211	4.670	3.583
0.105	1.125	0.190	0.211	0.233	4.140	3.160
0.110	1.099	0.210	0.233	0.257	3.674	2.788
0.115	1.074	0.229	0.254	0.281	3.294	2.486
0.120	1.051	0.250	0.277	0.306	2.955	2.217
0.125	1.029	0.270	0.301	0.331	2.673	1.993
0.130	1.008	0.293	0.325	0.359	2.401	1.778
0.135	0.987	0.315	0.349	0.385	2.189	1.611
0.140	0.968	0.339	0.376	0.414	1.982	1.448
0.145	0.950	0.364	0.403	0.444	1.796	1.302
0.150	0.933	0.389	0.431	0.474	1.638	1.178
0.160	0.899	0.441	0.488	0.536	1.366	0.966
0.170	0.868	0.495	0.546	0.599	1.154	0.802
0.180	0.840	0.551	0.607	0.665	0.975	0.664
0.190	0.813	0.608	0.669	0.731	0.831	0.555
0.200	0.788	0.666	0.731	0.798	0.713	0.466
0.220	0.742	0.784	0.856	0.930	0.534	0.334
0.240	0.700	0.900	0.979	1.058	0.411	0.245
0.260	0.663	1.011	1.093	1.175	0.326	0.188
0.280	0.629	1.114	1.198	1.281	0.269	0.151
0.300	0.597	1.206	1.291	1.373	0.232	0.132
0.320	0.568	1.287	1.370	1.448	0.209	0.122
0.340	0.541	1.355	1.434	1.510	0.197	0.121
0.360	0.515	1.411	1.486	1.556	0.194	0.128
0.380	0.491	1.454	1.524	1.589	0.197	0.138
0.400	0.468	1.485	1.550	1.610	0.205	0.153
0.420	0.444	1.507	1.566	1.620	0.220	0.173

$\dfrac{h_1}{q^{\frac{2}{3}}}$	$\dfrac{h_2}{q^{\frac{2}{3}}}$	$\dfrac{q^{\frac{2}{3}}}{T_0}$			$\dfrac{Z_0}{q^{\frac{2}{3}}}$	
		$\varphi=0.90$	$\varphi=0.95$	$\varphi=1.00$	$\varphi=0.90$	$\varphi=1.00$
0.050	1.552	0.041	0.046	0.051	22.710	18.110
0.060	1.428	0.062	0.069	0.076	14.774	11.707
0.070	1.332	0.084	0.093	0.103	10.616	8.360
0.080	1.244	0.110	0.123	0.136	7.829	6.121
0.090	1.182	0.141	0.157	0.174	5.903	4.575
0.100	1.123	0.175	0.194	0.215	4.598	3.530
0.105	1.096	0.193	0.214	0.237	4.086	3.121
0.110	1.070	0.213	0.236	0.261	3.635	2.763
0.115	1.046	0.233	0.259	0.286	3.238	2.446
0.120	1.024	0.254	0.282	0.312	2.911	2.186
0.125	1.002	0.276	0.306	0.338	2.620	1.956
0.130	0.982	0.299	0.332	0.366	2.360	1.750
0.135	0.962	0.324	0.359	0.396	2.128	1.566
0.140	0.943	0.348	0.385	0.424	1.934	1.414
0.145	0.927	0.373	0.412	0.454	1.756	1.274
0.150	0.909	0.399	0.441	0.485	1.599	1.151
0.160	0.876	0.452	0.500	0.549	1.335	0.945
0.170	0.817	0.509	0.562	0.616	1.117	0.776
0.180	0.819	0.568	0.625	0.684	0.943	0.642
0.190	0.793	0.627	0.688	0.753	0.802	0.535
0.200	0.768	0.688	0.754	0.823	0.686	0.448
0.220	0.723	0.810	0.883	0.959	0.512	0.320
0.240	0.683	0.930	1.009	1.100	0.392	0.233
0.260	0.647	1.045	1.127	1.242	0.310	0.178
0.280	0.613	1.151	1.236	1.321	0.256	0.144
0.300	0.582	1.246	1.330	1.415	0.220	0.125
0.320	0.553	1.329	1.411	1.492	0.200	0.118
0.340	0.526	1.398	1.477	1.552	0.190	0.118
0.360	0.500	1.452	1.527	1.597	0.189	0.126
0.380	0.477	1.494	1.564	1.628	0.192	0.137
0.400	0.454	1.525	1.588	1.647	0.202	0.153
0.410	0.443	1.536	1.596	1.652	0.208	0.162

$n=0.70$　　　　　　　　　　　　　　　　　　　　　　　　续表

$\dfrac{h_1}{q^{\frac{2}{3}}}$	$\dfrac{h_2}{q^{\frac{2}{3}}}$	$\dfrac{q^{\frac{2}{3}}}{T_0}$			$\dfrac{Z_0}{q^{\frac{2}{3}}}$	
		$\varphi=0.90$	$\varphi=0.95$	$\varphi=1.00$	$\varphi=0.90$	$\varphi=1.00$
0.050	1.508	0.043	0.048	0.053	21.857	17.427
0.060	1.391	0.062	0.069	0.076	14.810	11.743
0.070	1.297	0.085	0.095	0.105	10.430	8.216
0.080	1.219	0.112	0.124	0.138	7.727	6.043
0.090	1.152	0.143	0.159	0.176	5.856	4.541
0.100	1.095	0.178	0.198	0.219	4.527	3.478
0.105	1.068	0.198	0.220	0.243	3.994	3.052
0.110	1.045	0.217	0.241	0.267	3.561	2.707
0.115	1.020	0.238	0.264	0.292	3.183	2.406
0.120	0.999	0.260	0.289	0.319	2.846	2.138
0.125	0.978	0.282	0.313	0.345	2.568	1.918
0.130	0.958	0.307	0.340	0.375	2.304	1.709
0.135	0.939	0.331	0.367	0.404	2.084	1.535
0.140	0.921	0.356	0.395	0.435	1.886	1.380
0.145	0.904	0.383	0.424	0.466	1.710	1.241
0.150	0.887	0.410	0.454	0.499	1.552	1.117
0.160	0.857	0.465	0.513	0.564	1.296	0.918
0.170	0.827	0.524	0.578	0.634	1.082	0.752
0.180	0.800	0.584	0.643	0.704	0.912	0.621
0.190	0.774	0.645	0.709	0.774	0.776	0.517
0.200	0.750	0.709	0.777	0.847	0.661	0.431
0.220	0.707	0.835	0.911	0.988	0.491	0.305
0.240	0.667	0.961	1.043	1.125	0.374	0.222
0.260	0.632	1.079	1.165	1.150	0.295	0.168
0.280	0.598	1.188	1.275	1.361	0.244	0.137
0.300	0.567	1.286	1.372	1.456	0.211	0.120
0.320	0.540	1.369	1.453	1.533	0.190	0.112
0.340	0.513	1.438	1.518	1.593	0.182	0.115
0.360	0.488	1.493	1.567	1.636	0.182	0.123
0.380	0.466	1.534	1.602	1.666	0.186	0.134
0.400	0.444	1.562	1.625	1.682	0.196	0.151
0.410	0.432	1.572	1.632	1.686	0.201	0.161

$n=0.80$　　　　　　　　　　　　　　　　　　　　续表

$\dfrac{h_1}{q^{\frac{2}{3}}}$	$\dfrac{h_2}{q^{\frac{2}{3}}}$	$\dfrac{q^{\frac{2}{3}}}{T_0}$			$\dfrac{Z_0}{q^{\frac{2}{3}}}$	
		$\varphi=0.90$	$\varphi=0.95$	$\varphi=1.00$	$\varphi=0.90$	$\varphi=1.00$
0.050	1.471	0.043	0.048	0.053	21.894	17.464
0.060	1.357	0.063	0.071	0.078	14.441	11.451
0.070	1.266	0.087	0.097	0.107	10.250	8.074
0.080	1.190	0.113	0.126	0.140	7.633	5.972
0.090	1.126	0.146	0.160	0.179	5.733	4.447
0.100	1.070	0.183	0.203	0.224	4.410	3.388
0.105	1.044	0.201	0.223	0.246	3.941	3.014
0.110	1.020	0.222	0.246	0.272	3.492	2.658
0.115	0.998	0.242	0.269	0.297	3.127	2.365
0.120	0.976	0.266	0.295	0.326	2.783	2.091
0.125	0.956	0.289	0.321	0.354	2.500	1.867
0.130	0.937	0.314	0.348	0.384	2.249	1.668
0.135	0.918	0.338	0.375	0.413	2.040	1.504
0.140	0.900	0.365	0.404	0.445	1.841	1.347
0.145	0.883	0.393	0.435	0.478	1.665	1.208
0.150	0.867	0.420	0.464	0.511	1.515	1.091
0.160	0.837	0.478	0.528	0.580	1.254	0.887
0.170	0.808	0.538	0.594	0.651	1.050	0.729
0.180	0.782	0.601	0.661	0.723	0.883	0.601
0.190	0.757	0.665	0.730	0.797	0.747	0.498
0.200	0.733	0.730	0.800	0.871	0.637	0.415
0.220	0.690	0.861	0.939	1.018	0.471	0.292
0.240	0.652	0.991	1.075	1.158	0.358	0.211
0.260	0.616	1.113	1.201	1.287	0.282	0.161
0.280	0.584	1.226	1.314	1.401	0.232	0.130
0.300	0.554	1.325	1.412	1.496	0.201	0.114
0.320	0.527	1.409	1.493	1.573	0.183	0.109
0.340	0.500	1.478	1.557	1.632	0.177	0.113
0.360	0.475	1.532	1.606	1.675	0.178	0.122
0.380	0.453	1.571	1.639	1.702	0.183	0.135
0.400	0.433	1.598	1.659	1.716	0.193	0.150
0.410	0.416	1.607	1.665	1.718	0.206	0.166

$n=0.90$　　　　　　　　　　　　　　　　续表

$\dfrac{h_1}{q^{\frac{2}{3}}}$	$\dfrac{h_2}{q^{\frac{2}{3}}}$	$\dfrac{q^{\frac{2}{3}}}{T_0}$			$\dfrac{Z_0}{q^{\frac{2}{3}}}$	
		$\varphi=0.90$	$\varphi=0.95$	$\varphi=1.00$	$\varphi=0.90$	$\varphi=1.00$
0.040	1.582	0.027	0.030	0.034	35.057	28.103
0.050	1.436	0.043	0.048	0.053	21.929	17.499
0.060	1.333	0.063	0.071	0.078	14.465	11.475
0.070	1.238	0.087	0.097	0.107	10.278	8.103
0.080	1.164	0.117	0.130	0.144	7.423	5.807
0.090	1.100	0.149	0.166	0.183	5.616	4.357
0.100	1.046	0.186	0.206	0.228	4.344	3.339
0.105	1.021	0.205	0.228	0.252	3.853	2.947
0.110	0.998	0.226	0.251	0.278	3.424	2.605
0.115	0.976	0.249	0.276	0.305	3.049	2.306
0.120	0.955	0.272	0.302	0.333	2.722	2.046
0.125	0.935	0.295	0.328	0.361	2.452	1.832
0.130	0.916	0.321	0.356	0.393	2.197	1.631
0.135	0.898	0.347	0.384	0.423	1.986	1.464
0.140	0.881	0.375	0.415	0.457	1.787	1.307
0.145	0.865	0.401	0.444	0.488	1.629	1.183
0.150	0.848	0.431	0.477	0.524	1.473	1.060
0.160	0.819	0.490	0.542	0.595	1.220	0.863
0.170	0.791	0.553	0.609	0.668	1.018	0.707
0.180	0.764	0.617	0.679	0.743	0.857	0.583
0.190	0.741	0.684	0.751	0.820	0.721	0.479
0.200	0.718	0.752	0.824	0.897	0.612	0.397
0.220	0.675	0.888	0.968	1.049	0.451	0.279
0.240	0.637	1.022	1.107	1.193	0.342	0.202
0.260	0.603	1.147	1.236	1.324	0.269	0.153
0.280	0.570	1.262	1.352	1.439	0.222	0.125
0.300	0.541	1.363	1.451	1.536	0.193	0.110
0.320	0.513	1.448	1.533	1.613	0.178	0.107
0.340	0.488	1.517	1.596	1.671	0.171	0.111
0.360	0.464	1.570	1.643	1.711	0.173	0.120
0.380	0.441	1.608	1.675	1.736	0.181	0.135
0.390	0.431	1.621	1.685	1.742	0.186	0.143
0.400	0.422	1.632	1.692	1.747	0.191	0.150

$$n=1.00 \qquad\qquad 续表$$

$\dfrac{h_1}{q^{\frac{2}{3}}}$	$\dfrac{h_2}{q^{\frac{2}{3}}}$	$\dfrac{q^{\frac{2}{3}}}{T_0}$			$\dfrac{Z_0}{q^{\frac{2}{3}}}$	
		$\varphi=0.90$	$\varphi=0.95$	$\varphi=1.00$	$\varphi=0.90$	$\varphi=1.00$
0.040	1.546	0.027	0.031	0.034	35.093	27.968
0.050	1.406	0.044	0.049	0.055	21.126	16.855
0.060	1.298	0.063	0.071	0.078	14.500	11.510
0.070	1.211	0.088	0.098	0.109	10.100	7.964
0.080	1.139	0.118	0.131	0.145	7.334	5.740
0.090	1.078	0.150	0.167	0.185	5.569	4.324
0.100	1.024	0.189	0.210	0.232	4.279	3.290
0.105	1.000	0.208	0.231	0.256	3.803	2.910
0.110	0.978	0.231	0.256	0.283	3.357	2.554
0.115	0.956	0.253	0.281	0.310	2.997	2.268
0.120	0.935	0.278	0.309	0.341	2.663	2.002
0.125	0.916	0.301	0.334	0.369	2.404	1.797
0.130	0.897	0.329	0.364	0.402	2.147	1.594
0.135	0.880	0.354	0.392	0.432	1.945	1.434
0.140	0.863	0.384	0.425	0.467	1.746	1.277
0.145	0.847	0.410	0.455	0.500	1.592	1.152
0.150	0.831	0.442	0.489	0.537	1.431	1.030
0.160	0.802	0.503	0.555	0.609	1.188	0.840
0.170	0.773	0.568	0.626	0.686	0.987	0.685
0.180	0.749	0.635	0.698	0.763	0.827	0.562
0.190	0.725	0.703	0.772	0.842	0.697	0.463
0.200	0.702	0.774	0.847	0.922	0.591	0.383
0.220	0.661	0.914	0.995	1.077	0.433	0.267
0.240	0.626	1.052	1.139	1.226	0.325	0.190
0.260	0.590	1.181	1.271	1.360	0.275	0.145
0.280	0.558	1.299	1.390	1.478	0.212	0.119
0.300	0.532	1.401	1.489	1.574	0.182	0.103
0.320	0.502	1.486	1.571	1.651	0.171	0.104
0.340	0.476	1.555	1.634	1.708	0.167	0.110
0.360	0.453	1.606	1.679	1.746	0.170	0.120
0.380	0.430	1.642	1.708	1.769	0.179	0.135
0.390	0.420	1.655	1.717	1.774	0.184	0.144

$n=1.20$　　　　　续表

$\dfrac{h_1}{q^{\frac{2}{3}}}$	$\dfrac{h_2}{q^{\frac{2}{3}}}$	$\dfrac{q^{\frac{2}{3}}}{T_0}$			$\dfrac{Z_0}{q^{\frac{2}{3}}}$	
		$\varphi=0.90$	$\varphi=0.95$	$\varphi=1.00$	$\varphi=0.90$	$\varphi=1.00$
0.040	1.484	0.028	0.031	0.034	34.323	27.528
0.050	1.351	0.044	0.049	0.055	21.181	16.920
0.060	1.248	0.065	0.072	0.080	14.166	11.249
0.070	1.165	0.092	0.102	0.113	9.759	7.696
0.080	1.095	0.121	0.135	0.149	7.160	5.607
0.090	1.037	0.155	0.173	0.191	5.412	4.204
0.100	0.985	0.195	0.217	0.239	4.151	3.194
0.105	0.962	0.216	0.240	0.265	3.672	2.811
0.110	0.940	0.240	0.266	0.294	3.231	2.460
0.115	0.919	0.263	0.293	0.323	2.877	2.178
0.120	0.900	0.288	0.320	0.353	2.568	1.932
0.125	0.881	0.314	0.349	0.385	2.300	1.719
0.130	0.863	0.343	0.380	0.419	2.052	1.523
0.135	0.846	0.371	0.411	0.453	1.848	1.362
0.140	0.830	0.400	0.443	0.488	1.668	1.220
0.145	0.814	0.430	0.476	0.524	1.509	1.095
0.150	0.799	0.463	0.512	0.562	1.362	0.980
0.160	0.771	0.529	0.584	0.641	1.118	0.790
0.170	0.745	0.598	0.659	0.721	0.927	0.642
0.180	0.720	0.669	0.736	0.804	0.774	0.525
0.190	0.697	0.742	0.814	0.887	0.650	0.430
0.200	0.675	0.817	0.894	0.972	0.649	0.354
0.220	0.635	0.967	1.052	1.137	0.399	0.245
0.240	0.599	1.113	1.203	1.293	0.300	0.174
0.260	0.566	1.249	1.342	1.433	0.235	0.132
0.280	0.535	1.370	1.462	1.552	0.195	0.110
0.300	0.507	1.475	1.564	1.650	0.171	0.099
0.320	0.481	1.560	1.645	1.724	0.160	0.099
0.340	0.456	1.627	1.705	1.778	0.159	0.107
0.360	0.433	1.676	1.746	1.812	0.164	0.119
0.380	0.411	1.707	1.771	1.830	0.175	0.136
0.390	0.400	1.718	1.778	1.833	0.182	0.146

$n=1.40$ 续表

$\dfrac{h_1}{q^{\frac{2}{3}}}$	$\dfrac{h_2}{q^{\frac{2}{3}}}$	$\dfrac{q^{\frac{2}{3}}}{T_0}$			$\dfrac{Z_0}{q^{\frac{2}{3}}}$	
		$\varphi=0.90$	$\varphi=0.95$	$\varphi=1.00$	$\varphi=0.90$	$\varphi=1.00$
0.030	1.609	0.016	0.017	0.010	52.655	50.452
0.040	1.432	0.028	0.031	0.035	33.973	27.254
0.050	1.302	0.046	0.051	0.057	20.455	16.331
0.060	1.204	0.067	0.074	0.082	13.814	10.997
0.070	1.124	0.093	0.104	0.115	9.616	7.588
0.080	1.057	0.124	0.138	0.153	6.991	5.477
0.090	1.001	0.161	0.179	0.198	5.201	4.040
0.100	0.951	0.202	0.225	0.249	3.991	3.071
0.105	0.929	0.225	0.250	0.276	3.518	2.693
0.110	0.908	0.249	0.276	0.305	3.112	2.369
0.115	0.887	0.274	0.304	0.336	2.765	2.093
0.120	0.868	0.300	0.333	0.367	2.461	1.854
0.125	0.850	0.328	0.363	0.401	2.203	1.647
0.130	0.833	0.358	0.396	0.437	1.964	1.458
0.135	0.816	0.387	0.429	0.472	1.768	1.303
0.140	0.801	0.419	0.463	0.510	1.587	1.160
0.145	0.785	0.451	0.499	0.549	1.431	1.037
0.150	0.771	0.485	0.536	0.588	1.292	0.929
0.160	0.743	0.556	0.613	0.672	1.056	0.745
0.170	0.718	0.629	0.692	0.757	0.873	0.603
0.180	0.694	0.705	0.774	0.845	0.725	0.490
0.190	0.672	0.783	0.858	0.934	0.605	0.399
0.200	0.650	0.861	0.941	1.022	0.511	0.329
0.220	0.612	1.020	1.108	1.197	0.368	0.224
0.240	0.576	1.173	1.267	1.359	0.276	0.160
0.260	0.544	1.315	1.410	1.503	0.216	0.121
0.280	0.514	1.440	1.534	1.624	0.180	0.102
0.300	0.487	1.546	1.636	1.722	0.160	0.094
0.320	0.461	1.631	1.715	1.794	0.152	0.097
0.340	0.438	1.695	1.772	1.843	0.152	0.105
0.360	0.415	1.740	1.800	1.873	0.160	0.119
0.370	0.402	1.756	1.821	1.881	0.168	0.130
0.380	0.390	1.768	1.829	1.885	0.172	0.141

$n=1.60$　　　　　　　　　　　　续表

$\dfrac{h_1}{q^{\frac{2}{3}}}$	$\dfrac{h_2}{q^{\frac{2}{3}}}$	$\dfrac{q^{\frac{2}{3}}}{T_0}$			$\dfrac{Z_0}{q^{\frac{2}{3}}}$	
		$\varphi=0.90$	$\varphi=0.95$	$\varphi=1.00$	$\varphi=0.90$	$\varphi=1.00$
0.030	1.558	0.016	0.018	0.019	61.422	49.732
0.040	1.383	0.029	0.032	0.035	33.436	26.828
0.050	1.260	0.046	0.051	0.057	20.497	16.373
0.060	1.650	0.068	0.076	0.084	13.535	10.753
0.070	1.088	0.096	0.107	0.119	9.302	7.341
0.080	1.024	0.127	0.142	0.157	6.828	5.351
0.090	0.968	0.166	0.185	0.204	5.061	3.932
0.100	0.921	0.210	0.233	0.258	3.842	2.956
0.105	0.899	0.233	0.258	0.285	3.403	2.605
0.110	0.878	0.258	0.286	0.316	3.002	2.285
0.115	0.859	0.284	0.316	0.348	2.659	2.012
0.120	0.840	0.313	0.348	0.384	2.351	1.767
0.125	0.823	0.342	0.379	0.418	2.100	1.568
0.130	0.806	0.373	0.414	0.456	1.873	1.388
0.135	0.790	0.404	0.447	0.493	1.685	1.241
0.140	0.775	0.438	0.485	0.534	1.506	1.099
0.145	0.760	0.472	0.522	0.574	1.358	0.983
0.150	0.746	0.508	0.561	0.616	1.223	0.878
0.160	0.719	0.582	0.612	0.703	0.999	0.703
0.170	0.694	0.660	0.726	0.794	0.821	0.566
0.180	0.671	0.740	0.812	0.885	0.681	0.459
0.190	0.649	0.823	0.901	0.980	0.566	0.372
0.200	0.627	0.907	0.990	1.073	0.476	0.305
0.220	0.590	1.074	1.165	1.256	0.341	0.206
0.240	0.556	1.234	1.329	1.424	0.255	0.146
0.260	0.524	1.380	1.477	1.572	0.201	0.112
0.280	0.495	1.509	1.603	1.694	0.168	0.095
0.300	0.469	1.615	1.704	1.790	0.150	0.090
0.320	0.443	1.698	1.782	1.859	0.146	0.095
0.340	0.421	1.759	1.835	1.905	0.147	0.104
0.360	0.398	1.800	1.867	1.929	0.159	0.120
0.370	0.390	1.813	1.876	1.934	0.161	0.124

$$n=1.80 \qquad\qquad 续表$$

$\dfrac{h_1}{q^{\frac{2}{3}}}$	$\dfrac{h_2}{q^{\frac{2}{3}}}$	$\dfrac{q^{\frac{2}{3}}}{T_0}$			$\dfrac{Z_0}{q^{\frac{2}{3}}}$	
		$\varphi=0.90$	$\varphi=0.95$	$\varphi=1.00$	$\varphi=0.90$	$\varphi=1.00$
0.030	1.511	0.016	0.019	0.020	61.469	49.509
0.040	1.343	0.029	0.033	0.036	32.909	26.409
0.050	1.223	0.048	0.053	0.059	19.810	15.824
0.060	1.130	0.068	0.076	0.084	13.570	10.788
0.070	1.056	0.098	0.109	0.121	9.167	7.238
0.080	0.993	0.132	0.147	0.163	6.581	5.157
0.090	0.940	0.171	0.190	0.210	4.925	3.828
0.100	0.893	0.216	0.240	0.264	3.736	2.875
0.105	0.872	0.242	0.268	0.296	3.268	2.502
0.110	0.852	0.268	0.298	0.329	2.876	2.189
0.115	0.833	0.295	0.327	0.361	2.561	1.938
0.120	0.815	0.325	0.361	0.398	2.260	1.699
0.125	0.798	0.355	0.394	0.434	2.017	1.506
0.130	0.781	0.388	0.430	0.473	1.798	1.333
0.135	0.765	0.421	0.466	0.513	1.610	1.185
0.140	0.751	0.457	0.505	0.555	1.440	1.050
0.145	0.736	0.493	0.545	0.598	1.294	0.936
0.150	0.722	0.531	0.586	0.643	1.162	0.833
0.160	0.696	0.609	0.671	0.735	0.945	0.664
0.170	0.673	0.691	0.760	0.830	0.774	0.531
0.180	0.649	0.776	0.851	0.928	0.639	0.429
0.190	0.628	0.863	0.944	1.026	0.531	0.347
0.200	0.608	0.953	1.038	1.125	0.443	0.281
0.220	0.571	1.127	1.221	1.315	0.317	0.190
0.240	0.535	1.294	1.392	1.489	0.238	0.137
0.260	0.506	1.445	1.544	1.639	0.186	0.104
0.280	0.478	1.575	1.670	1.762	0.157	0.090
0.300	0.451	1.681	1.771	1.856	0.144	0.088
0.320	0.427	1.762	1.844	1.921	0.141	0.094
0.340	0.405	1.820	1.894	1.962	0.145	0.105
0.360	0.380	1.856	1.921	1.981	0.159	0.125

n=2.0

续表

$\dfrac{h_1}{q^{\frac{2}{3}}}$	$\dfrac{h_2}{q^{\frac{2}{3}}}$	$\dfrac{q^{\frac{2}{3}}}{T_0}$			$\dfrac{Z_0}{q^{\frac{2}{3}}}$	
		$\varphi=0.90$	$\varphi=0.95$	$\varphi=1.00$	$\varphi=0.90$	$\varphi=1.00$
0.020	1.722	0.007	0.008	0.008	144.693	116.879
0.030	1.469	0.016	0.018	0.020	60.888	49.046
0.040	1.306	0.030	0.033	0.037	32.397	26.001
0.050	1.190	0.048	0.053	0.059	19.843	15.857
0.060	1.099	0.071	0.079	0.088	12.952	10.292
0.070	1.027	0.101	0.112	0.124	8.879	7.010
0.080	0.966	0.135	0.150	0.166	6.434	5.043
0.090	0.914	0.177	0.197	0.217	4.747	3.688
0.100	0.868	0.224	0.249	0.275	3.604	2.773
0.105	0.847	0.249	0.277	0.306	3.168	2.425
0.110	0.828	0.277	0.308	0.340	2.779	2.115
0.115	0.809	0.307	0.340	0.375	2.454	1.856
0.120	0.792	0.337	0.374	0.412	2.176	1.635
0.125	0.775	0.370	0.410	0.452	1.930	1.440
0.130	0.759	0.403	0.447	0.492	1.720	1.274
0.135	0.744	0.439	0.486	0.535	1.532	1.125
0.140	0.729	0.476	0.526	0.579	1.372	1.000
0.145	0.715	0.513	0.567	0.623	1.234	0.891
0.150	0.702	0.554	0.611	0.670	1.105	0.790
0.160	0.676	0.636	0.701	0.767	0.895	0.627
0.170	0.652	0.723	0.795	0.868	0.731	0.501
0.180	0.630	0.812	0.890	0.970	0.601	0.401
0.190	0.609	0.904	0.988	1.073	0.497	0.323
0.200	0.590	0.997	1.086	1.176	0.411	0.260
0.220	0.553	1.181	1.278	1.374	0.294	0.175
0.240	0.520	1.354	1.454	1.553	0.219	0.124
0.260	0.490	1.508	1.609	1.705	0.173	0.096
0.280	0.462	1.640	1.736	1.828	0.148	0.085
0.300	0.438	1.745	1.834	1.918	0.135	0.083
0.320	0.414	1.823	1.904	1.980	0.135	0.091
0.340	0.389	1.877	2.949	2.015	0.144	0.107
0.350	0.378	1.895	2.962	2.024	0.150	0.116

$$n=2.5 \qquad \text{续表}$$

$\dfrac{h_1}{q^{\frac{2}{3}}}$	$\dfrac{h_2}{q^{\frac{2}{3}}}$	$\dfrac{q^{\frac{2}{3}}}{T_0}$			$\dfrac{Z_0}{q^{\frac{2}{3}}}$	
		$\varphi=0.90$	$\varphi=0.95$	$\varphi=1.00$	$\varphi=0.90$	$\varphi=1.00$
0.020	1.619	0.007	0.008	0.009	141.469	115.281
0.030	1.379	0.017	0.018	0.020	59.179	47.680
0.040	1.228	0.031	0.034	0.038	31.260	26.096
0.050	1.119	0.051	0.056	0.063	18.603	14.865
0.060	1.033	0.076	0.084	0.094	12.142	9.650
0.070	0.965	0.107	0.119	0.132	8.362	6.604
0.080	0.906	0.145	0.161	0.178	6.016	4.716
0.090	0.857	0.191	0.212	0.234	4.393	3.413
0.100	0.814	0.242	0.269	0.297	3.321	2.555
0.105	0.795	0.270	0.300	0.331	2.907	2.224
0.110	0.776	0.303	0.336	0.371	2.529	1.922
0.115	0.758	0.335	0.371	0.409	2.226	1.685
0.120	0.741	0.370	0.409	0.451	1.965	1.477
0.125	0.725	0.407	0.449	0.495	1.735	0.296
0.130	0.710	0.445	0.492	0.541	1.540	1.137
0.135	0.696	0.484	0.535	0.589	1.370	1.003
0.140	0.682	0.525	0.580	0.638	1.221	0.886
0.145	0.668	0.569	0.628	0.689	1.091	0.784
0.150	0.656	0.613	0.676	0.741	0.975	0.694
0.160	0.631	0.707	0.778	0.851	0.783	0.545
0.170	0.608	0.805	0.883	0.963	0.634	0.431
0.180	0.587	0.906	0.990	1.077	0.517	0.342
0.190	0.567	1.008	1.099	1.191	0.425	0.273
0.200	0.549	1.112	1.208	1.304	0.350	0.218
0.220	0.514	1.314	1.417	1.519	0.247	0.144
0.240	0.483	1.500	1.605	1.707	0.184	0.103
0.260	0.454	1.661	1.763	1.862	0.148	0.083
0.280	0.427	1.793	1.889	1.980	0.131	0.078
0.300	0.402	1.893	1.980	2.062	0.126	0.083
0.320	0.380	1.962	2.040	2.111	0.130	0.094
0.340	0.358	2.004	2.071	2.133	0.141	0.111

$n=3.0$　　　　　　　　　　　　　　　　　　　　　　　续表

$\dfrac{h_1}{q^{\frac{2}{3}}}$	$\dfrac{h_2}{q^{\frac{2}{3}}}$	$\dfrac{q^{\frac{2}{3}}}{T_0}$			$\dfrac{Z_0}{q^{\frac{2}{3}}}$	
		$\varphi=0.90$	$\varphi=0.95$	$\varphi=1.00$	$\varphi=0.90$	$\varphi=1.00$
0.020	1.535	0.007	0.008	0.009	138.374	111.796
0.030	1.310	0.017	0.019	0.021	57.541	46.374
0.040	1.165	0.032	0.036	0.039	30.193	24.243
0.050	1.060	0.052	0.058	0.065	18.066	14.441
0.060	0.979	0.079	0.088	0.098	11.671	9.279
0.070	0.911	0.114	0.126	0.140	7.902	6.241
0.080	0.858	0.154	0.171	0.189	5.646	4.425
0.090	0.810	0.204	0.227	0.251	4.085	3.172
0.100	0.769	0.261	0.290	0.321	3.056	2.348
0.105	0.750	0.293	0.325	0.359	2.668	2.039
0.110	0.732	0.328	0.364	0.401	2.320	1.761
0.115	0.715	0.364	0.403	0.445	2.034	1.534
0.120	0.699	0.402	0.446	0.491	1.788	1.338
0.125	0.684	0.443	0.490	0.540	1.575	1.170
0.130	0.670	0.487	0.538	0.592	1.385	1.019
0.135	0.656	0.529	0.585	0.643	1.233	0.899
0.140	0.642	0.577	0.637	0.700	1.092	0.789
0.145	0.629	0.624	0.688	0.754	0.973	0.696
0.150	0.617	0.675	0.744	0.814	0.864	0.611
0.160	0.594	0.780	0.857	0.936	0.688	0.475
0.170	0.573	0.889	0.973	1.060	0.552	0.371
0.180	0.552	1.000	1.093	1.185	0.448	0.292
0.190	0.533	1.115	1.212	1.311	0.364	0.230
0.200	0.515	1.227	1.330	1.433	0.300	0.183
0.220	0.482	1.445	1.554	1.661	0.210	0.120
0.240	0.451	1.641	1.750	1.855	0.158	0.088
0.260	0.424	1.805	1.909	2.008	0.130	0.074
0.280	0.398	1.934	2.029	2.118	0.119	0.074
0.300	0.374	2.025	2.110	2.189	0.120	0.083
0.320	0.354	2.083	2.157	2.224	0.126	0.096

附录 25　矩形河槽中水跃共轭水深计算

矩形河槽中水跃共轭水深计算见附表 21。

附表 21

矩形河槽中水跃共轭水深计算

$\frac{q^{\frac{2}{3}}}{h_2}$	$\frac{h_1}{q^{\frac{2}{3}}}$	$\frac{h_2}{q^{\frac{2}{3}}}$	η	$\varphi=0.80$			$\varphi=0.85$			$\varphi=0.90$			$\varphi=0.95$			$\varphi=1.00$		
				$\frac{q^{\frac{2}{3}}}{T_0}$	$\frac{Z_0}{T_0}$	$\frac{Z'}{q^{\frac{2}{3}}}$	$\frac{q^{\frac{2}{3}}}{T_0}$	$\frac{Z_0}{T_0}$	$\frac{Z'}{q^{\frac{2}{3}}}$	$\frac{q^{\frac{2}{3}}}{T_0}$	$\frac{Z_0}{T_0}$	$\frac{Z'}{q^{\frac{2}{3}}}$	$\frac{q^{\frac{2}{3}}}{T_0}$	$\frac{Z_0}{T_0}$	$\frac{Z'}{q^{\frac{2}{3}}}$	$\frac{q^{\frac{2}{3}}}{T_0}$	$\frac{Z_0}{T_0}$	$\frac{Z'}{q^{\frac{2}{3}}}$
0.500	0.051	2.000	2.013	0.032	0.936	29.237	0.037	0.926	25.014	0.041	0.918	22.377	0.046	0.908	19.726	0.051	0.898	17.594
0.520	0.055	1.923	1.937	0.037	0.929	25.090	0.042	0.919	21.873	0.047	0.910	19.340	0.053	0.898	16.931	0.058	0.888	15.304
0.540	0.059	1.852	1.867	0.042	0.922	21.943	0.048	0.911	18.966	0.054	0.901	16.652	0.060	0.889	14.800	0.066	0.876	13.285
0.560	0.063	1.786	1.802	0.048	0.914	19.031	0.055	0.902	16.386	0.061	0.891	14.591	0.068	0.879	12.904	0.075	0.866	11.531
0.580	0.067	1.724	1.741	0.055	0.906	16.447	0.062	0.893	14.388	0.069	0.881	12.752	0.077	0.867	11.246	0.085	0.853	10.024
0.600	0.071	1.667	1.685	0.062	0.897	14.444	0.070	0.883	12.601	0.078	0.870	11.136	0.087	0.855	9.809	0.096	0.840	8.732
0.620	0.075	1.613	1.632	0.070	0.887	12.654	0.079	0.872	11.026	0.089	0.857	9.604	0.099	0.841	8.469	0.109	0.824	7.542
0.640	0.079	1.563	1.584	0.079	0.877	11.074	0.089	0.861	9.652	0.100	0.844	8.416	0.111	0.827	7.425	0.123	0.808	6.546
0.660	0.084	1.515	1.538	0.088	0.867	9.826	0.099	0.849	8.563	0.111	0.831	7.471	0.124	0.812	6.527	0.137	0.792	5.761
0.680	0.089	1.471	1.495	0.098	0.856	8.709	0.111	0.837	7.514	0.124	0.818	6.570	0.138	0.797	5.751	0.153	0.775	5.041
0.700	0.094	1.429	1.454	0.109	0.844	7.720	0.123	0.824	6.676	0.138	0.803	5.792	0.153	0.781	5.082	0.170	0.757	4.428
0.710	0.096	1.408	1.434	0.115	0.838	7.262	0.129	0.818	6.318	0.145	0.796	5.463	0.161	0.773	4.777	0.178	0.749	4.184
0.720	0.099	1.389	1.415	0.121	0.832	6.850	0.136	0.811	5.938	0.152	0.789	5.164	0.169	0.765	4.502	0.187	0.740	3.933
0.730	0.101	1.370	1.397	0.127	0.826	6.477	0.143	0.804	5.596	0.160	0.781	4.853	0.178	0.756	4.221	0.197	0.730	3.679
0.740	0.104	1.351	1.379	0.133	0.820	6.140	0.150	0.797	5.288	0.168	0.773	4.573	0.187	0.747	3.969	0.207	0.720	3.452
0.750	0.106	1.333	1.362	0.139	0.814	5.832	0.157	0.791	5.007	0.176	0.766	4.320	0.196	0.739	3.740	0.217	0.710	3.246
0.760	0.109	1.316	1.345	0.146	0.808	5.504	0.164	0.784	4.753	0.184	0.758	4.090	0.205	0.730	3.533	0.227	0.701	3.060
0.770	0.111	1.299	1.329	0.153	0.802	5.207	0.172	0.777	4.485	0.193	0.750	3.852	0.214	0.722	3.344	0.237	0.692	2.890
0.780	0.114	1.282	1.313	0.160	0.795	4.937	0.180	0.769	4.243	0.202	0.741	3.637	0.224	0.713	3.151	0.247	0.683	2.736
0.790	0.116	1.266	1.298	0.167	0.789	4.690	0.188	0.762	4.021	0.211	0.733	3.441	0.234	0.704	2.976	0.257	0.674	2.593

续表

$\dfrac{q^{2/3}}{h_2}$	$\dfrac{h_1}{q^{2/3}}$	$\dfrac{h_2}{q^{2/3}}$	η	$\varphi=0.80$			$\varphi=0.85$			$\varphi=0.90$			$\varphi=0.95$			$\varphi=1.00$		
				$\dfrac{q^{2/3}}{T_0}$	$\dfrac{Z_0}{T_0}$	$\dfrac{Z'}{q^{2/3}}$	$\dfrac{q^{2/3}}{T_0}$	$\dfrac{Z_0}{T_0}$	$\dfrac{Z'}{q^{2/3}}$	$\dfrac{q^{2/3}}{T_0}$	$\dfrac{Z_0}{T_0}$	$\dfrac{Z'}{q^{2/3}}$	$\dfrac{q^{2/3}}{T_0}$	$\dfrac{Z_0}{T_0}$	$\dfrac{Z'}{q^{2/3}}$	$\dfrac{q^{2/3}}{T_0}$	$\dfrac{Z_0}{T_0}$	$\dfrac{Z'}{q^{2/3}}$
0.800	0.119	1.250	1.283	0.174	0.783	4.464	0.196	0.755	3.819	0.220	0.725	3.262	0.244	0.695	2.815	0.269	0.664	2.434
0.810	0.122	1.235	1.268	0.181	0.777	4.257	0.204	0.748	3.634	0.229	0.717	3.099	0.254	0.687	2.669	0.281	0.653	2.291
0.820	0.124	1.220	1.254	0.189	0.770	4.037	0.213	0.740	3.441	0.238	0.709	2.948	0.264	0.678	2.534	0.293	0.643	2.159
0.830	0.127	1.205	1.240	0.197	0.763	3.836	0.222	0.733	3.265	0.248	0.701	2.792	0.275	0.669	2.396	0.305	0.633	2.039
0.840	0.130	1.190	1.226	0.205	0.756	3.652	0.231	0.725	3.103	0.258	0.693	2.650	0.286	0.660	2.271	0.317	0.623	1.929
0.850	0.132	1.176	1.213	0.213	0.750	3.482	0.240	0.718	2.954	0.268	0.685	2.518	0.297	0.651	2.154	0.329	0.613	1.827
0.860	0.135	1.163	1.201	0.221	0.743	3.324	0.249	0.710	2.815	0.278	0.677	2.396	0.309	0.641	2.035	0.341	0.603	1.731
0.870	0.138	1.149	1.188	0.230	0.736	3.160	0.259	0.702	2.673	0.289	0.668	2.272	0.321	0.632	1.927	0.354	0.593	1.637
0.880	0.141	1.136	1.176	0.239	0.729	3.008	0.269	0.694	2.541	0.300	0.659	2.157	0.333	0.622	1.827	0.367	0.583	1.549
0.890	0.143	1.124	1.164	0.248	0.722	2.868	0.279	0.687	2.420	0.311	0.651	2.051	0.345	0.613	1.735	0.380	0.573	1.468
0.900	0.146	1.111	1.152	0.257	0.715	2.739	0.289	0.679	2.308	0.322	0.643	1.954	0.357	0.604	1.649	0.393	0.564	1.392
0.910	0.149	1.099	1.141	0.266	0.708	2.618	0.299	0.672	2.203	0.333	0.635	1.862	0.369	0.595	1.569	0.406	0.554	1.322
0.920	0.151	1.087	1.130	0.275	0.701	2.506	0.309	0.664	2.160	0.344	0.626	1.777	0.381	0.586	1.495	0.419	0.545	1.257
0.930	0.154	1.075	1.119	0.284	0.694	2.402	0.319	0.657	2.016	0.356	0.617	1.690	0.394	0.576	1.419	0.434	0.534	1.185
0.940	0.157	1.064	1.109	0.294	0.687	2.292	0.330	0.649	1.921	0.368	0.608	1.608	0.408	0.566	1.342	0.449	0.522	1.118
0.950	0.160	1.053	1.099	0.305	0.680	2.180	0.341	0.641	1.834	0.381	0.599	1.526	0.422	0.556	1.271	0.464	0.511	1.056
0.960	0.163	1.042	1.089	0.315	0.672	2.086	0.353	0.633	1.744	0.394	0.590	1.449	0.436	0.546	1.205	0.479	0.501	0.999
0.970	0.165	1.031	1.079	0.325	0.665	1.996	0.364	0.626	1.668	0.406	0.582	1.384	0.449	0.537	1.148	0.493	0.492	0.949
0.980	0.168	1.020	1.069	0.335	0.658	1.916	0.375	0.618	1.598	0.418	0.574	1.323	0.462	0.529	1.096	0.507	0.483	0.903
0.990	0.171	1.010	1.060	0.345	0.651	1.838	0.386	0.610	1.531	0.430	0.566	1.266	0.475	0.520	1.045	0.522	0.473	0.856
1.000	0.174	1.000	1.051	0.356	0.644	1.758	0.398	0.602	1.462	0.443	0.557	1.206	0.489	0.511	0.994	0.537	0.463	0.811
1.050	0.188	0.952	1.008	0.409	0.611	1.437	0.458	0.564	1.175	0.508	0.516	0.961	0.560	0.467	0.778	0.613	0.416	0.623
1.100	0.202	0.909	0.970	0.464	0.578	1.185	0.518	0.529	0.961	0.574	0.478	0.772	0.613	0.426	0.615	0.688	0.375	0.483
1.150	0.216	0.870	0.937	0.520	0.548	0.986	0.578	0.497	0.793	0.640	0.443	0.626	0.701	0.390	0.490	0.763	0.336	0.374
1.200	0.230	0.833	0.906	0.577	0.519	0.827	0.640	0.467	0.657	0.705	0.413	0.512	0.771	0.358	0.391	0.838	0.302	0.287

续表

$\frac{q^{\frac{2}{3}}}{h_2}$	$\frac{h_1}{q^{\frac{2}{3}}}$	$\frac{h_2}{q^{\frac{2}{3}}}$	η	$\varphi=0.80$			$\varphi=0.85$			$\varphi=0.90$			$\varphi=0.95$			$\varphi=1.00$		
				$\frac{q^{\frac{2}{3}}}{T_0}$	$\frac{Z_0}{T_0}$	$\frac{Z'}{q^{\frac{2}{3}}}$	$\frac{q^{\frac{2}{3}}}{T_0}$	$\frac{Z_0}{T_0}$	$\frac{Z'}{q^{\frac{2}{3}}}$	$\frac{q^{\frac{2}{3}}}{T_0}$	$\frac{Z_0}{T_0}$	$\frac{Z'}{q^{\frac{2}{3}}}$	$\frac{q^{\frac{2}{3}}}{T_0}$	$\frac{Z_0}{T_0}$	$\frac{Z'}{q^{\frac{2}{3}}}$	$\frac{q^{\frac{2}{3}}}{T_0}$	$\frac{Z_0}{T_0}$	$\frac{Z'}{q^{\frac{2}{3}}}$
1.250	0.244	8.800	0.880	0.633	0.494	0.700	0.700	0.440	0.549	0.769	0.385	0.420	0.839	0.329	0.312	0.910	0.272	0.219
1.300	0.258	0.769	0.855	0.688	0.471	0.598	0.759	0.416	0.463	0.831	0.361	0.348	0.904	0.305	0.251	0.977	0.249	0.168
1.350	0.272	0.741	0.834	0.741	0.451	0.516	0.815	0.396	0.393	0.890	0.340	0.290	0.965	0.285	0.202	1.040	0.230	0.128
1.400	0.285	0.714	0.814	0.792	0.434	0.449	0.869	0.380	0.337	0.946	0.324	0.243	1.022	0.270	0.165	1.098	0.215	0.097
1.450	0.298	0.689	0.796	0.840	0.421	0.395	0.919	0.367	0.292	0.997	0.313	0.207	1.074	0.260	0.135	1.150	0.207	0.074
1.500	0.312	0.665	0.780	0.886	0.410	0.349	0.966	0.358	0.255	1.045	0.305	0.177	1.122	0.254	0.111	1.198	0.203	0.055
1.550	0.326	0.645	0.768	0.929	0.401	0.308	1.009	0.350	0.223	1.088	0.298	0.151	1.165	0.249	0.090	1.240	0.200	0.038
1.600	0.339	0.625	0.756	0.968	0.395	0.277	1.048	0.345	0.198	1.127	0.295	0.131	1.203	0.248	0.075	1.277	0.202	0.027
1.650	0.351	0.606	0.746	1.003	0.392	0.251	1.084	0.343	0.177	1.161	0.296	0.115	1.236	0.251	0.063	1.308	0.208	0.019
1.700	0.364	0.588	0.736	1.036	0.391	0.229	1.115	0.344	0.161	1.192	0.299	0.103	1.265	0.256	0.055	1.335	0.215	0.013
1.750	0.377	0.571	0.727	1.066	0.391	0.211	1.144	0.347	0.147	1.219	0.304	0.093	1.290	0.263	0.048	1.358	0.225	0.009
1.800	0.389	0.556	0.721	1.092	0.393	0.195	1.169	0.351	0.134	1.242	0.310	0.084	1.311	0.271	0.042	1.377	0.235	0.005
1.850	0.401	0.541	0.715	1.115	0.397	0.182	1.190	0.357	0.125	1.262	0.317	0.077	1.329	0.281	0.037	1.392	0.247	0.003
1.900	0.413	0.526	0.710	1.136	0.403	0.170	1.209	0.364	0.117	1.278	0.327	0.072	1.343	0.293	0.035	1.404	0.261	0.002
1.950	0.424	0.513	0.707	1.154	0.408	0.160	1.225	0.372	0.109	1.292	0.337	0.067	1.355	0.305	0.031	1.413	0.275	0.001
2.000	0.436	0.500	0.704	1.169	0.415	0.151	1.239	0.381	0.103	1.303	0.348	0.063	1.364	0.318	0.029	1.420	0.290	0.000
2.050	0.447	0.488	0.702	1.183	0.423	0.143	1.250	0.390	0.098	1.312	0.360	0.060	1.370	0.331	0.028	1.424	0.305	0.000
2.100	0.458	0.476	0.700	1.193	0.432	0.138	1.259	0.401	0.094	1.319	0.372	0.058	1.375	0.345	0.027	1.426	0.321	0.000
2.141	0.467	0.467	0.700	1.201	0.439	0.133	1.265	0.410	0.091	1.323	0.382	0.056	1.377	0.357	0.026	1.426	0.334	0.000

附录 26 全国各气象站的基本风速和基本风压值

全国气象站的基本风速和基本风压值见附表 22。

全国各气象台站的基本风速和基本风压值 附表 22

省市名	地　　名	海拔高度 (m)	风速(m/s)			风压(0.01kN/m²)		
			1/10	1/50	1/100	1/10	1/50	1/100
北京		54.0	22.2	27.2	28.6	30	45	50
天津	天津市	3.3	22.1	28.6	31.3	40	55	60
	塘沽	3.2	25.6	30.0	31.3	40	55	60
上海		2.8	23.9	30.0	32.6	35	55	65
重庆		259.1	20.5	25.9	27.5	25	40	45
	涪陵区	273.5	18.3	22.4	24.2	20	30	35
	奉节	607.3	20.8	24.6	26.3	25	35	40
	梁平	454.6	18.5	22.6	24.5	20	30	35
	万县	186.7	15.8	22.3	24.0	15	30	35
河北	石家庄市	80.5	20.3	24.0	25.7	25	35	40
	张家口市	724.2	24.8	31.1	32.5	35	55	60
	承德市	377.2	22.6	26.0	27.6	30	40	45
	保定市	17.2	22.2	25.6	27.1	30	40	45
	秦皇岛市	2.1	23.9	27.1	28.6	35	45	50
	唐山市	27.8	22.2	25.6	27.1	30	40	45
	蔚县	909.5	18.9	23.2	25.0	20	30	35
	邢台市	76.8	18.1	22.2	24.0	20	30	35
	丰宁	659.7	22.9	26.4	28.0	30	40	45
	围场	842.8	24.9	28.3	29.8	35	45	50
	怀来	536.8	20.8	24.6	26.3	25	35	40
	遵化	54.9	22.2	25.6	27.2	30	40	45
	青龙	227.2	20.4	22.4	24.2	25	30	35
	霸州市	9.0	20.2	25.6	27.1	25	40	45
	乐亭	10.5	22.1	25.6	27.1	30	40	45
	饶阳	18.9	22.2	23.9	25.6	30	35	40
	沧州市	9.6	22.1	25.6	27.1	30	40	45
	黄骅	6.6	22.1	25.6	27.1	30	40	45
	南宫市	27.4	20.2	23.9	25.6	25	35	40

续表

省市名	地　名	海拔高度(m)	风速(m/s)			风压(0.01kN/m²)		
			1/10	1/50	1/100	1/10	1/50	1/100
山西	太原市	778.3	23.0	26.6	28.2	30	40	45
	大同市	1067.2	25.2	31.6	34.4	35	55	65
	河曲	861.5	23.1	29.8	32.7	30	50	60
	五寨	1401.0	23.7	27.4	29.1	30	40	45
	兴县	1012.6	21.3	28.5	31.5	25	45	55
	原平	828.2	23.1	29.8	32.6	30	50	60
	离石	950.8	23.2	28.4	30.0	30	45	50
	阳泉市	741.9	23.0	26.5	28.1	30	40	45
	榆社	1041.4	19.0	23.3	25.2	20	30	35
	隰县	1052.7	21.3	25.2	26.9	25	35	40
	介休	743.9	21.0	26.5	28.1	25	40	45
	临汾市	449.5	20.7	26.1	27.7	25	40	45
	长治县	991.8	23.3	30.0	32.9	30	50	60
	运城市	376.0	22.6	26.0	27.6	30	40	45
	阳城	659.5	22.9	28.0	29.5	30	45	50
内蒙古	呼和浩特市	1063.0	25.2	31.6	33.0	35	55	60
	额右旗拉布达林	581.4	24.6	29.4	32.2	35	50	60
	牙克石市图里河	732.6	23.0	26.5	28.1	30	40	45
	满洲里市	661.7	29.5	33.6	34.9	50	65	70
	海拉尔市	610.2	27.9	33.6	36.1	45	65	75
	鄂伦春小二沟	286.1	22.5	25.9	27.5	30	40	45
	新巴尔虎右旗	554.2	27.9	32.2	33.5	45	60	65
	新巴尔虎左旗阿木古朗	642.0	26.4	30.9	32.3	40	55	60
	牙克石市博克图	739.7	26.5	31.1	32.5	40	55	60
	扎兰屯市	306.5	22.5	25.9	27.5	30	40	45
	科右翼前旗阿尔山	1027.4	25.2	30.1	31.5	35	50	55
	乌兰浩特市	274.7	25.9	30.4	31.7	40	55	60
	科右翼前旗索伦	501.8	27.8	30.7	32.1	45	55	60
	东乌珠穆沁旗	838.7	24.9	31.2	34.0	35	55	65
	额济纳旗	940.5	26.8	32.8	35.4	40	60	70
	额济纳旗拐子湖	960.0	28.4	31.4	32.8	45	55	60
	阿左旗巴彦毛道	1328.1	27.3	32.0	33.4	40	55	60
	阿拉善右旗	1510.1	29.2	32.3	33.8	45	55	60
	二连浩特市	964.7	31.4	34.2	35.5	55	65	70
	那仁宝力格	1181.6	27.1	31.8	33.2	40	55	60

续表

省市名	地 名	海拔高度(m)	风速(m/s)			风压(0.01kN/m²)		
			1/10	1/50	1/100	1/10	1/50	1/100
内蒙古	达茂旗满都拉	1225.2	30.4	37.2	39.6	50	75	85
	阿巴嘎旗	1126.1	25.3	30.2	31.7	35	50	55
	苏尼特左旗	1111.4	27.0	30.2	31.7	40	50	55
	乌拉特后旗海力索	1509.6	29.2	30.8	32.3	45	50	55
	苏尼特右旗朱日和	1150.8	30.3	34.5	37.1	50	65	75
	乌拉特中旗海流图	1288.0	28.9	33.4	34.7	45	60	65
	百灵庙	1376.6	30.6	37.5	39.9	50	75	85
	四子王旗	1490.1	27.5	33.7	36.4	40	60	70
	化德	1482.7	29.2	37.7	40.1	45	75	85
	杭锦后旗陕坝	1056.7	23.3	18.6	30.1	30	45	50
	包头市	1067.2	25.2	31.6	33.0	35	55	60
	集宁市	1419.3	27.4	33.6	36.3	40	60	70
	阿拉善左旗吉兰泰	1031.8	25.2	30.1	31.6	35	50	55
	临河市	1039.3	23.3	30.1	33.0	30	50	60
	鄂托克旗	1380.3	25.6	32.1	34.9	35	55	65
	东胜市	1460.4	23.8	30.7	33.7	30	50	60
	阿腾席连	1329.3	27.3	30.5	32.0	40	50	55
	巴彦浩特	1561.4	27.6	33.8	36.6	40	60	70
	西乌珠穆沁旗	995.9	28.5	31.5	32.9	45	55	60
	扎鲁特鲁北	265.0	25.9	30.4	31.7	40	55	60
	巴林左旗林东	484.4	26.2	30.7	32.1	40	55	60
	锡林浩特市	989.5	26.9	31.5	32.9	40	55	60
	林西	799.0	28.2	32.6	35.5	45	60	70
	开鲁	241.0	25.9	30.3	31.7	40	55	60
	通辽市	178.5	25.8	30.2	31.6	40	55	60
	多伦	1245.4	27.2	31.9	33.3	40	55	60
	赤峰市	571.1	22.8	30.8	33.5	30	55	65
	敖汉旗宝国图	400.5	26.1	29.1	30.6	40	50	55
辽宁	沈阳市	42.8	25.6	30.0	31.4	40	55	60
	彰武	79.4	24.0	27.2	28.7	35	45	50
	阜新市	144.0	25.7	31.5	34.1	40	60	70
	开原	98.2	22.2	27.2	28.7	30	45	50
	清原	234.1	20.4	25.9	27.4	25	40	45
	朝阳市	169.2	25.8	30.2	31.6	40	55	60
	建平县叶柏寿	421.7	22.6	24.4	26.1	30	35	40

省市名	地　　名	海拔高度(m)	风速(m/s)			风压(0.01kN/m²)		
			1/10	1/50	1/100	1/10	1/50	1/100
辽宁	黑山	37.5	27.2	32.6	35.1	45	65	75
	锦州市	65.9	25.6	31.4	33.9	40	60	70
	鞍山市	77.3	22.2	28.7	31.4	30	50	60
	本溪市	185.2	24.1	27.4	28.8	35	45	50
	抚顺市章党	118.5	22.3	27.3	28.7	30	45	50
	桓仁	240.3	20.4	22.4	24.2	25	30	35
	绥中	15.3	20.2	25.6	27.1	25	40	45
	兴城市	8.8	23.9	27.1	28.6	35	45	50
	营口市	3.3	25.6	31.3	33.8	40	60	70
	盖县熊岳	20.4	22.2	25.6	27.1	30	40	45
	本溪县草河口	233.1	20.4	27.4	30.3	25	45	55
	岫岩	79.3	22.2	27.2	28.7	30	45	50
	宽甸	260.1	22.4	28.9	31.7	30	50	60
	丹东市	15.1	23.9	30.0	32.6	35	55	65
	瓦房店市	29.3	23.9	28.6	30.0	35	50	55
	新金县皮口	43.2	24.0	28.6	30.0	35	50	55
	庄河	34.8	23.9	28.6	30.0	35	50	55
	大连市	91.5	25.7	32.7	35.2	40	65	75
吉林	长春市	236.8	27.4	33.0	35.4	45	65	75
	白城市	155.4	27.3	32.8	35.3	45	65	75
	乾安	146.3	24.1	27.3	28.8	35	45	50
	前郭尔罗斯	134.7	22.3	27.3	28.8	30	45	50
	通榆	149.5	24.1	28.8	30.2	35	50	55
	长岭	189.3	22.3	27.4	28.8	30	45	50
	扶余市三岔河	196.6	24.1	30.3	32.9	35	55	65
	双辽	114.9	24.0	28.7	30.1	35	50	55
	四平市	164.2	25.8	30.2	31.6	40	55	60
	磐石县烟筒山	271.6	22.4	25.9	27.5	30	40	45
	吉林市	183.4	25.8	28.8	30.2	40	50	55
	蛟河	295.0	22.5	27.5	29.0	30	45	50
	敦化市	523.7	22.7	27.8	29.3	30	45	50
	梅河口市	339.9	22.5	26.0	27.6	30	40	45
	桦甸	263.8	22.4	25.9	27.5	30	40	45
	靖宇	549.2	20.8	24.6	26.3	25	35	40
	抚松县东岗	774.2	23.0	26.6	28.2	30	40	45
	延吉市	176.8	24.1	28.8	30.2	35	50	55
	通化市	402.9	22.6	29.2	31.9	30	50	60
	浑江市临江	332.7	18.4	22.5	24.3	20	30	35
	集安市	177.7	18.2	22.3	24.1	20	30	35
	长白	1016.7	25.2	28.5	30.1	35	45	50

续表

省市名	地名	海拔高度(m)	风速(m/s)			风压(0.01kN/m²)		
			1/10	1/50	1/100	1/10	1/50	1/100
黑龙江	哈尔滨市	142.3	24.1	30.2	32.8	35	55	65
	漠河	296.0	20.5	24.3	25.9	25	35	40
	塔河	357.4	20.6	22.5	24.3	25	30	35
	新林	494.6	20.7	24.5	26.2	25	35	40
	呼玛	177.4	22.3	28.8	31.6	30	50	60
	加格达奇	371.7	20.6	24.4	26.0	25	35	40
	黑河市	166.4	24.1	28.8	30.2	35	50	55
	嫩江	242.2	25.9	30.3	31.7	40	55	60
	孙吴	234.5	25.9	31.7	34.2	40	60	70
	北安市	269.7	22.4	29.0	31.7	30	50	60
	克山	234.6	22.4	27.4	28.9	30	45	50
	富裕	162.4	22.3	25.8	27.3	30	40	45
	齐齐哈尔市	145.9	24.1	27.3	28.8	35	45	50
	海伦	259.2	24.2	30.3	33.0	35	55	65
	明水	249.2	24.2	27.4	28.9	35	45	50
	伊春市	240.9	20.4	24.2	25.9	25	35	40
	泰来	149.5	22.3	27.3	28.8	30	45	50
	鹤岗市	227.9	22.4	25.8	27.4	30	40	45
	富锦	64.2	22.2	27.2	28.7	30	45	50
	绥化市	179.6	24.1	30.2	32.9	35	55	65
	安达市	149.3	24.1	30.2	32.8	35	55	65
	铁力	210.5	20.4	24.2	25.8	25	35	40
	佳木斯市	81.2	25.7	32.7	35.1	40	65	75
	依兰	100.1	27.2	32.7	35.2	45	65	75
	宝清	83.0	22.2	25.7	27.2	30	40	45
	通河	108.6	24.0	28.7	30.1	35	50	55
	尚志	189.7	24.1	30.3	31.6	35	55	60
	鸡西市	233.6	25.9	30.3	33.0	40	55	65
	虎林	100.2	24.0	27.2	28.7	35	45	50
	牡丹江市	241.4	24.2	28.9	30.3	35	50	55
	绥芬河市	496.7	26.2	32.1	34.7	40	60	70

省市名	地　名	海拔高度(m)	风速(m/s)			风压(0.01kN/m²)		
			1/10	1/50	1/100	1/10	1/50	1/100
山东	济南市	51.6	22.2	27.2	28.6	30	45	50
	德州市	21.2	22.2	27.1	28.6	30	45	50
	惠民	11.3	25.6	28.6	30.0	40	50	55
	寿光县羊角沟	4.4	22.1	27.1	28.6	30	45	50
	龙口市	4.8	27.1	31.3	32.6	45	60	65
	烟台市	46.7	25.6	30.0	31.4	40	55	60
	威海市	46.6	27.2	32.7	35.1	45	65	75
	荣城市成山头	47.7	31.4	33.9	35.1	60	70	75
	莘县朝城	42.7	24.0	27.2	28.6	35	45	50
	泰安市泰山	1533.7	35.2	40.2	42.5	65	85	95
	泰安市	128.8	22.3	25.7	27.3	30	40	45
	淄博市张店	34.0	22.2	25.6	27.2	30	40	45
	沂源	304.5	22.5	24.3	25.9	30	35	40
	潍坊市	44.1	22.2	25.6	27.2	30	40	45
	莱阳市	30.5	22.2	25.6	27.1	30	40	45
	青岛市	76.0	27.2	31.4	33.9	45	60	70
	海阳	65.2	25.6	30.1	31.4	40	55	60
	荣成市石岛	33.7	25.6	30.0	32.6	40	55	65
	菏泽市	49.7	20.3	25.6	27.2	25	40	45
	兖州	51.7	20.3	25.6	27.2	25	.40	45
	莒县	107.4	20.3	24.0	25.7	25	35	40
	临沂	87.9	22.2	25.7	27.2	30	40	45
	日照市	16.1	22.1	25.6	27.1	30	40	45
江苏	南京市	8.9	20.2	25.6	27.1	25	40	45
	徐州市	41.0	20.2	24.0	25.6	25	35	40
	赣榆	2.1	22.1	27.1	28.6	30	45	50
	盱眙	34.5	20.2	23.9	25.6	25	35	40
	淮阴市	17.5	20.2	25.6	27.1	25	40	45
	射阳	2.0	22.1	25.6	27.1	30	40	45
	高邮	5.4	20.2	25.6	27.1	25	40	45
	东台市	4.3	22.1	25.6	27.1	30	40	45
	南通市	5.3	22.1	27.1	28.6	30	45	50
	启东县吕泗	5.5	23.9	28.6	30.0	35	50	55
	常州市	4.9	20.2	25.6	27.1	25	40	45
	溧阳	7.2	20.2	25.6	27.1	25	40	45

续表

省市名	地　名	海拔高度(m)	风速(m/s)			风压(0.01kN/m²)		
			1/10	1/50	1/100	1/10	1/50	1/100
江苏	吴县东山	17.5	22.2	27.1	28.6	30	45	50
	泰州	6.6	20.2	25.6	27.1	25	40	45
	镇江	26.4	22.2	25.6	27.1	30	40	45
	无锡	6.7	22.1	27.1	28.6	30	45	50
	连云港	3.7	23.9	30.0	32.6	35	55	65
	盐城	3.6	20.2	27.1	30.0	25	45	55
	苏州	7.1	22.1	27.1	28.6	30	45	50
浙江	临安县天目山	1505.9	32.3	36.4	39.0	55	70	80
	杭州市	41.7	22.2	27.2	28.6	30	45	50
	平湖县乍浦	5.4	23.9	27.1	28.6	35	45	50
	慈溪市	7.1	22.1	27.1	28.6	30	45	50
	嵊泗	79.6	37.4	46.3	50.5	85	130	155
	嵊泗县嵊山	124.6	39.6	49.8	53.8	95	150	175
	舟山市	35.7	28.6	37.3	40.5	50	85	100
	金华市	62.6	20.3	24.0	25.6	25	35	40
	嵊县	104.3	20.3	25.7	28.7	25	40	50
	宁波市	4.2	22.1	28.6	31.3	30	50	60
	象山县石浦	128.4	35.2	44.5	48.1	75	120	140
	衢州市	66.9	20.3	24.0	25.6	25	35	40
	丽水市	60.8	18.1	22.2	24.0	20	30	35
	龙泉	198.4	18.3	22.4	24.1	20	30	35
	临海市括苍山	1383.1	33.5	41.1	44.4	60	90	105
	温州市	6.0	23.9	31.3	33.8	35	60	70
	椒江市洪家	1.3	23.9	30.0	32.6	35	55	65
	椒江市下大陈	86.2	38.5	48.0	52.1	90	140	165
	玉环县坎门	95.9	34.0	44.5	48.9	70	120	145
	瑞安市北麂	42.3	39.5	51.2	55.8	95	160	190
安徽	合肥市	27.9	20.2	23.9	25.6	25	35	40
	砀山	43.2	20.2	24.0	25.6	25	35	40
	亳州市	37.7	20.2	27.2	30.0	25	45	55
	宿县	25.9	20.2	25.6	28.6	25	40	50
	寿县	22.7	20.2	23.9	25.6	25	35	40
	蚌埠市	18.7	20.2	23.9	25.6	25	35	40
	滁县	25.3	20.2	23.9	25.6	25	35	40
	六安市	60.5	18.1	24.0	25.6	20	35	40

省市名	地　　名	海拔高度（m）	风速(m/s)			风压(0.01kN/m²)		
			1/10	1/50	1/100	1/10	1/50	1/100
安徽	霍山	68.1	18.1	24.0	25.6	20	35	40
	巢县	22.4	20.2	23.9	25.6	25	35	40
	安庆市	19.8	20.2	25.6	27.1	25	40	45
	宁国	89.4	20.3	24.0	25.7	25	35	40
	黄山	1840.4	31.3	37.1	39.6	50	70	80
	黄山市	142.7	20.3	24.1	25.7	25	35	40
江西	南昌市	46.7	22.2	27.2	30.0	30	45	55
	修水	146.8	18.2	22.3	24.1	20	30	35
	宜春市	131.3	18.2	22.3	24.1	20	30	35
	吉安	76.4	20.3	22.2	24.0	25	30	35
	宁冈	263.1	18.3	22.4	24.2	20	30	35
	遂川	126.1	18.2	22.3	24.1	20	30	35
	赣州市	123.8	18.2	22.3	24.1	20	30	35
	九江	36.1	20.2	23.9	25.6	25	35	40
	庐山	1164.5	27.1	31.8	33.2	40	55	60
	广昌	143.8	18.2	22.3	24.1	20	30	35
	波阳	40.1	20.2	25.6	27.2	25	40	45
	景德镇市	61.5	20.3	24.0	25.6	25	35	40
	樟树市	30.4	18.1	22.2	23.9	20	30	35
	贵溪	51.2	18.1	22.2	24.0	20	30	35
	玉山	116.3	18.2	22.3	24.0	20	30	35
	南城	80.8	20.3	22.2	24.0	25	30	35
	寻乌	303.9	20.5	22.5	24.3	25	30	35
福建	福州市	83.8	25.7	33.9	37.4	40	70	85
	厦门市	139.4	28.8	36.4	39.7	50	80	95
	邵武市	191.5	18.2	22.3	24.1	20	30	35
	铅山县七仙山	1401.9	32.1	36.3	38.8	55	70	80
	浦城	276.9	18.3	22.4	24.2	20	30	35
	建阳	196.9	20.4	24.1	25.8	25	35	40
	建瓯	154.9	20.4	24.1	25.8	25	35	40
	福鼎	36.2	23.9	33.9	38.4	35	70	90
	泰宁	342.9	18.4	22.5	24.3	20	30	35
	南平市	125.6	18.2	24.1	27.3	20	35	45
	福鼎县台山	106.6	35.2	40.6	42.6	75	100	110
	长汀	310.0	18.4	24.3	26.0	20	35	40

续表

省市名	地　　名	海拔高度 (m)	风速(m/s)			风压(0.01kN/m²)		
			1/10	1/50	1/100	1/10	1/50	1/100
福建	上杭	197.9	20.4	22.4	24.1	25	30	35
	永安市	206.0	20.4	25.8	27.4	25	40	45
	龙岩市	342.3	18.4	24.3	26.0	20	35	45
	德化县九仙山	1653.5	34.0	39.3	41.6	60	80	90
	屏南	896.5	18.9	23.1	25.0	20	30	35
	平潭	32.4	35.0	46.1	51.2	75	130	160
	崇武	21.8	30.0	36.2	38.4	55	80	90
	东山	53.3	36.2	45.3	48.8	80	125	145
陕西	西安市	397.5	20.6	24.4	26.1	25	35	40
	榆林市	1057.5	21.3	26.9	28.6	25	40	45
	吴旗	1272.6	21.5	27.2	30.4	25	40	50
	横山	1111.0	23.4	27.0	28.7	30	40	45
	绥德	929.7	23.2	26.8	28.4	30	40	45
	延安市	957.8	21.2	25.1	26.8	25	35	40
	长武	1206.5	19.2	23.5	25.4	20	30	35
	洛川	1158.3	21.4	25.3	27.1	25	35	40
	铜川市	978.9	19.0	25.1	26.8	20	35	40
	宝鸡市	612.4	18.6	24.6	26.3	20	35	40
	武功	447.8	18.5	24.4	26.1	20	35	40
	华阴县华山	2064.9	28.3	31.7	33.2	40	50	55
	略阳	794.2	21.0	24.9	26.6	25	35	40
	汉中市	508.4	18.5	22.7	24.5	20	30	35
	佛坪	1087.7	21.3	23.4	25.2	25	30	35
	商州市	742.2	21.0	23.0	26.5	25	30	35
	镇安	693.7	18.7	22.9	24.7	20	30	35
	石泉	484.9	18.5	22.7	24.5	20	30	35
	安康市	290.8	22.5	27.5	29.0	30	45	50

续表

省市名	地　名	海拔高度(m)	风速(m/s)			风压(0.01kN/m²)		
			1/10	1/50	1/100	1/10	1/50	1/100
甘肃	兰州市	1517.2	19.5	23.9	25.8	20	30	35
	吉坷德	966.5	28.4	31.4	32.8	45	55	60
	安西	1170.8	27.1	31.8	33.2	40	55	60
	临夏市	1917.0	19.9	24.4	26.3	20	30	35
	酒泉市	1477.2	27.5	32.3	33.7	40	55	60
	张掖市	1482.7	243.8	30.8	33.7	30	50	60
	武威市	1530.9	25.8	32.3	35.2	35	55	65
	民勤	1367.0	27.4	30.6	32.1	40	50	55
	乌鞘岭	3045.1	27.8	29.8	31.6	35	40	45
	景泰	1630.5	21.9	27.7	29.4	25	40	45
	靖远	1398.2	19.4	23.7	25.6	20	30	35
	临洮	1886.6	19.9	24.3	26.3	20	30	35
	华家岭	2450.6	25.0	28.9	30.6	30	40	45
	环县	1255.6	19.2	23.6	25.5	20	30	35
	平凉市	1346.5	21.6	23.7	25.6	25	30	35
	西峰镇	1421.0	19.4	23.8	25.7	20	30	35
	玛曲	3471.4	24.1	26.3	28.4	25	30	35
	夏河县合作	2910.0	23.4	25.6	27.6	25	30	35
	武都	1079.1	21.3	25.2	27.0	25	35	40
	天水市	1141.7	19.1	25.3	27.1	20	35	40
宁夏	银川市	1111.4	27.0	34.4	37.0	40	65	75
	惠农	1091.0	28.6	34.4	35.7	45	65	70
	中卫	1225.7	23.5	28.8	30.4	30	45	50
	中宁	1183.3	23.5	25.4	27.1	30	35	40
	盐池	1347.8	23.7	27.3	29.0	30	40	45
	海源	1854.2	22.2	24.3	26.2	25	30	35
	同心	1343.9	19.3	23.7	25.6	20	30	35
	固原	1753.0	22.1	26.1	27.9	25	35	40
	西吉	1916.5	19.9	24.4	26.3	20	30	35

续表

省市名	地 名	海拔高度(m)	风速(m/s)			风压(0.01kN/m²)		
			1/10	1/50	1/100	1/10	1/50	1/100
青海	西宁市	2261.2	22.6	26.8	28.6	25	35	40
	茫崖	3138.5	25.9	30.0	31.8	30	40	45
	冷湖	2733.0	29.3	34.4	35.9	40	55	60
	祁连县托勒	3367.0	26.2	30.2	32.1	30	40	45
	祁连县野牛沟	3180.0	25.9	30.0	31.8	30	40	45
	祁连	2787.4	25.4	27.5	29.4	30	35	40
	格尔木市小灶火	2767.0	25.4	29.3	31.1	30	40	45
	大柴旦	3173.2	25.9	29.9	31.8	30	40	45
	德令哈市	2981.5	23.5	27.7	29.7	25	35	40
	刚察	3301.5	23.8	28.2	30.1	25	35	40
	门源	2850.0	23.3	27.6	29.5	25	35	40
	格尔木市	2807.6	25.5	29.4	31.2	30	40	45
	都兰县诺木洪	2790.4	27.5	32.8	36.0	35	50	60
	都兰	3191.1	26.0	31.8	35.1	30	45	55
	乌兰县茶卡	3087.6	23.6	27.9	29.8	25	35	40
	共和县恰卜恰	2835.0	23.3	27.5	29.4	25	35	40
	贵德	2237.1	22.6	24.8	26.7	25	30	35
	民和	1813.9	19.8	24.2	26.2	20	30	35
	唐古拉山五道梁	4612.2	30.1	34.1	36.0	35	45	50
	兴海	3323.2	23.9	28.2	30.2	25	35	40
	同德	3289.4	23.8	26.1	28.2	25	30	35
	格尔木市托托河	4533.1	32.1	35.8	37.6	40	50	55
	治多	4179.0	24.9	27.3	29.5	25	30	35
	杂多	4066.4	24.8	29.3	31.3	25	35	40
	泽库	3662.8	24.3	26.6	28.7	25	30	35
	曲麻莱	4231.2	25.0	29.5	31.6	25	35	40
	玉树	3681.2	21.7	26.6	28.7	20	30	35
	玛多	4272.3	27.4	31.6	33.6	30	40	45
	称多县清水河	4415.4	25.5	27.6	29.8	25	30	35
	玛沁县仁峡姆	4211.1	27.3	29.5	31.5	30	35	40
	达日县吉迈	3967.5	24.6	29.1	31.2	25	35	40
	河南	3500.0	24.1	10.4	32.3	25	40	45
	久治	3628.5	21.7	26.5	32.5	20	30	35
	昂欠	3643.7	24.2	26.6	28.7	25	30	35
	班玛	3750.0	21.8	26.7	28.8	20	30	35

省市名	地　名	海拔高度(m)	风速(m/s)			风压(0.01kN/m²)		
			1/10	1/50	1/100	1/10	1/50	1/100
新疆	乌鲁木齐市	917.9	26.8	32.8	35.4	40	60	70
	乌鲁木齐县达坂城	1103.5	31.7	38.2	40.5	55	80	90
	阿勒泰市	735.3	26.5	35.1	38.6	40	70	85
	博乐市阿拉山口	284.8	39.9	47.6	51.0	95	135	155
	克拉玛依市	427.3	33.3	39.2	41.3	65	90	100
	伊宁市	662.5	26.4	32.4	34.9	40	60	70
	昭苏	1851.0	22.0	28.0	29.7	25	40	45
	和静县巴音布鲁克	2458.0	22.8	27.0	28.9	25	35	40
	吐鲁番市	34.5	28.6	37.3	40.5	50	85	100
	阿克苏市	1103.8	23.4	28.6	30.2	30	45	50
	库车	1099.0	25.3	30.2	33.1	35	50	60
	库尔勒市	931.5	23.2	28.4	29.9	30	45	50
	乌恰	2175.7	22.5	26.7	28.5	25	35	40
	喀什市	1288.7	25.5	32.0	34.7	35	55	65
	阿合奇	1984.9	22.3	26.4	28.2	25	35	40
	皮山	1375.4	19.4	23.7	25.6	20	30	35
	和田	1374.6	21.6	27.4	29.0	25	40	45
	民丰	1409.3	19.4	23.7	25.6	20	30	35
	民丰县安的河	1262.8	19.2	23.6	25.5	20	30	35
	于田	1422.0	19.4	23.8	25.7	20	30	35
	哈密	737.2	23.0	29.6	32.5	30	50	60
河南	郑州市	110.4	23.3	27.3	28.7	30	45	50
	安阳市	75.5	20.3	27.2	30.1	25	45	55
	新乡市	72.7	22.2	25.6	27.2	30	40	45
	三门峡市	410.1	20.6	26.1	27.7	25	40	45
	卢氏	568.8	18.6	22.8	24.6	20	30	35
	孟津	323.3	22.5	26.0	29.0	30	45	50
	洛阳市	137.1	20.3	25.7	27.3	25	40	45
	栾川	750.1	18.8	23.0	24.8	20	30	35
	许昌市	66.8	22.2	25.6	27.2	30	40	45
	开封市	72.5	22.2	27.2	28.7	30	45	50
	西峡	250.3	20.5	24.2	25.9	25	35	40
	南阳市	129.2	20.3	24.1	25.7	25	35	40
	宝丰	136.4	20.3	24.1	25.7	25	35	40
	西华	52.6	20.3	27.2	30.0	25	45	55
	驻马店市	82.7	20.3	25.7	27.2	25	40	45
	信阳市	114.5	20.3	24.0	25.7	25	35	40
	商丘市	50.1	18.1	24.0	25.6	20	35	45
	固始	57.1	18.1	24.0	25.6	20	35	40

续表

省市名	地　　名	海拔高度 (m)	风速(m/s)			风压(0.01kN/m²)		
			1/10	1/50	1/100	1/10	1/50	1/100
湖北	武汉市	23.3	20.2	23.9	25.6	25	35	40
	郧县	201.9	18.3	22.4	24.1	20	30	35
	房县	434.4	18.5	22.6	24.4	20	30	35
	老河口市	90.0	18.2	22.2	24.0	20	30	35
	枣阳市	125.5	20.3	25.7	27.3	25	40	45
	巴东	294.5	15.9	22.5	24.3	15	30	35
	钟祥	65.8	18.1	22.2	24.0	20	30	35
	麻城市	59.3	18.1	24.0	27.2	20	35	45
	恩施市	457.1	18.5	22.6	24.5	20	30	35
	巴东县绿葱坡	1819.3	24.2	26.2	28.0	30	35	40
	五峰县	908.4	18.9	23.2	25.0	20	30	35
	宜昌市	133.1	18.2	22.3	24.1	20	30	35
	江陵县荆州	32.6	18.1	22.2	23.9	20	30	35
	天门市	34.1	18.1	22.2	23.9	20	30	35
	来凤	459.5	18.5	22.6	24.5	20	30	35
	嘉鱼	36.0	18.1	23.9	27.2	20	35	45
	英山	123.8	18.2	22.3	24.1	20	30	35
	黄石市	19.6	20.2	23.9	25.6	25	35	40
湖南	长沙市	44.9	20.2	24.0	25.6	25	35	40
	桑植	322.2	18.4	22.5	24.3	20	30	35
	石门	116.9	20.3	22.3	24.0	25	30	35
	南县	36.0	20.2	25.6	28.6	25	40	50
	岳阳市	53.0	20.3	25.6	27.2	25	40	45
	吉首市	206.6	18.3	22.4	24.2	20	30	35
	沅陵	151.6	18.2	22.3	24.1	20	30	35
	常德市	35.0	20.2	25.6	28.6	25	40	50
	安化	128.3	18.2	22.3	24.1	20	30	35
	沅江市	36.0	20.2	25.6	27.2	25	40	45
	平江	106.3	18.2	22.2	24.0	20	30	35
	芷江	272.2	18.3	22.4	24.2	20	30	35
	邵阳市	248.6	18.3	22.4	24.2	20	30	35
	双峰	100.0	18.2	22.2	24.0	20	30	35
	南岳	1265.9	33.3	37.3	39.7	60	75	85
	通道	397.5	20.6	22.6	24.4	25	30	35
	武岗	341.0	18.4	22.5	24.3	20	30	35
	零陵	172.6	20.4	25.8	27.3	25	40	45
	衡阳市	103.2	20.3	25.7	27.2	25	40	45
	道县	192.2	20.4	24.1	25.8	25	35	40
	郴州市	184.9	18.2	22.3	24.1	20	30	35

续表

省市名	地 名	海拔高度(m)	风速(m/s)			风压(0.01kN/m²)		
			1/10	1/50	1/100	1/10	1/50	1/100
广东	广州市	6.6	22.1	28.6	31.3	30	50	60
	深圳市	18.2	27.1	35.0	38.4	45	75	90
	汕头市	1.1	28.6	36.1	39.4	50	80	95
	汕尾	4.6	28.6	37.3	40.5	50	85	100
	湛江市	25.3	28.6	36.2	39.4	50	80	95
	南雄	133.8	18.2	22.3	24.1	20	30	35
	连县	97.6	18.2	22.2	24.0	20	30	35
	韶关	69.3	18.1	24.0	27.2	20	35	45
	佛岗	67.8	18.1	22.2	24.0	20	30	35
	连平	214.5	18.3	22.4	24.2	20	30	35
	台山	32.7	23.9	30.0	32.6	35	55	65
	梅县	87.8	18.1	22.2	24.0	20	30	35
	广宁	56.8	18.1	22.2	24.0	20	30	35
	高要	7.1	22.1	28.6	31.3	30	50	60
	河源	40.6	18.1	22.2	24.0	20	30	35
	惠阳	22.4	23.9	30.0	31.3	35	55	60
	五华	120.9	18.2	22.3	24.0	20	30	35
	惠来	12.9	27.1	35.0	38.4	45	75	90
	南澳	7.2	28.6	36.2	39.4	50	80	95
	信宜	84.6	24.0	31.4	33.9	35	60	70
	罗定	53.3	18.1	22.2	24.0	20	30	35
	阳江	23.3	27.1	33.9	36.2	45	70	80
	电白	11.8	27.1	33.8	36.2	45	70	80
	台山县上川岛	21.5	35.0	41.4	44.3	75	105	120
	徐闻	67.9	27.2	35.1	38.5	45	75	90
广西	南宁市	73.1	20.3	24.0	25.6	25	35	40
	桂林市	164.4	18.2	22.3	24.1	20	30	35
	柳州市	96.8	18.2	22.2	24.0	20	30	35
	蒙山	145.7	18.2	22.3	24.1	20	30	35
	贺山	108.8	18.2	22.3	24.0	20	30	35
	百色市	173.5	20.4	27.3	30.2	25	45	55
	靖西	739.4	18.8	23.0	24.8	20	30	35
	桂平	42.5	18.1	22.2	24.0	20	30	35
	梧州市	114.8	18.2	22.3	24.0	20	30	35
	龙州	128.8	18.2	22.3	24.1	20	30	35
	灵山	66.0	18.1	22.2	24.0	20	30	35
	玉林	81.8	18.1	22.2	24.0	20	30	35
	东兴	18.2	27.1	35.0	38.4	45	75	90
	北海市	15.3	27.1	35.0	38.4	45	75	90
	涠州岛	55.2	33.9	40.5	43.5	70	100	115

续表

省市名	地　名	海拔高度 (m)	风速(m/s)			风压(0.01kN/m²)		
			1/10	1/50	1/100	1/10	1/50	1/100
海南	海口市	14.1	27.1	35.0	38.4	45	75	90
	东方	8.4	30.0	37.3	40.4	55	85	100
	儋县	168.7	25.8	34.1	37.6	40	70	85
	琼中	250.9	22.4	27.4	30.3	30	45	55
	琼海	24.0	28.6	37.3	41.5	50	85	105
	三亚市	5.5	28.6	37.3	41.4	50	85	105
	陵水	13.9	28.6	37.3	41.4	50	85	105
	西沙岛	4.7	41.4	54.2	59.9	105	180	220
	珊瑚岛	4.0	33.8	42.4	46.1	70	110	130
四川	成都市	506.1	18.5	22.7	24.5	20	30	35
	石渠	4200.0	24.9	27.3	29.5	25	30	35
	若尔盖	3439.6	24.0	26.3	28.4	25	30	35
	甘孜	3393.5	28.3	32.1	33.9	35	45	50
	都江堰市	706.7	18.7	22.9	24.8	20	30	35
	绵阳市	470.8	18.5	22.7	24.5	20	30	35
	雅安市	627.6	18.6	22.8	24.7	20	30	35
	资阳	357.0	18.4	22.5	24.3	20	30	35
	康定	2615.7	25.2	27.2	29.1	30	35	40
	汉源	795.9	18.8	23.0	24.9	20	30	35
	九龙	2987.3	21.0	25.7	27.8	20	30	35
	越西	1659.0	22.0	24.0	26.0	25	30	35
	昭觉	2132.4	22.5	24.6	26.6	25	30	35
	雷波	1474.9	19.5	23.8	25.7	20	30	35
	宜宾市	340.8	18.4	22.5	24.3	20	30	35
	盐源	2545.0	20.5	25.1	27.1	20	30	35
	西昌市	1590.9	19.6	24.0	25.9	20	30	35
	会理	1787.1	19.8	24.2	26.1	20	30	35
	万源	674.0	18.7	22.9	24.7	20	30	35
	阆中	382.6	18.4	22.6	24.4	20	30	35
	巴中	358.9	18.4	22.5	24.3	20	30	35
	达县布	310.4	18.4	24.3	27.5	20	35	45
	遂宁市	278.2	18.3	22.4	24.2	20	30	35
	南充市	309.3	18.4	22.5	24.3	20	30	35
	内江市	347.1	20.6	26.0	29.1	25	40	50
	泸州市	334.8	18.4	22.5	34.3	20	30	35
	叙永	377.5	18.4	22.6	24.4	20	30	35

省市名	地　名	海拔高度 (m)	风速（m/s）			风压（0.01kN/m²）		
			1/10	1/50	1/100	1/10	1/50	1/100
贵州	贵阳市	1074.3	19.1	23.4	25.2	20	30	35
	威宁	2237.5	22.6	26.7	28.6	25	35	40
	盘县	1515.2	21.8	25.8	27.6	25	35	40
	桐梓	972.0	69.0	23.2	25.1	20	30	35
	习水	1180.2	19.2	23.5	25.4	20	30	35
	毕节	1510.6	19.5	23.9	25.8	20	30	35
	遵义市	843.9	18.8	23.1	24.9	20	30	35
	思南	416.3	18.5	22.6	24.4	20	30	35
	铜仁	279.7	18.3	22.4	24.2	20	30	35
	安顺市	1392.9	14.4	23.7	25.6	20	30	35
	凯里市	720.3	18.7	22.9	24.8	20	30	35
	兴仁	1378.5	19.4	23.7	25.6	20	30	35
	罗甸	440.3	18.5	22.6	24.4	20	30	35
	德钦	3485.0	24.0	28.5	30.4	25	35	40
云南	昆明市	1891.4	19.9	24.3	26.3	20	30	35
	贡山	1591.3	19.6	24.0	25.9	20	30	35
	中甸	3276.1	21.3	26.1	28.2	20	30	35
	维西	2325.6	20.3	24.9	26.9	20	30	35
	昭通市	1949.5	22.3	26.4	28.2	25	35	40
	丽江	2393.2	22.8	24.9	26.9	25	30	35
	华坪	1244.8	21.5	25.4	27.2	25	35	40
	会泽	2109.5	22.5	26.6	28.4	25	35	40
	腾冲	1654.6	19.6	24.0	26.0	20	30	35
	泸水	1804.9	19.8	24.2	26.2	20	30	35
	保山市	1653.8	19.6	24.0	26.0	20	30	35
	大理市	1990.5	29.9	36.0	38.7	45	65	75
	元谋	1120.2	21.4	25.3	27.0	25	35	40
	楚雄市	1772.0	19.7	26.1	27.9	20	35	40
	曲靖市沾益	1898.7	22.2	24.3	26.3	25	30	35
	瑞丽	776.6	18.8	23.0	24.9	20	30	35
	江城	1119.5	19.1	27.0	30.2	20	40	50
	景东	1162.3	19.2	23.5	25.3	20	30	35
	玉溪	1636.7	19.6	24.0	25.9	20	30	35
	宜良	1532.1	21.8	27.6	30.8	25	40	45
	泸西	1704.3	22.0	24.1	26.0	25	30	35
	孟定	511.4	20.7	26.2	27.8	25	40	45
	临沧	1502.4	19.5	23.9	25.8	20	30	35
	澜沧	1054.8	19.0	23.3	25.2	20	30	35

续表

省市名	地　　名	海拔高度 (m)	风速(m/s)			风压(0.01kN/m²)		
			1/10	1/50	1/100	1/10	1/50	1/100
云南	景洪	552.7	18.6	26.3	29.4	20	40	50
	普洱	1302.1	21.6	28.9	32.0	25	45	55
	元江	400.9	20.6	22.6	24.4	25	30	35
	勐腊	631.9	18.7	22.8	24.7	20	30	35
	蒙自	1300.7	21.6	23.6	25.5	25	30	35
	屏边	1414.1	19.4	23.8	25.7	20	30	35
	文山	1271.6	19.3	23.6	25.5	20	30	35
	广南	1249.6	21.5	25.4	27.2	25	35	45
西藏	班戈	4700.0	30.2	39.6	42.8	35	60	70
	安多	4800.0	34.5	44.5	48.7	45	75	90
	那曲	4507.0	27.7	34.0	35.8	30	45	50
	日喀则市	3836.0	21.9	26.8	29.0	20	30	35
	拉萨市	3658.0	21.7	26.6	28.7	20	30	35
	乃东县泽当	3551.7	21.6	26.4	28.5	20	30	35
	隆子	3860.0	26.8	32.9	34.7	30	45	50
	索县	4022.8	24.7	31.2	33.1	25	40	45
	昌都	3306.0	21.3	26.1	28.2	20	30	35
	林芝	3000.0	23.5	27.8	29.7	25	35	40
台湾	台北	8.0	25.6	33.8	37.3	40	70	85
	新竹	8.0	28.6	36.2	39.4	50	80	95
	宜兰	9.0	42.4	55.0	61.3	110	185	230
	台中	78.0	28.7	36.3	38.5	50	80	90
	花莲	14.0	25.6	33.8	37.3	40	70	85
	嘉义	20.0	28.6	36.2	39.4	50	80	95
	马公	22.0	37.3	46.1	50.4	85	130	155
	台东	10.0	32.6	38.4	41.4	65	90	105
	冈山	10.0	30.0	36.2	39.4	55	80	95
	恒春	24.0	33.8	41.5	44.3	70	105	120
	阿里山	2406.0	22.8	27.0	28.8	25	35	40
	台南	14.0	31.3	37.3	40.4	60	85	100
香港	香港	50.0	35.8	38.4	39.5	80	90	95
	横栏岛	55.0	39.3	45.3	47.9	95	125	140
澳门		57.0	35.1	37.4	38.4	75	85	90

附录 27　中国季节性冻土标准冻深线图及其冻胀性分类

1. 中国季节性冻土标准冻深线参见《公路桥涵地基与基础设计规范》JTGD 63—2007 附录 H 图 H.0.1。

2. 桥涵地基土的季节性冻胀性分类，可按附录表 23 分为不冻胀、弱冻胀、冻胀、强冻胀、特强冻胀和极强冻胀。

公路桥涵地基土的季节性冻胀性分类　　　　　　　附表 23

土的名称	冻前天然含水量 w（%）	冻前地下水位至地表距离 z（m）	平均冻胀率 K_d（%）	冻胀等级	冻胀类别
岩石、碎石土、砾砂、粗砂、中砂、（粉黏粒含量≤15%）	不考虑	不考虑	$K_d \leq 1$	I	不冻胀
碎石土、砾砂、粗砂、中砂（粉黏粒含量>15%）	$w \leq 12$	$z > 1.5$	$K_d \leq 1$	I	不冻胀
		$z \leq 1.5$	$1 < K_d \leq 3.5$	II	弱冻胀
	$12 < w \leq 18$	$z > 1.5$			
		$z \leq 1.5$	$3.5 < K_d \leq 6$	III	冻胀
	$w > 18$	$z > 1.5$			
		$z \leq 1.5$	$6 < K_d \leq 12$	IV	强冻胀
细砂、粉砂	$w \leq 14$	$z > 1.0$	$K_d \leq 1$	I	不冻胀
		$z \leq 1.0$	$1 < K_d \leq 3.5$	II	弱冻胀
	$14 < w \leq 19$	$z > 1.0$			
		$1.0 > z \geq 0.25$	$3.5 < K_d \leq 6$	III	冻胀
		$z \leq 0.25$	$6 < K_d \leq 12$	IV	强冻胀
	$19 < w \leq 23$	$z > 1.0$	$3.5 < K_d \leq 6$	III	冻胀
		$1.0 > z \geq 0.25$	$6 < K_d \leq 12$	IV	强冻胀
		$z \leq 0.25$	$12 < K_d \leq 18$	V	特强冻胀
	$w > 23$	$z > 1.0$	$6 < K_d \leq 12$	IV	强冻胀
		$z \leq 1.0$	$12 < K_d \leq 18$	V	特强冻胀
粉土	$w \leq 19$	$z > 1.5$	$K_d \leq 1$	I	不冻胀
		$z \leq 1.5$	$1 < K_d \leq 3.5$	II	弱冻胀
	$19 < w \leq 22$	$z > 1.5$			
		$z \leq 1.5$	$3.5 < K_d \leq 6$	III	冻胀
	$22 < w \leq 26$	$z > 1.5$			
		$z \leq 1.5$	$6 < K_d \leq 12$	IV	强冻胀
	$26 < w \leq 30$	$z > 1.5$			
		$z \leq 1.5$	$K_d > 12$	V	特强冻胀
	$w > 30$	不考虑			

续表

土的名称	冻前天然含水量 w（%）	冻前地下水位至地表距离 z（m）	平均冻胀率 K_d（%）	冻胀等级	冻胀类别
黏性土	$w \leq w_p+2$	$z>2.0$	$K_p \leq 1$	Ⅰ	不冻胀
		$z \leq 2.0$	$1<K_d \leq 3.5$	Ⅱ	弱冻胀
	$w_p+2<w \leq w_p+5$	$z>2.0$			
		$2.0>z \geq 1.0$	$3.5<K_d \leq 6$	Ⅲ	冻胀
		$1.0>z \geq 0.5$	$6<K_d \leq 12$	Ⅳ	强冻胀
		$z \leq 0.5$	$12<K_d \leq 18$	Ⅴ	特强冻胀
	$w_p+5<w \leq w_p+9$	$z>2.0$	$3.5<K_d \leq 6$	Ⅲ	冻胀
		$2.0>z \geq 0.5$	$6<K_d \leq 12$	Ⅳ	强冻胀
		$0.5>z \geq 0.25$	$12<K_d \leq 18$	Ⅴ	特强冻胀
		$z \leq 0.25$	$K_d>18$	Ⅵ	极强冻胀
	$w_p+9<w \leq w_p+15$	$z>2.0$	$6<K_d \leq 12$	Ⅳ	强冻胀
		$2.0>z \geq 0.25$	$12<K_d \leq 18$	Ⅴ	特强冻胀
		$z \leq 0.25$	$K_d>18$	Ⅵ	极强冻胀
	$w_p+15<w \leq w_p+23$	$z>2.0$	$12<K_d \leq 18$	Ⅴ	特强冻胀
		$z \leq 2.0$	$K_d>18$	Ⅵ	极强冻胀
	$w>w_p+23$	不考虑			

注：1. w_p-塑限含水量（%）；w-在冻土层内冻前天然含水量的平均值；

　　2. 本分类不包括盐渍化冻土。

3. 桥涵地基土的多年冻土分类，可按附表 24 分为不融沉、弱融沉、融沉、强融沉和融陷。

多年冻土分类表 附表 24

土的名称	含水量 w（%）	平均融沉系数 δ_0	融沉等级	融沉类别	冻土类型
碎（卵）石，砾、粗、中砂（粒径小于 0.075mm 的颗粒含量不大于 15%）	$w<10$	$\delta_0 \leq 1$	Ⅰ	不融沉	少冰冻土
	$w \geq 10$	$1<\delta_0 \leq 3$	Ⅱ	弱融沉	多冰冻土
碎（卵）石，砾、粗、中砂（粒径小于 0.075mm 的颗粒含量不大于 15%）	$w<12$	$\delta_0 \leq 1$	Ⅰ	不融沉	少冰冻土
	$12 \leq w<15$	$1<\delta_0 \leq 3$	Ⅱ	弱融沉	多冰冻土
	$15 \leq w<25$	$3<\delta_0 \leq 10$	Ⅲ	融沉	富冰冻土
	$w \geq 25$	$10<\delta_0 \leq 25$	Ⅳ	强融沉	饱冰冻土
粉、细砂	$w<14$	$\delta_0 \leq 1$	Ⅰ	不融沉	少冰冻土
	$14 \leq w<18$	$1<\delta_0 \leq 3$	Ⅱ	弱融沉	多冰冻土
	$18 \leq w<28$	$3<\delta_0 \leq 10$	Ⅲ	融沉	富冰冻土
	$w \geq 28$	$10<\delta_0 \leq 25$	Ⅳ	强融沉	饱冰冻土

续表

土的名称	含水量 w（%）	平均融沉系数 δ_0	融沉等级	融沉类别	冻土类型
粉土	$w<17$	$\delta_0\leqslant1$	I	不融沉	少冰冻土
	$17\leqslant w<21$	$1<\delta_0\leqslant3$	II	弱融沉	多冰冻土
	$21\leqslant w<32$	$3<\delta_0\leqslant10$	III	融沉	富冰冻土
	$w\geqslant32$	$10<\delta_0\leqslant25$	IV	强融沉	饱冰冻土
黏性土	$w<w_p$	$\delta_0\leqslant1$	I	不融沉	少冰冻土
	$w_p\leqslant w<w_p+4$	$1<\delta_0\leqslant3$	II	弱融沉	多冰冻土
	$w_p+4\leqslant w<w_p+15$	$3<\delta_0\leqslant10$	III	融沉	富冰冻土
	$w_p+15\leqslant w<w_p+35$	$10<\delta_0\leqslant25$	IV	强融沉	饱冰冻土
含土冰层	$w\geqslant w_p+35$	$\delta_0>25$	V	融陷	含土冰层

注：1. 总含水量 w，包括冰和未冻水；

　　2. 盐渍化冰土、冻结泥炭化土、腐殖土、高塑黏性土不在表列。

主 要 参 考 文 献

[1] 中交第二公路勘察设计研究院. JTG D30—2004 公路路基设计规范[S]. 北京：人民交通出版社出版. 2004.

[2] 交通部第二工程勘察设计院. 公路设计手册第 2 版路基[M]. 北京：人民交通出版社. 1996.

[3] 江苏省水利勘测设计研究院有限公司. SL 379—2007 水工挡土墙设计规范[S]. 北京：中国水利水电出版社. 2007.

[4] 中水北方勘测设计研究有限责任公司. GB/T 50805—2012 城市防洪工程设计规范[S]. 北京：中国计划出版社，2012.

[5] 中国市政工程东北设计研究院. 城镇防洪[M]//给水排水设计手册第二版. 北京：中国建筑工业出版社，2000.

[6] 江苏省水利勘测设计研究院. SL 265—2001 水闸设计规范[S]. 北京：中国水利水电出版社，2001.

[7] 水利部水利水电规划设计总院，江苏省水利勘测设计研究院. 水闸设计规范 SL265－2001 实施指南[M]. 北京：中国水利水电出版社，2004.

[8] 中国水利水电科学研究院. DL 5073—2000 水工建筑物抗震设计规范[S]. 北京：中国电力出版社，2000.

[9] 水利部，电力工业部，东北勘测设计研究院. DL/T 5039—95 水利水电工程钢闸门设计规范[S]. 北京：中国电力出版社，1995.

[10] 中国水利水电科学研究院. DL/T 5215—2005 水工建筑物止水带技术规范[S]. 北京：中国电力出版社，2005.

[11] 中交公路规划设计院. JTG D60—2004 公路桥涵设计通用规范[S]. 北京：人民交通出版社. 2004.

[12] 中交公路规划设计院. JTG D62—2004 公路钢筋混凝土及预应力混凝土桥涵设计规范[S]. 北京：人民交通出版社，2004.

[13] 中交公路规划设计院有限公司. JTG D63—2007 公路桥涵地基与基础设计规范[S]. 北京：人民交通出版社，2007.

[14] 上海市政工程设计研究总院. CJJ 11—2011 城市桥梁设计规范[S]. 北京：中国建筑工业出版社，2011.

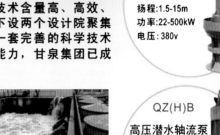

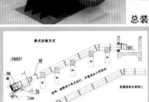

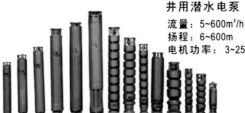